T0236663

Andreas Heintz

Thermodynamik der Mischungen

Mischphasen, Grenzflächen,
Reaktionen, Elektrochemie,
äußere Kraftfelder

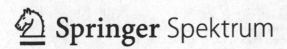

Andreas Heintz
Rostock, Deutschland

ISBN 978-3-662-49923-8   ISBN 978-3-662-49924-5   (eBook)
DOI 10.1007/978-3-662-49924-5

Die Deutsche Nationalbibliothek verzeichnet diese Publikation in der Deutschen Nationalbibliografie;
detaillierte bibliografische Daten sind im Internet über http://dnb.d-nb.de abrufbar.

Springer Spektrum

Planung: Dr. Rainer Münz

Gedruckt auf säurefreiem und chlorfrei gebleichtem Papier

Springer Spektrum ist Teil von Springer Nature
Die eingetragene Gesellschaft ist Springer-Verlag GmbH Deutschland
Die Anschrift der Gesellschaft ist: Heidelberger Platz 3, 14197 Berlin, Germany

Verzeichnis der verwendeten Symbole

Die häufiger im Buchtext verwendeten Symbole für physikalische Größen und Parameter einschließlich ihrer teils mehrfachen Bedeutung sind hier aufgelistet. Wenn nicht zusätzlich gekennzeichnet, werden alle Größen in SI-Einheiten verwendet (s. Anhang Anhang:A.4).

Lateinische Buchstaben

a	v. d. Waals Parameter
	allg. Parameter
a_i	Aktivität einer Komponente i in einer Mischung
A	Oberfläche oder Grenzfläche
	Albedo
B	Zweiter Virialkoeffizient
$\vec{B}$	magnetische Induktion
b	v. d. Waals Parameter
	allg. Parameter
c, const	allg. Parameter, variablenunabhänger konstanter Wert
c_i	Konzentration; Molarität
C_M	Curiekonstante
$\overline{C}_V$	Molwärme bei $V = \text{const}$
$\overline{C}_p$	Molwärme bei $p = \text{const}$
c_sp	spezifische Wärmekapazität
d, D	Durchmesser, Länge, Dicke
$\vec{D}$	dielektrische Verschiebung
E	Energie allg., Elektrodenpotential
E_pot	potentielle Energie
E_kin	kinetische Energie
E_0	elektrisches Standardpotential
ΔE	galvanische Zellspannung
$F, \overline{F}, \overline{F}_\text{M}$	freie Energie, molare freie Energie, molare freie Energie einer Mischung
$G, \overline{G}, \overline{G}_\text{M}$	freie Enthalpie, molare freie Enthalpie, molare freie Enthalpie einer Mischung
$\Delta_\text{R}\overline{G}$	molare freie Reaktionsenthalpie
$\Delta^\text{f}\overline{G}^0$	molare freie Standardbildungsenthalpie
h	Höhe bzw. Tiefe
$\vec{H}$	magnetische Feldstärke
$H, \overline{H}, \overline{H}_\text{M}, \overline{H}_i$	Enthalpie, molare Enthalpie, Enthalpie einer Mischung, partielle molare Enthalpie
$\Delta_\text{R}\overline{H}$	molare Reaktionsenthalpie
$\Delta^\text{f}\overline{H}^0$	molare Standardbildungsenthalpie
$\Delta\overline{H}_V$	molare Verdampfungsenthalpie

$\Delta\overline{H}_S$	molare Schmelzenthalpie
Δh^*	Wasserstoffbrückenenergie
i	Zählindex
I	Ionenstärke, elektrische Stromstärke
I^+	Kationenanteil von I
I^-	Anionenanteil von I
j	elektrische Stromdichte
J	Flussdichte, großes thermodynamisches Potential
k_B	Boltzmannkonstante
K	Temperatureinheit Kelvin, Kraft
K_N	Nernst'scher Verteilungskoeffizient
K_P, K_C	chemische Gleichgewichtskonstanten
K_H	Henry'scher Koeffizient
L	Leistung, Leuchtkraft, Löslichkeitsprodukt, Länge
l	Länge, Arbeitskoordinate
L_{sp}	spezifische Wärmeproduktion
m	Masse
M	molare Masse
$\vec{M}$	Magnetisierung
$\widetilde{m}$	Konzentration: Molalität eines Elektrolyten
N, N_i	Teilchenzahl
N_L	Lohschmidt-Zahl
n, n_i	Molzahl
n	Adiabatenkoeffizient
p	Druck
p_i	Partialdruck der Komponente i
$\overline{P}$	reduzierter Druck
p_C	kritischer Druck, zentraler Druck in einem Stern
$\vec{p}$	dielektrische Polarisation
Q	Wärme
$\dot{Q}$	Wärme pro Zeit = Wärmeleistung
R	allg. Gaskonstante
R_P	Radius eines Planeten
r	Radius allg., theoretische Bodenzahl, Recyclinggrad
$S, \overline{S}, \overline{S}_M, \overline{S}_i$	Entropie, molare Entropie, molare Entropie einer Mischung, partielle molare Entropie
$\Delta\overline{S}_V$	molare Verdampfungsentropie
$\Delta\overline{S}_S$	molare Schmelzentropie
$\delta_i S, \delta S_{iw}$	differentieller Entropiezuwachs
s	Strecke
T	absolute Temperatur
$\widetilde{T}$	reduzierte Temperatur
T_c	kritische Temperatur, zentrale Temperatur in einem Stern
t	Zeit (Sekunde, Minute, Tage, Jahre)

t_R	Retentionszeit
$U, \overline{U}, \overline{U}_M, \overline{U}_i$	innere Energie, molare innere Energie, molare Energie einer Mischung, partielle molare innere Energie
$V, \overline{V}, \overline{V}_M, \overline{V}_i$	Volumen, molares Volumen, molares Volumen einer Mischung
$\overline{V}_i$	partielles molares Volumen
$\overline{V}_c$	kritisches molares Volumen
$\Delta\overline{V}_S$	molares Schmelzvolumen
$\dot{v}$	Volumengeschwindigkeit
v_{sp}	spezifisches Volumen
$\widetilde{v}$	reduziertes Volumen
w_i	Gewichtsbruch der Komponente i
W	physikalische Arbeit
$\dot{W}$	Arbeitsleistung (Arbeit pro Zeit)
x_i	Molenbruch
x	allg. Variable
	Raumkoordinate (x-Richtung)
y	allg. Variable
	Raumkoordinate (y-Richtung)
y_i	Molenbruch
z	allg. Variable
	Raumkoordinate (z-Richtung), Höhe über einer Planetenoberfläche
Z	Zustandsfunktion

Griechische Buchstaben

α	Polarisierbarkeit, Dissoziationsgrad, Ladegrad
α_p	thermischer Ausdehnungskoeffizient (kubisch)
β	Druckanteil der Materie im Sterninneren
γ	Adiabatenkoeffizient
Δ	Differenzzeichen
δ	Differentialzeichen für unvollständiges Differential
ε	Polytropenkoeffizient
ε_R	Dielektrizitätszahl
η	Energiewirkungsgrad, Viskosität
η_i	elektrochemisches Potentail der Komponente i
ϑ	Winkel
ϑ_i	Bedeckungsgrad einer Komponente i bei der Adsorption auf festen Oberflächen
$\vartheta°$	Temperatur in °C
θ	reduzierte Temperaturfunktion im Sterninneren
κ_T	isotherme Kompressibilität
κ_0, κ	Absorptionskoeffizienten für Photonen
λ	Wärmeleitfähigkeit
λ_i	Arbeitskoeffzient
μ_i	chemisches Potential

μ_i^0	chemisches Standardpotential
μ^{Gr}	gravitationschemisches Potential
ν	Frequenz
ν_i	stöchiometrischer Faktor
ξ	Reaktionslaufzahl, reduzierter Radiusvektor von Sternen
π	Zahl $\pi = 3,14159...$
Π_{OS}	osmotischer Druck
Π_i	Permeabilität der Komponente i in einer Membran
ϱ	Massendichte
ϱ_C	zentrale Massendichte im Stern oder Planet
Σ	Summenzeichen
σ	Grenzflächenspannung, Moleküldurchmesser
σ_{SB}	Stefan-Boltzmann-Konstante
σ_t^2	Varianz chromatografischer Signale
τ	Lebensdauer
Φ_i	Volumenbruch der Komponente i in einer Mischung
Φ	elektrische Spannung, Dissipationsfunktion
φ	Winkel
φ_e	elektrisches Potential
φ_i	Fugazitätskoeffizient
φ^{Gr}	Gravitationspotential
χ	Winkel
χ_e	elektrische Suszeptibilität
χ_{mag}	magnetische Suszeptibilität
ψ	Winkel
ω	Kreisfrequenz $= 2\pi\nu$
$\dot{\omega}$	Winkelgeschwindigkeit

1 Thermodynamik der Mischungen und Mischphasengleichgewichte

1.1 *Das chemische Potential als partielle molare Größe der thermodynamischen Potentiale U, H, F und G*

Dieser Abschnitt enthält eine kompakte Darstellung thermodynamischer Grundbegriffe, die in der Mischphasenthermodynamik benötigt und in Grundlagenbüchern der Thermodynamik ausführlicher behandelt werden.

Wir betrachten eine homogene Mischphase, die aus k Komponenten mit den Molzahlen $n_1, n_2, ..., n_k$ besteht. Für ein *offenes* System, das Wärme Q, Arbeit W und materielle Komponenten mit der Umgebung austauschen kann, gilt für das Differential der inneren Energie U:

$$dU = \delta Q + \delta W + \sum_{i=1}^{k} \mu_i dn_i \tag{1.1}$$

μ_i ist das sog. chemische Potential und n_i die Molzahl der Komponente i. Wenn der Prozess reversibel ist, also im thermodynamischen Gleichgewicht verläuft, gilt für die differentielle Wärme δQ:

$$\delta Q = T \cdot dS$$

mit der absoluten Temperatur T und der Entropie S. Für die reversible differentielle Arbeit δW_{rev} gilt:

$$\delta W_{rev} = -p dV + \sum_{j} \lambda_j \cdot dl_j$$

wobei p der Druck, V das Volumen, λ_j die zusätzlichen Arbeitskoeffizienten λ_j und l_i die dazugehörigen Arbeitskoordinaten bedeuten.

Zunächst soll es außer der Volumenarbeit $-p dV$ keine zusätzlichen Arbeitsterme geben (d. h., alle $\lambda_j dl_j = 0$). Dann erhält man das totale Differential der inneren Energie die in Form der sog.

Gibbs'sche Fundamentalgleichung für eine homogene Mischphase ohne äußere Kraftfelder:

$$\boxed{dU = TdS - pdV + \sum_{i=1}^{k} \mu_i dn_i} \tag{1.2}$$

Da für das totale Differential dz einer Zustandsfunktion $z(x_1, x_2, ... x_n)$ gilt:

$$dz = \sum_i \left(\frac{\partial z}{\partial x_i}\right)_{\text{alle } x_j \neq x_i} \cdot dx_i \tag{1.3}$$

lässt sich für T, p und die Größen μ_i für alle i von 1 bis k schreiben:

$$\left(\frac{\partial U}{\partial S}\right)_{V,\text{alle } n_i} = T, \quad \left(\frac{\partial U}{\partial V}\right)_{S,\text{alle } n_i} = -p, \quad \left(\frac{\partial U}{\partial n_i}\right)_{V,S,n_j \neq i} = \mu_i \tag{1.4}$$

Das chemische Potential μ_i ist also eine partielle molare Größe.

Eine besondere Eigenschaft von Gl. (1.2) ist, dass die Variablen S, V und alle n_i, von denen U abhängt, genauso wie U selbst, *extensive* Größen sind. In einem solchen Fall gilt:

$$U(\alpha \cdot S, \alpha \cdot V, \alpha \cdot n_1, ..., \alpha \cdot n_k) = \alpha \cdot U(S, V, n_1, ..., n_k) \tag{1.5}$$

wobei α ein beliebiger positiver Faktor ist. Gl. (1.5) sagt aus: vervielfacht man U um den Faktor α, verändern sich auch alle anderen extensiven Größen um den Faktor α. Differenzieren wir diese Gleichung nach α, erhält man:

$$\frac{d\alpha U}{d\alpha} = U = \left(\frac{\partial U}{\partial \alpha S}\right) \cdot S + \left(\frac{\partial U}{\partial \alpha V}\right) \cdot p + \sum_{i=1}^{k} \left(\frac{\partial U}{\partial \alpha n_i}\right) \cdot n_i$$

Da wir α beliebig wählen können, setzen wir $\alpha = 1$ und erhalten:

$$U = T \cdot S - p \cdot V + \sum n_i \mu_i \tag{1.6}$$

Das ist das Integrationsergebnis von Gl. (1.2). Es lassen sich weitere Zustandsgrößen definieren, deren Bedeutung völlig äquivalent zu U ist. So gilt für die Enthalpie H:

$$U = U + pV = T \cdot S + \sum_{i=1}^{k} \mu_i n_i \tag{1.7}$$

für die freie Energie F:

$$F = U - TS = -pV + \sum_{i=1}^{k} \mu_i n_i \tag{1.8}$$

für die freie Enthalpie G:

$$G = H - TS = \sum_{i=1}^{k} \mu_i n_i \tag{1.9}$$

U, H, F und G heißen *thermodynamische Potentiale*. Wir bilden jetzt die totalen Differentiale von H, F und G und beachten dabei Gl. (1.2). Man erhält:

$$dH = dU + pdV + Vdp = TdS + Vdp + \sum_{i=1}^{k} \mu_i dn_i \tag{1.10}$$

$$dF = dU - TdS - SdT = -SdT - pdV + \sum_{i=1}^{k} \mu_i dn_i \tag{1.11}$$

$$dG = dH - TdS - SdT = -SdT + Vdp + \sum_{i=1}^{k} \mu_i dn_i \tag{1.12}$$

Da für das totale Differential einer Zustandsfunktion $z(x_1, x_2, ... x_n)$ die Gl. (1.3) gilt, können wir folgendes Schema von partiellen Ableitungen für die totale Differentiale der thermodynamischen Potentiale $dU(S, V, n_1, ...n_k)$, $dH(S, p, n_1, ...n_k)$, $dF(T, V, n_1, ...n_k)$ und $dG(T, p, n_1, ...n_k)$ in Gl. (1.2) und Gl. (1.10) bis (1.12) ableiten:

$$\left(\frac{\partial U}{\partial S}\right)_{V,\text{alle } n_i} = T, \quad \left(\frac{\partial U}{\partial V}\right)_{S,\text{alle } n_i} = -p, \quad \left(\frac{\partial U}{\partial n_i}\right)_{S,V,n_{j\neq i}} = \mu_i \tag{1.13}$$

$$\left(\frac{\partial H}{\partial S}\right)_{p,\text{alle } n_i} = T, \quad \left(\frac{\partial H}{\partial p}\right)_{S,\text{alle } n_i} = V, \quad \left(\frac{\partial H}{\partial n_i}\right)_{S,p,n_{j\neq i}} = \mu_i \tag{1.14}$$

$$\left(\frac{\partial F}{\partial T}\right)_{V,\text{alle } n_i} = -S, \quad \left(\frac{\partial F}{\partial V}\right)_{T,\text{alle } n_i} = -p, \quad \left(\frac{\partial F}{\partial n_i}\right)_{T,V,n_{j\neq i}} = \mu_i \tag{1.15}$$

$$\left(\frac{\partial G}{\partial T}\right)_{p,\text{alle } n_i} = -S, \quad \left(\frac{\partial G}{\partial p}\right)_{T,\text{alle } n_i} = V, \quad \left(\frac{\partial G}{\partial n_i}\right)_{T,p,n_{j\neq i}} = \mu_i \tag{1.16}$$

Ein wichtiges Ergebnis des Schemas ist, dass alle partiellen molaren Größen identisch und gleich dem chemischen Potential μ_i sind:

$$\boxed{\left(\frac{\partial U}{\partial n_i}\right)_{S,V,n_{j\neq i}} = \left(\frac{\partial H}{\partial n_i}\right)_{S,p,n_{j\neq i}} = \left(\frac{\partial F}{\partial n_i}\right)_{T,V,n_{j\neq i}} = \mu_i} \tag{1.17}$$

Mit Hilfe von Gl. (1.7) bis (1.9) sowie Gl. (1.13) bis (1.16) lassen sich unmittelbar wichtige und in der Praxis häufig genutzte Beziehungen angeben, wie z. B.

$$\boxed{H(p, T, \text{alle } n_i) = G - \left(\frac{\partial G}{\partial T}\right)_{p,\text{alle } n_i} \cdot T \quad \text{bzw.} \quad U(V, T, \text{alle } n_i) = F - \left(\frac{\partial F}{\partial T}\right)_{V,\text{alle } n_i} \cdot T}$$

$$\tag{1.18}$$

Diese Beziehungen heißen „*kalorische Zustandsgleichungen*" oder „*Gibbs-Helmholz-Gleichungen*". Ferner bezeichnet man die in Gl. (1.15) und (1.16) angegebenen Beziehungen:

$$V(p, T, \text{alle } n_i) = \left(\frac{\partial G}{\partial p}\right)_{T, \text{alle } n_i} \quad \text{und} \quad p(T, V, \text{alle } n_i) = -\left(\frac{\partial F}{\partial V}\right)_{T, \text{alle } n_i} \tag{1.19}$$

als „*thermische Zustandsgleichungen*". Kalorische und thermische Zustandsgleichungen sind miteinander verknüpft. Differenziert man in Gl. (1.18) H nach p bzw. U nach V und macht von den Identitäten

$$\left(\frac{\partial^2 G}{\partial p \partial T}\right) = \left(\frac{\partial^2 G}{\partial T \partial p}\right) = \left(\frac{\partial V}{\partial T}\right) \quad \text{bzw.} \quad \left(\frac{\partial^2 F}{\partial V \partial T}\right) = \left(\frac{\partial^2 F}{\partial T \partial V}\right) = -\left(\frac{\partial p}{\partial T}\right)$$

Gebrauch, ergeben sich die wichtigen Beziehungen:

$$\left(\frac{\partial H}{\partial p}\right)_{T, \text{alle } n_i} = V - T\left(\frac{\partial V}{\partial T}\right)_{p, \text{alle } n_i} \quad \text{bzw.} \quad \left(\frac{\partial U}{\partial V}\right)_{T, \text{alle } n_i} = -p + T\left(\frac{\partial p}{\partial T}\right)_{V, \text{alle } n_i} \tag{1.20}$$

Eine weitere Beziehung von Bedeutung folgt ebenfalls aus Gl. (1.6). Formal hat man für das totale Differential dU nach der Produktregel des Differenzierens von Gl. (1.6) zu schreiben:

$$dU = T\,dS + S\,dT - p\,dV - V\,dp + \sum \mu_i dn_i + \sum n_i d\mu_i$$

Vergleichen wir diese Gleichung mit Gl. (1.2), so sind nur dann beide Gleichungen identisch, wenn gilt:

$$S\,dT - V\,dp + \sum^k n_i d\mu_i = 0 \tag{1.21}$$

Das ist die sog. *Gibbs-Duhem-Gleichung* der Mischphasenthermodynamik, von der wir später noch Gebrauch machen werden. S und V sind Entropie bzw. Volumen der Mischung mit den Molzahlen n_1 bis n_k. Aus Gl. (1.21) folgt ein wichtiger Spezialfall. Mit d$p = 0$ und d$T = 0$ gilt:

$$\sum_i^N n_i d\mu_i = 0.$$

Wir schreiben jetzt für das totale Differential von μ_i, das ja in einem offenen System von allen Molzahlen $1, 2, ... N$ abhängt (d$p = 0$, d$T = 0$):

$$d\mu_i = \sum_k^N \left(\frac{\partial \mu_i}{\partial n_k}\right) dn_k \quad \text{und somit} \quad \sum_i^N n_i \sum_k^N \left(\frac{\partial \mu_i}{\partial n_k}\right) dn_k = 0$$

Wegen der Vertauschbarkeit der Reihenfolge beim Differenzieren gilt:

$$\left(\frac{\partial \mu_i}{\partial n_k}\right) = \frac{\partial^2 G}{\partial n_i \partial n_k} = \frac{\partial^2 G}{\partial n_k \partial n_i} = \left(\frac{\partial \mu_k}{\partial n_i}\right)$$

Da alle n_k frei wählbar sind, muss für jedes einzelne Summenglied mit dem Index k $(\partial\mu_k/\partial n_i)$ gelten:

$$\sum_i^N \left(\frac{\partial\mu_k}{\partial n_i}\right) n_i = 0 \tag{1.22}$$

Gl. (1.21) erlaubt es auch, das totale Differential von $\mu_i(T, p)$, also $d\mu_i$, anzugeben. Dazu schreibt man Gl. (1.21) in folgender Form an:

$$\sum_{i=1}^k n_i d\mu_i = -S\,dT + V dp = -\left(\sum_{i=1}^k \overline{S}_i n_i\right) dT + \left(\sum_{i=1}^k \overline{V}_i n_i\right) dp$$

Daraus folgt durch Vergleich von Termen identischer Indizierung i:

$$\boxed{d\mu_i = -\overline{S}_i dT + \overline{V}_i dp} \quad \text{für } i = 1, \dots k \tag{1.23}$$

mit den partiellen molaren Größen für die Entropie $\overline{S}_i$ und das Volumen $\overline{V}_i$.

Zum Abschluss des Abschnitts soll noch etwas zu der in diesem Buch verwendeten Nomenklatur der sog. molaren und partiellen molaren Größen angemerkt werden. Molare Größen und partielle molare Größen sind stets mit einem Querstrich über dem Symbol gekennzeichnet:

- $\overline{Z}_{i0} = Z_{i0}/n_i$ ist die molare Größe eines reinen Stoffes i ($Z = U, V, H, S, F, G, C_p, C_V$).

- $\overline{Z} = Z/\sum n_i$ ist die molare Größe einer Mischung.

- $\overline{Z}_i = \left(\dfrac{\partial Z}{\partial n_i}\right)_{T,p,n_{j\neq i}}$ ist die partielle molare Größe der Komponente i in einer Mischung.

Ausnahme ist das chemische Potential als partielle molare Größe von U, H, F, G (s. Gl. (1.17)), das mit μ_i für eine Komponente i bezeichnet wird.

1.2 Phasen- und Phasengrenzflächengleichgewichte in heterogenen Systemen

In Abschnitt 1.1 haben wir nur eine homogene Mischphase betrachtet. Liegt das thermodynamische System jedoch in heterogener Form vor, so existieren mehrere Mischphasen nebeneinander. Sie unterscheiden sich in ihrer Zusammensetzung und Dichte, befinden sich aber miteinander im Kontakt und damit im thermodynamischen Gleichgewicht, vermittelt durch eine stoff- und energiedurchlässige *Phasengrenze*. Wir erläutern das in Abb. 1.1 am Beispiel von zwei Phasen, die jeweils zwei Komponenten 1 und 2 in verschiedener Zusammensetzung enthalten.

Man sieht, dass innerhalb der Phasen Dichte und Molenbruch konstant sind. Innerhalb der Grenzschicht, deren Mitte wir als Phasengrenze bezeichnen können, ändern sich ϱ und x jedoch fast sprunghaft. Die Dicke der Grenzschicht ist nicht eindeutig definierbar, jedenfalls ist sie in der Regel sehr gering. Wir fassen diese Grenzschicht als eine besondere Phase auf, so dass wir in Abb.

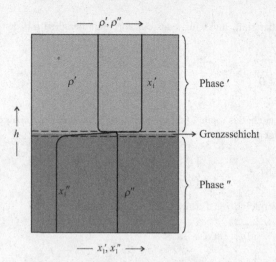

Abb. 1.1 Zwei Phasen, gekennzeichnet durch (') und (") und ihr Phasengrenzbereich. Gezeigt sind der Molenbruch x_1' bzw. x_1'' und die Dichte ϱ bzw. ϱ'' als Funktion von h, der Richtung senkrecht zur Grenzfläche.

1.1 drei Phasen im Gleichgewicht miteinander vorliegen haben. Die „Grenzschichtphase" kennzeichnen wir mit dem Buchstaben A. Nun gilt die Gibbs'sche Fundamentalgleichung Gl. (1.2) für jede Phase $\alpha(\alpha = ', '', A)$

$$\mathrm{d}U^\alpha = T^\alpha \cdot \mathrm{d}S^\alpha - p^\alpha \cdot \mathrm{d}V^\alpha + \sum_{i=1}^{k} \mu_i^\alpha \mathrm{d}n_i^\alpha$$

U^α ist die innere Energie der Phase α, T^α ihre Temperatur, p^α der Druck, S^α ihre Entropie, V^α ihr Volumen. μ_i^α sind die chemischen Potentiale der Komponenten ($i = 1$ bis k) und n_i^α ihre Molzahlen. Diese Gleichung lässt sich entsprechend Gl. (1.6) sofort in integrierter Form angeben:

$$U^\alpha = T^\alpha \cdot S^\alpha - p^\alpha V^\alpha + \sum_{i=1}^{k} \mu_i^\alpha \cdot n_i^\alpha$$

Das gilt für jede der drei Phasen.

Von der Grenzschichtphase ist das Volumen nicht genau bekannt, aber ihre Grenzfläche A. Daher schreibt man statt des Terms $-p^A \cdot V^A$ besser den Term $+\sigma \cdot A$, wobei σ als Grenzflächenspannung bezeichnet wird. Sie hat die SI-Einheit $N \cdot m^{-1} = J \cdot m^{-2}$. Wir schreiben nochmals explizit an:

$$U' = T'S' - p'V' + \sum \mu_i' \cdot n_i' \quad \text{bzw.} \quad \mathrm{d}U' = T'\mathrm{d}S' - p'\mathrm{d}V' + \sum \mu_i' \mathrm{d}n_i' \tag{1.24}$$

$$U'' = T''S'' - p''V'' + \sum \mu_i'' \cdot n_i'' \quad \text{bzw.} \quad \mathrm{d}U'' = T''\mathrm{d}S'' - p''\mathrm{d}V'' + \sum \mu_i'' \mathrm{d}n_i'' \tag{1.25}$$

$$U^A = T^A S^A + \sigma \cdot A + \sum \mu_i^A \cdot n_i^A \quad \text{bzw.} \quad dU^A = T^A dS^A + \sigma \cdot dA + \sum \mu_i^A dn_i^A \tag{1.26}$$

Es gelten dabei für das *gesamte System* folgende Bilanzen:

$$n_i = n_i' + n_i'' + n_i^A \quad \text{für alle} \quad i \tag{1.27}$$

$$V = V' + V'' \tag{1.28}$$

$$U = U' + U'' + U^A \tag{1.29}$$

$$S = S' + S'' + S^A \tag{1.30}$$

wobei wir $V^A = 0$ gesetzt haben, da $V^A \ll V' + V''$ gilt. Wir führen jetzt die Gleichgewichtsbedingung für das Gesamtsystem ein, das aus den 3 Phasen besteht. Sie lautet:

$$\boxed{dU_{S,V,\text{alle } n_i} = d(U' + U'' + U^A)_{S,V,\text{alle } n_i} = 0} \tag{1.31}$$

Gl. (1.31) gilt unter der Bedingung S = const, V = const und alle n_i = const. Also lauten die Nebenbedingungen entsprechend Gl. (1.27), (Gl. (1.28) und (1.30):

$$dn_i' + dn_i'' + dn_i^A = 0 \tag{1.32}$$

$$dV_i' + dV_i'' = 0 \tag{1.33}$$

$$dS_i' + dS_i'' + dS_i^A = 0 \tag{1.34}$$

Setzt man nun die Differentialform für dU', dU'' und dU^A nach Gl. (1.24), (1.25) und (1.26) in Gl. (1.31) ein und ferner auch die Nebenbedingungen nach Gl. (1.32), (1.33) und (1.34), so lässt sich schreiben:

$$dU_{S,V,\text{alle } n_i} = (T' - T_A)dS' + (T'' - T_A)dS'' - (p' - p'')dV' + \sigma \cdot dA$$
$$+ \sum_i (\mu_i' - \mu_i^A)dn_i' + \sum_i (\mu_i'' - \mu_i^A)dn_i'' = 0$$

Da in dieser Gleichung S', S'', alle n_i' und alle n_i'' *frei wählbare Variablen* sind, kann Gl. (1.33) nur erfüllt sein, wenn gilt:

$$\boxed{\mu_i' = \mu_i^A = \mu_i'' = \mu_i} \tag{1.35}$$

$$\boxed{T_i' = T^A = T'' = T} \tag{1.36}$$

Nun hat man 2 Fälle zu unterscheiden bzgl. der Werte p' und p'':

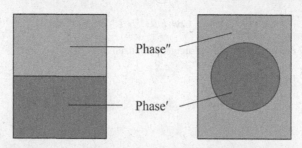

Abb. 1.2 Links: System mit gerader Grenzfläche. Bei Änderung von V' bleibt A unverändert, $(\mathrm{d}A/\mathrm{d}V') = 0$. Rechts: System mit gekrümmter Oberfläche, hier gilt $\mathrm{d}A/\mathrm{d}V' \neq 0$.

1. A ist unabhängig von V'. Das ist nur der Fall, wenn die Grenzfläche *keine* Krümmung hat, d. h. eben ist (s. Abb. 1.2, links). Dann ist $p' = p''$, und es gilt im Gleichgewicht:

$$\mathrm{d}U_{S,V,\text{alle } n_i} = 0 = \sigma \cdot \mathrm{d}A$$

2. A hängt von V' ab. Das ist im Allgemeinen bei gekrümmten Oberflächen der Phasengrenze der Fall (s. Abb. 1.2, rechts). Dann gilt im Gleichgewicht:

$$\boxed{\mathrm{d}U_{S,V,\text{alle } n_i} = 0 = (p'' - p')\mathrm{d}V' + \sigma \cdot \mathrm{d}A} \tag{1.37}$$

Aus Gl. (1.37) folgen noch einige interessante Aussagen.

1. Wir nehmen an, dass $\mathrm{d}V' = 0$ gilt. Das wäre der Fall, wenn ein geschlossener Bereich der Phase (') bei konstantem Volumen seine Form ändert. Dann würde sich auch die Fläche A ändern. Nun gilt aber für das Gleichgewicht:

$$\mathrm{d}A = 0 \tag{1.38}$$

Das bedeutet: bei gegebenem Volumen muss im Gleichgewicht die Grenzfläche A einen minimalen Wert annehmen. Das ist bei kugelförmiger Gestalt des Systems der Fall.

2. Wenn $\mathrm{d}V' \neq 0$, gilt nach Gl. (1.37) z. B. für den Fall einer Kugel bzw. eines Tropfens mit dem Radius r bestehend aus Phase' (eingebettet in Phase'') (s. Abb. 1.2, rechts):

$$(p' - p'') = \sigma \,\frac{\mathrm{d}A}{\mathrm{d}V'} = \sigma \,\frac{8\pi\, r \cdot \mathrm{d}r}{4\pi r^2 \cdot \mathrm{d}r} = \frac{2\sigma}{r} \tag{1.39}$$

Gl. (1.39) heißt *Laplace-Gleichung*. Da $\sigma > 0$, muss der Druck p' im Tropfen der Phase (') höher sein als der Druck p'' außerhalb des Tropfens in Phase ('').

3. Setzen wir die Gleichgewichtsbedingungen Gl. (1.35) und Gl. (1.36) in die integrierte Form der Gl. (1.24), (1.25) und (1.26) ein, addieren diese, erhalten wir für die gesamte innere Energie:

$$\boxed{U' + U'' + U^A = U = T \cdot S - p \cdot V + \sigma \cdot A + \sum \mu_i n_i} \tag{1.40}$$

mit $S = S' + S'' + S^A$, $V = V' + V'''$ und $n_i = n_i' + n_i'' + n_i^A$.

Handelt es sich um eine kugelförmige Oberfläche, gilt Gl. (1.39), d. h., $p' \neq p''$, und man erhält:

$$U' + U'' + U^A = U = T \cdot S - p' \cdot V' - p'' \cdot V'' + \sigma A + \sum \mu_i n_i$$

Wir schreiben mit $V = V' + V''$

$$p'V' + p''V'' = (p' - p'')V' + p'' \cdot V$$

Mit $p' - p'' = 2\sigma/r$ (Gl. (1.39)) und $V' = 4/3 \cdot \pi \cdot r^3$ erhält man wegen $A_{\text{Kugel}} = 4\pi r^2$:

$$p'V' + p''V'' = \sigma \cdot \frac{8}{3}\pi \cdot r^2 + p'' \cdot V = \sigma \cdot \frac{2}{3}A_{\text{Kugel}} + p'' \cdot V$$

Damit ergibt sich bei Kugelform der Phase $'$:

$$\boxed{U = T \cdot S - p'' \cdot V + \frac{1}{3}\sigma \cdot A_{\text{Kugel}} + \sum \mu_i n_i} \tag{1.41}$$

Für dasselbe Volumen V' erhalten wir also bei sphärischer Oberfläche im Ausdruck für U den Term $\frac{1}{3}\sigma \cdot A_{\text{Kugel}}$ anstatt $\sigma \cdot A$ bei ebener Oberfläche. p'' ist der Druck außerhalb der kugelförmigen Phase.

Wir fassen zusammen: aus der Gibbs'schen Fundamentalgleichung und der Gleichgewichtsbedingung des 2. Hauptsatzes ergibt sich als Ergebnis für das thermodynamische Phasengleichgewicht von Mischphasen:

- die Temperatur T hat in allen Phasen denselben Wert,

- das chemische Potential μ_i jeder Komponente i hat in allen Phasen denselben Wert einschließlich der Grenzschichtphase,

- der Druck p ist in allen Phasen derselbe. Ausnahmen: bei sehr kleinen Phasenvolumina mit gekrümmten Grenzflächen gibt es Druckdifferenzen zwischen den Phasen.

- Der Phasengrenzbereich führt zu einem zusätzlichen Term $\sigma \cdot A$ in der integrierten Fundamentalgleichung. Häufig spielt dieser Term gegenüber $T \cdot S$, $p \cdot V$ und $\sum \mu_i n_i$ eine untergeordnete Rolle. Seine Bedeutung nimmt jedoch erheblich zu, wenn wir es mit kleinen Systemen, z. B. kleinen Tropfen oder gar Nanopartikeln zu tun haben mit großem Oberflächen- zu Volumenverhältnis.

Wir wollen abschließend noch das sog. *Gibbs'sche Phasengesetz* mit Hilfe der Gibbs-Duhem'schen Gleichung (Gl. (1.21)) ableiten. Im Phasengleichgewicht mit s Phasen gilt bei Vernachlässigung von Grenzflächeneffekten (s. Gl. (1.33) bis (1.35)):

$$T_\alpha \quad = T \quad \text{für alle Phasen } \alpha = 1 \text{ bis } \alpha = s$$

$$\mu_{i\alpha} \quad = \mu_i \quad \text{für alle Phasen } \alpha = 1 \text{ bis } \alpha = s$$

$$p_\alpha \quad = p \quad \text{für alle Phasen } \alpha = 1 \text{ bis } \alpha = s$$

Gl. (1.21) gilt für jede der s Phasen, d. h.:

$$S_\alpha dT_\alpha + V_\alpha \cdot dp_\alpha + \sum_{i=1}^{k} n_{i\alpha} d\mu_{i\alpha} = S_\alpha \cdot dT + V_\alpha \cdot dp + \sum_{i=1}^{k} n_{i\alpha} d\mu_i = 0$$

Das sind s Bedingungsgleichungen. Bei einem Mehrkomponentensystem gibt es $k + 2$ frei wählbare variable Größen: T, p und k Komponentenmolzahlen. Liegen jedoch in dem System s unterschiedliche Phasen vor, auf die sich die k Komponenten verteilen können, wird die Zahl der freien Variablen um die Zahl s der Bedingungsgleichungen verringert, und die Zahl f der frei wählbaren Größen im System lautet dann:

$$\boxed{f = k + 2 - s} \tag{1.42}$$

Das ist das *Gibbs'sche Phasengesetz*.
  Beispiele:

a) Reiner Stoff ($k = 1$) und 1 Phase: $f = 2$ (Temperatur und Volumen (oder Druck) sind frei wählbar.

b) Reiner Stoff ($k = 1$) und 2 Phasen: $f = 1$ (Temperatur oder Druck). Beispiel Dampfdruck einer Flüssigkeit.

c) Reiner Stoff am Tripelpunkt: $k = 1$, $s = 3$, also ist $f = 0$.

d) Mischung aus 3 Komponenten und 2 Phasen. Beispiel: Flüssigkeit und Dampf: $f = 3$. 2 Konzentrationen in der Flüssigkeit sind frei wählbar sowie die Temperatur (oder der Druck). Dann ist die Zusammensetzung in *beiden* Phasen festgelegt.

Verallgemeinerte Gesetzmäßigkeiten zur Behandlung von Phasengleichgewichten enthalten die sog. Gibbs-Konovalov'schen Differentialgleichungen (s. Anhang J).

1.3 *Das chemische Potential in Mischphasen: Fugazitäten und Fugazitätskoeffizienten, Aktivitäten und Aktivitätskoeffizienten*

Da das chemische Potential bei der Berechnung von Mischungseigenschaften, Phasengleichgewichten und chemischen Reaktionsgleichgewichten eine fundamentale Rolle spielt, müssen wir uns mit seiner Ermittlung beschäftigen, zunächst für den einfachen Fall des idealen Gasgemisches mit k Komponenten (Molzahlen n_1 bis n_k).

  Wir gehen aus von der gemischten zweiten Ableitung der freien Enthalpie G einer molekularen Mischung. Aus Gl. (1.16) lässt sich ableiten:

$$\left(\frac{\partial^2 G}{\partial n_i \partial p}\right)_T = \left(\frac{\partial V}{\partial n_i}\right)_{T,p} = \overline{V}_i = \left(\frac{\partial^2 G}{\partial p \partial n_i}\right)_T = \left(\frac{\partial \mu_i}{\partial p}\right)_T \tag{1.43}$$

wobei wir von der Vertauschbarkeit der Reihenfolge beim Differenzieren nach der Molzahl n_i und dem Druck p Gebrauch gemacht haben. Das partielle molare Volumen $\overline{V}_i$ der Komponente i der Mischung erhält man im Fall der idealen Gasmischung aus der thermischenZustandsgleichung für ideale Gase:

$$V = \frac{RT}{p} \sum_{i=1}^{k} n_i \text{ also}: \overline{V}_i = \left(\frac{\partial V}{\partial n_i}\right)_{T,p,n_{j\neq i}} = \frac{RT}{p}$$

Damit folgt:

$$\left(\frac{\partial \mu_i}{\partial p}\right)_T = \frac{RT}{p}$$

Integration zwischen den Grenzen p und p_i ergibt:

$$\mu_i - \mu_{i0} = RT \int_p^{p_i} \frac{dp'}{p'} = RT \ln \frac{p_i}{p}$$

Wenn wir μ_{i0} als chemisches Potential der reinen Komponente i beim Druck p der Mischung definieren und $p_i = p \cdot x_i$ als Partialdruck von i in der Mischung bezeichnen, ergibt sich:

$$\boxed{\mu_i = \mu_{i0}(T, p) + RT \ln x_i} \tag{1.44}$$

Man kann statt x_i auch den Partialdruck $p_i = p \cdot x_i$ als Konzentrationsmaß einführen:

$$\mu_i = \mu_{i0}(T, p^*) + RT \ln \frac{p_i}{p^*} \tag{1.45}$$

wobei p^* als Druckeinheit verwendet wird.

Wenn man $p^* = 1$ bar setzt, folgt also:

$$\boxed{\mu_i = \mu_{i0}(T, 1\,\text{bar}) + RT \ln p_i} \quad \text{(ideales Gas)} \tag{1.46}$$

Wir lassen hier und künftig die notwendige Division von p_i durch die Druckeinheit fort, d. h., wir setzen immer stillschweigend voraus, dass dimensionsbehaftete Größen unter dem Logarithmus durch ihre Dimensionseinheit dividiert sind.

Gl. (1.44) und Gl. (1.46) sind zwei äquivalente Ausdrücke für das chemische Potential μ_i einer Komponente i in einer idealen Gasmischung. In Gl. (1.44) ist das Bezugspotential μ_{i0} von T und p abhängig, in Gl. (1.46) ist μ_{i0} bei $p = 1$ bar nur eine Funktion von T.

Wir können nun mit Hilfe von Gl. (1.44) auch unmittelbar die partielle molare Entropie $\overline{S}_i = (\partial S / \partial n_i)_T$ angeben:

$$\overline{S}_i = -\left(\frac{\partial \mu_i}{\partial T}\right)_{p,n_{j\neq i}} = -\left(\frac{\partial \mu_{i0}(T, p)}{\partial T}\right)_p - R \ln x_i = S_{i0}(T, p) - R \ln x_i = -\overline{S}_{i0}(T, 1\,\text{bar}) - R \ln p_i \tag{1.47}$$

wobei $\overline{S}_{i0}$ die molare Entropie der reinen Komponente i bedeutet ($x_i = 1$). Die partielle molare Enthalpie $\overline{H}_i = \left(\frac{\partial H}{\partial n_i}\right)_{T,p}$ ist bei idealen Gasmischungen gleich der molaren Enthalpie der reinen Komponente H_{i0}, denn es gilt:

$$\overline{H}_i = \mu_{i0} + RT \ln p_i + T \cdot \overline{S}_i - RT \ln p_i = \mu_{i0} + T \cdot \overline{S}_{i0} = \overline{H}_{i0}$$

Wir betrachten jetzt Mischungen *realer Gase* bzw. Mischungen von *Flüssigkeiten*. Formal schreibt man ganz allgemein:

$$\boxed{\mu_i^{\text{real}} = \mu_{i0}^{\text{id.}}(T, 1\,\text{bar}) + RT \ln f_i} \quad \text{(reales Fluid)} \tag{1.48}$$

Statt p_i wird die sog. *Fugazität* f_i eingeführt. $p_i \neq f_i$ berücksichtigt also die Abweichung vom idealen Gas, nur bei idealer Gasmischung wird $p_i = f_i$.

Die Frage lautet jetzt: wie kann man f_i ermitteln?

Mit Hilfe von Gl. (1.43) berechnet man den *Unterschied* zwischen μ_i^{real} und μ_i^{id}, indem man bedenkt, dass $\mu_i^{\text{real}} = \mu_i^{\text{id}}$ bei $p \to 0$ wird. Es gilt also:

$$\mu_i^{\text{real}}(T, p) - \mu_i^{\text{id}}(T, p) = \int_0^p (\overline{V}_i^{\text{real}} - \overline{V}_i^{\text{id}})\mathrm{d}p = \int_0^p (\overline{V}_i^{\text{real}} - \frac{RT}{p})\mathrm{d}p = RT \ln(f_i / p_i)$$

Wir schreiben jetzt:

$$f_i = x_i p \cdot \varphi_i = p_i \cdot \varphi_i$$

Hierbei ist φ_i *der sog. Fugazitätskoeffizient* ($\varphi_i \neq 1$, bei idealen Gasmischungen ist $\varphi_i = 1$).

Daraus folgt:

$$\boxed{RT \ln \frac{f_i}{p \cdot x_i} = RT \ln \varphi_i = \int_0^p \left(\overline{V}_i^{\text{real}} - \frac{RT}{p} \right)\mathrm{d}p} \tag{1.49}$$

also ergibt sich, wobei wir ab jetzt den Index „real" weglassen:

$$\boxed{\mu_i = \mu_{i0}^{\text{id.}}(T, 1\,\text{bar}) + RT \ln(x_i p \cdot \varphi_i)} \quad \text{(reales Fluid)} \tag{1.50}$$

Kennt man also das partielle molare Volumen $\overline{V}_i$ als Funktion von Druck p, Zusammensetzung x_i und T, lässt sich φ_i aus Gl. (1.49) bzw. μ_i aus Gl. (1.50) bestimmen.

Für die *reale reine* Komponente i gilt:

$$\mu_{i0}(T, p) = \mu_{i0}^{\text{id.}}(T, 1\,\text{bar}) + RT \ln f_{i0} \quad \text{mit} \quad f_{i0} = p \cdot \varphi_{i0}$$

und somit:

$$RT \ln \varphi_{i0} = \int_0^p \left(\overline{V}_i^0 - \frac{RT}{p} \right)\mathrm{d}p \tag{1.51}$$

f_{i0} und φ_{i0} sind also Fugazität bzw. Fugazitätskoeffizient des reinen Stoffes i.

Fugazitätskoeffizienten φ_{i0} reiner Stoffe lassen sich experimentell gut bestimmen, wenn genaue Messdaten des Molvolumens $\overline{V}_i^0(T, p)$ bekannt sind. Isotherme Werte von $\overline{V}_i^0(T, p)$ lassen sich als Funktion von p durch geeignete Funktionen beschreiben und die Durchführung der Integration nach Gl. (1.51) ergibt dann φ_{i0}.

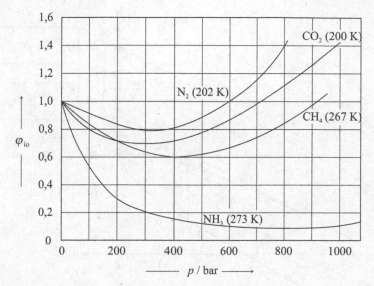

Abb. 1.3 Beispiele für experimentelle Fugazitätskoeffizienten φ_{i0} (Ausgleichskurven durch Messdaten)

Abb. 1.3 zeigt als Beispiele die Fugazitätskoeffizienten φ_{i0} der reinen Stoffe N_2, CH_4, CO_2 und NH_3 als Funktion des Drucks bei den angegebenen Temperaturen. φ_{i0} wird gleich 1, wenn p gegen 0 geht. φ_{i0} nimmt mit dem Druck bei gegebener Temperatur zunächst ab, um bei höheren Werten von p wieder anzusteigen und wird dann bei genügend hohen Drücken wieder größer als 1.

Häufig ist man bei realen fluiden Mischungen am Unterschied des *chemischen Potentials des Stoffes i in der realen Mischung und der realen reinen Komponente bei demselben Druck p und derselben Temperatur T* interessiert. Das bedeutet, wir suchen jetzt nach einer Schreibweise für das chemische Potential μ_i, in der als neuer Standardwert der Zustand des realen, reinen Stoffes i gewählt wird. Dazu geht man folgendermaßen vor.

Gl. (1.50) und Gl. (1.51) lassen sich kombinieren, indem man $\mu_{i0}^{\mathrm{id.}}(T, 1\ \mathrm{bar})$ eliminiert:

$$\mu_i = \mu_{i0}(T, p) + RT \ln\left(\frac{f_i}{f_{i0}}\right) = \mu_{i0}(T, p) + RT \ln a_i \qquad (1.52)$$

In dieser Formulierung des chemischen Potentials ist $\mu_{i0}(T, p)$ *der Wert von μ_i im Zustand des reinen, realen Stoffes i bei demselben Druck p und derselben Temperatur T* wie in der Mischung.

a_i *heißt die Aktivität*, für die sich schreiben lässt:

$$a_i = x_i\left(\frac{\varphi_i}{\varphi_{i0}}\right) = x_i\,\gamma_i \quad \text{mit} \quad \boxed{\gamma_i = \frac{\varphi_i}{\varphi_{i0}}} \qquad (1.53)$$

γ_i *heißt der Aktivitätskoeffizient.* f_i und f_{i0} bzw. φ_i und φ_{i0} sind jeweils bei vorgegebenen Werten für den Druck p und die Temperatur T einzusetzen.

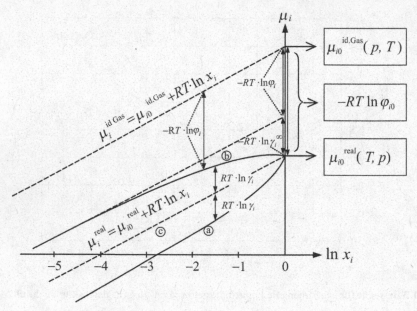

Abb. 1.4 Das chemische Potential μ_i in einer idealen Gasmischung (μ_i^{idGas}) und in realen Mischungen (μ_i^{real}). Fall a: $RT \ln \gamma_i > 0$, Fall b: $RT \ln \gamma_i < 0$, Fall c: $RT \ln \gamma_i = 0$.

Wenn $\gamma_i = 1$ (also $\varphi_i = \varphi_{i0}$) spricht man von *idealen fluiden Mischungen,* obwohl diese Mischungen bezogen auf das ideale Gasgesetz stark real sein können. So ist z. B. für eine Mischung aus flüssigem n-Heptan (C_7H_{16}) und n-Oktan (C_8H_{18}) $\gamma \approx 1$ über den ganzen Molenbruchbereich. Es handelt sich also in solchen Fällen um eine nahezu *ideale flüssige Mischung,* obwohl die Mischung extrem stark vom idealen Gasgesetz abweicht ($\varphi_i \cong \varphi_{i0} \neq 1$). Weitere Beispiele, die noch deutlicher den Begriff der idealen Mischung hervortreten lassen, sind flüssige Isotopenmischungen, z. B. $C_6H_6 + C_6D_6$.

Bei flüssigen Mischungen, für die eine solche „Quasi-Idealität" der Komponenten als Näherungsannahme gelten soll, also $\varphi_i = \varphi_{i0}$, spricht man auch von der *„Fugazitätsregel nach Lewis und Randall"*.

In Abb. 1.4 ist das chemische Potential μ_i in einer realen Mischung mit seinen verschiedenen Standardzuständen im Vergleich zum idealen Gas graphisch dargestellt. Als ein Beispiel für reale fluide Mischungen wollen wir jetzt *Fugazitätskoeffizienten* und *Aktivitätskoeffizienten* für *reale Gasmischungen* bestimmen, indem wir das reale Gasgesetz bis zum 2. Virialkoeffizienten zugrunde legen. Für das partielle molare Volumen $\overline{V}_i$ einer (binären) realen Gasmischung gilt[1]

$$\overline{V}_1 = \frac{RT}{p} + x_2^2(2B_{12} - B_{11} - B_{22}) + B_{11}$$

$$\overline{V}_2 = \frac{RT}{p} + x_1^2(2B_{12} - B_{11} - B_{22}) + B_{22}$$

---

[1](s. A. Heintz: Gleichgewichtsthermodynamik, Grundlagen und einfache Anwendungen, Springer (2011).)

B_{11} und B_{22} sind die zweiten Virialkoeffizienten der reinen Komponenten 1 bzw. 2, B_{12} ist der sog. Mischvirialkoeffizient. B_{11}, B_{22} und B_{12} hängen nur von der Temperatur ab.

Damit berechnen wir sofort nach Gl. (1.51) $RT \ln \varphi_1$ und $RT \ln \varphi_2$:

$$RT \ln \varphi_1 = \int_0^p (\overline{V}_1 - \frac{RT}{p})\mathrm{d}p = \left[x_2^2(2B_{12} - B_{11} - B_{22}) + B_{11} \right] \cdot p$$

$$RT \ln \varphi_2 = \int_0^p (\overline{V}_2 - \frac{RT}{p})\mathrm{d}p = \left[x_1^2(2B_{12} - B_{11} - B_{22}) + B_{22} \right] \cdot p \qquad (1.54)$$

Einsetzen in Gl. (1.50) ergibt dann die Werte für die chemischen Potentiale in einer realen Gasmischung mit dem Bezugszustand des idealen Gases bei gegebener Temperatur und $p = 1$ bar.

Wenn wir als Bezugszustand das reine, reale Gas wählen, lassen sich nach Gl. (1.53) Aktivitäten bzw. Aktivitätskoeffizienten berechnen:

$$RT \ln \gamma_1 = RT \ln \left(\frac{\varphi_1}{\varphi_{10}} \right) = \int_0^p (\overline{V}_1 - \overline{V}_1^0)\mathrm{d}p = x_2^2(2B_{12} - B_{11} - B_{22}) \cdot p$$

$$RT \ln \gamma_2 = x_1^2(2B_{12} - B_{11} - B_{22}) \cdot p$$

Man erhält dann:

$$\mu_2 = \mu_{20} + RT \ln x_2 + x_1^2 (B_{12} - B_{11} - B_{22}) \cdot p \quad \text{(reales Gas)}$$

Umindizieren (2 statt) ergibt μ_1. B_{12} hängt mit B_{11} und B_{22} über sog. Mischungsregeln zusammen. Die einfachste Form lautet:

$$B_{12} = (B_{11} + B_{22})/2$$

daraus folgt:

$$RT \ln \gamma_1 = 0 \quad \text{bzw.} \quad \gamma_1 = 1$$
$$RT \ln \gamma_2 = 0 \quad \text{bzw.} \quad \gamma_2 = 1$$

Man erhält also bei Anwendung dieser Mischungsregel *ideale Mischungen* ($\varphi_i = \varphi_{i0} \neq 1$), obwohl im Sinne der Abweichung vom idealen Gasgesetz diese Mischungen real sind. Hier wird also die Fugazitätsregel nach Lewis und Randall befolgt.

Bei beliebig vielen Komponenten mit den Molenbrüchen $x_1, x_2 \ldots x_N$ geht man aus von der verallgemeinerten Gleichung für den 2. Virialkoeffizienten B_M der Mischung:

$$B_M = \sum_i^N \sum_k^N x_i x_k \cdot B_{ik}$$

und schreibt für das Volumen der Mischung V_M mit der Gesamtmolzahl n:

$$V_M = n \frac{RT}{p} + \frac{1}{n} \sum_i^N \sum_k^N n_i \cdot n_k \cdot B_{ik}$$

Für das partielle Molvolumen $\overline{V}_k$ gilt dann:

$$\left(\frac{\partial \overline{V}_M}{\partial n_i}\right)_{n_{i \neq i}} = \overline{V}_i = \frac{RT}{p} - \frac{1}{n^2} \sum_i^N \sum_k^N n_i n_k \cdot B_{ik} + \frac{1}{n} \sum_i^N n_k B_{ik} + \frac{1}{n} \sum_i^N n_i B_{ki}$$

Also erhält man als Verallgemeinerung von Gl. (1.54) für eine *N*-Komponentenmischung:

$$RT \ln \varphi_i = \int_0^p \left(\overline{V}_k - \frac{RT}{p}\right) dp = \left[2 \sum_k^N x_i B_{ik} - B_M\right] \cdot p \tag{1.55}$$

Man überprüft leicht, dass im Fall $N = 2$ als Ergebnis Gl. (1.54) erhalten wird. Für den Aktivitätskoeffizienten γ_k der Komponente k gilt dann für reale Gasmischungen mit N Komponenten:

$$RT \ln \gamma_k = RT \ln \frac{\varphi_k}{\varphi_{k0}} = \left[2 \sum_i^N x_i B_{ik} - B_{kk} - B_M\right] \cdot p \tag{1.56}$$

Man kann nun ohne Mühe auch partielle molare Enthalpieänderungen $\overline{H}_i - \overline{H}_{i0}$ (partielle molare Mischungsenthalpie) oder Entropieänderungen $\overline{S}_i - \overline{S}_{i0}$ (partielle molare Mischungsentropie) berechnen nach den bekannten Formeln:

$$\overline{H}_i - \overline{H}_{i0} = (\mu_i - \mu_{i0}) - T \left(\frac{\partial(\mu_i - \mu_{i0})}{\partial T}\right)_p \tag{1.57}$$

und

$$\overline{S}_i - \overline{S}_i^0 = -\left(\frac{\partial(\mu_i - \mu_{i0})}{\partial T}\right)_p \tag{1.58}$$

$\overline{H}_i - \overline{H}_{i0}$ ist nun nicht mehr gleich Null wie bei idealen Gasmischungen und auch $\overline{S}_i - \overline{S}_i^0 \neq -R \ln x_i$, ist vom Wert für ideale Gase verschieden.

Einsetzen von μ_i nach Gl. (1.53) mit den entsprechenden Ausdrücken für γ_i nach Gl. (1.55) in die Gln. (1.57) und (1.58) gibt die Formeln für $\overline{H}_i - \overline{H}_i^0$ und $\overline{S}_i - \overline{S}_i^0$ für reale Gasmischungen nach der Virialgleichung bis zum 2. Virialkoeffizienten (s. Übungsaufgabe 1.20.4).

Die Gleichungen (1.53), (1.57) und (1.58) sind natürlich in ihrer Anwendung nicht auf reale Gase beschränkt, sondern bilden die Grundlage der Mischphasenthermodynamik realer fluider Mischungen einschließlich kondensierter, flüssiger Gemische. Voraussetzung für ihre Anwendung ist die Kenntnis von $\varphi_i(x_i, T, p)$ bzw. $\gamma_i(x_i, T, p)$. Wie man allgemein Fugazitätskoeffizienten φ_i und Aktivitätskoeffizienten γ_i aus Zustandsgleichungen berechnen kann, wird in Abschnitt 1.5 behandelt.

1.4 Thermodynamische Exzessgrößen und partielle molare Größen in Mischungen

Wir können jetzt die sog. thermodynamischen Exzessgrößen in voller Allgemeinheit formulieren. Die Definition einer molaren Exzessgröße ist die molare Zustandsgröße einer Mischung $\overline{Z}_M$ minus der Summe der molaren Zustandsgrößen der *reinen* Stoffe $\overline{Z}_i^0$ multipliziert mit dem Molenbruch x_i der Mischung bei derselben Temperatur und demselben Druck, also:

$$\Delta \overline{Z} = \overline{Z}(x_1, \ldots, x_n) - \sum_{i=1}^{k} x_i \overline{Z}_i^0$$

wobei $\overline{Z}$ sein kann: $\overline{U}, \overline{H}, \overline{S}, \overline{F}, \overline{G}, \overline{V}$. Auch andere Zustandsgrößen sind denkbar, z. B. die Molwärme $\overline{C}_p$. Für $\overline{U}, \overline{H}$ und $\overline{V}$ schreibt man statt $\Delta \overline{Z}_M$ auch $\overline{Z}^E$. Da bei $T = $ const und $p = $ const das Produkt $n \cdot \overline{Z}_M$ nur von den extensiven Größen $n_1, n_2, \ldots n_k$ abhängt, gilt (s. Abschnitt 1.1):

$$Z = n \cdot \overline{Z}_M = \sum \overline{Z}_i \cdot n_i$$

mit den partiellen molaren Größen $\overline{Z}_i = (\partial Z_M / \partial n_i)_{n_j \neq n_i}$. Also gilt:

$$\overline{Z}(x_1, \ldots, x_2) = \sum \overline{Z}_i x_i$$

Somit kann für $\overline{Z}^E$ auch geschrieben werden:

$$\Delta \overline{Z} = \overline{Z}^E = \sum_{i=1}^{k} (\overline{Z}_i - \overline{Z}_i^0) x_i \tag{1.59}$$

$\Delta \overline{Z}_i = (\overline{Z}_i - \overline{Z}_i^0)$ bezeichnet man als partielle molare Mischungsgröße. Am Beispiel von $\Delta \overline{V} = \Delta \overline{V}^E$ lässt Gl. (1.59) auch in alternativer Weise ableiten (s. Beispiel 1.20.11).

Ausgehend von $\mu_i = \mu_{i0} + RT \ln a_i$ (Gl. (1.52) mit $a_i = x_i \cdot \gamma_i$ (s. Gl. (1.53)) lassen sich die Exzessgrößen in einem k-Komponentensystem folgendermaßen schreiben.

Für das molare Exzessvolumen $\overline{V}^E$ gilt:

$$\Delta \overline{V} = \overline{V}^E = \sum_{i=1}^{k} (\overline{V}_i - \overline{V}_i^0) \cdot x_i = \sum_{i=1}^{k} \left(\frac{\partial(\mu_i - \mu_{i0})}{\partial p} \right)_T \cdot x_i = RT \sum_{i=1}^{k} \left(\frac{\partial \ln a_i}{\partial p} \right)_T \cdot x_i$$

Damit folgt:

$$\boxed{\Delta \overline{V} = \overline{V}^E = RT \sum_{i=1}^{k} \left(\frac{\partial \ln \gamma_i}{\partial p} \right)_T \cdot x_i} \tag{1.60}$$

und für das partielle molare Mischungsvolumen der Komponente i gilt:

$$\Delta \overline{V}_i = \overline{V}_i - \overline{V}_i^0 = RT \left(\frac{\partial \ln \gamma_i}{\partial p} \right)_T \cdot \tag{1.61}$$

Für die molare Exzessenthalpie $\overline{H}^E$ gilt:

$$\Delta \overline{H} = \overline{H}^E = \sum_{i=1}^{k} \left[(\mu_i - \mu_{i0}) - T \frac{\partial(\mu_i - \mu_{i0})}{\partial T} \right] \cdot x_i = RT \sum_{i=1}^{k} x_i \ln a_i - T \sum_{i=1}^{k} x_i \frac{\partial}{\partial T} (RT \ln a_i)$$

Damit folgt:

$$\Delta\overline{H} = \overline{H}^{E} = -RT^{2} \sum_{i=1}^{k} x_{i} \left(\frac{\partial \ln \gamma_{i}}{\partial T}\right)_{p,n_{j \neq i}} \tag{1.62}$$

und für die partielle molare Mischungsenthalpie der Komponente i gilt:

$$\Delta\overline{H}_{i} = (\overline{H}_{i} - \overline{H}_{i}^{0}) = -RT^{2}\left(\frac{\partial \ln \gamma_{i}}{\partial T}\right)_{p,n_{j \neq i}} \tag{1.63}$$

Im Fall der Entropie schreibt man:

$$\Delta\overline{S} = -\sum_{i=1}^{k} x_{i}\frac{\partial(\mu_{i} - \mu_{i0})}{\partial T} = -\sum_{i=1}^{k} x_{i}\frac{\partial}{\partial T}(RT \ln a_{i})$$

oder:

$$\Delta\overline{S} = -R \sum_{i=1}^{k} x_{i} \ln x_{i} - R \sum_{i=1}^{k} x_{i} \ln \gamma_{i} - RT \sum_{i=1}^{k} x_{i}\left(\frac{\partial \ln \gamma_{i}}{\partial T}\right)_{p,n_{j \neq i}}$$

Man bezeichnet jetzt:

$$\Delta\overline{S}_{id} = -R \sum_{i=1}^{k} x \cdot \ln x_{i} \tag{1.64}$$

als *ideale Mischungsentropie* und

$$\overline{S}^{E} = -R \sum_{i=1}^{k} x_{i} \cdot \ln \gamma_{i} - RT \sum_{i=1}^{k} x_{i}\left(\frac{\partial \ln \gamma_{i}}{\partial T}\right)_{p,n_{j \neq i}} \tag{1.65}$$

als *molare Exzessentropie* oder *residuale Entropie*. Also gilt:

$$\Delta\overline{S} = \Delta\overline{S}_{id} + \overline{S}^{E} \tag{1.66}$$

und für die partielle molare Mischungsentropie der Komponente i schreibt man:

$$\Delta\overline{S}_{i} = \overline{S}_{i} - \overline{S}_{i}^{0} = -R \cdot x_{i}\left(\ln x_{i} + \ln \gamma_{i} + T\left(\frac{\partial \ln \gamma_{i}}{\partial T}\right)_{p,n_{j \neq i}}\right) \tag{1.67}$$

Entsprechendes gilt für die *freie Exzessenthalpie*.

$$\Delta\overline{G} = \overline{H}^{E} - T\Delta\overline{S} = \overline{H}^{E} - T \cdot \overline{S}^{E} - T \cdot \Delta\overline{S}_{id}$$

wobei gilt:

$$\Delta\overline{G}_{id} = -T \cdot \Delta\overline{S}_{id} = RT \sum_{i=1}^{k} x_{i} \ln x_{i} \tag{1.68}$$

sowie:

$$\boxed{\overline{G}^{\mathrm{E}} = \overline{H}^{\mathrm{E}} - T \cdot \overline{S}^{\mathrm{E}} = RT \sum_{i=1}^{k} x_i \ln \gamma_i} \quad (p \text{ und } T \text{ sind konstant}) \tag{1.69}$$

Also folgt:

$$\boxed{\Delta \overline{G} = \Delta \overline{G}_{\mathrm{id}} + \overline{G}^{\mathrm{E}}} \tag{1.70}$$

Für die partielle molare freie Mischungsenthalpie ΔG_i der Komponente i schreibt man $\Delta \mu_i$:

$$\Delta \mu_i = \mu_i - \mu_{i0} = RT (\ln x_i + \ln \gamma_i) \tag{1.71}$$

Man bezeichnet $\Delta \mu_i$ auch als Exzess des chemischen Potentials.

Gl. (1.71) entspricht genau Gl. (1.52) mit $a_i = x_i \cdot \gamma_i$.

Ganz analoge Ausdrücke erhält man für die *innere Energie* und die *freie Energie* ausgehend von

$$\Delta \overline{F} = \Delta \overline{F}_{\mathrm{id}} + \overline{F}^{\mathrm{E}} = \overline{U}^{\mathrm{E}} - T \cdot \Delta \overline{S} \quad \text{bzw.} \quad \overline{F}^{\mathrm{E}} = \overline{U}^{\mathrm{E}} - T \cdot \overline{S}^{\mathrm{E}}$$

Die experimentell ermittelten Exzessgrößen $\overline{H}^{\mathrm{E}}, \overline{G}^{\mathrm{E}}, \overline{S}^{\mathrm{E}}$ und $\overline{V}^{\mathrm{E}}$ für flüssige Wasser + Ethanol-Mi-schungen sind in Abb. 1.5 als Beispiel wiedergegeben. Man erkennt aus dieser Abbildung, dass Exzessgrößen positiv oder negativ sein können und dass sie in ihrer Abhängigkeit vom Molenbruch auch das Vorzeichen wechseln können, wie es z. B. bei $\overline{H}^{\mathrm{E}}$ für H_2O + Ethanol der Fall ist. Ein Beispiel für $\overline{H}^{\mathrm{E}}$ eines ternären Systems wird in 1.21.24 diskutiert. Der Zusammenhang von *molaren* und *partiellen molaren* Größen bzw. molaren Exzessgrößen und partiellen molaren Exzessgrößen soll hier nochmals in allgemeiner Form abgeleitet werden. Es gilt ja für die molare Größe $\overline{Z}$:

$$\overline{Z} = \sum_{i}^{k} x_i \overline{Z}_i \quad \text{bzw.} \quad \mathrm{d}\overline{Z} = \sum_{i}^{k} \overline{Z}_i \mathrm{d}x_i$$

wobei diese Beziehungen den Bedingungen

$$\sum_{i}^{k} x_i = 1 \quad \text{bzw.} \quad \mathrm{d}\left(\sum_{i}^{k} x_i \right) = 0$$

unterliegen. Also gilt:

$$\overline{Z} = \sum_{i \neq j}^{k} x_i \overline{Z}_i + \overline{Z}_j \left(1 - \sum_{i \neq j}^{k} x_i \right) = \overline{Z}_j + \sum_{i \neq j}^{k} \left(\overline{Z}_i - \overline{Z}_j \right) x_i$$

und

$$\mathrm{d}\overline{Z} = \sum_{i \neq j}^{k} \overline{Z}_i \mathrm{d}x_i - \overline{Z}_j \sum_{i \neq j}^{k} \mathrm{d}x_i = \sum_{i \neq j}^{k} \left(\overline{Z}_i - \overline{Z}_j \right) \mathrm{d}x_i$$

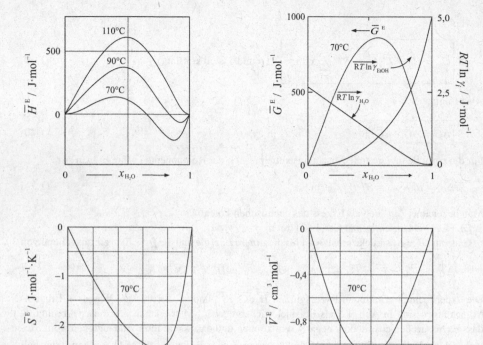

Abb. 1.5 Molare Exzessgrößen $\overline{H}^{\mathrm{E}}(a)$, G^{E} und $RT \ln \gamma_i(b)$, $\overline{S}^{\mathrm{E}}(c)$ und $\overline{V}^{\mathrm{E}}$ von binären Mischungen Ethanol (1) + H_2O (2).

Daraus folgt:

$$\left(\frac{\partial \overline{Z}}{\partial x_i}\right)_{x_j \neq x_i} = \overline{Z}_i - \overline{Z}_j$$

Einsetzen in den Ausdruck für $\overline{Z}$ liefert den gesuchten Zusammenhang:

$$\overline{Z} = \overline{Z}_j + \sum_{i \neq j}^{k} x_i \left(\frac{\partial \overline{Z}}{\partial x_i}\right)_{x_j \neq x_i} \tag{1.72}$$

bzw.

$$\Delta \overline{Z} = (\overline{Z}_j - \overline{Z}_j^0) + \sum_{i \neq j} x_i \frac{\partial \Delta \overline{Z}}{\partial x_i}$$

Eine Anwendung von Gl. (1.72) findet sich im Rechenbeispiel 1.20.33.

Ferner sei auch nochmals darauf hingewiesen, dass alle Exzessgrößen auf Aktivitätskoeffizienten und deren Ableitungen nach T oder p zurückzuführen sind (Gln. (1.60) bis (1.71)).

Als Beispiel für das bisher Gesagte wollen wir die partielle molare Exzessenthalpie $(\overline{H}_i - \overline{H}_i^0) = \Delta\overline{H}_i$ und die molare Exzessenthalpie $\overline{H}^E$ binärer realer Gasmischungen ableiten unter Verwendung des 2. Virialkoeffizienten nach der v. d. Waals-Gleichung $\left(B_{ij} = b_{ij} - \frac{a_{ij}}{RT}\right)$.

Mit $i = 1, 2$ ergibt sich nach Gl. (1.63) ausgehend von Gl. (1.57):

$$\overline{H}_1 - \overline{H}_1^0 = \Delta\overline{H}_1 = -RT^2\left(\frac{\partial \ln \gamma_1}{\partial T}\right)_p = -RT^2 \cdot x_2^2 \cdot p\left(-\frac{\Delta B_{12}}{RT^2} + \frac{1}{RT}\frac{d\Delta B_{12}}{dT}\right)$$

wobei wir abgekürzt haben:

$$\Delta B_{12} = 2B_{12} - B_{11} - B_{22} = 2\left(b_{12} - \frac{a_{12}}{RT}\right) - \left(b_1 - \frac{a_1}{RT} + b_2 - \frac{a_2}{RT}\right)$$

und auf der rechten Seite die 2. Virialkoeffizienten nach der v. d. Waals-Gleichung eingesetzt haben.

Wenn wir z. B. $b_{12} = (b_1 + b_2)/2$ und $a_{12} = \sqrt{a_1 a_2}$ setzen, ergibt sich:

$$\Delta B_{12} = \frac{a_1 + a_2 - 2\sqrt{a_1 a_2}}{RT} \quad \text{bzw.} \quad \frac{d\Delta B_{12}}{dT} = -\frac{1}{RT^2}(a_1 + a_2 - 2\sqrt{a_1 a_2})$$

Also folgt mit der abkürzenden Schreibweise: $\Delta a_{12} = a_1 + a_2 - 2\sqrt{a_1 \cdot a_2} = \left(\sqrt{a_1} - \sqrt{a_2}\right)^2$:

$$\overline{H}_1 - \overline{H}_1^0 = p \cdot x_2^2\left(\Delta B_{12} - T\frac{d\Delta B_{12}}{dT}\right) = 2p \cdot x_2^2 \frac{\Delta a_{12}}{RT}$$

Dann ergibt sich für die molare Exzessenthalpie $\overline{H}^E$:

$$\overline{H}^E = x_1(\overline{H}_1 - \overline{H}_1^0) + x_2(\overline{H}_2 - \overline{H}_2^0) = \frac{2\Delta a_{12}}{RT} \cdot p \cdot (x_2^2 \cdot x_1 + x_1^2 \cdot x_2) = \frac{2\Delta a_{12}}{RT} \cdot p \cdot x_1(1 - x_1)$$

Da $\Delta a_{12} = \left(\sqrt{a_1} - \sqrt{a_2}\right)^2 > 0$ gilt, ist $\overline{H}^E$ ebenfalls immer positiv. Das liegt an der speziellen Mischungsregel $a_{12} = \sqrt{a_1 \cdot a_2}$, wählt man z. B. $a_{12} = k\sqrt{a_1 \cdot a_2}$ mit $k \neq 1$, kann $\overline{H}^E$ auch negativ werden ($\Delta a_{12} < 0$), wobei k ein anpassbarer Parameter ist.

Folgende Aufgaben und Beispiele beschäftigen sich mit unterschiedlichen Fragestellungen, bei denen Exzessgrößen eine Rolle spielen: 1.20.4, 1.20.8, 1.20.11, 1.20.16, 1.21.11 und 1.21.24.

1.5 Allgemeines Verfahren zur Berechnung von Fugazitäten aus thermischen Zustandsgleichungen

In diesem Abschnitt wird das Verfahren zur Berechnung von f_i bzw. φ_i in allgemeiner Form beschrieben. Fugazitätskoeffizienten φ_i lassen sich berechnen, wenn die thermische Zustandsgleichung $V(p, T, n_1, \ldots, n_k)$ für das reale Mischsystem bekannt ist. Das ist zwar prinzipiell bei einer

Zustandsgleichung $p = p(V, T, n_1 \ldots, n_k)$ immer der Fall, aber häufig ist eine explizite Schreibweise $V(p, T, n_1, \ldots, n_k)$ nicht möglich. Daher geht man zur Berechnung von φ_i einen anderen Weg.

Wir betrachten zunächst den Fall eines reinen Stoffe i. Es gilt bei $p = $ const:

$$\mu_{i,\text{real}}^0 - \mu_{i,\text{ideal}}^0 = \overline{G}_{i,\text{real}}^0 - \overline{G}_{i,\text{ideal}}^0 = \left(\overline{F}_{i,\text{real}}^0(\overline{V}_{i,\text{real}}^0, T) - \overline{F}_{i,\text{ideal}}^0(\overline{V}_{i,\text{ideal}}^0, T)\right) + p(\overline{V}_{i,\text{real}}^0 - \overline{V}_{i,\text{ideal}}^0)$$

Hier ist $\overline{V}_{i,\text{ideal}}^0$ das molare Volumen, das das System beim Druck p einnehmen würde, wenn es ein ideales Gas wäre. Es gilt nun: $\mu_{i,\text{real}}^0 - \mu_{i,\text{ideal}}^0 = RT \cdot \ln(f_{i0}/p)$.

Damit folgt:

$$\ln \frac{f_{i0}}{p} = \ln(\varphi_{i0}) = \frac{\overline{F}_{i,\text{real}}^0(\overline{V}_{i,\text{real}}^0 T) - \overline{F}_{i,\text{ideal}}^0(\overline{V}_{i,\text{ideal}}^0 T)}{RT} + Z_{\text{real}}^0 - Z_{\text{ideal}}^0 \tag{1.73}$$

wobei $Z_{\text{real}}^0 = p \cdot \overline{V}_{i,\text{real}}^0/RT$ der sog. Kompressibilitätsfaktor des realen Systems ist und $Z_{\text{ideal}}^0 = 1$ der des idealen Systems.

Wir wollen nun in Gl. (1.73) $\overline{F}_{i,\text{ideal}}^0(\overline{V}_{i,\text{ideal}}^0, T)$ durch $\overline{F}_{i,\text{ideal}}^0(\overline{V}_{i,\text{real}}^0, T)$ ersetzen, damit sowohl $\overline{F}_{i,\text{real}}^0$ als auch $\overline{F}_{i,\text{ideal}}^0$ sich auf dasselbe Volumen $\overline{V}_{i,\text{real}}^0$ beziehen. Da für ideale Gase gilt:

$$-\left(\frac{\partial F}{\partial V}\right)_T = p = RT/V,$$

folgt nach Integration von $V = \overline{V}_{i,\text{ideal}}^0$ bis $V = \overline{V}_{i,\text{real}}^0$:

$$\overline{F}_{i,\text{ideal}}^0(\overline{V}_{i,\text{ideal}}^0) - \overline{F}_{i,\text{ideal}}^0(\overline{V}_{i,\text{real}}^0) = RT \ln(\overline{V}_{i,\text{real}}^0/\overline{V}_{i,\text{ideal}}^0)$$

Substitution von $\overline{F}_{i,\text{ideal}}^0(\overline{V}_{i,\text{ideal}}^0)$ aus dieser Gleichung in Gl. (1.73) ergibt dann für reine Stoffe:

$$\boxed{\ln \varphi_{i0} = \frac{\overline{F}_{i,\text{real}}^0(\overline{V}_{i,\text{real}}^0) - \overline{F}_{i,\text{ideal}}^0(\overline{V}_{i,\text{real}}^0)}{RT} + Z_{\text{real}}^0 - 1 - \ln Z_{\text{real}}^0} \qquad (T = \text{const}, \; V = \text{const})$$

$$\tag{1.74}$$

mit $Z_{\text{real}}^0 = p \cdot \overline{V}_{i,\text{real}}^0/RT$, wobei $\overline{V}_{i,\text{ideal}}^0 = RT/p$ gesetzt wurde. Der Grenzfall für ideale Gase ($\varphi_{i0} = 1$) wird richtig erfasst, da in diesem Fall $Z_{\text{ideal}}^0 = Z_{\text{real}}^0 = 1$ und $F_{i,\text{real}}^0 = F_{i,\text{ideal}}^0$ gilt.

Das geschilderte Verfahren zur Berechnung von $\ln \varphi_{i0}$ lässt sich verallgemeinern und auch leicht auf Mischungen übertragen. Dazu bedenken wir, dass man für das chemische Potential mehrere Schreibweisen hat. Es gilt ja nach Gl. (1.15) und (1.16):

$$\mu_i = \left(\frac{\partial G}{\partial n_i}\right)_{T,p,n_{j\neq i}} = \left(\frac{\partial F}{\partial n_i}\right)_{T,V,n_{j\neq i}}$$

wobei ganz allgemein G und F die freie Enthalpie bzw. die freie Energie einer Mischung mit der Gesamtmolzahl $n = n_1 + n_2 + \cdots n_k$ bedeutet, die k Komponenten enthält. Es lässt sich also bei einer reinen Komponente i mit der Molzahl n_i schreiben:

$$\left(\mu_{i,\text{real}}^0(\overline{V}_{i,\text{real}}^0) - \mu_{i,\text{ideal}}^0(\overline{V}_{i,\text{real}}^0)\right)_{T,V=\text{const}} = \left(\frac{\partial(F_{i,\text{real}}^0 - F_{i,\text{ideal}}^0)}{\partial n_i}\right)_{T,V=\overline{V}_{i,\text{real}}^0}$$

Für das Verständnis dieser Gleichung ist es wichtig, dass sich die Differenz der chemischen Potentiale bei $T = $ const auf *dasselbe* Volumen $\overline{V}^0_{i,\text{real}}$ bezieht, aber nicht notwendigerweise auf denselben Druck. Wenn $\mu^0_{i,\text{real}}$ und $\mu^0_{i,\text{ideal}}$ sich auf dasselbe Volumen beziehen, ist der Druck für $\mu^0_{i,\text{real}}$ ein anderer als der für $\mu^0_{i,\text{ideal}}$. Um die Differenz $\mu^0_{i,\text{real}} - \mu^0_{i,\text{ideal}}$ auf denselben Druck zu beziehen, muss in $\mu^0_{i,\text{ideal}}$ das Volumen $\overline{V}^0_{i,\text{ideal}} \neq \overline{V}^0_{i,\text{real}}$ so gewählt werden, dass $\mu^0_{i,\text{ideal}}$ bei demselben Druck vorliegt wie $\mu^0_{i,\text{real}}$. Da bei idealen Gasen gilt:

$$\frac{\mu^0_{i,\text{ideal}}(\overline{V}^0_{i,\text{real}},T)}{T} - \frac{\mu^0_{i,\text{ideal}}(\overline{V}^0_{i,\text{ideal}},T)}{T} = \overline{S}^0_i(\overline{V}^0_{i,\text{ideal}}) - \overline{S}^0_i(\overline{V}^0_{i,\text{real}}) = R \cdot \ln\left(\frac{\overline{V}^0_{i,\text{ideal}}}{\overline{V}^0_{i,\text{real}}}\right)$$

lässt sich also bei $T = $ const *und* $p = $ const schreiben:

$$\mu^0_{i,\text{real}}(\overline{V}^0_{i,\text{real}}) - \mu^0_{i,\text{ideal}}(\overline{V}^0_{i,\text{ideal}}) = \left(\frac{\partial(F^0_{i,\text{real}} - F^0_{i,\text{ideal}})}{\partial n_i}\right)_{V,T} + RT \cdot \ln\left(\frac{p \cdot \overline{V}^0_{i,\text{real}}}{RT}\right)$$

wobei $\overline{V}^0_{i,\text{ideal}} = RT/p$ gesetzt wurde.

Also folgt mit $Z_{i0} = \overline{V}_{i0,\text{real}}/(RT)$:

$$\ln \varphi_{i0} = \frac{1}{RT}\left(\frac{\partial(F^0_{i,\text{real}} - F^0_{i,\text{ideal}})}{\partial n_i}\right)_{T,V} - \ln Z_{i,\text{real}} \quad (T = \text{const}, \ p = \text{const})$$

Diese Gleichung ist äquivalent zu Gl. (1.74) und hat den Vorteil, dass sie sich wegen

$$\mu_{i,\text{real}} - \mu_{i,\text{ideal}} = \left(\frac{\partial(F_{\text{real}} - F_{\text{ideal}})}{\partial n_i}\right)_{n_{j\neq i},T,V}$$

direkt auf Mischungen übertragen lässt.

Es lässt sich demnach für den Fugazitätskoeffizienten φ_i der Komponente i in einer Mischung schreiben:

$$\ln \varphi_i = \frac{1}{RT}\left(\frac{\partial(F_{\text{real}} - F_{\text{ideal}})}{\partial n_i}\right)_{T,V,n_{j\neq i}} - \ln Z \quad (p = \text{const}, \ T = \text{const}) \tag{1.75}$$

Häufig wird Gl. (1.75) in einer anderen Schreibweise angegeben.

Wegen $(\partial F/\partial V)_{T,n_j} = -p$ bzw. $F = -\int p \, dV$ lässt sich auch schreiben:

$$\left(\frac{\partial F}{\partial n_i}\right)_{T,V,n_{j\neq i}} = -\int\left(\frac{\partial p}{\partial n_i}\right)_{T,V,n_j} dV$$

Eingesetzt in Gl. (1.75) ergibt sich:

$$\ln \varphi_i = -\frac{1}{RT}\int_\infty^V\left[\left(\frac{\partial p}{\partial n_i}\right)_{\text{real}} - \left(\frac{\partial p}{\partial n_i}\right)_{\text{ideal}}\right]_{T,V,n_{j\neq i}} dV - \ln Z$$

wobei $p = p(n_1, \ldots n_i, \ldots n_k, V, T)$ die Zustandsgleichung für reale Mischungen ist.

Im Fall des idealen Gases gilt ja $p = \sum n_i RT/V$ und man erhält:

$$\ln \varphi_i = +\frac{1}{RT} \int\limits_{V}^{\infty} \left(\left(\frac{\partial p}{\partial n_i}\right)_{T,V,n_{j \neq i}}^{\text{real}} - \frac{RT}{V} \right) dV - \ln Z \qquad (p = \text{const}, \; T = \text{const}) \tag{1.76}$$

Diese Beziehung ist Gl. (1.75) völlig äquivalent. Sie kann übrigens auch aus der ursprünglichen Definitionsgleichung für $\ln \varphi_i$ (s. Gl. (1.49)) abgeleitet werden. Den Nachweis überlassen wir der Übungsaufgabe 1.21.1.

1.6 Fugazitäten und Fugazitätskoeffizienten in fluiden Mischungen am Beispiel der v. d. Waals-Gleichung

Als Anwendungsbeispiel für die in Abschnitt 1.5 entwickelten Zusammenhänge berechnen wir Fugazitäten nach der v. d. Waals-Gleichung. Die v. d. Waals-Gleichung ist eine thermische Zustandsgleichung für reale Fluide, die auch den dichten flüssigen Zustand beschreiben kann[2]. Sie lautet:

$$\left(p + \frac{a_i}{\overline{V}}\right)\left(\overline{V} - b_i\right) = RT \tag{1.77}$$

Zunächst behandeln wir ein reines reales Fluid. Wegen der allgemein gültigen Beziehung $(\partial \overline{F}/\partial \overline{V})_T = -p$ kann man für die Differenz der molaren freien Energie der reinen Komponente i schreiben:

$$\overline{F}_{i,\text{real}}^0 - \overline{F}_{i,\text{ideal}}^0 = -\int\limits_{\overline{V}=\infty}^{\overline{V}_{i,\text{real}}^0} (p_{\text{v.d.W.}} - p_{\text{id}}) \, d\overline{V} = -\int\limits_{\overline{V}=\infty}^{\overline{V}_{i,\text{real}}^0} \left(\frac{RT}{\overline{V} - b_i} - \frac{a_i}{\overline{V}} - \frac{RT}{\overline{V}}\right) d\overline{V}$$

$$= \left[-RT \ln \frac{\overline{V}_{i,\text{real}}^0 - b_i}{\overline{V}_{i,\text{real}}^0} - \frac{a_i}{\overline{V}_{i,\text{real}}^0} \right]_{\infty}^{\overline{V}_{i,\text{real}}^0} = -RT \ln \frac{\overline{V}_{i,\text{real}}^0 - b_i}{\overline{V}_{i,\text{real}}^0} - \frac{a_i}{\overline{V}_{i,\text{real}}^0}$$

Die Parameter b_i und a_i werden aus den gemessenen Werten des Molvolumens $\overline{V}_i$ und der Temperatur $T_{c,i}$ am kritischen Punkt (Index c) berechnet:

$$b_i = \frac{\overline{V}_{c,i}}{3} \quad \text{und} \quad a_i = \frac{9}{8}RT_c$$

Setzt man $\overline{F}_{i,\text{real}}^0 - \overline{F}_{i,\text{ideal}}^0$ in den Ausdruck für $\ln \varphi_{i0}$ nach Gl. (1.74) ein, so erhält man:

$$\ln \varphi_{i0} = \frac{b_i}{\overline{V}_i^0 - b_i} - \ln\left(Z_{\text{v.d.W.}}\left(1 - \frac{b_i}{\overline{V}_i^0}\right)\right) - \frac{2a_i}{RT\overline{V}_i^0} \qquad (T = \text{const}, \; \overline{V}_i^0 = \text{const}) \tag{1.78}$$

---

[2](s. A. Heintz: Gleichgewichtsthermodynamik, Grundlagen und einfache Anwendungen, Springer (2011).)

mit dem sog. Kompressibilitätsfaktor:

$$Z_{\text{v.d.W.}} = \frac{\overline{V}_i^0}{\overline{V}_i^0 - b_i} - \frac{a_i}{RT \cdot \overline{V}_i^0}$$

wobei wir den Index „real" ab hier weglassen. Ist das Volumen des Systems $\overline{V}_i^0$ vorgegeben, kann sofort $\ln \varphi_{i0}$ bei gegebener Temperatur berechnet werden. Ist jedoch p vorgegeben, so muss $\overline{V}_i^0$ aus der Zustandsgleichung Gl. (1.77) bestimmt werden. Wenn man Gl. (1.77) ausmultipliziert und umordnet, ergibt sich für die v. d. Waals-Gleichung ein Polynom 3. Grades („kubische Zustands-gleichung"), das man analytisch nach $\overline{V}_i^0$ auflösen kann, bequemer jedoch numerisch mit einem Computer:

$$\overline{V}^3 - \overline{V}^2 \left(b + \frac{RT}{p} \right) + \overline{V} \left(\frac{a}{p} \right) - \frac{ab}{p} = 0 \tag{1.79}$$

Jetzt wollen wir Mischungen behandeln. Dazu formulieren wir für die v. d. Waals-Gleichung folgende „Mischungsregeln":

$$n \cdot b_{\text{M}} = \sum_i n_i b_i = n \sum_i x_i b_i$$

Der Index M bedeutet „Mischung", der Index i bezeichnet die Komponente i und

$$n^2 \cdot a_{\text{M}} = \sum_i \sum_j n_i n_j a_{ij} = n^2 \sum_i \sum_j x_i x_j a_{ij} \tag{1.80}$$

mit $n = \sum_i n_i$. Dann gilt:

$$F_{\text{M,real}} - F_{\text{M,ideal}} = -nRT \ln \frac{\sum n_i \overline{V}_i - \sum n_i b_i}{\sum n_i \overline{V}_i} - \frac{n^2 a_{\text{M}}}{\sum n_i \overline{V}_i}$$

wobei $\overline{V}_i$ in unserer üblichen Bezeichnungsweise das partielle molare Volumen der Komponente i bedeutet.

Partielle Ableitung von $F_{\text{M,real}} - F_{\text{M,ideal}}$ nach n_i bei konstantem T und $\sum n_i \overline{V}_i = n \cdot \overline{V}_{\text{M}} = \text{const}$ ergibt nach Einsetzen in Gl. (1.75):

$$\ln \varphi_i = -\ln \frac{n \cdot \overline{V}_{\text{M}} - nb_{\text{M}}}{n \overline{V}_{\text{M}}} - n \frac{n \cdot \overline{V}_{\text{M}}}{n \overline{V}_{\text{M}} - nb_{\text{M}}} \cdot \frac{(-b_i)}{n \cdot \overline{V}_{\text{M}}}$$
$$- \frac{1}{n \overline{V}_{\text{M}} RT} \cdot \frac{\partial}{\partial n_i} \left(\sum_k n_k \sum_j n_j a_{kj} \right)_{n_{j \neq i}} - \ln Z_{\text{M}}$$

Hierbei haben wir $\sum n_i \overline{V}_i = n \cdot \overline{V}_{\text{M}}$ geschrieben mit $\overline{V}_{\text{M}} = \sum x_i \overline{V}_i$.

Wenn man das Produkt der beiden Summen nach der Produktregel beim Differenzieren behandelt, erhält man unter Beachtung, dass $a_{ij} = a_{ji}$:

$$\frac{\partial}{\partial n_i} \left(\sum_k n_k \cdot \sum_j n_j \cdot a_{kj} \right) = \sum_j n_j a_{ij} + \sum_k n_k \cdot a_{ki} = 2 \sum_j n_j \cdot a_{ij}$$

Damit lautet das Endergebnis für den Fugazitätskoeffizienten φ_i der Komponente i nach der v. d. Waals-Theorie:

$$\ln \varphi_i = -\ln\left(1 - \frac{b_M}{\overline{V}_M}\right) + \frac{b_i}{\overline{V}_M - b_M} - \frac{2}{\overline{V}_M} \cdot \frac{1}{RT} \cdot \sum_j x_j \cdot a_{ij} - \ln Z_M \qquad (1.81)$$

mit $x_j = n_j/n$.

In Gl. (1.81) gilt $Z_M = p \cdot \overline{V}_M/RT$ mit

$$Z_M = \frac{\overline{V}_M}{(\overline{V}_M - b_M)} - \frac{a_M}{RT \cdot \overline{V}_M}$$

Bei vorgegebener Mischungszusammensetzung $x_1, x_2, \ldots, x_k$ sowie gegebenen Werten von p und T wird $\overline{V}_M$ aus Gl. (1.79) mit $\overline{V} = \overline{V}_M, a = a_M = \sum_i^k \sum_j^k x_i x_j a_{ij}$ und $b = b_M = \sum_i^k x_i b_i$ berechnet und so φ_i aus Gl. (1.81) erhalten.

Wenn man sich auf geringe Dichten der realen Gasmischung beschränkt, führt man eine Reihenentwicklung von Gl. (1.81) für $\ln \varphi_i$ bis zu linearen Gliedern in $\overline{V}_M^{-1}$ durch. Das ergibt:

$$\ln \varphi_i \cong \frac{b_M}{\overline{V}_M} + \frac{b_i}{\overline{V}_M}\left(1 + \frac{b_M}{\overline{V}_M}\right) - \frac{2}{\overline{V}_M \cdot RT} \sum_j x_j a_{ij} - \ln\left[1 + \frac{b_M}{\overline{V}_M} - \frac{a_M}{RT}\frac{1}{\overline{V}_M}\right]$$

Nach Linearisierung des Logarithmus

$$\ln\left[1 + \frac{b_M}{\overline{V}_M} - \frac{a_M}{RT}\frac{1}{\overline{V}_M}\right] \cong \frac{b_M}{\overline{V}_M} - \frac{a_M}{RT} \cdot \frac{1}{\overline{V}_M}$$

und Vernachlässigung von Gliedern mit $\overline{V}_M^{-2}$ erhält man mit $\overline{V}_M^{-1} \approx p/RT$:

$$RT \ln \varphi_i \cong p\left[b_i - \frac{2}{RT} \sum_j x_j a_{ij} + \frac{1}{RT} \sum_i \sum_j x_i x_j a_{ij}\right]$$

Das ergibt sich auch direkt aus Gl. (1.55), wenn man nach v. d. Waals die zweiten Virialkoeffizienten $B_{ij} = \frac{b_i + b_j}{2} - a_{ij}/RT$ setzt.

Setzt man die Mischungsregel $a_{ij} = \sqrt{a_i \cdot a_j}$ ein, vereinfacht sich der Ausdruck für $RT \ln \varphi_i$ und erhält folgende Form:

$$RT \ln \varphi_i = p\left[b_i - \frac{2}{RT} \sqrt{a_i} \cdot \left(\sum_j x_j \sqrt{a_j}\right) + \frac{1}{RT}\left(\sum_j x_j \sqrt{a_j}\right)^2\right] \qquad (1.82)$$

wie man leicht durch Ausmultiplizieren nachprüfen kann (Aufgaben zum Thema Fugazitätskoeffizienten: s. 1.20.6, 1.20.7 und 1.20.18).

Das gesamte Verfahren zur Berechnung von φ_i in Mischungen verläuft bei anderen Zustandsgleichungen ganz analog. Voraussetzung ist lediglich die Kenntnis der Mischungsregeln für a_M und b_M und für eventuelle weitere Parameter der Zustandsgleichung.

Häufig benutzte Zustandsgleichungen, die erheblich besser das wahre Verhalten von fluiden Mischungen beschreiben, sind die Redlich-Kwong-Gleichung (RK-Gleichung) oder die Peng-Robinson-Gleichung (PR-Gleichung). Moderne Zustandsgleichungen berücksichtigen gezielt Flexibilität, Kettenlänge und Polarität der Moleküle und sind erfolgreich bei komplexen Mischungen angewandt worden. Wir können auf diese wichtigen Entwicklungen hier leider nicht näher eingehen.[3]

1.7 Dampf-Flüssigkeits-Phasengleichgewichte in binären Nichtelektrolytmischungen bei niedrigen Dampfdichten – Das Raoult'sche Grenzgesetz

Wir betrachten jetzt das Phasengleichgewicht *Flüssigkeit-Dampf* für Mischungen, wobei wir uns zunächst wieder auf zwei Komponenten (1 und 2) beschränken. Ein solches Gleichgewicht ist in Abb. 1.6 schematisch dargestellt.

Nach den Gleichgewichtsbedingungen muss T und p in beiden Phasen gleich sein. Welche Werte nimmt x_1 bzw. y_1 ein? Diese Frage wird durch die geforderte Gleichheit der chemischen Potentiale von Komponente 1 bzw. 2 in jeweils beiden Phasen ' und " beantwortet (s. Gl. (1.35)):

$$\mu_i' = \mu_i''$$

Weiterhin will man wissen, wie viele Mole von 1 und 2 sich in der Dampfphase (n_1'', n_2'') bzw. in der flüssigen Phase befinden (n_1', n_2') und wie das Mengenverhältnis von Dampfphase zur flüssigen Phase ist $(n_1'' + n_2'')$ zu $(n_1' + n_2')$ lautet. Diese Frage werden wir in Abschnitt 1.11 in allgemeiner Form beantworten.

Wir betrachten den häufig auftretenden Fall, bei dem der Druck bzw. die Dampfdichte so niedrig ist, dass in der Gasphase näherungsweise das ideale Gasgesetz gilt (oder eventuell die Virialgleichung bis zum 2. Virialkoeffizienten), die flüssige Phase ist viel dichter als die gasförmige $(\overline{V}_{fl} \ll \overline{V}_{gas})$. Das ist nur bei genügend tiefen Temperaturen bzw. Drücken möglich. Im Dampf-Flüssigkeits-Phasengleichgewicht einer binären Mischung gilt allgemein:

$$\mu_{i0,fl} + RT \ln(x_i \gamma_i) = \mu_{i0,gas}^{id} + RT \ln p \cdot \varphi_i \cdot y_i \qquad (i = 1, 2)$$

Wenn man x_i gegen 1 gehen lässt, werden auch $\gamma_i = 1$ und $y_i = 1$ und es gilt:

$$\mu_{i0,fl} = \mu_{i0,gas}^{id} + RT \ln(p_{i0}^{sat} \cdot \varphi_{i0}^{sat})$$

Hier ist p_{i0}^{sat} der Sättigungsdampfdruck der reinen Komponente i und φ_{i0}^{sat} ist der Fugazitätskoeffizient des Dampfes beim Sättigungsdampfdruck p_{i0}^{sat}.

Die Phasengleichgewichtsbedingung lässt sich nun folgendermaßen formulieren:

$$RT \ln(p_{i0} \cdot \varphi_{i0}) + RT \ln(x_i \gamma_i) = RT \ln(p \varphi_i y_i)$$

---

[3](s. z. B. „Models for Thermodynamic and Phase Equilibrium Calculations", ed. by S. I. Sandler, M. Dekker (1994))

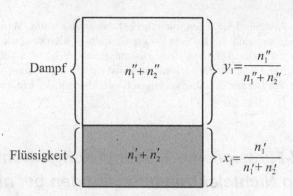

Dampf $\left\{ \begin{array}{c} n_1'' + n_2'' \end{array} \right.$ $y_1 = \dfrac{n_1''}{n_1'' + n_2''}$

Flüssigkeit $\left\{ \begin{array}{c} n_1' + n_2' \end{array} \right.$ $x_1 = \dfrac{n_1'}{n_1' + n_2'}$

Abb. 1.6 Binäres Dampf (Gas)-Flüssigkeit-Phasengleichgewicht

φ_{i0} ist der Fugazitätskoeffizient des Dampfes der reinen Komponente i bei p und nicht bei p_{i0}^{sat}. Der Unterschied zu $\varphi_{i0}^{\text{sat}}$ muss bei genauen Berechnungen berücksichtigt werden, wir wollen aber hier näherungsweise $\varphi_{i0}/\varphi_{i0}^{\text{sat}} \approx 1$ setzen und erhalten dann:

$$\boxed{p_{i0} \cdot \varphi_{i0} \cdot x_i \gamma_i = p_i \gamma_i \cdot \varphi_{i0} = p \cdot \varphi_i \cdot y_i} \qquad (1.83)$$

γ_i ist der Aktivitätskoeffizient der Komponente i in der flüssigen Mischung (s. Gl. (1.53)). Wenn die Gasphase als ideal angesehen wird, ist $\varphi_i = 1$ und ebenso $\varphi_{i0} = 1$. Wenn außerdem die flüssige Phase als ideal angesehen wird, gilt $\gamma_i = 1$ und es folgt:

$$\boxed{p \cdot y_i = p_i = p_{i0} \cdot x_i} \qquad \text{(Raoult'sches Grenzgesetz)} \qquad (1.84)$$

Dieser idealisierte Zusammenhang für das Dampf-Flüssig-Phasengleichgewicht von Mischungen heißt das *Raoult'sche Grenzgesetz*. Graphisch dargestellt für ein 2-Komponentengemisch sind die Verhältnisse in Abb. 1.7(a). Es ergeben sich Geraden für die Partialdrücke und den Gesamtdruck $p = p_1 + p_2$. Gl. (1.84) gilt auch für multinäre ideale Mischungen für k Komponenten mit $i = 1, 2, \ldots k$.

Den realistischeren Fall einer binären Mischung mit $\gamma_i \neq 1$ für $x_i < 1$ zeigt ein Beispiel in Abb. 1.7(b). Man sieht deutlich die Abweichungen vom idealen Verhalten. Sowohl die Partialdrücke wie der Gesamtdruck liegen bei diesem System unterhalb der Raoult'schen Geraden. Um solche realen Systeme zu beschreiben, könnte man mit Hilfe einer Zustandsgleichung nach Gl. (1.53) Aktivitäten bzw. Aktivitätskoeffizienten γ_i über die Fugazitätskoeffizienten berechnen und zwar für die flüssige wie die gasförmige Phase. Das wird bei Mischungen kleiner Moleküle auch häufig getan, jedoch wollen wir hier einen einfacheren, semiempirischen Weg gehen, der vor allem bei niedrigen Drücken für flüssige Gemische üblich ist. Allgemein ist bei binären Mischungen $\ln \gamma_1$ eine Funktion von x_1, T und p. Da p sich nur sehr geringfügig mit x_1 ändert, sind $\ln \gamma_1$ und $\ln \gamma_2$ im Wesentlichen Funktionen von $x_1 = 1 - x_2$ sowie von T. Diese Funktionen sind systemspezifisch und in der flüssigen Phase nicht von vornherein bekannt. Man kann aber einige allgemein gültige Eigenschaften dieser Funktionen ableiten. Dazu entwickeln wir $\ln \gamma_1$ bzw. $\ln \gamma_2$ bei $T = \text{const}$ in eine Taylor-Reihe nach x_1 um den Wert $x_1 = 1$ bzw. $x_2 = 1$, vorausgesetzt, das sich $RT \ln \gamma_i$ in ganzzahlige Potenzen von $x_2 = 1 - x_1$ entwickeln lässt. Das ist nicht notwendigerweise der Fall.

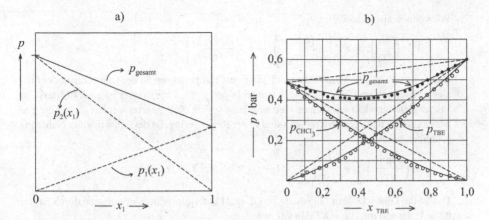

Abb. 1.7 Partialdruckdiagramm (a) nach dem Raoult'schen Grenzgesetz (b) im realen Fall: t-Butylether +CHCl$_3$. - - - - - Raoult'sche Geraden, ——— nach Gl. (1.88) mit $a = -2520$ J·mol^{-1}.

Bei Nichtelektrolyten setzen wir aber die Entwicklung in ganzzahlige Potenzen voraus. Es soll also für reale flüssige Mischungen (zunächst binäre Mischungen) gelten:

$$RT \ln \gamma_1 = a_0 + a_1(1 - x_1) + a_2(1 - x_1)^2 + a_3(1 - x_1)^3 + \cdots \tag{1.85}$$

wobei

$$a_0 = \lim_{x_1 \to 1}(RT \ln \gamma_1), \; a_1 = \left(\frac{\partial \ln \gamma_1}{\partial x_1}\right)_{x_1=1}, \; a_2 = \frac{1}{2!}\left(\frac{\partial^2 \ln \gamma_1}{\partial x_1^2}\right)_{x_1=1}, \; a_3 = \frac{1}{3!}\left(\frac{\partial^3 \ln \gamma_1}{\partial x_1^3}\right)_{x_1=1}$$

usw. bedeuten.

Entsprechendes gilt für $RT \ln \gamma_2$:

$$RT \ln \gamma_2 = a_0' + a_1' \cdot x_1 + a_2' \cdot x_1^2 + a_3' \cdot x_1^3 + \cdots$$

Folgende Bedingungen müssen nun erfüllt sein:

a)

$$\gamma_1 = 1 \text{ für } = x_1 = 1 \text{ bzw. } x_2 = 0 \quad \text{und} \quad \gamma_2 = 1 \text{ für } = x_2 = 1 \text{ bzw. } x_1 = 0$$

Aus diesen Bedingungen folgt, dass $a_0 = a_0' = 0$ sein muss.

b) Wir betrachten jetzt den isothermen Fall (d$T = 0$) und erhalten mit Gl. (1.60) für eine binäre flüssige Mischung:

$$\overline{V}^{\mathrm{E}} = RT \left(x_1 \left(\frac{\partial \ln \gamma_1}{\partial p}\right)_T + x_2 \left(\frac{\partial \ln \gamma_2}{\partial p}\right)_T\right)$$

Im Phasengleichgewicht ist jedoch bei $T = $ const der Druck p eine von der Zusammensetzung abhängige Variable $p = p(x_1)$.

Wir können also schreiben:

$$\overline{V}^{E} \cdot \left(\frac{dp}{dx_1}\right)_T = RT \left[x_1 \left(\frac{\partial \ln \gamma_1}{\partial x_1}\right)_T + x_2 \left(\frac{\partial \ln \gamma_2}{\partial x_1}\right)_T\right]$$

Bei dichten flüssigen Mischungen und niedrigen Temperaturen ist der Dampfdruck der flüssigen Mischung im Phasengleichgewicht recht gering (~ 1 bar), daher ist auch (dp/dx_1) im Phasengleichgewicht ein kleiner Wert und kann gleich Null gesetzt werden.. Auch die Exzessvolumina flüssiger Mischungen sind in der Regel gering, so dass man in guter Näherung schreiben kann:

$$x_1 \left(\frac{\partial \ln \gamma_1}{\partial x_1}\right)_{T,p} + \left(\frac{\partial \ln \gamma_2}{\partial x_1}\right)_{T,p} (1 - x_1) \cong 0 \quad \text{bei } T, p \cong \text{const}$$

Das ist die Gibbs-Duhem-Gleichung (s. Gl. (1.21)) dividiert durch $n_1 + n_2$ und durch RT für $dT = 0, dp = 0$ mit $d\mu_i = RT\, d\ln \gamma_i (i = 1, 2)$.

Man erhält sie auch direkt aus Gl. (1.21) mit $dT = 0, dp \approx 0$ und $d\mu_1 = RT\, d\ln(x_1 \cdot \gamma_1)$ bzw. $d\mu_2 = RT\, d\ln(x_2 \cdot \gamma_2)$.

Die Koeffizienten a_k und a'_k sind nicht unabhängig voneinander. Es lassen sich sogar alle Koeffizienten a'_k eliminieren.

Wir schreiben dazu die Gibbs-Duhem-Gleichung mit $x_1 = 1 - x_2$ in folgender Form:

$$d\ln \gamma_2 = -\frac{x_1}{x_2} d\ln \gamma_1 = d\ln \gamma_1 - \frac{1}{x_2} d\ln \gamma_1$$

Daraus folgt durch Integration bei Beachtung von $\ln \gamma_1(x_2 = 0) = 0$:

$$\ln\left(\frac{\gamma_2(x_2)}{\gamma_2(x_2 = 0)}\right) = \ln \gamma_1(x_2) - \int_{x_2=0}^{x_2} \frac{1}{x_2}\left(\frac{d\ln \gamma_1}{dx_2}\right) \cdot dx_2 \quad (T = \text{const}, \ p = \text{const})$$

Einsetzen von Gl. (1.85) mit $a_0 = 0$ ergibt als Integrationsergebnis:

$$RT \cdot \ln \gamma_2 = RT \cdot \ln \gamma_1 - \sum_k \frac{a_k \cdot k}{k - 1} x_2^{k-1} + RT \ln \gamma_2(x_2 = 0)$$

Damit ergibt sich mit $\ln \gamma_1$ aus Gl. (1.85) für $\ln \gamma_2(x_2 = 0) = \text{const}$, wenn man $x_1 = 0$ setzt:

$$\ln \gamma_2(x_2 = 0) = \sum_k \frac{a_k \cdot k}{k - 1} - \sum_k a_k = \sum_k \frac{a_k}{k - 1}$$

Aus diesen Ergebnissen erkennt man sofort, dass $k \geq 2$ bzw. $a_1 = 0$ gelten muss, da sonst $\ln \gamma_2$ divergiert. Damit lässt sich $\ln \gamma_2$ durch die Parameter $a_k(k \geq 2)$ von $\ln \gamma_1$ ausdrücken:

$$\boxed{RT \cdot \ln \gamma_2 = \sum_{k=2}\left(a_k \cdot x_2^k - \frac{a_k \cdot k}{k - 1} \cdot x_2^{k-1} + \frac{a_k}{k - 1}\right)} \qquad (1.86)$$

Gl. (1.86) werden wir in Aufgabe 1.20.20 brauchen, um aus γ_1 den Ausdruck für γ_2 zu berechnen mit $k \geq 4 = 0$.

Für die analytisch einfachste Form einer *realen* flüssigen Mischung gilt also: $a_k = 0$ für $k \geq 3$, und es lässt sich schreiben mit $a_2 = a_2' = a$:

$$\boxed{RT \cdot \ln \gamma_1 \cong a(1 - x_1)^2} \quad \text{bzw.} \quad \boxed{RT \cdot \ln \gamma_2 \cong a(1 - 2x_2 + x_2^2) = a \cdot x_1^2} \tag{1.87}$$

Daraus folgt:

$$\overrightarrow{G}^{E} = RT(x_1 \ln \gamma_1 + x_2 \ln \gamma_2) = a \cdot x_1 \cdot x_2$$

Mit diesem einfachen Ansatz wollen wir im Folgenden rechnen. Er zeigt sehr viele wichtige Eigenschaften realer flüssiger Mischungen von Nichtelektrolyten. Einsetzen von Gl. (1.87) in die Beziehung von Gl. (1.83) unter der Annahme einer idealen Gasphase ($\varphi_{i0} = \varphi_i = 1$) ergibt:

$$p_1 = p_{10} \cdot x_1 \cdot \gamma_1 = p_{10} \cdot x_1 \cdot e^{a(1-x_1)^2/RT}$$

$$p_2 = p_{20} \cdot x_1 \cdot \gamma_2 = p_{20} \cdot x_2 \cdot e^{a(1-x_2)^2/RT}$$

Ferner erhält man für den Gesamtdampfdruck $p(x_1)$ (bei $T = \text{const}$):

$$\boxed{p(x_1) = p_1 + p_2 = p_{10} \cdot x_1 \cdot e^{a(1-x_1)^2/RT} + p_{20} \cdot (1 - x_1) \cdot e^{a \cdot x_1^2/RT}} \quad (T = \text{const}) \tag{1.88}$$

Partialdruckdiagramme ($p_1, p_2, p = p_1 + p_2$), berechnet nach Gl. (1.88), sind für $a > 0$ und $a < 0$ in Abb. 1.8 dargestellt. Es gibt positive ($a > 0$) und negative ($a < 0$) Abweichungen vom idealen Raoult'schen Grenzgesetz, die i. a. schon recht gut zur Beschreibung realer Gemische geeignet sind, wenn man den Parameter a an Messdaten anpasst. Abb. 1.7(b) zeigt dafür ein Beispiel ($a = -2520 \, \text{J} \cdot \text{mol}^{-1}$). Zur Beschreibung komplexerer Gemische, wo ein Parameter a nicht mehr ausreicht, muss man entsprechend Gl. (1.85) weitere Potenzen hinzufügen ($a_2, a_3, a_4, \ldots$) oder einen anderen Ansatz für $\ln \gamma_i$ bzw. $\overline{G}^{E}$ wählen (s. Aufgabe 1.20.20).

Eine andere Möglichkeit der Darstellung sind sog. *Dampfdruckdiagramme*, für die nach Gl. (1.88) gilt ($T = \text{const}$):

$$\boxed{y_1 = \frac{p_1}{p_1 + p_2} = \frac{p_{10} \cdot x_1 \cdot e^{a(1-x_1)^2/RT}}{p_{10} \cdot x_1 \cdot e^{a(1-x_1)^2/RT} + p_{20} \cdot x_2 \cdot e^{ax_1^2/RT}}} \quad (T = \text{const}) \tag{1.89}$$

Gl. (1.89) stellt die Abhängigkeit des Molenbruchs der Dampfphase y_1 vom Molenbruch x_1 der flüssigen Phase dar. Zu jedem Wert des Gesamtdampfdruckes $p(x_1) = p_1 + p_2$ gehört ein Wert auf der y_1-Kurve bzw. x_1-Kurve. Das zeigt Abb. 1.9. Die graue Fläche ist das 2-Phasengebiet.

Statt der Diagramme bei $T = \text{const}$ können auch Diagramme bei $p = \text{const}$ konstruiert werden. Sie heißen „*Siedediagramme*". Zunächst gilt wieder:

$$p = x_1\gamma_1 \cdot p_{10} + (1 - x_1)\gamma_2 \cdot p_{20}$$

Beim Siedediagramm muss sich T mit der Zusammensetzung ändern. p_{10} sowie p_{20} hängen von T ab. Die integrierte Clausius-Clapeyron'sche Gleichung (s. Anhang J) ergibt bei niedrigen Drücken die folgende Dampfdruckformel:

$$p_{i0}(T) \cong p_{i0}(T_0)\exp\left[-\frac{\Delta \overline{H}_{V,i}}{R}\left(\frac{1}{T} - \frac{1}{T_0}\right)\right] \quad (i = 1, 2)$$

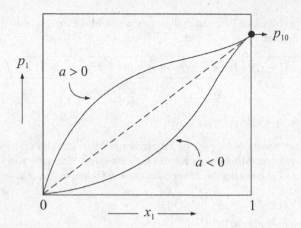

Abb. 1.8 Partialdruckdiagramm ($p_1, p_2, p = p_1 + p_2$) einer realen flüssigen Mischung bei niedrigen Dampfdichten (näherungsweise gilt das ideale Gasgesetz) mit $a > 0$ und $a < 0$ nach Gl. (1.88)

wobei T_0 eine frei wählbare Bezugstemperatur und $\Delta \overline{H}_{V,i}$ die molare Verdampfungsenthalpie der reinen Komponete i ist. Damit ergibt sich für x_1:

$$x_1 = \frac{p - p_{20}(T) \cdot \gamma_2}{p_{10}(T) \cdot \gamma_1 - p_{20}(T) \cdot \gamma_2} \qquad (p = \text{const}) \tag{1.90}$$

und für y_1:

$$y_1 = \frac{x_1(T) \cdot \gamma_1 \cdot p_{10}(T)}{x_1(T) \cdot \gamma_1 \cdot p_{10}(T) + (1 - x_1) \cdot \gamma_2 \cdot p_{20}(T)} \qquad (p = \text{const}) \tag{1.91}$$

Die graphische Darstellung von Gl. (1.90) und Gl. (1.91) heißt *Siedediagramm* (s. Abb. 1.10). Der wesentliche Unterschied dieser Darstellung zu der des Dampfdruckdiagrammes ist:

- Die *Gasphase* ist beim Siedediagramm oben und die *Flüssigphase* unten.

- Die Neigung der „2-Phasenspindel" ist im Siedediagramm entgegengesetzt der beim Dampfdruckdiagramm. Der Stoff mit dem niedrigeren Dampfdruck hat die höhere Siedetemperatur, der mit dem höheren Dampfdruck die niedrigere Siedetemperatur.

Eine allgemeine Ableitung von Phasendiagrammen liefern die sog. *Gibbs-Konovalov-Beziehungen*, die in Anhand I einschließlich mehrerer Anwendungsbeispiele dargestellt sind. Eine *dreidimensionale* Darstellung zeigt Abb. 1.11. *Dampfdruck- und Siedediagramme stellen Schnitte im p, T, x-Raum dar.* Hier gelten die Gleichungen (1.88) bis (1.91) allerdings nur im Bereich niedriger Drücke p und Temperaturen T. Bei Annäherung an die kritischen Temperaturen bzw. kritischen Drücke kann die Dampfphase auf keinen Fall mehr durch das ideale Gasgesetz beschrieben werden. Eine vollständige Beschreibung des in Abb. (1.11) gezeigten Verhaltens ist nur durch Berechnung des Phasengleichgewichtes mit Hilfe von Zustandsgleichungen möglich (s. Beispiel 1.21.16.

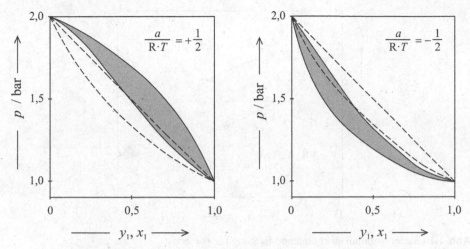

Abb. 1.9 Dampfdruckdiagramm (T = const) a) reale Mischung mit $a/RT = 0,5$ ——, ideale Mischung - - - - , b) reale Mischung mit $a/RT = -0,5$ ——, ideale Mischung - - - -. Die untere Kurve des idealen bzw. realen Diagramms ist die $p(y_1)$-Kurve (Grenze zur Dampfphase), die obere die $p(x_1)$-Kurve (Grenze zur flüssigen Phase.

Man sieht in Abb. (1.11)), dass auf der Seite der Komponente mit der niedrigeren kritischen Temperatur (C_β) die „Spindeln" der Dampfdruck- und Siedediagramme abreißen, bis sie bei C_α ganz verschwinden. Die Verbindungslinie von C_β nach C_α heißt kritische Kurve, sie verbindet alle kritischen Punkte der Mischung miteinander. In Aufgabe 1.20.2 wird ein einfaches Dampf-Flüssig-Gleichgewicht behandelt.

Die Anwendungsbeispiele 1.21.8 und 1.21.9 beschäftigen sich mit einer genauen Methode der Auswertung und einem Konsistenztest von Messdaten. Beispiel 1.21.10 stellt ein ternäres System vor (Titan-Atmosphäre). Eine wichtige Anwendung von Dampf-Flüssig-Gleichgewichten ist die Destillation bzw. Rektifikation zur Stofftrennung (Beispiele 1.21.12 und 1.21.13). Zu diesen sog. thermischen Trennverfahren für flüssige Mischungen gehört als alternative Methode auch die Pervaporation (1.21.25).

Wir diskutieren nun noch einen Spezialfall des Siedediagramms, der sich ergibt, wenn in Gl. (1.90) $p_{10}(T) = 0$ ist, d. h., Komponente 1 ist eine Substanz, die keinen messbaren Dampfdruck besitzt, etwa ein Feststoff wie NaCl oder Glucose. Komponente 2 ist das Lösemittel, also z. B. Wasser. Wir nehmen nun an, dass diese Lösung sehr verdünnt ist. Das bedeutet: $x_2 \approx 1$ und $x_1 \ll x_2$. Dann ist auch $\gamma_2 \approx 1$ und man kann Gl. (1.90) folgendermaßen schreiben, wenn $p = 1$ bar gesetzt wird:

$$x_1 \cong \frac{p_{20}(T) - p}{p_{20}(T)} = 1 - \frac{1}{p_{20}(T)}$$

Wir schreiben jetzt $T = T_B$ (Index B: boiling point), das ist die Siedetemperatur der Lösung und

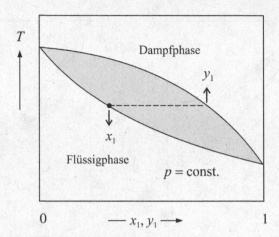

Abb. 1.10 Siedediagramm einer binären Mischung bei $p = $ const.

$p_{20}(T_B)$ ist der Dampfdruck des reinen Lösemittels bei T_B. Nun gilt ja:

$$p_{20}(T) = p_{20}(T_{B2}) \cdot \exp\left[-\frac{\Delta \overline{H}_{V2}}{R}\left(\frac{1}{T_B} - \frac{1}{T_{B2}}\right)\right]$$

T_{B2} ist die Siedetemperatur des Lösemittels, so dass $p_{20}(T_{B2}) = 1$ bar ist. Setzen wir nun $p_{20}(T_B)$ in die vorherige Gleichung ein, ergibt sich:

$$x_1 \cong 1 - \exp\left[+\frac{\Delta \overline{H}_{V2}}{R}\left(\frac{1}{T_B} - \frac{1}{T_{B2}}\right)\right] \approx 1 - \left[1 + \frac{\Delta \overline{H}_{V2}}{R}\left(\frac{T_{B2} - T_B}{T_{B2}^2}\right)\right] = \frac{\Delta \overline{H}_{V2}}{R \cdot T_{B2}^2}\ (T_B - T_{B2})$$

Dabei wurde berücksichtigt, dass der Exponent klein gegen 1 ist, da T_{B2} und T_B sich wegen $x_1 \ll 1$ nur geringfügig unterscheiden. $(T_B - T_{B2})$ heißt *Siedepunktserhöhung* und man kann wegen $x_1 \approx n_1/n_2 = m_1/(M_1 \cdot n_2)$ diese Gleichung umschreiben in:

$$\boxed{M_1 = \frac{1}{x_1}\frac{m_1}{n_2} = \frac{m_1}{m_2} \cdot M_2 \cdot \frac{RT_{B2}^2}{\Delta \overline{H}_{V2}} \cdot \frac{1}{T_B - T_{B2}}}\quad \text{(Siedepunktserhöhung, } T_B > T_{B2})$$

In dieser Form lässt sich die Siedepunktserhöhung zur Molmassenbestimmung nutzen, wenn bei bekannter Einwaage m_1/m_2 auch M_2 und $RT_{B2}^2/\Delta H_{V2}$ bekannt sind. $M_2 \cdot RT_{B2}^2/\Delta \overline{H}_{B2}$ heißt *ebullioskopische Konstante* des Lösemittels, $T_B - T_{B2}$ wird gemessen und dadurch M_1 bestimmt. (Aufgaben zur Gefrierpunktserniedrigung und Siedepunkterhöhung: 1.20.12 und 1.20.13.)

1.8 *Das Henry'sche Grenzgesetz*

Wir kehren nochmals zum Partialdruckdiagramm bei niedrigen Drücken zurück und wollen das Verhalten des Partialdrucks $p_1(x_1)$ für die Grenzfälle $x_1 = 1$ und $x_1 = 0$ näher untersuchen (s. Abb. 1.12). Aus Gl. (1.83) folgt mit $\varphi_i/\varphi_{i0} = 1$ (ideale Gasphase):

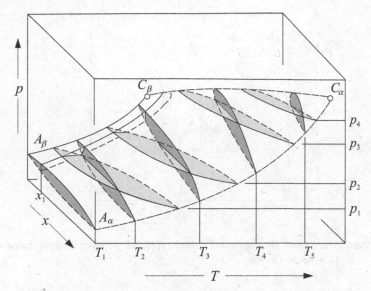

Abb. 1.11 Dreidimensionale Darstellung (p, x, T) des Phasenverhaltens für ein einfaches binäres Gemisch. C_α = kritischer Punkt von Komponente 1, C_β = kritischer Punkt von Komponente 2

$$\frac{dp_1}{dx_1} = \gamma_1 \cdot p_{10} + x_1 \cdot p_{10} \cdot \frac{d\gamma_1}{dx_1}$$

Da $\gamma_1 = 1$ bei $x_1 = 1$, gilt:

$$\lim_{x_1 \to 1} \left(\frac{dp_1}{dx_1} \right) = p_{10} + p_{10} \cdot \lim_{x_1 \to 1} \left(x_1 \frac{d\gamma_1}{dx_1} \right)$$

Es gilt nun ausgehend von Gl. (1.85) ($a_0 = a_1 = 0$):

$$RT \frac{d\ln\gamma_1}{dx_1} = RT \frac{1}{\gamma_1} \frac{d\gamma_1}{dx_1} = -2a_2(1 - x_1) - 3a_3(1 - x_1)^2 - \cdots$$

Daraus folgt:

$$\frac{d\gamma_1}{dx_1} = 0 \qquad \text{für } x_1 = 1 \quad \text{bzw.} \quad \lim_{x_1 \to 1} \left(\frac{dp_1}{dx_1} \right) = p_{10}$$

Wir halten also fest: p_1 *bzw.* f_1 *geht bei* $x_1 = 1$ *asymptotisch in die Raoult'sche Gerade über.* Wir betrachten jetzt den Fall, dass $x_1 \to 0$ geht.
Da $d\gamma_1/dx_1$ für $x_1 \to 0$ einen endlichen Grenzwert erreicht, gilt:

$$\lim_{x_1 \to 0} \left(\frac{dp_1}{dx_1} \right) = p_{10} \cdot \gamma_1^\infty$$

wobei γ_1^∞ der Aktivitätskoeffizient von Komponente 1 in unendlicher Verdünnung ist ($x_1 = 0$).

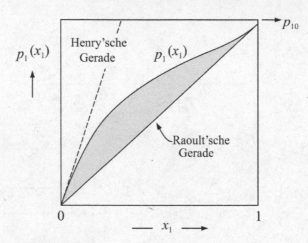

Abb. 1.12 Zum Henry'schen Grenzgesetz: Partialdampfdruck p_1 einer binären realen flüssigen Mischung. - - - - Henry'sche Gerade

Die Gerade $p_1 = (p_{10} \cdot \gamma_1^\infty) \cdot x_1$ heißt *Henry'sche Gerade* (siehe Abb. 1.12). Man bezeichnet

$$p_{10} \cdot \gamma_1^\infty = K_H$$

als *Henry'schen Koeffizienten*. Das Henry'sche Grenzgesetz

$$p_i = K_{H,i} \cdot x_i \qquad (1.92)$$

ist nur für $x_i \rightarrow 0$ streng gültig und besitzt somit bei kleinen Werten von x_i näherungsweise Gültigkeit. Bei idealen flüssigen Mischungen ist $\gamma_1^\infty = 1$, K_H wird gleich p_{10} bzw. f_{10}, und die Henry'sche Gerade geht in die Raoult'sche Gerade über, d. h., es gilt bei idealen flüssigen Mischungen überall das Raoult'sche Gesetz.

Gl. (1.92) gilt auch für die Löslichkeit von Gasen in Flüssigkeiten, d. h. von Substanzen, die sich bei der betreffenden Temperatur im reinen Zustand bereits im überkritischen Zustand befinden. In diesem Fall ist f_{10} ein Standardzustand des reinen gelösten Stoffes 1, der jedenfalls nicht vom Molenbruch x_i abhängt.

Tabelle 1.1 zeigt Werte für K_H einiger Gase in Wasser bei 298 K.

Tab. 1.1 Henry-Koeffizienten einiger Gase in Wasser (in kbar) bei $T = 298$ K

He	H$_2$	N$_2$	O$_2$	CO	Ar	CH$_4$	C$_2$H$_6$
1490	71,7	86,33	44,17	58,8	40,18	40,4	30,3

Mit Gl. (1.92) berechnet man z. B. bei $f_i \approx p_i = 1$ bar für Stickstoff in Wasser ein Molenbruch $x_{N_2} = 1,16 \cdot 10^{-5}$ und für Sauerstoff ein Molenbruch $x_{O_2} = 2,27 \cdot 10^{-5}$. O$_2$ ist also in Wasser besser löslich als N_2. Das ist von Bedeutung für das Leben unter Wasser. Fische benötigen ausreichend O_2 im Wasser.

Der Henry'sche Koeffizient hängt auch von der Temperatur ab. Wir wollen diese Abhängigkeit berechnen, indem wir zunächst $\ln K_H$ partiell nach T ableiten:

$$\left(\frac{\partial \ln K_H}{\partial T}\right)_p = \frac{d \ln p_{10}}{dT} + \left(\frac{\partial \ln \gamma_1^\infty}{\partial T}\right)_p$$

und erhalten unter Beachtung der Clausius-Claperon'schen Gleichung und Gl. (1.63):

$$\left(\frac{\partial \ln K_H}{\partial T}\right)_p = \frac{\Delta \overline{H}_{V,1}}{RT^2} - \frac{\overline{H}_{1,\text{fl}}^\infty - \overline{H}_{1,\text{fl}}^0}{RT^2} = \frac{\overline{H}_{1,\text{Gas}}^0 - \overline{H}_{1,\text{fl}}^\infty}{RT^2} \tag{1.93}$$

$\overline{H}_{1,\text{Gas}}^0 - \overline{H}_{1,\text{fl}}^\infty = \Delta \overline{H}_1^\infty$ *heißt die partielle Lösungsenthalpie* von Gas 1 in Flüssigkeit 2 bei unendlicher Verdünnung (Aufgaben zum Henry'schen Grenzgesetz: 1.20.17, 1.20.19, 1.20.30).

1.9 Azeotropie in binären Dampf-Flüssigkeits-Gleichgewichten

Wir diskutieren jetzt sog. *azeotrope Systeme*. Azeotrope Gemische sind solche, bei denen es im Dampfdruckdiagramm bzw. im Siedediagramm einen Punkt gibt, wo Gasphase und flüssige Phase dieselbe Zusammensetzung haben. *Bei Azeotropie gilt also:* $x_1 = y_1$ *bzw.* $x_2 = y_2$.

Abb. 1.13 zeigt 2 Beispiele von binären Systemen mit Azeotropie: $CHCl_3 + (CH_3)_2CO$ und $CS_2 + (CH_3)_2CO$. Die Beispiele zeigen, dass am azeotropen Punkt sowohl im Dampfdruckdiagramm ebenso wie im Siedediagramm ein Extremwert für den Druck bzw. für die Temperatur erreicht wird. Es gibt 2 Arten solcher Systeme, entweder hat das System ein Minimum im Dampfdruckdiagramm, dann hat es ein Maximum im Siedediagramm (Beispiel: $CHCl_3 + (CH_3)_2CO$) oder umgekehrt, es es hat ein Maximum im Dampfdruckdiagramm, dann hat es ein Minimum im Siedediagramm (Beispiel: $CS_2 + (CH_3)_2CO$). Im Dampfdruckdiagramm spricht man von einem *positiven Azeotrop,* wenn der Druck am azeotropen Punkt ein Maximum erreicht bzw. von einem *negativen Azeotrop,* wenn ein Dampfdruckminimum beobachtet wird. In diesem Sinn ist $CHCl_3 + (CH_3)_2CO$ ein negatives und $CS_2 + (CH_3)_2CO$ ein positives azeotropes System.

Zunächst *beweisen* wir ganz allgemein: *Dort, wo der azeotrope Punkt auftritt, hat die Gesamtdampfdruckkurve ein Maximum oder ein Minimum.*

Die Bedingung für Azeotropie lautet bei realen flüssigen Mischungen mit idealer Dampfphase:

$$y_1 = x_1 = \frac{p_{10} \cdot x_1 \cdot \gamma_1}{p_{10} \cdot x_1 \cdot \gamma_1 + p_{20} \cdot x_2 \cdot \gamma_2}$$

oder:

$$x_1 + \frac{p_{20} \cdot \gamma_2}{p_{10} \cdot \gamma_1}(1 - x_1) = 1 \quad \text{und damit} \quad \boxed{\frac{\gamma_2}{\gamma_1} = \frac{p_{10}}{p_{20}}} \tag{1.94}$$

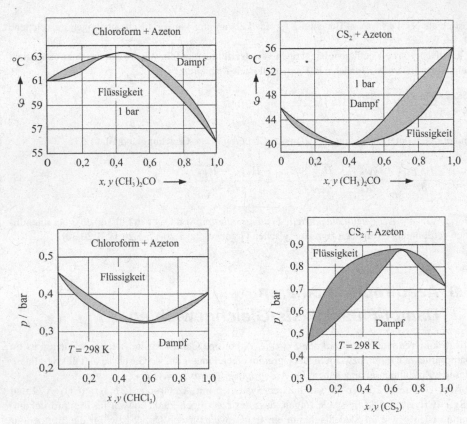

Abb. 1.13 Beispiele für Dampfdruck- und Siedediagramme für binäre flüssige Mischungen mit azeotropen Punkten: $CHCl_3$ + Azeton (links) und CS_2 + Azeton (rechts).

Die allgemeine Form der Dampfdruckkurve der Mischung $p = p_{10} \cdot x_1\gamma_1 + p_{20} \cdot x_2\gamma_2$ wird nach x_1 differenziert mit dem Resultat:

$$\frac{dp}{dx_1} = p_{10} \cdot \gamma_1 - p_{20} \cdot \gamma_2 + p\left(y_1 \cdot \frac{d\ln\gamma_1}{dx_1} + y_2 \cdot \frac{d\ln\gamma_2}{dx_1}\right) \tag{1.95}$$

Der Ausdruck in der runden Klammer ist gültig wegen $p \cdot y_1 = p_{10} \cdot x_1\gamma_1$, bzw. $p \cdot y_2 = p_{20} \cdot x_2 \cdot \gamma_2$.

Am azeotropen Punkt ist nun $x_1 = y_1$ und $x_2 = y_2$. Somit kann man schreiben:

$$y_1\frac{d\ln\gamma_1}{dx_1} + y_2\frac{d\ln\gamma_2}{dx_1} = x_1\frac{d\ln\gamma_1}{dx_1} + x_2\frac{d\ln\gamma_2}{dx_1} \tag{1.96}$$

Im nächsten Schritt verwenden wir die durch die Gesamtmolzahl dividierte Gibbs-Duhem-Gleichung Gl. (1.21):

$$\frac{S}{\sum n_i}dT - \frac{V}{\sum n_i}dp + \sum x_i d\mu_i = 0$$

Wenn T = const bzw. $dT = 0$, folgt für eine binäre Mischung:

$$-\overline{V}_M \cdot \frac{dp}{dx_1} + x_1 \frac{d\mu_1}{dx_1} + x_2 \frac{d\mu_2}{dx_1} = 0 \tag{1.97}$$

Einsetzen von $\mu_i = \mu_{i0} + RT \ln(\gamma_i x_i)$ ergibt:

$$\overline{V}_M \cdot \frac{dp}{dx_1} = RT \left[x_1 \frac{d\ln\gamma_1}{dx_1} + x_2 \frac{d\ln\gamma_2}{dx_1} \right] \tag{1.98}$$

Einsetzen der eckigen Klammer in Gl. (1.95) unter Berücksichtigung von Gl. (1.96) ergibt:

$$\frac{dp}{dx_1} = p_{10}\gamma_1 - p_{20}\gamma_2 + \frac{p \cdot \overline{V}_M}{RT} \frac{dp}{dx_1}$$

also:

$$\frac{dp}{dx_1} \cdot \left(1 - \frac{p \cdot \overline{V}}{RT}\right) = p_{10} \cdot \gamma_1 - p_{20} \cdot \gamma_2$$

Bei Azeotropie ist die rechte Seite dieser Gleichung gleich 0 wegen Gl. (1.94). Da $1 \neq p \cdot \overline{V}/RT$ ($\overline{V}$ ist das Molvolumen der *flüssigen* Mischphase), muss bei Azeotropie gelten:

$$\boxed{\frac{dp}{dx_1} = 0} \quad \text{(Azeotropie)} \tag{1.99}$$

Damit ist bewiesen, dass am azeotropen Punkt die Dampfdruckkurve entweder ein Maximum oder Minimum hat. Ist $(d^2p/dx_1^2) > 0$, handelt es sich um ein Minimum, ist $(d^2p/dx_1^2) < 0$, handelt es sich um ein Maximum.

Dies gilt nicht nur für den Sonderfall, dass die Gasphase sich ideal verhält und die Dichten der flüssigen und gasförmigen Phase sehr unterschiedlich sind, sondern ganz allgemein, wie im Rahmen der sog. Gibbs-Konovalov'schen Theoreme gezeigt werden kann (s. Anhang J).

Wir wählen jetzt für γ_1 und γ_2 Gl. (1.87) und untersuchen, bei welchen Bedingungen Azeotropie auftreten kann. Nach Gl. (1.94) muss gelten:

$$\frac{\gamma_2}{\gamma_1} = \frac{p_{10}}{p_{20}} = \frac{\exp\left[\frac{a}{RT} \cdot x_1^2\right]}{\exp\left[\frac{a}{RT}(1-x_1)^2\right]} = \exp\left[\frac{a}{RT}(2x_1 - 1)\right]$$

Aufgelöst nach x_1 ergibt sich:

$$\boxed{x_1 = \frac{RT}{2a} \ln\left(\frac{p_{10}}{p_{20}}\right) + \frac{1}{2}} \tag{1.100}$$

Da $0 \leq x_1 \leq 1$, gilt also:

$$0 \leq \frac{RT}{2a} \ln\left(\frac{p_{10}}{p_{20}}\right) + \frac{1}{2} \leq 1 \quad \text{oder} \quad -1 \leq \frac{RT}{a} \ln\left(\frac{p_{10}}{p_{20}}\right) \leq +1$$

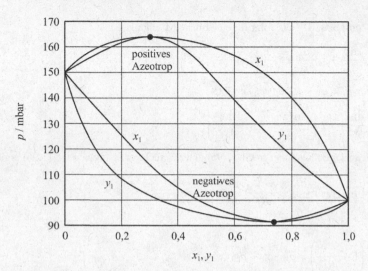

Abb. 1.14 Dampfdruckdiagramm mit positivem Azeotrop und negativem Azeotrop berechnet nach Gl. (1.88) und (1.89) mit den Beispielen $a = RT$ bzw. $a = -RT$, $p_{10} = 100$ mbar, $p_{20} = 150$ mbar, Dampfphase: ideales Gasgemisch

Wir betrachten 2 Beispiele: Es soll gelten, dass $p_{10}/p_{20} = 2/3$ und ferner:

   a) $a = RT$ oder b) $a = RT/3$

Für die beiden Fälle ergibt sich:

   a) $1 \cdot \ln \dfrac{2}{3} = -0,405$ (Azeotropie) b) $3 \cdot \ln \dfrac{2}{3} = -1,216$ (keine Azeotropie)

Man erhält also im Fall a) ein positives Azeotrop. Ein negatives Azeotrop lässt sich mit $-a = RT$ erzeugen. Dann gilt:

   $-1 < +0,405 < 1$

In Abb. 1.14 sind graphisch die beiden Dampfdruckdiagramme für den Fall $p_{10} = 100$ mbar, $p_{20} = 150$ mbar mit $a = RT$ bzw. mit $-a = RT$ aufgetragen.

Dampfdruck- und Siedediagramme azeotroper Mischungen lassen sich analog wie in Abb. 1.11 räumlich in einer p, x, T-Fläche darstellen. Schnitte durch diese Fläche zeigt Abb. 1.15. Hier erkennt man auch deutlich, dass ein positives Azeotrop im Dampfdruckdiagramm ein negatives Azeotrop im Siedediagramm zur Folge hat. Der azeotrope Punkt wandert als eine Kurve durch den p, x, T-Raum. Beispielrechnungen zu azeotropen Dampf-Flüssigkeits-Gemischen finden sich in den Aufgaben 1.20.28 und 1.20.29.

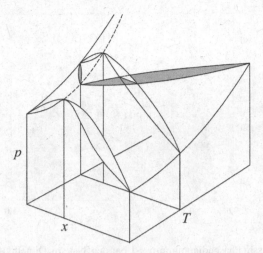

Abb. 1.15 Räumliche Darstellung eines binären Gemisches mit Maxima in den Dampfdruckdiagrammen (Schnitte bei T = const) und Minima in den Siedediagrammen (Schnitt bei p = const). ------ Kurve des azeotropen Punktes im p, x, T-Raum.

1.10 *Flüssig-Flüssig-Phasengleichgewicht in binären Mischungen*

Schon die Erfahrung zeigt, dass nicht alle Flüssigkeiten miteinander mischbar sind. Während sich z. B. Wasser und Ethanol vollständig mischen, ist das z. B. bei Wasser + Chloroform nur teilweise, bei Wasser + Quecksilber überhaupt nicht der Fall. Wenn in einer flüssigen Mischung 2 Phasen nebeneinander im Gleichgewicht vorliegen, spricht man von einer Mischungslücke. Ein typisches Beispiel ist in Abb. 1.16 dargestellt, wie man es etwa bei Dimethylformamid + Heptan beobachtet.

Bei einer bestimmten Temperatur bilden sich 2 flüssige Phasen mit der Zusammensetzung x_1' und x_1''. Die eingezeichnete Kurve mit den Messpunkten beschreibt die Koexistenzlinie zwischen vollständiger Mischbarkeit und dem 2-Phasenbereich. Innerhalb der „Mischungslücke" spaltet das System in 2 Phasen auf. Die Schnittpunkte der zur x_1-Achse parallelen Gerade (Isotherme) sind die Molenbrüche x_1' und x_1'' in den beiden Phasen. Bei sinkender Temperatur wird die Mischungslücke breiter, bei steigender Temperatur wird sie schmaler und verschwindet am sog. *oberen kritischen Entmischungspunkt* (UCST = *U*pper *C*ritical *S*olution *T*emperature).

Dieses Verhalten zeigt an, dass flüssige Mischungen im Bereich dieser Mischungslücke offenbar als homogene Mischung nicht mehr thermodynamisch stabil sind. Als Kriterium für die thermodynamische Stabilität binärer Mischungen hatten wir (s. auch Anhang B) festgestellt, dass gelten muss:

$$\left(\frac{\partial^2 \overline{G}}{\partial x^2}\right)_{T,p} > 0$$

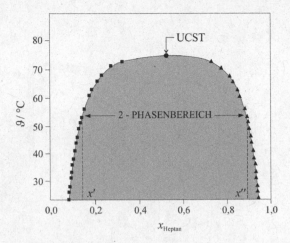

Abb. 1.16 Flüssig-Flüssig Phasendiagramm $p = 1$ bar des Systems Dimethylformamid + Heptan, ▲, ■ = experimentelle Messpunkte.

Stattdessen können wir auch die entsprechende molare Mischungsgröße $\Delta \overline{G}_M = \overline{G} - x_1 \mu_1^0 - x_2 \mu_2^0$ als Stabilitätskriterium verwenden ($x = x_1$ oder x_2):

$$\left(\frac{\partial^2 \Delta \overline{G}}{\partial x^2} \right)_{T,p} > 0 \tag{1.101}$$

Genaueres dazu wird in Anhang B diskutiert. Mit dem bisherigen, einfachsten Ansatz für reale Mischungen gilt (s. Gl. (1.70) und (1.87)):

$$\Delta \overline{G} = RT(x_1 \ln x_1 + x_2 \ln x_2) + a \cdot x_1 \cdot x_2 \tag{1.102}$$

Wir nehmen an, dass $a > 0$ und erhalten für $\Delta \overline{G}$ bei verschiedenen Temperaturen T_1, T_2, T_3, T_4 Kurvenverläufe, wie sie in Abb. 1.17(a) gezeigt sind. Unterhalb einer gewissen Temperatur (in Abb. 1.17(a) ist das T_2) zeigt der Verlauf von $\Delta \overline{G}_M$ zwei getrennte Minima, oberhalb von T_2 gibt es nur ein Minimum. Für $T_1 > T_2 = T_c$ ist offenbar das Stabilitätskriterium immer erfüllt, und die Mischung ist für alle Werte von x_1 stabil. Unterhalb T_2, also bei $T = T_3$ und $T = T_4$, gilt dieses Kriterium von links bis zum Punkt A und von rechts bis zum Punkt A', an diesen Punkten hat die $\Delta \overline{G}$-Kurve Wendepunkte. Dort gilt:

$$\left(\frac{\partial^2 \Delta \overline{G}}{\partial x^2} \right)_{T,p} = 0 \tag{1.103}$$

Zwischen A und A' gilt dagegen:

$$\left(\frac{\partial^2 \Delta \overline{G}}{\partial x^2} \right)_{T,p} < 0 \tag{1.104}$$

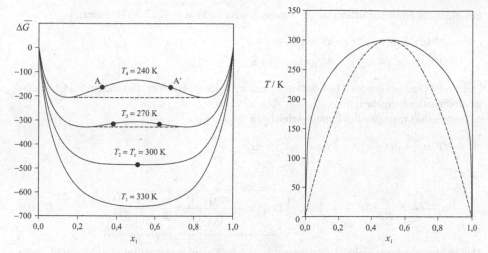

Abb. 1.17 a) $\Delta\overline{G}$ nach Gl. (1.102) für verschiedene Temperaturen im Bereich einer Mischungs-lücke als Funktion von x_1 mit $a = 4988,7\,\mathrm{J\cdot mol^{-1}}$ o Phasengleichgewichtspunkte, • Spinodalpunkte, b) Phasenkoexistenzkurve (——) nach Gl. (1.107) und die Spinodale (- - - -) nach Gl. (1.105) für das Flüssig-Flüssig-Phasengleichgewicht einer binären Mischung mit $a = 4988,7\,\mathrm{J\cdot mol^{-1}}$.

In diesem Bereich ist die Mischung instabil und zerfällt spontan in zwei Phasen. Er wird durch die Bedingung nach Gl. (1.104) abgegrenzt. Gl. (1.102) eingesetzt in Gl. (1.103) und aufgelöst nach T ergibt:

$$T = \frac{2a}{R} x_1 \cdot x_2 \tag{1.105}$$

Diese Kurve heißt Stabilitätskurve oder *Spinodale,* sie ist als gestrichelter Verlauf in Abb. 1.17(b) eingezeichnet. Ihr Maximum liegt bei $x_1 = x_2 = 0,5$ mit $T_c = T_{\mathrm{UCST}} = a/2R$. Überall innerhalb der Fläche, die von der Spinodalen nach innen abgegrenzt wird, findet spontaner Zerfall der flüssigen Mischung statt. Die Fläche zwischen Spinodale und der 2-Phasengrenze heißt *metastabiler Bereich,* er kann kinetisch zeitweise stabil sein, thermodynamisch ist er es nicht. Die 2-Phasengleichgewichtskurve (sog. Koexistenzkurve) erhält man aus den Gleichgewichtsbedingungen:

$$\boxed{\mu_1' = \mu_1''} \quad \text{und} \quad \boxed{\mu_2' = \mu_2''}$$

Damit lassen sich Mischungslücken durch eine Koexistenzkurve beschreiben. Es gelten also die Gleichgewichtsbedingungen:

$$RT \ln x_1' + RT \ln \gamma_1' = RT \ln x_1'' + RT \ln \gamma_1''$$
$$RT \ln(1 - x_1') + RT \ln \gamma_2' = RT \ln(1 - x_1'') + RT \ln \gamma_2'' \tag{1.106}$$

Einsetzen des einfachen quadratischen Ausdruckes für γ_1 bzw. γ_2 (Gl. (1.87)) ergibt:

$$RT \ln x_1' + a(1 - x_1')^2 = RT \ln x_1'' + a(1 - x_1'')^2$$
$$RT \ln(1 - x_1') + a \cdot x_1'^2 = RT \ln(1 - x_1'') + a \cdot x_1''^2$$

Das sind 2 Gleichungen für 2 Unbekannte x_1' und x_1''. Man sieht sofort, dass die beiden Gleichungen ineinander übergehen, wenn $x_1' = 1 - x_1'' = x_2''$ gesetzt wird.

Damit erhält man *eine* Bestimmungsgleichung für x_1':

$$RT \ln x_1' + a(1 - x_1')^2 = RT \ln(1 - x_1') + ax_1'^2$$

oder:

$$\ln \frac{x_1'}{1 - x_1'} = \frac{a}{RT}(2x_1' - 1) \quad \text{bzw.} \quad \boxed{T(x_1') = \frac{a}{R} \frac{(2x_1' - 1)}{\ln \frac{x_1'}{1 - x_1'}} = \frac{a}{R} \frac{(2x_2'' - 1)}{\ln \frac{x_2''}{1 - x_2''}}} \tag{1.107}$$

Das ist die thermodynamische *Gleichgewichtskurve (Koexistenzkurve)* für den 2-Phasenbereich ($T(x_1') = T(x_1'')$). Sie ist symmetrisch um $x_1' = x_2'' = 0,5$ und ist graphisch in Abb. 1.17(b) als durchgezogene Kurve dargestellt.

Aus Gl. (1.107) lässt sich die kritische Entmischungstemperatur berechnen (UCST = *u*pper *c*ritical *s*olution *t*emperature). Sie wird bei $x_1' = x_1'' = 0,5$ erreicht und durch eine Grenzwertbetrachtung von Gl. (1.107) bestimmt:

$$T_{\text{UCST}} = \lim_{x_1' \to 0,5} T(x_1') = \lim_{x_1' \to 0,5} \left[\frac{a}{R} \frac{2x_1' - 1}{\ln \frac{x_1'}{1 - x_1'}} \right] = \frac{a}{R} \cdot \lim_{x_1' \to 0,5} \left[\frac{2}{\frac{1}{x_1'} + \frac{1}{1 - x_1'}} \right] = \frac{a}{R} \cdot \frac{1}{2} \tag{1.108}$$

Dabei wurde von der Grenzwertbestimmung unbestimmter Ausdrücke nach der Regel von l'Hospital Gebrauch gemacht. Gl. (1.108) erhält man auch aus der Spinodalkurve nach Gl. (1.105) mit $x_1 = x_2 = 0,5$, da am Maximum Koexistenzkurve und Spinodalkurve zusammenfallen.

Genauer gesagt ergibt sich Gl. (1.108) aus der Tatsache, dass bei $T = T_c$ und $x = x_c$ neben Gl. (1.103) auch gelten muss (s. auch Anhang C):

$$\left(\frac{\partial^3 \Delta \overline{G}}{\partial x^3} \right)_{T,p} = 0 \tag{1.109}$$

Die Phasen mit der Zusammensetzung x_1' und x_1'' (bzw. x_2' und x_2'') lassen sich auch graphisch interpretieren. Nach Gl. (1.72) gilt mit $\overline{Z} = \overline{G}$ für binäre Systeme:

$$\overline{G} = \mu_1 + x_2 \left(\frac{\partial \overline{G}}{\partial x_2} \right)_{T,p}$$

Diese Gleichung gilt auch, wenn man schreibt

$$\Delta \overline{G} = (\mu_1 - \mu_{10}) + x_2 \frac{\partial \Delta \overline{G}_M}{\partial x_2}$$

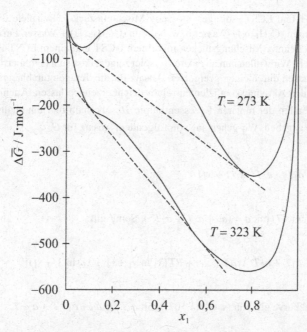

Abb. 1.18 Asymmetrischer Verlauf von $\Delta\overline{G}_M$ für eine binäre flüssige Mischung mit Mischungslücke. $\Delta\overline{G}_M = RT(x_1 \ln x_1 + x_2 \ln x_2) + \frac{a \cdot x_1 \cdot x_2}{\frac{a}{b}x_1 + x_2}$ mit $a = 8000\,\text{J} \cdot \text{mol}^{-1}$ und $\frac{a}{b} = 1,8$. Die Berührungspunkte der Tangente bestimmten die Zusammensetzung der beiden Phasen.

mit $\Delta\overline{G} = (\mu_1 - \mu_1^0)x_1 + (\mu_2 - \mu_2^0)x_2$. Im Phasengleichgewicht muss gelten:

$$\mu_1' - \mu_1^0 = \mu_1'' - \mu_1^0$$

oder nach Gl. (1.109):

$$\Delta\overline{G}' - x_2'\left(\frac{\partial\overline{G}}{\partial x_2}\right)' = \Delta\overline{G}_M'' - x_2''\left(\frac{\partial\Delta\overline{G}}{\partial x_2}\right)'' \qquad (1.110)$$

Die Gleichheit der beiden Seiten dieser Gleichung erfordert, dass die gemeinsame Tangente (gestrichelte Gerade in Abb. 1.17(a)) bzw. Abb. 1.18 die Berührungspunkte x_1' und x_1'' (bzw. x_2' und x_2'') festlegt. Diese Punkte bestimmen die Zusammensetzung der beiden im thermodynamischen Gleichgewicht vorliegenden flüssigen Phasen. Selbstverständlich ist Gl. (1.110) allgemein gültig und nicht von dem speziellen Ansatz von $\Delta\overline{G}$ (Gl. (1.102)) abhängig, wo $a > 0$ eine Konstante und der Kurvenverlauf symmetrisch ist. Ein Beispiel zeigt Abb. 1.18. Hier wurde $\overline{G}^E = ((a/b)x_1 \cdot x_2/(a/b)x_1 + x_2)$ mit $a/b = 1/8$ gesetzt (s. Übungsaufgabe 1.20.27). Weitere Ansätze für $\overline{G}^E$ bzw. μ_i werden in Abschnitt 1.18 abgeleitet, die für Mischungen unterschiedlich großer Moleküle geeignet sind. Flüssig-Flüssig Entmischungen mit UCST werden in Beispiel 1.21.20 behandelt.

Es werden auch andere Typen von Entmischungskurven beobachtet, z. B. solche mit einer unteren kritischen Entmischungstemperatur LCST (*lower critical solution temperature*) und solche mit je einer UCST und LCST (sog. geschlossene Mischungslücke). Beispiele dafür zeigt Abb. 1.19 mit Triethylamin ($C_6H_{15}N$)+ Wasser bzw. Nikotin ($C_{10}H_{14}N_2$) + Wasser. Ferner gibt es auch den Fall zweier getrennter Mischungslücken mit einem UCST und einem LCST-Punkt (Beispiel: Benzol + Schwefel). Wir wollen nun an einem Beispiel zeigen, dass sich (symmetrische) geschlossene Mischungslücken durch einen geeigneten Ansatz für die Temperaturabhängigkeit $a = a(T)$ im Ausdruck für den Aktivitätskoeffizienten relativ leicht erzeugen lassen. Auch lassen sich allgemeine Eigenschaften der molaren Exzessenthalpie $\overline{H}^E$ oberhalb und unterhalb geschlossener Mischungslücken angeben. Wir gehen aus von folgendem Ansatz für $\overline{G}^E$:

$$\overline{G}^E = (a_0 + a_1T + a_2T^2)x_1(1 - x_1)$$

Das entspricht Gl. (1.87) mit $a = (a_0 + a_1T + a_2T^2)$. Somit gilt:

$$\Delta\overline{G} = (a_0 + a_1T + a_2T^2)x_1(1 - x_1) + RT[x_1 \ln x_1 + (1 - x_1)\ln(1 - x_1)] \tag{1.111}$$

Für die Koexistenzkurve gilt nun (s. Gl. (1.107)) mit $a(T) = a_0 + a_1 \cdot T + a_2 \cdot T^2$:

$$T(x_1') = \frac{a(T)}{R} \frac{(2x_1' - 1)}{\ln \frac{x_1'}{1-x_1'}} \tag{1.112}$$

Bei einer geschlossene Mischungslücke muss sowohl für die UCST wie auch die LCST gelten:

$$a_{T_{UCST}} = 2R \cdot T_{UCST}$$
$$a_{T_{LCST}} = 2R \cdot T_{LCST}$$

Also erhält man für $a(T) = a_0 + a_1T + a_2T^2$:

$$2R \cdot T_{UCST} = a_0 + a_1T_{UCST} + a_2T_{UCST}^2 \tag{1.113}$$

und

$$2R \cdot T_{LCST} = a_0 + a_1T_{LCST} + a_2T_{LCST}^2 \tag{1.114}$$

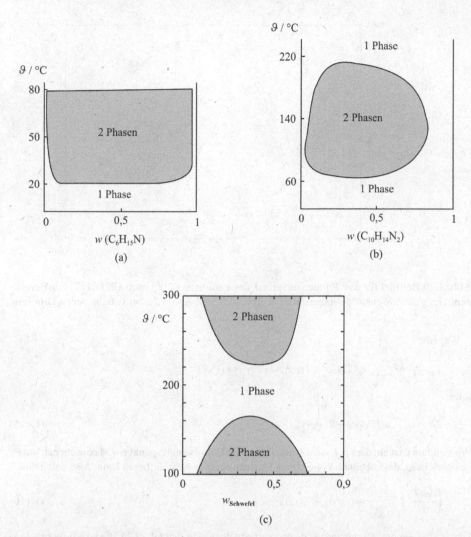

Abb. 1.19 Flüssig-Flüssig Entmischungskurven (Koexistenzlinien). Beispiele: (a) mit unterer kritischer Entmischungstemperatur LCST (Triethylamin + H_2O) und (b) mit oberer (UCST) und unterer (LCST) Entmischungstemperatur (Nicotin + H_2O), (c) mit UCST und LCST aber getrennten 2-Phasengebieten (Benzol + Schwefel). Aufgetragen ist die Temperatur in °C gegen den Gewichtsbruch w der organischen Komponente bzw. von Schwefel.

Subtraktion der beiden Gleichungen ergibt:

$$2R(T_{\text{UCST}} - T_{\text{LCST}}) = a_1(T_{\text{UCST}} - T_{\text{LCST}}) + a_2(T_{\text{UCST}}^2 - T_{\text{LCST}}^2)$$

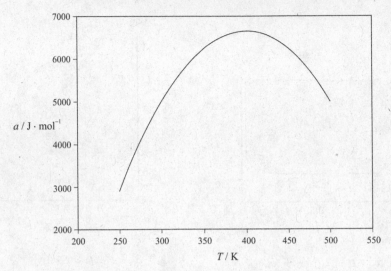

Abb. 1.20 Beispiel für den Temperaturverlauf des Parameters $a(T)$ nach Gl. (1.117) zur Berechnung der geschlossenen Mischungslücke in Abb. 1.21 und Abb. 1.22 bei verschiedenen Drücken

Wegen

$$T_{\text{UCST}}^2 - T_{\text{LCST}}^2 = (T_{\text{UCST}} + T_{\text{LCST}})(T_{\text{UCST}} - T_{\text{LCST}})$$

folgt:

$$2R = a_1 + a_2(T_{\text{UCST}} + T_{\text{LCST}}) \tag{1.115}$$

Wir nehmen jetzt an, dass $a(T)$ am oberen kritischen Entmischungspunkt ein Maximum hat, um zu gewährleisten, dass oberhalb T_{UCST} keine Phasentrennung mehr auftreten kann. Also soll gelten:

$$\left(\frac{\mathrm{d}a(T)}{\mathrm{d}T}\right)_{T=T_{\text{UCST}}} = 0 = a_1 + 2a_2 T_{\text{UCST}} \tag{1.116}$$

Damit sind die drei Parameter a_0, a_1 und a_2 festgelegt. Mit den Gl. (1.113), (1.114) und (1.115) lassen sich a_0, a_1 und a_2 durch T_{UCST} und T_{LCST} ausdrücken. Auflösen der algebraischen Ausdrücke ergibt:

$$a(T) = -2R\frac{T_{\text{LCST}} \cdot T_{\text{UCST}}}{T_{\text{UCST}} - T_{\text{LCST}}} + 4R\frac{T_{\text{UCST}}}{T_{\text{UCST}} - T_{\text{LCST}}} \cdot T - 2R\frac{1}{T_{\text{UCST}} - T_{\text{LCST}}} \cdot T^2 \tag{1.117}$$

Also:

$$a_0 = -2R\frac{T_{\text{UCST}} \cdot T_{\text{LCST}}}{T_{\text{UCST}} - T_{\text{LCST}}}, \ a_1 = 4R\frac{T_{\text{UCST}}}{T_{\text{UCST}} - T_{\text{LCST}}}, \ a_2 = -2R\frac{1}{T_{\text{UCST}} - T_{\text{LCST}}} \tag{1.118}$$

Wir trennen die Variablen T und x_1' in Gl. (1.112), um die Phasengrenzlinie $T(x_1')$ zu bestimmen:

$$\frac{RT}{a(T)} = \frac{(2x_1' - 1)}{\ln\left(\frac{x_1'}{1-x_1'}\right)} \qquad (1.119)$$

Diese Gleichung kann nur numerisch gelöst werden. Man erhält in der Tat eine geschlossene

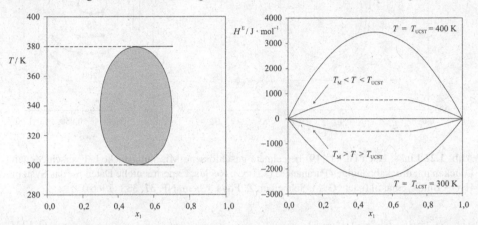

Abb. 1.21 a) Berechnete geschlossene Flüssig-Flüssig Mischungslücke mit UCST = 400 K und LCST = 300 K (s. Text), b) Verlauf von $\overline{H}^{\mathrm{E}}$ im Bereich der Mischungslücke im Bildteil a) (s. Text).

Mischungslücke, die in Abb. 1.21(a) dargestellt ist. Sie wurde nach Gl. (1.119) mit T_{LCST} = 300 K und T_{UCST} = 400 K berechnet.

Wir berechnen nun die molare Exzessenthalpie im Bereich der geschlossenen Mischungslücke. Nach Gl. (1.18) muss gelten:

$$\overline{H}^{\mathrm{E}} = \overline{G}^{\mathrm{E}} - \left(\frac{\partial \overline{G}^{\mathrm{E}}}{\partial T}\right)_p \cdot T \qquad (1.120)$$

Einsetzen von

$$\overline{G}^{\mathrm{E}} = \left(a_0 + a_1 T + a_2 T^2\right) \cdot x_1 \cdot (1 - x_1)$$

in Gl. (1.120) ergibt mit a_0, a_1 und a_2 nach Gl. (1.116):

$$\overline{H}^{\mathrm{E}} = 2R \cdot \frac{T^2 - T_{\mathrm{UCST}} \cdot T_{\mathrm{LCST}}}{T_{\mathrm{UCST}} - T_{\mathrm{LCST}}} \qquad (1.121)$$

Bei $T = T_{\mathrm{UCST}}$ ergibt sich

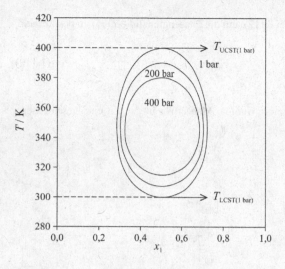

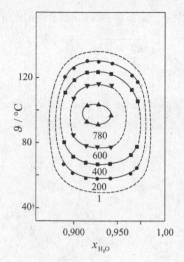

Abb. 1.22 Links: Nach Gl. (1.119) berechnete geschlossene Mischungslücke bei verschiedenen Drücken mit druckabhängigen Parametern (s. Text). Rechts: Experimentelle Daten für das System H_2O+ Butoxyethanol (nach: G. M. Schneider, Z. Phys. Chem. NF, **37**, 333 (1966))

$$\overline{H}^E = 2R \cdot T_{UCST} \cdot x_1(1 - x_1) \tag{1.122}$$

und bei $T = T_{LCST}$

$$\overline{H}^E = -2RT_{LCST} \cdot x_1(1 - x_1) \tag{1.123}$$

Bei $T = \sqrt{T_{UCST} \cdot T_{LCST}}$ wird nach Gl. (1.121) $\overline{H}^E = 0$.

$\overline{H}^E$ wechselt also sein Vorzeichen von positiven Werten für $T > T_{max}$ zu negativen Werten für $T < T_{max}$. Im Bereich der Mischungslücke ($T_{LCST} < T < T_{UCST}$) ist $\overline{H}^E$ nur außerhalb der Mischungslücke, also im homogenen Bereich der Mischung, messbar. Abb. 1.21(b) illustriert das Verhalten von $\overline{H}^E$. Der gestrichelte Verlauf verbindet die Werte von $\overline{H}^E$ an den Rändern der Mischungslücke.

Für die Exzessmolwärme $\overline{C}_p^E$ erhält man:

$$\overline{C}_p^E = \left(\frac{\partial \overline{H}^E}{\partial T} \right) = \frac{4RT}{T_{UCST} - T_{LCST}}$$

Eine lineare Abhängigkeit von T mit $\overline{C}_p^E > 0$ ist also Voraussetzung für eine geschlossene Mischungslücke. Das Entmischungsverhalten, das zwei getrennte Phasenbereiche aufweist mit UCST und LCST (s. Abb. 1.19 c), lässt sich ebenfalls durch eine geeignete Abhängigkeit $a(T)$ konstruieren (s. Beispiel 1.21.7).

Kompliziertere Gestalten von Mischungslücken mit asymmetrischem Verhalten können durch Erweiterung des Ansatzes für den Aktivitätskoeffizienten in Abhängigkeit des Molenbruches erhalten werden (s. Gl. (1.85)).

Die Druckabhängigkeit von Flüssig-Flüssig-Phasengleichgewichten kann ebenfalls beschrieben werden. Zusätzlich zur T-Abhängigkeit muss nur eine geeignete p-Abhängigkeit des Parameters a eingeführt werden. Wir tun das in unserem Modell durch die Annahme folgender Druckabhängigkeit von T_{UCST} und T_{LCST}:

$$T_{UCST}(p) = T_{UCST}(1\,\text{bar})(1 - b \cdot p)$$
$$T_{LCST}(p) = T_{LCST}(1\,\text{bar})(1 + b \cdot p)$$

Das bewirkt, dass die geschlossene Mischungslücke mit dem Druck zusammenschrumpft. Einsetzen dieser Ausdrücke für Ausdrücke von $T_{UCST}(p)$ und $T_{LCST}(p)$ in Gl. (1.117) ergibt mit $b = 1,25 \cdot 10^{-4}$ bar^{-1} die in Abb. (1.22)(a) gezeigten Resultate. Ein solches Phasenverhalten ist z. B. beim System H_2O + Butoxyethanol beobachtet worden (Abb. 1.22 rechts).

Wir merken noch an, dass die Druckabhängigkeit des Parameters a mit der des Aktivitätskoeffizienten γ_1 vom partiellen molaren Exzessvolumen $\overline{V}_1 - \overline{V}_1^0$ zusammenhängt. Es gilt nämlich:

$$\frac{\partial(\mu_i - \mu_{i0})}{\partial p} = \overline{V}_i - \overline{V}_{i0} = RT\left(\frac{\partial \ln \gamma_i}{\partial p}\right) \quad (i = 1 \quad \text{oder} \quad 2)$$

Mit dem Ansatz

$$RT \ln \gamma_1 = a(1 - x_1)^2$$

folgt:

$$RT\left(\frac{\partial \ln \gamma_1}{\partial p}\right) = \left(\frac{\partial a}{\partial p}\right)_T (1 - x_1)^2 = \overline{V}_1 - \overline{V}_{10}$$

Ist $V_i = V_{i0}$ bzw. (da/dp), gibt es keine Druckabhängigkeit des Phasengleichgewichts.

Weitere Beispiele zu Flüssig-Flüssig-Gleichgewichten werden in den Aufgaben 1.20.3, 1.20.5 und 1.20.9 sowie Anwendungsbeispiel 1.21.7 behandelt, wo ein System mit getrennten Mischungslücken (UCST + LCST) simuliert wird.

Eine allgemeine Diskussion über das Verhalten thermodynamischer Eigenschaften flüssiger Mischungen am oberen und unteren kritischen Entmischungspunkt sowie ihrer Druckabhängigkeit findet sich in Anhang B und C.

1.11 Stoffbilanz binärer Mischungen im 2-Phasengleichgewicht – Das Hebelgesetz

Wir wollen allgemein den Bereich eines binären Systems, in dem zwei Phasen auftreten, etwas genauer betrachten. Es kann sich dabei um ein Dampfdruckdiagramm, Siedediagramm, ein Flüssig-Flüssig-2-Phasendiagramm oder ein Fest-Flüssig-2-Phasendiagramm handeln. Wir betrachten dazu Abb. 1.23. Das binäre System hat außerhalb des 2-Phasenbereiches (graue Fläche) die Zusammensetzung $\overline{x}_1$. Ändert man den Druck (bei konstanter Temperatur) bzw. die Temperatur (bei konstantem Druck), gelangt man von oben bzw. unten in den 2-Phasenbereich. Dort erfolgt eine Aufspaltung in die Phase mit dem Molenbruch x_1' und die Phase mit dem Molenbruch x_1''.

Man kann folgende Bilanz für die Gesamtmolzahl n_T aufstellen (Index T = total):

$$n_T = n_1' + n_1'' + n_2' + n_2''$$

Der Doppelstrich kennzeichnet die Molzahlen in der rechten Phase, der Einfachstrich die in der

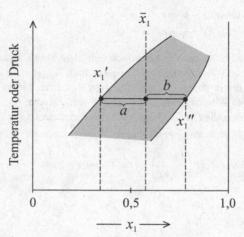

Abb. 1.23 Allgemeiner Zusammenhang von mittlerem Molenbruch $\overline{x}_1$ und den Molenbrüchen der beiden Phasen x_1' und x_1'' im 2-Phasengebiet einer binären Mischung (graue Fläche).

linken Phase. Also gilt:

$$x_1'' = n_1''/(n_1'' + n_2'')$$
$$x_1' = n_1'/(n_1' + n_2')$$

und für den mittleren Gesamtmolenbruch im 2-Phasengebiet:

$$\overline{x}_1 = (n_1' + n_1'')/n_T$$

Also kann man schreiben:

$$n_1' + n_1'' = \overline{x}_1 \cdot n_T = (n_1' + n_2')x_1' + (n_1'' + n_2'') \cdot x_1''$$
$$= (n_1' + n_2')x_1' + (n_T - n_1' - n_2') \cdot x_1''$$

Da $(n_1' + n_2')x_1' = n_1'$ und $(n_1'' + n_2'')x_1'' = n_1''$, folgt:

$$n_T(\overline{x}_1 - x_1'') = (n_1' + n_2') \cdot (x_1' - x_1'')$$

und damit

$$\boxed{\frac{n_1' + n_2'}{n_T} = \frac{x_1'' - \overline{x}_1}{x_1'' - x_1'} = \frac{b}{a + b}}$$ (1.124)

$b/(a + b)$ ist der Bruchteil der Gesamtmolzahl n_T in der Phase „Strich" (s. Abb. 1.9).

Entsprechend gilt durch Ersetzen von $'$ durch $''$ und x_1'' durch x_1':

$$\frac{n_1'' + n_2''}{n_T} = \frac{x_1' - \bar{x}_1}{x_1' - x_1''} = \frac{a}{a + b} \tag{1.125}$$

$a/(a + b)$ ist der Bruchteil von n_T in der Phase „Doppelstrich".

Den Zusammenhang von $\bar{x}_1, x_1'$ und x_1'' kann man auch in einer linearen Beziehung zusammenfassen.

Dazu schreibt man:

$$\frac{n_1' + n_2'}{n_T} \cdot \underbrace{\frac{n_1'}{n_1' + n_2'}}_{x_1'} + \frac{n_1'' + n_2''}{n_T} \cdot \underbrace{\frac{n_1''}{n_1'' + n_2''}}_{x_1''} = \frac{n_1'}{n_T} + \frac{n_1''}{n_T} = \bar{x}_1$$

Somit ergibt sich mit Gl. (1.124) und (1.125):

$$\boxed{\bar{x}_1 = \frac{b}{a + b} \cdot x_1' + \frac{a}{a + b} \cdot x_1''} \tag{1.126}$$

Das ist das sog. *Hebelgesetz* (engl. „Lever rule"), das den Zusammenhang von $\bar{x}_1, x_1'$ und x_1'' im Phasengleichgewicht binärer Systeme angibt.

Gl. (1.126) bzw. Gl. (1.124) und Gl. (1.125) gelten für alle Arten von 2-Phasengleichgewichten im binären System, also nicht nur für Flüssig-Flüssig-Systeme *l* wie in Abb. 1.16, Abb. 1.19 und Abb. 1.22, sondern auch für Dampfdruckdiagramme und Siedediagramme, wie in Abb. 1.9, Abb. 1.10 bis Abb. 1.13, wobei dort $x_1' = x$ und $x_1'' = y$ die Molenbrüche für die flüssige bzw. dampfförmige Phase kennzeichnen. Auch für binäre Fest-Flüssig-Systeme gelten Gl. (1.124) bis (1.126) (s. Abschnitt 1.13). Wir wollen ein Beispiel durchrechnen.

Es werden 20 mol der flüssigen Komponente A und 12 mol der flüssigen Komponente B zusammengegeben. Es findet dabei eine Phasentrennung statt mit den Molenbrüchen in Phase I $x_A^I = 0, 3$ und in Phase II $x_A^{II} = 0, 9$. Wie viele Mole n_A^{II} befinden sich in Phase II?

Lösung: Wir wenden das „Hebelgesetz" an:

$$\text{Mittlerer Molenbruch} \qquad \bar{x}_A = \tfrac{20}{12+20} = 0,625$$

$$\text{Bruchteil in Phase}^{II} \quad = \quad \frac{\bar{x}_A - x_A^I}{x_A^{II} - x_A^I} = \frac{0,625-0,3}{0,9-0,3} = 0,5417$$

$$\text{Gesamtmolzahl in Phase}^{II} \quad = \quad 0,5417\,(12 + 20) = 17,33$$

$$\text{Molzahl A in Phase}^{II} \quad = \quad 17,33 \cdot 0,9 = 15,6$$
$$\text{Molzahl A in Phase}^{I} \quad = \quad 20 - 15,6 = 4,4$$

1.12 *Dampfdruckdiagramme flüssiger Mischungen mit Mischungslücken*

Wir stellen die Frage, wie Dampfdruckdiagramme flüssiger Mischungen darstellbar sind, bei denen eine Mischungslücke im flüssigen Bereich vorliegt.

Die oberen beiden Diagramme in Abb. 1.24 zeigen einen durch die flüssige Mischungslücke verdeckten positiven azeotropen Punkt (a), der im Fall (c) sogar sichtbar wird. Der Fall (d) zeigt ein negatives Azeotrop mit Mischungslücke, während (b) ein Dampfdruckdiagramm ohne verdecktes Azeotrop in der Mischungslücke ist.

Die Anwendung der Phasenregel (Gl. (1.42)) auf Systeme mit Mischungslücke und simultanem Dampfdruckgleichgewicht ergibt bei Zahl der Phasen $s = 3$ und Zahl der Komponenten $k = 2$ für die Zahl der freien Variablen f:

$$f = k + 2 - \sigma = 2 + 2 - 3 = 1$$

d. h., bei vorgegebener Temperatur sind alle anderen Variablen festgelegt, also der Druck $p(p' = p'' = p''')$, die Zusammensetzungen der beiden flüssigen Phasen sowie die Zusammensetzung der Dampfphase. Man kann natürlich auch den Druck p vorgeben, dann sind T und alle anderen Variablen festgelegt. In Abb. 1.25 ist noch das Siede- und Dampfdruckdiagramm eines Sonderfalls dargestellt, der sich aus Abb. 1.24(a) ergibt, wenn eine völlige Unmischbarkeit der beiden Stoffe in der flüssigen Phase vorliegt. Dieser Fall ist in der Trenntechnik zur Aufarbeitung schwerflüchtiger Substanzen durch die sog. *„Wasserdampfdestillation"* von besonderer Bedeutung. Wird bei konstanter Temperatur T die schwerflüchtige, in Wasser nicht mischbare Substanz 2 (z. B. ein organischer Feststoff wie Campher) mit heißem Wasserdampf (Substanz 1) behandelt, steigt bei $T = $ const der Druck p entlang des linken Kurvenastes an (Abb. 1.25 rechts), bis ein Maximum erreicht wird. Dieser Druck ist erheblich höher als der Dampfdruck der schwerflüchtigen reinen Substanz 2. Er hat den Wert p_{20}/x_2 und seine Zusammensetzung x_2 ist $p_{20}/(p_{20} + p_{10})$, wenn p_{20} und p_{10} die Dampfdrücke der Substanz 2 und des Wasserdampfes (Substanz 1) bedeuten. x_2 ist auch das Molverhältnis von Substanz 2 zu Wasser im Kondensat des Dampfes. Substanz 2 wird also vom heißen Wasserdampf „mitgerissen" und so von anderen nichtflüchtigen Bestandteilen abgetrennt. Wir weisen diese Beziehungen folgendermaßen nach. Es gilt entlang der Koexistenzlinie (S = solid, L = liquid, V = vapour):

$$d\mu_{2,S} = d\mu_{2,V} \quad \text{und} \quad d\mu_{1,L} = d\mu_{1,V} \tag{1.127}$$

Mit

$$\mu_{i,V} = \mu_{i0}(T) + RT \ln p_i = \mu_{i0}(T) + RT \ln (p \cdot x_i) \quad (i = 1, 2)$$

sowie

$$d\mu_{2,S} = \overline{V}_{2,S} \cdot dp$$

folgt aus Gl. (1.127):

$$\frac{RT}{x_2} dx_2 = -\left(\frac{RT}{p} - \overline{V}_{2,S}\right) dp \approx -\frac{RT}{p} dp$$

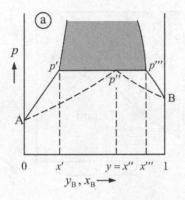

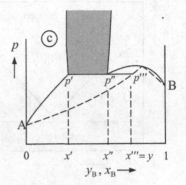

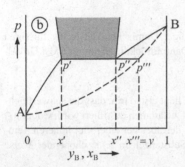

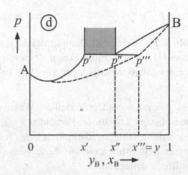

Abb. 1.24 Dampfdruckdiagramme binärer Systeme mit Mischungslücke. $p'_{(x')} = p''_{(x'')} = p'''_{(y)}$ ist der Druck, bei dem 3 Phasen (2 flüssige und eine dampfförmige im Gleichgewicht miteinander vorliegen. A und B sind die Dampfdrücke der reinen Stoffe A bzw. B. Grau schraffierte Fläche: flüssig-flüssig Entmischungsgebiet, $--------p(y_B)$ (Dampfphasenkurven), $\underline{\qquad}p(x_B)$ (flüssige Phasenkurven)

Da $\overline{V}_{2,S} \ll RT/p$, kann $V_{2,S}$ auf der rechten Seite vernachlässigt werden. Damit ergibt sich:

$$-\frac{\mathrm{d}p}{\mathrm{d}x_2} = \frac{p}{x_2}$$

Integration ergibt mit der Integrationsgrenze $p = p_{20}$ für $x_2 = 1$:

$$x_2 = \frac{p_{20}}{p} \quad \text{bzw.} \quad p = \frac{p_{20}}{x_2} \quad \text{und analog} \quad x_1 = \frac{p_{10}}{p} \quad \text{bzw.} \quad p = \frac{p_{10}}{x_1}$$

Im Maximum gilt:

$$p = p_{\max} = \frac{p_{20}}{x_{2,\max}} = \frac{p_{10}}{x_{1,\max}}$$

und damit:

$$x_{2,\max} = 1 - x_{1,max} = \frac{p_{20}}{p_{10} + p_{20}}$$

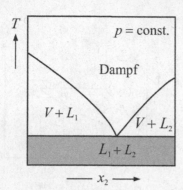 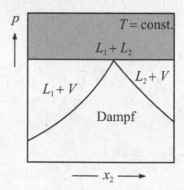

Abb. 1.25 Siede- und Dampfdruckdiagramm bei vollständiger Unmischbarkeit in der flüssigen Phase (L = liquid (Flüssigkeit), V = vapor (Dampf)). Das Dampfdruckdiagramm $p(T)$ ist Grundlage der „Wasserdampfdestillation" (s. Text).

bzw. $p = p_{10} + p_{20}$ Der Vorteil der Wasserdampfdestillation liegt also darin, dass die schwerflüchtige Substanz 2 bei einem Partialdruck p_{20} mit Wasserdampf zusammen destilliert wird, wobei p_{20} gleich dem Sättigungsdampfdruck des reinen Stoffes 2 ist, der aber bei einer viel höheren Temperatur liegt. Man kann auf diese Weise schwerflüchtige Substanzen in sehr schonender Weise destillativ abtrennen.

In Abb. 1.26 ist zur Illustration das 3-dimensionale Beispiel eines Phasendiagramms vom Typus Abb 1.24(b) gezeigt. Man sieht: ändert man die Variable T, ändert das Diagramm (Schnitte in der p, T, x-Ebene) seine Form, d.h. alle Variablen sind festgelegt, wenn T festgelegt wurde. Hier gilt bei höheren Temperaturen bzw. Drücken keinesfalls mehr das ideale Gasgesetz in der Dampfphase, da die beiden Phasen dort ähnliche Dichten haben. Abb. 1.26 stellt eine Erweiterung der 3-dimensionalen Darstellung von Abb. 1.11 dar. Es sind hier die flüssig-flüssig Entmischungskurven zwischen den kritischen Endpunkten KE und KE' zu sehen. Die Verbindungskurve KE - KE' durchläuft die obere kritische Entmischungskurve $p_{UCST} = f(x_{UCST}, T_{UCST})$.

1.13 *Fest-Flüssig-Phasengleichgewichte*

Ähnlich wie beim Dampf-Flüssig-Gleichgewicht gibt es auch Fest-Flüssig-Gleichgewichte in Mischungen, bei denen eine feste Mischphase mit einer flüssigen Mischphase im Gleichgewicht steht. Die Gleichgewichtsbedingung lautet für jede Komponente i:

$$\mu_{i0}^{fest} + RT \ln a_i^{fest} = \mu_{i0}^{fl} + RT \ln a_i^{fl}$$

Daraus folgt:

$$a_i^{fl} = a_i^{fest} \cdot \exp\left[\frac{\mu_{i0}^{fest}(T) - \mu_{i0}^{fl}(T)}{RT}\right]$$

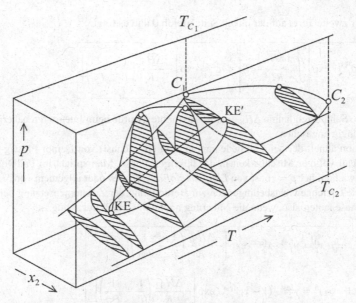

Abb. 1.26 3-dimensionale Darstellung eines Dampfdruckdiagramms mit Flüssig-Flüssig-Mischungslücke. C_1, C_2: kritische Punkte der reinen Flüssigkeiten 1 und 2. KE, KE': unterer bzw. oberer kritischer Endpunkt der Flüssig-Flüssig-Mischungslücke. Verbindungslinie $C_1 \to C_2$: kritische Kurve.

Wenn nur die reine Komponente i vorhanden ist, gilt $\mu_{i0}^{\text{fl}} = \mu_{i0}^{\text{fest}}$ bei $T = T_{S_i}$, wobei T_{S_i} die Schmelztemperatur von Komponente i ist. Dort ist $a_i^{\text{fl}} = a_i^{\text{fest}} = 1$.

In der Mischung jedoch gilt $a_i^{\text{fl}} \neq a_i^{\text{fest}}$, d. h., der Exponentialterm ist von 1 verschieden und daher muss gelten, dass $\mu_{i0}^{\text{fl}} \neq \mu_{i0}^{\text{fest}}$ bei $T \neq T_{S_i}$. Wir berechnen $\mu_{i0}^{\text{fest}}(T)/T$:

$$\frac{\mu_{i0}^{\text{fest}}(T)}{T} - \frac{\mu_{i0}^{\text{fest}}(T_{S_i})}{T_{S_i}} = \int_{T_{S_i}}^{T} \frac{\partial \left(\frac{\mu_{i0}^{\text{fest}}(T)}{T} \right)}{\partial T} \Bigg|_p dT = \int_{T_{S_i}}^{T} \left[\frac{1}{T} \left(\frac{\partial \mu_{i0}^{\text{fest}}(T)}{\partial T} \right)_p - \mu_{i0}^{\text{fest}}(T) \frac{1}{T^2} \right] dT$$

$$= - \int_{T_{S_i}}^{T} \frac{\overline{H}_{i0}^{\text{fest}}(T)}{T^2} dT = + \int_{T}^{T_{S_i}} \frac{\overline{H}_{i0}^{\text{fest}}(T)}{T^2} dT$$

Analoges gilt für $\mu_{i0}^{\text{fl}}(T)$ und wir können somit schreiben:

$$\frac{\mu_{i0}^{\text{fest}}(T) - \mu_{i0}^{\text{fl}}(T)}{T} - \frac{\mu_{i0}^{\text{fest}}(T_{S_i}) - \mu_{i0}^{\text{fl}}(T_{S_i})}{T_S} = \int_{T}^{T_{S_i}} \frac{\overline{H}_{i0}^{\text{fest}} - \overline{H}_{i0}^{\text{fl}}}{T^2} dT = \int_{T_{S_i}}^{T} \frac{\Delta H_{S_i}}{T^2} dT$$

mit der molaren Schmelzenthalpie $\overline{H}_{i0}^{\text{fl}} - \overline{H}_{i0}^{\text{fest}} = \Delta H_{S_i}$.

Nun ist der zweite Term auf der linken Seite gleich 0 und es folgt:

$$a_i^{fl} = a_i^{fest} \cdot \exp\left[\int_{T_{S_i}}^{T} \frac{\left(\Delta\overline{H}_{S_i}\right)}{RT^2} dT\right] \approx a_i^{fest} \cdot \exp\left[-\frac{\Delta\overline{H}_{S_i}}{R}\left(\frac{1}{T} - \frac{1}{T_{S_i}}\right)\right] \qquad (1.128)$$

Die molare Schmelzenthalpie $\Delta\overline{H}_{S_i}$ von Komponente i wurde beim Integrieren näherungsweise als T-unabhängig angesehen.

Die Situation ähnelt der bei den Siedediagrammen (p = const) von Dampf-Flüssig-Gleichge-wichten im Fall völliger Mischbarkeit in der flüssigen Phase. Man spricht im Fall von Flüssig-Festgleichgewichten bei p = const von *Liquidus-Solidus Kurven* oder allgemein von *Schmelzdia-grammen*. Die Gleichgewichtsbedingungen zur Berechnung der Zusammensetzung der flüssigen und festen Phase lauten also, wenn die Näherung nach Gl. (1.128) gut genug ist:

$$\gamma_1^{fl} \cdot x_1^{fl} = \gamma_1^{fest} \cdot x_1^{fest} \cdot \exp\left[-\frac{\Delta\overline{H}_{S1}}{R}\left(\frac{1}{T} - \frac{1}{T_{S1}}\right)\right]$$

$$\gamma_2^{fl} \cdot (1 - x_1)^{fl} = \gamma_2^{fest} \cdot (1 - x_1)^{fest} \cdot \exp\left[-\frac{\Delta\overline{H}_{S2}}{R}\left(\frac{1}{T} - \frac{1}{T_{S2}}\right)\right]$$

$$(1.129)$$

Gl. (1.129) beschreibt das Fest-Flüssig-Gleichgewicht von Mischungen im Bereich der Mischbar-keit in der festen Phase.

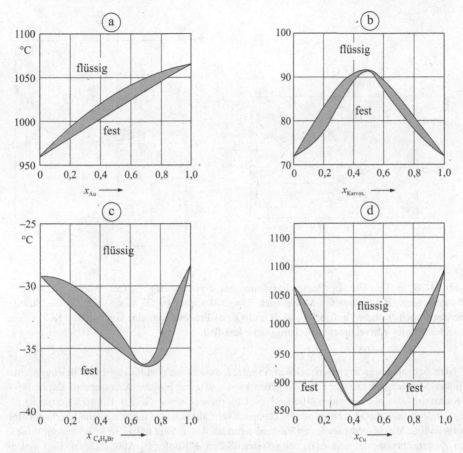

Abb. 1.27 Flüssig-Fest Phasendiagramme a) Silber + Gold, b) d-Karvoxim + l-Karvoxim, c) Jod-benzol + Chlorbenzol, d) Gold + Kupfer. Graue Flächen: 2-Phasengebiet, wo das „Hebelgesetz" (Gl. (1.126)) gilt.

Wenn die Zusammensetzung der einen Phase vorgegeben ist, kann aus den beiden Gleichungen die Zusammensetzung der anderen Phase und der Wert von T berechnet werden, bei der die feste Mischphase mit der flüssigen im Gleichgewicht steht, vorausgesetzt, die Aktivitätskoeffizienten γ_i sind in beiden Phasen bekannt.

Allerdings ist vollständige Mischbarkeit in der festen Phase recht selten zu finden. Abb. 1.27 zeigt 4 Beispiele: Silber + Gold, d-Karvoxim + l-Karvoxim, Jodbenzol + Chlorbenzol und Gold + Kupfer. Wenn alle γ_i^{fl}- und γ_i^{fest}-Werte gleich 1 sind, liegt ein idealisiertes Schmelzverhalten mit idealen Mischungsverhältnissen sowohl im flüssigen wie auch im festen Zustand vor, wie es nähe-rungsweise im System Ag + Au realisiert wird. Rechenbeispiele zu Fest-Flüssig-Gleichgewichten finden sich in Aufgabe 1.20.22, und den Beispielen 1.21.18 und 1.21.19 (Thermodynamik von Energiesparlampen).

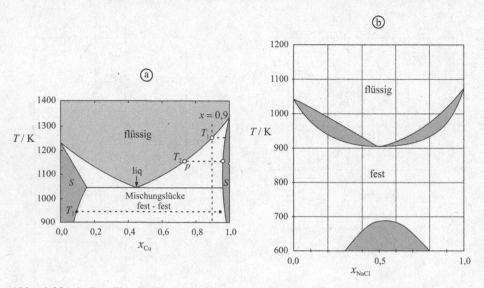

Abb. 1.28 a) Fest-Flüssig Phasendiagramm des Systems Ag + Cu. Weiße Flächen: 2-Phasengebiete. Beim mittleren Molenbruch $\bar{x} = 0,9$ spaltet bei T_2 das System in die Zusammensetzungen p und p' auf, bei T_3 in Q und Q'. b) Phasendiagramm von NaCl + KCl. Oben: liquidus-solidus Kurve, unten: Mischungslücke fest-fest.

Man sieht an den anderen Beispielen in Abb. 1.27, dass es auch bei Flüssig-Fest-Gleichgewichten binärer Mischungen azeotrope Punkte geben kann und zwar positive Azeotrope (d-Karvoxim + l-Karvoxim) wie auch negative (Jodbenzol + Chlorbenzol sowie Gold + Kupfer). Ferner ist offensichtlich, dass die Mischungspartner chemisch sehr ähnlich sein müssen, damit überhaupt eine vollständige Mischbarkeit im festen Zustand auftreten kann. Eine teilweise Mischbarkeit im festen Zustand beobachtet man z. B. beim System Silber + Kupfer (s. Abb. 1.28(a)). Hier gibt es eine Mischungslücke im festen Zustand. Beim Gesamtmolenbruch $x \approx 0,9$ z. B. spaltet das System unterhalb T_1, in eine flüssige und eine feste Phase auf, bei $T_2 < T_1$ beträgt $x_{\text{fl,Cu}} \approx 0,75$ und $x_{\text{fest,Cu}} \approx 0,96$. Bei T_3 gibt es nur zwei feste Phasen mit $x_{\text{Cu}} \approx 0,1$ und $x_{\text{Cu}} \approx 0,975$. Bei ca. 1050 K liegen drei Phasen im Gleichgewicht vor, es gibt nur noch einen Freiheitsgrad ($f = k + 2 - s = 2 + 2 - 3 = 1$), das ist der Druck, während T, x'_{fest}, x''_{fest} und x_{fl} festgelegt sind.

Abb. 1.28(b) zeigt das System NaCl + KCl, wo die Entmischung im festen Zustand tiefer liegt und nicht in den Liquidus-Solidus Bereich hineinragt. Das Vorliegen von Diagrammen, wie sie in Abb. 1.27 und Abb. 1.28a gezeigt sind, ist die Voraussetzung für die Durchführung des sog. Zonenschmelzverfahrens (Beispiel 1.21.15), eine Methode zur Entfernung von Verunreinigungen schmelzbarer, kristalliner Stoffe. Die meisten binären Systeme sind jedoch im festen Zustand überhaupt nicht miteinander mischbar, d. h., die Mischungslücke im festen Zustand erstreckt sich über den gesamten Molenbruchbereich von 0 bis 1. Es friert also beim Erstarren einer flüssigen Mischung, die im flüssigen Bereich völlig mischbar ist, in der Regel nur eine der beiden Komponenten als fester „Bodenkörper" aus. Graphisch kann man das folgendermaßen darstellen (s. Abb. 1.29): am sog. *eutektischen Punkt E* liegen beide reinen Stoffe (A und B) *nebeneinander* als feste

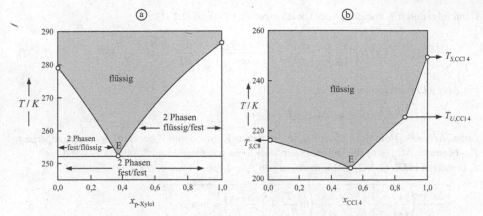

Abb. 1.29 Fest-Flüssig Phasendiagramm mit Eutektikum (E) und vollständiger Nichtmischbarkeit in der festen Phase. Bei E liegen 2 feste und 1 flüssige Phase vor. a) einfacher eutektischer Punkt (Beispiel: Benzol + p-Xylol), b) eutektischer Punkt mit Phasenumwandlung fest-fest bei T_{U,CCl_4} (Beispiel: n-Oktan + CCl₄)

Phasen vor zusätzlich zu einer flüssigen Phase. Auch hier, bei E, ist der Druck nach dem Phasengesetz ($f = s + 2 - s = 2 + 2 - 3 = 1$) die einzige freie Variable. Es ist offensichtlich, dass es gegenüber den Schmelzpunkten der reinen Stoffe zur Erniedrigung der Schmelztemperatur kommt, die bei E (Eutektikum) einen minimalen Wert aufweist. Die Verhältnisse sind im Übrigen ganz analog zum Fall in Abb. 1.25 bei Dampf-Flüssig-Gleichgewichten von nichtmischbaren Flüssigkeiten, wenn $p =$ const ist, die die Grundlage der Wasserdampfdestillation darstellen.

Zur Ableitung der Koexistenzkurve $T(x_1)$ betrachten wir in Abb. 1.29(a) zunächst den Kurvenanteil *links* vom Eutektikum. Hier liegt der feste Bodenkörper Benzol mit einer flüssigen Mischung von Benzol und p-Xylol im Gleichgewicht vor. Es gilt also:

$$\mu_{20}^{fest} = \mu_{20}^{fl} + RT \ln(x_2 \gamma_2) = \mu_2^{fl} \quad (2 = \text{Benzol})$$

oder

$$\overline{H}_{2,fest}^{0} - T \cdot \overline{S}_{2,fest}^{0} = \overline{H}_{2,fl} - T \cdot \overline{S}_{2,fl} \tag{1.130}$$

wobei $\overline{H}_{2,fl}$ und $\overline{S}_{2,fl}$ die partielle molare Enthalpie bzw. die partielle molare Entropie von Benzol in der flüssigen Mischung bedeuten.

Ferner muss entlang der Koexistenzkurve gelten:

$$d\mu_{20}^{fest} = d\mu_2^{fl}$$

Bei $p =$ const gilt dann:

$$-\overline{S}_{2,fest}^{0} \cdot dT = -\overline{S}_{2,fl} \cdot dT + \left(\frac{\partial \mu_2^{fl}}{\partial x_2}\right)_{T,p} \cdot dx_2 \tag{1.131}$$

Dann folgt durch Kombination der Gleichungen (1.130) und (1.131):

$$-\left(\overline{S}_{2,\text{fest}}^{0} - \overline{S}_{2,\text{fl}}\right) = \left(\frac{\partial \mu_{2}^{\text{fl}}}{\partial x_{2}}\right)_{T,p} \cdot \frac{dx_{2}}{dT} = \left(\frac{\partial \ln(x_{2}\gamma_{2})}{\partial x_{2}}\right)_{T,p} \cdot \frac{dx_{2}}{dT} = \frac{\overline{H}_{2,\text{fl}} - \overline{H}_{2,\text{fest}}^{0}}{T} \tag{1.132}$$

Für $\Delta \overline{H}_{S2}(T)$ schreiben wir:

$$\Delta \overline{H}_{S2}(T) = \Delta \overline{H}_{S2}(T_{S2}) + \Delta \overline{C}_{p,S2}(T - T_{S2})$$

wobei $\Delta \overline{H}_{S2}(T_{S2})$ die Schmelzenthalpie der reinen Komponente 2 bei ihrer Schmelztemperatur T_{S2} bedeutet. $\Delta \overline{C}_{p,S2}$ ist die Differenz der Molwärme von festem und flüssigem Zustand.

Einsetzen in Gl. (1.132) und Integration von $x_{2} = 1$ bis x_{2} bzw. von T_{S2} bis T ergibt:

$$\boxed{\frac{\Delta \overline{H}_{S2}}{R}\left(\frac{1}{T_{S2}} - \frac{1}{T}\right) + \frac{\Delta \overline{C}_{p,S2}}{R}\left(\ln \frac{T}{T_{S2}} + 1 - \frac{T_{S2}}{T}\right) = \ln(x_{2}\gamma_{2})} \tag{1.133}$$

Entsprechend gilt für den rechten Ast der Kurve:

$$\boxed{\frac{\Delta \overline{H}_{S1}}{R}\left(\frac{1}{T_{S1}} - \frac{1}{T}\right) + \frac{\Delta \overline{C}_{p,S1}}{R}\left(\ln \frac{T}{T_{S1}} + 1 - \frac{T_{S1}}{T}\right) = \ln(x_{1}\gamma_{1})} \tag{1.134}$$

Gl. (1.133) und (1.134) beschreiben das Fest-Flüssig-Gleichgewicht eutektischer Gemische.

Im einfachsten Fall setzt man wieder $\ln \gamma_{1} = a \cdot (1 - x_{1}^{2})/RT$ und $\ln \gamma_{2} = a x_{1}^{2}/RT$ oder eventuell auch komplexere Ausdrücke in der flüssigen Phase ein. Wird in beiden Gleichungen (1.133) und (1.134) $T = T_{E}$ (Temperatur des eutektischen Punktes) gesetzt und ebenso $x_{1,E} = 1 - x_{2,E}$, der Molenbruch am eutektischen Punkt, so lassen sich aus den Gl. (1.133) und (1.134) die beiden Unbekannten berechnen. Häufig ist $\Delta \overline{C}_{p,Si}$ nicht genau bekannt, und da der Term mit $\Delta \overline{C}_{p,Si}$ in der Regel klein gegen den Term mit ΔH_{Si} ist, kann man ihn, ohne einen großen Fehler zu begehen, auch einfach weglassen. Im Anwendungsbeispiel 1.21.22 werden Polymer + Lösemittel-Mischungen mit eutektischem Punkt behandelt, die auf einer Erweiterung der Theorie des Aktivitätskoeffizienten nach der sog. Flory-Huggins-Theorie beruhen (s. Abschnitt 1.18).

Auch die Druckabhängigkeit des Phasengleichgewichts eutektischer Mischungen kann von Bedeutung sein (z. B. in der Geologie). Ein Beispiel dazu wird in Anhang I gegeben und im Rahmen der Gibbs-Konovalov-Beziehung näher diskutiert.

Für die Praxis ist der Bereich der Schmelzkurve an den Rändern ($x_{2} = 1$ oder $x_{1} = 1$) von besonderem Interesse, da z. B. die Steigung der Schmelzkurve bei $x_{2} = 1$ zur Molmassenbestimmung des Stoffes 1 (gelöst im „Lösemittel" 2) dienen kann. Dazu entwickeln wir Gl. (1.133) unter Vernachlässigung des Terms mit $\Delta C_{p,S2}$ in einer Taylor-Reihe um den Wert $x_{2} = 1$, bzw. $T = T_{S2}$ und brechen nach dem linearen Glied ab:

$$\frac{\Delta \overline{H}_{S2}}{RT_{S2}^{2}}(T - T_{S2}) \cong \left(\frac{\partial \ln(\gamma_{2}x_{2})}{\partial x_{2}}\right)_{x_{2}=1}(x_{2} - 1) = x_{2} - 1 = -x_{1}$$

Oder, wenn man $T_{S2} - T = \Delta T_{S2}$ setzt:

$$\frac{\Delta \overline{H}_{S2}}{RT_{S2}^{2}}\Delta T_{S2} = x_{1} \tag{1.135}$$

Tab. 1.2 Kryoskopische Konstanten einiger Lösemittel zur Molmassenbestimmung gelöster Stoffe

Lösemittel	Schmelzpunkt T_{S2}/K	Kryosk. Konstante/ $(kg \cdot K \cdot mol^{-1})$
Dioxan	284,9	4,63
Phenol	298,6	6,11
CCl_4	249,2	29,6
Campher	451,6	37,7
Cyclohexanol	296,4	41,6

ΔT_{S2} heißt die *Gefrierpunktserniedrigung*.

Da $x_1 \ll 1$ gilt:

$$x_1 = \frac{n_1}{n_1 + n_2} \approx \frac{n_1}{n_2} = \frac{m_1}{m_2} \frac{M_2}{M_1}$$

wobei m_1 und m_2 die Massen von Stoff 1 und Stoff 2 (Lösemittel) sind. M_1 und M_2 sind die entsprechenden Molmassen.

Auflösen von Gl. (1.135) nach M_1 ergibt:

$$M_1 = \frac{m_1}{m_2} \cdot M_2 \frac{RT_{S2}^2}{\Delta \overline{H}_{S2}} \cdot \frac{1}{\Delta T_{S2}} \qquad (m_1 \ll m_2) \qquad (1.136)$$

Mit Gl. (1.136) lässt sich die Molmasse des gelösten Stoffes 1 bestimmen, wenn die Einwaage der Lösung, also m_1 und m_2 sowie die Molmasse M_2 des Lösemittels, seine Schmelztemperatur T_{S2} und seine Schmelzenthalpie ΔH_{S2} bekannt sind. Die Gefrierpunktserniedrigung ΔT_{S2} wird gemessen.

Die Größe $(M_2 \cdot RT_{S2}^2/\Delta \overline{H}_{S2})$ heißt auch *kryoskopische Konstante* des betreffenden Lösemittels (Einheit: $kg \cdot K \cdot mol^{-1}$). Tabelle 1.2 zeigt Werte einiger gebräuchlicher Lösemittel.

Wir erinnern daran, dass wir eine ganz analoge Beziehung bei der *Siedepunktserhöhung* erhalten hatten (s. Ende Abschnitt 1.7):

$$M_1 = \frac{m_1}{m_2} \cdot M_2 \frac{RT_{B2}^2}{\Delta \overline{H}_{V2}} \cdot \frac{1}{\Delta T_{B2}}$$

Hier ist $\Delta \overline{H}_{V2}$ die molare Verdampfungsenthalpie am Siedepunkt (Boiling point) T_{B2} (bei $p = 1$ bar) des Lösemittels (Komponente 2). Beide Effekte, die Gefrierpunktserniedrigung und die Siedepunktserhöhung, sind nochmals zusammen grafisch in Abb. 1.30 in einem *P-T*-Projektionsdiagramm dargestellt. Aufgaben zur Gefrierpunktserniedrigung und Siedepunktserhöhung: 1.20.12 und 1.20.13.

Neben Schmelzdiagrammen mit einfachem eutektischen Punkt gibt es noch kompliziertere Fälle. Wir betrachten dazu Abb. 1.29 (b), wo der reine Stoff A = CCl_4 sich bei einer bestimmten Temperatur T_{U,CCl_4} unterhalb des Schmelzpunktes in eine andere kristalline Festkörperform umwandelt. Damit verbunden ist ein „Knick" in der Schmelzkurve, im 2-Phasenbereich unterhalb T_U steht die Modifikation im Gleichgewicht mit der Schmelze. Ein weiteres Beispiel zeigt Abb. 1.31.

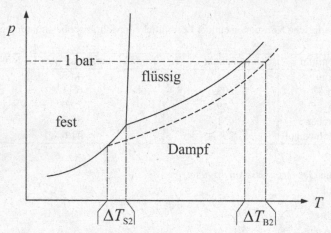

Abb. 1.30 Gefrierpunktserniedrigung ΔT_{S_2} und Siedepunktserhöhung ΔT_{B_2} (schematisch); ——
Dampfdruckkurve des reinen Lösemittels, - - - -Dampfdruckurve der verdünnten Lösung

Hier gibt es im festen Zustand eine Verbindungsbildung PA und demnach 2 Eutektika, nämlich E_1, wo Schmelze, P (solid) und PA(solid) im Gleichgewicht vorliegen und E_2, wo Schmelze, PA(solid) und A(solid) im Gleichgewicht vorliegen. Dazwischen liegt ein Maximum der Schmelzkurve, der sog. *dystektische Punkt*. Dort liegt der Schmelzpunkt der Verbindung PA vor. Im gezeigten Fall der Abb. (1.31) handelt es sich bei der Verbindung PA um ein 1 : 1 Assoziat von Phenol und Anilin, das durch H-Brückenbildung Ph-OH$\cdots$NH$_2$-Ph entsteht (Ph = Phenylrest).

Eine Besonderheit von binären Fest-Flüssig Phasengleichgewichten stellt das sog. *inkongruente Schmelzen* dar. Wie es dazu kommt, zeigt das Schema in Abb. 1.32 links. In der linken Diagrammhälfte sind 4 verschiedene Äste von Phasengrenzlinien eingezeichnet. Linie 1 und 2 ergeben Diagramme mit jeweils 2 Eutektika (E_1 und E_2) und einen dystektischen Punkt D, der eine Verbindungsbildung A_2B im festen Zustand anzeigt. Die Linie 3 demonstriert ein Schmelzverhalten, bei dem gerade kein Maximum mehr auftaucht, E_1 und D fallen zusammen. Beim Diagramm mit Linie 4 ist der dystektische Punkt ganz verschwunden, Linie 4 trifft bei P auf einen sog. *peritektischen Punkt*, bei dem die Schmelzkurve einen Knick hat. Hier verbirgt sich aber nach wie vor im festen Zustand eine Verbindung vom Typ A_2B, bei der allerdings ein Dystektikum nicht mehr realisiert ist. Solche Arten von Fest-Flüssig-Phasendiagrammen nennt man *inkongruente Schmelzdiagramme*. Als Beispiel dafür zeigt Abb. 1.32 rechts das Diagramm Na + K. Der Punkt Q kennzeichnet die (hypothetische) Verbindungsbildung Na$_2$K im festen Zustand.

Ein abschließendes Beispiel, das in Abb. 1.33 verschiedene Phasenübergänge in einem Diagramm zeigt, ist das System H$_2$O + NH$_3$. Neben dem Dampf-Flüssigkeit-Siedediagramm liegt bei tieferen Temperaturen ein Schmelzverhalten mit 3 Eutektika und 2 Dystektika vor, die im festen Zustand den gesonderten Phasen für die Verbindungen (NH$_3 \cdot$H$_2$O) und (NH$_3$)$_2 \cdot$H$_2$O entsprechen.

Auch Fest-Flüssig-Phasengleichgewichte können ähnlich wie Dampf-Flüssig-Gleichgewichte von Flüssig-Flüssig-Entmischungslücken überlagert werden. Ein interessantes und lehrreiches Beispiel dieser Art ist das binäre System H$_2$O + Azetonitril (CH$_3$CN). Sein Phasendiagramm ist in Abb. 1.34(a) bis (e) für verschiedene Drücke dargestellt.

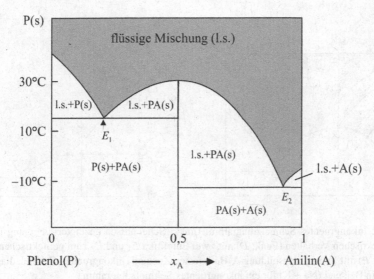

Abb. 1.31 Schmelzdiagramm (Flüssig-Fest-Phasendiagramm) mit 2 Eutektika und einem Dystektikum. Beispiel: Phenol + Anilin. P = Phenol, A = Anilin, PA = Phenol-Anilin-Komplex. Index s = solid, Index l = liquid, Index l.s. = Flüssig-Fest Phasengrenze

Bei 1 bar, ca. - 45 °C und $x_{H_2O} \approx 0,95$ ist ein eutektischer Punkt zu beobachten (a). Dem absteigenden Ast der Flüssig-Fest Phasengrenze ist eine Mischungslücke überlagert ($L + L'$), d. h., bei - 10 °C und bei ca. - 45 °C liegen jeweils 3 Phasen miteinander im Gleichgewicht. Es handelt sich beim Maximum der grau gekennzeichneten Fläche also keineswegs um einen dystektischen Punkt wie in Abb. 1.29, sondern um einen UCST. Mit wachsendem Druck rücken die Schmelzpunkte von H_2O und Azetonitril immer dichter zusammen (b), da Wasser eine Schmelzdruckkurve mit negativer Steigung hat, Azeton dagegen eine mit positiver Steigung. In Diagramm (c) werden der eutektische Punkte und die Flüssig-Phasengrenze L'_1 identisch, es liegen 4 Phasen im Gleichgewicht vor (sog. Quadrupelpunkt) Eis, die flüssige Phase L, die flüssige Phase L' und festes Azetonitril. Nach dem Gibbs'schen Phasengesetz gilt hier:

$$f = k + 2 - s = 2 + 2 - 4 = 0$$

Es gibt keine freie Variable mehr, alle Zusammensetzungen sowie Druck (1240 bar) und Temperatur (- 25 °C) sind festgelegt. Bei weiterer Druckerhöhung taucht ein neuer eutektischer Punkt im wasserreichen Gebiet auf, es gibt wieder, wie zuvor (unterhalb 1240 bar), bei zwei verschiedenen Temperaturen 3 Phasen im Gleichgewicht (d), bis schließlich die Flüssig-Flüssig-Phase verschwindet und ein Phasenverlauf mit einem eutektischen Punkt erscheint (e).

Aufgaben zu Fest-Flüssig-Phasengleichgewichten mit Eutektikum: 1.20.12, 1.20.26.

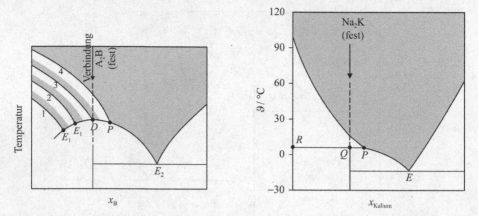

Abb. 1.32 Inkongruentes Schmelzdiagramm. Links: Schematisch gezeigter Übergang (1 bis 4) vom dystektischen Verhalten (Punkt *D*) mit zwei Eutektika E_1 und E_2 zum peritektischen Verhalten (Punkt *P*) mit Verbindungsbildung A_2B im festen Zustand (inkongruentes Schmelzdiagramm). Rechts: Ein Beispiel (Na + K) für ein inkongruentes Schmelzdiagramm.

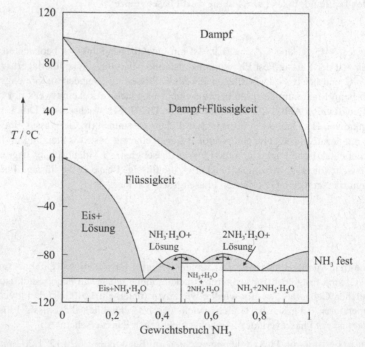

Abb. 1.33 Gesamtes Phasendiagramm Dampf-Flüssig-Fest für das System $H_2O + NH_3$

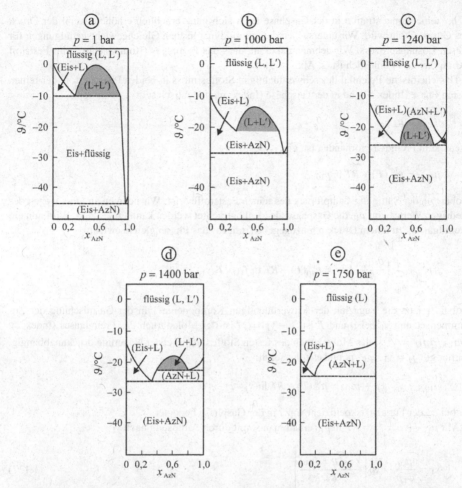

Abb. 1.34 Phasendiagramm des Systems H$_2$O+ Azetonitril bei Drücken zwischen 1 bar bis 1750 bar. Dem Gleichgewicht Fest-Flüssig ist ein Gleichgewicht flüssig-flüssig überlagert (graue Fläche). Diagramm (c) bei 1240 bar zeigt einen Quadrupel-Punkt. (nach: G.M. Schneider: Z. Phys. Chem. *41*, 327 (1964))

1.14 Löslichkeit schwerflüchtiger Feststoffe in überkritischen Fluiden

Die Löslichkeit fester, schwerflüchtiger Stoffe in Gasen bei erhöhtem Druck ist von technischem Interesse, da komprimierte Gase bei der Extraktion von schwerflüchtigen Stoffen, z. B. Naturstoffen, Aromastoffen et cet. Verwendung finden. Die Löslichkeit des schwerflüchtigen Stoffes,

d. h., seine Konzentration in der Gasphase kann sich ganz erheblich erhöhen, wenn der Druck des Gases erhöht wird. Wir untersuchen die thermodynamischen Gleichgewichtsbedingungen für diesen Lösungsprozess. Wir nehmen dabei an, dass das Fremdgas (Komponente 2) im Feststoff (Komponente 1) unlöslich ist (s. Abb. 1.35).

Das chemische Potential des schwerflüchtigen Stoffes muss in beiden Phasen, d. h. der reinen festen Phase (Index S) und in der Gasphase (Index: gas) identisch sein:

$$\mu_{10,\mathrm{S}} = \mu_{1,\mathrm{Gas}}$$

Wenn kein Fremdgas vorhanden ist, gilt:

$$\mu_{10,\mathrm{S}} = \mu_{10}^{\mathrm{id}}(T) + RT \ln p_{10}$$

wobei p_{10} der Sättigungsdampfdruck des reinen Feststoffe 1 ist. Wir nehmen an, dass wegen des niedrigen Wertes von p_{10} die Gasphase als ideal betrachtet werden kann ($f_{10} = p_{10}$). Wird nun ein Fremdgas bis zu einem Druck p hinzugegeben, gilt für das Phasengleichgewicht:

$$\mu_{10,\mathrm{S}} + \int_{p_{10}}^{p} \left(\frac{\partial \mu_{10,\mathrm{S}}}{\partial p} \right) \mathrm{d}p = \mu_{10}^{\mathrm{id}}(T) + RT \ln f_1(p, T, y_1)$$

wobei f_1 jetzt die Fugazität der schwerflüchtigen Komponente 1 in der Gasmischung der Zusammensetzung y_1 bei p und T ist. $1 - y_1 = y_2$ ist der Molenbruch des Fremdgases (Index 2). $(\partial \mu_{1,\mathrm{S}}/\partial p)_T = \overline{V}_{1,\mathrm{S}}^0$, das Molvolumen des festen Stoffes, ist in erster Näherung druckunabhängig. Ferner gilt $f_1 = y_1 \cdot \varphi_1 \cdot p$, und es folgt somit:

$$\mu_{10,\mathrm{S}} + \overline{V}_{1,\mathrm{S}}^0(p - p_{10}) = \mu_{10}^{\mathrm{id}}(T) + RT \ln(y_1 \cdot \varphi_1 \cdot p)$$

wobei φ_1 der Fugazitätskoeffizient von 1 in der Gasphase bedeutet.

Mit $\mu_{10,\mathrm{S}} - \mu_{10,\mathrm{gas}}^{\mathrm{id}} = RT \ln p_{10}$ erhält man somit durch Auflösung nach y_1:

$$y_1 = \frac{p_{10}}{\varphi_1 p} \cdot \exp\left[\frac{\overline{V}_{1,\mathrm{S}}^0(p - p_{10})}{RT} \right] \tag{1.137}$$

Für praktische Anwendungen, z. B. bei Extraktionsverfahren, ist es besser, statt des Molenbruchs y_1 die Konzentration c_1 im Verhältnis zur Konzentration c_{10} ohne den Fremdgaseinfluss zu kennen. Es gilt nun:

$$c_{10} = \frac{p_{10}}{RT} \quad \mathrm{bzw.} \quad c_1 = \frac{n_1}{V} = \frac{y_1}{\overline{V}_{\mathrm{M}}}$$

wobei $\overline{V}_{\mathrm{M}}$ das Molvolumen der Gasmischung bedeutet, bestehend aus dem Fremdgas und dem Stoff 1. Damit ergibt sich mit $c_{10} = c_1(p_{10})$:

$$\frac{c_1(p)}{c_1(p_{10})} = \frac{RT}{\overline{V}_{\mathrm{M}}} \cdot \frac{1}{\varphi_1} \cdot \frac{1}{p} \cdot \exp\left[\frac{\overline{V}_{1,\mathrm{S}}^0(p - p_{10})}{RT} \right] \tag{1.138}$$

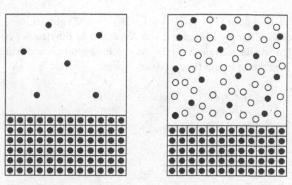

Abb. 1.35 Löslichkeitsgleichgewicht eines Feststoffes (Moleküle •) a) ohne Fremdgas und b) in einem Fremdgas (Moleküle ○) bei höherem Druck des Fremdgases

Die Gleichungen (1.137) und (1.138) gelten zunächst ganz allgemein, d. h., der Fugazitätskoeffizient φ_1 wie auch das Molvolumen $\overline{V}_M$ sind Funktionen von p, T und y_1. Der Wert von y_1 im Gleichgewicht bzw. der Wert von $c_1(p)$ kann aus Gl. (1.137) und (1.138) durch ein numerisches Verfahren berechnet werden, vorausgesetzt, eine Zustandsgleichung ist vorgegeben.

Wir wollen, um eine Vorstellung vom Löslichkeitsverhalten eines Feststoffes in einem komprimierten Gas zu erhalten, annehmen, dass der Druck nicht zu hoch (10 bis 20 bar) ist, so dass die Löslichkeit genügend bleibt ($y_1 \ll 1$). Es soll es genügen, φ_1 und $\overline{V}_M$ mit der Virial-Zustandsgleichung zu berechnen, wobei nur der 2. Virialkoeffizient berücksichtigt wird, höhere Virialkoeffizienten sollen vernachlässigt werden. Wir greifen also auf Gl. (1.54) zurück und schreiben für φ_1:

$$RT \ln \varphi_1 = \left[(1 - y_1)^2 (2B_{12} - B_{11} - B_{22}) + B_{11} \right] \cdot p$$

Wenn y_1 genügend klein ist, kann $\varphi_1 = \varphi_1^\infty$ (unendliche Verdünnung) gesetzt werden ($y_1 \to 0$):

$$\varphi_1^\infty = \exp \left[p \cdot (2B_{12} - B_{22})/RT \right]$$

Ferner schreiben wir für $\overline{V}_M$:

$$\overline{V}_M = \frac{RT}{p} + B_{\text{Misch}} \approx \frac{RT}{p} + B_{22},$$

so dass man aus Gl. (1.137) erhält:

$$y_1 \cong \frac{p_{10}}{p} \cdot \exp \left[p \cdot (\overline{V}_{1,S}^0 + B_{22} - 2B_{12})/RT \right] \cdot \exp \left[-\frac{\overline{V}_{1,S}^0 \cdot p_{10}}{RT} \right] \tag{1.139}$$

und damit nach Gl. (1.138):

$$\frac{c_1(p)}{c_1(p_{10})} \cong (1 - \frac{B_{22} \cdot p}{RT}) \cdot \exp \left[p \cdot (\overline{V}_{1,S}^0 + B_{22} - 2B_{12})/RT \right] \cdot \exp \left[-\frac{\overline{V}_{1,S}^0 \cdot p_{10}}{RT} \right] \tag{1.140}$$

Dabei wurde in Gl. (1.140) noch $1/\left(1 + \frac{B_{22} \cdot p}{RT}\right) \approx 1 - B_{22} \cdot p/(RT)$ gesetzt.

Als Beispiel berechnen wir die Löslichkeit von Naphtalin in Ethylen bei 20 bar. Die 2. Virialkoeffizienten wollen wir für die reinen Stoffe aus den Parametern a und b der Redlich-Kwong Zustandsgleichung berechnen. Es gilt für die reinen Stoffe i:

$$B_i = b_i - \frac{a_i}{RT^{3/2}} \qquad (i = 1, 2)$$

Für den Mischvirialkoeffizienten setzt man an:

$$B_{12} = \left(\frac{b_1^{1/3} + b_2^{1/3}}{2}\right)^3 - \frac{\sqrt{a_1 \cdot a_2}}{RT^{3/2}}$$

Die kritischen Daten T_c und p_c entnimmt man der Literatur: $T_{c,\text{Naph}} = 784$ K, $p_{c,\text{Naph}} = 40,5$ bar, $T_{c,C_2H_4} = 282,4$ K und $p_{c,C_2H_4} = 50,4$ bar.

Die Beziehung zwischen T_c, p_c und den Parametern a und b der RK-Gleichung lauten:

$$a = 0,42748 \cdot \frac{R^2 \cdot T_c^{5/2}}{p_c} \text{ bzw. } b = 0,08664 \cdot \frac{RT_c}{p_c}$$

In SI-Einheiten hat a die Einheit Joule $\cdot$ m$^3 \cdot$ K$^{1/2} \cdot$ mol^{-2} und b hat die Einheit m$^3 \cdot$ mol^{-1}.

Einsetzen der Zahlenwerte von T_c in K und p_c in Pa ergibt:

$$a_{\text{Naph}} = 111,8 \quad \text{J} \cdot \text{m}^3 \cdot \text{K}^{1/2} \cdot \text{mol}^{-2}, \quad b_{\text{Naph}} = 1,33 \cdot 10^{-4} \quad \text{m}^3 \cdot \text{mol}^{-1}$$

$$a_{C_2H_4} = 7,9 \quad \text{J} \cdot \text{m}^3 \cdot \text{K}^{1/2} \text{mol}^{-2}, \quad b_{C_2H_4} = 4,03 \cdot 10^{-5} \quad \text{m}^3 \cdot \text{mol}^{-1}$$

Damit ergibt sich bei $T = 300$ K:

$$B_{\text{Naph}} = -2,44 \cdot 10^{-3} \text{m}^3 \cdot \text{mol}^{-1}$$

$$B_{C_2H_4} = -1,40 \cdot 10^{-4} \text{m}^3 \cdot \text{mol}^{-1}$$

$$B_{\text{Naph},C_2H_4} = -6,07 \cdot 10^{-4} \text{m}^3 \cdot \text{mol}^{-1}$$

Das Molvolumen $V^0_{\text{Naph},S}$ von Naphtalin beträgt 111 cm$^3 \cdot$ mol$^{-1} = 1,11 \cdot 10^{-4}$ m^3/mol. Wenn der zweite Exponentialterm in Gl. (1.140) gleich 1 gesetzt wird (p_{10} ist ein sehr niedriger Wert), erhält man:

$$\frac{c_1(p)}{c_1(p_{10})} = 2,87$$

Die Löslichkeit von Naphtalin verdreifacht sich also ungefähr bei den angegebenen Bedingungen. Das ist natürlich nur ein geschätzter Wert, da die Werte der 2. Virialkoeffizienten nach der RK-Gleichung und deren Mischungsregeln für b und a berechnet wurden. Man kann aber davon ausgehen, dass diese Abschätzungen die richtige Größenordnung treffen. Wir wollen noch die gemachte Voraussetzung prüfen, ob $y_{\text{Naph}} \ll 1$ eine akzeptable Annahme war, also, ob $1 - y_{\text{Naph}} \approx 1$ gerechtfertigt ist. Nach Gl. (1.137) ergibt sich mit den errechneten Zahlenwerten:

$$y_{\text{Naph}} = \frac{p_{10}}{20 \cdot 10^5} \cdot \exp[\cdots] = \frac{1 \cdot 10^3}{20 \cdot 10^5} \cdot 2,586 = 1,3 \cdot 10^{-3}$$

Der Wert von y_{Naph} ist also genügend klein und damit das Rechenverfahren gerechtfertigt. Die gesteigerte Löslichkeit schwerflüchtiger Stoffe in komprimierten Gasen bei noch höheren Drücken, aber oberhalb ihrer kritischen Temperatur wird in der sog. Superfluidchromatographie genutzt, um bestimmte Naturstoffe zu extrahieren, z. B. Coffein aus Kaffeebohnen oder um thermophysikalische Größen, wie Löslichkeiten und partielle molare Volumina zu bestimmen. Ein Beispiel zur Anwendung der Superfluidchromatographie ist Aufgabe 1.21.21.

1.15 *Osmotisches Gleichgewicht*

Wir betrachten 2 flüssige Phasen, die durch eine sog. *semipermeable Membran* voneinander getrennt sind (s. Abb. 1.36). Die Membran lässt nur Moleküle der Sorte 1 hindurch (z. B. Wasser), aber keine der Sorte 2 (z. B. Glucose, NaCl oder Polymermoleküle).

In der rechten Kammer befindet sich eine Mischung von 1 + 2 mit den Molzahlen n_1 und n_2, in der linken befindet sich die reine Flüssigkeit 1 mit der Molzahl n_1'.

Geeignete semipermeable Membranen sind Cellulosetriazetat-Membranen oder Polyamid- Membranen, die praktisch nur für H_2O durchlässig sind.

Ein thermodynamisches Gleichgewicht bei $T = T' = $ const stellt sich nur bezüglich der Komponente 1 ein:

$$\mu_1' = \mu_1$$

Mit $\left(\frac{\partial \mu_1}{\partial p}\right)_T = \overline{V}_1$, dem partiellen molaren Volumen der Komponente 1, gilt auf der rechten Seite der Membran:

$$\mu_1 = \mu_{10} + RT \ln(x_1 \gamma_1) + \int_{p_0}^{p} \overline{V}_1 \mathrm{d}p$$

wobei μ_{10} und γ_1 die Werte von μ_{10} und γ_1 beim Druck p_0 sind. Auf der linken Seite gilt:

$$\mu_1' = \mu_{10}$$

Damit Gleichgewicht herrscht, muss soviel Komponente 1 in die rechte Seite eindringen, bis der Druck p einen Wert erreicht, der gewährleistet, dass $\mu_1' = \mu_{10}$. Wenn $\overline{V}_1$ als druckunabhängig angenommen wird, ergibt sich also:

$$\boxed{\overline{V}_1 \cdot \pi_{\text{os}} = -RT \ln(\gamma_1 x_1)} \tag{1.141}$$

$\pi_{\text{os}} = p - p_0$ heißt die osmotische Druckdifferenz oder kurz: der osmotische Druck.

Der Druck in beiden Phasen ist also verschieden. Das widerspricht *nicht* den Gleichgewichtsbedingungen, denn die gelten mit $p' = p'' = p''' = \dots$, nur dann, wenn *alle* Komponenten in *allen* Phasen vorkommen und die Phasengrenzen durchdringen können! Genau das ist jedoch bei einer *semi*permeablen Membran als Phasengrenze nicht der Fall. Einsetzen der Reihenentwicklung (s. Abschnitt 1.7) für $RT \ln \gamma_1$ in Gl. (1.141) ergibt dann:

$$\overline{V}_1 \cdot \pi_{\text{os}} = -RT \ln(1 - x_2) - a_2 x_2^2 - a_3 \cdot x_2^3 + \cdots$$

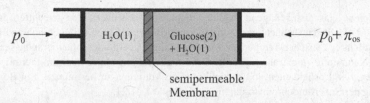

semipermeable
Membran

Abb. 1.36 Schematische Darstellung zur Entstehung des osmotischen Druckes π

Entwickelt man den Logarithmus in eine Taylor-Reihe um $x_2 = 0$

$$\ln(1 - x_2) = -x_2 - \frac{x_2^2}{2} - \frac{x_2^3}{4} - \cdots$$

gilt bei kleinen Werten von x_2:

$$\overline{V}_1 \cdot \pi_{os} = RT \left[x_2 + \left(\frac{1}{2} - a_2 \right) x_2^2 + \cdots \right]$$

Bei sehr hoher molarer Verdünnung ($x_2 \ll 1$) kann man auch den x_2^2-Term weglassen:

$$\overline{V}_1 \cdot \pi_{os} \cong RT \cdot x_2$$

oder, da $n_1 \gg n_2$:

$$\pi_{os} = \frac{RT}{\overline{V}_1} \cdot x_2 = \frac{RT}{\overline{V}_1} \frac{n_2}{n_1 + n_2} \approx \frac{RT}{\overline{V}_1} \cdot \frac{n_2}{n_1} = RT \frac{n_2}{V}$$

Es gilt $n_1 \cdot \overline{V}_1 \cong V$, wobei V das Gesamtvolumen der Lösung bedeutet.

Also ergibt sich für den Fall „unendlich hoher Verdünnung":

$$\boxed{\pi_{os} = RT \cdot \left(\frac{m_2}{V} \right) \cdot \frac{1}{M_2}} \qquad \text{(van't Hoff'sche Gleichung)} \tag{1.142}$$

Das ist die *Gleichung nach van't Hoff* für den osmotischen Druck.

Hier ist m_2 die im Lösemittelvolumen V gelöste Masse des Stoffes 2 und M_2 ist seine Molmasse. Gl. (1.142) kann zur Bestimmung von unbekannten Molmassen M_2 durch Messung des osmotischen Druckes π_{os} verwendet werden.

In der Praxis geht man so vor, dass

$$\frac{\pi_{os}}{RT \cdot \varrho_2} = \frac{1}{M_2} + B'_{(T)} \cdot \varrho_2 + \cdots$$

geschrieben wird.

B' heißt der zweite osmotische Virialkoeffizient in Analogie zur Virialentwicklung bei Gasen. ϱ_2 ist die Massendichte des gelösten Stoffes, also m_2/V. Trägt man also Messwerte von $\pi_{os}/(RT \cdot \varrho_2)$ gegen ϱ_2 auf, so erhält man bei nicht zu großen Werten von ϱ_2 eine Gerade. Der Achsenabschnitt ergibt $1/M_2$ und die Steigung den Wert für $B'_{(T)}$. Die Osmose spielt in biologischen Systemen eine große Rolle. Auch bei der Meerwasserentsalzung zur Gewinnung reinen Wassers wird der Effekt des osmotischen Drucks in der sog. Umkehrosmose angewandt (Übungsaufgaben und Beispiele zur Osmose: 1.20.14, 1.20.15, 1.21.3 und 1.21.7).

1.16 Ternäre und quaternäre Phasengleichgewichte – Verteilungsgleichgewichte

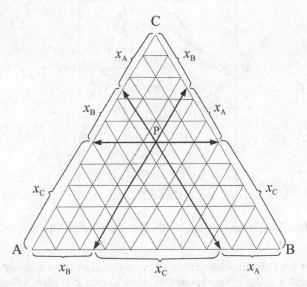

Abb. 1.37 Das Gibbs'sche Dreieck zur Darstellung von Zusammensetzungen (Molenbrüche x_A, x_B, x_C) ternärer Mischungen

In Mischungen mit mehr als 3 Komponenten sind Phasengleichgewichte nicht mehr zweidimensional grafisch darstellbar. Im Fall ternärer Mischungen ist eine solche Darstellung im 2-D-Raum noch möglich. Bezieht man sich auf ein Mol ternärer Mischung, so gilt für die Molenbrüche von Komponente 1, 2, 3:

$$x_1 + x_2 + x_3 = 1$$

Den durch diese Bedingung zugänglichen Konzentrationsbereich stellt man am besten durch das sog. *Gibbs'sche Dreieck* dar (s. Abb. 1.37)

Die Ecken des Dreiecks entsprechen den Zuständen der reinen Komponenten A, B, C. Die Zusammensetzung einer ternären Mischung ist durch einen Punkt P innerhalb der Fläche des Dreiecks festgelegt, ihre Zusammensetzung x_A, x_B, x_C ist durch die eingezeichneten Pfeile gegeben. Die Pfeillängen x_A, x_B, x_C erhält man durch das Ziehen von Parallelen zu den der entsprechenden Komponente gegenüberliegende Basislinie des Dreiecks, also gibt z. B. der Abstand der Parallele zur Basislinie $\overline{AC}$ den Molenbruch x_B an. Entsprechendes gilt für die anderen Molenbrüche. Die Konstruktion des gleichseitigen Dreiecks garantiert, dass immer $x_A + x_B + x_C = 1$ gilt.

Denkt man sich senkrecht zur Zeichenebene dicht übereinander liegende Dreiecke zu einem gleichseitigen Prisma in den dreidimensionalen Raum erweitert, so lassen sich ternäre Zusammensetzungen als Funktion von Temperatur oder Druck darstellen.

Wir geben zur Veranschaulichung einige Beispiele von ternären Phasengleichgewichten an.

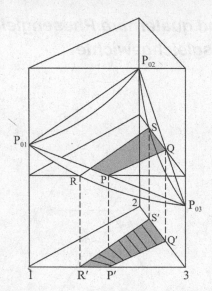

Abb. 1.38 Dampfdruckdiagramm (T = const) einer idealen ternären Mischung (s. Text)

Abb. 1.38 zeigt das Dampfdruckdiagramm (T = const) einer idealen flüssigen ternären Mischung (Komponenten 1, 2, 3). Man erkennt die drei binären Dampfdruckdiagramme auf den Prismaseiten, die bei den Dampfdrücken der reinen Stoffe p_{01}, p_{02} und p_{03} enden.

Die Dreieckfläche in der Mitte des Prismas mit dem schraffierten 2-Phasenbereich bei T = const und p = const (R, P, Q, S) ist in der Abbildung auf die Grundfläche projiziert. Dort sind die Verbindungslinien eingezeichnet, die die Zusammensetzungen der flüssigen Phase (P' Q') mit denen der Dampfphase (R' S') verbinden. Diese Linien heißen *Konoden*. Das Phasengesetz ($f = k - s + 2$) besagt, dass bei 2 Phasen und 3 Komponenten sowie T = const und p = const nur eine freie Variable vorhanden ist, d. h., wenn die flüssige Zusammensetzung auf der Linie P' Q' vorgegeben ist, liegt die dazugehörige Dampfzusammensetzung auf der Linie R' S' fest.

Ein Beispiel für ein ternäres Flüssig-Flüssig-Phasengleichgewicht zeigt Abb. 1.39. Hier existiert in der Mischung A + B eine breite Mischungslücke (F', H'), während A mit C bzw. B mit C völlig mischbar ist. Die schraffierten Flächen im Prisma beschreiben das 2-Phasengebiet als Funktion der Temperatur, die eingezeichneten Linien sind die Konoden, (z. B. FH), die die Zusammensetzungen der beiden koexistenten Phasen verbinden. Der Ort, wo die Konode in einen Punkt auf der Phasengrenzkurve übergeht, heißt der kritische Entmischungspunkt (K_1, K_2, K_3). Die kritischen Entmischungspunkte enden in diesem Beispiel in einem sog. kritischen Endpunkt KE. Die Konode F'H', die infenitesimal dicht über der Basislinie des Dreiecks AB liegt, beschreibt das Verteilungsgleichgewicht einer sehr kleinen Menge von C zwischen zwei flüssigen Phasen mit einer geringen Menge an B in A (Punkt F') und einer geringen Menge an A mit B (Punkt H'). Das lässt sich durch den sog. *Nernst'schen Verteilungssatz* beschreiben. Es gilt, wenn x'_C bzw. x''_C die sehr kleinen Molenbrüche von C in den beiden Phasen F' und H' bedeuten:

$$\mu'_C = \mu^0_C + RT \ln x'_C \cdot \gamma'_C = \mu''_C = \mu^0_C + RT \ln \gamma''_C \cdot x''_C$$

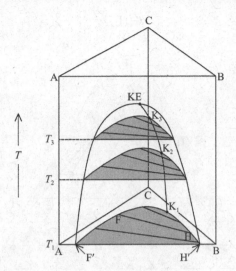

Abb. 1.39 Ein typisches ternäres Flüssig-Flüssig-Phasengleichgewicht bei (p = const) (Komponenten A, B, C) als Funktion der Temperatur (s. Text).

γ'_C und γ''_C sind die entsprechenden Aktivitätskoeffizienten von C.
   Dann folgt:

$$\frac{x'_C}{x''_C} = \frac{\gamma''_C}{\gamma'_C} \quad \text{und} \quad \lim_{\substack{x'_C \to 0 \\ x''_C \to 0}} \frac{x'_C}{x''_C} = \frac{\gamma''^\infty_C}{\gamma'^\infty_C} = k$$

k heißt das Kapazitätsverhältnis.
   Es gilt nun für die entsprechenden Konzentrationen c'_C und c''_C (Molzahl $n_C \ll n_{LM}$):

$$c'_C \cong n'_C/(n'_{LM} \cdot \overline{V}'_{LM})$$

bzw.

$$c''_C \cong n''_C/(n''_{LM} \cdot \overline{V}''_{LM})$$

Der Index LM (Lösemittel) steht für die beiden flüssigen Mischungen im Phasengleichgewicht der Zusammensetzung F' bzw. H'. Dabei bedeuten $n'_{LM} \cdot \overline{V}'_{LM}$ bzw. $n''_{LM} \cdot \overline{V}''_{LM}$ die Volumina der beiden Lösemittel-Phasen F' und H'.
   Somit lässt sich schreiben:

$$\frac{x'_C}{x''_C} = \frac{c'_C \cdot \overline{V}'_{LM}}{c''_C \cdot \overline{V}''_{LM}}$$

oder

$$\boxed{\frac{c'_C}{c''_C} = k \, \frac{\overline{V}''_{LM}}{\overline{V}'_{LM}} = \frac{\gamma''^\infty_C}{\gamma'^\infty_C} \cdot \frac{\overline{V}''_{LM}}{\overline{V}'_{LM}} = K_N} \tag{1.143}$$

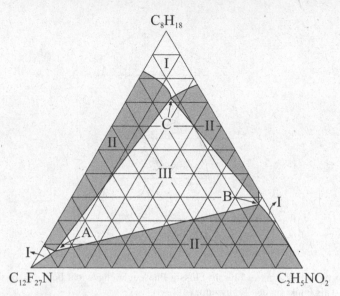

Abb. 1.40 Beispiel für ein ternäres Phasendiagramm mit 2 und 3 flüssigen Phasen ($T = 293$ K, $p = 1$ bar).

K_N *heißt der Nernst'sche Verteilungskoeffizient.* $\gamma_C''^\infty$ und $\gamma_C'^\infty$ sind die Aktivitätskoeffizienten von C in unendlicher Verdünnung in Phase " bzw. Phase '.

Der Nernst'sche Verteilungskoeffizient spielt bei Extraktionsverfahren zur Stofftrennung (s. Beispiel 1.21.14) eine Rolle wie auch in der Natur bei der Verteilung von Schadstoffen (s. Anwendungsbeispiel 1.21.5). In der Theorie der Chromatographie ist er die Grundlage zum quantitativen Verständnis der Trennleistung (Abschnitt 1.17). In ternären flüssigen Systemen können simultan auch mehr als 2 Phasen auftreten. Abb. 1.40 zeigt einen Fall, bei dem 3 flüssige Phasen im Bereich III nebeneinander existieren können. Die Bereiche I sind homogene Bereiche, die Bereiche II sind 2-Phasengleichgewichte. Ein Punkt innerhalb des Bereiches III repräsentiert 3 flüssige Phasen mit der Zusammensetzung A, B und C, die z. B. in einem Reagenzglas übereinander geschichtet wären: die unterste wäre $N(C_4H_9)_3$, die mittlere $C_2H_5NO_2$ und die oberste C_8H_{18} (Oktan).

Ein weiteres Beispiel eines ternären Phasengleichgewichtes in der „Prismadarstellung" ist das Flüssig-Fest-Gleichgewicht mit drei in der flüssigen Phase vollständig mischbaren, in der festen Phase dagegen völlig unmischbaren Komponenten. Abb. 1.41 zeigt das System Blei + Zinn + Wismut, das ein ternäres Gemisch mit Eutektikum bildet. Der ternäre eutektische Punkt E_4 liegt bei 97 °C mit der Zusammensetzung $x_{Pb} = 0,33, x_{Bi} = 0,51, X_{Sn} = 0,16$. Metallschmelze spielen in der metallverarbeitenden Industrie ein Rolle und in der Geochemie bei ternären Gemischen von Mineralien im Bereich hoher Temperaturen.

Quaternäre flüssige Systeme enthalten 4 Komponenten. Ihre Zusammensetzung lässt sich durch einen Punkt innerhalb eines Tetraeders bei konstantem T und p darstellen, dessen Kanten die $4 \cdot 3/2 = 6$ binären Molenbruch-Skalen bilden.

Abb. 1.42 zeigt als Beispiel das Flüssig-Flüssig Phasengleichgewicht $CHCl_3 + H_2O + CH_3COOH +$

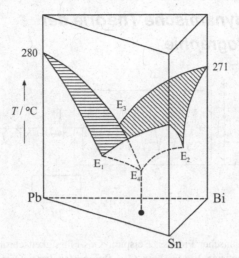

Abb. 1.41 Ternäres Flüssig-Fest-Phasendiagramm des Systems Pb + Sn + Bi (p = const) mit ternären eutektischem Punkt E_4. E_1, E_2, E_3 sind die binären eutektischen Punkte.

(CH$_3$)$_2$CO (Aufgaben und Beispiele zur Extraktion und Verteilungsgleichwichten: 1.20.10, 1.21.5, 1.21.14). Im Gibb'schen Dreieck lassen sich auch ternäre Exzessgrößen darstellen (s. Beispiel 1.21.24).

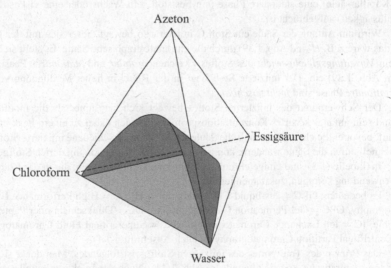

Abb. 1.42 Flüssig-Flüssig Phasendiagramm des quaternären Systems Chloroform + Wasser + Essigsäure + Azeton bei T = 298 K.

1.17 *Thermodynamische Theorie der Chromatographie*

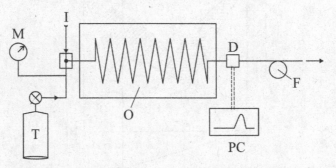

Abb. 1.43 Chromatographischer Prozess. Beispiel: Gas-Flüssigkeitschromatographie (GLC). T = Trägergas, M = Manometer, I = Injektor, O = thermostatisierter Ofen, D = Detektor, PC = Datenaufnahme mit Chromatogramm-Anzeige, F = Gasfluss-Meter.

Chromatographische Trennverfahren sind in der Chemie von besonderer Bedeutung. Wir wollen den chromatographischen Prozess vom Standpunkt der Thermodynamik aus betrachten (s. Abb. 1.43). Es bewegt sich eine mobile Phase (Gas oder Flüssigkeit) in einem Rohr, in dem auf porösen oder gelartigen Füllkörpern (gepackte Säule) oder auf der inneren Oberfläche des Rohres (Kapillarsäule) eine stationäre Phase (ein Feststoff, ein Wachs oder eine viskose, nichtflüchtige Flüssigkeit) aufgebracht ist.

Wird am Anfang der Säule ein Stoff C injiziert, so bewegt dieser sich mit der *mobilen Phase* (das wäre z. B. H' ind Abb. 1.39) durch die chromatographische Säule. Es stellt sich dabei ständig ein *Verteilungsgleichgewicht* des Stoffes zwischen *mobiler* und *stationärer* Phase (das wäre F' in Abb. 1.39) ein. Der injizierte Stoff liegt in der Regel in hoher Verdünnung vor. *Mobile* und *stationäre* Phase sind *nicht mischbar.*

Der Schwerpunkt des injizierten Stoffes bewegt sich langsamer als die mobile Phase selbst und sein anfangs scharfes Konzentrationsprofil weitet sich dabei zu einem Peak endlicher Breite auf, bevor er die chromatographische Säule verlässt. Da verschiedene injizierte Stoffe verschieden schnell durch die Säule wandern, kommt es zur Auftrennung von injizierten Stoffgemischen.

In Tabelle (1.3) sind einige chromatographische Trennverfahren, die in der Chemie häufig zur Anwendung kommen, zusammengestellt.

Es bedeuten: GLC = gas-liquid-Chromatography, HPLC = High Performance Liquid Chromatography, GPC = Gel-Permeation Chromatography, DC = Dünnschicht oder Papierchromatographie, IC = Ion Exchange Chromatography, SFC = Supercritical Fluid Chromatography, CPC = Centrifugal Partition Chromatography (s. auch Abschnitt 5.5.4).

Das Prinzip des Transportes des injizierten Stoffes ist folgendes. Man denkt sich die Säule in r sog. *theoretische Böden* aufgeteilt (s. Abb. 1.44). Nach der Injektion befindet sich die gelöste Substanz in einem schmalen Intervall der mobilen Phase von der Größe ΔV in einem gedachten theoretischen Boden. Nach Aufbringen der Substanz auf den ersten Boden findet eine Gleichgewichtsverteilung zwischen mobiler und stationärer Phase in diesem Boden statt. Im zweiten Schritt

Tab. 1.3 Chromatographische Trenntechniken

	mobile Phase	stationäre Phase
GLC	gasförmig	flüssig (schwerflüchtig)
HPLC, GPC	flüssig	flüssig (Polymer-Gel)
DC	flüssig	Feststoff
IC	flüssig	Polyelektrolyt
SFC	überkritisches Gas, $p > p_c$, $T > T_c$	fest
CPC	flüssig	flüssig

gelangt der Teil der Substanz, der sich in der mobilen Phase des ersten Bodens befindet, in den zweiten Boden, wo sich erneut das Verteilungsgleichgewicht einstellt. Auch im ersten Boden stellt sich für den dort verbliebenen Anteil der Stoffmenge zwischen stationärer und mobiler Phase ein neues Verteilungsgleichgewicht ein. Bei jedem neuen Schritt rücken die Volumina der mobilen Phase des $(k-1)$ten in den k-ten Boden. Wenn n solche Verschiebungen stattgefunden haben, ergibt sich ein Verteilungsmuster des aufgebrachten Stoffes, wie es in Abb. 1.44 dargestellt ist, das sich berechnen lässt.

Über die Größe von ΔV bzw. die Zahl r der Böden kann dabei allerdings keine Aussage gemacht werden, lediglich das Produkt $\Delta V \cdot r$ ist prinzipiell bekannt, das ist das Gesamtvolumen der mobilen Phase in der chromatographischen Säule. Auf jeden Fall ist r eine große Zahl und ΔV entsprechend klein.

Wir benötigen zunächst die Definition des Kapazitätsverhältnisses k (s. Abschnitt 1.16):

$$k = \frac{1-q}{q}$$

wobei q der *Bruchteil* der Substanz i *in der mobilen Phase* eines Bodens und $1-q$ der *Bruchteil* der Substanz *in der stationären Phase* dieses Bodens im thermodynamischen Gleichgewicht bedeutet.

Die Beziehung zum Nernst'schen Verteilungskoeffizienten K_N nach Gl. (1.143) ergibt sich folgendermaßen:

$$K_N = \frac{c_{i,\text{stat}}}{c_{i,\text{mobil}}} = k \cdot \frac{V_{\text{mobil,Säule}}/r}{V_{\text{stat,Säule}}/r}$$

$V_{\text{mobil,Säule}}$ ist das gesamte Volumen der mobilen Phase und $V_{\text{stat,Säule}}$ das der stationären Phase in der Säule. Wir identifizieren $V_{\text{mobil,Säule}}/r$ mit ΔV, dem Phasenvolumen der mobilen Phase eines Bodens.

Die Frage lautet nun: Wie groß ist der Bruchteil f_r der am Anfang auf die Säule aufgegebenen Substanz im Boden r, also am Säulenende, wenn schon n Verteilungsschritte erfolgt sind, d. h., wenn n-mal das Volumenelement ΔV der mobilen Phase „durchgeschoben" wurde ($n > r$)?

Wir berechnen die *Wahrscheinlichkeit f_r* dass sich die Substanz nach n Verteilungsschritten gerade im r-ten, also letzten Boden der Säule befindet. Bei insgesamt n-Verteilungsschritten ist auch n-mal die Entscheidung zu fällen, ob ein Molekül *in demselben Boden bleibt* oder *einen Boden weiterrückt*. Die Wahrscheinlichkeit, dass es bleibt, ist $(1-q)$, die, dass es weitertransportiert wird, ist q. Für die Wahrscheinlichkeit, dass das Molekül r Böden weitergewandert ist, gilt also:

$$q^r (1-q)^{n-r} \quad (n \geq r)$$

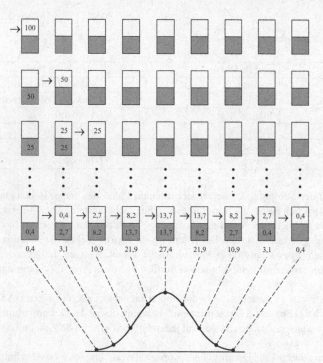

Abb. 1.44 Modellvorstellung von der Einteilung einer chromatographischen Säule in theoretische Böden der Größe ΔV. Beispiel: $q = 1 - q = 0,5$. Die obere Phase mit dem Pfeil ist die mobile Phase. Die Breite eines Bodens ist zur besseren Veranschaulichung übertrieben groß gezeichnet. Es ist die Verteilung eines Stoffes zwischen 0 bis 9 theoretischen Böden gezeigt. Nach 9 Verteilungsschritten deutet sich bereits die Form einer Gauß'schen Glockenkurve an.

d. h., r-mal tritt das Ereignis mit der Wahrscheinlichkeit q auf, $(n - r)$- mal das Ereignis mit der Wahrscheinlichkeit $(1 - q)$.

Es gibt jedoch eine Vielzahl von Möglichkeiten, in *welcher Reihenfolge* diese r- bzw. $n - r$-Entscheidungen fallen können. Diese Zahl der Möglichkeiten ist gleich der Zahl von unterscheidbaren Anordnungen, wie man z. B. r schwarze und $(n - r)$ weiße Kugeln in einer Reihe anordnen kann (oder r Faktoren q und $n - r$ Faktoren $(1 - q)$). Diese Zahl beträgt nach den Rechenregeln der Kombinatorik:

$$\frac{n!}{r!(n - r)!}$$

Also gilt:

$$f_r = \frac{n!}{r!(n - r)!} q^r \cdot (1 - q)^{n-r} \tag{1.144}$$

Es gilt ferner der binomische Lehrsatz (A. Heintz: Gleichgewichtsthermodynamik. Grundlagen und einfache Anwendungen, Springer, 2011 oder Lehrbücher der Mathematik für Naturwissenschaftler):

$$\sum_{r=0}^{n} \frac{n!}{r!(n-r)!} q^r \cdot (1-q)^{n-r} = \sum_{r} f_r = (q + (1-q))^n = 1 \tag{1.145}$$

Er besagt, dass die Summe aller Wahrscheinlichkeiten 1 ist. Wenn r gleich der Zahl der theoretischen Böden ist, wird jetzt derjenige Wert von n gesucht, bei dem *das Maximum* von f_r gerade am Säulenende, also im r-ten Boden (im Detektor) auftaucht.

Dazu wird zunächst f_r logarithmiert und mit Hilfe der *Stirling'schen Formel* vereinfacht ($\ln x! \approx x \ln x - x$ für große Zahlen x):

$$\ln f_r = n \ln n - n - r \ln r + r - (n-r)\ln(n-r) + (n-r) + r \ln q + (n-r)\ln(1-q)$$

Wir suchen das Maximum von f_r bzw. von $\ln f_r$:

$$\frac{d \ln f_r}{dn} = 0 = \ln n + 1 - \ln(n-r) - 1 + \ln(1-q)$$

Mit $n = n^*$ ($= n$ beim *Maximum*) ergibt sich:

$$\frac{n^* - r}{n^*} = 1 - q \quad \text{bzw.} \quad \boxed{n^* = \frac{r}{q}} \tag{1.146}$$

Wir geben jetzt eine Näherungsformel an, mit der f_r als einfacher funktionaler Zusammenhang berechnet werden kann . Wir entwickeln dazu f_r als Funktion von n um den Maximal-Wert n^* in eine Taylor-Reihe bis zum quadratischen Glied:

$$\ln f_r \cong \ln f_{r_{(n^*)}} + \left(\frac{\partial \ln f_r}{\partial n}\right)_{n=n^*} (n - n^*) + \frac{1}{2}\left(\frac{d^2 \ln f_r}{dn^2}\right)_{n=n^*} (n - n^*)^2 + \cdots$$

wobei gilt:

$$\frac{d^2 \ln f_r}{dn^2} = \frac{1}{n} - \frac{1}{n-r} = \frac{-r}{n(n-r)} = -\frac{r \cdot n}{n^2 \cdot (n-r)}$$

Ersetzen von $n/(n-r)$ aus Gl. (1.146) mit $n = n^*$ ergibt:

$$\left(\frac{d^2 \ln f_r}{dn^2}\right)_{n=n^*} = -\frac{r}{1-q} \cdot \frac{1}{n^{*2}}$$

Da im Maximum $\left(\frac{d \ln f_r}{dn}\right)_{n=n^*} = 0$ gilt, kann geschrieben werden:

$$f_{r(n)} \cong f_{r(n=n^*)} \cdot \exp\left[-\frac{r}{2} \cdot \frac{1}{(1-q)} \cdot \left(\frac{n-n^*}{n^*}\right)^2\right]$$

Man nennt $n^* \cdot \Delta V = V_R$ *das Retentionsvolumen*, das ist das mobile Volumen, das nach Injektion

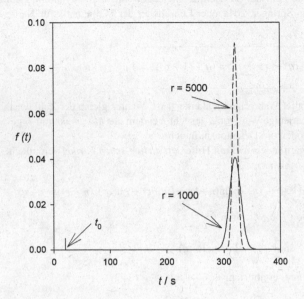

Abb. 1.45 Chromatogramm mit den Parametern t_R = 320s und k = 15. a) theoretische Bodenzahl r = 1000 (———), b) theoretische Bodenzahl r = 5000 (- - - - -). Nach Gl. (1.147) mit σ_t^2 = $t_R^2 \cdot k/(r(k+1))$ und $t_0 = t_R/(k+1) = 20\,\text{s}$.

der Substanz am Säulenanfang aus der Säule austritt, bis das Peak-Maximum erscheint. Mit $n\Delta V = V$ folgt dann

$$f_r(V) = f_{r(n=n^*)} \cdot \exp\left[-\frac{r}{2}\frac{1}{(1-q)}\left(\frac{V-V_R}{V_R}\right)^2\right]$$

oder wegen $t_R = V_R/\bar{u}$ bzw. $t = V/\bar{u}$:

$$f_r(t) = f_{r(n=n^*)} \cdot \exp\left[-\frac{r}{2}\frac{1}{(1-q)}\left(\frac{t-t_R}{t_R}\right)^2\right]$$

Hierbei ist t die Zeit und $\bar{u}$ die Volumengeschwindigkeit der mobilen Phase. t_R ist die Retentionszeit. Wenn wir diese Gleichung so normieren, dass

$$\int_{t=-\infty}^{t=+\infty} f_r(t) \cdot dt = 1$$

erhält man:

$$f_r(t) = \frac{1}{\sigma_t \sqrt{2\pi}} \exp\left[-\frac{(t - t_R)^2}{2\sigma_t^2}\right]$$ (1.147)

Das ist eine Gauß'sche Glockenkurve mit dem Maximum bei $t_{max} = t_R$. Es gilt für die quadratische Standardabweichung σ_t^2, die sog. Varianz

$$\sigma_t^2 = \frac{t_R^2}{r} \frac{k}{k + 1}$$

Gl. (1.147) gibt die gesuchte Form des Chromatogramms wieder und ist in Abb. 1.45 dargestellt. Man entnimmt dieser Abbildung, dass bei gegebener Retentionszeit t_R und gegebenem Kapazitätsverhältnis k die Schärfe und die Höhe des chromatographischen Peaks mit der theoretischen Bodenzahl zunimmt. Die Fläche unter dem Peak bleibt gleich groß, sie entspricht der injizierten Substanzmenge.

Das Kapazitätsverhältnis $k = (1 - q)/q$ kann nun mit Hilfe von Gl. (1.146) umgeschrieben werden zu:

$$1 - q = \frac{k}{k + 1} = (n^* - r)/n^*$$

Ferner verwenden wir

$$V_R = \Delta V \cdot \frac{r}{q} = \Delta V \cdot n^*$$

Das ergibt

$$V_R = \Delta V \cdot r(k + 1)$$

bzw.

$$t_R = \frac{\Delta V \cdot r}{\overline{u}}(k + 1)$$

$t_0 = \Delta V \cdot r/\overline{u}$ ist die „Totzeit" (= „Luftpeak" in der Gaschromatographie), $\Delta V \cdot r = V_{mobil}$ ist das Volumen der gesamten mobilen Phase der Säule.

Damit folgt:

$$\frac{t_R - t_0}{t_0} = k$$

und

$$K_N = k \cdot \frac{V_{mobil,Säule}}{V_{stat,Säule}} = \frac{t_R - t_0}{t_0} \cdot \frac{V_{mobil,Säule}}{V_{stat,Säule}}$$ (1.148)

Für σ_t^2 kann auch geschrieben werden:

$$\sigma_t^2 = t_0^2(k + 1) \cdot k \cdot \frac{1}{r} \qquad \text{mit} \quad t_0^2 = \frac{V_{mobil,Säule}^2}{\overline{u}^2}$$ (1.149)

Wir lernen daraus Folgendes:

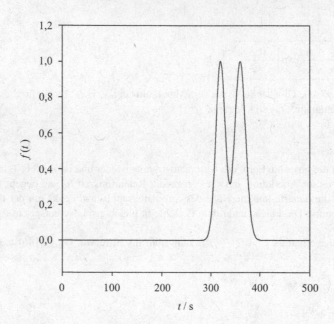

Abb. 1.46 Zur Auflösung zweier chromatographischer Signale. Die Peaks sind berechnet nach Gl. (1.147) mit $r = 1000, k_a = 15, k_b = 17$ und $t_0 = 20$s (Auflösung $RES \cong 0,9$).

1. Gl. (1.148) besagt: aus $t_R - t_0$ kann k bzw. der Nernst'sche Verteilungskoeffizient K_N in hoher Verdünnung bestimmt werden ($V_{mobil} = t_0/\overline{u}$ und V_{stat} müssen bekannt sein).

2. Gl. (1.149) besagt: σ, das Maß für die Peakbreite, ist umso kleiner, je *größer* die theoretische Bodenzahl r *ist* und *je kleiner k ist*. Wegen $k = K_N V_{stat}/V_{mobil}$ ist bei Kapillarsäulen ($V_{mobil} \gg V_{stat}$) k besonders klein und der Peak besonders schmal (s. Gl. (1.149)).

3. Die theoretische Bodenzahl r ist in der Theorie nicht festlegbar, kann aber aus σ^2 ermittelt werden. Es zeigt sich, dass der Wert von r abhängig ist von $\overline{u}$. Dieser Zusammenhang ist nur aus einer zeitabhängigen Betrachtung des chromatographischen Trennprozesses auf Grundlage von Diffusionsprozessen zu gewinnen.

Die Chromatographie dient in erster Linie zur Auftrennung und quantitativen Analyse von Stoffgemischen. Dazu ist es notwendig, dass zwei chromatographische Peaks, die zu verschiedenen Substanzen a und b gehören, einwandfrei im Detektor nebeneinander aufgelöst werden können.

Sind die Retentionszeiten dieser Peaks t_a und t_b, so ist die Auflösung RES (*Res*olution) definiert (s. Abb. 1.46):

$$RES = 2 \frac{t_a - t_b}{w_a + w_b}$$

wobei gilt:

$$w_a = 4\sigma_a \quad \text{und} \quad w_b = 4\sigma_b$$

Mit Hilfe von Gl. (1.149) sowie $k_i = (t_{R,i} - t_0)/t_0$ $(i = a, b)$ erhält man:

$$RES = \frac{1}{2} \sqrt{r} \; \frac{|k_a - k_b|}{\sqrt{(k_a + 1)k_a} + \sqrt{(k_b + 1)k_b}} \tag{1.150}$$

Führt man nun den Trennfaktor $S_{ab} = k_a/k_b = K_{N,a}/K_{K_{N,b}}$ ein, dann lässt sich schreiben:

$$RES = \frac{1}{2} \sqrt{r} \; \frac{S_{ab} - 1}{\sqrt{(S_{ab} + \frac{1}{k_b})S_{ab}} + \sqrt{1 + \frac{1}{k_b}}}$$

Häufig gilt, dass $k_b = (t_{R,b} - t_0)/t_0 \gg 1$, so dass S_{ab} bei dicht nebeneinander liegenden Peaks nur wenig größer als 1 ist. Dann kann man schreiben:

$$RES \cong \frac{S_{ab} - 1}{S_{ab} + 1} \cdot \frac{1}{2} \cdot \sqrt{r} \approx \frac{S_{ab} - 1}{4} \cdot \sqrt{r}$$

Die Peaktrennung gilt als ausreichend, wenn $RES \geq 1,5$. Demnach gelten z. B. bei einer theoretischen Bodenzahl von $r = 5000$ zwei Peaks als auflösbar, wenn $S_{ab} \geq 1,085$. Die beiden in Abb. 1.46 gezeigten Peaks sind also nicht ausreichend aufgelöst, da dort $RES \approx 0,9$ ist. Weitere Beispiele und Übungsaufgaben zur Chromatographie finden sich in 1.20.23, 1.20.24 und 1.21.4.

1.18 Eine verallgemeinerte Theorie der chemischen Potentiale multinärer flüssiger Mischungen für Moleküle unterschiedlicher Größe

In diesem Abschnitt wird gezeigt, dass man die Ergebnisse der bekannten Flory-Huggins-Theorie direkt aus der van der Waals-Theorie ableiten kann.

In Abschnitt 1.7 hatten wir ein einfaches Modell für Aktivitätskoeffizienten in dichten flüssigen Mischungen eingeführt und es auf binäre Mischungen angewendet (Gl. 1.87). Dieses Modell konnte bereits wesentliche Eigenschaften realer flüssiger Mischungen beschreiben, wenn die Größe der Moleküle sich nicht stark unterscheidet. In der Chemie kommt es jedoch häufiger vor, dass flüssige Mischungen aus Molekülen bestehen, die erhebliche Größenunterschiede aufweisen, z. B. Lösungen von Polymeren in Lösemitteln, deren molekulare Größe gering ist gegenüber dem Polymermolekül. Solche Mischungen werden durch Gl. (1.87) schlecht beschrieben. Wir wollen im Folgenden ein Modell entwickeln, das solche Unterschiede berücksichtigt. Dabei wollen wir uns nicht auf binäre Mischungen beschränken, sondern Ausdrücke für das chemische Potential bzw. den Aktivitätskoeffizienten der einzelnen Komponenten in einer multinären flüssigen Mischung mit beliebig vielen Komponenten ableiten aus einem allgemeinen Ausdruck für die freie Exzessenthalpie, der sich aus der v. d. Waals-Theorie bei flüssigkeitsähnlichen Dichten ergibt. Wir berechnen zunächst die molare freie Exzessenthalpie $\overline{G}^E$:

$$\overline{G}^E = \overline{H}^E - T\overline{S}^E = \overline{U}^E + p\overline{V}^E - T\,\overline{S}^E$$

Um $\overline{U}^E$ nach der v. d. Waals-Theorie zu erhalten, gehen wir aus von der allgemein gültigen Gleichung (Gl. (1.20)):

$$\left(\frac{\partial \overline{U}}{\partial V}\right)_T = T\left(\frac{\partial p}{\partial T}\right)_V - p$$

Die Zustandsgleichung nach der v. d. Waals-Theorie lautet (A. Heintz: Gleichgewichtsthermodynamik. Grundlagen und einfache Anwendungen, Springer, 2011 oder allgemeine Lehrbücher der chemischen Thermodynamik):

$$\frac{p}{RT} = \frac{1}{\overline{V} - b} - \frac{a}{RT\overline{V}^2} \tag{1.151}$$

b ist das molare Kernvolumen und a ist der Wechselwirkungsparameter. Mit der molaren Dichte $\varrho = 1/\overline{V}$ ergibt sich:

$$\left(\frac{\partial \overline{U}}{\partial V}\right)_{T,\mathrm{vdW}} = \frac{a}{\overline{V}^2}$$

oder integriert von $V = \infty$ bis V:

$$\overline{U}_{(V,T)} - \overline{U}_{(V \to \infty, T)} = -\frac{a}{\overline{V}}$$

Damit erhält man für eine flüssige Mischung mit m Komponenten:

$$\overline{U}^E = -\left(\frac{a_M}{V_M} - \sum_i^m \frac{a_i x_i}{V_i}\right)$$

Damit erhalten wir für $\overline{H}^E = \overline{U}^E + p \cdot \overline{V}^E$:

$$\overline{H}^E = -\left(\frac{1}{\overline{V}_M} \cdot a_M - \sum_i^m \frac{a_i x_i}{\overline{V}_i}\right) + p\left(\overline{V}_M - \sum_i^m \overline{V}_i x_i\right)$$

Jetzt betrachten wir den Fall flüssigkeitsähnlicher Dichten. Dort gilt näherungsweise $\overline{V}_i \approx cb_i$ bzw. $\overline{V}_M \approx cb_M$. c ist in guter Näherung eine Konstante mit Werten zwischen 1,1 bis 1,2, da $\overline{V}_M/b_M$, immer größer als 1 ist. Man erhält also:

$$\overline{H}^E = \left(\sum_i^m \frac{a_i \cdot x_i}{cb_i} - \frac{a_M}{cb_M}\right) + p\left(cb_M - \sum_i^m cb_i \cdot x_i\right)$$

Wenn man $b_M \approx \sum x_i b_i$ setzt, fällt der zweite Term weg, also gilt:

$$\overline{H}^E = \left(\sum_i^m \frac{a_i x_i}{cb_i} - \frac{a_M}{cb_M}\right)$$

Jetzt verwenden wir den Ausdruck für a_M nach Gl. (1.80) mit $a_{ij} = \sqrt{a_i \cdot a_j}$:

$$a_M = \sum_i^m \sum_j^m a_{ij} x_i x_j = \left(\sum_i^m \sqrt{a_i} \cdot x_i\right)^2$$

wobei m hier die Zahl der Komponenten in der Mischung ist. Nun setzen wir auch $c = 1$, d. h., wir verstehen unter b_i ab jetzt das molare Volumen pro Molekül im dichten, flüssigen Zustand.

$$\overline{H}^E = \sum_i \frac{a_i x_i}{b_i} - \frac{\left(\sum_i \sqrt{a_i} x_i\right)^2}{b_M} = \frac{1}{2} \sum_i \frac{a_i x_i}{b_i} \frac{\sum_j b_j x_j}{b_M} + \frac{1}{2} \sum_j \frac{a_j x_j}{b_j} \frac{\sum_i b_i x_i}{b_M} - \frac{\left(\sum \sqrt{a_i} x_i\right)^2}{b_M}$$

wobei eine Symmetrisierung vorgenommen wurde und mit $b_M = \sum_i x_i b_i = \sum_j x_j b_j$ erweitert wurde. Dann lässt sich schreiben:

$$\overline{H}^E = \frac{1}{2} \sum_i \sum_j \frac{a_i x_i x_j b_j}{b_i \cdot b_M} + \frac{1}{2} \sum_j \sum_i \frac{a_j x_i x_j b_i}{b_j b_M} - \frac{\sum_i \sqrt{a_i} x_i \cdot \sum_j \sqrt{a_j} x_j}{b_M}$$

oder nach Erweiterung mit b_i bzw. b_j unter den Summen im letzten Term dieser Gleichung und Zusammenfassung:

$$\overline{H}^E = \frac{1}{2} \sum_{i \neq j} \sum_j \frac{x_i x_j b_i b_j}{b_M} \left(\frac{a_i}{b_i^2} \frac{a_j}{b_j^2} - 2 \frac{\sqrt{a_i}\sqrt{a_j}}{b_i b_j} \right) + \frac{1}{2} \sum_i \frac{a_i x_i^2}{b_M b_i^2} - \frac{1}{2} \sum_j \frac{a_j x_j^2}{b_M b_j^2}$$

In der Doppelsumme darf nur über Indices $i \neq j$ summiert werden, da sich die Terme mit den Summen über $a_i x_i^2$ bzw. $a_j x_j^2$ gegenseitig wegheben. Der Faktor $\frac{1}{2}$ sorgt dafür, dass nicht jede Kombination von i mit j doppelt gezählt wird. Die letzten beiden Terme heben sich gegenseitig weg, und man erhält:

$$\overline{H}^E = \frac{1}{2} \sum_{i \neq j} \sum_j \frac{x_i x_j b_i b_j}{b_M} \left(\frac{\sqrt{a_i}}{b_i} - \frac{\sqrt{a_j}}{b_j} \right)^2$$

oder:

$$\boxed{\overline{H}^E = \frac{1}{2} \left(\sum_k b_k x_k \right) \cdot \sum_{i \neq j}^m \sum_j^m \Phi_i \Phi_j \cdot \chi_{ij}} \tag{1.152}$$

mit $\chi_{ij} = \left(\sqrt{a_i}/b_i - \sqrt{a_j}/b_j \right)^2$ und mit den sog. Volumenbrüchen

$$\Phi_i = \frac{x_i b_i}{\sum_i x_i b_i} \quad \text{bzw.} \quad \Phi_j = \frac{x_j b_j}{\sum_j x_j b_j}$$

$\chi_{ij} = \chi_{ji}$ hat die Bedeutung eines Wechselwirkungsparameters, für den nach der v. d. Waals-Theorie gilt: $\chi_{ij} > 0$. Das liegt an der speziellen Mischungsregel für $a_{ij} = \sqrt{a_i a_j}$. Wir wollen im Folgenden jedoch immer annehmen, dass χ_{ij} sowohl positiv als auch negativ sein kann. χ_{ij} hat die Dimension $J \cdot m^{-3}$. Nun berechnen wir noch die partielle molare Exzessenthalpie ΔH_i^E einer Komponente i. Sie ist definiert als $\overline{H}_i^E = \overline{H}_i - \overline{H}_i^0 = \partial \left(\overline{H}^E \cdot n \right) / \partial n_i$. Somit erhält man aus Gl.

(1.152):

$$\overline{H}_i^E = \frac{1}{2} \frac{b_i \sum n_l b_l \chi_{il} + b_i \sum n_j b_j \chi_{ij}}{\sum_k n_k b_k} - \frac{b_i}{2} \sum_{l \neq} \sum_j \frac{(n_l b_l)(n_j b_j) \cdot \chi_{lj}}{\left(\sum_k n_k b_k\right)^2}$$

$$= b_i \frac{\sum_j b_j n_j \chi_{ij} + \sum_l b_l n_l \chi_{il}}{\sum_k b_k n_k} - \frac{b_i}{2} \sum_l \frac{n_l b_l}{\sum n_k b_k} \cdot \Phi_i \cdot \chi_{il} - \frac{b_i}{2} \sum_j \frac{n_j b_j}{\sum_k n_k b_k} \chi_{ij}$$

$$- \frac{b_i}{2} \sum_{l \neq i} \sum_{j \neq i} \cdot \Phi_l \cdot \Phi_j \cdot \chi_{lj}$$

Also ergibt sich:

$$\boxed{\overline{H}_i^E = b_i (1 - \Phi_i) \cdot \sum_{j \neq i}^m \Phi_j \cdot \chi_{ij} - \frac{b_i}{2} \sum_{l \neq i, j}^m \sum_{j \neq i, l}^m \Phi_l \cdot \Phi_j \cdot \chi_{lj}} \tag{1.153}$$

Wir wenden uns jetzt der Entropie zu. Hier gilt ganz allgemein ausgehend von Gl. (1.15) für Mischungen:

$$\left(\frac{\partial \overline{S}_M}{\partial \overline{V}_M}\right)_T = -\frac{\partial}{\partial \overline{V}_M} \left(\frac{\partial \overline{F}}{\partial T \cdot \partial \overline{V}_M}\right) = -\left(\frac{\partial^2 F}{\partial T \cdot \partial \overline{V}_M}\right) = \left(\frac{\partial p}{\partial T}\right)_{\overline{V}_M}$$

wegen $\overline{V}_M = \varrho_M^{-1}$ (molare Dichte), also $\partial \overline{V}_M = -\partial \varrho_M / \varrho_M^2$.

Für $p(T, \varrho)$ setzen wir wieder die v. d. Waals-Gleichung (Gl. (1.151) ein und erhalten:

$$\left(\frac{\partial p}{\partial T}\right)_{\overline{V}_M} = \frac{R}{\overline{V}_M - b_M}$$

Integration ergibt mit $p = \overline{V}_M \cdot RT$ bzw. $(\partial p / \partial T)_{id} = R / \overline{V}_M$ für das ideale Gas als Unterschied des realen Systems zum idealen Gas:

$$\overline{S}(\overline{V}_M) - \overline{S}_{idGas}(\overline{V}_M) = - \int_{\infty}^{\overline{V}_M} \left[\frac{R}{\overline{V}_M} - \left(\frac{\partial p}{\partial T}\right)_{\overline{V}_M}\right] d\overline{V}_M = - \int_{\infty}^{\overline{V}_M} \left[\frac{R}{\overline{V}_M} - \frac{R}{\overline{V}_M - b_M}\right] d\overline{V}_M$$

$$= R \ln \left(1 - \frac{b_M}{\overline{V}_M}\right)$$

Für das ideale Gas gilt:

$$\overline{S}_{idGas}(\varrho) = \int_{\varrho_0}^{\varrho} \frac{R}{\overline{V}_M} d\overline{V}_M = R \cdot \ln \frac{\overline{V}_{M,0}}{\overline{V}_M}$$

wobei $\overline{V}_{M,0}$ das molare Standardvolumen des idealen Gases bei 1 bar und der Temperatur T bedeutet. Jetzt berechnen wir die molare Mischungsentropie $\Delta\overline{S}_M$ des realen Systems ($\Delta\overline{S}_M = \overline{S}^E + \Delta\overline{S}_{id}$):

$$\Delta\overline{S}_M = R\left[\sum_i x_i \ln \frac{\overline{V}_M/b_M - 1}{\overline{V}_i/b_i - 1}\right] - R\sum x_i \ln \frac{\overline{V}_i \cdot x_i}{\overline{V}_M}$$

Setzen wir nun bei flüssigkeitsähnlichen Dichten wieder $\overline{V}_i \cong cb_i$ bzw. $\overline{V}_M \cong cb_M$ mit c = const > 1, fällt der erste Term weg, und man erhält:

$$\boxed{\Delta\overline{S}_M \cong -R\sum_i x_i \ln \Phi_i} \tag{1.154}$$

Gl. (1.154) ist identisch mit der Mischungsentropie nach *Flory und Huggins*. Sie wurde hier aus der v. d. Waals-Gleichung abgeleitet. Wenn alle b_i gleich groß sind, geht Gl. (1.154) in den bekannten Ausdruck für die ideale molare Mischungsentropie $\Delta\overline{S}_{M,id} = -R\sum x_i \ln x_i$ über.

Für die freie molare Exzessenthalpie $\overline{G}^E$ gilt somit:

$$\overline{G}^E = \Delta\overline{H}_M - T\cdot\Delta\overline{S}_M - RT\sum x_i \ln x_i = \frac{1}{2}\left(\sum_k b_k x_k\right)\cdot\sum_{i\neq j}\sum_j \Phi_i\cdot\Phi_j\cdot\chi_{ij} + RT\sum x_i \ln(\Phi_i/x_i)$$

Im Fall, dass alle Moleküle gleich groß sind ($b_1 = b_2 = \ldots b_k = b$), ist $\Phi_i = x_i$ und man erhält mit $a_{ij} = (b\chi_{ij})$:

$$\overline{G}^E = \frac{1}{2}\sum_{i\neq j}\sum_j a_{ij}\cdot x_i\cdot x_j \tag{1.155}$$

Diese Formel wurde bereits im Abschnitt 1.4 ohne Ableitung angegeben. Hier erhält sie eine Deutung im Rahmen des v. d. Waals-Modells.

Aus Gl. (1.154) lässt sich jetzt auch die partielle molare Exzessentropie $\Delta\overline{S}_i = \overline{S}_i - \overline{S}_{i0}$ berechnen:

$$\Delta\overline{S}_i = \frac{\partial}{\partial n_i}\left(\sum n_i \Delta\overline{S}_M\right) = -\frac{\partial}{\partial n_i}\left[R\sum_k n_k \ln \Phi_k\right] = -R\left(\ln \Phi_i + \sum_k n_k \cdot \frac{\partial \ln \Phi_k}{\partial n_i}\right)$$

Die Durchführung der partiellen Differentiation unter der Summe ist ähnlich wie bei der Herleitung von $\overline{H}_i^E$ etwas umständlich:

$$n_k\left(\frac{\partial \ln \Phi_k}{\partial n_i}\right)_{n_k\neq n_i} = n_k\left(\frac{\partial}{\partial n_i}\left[\ln \frac{n_k\cdot b_k}{\sum n_k b_k}\right]\right)_{n_k\neq n_i}$$

$$= n_k\frac{\sum_k n_k b_k}{n_k b_k}\cdot\frac{\left(\sum n_k b_k\right)\cdot\frac{\partial}{\partial n_i}(n_k b_k) - n_k b_k\frac{\partial}{\partial n_i}\left(\sum_k n_k b_k\right)}{\left(\sum n_k b_k\right)^2}$$

$$= \frac{\left(\frac{\partial n_k}{\partial n_i}\right)\cdot\sum n_k b_k - n_k b_i}{\sum_k n_k b_k}$$

Damit lässt sich berechnen:

$$\sum_k n_k \left(\frac{\partial \ln \Phi_k}{\partial n_i} \right)_{n_k \neq n_i} = \sum_k \frac{\left(\frac{\partial n_k}{\partial n_i} \right) \cdot \sum_k n_k b_k - n_k b_i}{\sum_k n_k \cdot b_k}$$

$$= \frac{\sum_k n_k b_k - b_i \sum_k n_k}{\sum_k n_k b_k} = 1 - \frac{b_i}{\sum_k x_k \cdot b_k}$$

und man erhält also als Endergebnis:

$$\boxed{\Delta \overline{S}_i = \overline{S}_i - \overline{S}_{i0} = -R \left(\ln \Phi_i + 1 - \frac{b_i}{b_M} \right)} \tag{1.156}$$

Da $\Delta \mu_i = \mu_i - \mu_{i0} = \overline{H}_i^E - T \cdot \Delta \overline{S}_i$ gilt, erhält man für das chemische Potential μ_i der Komponente i einer multinären Mischung mit Hilfe von Gl. (1.153) und Gl. (1.156):

$$\boxed{\mu_i = \mu_{i0} + b_i (1 - \Phi_i) \sum_{j \neq i} \Phi_j \chi_{ij} - \frac{1}{2} b_i \sum_{l \neq i, j} \sum_{j \neq i, l} \Phi_l \cdot \Phi_i \chi_{lj} + RT \left(\ln \Phi_i + 1 - \frac{b_i}{b_M} \right)} \tag{1.157}$$

mit $b_M = \sum_k x_k \cdot b_k$.

Gl. (1.157) ist die Grundlage für die Berechnung aller Arten von Phasengleichgewichten im dichten flüssigen Zustand im Rahmen des Modells. Für die Werte von b_i können die entsprechenden v. d. Waals-Parameter verwendet werden oder stattdessen auch $\overline{V}_{i0}$, die molaren Volumen der reinen Flüssigkeiten. Die Parameter χ_{ij} sind anpassbare Größen, in multinären Mischungen können sie aus den Daten der entsprechenden binären Mischung $i + j$ entnommen werden.

Wir wollen einige Sonderfälle für die Anwendung von Gl. (1.152), (1.154) und (1.157) diskutieren.

- Bei einem *binären System* ist $i = 1$, $j = 2$. Ferner sollen alle Werte von $b_i = b$ identisch sein. Dann gilt wegen $\Phi_i = x_i$:

$$\mu_1 = \mu_{10} + (b \chi_{12} \cdot x_2^2 + RT \ln x_1$$

bzw.:

$$\mu_2 = \mu_{20} + (b \chi_{12}) \cdot x_1^2 + RT \ln x_2$$

und für die Aktivitätskoeffizienten

$$\ln \gamma_1 = \frac{a}{RT} x_2^2 \quad \text{bzw.} \quad \ln \gamma_2 = \frac{a}{RT} (1 - x_1)^2$$

mit $a = (b \cdot \chi_{12})$. Das ist genau Gl. (1.87).

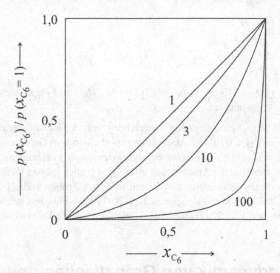

Abb. 1.47 $p(x_{C_6})$ bei 298 K nach der Flory-Huggins-Theorie mit $(b\chi_{12}/RT) = 0$ und $r = b_{C_{18}}/b_{C_6} = 3$. Die hypothetischen Fälle $r = 1$, 10 und 100 sind zusätzlich gezeigt.

- Für eine multinäre Mischung ergibt sich für den Fall $b_1 = b_2 = \ldots = b_k = b$ und $a_{ij} = b \cdot \chi_{ij}$:

$$\mu_i - \mu_{i0} = (1 - x_i) \sum_{j \neq i} x_j \cdot a_{ij} - \frac{1}{2} \sum_{l \neq i} \sum_{j \neq i} x_l \cdot x_j \cdot a_{lj} + RT \ln x_i$$

und für den Aktivitätskoeffizienten γ_i:

$$RT \ln \gamma_i = \mu_i - \mu_{10} - RT \ln x_i = (1 - x_1) \sum_{j \neq i} x_j \cdot a_{ij} - \frac{1}{2} \sum_{l \neq i} \sum_{j \neq i} x_l \cdot x_j \cdot a_{lj}$$

Wir berechnen als Beispiel für die Aktivitätskoeffizienten γ_i für eine ternäre Mischung ($i = 1, 2, 3$) mit $b_1 = b_2 = b_3 = b$, also $\Phi_i = x_i$. Dann ergibt sich mit $\mu_i - \mu_{i0} - RT \ln x_i = RT \ln \gamma_i$:

$$RT \ln \gamma_1 = (1 - x_1)(x_2 \cdot a_{12} + x_3 a_{13}) - x_2 \cdot x_3 \cdot a_{23}$$
$$RT \ln \gamma_2 = (1 - x_2)(x_1 \cdot a_{21} + x_3 a_{23}) - x_1 \cdot x_3 \cdot a_{13}$$
$$RT \ln \gamma_3 = (1 - x_3)(x_1 \cdot a_{31} + x_2 a_{32}) - x_1 \cdot x_2 \cdot a_{12}$$

mit $a_{ij} = a_{ji}$. Diese 3 Gleichungen sind identisch mit den Ausdrücken für $RT \ln \gamma$, die in Beispiel 1.21.10 verwendet werden.

- Wir betrachten eine binäre Mischung wie. z. B. C_6H_{14} (Hexan) + $C_{18}H_{38}$ (Oktadekan) und nehmen an, dass $b_{C_{18}} = 3b_{C_6}$ ist. Ferner soll $\chi_{12} = 0$ sein. Wie sieht die reduzierte Dampfdruckkurve der Mischung aus, wenn $p_{C_{18}}^{sat} \simeq 0$ ist? Die Aktivitätskoeffizienten lauten: $x, \gamma_i = \exp\left[(\mu_i - \mu_{i0})/RT\right]$ (i = Hexan, Oktadekan) und für $p(x)$ der Mischung erhält man mit μ_i' nach Gl. (1.157):

$$\frac{p(x_{C_6})}{p_{C_6}^{\text{sat}}} = \Phi_{C_6} \cdot \exp\left[1 - x_{C_6}/\left(x_{C_6} + (1 - x_{C_6}) \cdot \frac{b_{C_{18}}}{b_{C_6}}\right)\right]$$

Mit $\Phi_{C_6} = x_{C_6}/(x_{C_6} + (1 - x_{C_6}) \cdot b_{C_{18}}/b_{C_6})$ und $b_{C_{18}}/b_{C_6} = 3$ ergibt sich die in Abb. 1.47 dargestellte Funktion $p(x_{C_6})$.

Man sieht, dass $p(x_{C_6})$ eine negative Abweichung von der Raoult'schen Gerade aufweist ($\gamma_{C_6} < 1$), obwohl $\chi_{12} = 0$ ist. Die Abweichung rührt allein vom Größenunterschied der Moleküle her ($b_{C_{18}} = 3b_{C_6}$). Wenn z. B. eine Polyethylenlösung in Hexan mit $b_{PE} = 10b_{C_6}$ oder $b_{PE} = 100b_{C_6}$ vorliegt, ist die Abweichung trotz $\chi_{12} = 0$ noch größer. Weitere Anwendungen der Ergebnisse dieses Abschnittes finden sich in den Aufgaben 1.20.31 (Verdünnungsenthalpien) und 1.20.32 sowie den Beispielen 1.21.20 (Flüssig-Flüssig-Gleichgewichte in Polymermischungen) und 1.21.22 (Fest-Flüssig-Gleichgewicht mit Eutektikum im Fall $b_1 \neq b_2$).

1.19 Thermodynamik von Grenzflächen und Nanopartikeln

Grenzflächenphänomene spielen sowohl in der Natur wie auch in der physikalischen Chemie eine bedeutende Rolle und zwar immer dann, wenn das Verhältnis von Oberfläche zu Volumen eines Systems groß wird. Beispiele sind kleine Tropfen (Nebelbildung),Kolloide und Tenside (Lebensmittelindustrie, Waschmittel) oder die sog. Nanopartikel (Materialwissenschaften). In diesem Abschnitt behandeln wir die thermodynamischen Grundlagen von Grenzflächenphänomenen und nur einige beispielhafte Anwendungen dieses umfangreichen Gebietes.

1.19.1 Die Gibbs-Duhem-Gleichung für Grenzflächenphasen – Grenzflächenspannung und Gibbs'sche Adsorptionsisotherme

Wir gehen aus von Gl. (1.40), der Fundamentalgleichung für die innere Energie U eines 2-Phasen-systems mit k Komponenten, das die Phasengrenzfläche mit einschließt. Betrachten wir nur die Grenzflächenphase (Index A) zwischen den beiden fluiden Volumenphasen ' und ", so gilt für U^A:

$$U^A = T \cdot S^A + \sigma \cdot A + \sum_{i=1}^{k} \mu_i n_i^A \tag{1.158}$$

wobei wir beachten, dass $\mu_i^A = \mu_i' = \mu_i'' = \mu_i$ gilt (Gl. (1.35)). Da S^A, A und alle n_i^A extensive Größen sind, gilt für das totale Differential dU^A:

$$dU^A = TdS^A + \sigma \cdot dA + \sum_i \mu_i dn_i^A$$

Andererseits gilt ebenfalls:

$$dU^A = T \cdot dS^A + S^A \cdot dT + \sigma \cdot dA + A \cdot d\sigma + \sum_i \mu_i dn_i^A + \sum n_i^A \cdot d\mu_i$$

Da beide Gleichungen korrekt sind, muss gelten:

$$S^A dT + A \cdot d\sigma + \sum_{i=1}^{k} n_i^A \cdot d\mu_i = 0 \qquad (1.159)$$

Das ist die *Gibbs-Duhem-Gleichung für die Grenzflächenphase.* Sie stellt eine Erweiterung zu Gl. (1.21) dar. Dividieren wir Gl. (1.159) durch A und bezeichnen n_i^A/A als *Grenzflächenkonzentration* Γ_i, erhalten wir:

$$(S^A/A)dT + d\sigma + \sum_{i=1}^{k} \Gamma_i \cdot d\mu_i = 0 \qquad (1.160)$$

Gl. (1.160) enthält ein Problem. Während bei Volumenphasen mit $c_i = n_i/V$ und $c_{tot} = \sum c_i/V$ die Gesamtkonzentration c_{tot} eindeutig festgelegt ist, ist das das bei Gl. (1.160) nicht der Fall. Dort gilt zwar analog zu c_{tot}:

$$\Gamma_{tot} = \sum_{i}^{k} \Gamma_i = \sum_{1}^{k} \frac{n_i^A}{A}$$

aber der Wert von Γ_{tot} ist nicht festlegbar, da die Lage der Grenzfläche A im Raum unbestimmt ist. Sie liegt irgendwo im Bereich des Konzentrationsprofils von Phase ' zu Phase '' (s. Abb. 1.48). Man muss also willkürlich eine Lage der Grenzfläche festlegen, indem man entweder Γ_{tot} oder Γ_i einer der Komponenten i gleich Null setzt. Das bedeutet, dass der Überschuss aller Teilchen (bzw. einer Teilchensorte i auf der einen Seite der Fläche gerade durch den Unterschuss auf der anderen Seite kompensiert wird. Wählen wir z. B. Komponente 1 aus, so schreibt man mit $\Gamma_1 = 0$ für alle anderen Komponenten $\Gamma_{i(1)}$, um zu kennzeichnen, dass die Grenzflächenlage so gewählt wurde, dass $\Gamma_1 = 0$ ist. $\Gamma_{i(1)}$ gibt also den Exzess von Γ_i gegenüber Γ_1 an, wobei der Index i von 2 bis k läuft. Setzen wir $dT = 0$ (isothermes System) und statt Γ_i nun $\Gamma_{i(1)}$ in Gl. (1.159) ein, erhalten wir die sog. *Gibbs'sche Adsorptionsisotherme:*

$$d\sigma + \sum_{i=2}^{k} \Gamma_{i(1)} \cdot d\mu_i = 0 \qquad (1.161)$$

Haben wir es mit einer binären Mischung zu tun ($k = 2$), gilt also:

$$d\sigma + \Gamma_{2(1)} \cdot d\mu_2 = 0$$

Mit dem chemischen Potential in realen flüssigen Mischungen

$$\mu_2 = \mu_2^0 + RT \ln(x_2\gamma_2) \quad \text{bzw.} \quad d\mu_2 = RT \cdot d\ln(x_2\gamma_2)$$

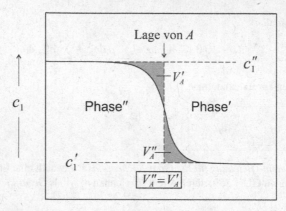

Abb. 1.48 Konzentrationsverlauf c_1 von Komponente 1 durch die Grenzschicht von Phase $''$ zu Phase $'$. Die Lage der Grenzfläche A auf der x-Achse ist so gewählt, dass Volumengleichheit herrscht ($V'_A = V''_A$), also der Mangel an Komponente 1 in V'_A durch den Überschuss in V''_G gerade kompensiert wird.

ergibt sich dann:

$$\Gamma_{2(1)} = -\frac{1}{RT} x_2 \left(\frac{\partial \sigma}{\partial x_2}\right)_T \left(\frac{d \ln \gamma_2}{\partial x_2} \cdot x_2 + 1\right)^{-1} \tag{1.162}$$

Im Fall einer idealen flüssigen Mischung ist $\gamma_2 = 1$ und man erhält:

$$\Gamma^{\text{id}}_{2(1)} = -\frac{1}{RT} \left(\frac{\partial \sigma(x_2)}{\partial x_2}\right)_T \cdot x_2 \tag{1.163}$$

$\Gamma_{2(1)}$ lässt sich also als Funktion des Molenbruches x_2 bestimmen, wenn experimentelle Daten von σ und γ_2 als Funktion von x_2 vorliegen, z. B. nach der in 1.21.8 geschilderten Methode.

In Abb. 1.49 a) sind als Beispiel Messdaten von verschiedenen $H_2O(x_1)$ + Alkohol (x_2)-Mischungen für $\sigma(x_2)$ dargestellt und in Abb. 1.49 b) die sich mit Gl. (1.162) ergebenden Werte für $\Gamma_{2(1)}(x_2)$. Die Werte von $\sigma(x_2)/\sigma(x_2 = 0)$ fallen umso schneller mit x_{Alkohol} ab, je länger der Alkylrest im Alkohol R – OH ist. Die Werte von BuOH enden bei $x_2 = 0,025$, da hier die Mischungslücke von BuOH+H_2O beginnt. Abb. 1.49 b) zeigt, dass die relative Anreicherung der Alkohole in der Grenzschicht umso größer ist, je größer der Alkylrest R ist. Bei BuOH ist davon auszugehen, dass die Moleküle, ähnlich wie bei Tensiden, mit der polaren OH-Gruppe in die Lösung gerichtet sind und mit der Alkylgruppe $-C_4H_7$ in die Dampfphase.

Aus der Temperaturabhängigkeit von $\sigma(x)$ lassen sich die spezifische (flächenbezogene) *Entropie* $\overline{S}^A_{2(1)}$ und *Enthalpie* $\overline{H}^A_{2(1)}$ der Grenzfläche bestimmen. Dazu gehen wir aus von Gl. (1.160). Für eine binäre Mischung gilt (mit $S^A_{2(1)}/A = \overline{S}^A_{2(1)}$):

$$\overline{S}^A_{2(1)} dT + d\sigma + \Gamma_{2(1)} \cdot d\mu_2 = 0 \quad \text{bzw.} \quad -\overline{S}^A_{2(1)} = \left(\frac{\partial \sigma}{\partial T}\right)_p + \left(\frac{\partial \mu_2}{\partial T}\right)_p \cdot \Gamma_{2(1)} \tag{1.164}$$

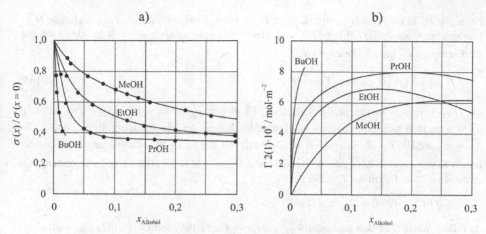

Abb. 1.49 a) Flüssig-Dampf-Grenzflächenspannung in relativen Einheiten $\sigma(x_2)/\sigma(c)$ von wässrigen Alkoholmischungen; b) relative Grenzflächenkonzentrationen.

Nun verwenden wir Gl. (1.158) dividiert durch die Fläche A und setzen $\overline{U}^A_{2(1)} \approx \overline{H}^A_{2(1)}$:

$$\overline{H}^A_{2(1)} = T\overline{S}^A_{2(1)} + \sigma + \Gamma_{2(1)} \cdot \mu_2 \tag{1.165}$$

Auflösen von Gl. (1.165) nach $\overline{S}^A_{2(1)}$ und Einsetzen in Gl. (1.164) ergibt:

$$\overline{H}^A_{2(1)} = \left[\sigma - T\left(\frac{\partial\sigma}{\partial T}\right)_p\right] + \Gamma_{2(1)}\left[\mu_2 - T\left(\frac{\partial\mu_2}{\partial T}\right)_p\right]$$

$\mu_2 - (\partial\mu_2/\partial T) \cdot T$ ist gleich der partiellen molaren Enthalpie $\overline{H}_2$ in der Volumenphase, und man erhält als Ergebnis:

$$\overline{H}^A_{2(1)} - \overline{H}_2 \cdot \Gamma_{2(1)} = \sigma - T\left(\frac{\partial\sigma}{\partial T}\right)_p \tag{1.166}$$

Gl. (1.166) gibt den Enthalpieunterschied an, der sich ergibt, wenn die Molzahl $\Gamma_{2(1)} \cdot 1\mathrm{m}^2$ von der flüssigen Volumenphase beim Molenbruch x_2 in die Grenzschicht von $1\mathrm{m}^2$ transferiert wird. σ, $(\partial\sigma/\partial T)_p$ und $\Gamma_{2(1)}$ erhält man aus Messungen. Für $\overline{H}_2$ gilt:

$$\overline{H}_2 = \Delta\overline{H}^E_2 + \overline{H}^0_2 \tag{1.167}$$

ΔH^E_2, die partielle molare Exzessenthalpie, ist kalorimetrisch messbar. $\overline{H}^0_2$ ist gleich der molaren Standardbildungsenthalpie $\Delta^f\overline{H}^0_2$ der reinen Flüssigkeit 2, für die bei 298 K in Tabellenwerken wie Anhang A.3 Werte zu finden sind. Bei $T \neq 298$ berechnet man $\overline{H}^0_2(T)$ nach:

$$\overline{H}^0_2(T) = \Delta^f\overline{H}^0_2 + \overline{C}_{p2} \cdot (T - 298) \quad ([C_{p2} = \text{Molwärme})$$

Damit ist $\overline{H}_2$ in Gl. (1.167) bestimmt. Wird $\overline{H}_2$ in Gl. (1.166) eingesetzt, ist die Zielgröße $\overline{H}^{A}_{2(1)}$ bestimmbar, wenn $\sigma, (\partial\sigma/\partial T)$ und $\Gamma_{2(1)}$ aus Messungen bekannt sind, wie z. B. in Abb. 1.49. Für die Entropie $\overline{S}^{A}_{2(1)}$ gilt im Gleichgewicht:

$$\overline{S}^{A}_{2(1)} - \overline{S}_2 = \left(\overline{H}^{A}_{2(1)} - \mu_2 \cdot \Gamma_{2(1)}\right)/T \tag{1.168}$$

Da $\overline{H}^{A}_{2(1)}$ bereits bestimmt ist, fehlt noch μ_2. Es gilt ja: $\mu_2 = \mu^0_2 + RT \ln x_2\gamma_2$. Die Aktivität $a_2 = x_2\gamma_2$ lässt sich, wie erwähnt, aus Dampfdruckdaten der Mischung ermitteln. Für $\overline{S}_2$ gilt: $\overline{S}_2 = \overline{S}^0_2 + \Delta H^E_2/T + R \cdot \ln x_2\gamma_2$, μ^0_2 ist identisch mit der freien Standardbildungsenthalpie der reinen Komponente 2, $\Delta^f G^0$, die man ebenso wie $\overline{S}^0_2$ bei 298 K Tabellenwerken wie Anhang A.3 entnehmen kann. Es gilt bei $T \neq 298$ K:

$$\overline{S}^0_2(T) = \overline{S}^0_2(298) + \overline{C}_p \cdot \ln(T/298)$$

Auf diese Weise lässt sich also auch $\overline{S}^{A}_{2(1)}$ ermitteln. Gl. (1.166) und Gl. (1.167) sind auf Grenz-flächen Flüssig-Dampf wie auch Flüssig-Flüssig anwendbar. Letzteres natürlich nur, wenn eine Mischungslücke vorhanden ist.

1.19.2 *Kapillarität*

Wenn eine Glaskapillare in eine Flüssigkeit eintaucht, beobachtet man i. d. R. einen Anstieg der Flüssigkeit um die Höhe h (s. Abb. 1.50).

Die Flüssigkeitsoberfläche in der Kapillare weist eine Krümmung auf, der man einen Krüm-mungsradius R zuordnen kann, und ferner einen bestimmten Winkel ϑ, den die Flüssigkeitsober-fläche mit der Kapillarwand bildet. Die Ursache für dieses Phänomen ist ein Wechselspiel der verschiedenen Grenzflächenspannungen zwischen den auftretenden Phasen und der Gravitations-kraft. Nach Gl. (1.39) bewirkt die Krümmung einer Oberfläche zu einem Tropfen (bzw. Blase) einen Druckunterschied zwischen dem Inneren des Tropfens und dem Außenbereich. Man kann Gl. (1.39) auch durch die Überlegung ableiten, dass die differentielle Arbeit $(p_i - p_a)dV$, die beim Vergrößern eines Tropfens geleistet wird, gleich der differentiellen Arbeit $\sigma \cdot dA$ zur Oberflächen-vergrößerung sein muss (Kräftegleichgewicht). Wegen $V = 4/3 \cdot \pi r^3$ und $A = 4\pi r^2$ gilt also (Index i = innen, a = außen):

$$p_i - p_a = \frac{dA}{dV}\sigma = \frac{8\pi\, r\, dr}{4\pi\, r^2\, dr}\sigma = \frac{2\sigma}{r}$$

Das ist Gl. (1.39).

Da sich das System mit der Kapillare im Schwerefeld der Erde befindet, muss der Druck p_fl in der Höhe h über der ebenen Flüssigkeitsfläche ($h = 0$, $p = p_0$) betragen:

$$p_\text{fl} = p_0 - \varrho_\text{fl} \cdot g \cdot h \quad \text{bzw.} \quad p_\text{gas} = p_0 - \varrho_\text{gas} \cdot g \cdot h \tag{1.169}$$

Dabei gilt für die Massendichten $\varrho_\text{fl} > \varrho_\text{gas}$. Man erhält für die Druckdifferenz $p_\text{fl} - p_\text{gas}$ in der Höhe h mit dem Krümmungsradius R der Flüssigkeitsoberfläche:

$$p_\text{fl} - p_\text{gas} = \frac{2\sigma}{R} = \frac{2\cos\vartheta}{r}\sigma \tag{1.170}$$

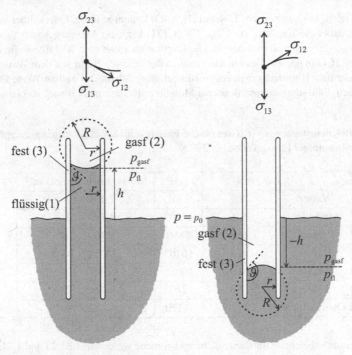

Abb. 1.50 Zur Kapillarität (s. Text).

wobei r der Innenradius der Kapillare bedeutet. Einsetzen von Gl. (1.169) in Gl. (1.170) ergibt dann:

$$\frac{2 \cdot \cos \vartheta}{r} \cdot \sigma = \left(\varrho_{\text{fl}} - \varrho_{\text{gas}}\right) \cdot g \cdot h \qquad (1.171)$$

Nun lässt sich noch der Wert von $\cos \vartheta$ als Resultat der Kräftebilanz der Grenzflächenspannungen angeben. Diese Bilanz auf der Berührungslinie $2\pi r$ der 3 Phasen Flüssig-Gas-Fest in der Höhe h beträgt (s. Abb. 1.50 links oben):

$$\sigma_{23} = \sigma_{13} + \sigma_{12} \cdot \cos \vartheta \quad \text{bzw.} \quad \cos \vartheta = \frac{\sigma_{23} - \sigma_{13}}{\sigma_{12}} \qquad (1.172)$$

$\sigma_{12} = \sigma$ ist die Grenzflächenspannung zwischen Flüssigkeits- und Gasphase, σ_{13} der Wert zwischen Gasphase und Kapillarmaterial (i. d. R. Glas) und σ_{23} der Wert zwischen Flüssigkeit und Kapillarmaterial. Ist $\sigma_{13} = 0$, ist die Glasoberfläche vollständig benetzt. Dann wird der Krümmungsradius R gleich dem Innenradius r der Kapillare, da $\vartheta = 0$ bzw. $= 1$ ist. Wäre $\vartheta = 90°$ bzw. $\cos \vartheta = 0$, so wäre die Flüssigkeitsoberfläche flach, und es müsste $\sigma_{13} = \sigma_{23}$ gelten. Der Fall $90° \leq \vartheta \leq 180°$ bedeutet, dass die Krümmung der Flüssigkeitsoberfläche das Vorzeichen wechselt, dann ist $\cos \vartheta < 0 (\sigma_{13} > \sigma_{23})$ und demnach auch $h < 0$. Die Flüssigkeitsoberfläche liegt dann unterhalb des äußeren Flüssigkeitsniveaus (s. Abb. 1.50 rechts). Der Fall $h > 0$ ist der häufigste Fall (z. B. H_2O, organische Lösemittel). $h < 0$ kommt z. B. bei Quecksilber vor. In allen Fällen besteht dabei die Kapillare aus Glas. Gl. (1.171) kann zur Messung von σ dienen, wenn der Winkel ϑ genügend genau messbar ist. Die Kapillarität spielt eine wichtige Rolle z. B. beim Eindringen von H_2O in poröses Gestein, aber auch in der belebten Natur wie dem Wassertransport in Pflanzen oder dem Bluttransport in engen Blutgefäßen. Tabelle 1.4 enthält Werte für Oberflächenspannungen, Sättigungsdampfdrücke und Molvolumina für eine Auswahl von Flüssigkeiten.

Tab. 1.4 Oberflächenspannungen σ (Grenzfläche Flüssigkeit/Dampf), Sättigungsdampfdruck p_{sat} und Molvolumina einiger Flüssigkeiten bei 293 K.

	σ / mN $\cdot$ m^{-1}	p_{sat}/Pa	Molvolumen $\overline{V}$/mol $\cdot$ m^{-3}
Wasser	72,7	2301	$1,810 \cdot 10^{-5}$
Methanol	22,6	13003	$4,067 \cdot 10^{-5}$
Ethanol	22,8	5850	$5,811 \cdot 10^{-5}$
Hexan	18,4	16465	$13,050 \cdot 10^{-5}$
Benzol	28,9	10025	$8,880 \cdot 10^{-5}$
CCl_4	27,0	12203	$9,652 \cdot 10^{-5}$
Quecksilber	472	0,170	$1,482 \cdot 10^{-5}$

Zwei Anwendungsbeispiele für Grenzflächenphänomene werden in 1.21.23 und 1.21.25 vorgestellt.

1.19.3 *Thermodynamik und Stabilität kleiner Flüssigkeitstropfen*

Bei Systemen mit einem großen Verhältnis von Oberfläche zu Volumen spielt die Grenzflächenphase gegenüber der Volumenphase eine umso bedeutendere Rolle, je kleiner das System ist. Bei einer Flüssigkeit ist das die kugelförmige Tropfenform, da ein System stets dazu neigt, die kleinstmögliche Oberfläche einzunehmen (s. Abschnitt 1.2). Dasselbe gilt aber auch für Blasen in einer Flüssigkeit, hier sind die flüssige und gasförmige Phase lediglich miteinander vertauscht. Tropfen spielen in der Natur eine wichtige Rolle, z. B. bei Emulsionen oder bei der Nebel- und Wolkenbildung. Ihre unterdrückte Neigung nicht auszukondensieren, führt zur Übersättigung von Dämpfen oder verzögerter Blasenbildung beim Siedeprozess (Siedeverzug). Erst die Gegenwart von anderen feste Mikroteilchen wie Staub und Ruß aber auch poröser Oberflächen und geladener Teilchen (Ionen) führt zu einem raschen Auskondensieren bzw. Sieden (Siedesteinchen!). Solche Phänomene lassen sich z. B. bei der Bildung von Kondensstreifen von Flugzeugen in staubfreier, übersättigter, aber klarer Luft beobachten. Sie werden auch in der Physik in sog. Nebel- oder Blasenkammern zur Verfolgung der Flugbahnen elektrisch geladener Teilchen genutzt und zur Bestimmung ihrer Lebensdauer.

Zur Ableitung der thermodynamischen Eigenschaften von kugelförmigen flüssigen Tropfen gehen wir von der Gibbs'schen Fundamentalgleichung (Gl. (1.41)) für kugelförmige Oberflächen aus:

$$U - TS + p''V = \frac{1}{3} \cdot 4\pi\, r^2 \cdot \sigma + n' \cdot \mu' + n'' \cdot \mu''$$

p'' ist der äußere Druck in der Dampfphase, σ die Grenzflächenspannung, r der Tropfenradius, μ' das chemische Potential innerhalb des Tropfens und μ'' das chemische Potential außerhalb des Tropfens in der Dampfphase. p'' ist der Dampfdruck des Tropfens. $V = V' + V''$ ist das Gesamtvolumen von Tropfen und Dampf. Die Molzahlen n' (Tropfen) und n'' (Dampf) unterliegen der Bedingung $n = \mathrm{const} = n' + n''$. Das System Tropfen + Dampfphase ist also geschlossen.

Für die chemischen Potentiale μ' und μ'' lässt sich als gemeinsamer Bezugszustand das Phasengleichgewicht der ebenen Grenzfläche definieren. Das bedeutet, wir schreiben für die kondensierte flüssige Phase des Tropfens:

$$\mu' = \mu_{sat} + \overline{V}'(p' - p_{sat}) = \mu_{sat} + \overline{V}'\left(p'' - p_{sat} + \frac{2\sigma}{r}\right) \tag{1.173}$$

und für die Dampfphase:

$$\mu'' = \mu_{sat} + RT \ln \frac{p''}{p_{sat}} \tag{1.174}$$

Wir definieren als freie Enthalpie $G = U - TS + p'' \cdot V$ und erhalten mit $n' = 4/3 \cdot \pi \cdot r^3/\overline{V}'$ unter Beachtung von Gl. (1.39):

$$\Delta G = G - n\mu'' = \sigma \cdot 4\pi r^2 - \frac{4}{3}\pi r^3 \left[p'' - p_{sat} + \frac{2\sigma}{r} - \frac{RT}{\overline{V}'} \ln\left(\frac{p''}{p_{sat}}\right)\right] \tag{1.175}$$

$p'' - p_{sat}$ ist vernachlässigbar, sodass sich ergibt:

$$\boxed{\Delta G(r) = \sigma \cdot 4\pi r^2 - \frac{4}{3}\pi r^3 \cdot \frac{RT}{\overline{V}'} \cdot \ln\left(\frac{p''}{p_{sat}}\right)} \tag{1.176}$$

Gl. (1.176) enthält den Tropfenradius r als Parameter, der durch die Gleichgewichtsbedingung

$$\frac{d\Delta G(r)}{dr} = 0 = \sigma \cdot 8\pi r - 4\pi r^2 \cdot \frac{RT}{\overline{V}'} \cdot \ln\left(\frac{p''}{p_{sat}}\right)$$

festgelegt wird. Damit erhält man für den Dampfdruck p'' eines Tropfens vom Radius $r = r_K$:

$$\boxed{p'' = p_{sat} \cdot \exp\left[\frac{2\sigma \cdot \overline{V}'}{r_K \cdot RT}\right]} \tag{1.177}$$

Gl. (1.177) heißt *Kelvin-Gleichung*. r_K ist der kritische Tropfenradius. Gl. (1.177) beschreibt aber *kein* stabiles Gleichgewicht, denn Gl. (1.176) hat bei $r = r_K$ kein Minimum, sondern ein Maximum. Abb. 1.51 zeigt $\Delta G(r)$ für verschiedene Werte von p''/p_{sat}. Das *labile Gleichgewicht* bei $r = r_K$ hat wichtige Konsequenzen für die Tropfenbildung in der Dampfphase.

Wird bei einem Dampf der Sättigungsdampfdruck überschritten, gilt also $p'' > p_{sat}$, dann findet noch keine Kondensation statt, da das System erst einen erhöhten Wert von $\Delta G(r) = \Delta G(r_K)$

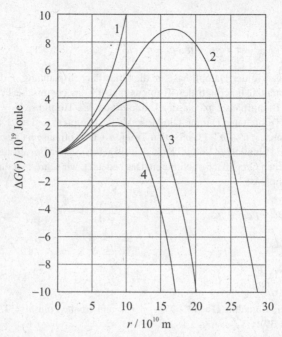

Abb. 1.51 $\Delta G(r)$ für Wasser bei 278 K für verschiedene Übersättigungsparameter p''/p_{sat} (Ziffern). $\sigma_{H_2O} = 7,5 \cdot 10^{-2}\,\mathrm{N} \cdot \mathrm{m}^{-1}$, $\overline{V}'_{H_2O} = 1,8 \cdot 10^{-5}\,\mathrm{m}^3 \cdot \mathrm{mol}^{-1}$.

erreichen muss, bevor es auskondensieren kann ($r > r_K$) und dabei den tiefstmöglichen Wert bei $\Delta G(r) < 0$ erreicht. Erst dann herrscht wirkliches thermodynamisches Gleichgewicht. Je größer der Wert der Übersättigung p''/p_{sat} ist, desto geringer ist diese sog. *Keimbildungsbarriere* $\Delta G(r_K)$. In sehr reinem Dampf kann daher die Übersättigung p''/p_{sat} hohe Werte erreichen (~ 4), bevor es durch spontane Fluktuationen zur Bildung eines Keim-Tropfens vom Radius $r = r_K \approx 10^{-9}$ m kommt. Befinden sich jedoch „Fremdkeime" z. B. in Form von festen Mikropartikeln (Staubkörner) oder ionisierte Teilchen im System, wirken diese als „Katalysatoren", die das Auskondensieren ermöglichen, sobald $p'' > p_{sat}$ wird. Beispiele für dieses Verhalten hatten wir bereits erwähnt. Um in H_2O-übersättigter Luft das Ausregnen von Wasser zu bewirken, werden sog. „Wetterraketen" in den Himmel geschossen, die in der Höhe fein verteilte Kristalle wie AgI freisetzen, um die Kondensation, also das Ausregnen von Wasser zu bewirken.

Mit den in Tabelle 1.4 angegebenen Daten für eine Auswahl von Flüssigkeiten lassen sich die Dampfdrücke kleiner Tropfen berechnen. Nach Gl. (1.177) hat z.B. ein Quecksilbertropfen mit einem Radius von $0,5 \cdot 10^{-6}$ m einen Dampfdruck von $0,172$ Pa bei 293 K, das ist nur geringfügig mehr als der Dampfdruck eines makroskopischen Volumens ($0,170$ Pa). Die Hg-Belastung der Luft in geschlossenen Räumen ist also bei Tropfen mit $1\,\mu$m Durchmesser kaum größer, als die von offenen Gefäßen mit ebener Oberfläche. Problematisch wird es, wenn hohe Temperaturen herrschen, wie z.B. beim Bruch einer Hg-Destillierkolonne.

Es lassen sich nun auch flüssige Mischungen nach dieser Methode behandeln. Dazu schreiben wir mit $(\partial\mu'_A/\partial p) = \overline{V}_A$ und $(\partial\mu''_B/\partial p)_T = \overline{V}_B$:

$$\mu''_{0,A} + RT\ln p''_A = \mu'_{0,A} + RT\ln(\gamma'_A x'_A) + \overline{V}_A\left(p' - p''_A - p''_B\right) \tag{1.178}$$

$$\mu''_{0,B} + RT\ln p''_B = \mu'_{0,B} + RT\ln(\gamma'_B x'_B) + \overline{V}_B\left(p' - p''_A - p''_B\right) \tag{1.179}$$

Hier sind $\gamma'_A x'_A$ und $\gamma'_B x'_B$ die Aktivitäten von A bzw. B im flüssigen Tropfen mit den Aktivitäts-koeffizienten γ'_A und γ'_B. p''_A, p''_B sind die Partialdrücke im Dampf, $\overline{V}_A$ und $\overline{V}_B$ sind die partiellen molaren Volumina von A bzw. B im Tropfen. Es gilt ferner die Laplace-Gleichung (Gl. (1.39)) für Mischungen:

$$(p' - p''_A - p''_B) = \frac{2\sigma_M}{r_K} \quad (r_K = \text{kritischer Radius})$$

σ_M ist die Grenzflächenspannung der Mischung. Sie hängt von x'_A bzw. $x'_B = 1 - x'_A$ ab. Aus Gl. (1.178) und (1.179) erhält man:

$$p''_A = p_{A,sat} \cdot x'_A \gamma'_A \cdot \exp\left[\frac{\overline{V}_A \cdot 2\sigma_M}{r_K RT}\right] \quad \text{und} \quad p''_B = p_{B,sat} \cdot x'_B \gamma'_B \cdot \exp\left[\frac{\overline{V}_B \cdot 2\sigma_M}{r_K RT}\right] \tag{1.180}$$

Die beiden Exponentialterme in Gl. (1.180) geben also jeweils an, um wie viel größer die Parti-aldampfdrücke p''_A bzw. p''_B gegenüber denen bei einer flachen Grenzfläche ($r \to \infty$) mit derselben Zusammensetzung der flüssigen Phase sind. Die Dampfzusammensetzung (Molenbruch y''_A) um einen flüssigen Tropfen vom kritischen Radius r_K ist:

$$y''_A = 1 - y''_B = \frac{p_{A,sat} \cdot x'_A \cdot \gamma'_A \cdot \exp\left[\frac{2\overline{V}_A \cdot \sigma_M}{r_K \cdot RT}\right]}{p_{A,sat} \cdot x'_A \cdot \gamma'_A \cdot \exp\left[\frac{2\overline{V}_A \cdot \sigma_M}{r_K \cdot RT}\right] + p_{B,sat} \cdot x'_B \cdot \gamma'_B \cdot \exp\left[\frac{2\overline{V}_B \cdot \sigma_M}{r_K RT}\right]} \tag{1.181}$$

Die entsprechenden Molenbrüche bei flacher Oberfläche ($r \to \infty$) ergeben sich, wenn die Expo-nentialterme in Gl. (1.181) gleich 1 sind. Zur Illustration berechnen wir als Beispiel ein Modell-system mit folgenden Daten:

$$p_{A,sat} = 10^4 \text{ Pa}, \quad p_{B,sat} = 2,5 \cdot 10^4 \text{ Pa}$$

$$\overline{V}_A = \overline{V}_A^0 = 1,2 \cdot 10^{-4} \text{ m}^3 \cdot \text{mol}^{-1}, \quad \overline{V}_B = \overline{V}_B^0 = 0,7 \cdot 10^{-4} \text{ m}^3 \cdot \text{mol}^{-1}$$

Für die Grenzflächenspannung der Mischung soll gelten mit $\sigma_A = 0,15 \; N\cdot\text{m}^{-1}$ und $\sigma_B = 0,075 \; N\cdot\text{m}^{-1}$:

$$\sigma_M = 0,15 \cdot x'_A + 0,075(1 - x'_A) \; N\cdot\text{m}^{-1}$$

Für die Aktivitätskoeffizienten γ'_A und γ'_B soll gelten (s. Gl. (1.87)):

$$\gamma'_A = \exp\left[a\left(1 - x'_A\right)^2/RT\right] \quad \text{und} \quad \gamma'_B = \exp\left[ax'^2_A/RT\right]$$

Den Wechselwirkungsparameter a setzen wir gleich RT und wählen $T = 298$ K. Der kritische Radius r_K soll 10^{-8} m betragen. Ergebnisse für p''_A und p''_B nach Gl. (1.180) zeigt Abb. 1.52 a) und für y''_A und $y''_B = 1 - y''_A$ nach Gl. (1.181) Abb. 1.52 b).

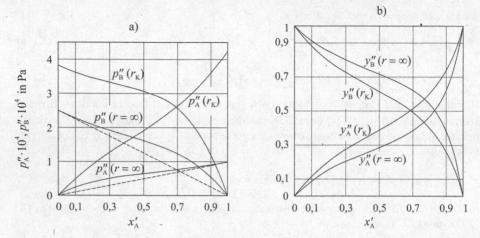

Abb. 1.52 a) Partialdrücke p_A'' und p_B'' einer flüssigen Mischung mit Tropfenradius r_K. Die gestrichelten Linien sind die Rault'schen Geraden. Parameter für die Rechnung: $r_K = 10^{-8}$ m und Vergleich zur ebenen Oberfläche ($r_K = \infty$). b) Dasselbe gilt für den Molenbruch y_A'' und $y_B'' = 1 - y_A''$ im Dampf.

Als Vergleich sind jeweils die Ergebnisse für eine ebene Grenzfläche ($r_K = \infty$) mit eingezeichnet. Die Partialdrücke des Tropfens liegen erheblich höher als die bei flacher Oberfläche. Auch die Zusammensetzung des Dampfes unterscheidet sich im Fall des Tropfens mit stark gekrümmter Oberfläche deutlich von der bei ebener Oberfläche.

Beispiele zur Thermodynamik von Grenzflächen finden sich in 1.20.34 und 1.21.23.

1.19.4 *Schmelzverhalten von Nanopartikeln*

Nanopartikel bestehen aus Festkörpermaterialien von äußerst geringer Größe, d. h., sie haben ein hohes Verhältnis von Oberfläche zu Volumen. Dadurch werden ihr Grenzflächeneigenschaften mitbestimmend für ihr thermodynamisches Verhalten und können erheblich von den Eigenschaften des entsprechenden kompakten Festkörpers abweichen. Nanopartikel spielen eine wachsende Rolle in vielen Bereichen der Materialwissenschaften, der Physik, den Umweltwissenschaften und anderen Gebieten. Uns interessiert hier als Beispiel für das thermodynamische Verhalten die Änderung der Schmelztemperatur T_S gegenüber der des kompakten Materials $T_{S,0}$.

Wir gehen aus von der freien Enthalpie G_S des festen Teilchens (S = solid) und G_L des geschmolzenen Teilchens (L = liquid). Nach Gl. (1.41) gilt allgemein für kleine kugelförmige Systeme mit der Molzahl n und $A_{Kugel} = 4\pi \cdot r^2$:

$$G_S = \frac{1}{3} \cdot 4\pi r_S^2 \cdot \sigma_{SV} + n\mu_S \quad \text{bzw.} \quad G_L = \frac{1}{3} \cdot 4\pi^2 r_L^2 \cdot \sigma_{LV} + n\mu_L$$

wobei r_S und r_L der Radius des festen bzw. geschmolzenen Nanoteilchens bedeutet. σ_{SV} ist die

Grenzflächenspannung Fest-Dampf, σ_{LV} die Grenzflächenspannung Flüssig-Dampf. Im thermodynamischen Gleichgewicht muss gelten:

$$G_S = G_L$$

bzw.:

$$\frac{4}{3}\pi\left(r_L^2 \cdot \sigma_{LV} - r_S^2 \cdot \sigma_{SV}\right) = n(\mu_S - \mu_L) \tag{1.182}$$

Man bedenke, dass n proportional zu r_S^3 bzw. r_L^3 ist, also r_S^2 bzw. r_L^2 proportional zu $n^{2/3}$, so dass bei großem Wert von r_S bzw. r_L bzw. n die linke Seite von Gl. (1.182) vernachlässigbar klein wird und somit $\mu_S = \mu_L$ gilt. Das ist die Gleichgewichtsbedingung für das Schmelzen des kompakten Materials bei $T_{S,0}$ ihrer Schmelztemperatur. Ist jedoch r_S bzw. r_L klein, wie es bei Nanopartikeln der Fall ist, so gilt $\mu_S \neq \mu_L$. Wenn der äußere Druck konstant ist, muss $T \neq T_{S,0}$ sein. Wir entwickeln daher $\mu_S - \mu_L$ in eine Reihe um $T = T_{S,0}$:

$$\mu_S - \mu_L = \mu_S(T_{S,0}) - \mu_L(T_{S,0}) + \left(\frac{\partial(\mu_S - \mu_L)}{\partial T}\right)_{T=T_{S,0}} \cdot \Delta T + \ldots$$

Da $\mu_S(T_{S,0}) = \mu_L(T_{S,0})$ ist und $(\partial\mu/\partial T) = -\overline{S}$, gilt also:

$$\mu_S - \mu_L \cong -\left(\overline{S}_S - \overline{S}_L\right)_{T_{S,0}} \cdot \Delta T \tag{1.183}$$

mit $\Delta T = T_S - T_{S,0}$. T_S ist die gesuchte Schmelztemperatur des Nanoteilchens. Bei $T_{S,0}$ gilt $G_S = G_L$, also:

$$\frac{\overline{H}_S - \overline{H}_L}{T_{S,0}} = \left(\overline{S}_S - \overline{S}_L\right) \tag{1.184}$$

Wir bezeichnen $-(\overline{H}_S - \overline{H}_L) = \overline{H}_L - \overline{H}_S = \Delta\overline{H}_{LS}$ als molare Schmelzenthalpie und erhalten mit Gl. (1.183) und (1.184) für Gl. (1.182):

$$\frac{4}{3}\pi \cdot \left(r_L^2 \cdot \sigma_{LV} - r_S^2 \cdot \sigma_{SV}\right) = n \cdot \frac{\Delta\overline{H}_{LS}}{T_{S,0}} \cdot (T_S - T_{S,0}) \tag{1.185}$$

Diese Gleichung lässt sich umschreiben und nach T_S/T_{S0} auflösen. Zunächst kann man schreiben:

$$\frac{4}{3}\pi \cdot r_S^2 \cdot \left[\left(\frac{r_L}{r_S}\right)^2 \cdot \sigma_{LV} - \sigma_{SV}\right] = n \cdot r_S \cdot \frac{\Delta\overline{H}_{LS}}{T_{S0}} (T_S - T_{S0})$$

Nun ist

$$\left[\frac{n}{\frac{4}{3}\pi r_S^3}\right] = \varrho_S/M_S \quad \text{sowie} \quad (r_L/r_S)^2 = (\varrho_S/\varrho_L)^{2/3}$$

Hier ist ϱ_S die Massendichte der festen Phase; ϱ_L die der flüssigen Phase und M die Molmasse des Materials. Damit erhält man:

$$\frac{T_S}{T_{S,0}} = 1 - \frac{r_0}{r_S} \tag{1.186}$$

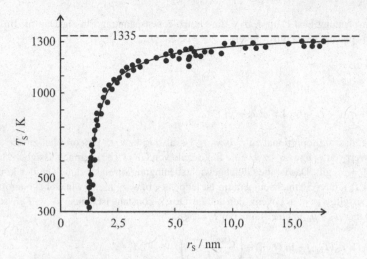

Abb. 1.53 Schmelzpunkt T_S von Gold-Nanopartikeln als Funktion des Partikelradius r_S. Schmelzpunkt $T_{S,0}$ von kompaktem Gold: 1335 K —— Gl. (1.186) mit angepasstem Wert von $r_0 = 0,512$ nm (G. A. Somorjai und Y. Li: Introduction to Surface Chemistry and Catalysis, John Wiley and Sons, Inc., 2010).

mit

$$r_0 = \frac{M}{\varrho_S} \cdot \frac{\sigma_{SV} - \sigma_{LV} \cdot (\varrho_S/\varrho_L)^{2/3}}{\Delta \overline{H}_{LS}}$$

r_0 ist klein und i. d. Regel positiv, so dass $T_S/T_{S,0}$ umso kleiner ist, je kleiner der Radius r_S des festen Nanoteilchens ist. Es liegen experimentelle Ergebnisse für verschiedene Metalle in der Literatur vor. Abb. 1.53 zeigt die Ergebnisse für Gold.

Man sieht, dass es unterhalb von $r_S = 50$ Å $= 5$ nm zu einer erheblichen Erniedrigung der Schmelztemperatur kommt. Bei $r_S \approx 1,5$ nm beträgt T_S nur noch ca. 850 K gegenüber der Schmelztemperatur $T_{S,0}$ von kompaktem Gold mit 1335 K. Ganz offensichtlich lässt Gl. (1.186) eine ausgezeichnete Beschreibung der experimentellen Daten zu, wobei r_0 der einzig anpassbare Parameter ist.

1.20 Anwendungsbeispiele und Aufgaben zu Kapitel 1

1.20.1 Dissipierte Arbeit und Entropieproduktion beim Mischen fluider Stoffe

In Abb. 1.54 ist ein Gedankenexperiment skizziert, bei dem Moleküle der Sorte 1 (•) im Volumen V_1 und Moleküle der Sorte 2 (○) im Volumen V_2 durch zwei Membranen M_1 und M_2 voneinander

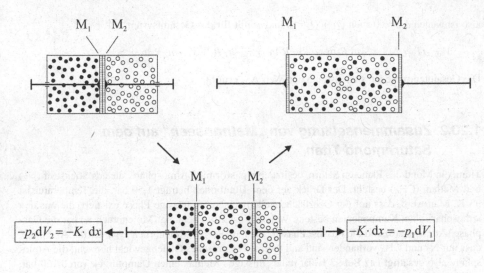

Abb. 1.54 Gedankenexperiment einer reversiblen, isothermen Durchmischung zweier idealer Gase. Die Membran M_1 ist nur durchlässig für Moleküle der Sorte •, Membran M_2 nur für Moleküle der Sorte ∘. p_2 ist der Partialdruck von ∘, p_1 der Partialdruck von • in der Mischung.

getrennt sind. Nun soll M_1 nur durchlässig für die Moleküle 1 und M_2 nur für die Moleküle 2 sein. M_1 bewegt sich jetzt quasistatisch nach links, M_2 ebenfalls quasistatisch nach rechts, bis beide Membranen an die linke bzw. rechte Wand gelangt sind. Dabei werden von System 1 und 2 jeweils die reversible Arbeiten $W_{1,\text{rev}}$ und $W_{2,\text{rev}}$ idealer Gase geleistet:

$$W_{1,\text{rev}} = -\int\limits_{V_1}^{V_1+V_2} p_1 dV_1 = -RT \int\limits_{V_1}^{V_1+V_2} \frac{dV_1}{V_1} = -RT \ln \frac{V_1+V_2}{V_1}$$

$$W_{2,\text{rev}} = -\int\limits_{V_2}^{V_1+V_2} p_2 dV_2 = -RT \int\limits_{V_2}^{V_1+V_2} \frac{dV_2}{V_2} = -RT \ln \frac{V_1+V_2}{V_2}$$

Berechnen Sie für den reversiblen und den irreversiblen Durchmischungsprozess die Änderungen der Entropie $\Delta S = \Delta S_{\text{Umg}} + \Delta S_{\text{System}}$.

Lösung:

Bei idealen Systemen ist ΔU immer gleich Null, so dass beim reversiblen Prozess mit $\Delta U = 0 = Q_1 + Q_2 + W_{1,\text{rev}} + W_{2,\text{rev}}$ gilt:

$$\Delta S_{\text{System}} = (Q_1 + Q_2)/T = -(W_{1,\text{rev}} + W_{2,\text{rev}})/T = +n_1 R \ln \frac{V_1+V_2}{V_1} + n_2 R \ln \frac{V_1+V_2}{V_2}$$

$$= -n_1 R \cdot \ln x_1 - n_2 R \cdot \ln x_2$$

Im reversiblen Fall ist $\Delta S_{\text{total}} = \Delta S_{\text{System}} + \Delta S_{\text{Umg}} = 0$. Im irreversiblen Fall gilt:

$$W = 0 = (W_{1,\text{rev}} + W_{2,\text{rev}}) + W_{\text{diss}}$$

also ist wegen $\Delta U = 0$ auch $Q_1 + Q_2 = 0$ und es gilt für das Gesamtsystem

$$W_{\text{diss}}/T = \Delta_i S = -n_1 R \ln x_1 - n_2 R \ln x_2 = -n_1 R \ln x_1 - n_2 R \ln x_2 > 0$$

Die Gesamtentropie hat sich also um den Wert ΔS_i erhöht.

1.20.2 Zusammensetzung von „Methanseen" auf dem Saturnmond Titan

Titan, ein Mond des Planeten Saturn, besitzt eine gasförmige Atmosphäre, die aus Stickstoff (N_2) und Methan (CH_4) besteht. Der Druck auf dem Titanboden beträgt 1,50 bar, die Temperatur ist 93 K. Man weiß, dass auf der Oberfläche stellenweise eine flüssige Phase existiert, die aus den atmosphärischen Komponenten besteht. Welche Zusammensetzung (Molenbruch y_i) hat die Gasphase (Atmosphäre) und die flüssige Phase („Methan-Seen", Molenbruch x_i) unter der Annahme, dass nur N_2 und CH_4 vorhanden sind und thermodynamisches Gleichgewicht herrscht, die Atmosphäre also gesättigt ist? Bei 93 K hat reines flüssiges Methan einen Dampfdruck von 0,160 bar, reiner flüssiger Stickstoff hat einen Dampfdruck von 4,60 bar. Nehmen Sie an, dass sowohl in der Gasphase als auch in der flüssigen Phase ideale Mischungsverhältnisse herrschen, es soll also das Raoult'sche Grenzgesetz gelten.

Lösung:

Ausgangsgleichung ist (Gl. (1.84)):

$$p \cdot y_i = p_i = p_{i0} \cdot x_i \qquad i = CH_4, N_2$$

Für den Gesamtdruck p gilt:

$$p = p_{CH_4,0} \cdot x_{CH_4} + p_{N_2,0} \cdot (1 - x_{CH_4})$$

Mit $p = 1,5$ bar, $p_{CH_4,0} = 0,16$, bar und $p_{N_2,0} = 4,6$ bar folgt für x_{CH_4} und x_{N_2} in der flüssigen Phase:

$$x_{CH_4} = \frac{p - p_{N_2,0}}{p_{CH_4,0} - p_{N_2,0}} = 0,6982 \quad \text{und} \quad x_{N_2} = 1 - x_{CH_4} = 0,3018$$

Daraus folgt, dass die „Methanseen" auf dem Titan aus einer flüssigen Mischung von 70 Mol % CH_4 und 30 Mol % N_2 bestehen.

Für die Molenbrüche y_i in der Gasphase ergibt sich:

$$y_{CH_4} = \frac{p_{CH_4,0} \cdot x_{CH_4}}{p} = \frac{0,16 \cdot 0,6982}{1,5} = 0,074 \quad \text{und} \quad y_{N_2} = 0,926$$

Messungen der Landesonde „Huygens" auf dem Titanboden im Jahr 2005 ergab $y_{CH_4} = 0,049$ in beachtlich guter Übereinstimmung mit dem Rechenergebnis, zumal die Atmosphäre wahrscheinlich nicht völlig mit CH_4 gesättigt ist, wie es ja bei H_2O in der Erdatmosphäre auch überwiegend der Fall ist. Ein erweitertes Modell der Titan-Atmosphäre wird in Beispiel 1.21.10 vorgestellt.

1.20.3 Berechnung der Höhe der Phasengrenze bei einer Flüssig-Flüssig-Entmischung im Standzylinder

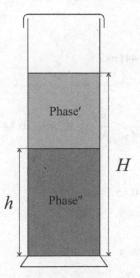

Abb. 1.55 Ein flüssiges Zweiphasensystem im Standzylinder mit Phasengrenzhöhe H.

Es werden bei 349,4 K 50 g der Flüssigkeit A und 80 g der Flüssigkeit B in einem Standzylinder mit dem Innendurchmesser von 4 cm zusammengegeben. Die freie molare Exzessenthalpie $\overline{G}^{E}$ der Mischung A + B lässt sich durch $\overline{G}^{E} = a \cdot x_A \cdot x_B$ beschreiben mit $a = 6100\,\text{J} \cdot \text{mol}^{-1}$. Die Dichten der Flüssigkeiten betragen $\varrho_A = 0,952$ und $\varrho_B = 0,748\,\text{g} \cdot \text{cm}^{-3}$. Die Molmassen betragen $M_A = 67\,\text{g} \cdot \text{mol}^{-1}$ und $M_B = 94\,\text{g} \cdot \text{mol}^{-1}$.

Zeigen Sie, dass sich zwei flüssige Phasen bilden, geben Sie deren Zusammensetzung als Molenbruch x_A' und x_A'' an, bestimmen Sie die Füllhöhe H des Zylinders und die Höhe der Phasengrenzlinie h (s. Abb. 1.55). Exzessvolumina können vernachlässigt werden. *Lösung:*

Nach Gl. (1.108) gilt $T_{UCST} = a/(R2) = 366,8\,\text{K}$, also 17,4 K höher als 349,4 K. Es existieren somit zwei flüssige Phasen bei 349,4 K.

Wir berechnen zunächst die Molenbrüche der beiden Phasen x_A' und x_A'' nach Gl. (1.107):

$$349,4 = (6100/8,3145) \cdot (2x_A' - 1)/\ln(x_A'/(1 - x_A'))$$

Die numerische Lösung ist $x_A' = 0,315$ und $x_A'' = 0,685$. Das Molvolumen von A ist $\overline{V}_A = M_A/\varrho_A = 70,38\,\text{cm}^3 \cdot \text{mol}^{-1}$ und $\overline{V}_B = M_B/\varrho_B = 125,67\,\text{cm}^3 \cdot \text{mol}^{-1}$.

Der mittlere Molenbruch $\overline{x}_A$ beträgt:

$$\overline{x}_A = (50/M_A)/(50/M_A + 80/M_B) = 0,4672$$

Abschnitt 1.11 entnimmt man, dass gilt:

$$n_A' + n_B' = \frac{x_A'' - \overline{x}_A}{x_A'' - x_A'} \cdot n_T = \frac{0,685 - 0,4672}{0,685 - 0,315} \cdot \left(\frac{50}{M_A} + \frac{80}{M_B}\right) = 0,9403\,\text{mol}$$

und

$$n'_A = x'_A (n'_A + n'_B) = 0,315 \cdot 0,9403 = 0,2962 \, \text{mol}$$

und somit

$$n'_B = 0,9403 - 0,2962 = 0,6441 \, \text{mol}$$

Entsprechend gilt:

$$n''_A + n''_B = n_T - n'_A - n'_B = \left(\frac{50}{M_A} + \frac{80}{M_B} \right) - 0,2962 - 0,6441 = 0,6570 \, \text{mol}$$

und

$$n''_A = x''_A (n''_A + n''_B) = 0,685 \cdot 0,6570 = 0,4501$$

und somit:

$$n''_B = 0,6570 - 0,4501 = 0,2069$$

Damit lassen sich die Volumina der beiden flüssigen Phasen berechnen:

$$V' = \overline{V}_A \cdot n'_A + \overline{V}_B \cdot n'_B = 70,38 \cdot 0,2962 + 125,67 \cdot 0,6441 = 101,79 \, \text{cm}^3$$
$$V'' = \overline{V}_A \cdot n''_A + \overline{V}_B \cdot n''_B = 70,38 \cdot 0,4501 + 125,67 \cdot 0,2069 = 57,68 \, \text{cm}^3$$

Das Gesamtvolumen $V = V' + V''$ beträgt also $159,47 \, \text{cm}^3$. Das ist identisch mit $50/\varrho_A + 80/\varrho_B$, wie es sein muss. Die Gesamthöhe H der beiden Phasen im Zylinder beträgt:

$$H = V/(r^2 \cdot \pi) = 159,47/(2 \cdot 2 \cdot \pi) = 12,7 \, \text{cm}$$

Die Höhe der Phasengrenze h hängt davon ab, welche der beiden Phasen die schwerere ist. Es gilt:

$$\varrho' = \left(M_A \cdot n'_A + M_B \cdot n'_B \right) / V' = 80,39/101,79 = 0,7898 \, \text{g} \cdot \text{cm}^{-3}$$
$$\varrho'' = \left(M_A \cdot n''_A + M_B \cdot n''_B \right) / V'' = 49,60/57,68 = 0,8600 \, \text{g} \cdot \text{cm}^{-3}$$

Es gilt also $\varrho'' > \varrho'$ und somit ist die doppeltgestrichelte Phase unten. Daraus folgt für die Höhe der Phasengrenze h:

$$h = H \cdot V''/V = 4,59 \, \text{cm}$$

1.20.4 Molare Exzessenthalpie der realen Gasmischung Trimethylamin + Methanol

a) Geben Sie den Ausdruck für die molare Exzessenthalpie $\overline{H}^E$ einer binären, realen Gasmischung an unter Berücksichtung der 2. Virialkoeffizienten. Definition (s. Gl. (1.59) mit $\overline{Z}^E = \overline{H}^E$):

$$\overline{H}^E = \left(\overline{H}_1 - \overline{H}_{10}\right) \cdot x_1 + \left(\overline{H}_2 - \overline{H}_{20}\right) \cdot x_2$$

Beachten Sie, dass gilt:

$$\left(\overline{H}_i - \overline{H}_{i0}\right) = (\mu_i - \mu_{i0}) - T\left(\frac{\partial(\mu_i - \mu_{i0})}{\partial T}\right) \quad \text{mit} \quad \mu_i - \mu_{i0} = RT \ln(\gamma_i \cdot x_i)$$

b) Berechnen Sie $\overline{H}^E$ bei 1,5 bar und 50 °C für die gasförmige Mischung Trimethylamin (TMA) + Methanol (MeOH) beim Molenbruch $x_{TMA} = x_{MeOH} = 0,5$. Verwenden Sie für die 2. Virialkoeffizienten die Formel (van-der-Waals-Modell):

$$B = b - \frac{a}{T} \quad \text{in cm}^3 \cdot \text{mol}^{-1}$$

mit folgenden Parametern

	TMA	MeOH	TMA/MeOH
$a/\text{cm}^3 \cdot \text{mol}^{-1} \cdot \text{K}$	$1,0898 \cdot 10^6$	$3,1746 \cdot 10^6$	$2,3596 \cdot 10^7$
$b/\text{cm}^3 \cdot \text{mol}^{-1}$	$2,857 \cdot 10^3$	$8,723 \cdot 10^3$	$6,9132 \cdot 10^3$

Lösung:

a) $\mu_1 - \mu_{10} = RT \ln(x_1\gamma_1) = RT \ln x_1 + x_2^2 \left(2B_{12} - B_{11} - B_{22}\right) \cdot p$

Mit $\Delta B = (2B_{12} - B_{11} - B_{22})$ folgt: $\left(\frac{\partial(\mu_1 - \mu_{10})}{\partial T}\right)_p = R \ln x_1 + x^2 \cdot p \frac{d\Delta B}{dT}$

sowie

$$\left(\overline{H}_1 - \overline{H}_{10}\right) = x_2^2 \left(\Delta B - T \frac{d\Delta B}{dT}\right) \cdot p \quad \text{bzw.} \quad \left(\overline{H}_2 - \overline{H}_{20}\right) = x_1^2 \left(\Delta B - T \frac{d\Delta B}{dT}\right) \cdot p$$

Also gilt:

$$\overline{H}^E = p \cdot \left(\Delta B - T\frac{d\Delta B}{dT}\right) \cdot \left(x_2^2 \cdot x_1 + x_1^2 \cdot x_2\right) = p \cdot \left(\Delta B - T\frac{d\Delta B}{dT}\right) \cdot x_1(1 - x_1)$$

b)

$$\Delta B = \left[2 \cdot 6,9132 \cdot 10^3 - 2,857 \cdot 10^3 - 8,723 \cdot 10^3 \right.$$
$$\left. -\frac{1}{323}(2 \cdot 2,3596 \cdot 10^7 - 3,1746 \cdot 10^6 - 1,0898 \cdot 10^6)\right] = -132902 \,\text{cm}^3 \cdot \text{mol}^{-1}$$

$$323\frac{d\Delta B}{dT} = \frac{1}{323} \cdot 4,292 \cdot 10^7 = 2,790 \cdot 10^5 \,\text{cm}^3 \cdot \text{mol}^{-1}$$

Einsetzen in $\overline{H}^E$ mit ΔB und $T\frac{d\Delta B}{dT}$ in $\text{m}^3 \cdot \text{mol}^{-1}$ und p in Pa:

$$\overline{H}^E = 1,5 \cdot 10^5[-132902 - 279000] \cdot 10^{-6} \cdot (0,5)^2 = -15466 \,\text{J} \cdot \text{mol}^{-1}$$

1.20.5 *Berechnung von kritischen Entmischungstemperaturen*

Der Wert des Parameters a im Ausdruck für den Aktivitätskoeffizienten γ_i in einer binären Mischung $(RT \ln \gamma_i = a(1 - x_i)^2)$ beträgt 5000 Joule $\cdot$ mol^{-1}.

a) Berechnen Sie die obere kritische Entmischungstemperatur T_c der Flüssig-Flüssig-Phasentrennung

b) Wie groß ist x_1' bzw. x_1'' bei $T = 0,6 \cdot T_c$?

Lösen Sie das Problem graphisch oder numerisch.

Lösung:

a) $\dfrac{5000}{R} \cdot \dfrac{1}{2} = T_c = 300,7\,\text{K}$, b) $0,6 \cdot 300,7 = \dfrac{5000}{R} \cdot \dfrac{2x'-1}{\ln \dfrac{x'}{1-x'}}$.

Die Numerische Lösung ergibt: $x' = 0,0465$ und $x'' = 1 - x' = 0,9535$.

1.20.6 *Fugazitätskoeffizient eines v. d. Waals-Fluides am kritischen Punkt*

Wie groß ist der Fugazitätskoeffizient φ_{i0} eines v. d. Waals-Fluids am kritischen Punkt?
Lösung:
Nach Gl. (1.78) ergibt sich:

$$\ln \varphi_{i0,c} = \frac{b}{\overline{V}_c - b} - \ln \left[Z_c \left(1 - \frac{b}{\overline{V}_c} \right) \right] - \frac{2a}{RT_c \cdot \overline{V}_c}$$

Mit $V_c = 3b, Z_c = \frac{3}{8}$ und $a = \frac{9}{8} RT_c \cdot V_c$ folgt:

$$\ln \varphi_{i0,c} = \frac{1}{2} - \ln \left[\frac{3}{8} \left(1 - \frac{1}{3} \right) \right] - \frac{9}{8} \cdot 2 = -0,3637 \quad \text{bzw.} \quad \varphi_{i0,c} = 0,6951$$

Der Fugazitätskoeffizient am kritischen Punkt ist also nach dem v. d. Waals-Modell unabhängig von der betrachteten Substanz.

1.20.7 *Fugazitätskoeffizienten in multinären realen Gasmischungen nach der. v. d. Waals-Theorie*

Zeigen Sie, dass Gl. (1.81) für eine binäre Mischung zu Gl. (1.54) führt mit den zweiten Virialkoeffizienten nach v. d. Waals.
Lösung:
Gl. (1.81) lautet ausgeschrieben für die Komponente 1 einer binären Mischung:

$$RT \ln \varphi_1 = \left[b_1 - \frac{2x_1}{RT} a_{11} - \frac{2x_2}{RT} \cdot a_{12} + x_1^2 \frac{a_{11}}{RT} + x_2^2 \frac{a_{22}}{RT} + 2x_1 \cdot x_2 \frac{a_{12}}{RT} \right] \cdot p$$

Wir addieren $\frac{a_{11}}{RT} - \frac{a_{11}}{RT}$ sowie $(b_1+b_2)x_2^2 - (b_1+b_2)x_2^2$ in der Klammer und fassen den so erweiterten aber unveränderten Ausdruck für $RT \ln \varphi_1$ folgendermaßen zusammen:

$$RT \ln \varphi_1 = \left[\left(b_1 - \frac{a_{11}}{RT} \right) + \frac{a_{11}}{RT} \left(1 - 2x_1 + x_1^2 \right) + \frac{a_{22}}{RT} x_2^2 - b_1 x_2^2 - b_2 x_2^2 \right.$$
$$\left. - \frac{2a_{12}}{RT}(x_2 - x_1 x_2) + (b_1 + b_2)x_2^2 - 2 \frac{a_{12}}{RT} x_2 (1 - x_1) \right] \cdot p$$

bzw.:

$$RT \ln \varphi_1 = \left[\left(b_1 - \frac{a_{11}}{RT} \right) + 2 \cdot x_2^2 \left(\frac{b_1 + b_2}{2} - \frac{a_{12}}{RT} \right) - \left(b_1 - \frac{a_{11}}{RT} \right) x_2^2 \right.$$
$$\left. - \left(b_2 - \frac{a_{22}}{RT} \right) x_2^2 \right] \cdot p$$

Das ergibt genau Gl. (1.54) unter Berücksichtigung von $B_{ij} = \frac{b_i + b_j}{2} - a_{ij}/RT$ für den 2. Virialkoeffizienten nach der v. d. Waals-Theorie:

$$RT \ln \varphi_1 = \left[B_{11} + (2B_{12} - B_{11} - B_{22}) \cdot x_2^2 \right] \cdot p$$

Durch Umindizieren von 1 nach 2 ergibt sich das entsprechende Ergebnis für $RT \ln \varphi_2$.

1.20.8 *Exzessgrößen der flüssigen Mischung Ar + CH₄*

Die molare freie Exzessenthalpie $\overline{G}^E$ für die flüssige Mischung Ar + CH$_4$ ist im Bereich von 85 bis 110 K gegeben durch:

$$\overline{G}^E = [795,48 + 4,212 \cdot T \cdot \ln T - 24,376 \cdot T] \, x_{Ar} \cdot (1 - x_{Ar})$$

a) Geben Sie die entsprechenden Formeln an für $\overline{H}^E$, $\overline{S}^E$, $\ln \gamma_{Ar}$ und $\ln \gamma_{CH_4}$.

b) Wie groß ist der Gesamtdampfdruck p_{gesamt} und der Molenbruch y_{Ar} in der Gasphase bei 100 K und $x_{Ar} = 0,2$? Wie groß sind $\overline{H}^E$ und $\overline{S}^E$ bei 100 K und $x_{Ar} = 0,2$?

Angaben: $p_{sat,Ar}(100 \text{ K}) = 3,247 \text{ bar}$, $p_{sat,CH_4}(100 \text{ K}) = 0,3448 \text{ bar}$

Lösung:

a)

$$\overline{H}^E = \overline{G}^E - T \left(\frac{\partial \overline{G}^E}{\partial T} \right)_p = [795,48 - 4,212 \cdot T] \, x_{Ar}(1 - x_{Ar}) \text{ in } J \cdot mol^{-1}$$

$$\overline{S}^E = - \left(\frac{\partial \overline{G}^E}{\partial T} \right) = \frac{\overline{H}^E - \overline{G}^E}{T} = [-4,212 \cdot \ln T + 20,164] \cdot x_{Ar}(1 - x_{Ar}) \text{ in } J \cdot mol^{-1} \cdot K^{-1}.$$

Schreibt man: $\overline{G}^E = a(T) \cdot x_{Ar}(1 - x_{Ar})$ folgt aus Gl. (1.87):

$$\ln \gamma_{Ar} = \left[\frac{795,48}{RT} + \frac{4,212}{R} \ln T - \frac{24,376}{R} \right] (1 - x_{Ar})^2$$

$$\ln \gamma_{CH_4} = \ln \gamma_{Ar} \cdot x_{Ar}^2 / (1 - x_{Ar})^2$$

b) Die Partialdampfdrücke von Ar und CH_4 bei $x_{Ar} = 0,2$ und 100 K sind:

$$p_{Ar} = x_{Ar} \cdot p_{sat,Ar} \cdot \gamma_{Ar} = 0,2 \cdot 3,247 \cdot$$

$$\exp \left[\left(\frac{795,48}{R \cdot 100} + \frac{4,212}{R} \ln 100 - \frac{24,376}{R} \right) (0,8)^2 \right] = 0,817 \, \text{bar}$$

$$p_{CH_4} = x_{CH_4} \cdot p_{sat,CH_4} \cdot \gamma_{CH_4} = 0,8 \cdot 0,3448 \cdot 1,0144 = 0,280 \, \text{bar}$$

$$p_{gesamt} = p_{Ar} + p_{CH_4} = 1,097 \, \text{bar}$$

$$y_{Ar} = p_{Ar} / p_{gesamt} = 0,745$$

$$\overline{H}^E = [795,48 - 4,212 \cdot 100] 0,2 \cdot 0,8 = 59,9 \, \text{J} \cdot \text{mol}^{-1}$$

$$\overline{S}^E = [-4,212 \cdot \ln 100 + 20,164] \cdot 0,2 \cdot 0,8 = +0,123 \, \text{J} \cdot \text{mol}^{-1}$$

1.20.9 *Voraussage einer oberen kritischen Entmischungstemperatur der flüssigen Mischung Xe + CF$_4$ bei erhöhtem Druck*

Wir betrachten die flüssige Mischung Xe + CF_4 bei 163 K und 1 bar. Folgende Werte für $\overline{G}^E$ und $\overline{V}^E$ wurden gemessen beim Molenbruch $x_{Xe} = x_{CF_4} = 0,5$

$$\overline{G}^E = 645 \, \text{J} \cdot \text{mol}^{-1} \quad \text{und} \quad \overline{V}^E = 1,94 \, \text{cm}^3 \cdot \text{mol}^{-1}$$

a) Unter der Annahme, dass die Exzessgrößen symmetrisch und parabelförmig verlaufen, berechnen Sie ausgehend von $\overline{G}^E = a_{(T,p)} \cdot x_{Xe}(1 - x_{Xe})$ die Druckabhängigkeit $(\partial a / \partial p)_T$.

b) Berechnen Sie, bei welchem Druck p und 163 K die obere kritische Entmischungstemperatur T_c (UCST) erreicht wird. Welche Zusammensetzung haben die beiden flüssigen Phasen x'_{Xe} und x''_{Xe} bei 163 K und 220 bar?

Lösung:

a) $\overline{G}^E(163 \, \text{K}, 1 \, \text{bar}) = a \cdot 0,5 \cdot 0,5 = 645$. Daraus folgt $a(163 \, \text{K}, 1 \, \text{bar}) = 2580 \, \text{Joule} \cdot \text{mol}^{-1}$.

Aus $\overline{V}^E = \left(\frac{\partial G^E}{\partial p} \right)_T = 10^{-6} \cdot 1,94 = 0,5 \cdot 0,5 \cdot \left(\frac{\partial a}{\partial p} \right)_T$ folgt:

$$\left(\frac{\partial a}{\partial p} \right)_T = 7,76 \cdot 10^{-6} \, [\text{J} \cdot \text{mol}^{-1} \cdot \text{Pa}^{-1}] = 0,776 \, \text{J} \cdot \text{mol}^{-1} \cdot \text{bar}^{-1}$$

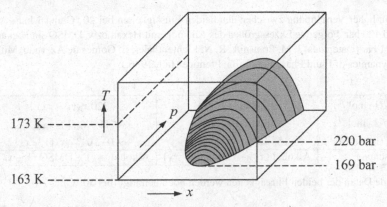

Abb. 1.56 Vorhergesagtes Flüssig-Flüssig Phasendiagramm in T, p, x-Darstellung für das System Xe + CF$_4$ (s. Text).

b) Die Bedingung für die obere kritische Entmischungstemperatur (UCST) lautet (s. Gl. (1.108)):

$$T_{\text{UCST}} = 163 = \frac{a}{R} \cdot \frac{1}{2}, \text{ also } a = 2 \cdot 8,3145 \cdot 163 = 2710,5 \,\text{J} \cdot \text{mol}^{-1}$$

Dieser Wert von a wird beim Druck p erreicht entsprechend

$$a(163, p) = a(163\,\text{K}, 1\,\text{bar}) + \left(\frac{\partial a}{\partial p}\right)_T (p - 1) = 2710,5$$

Aufgelöst nach p ergibt sich $p = 169$ bar. Wir berechnen jetzt a bei 163 K und 220 bar

$$a(163\,\text{K}, 220\,\text{bar}) = 2580 + 0,776(220 - 1) = 2750\,\text{J} \cdot \text{mol}^{-1}$$

Das wird in Gl. (1.107) zur Bestimmung von x'_{Xe} eingesetzt:

$$163 = \frac{2750}{8,3145} \frac{(2x'_{\text{Xe}} - 1)}{\ln\left(\frac{x'_{\text{Xe}}}{1 - x'_{\text{Xe}}}\right)} \quad \text{oder} \quad 0,4928 \cdot \ln \frac{x'_{\text{Xe}}}{1 - x'_{\text{Xe}}} = 2x'_{\text{Xe}} - 1$$

Die Lösung lautet $x'_{\text{Xe}} = 0,3965$ und $x''_{\text{Xe}} = 0,6035$. Das sind die Molenbrüche von Xenon der beiden flüssigen Phasen im Gleichgewicht bei 163 K und 220 bar. Während also Xe und CF$_4$ bei 163 K und 1 bar noch völlig mischbar sind, beginnt sich ab 169 bar eine Mischungslücke zu öffnen (s. Abb. 1.56).

1.20.10 Druck- und Temperaturabhängigkeit des Nernst'schen Verteilungskoeffizienten eines Alkohols zwischen Heptan und DMSO

Ein Alkohol ist verteilt auf die beiden praktisch nicht mischbaren Flüssigkeiten Hexan und Dimethylsulfoxid (DMSO). Berechnen Sie den Nernst'schen Verteilungskoeffizienten K_N für den

Alkohol in hoher Verdünnung zwischen den beiden Flüssigkeiten bei 20 °C und 1 bar sowie bei 60 °C und 120 bar. Folgende Exzessgrößen des Alkohols mit Hexan bzw. DMSO sind bekannt bei 0 °C und 1 bar (Daten aus: J. M. Prausnitz, R. N. Lichtenthaler, E. Gomes de Azevedo, Molecular Thermodynamics of Fluid Phase Equilibria, Prentice Hall, 1986.):

$\overline{G}^E/(\text{J} \cdot \text{mol}^{-1})$	$2500\, x_A(1 - x_A)$	$320\, x_A(1 - x_A)$
$\overline{H}^E/(\text{J} \cdot \text{mol}^{-1})$	$4600\, x_A(1 - x_A)$	$590\, x_A(1 - x_A)$
$\overline{V}^E/(\text{m}^3 \cdot \text{mol}^{-1})$	$15 \cdot 10^{-6} \cdot x_A(1 - x_A)$	$-9,0 \cdot 10^{-6} \cdot x_A(1 - x_A)$
Mischung	Alkohol (x_A) + Hexan $(1 - x_A)$	Alkohol (x_A) + DMSO $(1 - x_A)$

Folgende Daten der beiden Flüssigkeiten werden noch benötigt (bei 20 °C):

	Molvolumen $\overline{V}/\text{m}^3 \cdot \text{mol}^{-1}$	κ_T/Pa^{-1}	α_p/K^{-1}
Hexan	$1,316 \cdot 10^{-4}$	$1,60 \cdot 10^{-9}$	$1,39 \cdot 10^{-3}$
DMSO	$7,13 \cdot 10^{-5}$	$5,41 \cdot 10^{-10}$	$9,1 \cdot 10^{-4}$

Nehmen Sie die Kompressibilität κ_T und den thermischen Ausdehnungskoeffizienten α_p als druck- und temperaturunabhängig an.

Lösung:

Der Nernst'sche Verteilungskoeffizient K_N (s. Gl. (1.143)) ist definiert (Index A = Alkohol) durch:

$$K_N = \frac{C_A'}{C_A''} = \frac{\overline{V}_{LM}''}{\overline{V}_{LM}'} \cdot \frac{\gamma_A''^\infty}{\gamma_A'^\infty} = \frac{\overline{V}_{DMSO}}{\overline{V}_{Hexan}} \cdot \frac{\gamma_{A,DMSO}^\infty}{\gamma_{A,Hexan}^\infty}$$

Zunächst berechnen wir die Temperaturabhängigkeit des Koeffizienten a_G in $\overline{G}^E = a_G \cdot x_1 \cdot x_2$ aus der Gibbs-Helmholtz-Gleichung mit $\overline{H}^E = a_H \cdot x_1 \cdot x_2$:

$$\overline{G}^E = \overline{H}^E - T\left(\frac{\partial \overline{G}^E}{\partial T}\right)_p \quad \text{oder} \quad a_G = a_H - \left(\frac{\partial a_G}{\partial T}\right)_p \cdot T \quad \text{J} \cdot \text{mol}^{-1}$$

Bei $T = 273\,\text{K}$ und $p = 1$ bar folgt zunächst für Alkohol + Hexan:

$$\left(\frac{\partial a_G}{\partial T}\right)_p = \frac{4600 - 2500}{273} = 7,692\,\text{J} \cdot \text{K}^{-1} \cdot \text{mol}^{-1}$$

Jetzt bestimmen wir a_G 60°C = 333 K für den Alkohol in Hexan:

$$a_G(333\,\text{K}) = a_G(273) + \left(\frac{\partial a_G}{\partial T}\right)_p \cdot (333 - 273) = 2962\,\text{J} \cdot \text{mol}^{-1}$$

Ferner berechnen wir aus der Beziehung

$$\overline{G}^E(333\,\text{K, p}) = \overline{G}^E(333\,\text{K, 1 bar}) + \left(\frac{\partial \overline{G}^E}{\partial p}\right)_T \cdot \Delta p = \overline{G}^E(333\,\text{K, 1 bar}) + \overline{V}^E \cdot \Delta p$$

für a_G in Hexan bei 333 K und 120 bar:

$$a_G(333\,\text{K}, 120\,\text{bar}) = a_G(333\,\text{K}, 1\,\text{bar}) + 15 \cdot 10^{-6} \cdot 10^5 (120 - 1) = 3141\,\text{J} \cdot \text{K}^{-1} \cdot \text{mol}^{-1}$$

Die entsprechenden Daten für das System Alkohol + DMSO lauten:

$$\left(\frac{\partial a_G}{\partial T}\right)_p = 0,989\,\text{J} \cdot \text{K}^{-1} \cdot \text{mol}^{-1}, \quad a_G(333\,\text{K}) = 379\,\text{J} \cdot \text{mol}^{-1}, \quad a_G(333\,\text{K}, 120\,\text{bar}) = 272\,\text{J} \cdot \text{mol}^{-1}$$

Mit $\gamma_A^\infty = \exp[a_G / RT]$ ist der Verteilungskoeffizient K_N bei 333 K und 1 bar = 10^5 Pa:

$$K_N(333\,\text{K}, 1\,\text{bar}) = \frac{0,713}{1,316} \cdot \left(\frac{1 + \alpha_{p,\text{DMSO}} \cdot 30}{1 + \alpha_{p,\text{Hexan}} \cdot 30}\right) \cdot \frac{\exp[a_{G,\text{DMSO}}/(R \cdot 293)]}{\exp[a_{G,\text{Hexan}}/(R \cdot 293)]} = 0,210$$

sowie bei 333 K und $\Delta p = (120 - 1) = 119$ bar = $1,19 \cdot 10^7$ Pa:

$$K_N(333\,\text{K}, 1\,\text{bar}) = \frac{0,733 \cdot (1 - \kappa_{T,\text{DMSO}} \cdot \Delta p)}{1,371 \cdot (1 - \kappa_{T,\text{Hexan}} \cdot \Delta p)} \cdot \frac{\exp[272/(R \cdot 333)]}{\exp[3141/(R \cdot 333)]}$$

$$= \frac{0,729}{1,349} \cdot \frac{1,103}{3,109} = 0,192$$

1.20.11 *Ableitung der Definition des molaren Exzessvolumens aus der Gibbs-Duhem-Gleichung*

Leiten Sie aus der verallgemeinerten Gibbs-Duhem'schen Gleichung (s. Gl. (1.19)) für den isothermen Fall, also d$T = 0$ und alle d$\lambda_i = 0$ die Gleichung für das molare Exzessvolumen $\overline{V}^E$ ab (s. Abschnitt 1.4):

$$\overline{V}^E = \sum_i \left(\overline{V}_i - \overline{V}_i^0\right) \cdot x_i$$

wobei $\overline{V}_i$ das partielle molare Volumen der Komponente i und $\overline{V}_i^0$ das molare Volumen der reinen Komponente i bedeuten. Die Definition des molaren Exzessvolumens ist bekanntlich:

$$\overline{V}^E = \overline{V} - \sum x_i \overline{V}_i^0$$

wobei $\overline{V}$ das molare Volumen der Mischung bedeutet.

Lösung:

Es gilt nach der Gibbs-Duhem-Gleichung für d$T = 0$, und alle d$\lambda_i = 0$:

$$-V\text{d}p + \sum_i n_i \text{d}\mu_i = 0 \quad \text{oder}: \quad \sum_i x_i \left(\frac{\partial \mu_i}{\partial p}\right)_T = \frac{V}{\sum_i n_i} = \overline{V}$$

wobei $\overline{V}$ das molare Volumen der Mischung ist. Es gilt unter Anwendung des Schwarz'schen Satzes (s. A. Heintz: Gleichgewichtsthermodynamik. Grundlagen und einfache Anwendungen, Springer, 2011):

$$\left(\frac{\partial \mu_i}{\partial p}\right)_T = \frac{\partial}{\partial p}\left(\frac{\partial G}{\partial n_i}\right)_T = \frac{\partial}{\partial n_i}\left(\frac{\partial G}{\partial p}\right)_T = \left(\frac{\partial V}{\partial n_i}\right)_T = \overline{V}_i$$

Damit erhält man für das molare Exzessvolumen $\overline{V}^{\mathrm{E}}$:

$$\overline{V}^{\mathrm{E}} = \overline{V} - \sum_i x_i \overline{V}_i^0 = \sum_i x_i \left(\overline{V}_i - V_i^0\right)$$

1.20.12 *Anwendungen der Gefrierpunktserniedrigung*

a) Wo liegt der Gefrierpunkt von 250 cm^3 Wasser, das mit 5 Stücken Würfelzucker (7,5 g Rohrzucker), (Formel: $C_{12}H_{22}O_{11}$) gesüßt wurde?

Angaben: Molare Schmelzenthalpie von H_2O : $6,01\,\mathrm{kJ}\cdot\mathrm{mol}^{-1}$

b) 3,2 g einer unbekannten Substanz werden in 100 g Phenol gelöst, und es wird ein Schmelzpunkt von 297,07 K dieser Lösung gemssen. Eine Verbrennungsanalyse der Substanz ergibt nur CO_2 und H_2O als Verbrennungsprodukte im molaren Verhältnis $n_{CO_2}/n_{H_2O} = 2,5$. Welche molare Masse hat die Substanz und um welche handelt es sich?

Lösung:

a) Molzahl von Rohrzucker: $\dfrac{7,5}{342,3}$ mol $= 0,0219$ mol

Molzahl von Wasser: $\dfrac{250}{18,02}$ mol $= 13,87$ mol

Gesamte Molzahl: $13,87$ mol $+ 0,0219$ mol $= 13,9$ mol;

$$x_{\mathrm{Rohrz.}} = \frac{0,0219}{13,9} = 0,0016; \quad x_{\mathrm{Wasser}} = 0,9984$$

Nach der Formel für die Gefrierpunktserniedrigung (Gl. (1.136)) gilt mit $T_{\mathrm{S,H_2O}} = 273,16$ K:

$$\frac{\Delta H_{\mathrm{Schm}}}{RT_{\mathrm{Schm}}^2}\,(T_{\mathrm{Schm}} - T) = x_{\mathrm{Rohrz}} \quad \text{oder} \quad T = T_{\mathrm{Schm}} - x_{\mathrm{Rohrz}}\,\frac{RT_{\mathrm{Schm}}^2}{\Delta H_{\mathrm{Schm}}}$$

Daraus folgt: $T = 272,98$ K.

Die Gefrierpunktserniedrigung beträgt 0,165 K.

b) Nach Tabelle 1.2 ist die kryoskopische Konstante von Phenol $K_{\mathrm{Ph}} = 6,11\,\mathrm{kg}\cdot\mathrm{K}\cdot\mathrm{mol}^{-1}$ und seine Schmelztemperatur beträgt 298,6 K. Nach Gl. (1.136) ergibt sich für die gesuchte Molmasse:

$$M = \frac{3,2}{100}\cdot 6,11\,\frac{1}{298,6 - 297,07} = 0,1278 \approx 0,128\,\mathrm{kg}\cdot\mathrm{mol}^{-1}$$

Die Substanz, die diese Molmasse besitzt und für die das gemessene molare Verhältnis der Verbrennungsprodukte CO_2 und H_2O den Wert 2,5 ergibt, ist Naphtalin ($C_{10}H_8 + 12O_2 \rightarrow 10CO_2 + 4H_2O$).

1.20.13 *Bestimmung der Summenformel von molekularem Schwefel aus der Siedepunktserhöhung von CS₂*

Es werden 0,581 g Schwefel in 42,1 g Schwefelkohlenstoff (CS_2) gelöst und dabei eine Siedepunktserhöhung von $\Delta T = 0,132$ K beobachtet. Bestimmen Sie die Zahl x der Schwefelatome des gelösten molekularen Schwefels S_x. Hinweis: Verwenden Sie die thermodynamischen Standardgrößen für flüssigen und gasförmigen Schwefelkohlenstoff in Anhang A.2.
Lösung:
Die Formel für die Siedepunktserhöhung lautet (s. Ende Abschnitt 1.7):

$$\Delta T = \frac{m_{S_x}}{m_{CS_2}} \cdot \frac{M_{CS_2}}{M_{S_x}} \cdot \frac{RT^2_{B,CS_2}}{\Delta \overline{H}_{V,CS_2}}$$

Um M_{S_x} zu bestimmen, müssen die Verdampfungsenthalpien $\Delta \overline{H}_{V,CS_2}$ und die Siedetemperatur T_{B,CS_2} bekannt sein. Man erhält diese Daten aus den Standarddaten (in $kJ \cdot mol^{-1}$) für CS_2 bei 298 K:

$\Delta^f \overline{H}^0$(g)	$\Delta^f \overline{H}^0$(fl)	$\Delta^f \overline{G}^0$(g)	$\Delta^f \overline{G}^0$(fl)
117,07	87,9	66,91	63,6

Es gilt also:

$$\Delta \overline{H}_{V,CS_2} = 117,07 - 87,9 = 29,17 \text{ kJ} \cdot \text{mol}^{-1}$$

Der Dampfdruck $p(298)$ von CS_2 bei 298 K ergibt sich aus:

$$\Delta^f \overline{G}^0(g) + RT \ln(p(298)/\text{bar}) = \Delta^f \overline{G}^0(\text{fl})$$

Man erhält: $p(298) = 0,2629$ bar.
Bei der Siedetemperatur T_B ist der Dampfdruck definitionsgemäß 1 bar. Es gilt somit nach der integrierten Clausius-Clapeyron'schen Gleichung:

$$p(T_B)/\text{bar} = 1 = 0,2629 \cdot \exp\left[-\frac{29,17}{R}10^3 \cdot \left(\frac{1}{T_B} - \frac{1}{298}\right)\right]$$

Daraus ergibt sich:

$$T_B = 336,15 \text{ K}$$

Die Molmasse M_{CS_2} beträgt $0,07614 \text{ kg} \cdot \text{mol}^{-1}$. Man erhält also:

$$M_{S_x} = \frac{0,581}{42,1} M_{CS_2} \cdot \frac{R \cdot (336,15)^2}{29,17 \cdot 10^3} \cdot \frac{1}{0,132} = 0,2564 \text{ kg} \cdot \text{mol}^{-1}$$

Der Wert von x ergibt sich durch Division von M_{S_x} durch die Atommasse von Schwefel $(0,03207$ kg·mol$^{-1})$:

$$x = \frac{0,2564}{0,03207} = 7,995 \approx 8$$

Der Schwefel ist also in Form von (ringförmigen) S_8-Molekülen in CS_2 gelöst.

1.20.14 *Konzentrationsausgleich durch Dialyse*

Ein Gefäß, das mit einer 0,1 molaren wässrigen Zuckerlösung (Anfangskonzentration $c_1^0 = 0,02$ mol·Liter^{-1}) gefüllt ist, hat ein Lösungsvolumen von $V_1^0 = 10$ Liter. In diesem äußeren Gefäß befindet sich eine „Zelle" mit flexiblen Zellwänden (s. Abb. 1.57). Diese Wände bestehen aus einer vollständig geschlossenen semipermeablen Membran mit einem Anfangsvolumen von $V_2^0 = 0,5$ Liter, das eine wässrige Zuckerlösung mit der Anfangskonzentration $c_2^0 = 0,1$ mol · l^{-1} enthält.

Die semipermeable Membran lässt nur Wasser, aber keine Zuckermoleküle hindurch. Dadurch kann sich das Volumen der inneren Zelle verändern. Es stellt sich durch Wasserfluss durch die Zellwand ein osmotisches Gleichgewicht ein, bis $\pi_1 = \pi_2$ und damit $c_1 = c_2$ ist.

Um welchen Volumenwert ΔV an Wasser ändern sich das äußere Volumen bzw. das Zellvolumen? Welchen Wert hat die Endkonzentration $c_1 = c_2$? Beachten Sie, dass $V_1^0 + V_2^0 = V_1 + V_2 =$ const bleibt, ferner, dass die Molzahlen von Zucker n_1 bzw. von Wasser n_2 unverändert bleiben.
Lösung:
Mit $V_1^0 = 10$ Liter, $V_2^0 = 0,5$ Liter, $c_1^0 = 0,1$ mol/Liter und $c_2^0 = 0,02$ mol/Liter ergibt sich zunächst für n_1/n_2::

$$\frac{c_1^0 \cdot V_1^0}{c_2^0 \cdot V_2^0} = \frac{n_1}{n_2} = \text{const} = \frac{c_1(V_1^0 - \Delta V_2)}{c_2(V_2^0 + \Delta V_2)} = 4$$

Da $c_1 = c_2$ wird, lässt sich nach ΔV_2 auflösen und man erhält:

$$\Delta V_2 = \frac{V_1^0 - 4V_2^0}{5} = 1,6 \text{ Liter}$$

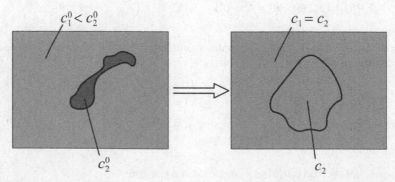

Abb. 1.57 Dialyseprozess. Links: vor dem Konzentrationsausgleich, rechts: nach dem Konzentrationsausgleich.

Für die Endkonzentration $c_1 = c_2$ ergibt sich:

$$c_1 = \frac{c_{10}^0 \cdot V_1^0}{V_1^0 - \Delta V_2} = c_2 = \frac{c_{20}^0 \cdot V_2^0}{V_2^0 + \Delta V_2} = 0,0238 \, \text{mol} \cdot \text{Liter}^{-1}$$

1.20.15 *Ein gasosmotischer Entmischungsprozess*

Bei osmotischen Prozessen kann es auch spontan zu *Entmischungen* kommen, wobei sich im abgeschlossenen System die Entropie erhöht. Dazu betrachten wir eine ideale Gasmischung aus Ar + H_2 beim Druck $p = 2$ bar und dem Molenbruch $x_{H_2} = 0,6$ in einem Volumen $V_B = 1 \, \text{m}^3$ (s. Abb. 1.58). V_B ist durch ein Verbindungsrohr mit dem Volumen $V_A = 10 \, V_B$ verbunden, das evakuiert ist. Am Rohrende F befindet sich ein Pfropfen, der aus Palladium besteht und der nur H_2 hindurch lässt (semipermeable Membran!), so dass nach Öffnen des Ventils nur H_2 in das Volumen V_A einströmt.

Es sei $T = 300$K. Wie groß ist die Entropieänderung nach Ende des Prozesses? Wie groß ist der Molenbruch x_{H_2} und der Druck p nach Ende des Prozesses in V_B sowie in V_A ?

Hinweis: Das Volumen des Verbindungsrohres ist vernachlässigbar. Beachten Sie, dass weder Wärme noch Arbeit mit der Umgebung ausgetauscht werden. *Lösung:* Vor Öffnen des Ventils gilt:

$$S_{H_2} = S_{H_2}(1 \, \text{bar}) - n_{H_2} \cdot R \cdot \ln(2 \, \text{bar} \cdot 0,6)$$
$$S_{Ar} = S_{Ar}(1 \, \text{bar}) - n_{Ar} \cdot R \cdot \ln(2 \, \text{bar} \cdot 0,4)$$

nach Öffnen des Ventils und Einstellung des osmotischen Gleichgewichtes, also identischer Gasdruck auf beiden Seiten, gilt:

$$S'_{H_2} = S_{H_2}(1 \, \text{bar}) + n_{H_2} \cdot R \cdot \ln\left(\frac{V_A + V_B}{n_{H_2} \cdot RT}\right)$$
$$S'_{Ar} = S_{Ar}(1 \, \text{bar}) + n_{Ar} \cdot R \cdot \ln\left(\frac{V_B}{n_{Ar} \cdot RT}\right)$$

Die Entropieänderung beträgt:

$$\Delta S = (S'_{H_2} + S'_{Ar}) - (S_{H_2} + S_{Ar}) = R\left(n_{H_2} \ln\left(\frac{V_A + V_B}{n_{H_2}RT}\right) + n_{Ar} \ln\left(\frac{V_B}{n_{Ar}RT}\right)\right)$$
$$- R\left(n_{H_2} \ln \frac{V_B}{n_{H_2} \cdot RT} + n_{Ar} \ln \frac{V_B}{n_{Ar}RT}\right)$$
$$\Delta S = Rn_{H_2}\left(\ln \frac{V_A + V_B}{n_{H_2} \cdot RT} - \ln \frac{V_B}{n_{H_2} \cdot RT}\right) = n_{H_2}R \ln \frac{V_A + V_B}{V_B}$$

mit dem konstanten Wert:

$$n_{H_2} = \frac{x_{H_2} \cdot p \cdot V_B}{RT} = \frac{0,6 \cdot 2 \cdot 10^5 \cdot 1}{8,3145 \cdot 300} = 48,11 \, \text{mol}$$

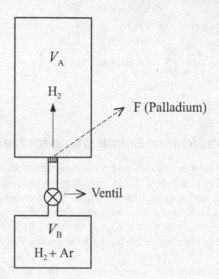

Abb. 1.58 Gasosmotischer Entmischungsprozess.

ergibt sich

$$\Delta S = 48, 11 \cdot 8, 3145 \cdot \ln 11 = 959, 2 \, \text{J} \cdot \text{K}^{-1} > 0$$

Der Molenbruch von x_{H_2} nach Prozessende in V_B beträgt.

$$x_{H_2}(\text{nachher}) = n_{H_2} \cdot \frac{V_B}{V_A + V_B} \bigg/ \left(n_{H_2} \cdot \frac{V_B}{V_A + V_B} + n_{Ar} \right)$$

Mit $n_{Ar} = n_{H_2} \cdot \frac{0,4}{0,6} = 32, 01$ mol ergibt sich:

$$x_{H_2}(\text{nachher}) \, \text{in} V_B = 0, 120, \quad (x_{H_2} \text{in } V_A \text{ ist dagegen gleich 1!})$$

Der Druck p nach Prozessende beträgt in V_B:

$$p_{V_B}(\text{nachher}) = 2 \, \text{bar} \, \frac{V_B}{V_A + V_B} \cdot 0, 6 + 2 \, \text{bar} \cdot 0, 4 = 0, 1091 + 0, 8 = 0, 9091 \, \text{bar}$$

und in V_A:

$$p_{V_A} = 2 \, \text{bar} \, \frac{V_B}{V_A + V_B} \cdot 0, 6 = 0, 1091 \, \text{bar}$$

p_{V_A} ist der H_2-Druck in V_A und ebenso der Partialdruck von H_2 in V_B. Es hat also in der Tat ein spontaner partieller Entmischungsprozess stattgefunden, bei dem die Gesamtentropie sich erhöht hat, d. h., die dissipierte Arbeit des isolierten Systems ($\delta Q = 0$, $\delta W = \delta W_{rev} + \delta W_{diss} = 0$) beträgt $-W_{rev} = T \cdot \Delta S = T \int \delta_i S = W_{diss} = 300 \cdot 959, 2 = 2, 8776 \cdot 10^5$ J.

1.20.16 *Berechnung der Temperaturabhängigkeit von V^E aus der Druckabhängigkeit von H^E am Beispiel Isopropanol + Heptan*

Für die flüssige Mischung Isopropanol + Heptan wurden folgende Werte bei 298 K für die molare Exzessenthalpie $\overline{H}^E$ bei $x_{\text{Isop}} = 0,56$ in Abhängigkeit des Druckes gemessen:

$\overline{H}^E(x = 0,56)/\text{J} \cdot \text{mol}^{-1}$	765	737	714	647
p/bar	1	100	197	550

a) Berechnen Sie daraus $(\partial \overline{H}^E/\partial p)_{298}$ für $p = 1$ bar, indem Sie die Parameter a und b mit der Gleichung

$$\overline{H}^E(p) = 765 + a(p - 1) + b(p - 1)^2$$

an die Messdaten anpassen.

b) Das molare Exzessvolumen $\overline{V}^E$ dieser Mischung bei $x = 0,56$, $T = 298$ K und 1 bar beträgt $0,54\,\text{cm}^3 \cdot \text{mol}^{-1}$. Wie groß ist $\overline{V}^E$ bei 308 K und 1 bar?

Lösung:

a) $a = -0,3059\,\text{J} \cdot \text{bar}^{-1}$, $b = 2,239 \cdot 10^{-4}\,\text{J} \cdot \text{bar}^{-2}$

Wir berechnen:

$$\left(\frac{\partial \overline{H}^E}{\partial p}\right)_{298} = a + 2b(p - 1)$$

Im Fall $p = 1$ bar ist $(\partial \overline{H}^E/\partial p) = a = -0,3059\,\text{J} \cdot \text{bar}^{-1}$

b) Hier benötigen wir Gl. (1.20). Danach gilt für $\overline{H}^E$:

$$\left(\frac{\partial \overline{H}^E}{\partial p}\right)_T = \overline{V}^E - T\left(\frac{\partial \overline{V}^E}{\partial T}\right)_p$$

Wir setzen in SI-Einheiten die Werte a und $\overline{V}^E$ ein:

$$-0,3059 \cdot 10^{-5} = 0,54 \cdot 10^{-6} - T\left(\frac{\partial \overline{V}^E}{\partial T}\right)_p$$

Daraus folgt:

$$\frac{\partial \overline{V}^E}{\partial T} = \frac{3,059 + 0,54}{298} \cdot 10^{-6} = 1,208 \cdot 10^{-8}\,\text{m}^3 \cdot \text{mol}^{-1} \cdot \text{K}^{-1}$$

Das molare Exzessvolumen bei 308 K ist dann mit $\overline{V}^E(298) = 5,4 \cdot 10^{-7}\,\text{m}^3 \cdot \text{mol}^{-1}$:

$$\overline{V}^E(308\,\text{K}) = \overline{V}^E(298\,\text{K}) + \left(\frac{\partial \overline{V}^E}{\partial T}\right)_p \cdot (308 - 298) = 6,608 \cdot 10^{-7}\,\text{m}^3 \cdot \text{mol}^{-1}$$

1.20.17 *Thermodynamik der „Taucherkrankheit"*

Taucher benutzen als Atemluft statt der atmosphärischen Luft ($20 \, \text{mol} \, \% \, O_2 + 80 \, \text{mol} \, \% \, N_2$) häufig eine Mischung aus $20 \, \text{mol} \, \% \, O_2$ und $80 \, \% $ Helium. Der Grund liegt in der gefährlichen „Taucherkrankheit", die auftritt, wenn der Taucher aus der Tiefe, wo der äußere Druck und damit auch der künstliche Luftdruck der Atemluft um ein Vielfaches höher als 1 bar ist, zu schnell aufsteigt. Dann entweicht die im Blut gelöste Luft so rasch, dass es zur Blasenbildung in den Blutgefäßen kommt, wodurch Embolien entstehen können.

Berechnen Sie das Volumen der Atemluft für $O_2 + N_2$ ebenso wie für $O_2 + He$ in einem Liter Blut, das frei wird, wenn der Druck der Atemluft plötzlich von 6 bar auf 1 bar entlastet wird. Verwenden Sie das Henry'sche Gesetz mit den Angaben in Tabelle 1.1. Betrachten Sie das Blut chemisch gesehen als Wasser.

Lösung:

Der Molenbruch, der bei 1 bar gelösten Luft bzw. des $O_2 + He$-Gemisches beträgt:

$$x_{\text{Luft}} = x_{N_2} + x_{O_2} = (0,2/K_{H,O_2} + 0,8/K_{H,N_2}) = \frac{0,2}{44,17 \cdot 10^{-3}} + \frac{0,8}{86,33 \cdot 10^{-3}} = 13,8 \cdot 10^{-5}$$

$$x_{O_2+He} = (0,2/K_{H,O_2} + 0,8/K_{H,He}) = \frac{0,2}{44,17} \cdot 10^{-3} + \frac{0,8}{1490} \cdot 10^{-3} = 5,06 \cdot 10^{-6}$$

Die Molzahlen bei 1 bar betragen in einem Liter Wasser:

$$n_{\text{Luft}} \cong x_{N_2+O_2} \cdot n_{\text{Wasser}} = 13,7 \cdot 10^{-6} \cdot 55,6 = 7,62 \cdot 10^{-4} \, \text{mol}$$

$$n_{He+O_2} \cong x_{He+O_2} \cdot n_{\text{Wasser}} = 5,06 \cdot 55,6 \cdot 10^{-6} = 2,81 \cdot 10^{-4} \, \text{mol}$$

Bei 6 bar sind die Molzahlen 5mal so hoch, also

$$n_{\text{Luft}}(6 \, \text{bar}) = 3,81 \cdot 10^{-3} \, \text{mol} \quad \text{bzw.} \quad n_{He+O_2}(6 \, \text{bar}) = 1,41 \cdot 10^{-3} \, \text{mol}$$

Nach Druckentlastung von 6 auf 1 bar entspricht das bei $T = 288 \, \text{K}$ folgenden gasförmigen Volumina bei 1 bar:

$$V_{\text{Luft}}(1 \, \text{bar}) = R \cdot 288 \cdot (n_{\text{Luft}}(6 \, \text{bar}) - n_{\text{Luft}}(1 \, \text{bar}))/10^5 = 7,3 \cdot 10^{-5} \, \text{m}^3$$

$$V_{He+O_2}(1 \, \text{bar}) = R \cdot 288 \cdot (n_{He+O_2}(6 \, \text{bar}) - n_{He+O_2}(1 \, \text{bar}))/10^5 = 2,7 \cdot 10^{-5} \, \text{m}^3$$

Bei Einsatz von O_2/He-Gemischen ist das als Gasblasen entstehende Volumen weniger als 1/3 von dem, was bei Normalluft entstehen würde.

1.20.18 *Fugazitätskoeffizient in unendlicher Verdünnung von Dimethylether in CO_2*

Berechnen Sie den Fugazitätskoeffizienten von Dimethylether (DME) in CO_2 in unendlicher Verdünnung bei $T = 304,2$ (kritische Isotherme von CO_2), dem kritischen Druck von CO_2, $p_c = 73,49$ bar und dem kritischen Volumen $\overline{V}_c = 12,86 \cdot 10^{-5} \, \text{m}^3 \cdot \text{mol}^{-1}$ nach der v. d. Waals-Gleichung.

Lösung:

Nach Gl. (1.81) gilt für $x_{CO_2} \to 1$ und $x_{DME} \to 0$:

$$\ln \varphi_{DME}^{\infty} = -\ln\left(1 - \frac{b_{CO_2}}{\overline{V}_{CO_2}}\right) + \frac{b_{DME}}{\overline{V}_C - b_{CO_2}} - \frac{2}{\overline{V}_C \cdot R \cdot 304,2} \cdot \sqrt{a_{CO_2} \cdot a_{DME}} - \ln Z_{CO_2}$$

Aus der v. d. Waals-Gleichung ergibt sich mit $p_c = 73,49\,\text{bar}$, $a_{CO_2} = 0,3661$ und $b_{CO_2} = 4,29 \cdot 10^{-5}\,\text{m}^3 \cdot \text{mol}^{-1}$ sowie $a_{DME} = 0,8689\,\text{J} \cdot \text{m}^3 \cdot \text{mol}^{-2}$ und $b_{DME} = 7,74 \cdot 10^{-5}\,\text{m}^3 \cdot \text{mol}^{-1}$:

$$Z_{CO_2} = \frac{\overline{V}_{CO_2}}{\overline{V}_{CO_2} - b_{CO_2}} - \frac{a_{CO_2}}{R \cdot T \cdot \overline{V}_{CO_2}} = \frac{12,86}{12,86 - 4,29} - \frac{0,3661}{R \cdot 304,2 \cdot 12,86 \cdot 10^{-5}} = 0,375$$

Alle Zahlenwerte eingesetzt in die Gleichung für φ_{DME}^{∞} ergibt:

$$\ln \varphi_{DME}^{\infty} = 0,4058 + 0,9032 - 3,468 + 0,9808 = -1,178 \text{ also } \varphi_{DME}^{\infty} = 0,3078$$

1.20.19 *Künstliche Beatmung in perfluorierten Kohlenwasserstoffen*

Gasförmiger Sauerstoff besitzt eine erstaunlich hohe Löslichkeit in perfluorierten Kohlenwasserstoffen. Der Henry-Koeffizient von O_2 in C_9F_{20} beträgt bei 298 K 0,183 kbar. Wegen der hohen O_2-Kapazität können Stoffe wie C_9F_{20}, die praktisch keinen Dampfdruck haben und als untoxisch gelten, zu künstlichen Beatmung benutzt werden. Aufsehen erregte vor einiger Zeit ein Experiment, bei dem eine Maus in C_9F_{20} längere Zeit in der mit O_2 gesättigten Flüssigkeit überleben konnte.

Berechnen Sie die Menge an O_2, die in einem Liter C_9F_{20} gelöst ist bei einem äußeren Luftdruck von 1 bar und berechnen Sie das entsprechende Volumen an Luft, die diese Menge bei 1 bar und 298 K enthalten würde. Die Dichte ϱ von C_9F_{20} ist $1,840\,\text{g} \cdot \text{cm}^{-3}$.

Lösung:

Der Henry-Koeffizient K_H beträgt 0,183 kbar. In 1 Liter C_9F_{20} sind somit bei einem Sauerstoffpartialdruck von 0,2 bar gelöst ($x_{O_2} \approx n_{O_2}/n_{C_9F_{20}}$):

$$n_{O_2} = n_{C_9F_{20}} \cdot 0,2/183$$

Die Molzahl in einem Liter C_9F_{20} ist

$$n_{C_9F_{20}} = \varrho_{C_9F_{20}} \cdot \frac{10^{-3}\text{m}^3}{M_{C_9F_{20}}} = 1840 \cdot \frac{10^{-3}}{0,488} = 3,77\,\text{mol}$$

Daraus folgt:

$$n_{O_2} = 3,77 \cdot 0,2/183 = 4,12 \cdot 10^{-3}\,\text{mol}$$

Das entspricht einer Molzahl an Luft von $5 \cdot 4,12 \cdot 10^{-3}\,\text{mol}$ (Molenbruch x_{O_2} in Luft: 0,2). Bei 1 bar und 298 K ergibt das ein Luftvolumen

$$V_{Luft} = 10^{-5} \cdot 5 \cdot 4,12 \cdot 10^{-3} \cdot R \cdot 298 = 5,104 \cdot 10^{-4}\text{m}^3 = 0,5104\,\text{Liter}$$

Die entsprechende Menge an Luft in 1 Liter Wasser entspricht dagegen nur einem Gasvolumen von ca. $0,0020$ Liter $= 20\,\text{cm}^3$.

1.20.20 *Beispiel für die Berechnung des Aktivitätskoeffizienten γ_2 aus γ_1 in einer binären flüssigen Mischung*

Für den Aktivitätskoeffizienten in einer binären Mischung soll gelten:

$$RT \ln \gamma_1 = a_2 x_2^2 + a_3 x_2^3$$

Wie lautet $\ln \gamma_2$ als Funktion von x_1? Welche Werte haben $\lim_{x_2 \to 0} \ln \gamma_2 = \ln \gamma_2^\infty$ und $\lim_{x_1 \to 0} \gamma_1 = \gamma_1^\infty$? Geben Sie die Formel für $\overline{G}^E$ an.

Lösung: Einsetzen in Gl. (1.86)ergibt:

$$RT \ln \gamma_2 = \left(a_2 + \frac{1}{2}a_3\right) - 2a_2 x_2 + \left(a_2 - \frac{3}{2}a_3\right) x_2^2 + a_3 x_2^3$$

Daraus folgt für $\ln \gamma_2^\infty$ und $\ln \gamma_1^\infty$:

$$RT \ln \gamma_2^\infty = a_2 + \frac{a_3}{2} \quad \text{und} \quad RT \ln \gamma_1^\infty = a_2 + a_3$$

und für $\overline{G}^E$:

$$\overline{G}^E = RT \cdot (x_1 \ln \gamma_1 + x_2 \ln \gamma_2) = x_1 \cdot (1 - x_1) \left[a_2 + \frac{a_3}{2}(2 - x_1)\right]$$

1.20.21 *Aktivitätskoeffizienten einer flüssigen Mischung von Metallen am eutektischen Punkt*

Der eutektische Punkt einer binären Metallschmelze liegt bei 789 K und dem Molenbruch $x_A = 0,712$. Die Schmelztemperatur von Metall A ist $T_{SA} = 1036\,\text{K}$, die von Metall B ist $T_{SB} = 1516$, K. Die molaren Schmelzenthalpien betragen $\Delta \overline{H}_{SA} = 7,01\,\text{kJ/mol}$ und $\Delta \overline{H}_{SB} = 9,925\,\text{kJ} \cdot \text{mol}^{-1}$. Vernachlässigen Sie $\Delta \overline{C}_{pA}$ und $\Delta \overline{C}_{pB}$. Berechnen Sie aus diesen Angaben die Aktivitätskoeffizienten von A und B in der flüssigen Schmelze bei der Temperatur des Eutektikums $T_E = 789$. Lassen sich $\ln \gamma_A$ und $\ln \gamma_B$ durch Gl. (1.87) beschreiben? Wenn ja, welchen Wert hat der Parameter a?

Lösung:

Nach Gl. (1.133) und Gl. (1.134) gilt:

$$\frac{7010}{8,3145} \left(\frac{1}{1036} - \frac{1}{789}\right) = -0,2547 = \ln(0,712 \cdot \gamma_A), \text{ also :} \gamma_A = 1,0887$$

Ferner:

$$\frac{9925}{8,3145} \left(\frac{1}{1516} - \frac{1}{789} \right) = -0,7254 = \ln(0,288 \cdot \gamma_B) \text{ also} : \gamma_B = 1,681$$

Wir berechnen sowohl aus γ_A wie γ_B den Wert von $a = RT \cdot \ln \gamma_i / (1 - x_i)^2$. Daraus folgt:

$$\text{aus} \quad \gamma_A : a = \frac{RT_E}{x_B^2} \cdot \ln \gamma_A = 6722 \, \text{J} \cdot \text{mol}^{-1}$$

$$\text{aus} \quad \gamma_B : a = \frac{RT_E}{x_A^2} \cdot \ln \gamma_B = 6721 \, \text{J} \cdot \text{mol}^{-1}$$

Die Übereinstimmung der Werte für a ist gut und damit auch die Beschreibung durch Gl. (1.87).

1.20.22 *Schmelzenthalpie und Schmelzentropie von Phenantren und Anthrazen aus Löslichkeitsdaten in Benzol*

Die Isomere Phenantren und Anthrazen lösen sich bei 25 ° C in Benzol mit den Sättigungsmolenbrüchen $x_{Ph} = 0,207$ bzw. $x_{Anth} = 0,0081$. Die Schmelztemperatur von Anthrazen ist 218 ° C, die von Phenantren 101 ° C. Berechnen Sie aus diesen Angaben die molaren Schmelzenthalpien $\Delta \overline{H}_S$ und die molaren Schmelzentropien $\Delta \overline{S}_S$ der beiden Isomere. Hinweis: Nehmen Sie näherungsweise an, die Lösungen in Benzol sind ideal, d. h., $\gamma_{Anth} \approx 1$ und $\gamma_{Ph} \approx 1$.

Lösung:

Es liegen Fest-Flüssig Löslichkeitsgleichgewichte vor mit der jeweils reinen Komponente als Feststoff. Wir gehen aus von Gl. (1.133) mit $\Delta C_{p_i} \approx 0$:

$$\frac{\Delta \overline{H}_{S,i}}{R} \left(\frac{1}{T_{S,i}} - \frac{1}{T} \right) = \ln x_i \quad \text{mit} \quad i = \text{Anthrazen bzw. Phenantren}$$

Wir lösen nach $\Delta \overline{H}_{S,Anth}$ auf mit den Zahlenangaben für Anthrazen und erhalten:

$$\Delta \overline{H}_{S,Anth} = \frac{R \cdot \ln 0,0081}{\frac{1}{491} - \frac{1}{298}} = 30356 \, \text{J} \cdot \text{mol}^{-1}$$

$$\Delta \overline{S}_{S,Anth} = \frac{\Delta \overline{H}_{S,Anth}}{T_{S,Anth}} = \frac{30356}{491} = 61,8 \, \text{J} \cdot \text{mol}^{-1} \cdot \text{K}^{-1}$$

Die entsprechenden Daten für Phenantren sind:

$$\Delta \overline{H}_{S,Ph} = \frac{R \cdot \ln 0,207}{\frac{1}{374} - \frac{1}{298}} = 19204 \, \text{J} \cdot \text{mol}^{-1}$$

$$\Delta \overline{S}_{S,Ph} = \frac{\Delta \overline{H}_{S,Ph}}{T_{S,Ph}} = \frac{19204}{374} = 51,3 \, \text{J} \cdot \text{mol}^{-1} \cdot \text{K}^{-1}$$

Die tatsächlichen, kalorimetrisch bestimmten Werte betragen:

$$\text{Phenantren} : \Delta \overline{H}_{S,Ph} = 18460 \, \text{J} \cdot \text{mol}^{-1} \quad \Delta \overline{S}_{S,Ph} = 49,4 \, \text{J} \cdot \text{mol}^{-1} \cdot \text{K}^{-1}$$

$$\text{Anthrazen} : \Delta \overline{H}_{S,Anth} = 28602 \, \text{J} \cdot \text{mol}^{-1} \quad \Delta \overline{S}_{S,Anth} = 58,3 \, \text{J} \cdot \text{mol}^{-1} \cdot \text{K}^{-1}$$

Die Abweichungen liegen bei ca. 5 %. Die Annahme über die idealen Lösungen und die Vernachlässigung von ΔC_{p_i} sind die Ursachen für diese Abweichungen.

1.20.23 Berechnung des Verteilungskoeffizienten und der theoretischen Bodenzahl aus Retentionszeiten in der Gas-Flüssig-Chromatographie

Die stationäre Phase eines Gas-Flüssigkeits-Chromatographen besteht aus dem Silikonöl Polydimethylsilaxan (PDMS). Ein Lösemittel wird eingespritzt. Die gemessene Totzeit (Luftpeak) beträgt $t_0 = 12\,$s, die gemessene Retentionszeit t_R beträgt 66 s. Das Verhältnis der Volumina V_{mobil}/V_{stat} beträgt $2 \cdot 10^2$. Berechnen Sie:

a) den Verteilungskoeffizienten K_N.

b) die theoretische Bodenzahl r des Chromatographen, wenn bei $t = t_R$ die gemessene Peakbreite $\sigma = 1,2\,$s beträgt.

Lösung:

a) Wir berechnen nach Gl. (1.148) das Kapazitätsverhältnis k. Es gilt $k = \frac{t_R - t_0}{t_0} = \frac{66-12}{12} = 4,5$. Wir berechnen den Verteilungskoeffizienten K_N:

$$K_N \cong k \cdot \frac{V_{mobil}}{V_{stat}} = 4,5 \cdot 2 \cdot 10^2 = 900$$

b) Die theoretische Bodenzahl ist nach Gl. (1.149) gegeben durch:

$$r = t_0^2(k+1) \cdot k/\sigma_t^2 = 2475.$$

1.20.24 Auflösung chromatographischer Peaks

Für ein reines Lösemittel B wird in demselben Chromatographen wie in Aufgabe 1.20.23 $k_B = 5,52$ gemessen. Kann eine Mischung von A und B in dem Chromatographen mit $r = 2475$ eindeutig getrennt werden? Übernehmen Sie den Wert von k_A aus der Lösung der vorausgehenden Aufgabe.

Lösung:

Nach Gl. (1.150) gilt:

$$RES = \frac{1}{2}\sqrt{r}\,\frac{k_A - k_B}{\sqrt{(k_A + 1)\cdot k_A} + \sqrt{(k_B + 1)\cdot k_B}}$$

Damit ergibt sich mit $k_A = 4,5$ aus Aufgabe 1.20.23:

$$RES = 0,5 \cdot \sqrt{2475} \cdot |4,5 - 5,52|/\left(\sqrt{4,5 \cdot 5,5} + \sqrt{5,52 \cdot 6,52}\right) = 2,31$$

Als Kriterium für eine ausreichende Trennung gilt $RES > 1,5$. Dieses Kriterium ist erfüllt.

1.20.25 *Temperaturabhängigkeit azeotroper Punkte*

Eine binäre flüssige Mischung A + B hat beim Molenbruch $x_A = x_B = 0,5$ und bei $T = 318\,\mathrm{K}$ einen Aktivitätskoeffizienten $\gamma_A = \gamma_B = 1,15238$. Der Sättigungsdampfdruck von A beträgt bei 298 K 0,8 bar, der von B 0,4 bar. Die molaren Verdampfungsenthalpien betragen: $\Delta\overline{H}_{VB} = 51,250\,\mathrm{kJ \cdot mol^{-1}}$ und $\Delta\overline{H}_{VA} = 44,598\,\mathrm{kJ \cdot mol^{-1}}$. Die Mischung hat bei 318 K einen *azeotropen Punkt*.

a) Bei welchem Molenbruch liegt der azeotrope Punkt?

b) Bei welcher Temperatur verschwindet der azeotrope Punkt?

Hinweis: Machen Sie Gebrauch von dem einfachen Ansatz für $\ln\gamma_A$ bzw. $\ln\gamma_B$ nach Gl. (1.87) und benutzen Sie die Dampfdruckformel für reine Stoffe:

$$p^{\mathrm{sat},i}(T) = p^{\mathrm{sat},i}(T_0) \cdot \exp\left[-\frac{\Delta H_{Vi}}{R} \cdot \left(\frac{1}{T_0} - \frac{1}{T}\right)\right]$$

a) Wir berechnen zunächst den Parameter a aus den angegebenen Aktivitätskoeffizienten

$$\ln\gamma_B = \ln\gamma_A = \frac{a(0,5)^2}{R \cdot 318} = \ln 1,15238 \quad \text{daraus folgt:} \quad a = 1500\,\mathrm{J \cdot mol^{-1}}$$

Die Bedingung für Azeotropie (s. Abschnitt 1.9) bei 318 K lautet:

$$\frac{\gamma_B}{\gamma_A} = \exp\left[\frac{a}{RT}(2x_A - 1)\right] = \exp\left[0,5673 \cdot (2x_A - 1)\right] = \frac{p_A^{\mathrm{sat}}}{p_B^{\mathrm{sat}}}$$

$$= \frac{0,8}{0,4}\exp\left[-\frac{\Delta\overline{H}_{VA} - \Delta\overline{H}_{VB}}{R} \cdot \frac{1}{318} + \frac{\Delta\overline{H}_{VA} - \Delta\overline{H}_B}{R}\frac{1}{298}\right] = 1,6893$$

mit $\Delta\overline{H}_{VA} - \Delta\overline{H}_{VB} = -6652\,\mathrm{J \cdot mol^{-1}}$ ergibt sich daraus für x_A am azeotropen Punkt:

$$x_A = 0,962$$

b) Der azeotrope Punkt verschwindet, wenn gilt:

$$\frac{RT}{a}\left[\ln\frac{0,8}{0,2} - \frac{\Delta\overline{H}_{VA} - \Delta\overline{H}_{VB}}{R} \cdot \frac{1}{T} + \frac{\Delta\overline{H}_{VA} - \Delta\overline{H}_{VB}}{R} \cdot \frac{1}{298}\right] \geq 1$$

Also:

$$\frac{RT}{1500}\left[\ln 2 + \frac{800}{T} - 2,6845\right] = 1$$

Die Lösung für T, *unterhalb* der der azeotrope Punkt verschwindet, ist $T = 311,15\,\mathrm{K}$. Man muss also 311 K unterschreiten, wenn die Mischung durch Destillation bzw. Rektifikation mit einer Reinheit von $x_A > 0,96$ aufgetrennt werden soll.

1.20.26 *Zusammensetzung und Molzahlbilanz von flüssigen Mischungen am eutektischen Punkt*

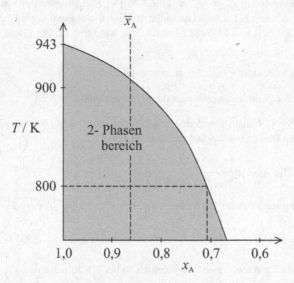

Abb. 1.59 Phasendiagramm: Eutektische Metallschmelze A + B. Reines festes Metall A steht im Gleichgewicht mit einer Schmelze der Zusammensetzung x_A.

Eine praktisch ideale flüssige Mischung zweier Metalle A und B bilden ein Eutektikum. Der Schmelzpunkt von A ist 943 K, die Schmelzenthalpie $\Delta \overline{H}_{SA} = 16\,\text{kJ} \cdot \text{mol}^{-1}$. Die Schmelze einer flüssigen Mischung von 2 mol mit dem Molenbruch $\overline{x}_A = 0,87$ wird von 1000 K auf 800 K abgekühlt (s. Abb. 1.59). Geben Sie an:

a) die Zusammensetzung der flüssigen Mischphase x_A bei 800 K,

b) die Molzahl von festem reinem A sowie die Molzahlen von A und B in der flüssigen Mischphase bei 800 K. Benutzen Sie dazu das „Hebelgesetz" (s. Abschnitt 1.11).

Lösung:

a) Wir gehen aus von Gl. (1.133), vernachlässigen $\Delta \overline{C}_p$, setzen $\gamma_A = 1$ und berechnen den Molenbruch x_A der flüssigen Mischphase, die mit dem reinen festen Metall A im Gleichgewicht steht.

$$\frac{\Delta \overline{H}_{SA}}{R} \left(\frac{1}{T_{SA}} - \frac{1}{800} \right) = \ln x_A = \frac{16 \cdot 10^3}{R} \left(\frac{1}{943} - \frac{1}{800} \right) = -0,3647$$

also ist $x_A = 0,694$.

b) Jetzt benutzen wir das Hebelgesetz, um die Molzahlen in den beiden Phasen zu berechnen. Es gilt nach Gl. (1.124) bzw. Gl. (1.125) mit $n_B^{\text{fest}} = 0$, $n_T = 2$ mol und $x_{A,\text{fest}} = 1$:

$$\frac{n_A^{\text{fest}}}{2} = \frac{1 - \overline{x}_A}{1 - x_A} = \frac{1 - 0,87}{1 - 0,694} \quad \text{also} \quad n_{A,\text{fest}} = 0,8497 \text{ mol}$$

Für den Molenbruch x_A in der flüssigen Mischphase gilt ja:

$$x_A = 0,694 = \frac{n_A^{\text{fl}}}{n_A^{\text{fl}} + n_B^{\text{fl}}}$$

Da $n_A^{\text{fl}} + n_B^{\text{fl}} = n_T - n_A^{\text{fest}} = 2 - 0,8497 = 1,1503$, errechnet sich n_A^{fl} bzw. n_B^{fl}:

$$n_A^{\text{fl}} = 0,694 \cdot \left(n_A^{\text{fl}} + n_B^{\text{fl}}\right) = 0,7983 \text{ mol} \quad \text{bzw.} \quad n_B^{\text{fl}} = 1,1503 - n_A^{\text{fl}} = 0,352 \text{ mol}$$

1.20.27 Freie molare Exzessenthalpie $\overline{G}^E$ und obere kritische Entmischungstemperatur nach van Laar

Neben dem einfachen symmetrischen Ausdruck $\overline{G}^E = a \cdot x_1 \cdot x_2$ (Gl. (1.87)) gibt es noch eine Reihe anderer, komplexerer Formeln für $\overline{G}^E$ (z. B. nach dem NRTL-Modell, dem van Laar-Modell oder dem UNIQUAC-Modell), die sehr häufig verwendet werden. Der Ausdruck für das sog. van Laar-Modell ist dabei eine einfache Erweiterung von $\overline{G}^E = a \cdot x_1 \cdot x_2$:

$$\overline{G}^E = \frac{a \cdot x_1 \cdot x_2}{\frac{a}{b} x_1 + x_2}$$

wobei b ein zusätzlicher Parameter ist. $\overline{G}^E = a \cdot x_1 \cdot x_2$ ist also ein Sonderfall des van Laar-Modells für $a = b$. Berechnen Sie für das van Laar-Modell

a) den Ausdruck für $RT \ln \gamma_1$ bzw. $RT \ln \gamma_2$

b) die Spinodale für die Flüssig-Flüssig-Entmischung und

c) die obere kritische Entmischungstemperatur UCST. Berechnen Sie $x_{1,\text{UCST}}$ und T_{UCST} für $a/b = 2$ und $a/b = 1/2$. Wie lautet der Grenzwert von $x_{1,\text{UCST}}$ für $(a/b) = 1$?

Lösung:

a)

$$RT \ln \gamma_1 = \mu_1 - \mu_1^0 = \left(\frac{\partial \overline{G}^E \cdot (n_1 + n_2)}{\partial n_1}\right)_{n_2} = \frac{\partial}{\partial n_1} \left[\frac{a \cdot n_1 \cdot n_2}{\frac{a}{b} n_1 + n_2}\right]_{n_2} = a \left[\frac{x_2}{\frac{a}{b} + x_2\left(1 - \frac{a}{b}\right)}\right]^2$$

$RT \ln \gamma_2$ ergibt sich durch Umindizieren von 1 und 2.

b) Die Spinodale ergibt sich aus:

$$\left(\frac{\partial^2 \Delta \overline{G}_M}{\partial x_2^2}\right)_T = 0 = \frac{\partial^2}{\partial x_2^2}\left[RT(x_1 \ln x_1 + x_2 \ln x_2) + \frac{a \cdot x_1 \cdot x_2}{\frac{a}{b}x_1 + x_2}\right]$$

Das ergibt für die Spinodale:

$$RT\left(\frac{1}{x_1} + \frac{1}{x_2}\right) = \frac{2\frac{a^2}{b}}{\left(\frac{a}{b}x_1 + x_2\right)^3} \quad \text{bzw.} \quad T = \frac{2a}{R} \cdot \frac{\frac{a}{b} \cdot x_1 \cdot x_2}{\left(\frac{a}{b}x_1 + x_2\right)^3}$$

c) Der obere kritische Entmischungspunkt (UCST) ergibt sich aus $(\mathrm{d}T/\mathrm{d}x_1) = 0$:

$$x_{1,\mathrm{UCST}} = 1 - x_{2,\mathrm{UCST}} = \frac{\left[\left(\frac{a}{b}\right)^2 + 1 - \frac{a}{b}\right]^{1/2} - \frac{a}{b}}{1 - \frac{a}{b}}$$

T_{UCST} folgt durch Einsetzen von $x_{1,\mathrm{UCST}}$ in die Gleichung der Spinodale. Man erhält mit $(a/b) = 2$:

$$x_{1,\mathrm{UCST}} = 0,2679, \quad T_{\mathrm{UCST}} = \frac{2a}{R} \cdot 0,1925$$

und mit $(a/b) = 1/2$:

$$x_{1,\mathrm{UCST}} = 0,7321, \quad T_{\mathrm{UCST}} = \frac{2a}{R} \cdot 0,3849$$

Im Grenzfall $(a/b) = 1$ ergibt sich (Grenzwert-Regel nach L'Hospital):

$$\lim_{\frac{a}{b}\to 1} x_{1,\mathrm{UCST}} = \lim_{\frac{a}{b}\to 1} \frac{\left[\frac{1}{2}\left[\left(\frac{a}{b}\right)^2 + 1 - \frac{a}{b}\right]^{-1/2} \cdot \left(2\left(\frac{a}{b}\right) - 1\right) - 1\right]}{-1} = \frac{1}{2}$$

und

$$T_{\mathrm{UCST}} = \frac{2a}{R} \cdot 0,25 = \frac{a}{2R}$$

Das ist genau Gl. (1.108).

Für $\frac{a}{b} > 1$ ist also $x_{1,\mathrm{UCST}} < \frac{1}{2}$ und $T_{\mathrm{UCST}} < \frac{a}{2R}$, für $\frac{a}{b} < 1$ ist dagegen $x_{1,\mathrm{UCST}} > \frac{1}{2}$ und $T_{\mathrm{UCST}} > \frac{a}{2R}$.

1.20.28 *Aktivitätskoeffizienten am azeotropen Punkt*

a) Zeigen Sie, dass am azeotropen Punkt des Siedediagramms ($p = 1$ bar) für den Aktivitätskoeffizienten γ_i einer binären flüssigen Mischung unter Annahme idealer Gasbedingungen im Dampf gilt:

$$\ln \gamma_i = \frac{\Delta \overline{H}_{V,i}}{R}\left(\frac{1}{T_{\mathrm{az}}} - \frac{1}{T_{B,i}}\right) \quad (i = 1, 2)$$

wobei $\Delta \overline{H}_{V,i}$ die molare Verdampfungsenthalpie der reinen Komponente i bedeutet, T_{az} die Temperatur am azeotropen Punkt des Siedediagramms und $T_{B,i}$ die Siedetemperatur der reinen Komponente i.

b) Geben Sie für das Azeotrop $CH_3OH + C_6H_{12}$ (Cyclohexan) die Aktivitätskoeffizienten von Methanol und Cyclohexan bei T_{az} an.

Angaben für 1 bar: $T_{B,CH_3OH} = 337,85\,K$, $T_{B,C_6H_{12}} = 353,90\,K$, $T_{az} = 327,05\,K$, $\Delta \overline{H}_{V,CH_3OH} = 35,270\,kJ \cdot mol^{-1}$, $\Delta \overline{H}_{V,C_6H_{12}} = 30,084\,kJ \cdot mol{-1}$.

Lösung:

a) Im Phasengleichgewicht gilt:

$$\mu^{id}_{i0,gas} + RT \ln(p_i \varphi_i) = \mu_{i0,fl} + RT \ln(x_i \gamma_i)$$

Mit $\varphi_i \approx 1$ und $p_i = p \cdot y_i$ sowie $x_i = y_i$ (Azeotropie) folgt, beim Siedediagramm mit $p(T_{az}) = 1$ bar:

$$\mu^{id}_{i0,gas} + RT_{az} \ln p = \mu_{i0,fl} + RT_{az} \ln \gamma_i$$

Nun gilt bei T_{az} für die reine Komponente i:

$$\mu_{i0,fl} - \mu^{id}_{i0,gas} = RT_{az} \cdot \ln p_{i0}(T_{az})$$

mit $p_{i0}(T_{az})$, dem Sättigungsdampfdruck der Komponente i bei $T = T_{az}$. Eliminierung von $\mu^{id}_{i0,gas} - \mu_{i0,fl}$ ergibt wegen $p_{i0}(T_{B,i}) = 1$ bar:

$$\ln \gamma_i = \ln p_{i0}(T_{az}) = \ln p_{i0}(T_{B,i}) + \frac{\Delta H_{v,i}}{R} \left(\frac{1}{T_{az}} - \frac{1}{T_{B,i}} \right) = \frac{\Delta H_{v,i}}{R} \left(\frac{1}{T_{az}} - \frac{1}{T_{B,i}} \right)$$

wobei die Clausius-Clapeyron'sche Gleichung (Anhang J) integriert wurde unter der Annahme, dass $\Delta \overline{H}_{V,i}$ temperaturunabhängig ist. Das ist die nachzuweisende Beziehung.

b)

$$\gamma_{MeOH} = \exp \left[\frac{35270}{R} \left(\frac{1}{327,05} - \frac{1}{337,85} \right) \right] = 1,514$$

$$\gamma_{C_6H_{12}} = \exp \left[\frac{30084}{R} \left(\frac{1}{327,05} - \frac{1}{353,9} \right) \right] = 2,315$$

Man beachte, dass diese Resultate völlig unabhängig von einer Modellvorstellung des Aktivitätskoeffizienten in der flüssigen Phase sind. Von den Eigenschaften der Mischung muss lediglich T_{az} bekannt sein.

1.20.29 *Azeotroper Punkt eines Kühlmittelgemisches*

Das binäre flüssige Gemisch $CClF_3 + CHF_3$ hat bei $-73, 4°C$ im Dampfdruckdiagramm am azeotropen Punkt die Aktivitätskoeffizienten $\gamma_{CClF_3} = \exp\left[1, 19 \cdot x_{CHF_3}^2\right]$ und $\gamma_{CHF_3} = \exp\left[1, 19 \cdot x_{CClF_3}^2\right]$. Die Dampfdrücke der reinen Stoffe bei dieser Temperatur betragen $p_{CClF_3}^{sat} = 1, 543$ bar und $p_{CHF_3}^{sat} = 1, 641$ bar. Die Dampfphase kann als ideal betrachtet werden. Bestimmen Sie Druck und Zusammensetzung des azeotropen Punktes.

Lösung:

Zunächst gilt: $T = 273, 15 - 73, 4 = 199, 75$ K.

Mit $a = 1, 19RT = 1976, 4$ J $\cdot$ mol^{-1} ergibt sich nach Gl. (1.100) somit für die azeotropen Molenbrüche ($x_i = y_i$):

$$x_{CClF_3} = \frac{RT}{2a} \ln \frac{p_{CClF_3}^{sat}}{p_{CHF_3}^{sat}} + \frac{1}{2} = 0, 474 \quad \text{bzw.} \quad x_{CHF_3} = 0, 526$$

Den Druck am azeotropen Punkt erhält man wegen $y_i = x_i$:

$$p = p_{CClF_3}^{sat} \cdot x_{CClF_3} \cdot \gamma_{CClF_3} + p_{CHF_3}^{sat} \cdot x_{CHF_3} \cdot \gamma_{CHF_3}$$

Mit $\gamma_{CClF_3} = \exp[1, 19 \cdot (0, 474)^2] = 1, 3065$ sowie $\gamma_{CHF_3} = \exp[1, 19 \cdot (0, 526)^2] = 1, 390$ ergibt sich $p = 1, 543 \cdot 0, 474 \cdot 1, 3065 + 1, 641 \cdot 0, 526 \cdot 1, 390 = 2, 155$ bar.

1.20.30 *Lösungsenthalpien von Gasen in Wasser*

Benutzen Sie die folgenden temperaturabhängigen Daten für den Henry'schen Koeffizienten K_H, um daraus die partielle Lösungsenthalpie $\Delta \overline{H}_i^{\infty} = \overline{H}_{i,gas} - \overline{H}_{i,fl}^{\infty}$ der Gase N_2, O_2 und Argon in Wasser bei 298 zu bestimmen (alle Werte von K_H in kbar.)

Für N_2 : $K_H(288 \text{ K}) = 73, 66$, $K_H(298 \text{ K}) = 86, 33$, $K_H(318 \text{ K}) = 109, 8$

Für O_2 : $K_H(288 \text{ K}) = 36, 7$, $K_H(298 \text{ K}) = 44, 17$, $K_H(318 \text{ K}) = 57, 4$

Für Ar : $K_H(288 \text{ K}) = 33, 5$, $K_H(298 \text{ K}) = 40, 17$, $K_H(318 \text{ K}) = 51, 8$

Hinweis: Ermitteln Sie zunächst die Parameter einer Funktion $K_H = a + bT + cT^2$ zur Beschreibung der T-Abhängigkeit von K_H für die drei Gase.

Lösung: Die Anpassung der drei Parameter a, b und c ergibt die folgenden Gleichungen für $K_H(T)$:

Für N_2 : $\quad K_H = -558, 58 + 3, 0933 \cdot T - 3, 1167 \cdot 10^{-3} \cdot T^2$

$$\left(\frac{\partial K_H}{\partial T}\right) = 3, 0933 - 6, 2334 \cdot 10^{-3} \cdot T$$

Für O_2 : $\quad K_H = -343, 29 + 1, 8807 \cdot T - 1, 95 \cdot 10^{-3} \cdot T^2$

$$\frac{\partial K_H}{\partial T} = 1, 8807 - 3, 9 \cdot 10^{-3} \cdot T$$

Für Ar : $\quad K_H = -403, 19 + 2, 3371 \cdot T - 2, 85 \cdot 10^{-3} \cdot T^2$

$$\frac{\partial K_H}{\partial T} = 2, 3371 - 5, 7 \cdot 10^{-3} \cdot T$$

Anwendung von Gl. (1.93) ergibt mit $(\partial \ln K_H / \partial T)_p = (\partial K_H / \partial T) / K_H$:

$$\frac{\Delta \overline{H}_i^{\infty}}{RT^2} = \frac{b + 2c \cdot T}{a + b \cdot T + c \cdot T^2}$$

Das ergibt für 298 K:

$$\Delta \overline{H}_{N_2}^{\infty} = 10,05 \text{ kJ} \cdot \text{mol}^{-1}, \; \Delta \overline{H}_{O_2}^{\infty} = 12,06 \text{ kJ} \cdot \text{mol}^{-1}, \; \Delta \overline{H}_{Ar}^{\infty} = 11,73 \text{ kJ} \cdot \text{mol}^{-1}$$

Für alle 3 Gase ist $\Delta \overline{H}_i^{\infty}$ positiv, also endotherm.

1.20.31 *Integrale Verdünnungsenthalpie einer Polymerlösung*

Nach der sog. Flory-Huggins-Theorie (s. Abschnitt 1.18) lautet die partielle molare Lösungsenthalpie $\Delta \overline{H}_1$ eines Lösemittels (1) in einer Lösung des Polymeren (2) (s. Gl. (1.153)):

$$\Delta \overline{H}_1 = \overline{H}_1 - \overline{H}_1^0 = b_1 \cdot \chi_{12} \cdot \Phi_2^2$$

wobei Φ_2 der Volumenbruch des Polymeren in der Lösung bedeutet:

$$\Phi_2 = \frac{b_2 \cdot n_2}{b_2 \cdot n_2 + b_1 \cdot n_1} \cong \frac{\overline{V}_2^0 n_2}{\overline{V}_2^0 n_2 + \overline{V}_1^0 n_1}$$

Hier sind n_1 und n_2 die Molzahlen in der Lösung. $\overline{V}_1^0$ und $\overline{V}_2^0$ sind die molaren Volumina vom Lösemittel bzw. Polymeren. χ_{12} ist der Wechselwirkungsparameter zwischen Lösemittel und Polymer (Einheit: $J \cdot m^{-3}$). In einer Polymerlösung aus Polyoxyethylen ($CH_2 - CH_2 - O)_n$ = POE beträgt der Volumenbruch $\Phi_{2,\text{Start}} = \Phi_{1,\text{Start}} = 0,5$, das gesamte Volumen beträgt 100 ml. Jetzt werden 20 ml reines Lösemittel hinzugegeben. Wie groß ist die Enthalpieänderung des Systems, d. h. die integrale Verdünnungsenthalpie?
Angaben: $b_1 \cdot \chi_{12} = 731$ Joule $\cdot$ mol^{-1}. Bei dem Lösemittel handelt es sich um Dioxan ($C_4H_8O_2$) (Dichte $\varrho(293 \text{ K}) = 1034 \text{ kg} \cdot \text{m}^{-3}$, Molmasse $0,0881 \text{ kg} \cdot \text{mol}^{-1}$). Ferner gilt: $\overline{V}_2^0 / \overline{V}_1^0 = 100$. Nehmen Sie an, dass die Dichten von Dioxan und POE gleich sind.
Lösung:
Wir berechnen zunächst die zugegebene Molzahl $\Delta n_1 = n_{1,\text{Ende}} - n_{1,\text{Start}}$ von Dioxan. Mit der Molmasse $0,0881 \text{ kg} \cdot \text{mol}^{-1}$ ergibt sich:

$$\Delta n_1 = 20 \cdot 10^{-6} \text{ m}^3 / \overline{V}_1^0 = 20 \cdot 10^{-6} \cdot \varrho_{\text{Diox}} / M_{\text{Diox}} = 0,2347 \text{ mol}$$

Die Molzahl des Polymers n_2 in der Lösung berechnet sich aus:

$$\Phi_{2,\text{Start}} = 0,5 = \frac{\left(\overline{V}_2^0 / \overline{V}_1^0 \right) \cdot n_2}{\left(\overline{V}_2^0 / \overline{V}_1^0 \right) \cdot n_2 + n_{1,\text{Start}}} \quad \text{und} \quad \Phi_{2,\text{Ende}} = \frac{\left(\overline{V}_2^0 / \overline{V}_1^0 \right) \cdot n_2}{\left(\overline{V}_2^0 / \overline{V}_1^0 \right) \cdot n_2 + n_{1,\text{Ende}} + \Delta n_1}$$

Mit

$$n_{1,\text{Start}} = \Phi_{1,\text{Start}} \cdot 100 \cdot 10^{-6} \cdot \frac{\varrho_{\text{Diox}}}{M_{\text{Diox}}} = 0,5868 \quad \text{und} \quad n_2 = \frac{\overline{V}_{10}^0}{\overline{V}_{20}^0} \cdot 0,5868 = 5,868 \cdot 10^{-3}$$

Das ergibt einen Volumenbruch $\Phi_{2,\text{Ende}}$ nach Zugabe des Lösemittels:

$$\Phi_{2,\text{Ende}} = \frac{100 \cdot 5,868 \cdot 10^{-3}}{100 \cdot 5,868 \cdot 10^{-3} + (0,2347 + 0,5868)} = 0,4167$$

Jetzt berechnen wir die integrale Verdünnungsenthalpie ΔH_{verd}:

$$\Delta H_{\text{verd}} = \int_{n_1}^{n_1 + \Delta n_1} \Delta \overline{H}_1 dn_1 = (\chi_{12} \cdot b_1) \int_{n_1}^{n_1 + \Delta n_1} \left(\frac{100 \cdot n_2}{100 \cdot n_2 + n_1} \right)^2 dn_1$$

Wir substituieren: $n_1 + 100 \cdot n_2 = z$ bzw. wegen $n_2 = \text{const } dn_1 = dz$. Dann folgt:

$$\Delta H_{\text{verd}} = \chi_{12} \cdot b_1 \cdot (100 \cdot n_2)^2 \int_{z_{\text{Start}}}^{z_{\text{Ende}}} \frac{1}{z^2} dz = \chi \cdot (100 \cdot n_2)^2 \left(\frac{1}{z_{\text{Start}}} - \frac{1}{z_{\text{Ende}}} \right)$$

$$= (\chi_{12} \cdot b_1)(100 \cdot n_2)^2 \frac{z_{\text{Ende}} - z_{\text{Start}}}{z_{\text{Ende}} \cdot z_{\text{Start}}} = (\chi_{12} \cdot b_1) \frac{(100 n_2)^2 (n_{1,\text{Ende}} - n_{1,\text{Start}})}{(n_{1,\text{Ende}} + 100 n_2)(n_{1,\text{Start}} + 100 n_2)}$$

also:

$$\Delta H_{\text{verd}} = (\chi_{12} \cdot b_1) \Phi_{2,\text{Ende}} \cdot \Phi_{2,\text{Start}} \Delta n_1 = 731 \cdot 0,5 \cdot 0,4167 \cdot 0,2347 = 35,746 \text{ Joule}$$

1.20.32 *Alternative Schreibweise des chemischen Potentials nach der FH-Theorie für binäre Mischungen*

In der Literatur werden für die chemischen Potentiale binärer Mischungen folgende Ausdrücke nach der Flory-Huggins-Theorie angegeben:

1) $\frac{\mu_1 - \mu_{10}}{RT} = \ln \Phi_1 + \left(1 - \frac{1}{r} \right) \Phi_2 + \chi'_{12} \Phi_2^2$

2) $\frac{\mu_2 - \mu_{20}}{RT} = \ln \Phi_2 + (r - 1) \Phi_1 + r \cdot \chi'_{12} \Phi_1^2$

wobei $\chi'_{12} = b_1 \cdot \chi_{12}/RT$ bedeutet und $r = b_2/b_1$.

Zeigen Sie, dass diese Ausdrücke aus Gl. (1.157) abgeleitet werden können.

Lösung:

Es gilt nach Gl. (1.157) für eine binäre Mischung

$$\mu_1 - \mu_{10} = b_1 (1 - \Phi_1) \cdot \Phi_2 \cdot \chi_{12} + RT \left(\ln \Phi_1 + 1 - \frac{b_1}{b_{\text{M}}} \right)$$

Dafür lässt sich im letzten Klammerausdruck schreiben:

$$1 - \frac{b_1}{b_M} = \frac{b_1(1 - x_2) + b_2 x_2 - b_1}{b_M} = \frac{b_2 x_2}{b_M} - \frac{b_1}{b_2} \cdot \frac{b_2 x_2}{b_M} = \left(1 - \frac{1}{r}\right) \cdot \Phi_2$$

Also ergibt sich mit $b_1 \cdot \chi_{12} = \chi'$:

$$\frac{\mu_1 - \mu_{10}}{RT} = \ln \Phi_1 + \left(1 - \frac{1}{r}\right)\Phi_2 + \chi'_{12} \cdot \Phi_2^2$$

Das ist identisch mit obiger Gleichung unter 1). Für $\mu_2 - \mu_{20}$ erhält man nach Gl. (1.157):

$$\mu_2 - \mu_{20} = \chi_{12} b_2 \Phi_1^2 + RT \left(\ln \Phi_2 + 1 - \frac{b_2}{b_M}\right)$$

Wir verfahren ganz analog wie bei Komponente 1 und erhalten:

$$\frac{\mu_2 - \mu_{20}}{RT} = \ln \Phi_2 - (r - 1)\Phi_1 + r \cdot \chi'_{12} \cdot \Phi_1^2$$

Das ist identisch mit obiger Gleichung unter 2).

1.20.33 Berechnung partieller molarer Volumina aus dem molaren Volumen eines ternären Gemisches

Das molare Exzessvolumen $\overline{V}^E$ einer ternären Mischung sei durch folgenden Ausdruck gegeben:

$$\overline{V}^E = b_{12} \cdot x_1 \cdot x_2 + b_{13} \cdot x_1 \cdot x_3 + b_2 \cdot x_2 \cdot x_3$$

a) Berechnen Sie die Formel für das partielle molare Exzessvolumen $\Delta\overline{V}_1 = \overline{V}_1 - \overline{V}_1^0$ der Komponente 1.

b) Verwenden Sie $b_{12} = 2$ cm$^3 \cdot$ mol^{-1}, $b_{13} = -2$ cm$^3 \cdot$ mol^{-1}, $b_{23} = -2$ cm$^3 \cdot$ mol^{-1} und berechnen Sie $\Delta\overline{V}_1(x_1 = 0) = \Delta\overline{V}_1^\infty$ als Funktion von $x_2 = 1 - x_3$. Geben Sie den Wert von x_2 an, bei dem $\Delta\overline{V}_1^\infty = 0$ gilt.

Lösung:

a) Wir verwenden Gl. (1.72) bzw. $\Delta\overline{Z} = \overline{V}^E$ und $\left(\overline{Z}_1 - \overline{Z}_1^0\right) = \Delta\overline{V}_1$ und erhalten:

$$\Delta\overline{V}_1 = \overline{V}^E - x_2 \left(\frac{\partial\overline{V}^E}{\partial x_2}\right)_{x_3} - x_3 \left(\frac{\partial\overline{V}^E}{\partial x_3}\right)_{x_2}$$

Mit

$$\overline{V}^E = b_{12}(1 - x_2 - x_3) \cdot x_2 + b_{13}x_3(1 - x_2 - x_3) + b_{23} \cdot x_2 \cdot x_3$$

erhält man:

$$\left(\frac{\partial \overline{V}^{E}}{\partial x_2}\right)_{x_3} = b_{12} - 2b_{12} \cdot x_2 - b_{12} \cdot x_3 - b_{13} \cdot x_3 + b_{23} \cdot x_3$$

$$\left(\frac{\partial \overline{V}^{E}}{\partial x_3}\right)_{x_2} = -b_{12} \cdot x_2 + b_{13} - b_{13} \cdot x_2 - 2b_{13} \cdot x_3$$

Einsetzen in den obigen Ausdruck für $\Delta \overline{V}_1$ ergibt nach Ausmultiplizieren und Zusammenfassen:

$$\Delta \overline{V}_1 = b_{12} \cdot x_2^2 + b_{13} \cdot x_3^2 + (b_{12} + b_{13} - b_{23}) \cdot x_2 \cdot x_3$$

b) Mit $b_{12} = 2 \ cm^3 \cdot mol^{-1}$, $b_{13} = -2 \ cm^3 \cdot mol^{-1}$ und $b_{23} = -2 \ cm^3 \cdot mol^{-1}$ ergibt sich:

$$\Delta \overline{V}_1 = 2x_2^2 - 2x_3^2 + 2x_2 \cdot x_3$$

und damit für den Fall $x_1 \to 0$, also $x_2 + x_3 = 1$:

$$\Delta \overline{V}_1^{\infty} = 2\left[x_2 - (1 - x_2)^2\right]$$

Die Ergebnistabelle zeigt, dass $\Delta \overline{V}_1^{\infty}$ ($cm^3 \cdot mol^{-1}$) als Funktion von x_2 sein Vorzeichen wechselt:

$\Delta \overline{V}_1^{\infty}$	- 2	- 1,42	- 0,88	- 0,38	0,04	0,5	0,88	1,22	1,52	1,78	2
x_2	0	0,1	0,2	0,3	0,4	0,5	0,6	0,7	0,8	0,9	1,0

Der Wert für x_2, bei dem $\Delta \overline{V}_1^{\infty} = 0$ gilt, folgt aus der quadratischen Gleichung:

$$x_2^2 - 3x_2 + 1 = 0 \quad \text{mit der Lösung} \quad x_2 = 0,382$$

1.20.34 *Seifenblasen*

Wir stellen uns einen Flüssigkeitstropfen vor, dessen Inhalt bis auf eine dünne Haut im Inneren ausgehöhlt wird, und der Hohlraum durch ein unlösliches Gas, wie z. B. Luft, ersetzt wird. Besteht die flüssige Haut aus einer Seifenlösung mit einer niedrigeren Oberflächenspannung als Wasser, kann eine solche Blase stabil bleiben.

Eine solche Seifenblase besitzt zwei Oberflächen, eine innere und eine äußere. Wenn die Dicke der Blasenhaut klein ist gegen den Radius R der Blase, gilt nach Gl. (1.39) für den Innendruck p der Blase:

$$p = p_0 + 2 \cdot \frac{2\sigma}{R} \quad (p_0 = \text{Außendruck})$$

Der Faktor 2 erscheint wegen der doppelten Oberfläche. Eine kleine Seifenblase hat also einen höheren Innendruck als eine größere Blase, d.h. wenn sich zwei Blasen mit unterschiedlichen Radien R_1 und R_2 vereinen, bläst die kleinere Blase die größere auf. Wie groß ist dann der Radius R_3 und der Innendruck p_3 der vereinten Blase?

Lösung:

Es gilt zunächst für die Massenbilanz der Luft in den Blasen:

$$m_3 = m_1 + m_2$$

Ferner gilt das ideale Gasgesetz:

$$m_i = \frac{p_i \cdot V_i \cdot M_{\text{Luft}}}{RT} \cdot (i = 1, 2, 3)$$

Setzen wir das in die Massenbilanz ein und berücksichtigen, dass $V_i = 4/3 \cdot \pi R_i^3$, erhalten wir:

$$\left(p_0 + \frac{4\sigma}{R_3}\right) \cdot R_3^3 = \left(p_0 + \frac{4\sigma}{R_1}\right) \cdot R_1^3 + \left(p_0 + \frac{4\sigma}{R_2}\right) \cdot R_2^3$$

Die rechte Seite der Gleichung enthält nur bekannte Größen, sodass sich der Radius R_3 berechnen lässt und damit auch der Innendruck $p_3 = p_0 + 4\sigma/R_3$. Wir geben ein Beispiel. Es sei $R_1 = 2\,\text{cm}$, $R_2 = 5\,\text{cm}$, $p_0 = 1\,\text{bar} = 10^5\,\text{Pa}$ und $\sigma = 45\text{mN} \cdot \text{m}^{-1}$. Dann erhält man für die rechte Gleichungsseite den Wert 13,3005 Joule. Das ergibt für $R_3 = 0,051045\,\text{m}$. Der Radius R_3 ist also nur 2 % größer als $R_2 = 0,05\,\text{m}$. Der Überdruck $\Delta p_i = p_i - p_0$ beträgt in den einzelnen Blasen: $\Delta p_1 = 9\,\text{Pa}$, $\Delta p_2 = 3,6\,\text{Pa}$ und $\Delta p_3 = 3,526\,\text{Pa}$. Der Druck in der vereinten Blase 3 ist also nur geringfügig kleiner als in Blase 2, aber deutlich niedriger als in Blase 1.

1.21 Weiterführende Beispiele und Anwendungen zu Kapitel 1

1.21.1 Nachweis der Äquivalenz verschiedener Formeln für den Fugazitätskoeffizienten einer Mischungskomponente

Wir wollen zeigen, dass Gl. (1.76) auch direkt aus Gl. (1.49) abgeleitet werden kann. Dazu führen wir in Gl. (1.49) die Integration bei $T = \text{const}$ statt über p über $\overline{V}$, das Volumen der Mischung durch:

$$\ln \varphi_i = \frac{1}{RT} \int_0^p \left(\overline{V}_i - \frac{RT}{p}\right) \mathrm{d}p = \int_\infty^{V_M} \left(\frac{\overline{V}_i}{RT} - \frac{1}{p}\right) \left(\frac{\partial p}{\partial V}\right)_{T,n_j} \cdot \mathrm{d}V$$

Das totale Differential von p lässt sich schreiben:

$$dp = \left(\frac{\partial p}{\partial T}\right)_{V,n_j} dT + \left(\frac{\partial p}{\partial V_M}\right)_{T,n_j} dV + \sum_{j=1}^{k} \left(\frac{\partial p}{\partial n_i}\right)_{T,V,n_{j\neq i}} \cdot dn_j$$

Bei T, p und $n_{j\neq i}$ = const folgt daraus:

$$-\left(\frac{\partial p}{\partial n_i}\right)_{T,V,n_{j\neq i}} = \left(\frac{\partial p}{\partial V}\right)_{T,n_j} \cdot \left(\frac{\partial V}{\partial n_i}\right)_{T,p,n_{j\neq i}} = \left(\frac{\partial p}{\partial V}\right)_{T,n_j} \cdot \overline{V}_i$$

Mit dem Kompressibilitätsfaktor $Z = p \cdot V/RT$ ergibt sich nach Differenzieren:

$$\frac{1}{p}\left(\frac{\partial p}{\partial V}\right)_{T,n_j} = -\frac{1}{V} + \frac{1}{Z}\left(\frac{\partial Z}{\partial V}\right)_{T,n_j}$$

Setzt man das in die obige Gleichung für $\ln \varphi_i$ ein, so erhält man:

$$\ln \varphi_i = -\frac{1}{RT}\int_{\infty}^{V}\left(\frac{\partial p}{\partial n_i}\right)_{T,V,n_{j\neq i}} \cdot dV + \int_{\infty}^{V}\frac{dV}{V} - \int_{\infty}^{V}\frac{1}{Z}\left(\frac{\partial Z}{\partial V}\right)_{T,n_j} \cdot dV$$

Daraus ergibt sich wegen $\lim\limits_{V\to\infty} \ln Z = \ln 1 = 0$:

$$\ln \varphi_i = \frac{1}{RT}\int_{V}^{\infty}\left[\left(\frac{\partial p}{\partial n_i}\right)_{T,V,n_{n\neq i}} - \frac{RT}{V}\right]dV - \ln Z$$

Das ist genau Gl. (1.76).

1.21.2 Erniedrigung des thermodynamischen Wirkungsgrades von Kraftwerken bei CO_2-Entsorgung durch das CCS-Verfahren

Das CCS-Verfahren (Carbon Capture Storage) wird als Technik zur Abscheidung des klimaschädlichen CO_2 aus Kraftwerkabgasen erprobt, die mit fossilen Energieträgern (Kohle, Gas) betrieben werden. Dabei wird das entweichende Abgas (im Wesentlichen N_2, CO_2 und H_2O-Dampf) z. B. durch eine wässrige Lösung von Aminen geleitet, die das CO_2 absorbiert. Das CO_2 wird aus dieser Lösung danach wieder ausgetrieben, als weitgehend reines CO_2 auf 100 - 150 bar komprimiert und in unterirdische Lagerstätten (Kavernen, Aquifere) verbracht. Die Abtrennung von CO_2 und seine Speicherung unter Tage kostet Energie und reduziert den Wirkungsgrad des Kraftwerkes.

Wir wollen am Beispiel eines Kohlekraftwerkes berechnen, um wie viel der thermodynamische Wirkungsgrad η_{KW} durch dieses Verfahren im günstigsten Fall erniedrigt wird. Der Einfachheit halber betrachten wir die Kohle als reinen Kohlenstoff. Dann gilt für den Verbrennungsprozess in Luft:

$$4N_2 + C + O_2 \rightarrow CO_2 + 4N_2$$

Zunächst muss durch das Absorptionsverfahren CO_2 abgetrennt werden. Ohne hier auf Einzelheiten eingehen zu müssen, lässt sich der minimal notwendige Arbeitsaufwand W_1 zur Erzeugung von 1 mol CO_2 aus der Entmischungsentropie $-\Delta S$ des idealen Gasgemisches $CO_2 + 4N_2$ berechnen:

$$W_1 = -T \cdot \Delta S = -RT \left[n_{CO_2} \ln x_{CO_2} + n_{N_2} \ln (1 - x_{CO_2}) \right]$$

Mit $n_{CO_2} = 1$, $n_{N_2} = 4$ und $x_{CO_2} = 0,2$ ergibt sich somit bei $T = 298$ K:

$$W_1 = 6,2 \ \text{kJ/molCO}_2$$

Für den Kraftwerkswirkungsgrad η_{KW} gilt typischerweise:

$$\eta_{KW} = \frac{W_2}{Q} = 0,44$$

wobei W_2 die gewonnene Arbeit und Q die eingebrachte Wärme bedeutet. Setzt man Q gleich der der molaren Verbrennungsenthalpie $\Delta \overline{H}_c$ von C zu CO_2, gilt $\Delta \overline{H}_c = \Delta^f \overline{H}_{0,CO_2}(298) = 393$ kJ $\cdot$ mol^{-1} (s. Anhang A, Tabelle A.3) und man erhält:

$$W_2 = 0,44 \cdot 393 = 172,9 \ \text{kJ} \cdot \text{mol}^{-1}$$

Jetzt berechnen wir die Kompressionsarbeit W_3, um 1 mol CO_2 bei 298 K isotherm von 1 bar auf 100 bar zu komprimieren, zunächst für den Fall eines idealen Gases:

$$W_3 = R \cdot 298 \cdot \ln \frac{100 \ \text{bar}}{1 \ \text{bar}} = 11,4 \ \text{kJ} \cdot \text{mol}^{-1}$$

Das ergibt für den effektiven Wirkungsgrad $\eta_{KW,eff}$:

$$\eta_{KW,eff} = \frac{W_2 - W_1 - W_3}{\Delta \overline{H}_c} = \frac{172,9 - 6,2 - 11,4}{393} = 0,395$$

Der Wirkungsgrad wird nach dieser Rechnung um ca. 16 % reduziert.

Da nun CO_2 bei hohen Drücken sich keineswegs wie ein ideales Gas verhält, muss die Kompressionsarbeit genauer berechnet werden. Verwendet man dazu näherungsweise die v. d. Waals-Gleichung, ergibt sich nach Gl. (**??**) für die Volumenarbeit:

$$W_{3,real} = - \int\limits_{\overline{V}(1 \ \text{bar})}^{\overline{V}(100 \ \text{bar})} p \mathrm{d}V = + \left| \frac{a_{CO_2}}{\overline{V}_{CO_2}} - RT \ln \frac{\overline{V}_{CO_2} - b_{CO_2}}{\overline{V}_{CO_2}} \right|_{\overline{V}_{CO_2}(1 \ \text{bar})}^{\overline{V}_{CO_2}(100 \ \text{bar})}$$

Der Wert von $\overline{V}_{CO_2}$ bei 1 bar kann dem idealen Gaswert gleichgesetzt werden mit $T = 298$ K:

$$\overline{V}_{CO_2}(1 \ \text{bar}) \cong RT/10^5 \ \text{Pa} = 0,02478 \ \text{m}^3 \cdot \text{mol}^{-1}$$

Um $\overline{V}_{CO_2}(100 \ \text{bar})$ zu berechnen, muss die v. d. Waals-Gleichung gelöst werden: Es gilt für die Auflösung der v. d. Waals-Zustandsgleichung (s. A. Heintz: Gleichgewichtsthermodynamik. Grundlagen und einfache Anwendungen, Springer, 2011) nach $\overline{V}$:

$$\overline{V}^3 \cdot p - \overline{V}^2 (p \cdot b + RT) + a \cdot \overline{V} - a \cdot b = 0$$

Die v. d. Waals-Parameter für CO_2 lauten: $a_{CO_2} = 0,3661 \text{ J} \cdot \text{m}^3 \cdot \text{mol}^{-2}$ und $b_{CO_2} = 4,29 \cdot 10^{-5} \text{ m}^3 \cdot \text{mol}^{-1}$. Wir setzen $p = 100 \cdot 10^5$ Pa, $T = 298$ K und erhalten als Lösung der kubischen Gleichung:

$$\overline{V}_{CO_2} = 7,90 \cdot 10^{-5} \text{ m}^3 \cdot \text{mol}^{-1}$$

Einsetzen in $W_{3,\text{real}}$ ergibt:

$$W_{3,\text{real}} = 6574,6 - 19,06 = 6555,5 \text{ J} \cdot \text{mol} = 6,56 \text{ kJ} \cdot \text{mol}^{-1}$$

Damit gilt für $\eta_{KW,\text{eff}}$:

$$\eta_{KW,\text{eff}} = \frac{172,9 - 6,2 - 6,56}{393} = 0,407$$

Der Wirkungsgrad erniedrigt sich in diesem Fall um ca. 7,5 %, das ist 2,5 % weniger als im Fall mit idealem Gasverhalten von CO_2.

Alle unsere Rechnungen basieren auf der Annahme von reversiblen Arbeitsprozessen. In der technischen Realität ist jedoch beim CCS-Verfahren eher mit einem Wirkungsgradverlust von ca. 20 % ($\eta_{KW,\text{eff}} \cong 0,35$) zu rechnen.

1.21.3 *Die Osmose als irreversibler Prozess (Pfeffer'sche Zelle)*

Wir wollen die Gleichgewichtseinstellung des osmotischen Drucks π in einer sog. *Pfeffer'schen Zelle* als irreversiblen Prozess behandeln und dieses Beispiel nutzen, um zu zeigen, dass $\delta W_{\text{diss}} > 0$ bzw. $\int \delta W_{\text{diss}} > 0$ gilt.

Abb. 1.60 zeigt die *Pfeffer'sche Zelle*. Ein langes Glasrohr, das am unteren Ende durch eine semipermeable Membran abgeschlossen ist, die nur Wasser hindurchlässt, taucht in ein großes, mit reinem Wasser gefülltes Vorratsgefäß ein. Über der Membran im Glasrohr befindet sich eine wässrige Lösung (z. B. NaCl-Lösung), so dass zu Beginn des Prozesses beide Flüssigkeitsspiegel innerhalb sowie außerhalb des Rohres gleich hoch sind. Dieses System befindet sich *nicht* im thermodynamischen Gleichgewicht. Es wird Wasser von unten durch die Membran eindringen, die Lösung im Rohr verdünnen und dadurch den Flüssigkeitsspiegel im Rohr so weit anheben, bis der hydrostatische Druck, der auf der Membran lastet, gleich dem osmotischen Druck der Lösung ist. Die Querschnittsfläche des Rohres sei F, die Höhe des Meniskus im Rohr über dem äußeren Wasserspiegel sei h und die molare Konzentration des gelösten Stoffes sei c_S. Thermodynamisches Gleichgewicht herrscht, wenn $\pi = \varrho \cdot g(h + V_0/F)$ gilt, wobei ϱ die Dichte der Lösung im Gleichgewicht bedeutet.

Ausgehend von der Anfangssituation mit $h = 0$ und $c_S = c_S^0$ ist das Gleichgewicht der Kräfte gegeben durch

$$\pi_{\text{os}} = \frac{2(m_S/M_S) \cdot RT}{V_0 + F \cdot h} = \frac{m_S + m_{H_2O}^0 + m_{H_2O}}{V_0 + F \cdot h} \cdot g \cdot \left(h + \frac{V_0}{F}\right)$$

wobei $m_{H_2O}^0$ die Masse an Wasser bedeutet, die sich anfangs bei $h = 0$ in der Lösung im Rohr befindet, m_{H_2O} ist die Wassermenge, die durch die Membran in das Rohr aus dem Vorratsgefäß eindringt, bis das Gleichgewicht erreicht wird. V_0 ist das Volumen in der Säule zu Beginn, m_s

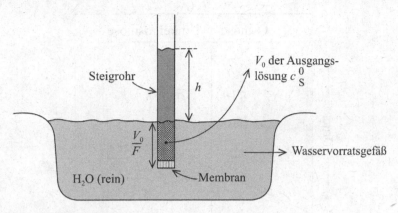

Abb. 1.60 Die Pfeffer'sche Zelle.

die gesamte Masse des Salzes und M_S seine Molmasse. Der Faktor 2 erscheint hier wegen der angenommenen, vollständigen Dissoziation des Salzes (z. B. NaCl).

Die Wassermenge im Vorratsgefäß soll so groß sein, dass die Höhe des Wasserspiegels bei Wasserabgabe durch die Membran unverändert bleibt. Die dem Rohr zugeflossene Wassermenge m_{H_2O} lässt sich durch h ausdrücken und lautet, wenn man Exzessvolumeneffekte vernachlässigt:

$$m_{H_2O} = \varrho_{H_2O} \cdot F \cdot h$$

Damit lässt sich für das Gleichgewicht schreiben:

$$\left[\left(m_S + m_{H_2O}^0\right) \cdot V_0 \cdot g/F - 2RT \cdot m_S/M_S\right] + \left[\left(m_S + m_{H_2O}^0\right) + \varrho_{H_2O}V_0\right] \cdot g \cdot h + \varrho_{H_2O} \cdot F \cdot g \cdot h^2 = 0$$

Wir setzen konkrete Zahlenwerte ein: $T = 293\,\text{K}$, $F = 2 \cdot 10^{-4}\,\text{m}^2$, $V_0 = 6 \cdot 10^{-6}\,\text{m}^3$, also $m_{H_2O}^0 \approx V_0 \cdot \varrho_{H_2O} = 5,99 \cdot 10^{-3}\,\text{kg}$, $m_S = 3,6 \cdot 10^{-4}\,\text{kg}$, $M_S = 0,0585\,\text{kg} \cdot \text{mol}^{-1}(\text{NaCl})$, $\varrho_{H_2O} = 998\,\text{kg} \cdot \text{m}^{-3}$. Das ergibt die quadratische Gleichung:

$$h^2 + 0,06145 \cdot h - 15,59 = 0$$

mit der Lösung:

$$h = -\frac{0,06145}{2} + \sqrt{\left(\frac{0,06145}{2}\right)^2 + 15,59} = 3,918\,\text{m}$$

und der Gleichgewichtskonzentration $c_{S,gl}$ im Rohr:

$$c_{S,gl} = \frac{3,6 \cdot 10^{-4}}{0,0585} \Big/ \left(6 \cdot 10^{-6} + 3,918 \cdot 2 \cdot 10^{-4}\right) = 7,79\,\text{mol} \cdot \text{m}^{-3}$$

$$\pi_{os,gl} = \frac{2 \cdot 3,6 \cdot 10^{-4} \cdot R \cdot 293/0,0585}{6 \cdot 10^{-6} + 2 \cdot 10^{-4} \cdot 3,918} = 3,797 \cdot 10^4\,\text{Pa} = 0,3797\,\text{bar}$$

$\pi_{os,gl}$ ist der Überdruck über dem äußeren Druck von 1 bar. Wir wollen jetzt die Arbeitsleistungen

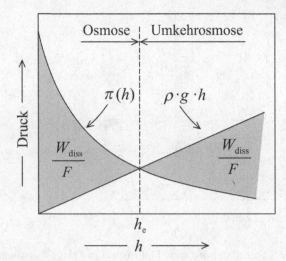

Abb. 1.61 Osmotischer Druck $\pi_{os} = \varepsilon(m_S/M_S) \cdot RT/(V_0 + F \cdot h)$ und hydrostatischer Druck $\varrho \cdot g \cdot h$ als Funktion von h. Bei $h = h_e$ herrscht Kräftegleichgewicht (osmotisches Gleichgewicht). Die schraffierte Fläche W_{diss}/F (links) ist die dissipierte Arbeit pro Flächeneinheit bei der Osmose, W_{diss}/F (rechts) die bei der Umkehrosmose.

des Prozesses analysieren. Es gilt (s. A. Heintz: Gleichgewichtsthermodynamik. Grundlagen und einfache Anwendungen, Springer, 2011) für die differentielle Arbeit δW:

$$\delta W = \delta W_{qs} + \delta W_{diss}$$

Hier ist

$$\delta W = -\varrho(h) \cdot g \cdot h \cdot F dh$$

die tatsächlich geleistete differentielle Arbeit.

$$\delta W_{qs} = -\pi(h) \cdot F dh$$

ist die maximal mögliche, quasistatische differentielle Arbeit. Aus Abb. 1.61 geht hervor:

$$W_{diss} = \int dW_{diss} = \int_0^{h_{gl}} [\pi(h) - \varrho(h) \cdot g \cdot h] \cdot F \cdot dh > 0 \quad \text{für} \quad h < h_{gl}$$

Es gilt also zwischen $h = 0$ und $h = h_{gl}$, dass $dW_{diss} = T \, d_i S > 0$, wie erwartet. Umgekehrt, wenn $h > h_{gl}$ und $C_S < C_S^{gl}$, ist der hydrostatische Druck größer als der osmotische, die Wassersäule sinkt bis $C_S = C_S^{gl}$ und $h = h_{gl}$. Dabei wird reines Wasser aus der Salzlösung in das Wasservorratsgefäß hineingedrückt. Diesen Prozess nennt man *Umkehrosmose*. Er kann zur Wassergewinnung aus Salzwasser (Meerwasser) genutzt werden (s. Beispiel 1.21.7). Hier gilt wegen $\pi(h) - \varrho(h) \cdot g \, h < 0$ und $dh < 0$ ebenfalls, dass $W_{diss} > 0$.

Die Osmose in der Pfefferschen Zelle ist ein partiell reversibler Prozess, d.h., es wird dabei die tatsächliche Arbeit

$$W = -F \cdot g \int_{0}^{h_e} \varrho(h) \cdot h \, dh$$

geleistet (negativer Betrag). man kann das in sog. *Osmosekraftwerken* nutzen, wo an Flussmündungen salzfreies Flusswasser und salzhaltiges Meerwasser zusammentreffen.

1.21.4 *Modellierung der Gelpermeationschromatographie (GPC)*

Die GPC ist eine Flüssig-Flüssig-Chromatographie, mit der man Makromoleküle aufgrund ihrer unterschiedlichen Größe voneinander trennen kann. Das Prinzip ist in Abb. 1.62 dargestellt. Gelöste Makromoleküle unterschiedlicher Größe (kleine Kreise bzw. große graue Kreise) gelangen mit der flüssigen mobilen Phase (V_{mobil}) auf die chromatographische Säule und bewegen sich in Fließrichtung der mobilen Phase durch die Säule. Die stationäre Phase der Säule (Volumen V_{stat}) besteht aus Polymerkügelchen (z. B. sog. Sephadex), die im Lösemittel der mobilen Phase aufgequollen sind. Diese Polymerkügelchen enthalten Hohlräume unterschiedlicher Größe, in die die Moleküle nur teilweise eindringen können: je größer ein Molekül ist desto weniger Hohlraumvolumen in den Kügelchen steht ihm zur Verfügung. Daraus folgt, dass große Moleküle schneller durch die Säule wandern als kleine, da kleine Moleküle eine größere „Löslichkeit" in der stationären Phase besitzen, d. h., ihnen steht ein größeres Volumen in den Polymerkügelchen zur Verfügung. Die Situation ähnelt einer Touristengruppe, die durch die lang gestreckte Fußgängerzone einer Stadt spaziert: Die konsuminteressierten Touristen halten sich häufiger und länger in Läden und Kaufhäusern auf, die anderen weniger, und als Folge davon bleibt der mehr konsuminteressierte Teil der Gruppe hinter dem anderen Teil zurück.

Dieser Trennvorgang lässt sich im Rahmen der thermodynamischen Theorie der Chromatographie (s. Abschnitt 1.17) quantitativ behandeln. Die entscheidende Größe ist das sog. Kapazitätsverhältnis k:

$$k = \frac{1-q}{q}$$

wobei definitionsgemäß q der Bruchteil der Moleküle in der mobilen Phase mit dem Volumen V_{mobil} und $1 - q$ der Bruchteil in der stationären Phase mit dem Volumen V_{stat} bedeuten. k hängt in der GPC von der Molmasse ab.

Für den Bruchteil q in der mobilen Phase muss im Rahmen des geschilderten Modells in der GPC gelten:

$$q = \frac{V_{mobil}}{V_{stat} + V_{mobil} - V_A} \qquad (1.187)$$

wobei V_A das sog. Ausschlussvolumen ist. V_A ist der Anteil von V_{stat}, der Molekülen oberhalb einer bestimmten Molmasse M nicht mehr zugänglich ist, d. h., V_A hängt von M ab: je größer M, desto größer V_A. Damit gilt für k:

$$k = \frac{1-q}{q} = \frac{V_{stat} - V_A(M)}{V_{mobil}} \qquad (1.188)$$

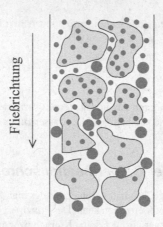

Abb. 1.62 Der Trennvorgang der GPC beruht auf dem Ausschlussprinzip größerer Moleküle von den wassergequollenen Polymerkügelchen mit kleineren Hohlräumen. Große Moleküle permeieren rascher durch die Säule als kleine.

Andererseits gilt für k nach Gl. (1.148):

$$k = \frac{t_R - t_0}{t_0} = \frac{V_R - V_0}{V_0} \tag{1.189}$$

Hier ist V_R das sog. Retentionsvolumen und V_0 das sog. „Totvolumen ", das identisch ist mit V_{mobil}. Gleichsetzen von Gl. (1.188) und Gl. (1.189) ergibt daher:

$$V_R = V_{stat} + V_0 - V_A(M)$$

Kennt man V_R als Funktion von M aus Messungen, so lässt sich bei bekannten Werten von V_0 und V_{stat}, die beide nicht von M abhängen, das Volumen V_A und seine Abhängigkeit von M bestimmen.

　　Als Beispiel sind in Abb. 1.63 fingierte, typische Ergebnisse für globuläre Proteine gezeigt. Das Retentionsvolumen V_R lässt sich näherungsweise durch die empirische Beziehung

$$V_R = a - b \cdot \ln(M/\text{g} \cdot \text{mol}^{-1})$$

darstellen mit $b = 21,8 \text{ cm}^3$. Die Konstante a lässt sich berechnen aus

$$245 = a - b \cdot \ln(10^3) \quad \text{bzw.} \quad a = 395,0 \text{ cm}^3$$

　　Also gilt:

$$V_R = 395,0 - 21,8 \ln(M/\text{g} \cdot \text{mol}^{-1})$$

Für den Verteilungskoeffizienten K gilt nach Gl. (1.149):

$$\frac{c_{stat}}{c_{mobil}} = K = k \cdot \frac{V_0}{V_{stat}} = \frac{V_R - V_0}{V_0} \cdot \frac{V_0}{V_{stat}} = \frac{V_R - V_0}{V_{stat}}$$

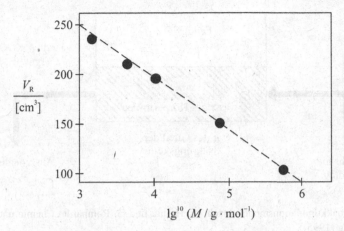

Abb. 1.63 Typische Abhängigkeit des Retentionsvolumen V_R von der Molmasse M für globulare Proteine in einem GPC-Versuch.

Wir nehmen als Beispiel an, dass $V_0 - V_{mobil} = 80 \text{ cm}^3$ und $V_{stat} = 400 \text{ cm}^3$ betragen, dann ergeben sich für

$$M = 10^4 \text{ g} \cdot \text{mol}^{-1} \text{die Werte } K = 0,285 \text{ und } V_A = V_{stat} + V_0 - V_R = 286 \text{ cm}^3$$

und für

$$M = 5 \cdot 10^5 \text{ g} \cdot \text{mol}^{-1} \text{die Werte } K = 0,0725 \text{ und } V_A = V_{stat} + V_0 - V_R = 371 \text{ cm}^3$$

Wenn $V_R = V_0$, ist $V_A = V_{stat}$ und K wird gleich Null, d. h., Proteine mit $M > 1,89 \cdot 10^6 \cdot \text{g} \cdot \text{mol}^{-1}$ werden nicht mehr aufgetrennt, und es gilt $V_A = V_{stat} = 400 \text{ cm}^3$.

1.21.5 *Bioakkumulation von Schadstoffen in der Nahrungskette*

Wir wollen ein vereinfachtes Modell vorstellen, das zeigt, wie sich ein Schadstoff von Glied zu Glied in einer Nahrungskette anreichert. Abb. 1.64 stellt das n-te Glied einer Nahrungskette dar (z. B. einen Fisch) als ein System, dessen Körpervolumen sich zum einen Teil aus wässrigem Milieu und zum anderen Teil aus Fettgewebe zusammensetzt. Dieses Nahrungskettenglied der Ordnung n nimmt Nahrung durch Verzehr eines Nahrungskettengliedes der Ordnung n-1 (bei einem Fisch wäre es z.B. Zooplankton) auf. Die Konzentration eines Schadstoffes bezogen auf das ganze Körpervolumen wird mit $c_{S,n}$ bezeichnet. Der Index „S" steht für Schadstoff und der Index „n" zeigt die Stellung in der Nahrungskette an. Im Lauf des Lebens nimmt der Fisch ständig in ungefähr gleichen Mengen Nahrung zu sich, so dass sich in seinem Körper ein Gleichgewicht zwischen der im wässrigen Körpermilieu und der im Fettgewebe verteilten Schadstoffmenge einstellt. Dieses Gleichgewicht wird durch den Nernst'schen Verteilungskoeffizienten $K_{S,n}$ beschrieben:

$$K_{S,n} = \frac{c_{S,F,n}}{c_{SW,n}} \tag{1.190}$$

Abb. 1.64 Bioakkumulationsmodell (nach: A. Heintz und G. Reinhardt „Chemie und Umwelt", Vieweg Verlag (1995)).

Dabei bedeuten $c_{SF,n}$ die Konzentration an Schadstoff im Fettgewebe (Index „F") und $c_{SW,n}$ diejenige im wässrigen Milieu (Index „W"). Für die Gesamtmenge $m_{S,n}$ an Schadstoff im Fisch gilt unter Berücksichtigung von Gl. (1.190):

$$m_{S,n} = (V_{W,n} + K_{S,n} \cdot V_{F,n}) \cdot c_{SW,n} \tag{1.191}$$

Dabei ist $V_{W,n}$ das Volumen des wässrigen Milieus und $V_{F,n}$ das des Fettgewebes im Fisch. Entscheidend für unser Modell ist nun die Annahme, dass die Konzentration $c_{SW,n}$ im wässrigen Körpermilieu des Fisches (Verdauungsorgane) gleich der Gesamtkonzentration des Schadstoffes $c_{S,n-1}$ im Körper des Lebewesens ist, das dem Fisch als Nahrung dient. Es gilt also:

$$c_{SW,n} = c_{S,n-1} \tag{1.192}$$

Für $c_{S,n}$ gilt unter Berücksichtigung der Gln. (1.191) und (1.192):

$$c_{S,n} = \frac{m_{S,n}}{V_{W,n} + V_{F,n}} = c_{S,n-1} \cdot (\phi_{W,n} + K_{S,n} \cdot \phi_{F,n}) \tag{1.193}$$

$\phi_{W,n}$ und $\phi_{F,n}$ sind die Volumenbruchteile des wässrigen Körpermilieus bzw. die des Fettgewebes ($\phi_{W,n} + \phi_{F,n} = 1$). Wir machen nun die vereinfachende Annahme, dass die Werte von $\phi_{W,n}$ und $\phi_{F,n}$ unabhängig vom Lebewesen in der Nahrungskette, also unabhängig von n sind. Das bedeutet, dass das Volumenverhältnis von Fettgewebe zu wässrigem Körpermilieu in allen Nahrungskettengliedern gleich ist und dass auch die Art des wässrigen Milieus und des Fettgewebes einander so ähnlich sind, dass $K_{S,n}$ in allen Lebewesen der Nahrungskette denselben Wert hat. Bei diesen Größen lassen wir im folgenden den Index n fort. Der Unterschied der Lebewesen in der Nahrungskette besteht also in unserem Modell nur in der Körpergröße. Setzt man beginnend mit $n = 1$ die Gl. (1.193) sukzessive in dieselbe Gleichung mit jeweils $n + 1$, so erhält man:

$$c_{S,n} = c_{S,0} \cdot (\phi_W + K_S \cdot \phi_F)^n \tag{1.194}$$

Da $\phi_{W,n} + \phi_{F,n} = 1$ und wir annehmen, dass $K_S > 1$, ergibt sich aus Gl. (1.194), dass die Schadstoffkonzentration mit der Potenz n der Stellungszahl n in der Nahrungskette anwächst. Als Zahlenbeispiel nehmen wir an, dass $K_S = 100$, $\phi_W = 0.1$ und $\phi_F = 0.9$. Dann ist im vierten Glied der Nahrungskette der Anreicherungsfaktor $\alpha_n = c_{S,n}/c_{S,0} = (0.9 + 10)^4 = 1.41 \cdot 10^4$. Betrachten wir die Nahrungskette Phytoplankton $\rightarrow$ Zooplankton $\rightarrow$ Fische $\rightarrow$ Seevögel, so sagt dieses Rechenbeispiel aus, dass die Konzentration eines Schadstoffes, beispielsweise in einer Seemöwe, mit $K_S = 100$ über 14000 mal höher als im Meerwasser ($c_{S,0}$) ist.

Solche starken Anreicherungen ergeben sich nur, wenn K_S erheblich größer als 1 ist. Das ist bei gut fettlöslichen Umweltchemikalien wie den chlorierten Kohlenwasserstoffen (CKW) der Fall. K_S-Werte für solche Stoffe wie beispielsweise Tetrachlorethylen, Dioxine, HCB (Hexachlorbenzol) oder PCB (polychlorierte Biphenyle) liegen zwischen 10^2 und 10^6. Auch sehr geringe Konzentrationen dieser persistenten Stoffe im Wasser können also zu beträchtlichen Konzentrationswerten in Lebewesen führen, die in der Nahrungskette weit oben stehen.

1.21.6 *Thermodynamik und Ökonomie beim Recycling von Schadstoffen und Wertstoffen*

Die Entfernung eines gelösten Stoffes aus seiner Lösung, also z. B. die Abtrennung eines Schadstoffes vom Wasser erfordert einen Mindestarbeitsaufwand, der thermodynamisch berechenbar ist. Wir nehmen der Einfachheit halber an, dass es sich um eine ideale Mischung zweier Stoffe handelt. Dann gilt für die freie Energie F dieser Mischung:

$$F = n_1 \cdot \overline{F}_1^0 + n_2 \cdot \overline{F}_2^0 + RT \cdot \left[n_1 \cdot \ln \frac{n_1}{n_1 + n_2} + n_2 \cdot \ln \frac{n_2}{n_1 + n_2} \right] \tag{1.195}$$

Dabei bedeuten $\overline{F}_1^0$ und $\overline{F}_2^0$ die molaren freien Energien der reinen Stoffe, also von reinem Schadstoff (Index 1) und von reinem Wasser (Index 2). n_1 und n_2 sind die Molzahlen der beiden Stoffe.

Die freie Energie hat die Bedeutung eines nutzbaren Energieinhalts, der prinzipiell in Arbeit umgewandelt werden kann, denn es gilt im reversiblen (quasistatischen) Fall:

$$\mathrm{d}F_{V,T} = \delta W_{rev} \qquad (T = \text{const}, \ V = \text{const}) \tag{1.196}$$

Das sieht man sofort ein, da Einsetzen von Gl. (1.1) in Gl. (1.8) bei $T = $ const, bzw. $\mathrm{d}T = 0$, ergibt:

$$\mathrm{d}F = \mathrm{d}U + T\mathrm{d}S = \delta Q + \delta W_{rev}$$

Da im reversiblen Fall $T\mathrm{d}S = \delta Q$ ist, folgt daraus Gl. (1.196). Entfernen wir nun eine bestimmte Menge $\Delta n_1(\Delta n_1 \leq n_1)$ des Schadstoffes aus dieser Mischung bzw. Lösung, so beträgt die gesamte freie Energie F', bestehend aus der freien Energie der neuen, weniger Schadstoff enthaltenden Mischung plus der freien Energie des reinen, entfernten Schadstoffanteils:

$$F' = n_1 \cdot \overline{F}_1^0 + n_2 \cdot \overline{F}_2^0 + \Delta n_1 \cdot \overline{F}_1^0$$
$$+ RT \cdot \left[(n_1 - \Delta n_1) \cdot \ln \frac{n_1 - \Delta n_1}{n_1 - \Delta n_1 + n_2} + n_2 \cdot \ln \frac{n_2}{n_1 - \Delta n_1 + n_2} \right] \tag{1.197}$$

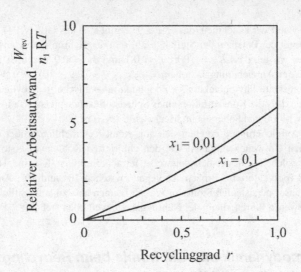

Abb. 1.65 Relativer Arbeitsaufwand zur Entfernung von Wert- oder Schadstoffen aus einer Lösung in Abhängigkeit vom Recyclinggrad.

Der Mindestarbeitsaufwand W_{rev} (reversible Arbeit), den diese teilweise Abtrennung des Schadstoffes aus der wässrigen Lösung erfordert, ist durch die Differenz von Gl. (1.197) und Gl. (1.195) gegeben ($x_1 = n_1/(n_1 + n_2)$):

$$W_{\text{rev}} = F' - F = n_1 \cdot RT \left[\ln \frac{1-r}{1-r \cdot x_1} - r \cdot \ln \frac{(1-r) \cdot x_1}{1-r \cdot x_1} - \frac{1-x_1}{x_1} \cdot \ln(1 - r \cdot x_1) \right] \quad (1.198)$$

$r = \Delta n_1/n_1$ nennen wir den Rückgewinnungsgrad oder Recyclinggrad. r kann Werte zwischen 0 und 1 annehmen. W_{rev}, bezogen auf $n_1 \cdot RT$, ist als Funktion von r schematisch in Abb. 1.65 dargestellt für den Fall, dass x_1 vor dem Recyclingprozess 0.1 bzw. 0.01 beträgt. Im Grenzfall $r \to 1$ ergeben die ersten beiden logarithmischen Glieder in der eckigen Klammer einen unbestimmten Ausdruck, der sich wie folgt schreiben lässt:

$$\lim_{r \to 1} \left[\ln \frac{(1 - rx_1)^{r-1}}{(1-r)^{r-1}} \cdot \left(\frac{1}{x_1} \right)^r \right] = \ln \frac{1}{x_1} - \lim_{r \to 1} \ln(1-r)^{(1-r)}$$

Wir untersuchen mit $r - 1 = y^{-1}$ den Grenzwert:

$$\lim_{y \to \infty} y^{-1} \cdot \ln y^{-1} = \lim_{y \to \infty} \left(-\frac{\ln y}{y} \right) = \lim_{y \to \infty} \left(-\frac{1}{y} \right) = 0$$

wobei wir im letzten Schritt von der Regel nach d'Hospital Gebrauch gemacht haben. Gl. (1.198) wird also im Grenzfall $r \to 1$ zu

$$\lim_{r \to 1} \frac{W_{\text{rev}}}{n_1 RT} = - \left(\ln x_1 + \frac{1-x_1}{x_1} \ln(1 - x_1) \right) \quad (1.199)$$

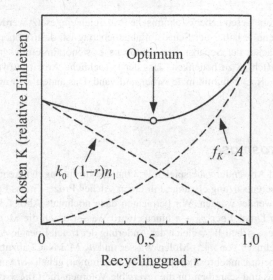

Abb. 1.66 Kosten für Wertstoffrückgewinnung bzw. für Schadstoffabgabe in Abhängigkeit vom Recyclinggrad.

Das ergibt für $x_1 = 0, 1$ einen Wert von 3,25, für $x_1 = 0, 01$ einen Wert von 5,60 (s. Abb. 1.65). Sowohl Gl. (1.198) als auch Abb. (1.65) sagen aus, dass der relative Arbeitsaufwand $W_{rev}/(n_1 RT)$ zur Entfernung eines bestimmten Anteils des Schadstoffes umso höher ist, je größer dieser Schadstoffanteil ist, je größer also der Recyclinggrad r ist. Ferner gilt: Je verdünnter der Schadstoff in der Lösung vorliegt, je kleiner also x_1 ist, desto größer ist der Arbeitsaufwand, um einen bestimmten Recyclinggrad zu erreichen. Für $x_1 \rightarrow 0$ wird er unendlich groß.

Ist der Schadstoff gleichzeitig ein Wertstoff wie beispielsweise Silber oder Kupfer, dessen Rückgewinnung sich lohnt, so lässt sich der wirtschaftlich optimale Recyclinggrad berechnen. Der Mindestarbeitsaufwand W_{rev} ist proportional zu den Kosten, die er verursacht. Man kann nun eine Mischkalkulation durchführen, bei der n_1 Mole des Wertstoffes zum einen Teil durch Recycling (Δn_1), zum anderen Teil aus neuem Rohstoff ($n_1 - \Delta n_1$) gewonnen werden. Die Kostenbilanz K zur Produktion von n_1 Molen Wertstoff lautet dann:

$$K = k_0 \cdot (1 - r) \cdot n_1 + f_K \cdot W_{rev}$$

Hierbei bedeutet f_K der Energiepreis (EURO/Mol) für die beim Recycling mindestens aufzubringede Energie W_{rev}, und k_0 ist der Rohstoffpreis für ein Mol Wertstoff bzw. Schadstoff. Damit ist K eine Funktion von r, die in Abb. 1.66 dargestellt ist. Dort, wo K ein Minimum hat, ist der wirtschaftlich optimale Recyclinggrad erreicht. Er liegt bei umso höheren Werten von r, je höher der Rohstoffpreis ist und je konzentrierter der Wertstoff bzw. Schadstoff in der Lösung vorliegt.

Wenn es sich um einen Schadstoff handelt, der keinen Recyclingwert hat, beispielsweise einen chlorierten Kohlenwasserstoff, kann k_0 als spezifischer bzw. molarer Schadstoffabgabebetrag angesehen werden, den der Schadstoffemittent, etwa ein chemischer Betrieb, an den Staat zu zahlen hat für die Einleitung bzw. Emission in die Umwelt, z. B. in ein Gewässer oder die Luft. Auf diese Weise können vom Gesetzgeber ökonomische Prinzipien eingesetzt werden, um ökologische Ziele zu erreichen, denn je höher der Schadstoffabgabebetrag ist, desto höher ist der Recyclinggrad, den der Verursacher der Schadstoffemission aus Kostenoptimierungsgründen einzuhalten gezwungen ist. Natürlich ist zu bedenken, dass der tatsächliche Arbeitsaufwand deutlich höher sein wird als der hier errechnete minimale Arbeitsaufwand. Das ändert aber nichts an den grundsätzlichen Aussagen.

1.21.7 Umkehrosmose

In Abschnitt 1.15 und Anwendungsbeispiel 1.21.3 hatten wir die sog. Umkehrosmose als wichtige Methode zur Wasserentsalzung erwähnt. Für einen solchen Prozess muss Energie in Form von äußerer Arbeit aufgewendet werden. Wir betrachten dazu nochmals Abb. 1.36. Erhöht man auf der rechten Seite den Druck über $p_0 + \pi$ hinaus, wird Wasser durch die Membran gepresst. Im reversiblen Fall ist diese Arbeit W_{rev} gleich der Änderung der freien Energie ΔF, um Δn_{H_2O} Mole Wasser aus einem Gemisch von n_{H_2O} Molen Wasser und n_S Mol NaCl abzutrennen. Um die reversible Arbeit W_{rev} beim Umkehrosmoseprozess zu bestimmen, gehen wir von Gl. (1.142) (van't Hoff'sches Gesetz) aus und schreiben für die reversible Volumenarbeit ($n_S = $ const):

$$W_{rev} = \int \pi_{os} dV = 2 \cdot RT \cdot n_S \int \frac{1}{V} dV = 2 \cdot RT \cdot n_s \cdot \ln\left(\frac{V_{H_2O}^0}{V_{H_2O}^{Ende}}\right) = 2RT \cdot n_S \cdot \ln\left(\frac{c_S^{Ende}}{c_S^0}\right)$$

W_{rev} ist also im Fall hoher Verdünnung identisch mit der Kompressionsarbeit eines idealen Gases. Das Volumen des entsalzten Wassers ist dann:

$$\Delta V_{H_2O} = \overline{V}_{H_2O} \cdot \Delta n_{H_2O} = V_{H_2O}^0 - V_{H_2O}^{Ende}$$

Als Rechenbeispiel gehen wir aus von $c_S^0 \approx m_S^0 = 0,1\,mol \cdot kg^{-1} \cong 100\,mol \cdot m^{-3}$ und $c_S^{Ende} = 0,25\,mol \cdot kg^{-1}$ sowie von einem Anfangsvolumen $V_{H_2O}^0 = 10\,m^3$. Dann erhält man:

$$W_{rev} = 2 \cdot R \cdot 293 \cdot 10^2 \cdot 10 \cdot \ln 2,5 = 4464\,kJ \quad \text{mit} \quad \Delta V_{H_2O} = 6\,m^3$$

Dieses Ergebnis trifft sicher die richtige Größenordnung, besitzt aber quantitativ nur eine eingeschränkte Aussagekraft, da es auf verdünnte Lösungen beschränkt ist und eine ideale Semipermeabilität voraussetzt. Da es sich dabei keineswegs um einen reversiblen Prozess handelt, ist der Arbeitsaufwand sicher deutlich höher als 4464 kJ.

Wir wollen noch eine interessante Variante der Umkehrosmose diskutieren. Ein offenes Rohr der Länge l, das am unteren Ende mit einer semipermeablen Membran dicht und druckfest abgeschlossen ist (s. Abb. 1.67), wird ins Meer eingetaucht. Ist in einer bestimmten Tiefe h_0 der Druck, der außen auf der Membran lastet gegenüber dem Druck im Rohrinneren $p \approx 0$) gleich dem osmotischen Druck des Meerwassers, so steigt bei $h > h_0$ reines Wasser im Rohr auf, bis wieder das osmotische Gleichgewicht erreicht ist. Wir wollen folgende Fragen beantworten:

- Wie tief muss das Rohr eintauchen, damit gerade etwas Wasser durch die Membran ins Rohr eindringt (Tiefe h_0)?

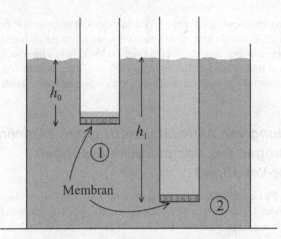

Abb. 1.67 Meerwasserentsalzung durch ein Wassersteigrohr mit semipermeabler Membran.

- Wie tief muss das Rohr eintauchen, damit reines Wasser gerade bis zur Meeresoberfläche aufsteigt (Tiefe h_1)?

Wir benötigen folgende Daten zur Berechnung:

Dichte von reinem Wasser	ϱ_{H_2O} =	1000 kg/m^3
Dichte von Meerwasser	ϱ_{Meer} =	1028 kg/m^3
osmotischer Druck von Meerwasser (bei 285 K)	π_{os} =	$25,17 \text{ bar}$

Wir setzen voraus, dass Temperatur und Salzkonzentration überall konstante Werte haben. Bezeichnen wir die Steighöhe des Wassers im Rohr mit s, dann gilt allgemein im osmotischen Gleichgewicht:

$$(h \cdot \varrho_{Meer} - s \cdot \varrho_{H_2O}) \cdot g = \pi_{OS}$$

Es ist $h = h_0$, wenn $s = 0$, also ergibt sich:

$$h_0 = 25,17 \cdot 10^5 \cdot \frac{1}{1028} \cdot \frac{1}{9,81} = 249,6 \text{ m}$$

Jetzt berechnen wir h_1, das ist die Meerestiefe, bei der das Wasser im Rohr bis zur Meeresoberfläche aufsteigt. Dort gilt mit $h_1 = s$:

$$h_1 (\varrho_{Meer} - \varrho_{H_2O}) \cdot g = \pi_{OS} \tag{1.200}$$

also

$$h_1 = 25,17 \cdot 10^5 \cdot \frac{1}{9,81} \cdot \frac{1}{28} = 9163 \text{ m}$$

Abgesehen von technischen Problemen und der Tatsache, dass solche Meerestiefen nur an ganz wenigen Stellen auf der Erde erreichbar sind, scheint dieser Methode nichts Grundsätzliches im

Wege zu stehen. Man könnte also auf diese Weise salzfreies Wasser dem Rohrende an der Oberfläche entnehmen. Die Voraussetzung einer ungefähr konstanten Salzkonzentration im Meer ist allerdings nur deswegen erfüllt, weil im Meerwasser kein wirkliches thermodynamisches Gleichgewicht vorliegt, sonst müsste die Salzkonzentration mit der Tiefe zunehmen und die erforderliche Gleichheit von hydrostatischem und osmotischem Druck wäre nicht erreichbar.

1.21.8 Ermittlung von Aktivitätskoeffizienten in binären flüssigen Mischungen aus Dampfdruckmessungen (Barker-Verfahren)

Wir wollen hier die Phasengleichgewichtsbedingung für binäre flüssige Mischungen im Rahmen der Gültigkeit des realen Gasgesetzes in der Dampfphase bis zum zweiten Virialkoeffizienten exakt behandeln. Dazu gehen wir aus von der Gleichheit der chemischen Potentiale:

$$\mu_{10}^{\text{fl}}(p) + RT \ln \gamma(x_1\gamma_1) = \mu_{10}^{\text{gas}} + RT \ln(p \cdot \varphi_1^{\text{gas}} \cdot y_1) \tag{1.201}$$

wobei γ_1 definitionsgemäß das Verhältnis der Fugazitätskoeffizienten (Aktivitätskoeffizient) in der flüssigen Phase beim vorhandenen Druck p der Mischung bedeutet:

$$\gamma_1 = \frac{\varphi_1^{\text{fl}}(p)}{\varphi_{10}^{\text{fl}}(p)}$$

Für $x_1 = y_1 = 1$ gilt nach Gl. (1.201):

$$\mu_{10}^{\text{fl}}\left(p = p_{10}^{\text{sat}}\right) = \mu_{10}^{\text{gas}} + RT \ln\left[p_{10}^{\text{sat}} \cdot \varphi_{10}^{\text{gas}}\left(p_{10} = p_{10}^{\text{sat}}\right)\right] \tag{1.202}$$

Wir entwickeln jetzt μ_{10}^{fl} als Funktion von p in eine Reihe um den Wert $p = p_{10}^{\text{sat}}$ bis zum linearen Glied

$$\mu_{10}^{\text{fl}}\left(p \neq p_{10}^{\text{sat}}\right) = \mu_{10}^{\text{fl}}\left(p = p_{10}^{\text{sat}}\right) + \left(\frac{\partial \mu_{10}^{\text{fl}}}{\partial p}\right)_{p=p_{10}^{\text{sat}}} \cdot \left(p - p_{10}^{\text{sat}}\right) + \dots$$

und erhalten wegen $\left(\partial \mu_{10}^{\text{fl}}/\partial p\right)_{p=p_{10}^{\text{sat}}} = \overline{V}_{10}^{\text{fl}}$:

$$\mu_{10}^{\text{fl}}(p) = \mu_{10}^{\text{fl}}\left(p = p_{10}^{\text{sat}}\right) + \overline{V}_{10}^{\text{fl}}\left(p - p_{10}^{\text{sat}}\right) \tag{1.203}$$

Wir setzen Gl. (1.202) in die rechte Seite von Gl. (1.203) ein und substituieren dann $\mu_{10}^{\text{fl}}(p)$ in Gl. (1.201). Das ergibt wegen $\mu_{10}^{\text{fl}}(p = p_{\text{sat}}) = \mu_{10}^{\text{gas}}$:

$$RT \ln\left[p_{10}^{\text{sat}} \cdot \varphi_{10}^{\text{gas}}\left(p_{10}^{\text{sat}}\right)\right] + \overline{V}_{10}^{\text{fl}}\left(p - p_{10}^{\text{sat}}\right) + RT \ln(\gamma_1 x_1) = RT \ln\left[p \cdot \varphi_1^{\text{gas}}(p) \cdot y_1\right] \tag{1.204}$$

Nach Gl. (1.54) gilt nun mit y_2 statt x_2:

$$RT \ln \varphi_1^{\text{gas}}(p) = \left(B_{11} + \delta \cdot y_2^2\right)p \quad \text{mit} \quad \delta = (B_{11} + B_{22} - 2B_{12}) \tag{1.205}$$

und ferner:

$$RT \ln \varphi_{10}^{\text{gas}}\left(p_{10}^{\text{sat}}\right) = B_{11} \cdot p_{10}^{\text{sat}} \tag{1.206}$$

Einsetzen von Gl. (1.205) und (1.206) in Gl. (1.204) ergibt:

$$RT \ln x_1 \gamma_1 = \left(B_{11} + \delta y_2^2\right) p + RT \ln\left(p \cdot y_1 / p_{10}^{\text{sat}}\right) - B_{11} \cdot p_{10}^{\text{sat}} - \overline{V}_{10}^{\text{fl}}\left(p - p_{10}^{\text{sat}}\right)$$

Damit erhält man:

$$\ln \gamma_1 = \ln\left(\frac{p \cdot y_1}{p_{10}^{\text{sat}} \cdot x_1}\right) + \frac{\left(B_{11} - \overline{V}_{10}^{\text{fl}}\right)\left(p - p_{10}^{\text{sat}}\right) + \delta \cdot y_2^2 \cdot p}{RT} \tag{1.207}$$

Bei Kenntnis der messbaren Größen $x_1, y_1, \overline{V}_{10}^{\text{fl}}, B_{11}, B_{22}, B_{12}$ und p lässt sich aus Gl. (1.207) γ_1 bestimmen (bzw. γ_2), also Index 2 statt 1 in Gl. (1.207)). Häufig liegen bei Dampfdruckmessungen keine Messwerte von y_1 (Molenbruch der Dampfphase) vor. In diesem Fall verfährt man folgendermaßen: man eliminiert $y_1 = (1 - y_2)$ im ersten Term auf der rechten Seite von Gl. (1.207). Dazu löst man auf nach $p \cdot y_1$:

$$p \cdot y_1 = \gamma_1 p_{10}^{\text{sat}} \cdot y_1 \cdot \exp\left[-\frac{\left(B_{11} - \overline{V}_{10}^{\text{fl}}\right)\left(p - p_{10}^{\text{sat}}\right) + \delta \cdot y_2^2 \cdot p}{RT}\right]$$

Dieselbe Gleichung erhält man für die Komponente 2 durch Tauschen der Indices 1 gegen 2. Dann ergibt sich:

$$p \cdot y_1 + p \cdot y_2 = p = \gamma_1 p_{10}^{\text{sat}} \cdot x_1 \exp\left[-\frac{\left(B_{11} - \overline{V}_{10}^{\text{fl}}\right)\left(p - p_{10}^{\text{sat}}\right) + \delta \cdot y_2^2 \cdot p}{RT}\right]$$
$$+ \gamma_2 p_{20}^{\text{sat}} \cdot x_2 \exp\left[-\frac{\left(B_{22} - \overline{V}_{20}^{\text{fl}}\right)\left(p - p_{20}^{\text{sat}}\right) + \delta \cdot y_1^2 \cdot p}{RT}\right] \tag{1.208}$$

Um sowohl γ_1 und γ_2 wie auch y_1 bzw. y_2 zu ermitteln, verfährt man nach dem sog. „Barker-Verfahren" folgendermaßen: In erster Näherung wird nun y_2^2 bzw. y_1^2 im Exponenten von Gl. (1.207) gleich Null gesetzt und so näherungsweise γ_1 bzw. γ_2 berechnet. Diese Werte setzt man in Gl. (1.208) ein und ermittelt daraus in erster Näherung $y_1 = (1 - y_2)$. Diese Werte werden nun in Gl. (1.207) eingesetzt, die damit erhaltenen, neuen Werte von γ_1 und γ_2 werden wiederum in Gl. (1.208) eingesetzt und somit verbesserte Werte von y_1 und y_2 erhalten. Diese Prozedur wird solange wiederholt, bis $y_1 = (1 - y_2)$ bzw. γ_1 und γ_2 unverändert bleiben. Es handelt sich also um ein iteratives Verfahren, das leicht mit einem Computer durchzuführen ist.

1.21.9 Ein Konsistenztest für Messdaten binärer Dampf-Flüssigkeitsgleichgewichte

Beim Barker-Verfahren (Beispiel 1.21.8.) wird eine experimentelle Analyse der Dampfzusammensetzung (Molenbruch y_i) im binären Phasengleichgewicht nicht benötigt, um Aktivitätskoeffizienten γ_i in der flüssigen Phase zu bestimmen. Messungen des Gesamtdampfdrucks der Mischung als Funktion des Molenbruchs x_i der flüssigen Mischung sind hier ausreichend. Das ist ein Vorteil, sagt aber nicht sicher aus, dass die berechnete Dampfzusammensetzung wirklich identisch ist mit der tatsächlichen.

Besser ist es, wenn auch Messdaten von y_i vorliegen. Um hier abzusichern, dass die Messdaten korrekt sind, kann man einen Konsistenztest durchführen, der auf der Gibbs-Duhem-Gleichung beruht. Im Fall einer binären flüssigen Mischung gilt bekanntlich:

$$\overline{G}^{E} = RT\,(x_1 \ln \gamma_1 + (1 - x_1)\ln \gamma_2)$$

Differenzieren nach x_1 ergibt:

$$\frac{\mathrm{d}\overline{G}^{E}}{\mathrm{d}x_1} = RT\left[\ln \frac{\gamma_1}{\gamma_2} + (1 - x_1)\,\frac{\mathrm{d}\ln \gamma_1}{\mathrm{d}x_1} + (1 - x_1)\,\frac{\mathrm{d}\ln \gamma_2}{\mathrm{d}x_1}\right] \tag{1.209}$$

Der zweite und dritte Term in der Klammer kann durch die Gibbs-Duhem-Gleichung ausgedrückt werden (s. Gl. (1.21)) und man erhält unter Beachtung von $\mu_i - \mu_{i0} = RT \ln x_i\gamma_i$:

$$RT \sum x_i \mathrm{d}\ln \gamma_i = -\overline{S}^{E}\mathrm{d}T + \overline{V}^{E}\mathrm{d}p$$

mit den molaren Exzessgrößen $\overline{S}^{E} = \sum \left(\overline{S}_i - \overline{S}_{i0}\right) x_i$ und $\overline{V}^{E} = \sum x_i \left(\overline{V}_i - \overline{V}_{i0}\right)$. Dampfdruckmessungen werden gewöhnlich bei T = const durchgeführt, so dass in diesem Fall für eine binäre Mischung gilt:

$$RT\,(x_1 \mathrm{d}\ln \gamma_1 + x_2 \mathrm{d}\ln \gamma_2) = \overline{V}^{E}\mathrm{d}p \qquad (T = \text{const})$$

bzw.:

$$x_1\,\frac{\mathrm{d}\ln \gamma_1}{\mathrm{d}x_1} + (1 - x_1)\,\frac{\mathrm{d}\ln \gamma_2}{\mathrm{d}x_1} = \frac{\overline{V}^{E}}{RT}\,\frac{\mathrm{d}p}{\mathrm{d}x_1} \qquad (T = \text{const})$$

Damit erhält man nach Integration von Gl. (1.209):

$$\int_{0}^{1} \ln \frac{\gamma_1}{\gamma_2}\mathrm{d}x_1 + \frac{1}{RT}\int_{0}^{1} \overline{V}^{E}\left(\frac{\mathrm{d}p}{\mathrm{d}x_1}\right)\cdot \mathrm{d}x_1 = \frac{\overline{G}^{E}(x_1 = 1)}{RT} - \frac{\overline{G}^{E}(x_1 = 0)}{RT} = 0$$

Da sowohl $\overline{V}^{E}$ wie auch $(\mathrm{d}p/\mathrm{d}x_1)$ klein sind, gilt in guter Näherung:

$$\int_{0}^{1} \ln \frac{\gamma_1}{\gamma_2}\mathrm{d}x_1 \approx 0 \tag{1.210}$$

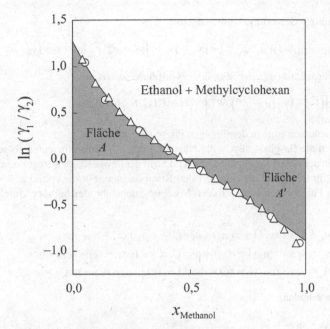

Abb. 1.68 Flächentest als notwendige Bedingung für die Konsistenz von Messdaten für γ_1 und γ_2 (nach O. Redlich, Thermodynamics, Elsevier, 1976).

Gl. (1.210) ist die Grundlage des sog. Flächentests. Trägt man Messdaten von $\ln(\gamma_1/\gamma_2)$ gegen x_1 auf, so erhält man eine Kurve, wie sie als Beispiel in Abb. 1.68

Demnach muss die Differenz der beiden Flächenwerte A und A' verschwinden. Das ist eine notwendige (allerdings noch nicht hinreichende) Bedingung für die Konsistenz der Messdaten. In dem in Abb. 1.68 gezeigten Beispiel ist der Flächentest erfüllt. Die durchgezogene Kurve ist angepasst an die Messpunkte und die Integration (graue Fläche) zeigt, dass $A = A'$.

1.21.10 Dampf-Flüssigkeits-Gleichgewicht des ternären Systems $CH_4 + N_2 + C_2H_6$ bei 93 K als Modell der Titan-Atmosphäre

Die Entdeckung flüssiger Seen auf der Oberfläche des Saturnmondes Titan war wohl das spektakulärste Ergebnis der Cassini-Mission zum Saturn (2005 - 2008). Die einfachste Erklärung ist, dass es sich um eine binäre flüssige Mischung von $N_2 + CH_4$ bei $T = 93$ K und $p = 1,49$ bar handeln könnte. Tatsächlich gibt eine einfache Rechnung unter dieser Annahme die ungefähr bekannte Atmosphärenzusammensetzung des Planeten erstaunlich gut wider (s. Aufgabe 1.20.2). Es gibt jedoch Hinweise, dass die Oberflächenflüssigkeit auch Ethan (C_2H_6) enthalten könnte. Als Beispiel für das Dampf-Flüssigkeits-Gleichgewicht eines ternären Systems wollen wir daher die Mischung $CH_4 + N_2 + C_2H_6$ unter den Bedingungen auf der Titanoberfläche ($T = 93$ K, $p = 1,49$ bar) untersuchen. Für den Gesamtdruck gilt zunächst:

$$p = (x_{CH_4} \cdot \gamma_{CH_4}) \cdot \left(y_{CH_4} \cdot p_{CH_4}^{sat}\right) + (x_{N_2} \cdot \gamma_{N_2}) \cdot \left(y_{N_2} \cdot p_{N_2}^{sat}\right) + (x_E \cdot \gamma_E)\left(y_E \cdot p_E^{sat}\right)$$

wobei für die Fugazitätskoeffizienten φ_i in der Gasphase gesetzt sei:

$$\varphi_i \approx \exp\left[\left(\overline{V}_{l,i} - B_i\right)\left(p - p_i^{sat}\right)/RT\right] \quad (i = CH_4, N_2, E = \text{Ethan})$$

$\overline{V}_{l,i}$ ist das Molvolumen von i in der flüssigen Phase (Index e).

Wir betrachten die Gasphase also in der Näherung des 2. Virialkoeffizienten als reales System. Die Mischung in der Gasphase soll dabei ideal im Sinn der Lewis-Randall-Regel sein (s. Abschnitt 1.3), d. h. ideal in Bezug auf die reinen realen Komponenten. Für die Aktivitätskoeffizienten γ_i in der flüssigen Phase gilt in einer ternären Mischung ungefähr gleichgroßer Moleküle nach Gl. (1.157):

$$RT \ln \gamma_{CH_4} = a_{CN} \cdot x_{N_2} (1 - x_{CH_4}) + a_{CE} (1 - x_{CH_4}) \cdot x_4 - a_{NE} \cdot x_{N_2} \cdot x_E$$
$$RT \ln \gamma_{N_2} = a_{CN} \cdot x_{CH_4} (1 - x_{N_2}) + a_{NE} (1 - x_{N_2}) \cdot x_E - a_{CE} \cdot x_{CH_4} \cdot x_E$$
$$RT \ln \gamma_E = a_{CE} \cdot x_{CH_4} (1 - x_E) + a_{NE} (1 - x_E) \cdot x_{N_2} - a_{CN} \cdot x_{CH_4} \cdot x_{N_2} \qquad (1.211)$$

mit der Molenbruchbilanz:

$$x_{CH_4} + x_{N_2} + x_E = 1$$

Die Parameter a_{ij} entsprechen denen einer binären Mischung $i + j$:

$$\overline{G}_{ij}^E = a_{ij} \cdot x_i \cdot x_j$$

Die freie molare Exzessenthalpie $\overline{G}^E$ für die ternäre Mischung lautet nach Gl. (1.69):

$$\overline{G}^E = RT \left(x_{CH_4} \cdot \ln \gamma_{CH_4} + x_{N_2} \cdot \ln \gamma_{N_2} + x_E \cdot \ln \gamma_E\right)$$

mit γ_i aus Gl. (1.211).

Die Parameter $a_{ij} = a_{ji}$ können aus Dampfdruckdiagrammen binärer Mischungen $CH_4 + N_2$, $CH_4 + C_2H_6$ und $N_2 + C_2H_6$ bei 93 K im Labor ermittelt werden. Diese Daten sowie die zweiten Virialkoeffizienten, die Molvolumina $\overline{V}_l$ der Flüssigkeiten und ihre Sättigungsdampfdrücke sind in der folgenden Tabelle angegeben.

$a_{CN}/J \cdot mol^{-1}$	$a_{CE}/J \cdot mol^{-1}$	$a_{NE}/J \cdot mol^{-1}$
720	440	800
$\overline{V}_{l,CH_4}/10^{-6}m^3 \cdot mol^{-1}$	$\overline{V}_{l,N_2}/10^{-6}m^3 \cdot mol^{-1}$	$\overline{V}_{l,C_2H_6}/10^{-6}m^3 \cdot mol^{-1}$
35,65	38,42	67,83
$B_{CH_4}/10^{-6}m^3 \cdot mol^{-1}$	$B_{N_2}/10^{-6}m^3 \cdot mol^{-1}$	$B_{C_2H_6}/10^{-6}m^3 \cdot mol^{-1}$
- 455	- 186	- 2500
$p_{CH_4}^{sat}/10^5$ Pa	$p_{N_2}^{sat}/10^5$ Pa	$p_{C_2H_6}^{sat}/10^5$ Pa
0,1598	4,625	$2,3 \cdot 10^{-5}$

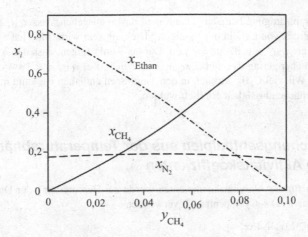

Abb. 1.69 Flüssige Zusammensetzung der Titan-Seen $x_{CH_4}, x_{N_2}, x_{C_2H_6}$ als Funktion von y_{CH_4} bei $p = 1,49$ bar und $T = 93$ K. (Abb. nach A. Heintz und E. Bich, Pure Appl. Chem. **81**, 1903–1920 (2009))

Nun können wir folgendermaßen vorgehen, um die Zusammensetzung der flüssigen Phase bei $T = 93$ K und $p = 1,49$ bar zu ermitteln. Für eine vorgegebene flüssige Mischung mit x_{CH_4}, x_{N_2} und $x_{C_2H_6} = 1 - x_{CH_4} - x_{N_2}$ kann mit $p = 1,49$ bar und bei $T = 93$ K aus den Gleichungen (1.211) $\gamma_{CH_4}, \gamma_{N_2}$ und $\gamma_{C_2H_6}$ berechnet werden und damit die Zusammensetzung der Dampfphase.

$$y_i = x_i \cdot \gamma_i \cdot y_i \cdot p_i^{sat} \quad (i = CH_4, N_2, C_2H_6)$$

Es stellt sich heraus: Für alle möglichen Zusammensetzungen der flüssigen Phase ist der Molenbruch $y_{C_2H_6}$ in der Gasphase vernachlässigbar gering wegen des sehr niedrigen Dampfdruckes $p_{C_2H_6}^{sat}$. Das entspricht der Tatsache, dass praktisch kein C_2H_6 in der Titanatmosphäre nachweisbar ist. Die Dampfphase kann also als binäre Mischung von $CH_4 + N_2$ betrachtet werden. Da wir alle Terme, in denen $p_{C_2H_6}^{sat}$ vorkommen, vernachlässigen können, erhalten wir folgende Gleichungen:

$$1,45 \cdot 10^5 \, Pa = (x_{CH_4} \cdot \gamma_{CH_4}) \cdot \left(y_{CH_4} \cdot p_{CH_4}^{sat}\right) + (x_{N_2} \cdot \gamma_{N_2}) \cdot \left(y_{N_2} \cdot p_{N_2}^{sat}\right) \tag{1.212}$$

$$y_{CH_4} = x_{CH_4} \cdot \gamma_{CH_4} \cdot p_{CH_4}^{sat} \cdot y_{CH_4} = 1 - y_{N_2} \tag{1.213}$$

Geben wir Werte für y_{CH_4} im möglichen Bereich zwischen $y_{CH_2} = 0,02$ und $0,10$ vor, so lassen sich x_{CH_4} und x_{N_2} sowie $x_{C_2H_6} = 1 - x_{N_2} - x_{CH_4}$ als Funktion von $y_{CH_4=1-y_{N_2}}$ aus Gl. (1.212) und (1.213) berechnen. Das Ergebnis zeigt Abb. 1.69. Man sieht folgendes: Ist $y_{CH_4} = 0,02$, besteht die Flüssigkeit zu ca. 70 mol % aus C_2H_6, ist $y_{CH_4} = 0,1$, ist praktisch kein C_2H_6 mehr in der Flüssigkeit vorhanden. Der Anteil an N_2 in der flüssigen Phase ändert sich dagegen wenig, er liegt etwas unter 20 mol %, während der Anteil von CH_4 mit y_{CH_4} in dem Maße ansteigt, wie der von C_2H_6 abnimmt. Die Messdaten für y_{CH_4} in der Titan-Atmosphäre liegen zwischen 0,02 und 0,07. Wenn man nun bedenkt, dass diese Messungen wahrscheinlich nicht dem Sättigungs-dampfdruck entsprechen - ähnlich wie H_2O-Dampf in der Erdastmophäre sich meistens nicht bei

100 % Wasserdampfsättigung befindet -, kann man davon ausgehen, dass y_{CH_4} geringer als der Sättigungsdampfdruck von CH_4 in der flüssigen Mischung sein wird. Man hat also eher von einem Sättigungswert $y_{CH_4} > 0,07$ auszugehen. Daraus würde folgen, dass der Anteil von Ethan in den Titan-Seen eher gering ist und bei $x_{C_2H_6} < 0,2$ liegt. Bei $y_{CH_4} = 0,1$ wäre gar kein C_2H_6 mehr vorhanden. Wie viel C_2H_6 wirklich in den Titan-Seen enthalten ist, kann nur durch direkte Analyse der Oberflächenflüssigkeit ermittelt werden.

1.21.11 *Mischungsenthalpien aus der Temperaturabhängigkeit von Aktivitätskoeffizienten*

Folgender Ansatz für die Aktivitätskoeffizienten wurde zur Beschreibung der Dampfdruckdaten der Mischung Benzol (1) + Cyclopentan (2) verwendet.

$$\ln \gamma_1 = (a + 3b)x_2^2 + 4bx_2^3$$
$$\ln \gamma_2 = (a - 3b)x_1^2 + 4bx_1^3$$

Die Koeffizienten a und b wurden nach dem Barker'schen Verfahren (s. Beispiel 1.21.8) aus Gesamtdampfdruckwerten erhalten:

	298, 15 K	318, 15 K
a	0,45598	0,40085
b	- 0,01815	- 0,02186

Bestimmen Sie mit Hilfe dieser Angaben die molare Exzessenthalpie $\overline{H}^E$ der Mischung bei 308 K. Machen Sie dazu Gebrauch von Gl. (1.62).
Lösung:
Es gilt für $\overline{H}^E$:

$$\overline{H}^E = -RT^2 \left[x_1 \left(\frac{\partial \ln \gamma_1}{\partial T} \right)_p + x_2 \left(\frac{\partial \ln x_2}{\partial T} \right)_p \right]$$
$$= -RT^2 \left[x_1 x_2^2 (a' + 3b') + 4b' x_2^3 \cdot x_1 + x_2 (a' - 3b')x_1^2 + 4b' \cdot x_1^3 \cdot x_2 \right]$$

mit

$$b' = \frac{db}{dT} = \frac{-0,02186 + 0,01815}{20} = -1,855 \cdot 10^{-4} \text{ K}^{-1}$$

und

$$a' = \frac{da}{dT} = \frac{0,40085 - 0,45598}{20} = -2,7565 \cdot 10^{-3} \text{ K}^{-1}$$

Damit erhält man folgende Ergebnisse für $(298, 15 + 318, 15)/2 = 308, 15$ K:

$\overline{H}^E / \text{J} \cdot \text{mol}^{-1}$	270,7	517,9	617,3	435,5	204,9
x_1	0,1	0,25	0,5	0,75	0,9

Die molare Exzessenthalpie des Gemisches Benzol + Cyclopentan ist also endotherm.

1.21.12 *Einstufige Destillation binärer Gemische*

Wir betrachten die Destillation eines binären flüssigen Gemisches aus einem Vorratskolben mit dem Molenbruch $x_1 = (1 - x_2)$ über die Dampfphase in einen gekühlten Auffangkolben. Wir fragen uns, wie sich mit der überdestillierten Menge die Zusammensetzung x_1 im Vorratskolben und die Zusammensetzung $\langle y_1 \rangle$ im Auffangkolben ändert. Wir bezeichnen mit y_1 den Molenbruch der Dampfphase. Es gilt für die differentiellen Mengenbilanzen der beiden Komponenten:

$$\mathrm{d}(n_L \cdot x_1) = y_1 \cdot \mathrm{d}n_L \qquad \text{bzw.} \qquad \mathrm{d}(n_L \cdot x_2) = y_2 \cdot \mathrm{d}n_L$$

wobei n_L die Molzahl der flüssigen Mischung im Vorratskolben bedeutet. Wegen

$$\mathrm{d}(n_L \cdot x_1) = x_1 \cdot \mathrm{d}n_L + n_L \cdot \mathrm{d}x_1$$

folgt daraus:

$$\frac{\mathrm{d}n_L}{n_L} = \frac{\mathrm{d}x_1}{y_1 - x_1} \tag{1.214}$$

Wir definieren den sog. Trennfaktor α:

$$\alpha = \frac{y_1(1 - x_1)}{x_1(1 - y_1)} \tag{1.215}$$

Wegen

$$y_1 = \frac{p_{10}^{\mathrm{sat}}}{p} \cdot x_1 \cdot \gamma_1$$

folgt somit für α nach Einsetzen von y_1 in Gl. (1.215)

$$\alpha = \frac{p_{10}}{p_{20}} \frac{\gamma_1}{\gamma_2} \tag{1.216}$$

Gl. (1.216) lässt sich nach y_1 auflösen:

$$y_1 = \frac{\alpha \cdot x_1}{1 + (\alpha - 1)x_1}$$

Damit lässt sich für Gl. (1.214) schreiben:

$$\frac{\mathrm{d}n_L}{n_L} = \frac{1 + (\alpha - 1) \cdot x_1}{(\alpha - 1) \cdot x_1 \cdot (1 - x_1)} \mathrm{d}x_1$$

Diese Gleichung wird integriert:

$$\ln \frac{n_L}{n_L^0} = \int_{x_1^0}^{x_1} \frac{1 + (\alpha - 1) \cdot x_1}{(\alpha - 1) \cdot x_1(1 - x_1)} \mathrm{d}x_1 \tag{1.217}$$

mit dem Ergebnis für ideale Mischungen ($\alpha = p_{10}/p_{20} = $ const):

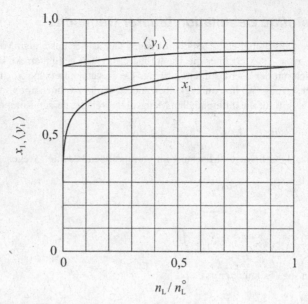

Abb. 1.70 Verlauf der Molenbrüche x_1 im Vorrat (Gl. (1.218)) und $\langle y_1 \rangle$ im Destillat nach Gl. (1.219) mit n_L aus Gl. (1.218) als Bruchteil der Anfangsmenge n_L^0 der Vorratsmischung ($x_1^0 = 0,8$, $\alpha = 3/2$).

$$\frac{n_L}{n_L^0} = \left(\frac{x_1}{x_1^0} \right)^{\frac{1}{\alpha-1}} \left(\frac{1 - x_1^0}{1 - x_1} \right)^{\frac{\alpha}{\alpha-1}} \tag{1.218}$$

Die mittlere Zusammensetzung im Destillat $\langle y_1 \rangle$ ergibt sich dann aus der Bilanz:

$$n_L^0 \cdot x_1^0 - n_L \cdot x_1 = \left(n_L^0 - n_L \right) \cdot \langle y_1 \rangle$$

bzw.

$$\langle y_1 \rangle = \frac{x_1^0 - \left(n_L / n_L^0 \right) \cdot x_1}{1 - \left(n_L / n_L^0 \right)} \tag{1.219}$$

Falls γ_1 und γ_2 von x_1 abhängen (reale flüssige Mischung), hängt auch α wegen Gl. (1.216) von x_1 ab, und Gl. (1.217) muss numerisch integriert werden. Einen Spezialfall realer Mischungen lässt sich jedoch unmittelbar angeben. Wenn x_1^0 gerade der Molenbruch in der flüssigen Phase an einem azeotropen Punkt ist, folgt $x_{10} = x_1 = y_1 = \langle y_1 \rangle$. Ferner ist dort $\alpha = 1$. In Abb. 1.70 sind x_1 und $\langle y_1 \rangle$ als Funktion von n_L / n_L^0 dargestellt für eine ideale Mischung mit $\alpha = p_{10}^{sat} / p_{20}^{sat} = 3/2$ und $x_1^0 = 0,8$. Bei $n_L / n_L^0 = 1$ beginnt die Destillation, bei n_L / n_L^0 ist alles destilliert, dann gilt $\langle y_1 \rangle = x_{10}$.

1.21.13 *Die Rektifikation als thermisches Trennverfahren*

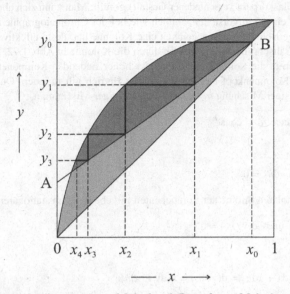

Abb. 1.71 Gleichgewichtsdiagramm y = Molenbruch Dampf, x = Molenbruch Flüssigkeit. Die Gerade AB ist die Austauschgerade mit der Steigung $v/(v+1)$ und dem Achsenabschnitt $x_0/(v+1)$. Das gezeigte Stufendiagramm entspricht einer Rektifikationskolonne mit 4 theoretischen Böden.

Wir wollen hier nur die Grundlagen dieses wichtigen thermischen Trennverfahrens behandeln und beschränken uns dabei auf einfache binäre flüssige Mischungen.

Die Tatsache, dass beim Dampf-Flüssigkeits-Gleichgewicht die Zusammensetzung der flüssigen Phase und Dampfphase i. a. verschieden ist, kann zur Stofftrennung der Komponenten genutzt werden. Das wird leicht verständlich, wenn wir ein sog. Gleichgewichtsdiagramm (Gl. (1.89)) konstruieren. Mit $y_1 = y$ und $x_1 = x$ sowie $A = p_{10} \cdot \gamma_1$ und $B = p_{20} \cdot \gamma_2$ lässt sich allgemein schreiben

$$y = \frac{A(x,T) \cdot x}{(A(x,T) - B(x,T)) \cdot x + B(x,T)}$$

Liegt eine ideale flüssige Mischung vor, gilt $A(T) = p_{10}(T)$ und $B(T) = p_{20}(T)$. Wir wählen x bzw. y so, dass $p_{10}(T) > p_{20}(T)$. Dann erhält die Funktion $y(x)$ das in Abb. 1.71 dargestellte Aussehen.

Die Einzeichnung der Winkelhalbierenden und der Treppenstufen haben folgende Bedeutung für den Trennprozess durch wiederholte Destillation (Rektifikation). Ausgehend von der Zusammensetzung x_0, y_0 wird der Dampf kondensiert ($y_0 = x_1$), er wird wieder verdampft zu y_1 und der Dampf erneut kondensiert ($y_1 = x_2$) usw., bis die gewünschte Zusammensetzung x_4 erreicht ist. Das kann in einer Destillationskolonne realisiert werden, bei der man sich diesen mehrstufigen Prozess, wie in Abb. 1.71 schematisch gezeigt, vorstellen kann: jeder Stufe entspricht ein theoretischer Boden, auf dem der Dampf des darunterliegenden Bodens kondensiert wird und gleichzeitig über dem Boden als Flüssigkeit im nächsten, höheren Boden kondensiert wird. In der Realität findet in der Kolonne dieser Prozess kontinuierlich statt, die Kolonne ist mit Füllkörpern (Glaskugeln oder kleinen Glaskörpern verschiedener Gestalt) gefüllt. Man kann sich aber die Kolonne in *theoretische Böden* eingeteilt vorstellen, ähnlich wie bei der Chromatographie (Abschnitt 1.17). Je mehr theoretische Böden pro Längeneinheit eine Kolonne hat, desto effektiver ist sie. Wir betrachten jetzt den Transport der Komponenten durch die Kolonne in Abb. 1.72. Die zu trennende Mischung tritt unten in die Kolonne ein, die an der höher siedenden Komponente abgereicherte Mischung tritt am Kolonnenkopf aus. Im stationären Betrieb gilt in jedem Querschnitt für den Molenstrom an flüssiger Mischung $\dot{n}_x$ und an dampfförmiger Mischung $\dot{n}_y$:

$$\dot{n}_x = \text{const} \quad \text{und} \quad \dot{n}_y = \text{const}'$$

oder

$$\mathrm{d}\dot{n}_x = 0 \quad \text{und} \quad \mathrm{d}\dot{n}_y = 0$$

Für die einzelnen molaren Ströme der Komponenten gilt ebenfalls im stationären Betrieb:

$$\mathrm{d}(x \cdot \dot{n}_x) = 0 \quad \text{und} \quad \mathrm{d}(y \cdot \dot{n}_y) = 0$$

Also:

$$\mathrm{d}(x \cdot \dot{n}_x) = \dot{n}_x \mathrm{d}x + x\mathrm{d}\dot{n}_x = \mathrm{d}(y \cdot \dot{n}_y) = \dot{n}_y \mathrm{d}y + y\mathrm{d}\dot{n}_y$$

Da $\mathrm{d}\dot{n}_y = 0$ und $\mathrm{d}\dot{n}_x = 0$, folgt:

$$\dot{n}_x \cdot \mathrm{d}x = \dot{n}_y \cdot \mathrm{d}y$$

oder integriert:

$$\frac{\dot{n}_x}{\dot{n}_y} = \frac{y - y_0}{x - x_0} = \frac{v}{v + 1} \quad \text{mit} \quad v = \frac{\dot{n}_x}{\dot{n}_y - \dot{n}_x}$$

v heißt das *Rücklaufverhältnis* und stellt eine vom gewählten stationären Betriebszustand der Kolonne abhängige konstante Größe dar. Damit ergibt sich eine lineare Beziehung, die sog. *Austauschgerade* ($x_0 = y_0$, s. Abb. 1.71):

$$y = x \cdot \frac{v}{v + 1} + x_0 \frac{1}{v + 1}$$

Wenn $v = \infty$ wird, erhält man: $y = x \quad (v \to \infty)$.

$v \to \infty$ bedeutet, dass $\dot{n}_x = \dot{n}_y$ wird, das kann aber nur sein, wenn $\dot{n}_x$ und $\dot{n}_y$ beide gleich Null werden, da für alle Werte $\dot{n}_x > 0$ und $\dot{n}_y > 0$ immer gilt $\dot{n}_y > \dot{n}_x$. Das Verhältnis $\dot{n}_x/\dot{n}_y$ strebt dagegen für $v \to \infty$ dem Grenzwert 1 zu.

$v \to \infty$ bedeutet, dass die Kolonne in diesem Fall bei gegebener theoretischer Bodenzahl die beste Auftrennung hat, da die Kondensationschritte $y_i = x_{i+1}$ an der Winkelhalbierenden in Abb. 1.71 stattfinden, während sie bei $v < \infty$ an der der Austauschgeraden AB mit $x_{i+1} < y_i$ erfolgen. Man muss also einen Kompromiss eingehen: will man am Kopfende der Kolonne kontinuierlich Mischung der Zusammensetzung x_4 entnehmen, muss man eine Einbuße an Trennleistung ($x_4 < x_{4,v=\infty}$) in Kauf nehmen.

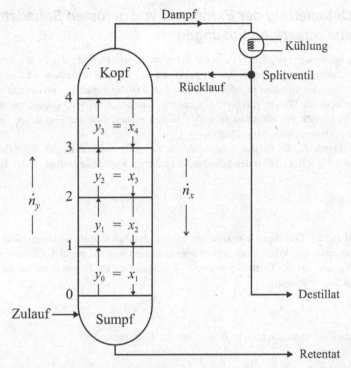

Abb. 1.72 Schematische Darstellung einer Destillationskolonne mit 4 theoretischen Böden.

Die Rektifikation findet bei $p \cong$ const statt, d. h., wenn der Wärmeverlust des Systems „Kolonne" gering ist, herrschen näherungsweise adiabatische Verhältnisse, bei höheren x-Werten - also am Fuß der Kolonne - herrscht eine höhere Temperatur als am Kolonnenkopf, da Mischungen mit höherem x-Wert auch höhere Siedetemperaturen haben. Da das Gleichgewichtsdiagramm temperaturabhängig ist (wenn auch nicht allzu stark), stellt unsere Behandlung der Rektifikation nur eine Näherung dar.

Bei realen flüssigen Mischungen ($\gamma_1 \neq 1$) können bekanntlich azeotrope Punkte auftreten (s. Abschnitt 1.9). Hier gilt am azeotropen Punkt $y = x$, d. h., im Gleichgewichtsdiagramm $y(x)$ schneidet diese Kurve die Winkelhalbierende. Mischungen mit azeotropem Punkt können nur bis zur azeotropen Zusammensetzung durch Rektifikation aufgetrennt werden. In solchen Fällen helfen nur Methoden weiter wie die Ausnutzung der Druck- bzw. Temperaturabhängigkeit des azeotropen Punktes oder die Zugabe einer geringen Menge einer dritten Komponente (sog. Schleppmittel). Eine alternative Methode für solche Fälle kann auch die sog. *Pervaporation* sein. Bei diesem Verfahren wird der Trenneffekt durch Permeation der Mischung durch eine geeignete Membran erreicht, die unterschiedliche Permeabilitäten für die einzelnen Komponenten besitzt. Die Grundzüge dieses Verfahrens werden in Beispiel 1.21.26 dargestellt.

1.21.14 *Optimierung der Extraktion von gelösten Schadstoffen aus wässrigen Lösungen*

In Oberflächengewässern gelöste, persistente Schadstoffe wie Phenol oder PCB's können durch mehrfache Extraktion mit einem in Wasser praktisch unlöslichen organischen Lösemittel extrahiert werden. Die Unlöslichkeit ist allerdings nicht vollständig gegeben, es verbleiben nach dem Extraktionsprozess im Wasser geringe Mengen des Extraktionsmittels. Dieses muss daher untoxisch und biologisch gut abbaubar sein. Am besten eignen sich zur Extraktion längerkettige Alkohole wie n-Oktanol oder Amylalkohol.

Die entscheidende Größe für das Ausmaß der Schadstoffextraktion ist der Nernst'sche Verteilungskoeffizient K_N (Gl. (1.143)) des Schadstoffs zwischen Extraktionsmittel (Index E) und Wasser (Index W):

$$K_N = \frac{c_E}{c_W}$$

wobei c_E und c_W die Gleichgewichtskonzentrationen des Schadstoffs bedeuten. Wir stellen zunächst die Frage, wie viel Prozent des Schadstoffs extrahiert werden, wenn das Volumen der wässrigen Phase V_W und das des Extraktionsmittels V_E vorgegeben ist. Es gilt dann für die Bilanz der Molzahl des Schadstoffs n_S:

$$n_S = V_W \cdot c_W + V_E \cdot K_N \cdot c_E$$

Mit der Anfangskonzentration $c_{W,0}$ in Wasser *vor* der Extraktion

$$\frac{n_S}{V_W} = c_{W,0} = c_{W,1} + \frac{V_E}{V_W} \cdot K_N \cdot c_{W,1}$$

ergibt sich die Konzentration nach dem ersten Extraktionsschritt (Index 1):

$$c_{W,1} = \frac{c_{W,0}}{1 + \frac{V_E}{V_W} \cdot K_N} = c_{W,1} = \frac{c_{W,0}}{1 + E}$$

Die Größe $E = K_N \cdot V_E / V_W$ heißt Extraktionszahl. Der extrahierte Prozentanteil des Schadstoffes beträgt dann:

$$\left(1 - \frac{c_{W,1}}{c_{W,0}}\right) \cdot 100 = \frac{\frac{V_E}{V_W} \cdot K_N}{1 + \frac{V_E}{V_W} \cdot K_N} = \frac{E}{1 + E}$$

Wenn nun ein zweiter Extraktionsschritt (Index 2) mit demselben Volumen V_E erfolgt, gilt:

$$c_{W,2} = c_{W,0} \left(\frac{1}{1 + E}\right)^2$$

und nach n solchen Schritten gilt demnach:

$$c_{W,n} = c_{W,0} \cdot \left(\frac{1}{1 + E}\right)^n$$

Dazu benötigt man ein Volumen $n \cdot V_E$ an Extraktionsmittel. Wir betrachten ein Beispiel: $K_N = 50$, $10 \cdot V_E = V_W$, also E = 5 und ($n = 4$). Der extrahierte Prozentanteil beträgt dann:

$$\left(1 - \frac{c_{W,4}}{c_{W,0}}\right) 100 = \left(1 - \left(\frac{1}{6}\right)^4\right) 100 = 99,92 \ \%$$

Dabei werden bereits 40 % des Wasservolumens als Extraktionsvolumen verbraucht. Das ist ungünstig, denn das Extraktionsvolumen muss durch Verdampfen zurückgewonnen werden, wozu Energie benötigt wird.

Um Extraktionsmittel zu sparen, kann man den Extraktionsprozess folgendermaßen durchführen. Dazu geben wir ein festes Extraktionsvolumen V_E vor und teilen es in n kleine Extraktionsvolumina der Größe V_E/n ein, mit denen *nacheinander* extrahiert wird. Dann gilt:

$$c_{W,n} = c_{W,0} \left(\frac{1}{1 + \frac{E}{n}}\right)^n$$

Wir setzen $n = 4$ und vergleichen das Ergebnis mit dem obigen Resultat:

$$\frac{c_{W,4}}{c_{W,0}} = \left(\frac{1}{1 + \frac{5}{4}}\right)^4 = 0,0390 \quad \text{bzw.} \quad \left(1 - \frac{c_{W,4}}{c_{W,0}}\right) 100 = 96,1 \ \%$$

Das Ergebnis ist zwar etwas schlechter (96,1 % gegenüber 99,9 %), aber dafür haben wir 3/4 an Extraktionsvolumen eingespart. Wir stellen uns jetzt die Frage, welche Extraktionsleistung $c_{W,n}/c_{W,1}$ und welche Volumeneinsparung des Extraktionsvolumens im Grenzfall für $n = \infty$ erreichbar wäre. Das optimale Verfahren besteht also darin, das Extraktionsvolumen V_E in möglichst kleinen Portionen nacheinander einzusetzen, was durch langsame Zugabe von V_E und gleichzeitige Entnahme der gesättigten Extraktionsphase realisiert werden kann. Wir wollen den entsprechenden optimierten Wert von $c_{W,\infty}/c_{W,0}$ berechnen:

$$\ln c_{W,\infty} = \ln c_{W,0} - \lim_{n \to \infty}\left(n \cdot \ln\left(1 + \frac{E}{n}\right)\right)$$

oder

$$\ln \frac{c_{W,\infty}}{c_{W,0}} = -\lim_{n \to \infty}\left[\frac{\ln\left(1 + \frac{E}{n}\right)}{\frac{1}{n}}\right] = -\lim_{n \to \infty}\left[\frac{-\frac{E}{n^2}}{1 + \frac{E}{n}} \cdot \frac{1}{n^2}\right] = -E$$

Dabei wurde im letzten Schritt zur Berechnung des unbestimmten Ausdrucks von der L'Hospital'schen Grenzwertregel Gebrauch gemacht. Es gilt also mit $E = K_N \cdot V_E/V_W$:

$$c_{W,\infty} = c_{W,0} \cdot \exp\left[-K_N \cdot \frac{V_E}{V_W}\right]$$

Setzen wir wieder die Werte $V_W = 10 \ V_E$ und $K_N = 50$ ein, so ergibt sich:

$$\frac{c_{W,\infty}}{c_{W,1}} = 6,738 \cdot 10^{-3} \quad \text{bzw.} \quad \left(1 - \frac{c_{W,\infty}}{c_{W,1}}\right) 100 = 99,32 \ \%$$

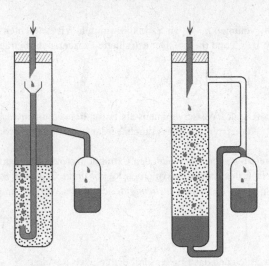

Abb. 1.73 Schematische Darstellung des Extraktionsverfahrens. Links: die durchlaufende Phase ist die leichtere Phase, rechts: die durchlaufende Phase ist die schwerere Phase.

Man kann also im Idealfall gegenüber einer 4-fachen Extraktion 3/4, also 75 % des Extraktionsvolumens einsparen, wobei der extrahierte Anteil von 99,9 % nur sehr geringfügig auf 99,3 % zurückgeht. Abb. 1.73 zeigt, wie man eine Extraktion mit möglichst kleinen Volumeneinheiten bei vorgegebener Gesamtmenge an Extraktionsmitteln durchführen kann. Die Summe der durchlaufenden Tropfen entspricht dem gesamten Extraktionsvolumen V_E. Je kleiner die Tropfen sind, desto näher kommt man dem idealen Fall mit $n \to \infty$ heran.

1.21.15 *Zonenschmelzen*

Das sog. Zonenschmelzen ist ein sehr effektives Verfahren zur Reinigung von festen Stoffen, die eine relativ geringe Konzentration einer Verunreinigung enthalten. Die Verunreinigung besteht i. d. R. aus einer Komponente, die in dem zu reinigenden Feststoff in übersättigter oder mikroverteilter Form gelöst ist, deren Konzentration jedenfalls deutlich höher ist, als ihre Sättigungskonzentration im Gleichgewicht entspricht. Es liegt also ein metastabiler Nichtgleichgewichtszustand vor. Diese Situation zeigt Abb. 1.74, wo die Vergrößerung eines Schmelzdiagramms von Typ Abb. 1.28(a), im Extremfall auch Abb. 1.29 (links) bei sehr geringen Molenbrüchen dargestellt ist (hier in molaren Konzentrationen).

　　Beim Zonenschmelzen wird der verunreinigte Feststoff zunächst aufgeschmolzen und in ein langes zylindrisches Rohr eingefüllt. Danach lässt man ihn etwas unter seinem Schmelzpunkt abkühlen. Dabei erstarrt er wieder zum Festkörper. Die gesamte Menge an verunreinigter Komponente im Rohr beträgt also $c_s' \cdot V$, wobei $V = x_L \cdot \pi r^2$ das Rohrvolumen bedeutet mit der Rohrlänge x_L und dem Querschnitt $\pi \cdot r^2$. Beim Reinigungsprozess durch das Zonenschmelzen (s. Abb. 1.75) wird eine Heizmanschette der Länge z langsam von oben nach unten über das Rohr bewegt. Dabei

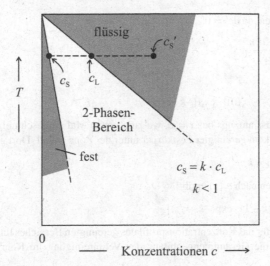

Abb. 1.74 Fest-Flüssig-Gleichgewicht mit übersättigter Konzentration c_s' in fester Phase. Die Gleichgewichtskonzentration beträgt c_s und es gilt gewöhnlich $c_s' > c_s$. c_L ist die Konzentration in der flüssigen Phase im thermodynamischen Löslichkeitsgleichgewicht mit $(c_s/c_L) = k$, wobei k in diesem Konzentrationsbereich eine Konstante ist.

schmilzt in dem Bereich der Länge $\Delta x = z$ der Feststoff auf. Vor und hinter der Schmelzzone ist das Material fest. Die Verunreinigung wird bei diesem Prozess in der Schmelzzone angereichert, d. h., der Festkörper hinter der Schmelzzone ist das gereinigte Material mit der Konzentration c_s, vor der Schmelzzone liegt das noch verunreinigte Material mit der übersättigten Konzentration $c_s' > c_s$ vor. Die Konzentration in der flüssigen Schmelzzone der Länge z beträgt c_L. Erreicht die Schmelzzone den rechten Rand bei $x = x_L = x_0 - z$, ist der Reinigungsprozess beendet. Die Gleichgewichtskonzentration der Verunreinigung c_s ist dann zwar geringer als c_s', aber i. d. R. nicht gleich Null, so dass der Prozess wiederholt werden muss, wenn man die Konzentration c_s noch weiter erniedrigen will. Den Mittelwert über $c_s(x)$ der Schmelzzone bezeichnen wir mit $\langle c_s \rangle$.

Wir wollen die Theorie dieses Reinigungsprozesses entwickeln. In Abb. 1.75 bewegt sich die Zone $\Delta x = z$ um ein differentielles Stück dx von links nach rechts. Für die Bilanz der Menge an Verunreinigung in z gilt dann bei $z = $ const und der Gleichgewichtskonzentration im flüssigen Zustand c_L:

$$d(z \cdot c_L) = z \cdot dc_L = c_s' dx - c_s dx$$

Wir berücksichtigen, dass am unteren Zonenrand Δx im Volumenelement $c_s dx$, das die Schmelzzone verlässt, beim Auskristallisieren thermodynamisches Gleichgewicht herrschen soll, während am rechten Zonenrand der aufgeschmolzene Betrag $c_s' \cdot dx$ der Zone zugeführt wird. Dann gilt wegen $c_s/c_L = k$:

$$z \cdot k \cdot dc_s = (c_s' - c_s) dx$$

Das lässt sich schreiben, da $dc'_s = 0$:

$$dx = -\frac{z}{k}\frac{d(c'_s - c_s)}{c'_s - c_s}$$

Integration ergibt:

$$[c'_s - c_s(x)] = [c'_s - c_s(0)] \cdot \exp[-k \cdot x/z]$$

Nun bedenken wir, dass anfangs bei $x = 0$, wo zum ersten Mal aufgeschmolzen wird, zwischen $x = 0$ und $x = z$ noch kein gereinigter Festkörper unter der Zone z liegt. Dort gilt $c'_s = c_L(0)$

$$c_s(0) = k \cdot c_L(0) = k \cdot c'_s$$

Einsetzen und Auflösen nach $c_s(x)$ ergibt:

$$c_s(x) = c'_s\,[1 + (k - 1) \cdot \exp(-k \cdot x/z)] \tag{1.220}$$

Das ist die Gleichung für das Konzentrationsprofil des gereinigten Bereiches links von der Schmelzzone. Nun muss für die Gesamtmengenbilanz der Verunreinigung im Rohr immer gelten mit $c_L(x) = c_s(x)/k$:

$$c'_s \cdot x_L = \frac{z}{k} \cdot c_s(x) + c'_s\,(x_L - x - z) + \langle c_s \rangle \cdot x$$

wobei $\langle c_s \rangle$ der Mittelwert von $c_s(x)$ über den Bereich von $x = 0$ bis x bedeutet. Also gilt für $\langle c_s \rangle$ des gereinigten Bereiches links von der Schmelzzone:

$$\langle c_s \rangle = c'_s + c'_s \cdot \frac{z}{x} - \frac{z}{kx}\,c_s(x)$$

oder

$$\frac{\langle c_s \rangle}{c'_s} = 1 + \frac{z}{x}\left(1 - \frac{1}{k} \cdot \frac{c_s(x)}{c'_s}\right) \tag{1.221}$$

Gl. 1.221 gibt den Bruchteil von c'_s an, der in dem gereinigten Bereich x vorliegt.

In Abb. 1.75 sind schematisch der Konzentrationsverlauf von $c_s(x)$ im gereinigten Festkörper, c_L (Konzentration in der geschmolzenen Zone der Breite z), $\langle c_s \rangle$ (Mittelwert von c_s im gereinigten Festkörper) und c'_s (die ursprüngliche Konzentration der Verunreinigung im noch nicht gereinigten Bereich) gezeigt.

Man sieht, dass in der Schmelzzone die Verunreinigung angereichert wird. Der bereits gereinigte Festkörper hat eine deutlich geringere (mittlere) Konzentration $\langle c_s \rangle$ als der ungereinigte (Konzentration c'_s).

In Abb. 1.76 sind in reduzierter Form die berechneten Werte für $\overline{c}_s(x) = c_s(x)/c'_s$ und $\overline{\langle c \rangle}_s\langle c_s \rangle(x)/c'_s$ mit den Zahlenbeispielen $x_0 = 1$ m, $k = 0,1$, $z = 0,1$ m nach Gl. (1.220) und Gl. (1.221) graphisch dargestellt.

Es gilt immer. $c'_s > c_s > \langle c_s \rangle$. Bei $x = 0$ werden $c_s(x)/c'_s$ wie auch $\langle c_s \rangle/c'_s$ gleich k und damit $\overline{c}_L = \frac{1}{k} \cdot \overline{c}_s = 1$. Bei $x = 0,9$, wo die Schmelzzone das Rohrende erreicht, gilt $\langle c_s \rangle/c'_s = 0,407$ und $c_1/c'_s = 6,341$. Das gilt für $k = 0,1$. Für $k = 0,01$ ist der Trenneffekt natürlich höher. In diesem Fall erhält man bei $x = 0,9$ für $\langle c_s \rangle/c'_s = 0,053$ und $c_1/c'_s = 9,52$. Es sind dann nur noch ca. 5 % der ursprünglichen Verunreinigung im gereinigten Feststoff vorhanden.

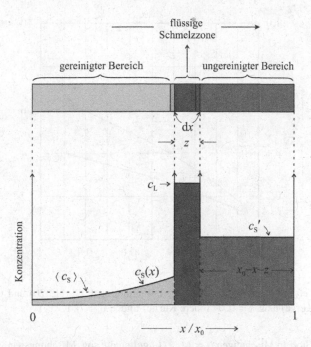

Abb. 1.75 Prozess des Zonenschmelzens im zylindrischen Rohr der Länge x_0. z ist die Breite der nach rechts wandernden Schmelzzone (s. Text).

1.21.16 *Hochdruckphasengleichgewichte fluider Mischungen. Beispiel: das System H_2 + Ar*

Zustandsgleichungen für Mischungen können zur Berechnung von Phasengleichgewichten über den gesamten T, p, x-Bereich angewendet werden, im Gegensatz zu den in Abschnitt 1.7 dargestellten Methoden, die in ihrer Anwendung beschränkt sind auf Phasengleichgewichte zwischen flüssigen Mischungen mit hoher Dichte und einer Dampfphase mit niedriger Dichte. Wir wollen zwei Zustandsgleichungen anwenden, um Hochdruckphasengleichgewichte von den beiden binären Mischungen Ar + H_2 und C_2H_6 + H_2 zu berechnen und die Ergebnisse mit experimentellen Messdaten zu vergleichen. Wir verwenden dazu die Redlich-Kwong (RK)-Gleichung sowie die Peng-Robinson (PR)-Gleichung. Für die RK-Gleichung gilt:

$$p = \frac{RT}{\overline{V} - b} - \frac{a}{T^{1/2}(\overline{V} + b)\overline{V}}$$

mit den Parametern a, b, der kritischen Temperatur T_c und dem kritischen Druck p_c:

$$a = 0,42748 \cdot \frac{R^2 \cdot T_c^{2,5}}{p_c} \quad \text{und} \quad b = 0,08664 \cdot \frac{R \cdot T_c}{p_c}$$

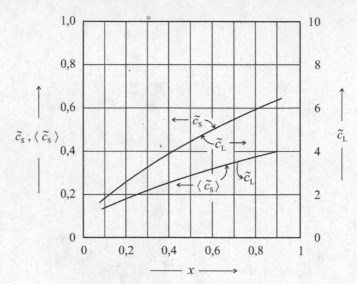

Abb. 1.76 $\widetilde{c}_s = c_s(x)/c'_s$ und $\langle c_s \rangle = \langle c_s \rangle/\langle c'_s \rangle$ berechnet nach Gl. (1.220) und Gl. (1.221) mit $k = 0,1$ (untere Kurve) bzw. $k = 0,01$ (obere Kurve) und $z/x_L = 0,1$.

für einen reinen Stoff.In Mischungen ($i = 1, \ldots, k$) gelten die sog. Mischungsregeln:

$$a_{\text{Mix}} = \sum_{i=1}^{k} \sum_{j=1}^{k} x_i x_j \sqrt{a_i a_j} \, (1 - k_{ij})$$

$$b_{\text{Mix}} = \sum_{i}^{k} x_i b_i$$

wobei k_{ij} ein anpassbarer Parameter ist. Im Phasengleichgewicht gilt ja für jede der Komponenten i die Gleichheit der chemischen Potentiale $\mu_i = \mu_i$ in den beiden Phasen, woraus für die Fugazitäten f_i (s. Abschnitt 1.5) im Fall der RK-Gleichung folgt mit $p = p'$ und $T = T'$:

$$f_{i,RK} = f'_{i,RK} = \varphi_{i,RK} x_i \cdot p = \varphi'_{i,RK} x'_i \cdot p \quad (i = 1 \text{ bis } N)$$

mit dem Fugazitätskoeffizienten φ_i:

$$\ln \varphi_{i,RK} = \frac{b_i}{b_{\text{Mix}}} (Z_{\text{Mix}} - 1) - \ln \left[Z_{\text{Mix}} \left(1 - \frac{b_{\text{Mix}}}{\overline{V}_{\text{Mix}}} \right) \right]$$
$$+ \frac{1}{b_{\text{Mix}} \cdot RT^{3/2}} \left[\frac{a_{\text{Mix}} \cdot b_i}{b_{\text{Mix}}} - 2 \sqrt{a_{\text{Mix}} \, a_i} \right] \cdot \ln \left(1 + \frac{b_{\text{Mix}}}{\overline{V}_{\text{Mix}}} \right)$$

Z_{Mix} ist der sog. Kompressibilitätsfaktor der Mischung:

$$Z_{\text{Mix}} = \frac{\overline{V}_{\text{Mix}}}{\overline{V}_{\text{Mix}}} - \frac{a_{\text{Mix}}}{RT^{3/2}(\overline{V}_{\text{Mix}} - b_{\text{Mix}})}$$

und $\overline{V}_{\text{Mix}}$ das molare Volumen der Mischung. Der Ausdruck für $\varphi_{i,RK}$ wird in völlig analoger Weise wie bei der v. d. Waals-Gleichung abgeleitet (s. Abschnitt 1.6), worauf wir hier verzichten wollen. Bei vorgegebenen Wert für T und p sind alle Werte von x_i und x_i' in den beiden Phasen bestimmbar, und es können auch die molaren Volumina $\overline{V}_{\text{Mix}}$ bzw. Dichten der beiden Phasen berechnet werden, da hier für die Zahl der Freiheiten F nach dem Phasengesetz gilt:

$$f = k + 2 - s$$

Liegen k Komponenten im Gesamtsystem vor mit $s = 2$ Phasen und $n_1, n_2, \ldots n_k$ vorgegebenen Gesamtmolzahlen n_i für das System, so ist bei vorgegebenem T und p die Zahl der Freiheiten $f = 0$. Alle Größen, die Molenbrüche x_i und x_i', und auch die Dichten der beiden Phasen sind aus $\overline{V}_{\text{Mix}}(p, T, x_i)$ bzw. $\overline{V}_{\text{Mix}}'(p, T, x_i')$ bestimmt und somit berechenbar. Das kann nur durch ein geeignetes numerisches Verfahren geschehen, auf das wir hier nicht näher einzugehen brauchen. Wir geben nun noch die PR-Zustandsgleichung an sowie ihre Mischungsregeln und die Ausdrücke für die Fugazitätskoeffizienten der Komponenten. Die PR-Zustandsgleichung lautet

$$p = \frac{RT}{\overline{V}_{\text{Mix}} - b_{\text{Mix}}} - \frac{a_{\text{Mix}}(T)}{\overline{V}_{\text{Mix}}^2 + 2b_{\text{Mix}}\,\overline{V}_{\text{Mix}} - b_{\text{Mix}}^2}$$

mit

$$a_{\text{Mix}}(T) = \sum_{i=1}^{k} \sum_{j=1}^{k} x_i x_j \sqrt{a_i a_j}\,(1 - k_{ij})$$

mit

$$a_i(T) = \left[1 + m(1 - \sqrt{T/T_{ci}})\right]^2 \cdot 0,4572 \cdot \frac{R^2 \cdot T_{ci}^2}{p_{ci}}$$

m hat die Bedeutung:

$$m = 0,37463 + 1,5422 \cdot \omega_{\text{Mix}} + 0,26992 \cdot \omega_{\text{Mix}}^2$$

wobei der sog. azentrische Faktor ω_{Mix} sich linear aus den ω_i-Werten der reinen Stoffe zusammensetzt:

$$\omega_{\text{Mix}} = \sum_{i=1}^{k} x_i \omega_i$$

Für b_{Mix} gilt wie bei der RK-Gleichung:

$$b_{\text{Mix}} = \sum_{i=1}^{k} x_i b_i$$

Die Fugazitätskoeffizienten der PR-Gleichung lauten:

$$\ln \varphi_i = \frac{b_i}{b_{\text{Mix}}}\,(Z_{\text{PR,Mix}} - 1) - \ln\left[Z_{\text{PR,Mix}}\left(1 - \frac{b_{\text{Mix}}}{\overline{V}_{\text{Mix}}}\right)\right]$$
$$+ \frac{1}{b_{\text{Mix}} \cdot RT}\left[\frac{\sqrt{2} \cdot a_{\text{Mix}}(T) \cdot b_i}{4 b_{\text{Mix}}} - \sqrt{\frac{a_{\text{Mix}}(T) \cdot a_i}{2}}\right] \cdot \ln\left(\frac{1 + \frac{b_{\text{Mix}}}{\overline{V}_{\text{Mix}}(1+\sqrt{2})}}{1 + \frac{b_{\text{Mix}}}{\overline{V}_{\text{Mix}}}(1 - \sqrt{2})}\right)$$

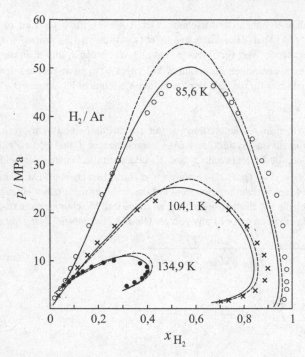

Abb. 1.77 p, T, x-Diagramm für $N_2 + H_2$, Messdaten: • × ○
———— RK-Gleichung, - - - - - PR-Gleichung mit angepasstem Parameter k_{12}. (nach:C. Y. Tsang, P. Clancy, J. C. G. Calado, W. B. Streett, Chem. Eng. Commun. **6,**, 365 (1980). Weitere p, T, x-Messungen H_2-haltiger Mischungen: A. Heintz, W. B. Streett, J. Chem. Eng. Data, **27,** 465 (1982); D. Chokappa, P. Clancy, W. B. Streett, U. Deiters, A. Heintz, Chem. Eng. Sci. **40,** 1831 (1985)).

mit

$$Z_{\text{PR,Mix}} = \frac{\overline{V}_{\text{Mix}}}{\overline{V}_{\text{Mix}} - b_{\text{Mix}}} - \frac{\overline{V} \cdot a_{\text{Mix}}(T)}{RT \left(\overline{V}_{\text{Mix}}^2 + 2b_{\text{Mix}} \cdot \overline{V}_{\text{mix}} - b_{\text{Mix}}^2 \right)}$$

Bei der Durchführung der Berechnungen für Phasengleichgewichte gilt für die PR-Gleichung das oben bei der RK-Gleichung bereits Gesagte. In Abbildung 1.77 sind gemessene p, T, x-Diagramme für die Mischung Ar $+ H_2$ gezeigt. Diese binären Phasengleichgewichte entsprechen dem in Abb. 1.11 gezeigten Typus, bei dem die Phasengrenzlinie oberhalb der niedrigeren kritischen Temperatur T_c abreißt. Die gestrichelte Kurve ist die auf die $p - x$-Ebene projizierte kritische Mischungskurve. Der Parameter k_{12} ist der einzige, an die Mischungsdaten angepasste Parameter. Man sieht, dass beide Zustandsgleichungen keine optimale, aber doch eine beachtlich gute Übereinstimmung mit den Messdaten zeigen.

1.21.17 Simulation von flüssigen Mischungslücken mit getrenntem oberen und unteren Entmischungsbereich

Gehen Sie aus von Gl. (1.119), um das Entmischungsverhalten einer binären Mischung quantitativ zu beschreiben, für die gilt:

$$a(T) = a_1 \cdot (T - T_M)^2$$

Wählen Sie für $T_M = 350$ K und für $a_1 = R/2$. Berechnen Sie zunächst die kritischen Temperaturen $T_{c,1}$ und $T_{c,2}$ und dann die Entmischungskurven $T(x)$. Stellen Sie $T(x)$ graphisch dar.
Lösung:
Die Bedingung für den kritischen Entmischungspunkt lautet entsprechend Gl. (1.108):

$$2RT_c = a(T = T_c) = a_1(T_c - T_M)^2$$

Das ist eine quadratische Gleichung für T_c mit folgender Lösung:

$$T_c = \left(\frac{R}{a_1} + T_M\right) \pm \sqrt{\left(\frac{R}{a_1} + T_M\right)^2 - T_M^2}$$

Mit $T_M = 350$ K und $a_1 = R/2 = 4,15725$ J $\cdot$ mol^{-1} $\cdot$ K^{-1} ergeben sich zwei Lösungen:

$$T_{c,1} = 389,47 \text{ K} \quad \text{und} \quad T_{c,2} = 314,53 \text{ K}.$$

Nach Gl. (1.119) gilt:

$$T(x) = \frac{a(T)}{R} \cdot \frac{(2x - 1)}{\ln(x/(1 - x))} = \frac{1}{2}\left(T(x) - T_M)^2\right) \frac{(2x - 1)}{\ln(x/(1^- x))}$$

Das ist eine quadratische Gleichung für $T(x)$ mit folgender Lösung:

$$T(x) = \left[\frac{\ln(x/(1 - x))}{2x - 1} + T_M\right] \pm \sqrt{\left[\frac{\ln(x(1 - x))}{2x - 1} + T_M\right]^2 - T_M^2}$$

Die beiden Lösungen sind real und bedeuten, dass es 2 verschiedene, voneinander getrennte Phasengrenzkurven $T(x)$ gibt mit $T_{c,1} = T_L = 389,47$ K $> T_{c,2} = T_U = 314,53$ K. Das Rechenergebnis ist in Abb. 1.78 dargestellt. Das Entmischungsdiagramm entspricht prinzipiell dem von Abb. 1.19(c) (Benzol + Schwefel).

1.21.18 Berechnung eines binären Fest-Flüssig-Phasengleichgewichtes mit vollständiger Mischbarkeit in der festen Phase

Wir betrachten eine binäre Mischung mit den Komponenten 1 und 2, für deren Schmelztemperaturen T_{Si}, molare Schmelzenthalpien $\Delta \overline{H}_{S1}$ und $\overline{C}_p^{\text{liquid}} - \overline{C}_p^{\text{solid}} = \Delta \overline{C}_{p,S}$ gelten:

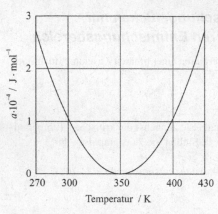
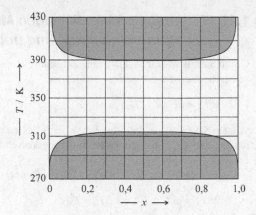

Abb. 1.78 a) $a(T) = \frac{R}{2}(T - 350)^2$, b) Entmischungskurven $T(x)$ mit zwei Endmischungsbereichen (s. Text).

	T_S/K	$\Delta\overline{H}_S/kJ \cdot mol^{-1}$	$\Delta\overline{C}_{p,S}/J \cdot mol^{-1} \cdot K^{-1}$
Komponente 1	500	2	1,5
Komponente 2	600	3	+ 0,5

Sowohl die flüssige wie die feste Phasen sollen ideale Mischphasen sein ($\gamma_i^L = \gamma_i^S = 1$). Ein Beispiel für ein solches System zeigt Abb. 1.27 (a). Berechnen Sie mit diesen Daten das 2-Phasendiagramm, d. h., $x_{1S}(T)$ und $x_{1L}(T)$. Setzen Sie zunächst $\Delta\overline{C}_{p,S} = 0$ für beide Komponenten. Stellen Sie das Diagramm graphisch dar. Dann berechnen Sie das Diagramm bei $T = 520\,K$, $T = 550\,K$ und $T = 580\,K$ mit den angegebenen $\Delta\overline{C}_{p,S}$-Werten. Bedenken Sie, dass in diesem Fall in Gl. (1.128) das Integral mit der T-abhängigen Schmelzenthalpie $\Delta\overline{H}_{Si}+\Delta\overline{C}_{p,Si}(T-T_{iS})$ berechnet werden muss.

Lösung:

Im Fall $\Delta\overline{C}_p = 0$ gilt:

$$\ln\frac{x_{2S}}{x_{2L}} = \frac{\Delta\overline{H}_{S2}}{R}\left(\frac{1}{T} - \frac{1}{T_{S2}}\right) = \frac{360,815}{T} - 0,60136$$

und

$$\ln\frac{x_{1S}}{x_{1L}} = \frac{\Delta\overline{H}_{S1}}{R}\left(\frac{1}{T} - \frac{1}{T_{S1}}\right) = \frac{240,54}{T} - 0,48108$$

mit

$$\exp\left[0,60136 - \frac{360,815}{T}\right] = \frac{x_{2L}}{x_{2S}} \quad\text{und}\quad \exp\left[0,48108 - \frac{240,54}{T}\right] = \frac{x_{1L}}{x_{1S}}$$

Es ergeben sich z. B. für $T = 550\,K$ die Werte $x_{1L} = 0,5434$ und $x_{1S} = 0,5201$. Das vollständige Diagramm zeigt Abb. 1.79. Jetzt beziehen wir die Werte $\Delta\overline{C}_{p,Si} \neq 0$ mit ein. Statt Gl. (1.128) ergibt

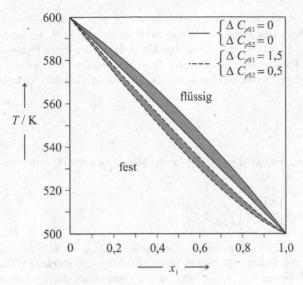

Abb. 1.79 Phasendiagramm Flüssig-Fest (s. Text).

nun als Integrationsergebnis:

$$\frac{x_{1L}}{x_{1S}} = \left(\frac{T}{T_{S1}}\right)^{\Delta C_{pS,1}/R} \cdot \exp\left[-\frac{\Delta H_{S1}(T_{S1}) + \Delta C_{p,S1}}{R}\left(\frac{1}{T} - \frac{1}{T_{S1}}\right)\right]$$

Entsprechendes gilt für x_{2L}/x_{2S}.

Die Werte für x_{1S} und x_{1L} weichen deutlich von denen ab, die bei Annahme von $\Delta \overline{C}_{pS,i} = 0$ berechnet wurden. Das vollständige Diagramm zeigt Abb. 1.79.

1.21.19 *Thermodynamik der Funktionsweise moderner Energiesparlampen*

Die sichtbare Strahlungsenergie von Glühlampen beträgt nur ca. 10 % des elektrischen Energieaufwandes für ihren Betrieb. Diese schlechte Ausbeute kann erheblich verbessert werden durch sog. Gasentladungslampen (Neonröhren, Hg-Dampflampen, Na-Dampflampen), die schon bei niedrigen Temperaturen und relativ geringem Stromverbrauch eine Lichtenergieausbeute von 30 bis 40 % erreichen. Zur Serienreife im Alltagsleben haben es die Niederdruck-Quecksilber-Lampen (sog. Energiesparlampen) gebracht, deren Gasraum 4 - 6 Pa Hg-Dampf enthält sowie etwas Argon, das zur besseren Zündung (Ionisation bzw. Anregung der Hg-Atome und Reemission als Licht) beiträgt.

Flüssiges Hg erreicht bei Temperaturen von 330 K bis 340 K den erforderlichen optimalen Dampfdruck. Umweltschutzauflagen gestatten jedoch nur einen sehr geringen Mengenanteil von Hg in einer Lampe. Um dennoch die 4 - 6 Pa zu erreichen, arbeitet man heute mit Metallamalgamen, vor allem Indiumamalgam, das nur ca. 1 % Molprozent Hg enthält. Eine flüssige Mischung von In + Hg erstarrt bei Temperaturen unterhalb 430 K unter Ausscheidung von festem Indium, das im Gleichgewicht mit einer flüssigen In+Hg-Mischung steht. Es handelt sich also um binäre Fest-Flüssig-Gleichgewichte mit völliger Entmischung der festen Phasen (s. Abb. 1.29 als Beispiel). Für die Phasengleichgewichtskurve $T(x_2)$ eines solchen Systems gilt Gl. (1.133), die im einfachsten Fall bei Vernachlässigung von $\Delta \overline{C}_{p,S_2}$ und der Annahme einer idealen flüssigen Mischphase lautet:

$$\frac{\Delta \overline{H}_{S_2}}{R} \left(\frac{1}{T_{S_2}} - \frac{1}{T} \right) = \ln x_2$$

Wenn Komponente 2 Indium ist und $x_1 = 1 - x_2$ der Molenbruch von Hg in der flüssigen Mischung, erhält man mit $\Delta C_{p,S_2} \approx 0$:

$$x_{Hg,fl} = 1 - \exp\left[\frac{\Delta \overline{H}_{S,In}}{R} \left(\frac{1}{T_{S,In}} - \frac{1}{T} \right) \right]$$

Hier ist $T_{S,In} = 429,5$ K die Schmelztemperatur und $\Delta \overline{H}_{S,In} = 3,26$ kJ $\cdot$ mol^{-1} die molare Schmelzenthalpie von Indium. Da Indium bei diesen Temperaturen einen völlig vernachlässigbaren Dampfdruck besitzt ($p_{In} < 10^{-8}$ Pa), ist der Dampfdruck des Systems allein durch das Quecksilber in der flüssigen Mischung bestimmt. Nach dem Raoult'schen Gesetz gilt also:

$$p_{System} = p_{Hg} = x_{Hg} \cdot p_{Hg}^{sat}(T)$$

wobei $p_{Hg}^{sat}(T)$ der Sättigungsdampfdruck des reinen Quecksilbers bedeutet. Setzen wir den Molenbruch x_{Hg} aus der obigen Gleichung ein, erhält man

$$p_{Hg}(T) = p_{Hg}^{sat}(T) \cdot \left[1 - \exp\left(\frac{3,26 \cdot 10^3}{R} \left(\frac{1}{429,5} - \frac{1}{T} \right) \right) \right]$$

Die Dampfdruckkurve des reinen Quecksilbers $p_{Hg}^{sat}(T)$ lässt sich im T-Bereich zwischen 320 - 450 K beschreiben durch

$$p_{Hg}^{sat}(T) = 383 \cdot \exp\left[-\frac{59,2 \cdot 10^3}{R} \left(\frac{1}{T} - \frac{1}{423,15} \right) \right]$$

In Abb. 1.80 ist als Funktion von T im oberen Diagramm die Phasengleichgewichtskurve $x_{Hg}(T)$ In(fest) $\rightleftharpoons$ (In + Hg) (flüssig) aufgetragen (Schmelzpunktserniedrigung von In) und im unteren Diagramm $p_{Hg}(T)$ sowie zusätzlich die Dampfdruckkurve des reinen Quecksilbers $p_{Hg}^{sat}(T)$. Bei der Dampfdruckkurve $p_{Hg}(T)$ wurde von einer flüssigen Mischung In + Hg mit $x_{Hg} = 0,01$ bei $T > 425$ K ausgegangen. Diese Mischung scheidet bei $T = 425$ K festes Indium aus, und bei weiterer Temperaturerniedrigung (Abb. 1.80 unten) steigt der Molenbruch x_{Hg} wie Abb. 1.80 oben zeigt. Da aber gleichzeitig $p_{Hg}^{sat}(T)$ abnimmt, durchläuft die Kurve ein Maximum bei $T \approx 406$ K.

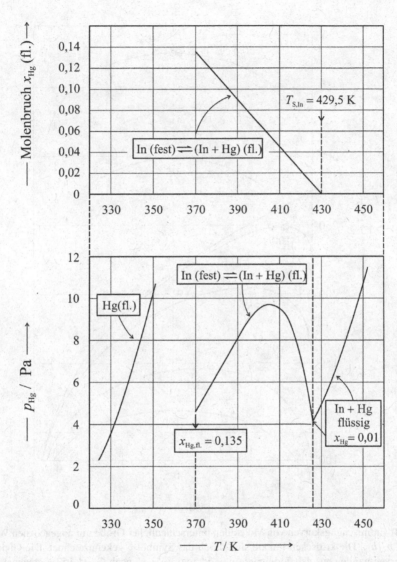

Abb. 1.80 Phasendiagramm (oben) und Dampfdruck von Hg (unten) einer In + Hg-Mischung (s. Text).

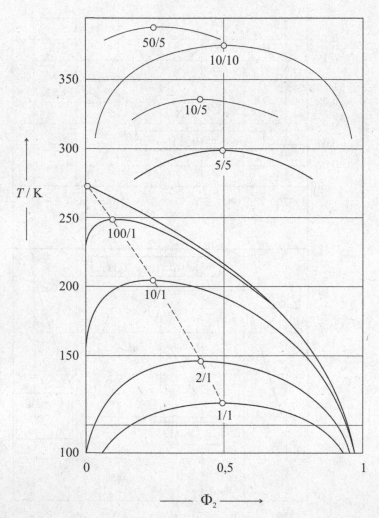

Abb. 1.81 Entmischungskurven von Molekülen unterschiedlicher Größe mit angegebenen Werten von $\nu = b_2/b_1$.. Die kritischen Punkte sind durch das Symbol $\circ$ gekennzeichnet. Die Gleichgewichtskurven wurden aus der Bedingung $\mu_1 = \mu_1'$ und $\mu_2 = \mu_2'$ nach Gl. (1.157) berechnet. Man beachte: T_c wächst an für $r = 1$ wenn $b_1 = b_2$ anwächst (1/1, 5/5, 10/10).

Man entnimmt Abb. 1.80, dass In/Hg-Amalgam mit nur 1 % an Hg im Bereich von 420 bis 430 K dieselben Dampfdruckwerte von Hg erreicht wie reines Hg bei 330 - 340 K. Dadurch wird der Hg-Gehalt in Energiesparlampen um ca. 99 % gegenüber reinem Hg abgesenkt bei praktisch gleichbleibendem Hg-Dampfdruck zwischen 3 bis 6 Pa. Die um ca. 90° höhere Temperatur, die dabei benötigt wird, hat kaum Einfluss auf den Energieverbrauch der Lampe.

1.21.20 Flüssig-Flüssig-Entmischung von binären Systemen mit Molekülen unterschiedlicher Größe (Polymermischungen)

Die Bestimmung eines kritischen Entmischungspunktes (T_c, x_c) für binäre flüssige Mischungen ist nach Gl. (1.103) und Gl. (1.109) gegeben durch die Bedingungen:

$$\left(\frac{\partial^2 \Delta \overline{G}_M}{\partial x^2}\right)_{T,p} = 0 \quad \text{und} \quad \left(\frac{\partial^3 \Delta \overline{G}_M}{\partial x^3}\right)_{T,p} = 0 \qquad (1.222)$$

mit $x = x_1$ oder x_2. Diese Bedingungen müssen auf

$$\Delta \overline{G}_M = x_1 \Delta \mu_1 + x_2 \Delta \mu_2$$

angewendet werden. Wir berechnen mit $x = x_1$:

$$\left(\frac{\partial \Delta G_M}{\partial x_2}\right)_{T,p} = \Delta \mu_2 - \Delta \mu_1 + x_1 \left(\frac{\partial \Delta \mu_1}{\partial x_2}\right)_{T,p} + x_2 \left(\frac{\partial \Delta \mu_2}{\partial x_2}\right)_{T,p}$$

Die beiden letzten Terme fallen weg (Gibbs-Duhem-Gl. (1.21) mit $dT = 0$ und $dp = 0$). Also gilt:

$$\left(\frac{\partial \Delta \overline{G}_M}{\partial x_2}\right)_{T,p} = \Delta \mu_2 - \Delta \mu_1$$

und damit wegen $\Delta \overline{G}_M = x_1 \Delta \mu_1 + (1 - x_1)\Delta \mu_2$:

$$\Delta \mu_1 = \Delta \overline{G}_M - x_2 \left(\frac{\partial \Delta \overline{G}_M}{\partial x_2}\right)_{T,p} \quad \text{bzw.} \quad -\left(\frac{\partial \Delta \mu_1}{\partial x_2}\right)_{T,p} = x_2 \left(\frac{\partial^2 \Delta G_M}{\partial x_2^2}\right)_{T,p}$$

Weiteres Differenzieren ergibt:

$$-\left(\frac{\partial^2 \Delta \mu_1}{\partial x_2^2}\right)_{T,p} = \left(\frac{\partial^2 \Delta \overline{G}_M}{\partial x_2^2}\right)_{T,p} + x_2 \left(\frac{\partial^3 \Delta \overline{G}_M}{\partial x_2^3}\right)_{T,p}$$

Daraus folgt wegen Gl. (1.222) am kritischen Punkt:

$$\left(\frac{\partial \Delta \mu_1}{\partial x_2}\right)_{T_c} = 0 \quad \text{bzw.} \quad \left(\frac{\partial^2 \Delta \mu_1}{\partial x_2^2}\right)_{T_c} = 0$$

bzw. wegen $(\partial \mu_1 / \partial x_2) = -(\partial \mu_1 / \partial x_1)$:

$$\left(\frac{\partial \Delta \mu_1}{\partial x_1}\right)_{T_c} = 0 \quad \text{bzw.} \quad \left(\frac{\partial^2 \Delta \mu_1}{\partial x_1^2}\right)_{T_c} = 0$$

Aus diesen Beziehungen lassen sich die Größen des kritischen Punktes $x_{1,c}$ bzw. $\Phi_{1,c}$ und T_c bestimmen. Nun bedenken wir noch, dass für $\Delta \mu_1$ gilt:

$$\left(\frac{\partial \Delta \mu_1}{\partial x_1}\right)_{T_c} = \left(\frac{\partial \Delta \mu_1}{\partial \Phi_1}\right)_{T_c} \cdot \frac{d\Phi_1}{dx_1} = 0$$

sowie:

$$\left(\frac{\partial^2 \Delta \mu_1}{\partial x_1^2}\right)_{T_c} \cdot \frac{d\Phi_1}{dx_1} = \left(\frac{\partial^2 \Delta \mu_1}{\partial \Phi_1^2}\right)_{T_c} \cdot \left(\frac{d\Phi_1}{dx_1}\right)^2 + \left(\frac{\partial \Delta \mu_1}{\partial x_1}\right)_{T_c} \cdot \frac{d^2 \Phi_1}{dx_1^2} = 0$$

Da $d\Phi_1/dx_1) \neq 0$ und $d^2\Phi_1/dx_1^2 \neq 0$ für alle x_1 gilt, folgt:

$$\left(\frac{\partial \Delta \mu_1}{\partial \Phi_1}\right)_{T_c} = 0 \quad \text{und} \quad \left(\frac{\partial^2 \Delta \mu_1}{\partial \Phi_1^2}\right)_{T_c} = 0$$

Das wenden wir auf die Ausdrücke für μ_1 bzw. $\Delta \mu_1$ nach Gl. (1.157) für eine binäre Mischung an. Wir erhalten:

$$\frac{1}{\Phi_{1,c}} - \left(1 - \frac{1}{r}\right) - \left(\frac{b_1 \cdot \chi_{12}}{RT_c}\right) \cdot 2\,(1 - \Phi_{1,c}) = 0 \quad \text{bzw.} \quad -\frac{1}{\Phi_{1,c}^2} + 2\left(\frac{b_1 \cdot \chi_{12}}{RT_c}\right) = 0$$

wobei $r = b_2/b_1$ ist.

Wir eliminieren $(b_1 \cdot \chi_{12})/RT_c$ und erhalten:

$$\boxed{1 - \Phi_{1,c} = \Phi_{2,c} = \frac{1}{1 + r^{1/2}}} \tag{1.223}$$

Eingesetzt in eine der Gleichungen ergibt:

$$\boxed{T_c = \frac{2b_1 \cdot r}{R(1 + r^{1/2})^2} \cdot \chi_{12}} \tag{1.224}$$

Zunächst ist festzuhalten, dass χ_{12} mit der Dimension $J \cdot m^{-3}$ ein von der Größe der Moleküle unabhängiger Parameter ist, der die Dichte der Wechselwirkungsenergie kennzeichnet. Aus Gl. (1.223) geht hervor, dass bei $r > 1$ also $b_2 > b_1$, $\Phi_{2,c}$ umso kleiner ist, je größer r ist. Für $r \to \infty$ (Komponente 2 wäre dann ein polymeres Kettenmolekül mit praktisch unendlicher Kettenlänge) wird $\Phi_{2,c} = 0$. T_c ist nach Gl. (1.224) umso größer, je größer r ist und je größer b_1 ist bei gegebenem Wert von χ_{12}. Für $r \to \infty$ ergibt Gl. (1.224):

$$T_{c,r \to \infty} = \frac{2b_1}{R} \cdot \chi_{12} \qquad (r \to 0)$$

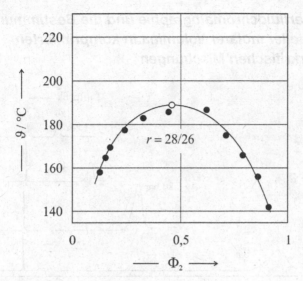

Abb. 1.82 Entmischungskurve einer Mischung von Polybutadien + Polybutadien/Polystyrol-Copolymer (45 % Styrol). • experimentelle Daten, —o— Theorie mit $r = \frac{28}{26} = b_2/b_1$.

Ist $r = 1$, wird $\Phi_{1,c} = x_{1,c}$, und man erhält:

$$\boxed{\Phi_{1,c} = x_{1,c} = 0,5} \qquad r = 1 \tag{1.225}$$

$$\boxed{T_c = \frac{b_1}{2R} \cdot \chi_{12}} \qquad r = 1 \tag{1.226}$$

Mit $a = b_1 \cdot \chi_{12}$ ist das genau das Ergebnis für $T_T = T_{\text{UCST}}$ nach Gl. (1.107). Eine interessante Besonderheit resultiert aus Gl. (1.225) und Gl. (1.226): Wenn $b_1 = b_2$ groß ist, haben wir es mit Mischungen zweier hochpolymerer Stoffe ungefähr gleicher Kettenlänge zu tun und r ist gleich 1. Selbst wenn diese Polymere sich sehr ähnlich sind, was seinen Ausdruck in einem kleinen Wert von χ_{12} findet, kann T_c relativ hoch sein. Bei Polymer-Mischungen kommt es also normalerweise zu einer Entmischung bei Raumtemperatur, auch wenn die Kettenlänge und die Struktur der Polymere sich nur wenig unterscheiden, es muss nur die Kettenlänge $b_1 \cong b_2$ genügend groß sein. Beispiele für Flüssig-Flüssig Phasengleichgewichte zeigen die Abb. 1.81 und 1.82. In Abb. 1.81 ist der Einfluss von r auf die Entmischungskurven bei χ_{12} = const gezeigt. Abb. 1.82 zeigt ein experimentelles Beispiel für die Mischung zweier ähnlicher Polymere, die eine breite Mischungslücke aufweisen und erst bei $\vartheta = 190\,°\text{C} = 463$ K vollständig entmischt sind. Die Entmischungskurven $T(\Phi_2)$ von Polymer/Lösemittel- und Polymer/Polymer-Systemen sind von größter Bedeutung für kunststoffverarbeitende Industrie.

1.21.21 Superfluidchromatographie und die Bestimmung partieller molarer Volumina in komprimierten überkritischen Mischungen

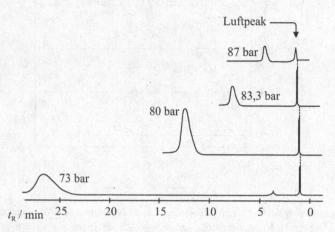

Abb. 1.83 Peaks von Hexadekan in CO_2 bei verschiedenen Drücken.

In Abschnitt 1.15 haben wir gesehen, dass sich schwerflüchtige Stoffe in inerten Gasen wie z. B. CO_2 bei wachsendem Gasdruck zunehmend besser lösen. Im überkritischen Bereich eines Gases oberhalb T_c und p_c können bei Drücken bis zu 250 bar auf diese Weise Naturstoffe wie z. B. Coffein, Nikotin oder Gewürzinhaltsstoffe aus ihrer natürlichen Matrix extrahiert werden. Mischungen von schwerflüchtigen Stoffen können auch chromatographisch getrennt werden (*S*upercritical *F*luid *C*hromatography: SCF). Der dabei zu verwendende Chromatograph sieht im Prinzip genauso wie ein Gaschromatograph aus (s. Abb. 1.43), nur dass das mobile Trägergas unter erhöhtem Druck durch die Säule strömt, der durch ein geeignetes Druckregelventil am Säulenende hinter dem Detektor eingestellt wird. Die Analyse des chromatographischen Peaks im Detektor erfolgt in der Regel durch UV-Absorption oder Differentialrefraktometrie.

Abb. 1.84 zeigt das Phasendiagramm von Squalan (2, 6, 10, 15, 19, 23-Hexamethyltetracosan: $C_{20}H_{22}$) bei 37,8° C.

Es zeigt, wie stark sich die Löslichkeit von $C_{20}H_{22}$ in gasförmigem CO_2 (Kurve a) mit dem Druck erhöht. Abb. 1.83 zeigt die chromatographischen Peaks auf einer Minutenzeitskala für Hexadekan und CO_2 als mobile Phase bei 40 °C und verschiedenen Drücken. Man sieht, dass die Retentionszeiten mit wachsendem Druck im Bereich von 73 bis 87 bar erheblich kürzer werden entsprechend einer sinkenden Löslichkeit. Daraus ergibt sich die Möglichkeit, mit der SCF partielle Molvolumina schwerflüchtiger Stoffe in komprimierten überkritischen Gasen bei hoher Verdünnung zu messen. Nach Gl. (1.148) ist das sog. Kapazitätsverhältnis k_1 einer Substanz (Index 1):

$$k_1 = K_{N,1} \frac{V_{stat}}{V_{mobil}} = \frac{V_R - V_{mobil}}{V_{mobil}} = \frac{t_R - t_0}{t_0}$$

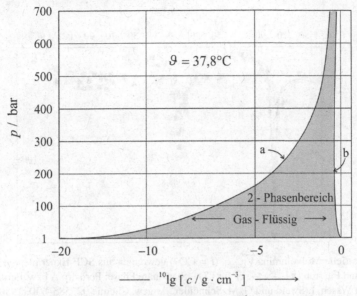

Abb. 1.84 2-Phasendiagramm von Squalan + CO_2 bei 37,8°C in einer $p - {}^{10}\lg c$-Darstellung. (a) Gaslöslichkeit von Squalan in CO_2, (b) Konzentration von Squalan in der flüssigen Phase (nach U. van Wasen und G. M. Schneider, Angew. Chemie *92*, 585–670 (1980).

definiert, wobei $K_{N,1} = c_1^\infty / f_1^\infty$ der Verteilungskoeffizient der Substanz 1 zwischen mobiler und stationärer Phase in unendlicher Verdünnung bedeutet. c_1^∞ ist die Konzentration in der stationären Phase, f_1^∞ die Fugazität im Trägergas, i.d.R. CO_2. Es gilt:

$$\left(\frac{\partial \ln k_1}{\partial p} \right)_T = \left(\frac{\partial \ln K_{N,1}}{\partial p} \right)_T = -\frac{1}{RT} \left(\frac{\partial \Delta \mu_1^\infty}{\partial T} \right) = -\frac{\left(\overline{V}_{1,\text{mobil}}^\infty - \overline{V}_{1,\text{stat}}^\infty \right)}{RT}$$

mit

$$\Delta \mu_1^\infty = \mu_{10}^g + RT \ln f_1^\infty - \mu_{10,\text{stat}}^\infty - RT \ln c_{1,\text{stat}}$$

wobei $f_1^\infty = p_1 x \varphi_1^\infty$ die Fugazität von 1 in der mobilen fluiden Phase mit dem Fugazitätskoeffizienten φ_1^∞ und dem Partialdruck p_1 bedeutet. Betrachtet man $\mu_{10,\text{stat}}^\infty$ als druckunabhängig, erhält man:

$$RT \left(\frac{\partial \ln \varphi_i^\infty}{\partial p} \right)_T = RT \left(\frac{\partial \ln \varphi_i^\infty}{\partial \overline{V}_{CO_2}} \right)_T \left(\frac{\partial \overline{V}_{CO_2}}{\partial p} \right)_T$$

Die Druckabhängigkeit von k_1 bzw. der relativen Retentionszeit $\dfrac{t_R - t_0}{t_0}$ ist also proportional zur Kompressibilität κ_T des mobilen Fluids CO_2:

$$\kappa_{T,CO_2} = -\frac{1}{\overline{V}_{CO_2}} \left(\frac{\partial \overline{V}_{CO_2}}{\partial p} \right)_T$$

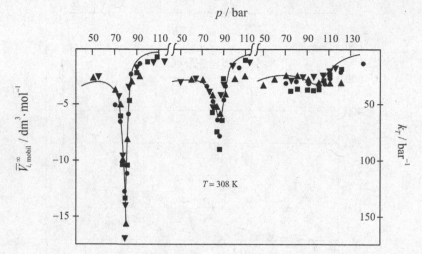

Abb. 1.85 Partielle Molvolumina $\overline{V}_{i,\text{mobil}}^{\infty}$ ($i = CO_2$) gewonnen aus SCF-Experimenten für Naphtalin ($\blacktriangle$, $\blacksquare$) und Fluoren ($\blacktriangledown$). ———, κ_T für CO_2. Stationäre Phase: Perisorb A bzw. Perisorb RP-8. (nach U. van Wasen, I. Swaid und G. M. Schneider, Angew. Chemie 92, 585–670 (1980))

Da $\left(\partial \ln \varphi_1^{\infty}/\partial p\right)_T$ immer endlich und i. d. R. positiv ist, κ_T dagegen am kritischen Punkt T_c, p_c unendlich wird, ist zu erwarten, dass der aus der Druckabhängigkeit bestimmbare Wert für $\Delta \overline{V}_1^{\infty} = \overline{V}_{1,\text{mobil}}^{\infty} - \overline{V}_{1,\text{stat}}^{\infty}$ in der Nähe des kritischen Punktes des mobilen Trägerfluids starke negative Werte annimmt. Das gilt auch für $\overline{V}_{1,\text{mobil}}^{\infty}$, da $\overline{V}_{1,\text{stat}}^{\infty}$ praktisch nicht druckabhängig ist. Abb. (1.85) zeigt Werte für $\overline{V}_{1,CO_2}^{\infty}$, die in SCF-Experimenten aus der Druckabhängigkeit von $\ln k_1$ gewonnen wurden unter Annahme, dass $\overline{V}_{1,\text{stat}}^{\infty} = \overline{V}_{1,\text{fl}}$. Man sieht, dass diese Werte stark negativ werden können, je näher man dem kritischen Punkt von CO_2 kommt ($T_c = 304, 2$ K, $p_c = 73, 5$ bar).

1.21.22 Fest-Flüssig Phasengleichgewichte von Polymer-Lösemittel-Mischungen mit Eutektikum

In Abschnitt 1.18 wurde gezeigt, dass die unterschiedliche Größe von Molekülen in flüssigen Mischungen zu erheblichen Abweichungen vom idealen Verhalten führen, selbst wenn der Wechselwirkungsparameter χ_{12} sehr klein oder sogar null ist. Ein Beispiel ist eine Mischung von Hexan mit Oktadekan (s. auch Abb. 1.47). Die Anwendung von Gl. (1.133) bzw. (1.134) auf solcher Art flüssiger Mischungen ergibt für die Schmelzkurve $T(x_i)$ ganz allgemein ($i = 1, 2$):

$$\frac{\Delta H_{Si}}{R}\left(\frac{1}{T_{Si}} - \frac{1}{T}\right) + \frac{\Delta \overline{C}_{p,Si}}{R}\left(\ln \frac{T}{T_{Si}} + 1 - \frac{T_{Si}}{T}\right) = \ln\left(x_i \gamma_i\right)$$

Setzen wir $\chi_{12} = 0$, so spiegelt sich in $\ln \gamma_i \neq 0$ nur der Größenunterschied der Moleküle wider

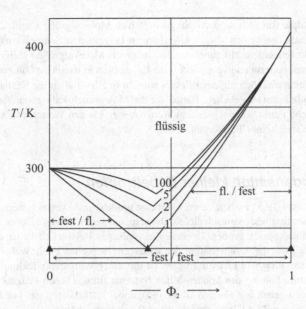

Abb. 1.86 Schmelzdiagramm mit Eutektikum für Mischungen von Molekülen unterschiedlicher Größe $r = b_2/b_1 = 1, 2, 5$ und 100. Der Wechselwirkungsparameter χ_{12} ist gleich Null gesetzt.

und es gilt nach Gl. (1.157), wenn wir $\chi_{12} = 0$ setzen $(i = 1, 2)$:

$$RT \cdot \ln(x_i \gamma_i) = \mu_i - \mu_{i0} = RT \left[\ln(\Phi_i) + 1 - \frac{b_i}{b_M} \right]$$

mit $b_M = x - 1b_1 + x_2 b_2$.

Setzt man das in die obige Gleichung ein und setzt $\Delta \overline{C}_{p,\text{Si}} \approx 0$, erhält man:

$$\frac{\Delta H_{\text{Si}}}{R} \left(\frac{1}{T_{\text{Si}}} - \frac{1}{T} \right) = \ln \Phi_i + 1 - b_i / (b_1 x_1 + b_2 (1 - x_1))$$

Das lässt sich auch schreiben für $i = 1$ bzw. 2:

$$\frac{b_1}{b_2} \frac{\Delta H_{S2}}{R} \left(\frac{1}{T_{S2}} - \frac{1}{T} \right) = \frac{b_1}{b_2} \ln \Phi_2 + \left(\frac{b_1}{b_2} - 1 \right) \cdot \Phi_1$$

$$\frac{\Delta H_{S1}}{R} \left(\frac{\cdot 1}{T_{S1}} - \frac{1}{T} \right) = \ln \Phi_1 + \left(1 - \frac{b_1}{b_2} \right) \cdot \Phi_2$$

Für $b_1 = b_2$ wird die rechte Seite, multipliziert mit b_2 bzw. b_1, gleich $\ln x_2$ bzw. $\ln x_1$ (ideale flüssige Mischung).

Wir wählen als Zahlenbeispiel:

$$\frac{\Delta H_S}{\Delta H_S} = r \quad \text{sowie} \quad T_{S1} = 300 \, \text{K} \quad \text{und} \quad T_{S2} = 415 \, \text{K}$$

Die Schmelzenthalpie soll also proportional zur relativen Molekülgröße r sein. Dann erhält man die in Abb. 1.86 aus den beiden obigen Gleichungen berechneten Schmelzkurven, die sich im eutektischen Punkt schneiden. Mit zunehmender (relativer) Molekülgröße r steigt der eutektische Punkt mit der Temperatur an und verschiebt seine Lage etwas in Richtung höherer Werte von Φ_2.

Zur besseren Veranschaulichung des Effektes wurden in allen Fällen die Schmelztemperaturen der reinen Feststoffe konstant gehalten. Hätten wir die Molenbruchskala gewählt, also x_2 statt Φ_2, wäre der eutektische Punkt mit wachsendem Wert von r zu kleinen Werten von x_2 gewandert bei gleichzeitigem Anstieg seiner Temperatur.

1.21.23 *Kondensation kleiner Nebeltropfen*

Wie wir in Abschnitt 1.19.3 gesehen haben, kann eine große Anzahl von nebeneinander vorliegenden kleinen Tropfen thermodynamisch nicht stabil sein; entweder sie verdampfen oder kondensieren zu einem makroskopisch großen Tropfen. Ein typisches Beispiel dafür ist das Verdampfen des Morgennebels bzw. die Kondensation der winzigen Tröpfchen einer Wolke, also das Ausregnen. Die Kondensation von kleinen Tropfen ist mit einer Wärmeentwicklung verbunden, die zu einer Temperaturerhöhung des kondensierten Systems führt. Diesen Prozess wollen wir näher betrachten. Dazu gehen wir aus von Gl. (1.160), dabei interessieren uns nur Änderungen der Grenzflächenphase, es gilt im Gleichgewicht $d\mu_i = 0$ und man erhält:

$$-\left(\frac{\partial\sigma}{\partial T}\right)_A = \frac{S^A}{A}$$

Eingesetzt in Gl. (1.159) gilt also:

$$U^A = -T \cdot A \cdot \left(\frac{\partial\sigma}{\partial T}\right)_A + \sigma \cdot A = A\left[\sigma - T\left(\frac{\partial\sigma}{\partial T}\right)_A\right]$$

Unser System enthalte n Mole, das kondensierte Volumen sei $(4/3)\pi \cdot R^3$. In Form der Tröpfchen mit dem kritischen Radius r_K beträgt dasselbe Volumen $N_{Tr} \cdot (4/3)\pi r_K^3$, wobei R der makroskopische Tropfenradius des kondensierten Systems bedeutet und N_{Tr} die Zahl der Tröpfchen. Dann gilt:

$$N_{Tr} = \frac{R^3}{r_K^3}$$

Jetzt berechnen wir die gesamte Oberfläche vor bzw. nach der Kondensation:

$$A_{vorher} = N_{Tr} \cdot 4\pi r_K^2 = 4\pi R^3/r_K \quad \text{bzw.} \quad A_{nachher} = 4\pi R^2$$

Wir betrachten die Kondensation zunächst als isothermen Prozess. Bei kugelförmigen Oberflächen gilt somit:

$$\Delta U^A = U^A_{nachher} - U^A_{vorher} = (4/3)\pi R^3 \cdot \left[\frac{1}{R} - \frac{1}{r_K}\right] \cdot \left[\sigma - T \cdot \frac{\partial\sigma}{\partial T}\right]$$

Der Faktor 1/3 erscheint hier wegen Gl. (1.41). Somit gilt im isolierten System ($dU = 0$):

$$\Delta U^V = -\Delta U^A = \overline{C}_V \cdot (T_{\text{nachher}} - T_{\text{vorher}}) \cdot n$$

$\overline{C}_V$ ist die Molwärme der Flüssigkeit. Nun gilt $(4/3)\pi R^3/n = \overline{V}_{\text{fl}} = M/\varrho$. Daraus ergibt sich die gesuchte Temperaturänderung ΔT:

$$\Delta T = T_{\text{nachher}} - T_{\text{vorher}} = \frac{M}{\varrho \cdot \overline{C}_V}\left[\frac{1}{r_K} - \frac{1}{R}\right]\left[\sigma - T_{\text{vorher}}\left(\frac{\partial \sigma}{\partial T}\right)\right]$$

Als Beispiel betrachten wir Wasser bei $T_{\text{vorher}} = 288$ K, $\varrho = 1000$ kg $\cdot$ mol^{-1}, $M = 0,018$ mol $\cdot$ kg^{-1}, $\overline{C}_V = 74,14$ J $\cdot$ mol^{-1} $\cdot$ K^{-1}, $\sigma = 0,073\ N \cdot$ m^{-1} und $(\partial \sigma/\partial T) = -2,47 \cdot 10^{-4} N \cdot$ m$^{-1} \cdot$ K^{-1}. Wir setzen $R = 1$mm $= 10^{-3}$m und $r_K = 10^{-7}$ m. Damit ergibt sich:

$$\Delta T = 0,350\text{ K}$$

Hätten wir $r_K = 10^{-8}$ m gesetzt, wäre die Temperaturerhöhung $\Delta T = 3,5$ K. Bemerkung: wir haben bei der Berechnung die Moleküle im Dampf, die sich um die Molzahl $\Delta n'' = (p'' - p_{\text{sat}})V_{\text{Dampf}}/RT$ verringern und ebenfalls kondensieren, vernachlässigt, da die Druckänderung gering ist:

$$\frac{p'' - p_{\text{sat}}}{p_{\text{sat}}} = \exp\left[\frac{\overline{V}_{\text{fl}} \cdot 2 \cdot \sigma}{r_K \cdot R \cdot T}\right] - 1 = \exp\left[\frac{1,8 \cdot 10^{-5} \cdot 2 \cdot 6,075}{10^{-7} \cdot 288 \cdot R}\right] - 1 = 0,011$$

Sie beträgt also nur 1,1 %. Bei 288 K ist $p'' - p_{\text{sat}} \approx 17$ Pa. Setzt man $V_{\text{Dampf}} = 10^{-4}$ m^3, ergibt sich $\Delta n = 7 \cdot 10^{-7}$ mol bzw. $7 \cdot 10^{-8}$ mol mit $V_{\text{Dampf}} = 10^{-5}$ m$^3 \cdot$ mol^{-1} gegenüber $n = (4/3)\pi R^3/1,8 \cdot 10^{-5} \cong 2,3 \cdot 10^{-4}$ mol. Also ist $\Delta n/n = 3 \cdot 10^{-3}$ bzw. $3 \cdot 10^{-4}$.

1.21.24 *Exzessenthalpie eines ternären Systems*

In Abschnitt 1.4 haben wir die allgemeine Formel für die molaren Exzessgrößen $\overline{G}^E, \overline{S}^E, \overline{H}^E$ und $\overline{V}^E$ als Funktion der Aktivitätskoeffizienten γ_i der Mischungskomponenten und deren Ableitungen $(\partial\gamma_i/\partial T)_p$ und $(\partial\gamma_i/\partial p)_T$ entwickelt. Ein Beispiel für eine binäre Mischung zeigt Abb. 1.5. Hat man es mit einer ternären Mischung zu tun, lassen sich Exzessgrößen grafisch darstellen mit Hilfe des Gibbs'schen Dreiecks (s. Abb. 1.37). Zwei Molenbrüche legen die Zusammensetzung der Mischung innerhalb der Fläche des Dreiecks fest. Die Exzessgröße lässt sich dann als Oberfläche im Raum darstellen, der durch die Ebene des Gibbs'schen Dreiecks und die dazu vertikale Koordinate aufgespannt wird. Abb. 1.87 zeigt $\overline{H}^E$ für das ternäre System Triethylamin (TEA) + *n*-Heptan + 1-Propanol. Auf den drei Seitenlinien des Dreiecks erkennt man $\overline{H}^E$ für die drei binären Systeme.

$\overline{H}^E$ von 1-Propanol und *n*-Heptan ist positiv (endotherm) mit einem Maximum von ca. 700 J $\cdot$ mol^{-1}, da das Aufbrechen der H-Brücken von 1-Propanol beim Mischen mit *n*-Heptan Energie erfordert. $\overline{H}^E$ von TEA + *n*-Heptan ist ebenfalls positiv, aber erheblich weniger als $\overline{H}^E$ von 1-Propanol + *n*-Heptan. Das liegt daran, dass TEA zwar ein polares Molekül ist, aber keine H-Brücken bildet. Dazu im Gegensatz ist $\overline{H}^E$ von TEA + 1-Propanol stark negativ (im Minimum:

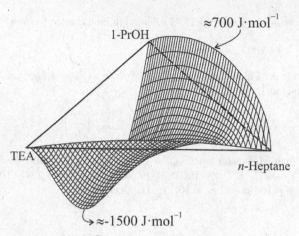

Abb. 1.87 Molare Exzessenthalpie $\overline{H}^E$ der flüssigen Mischung Triethylamin (TEA) + *n*-Heptan + 1-Propanol.

-1500 J·mol^{-1}), also exotherm. Die H-Brücken von 1-Propanol werden zwar beim Mischen aufgebrochen, aber dafür werden besonders starke H-Brücken zwischen 1-Propanol und TEA gebildet, sodass im Gesamteffekt Energie frei wird beim Mischen. Innerhalb des Gibbs'schen Dreiecks liegen die $\overline{H}^E$-Werte auf der netzartig dargestellten Oberfläche, die in Richtung der TEA + 1-Propanol-Kante als tiefes Tal abfällt mit der „Bergkuppe" von 1-Propanol + *n*-Heptan und dem flachen Hügel TEA + *n*-Heptan zu beiden Seiten des Tals.

1.21.25 *Der Wasserläufer – ein Grenzflächenphänomen aus dem Tierreich*

Wir diskutieren hier ein Beispiel aus der Biologie, wo Grenzflächenphänomene die Grundlage der Existenz von Lebewesen darstellen. Dazu gehört der Wasserläufer, ein Insekt, dessen Lebensbereich vorwiegend die Wasseroberfläche von stehenden Gewässern wie Tümpeln und Teichen ist. Abb. 1.88 zeigt, wie die Grenzflächenspannung zwischen Wasser und den flach aufliegenden Beinen des Insekts bewirkt, dass es nicht versinken und sich dabei auf der Wasseroberfläche problemlos bewegen kann. Das ist auch noch der Fall, wenn das Gewicht des Wasserläufers sich verdoppelt, wie z. B. bei der Paarung.

Um das zu verstehen, muss man davon ausgehen, dass die Oberfläche des Materials, aus dem die Insektenbeine bestehen, durch Wasser nicht benetzt wird. Abb. 1.89 (links) zeigt schematisch die Seitenansicht eines Wasserläuferbeins, das wir als Zylinder mit dem Radius r und der Länge l approximieren. Verwenden wir dieselbe Bezeichnung, wie in Abb. 1.50 rechts, dann bedeutet eine Nichtbenetztheit, dass der Winkel $\vartheta = 180°$ ist und somit $\cos \vartheta \cong -1$. Damit erhalten wir aus Gl. (1.172):

$$\sigma_{23} = \sigma_{13} - \sigma_{12} \approx 0$$

Abb. 1.88 Der Wasserläufer (Bildquelle:Wikipedia).

da die Grenzflächenspannung zwischen Dampf und festem Material σ_{23} praktisch gleich Null ist. Es gilt also $\sigma_{13} \approx \sigma_{12}$. Die Grenzflächenspannung zwischen dem festen Material des Insektenbeins und Wasser ist praktisch gleich der Grenzflächenspannung $\sigma_{12} = \sigma_{H_2O}$ zwischen flüssigem Wasser und Luft. Durch das Gewicht des Wasserläufers taucht sein Bein bis zur Tiefe h ins Wasser ein ohne benetzt zu werden. Die Oberfläche des Wassers wird dadurch vergrößert. Das kostet Energie, die aus dem potentiellen Energieverlust $m_W \cdot g \cdot h$ des Wasserläufers aufgebracht werden muss. Der Vereinfachung halber sei angenommen, dass die Dichte des Insektenmaterials gleich der von Wasser ist, sodass keine Auftriebseffekte zu berücksichtigen sind. Dazu betrachten wir Abb. 1.89 (rechts), wo der Querschnitt des Zylinders gezeigt ist. Ziel unserer Berechnung ist es, den Zusammenhang zwischen der Eindringtiefe h und dem Kreisbogenstück b herzuleiten. Aus der Abbildung geht hervor, dass gilt:

$$x = r \cdot \sin\varphi \qquad \text{und} \qquad x^2 + (r - h)^2 = r^2$$

Für b gilt somit mit $0 \leq \varphi \leq \pi$:

$$b = r \cdot 2\varphi = 2 \cdot r \arcsin\left(\frac{x}{r}\right)$$

mit

$$x = \sqrt{h(2r - h)} = r \cdot \sqrt{2\widetilde{h} - \widetilde{h}^2} \qquad (\widetilde{h} = h/r)$$

Das ergibt für den gesuchten Zusammenhang

$$b = 2 \cdot r \cdot \arcsin\sqrt{2\widetilde{h} - \widetilde{h}^2}$$

Damit gilt für die Kontaktfläche zwischen Zylinder und Wasser:

$$F = b \cdot l = r \cdot l \cdot \arcsin\sqrt{2\widetilde{h} - \widetilde{h}^2}$$

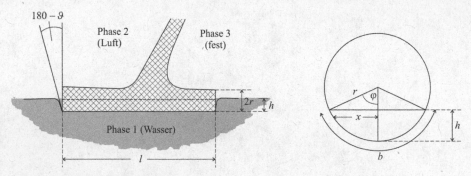

Abb. 1.89 Links: Wasserläuferbein approximiert als Zylinder mit dem Durchmesser $2r$ und der Länge l in der Seitenansicht. Rechts: Zylinderquerschnitt (s. Text).

Wenn der Zylinder bis zur Tiefe h ins Wasser hineinragt, vergrößert sich die Oberfläche des Wassers um den Wert ΔF:

$$\Delta F = b \cdot l - 2x \cdot l$$

Also:

$$\Delta F = l \cdot r \left[2 \cdot \arcsin \sqrt{2\widetilde{h} - \widetilde{h}^2} - \sqrt{2\widetilde{h} - \widetilde{h}^2} \right]$$

Mit der Zusatzfläche ΔF ist die zusätzliche Oberflächenenergie $\sigma_{H_2O} \cdot \Delta F$ verbunden. Die gesuchte Eindringtiefe h bzw. $\widetilde{h}$ ergibt sich aus der Bedingung, dass die Summe von potentieller Energie des Wasserläufers und der zusätzlich geschaffenen freien Oberflächenenergie ein Minimum haben muss, also Kräftegleichgewicht herrscht:

$$\frac{d(m_W \cdot g \cdot r \cdot \widetilde{h})}{d\widetilde{h}} = \sigma \frac{d\Delta F(\widetilde{h})}{d\widetilde{h}}$$

Für die Ableitung von $\arcsin(y(\widetilde{h}))$ gilt:

$$\frac{d \arcsin y(\widetilde{h})}{d\widetilde{h}} = \frac{1}{(1 - y^2)^{1/2}} \cdot \left(\frac{dy(\widetilde{h})}{d\widetilde{h}} \right)$$

Also erhält man nach Differenzieren für m_W:

$$m_W = l \cdot \frac{\sigma}{g} \left[\frac{1}{(1 - 2\widetilde{h} + \widetilde{h}^2)^{1/2}} - 1 \right] \cdot \frac{2(1 - \widetilde{h})}{\sqrt{2\widetilde{h} - \widetilde{h}^2}}$$

m_W ist hier die Masse des Wasserläufers und l die Summe aller Beinlängen des Insekts, die das Wasser kontaktieren. Mit $\sigma_{H_2O} = 72{,}7 \text{ J} \cdot \text{m}^{-2}$ und $g = 9{,}81 \text{ m} \cdot \text{s}^{-2}$ erhält man die in Abb. 1.90 dargestellten Kurven für $m_W(\widetilde{h})/l$ und $\Delta F/l \cdot r$. Die Grafik zeigt, dass der Gleichgewichtswert m_W zunächst steiler und dann fast linear mit $\widetilde{h}$ ansteigt. Der auf die Einheitsfläche von 1 m^2

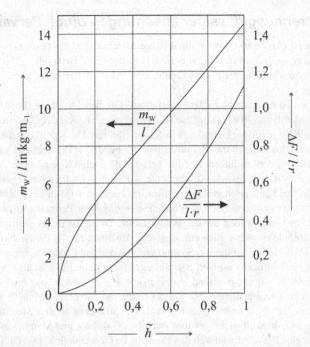

Abb. 1.90 Masse pro Beinlänge m_W/l des Wasserläufers und die zusätzlich durch das Gewicht erzeugte Oberfläche $\Delta F/l \cdot r$ in reduzierter Form als Funktion der reduzierten Eindringtiefe $\widetilde{h} = h/r$.

bezogene Wert von ΔF, also die zusätzlich erzeugte Wasseroberfläche, steigt erst flacher und dann ebenfalls fast linear mit $\widetilde{h}$ an. $\widetilde{h} = 1$ bedeutet $h = r$. Bei diesem Wert wäre gerade die Hälfte des Zylinders von Wasser umgeben. Wir führen ein konkretes Rechenbeispiel durch. Die Summe der eintauchenden Beinlängen des Wasserläufers betrage $l = 3$ mm $= 3 \cdot 10^{-3}$ m und $\widetilde{h}$ sei 0,01 (1 % von r). Dann erhält man:

$$m_W = 3 \cdot 10^{-3} \cdot 14,8216 \cdot 0,0101 \cdot 7,018 = 3,15 \cdot 10^{-3} \text{ kg} = 3.15 \text{ g}$$

Wählen wir $\widetilde{h} = 0,001$ (0,1 % von r) lautet das Resultat:

$$m_W = 3 \cdot 10^{-3} \cdot 14,8216 \cdot 1,001 \cdot 10^{-3} \cdot 22,34 = 9,9 \cdot 10^{-4} \text{ kg} = 990 \text{ mg}$$

Da ein Wasserläufer deutlich weniger als 1 g wiegt, etwa 20 mg, beträgt eine Eindringtiefe $h \cong r \cdot 10^{-5}$, also nur 0,01 %von r. Wasserläufer können also ein Vielfaches ihres eigenen Gewichtes tragen ohne merklich in die Wasseroberfläche einzusinken, sie bewegen sich praktisch wie auf einer völlig glatten Unterlage.

1.21.26 *Auftrennung flüssiger Mischungen durch Pervaporation*

Die Pervaporation ist ein Trennverfahren für flüssige Mischungen, das bevorzugt dort eingesetzt wird, wo konventionelle Trennverfahren, wie die Rektifikation (s. Beispiele 1.21.12 und 1.21.13) versagen. Das gilt vor allem bei azeotropen Gemischen. Abb. 1.91 zeigt das Prinzip der Pervaporation.

Die Pervaporation ist ein stationäres Trennverfahren. Die flüssige Phase (Feed) ist durch eine geeignete Polymermembran von der Gasphase (Permeat) getrennt. Auf der Gasseite wird durch eine Pumpe ein möglichst niedriger Unterdruck aufrecht erhalten. Die Komponenten der Mischung werden verschieden schnell durch die Membran von der Feed- zur Permeatseite transportiert, sie haben unterschiedliche Permeabilitäten. In Abb. 1.91 hat die weiße Komponente eine höhere Permeabilität als die schwarze, die weiße Komponente wird daher im Permeat gegenüber ihrer Zusammensetzung im Feed angereichert. Das gasförmige Permeat wird in einer Kühlfalle, die vor der Pumpe liegt, auskondensiert. Der Dampfdruck des flüssigen Permeats in der Kühlfalle ist der Mindestdruck der Gasmischung auf der Permeatseite. Dieser ist umso niedriger, je tiefer die Temperatur der Kühlfalle ist. Wir wollen zunächst den Ausdruck für die Permeabilität einer Komponente ableiten. Dazu stellen wir uns ein System vor, bei dem im Feed eine zunächst gasförmige Mischung mit den Partialdrücken p_{1F} und p_{2F} vorliegt, der Gesamtdruck ist also $p_F = p_{1F} + p_{2F}$.

Auf der Permeatseite gilt entsprechend $p_P = p_{1P} + p_{2P}$ mit $p_P < p_F$. Jetzt betrachten wir den Fluss der einzelnen Komponenten $J_i (i = 1, 2)$ durch die Membran (Einheit: $mol\cdot s^{-1} \cdot m^{-2}$). Um einen Ausdruck für J_i zu finden, gehen wie davon aus, dass an den Membranrändern ein thermodynamisches Löslichkeitsgleichgewicht zwischen Gasphase und Membranphase existiert.

Das Löslichkeitsgleichgewicht ist durch das Henry'sche Gesetz definiert (s. Gl. (1.92)):

$$p_i = K_{H,i} \cdot x_i \qquad \text{mit} \qquad K_{H,i} = p_{i,0} \cdot \gamma_i^\infty$$

x_i ist der Molenbruch der Komponente i am Rand innerhalb der Membran. Das gilt für jede Komponente sowohl auf der Feedseite, wie auf der Permeatseite. Innerhalb der Membran diffundiert jede Komponente nach dem Diffusionsgesetz im stationären Zustand:

$$J_i = -D_i \frac{dx_i}{dl}$$

D_i ist der Diffusionskoeffizient der Komponente i im Membranmaterial. Wenn D_i konstant ist, gilt für den Gradienten $dx_i/dl = (x_{i,P} - x_{i,F})/l$, wobei l die Membrandicke ist. Damit können wir für J_i schreiben:

$$J_i = (D_i \cdot K_{H,i}) \frac{p_{iF} - p_{iP}}{l} = \Pi_i \cdot \frac{p_{iF} - p_{iP}}{l} \qquad (1.227)$$

$\Pi_i = (D_i \cdot K_{H,i})$ heißt die *Permeabilität* der Komponente i in der betreffenden Membran. Bei der Ableitung dieser Gleichung wurden folgende Vereinfachungen gemacht. Sowohl D_i wie auch $K_{H,i}$ werden als konzentrationsunabhängig angenommen. Es soll auch keine Kopplung dieser Größen innerhalb der Membran vorliegen. Die einzelnen Komponenten spüren nichts von der Anwesenheit der anderen. Diese Einschränkungen sind häufig nicht gerechtfertigt, aber wir wollen sie hier gelten lassen, da sie sonst die folgenden Ableitungen und Berechnungen erheblich komplizieren würden, zumal das Grundsätzliche des Transportmechanismus durch die Membran qualitativ richtig beschrieben wird. Sind p_{1F} und p_{2F} und damit auch p_F sowie $p_P = p_{1P} + p_{2P}$ vorgegeben, lässt

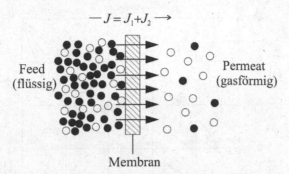

Abb. 1.91 Pervaporation einer flüssigen Mischung durch eine Membran. Die „weißen" Moleküle permeieren bevorzugt und reichern sich im Gasraum (Permeat) an gegenüber der Zusammensetzung in der flüssigen Mischung (Feed).

sich Gl. (1.227) nach p_{1P} oder p_{2P} auflösen und man erhält den Zusammenhang von $x_{F,1} = p_{1F}/p_F$ mit $x_{P,1} = p_{1P}/p_P$. Wir wollen hier aber nur den Fall behandeln, dass $p_F \gg p_P$ gilt, also in Gl. (1.227) $p_{i,P}$ gegen $p_{i,F}$ vernachlässigt werden darf. Dann gilt:

$$\frac{J_1}{J_2} = \left(\frac{\Pi_1}{\Pi_2}\right)\frac{p_{1F}}{p_{2F}} \tag{1.228}$$

Da J_1 und J_2 überall, sowohl im Feed, wie im Permeat konstant sind und ferner im Permeat wegen des niedrigen Wertes von p_P das ideale Gasgesetz gilt, kann man schreiben:

$$\frac{J_1}{J_1 + J_2} = \frac{\dot{n}_1}{\dot{n}_1 + \dot{n}_2} = \frac{p_{1,P}}{p} \quad \text{bzw.} \quad \frac{J_1}{J_2} = \frac{y_1}{1 - y_1} \tag{1.229}$$

y_1 ist der Molenbruch von 1 im Permeat. Gleichsetzen von Gl. (1.228) und Gl. (1.229) und Auflösen nach y_1 ergibt:

$$y_1 = \frac{p_{1F} \cdot \Pi_1}{p_{1F} \cdot \Pi_1 + p_{2F} \cdot \Pi_2} \tag{1.230}$$

Hier sind x_1 und x_2 die Molenbrüche im Feed. Wir wollen ein einfaches Beispiel geben. Es seien $p_{1F} = p_{2F} = 0,5$ bar und $\Pi_1/\Pi_2 = 4$. Mit Gl. (1.230) ergibt sich daraus für y_1:

$$y_1 = \frac{4}{5} = 0,8$$

Die Komponente 1 wird im Permeat angereichert.

Nun kommen wir zu flüssigen Mischungen. Ist die Feedmischung flüssig, gilt nach Gl. (1.83) für p_{1F} bzw. p_{2F} ($\varphi_{10} \approx p_{10}$):

$$p_{1F} = p_{10} \cdot \gamma_1 \cdot x_1 \quad \text{und} \quad p_{2F} = p_{20} \cdot \gamma_2 \cdot x_2$$

p_{10} und p_{20} sind die Sättigungsdrücke der reinen flüssigen Komponenten 1 bzw. 2. Man erhält

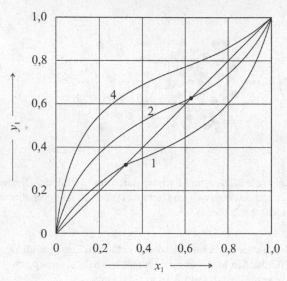

Abb. 1.92 $y_1(x_1)$-Diagramme der Pervaporation eines flüssigen Modellgemisches. Zahlenwerte: Verhältnis der Permeabilitäten Π_1/Π_2. $\Pi_1/\Pi_2 = 1$ ist identisch mit dem thermodynamischen Dampf-Flüssigkeits-Gleichgewicht.

dann:

$$y_1 = \frac{p_{10} \cdot \gamma_1 \cdot x_1 \cdot \Pi_1}{p_{10} \cdot \gamma_1 \cdot x_1 \cdot \Pi_1 + p_{20} \cdot \gamma_2 \cdot x_2 \cdot \Pi_2} \qquad (1.231)$$

Für die Aktivitätskoeffizienten im flüssigen Feedgemisch schreiben wir (s. Gl. (1.87)): $\gamma_1 = \exp[a(1 - x_1)^2/RT]$ bzw. $\gamma_2 = \exp[a \cdot x_1^2/RT]$. Gl. (1.231) wird identisch mit Gl. (1.89), wenn $\Pi_1 = \Pi_2$ ist. In diesem Fall ergibt die Pervaporation dasselbe Ergebnis wie eine einstufige Destillation, d. h. ob die Membran da ist oder nicht, spielt keine Rolle. Das sieht jedoch anders aus, wenn $\Pi_1 \neq \Pi_2$. Wir betrachten dazu den Fall eines azeotropen Gemisches. Wir verwenden dieselben Daten wie bei dem in Abb. 1.14 gezeigten Beispiel, also $a = RT$, $p_{10} = 100$ mbar, $p_{20} = 150$ mbar. Abb. 1.92 zeigt die Ergebnisse mit $\Pi_1/\Pi_2 = 1$ (Dampf-Flüssigkeitsgleichgewicht), $\Pi_1/\Pi_2 = 2$ und $\Pi_1/\Pi_2 = 4$. Der azeotrope Punkt bei $x_1 = y_1 \approx 0{,}3$ im Phasengleichgewicht wird bei $\Pi_1/\Pi_2 = 2$ nach oben auf $x_1 = y_1 \approx 0{,}6$ verschoben. Bei $\Pi_1/\Pi_2 = 4$ taucht kein azeotroper Punkt mehr auf. Eine mehrfache Anwendung der Pervaporation mit $\Pi_1/\Pi_2 \geq 4$ kann in unserem Modellbeispiel zur prinzipiell unbeschränkten Auftrennung führen.

In der Praxis hat die Pervaporation Anwendung zur Absolutierung von wasserhaltigen Alkoholen gefunden, die im Bereich $x_{\text{Alkohol}} = 0{,}9 - 0{,}95$ bei der Destillation azeotrope Punkte aufweisen. Ein Beispiel zeigt Abb. 1.93. Durch Destillation bzw. Rektifikation lässt sich eine Ethanol/H_2O-Mischung mit 92 Gewichtsprozent Ethanol nicht weiter auftrennen wegen des dort auftretenden azeotropen Punktes. Bei einem Permeatdruck $p_P < 100$ mbar gibt es nirgendwo einen azeotropen Punkt. Ein 90 %ige Ethanol/Wasser-Mischung lässt sich in diesem Fall durch Pervaporation weiter entwässern auf Werte > 95 %. Man sieht auch, dass sich die Trennkurven mit wachsendem

Permeatdruck p_P immer weiter der Gleichgewichtskurve annähern, wo $p_P = p_{sat}$ wird.

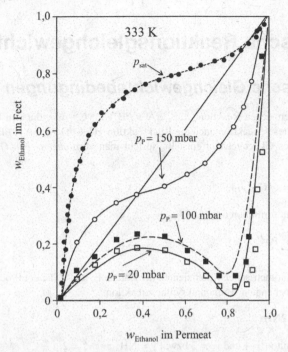

Abb. 1.93 Trenndiagramm der Pervaporation von flüssigen Ethanol/Wasser-Gemischen. Membranmaterial: vernetzter Polyvinylalkohol (PVA). Statt der Molenbrüche sind hier die Gewichtsbrüche $w_{Ethanol}$ in Feed bzw. Permeat aufgetragen für verschiedene Werte des Permeatdruckes p_P (s. auch: A. Heintz, W. Stephan, J. Membr Science, 153–169 (1994)).

2 Chemische Reaktionsgleichgewichte

2.1 *Chemische Gleichgewichtsbedingungen*

Wenn bei einer chemischen Reaktion, z. B. $\alpha A + \beta B \rightarrow \gamma C + \delta D$, die von links nach rechts abläuft, im Laufe dieser Reaktion auch die Rückreaktion $\gamma C + \delta D \rightarrow \alpha A + \beta B$ eintritt, bis sich ein zeitunabhängiges Gleichgewicht einstellt, spricht man vom *chemischen Gleichgewicht* und schreibt:

$$\nu_A A + \nu_B B \rightleftharpoons \nu_C C + \nu_D D \tag{2.1}$$

Allgemein kann man formulieren

$$\sum_i E_i \nu_i \rightleftharpoons \sum_i P_i \nu_i' \tag{2.2}$$

wobei ν_i die stöchiometrischen Koeffizienten der Edukte E_i und ν_i' die der Produkte P_i bedeuten. So ist z. B. bei der bekannten Ammoniaksynthesereaktion

$$N_2 + 3H_2 \rightleftharpoons 2NH_3$$

$E_1 = N_2, E_2 = H_2$ mit $\nu_1 = 1$ und $\nu_2 = 3$ bzw. $P_1 = NH_3$ mit $\nu_1' = 2$.

In vielen Fällen jedoch läuft in einer Mehrkomponentenmischung keine messbare chemische Reaktion ab, z. B. findet bei einer Gasmischung aus N_2 und H_2 bei Raumtemperatur und ohne Katalysator in endlicher Zeit keine Reaktion statt. Ein weiteres Beispiel ist die Reaktion

$$SF_6 + 3H_2O \rightleftharpoons SO_3 + 6HF$$

Diese Reaktion müsste eigentlich spontan und vollständig nach rechts ablaufen, jedoch ist eine Gasmischung von SF_6 und H_2O chemisch völlig stabil (s. Aufgabe 2.10.1).

In anderen Fällen, z. B. bei der Dissoziation von Wasser:

$$2H_2O \rightleftharpoons 2H_2 + O_2$$

ist nach beliebig langen Zeiten bei Raumtemperatur, auch in Gegenwart eines geeigneten Katalysators, keine Spur von H_2 oder O_2 zu finden. Es gibt also zwei wesentliche, sehr unterschiedliche Gründe, warum denkbare chemische Reaktionen *nicht* stattfinden:

1. Die Einstellung des thermodynamischen Gleichgewichtes geht so langsam vonstatten, dass ein Umsatz nicht beobachtet wird. Man spricht von kinetischer Stabilität (Beispiele $N_2 + H_2$ ohne Katalysator oder $SF_6 + H_2O$). Erst bei Zugabe eines *geeigneten Katalysators* stellt sich möglicherweise ein Gleichgewicht mit messbaren Konzentrationen von Edukten und Produkten ein.

2. Das Gleichgewicht stellt sich zwar ein, aber es sind keine Edukte (bzw. Produkte) nachweisbar, weil das Gleichgewicht praktisch vollständig auf einer der beiden Seiten liegt, also in obigem Beispiel beim H_2O-Dampf ganz auf der Eduktseite.

In der Thermodynamik beschäftigen wir uns mit *chemischen Reaktionen unter der Annahme, dass das chemische Gleichgewicht sich einstellt* (unter Umständen mit Hilfe eines Katalysators). Die wichtige Frage lautet:

Wie wird mit Hilfe der thermodynamischen Gesetzmäßigkeiten die Lage des Gleichgewichtes festgelegt und wie lassen sich die Konzentrationen im chemischen Gleichgewicht berechnen?

Dazu betrachten wir eine Mischung von Edukten E_i und Produkten P_i, die durch ihre chemische Stöchiometrie miteinander verbunden sind, d. h., die Molzahlen n_i von E_i und P_i sind nicht unabhängig voneinander, sie sind durch die eingeführte Reaktionslaufzahl (s. A. Heintz: Gleichgewichtsthermodynamik. Grundlagen und einfache Anwendungen, Springer, 2011) ξ miteinander verknüpft:

$$dn_i = \nu_i d\xi \quad (i = \text{ alle Produkte } (\nu'_i > 0), \text{ alle Edukte } (\nu_i < 0)) \tag{2.3}$$

Im Beispiel von Gl. (2.1) ist $\nu_1 = -\alpha$, $\nu_2 = -\beta$, $\nu'_3 = +\gamma$, $\nu'_4 = +\delta$.

Da nun klar ist, dass immer $\nu'_i > 0$ und $\nu < 0$, lassen wir den Strich bei ν' ab jetzt weg.

Um die Gleichgewichtslage zu ermitteln, schreiben wir für das totale Differential von G in einem offenen System ausgehend von Gl. (1.12) mit $dn_i = \nu_i \cdot d\xi$:

$$dG = -S\,dT + Vdp + \left(\sum_i \nu_i \cdot \mu_i \right) \cdot d\xi + \sum_j \mu_j dn_j$$

wobei in der Summe sowohl über die Edukte wie die Produkte summiert wird, ν_i ist definitionsgemäß negativ für Edukte und positiv für die Produkte. Die Größe in der Klammer bezeichnet man allgemein als chemische Affinität A_{chem}:

$$\left(\frac{\partial G}{\partial \xi} \right)_{T,p,n_j} = A_{\text{chem}} = \sum_i \nu_i \mu_i \tag{2.4}$$

Die Summe über j betrifft Komponenten der Mischung, die *nicht* an der Reaktion teilnehmen (z. B. Lösemittel bzw. Inertgase). Gehen wir vom offenen zum *geschlossenen System* über, verschwindet die zweite Summe über j, da für alle j gilt, dass $dn_j = 0$. Damit wird die Reaktionslaufzahl ξ im geschlossenen System neben T und p zunächst zu einem inneren Parameter. Jetzt wenden wir die Gleichgewichtsbedingung an:

$$dG_{T,p,n_j} \leq 0 \quad \text{bzw.} \quad dG = \left(\frac{\partial G}{\partial \xi} \right)_{T,p,n_j} \cdot d\xi \leq 0$$

mit $d\xi > 0$, wenn $\xi < \xi_e$ und $d\xi < 0$, wenn $\xi > \xi_e$. Da Gl. (2.4) immer erfüllt sein muss, gilt:

$$A_{\text{chem}} = \left(\frac{\partial G}{\partial \xi} \right)_{T,p,n_j} < 0 \quad (\delta\xi > 0) \qquad \text{bzw.} \qquad A_{\text{chem}} = \left(\frac{\partial G}{\partial \xi} \right)_{T,p,n_j} > 0 \quad (\delta\xi < 0)$$

Bei $\xi = \xi_e$ ist $\frac{\partial G}{\partial \xi} = 0$. ξ_e (Index e: equilibrium) ist der Gleichgewichtswert der Reaktionslaufzahl als innerer Parameter festgelegt. Im chemischen Gleichgewicht ist ξ *keine* freie Variable mehr und es gilt:

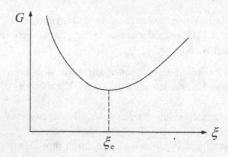
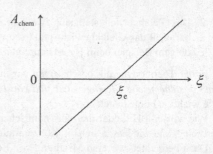

Abb. 2.1 Freie Enthalpie G und chemische Affinität A_{chem} einer reaktiven Mischung in Abhängigkeit von der Reaktionslaufzahl ξ.

$$\boxed{A_{chem} = \sum_i (\nu_i \cdot \mu_i) = 0}$$ (chemische Gleichgewichtsbedingung)   (2.5)

Abb. 2.1 zeigt den Verlauf von G bzw. A_{chem} als Funktion von ξ bei (T = const und p = const) schematisch. Im Minimum von G ist $\xi = \xi_e$ und A_{chem} ist gleich 0.

Die Krümmung der Kurve bei $\xi = \xi_e$ ist stets positiv $\left(\dfrac{\partial^2 G}{\partial \xi^2}\right)_{T,p} > 0$ (s. Anhang D, Gl. D.1).

2.2 *Homogene chemische Gleichgewichte in der idealen Gasphase*

Wir wollen Gleichung (2.5) zunächst auf *Gasreaktionen* anwenden unter der vereinfachenden Annahme, dass das ideale Gasgesetz gilt. Für das chemische Potential μ_i gilt dann (Gl. (1.46)):

$$\mu_i = \mu_{i0}(T, p = 1\text{bar}) + RT \ln p_i$$

wobei p_i der Partialdruck der Komponente i bedeutet.
  Eingesetzt in Gl. (2.5) folgt:

$$\frac{\sum_i \nu_i \mu_{i0}}{RT} = \ln \frac{\prod p_i^{\nu_i}}{\prod p_j^{\nu_j}}$$

mit ν_i für die Produkte und ν_j für die Edukte. Verwendet man den Molenbruch $y_i = p_i/p$ mit $p = \sum p_i$, erhält man:

$$\boxed{\frac{\prod_i p_i^{\nu_i}}{\prod_j p_j^{\nu_j}} = \frac{\prod_i y_i^{\nu_i}}{\prod_j y_j^{\nu_j}} \cdot p^{\sum_i \nu_i - \sum_j \nu_j} = K_p^{id} \cdot e^{-\frac{\Delta_R \overline{G}^0}{RT}}}$$ (2.6)

wobei man $\Delta_R \overline{G}^0 = \sum \nu_i \mu_{i0}$ (T, p = 1 bar) als *Freie Standardreaktionsenthalpie* bezeichnet. ν_i ist positiv für die Produkte und negativ für die Edukte. $\Delta_R \overline{G}^0$ hängt nur von der Temperatur T ab. Man kann Gl. (2.6) auch ohne Verwendung der chemischen Potentiale, ableiten, wie in Aufgabe 2.9.1 gezeigt wird. Gl. (2.6) ist das *Massenwirkungsgesetz (MWG)* und $K_{p(T)}^{id}$ ist die druckunabhängige Gleichgewichtskonstante für Gasreaktionen in der idealen Gasphase. Das MWG kann auch alternativ über die Methode der Kreisprozesse abgeleitet werden (s. Aufgabe 2.9.1). Wir geben zwei Beispiele für das MWG:

Beispiel 1:

Die Jodwasserstoffbildungsreaktion, die zu den bekanntesten Gasgleichgewichtsreaktionen gehört, lautet:

$$J_2 + H_2 \rightleftharpoons 2HJ$$

Es gilt somit nach Gl. (2.6):

$$K_p^{id}(T) = e^{-\frac{\Delta_R \overline{G}^0}{RT}} = \frac{p_{HJ}^2}{p_{J_2} \cdot p_{H_2}} = \frac{y_{HJ}^2}{y_{J_2} \cdot y_{H_2}}$$

mit

$$\Delta_R \overline{G}^0 = 2\mu_{HJ}^0 - \mu_{H_2}^0 - \mu_{J_2}^0 \tag{2.7}$$

Man sieht: ist $\Delta_R \overline{G}^0$ bekannt, kann K_p^{id} berechnet werden, die Zusammensetzung y_{HJ}, y_{H_2}, y_{J_2} im Gleichgewicht unterliegt (wenn keine weiteren inerten Komponenten n_j vorliegen) der Bedingung: $y_{HJ} + y_{J_2} + y_{H_2} = 1$. K_p^{id} hängt nur von der Temperatur ab.

Beispiel 2:

Die berühmte Ammoniaksynthesereaktion, die auch heute noch zu den wichtigsten industriellen Prozessen zählt, lautet:

$$N_2 + 3H_2 \rightleftharpoons 2NH_3$$

Hier gilt nach Gl. (2.6):

$$K_p^{id}(T) = e^{-\frac{\Delta_R \overline{G}^0}{RT}} = \frac{p_{NH_3}^2}{p_{N_2} \cdot p_{H_2}^3} = \frac{y_{NH_3}^2}{y_{N_2} \cdot y_{H_2}^3} \cdot \frac{1}{p^2} \tag{2.8}$$

mit

$$\Delta_R \overline{G}^0 = 2\mu_{NH_3}^0 - 3\mu_{H_2}^0 - \mu_{N_2}^0$$

Es hängt also in diesem Beispiel die Gleichgewichtszusammensetzung außer von K_p^{id} (bzw. von T) auch noch vom Druck p ab. Bei gegebener Temperatur ist bei höherem Druck p des Systems der Molenbruch von NH_3 auch höher. Natürlich gilt immer $y_{H_2} + y_{N_2} + y_{NH_3} = 1$, so dass entsprechend bei Druckerhöhung y_{H_2} und y_{N_2} kleiner werden. Man wird also versuchen, bei hohem Druck zu arbeiten, wenn man Ammoniak herstellen will.

Wir wollen nun den Wert der Reaktionslaufzahl im chemischen Gleichgewicht ξ_e ermitteln und daraus die Molenbrüche y_i. Wie dies geschieht, soll zunächst am Beispiel des Dissoziationsgleichgewichtes

$$N_2O_4 \rightleftharpoons 2NO_2$$

in der Gasphase erläutert werden.

Wenn anfangs nur Edukte, d. h., n_0 Mole N_2O_4 vorhanden sind, ist die Reaktionslaufzahl $\xi = 0$. Wenn $\xi > 0$ ist, befinden sich auf der

Produktseite : $n_{NO_2} - n^0_{NO_2} = \nu_{NO_2} \cdot \xi$ Mole

Eduktseite : $n_{N_2O_4} - n^0_{N_2O_4} = \nu_{N_2O_4} \cdot \xi = -\xi$ Mole   .

Die Gesamt-Molzahl in der Reaktionsmischung im Zustand ξ ist mit $\nu_{NO_2} = 2$ und $\nu_{N_2O_4} = 1$:

Gesamtmolzahl $= n_{NO_2} + n_{N_2O_4} = \xi + n^0_{NO_2} + n^0_{N_2O_4}$

Im thermodynamischen Gleichgewicht ist $\xi = \xi_e$, und es gilt demnach für die Molenbrüche y_i im Gleichgewicht, wenn wir $n^0_{NO_2} = 0$ und $n^0_{N_2O_4} = 1$ mol setzen:

$$y_{N_2O_4} = \frac{n_{N_2O_4}}{n_{N_2O_4} + n_{NO_2}} = \frac{1 - \xi_e}{1 + \xi_e}$$

$$y_{NO_2} = \frac{n_{NO_2}}{n_{N_2O_4} + n_{NO_2}} = \frac{2\,\xi_e}{1 + \xi_e}$$

Also ergibt sich für das Gasgleichgewicht:

$$K^{id}_p = \frac{p^2_{NO_2}}{p_{N_2O_4}} = p \cdot \frac{[2\xi_e/(1 + \xi_e)]^2}{[(1 - \xi_e)/(1 + \xi_e)]} = p\,\frac{4\xi^2_e}{(1 - \xi_e)(1 + \xi_e)} = p\,\frac{4\xi^2_e}{1 - \xi^2_e} \tag{2.9}$$

Damit kann ξ_e als Funktion von K^{id}_p und p angegeben werden:

$$\xi_e = \left[1 + \frac{4}{K^{id}_p} \cdot p\right]^{-1/2} \tag{2.10}$$

Der Verlauf von ξ_e als Funktion von p ist für verschiedene Werte von K^{id}_p in Abb. 2.2 dargestellt. Die Dissoziation ist umso größer, je größer K^{id}_p ist. Sie wird bei hohen Drücken zurückgedrängt.

Ähnlich verfährt man bei dem schon besprochenen Gasgleichgewicht der Ammoniaksynthesereaktion. Wir lösen als Beispiel folgende Aufgabe. Welcher Gesamtdruck p muss bei 400°C herrschen, damit 50 % des eingesetzten Wasserstoffs umgesetzt wird, wenn ein äquimolare Mischung aus N_2 und H_2 anfangs vorgegeben wird? Die Reaktionslaufzahl ξ bezieht sich also auf 1 mol H_2 (molarer Umsatz). Wegen $0 \leq \xi \leq 1$, lautet die Bilanz der Molzahlen mit $n^0_{H_2} = n^0_{N_2} = 1$ und $n^0_{NH_3} = 0$ sowie $\nu_{H_2} = -1$, $\nu_{N_2} = -\frac{1}{3}$ und $\nu_{NH_3} = \frac{2}{3}$:

$$n_{H_2} = 1 - \xi,\ n_{N_2} = 1 - \frac{1}{3}\xi,\ n_{NH_3} = \frac{2}{3}\xi$$

Für die Molenbrüche gilt zunächst:

$$y_{H_2} = \frac{n_{H_2}}{n_{H_2} + n_{N_2} + n_{NH_3}} = \frac{1 - \xi}{2 - \frac{2}{3} \cdot \xi}$$

$$y_{N_2} = \frac{n_{N_2}}{n_{H_2} + n_{N_2} + n_{NH_3}} = \frac{1 - \frac{1}{3}\xi}{2 - \frac{2}{3}\xi}$$

$$y_{NH_3} = \frac{\frac{2}{3}\xi}{2 - \frac{2}{3}\xi}$$

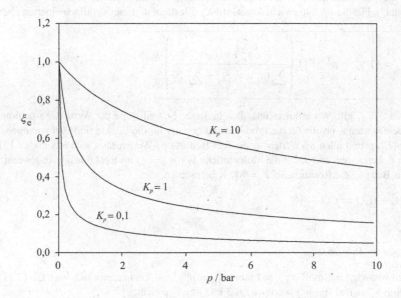

Abb. 2.2 Reaktionslaufzahl im Gleichgewicht ξ_e als Funktion von p für eine Dissoziationsreaktion $A_2 \rightleftharpoons 2A$ bei verschiedenen Werten von K_p^{id}.

Der Wert von K_p^{id} bei 400 °C ist $1,6 \cdot 10^{-4}$ bar^{-2}. Einsetzen in das MWG (Gl. (2.8)) mit $\xi_e = 0,5$ ergibt:

$$p^2 \cdot K_p^{\text{id}} = \frac{y_{\text{NH}_3}^2}{y_{\text{N}_2} \cdot y_{\text{H}_2}^3} = \frac{16}{27} \frac{\xi^2(3-\xi)}{(1-\xi_e)^3} = 2,963$$

$$p = \sqrt{\frac{2,963}{1,6 \cdot 10^{-4}}} = 136,1 \text{ bar}$$

Bei der Bedingung $0 \leq \xi \leq 1$ (molarer Umsatz) muss man also ξ auf diejenige Komponente beziehen, die im Reaktionsablauf als erste ganz verbraucht wird, das hängt aber neben der Stöchiometrie der Reaktion auch von der Zusammensetzung der Ausgangsmischung ab. Wir verallgemeinern die beschriebene *Methode der Reaktionslaufzahl*:

$$y_i = \frac{n_i}{\sum_i n_i + \sum_j n_j} = \frac{n_i^0 + \nu_i \xi}{\sum_i \left(n_i^0 + \nu_i \xi\right) + \sum_j n_j} \tag{2.11}$$

wobei n_j die Molzahlen der *nicht* an der Reaktion beteiligten Komponenten bedeuten (gasförmiges „Lösemittel"). Für die Gleichgewichtskonstante K_p gilt dann in dieser verallgemeinerten Form:

$$K_p = \prod_i y_i^{\nu_i} = p^{\sum \nu_i} \cdot \prod_i \left(\frac{n_i^0 + \nu_i \, \xi_e}{\sum_i \left(n_i^0 + \nu_i \, \xi_e \right) + \sum_j n_j} \right)^{\nu_i} \qquad (2.12)$$

wobei jetzt $\xi = \xi_e$ gilt. Wir erinnern uns, dass in dieser Schreibweise die Werte der stöchiometrischen Koeffizienten ν_i positiv für die Produkte und negativ für die Edukte sind. Bei vorgegebenem Wert von K_p, p und allen n_i^0-Werten sowie (bei Bedarf) n_j-Werten lässt sich aus Gl. (2.12) der Wert von ξ_e berechnen und damit die Molenbrüche y_i für $\xi = \xi_e$ im Reaktionsgleichgewicht. Wir wollen als Beispiel die Reaktion bei $T = 900$ K betrachten:

$$CH_4 + H_2O \rightleftharpoons CO + 3H_2 \qquad (2.13)$$

Es gilt:

$$K_{p,900} \cong= 0,5095$$

Wir geben vor: $n_{CH_4}^0 = 1$ mol, $n_{H_2O}^0 = 1$ mol, $n_{H_2}^0 = n_{CO}^0 = 0$. Dann ergibt sich nach Gl. (2.11) mit $\nu_{CH_4} = \nu_{H_2O} = -1$ und $\nu_{CO} = 1$ sowie $\nu_{H_2} = 3$ im Gleichgewicht:

$$y_{CH_4} = y_{H_2O} = \frac{1}{2} \frac{1 - \xi_e}{1 + \xi_e}$$

und

$$y_{CO} = \frac{\xi_e}{1 + \xi_e} \cdot \frac{1}{2} \quad \text{bzw.} \quad y_{H_2} \frac{3\xi_e}{1 + \xi_e} \cdot \frac{1}{2}$$

Man überzeugt sich leicht, dass gilt: $y_{CH_4} + y_{H_2} + y_{CO} + y_{H_2O} = 1$. Damit erhält man:

$$K_{p,900} = 0,5095 = \frac{y_{CO} \cdot y_{H_2}^3}{y_{CH_4} \cdot y_{H_2O}} \cdot p^2 = \frac{27 \, \xi_e^4 \cdot \left(\frac{1}{2} \right)^4}{(1 - \xi_e)^2 \cdot \left(\frac{1}{2} \right)^2 (1 + \xi_e)^2} \cdot p^2$$

$$= \frac{27}{4} \cdot \frac{\xi_e^4}{(1 - \xi_e)^2 \cdot (1 + \xi_e)^2} \cdot p^2$$

Die Lösung für ξ_e (quadratische Gleichung) lautet für $p = 1$ bar:

$$\xi_e = 0,46427$$

Damit ergibt sich für die Molenbrüche im Gleichgewicht:

$$y_{CH_4} = y_{H_2O} = 0,1829, \quad y_{CO} = 0,1585, \quad y_{H_2} = 0,4757$$

Eine andere Methode zur Berechnung der Zusammensetzung einer reaktiven Mischung im chemischen Gleichgewicht bei vorgegebenen Anfangsmolzahlen n_i^0 ist die *Methode der atomaren*

Bilanzen. Wir wollen diese Methode am Beispiel der Reaktion Gl. (2.13) darstellen. Bei jeder chemischen Reaktion bleibt ja die Gesamtzahl der Atome, also hier C, O und H, während des Umsatzes unverändert. Die Atomzahl n_i (in mol) ist durch die Anfangsbedingungen festgelegt. Im Fall der Reaktion Gl. (2.13) lautet sie:

$$n_C = n_{CH_4} + n_{CO} = n^0_{CH_4} = 1$$
$$n_H = 4n_{CH_4} + 2n_{H_2O} + 2n_{H_2} = 4n^0_{CH_4} + 2n^0_{H_2O} = 6$$
$$n_O = n_{H_2O} + n_{CO} = n^0_{H_2O} = 1$$

Für das Verhältnis der Bilanzen folgt:

$$\frac{n_C}{n_H} = \frac{1}{6} = \frac{y_{CH_4} + y_{CO}}{4y_{CH_4} + 2y_{H_2O} + 2y_{H_2}} \quad \text{bzw.} \quad \frac{n_C}{n_O} = 1 = \frac{y_{CH_4} + y_{CO}}{y_{H_2O} + y_{CO}} \tag{2.14}$$

oder:

$$2y_{CH_4} - 2y_{H_2O} + 6y_{CO} - 2y_{H_2} = 0$$

sowie:

$$y_{CH_4} - y_{H_2O} = 0$$

Daraus folgt:

$$y_{CH_4} = y_{H_2O}, \quad 3y_{CO} = y_{H_2} \quad \text{und} \quad 2y_{H_2O} + 4y_{CO} = 1 \tag{2.15}$$

Substitution in das MWG ergibt:

$$\frac{K_p}{p^2} = \frac{y_{CO} \cdot y^3_{H_2}}{y_{CH_4} \cdot y_{H_2O}} = \frac{1}{3} \frac{y^4_{H_2}}{\left(1 - \frac{4}{3}y_{H_2}\right)^2} \cdot 4 \tag{2.16}$$

Daraus folgt die quadratische Bestimmungsgleichung für y_{H_2}:

$$y^2_{H_2} + \frac{2}{3} \frac{\sqrt{3K_p}}{p} \cdot y_{H_2} - \frac{\sqrt{3K_p}}{2p} = 0$$

Einsetzen der vorgegebenen Daten ergibt:

$$y^2_{H_2} + 0,8242 \cdot y_{H_2} - 0,61816 = 0 \tag{2.17}$$

mit der Lösung:

$$y_{H_2} = -\frac{0,8242}{2} + \sqrt{\left(\frac{0,8242}{2}\right)^2 + 0,61816} = 0,4757 \tag{2.18}$$

Ferner erhält man:

$$y_{CO} = \frac{1}{3}y_{H_2} = 0,1585 \quad \text{und} \quad y_{H_2O} = y_{CH_4} = \frac{1}{2} - 2y_{CO} = 0,1829 \tag{2.19}$$

in völliger Übereinstimmung mit dem nach der Methode der Reaktionslaufzahl erhaltenen Resultat.

2.3 Temperaturabhängigkeit idealer Gasgleichgewichte und freie Standardreaktionsenthalpien

Wir hatten bereits festgestellt, dass K_p^{id} nicht vom Druck, sondern nur von der Temperatur abhängt. Der Grund ist, dass μ_{i0} beim Bezugszustand von $p = 1$ bar definiert ist und somit nur noch von T abhängt. Für die Temperaturabhängigkeit von K_p^{id} erhält man aus Gl. (2.6):

$$\left(\frac{d \ln K_p^{id}}{dT}\right) = -d\left(\frac{\Delta_R \overline{G}^0}{RT}\right)/dT = \frac{\Delta_R \overline{G}^0}{RT^2} - \frac{1}{RT}\left(\frac{d\Delta_R \overline{G}^0}{dT}\right)$$

Wir setzen Gl. (1.18) ein, die natürlich auch für die Differenzen wie $\Delta_R \overline{G}^0$ und $\Delta_R \overline{H}^0$ gilt, sodass wir erhalten:

$$\left(\frac{d \ln K_p^{id}}{dT}\right) = \frac{\Delta_R \overline{H}^0}{RT^2} \tag{2.20}$$

Gl. (2.20) heißt auch sog. *van't Hoff'sche Gleichung*.

$\Delta_R \overline{H}^0 = \sum \nu_i \overline{H}_i^0$ ist die Standardreaktionsenthalpie. Sie lässt sich also aus der Temperaturabhängigkeit von $\ln K_p^{id}$ bestimmen. Damit ergibt sich eine Vergleichsmöglichkeit mit kalorimetrisch ermittelten Werten von $\Delta_R \overline{H}^0$. Beide Wege zur Bestimmung von $\Delta_R \overline{H}^0$ müssen dasselbe experimentelle Resultat ergeben. Diesen Vergleich der mit verschiedenen Methoden bestimmten Werte von $\Delta_R \overline{H}^0$ nennt man einen thermodynamischen Konsistenztest.

Es erhebt sich jetzt die Frage: kann man $K_p(T)$ vorausberechnen, ohne dass man die Gleichgewichtszusammensetzung der reaktiven Mischung messen muss? Das ist eine sehr wichtige Frage, da solche Messungen oft sehr aufwendig sind und man in manchen Fällen nicht sicher sein kann, ob das chemische Gleichgewicht sich wirklich eingestellt hat.

Da K_p durch den Wert von $\Delta_R \overline{G}^0(T)$ eindeutig festgelegt ist, lautet die Antwort: es genügt, die Standardwerte $\mu_{i0}(T) = \overline{G}_i^0(T)$, also die freien molaren Enthalpien im reinen Zustand bei $p = 1$ bar der einzelnen Reaktionsteilnehmer, also der Edukte und Produkte, zu kennen, dann kann K_p sofort über

$$K_p = e^{-\Delta_R \overline{G}^0(T)/RT} \tag{2.21}$$

angegeben werden, da ja $\Delta_R \overline{G}^0(T) = \sum \nu_i \overline{G}_i^0(T)$. Konsequenterweise lautet dann die nächste Frage: woher kennt man die Werte von $\overline{G}_i^0(T)$ bei 1 bar? Hier ergibt sich die Antwort aus folgendem Zusammenhang.

Für $\overline{G}_i^0(T)$ gilt ja:

$$\overline{G}_i^0(T) = \overline{H}_i^0(T) - T \cdot \overline{S}_i^0(T)$$

$\overline{H}_i^0(T)$ wird gleich der molaren Bildungsenthalpie der Verbindung aus ihren Elementen, also gleich $\Delta^f \overline{H}_i^0(T)$ gesetzt und bezieht sich auf den Zustand des idealen Gases bei 1 bar. Entsprechendes gilt für die freie Enthalpie $\overline{G}_{i0}(T)$, sie wird mit der freien Standardbildungsenthalpie $\Delta^f \overline{G}_i^0(T)$ identifiziert. Es gilt ebenso wie bei $\Delta^f \overline{H}_i^0(T)$, dass $\Delta^f \overline{G}_i^0(T)$ bei $T = 298{,}15$ K und 1 bar für alle Elemente i in ihrem bei diesen Bedingungen thermodynamisch stabilen Zustand gleich Null gesetzt wird. Ist der thermodynamische Zustand einer chemischen Verbindung bei $T = 298{,}15$ K und 1 bar ein kondensierter Zustand, dann ist der Dampfdruck im Gleichgewicht offensichtlich kleiner als 1 bar. In diesem Fall wird eine Korrektur des Dampfes (Unterschied zwischen Fugazität und Druck) auf den Druck des entsprechenden idealen Gases bei 1 bar durchgeführt. Es gilt also allgemein:

$$\Delta^f \overline{G}_i^0(298) = \Delta^f \overline{H}_i^0(298) - 298{,}15 \cdot \Delta^f \overline{S}_i^0(298) \tag{2.22}$$

Werte für $\Delta^f \overline{G}_i^0(298)$ und $\Delta^f \overline{H}_i^0(298)$ für Gase (Index g) sind in Anhang A.3 tabelliert. Werte von $\Delta^f \overline{S}_i^0(298)$ sind in Anhang A.3 nicht angegeben, da im Fall der Entropie sich sowohl bei den Elementen als auch bei den Verbindungen die absoluten Werte der Entropie ermitteln lassen (3. Hauptsatz der Thermodynamik). Sie werden in Anhang A.3 mit $\overline{S}_i^0(298)$ bezeichnet.

So ist z. B. die absolute (sog. konventionelle molare) Entropie

$$\text{von HCl} \qquad \overline{S}_{HCl}^0(298) = 186{,}908 \text{ J} \cdot \text{mol}^{-1} \cdot \text{K}^{-1},$$

$$\text{von H}_2 \qquad \overline{S}_{H_2}^0(298) = 130{,}684 \text{ J} \cdot \text{mol}^{-1} \cdot \text{K}^{-1},$$

$$\text{von Cl}_2 \qquad \overline{S}_{Cl_2}^0(298) = 223{,}066 \text{ J} \cdot \text{mol}^{-1} \cdot \text{K}^{-1}.$$

Damit lässt sich für die Standardreaktionsentropie bei 298 K für die HCl-Bildungsreaktion aus H_2 und Cl_2 berechnen:

$$\begin{aligned} \Delta_R \overline{S}_{HCl}^0(298) &= \overline{S}_{HCl}^0(298) - \frac{1}{2}\overline{S}_{H_2}^0(298) - \frac{1}{2}\overline{S}_{Cl_2}^0(298) \\ &= 10{,}033 \text{ J} \cdot \text{mol}^{-1} \cdot \text{K}^{-1} \end{aligned}$$

Der Wert von $\Delta_R \overline{H}_{HCl}^0(298)$ ist identisch mit $\Delta^f \overline{H}_{HCl}^0(298)$, da für die Elemente H_2 und Cl_2 $\Delta^f \overline{H}$, $(298) = 0$ gilt, er beträgt - 92,307 kJ $\cdot$ mol^{-1}. Damit folgt:

$$\begin{aligned} \Delta_R \overline{G}_{HCl}^0(298) &= -92{,}307 - 298{,}15 \cdot \frac{10{,}033}{1000} \\ &= -95{,}298 \text{ kJ} \cdot \text{mol}^{-1} \end{aligned}$$

Ähnlich wird in anderen Fällen verfahren. Auf diese Weise können für beliebige chemische Gasreaktionen die Standardreaktionsgrößen $\Delta_R \overline{G}^0(298)$, $\Delta_R \overline{H}^0(298)$ und $\Delta_R \overline{S}^0(298)$ mit Hilfe von tabellierten Werten der Standardbildungsgrößen $\Delta^f \overline{G}_i^0(298)$, $\Delta^f H_i^0(298)$ und $\overline{S}_i^0(298)$ leicht berechnet werden. Eine Auswahl von Standardbildungsgrößen ist in Anhang A.3 wiedergegeben. Zusätzlich sind noch Werte der Molwärme $\overline{C}_{p\,298}$ angegeben. Wenn in der Tabelle der Index (g) hinter dem Formelzeichen steht, handelt es sich dabei also um die entsprechenden thermodynamischen Werte im *idealen Gaszustand* bei 298,15 K und 1 bar. Für die Standardbildungsgrößen einer idealen Gasreaktion gilt also bei 298 K:

$$\boxed{\begin{aligned}
\Delta_R \overline{G}^0(298) &= \sum v_i \Delta^f \overline{G}_i^0(298) \\
\Delta_R \overline{H}^0(298) &= \sum v_i \Delta^f \overline{H}_i^0(298) \\
\Delta_R \overline{S}^0(298) &= \sum v_i \overline{S}_i^0(298) \\
\Delta_R \overline{C}_p^0(298) &= \sum v_i \overline{C}_{p_i}^0(298)
\end{aligned}} \qquad (2.23)$$

Will man $\Delta_R \overline{G}^0$ bei einer anderen Temperatur $T \neq 298$ K bestimmen, so gilt zunächst:

$$\Delta_R \overline{G}^0(T) = \Delta_R \overline{H}^0(298) + \int_{298}^{T} \Delta_R \overline{C}_p^0 \, dT - T \Delta_R \overline{S}^0(T)$$

Mit

$$\Delta_R \overline{S}^0(T) = \Delta_R \overline{S}^0(298) + \int_{298}^{T} \frac{\Delta_R \overline{C}_p^0}{T} \, dT$$

ergibt sich dann:

$$\Delta_R \overline{G}^0(T) = \Delta_R \overline{H}^0(298) + \int_{298}^{T} \Delta_R \overline{C}_p^0 \, dT - T \int_{298}^{T} \frac{\Delta_R \overline{C}_p^0}{T} \, dT - T \Delta_R \overline{S}^0(298)$$

und da gilt:

$$\Delta_R \overline{S}^0(298) = \frac{\Delta_R \overline{H}^0(298) - \Delta_R \overline{G}^0(298)}{298}$$

folgt schließlich:

$$\boxed{\Delta_R \overline{G}^0(T) = \Delta_R \overline{H}^0(298) + \int_{298}^{T} \Delta_R \overline{C}_p^0 \, dT - T \int_{298}^{T} \frac{\Delta_R \overline{C}_p^0}{T} \, dT - \frac{T}{298} \left\{ \Delta_R \overline{H}^0(298) - \Delta_R \overline{G}^0(298) \right\}}$$

$$(2.24)$$

Damit kann man die freie Standardreaktionsenthalpie $\Delta_R \overline{G}(T)$ für eine beliebige Gasreaktion bei vorgegebener Temperatur T berechnen. Unter der Annahme, dass $\Delta_R \overline{C}_p^0$ nicht von der Temperatur abhängt, ergibt sich:

$$\Delta_R \overline{G}^0(T) = \Delta_R \overline{H}^0(298) + \Delta_R \overline{C}_p^0(298)(T - 298) - T \Delta_R \overline{C}_p^0(298) \ln \frac{T}{298} - $$
$$\frac{T}{298} \left(\Delta_R \overline{H}^0(298) - \Delta_R \overline{G}^0(298) \right) \qquad (2.25)$$

Als Beispiel wollen wir die Ammoniaksynthesereaktion behandeln und $\Delta_R \overline{G}^0$ und K_p bei 400 °C = 673,15 K berechnen. Mit Hilfe der Tabelle in Anhang A.3 findet man:

$$\Delta_R \overline{G}^0 (298) = 2 \cdot (-16,38 \cdot 10^3) - 3 \cdot 0 - 1 \cdot 0 = -32,76 \text{ kJ} \cdot \text{mol}^{-1}$$

$$\Delta_R \overline{H}^0 (298) = 2 \cdot (-45,9) \cdot 10^3 - 3 \cdot 0 - 1 \cdot 0 = -91,80 \text{ kJ} \cdot \text{mol}^{-1}$$

$$\Delta_R \overline{C}_p^0 (298) = 2 \cdot 35,06 - 3 \cdot 28,824 - 1 \cdot 19,125 = -45,48 \text{ J} \cdot \text{mol}^{-1} \cdot \text{K}^{-1}$$

Damit ergibt sich aus Gl. (2.25):

$$\Delta_R \overline{G}^0 (673) = 49,42 \text{ kJ} \cdot \text{mol}^{-1}$$

$$K_{673} = \exp\left[-\frac{49420}{R \cdot 673}\right] = 1,46 \cdot 10^{-4} \text{ bar}^{-2}$$

Direkt vor Gl. (2.11) wurde K_p^{id} für die Ammoniaksynthesereaktion zu $1,6 \cdot 10^{-4} \text{bar}^{-2}$ bei 400 °C = 673 K angegeben. Berücksichtigt man die Temperaturabhängigkeit von $\Delta_R \overline{C}_p$, erhält man den korrekten Wert von $1,6 \cdot 10^{-4} \text{bar}^{-2}$. Wir wollen noch das Beispiel der Reaktion für die Wasserspaltung, die Umkehrung der „Knallgasreaktion", behandeln:

$$H_2O \rightleftharpoons H_2 + \frac{1}{2} O_2$$

Die thermische Wasserspaltung findet erst bei sehr hohen Temperaturen statt, daher spielt hier die Temperaturabhängigkeit von $\Delta_R \overline{C}_p$ eine größere Rolle als bei der Ammoniaksynthese, und man kann bei Anwendung von Gl. (2.24) temperaturabhängigen Terme von $\Delta_R \overline{C}_p^0$ nicht mehr vernachlässigen. Für $\Delta_R \overline{C}_p^0$ gilt:

$$\Delta_R \overline{C}_p^0 = \overline{C}_{p,H_2} + \frac{1}{2} \overline{C}_{p,O_2} - \overline{C}_{p,H_2O}$$

Mit den Parametern a, b und c für $\overline{C}_p$ aus Tabelle A.2 ergibt sich:

$$\Delta_R \overline{C}_p^0 = 11,572 - 3,9625 \cdot 10^{-3} \cdot T - 1,0851 \cdot 10^{-6} \cdot T^2 \text{ J} \cdot \text{mol}^{-1} \cdot \text{K}^{-1}$$

Damit erhält man für $\Delta_R \overline{H}$ und $\Delta_R \overline{G}$ nach Gl. (2.24) ($\Delta_R \overline{H}^0 (298) = -\Delta^f \overline{H}_{H_2O}^0 = 241,83 \text{ kJ} \cdot \text{mol}^{-1}$ und $\Delta_R \overline{G}^0 (298) = -\Delta^f \overline{G}_{H_2O}^0 = 228,6 \text{ kJ} \cdot \text{mol}^{-1}$):

$$\Delta_R \overline{H}(T) = \Delta_R \overline{H}^0 (298) + 11,572(T - 298) - 1,981 \cdot 10^{-3} \cdot \left(T^2 - 298^2\right)$$
$$- 3,617 \cdot 10^{-7} \cdot \left(T^3 - 298^3\right) \tag{2.26}$$

$$\Delta_R \overline{G}(T) = \Delta_R \overline{H}(T) - T\left[11,572 \cdot \ln \frac{T}{298} - 3,9625 \, 10^{-3}(T - 298)\right.$$
$$\left. -0,5426 \cdot \left(T^2 - 298^2\right)\right] - \frac{T}{298}\left(\Delta_R \overline{H}^0 (298) - \Delta_R \overline{G}^0 (298)\right) \tag{2.27}$$

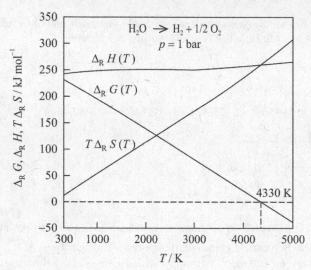

Abb. 2.3 $\Delta_R\overline{G}(T)$, $\Delta_R\overline{H}(T)$ und $\Delta_R\overline{S}(T)$ für die Reaktion $H_2O \rightleftharpoons H_2 + \frac{1}{2}O_2$ ——— nach Gl. (2.26), (2.27) und (2.28).

und für die Reaktionsentropie $\Delta_R\overline{S}$:

$$\Delta_R\overline{S}(T) = \frac{\Delta_R\overline{H}(T) - \Delta_R\overline{G}(T)}{T} \tag{2.28}$$

Die Funktionen $\Delta_R\overline{G}(T)$, $\Delta_R\overline{H}(T)$ und $\Delta_R\overline{S}(T)$ sind für die Wasserspaltungsreaktion in Abb. 2.3 dargestellt.

$\Delta_R\overline{G}(T)$ ist positiv für $T < 4300$ K und wird erst oberhalb dieser Temperatur negativ, d. h., erst bei $T > 4300$ K ist eine merkliche Wasserspaltung zu beobachten. Setzt man bei der Berechnung von $\Delta_R\overline{G}(T)$ und $\Delta_R\overline{H}(T)$ hingegen $\Delta_R C_p = \Delta_R\overline{C}_p(298)$, ergeben sich bei höheren Temperaturen deutliche Abweichungen von den korrekten Ergebnissen für $\Delta_R\overline{G}(T)$, $\Delta_R\overline{H}(T)$ und $\Delta_R\overline{S}(T)$. In den Aufgaben 2.10.1 bis 2.10.8 werden verschiedene Probleme und Anwendungen von idealen Gasgleichgewichten behandelt. Das Verhalten der Molwärme eines Gasreaktionsgleichgewichtes als Funktion der Temperatur zeigt eine charakteristische Besonderheit, die im Anwendungsbeispiel 2.9.9 behandelt wird.

Einfache Beispiele für homogene ideale Gasgleichgewichte findet der Leser in 2.10.1, 2.10.2 und 2.10.14. Weitere Anwendungen unterschiedlister Art: 2.9.5 (Volumenarbeit dissoziierter Gase), 2.10.11 (Dehydrierung, Erdgasindustrie), 2.9.10 (chemische Energiespeicher), 2.9.7 (COS in der Venusatmosphäre), 2.9.8 (künstliche Marsatmosphäre), 2.10.5 (Ameisensäurezerfall, H_2-Gewinnung).

2.4 Homogene chemische Gleichgewichte in realen fluiden Systemen

Wir betrachten reale fluide Gemische, in denen chemische Reaktionen ablaufen. Die Realität lässt sich in allgemeiner Form einführen, indem man statt der Partialdrücke p_i die Fugazitäten $f_i = \varphi_i p_i$ mit den Fugazitätskoeffizienten φ_i verwendet (s. Gl. (1.48) und (1.49)):

Die Ableitung, die dann zum Massenwirkungsgesetz führt, ist ansonsten völlig identisch mit der für ideale Gase nach Gl. (2.6) bzw. (2.12) und man erhält:

$$\boxed{p^{\sum \nu_i} \cdot \prod y_i^{\nu_i} = K_p^{\mathrm{id}}(T) \cdot \prod_i \varphi_i^{-\nu_i} = K_p^{\mathrm{real}}(T, p, y_i)} \qquad \text{(reale Gase)} \qquad (2.29)$$

oder

$$p^{\sum \nu_i} \prod y_{y_i}^{\nu_i} = K_p^{\mathrm{id}}(T) K_\varphi(T, p, y_i) \quad \text{mit} \quad K_\varphi(T, p, y_i) = \prod \varphi_i^{-\nu_i} \qquad (2.30)$$

$K_p^{\mathrm{real}}(T, p, y_i) = K_p^{\mathrm{id}} \cdot K_\varphi$ ist nun aber neben T auch von p und den y_i-Werten selbst abhängig, denn die Werte von φ_i hängen von T, p und der Zusammensetzung y_i ab. Sie sind aus p, V, T, y_i-Daten der Mischung prinzipiell durch Experimente bestimmbar. Das ist in der Regel aber schwierig. Ein möglicher Ausweg ist ihre Bestimmung aus einer Zustandsgleichung. Das funktioniert folgendermaßen: bei Vorgabe von $K_p^{\mathrm{id}}(T)$ und p ist auch die Zusammensetzung y_i für das hypothetische ideale Gasgemisch gegeben. Damit können die φ_i-Werte in erster Näherung aus einer geeigneten Zustandsgleichung nach Gl. (2.30) berechnet werden. Der erhaltene Korrekturfaktor $\prod_i \varphi_i^{-\nu_i}$ wird in Gl. (2.29) eingesetzt und legt dann einen neuen Satz von y_i-Werten fest. Mit diesen wird φ_i in 2. Näherung über Gl. (2.30) berechnet. In dieser Weise fährt man fort, bis nach der n-ten Näherung linke und rechte Seite von Gl. (2.30) im Rahmen einer genügend kleinen Differenz identisch werden. Es handelt sich also um ein iteratives Lösungsverfahren. Diese Methode sieht zwar aufwendig aus, ist aber mit Hilfe eines Computers rasch zu lösen. Sie erfordert allerdings eine gute Zustandsgleichung für Gemische, wenn das Ergebnis zuverlässig sein soll.

Wir wollen als Beispiel die Realgaseigenschaften und ihren Einfluss auf die Zusammensetzung des Ammoniaksynthesegleichgewichts untersuchen, indem wir zur Berechnung der Fugazitäten $\varphi_{\mathrm{H_2}}, \varphi_{\mathrm{N_2}}$ und $\varphi_{\mathrm{NH_3}}$ von Gl. (1.82) Gebrauch machen, also zur Berechnung von φ_i die v. d. Waals-Gleichung in ihrer Reihenentwicklung bis zum 2. Virialkoeffizienten eingesetzt haben. Die notwendigen Parameter der beteiligten Reaktionspartner lauten für die v. d. Waals-Gleichung

	H_2	N_2	NH_3
$a/\mathrm{J\,m^3 \cdot mol^{-2}}$	0,0247	0,1370	0,4257
$b/\mathrm{m^3 \cdot mol^{-1}}$	$2,65 \cdot 10^{-5}$	$3,87 \cdot 10^{-5}$	$3,740 \cdot 10^{-5}$

Für das Gleichgewicht gilt:

$$K_p = \frac{1}{p^2} \frac{y_{\mathrm{NH_3}}^2}{y_{\mathrm{N_2}} \cdot y_{\mathrm{H_2}}^3} \cdot \frac{\varphi_{\mathrm{NH_3}}^2}{\varphi_{\mathrm{N_2}} \cdot \varphi_{\mathrm{H_2}}^3} = \frac{1}{p^2} \frac{y_{\mathrm{NH_3}}^2}{y_{\mathrm{N_2}} \cdot y_{\mathrm{H_2}}^3} \cdot K_\varphi \qquad (2.31)$$

Rechnerisch geht man wie oben geschildert vor. Dem berechneten Ergebnis lassen sich experimentelle Werte aus Messungen von y_i gegenüberstellen. Den Vergleich zeigt Tabelle 2.1.

Tab. 2.1 Berechnete und experimentelle Werte K_φ für die NH_3-Synthesereaktion bei $T = 723$ K.

berechnet	experimentell	
$\varphi_{NH_3}^2/(\varphi_{N_2} \cdot \varphi_{H_2}^3) = K_\varphi$	$K_p/K_p^{id} = K_\varphi$	$p/$bar
1,056	1,11	100
1,257	1,355	300
1,798	1,985	600
3,301	3,566	1000

Die Übereinstimmung ist erstaunlich gut, wenn man bedenkt, dass die einfache v. d. Waals-Gleichung bis zum 2. Virialkoeffizienten verwendet wurde. Möglicherweise Kompensieren sich fehlerhafte Werte in Zähler und Nenner des Korrekturfaktors $\varphi_{NH_3}^2/(\varphi_{N_2} \cdot \varphi_{H_2}^3)$. Man sieht jedenfalls, dass Realgaseigenschaften bei höheren Drücken einen beachtlichen Einfluss auf die Zusammensetzung chemischer Reaktionsgleichgewichte haben können.

Weitere Beispiele für reale chemische Gasgleichgewichte werden ausführlich in Aufgabe 2.10.8 und Anwendungsbeispiel 2.9.3 behandelt.

Wir betrachten jetzt *chemische Gleichgewichte in realer kondensierter, d. h., flüssiger Phase.* Wir wählen dabei x_i statt y_i als Bezeichnung für den Molenbruch in der flüssigen Phase und statt K_y jetzt K_x. Nach wie vor gilt Gl. (2.29), für die man auch schreiben kann:

$$p^{\sum \nu_i} \cdot K_x = K_p^{id} \cdot \prod_i \left(\frac{\varphi_{i0}}{\varphi_i}\right)^{\nu_i} \cdot \prod_i \varphi_{i0}^{-\nu_i} \quad \text{mit} \quad K_x = \prod_i \varphi_i^{\nu_i} \tag{2.32}$$

Wenn wir beachten, dass ja gilt:

$$p^{\sum \nu_i} \cdot \prod_i \varphi_{i0}^\nu = \prod_i f_{i0}^{\nu_i}$$

folgt:

$$K_x \cdot \prod_i \left(\frac{\varphi_i}{\varphi_{i0}}\right)^{\nu_i} = K_p^{id} \cdot \prod_i f_{i0}^{-\nu}(p,T) = \prod_i a_i^{\nu_i} \tag{2.33}$$

wobei a_i die Aktivitäten in der flüssigen Phase sind mit $a_i = x_i(\varphi_i/\varphi_{i0})$ (s. Gl. (1.53)) und $\gamma_i = \varphi_i/\varphi_{i0}$ die Aktivitätskoeffizienten .

Da $K_p^{id} = e^{-\Delta \overline{G}_R^{id}/RT}$ (mit $\Delta \overline{G}_R^{id} = \sum \nu_i \mu_{i0}^{id.Gas}(T)$) und $\mu_{i0}^{fl}(p,T) - \mu_{i0}^{id.Gas}(T) = RT \ln f_{i0}(T,p)$, folgt schließlich:

$$\boxed{\prod_i a_i^{\nu_i} = K_a = e^{-\Delta \overline{G}_R^{fl}(p,T)/RT}} \quad \text{(flüssige Phase)} \tag{2.34}$$

Damit ist K_a eine neu definierte Gleichgewichtskonstante, die als Verhältnis der Aktivitäten definiert ist. $\Delta \overline{G}_R^{fl}(p,T) = \sum \nu_i \mu_{i0}^{fl}(p,T)$ ist nun die freie Standardreaktionsenthalpie der reinen *flüssigen* Komponenten. Gl. (2.34) wird zwar für flüssige Mischungen bevorzugt benutzt, ist aber im Prinzip für alle Mischungen vom idealen Gas bis zur Flüssigkeit gültig, der Standardzustand für $\Delta \overline{G}_R^{fl}$ ist generell der der reinen, realen Komponente bei derselben Temperatur und demselben Druck p wie in der Mischung.

Wenn alle reinen Komponenten i, die Reaktionteilnehmer sind, bei vorgegebener Temperatur T im 2-Phasengleichgewicht Dampf-Flüssig vorliegen, gilt:

$$f_{i0}(T, p_{i,sat}) = p_{i,sat}(T) \cdot \varphi_{i0,sat}(T) \tag{2.35}$$

Für den Dampfdruck p der reaktiven flüssigen Mischung gilt nun aber i. A., dass $p \neq p_{i,sat}$ ist. Dann kann man auch schreiben:

$$K_a = K_p^{id} \cdot \prod_i f_{i0}^{-\nu_i}(T, p_{i,sat}) \cdot \prod_i \cdot \exp\left\{ -\nu_i \int_{p_{i,sat}}^{p} \overline{V}_i^0 \cdot dp/RT \right\} \tag{2.36}$$

wobei von

$$f_{i0}(p) = f_{i0}(p_{i,sat}) \cdot \exp\left[\int_{p_{i,sat}}^{p} \overline{V}_i^0 \, dp/RT \right]$$

Gebrauch gemacht wurde.

Wenn der Druck p größer als alle $p_{i,sat}$ ist, ist $\overline{V}_i^0$ das Molvolumen der flüssigen Phase. Ist p jedoch kleiner als einer oder mehrere der $p_{i,sat}$-Werte, so gilt für diese Komponente i, dass V_i^0 das Molvolumen des Dampfes, d. h., des realen Gases der Komponente i ist. Im Fall, dass $p >$ alle $p_{i,sat}$, sind die Werte von allen V_i^0 in der Regel klein und die Kompressibilität ist ebenfalls gering. Es kann dann mit guter Näherung geschrieben werden ($p > p_{i,sat}$):

$$\exp\left[\int_{p_{i,sat}}^{p} \overline{V}_i^0 \, dp/RT \right] \cong \exp\left[\overline{V}_i^0(p - p_{i,sat})/RT \right] \tag{2.37}$$

Dieser Exponentialterm heißt *Poynting-Korrektur*. Wenn p nicht allzu groß ist ($p < 100$ bar), kann der Poyntingkorrektur-Faktor in der Regel gleich 1 gesetzt werden. Für den Fall, dass $p < p_{i,sat}^0$ gilt, ist die Poyntingkorrektur überflüssig, d. h., der Exponentialterm fällt weg, da der Stoff i beim Druck p im reinen Zustand in homogener Phase vorliegt.

In der Regel wird Gl. (2.36) bzw. (2.34) mit $\gamma_i = \varphi_i/\varphi_{i0}$ in der folgenden Form gebraucht:

$$\boxed{K_a = \prod a_i^{\nu_i} = K_x \cdot K_\gamma = \prod x_i^{\nu_i} \prod \gamma_i^{\nu_i}} \tag{2.38}$$

Um die Gleichgewichtszusammensetzung in der flüssigen Phase, also K_x, berechnen zu können, müssen jetzt noch die Aktivitätskoeffizienten γ_i bekannt sein. Diese lassen sich aus sog. G^E-Modellen mehr oder weniger gut berechnen, d. h., in der Regel aus semi-empirischen Ansätzen für $\ln \gamma_i$.

Im einfachsten Fall haben wir bei binären Mischungen bereits in Abschnitt 1.5 (Gl. (1.87)) $RT \ln \gamma_1 = a \cdot x_2^2$ bzw. $RT \ln \gamma_2 = a \cdot x_1^2$ kennengelernt und bei Phasengleichgewichtsbeschreibungen benutzt.

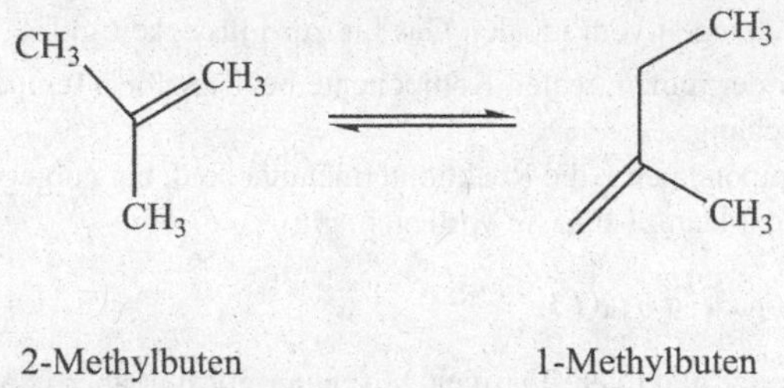

2-Methylbuten   1-Methylbuten

Abb. 2.4 Isomeriegleichgewicht zwischen Isopentenen

Tab. 2.2 Parameter des Isomerengleichgewichtes zwischen Isopentenen

$\left(\frac{x_{1MB}}{x_{2MB}}\right)_{exp}$	$\left(\frac{y_{1MB}}{y_{2MB}}\right)_{exp}$	K_p^{id}	$p_{2MB,sat}/bar$	$p_{1MB,sat}/bar$	$K_p^{id} \cdot \frac{p_{2MB,sat}}{p_{1MB,sat}}$
7,10	6,43	6,43	3,95	3,58	7,10

Wir wollen jetzt als Beispiel an dem einfachen System eines chemischen Isomeriegleichge-wichtes von Isopentenen diese Zusammenhänge erläutern. Die chemische Reaktion ist in Abb. 2.4 dargestellt. Sie läuft bei 353 K in der flüssigen Phase ab. Wegen der Ähnlichkeit der beiden isomeren Moleküle kann in der flüssigen Phase Idealität, das heißt, näherungsweise die Gültigkeit der sog. Lewis'-Randall'schen Fugazitätsregel angenommen werden ($\varphi_i = \varphi_{i0}, \gamma_i = 1, K_\gamma = 1$), und es sollte nach Gl. (2.36) gelten:

$$\frac{a_{1MB}}{a_{2MB}} = \frac{x_{1MB}}{x_{2MB}} = K_p^{id} \cdot \frac{f_{2MB,sat}}{f_{1MB,sat}} \tag{2.39}$$

wobei wir die Poynting-Korrektur vernachlässigen, da sie nur äußerst geringfügig von 1 ab-weicht. Setzen wir, ebenfalls der Ähnlichkeit der Isomeren wegen, in der Dampfphase $\varphi_{1MB,0} \cong \varphi_{2MB,0}$, so ergibt sich

$$\frac{x_{1MB}}{x_{2MB}} = e^{-\Delta \overline{G}_R^{id}/RT} \cdot \frac{p_{2MB,sat}}{p_{1MB,sat}}$$

bzw. für die Gasphase:

$$\frac{y_{1MB}}{y_{2MB}} = e^{-\Delta \overline{G}_R^{id}/RT}$$

Tabelle 2.2 zeigt die Ergebnisse bei 353 K.

Die in der Gleichgewichtsmischung in flüssiger (Molenbrüche x_i) wie gasförmiger Phase (Mo-lenbrüche y_i) experimentell gefundenen Molenbruchverhältnisse stimmen gut mit den berechne-ten Werten für K_p^{id} bzw. $K_p^{id} \cdot p_{2MB,sat}/p_{1MB,sat}$ überein. Dabei wurde K_p^{id} aus Tabellenwerten für $\Delta_R \overline{G}^{id} = \Delta^f \overline{G}_{1MB} - \Delta^f \overline{G}_{2MB}$ berechnet.

Nur zur Übung wollen wir hypothetisch jetzt annehmen, dass γ_1 und γ_2 nicht gleich 1 sind, sondern es soll gelten: $RT \ln \gamma_1 = a \cdot (1 - x_1)^2$ und $RT \ln \gamma_2 = a \cdot x_1^2$ mit $a/RT = 0,5$. Es ergibt sich dann ($x_1 = x_{MB}$):

$$7,1 = \frac{x_1}{1-x_1} \cdot \frac{e^{\frac{a}{RT} \cdot (1-x_1)^2}}{e^{\frac{a}{RT} \cdot x_1^2}}$$

In erster Näherung ($\gamma_1 = 1$) ist $x_1 = 0,875$, setzt man das in die e-Faktoren ein und löst erneut nach x_1 auf, ergibt sich $x_1 = 0,9105$. Wiederholt man die Prozedur, ergibt sich $x_1 = 0,913$. Das iterative Berechnungsverfahren konvergiert rasch und ergibt $x_1 = 0,915$. Ein hypothetischer Einfluss von γ_1 mit $a/RT = 0,5$ verschiebt also x_1 von 0,875 nach 0,915 und x_2 von 0,125 nach 0,085. In den meisten reaktiven Mischungen realer Systeme kommen jedoch mehr als 2 Komponenten vor, in der Regel sind 3 oder 4 Reaktionspartner und häufig ist noch eine weitere inerte Komponente (Lösemittel) vorhanden. Hier benötigt man von jeder Komponente den Aktivitätskoeffizienten. Aktivitätskoeffizienten-Modelle für Mehrkomponenten-Mischungen haben wir in Abschnitt 1.18 behandelt. Im Allgemeinen hängen dann die Aktivitätskoeffizienten von den Konzentrationen aller Komponenten in der Mischung ab.

Wir betrachten nun Reaktionen in hoher Verdünnung in einem Lösemittel, das meistens selbst nicht an der Reaktion teilnimmt. Häufig handelt es sich dabei um wässrige Lösungen. Zunächst gilt natürlich auch hier:

$$\prod_i a^{\nu_i} = K_x \cdot K_\gamma = K_a = e^{-\Delta_R \overline{G}_0^{fl}/RT}$$

Im Extremfall unendlicher Verdünnung gilt:

$$\lim_{x_i \to 0}\left(\frac{a_i}{x_i}\right) = \gamma_i^\infty$$

γ_i^∞ sind die Aktivitätskoeffizienten der Komponenten i in unendlicher Verdünnung im Lösemittel. Sie sind voneinander unabhängig und ihr Wert hängt nur von der jeweiligen Komponente i und dem Lösemittel LM ab.

Ferner gilt im hochverdünnten Bereich:

$$x_i \cong \frac{n_i}{n_{LM}} = \frac{n_i}{V_{LM}} \cdot \left(\frac{V_{LM}}{n_{LM}}\right) = c_i \cdot \overline{V}_{LM} \tag{2.40}$$

wobei n_{LM} die Molzahl, V_{LM} das Volumen und $\overline{V}_{LM}$ das Molvolumen des Lösemittels bedeuten. c_i ist die molare Konzentration von i. Damit ergibt sich in *nicht* unendlich verdünnten Lösungen ($c_i > 0$):

$$\overline{V}_{LM}^{\Sigma \nu_i} \prod_i c_i^{\nu_i} \left(\frac{\gamma_i}{\gamma_i^\infty}\right)^{\nu_i} \cdot \left(\gamma_i^\infty\right)^{\nu_i} = K_a = e^{-\Delta_R \overline{G}_0^{fl}/RT}$$

Die Lösungen sollten allerdings nicht zu konzentriert sein, damit $x_i \approx c_i \overline{V}_{LM}$ noch näherungsweise gültig bleibt.

Dann kann man folgendermaßen schreiben:

$$\prod_i (c_i \cdot \gamma_i^*)^{\nu_i} = K_a \cdot \prod \gamma_{i,\infty}^{-\nu_i} \cdot \overline{V}_{LM}^{\Sigma \nu_i} = \frac{1}{\overline{V}_{LM}^{\Sigma \nu_i}} \cdot \exp\left[-\Delta_R \overline{G}_\infty^{fl}/RT\right] = K_c$$

oder:

$$K_c = \prod_i (c_i \cdot \gamma_i^*)^{\nu_i} = \exp\left[-\Delta_R \overline{G}_\infty / RT\right] \cdot \overline{V}_{LM}^{\sum \nu_i} \qquad \text{(verdünnte Lösung)} \qquad (2.41)$$

mit $\gamma_i^* = \gamma_i / \gamma_i^\infty$ und

$$\Delta_R \overline{G}_\infty^{fl} = \sum \nu_i \left(\mu_{i0}^{fl} - RT \ln \gamma_i^\infty\right) = \Delta_R \overline{G}_0^{fl} - \sum \nu_i RT \ln \gamma_i^\infty$$

K_c ist also eine neue Gleichgewichtskonstante *mit Bezug auf eine ideale Lösung in unendlicher Verdünnung,* wo die neu definierten Aktivitätskoeffizienten γ_i^* gleich 1 werden. Abweichungen für γ_i^* von 1 ergeben sich dann entsprechend $\gamma_i^* = \gamma_i / \gamma_i^\infty$ bei endlich verdünnten Lösungen. Ein Beispiel für Reaktionsgleichgewichte in hoher Verdünnung wird in 2.9.22 gegeben.

Die meisten der Gleichgewichte, die in dieser Bezugsform beschrieben werden, sind Gleichgewichte von Ionenreaktionen, die in Kapitel 3 „Thermodynamik der Elektrolytlösungen" behandelt werden. Man verwendet dort allerdings als Konzentrationsmaß statt der Konzentration c_i mol·m^{-3} die Molalität $\widetilde{m}_i$ mol·kg^{-1}, um ein temperatur- und druckunabhängiges Maß für die Konzentration des gelösten Stoffes i zu haben.

2.5 Temperatur- und Druckabhängigkeit chemischer Gleichgewichtskonstanten in kondensierten Phasen

Für die *Temperaturabhängigkeit* von K_p^{id} hatten wir bereits festgestellt, dass gilt (Gl. 2.20):

$$\left(\frac{d \ln K_p^{id}}{dT}\right) = \frac{\Delta_R \overline{H}^0}{RT^2}$$

mit $\Delta_R \overline{H}^0 = \sum \nu_i \overline{H}_{i,id.Gas}^0$.

Ganz analog gilt für die Temperaturabhängigkeit in der flüssigen Phase:

$$\left(\frac{\partial \ln K_a}{\partial T}\right)_p = \left(\frac{\partial \ln(K_x \cdot K_\gamma)}{\partial T}\right)_p = \frac{\Delta_R \overline{H}^{fl}}{RT^2} \qquad (2.42)$$

Hier müssen wir berücksichtigen, dass partiell nach T differenziert wird, da K_a auch von p abhängen kann. Es gilt, dass $\Delta_R \overline{H}^{fl} = \sum \nu_i \overline{H}_{i,fl}^0$, wobei die $\overline{H}_{i,fl}^0$ von T und p abhängen ebenso wie K_γ, während ja $\overline{H}_{i,id.Gas}^0$ nur von T abhängt.

Für die Temperaturabhängigkeit von K_c nach Gl. (2.41) erhält man nach Logarithmieren und Differenzieren von Gl. (2.41) nach T:

$$\left(\frac{\partial \ln K_c}{\partial T}\right)_p = \alpha_{p,LM} \sum_i \nu_i + \frac{\Delta_R \overline{H}_\infty^{fl}}{RT^2} \qquad (2.43)$$

wobei

$$\alpha_{p,\mathrm{LM}} = \frac{1}{\overline{V}_{\mathrm{LM}}} \left(\partial\overline{V}_{\mathrm{LM}}/\partial T\right)_p = \left(\frac{\partial\ln\overline{V}_{\mathrm{LM}}}{\partial T}\right)_p$$

der thermische Ausdehnungskoeffizient des Lösemittels ist und $\Delta_{\mathrm{R}}\overline{H}_\infty^{\mathrm{fl}} = \sum v_i\overline{H}_{i,\infty}^{\mathrm{fl}}$. Dabei ist $\overline{H}_{i,\infty}^{\mathrm{fl}}$ die partielle molare Enthalpie von i im Lösemittel LM bei unendlicher Verdünnung.

Für die *Druckabhängigkeit* von Gleichgewichtskonstanten gilt folgendes. K_p^{id} ist naturgemäß unabhängig von p, da alle $\mu_{i0}^{\mathrm{id.Gas}}$ nur von T abhängen. Anders ist es bei der Druckabhängigkeit von K_a in der flüssigen Phase. Differenzieren von $\ln K_a$ (Gl. (2.34)) nach p ergibt:

$$\left(\frac{\partial\ln K_a}{\partial p}\right)_T = -\frac{1}{RT}\left(\frac{\partial\Delta_{\mathrm{R}}\overline{G}_{\mathrm{fl}}^0}{\partial p}\right)_T = -\frac{\Delta_{\mathrm{R}}\overline{V}_{\mathrm{fl}}^0}{RT} \tag{2.44}$$

wobei $\Delta_{\mathrm{R}}\overline{V}_{\mathrm{fl}}^0 = \sum v_i\overline{V}_{i,\mathrm{fl}}^0$. $\Delta\overline{V}_R^0$ heißt molares Reaktionsvolumen. Es ist $\overline{V}_{i,\mathrm{fl}}^0$ das molare Volumen der reinen flüssigen Komponente i. Kennt man die Molvolumina aller reinen Reaktanden, Edukte und Produkte, so lässt sich angeben, wie K_a sich mit dem Druck p ändert.

Schließlich lässt sich noch die Druckabhängigkeit der Gleichgewichtskonstante K_c für verdünnte Lösungen angeben. Differenzieren von Gl. (2.41) gibt:

$$\left(\frac{\partial\ln K_c}{\partial p}\right)_T = \kappa_{T,\mathrm{LM}}\cdot\left(\sum_i v_i\right) - \frac{\Delta_{\mathrm{R}}\overline{V}_\infty}{RT} \tag{2.45}$$

wobei

$$\kappa_{T,\mathrm{LM}} = -1/\overline{V}_{\mathrm{LM}}\left(\partial\overline{V}_{\mathrm{LM}}/\partial p\right)_T$$

die isotherme Kompressibilität des Lösemittels ist und $\Delta_{\mathrm{R}}\overline{V}_\infty = \sum \overline{V}_{i,\infty}^{\mathrm{fl}}\cdot v_i$. $\overline{V}_{i,\infty}^{\mathrm{fl}}$ ist das partielle Molvolumen der Komponente i in unendlicher Verdünnung im Lösemittel.

Messungen von K_c werden häufig aus genauen spektralphotometrischen Messungen der endlichen Konzentrationen von Edukten und/oder Produkten im chemischen Gleichgewicht gewonnen (s. z. B. Aufgabe 2.10.19). Wenn man die Messergebnisse für $\prod_i c_i^{v_i}$ auf unendliche Verdünnung der Reaktionsmischung in dem entsprechenden Lösemittel extrapoliert, erhält man die durch Gl. (2.41) definierte Gleichgewichtskonstante $K_c = \lim_{c_i\to0}\left(\prod_i c_i^{v_i}\right)$, da unter den Bedingungen der unendlichen Verdünnung alle γ_i^*-Werte gleich 1 werden. Dann lässt sich aus Gl. (2.41) auch sofort $\Delta_{\mathrm{R}}\overline{G}_\infty$ angeben und aus Gl. (2.41) und (2.45) Werte für $\Delta_{\mathrm{R}}\overline{H}_\infty$ bzw. $\Delta_{\mathrm{R}}\overline{V}_\infty$ bestimmen, falls temperaturabhängige bzw. druckabhängige Messwerte von K_c vorliegen.

Wir wollen ein Beispiel betrachten.

2,4-Dinitrophenol (DNP) bildet mit Triethylamin (TEA) einen recht stabilen intermolekularen Komplex in organischen Lösemitteln:

$$\mathrm{DNP} + \mathrm{TEA} \rightleftharpoons [\mathrm{DNP}\cdot\mathrm{TEA}]$$

Die Gleichgewichtskonstante K_c für diese Reaktion lautet:

$$K_c = \frac{c_{(DNP\cdot TEA)}}{c_{DNP} \cdot c_{TEA}} = \frac{(c^0_{DNP} - c_{DNP})}{c_{DNP} \cdot (c^0_{TEA} - c^0_{DNP} + c_{DNP})} \cdot \frac{\gamma^*_{[DNP\cdot TEA]}}{\gamma^*_{DNP} \cdot \gamma^*_{TEA}} \tag{2.46}$$

wobei c^0_{DNP} und c^0_{TEA} die bekannten Gesamtkonzentrationen von DNP und TEA in der Lösung sind (Einwaagen). Im freien Zustand zeigt DNP ein deutlich anderes UV-VIS-Spektrum als im Assoziat mit TEA. Das kann man zur Bestimmung der Gleichgewichtskonzentrationen von c_{DNP} benutzen und damit letztlich zur Bestimmung von K_c nach dem oben geschilderten Extrapolationsverfahren. Folgende Messwerte von K_c wurden bei 3 verschiedenen Temperaturen in Chlorbenzol als Lösemittel erhalten:

$$K_c(T = 290, 65 \text{ K}) = 29670 \text{ L} \cdot \text{mol}^{-1}$$

$$K_c(T = 298, 15 \text{ K}) = 14450 \text{ L} \cdot \text{mol}^{-1}$$

$$K_c(T = 308, 65 \text{ K}) = 5870 \text{ L} \cdot \text{mol}^{-1}$$

Chlorbenzol hat die Molmasse $0,11256$ kg $\cdot$ mol^{-1} und die Dichte $1,1042 \cdot 10^3$ kg $\cdot$ m^{-3} bei 298,15 K. Damit lässt sich aus Gl. (2.41) mit $\sum \nu_i = +1 - 2 = -1$ sofort $\Delta_R \overline{G}_\infty$ bei 298,15 K angeben:

$$\Delta_R \overline{G}_\infty = -R \cdot 298, 15 \cdot \ln\left(\frac{K_c}{\overline{V}_{LM}}\right) \tag{2.47}$$

Mit

$$\overline{V}_{Cl-Benzol} = \frac{0,11256}{1,1042 \cdot 10^3} = 1,08 \cdot 10^{-4} \text{ mol} \cdot \text{m}^{-3} = 0,108 \text{ mol} \cdot \text{L}^{-1}$$

ergibt sich:

$$\Delta_R \overline{G}_\infty (298, 15 \text{K}) = -29,262 \text{ kJ} \cdot \text{mol}^{-1}$$

Jetzt berechnen wir $\Delta_R \overline{H}_\infty$, indem wir Gl. (2.43) integrieren unter der Annahme, dass $\Delta_R \overline{H}_\infty$ und $\alpha_{p,Cl-Benzol}$ nicht von T abhängen:

$$\ln \frac{K_c(T_2)}{K_c(T_1)} = -\alpha_{p,LM}(T_2 - T_1) - \frac{\Delta_R \overline{H}_\infty}{R}\left(\frac{1}{T_2} - \frac{1}{T_1}\right)$$

Mit $\alpha_{p,Cl-Benzol} = 115 \cdot 10^{-5}$ K^{-1}, $T_2 = 308, 65$ K und $T_1 = 290, 65$ K errechnet sich für $\Delta_R \overline{H}_\infty$:

$$\Delta_R \overline{H}_\infty = -66, 28 \text{ kJ} \cdot \text{mol}^{-1}$$

Hätten wir $\alpha_p = 0$ gesetzt, wäre stattdessen der fehlerhafte Wert $\Delta_R \overline{H}_\infty = -67, 14 \text{ kJ} \cdot \text{mol}^{-1}$ herausgekommen.

Für $\Delta_R \overline{S}_\infty$ ergibt sich dann bei 298,15 K:

$$\Delta_R \overline{S}_\infty = \frac{\Delta_R \overline{H}_\infty - \Delta_R \overline{G}_\infty}{T} = \frac{-66, 28 + 29, 262}{298, 15} \cdot 10^3 = -124, 15 \text{ J} \cdot \text{mol}^{-1} \cdot \text{K}^{-1}$$

$\Delta_R \overline{S}_\infty$ ist also negativ, wie man es für einen Assoziationsprozess auch erwartet. Die Druckabhängigkeit dieser Reaktion wird in 2.10.7 behandelt.

Eine allgemeine Diskussion der Druck- und Temperaturabhängigkeit der chemischen Zusammensetzung in Reaktionsgleichgewichten erlaubt das sog. Le Chatelier-Braun'sche Prinzip, das mit den thermodynamischen Stabilitätsbedingungen in chemischen Reaktionsgleichgewichten zusammenhängt. Dieser Zusammenhang wird in Anhang D dargestellt.

Aufgaben und Beispiele von chemischen Gleichgewichten in realen Systemen findet der Leser in 2.10.4 (HCN-Synthese als reales Gassystem), 2.10.6 (Druckabhängigkeiten in verdünnter Lösung), 2.10.11 (Isotopen-Gleichgewichte in flüssigem Wasser), 2.10.6 und 2.10.18 (Ionenreaktionen in verdünnter Lösung), 2.9.2 (chemisches Gleichgewicht am kritischen Punkt von CO_2 als Lösemittel), 2.9.11 (Helix-Knäul Umwandlung von Proteinen), 2.9.22 (Isomerie-Gleichgewichte in verschiedenen Lösemitteln).

2.6 Gekoppelte chemische und biochemische Reaktionsgleichgewichte

Bisher hatten wir chemische Reaktionen und ihre Gleichgewichtseinstellung diskutiert, deren Verlauf durch eine *einzige* Reaktionslaufzahl ξ und deren Gleichgewichtswert $\xi = \xi_e$ beschrieben werden kann.

Wenn mehrere Reaktionen in homogener Phase nebeneinander ablaufen, heißen sie unabhängig voneinander, wenn keiner der Reaktionspartner einer der Reaktionen in irgendeiner der anderen Reaktionen vorkommt.

Von *stöchiometrisch gekoppelten* Reaktionen sprechen wir, wenn mindestens eine der Komponenten in beiden (oder mehreren) Reaktionen vorkommt.

Es gibt eine Reihe von gekoppelten Gasreaktionen, die in der technischen Praxis eine Rolle spielen. Wir geben ein typisches Beispiel an.

Bei den sog. Crackprozessen in Erdgas finden u. a. folgende chemische Reaktionen statt:

$$C_4H_{10}(g) \, (n - Butan) \overset{k_1}{\rightleftharpoons} C_4H_{10}(g) \, (Isobutan)$$

$$C_4H_{10}(g) \, (Isobutan) + C_4H_8(g) \, (Isobuten) \overset{k_2}{\rightleftharpoons} C_8H_{18} \, (Isooktan)$$

Damit lässt sich schreiben (NB = n-Butan, IB = Isobutan, IBE = Isobuten, IO = Isooktan):

$$\frac{c_{IB}}{c_{NB}} = K_1 \quad und \quad \frac{c_{IO}}{c_{IB} \cdot c_{IBE}} = K_2 \tag{2.48}$$

Sind die Gleichgewichtskonstanten K_1 und K_2 bekannt, benötigt man noch zwei Bilanzgleichungen um c_{IB}, c_{NB}, c_{IBE} und c_{IO} bestimmen zu können.

Außerdem muss noch der Gesamtdruck p bekannt sein oder es muss eine Anfangskonzentrationsverteilung vorgegeben werden. Die beiden Bilanzgleichungen ergeben sich aus den konstanten Atomzahlen von C und H:

$$4 \cdot c_{NB} + 4 \cdot C_{IB} + 4 \cdot C_{IBE} = 8 \cdot c_{IO} \tag{2.49}$$

$$10 \cdot c_{NB} + 10 \cdot C_{IB} + 8 \cdot C_{IBE} = 18 \cdot c_{IO} \tag{2.50}$$

Nun können mit Hilfe von Gl. (2.48), (2.49), (2.50) und der z.B. Vorgabe von c_{NB}^0 (Ausgangs-konzentration von reinem n-Butan) alle Gleichgewichtskonzentrationen berechnet werden. Da die Berechnung etwas umständlich aber klar ist, verzichten wir darauf. In Beispiel 2.10.11 wird ein anderes gekoppeltes System genauer behandelt.

Von großer Bedeutung sind gekoppelte Gleichgewichte in der Biochemie. Wir betrachten die beiden biochemischen Reaktionen

$$GP + H_2O \overset{K_1^{app}}{\rightleftharpoons} G + P \tag{2.51}$$

Diese Reaktion wird durch das Enzym „Glucose-6-Phosphatase" katalytisch ins Gleichgewicht gebracht.

$$ATP + H_2O \overset{K_2^{app}}{\rightleftharpoons} ADP + P \tag{2.52}$$

Hier bedeuten GP = Glucose-6-Phosphat, G=Glucose, ATP = Adenosintriphosphat und ADP = Adenosindiphosphat. P ist gleich der Summe aus Phosphat, Hydrogenphosphat, Dihydrogenphosphat und H_3PO_4. Auch ATP und ADP bezeichnen jeweils die Summen der neutralen Moleküle und ihrer möglichen Anionen, die durch Deprotonierung entstehen (ATP^-, ATP^{2-}, ATP^{3-} bzw. ADP^-, ADP^{2-}). In Abb. 2.5 sind die neutralen Formen für ATP und GLC6P gezeigt.

Die Gleichgewichtskonstanten K_1^{app} und K_2^{app} sind daher effektive Gleichgewichtskonstanten (Index app. = „apparent"), die sich auf die Gesamtkonzentrationen aller Formen von ATP, ADP bzw. P beziehen und die vom pH-Wert der Lösung und ihrer Ionenstärke abhängen. Wir können jedenfalls ATP, ADP und P als quasi-einheitliche Moleküle auffassen.

Wir betrachten zunächst Gl. (2.51) als ungekoppelte Reaktion. Das Zielprodukt der Reaktion ist Glucose-6-Phosphat. Es gilt:

$$\frac{c_G \cdot c_P}{c_{GP}} = K_1^{app} \tag{2.53}$$

Wir gehen von den Anfangskonzentrationen c_G^0 und c_P^0 aus. Dann gelten für die Gleichgewichts-konzentrationen die Bilanzen:

$$c_G = c_G^0 - c_{GP} \quad \text{und} \quad c_P = c_P^0 - c_{GP} \tag{2.54}$$

Einsetzen in Gl. (2.53) ergibt:

$$K_1 = \frac{\left(c_G^0 - c_{GP}\right)\left(c_P^0 - c_{GP}\right)}{c_{GP}} \tag{2.55}$$

Das ist eine quadratische Gleichung für c_{GP}, deren Lösung lautet:

$$c_{GP} = \frac{1}{2}\left(K_1^{app} + c_G^0 + c_P^0\right) - \sqrt{\frac{1}{4}\left(K_1^{app} + c_G^0 + c_P^0\right)^2 - c_G^0 \cdot c_P^0} \tag{2.56}$$

Es gilt $K_1^{app} = 1,1 \cdot 10^2 \, \text{mol} \cdot \text{L}^{-1}$. Wir setzen $c_G^0 = c_P^0 = 1 \, \text{mol} \cdot \text{L}^{-1}$ und erhalten für c_{GP}:

$$c_{GP} = 0,00892 \, \text{mol} \cdot \text{L}^{-1} \tag{2.57}$$

Jetzt betrachten wir Gl. (2.51) und (2.52) zusammen in einer Lösung. Für Gl. (2.52) gilt:

$$K_2^{\text{app}} = \frac{c_{\text{ADP}} \cdot c_{\text{P}}}{c_{\text{ATP}}} \tag{2.58}$$

Subtraktion der Gl. (2.52) von Gl. (2.51) führt zu der gekoppelten Reaktion:

$$\text{ADP} + \text{GP} \rightleftharpoons \text{ATP} + \text{G} \tag{2.59}$$

Division von Gl. (2.55) durch Gl. (2.58) ergibt:

$$\frac{K_1^{\text{app}}}{K_2^{\text{app}}} = \frac{c_{\text{G}} \cdot c_{\text{ATP}}}{c_{\text{GP}} \cdot c_{\text{ADP}}} = k \tag{2.60}$$

Die Konzentration c_{P} taucht also bei der Kopplung der beiden Reaktionen nicht mehr auf. Statt P ist ATP der Lieferant für Phosphat. Es gelten für Gl. (2.60) die Bilanzen:

$$c_{\text{G}} = c_{\text{G}}^0 - c_{\text{GP}} , \quad c_{\text{A}}^0 = c_{\text{ATP}} + c_{\text{ADP}} , \quad c_{\text{ADP}} = c_{\text{GP}} \tag{2.61}$$

c_{A}^0 ist die bekannte Konzentrationssumme von ADP und ATP. Gl. (2.61) eingesetzt in Gl. (2.60) ergibt:

$$k = \frac{K_1^{\text{app}}}{K_2^{\text{app}}} = \frac{\left(c_{\text{G}}^0 - c_{\text{GP}}\right)\left(c_{\text{A}}^0 - c_{\text{GP}}\right)}{c_{\text{GP}}^2} \tag{2.62}$$

Gl. (2.62) ist wieder eine quadratische Gleichung für c_{GP} mit der Lösung:

$$c_{\text{GP}} = \frac{c_{\text{G}}^0 + c_{\text{A}}^0}{2(1-k)} + \sqrt{\left(\frac{c_{\text{G}}^0 + c_{\text{A}}^0}{2(1-k)}\right)^2 - \frac{c_{\text{G}}^0 \cdot c_{\text{A}}^0}{1-k}} \tag{2.63}$$

Hier gilt $K_2^{\text{app}} = 2, 1 \cdot 10^6 \,\text{mol} \cdot \text{L}^{-1}$, also $k = 5, 238 \cdot 10^{-5}$. Setzen wir wieder $c_{\text{G}}^0 = 1 \,\text{mol} \cdot \text{L}^{-1}$ und c_{A}^0 (statt c_{P}^0) gleich $1 \,\text{mol} \cdot \text{L}^{-1}$, ergibt Gl. (2.62) das Resultat:

$$c_{\text{GP}} = 0, 9928 \,\text{mol} \cdot \text{L}^{-1} \tag{2.64}$$

Vergleicht man das Ergebnis Gl. (2.64) mit Gl. (2.57), sieht man, dass zum Zielprodukt Glucose-6-Phosphat *ohne* Kopplung mit Gl. (2.52) nur 0,892 % der Ausgangsmenge an Glucose umgesetzt wird, bei Kopplung der beiden Reaktionen Gl. (2.51) und (2.52) sind es jedoch 99,28 %.

Glucose-6-Phosphat ist ein wichtiges Zwischenprodukt im Stoffwechsel der lebenden Zelle. Es kann aus Glucose nur über die reaktive Kopplung des „freien Energieträgers" ATP produziert werden.

In der Biochemie gibt es zahlreiche andere Reaktionen, bei denen der hohe „freie Enthalpieinhalt" von ATP in ähnlicher Weise genutzt wird, um energiereiche Produkte zu erhalten, die ohne die Koppelung an die Reaktion der Umwandlung von ATP zu ADP nicht von selbst entstehen würden.

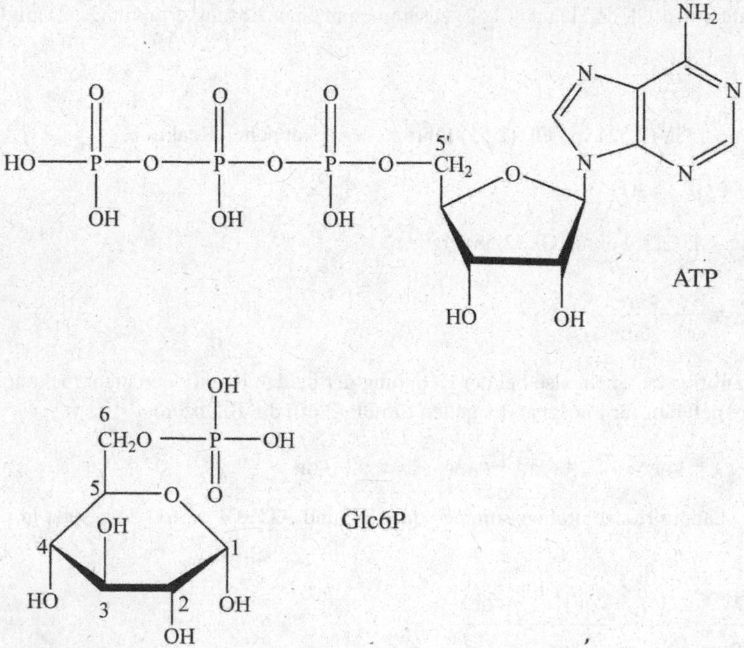

Abb. 2.5 Strukturformeln von ATP und Glucose-6-Phosphat in der Neutralform. ADP enthält eine Phosphat-Gruppe weniger als ATP.

Häufig wird der „freie Enthalpie-Speicher" ATP wiederholt in den mehrstufigen Verlauf einer biochemischen Reaktionskette eingebaut. Wir wählen zur Illustration eine fingierte Reaktionskette $A \rightarrow B \rightarrow C \rightarrow D \rightarrow E \rightarrow F$. Jeder Schritt ist mit einer bestimmten freien Reaktionsenthalpie $\Delta_R \overline{G}_i$ ($i = AB, BC, CD, \ldots$) verbunden. Damit die Reaktionskette von A nach F durchlaufen wird, müssen alle $\Delta_R \overline{G}_i < 0$ sein. Das ist aber nicht immer der Fall. Das Beispiel in Abb. 2.6 zeigt, dass für die Reaktion $B \rightarrow C$ $\Delta_R G_{BC} > 0$ ist. Dasselbe gilt für $E \rightarrow F$. Damit die Reaktionsfolge weiterlaufen kann, muss dieser Schritt an die Reaktion $ATP + H_2O \rightarrow ADP + P_i$ ($\Delta_R \overline{G} = -30, 6$ kJ $\cdot$ mol^{-1}) gekoppelt sein, so dass die Summe $\Delta_R G_{BC} - 30, 6$ kJ < 0 ist. Andererseits kann sich $ADP + P_i$ die freie Enthalpie auch wieder „zurückholen", wie es für den Schritt $D \rightarrow E$ der Fall ist. Hier gilt $\Delta_R G_{DE} + 30, 6$ kJ $\cdot$ mol$^{-1} < 0$. Man kann also sagen, dass das ATP/ADP-System wie ein Katalysator für den gesamten Ablauf der Reaktionskette von A nach F wirkt. Die Beispiele 2.10.17 und 2.10.16 illustrieren die Funktion des ATP/ADP-Systems beim aktiven Stofftransport in der Niere und bei anaeroben biochemischen Prozessen.

Weitere Beispiele und Aufgaben zur Thermodynamik biochemischer Reaktionen finden sich in 2.9.11 (Helix-Knäul-Umwandlung in Proteinen) und 2.9.12 (Peptid-Synthese bei der Lebensentstehung).

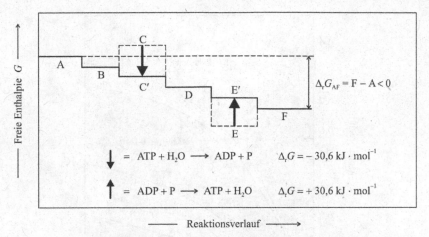

Abb. 2.6 Beispiel einer biochemischen Reaktionskette $A \to B \to C' \to D \to E' \to F$ mit zwei an das ATP/ADP-System gekoppelten Schritten: $B \to C$ und $D \to E$. ABCDEF: Verlauf von G *ohne* Beteiligung von ATP/ADP.

2.7 Komplexe chemische Gleichgewichte mit beliebig vielen Reaktanden in homogener Phase

Es gibt sowohl in der Natur wie auch im chemischen Labor Fälle, wo viele Komponenten in einer Mischung bzw. Lösung durch chemische Gleichgewichte aneinander gekoppelt sind. Wir wollen hier vier Beispiele von Systemklassen behandeln, die man rechnerisch in geschlossener Form darstellen kann.

2.7.1 Multiisomerengleichgewichte

Wir betrachten zunächst eine beliebige Zahl von Isomeren I_i ($i = 1$ bis n), die alle miteinander im chemischen Gleichgewicht stehen.

$$I_1 \rightleftharpoons I_2 \rightleftharpoons I_3 \cdots I_{n-1} \rightleftharpoons I_n \tag{2.65}$$

Für die freie molare Standardreaktionsenthalpie $\Delta \overline{G}_{R,ij}^0(T)$ der Reaktion zweier Isomere $i \rightleftharpoons j$ gilt:

$$\Delta_R \overline{G}_{ij}^0 = \Delta^f \overline{G}_j^0 - \Delta^f \overline{G}_i^0 \tag{2.66}$$

wobei $\Delta^f \overline{G}_j^0$ und $\Delta^f \overline{G}_i^0$ jeweils die molaren freien Bildungsenthalpien von j und i bedeuten. Da bei Gemischen von Isomeren mit guter Näherung davon auszugehen ist, dass solche Gemische sich

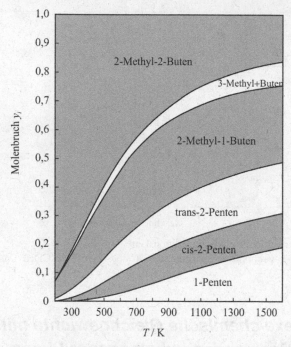

Abb. 2.7 Zusammensetzung (in Molenbrüchen) der 6 verschiedenen gasförmigen Isomere des Pentens. (nach S. Walas, Phase Equilibria in Chemical Engineering, Butterworth Publishers, 1985)

ideal verhalten, lässt sich für die entsprechende Gleichgewichtskonstante K_{ij} in einer flüssigen Mischung schreiben:

$$K_{ij} = \exp\left[-\Delta_R \overline{G}_{ij}^0\right] = x_j/x_i \tag{2.67}$$

Es gilt nun unter Beachtung von Gl. (2.66):

$$\sum_j^n K_{ij} = \sum_j^n \frac{x_j}{x_i} = \frac{1}{x_i} = \sum_j^n \exp\left[-\left(\Delta^f \overline{G}_j^0 - \Delta^f \overline{G}_i^0\right)/RT\right] \tag{2.68}$$

Damit lässt sich für den Molenbruch x_i des Isomerens i schreiben:

$$x_i = \frac{1}{1 + \sum_{j\neq i}^n \exp\left[-\left(\Delta^f \overline{G}_j^0 - \Delta^f \overline{G}_i^0\right)/RT\right]} \tag{2.69}$$

Man benötigt also nur die Werte der molaren freien Standardbildungsenthalpien alle Isomere, um ihre Zusammensetzung im chemischen Gleichgewicht berechnen zu können.

Wir wollen als Beispiel die Molenbrüche der isomeren Moleküle Ethylbenzol, o-Xylol, m-Xylol und p-Xylol im chemischen Gleichgewicht in flüssiger Phase bei 298 K berechnen. In Tabelle 2.3

sind die Ergebnisse für vier Isomere im flüssigen Zustand wiedergegeben ($\Delta^f\overline{G}^0$-Werte aus Anhang A.4). Dabei ist vorausgesetzt, dass ein geeigneter Katalysator für die Einstellung des Gleichgewichts sorgt.

Tab. 2.3 Freie Bildungsenthalpien von Isomeren

Isomer	Ethylbenzol	o-Xylol	m-Xylol	p-Xylol
$\Delta^f\overline{G}^0(298)/kJ \cdot mol^{-1}$	119,70	110,33	107,65	110,08
x_i	$4,49 \cdot 10^{-3}$	0,19691	0,58079	0,21781

Die Dampfzusammensetzung y_i wird in Aufgabe 2.10.7 behandelt. Ein komplexeres Beispiel zeigt Abb. 2.7. Hier ist die Zusammensetzung von 6 verschiedenen Penten-Isomeren als Funktion der Temperatur gezeigt. 3-Methyl-2-Buten ist vor allem bei tiefen Temperaturen das weitaus thermodynamisch stabilste Isomer, 3-Methyl-1-Buten das am wenigsten stabile, d. h. das mit dem höchsten Wert von $\Delta^f G(T)$. Bei hohen Temperaturen ist die Verteilung der Isomere gleichmäßiger.

2.7.2 Ligandenbindung an Makromolekülen

Das zweite Beispiel für ein komplexes Gleichgewichtsproblem, das in geschlossener Form lösbar ist, kommt aus der Biochemie. Wir betrachten ein großes globuläres Proteinmolekül P, das an n äquivalenten Stellen seiner äußeren Oberfläche Liganden L binden kann. Die Gleichgewichtskonstanten K_{i-1} für die Anbindung des i-ten Liganden L an das Proteinmolekül, an das bereits $(i-1)$ Liganden derselben Art gebunden sind, schreiben wir:

$$K_{i-1} = \frac{[PL_i]}{[PL_{i-1}] \cdot [L]} \tag{2.70}$$

wobei [...] die molaren Konzentrationen bedeuten. Die Aktivitätskoeffizienten werden alle gleich 1 gesetzt. Die Situation ist in Abb. 2.8 illustriert und
man erkennt, dass es verschiedene unterscheidbare Möglichkeiten gibt, wie die i Liganden auf den n Bindungsstellen im Protein sitzen ($n \geq i$). Nur eine dieser Möglichkeiten ist in Abb. 2.8 gezeigt, denn das Moleküle $[PL_i]$ kann in

$$g_i = \frac{n!}{i! \cdot (n-i)!} \tag{2.71}$$

unterscheidbaren, aber äquivalenten Formen vorkommen. Gl. (2.71) gibt die Zahl dieser unterscheidbaren Verteilungen von i Liganden auf n Plätze an.
In Abb. 2.8 ist z. B. $n = 7$ und $i = 4$, also gilt:

$$g_4 = \frac{7!}{4! \cdot 3!} = 35$$

Für die durchschnittliche Zahl $\langle i \rangle$ der Liganden, die an ein Proteinmolekül gebunden sind, gilt:

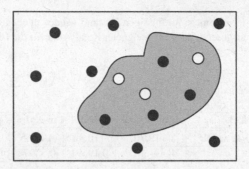

Abb. 2.8 Bindung von Ligandenmolekülen (•) an ein Proteinmolekül (schematisch). Die freien Bindungsstellen sind durch die offenen Kreise gekennzeichnet.

$$z = \sum_{i=0}^{n} g_i \cdot i \cdot [PL_i] / \sum_{i=1}^{n} g_i [PL_i] \tag{2.72}$$

Für Gl. (2.70) kann auch geschrieben werden:

$$[PL_i] = K_{i-1}[PL_{i-1}] \cdot L = K_{i-1} \cdot K_{i-2}[PL_{i-2}][L]^2 \tag{2.73}$$
$$= K_{i-1}K_{i-2}\cdots K_2 K_1 \cdot K_0 \cdot [P] \cdot [L]^i$$

Ferner gilt, da alle Bindungsplätze äquivalent und unabhängig voneinander sein sollen:

$$K_i = K_{i-1} = K_{i-2} = \ldots K_0 = K \tag{2.74}$$

Dann ergibt sich nach Einsetzen von Gl. (2.71) in Gl. (2.72), wenn wir Zähler und Nenner von Gl. (2.72) noch mit K multiplizieren, für die mittlere Ligandenzahl $\langle i \rangle$:

$$\langle i \rangle = \sum_{i=0}^{n} i \cdot g_i K^i \cdot [P][L]^i / \sum_{i=0}^{n} g_i K^i [P][L]^i$$
$$= \sum_{i=0}^{n} i \cdot \frac{n!}{(n-i)! \cdot i!} K^i \cdot [P][L]^i \bigg/ \sum_{i=0}^{n} \frac{n!}{(n-i)! \cdot i!} K^i [P][L]^i \tag{2.75}$$

Der Nenner von Gl. (2.75) ist nach dem Binominaltheorem mit $x = K \cdot [L]$:

$$[P] \sum_{i=0}^{n} \frac{n!}{(n-i)! \cdot i!} x^i = [P](1+x)^n = [P] \cdot (1 + K \cdot [L])^n \tag{2.76}$$

Für den Zähler in Gl. (2.75) gilt:

$$\text{Zähler} = [P]x \cdot \frac{d(1+x)^n}{dx} = [P]n \cdot x(1+x)^{n-1} = [P]n \cdot K \cdot L \cdot (1 + K \cdot [L])^{n-1}$$

Damit ergibt sich für den Bruchteil ϑ der besetzten Bindungsplätze auf dem Protein:

$$\boxed{\vartheta = \frac{\langle i \rangle}{n} = \frac{K[L]}{1 + K[L]}} \tag{2.77}$$

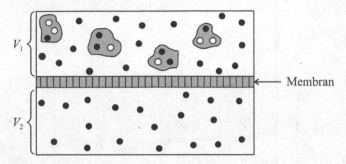

Abb. 2.9 Prinzip der Gleichgewichtsdialyse zur Bestimmung von [L] (s. Text). Nur die Moleküle • sind membrandurchlässig.

Diese Gleichung heißt *Langmuir-Gleichung.* ϑ ist unabhängig von der Zahl n der Bindungsplätze. Gl. (2.77) und die ihr zugrunde liegende Ableitung gilt allerdings nur dann, wenn alle Bindungsplätze äquivalent und nicht unterscheidbar sind. Wenn man die Konzentration der freien Liganden [L] messen kann und die Konzentration der gebundenen plus der der ungebundenen Liganden [L]$_0$ aus der Einwaage in das Lösungsvolumen bekannt ist ebenso wie die Gesamtkonzentration der eingewogenen Proteinmenge [P]$_0$, dann lässt sich $\langle i \rangle$ ermitteln aus:

$$\langle i \rangle = \frac{[L]_0 - [L]}{[P]_0} \tag{2.78}$$

Eine Auftragung von $1/\langle i \rangle$ gegen $1/[L]$ ergibt dann die Werte für n und K aus dem Achsenabschnitt und der Steigung dieser Auftragung, wie Abb. 2.11 zeigt, denn es gilt ja nach Gl. (2.77)

$$\frac{1}{\langle i \rangle} = \frac{1}{K \cdot n} \cdot \frac{1}{[L]} + \frac{1}{n} \quad \text{bzw.} \quad \frac{1}{\vartheta} = \frac{1}{K} \frac{1}{[L]} + 1 \tag{2.79}$$

Mit Hilfe der *Gleichgewichtsdialyse* lässt sich die Zahl der freien Liganden ermitteln. Das Prinzip ist in Abb. 2.9 dargestellt. Die beiden Gefäße mit den Volumina V_1 und V_2 sind durch eine Membran voneinander getrennt, die nur Lösemittel (H$_2$O, Elektrolytlösung) und freie Liganden hindurchlässt, aber keine Protein-Moleküle. Zu Beginn sei $V_2 = 0$ und die Konzentration der Liganden-Moleküle - freier wie gebundener - in V_1 ist durch Einwaage bekannt ($c_{L,1}^0$ ebenso wie die gesamte Protein-Konzentration $c_{P,1}$. Jetzt wird das Lösungsmittelvolumen V_2 schrittweise erhöht und jedes Mal nach Gleichgewichtseinstellung die Konzentration der freien Liganden [L] in V_2 gemessen. Da [L] in V_1 und V_2 denselben Wert hat, kann man aus der Mengenbilanz der Liganden ableiten:

$$\frac{c_{L,1}^0}{c_{P,1}} - [L]\left(1 + \frac{V_2}{V_1}\right) = \langle i \rangle \tag{2.80}$$

und somit $\langle i \rangle$ als Funktion von [L] experimentell bestimmen. Damit lässt sich nach Gl. (2.69) aus einem Plot von $[n \cdot \vartheta([L])]^{-1}$ gegen $[L]^{-1}$ die Zahl n der Bindungsstellen auf dem Protein und der Wert von K bestimmen. Ein lineares Verhalten des Plots ist ein Hinweis auf die Gültigkeit der Langmuir-Gleichung. Abb. 2.11 zeigt ein Beispiel experimenteller Daten der Anlagerung

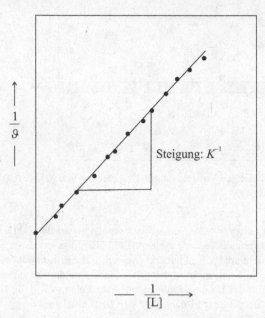

Abb. 2.10 Graphische Methode zur Ermittlung von K in der Langmuir-Gleichung (Gl. (2.77)).

von Laureat-Ionen an HSA (*H*uman *S*erum *A*lbumin), die sich gut mit der Langmuir-Gleichung beschreiben lassen,

Die Anwendbarkeit der Langmuir-Gleich (Gl. (2.77) bzw. (2.79) ist nicht auf die Bindung an große Biomoleküle beschränkt. Da die Bindungsstellenzahl n beliebig hoch sein kann, ist sie auch häufig zur Beschreibung der Adsorption von kleinen Molekülen an Oberflächen von porösen makroskopischen Systemen geeignet (s. Anwendungsbeispiel 2.9.18).

Ferner ist Ligandenbindung nicht nur an Makromolekülen, sondern auch an zentralen Metallatomen in Lösung möglich (Solvatationsgleichgewichte und Ionenkomplexgleichgewichte). Andere Beispiele sind die O_2-Bindung an Hämoglobin (s. Beispiel 2.9.4). Allerdings sind hier die K_i-Werte nicht mehr alle gleich.

2.7.3 *Kettenassoziationsgleichgewichte*

Das dritte Beispiel für komplexe chemische Gleichgewichte, an denen viele Komponenten beteiligt sind, ist die lineare Kettenassoziation. Sie kommt vor allem bei Molekülen vor, die sowohl als Akzeptoren wie Donatoren für die H-Brückenbindung geeignet sind. Die H-Brückenbindung liegt in ihrer Bindungsstärke zwischen den zwischenmolekularen Kräften und den eigentlichen chemischen Bindungskräften. Beispiele für eine solche lineare Assoziation sind Alkohole R-OH in Lösung oder das Molekül HF in der Gasphase(s. Abb. 2.12).

Bei höheren Temperaturen können auch chemisch gebundene Polymere verschiedener Ketten-

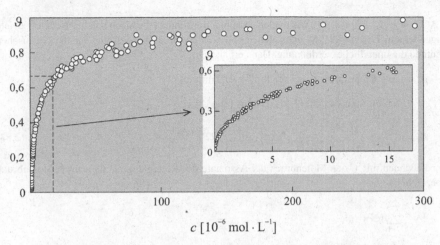

$$c \, [10^{-6} \, \text{mol} \cdot \text{L}^{-1}]$$

Abb. 2.11 Laureat-Ionen-Bindung an HSA als Beispiel für die Anwendbarkeit der Langmuir-Gleichung (nach K. A. Dill, Molecular Driving Forces, Taylor and Francis, 2003).

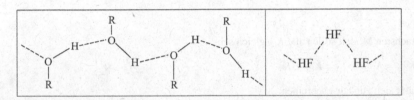

Abb. 2.12 Beispiele für linear assoziierende Moleküle über Wasserstoffbrückenbindung.

längen im chemischen Gleichgewicht mit ihren Monomeren stehen, z. B. ist das bei flüssigem Schwefel der Fall. Wir bezeichnen die assoziierenden Moleküle mit A und erhalten folgendes Reaktionsschema:

$$
\begin{aligned}
A \ &+ \ A \ &\overset{K_2}{\rightleftharpoons} \ A_2 \\
A_2 \ &+ \ A \ &\overset{K_3}{\rightleftharpoons} \ A_3 \\
A_3 \ &+ \ A \ &\overset{K_4}{\rightleftharpoons} \ A_4 \\
&\ \vdots &\ \vdots \\
A_{i-1} \ &+ \ A \ &\overset{K_i}{\rightleftharpoons} \ A_i
\end{aligned}
\tag{2.81}
$$

Im Allgemeinen gilt für die Assoziationsgleichgewichtskonstanten:

$$K_2 \neq K_3 \neq K_4 \cdots K_{i-1} \neq K_i$$

und ihre Definition lautet in flüssiger Phase entsprechend Gl. (2.34):

$$\frac{a_i}{a_{i-1} \cdot a_1} = K_i = \exp\left[-\left(\mu^0_{A_i} - \mu^0_{A_{i-1}} - \mu^0_A\right)/RT\right] \tag{2.82}$$

mit $\Delta \overline{G}_{R,i}^{fl} = \mu_{Ai}^0 - \mu_{Ai-1}^0 - \mu_A^0$. Wir wollen auch hier verdünnte Lösungen solcher Kettenassoziate in irgendeinem Lösemittel LM untersuchen und wählen als Bezugszustand für die chemischen Potentiale die unendliche Verdünnung. Dann erhält man:

$$\mu_i = \mu_{i0} + RT \ln x_i \gamma_i = \left(\mu_{i0} + RT \ln \gamma_i^\infty \right) + RT \ln x_i \gamma_i^*$$

mit $\gamma_i^* = \gamma_i / \gamma_i^\infty$ im Sinn von Gl. (2.41). Daraus folgt dann:

$$K_{c,i} = \frac{\gamma_i^* \cdot c_i}{(\gamma_{i-1}^* \cdot c_{i-1}) \cdot (\gamma_1^* \cdot c_1)} = \exp\left[-\Delta \overline{G}_{i,\infty} / RT \right] \cdot \overline{V}_{LM}^{-1} \tag{2.83}$$

Wir bezeichnen mit x_i den Molenbruch der Assoziate der Kettenlänge i, als wahren Molenbruch x_A bezeichnen wir:

$$x_A = \sum_{i=1}^{\infty} i \cdot x_i$$

Man kann zeigen, dass in guter Näherung Gl. (2.83) γ_i^* für alle i gleich 1 gesetzt werden kann (s. Anhang O). Ist $x_A \ll x_{LM}$, kann in Gl. (2.83) für alle c_i der entsprechende Wert von γ_i^* gleich 1 gesetzt werden. Unter diesen Bedingungen wird aus Gl. (2.83):

$$\frac{c_i}{c_{i-1} \cdot c_1} \cong K_{c,i}$$

Im einfachsten Modell sollen alle $K_{c,i}$ gleich sein:

$$K_{c,1} = K_{c,2} = \cdots = K_{c,i} = K$$

Dann lässt sich zunächst schreiben:

$$c_i = c_{i-1} \cdot c_1 \cdot K = c_{i-2} \cdot c_1^2 \cdot K^2 = \cdots = c_1 \cdot c_1^{i-1} \cdot K^{i-1}$$

Die Gesamtkonzentration c_A der assoziierenden Moleküle A ist dann:

$$c_A = \sum_{i=1}^{\infty} i \cdot c_i = \sum_{i=1}^{\infty} i \cdot c_1^i \cdot K^{i-1}$$

Wenn wir $c_1 \cdot K$ mit y abkürzen, erhält man:

$$\frac{c_A}{c_1} = \sum_{i=1}^{\infty} i \cdot y^{i-1} = \frac{d}{dy} \left(\sum_{i=1}^{\infty} y^i \right) \tag{2.84}$$

Jetzt bedenken wir, dass für geometrische Reihen mit $y = c_1 k < 1$ gilt:

$$\sum_{i=1}^{\infty} y^i = \sum_{i=0}^{\infty} y^i - 1 = \frac{1}{1-y} - 1 = \frac{y}{1-y}$$

Somit erhält man:

$$\frac{d}{dy} \left(\sum_{i=1}^{\infty} y^i \right) = \frac{1}{(1-y)^2}$$

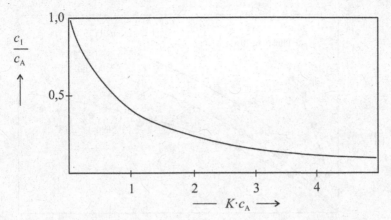

Abb. 2.13 Funktionaler Zusammenhang von c_1/c_A und $K \cdot c_A$ im linearen Assoziationsmodell nach Gl. (2.86).

Eingesetzt in Gl. (2.84) erhält man somit:

$$\frac{c_A}{c_1} = \frac{1}{(1-y)^2} = \frac{1}{(1 - K \cdot c_1)^2} \tag{2.85}$$

Bei Kenntnis von c_A aus der Einwaage lässt sich somit die Monomerkonzentration c_1 berechnen, wenn man K ebenfalls kennt.

Auflösung von Gl. (2.85) nach c_1/c_A ergibt:

$$\frac{c_1}{c_A} = \frac{2K\,c_A + 1 - \sqrt{4K\,c_A + 1}}{2K^2 \cdot c_A^2} \tag{2.86}$$

Abb. 2.13 zeigt diesen Zusammenhang. c_1/c_A gibt den Bruchteil der assoziierenden Moleküle an, die als Monomere in der Lösung vorliegen. Es lässt sich nun auch die mittlere Kettenlänge $\langle i \rangle$ der Assoziate berechnen:

$$\langle i \rangle = \frac{\displaystyle\sum_{i=1}^{\infty} i\,c_i}{\displaystyle\sum_{i=1}^{\infty} c_i} = \frac{c_A}{\displaystyle\sum_{i=1}^{\infty} c_i}$$

Mit

$$\sum_{i=1}^{\infty} c_i = \frac{1}{K} \sum_{i=1}^{\infty} (c_1\,K)^i = \frac{c_1}{1 - c_1\,K} \tag{2.87}$$

ergibt sich unter Berücksichtigung von Gl. (2.85):

$$\langle i \rangle = \frac{1}{1 - K \cdot c_1} = \left(\frac{c_A}{c_1}\right)^{1/2} \tag{2.88}$$

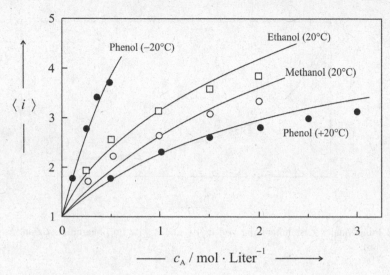

Abb. 2.14 Mittlere Kettenlänge $\langle i \rangle$ für Alkohole in CCl_4 als Funktion von c_A. Symbole: Experiment. Nach Gl. (2.87) ——— mit $K = 2,89$ für Phenol (20°C), $K = 19,98$ für Phenol (−20°C), $K_c = 6,56$ für Methanol, $K = 4,67$ für Ethanol.

Abb. 2.14 zeigt experimentelle Daten von $\langle i \rangle$ als Funktion der Alkoholkonzentration c_A in CCl_4 für Phenol, Ethanol und Methanol.

Die durchgezogenen Kurven wurden nach Gl. (2.88) mit c_1 aus Gl. (2.86) durch Anpassung von K berechnet. Die Beschreibung gelingt nicht überall ganz befriedigend. Hier zeigt sich, dass das einfache Modell mit $K_{c,i} = K = \text{const}$ und $\gamma_i^* = 1$ zu grob ist für eine wirklich gute Beschreibung.

Da für Phenol Werte für K bei 253 K (−20°C) und 293 K (20°C) vorliegen, lässt sich in diesem Fall nach der van't Hoff'schen Gleichung die Assoziationsenthalpie $\Delta \overline{H}_{ass}$ berechnen:

$$\frac{d \ln K_c}{dT} = \frac{\Delta \overline{H}_{ass}}{RT^2}$$

bzw. integriert:

$$\ln \frac{K_c(T_1)}{K_c(T_2)} = -\frac{\Delta \overline{H}_{ass}}{R} \left(\frac{1}{T_1} - \frac{1}{T_2} \right)$$

Also ergibt sich mit $K_c(T_1 = 253 \text{ K}) = 19,98$ und $K_c(T_2 = 293 \text{ K}) = 2,89$:

$$\Delta \overline{H}_{ass} = R \ln \left(\frac{K_c(T_1)}{K_c(T_2)} \right) \frac{T_1 \cdot T_2}{T_2 - T_1} = R \ln \left(\frac{19,98}{2,89} \right) \frac{253 \cdot 293}{253 - 293} = -29800 \text{ J} \cdot \text{mol}^{-1}$$

Das entspricht der Bindungsenthalpie einer H-Brücke (OH $\cdots$ O), wie sie für Alkohole zu erwarten ist (−25 bis − 30 kJ $\cdot$ mol^{-1}).

Das einfache Assoziationsmodell ($K_{c,i} = K = \text{const}$) lässt sich für bestimmte Fälle erweitern, wo K_i von i abhängt. Auch ringförmige Assoziate lassen sich mit berücksichtigen.

Kettenassoziationsmodelle mit $K_{i+1} > K_i$ bzw. $K_{i+1} < K_i^*$ nennt man kooperative bzw. anti-kooperative Modelle. Zwei Modelle, die zu geschlossenen Lösungen führen, werden in Anwendungsbeispiel 2.9.21 vorgestellt. Anwendungsbeispiel 2.9.23 zeigt, wie Kettenassoziationsgleichgewichte durch NMR-Spektroskopie untersucht werden können. Auch die Mizellenbildung gehört zu den Assoziationsgleichgewichten (2.9.3). In Aufgabe 2.10.19 wird die Mischungsenthalpie solcher Systeme mit nichtassoziierenden Flüssigkeiten behandelt.

2.8 Heterogene chemische Gleichgewichte

Unter heterogenen chemischen Reaktionen versteht man den chemischen Umsatz von Edukten zu Produkten, bei denen sich zwei oder mehrere Reaktanden in verschiedenen Phasen befinden. Als ein bekanntes Beispiel führen wir die folgende Reaktion an:

$$CaCO_3(f) + H_2SO_4(aq) \rightarrow CaSO_4 \cdot H_2O(f) + CO_2(g) \tag{2.89}$$

Hier treten insgesamt 4 Phasen auf: festes $CaCO_3$ (Index f), eine wässrige Lösungsphase (Index aq), festes $CaSO_4 \cdot H_2O$ (f) und eine gasförmige Phase (Index g). Diese Reaktion und ihre Affinität zum „Partnertausch" von Salz und Säure ist schon lange bekannt. So liest man bereits in Goethes Roman „Die Wahlverwandtschaften" (1809):

„Bringt man ein Stück solchen Steines in verdünnte Schwefelsäure, so ergreift diese den Kalk und erscheint mit ihm als Gips; jene zarte luftige Säure hingegen entflieht.".

Die Gleichgewichtslage der Reaktion lässt sich nach der allgemein gültigen Beziehung von Gl. (2.5) für chemische Gleichgewichte bestimmen aus

$$\mu^0_{CaSO_4 \cdot H_2O} + \mu^0_{CO_2} + RT \ln p_{CO_2} = \mu^0_{CaCO_3} + \mu^0_{H_2SO_4(aq)}$$

Wir setzen hier und im Folgenden Fugazität und Partialdruck gleich, also $f_i \approx p_i$.

Für $CaSO_4 \cdot H_2O$ und $CaCO_3$ sind die Standardwerte der reinen Stoffe einzusetzen, für H_2SO_4 ist μ^0 der Standardwert in verdünnter wässriger Lösung, für CO_2 der des idealen Gases. μ^0_i ist identisch mit der freien Standardbildungsenthalpie $\Delta^f G^0_i$ (Werte: Anhang A, Tabelle A.3). Es gilt demnach: $\mu^0_{CaSO_4 \cdot H_2O} = -1795, 8 \text{ kJ} \cdot \text{mol}^{-1}$, $\mu^0_{CO_2} = -394, 4 \text{ kJ} \cdot \text{mol}^{-1}$, $\mu^0_{CaCO_3} = -1128, 8 \text{ kJ} \cdot \text{mol}^{-1}$ und $\mu^0_{H_2SO_4} = \mu^0_{H^+} + \mu^0_{HSO_4^-} = -752, 87$. $\mu^0_{H^+} = \Delta^f G_{H^+}(aq)$ ist definitionsgemäß gleich Null als Bezugswert für alle μ^0-Werte von Ionen (siehe auch Kapitel 3). Das gilt für *ideale* 1-molale Lösungen. Wir nehmen also an, dass H_2SO_4 in dieser Form in wässriger Lösung vorliegt. Dann ergibt sich, wenn wir $p_{CO_2} = 1$ bar setzen, für die freie Reaktionsenthalpie $\Delta_R \overline{G}$:

$$\Delta_R \overline{G} = \mu^0_{CaSO_4 \cdot H_2O} + \mu^0_{CO_2} - \mu^0_{CaCO_3} - \mu^0_{H_2SO_4} = -308, 5 \text{ kJ} \cdot \text{mol}^{-1}$$

Das Gleichgewicht liegt also bei 298 K und 1 bar in der Tat völlig auf der rechten Seite von Gl. (2.89).

Heterogene Reaktionen gehören zu den wichtigsten und am häufigsten vorkommenden Reaktionen in der Natur. Sie spielen aber auch in der chemischen Technologie eine wichtige Rolle. Die

Zahl der Freiheitsgrade für heterogene Reaktionen lässt sich aus dem allgemeinen Phasengesetz nach Gl. (1.42) bestimmen. Sind dabei zusätzlich r unabhängige chemische Reaktionsgleichgewichte beteiligt, reduziert sich die Zahl f der Freiheitsgrade um r. Im Fall von Gl. (2.89) ist die Zahl der Freiheitsgrade $f = k - s + 2 - r = 5 - 4 + 2 - 1 = 2$. Diese beiden Freiheitsgrade sind sinnvollerweise Temperatur und Druck. Dann sind die Konzentrationen aller Komponenten in allen Phasen festgelegt. Daran ändert sich auch nichts, wenn wir zusätzliche Reaktionen wie z. B. $CO_2 + 2H_2O \rightleftharpoons HCO_3^- + H_3O^+$, $H_2SO_4 + H_2O \rightleftharpoons HSO_4^- + H_3O^+$, $CaCO_3 + H_2O \rightleftharpoons Ca^{2+} + 2HCO_3^-$ oder $H_2O + CaSO_4 \rightleftharpoons Ca^{2+} + 2HSO_4^-$ mit einbeziehen, denn zu jeder neu auftauchenden Komponente, also HCO_3^-, HSO_4^-, Ca^{2+} und H_3O^+, gibt es gerade die 4 neu formulierten Reaktionsgleichgewichte. Weitere Komponenten, wie z. B. OH^-, können hinzukommen, aber damit verbunden ist wiederum ein neu zu berücksichtigendes Gleichgewicht, also in diesem Fall $2H_2O \rightleftharpoons H_3O^+ + OH^-$. Es bleibt also bei 2 Freiheitsgraden. Für heterogene Reaktionsgleichgewichte gibt es viele Beispiele (s. z.B. 2.10.12), zu den bekanntesten heterogenen Reaktionen gehört die Reduktion von Metalloxiden zu Metallen durch Kohlenstoff:

$$MeO(f) + C(f) \rightleftharpoons Me(f) + CO(g) \tag{2.90}$$

$$2MeO(f) + C(f) \rightleftharpoons 2Me(f) + CO_2(g) \tag{2.91}$$

Me steht hier für ein zweiwertiges Metall (Ca, Mg, Cu, Zn, Fe, Ni, Pb, Mn u. a.) Im Fall dreiwertiger Metalle gilt (z. B. für Fe, Al, Cr):

$$Me_2O_3(f) + 3C(f) \rightarrow 2Me(f) + 3CO(g) \tag{2.92}$$

$$2Me_2O_3(f) + 3C(f) \rightarrow 4Me(f) + 3CO_2(g) \tag{2.93}$$

Nun ist zu bedenken, dass noch ein weiteres heterogenes Gleichgewicht vorliegt:

$$CO_2 + C \rightleftharpoons 2CO \tag{2.94}$$

Gl. (2.94), Gl. (2.90) und Gl. (2.91) sind aneinander gekoppelt. Ihre Addition und Division durch 3 ergibt, dass nur Gl. (2.90) als einziges unabhängiges Gleichgewicht existiert. Entsprechend verfährt man mit Gl. (2.92) und Gl. (2.93). Es liegt nur Gl. (2.92) als unabhängiges Gleichgewicht vor.

Die Reduktion von Metalloxiden mit Kohlenstoff spielt für die Herstellung von Metallen eine wichtige praktische Rolle bei der sog. *Verhüttung* oder dem *Hochofenprozess* zur Gewinnung von Eisen. Die Gleichgewichtsbedingungen für Gl. (2.90) und Gl. (2.92) lauten:

$$\mu_{Me}^0(f) + \mu_{CO}(g) = \mu_{MeO}^0(f) + \mu_C^0(f)$$

bzw.

$$2\mu_{Me}^0(f) + 3\mu_{CO}(g) = \mu_{Me_2O_3}^0(f) + 3\mu_C^0(f) \tag{2.95}$$

Alle Reaktionspartner kommen nur im reinen Zustand vor, wobei für μ_{CO} bei Gültigkeit des idealen Gasgesetzes vorausgesetzt sei:

$$\mu_{CO} = \mu_{CO}^0(T) + RT \ln p_{CO}$$

Wir erhalten also:

$$p_{CO}(T) = \exp\left[\left(\mu_{MeO}^0 + \mu_C^0 - \mu_{Me}^0 - \mu_{CO}^0\right)/RT\right] = e^{-\Delta_R \overline{G}_{CO}/RT} \tag{2.96}$$

bzw.

$$p_{CO}(T) = \exp\left[\left(2\mu_{Me_2O_3}^0 + 3\mu_C^0 - \mu_{Me}^0 - 3\mu_{CO}^0\right)/3RT\right] = e^{-\Delta_R \overline{G}_{CO}/3RT} \tag{2.97}$$

mit

$$\Delta_R \overline{G}_{CO} = \Delta^f \overline{G}_{Me}^0 + \Delta^f \overline{G}_{CO}^0 - \Delta^f \overline{G}_{MeO}^0 - \Delta^f \overline{G}_C^0$$

bzw.

$$\Delta_R \overline{G}_{CO} = \Delta^f \overline{G}_{Me}^0 + 3\Delta^f \overline{G}_{CO}^0 - 2\Delta^f \overline{G}_{Me_2O_3}^0 - 3\Delta^f \overline{G}_C^0$$

Die Werte für μ_i^0 sind also identisch mit den freien Standardbildungsenthalpien $\Delta^f \overline{G}_i^0$, wie sie für 298 K in Anhang A Tabelle A.3 angegeben sind. Gl. (2.96) und (2.97) ähneln der Dampfdruckgleichung für reine Stoffe und man erhält auch beim Differenzieren nach T das Analogon zur Clausius-Clapeyron'schen Gleichung:

$$\frac{d\ln p_{CO}}{dT} = \frac{\Delta_R \overline{H}_{CO}}{RT^2} \tag{2.98}$$

mit $\Delta_R \overline{H}_{CO} = \Delta^f \overline{H}_{Me}^0 + \Delta^f \overline{H}_{CO}^0 - \Delta^f \overline{H}_{MeO}^0 - \Delta^f \overline{H}_C^0$ für Gl. (2.96) und Entsprechendes für Gl. (2.97). Für die in der Tabelle angegebenen Reaktionen werden aus den $\Delta^f \overline{G}^0(298)$-Werten die $\Delta_R \overline{G}^0(298)$-Werte und aus den $\Delta^f \overline{H}^0(298)$ die $\Delta_R \overline{H}^0(298)$-Werte berechnet. Die $p_{CO}(298)$-Werte werden nach Gl. (2.96) bzw. (2.97) berechnet.

Reaktion	$\Delta_R \overline{G}_{CO}(298)/kJ \cdot mol^{-1}$	$\Delta_R \overline{H}_{CO}(298)/kJ \cdot mol^{-1}$	$p_{CO}(298)/bar$
$CuO + C \rightleftharpoons Cu + CO$	-9,04	45,32	38,4
$FeO + C \rightleftharpoons Fe + CO$	114,29	161,51	$9,27 \cdot 10^{-21}$
$\frac{1}{3}Fe_2O_3 + C \rightleftharpoons \frac{2}{3}Fe + CO$	110,8	164,6	$3,79 \cdot 10^{-20}$

Ganz offensichtlich ist bei 298 K die Gewinnung von Eisen durch Reduktion seiner Oxide mit Kohle nicht möglich. $\Delta_R \overline{G}_{CO}$ ist deutlich positiv. Die Werte des CO-Druckes sind extrem niedrig, die Gleichgewichte liegen ganz auf der Eduktseite. Anders sind die Verhältnisse bei Kupfer. $\Delta_R \overline{G}_{CO}$ ist hier negativ. Das edlere Metall lässt sich leicht aus seinem Oxid mit Kohle gewinnen. Der CO-Druck beträgt 38,4 bar im Gleichgewicht, bei $p_{CO} < 1$ bar läuft die Reaktion spontan ab.

Durch Integration von Gl. (2.98) lässt sich Gl. (2.96) bzw. (2.97) lässt sich p als Funktion von T bestimmen, wenn $p(298 K)$ bekannt ist:

$$p_{CO} = p_{CO}(298) \cdot \exp\left[-\frac{\Delta_R \overline{H}_{CO}}{R}\left(\frac{1}{T} - \frac{1}{298}\right)\right] \tag{2.99}$$

Die Zahlenwerte für $p(298)$ und $\Delta_R \overline{H}_{CO}$ in der Tabelle zeigen, dass bei den Reduktionen von FeO bzw. Fe_2O_3 erst bei 1019 K bzw. 912 K ein CO-Druck von 1 bar erreicht wird. Oberhalb dieser

Temperatur lässt sich also Eisen aus seinen Erzen gewinnen. Als die Menschen es verstanden, in kleinen Öfen durch Holzverbrennung solche Temperaturen zu erreichen, wurde die Bronzezeit durch die Eisenzeit abgelöst. Eisen ist härter und widerstandsfähiger als die Bronze (eine Legierung aus Cu und Sn). Bei den später erreichbaren noch höheren Temperaturen (Verbrennung von Kohle in Hochöfen) ließ sich Eisen (Schmelzpunkt 1535 K) auch bald in flüssiger Form gewinnen, so dass die Voraussetzung für die Herstellung von besonders hartem und elastischem Stahl erreicht wurde. Auf die Prozesse der sog. Metallverhüttung wird im weiterführenden Beispiel 2.9.13 näher eingegangen. Die Produktion z. B. von Al aus Al_2O_3 ist jedoch mit diesem Verfahren nicht möglich, das Oxid ist zu stabil ($\Delta^f\overline{G}^0_{Al_2O_3} = -1582\ kJ \cdot mol^{1-}$). Hier muss ein elektrochemisches Verfahren verwendet werden (Kapitel 4, Abschnitt 4.3.7). Ähnliche Probleme gibt es beim Versuch der reduktiven Gewinnung von Titan aus TiO_2 oder Si aus SiO_2. Hier müssen ebenfalls andere Wege zur Herstellung der reinen Elemente gegangen werden (s. Anwendungsbeispiel 2.9.15).

Edelmetalle können häufig direkt durch Zerfall ihrer Oxide entstehen, eine Reduktion mit Kohlenstoff erübrigt sich. Als Beispiele wählen wir HgO und Ag_2O. Für die entsprechenden Reaktionen gilt:

$$2HgO(f) \rightleftharpoons 2Hg(fl) + O_2(g) \ \ mit: \ \Delta_R G(298) = 2\Delta^f\overline{G}^0_{Hg} + \Delta^f\overline{G}^0_{O_2} - 2\Delta^f\overline{G}^0_{HgO}$$
$$= -0 - 0 + 2 \cdot 58,91 = +117,82\ kJ \cdot mol^{-1} \qquad (2.100)$$

$$2Ag_2O(f) \rightleftharpoons 4Ag(f) + O_2(g) \ \ mit: \ \Delta_R G(298) = 4\Delta^f\overline{G}^0_{Ag} + \Delta^f\overline{G}^0_{O_2} - 2\Delta^f\overline{G}^0_{Ag_2O}$$
$$= -0 - 0 + 2 \cdot 10,82 = +21,64\ kJ \cdot mol^{-1} \qquad (2.101)$$

Daraus berechnen sich die Gleichgewichtsdrücke von O_2 bei 298 K:

$$\ln(p_{O_2}/1\ bar) = -\Delta_R \overline{G}^0/(R \cdot 298)$$

Das ergibt bei HgO für $p_{O_2} = 2,22 \cdot 10^{-21}$ bar und bei Ag_2O für $p_{O_2} = 1,61 \cdot 10^{-4}$ bar. Beide Oxide sind in der trockenen Luft ($p_{O_2} = 0,2$ bar) stabil. Ihre Zersetzungstemperaturen an der Luft werden erreicht, wenn der O_2-Gleichgewichtsdruck 0,2 bar überschreitet. Diese Temperaturen ergeben sich wieder aus der Gleichung

$$\frac{d \ln p_{O_2}}{dT} = \frac{\Delta_R \overline{H}}{RT^2}$$

durch Integration. Unter der Annahme, dass $\Delta_R \overline{H}$ temperaturunabhängig ist, erhält man:

$$p_{O_2} = 0,2 = p_{O_2}(298) \cdot \exp\left[-\frac{\Delta_R \overline{H}}{R}\left(\frac{1}{T} - \frac{1}{298}\right)\right] \qquad (2.102)$$

Die Werte für $\Delta_R \overline{H}$ der Reaktionen Gl. (2.100) bzw. Gl. (2.101) sind nach Tabelle A.3 in Anhang A jeweils $+2 \cdot 90,71 = 181,42\ kJ \cdot mol^{-1}$ bzw. $+2 \cdot 30,57 = 61,14\ kJ \cdot mol^{-1}$. Das ergibt nach Gl. (2.102) für HgO eine Zersetzungstemperatur in der Luft von 850 K und für Ag_2O von 461 K. Noch edlere Metalle wie Gold kommen daher in der Natur in gediegener, also reiner Metallform vor. Es gibt ein (metastabiles) Goldoxid Au_2O_3, dessen Zufallsreaktion lautet:

$$2Au_2O_3(f) \rightarrow 4Au(f) + 3O_2(g), \ \ \Delta_R \overline{G}^0 = -\Delta^f\overline{G}^0_{Au_2O_3} = -163,2\ kJ \cdot mol^{-1} \quad (298\ K)$$

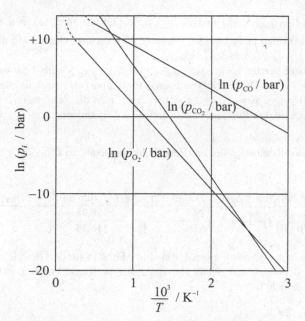

Abb. 2.15 Zerfallsdiagramme von Metalloxiden und Carbonaten. Beispiele: p_{O_2} nach Gl. (2.102) (2HgO $\rightleftharpoons$ 2Hg + O$_2$), p_{CO_2} nach Gl. (2.106) (MgCO$_3$ $\rightleftharpoons$ MgO + CO$_2$), p_{CO} nach Gl. (2.99) (CuO + C $\rightleftharpoons$ Cu + CO).

Au$_2$O$_3$ ist also in der Luft instabil und zerfällt.

Weitere bekannte Zerfallsreaktionen sind Umwandlungen von Carbonaten zu Oxiden unter Bildung von CO$_2$, wie z. B.

$$CaCO_3(f) \rightleftharpoons CaO(f) + CO_2(g) \tag{2.103}$$

oder:

$$MgCO_3(f) \rightleftharpoons MgO(f) + CO_2(g) \tag{2.104}$$

Es gilt analog zur Herleitung von O$_2$-Drücken beim Zerfall von Oxiden für die Carbonate näherungsweise, da die T-Abhängigkeit von $\Delta_R \overline{H}$ vernachlässigt ist ($\Delta_R \overline{C}_p = 0$):

$$p_{CO_2,MeCO_3} = p_{CO_2,MeCO_3}(298) \cdot \exp\left[-\frac{\Delta_R \overline{H}_{MeCO_3}}{T}\left(\frac{1}{T} - \frac{1}{298}\right)\right] \tag{2.105}$$

mit Me = Ca oder Mg. Die Drücke bei 298 K ergeben sich aus:

$$p_{CO_2,Me}(298) = \exp\left[-\frac{\Delta_R \overline{G}_{MeCO_3}}{R \cdot 298}\right] \quad Me = Ca, Mg \tag{2.106}$$

Die Werte für $\Delta_R \overline{G}_{CO_2, CaCO_3}(298)$ und $\Delta_R \overline{G}_{CO_2, MgCO_3}(298)$ wurden aus den Standardwerten $\Delta^f \overline{G}^0(298)$ der Reaktanden in Tabelle A.3 (Anhang A) berechnet, ebenso wie die entsprechenden Enthalpien $\Delta_R \overline{H}_{CO_2, CaCO_3}$ und $\Delta_R \overline{H}_{CO_2, MgCO_3}$.

Die Gleichgewichtstemperatur, bei der $p_{CO_2, MgCO_3}$ und $p_{CO_2, CaCO_3}$ jeweils 1 bar werden, bezeichnet man (wie zuvor bei den Oxiden HgO und AgO$_2$ für 0, 2 bar) als Zersetzungstemperatur. Setzt man in Gl. (2.105) p_{CaCO_3} bzw. p_{MgCO_3} = 1 bar, erhält man die Zersetzungstemperaturen, bei denen p_{CO_2} = 1 bar wird. Die Resultate sind in Tabelle 2.4 zusammengefasst.

Tab. 2.4 CO$_2$-Drücke, Standardgrößen und Zersetzungstemperaturen $T(p_{CO_2} = 1\,\text{bar})$ von CaCO$_3$ und MgCO$_3$.

	$p_{CO_2}(298)/\text{bar}$	$\Delta_R G_{CO_2}/\text{kJ} \cdot \text{mol}^{-1}$	$\Delta_R H_{CO_2}/\text{kJ} \cdot \text{mol}^{-1}$	$T(p_{CO_2} = 1\,\text{bar})/\text{K}$
CaCO$_3$	$1,51 \cdot 10^{-23}$	129,4	178,28	1105
MgCO$_3$	$2,76 \cdot 10^{-12}$	65,94	118,14	675

Zerfallsdiagramme $\ln p_i$ als Funktion von $1/r$ sind in Abb. 2.15 für drei Beispiele nochmals graphisch dargestellt. Bei $\ln p_i = 0$ liegen die Zersetzungstemperaturen. Ein anderes bekanntes heterogenes Gasgleichgewicht lautet:

$$C(f) + CO_2(g) \rightleftharpoons 2CO(g) \tag{2.107}$$

das auch in Gegenwart von Fe folgendermaßen ablaufen kann:

$$Fe_3C(f) + CO_2(g) \rightarrow 3Fe(f) + 2CO(g) \tag{2.108}$$

Gl. (2.107) hat $3 - 2 + 2.- 1 = 2$ Freiheitsgrade, Gl. (2.108) hat ebenfalls $4 - 3 + 2 - 1 = 2$ Freiheitsgrade.

Die Standardbildungsgrößen bei 298 K sind Tabelle A.3 entnommen und in Tabelle 2.5 zusammengefasst.

Aus den Gleichgewichtsbedingungen ergibt sich mit Kohlenstoff als Reaktionspartner (Gl. (2.107)):

$$\left(\frac{p_{CO}^2}{p_{CO_2}} \right)_{298} = \exp \left[-\frac{120,08}{R \cdot 298} 10^3 \right] = 8,96 \cdot 10^{-22} \, \text{bar} \tag{2.109}$$

Tab. 2.5 Standardgrößen der Reaktanden in Gl. (2.108)

	$\Delta^f \overline{H}^0(298)/\text{kJ} \cdot \text{mol}^{-1}$	$\Delta^f \overline{G}^0(298)/\text{kJ} \cdot \text{mol}^{-1}$
C	0	0
Fe$_3$C	25,1	20,1
Fe	0	0
CO	- 110,53	- 137,16
CO$_2$	- 393,52	- 394,4

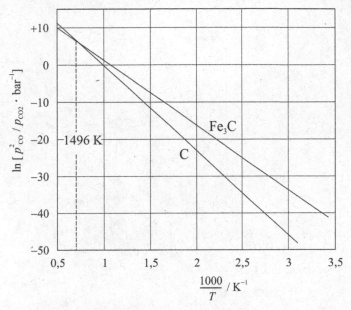

Abb. 2.16 Logarithmus des Dampfdruckverhältnisses für das durch Gl. (2.107) und (2.108) beschriebene heterogene Reaktionssystem als Funktion von $1000/T$.

und mit Fe$_3$C als Reaktionspartner (Gl. (2.108)):

$$\left(\frac{p_{CO}^2}{p_{CO_2}}\right)_{298} = \exp\left[-\frac{99,98}{R \cdot 298}10^3\right] = 2,99 \cdot 10^{-18} \text{ bar} \tag{2.110}$$

Bei $T \neq 298$ K gilt näherungsweise ($\Delta_R \overline{H} \approx$ const):

$$\left(\frac{p_{CO}^2}{p_{CO_2}}\right)_T = \left(\frac{p_{CO}^2}{p_{CO_2}}\right)_{298} \cdot \exp\left[-\frac{\Delta_R \overline{H}}{R}\left(\frac{1}{T} - \frac{1}{298}\right)\right] \quad \text{bar} \tag{2.111}$$

Gleichsetzen von Gl. (2.111) für Kohlenstoff als Reaktionspartner bzw. für Fe$_3$C ergibt die Bedingungsgleichung für die Umwandlungstemperatur T_U, die oberhalb der Gl. (2.108) statt Gl. (2.107) gültig ist. Mit $\Delta_R \overline{H}_C = 172,46$ kJ $\cdot$ mol^{-1} für Gl. (2.107) und $\Delta_R \overline{H}_{Fe_3C} = 147,36$ kJ $\cdot$ mol^{-1} für Gl. (2.108) ergibt sich:

$$8,96 \cdot 10^{-22} \cdot \exp\left[-\frac{172,46}{R}10^3\left(\frac{1}{T} - \frac{1}{298}\right)\right] = 2,99 \cdot 10^{-18} \cdot \exp\left[-\frac{147,36}{R}\left(\frac{1}{T} - \frac{1}{298}\right)\right]$$

Daraus berechnet sich $T_U = 1496$ K als Umwandlungstemperatur für 3Fe $+ C$ zu Fe$_3$C. Dieses System hat bei $T = T_U$ nur einen Freiheitsgrad ($F = 3 - 3 + 2 - 1 = 1$), nämlich die Temperatur.

Abb. 2.16 zeigt das logarithmische $p_{CO}^2/p_{CO_2} - 1/T$-Diagramm für Gl. (2.109) und Gl. (2.110) Die gezeigten Beispiele machen deutlich, wie heterogene Gasreaktionen als Funktion von T (bzw.

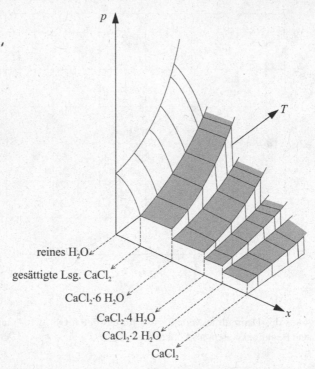

Abb. 2.17 Dreidimensionales p, T, x-Diagramm des Systems $H_2O + CaCl_2$ mit 3 Stufen von Dyhdratisierungsreaktionen nach Gl. (2.111) bis (2.113) (schematisch).

$1/T$) berechnet werden und grafisch darzustellen sind. Wir illustrieren das nochmals für den erweiterten Fall von einer mehrstufigen Zersetzungsreaktion:

$$CaCl_2 \cdot 6H_2O(f) \rightleftharpoons CaCl_2 \cdot 4H_2O(f) + 2H_2O(g) \tag{2.112}$$

$$CaCl_2 \cdot 4H_2O(f) \rightleftharpoons CaCl_2 \cdot 2H_2O(f) + 2H_2O(g) \tag{2.113}$$

$$CaCl_2 \cdot 2H_2O(f) \rightleftharpoons CaCl_2 + 2H_2O(g) \tag{2.114}$$

Abb. 2.17 zeigt eine dreidimensionale p, T, x-Darstellung mit x, dem Molenbruch für $CaCl_2$ bzw. $(1 - x)$ für H_2O. Für jede Stufenreaktion gibt es 2 feste Komponenten und eine gasförmige (H_2O) im Gleichgewicht und es gibt auch 3 Phasen, zwei feste und eine gasförmige, ferner gibt es in jeder Stufenreaktion eine chemische Reaktionsgleichung (Gl. (2.112) bis (2.114)). Die Zahl der freien Variablen ist also nach dem Phasengesetz $3 - 3 + 2 - 1 = 1$. Das ist Druck oder Temperatur, denn x ist nur eine Pseudovariable, da es für alle Werte von x zwischen zwei festen Phasen, z. B. $CaCl_2 \cdot 4H_2O$ und $CaCl_2 \cdot 2H_2O(x = 1/5$ bis $1/3)$, nur eine Dampfdruckkurve p_{H_2O} gibt.

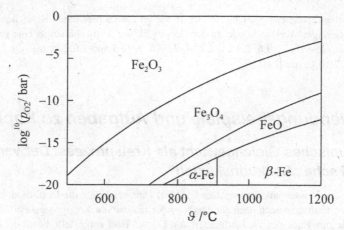

Abb. 2.18 [10] $\lg p_{O_2} - T$-Projektionsdiagramm von Eisenoxidzersetzungsreaktionen (Gl. (2.115) bis (2.118)). Die Dampfdruckkurven trennen die verschiedenen stabilen festen Phasen voneinander. (nach S. Stolen, T. Grande, Chemical Thermodynamics of Materials, John Wiley and Sons, 2004)

Bei gegebenem Wert von T bleibt p konstant und ist unabhängig von x. Im Bereich zwischen reinem H_2O und der gesättigten Lösung von $CaCl_2$ gibt es dagegen nur 2 Komponenten ($CaCl_2$ und H_2O), 2 Phasen (Lösung und H_2O-Dampfphase) und keine Reaktionsgleichung. Das ergibt hier $2 - 2 + 2 = 2$ Variable, das sind z. B. Zusammensetzung und Temperatur, dann liegt der Druck fest.

Andere Zerfallsreaktionen, die ganz ähnlich zu diskutieren sind, treten bei mehrstufigem Zerfall von Metalloxiden auf, z. B.:

$$6Fe_2O_3(f) \rightleftharpoons 4Fe_3O_4(f) + O_2(g) \tag{2.115}$$

$$4Fe_3O_4(f) \rightleftharpoons 4FeO + 6O_2(g) \tag{2.116}$$

$$2FeO \rightleftharpoons Fe(f) + O_2(g) \tag{2.117}$$

wobei noch zu berücksichtigen ist, dass Eisen in zwei festen Modifikationen α und β auftreten kann:

$$\alpha - Fe \rightleftharpoons \beta - Fe(f) \tag{2.118}$$

Abb. 2.18 zeigt das T, p-Projektionsdiagramm. Für Abb. 2.17 ergibt sich ein ähnliches Diagramm durch Projektion der dreidimensional gestuften Fläche auf die $p - T$-Ebene. In Abb. 2.18 ist für den Sauerstoffdruck p_{O_2} eine logarithmische Skala gewählt, daher ist die Krümmung der $\ln p_{O_2} - T$-Kurven anders als sie es bei einer $p_{O_2} - T$-Darstellung wäre. Bei dem Eisenoxiddiagramm gibt es allerdings keine gesättigten Lösungen, dafür erscheint hier das reine Eisen in seinen zwei Modifikationen.

Heterogene Reaktionsgleichgewichte spielen in vielen unterschiedlichen Bereichen, wie z. B. der Synthese wichtiger Werkstoffe oder in der Geophysik und Umweltchemie, eine große Rolle. Anwendungsbeispiele sind 2.9.6, 2.9.13, 2.9.14, 2.9.15, 2.9.16 und 2.9.20 sowie die Übungsaufgaben 2.10.14, 2.10.16 und 2.10.18.

2.9 Anwendungsbeispiele und Aufgaben zu Kapitel 2

2.9.1 Chemisches Gleichgewicht als Kreisprozess. Der van't Hoff'sche „Reaktionskasten"

Die Ableitung des Massenwirkungsgesetzes Gl. (2.6) kann statt über die Bestimmung des Minimums der freien Enthalpie auch nach der Methode der reversiblen Kreisprozesse erfolgen. Diese Methode wurde zum Ende des 19. Jahrhundert von J. van't Hoff vorgestellt, bevor der Begriff des chemischen Potentials allgemein bekannt war. Die van't Hoff'sche Methode ist heute nur noch von historischem Interesse, stellt aber ein lehrreiches Beispiel für die Anwendung reversibler Kreisprozesse dar. Wir beschränken uns auf chemische Reaktionen in der idealen Gasphase. Wir stellen uns ein festes Volumen vor, den sog. „Reaktionskasten", in dem sich die reaktive Mischung

$$\nu_A \cdot A + \nu_B \cdot B \rightleftharpoons \nu_C \cdot C + \nu_D \cdot D$$

im chemischen Gleichgewicht mit den Konzentrationen c_A, c_B, c_C und c_D befindet (s. Abb. 2.19 links). An den „Reaktionskasten" sind jeweils rechts und links zwei Kolben mit Stempeln K_A und K_B bzw. K_C und K_D angeschlossen. Anfangs sind die Kolben K_C und K_D geschlossen, d. h., die Stempel schließen mit der rechten Wand des Kastens ab. Die Volumina V_A^0 und V_B^0 der Kolben K_A und K_B enthalten die Molzahlen ν_A bzw. ν_B der reinen Komponenten A bzw. B mit den Konzentrationen c_A^0 bzw. c_B^0 bei $p^0 = 1$ bar. Die Verbindung von K_A und K_B zum Reaktionskasten ist zunächst geschlossen und die Kolbenvolumina werden nun quasistatisch durch Verschieben der Stempel auf die Volumina V_A bzw. V_B gebracht, so dass ihre Konzentrationen gleich den Konzentrationen c_A und c_B im Reaktionskasten beim Druck p werden. Dabei werden jeweils die isothermen reversiblen Arbeiten

$$W_A = \nu_A \cdot RT \, \ln \frac{V_A}{V_A^0} = \nu_A \cdot RT \, \ln \frac{c_A}{c_A^0} \tag{2.119}$$

und

$$W_B = \nu_B \cdot RT \, \ln \frac{V_B}{V_B^0} = \nu_B \cdot RT \, \ln \frac{c_B}{c_B^0} \tag{2.120}$$

geleistet. Jetzt stellen wir uns V_A und V_B durch jeweils eine semipermeable Membran mit dem Reaktionskasten verbunden vor, in V_A ist die Membran selektiv durchlässig für A, in V_B entsprechend für B. Dadurch ändert sich gar nichts, da die Konzentrationen in V_A, V_B und im Reaktionskasten dabei unverändert bleiben und keine Moleküle durch die Membranen treten. Auch die Verbindungen von K_C und K_D zum Reaktionskasten bestehen aus semipermeablen Membranen, die selektiv durchlässig für C bzw. D sind. Im nächsten Schritt werden nun beim Druck p des

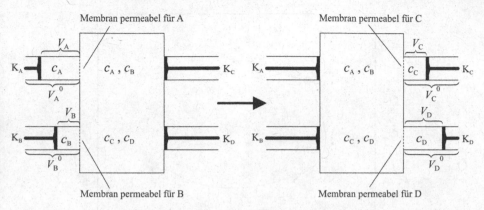

Abb. 2.19 Der van't Hoff'sche „Reaktionskasten". Links: Prozessbeginn, rechts: Prozessende. (s. Text)

Systems v_A Mole von A und v_B Mole von B aus V_A und V_B in den Kasten hinein geschoben und gleichzeitig v_C Mole C und v_D Mole D jeweils durch die semipermeable Membran durch Zurückziehen der Stempel in die Kolbenvolumina V_C und V_D hineingezogen. Das geschieht bei konstantem Druck p und konstanter Temperatur T. Dabei wird vom Gesamtsystem die isobare, isotherme Arbeit $W_p = p\,V_A + p\,V_B - p\,V_C - p\,V_D = p\,\Delta V = RT\,(v_A + v_B - v_C - v_D)$ geleistet (s. Abb. 2.19 rechts). Im dritten Schritt werden nun die Kolbenvolumina V_C und V_D vom Reaktionskasten abgeschlossen und durch Verschieben der Stempel in K_C bzw. K_D von V_C auf V_C^0 bzw. von V_D auf V_D^0 gebracht, so dass dort jeweils die Konzentration C_C^0 bzw. C_D^0 bei 1 bar herrscht. Dabei werden die Arbeiten

$$W_C = v_C \cdot RT\,\ln\frac{c_C^0}{c_C}\quad\text{und}\quad W_D = v_D \cdot RT\,\ln\frac{c_D^0}{c_D}$$

geleistet. Die gesamte reversible Arbeitsleistung ist also:

$$W_{rev} = W_A + W_B + W_p + W_C + W_D$$
$$= RT\,\ln\frac{c_C^{0v_C} \cdot c_D^{0v_D}}{c_A^{0v_A} \cdot c_B^{0v_B}} - RT\,\ln\frac{c_C^{v_C} \cdot c_D^{v_D}}{c_A^{v_A} \cdot c_B^{v_B}} + RT\,(v_A + v_B - v_C - v_D)$$

Unter diesen Bedingungen ist W_{rev} eine Zustandsgröße, denn es gilt für die Zustandsgröße der freien Energie F:

$$dF = -p\,dV - S\,dT$$

Integration bei $T =$ const ergibt:

$$\int dF = \Delta F = - \int\limits_{c_A^0, c_B^0}^{c_C^0, c_D^0} p\,dV = W_{rev} \qquad (T = \text{const})$$

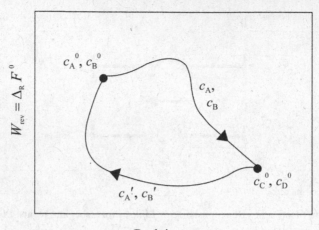

$$\longleftarrow \text{Reaktionsumsatz} \longrightarrow$$

Abb. 2.20 Die Unabhängigkeit von $\Delta_R F^0$ vom Reaktionsweg.

Wir führen jetzt den gesamten Arbeitsprozess durch eine Rückreaktion von c_C^0, c_D^0 zu c_A^0, c_B^0 auf einem anderen Weg durch, nämlich mit einem Reaktionskasten, der im Gleichgewicht irgendeine andere Zusammensetzung c_A', c_B', c_C' und c_D' hat (nicht gezeigt in Abb. 2.19). Dabei muss gelten (s. Abb. 2.20):

$$\oint dF = \oint dW_{\text{rev}} = 0 \qquad (T = \text{const})$$

Das ist zur Erläuterung in Abb. 2.20 graphisch dargestellt.

Daraus folgt unmittelbar:

$$\frac{c_A'^{\nu_A} \cdot c_B'^{\nu_B}}{c_C'^{\nu_C} \cdot c_D'^{\nu_D}} = \frac{c_A^{\nu_A} \cdot c_B^{\nu_B}}{c_C^{\nu_C} \cdot c_D^{\nu_D}} = \text{const}$$

und wegen

$$RT \ \ln \frac{\left(c_C/c_C^0\right)^{\nu_C} \cdot \left(c_D/c_D^0\right)^{\nu_D}}{\left(c_A/c_A^0\right)^{\nu_A} \cdot \left(c_B/c_B^0\right)^{\nu_B}} = RT \ \ln \frac{p_C^{\nu_C} \cdot p_D^{\nu_D}}{p_A^{\nu_A} \cdot p_B^{\nu_B}} = RT \ \ln K_p^{\text{id}}$$

folgt mit $\Delta F = \Delta_R \overline{F}^0$ und $\Delta V = \Delta_R \overline{V}^0$:

$$RT \ \ln K_p = -\Delta_R \overline{F}^0 - RT \left(\nu_C + \nu_D - \nu_A - \nu_B\right) = -\Delta_R \overline{F}^0 - p\Delta_R \overline{V}^0 = -\Delta_R \overline{G}^0$$

bzw.:

$$\boxed{K_p^{\text{id}} = e^{-\Delta_R \overline{G}^0/RT} = \frac{p_C^{\nu_C} \cdot p_D^{\nu_D}}{p_A^{\nu_A} \cdot p_B^{\nu_B}}} \tag{2.121}$$

Das ist das Massenwirkungsgesetz nach Gl. (2.6) mit der freien Standardreaktionsenthalpie $\Delta_R \overline{G}^0$ und den Partialdrücken p_A, p_B, p_C und p_D.

2.9.2 *Chemische Gleichgewichte in nahekritischen Lösemitteln*

Wir wollen untersuchen, wie sich chemische Gasgleichgewichte in einem Fluid als Lösemittel am kritischen Punkt gegenüber dem idealen Gasgleichgewicht verändern. Dabei wählen wir als Beispiel CO_2 an seinem kritischen Punkt ($T_c = 304,2$ K, $p_c = 73,49$ bar, $\overline{V}_c = 12,86 \cdot 10^{-5}$ m^3 mol^{-1}) als Lösemittel und betrachten die Gleichgewichtskonstante K_p der Gasgleichgewichte $N_2 + 3H_2 \rightleftharpoons 2NH_3$ sowie $CO + 2H_2 \rightleftharpoons CH_3OH$ als Beispiele. Wir gehen davon aus, dass die Reaktionspartner praktisch in unendlicher Verdünnung in CO_2 vorliegen, um die Änderung von K_p gegenüber dem Fall des idealen Gasgleichgewichts K_p^{id} festzustellen, denn in beiden Fällen herrscht ja Wechselwirkungsfreiheit zwischen den Reaktionspartnern.

Tab. 2.6 V. d. Waals-Parameter und $\varphi_{i,CO_2}^{\infty}$-Werte (s. Text)

	CO	CH_3OH	N_2	NH_3	H_2	CO_2
a/J $m^3 \cdot mol^{-2}$	0,14676	0,9469	0,137	0,4257	0,0247	0,3661
$10^5 \cdot b$/$m^3 \cdot mol$	3,935	6,584	3,870	3,74	2,65	4,29
$\varphi_{i,CO_2}^{\infty}$	1,5227	0,2310	1,586	0,5464	1,111	-

Für die Berechnungen benötigen wir die Fugazitätskoeffizienten in unendlicher Verdünnung φ_i^{∞} in kritischem CO_2. Wir verwenden dazu das v. d. Waals-Modell. Hier gilt nach Gl. (1.81) für $x_{CO_2} = 1$ und $Z_{C,CO_2} = 0,375$:

$$\ln \varphi_i^{\infty} = -\ln\left(1 - \frac{b_{CO_2}}{\overline{V}_{C,CO_2}}\right) + \frac{b_i}{\overline{V}_{C,CO_2} - b_{CO_2}} - \frac{2 \cdot \sqrt{a_{CO_2} \cdot a_i}}{\overline{V}_{C,CO_2} \cdot RT_{c,CO_2}} - \ln Z_{C,CO_2}$$
$$= 1,3867 + 0,11669 \cdot b_i \cdot 10^5 - 3,7204 \cdot \sqrt{a_i}$$

Mit den Werten für b_i und a_i aus Tabelle 2.6 erhält man die in der untersten Tabellenzeile angegebenen Werte für $\varphi_{i,CO_2}^{\infty}$:
Es ergibt sich für $N_2 + 3H_2 \rightleftharpoons 2NH_3$:

$$K_{p,CO_2}^{\infty} = \left(\frac{p_{NH_3}^2}{p_{N_2} \cdot p_{H_2}^3}\right)^{id} \cdot \frac{\left(\varphi_{NH_3,CO_2}^{\infty}\right)^2}{\varphi_{N_2,CO_2}^{\infty} \cdot \left(\varphi_{H_2,CO_2}^{\infty}\right)^3} = K_p^{id} \cdot 0,1372$$

und für $CO + 2H_2 \rightleftharpoons CH_3OH$:

$$K_{p,CO_2}^{\infty} = \left(\frac{p_{CH_3OH}}{p_{CO} \cdot p_{H_2}^2}\right)^{id} \cdot \frac{\varphi_{MeOH,CO_2}^{\infty}}{\varphi_{CO,CO_2}^{\infty} \cdot \left(\varphi_{H_2,CO_2}^{\infty}\right)^2} = K_p^{id} \cdot 0,8102$$

Man sieht, dass merkliche Unterschiede zwischen K_{p,CO_2}^{∞} und K_p^{id} bestehen.

2.9.3 *Gleichgewicht der Mizellenbildung in Lösungen*

Zur Mizellenbildung kommt es in wässrigen Lösungen, wenn hydrophobe Kettenmoleküle mit hydrophilen Kopfgruppen eine bestimmte Konzentration, die sog. kritische Mizellenkonzentration CMC (critical micellation concentration) überschreiten. Solche Moleküle heißen auch Tenside oder grenzflächenaktive Stoffe. Typische Vertreter solcher mizellenbildender Moleküle sind in Tab. 2.7 angegeben.

Der Prozess der Mizellenbildung kann als Gleichgewicht zwischen den Monomeren A und einem Komplex A_n formuliert werden, wobei sich kugelförmige Aggregate bilden mit $n > 20$ Molekülen, deren polare oder ionische Kopfgruppen alle in die wässrige Lösung weisen, während im Inneren der Mizelle die hydrophoben Ketten konzentriert sind (s. Abb. 2.21).

Tab. 2.7 4 Beispiele von mizellenbildenden Tensiden (25 °C)

Klasse	Molekül	CMC/mol · L^{-1}	Moleküle pro Mizelle
anionisch	Na-Dodecylsulfat (SDS) $CH_3(CH_2)_{11}O\,SO_3^-Na^+$	$9 \cdot 10^{-3}$	~ 70
kationisch	Dodecyltrimethylammoniumbromid $CH_3(CH_2)_{11}N(CH)_3^+Br^-$	$1,53 \cdot 10^{-2}$	~ 50
nichtionisch	Octylglucosid $CH_3(CH_2)_7C_6O_6H_{11}$	$2,5 \cdot 10^{-2}$	~ 40
zwitterionisch	$C_3F_7(CH_2)_5N^+(CH_3)_3(CH_2)_3 - SO_3^-$	$6 \cdot 10^{-4}$	~ 120

Da nur Mizellen mit einer bestimmten Zahl von $n \geq 20$ Molekülen stabil sind, kann das chemische Gleichgewicht näherungsweise als ein Einstufenprozess formuliert werden:

$$n\text{A} \rightleftharpoons \text{A}_n$$

also:

$$K_\text{M} = \frac{[\text{A}_n]}{[\text{A}]^n}$$

Wenn wir die Gesamtkonzentration der gelösten Moleküle mit $[\text{A}°]$ bezeichnen, gilt die Bilanz:

$$[\text{A}°] = [\text{A}] + n[\text{A}_n]$$

Einsetzen in die Gleichgewichtsbedingung ergibt:

$$K_\text{M} = \frac{([\text{A}°] - [\text{A}])}{n \cdot [\text{A}]^n} \quad \text{oder} \quad [\text{A}]^n = ([\text{A}°] - [\text{A}]) / (n \cdot K_\text{M})$$

Bei vorgegebener Gesamtkonzentration $[\text{A}°]$ und bei Kenntnis von K_M und n kann $[\text{A}]$ bestimmt werden, bzw. es kann $[\text{A}]$ als Funktion von $[\text{A}°]$ angegeben werden. Die kritische Mizellenkonzentration CMC ist definitionsgemäß erreicht, wenn genau soviele Moleküle A als Monomere wie in den Mizellen vorliegen:

$$\text{CMC} = n[\text{A}_n], \quad \text{bzw.} \quad \text{CMC} = [\text{A}°]/2$$

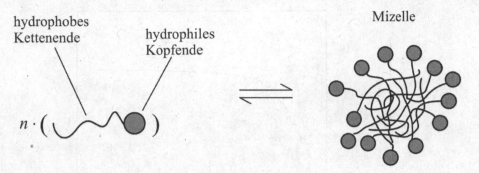

Abb. 2.21 Gleichgewichtsprozess der Mizellenbildung (Beispiel: $n = 13$).

Da die CMC gewöhnlich im Bereich von 10^{-1} bis 10^{-4} mol $\cdot$ L^{-1} liegt, muss K ein sehr hoher Wert sein, wenn $n \geq 20$ gilt.

Als Rechenbeispiel wählen wir $n = 20$ und $K_M = 10^{40}$. Dann ergibt sich:

$$(n \cdot K_M)^{-1/n} = 8{,}6089 \cdot 10^{-3}$$

und wir haben die Gleichung

$$[A] = ([A_\circ] - [A])^{1/n} \cdot 8{,}6089 \cdot 10^{-3}$$

für [A] numerisch zu lösen.

Abb. 2.22 zeigt die Ergebnisse. Aufgetragen gegen $-\ln[A_\circ]$ ist sowohl die Konzentration [A] als auch [A]/[A$_\circ$], der Bruchteil der Moleküle, die als Monomere vorliegen. Man sieht, dass bei niedrigen Konzentrationen [A$_\circ$] praktisch nur Monomere vorkommen, deren Anteil bei wachsender Konzentration zu Gunsten der in Mizellen eingebundenen Moleküle A drastisch abnimmt.

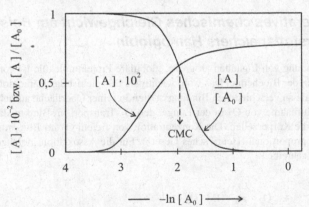

Abb. 2.22 Monomerkonzentration [A] und ihr Bruchteil [A]/[A$_\circ$] als Funktion der Gesamtkonzentration [A^0] beim Mizellenbildungsprozess.

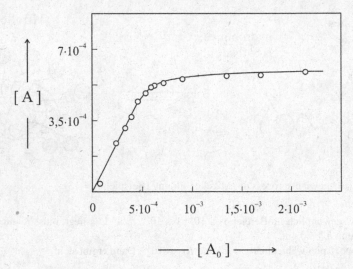

Abb. 2.23 [A] als Funktion von $[A_o]$ für $C_3F_7(CH_2)_5N^+(CH_3)_3(CH_2)_3 - SO_3^-$ bei 25° C. (nach Th. F. Tadros „Surfactants", Academic Press (1983)).

Die Konzentration [A] ist anfangs sehr niedrig, steigt dann steil an und bleibt bei höheren Konzentrationen von $[A_o]$ praktisch konstant, da alle Moleküle A bei wachsender Konzentration von $[A_o]$ einschließlich in die Mizellen eingebaut werden. Die kritische Mizellenkonzentration CMC $= [A_o]/2$ liegt in unserem Rechenbeispiel bei ca. $7 \cdot 10^{-3}$ mol $\cdot L^{-1}$.

Abb. 2.23 zeigt ein Messbeispiel für [A] als Funktion von $[A^0]$.

2.9.4 *Kooperatives chemisches Gleichgewicht am Beispiel des Sauerstoffspeichers Hämoglobin*

Die Mehrfachbindung von Liganden an große, globuläre Proteinmoleküle ist von außerordentlicher Bedeutung in der Biochemie. Das wohl wichtigste Beispiel ist das Hämoglobin (HM), das 4 Sauerstoffmoleküle an verschiedenen Bindungsstellen in seiner Oberfläche aufnehmen kann. Das ermöglicht die Aufnahme von O_2 in der Lunge, den O_2-Transport im Blutkreislauf und die Abgabe von O_2 an die Körperzellen. Die Konzentration von freiem O_2 im Blut ist seinem äußeren Partialdruck p_{O_2} proportional (Henry'sches Gesetz). Für die Assoziationsgleichgewichte von O_2 an HM lässt sich schreiben:

$$HM \qquad\quad + \quad O_2 \quad \rightleftharpoons \quad HM \cdot O_2$$
$$HM \cdot O_2 \qquad + \quad O_2 \quad \rightleftharpoons \quad HM \cdot (O_2)_2$$
$$HM \cdot (O_2)_2 \quad + \quad O_2 \quad \rightleftharpoons \quad HM \cdot (O_2)_3$$
$$HM \cdot (O_2)_3 \quad + \quad O_2 \quad \rightleftharpoons \quad HM \cdot (O_2)_4$$

Quantitativ formuliert:

$$K_1 = \frac{[HM \cdot (O_2)]}{[HM] \cdot p_{O_2}} \qquad\qquad K_2 = \frac{[HM \cdot (O_2)_2]}{[HM \cdot (O_2)] \cdot p_{O_2}}$$

$$K_3 = \frac{[HM \cdot (O_2)_3]}{[HM \cdot (O_2)_2] \cdot p_{O_2}} \qquad\qquad K_4 = \frac{[HM \cdot (O_2)_4]}{[HM \cdot (O_2)_3] \cdot p_{O_2}}$$

Der Assoziationsgrad (Sättigungsgrad) ϑ von O_2 an HM ist gegeben durch:

$$\vartheta = \frac{[HM \cdot O_2] + 2[HM \cdot (O_2)_2] + 3[HM \cdot (O_2)_3] + 4[HM \cdot (O_2)_4]}{4[HM] + 4[HM \cdot O_2] + 4[HM \cdot (O_2)_2] + 4[HM \cdot (O_2)_3] + 4[HM \cdot (O_2)_4]}$$

Im Zähler steht die an HM gebundene Gesamtkonzentration von O_2-Molekülen, im Nenner die insgesamt vorhandene Konzentration von Bindungsplätzen. Sukzessives Einsetzen der 4 Gleichgewichtsbedingungen ergibt:

$$\vartheta = \frac{p_{O_2} \cdot K_1 + 2p_{O_2}^2 \, (K_1 \cdot K_2) + 3p_{O_2}^3 \, (K_1 \cdot K_2 \cdot K_3) + 4p_{O_2}^4 \, (K_1 \cdot K_2 \cdot K_3 \cdot K_4)}{1 + p_{O_2} \cdot K_1 + p_{O_2}^2 \, (K_1 \cdot K_2) + p_{O_2}^3 \, (K_1 \cdot K_2 \cdot K_3) + p_{O_2}^4 \, (K_1 \cdot K_2 \cdot K_3 \cdot K_4)} \cdot \frac{1}{4}$$

Man unterscheidet bei solchen $\vartheta(p_{O_2})$-Kurven zwischen 3 Arten von Gleichgewichtsverhalten:

- $K_1 = K_2 = K_3 = K_4$ (Äquivalenzmodell)

- $K_1 < K_2 < K_3 < K_4$ (Kooperatives Modell)

- $K_1 > K_2 > K_3 > K_4$ (Antikooperatives Modell)

Um das Verhalten dieser Modelle kennenzulernen, rechnen wir mit folgenden Beispielen:

- $K_i = K_1 = 1$ $i = 1, 2, 3, 4$ (äquivalent)

- $K_i = K_1 \cdot 2^{i-1}$ $i = 1, 2, 3, 4$ (kooperativ)

- $K = K_1 \cdot \left(\frac{1}{2}\right)^{i-1}$ $i = 1, 2, 3, 4$ (antikooperativ)

Abb. 2.24 zeigt die Ergebnisse.

Der Druck ist in reduzierten, d. h. dimensionslosen Einheiten aufgetragen. Fall (a) (Äquivalenzmodell) zeigt eine Langmuir-ähnliche Kurvenform, Fall (b) (antikooperativ) ebenfalls, allerdings mit deutlich geringerem Sättigungsverhalten. Der Fall (c) (kooperativ) zeigt dagegen eine sigmoide Kurvenform mit raschem Sättigungsverhalten. Sie ist typisch für kooperatives Bindungsverhalten, wie es auch beim Hämoglobin der Fall ist. Man beachte, dass Fall (a) *nicht* mit dem Langmuir-Modell identisch ist, da hier die Bindungsplätze als unterscheidbar gelten, im Langmuir-Modell dagegen nicht. Im Fall von Hämoglobin gilt:

$$K_2 = K_1 \cdot 1, 8, \; K_3 = K_1 \cdot 2, 34, \; K_4 = K_1 \cdot 42, 1$$

Der kooperative Charakter ist offensichtlich. Der Wert von K_1 hängt von der verwendeten Druckeinheit ab. Abb. 2.25 zeigt $\vartheta(p)$ für Hämoglobin mit dem typisch sigmoiden Kurvenverlauf. Ferner ist auch die Sättigungskurve $\vartheta(p)$ für Myoglobin gezeigt, einem Protein-Molekül, das nur ein O_2-Molekül binden kann und somit der Gleichung

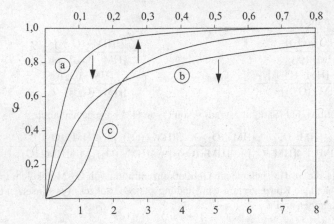

Abb. 2.24 Sättigungskurven ϑ in % für (a) = Äquivalenzmodell, (b) = antikooperatives Modell, (c) = kooperatives Modell.

$$\vartheta = p_{O_2} \cdot \frac{K_1' \cdot p_{O_2}}{1 + K_1' \cdot p_{O_2}}$$

gehorcht mit nur einer charakteristischen Konstanten K_1'. Der entscheidende Vorteil des kooperativen Bindungsverhaltens beim Hämoglobin gegenüber dem Langmuir-Verhalten beim Myoglobin ist, dass beim Hämoglobin der Partialdruckunterschied des Sauerstoffs in der Lunge und im Zellgewebe $\Delta p = p_1 - p_2 = 8,3$ kPa optimal ausgenutzt wird, so dass in der Lunge ($p_1 = 10,3$ kPa) 90 % des Hämoglobins mit O_2 fast voll beladen ist, während am Zielort der O_2-Abgabe im Zellgewebe ($p = 2$ kPa) mit 25 % Beladung der größte Teil des Sauerstoffs ($\Delta\vartheta = 65$ %) wieder abgegeben werden kann. Das ist ein sehr effektiver O_2-Transport im Gegensatz zum Myoglobin, wo der Unterschied $\Delta\vartheta$ der Beladung in der Lunge und im Gewebe nur 95 % - 75 % = 20 % betragen würde.

2.9.5 *Reversible isotherme Volumenarbeit eines dissoziierenden Gases*

Wenn ein Gas quasistatisch (also reversibel) expandiert, leistet es Arbeit. Wenn nun im Gas ein Dissoziationsgleichgewicht $A_2 \rightleftharpoons 2A$ vorliegt, wie berechnet sich dann die Volumenarbeit?

Wir setzen der Einfachheit halber ideale Gaseigenschaften voraus. Es gilt:

$$K_p = p_A^2 / p_{A_2} = \frac{RT}{V} \frac{n_A^2}{n_{A_2}}$$

Hier ist V das Volumen des Systems. Wenn n_0 die konstante Gesamtmolzahl der Spezies A bedeutet, gilt die Bilanz:

$$n_0 = 2n_{A_2} + n_A = \text{const}$$

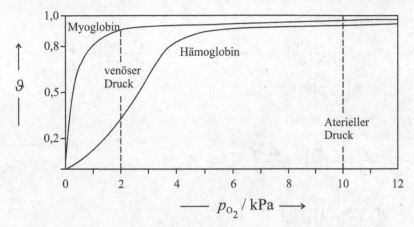

Abb. 2.25 Sättigungsgrad ϑ von Myoglobin (M) und Hämoglobin (H) als Funktion des Sauerstoff-partialdrucks bei pH = 7 und 37° C im Blut.

Damit lässt sich schreiben:

$$\frac{K_p \cdot V}{2} = RT \, \frac{n_A^2}{n_0 - n_A} \quad \text{bzw.} \quad \frac{K_p}{2} \frac{dV}{dn_A} = RT \, \frac{n_A(2n_0 - n_A)}{(n_0 - n_A)^2}$$

Wir definieren jetzt den Dissoziationsgrad α:

$$\alpha = \frac{n_A}{n_0}$$

Dann lässt sich schreiben:

$$\frac{K_p}{2} \frac{dV}{d\alpha} = n_0 \cdot RT \, \frac{(2 - \alpha)}{(1 - \alpha)^2} \cdot \alpha$$

und:

$$\frac{K_p}{2} \cdot V = n_0 \cdot RT \cdot \frac{\alpha^2}{1 - \alpha}$$

Mit diesen Ergebnissen berechnen wir jetzt die isotherme Volumenarbeit des sich im chemischen Gleichgewicht befindenden Gases, wobei wir von der Variablen V zur Variablen α wechseln:

$$-W_{\mathrm{rev}} = \int p dV = \int p_{A_2} dV + \int p_A dV = RT \int \frac{n_{A_2}}{V} dV + RT \int \frac{n_A}{V} dV$$

$$= RT \int \frac{n_0 - n_A}{2} \frac{dV}{V} + RT \int n_A \frac{dV}{V}$$

$$= \frac{RT}{2} n_0 \int \frac{dV}{V} + \frac{RT}{2} \int n_A \frac{dV}{V} = \frac{RT}{2} n_0 \int \frac{dV}{V} + \frac{RT}{2} n_0 \int \frac{\alpha}{V} dV$$

$$-W_{\mathrm{rev}} = \frac{RT}{2} n_0 \ln \left(\frac{V_2}{V_1} \right) + \frac{RT}{2} n_0 \int\limits_{V_1}^{V_2} \frac{\alpha}{V} dV$$

Wir bedenken jetzt, dass gilt:

$$n_0 \frac{\alpha}{V} dV = \frac{K_p}{2} \frac{1-\alpha}{RT \cdot \alpha} \left(\frac{dV}{d\alpha}\right) \cdot d\alpha = \frac{1-\alpha}{\alpha} \frac{1}{RT} \cdot n_0 RT \cdot \alpha \frac{(2-\alpha)}{(1-\alpha)^2} d\alpha$$

$$= n_0 \left(\frac{2-\alpha}{1-\alpha}\right) d\alpha$$

Also ergibt sich:

$$-W_{\text{rev}} = \frac{RT}{2} n_0 \ln\left(\frac{V_2}{V_1}\right) + n_0 \frac{RT}{2} \int_{\alpha_1}^{\alpha_2} \frac{2-\alpha}{1-\alpha} d\alpha$$

$$= \frac{RT}{2} n_0 \left[\ln\left(\frac{V_2}{V_1}\right) + \int_{\alpha_1}^{\alpha_2} d\alpha + \int_{\alpha_1}^{\alpha_2} \frac{d\alpha}{1-\alpha}\right]$$

$$\boxed{-W_{\text{rev}} = \frac{RT}{2} n_0 \ln\left(\frac{V_2}{V_1}\right) + n_0 \frac{RT}{2} (\alpha_2 - \alpha_1) - \frac{RT}{2} n_0 \cdot \ln \frac{1-\alpha_2}{1-\alpha_1}}$$

Wenn zur Berechnung von $-W_{\text{rev}}$ das Anfangsvolumen V_1 und das Endvolumen V_2 vorgegeben sind, so muss α_1 und α_2 durch V_1 bzw. V_2 ausgedrückt werden. Wenn man abkürzt $a = K_p/(2n_0 \cdot RT)$, ist die quadratische Gleichung zu lösen:

$$a \cdot V = \frac{\alpha^2}{1-\alpha}$$

Die Lösung ($i = 1$ oder 2) ist:

$$\boxed{\alpha_i = \frac{a \cdot V_i}{2} \left[\sqrt{1 + \frac{4}{a \cdot V_i}} - 1\right]} \quad \text{mit} \quad \boxed{a = K_p/(2n_0 \cdot RT)}$$

Wir betrachten ein Beispiel:

$$K_p = 2 \cdot 10^5 \text{ Pa}, \; V_1 = 0,03 \text{ m}^3,$$
$$n_0 = 2 \text{ mol}, V_2 = 2,5 \cdot V_1, \; T = 300 \text{ K}.$$

Daraus ergibt sich:

$$\alpha_1 = 0,5310 \qquad \alpha_2 = 0,6865$$

$$-W_{\text{rev}} = 2494 \cdot \ln 2,5 + 2494 \cdot (0,6865 - 0,5310) - 2494 \cdot \ln\left(\frac{0,3135}{0,4690}\right) = 3677,6 \text{ J}$$

W_{rev} ist die (negative) quasistatische (reversible) Arbeit, die das dissoziierende Gas bei isothermer Expansion von V_1 nach $V_2 = 2,5 \cdot V_1$ nach außen abgibt. Zum Vergleich berechnen wir die entsprechende Arbeit, die das Gas leisten würde, wenn sich sein Dissoziationsgrad α während der Expansion *nicht* ändern würde ($\alpha_1 = \alpha_2$). Dann bliebe die Teilchenzahl n konstant. Es gilt dann:

$$n = n_{A1} + n_{A2} = \frac{\alpha_1}{2n_0} + \frac{n_0}{2} = \frac{0,531}{4} + 1 = 1,133$$

und für W_{qs} erhält man:

$$-W_{rev} = n \cdot RT \cdot \ln \frac{V_2}{V_1} = 1,133 \cdot R \cdot 300 \cdot \ln 2,5 = 2589,5 \text{ Joule}$$

Das ist weniger als im Fall der beim Expandieren fortschreitenden Dissoziation, wo die Teilchenzahl bei $\alpha_2 > \alpha_1$ im Endzustand größer geworden ist und daher mehr Arbeit geleistet wird.

2.9.6 *Modellierung eines Vulkanausbruches*

In Abb. 2.26 ist das Modell eines Vulkans dargestellt, dessen Vulkanschlot der Tiefe h aus Eruptivgestein mit einer Dichte ϱ_E von 2000 kg$\cdot$m^{-3} besteht. Darunter liegt die Schicht eines äquimolaren Gemenges von $CaCO_3$ und SiO_2. Unter dieser Schicht befindet sich eine sog. Magmakammer, die bei Inaktivität des Vulkans eine Temperatur von ca. 700 K hat. Aufgrund von Änderungen der Temperaturverhältnisse tiefer magmatischer Bereiche strömt nun heißes, flüssiges Magma von unten links mit einer Temperatur von 1500 K in die Kammer ein und rechts wieder aus, so dass darüber liegendes Gestein im unteren Bereich auf 1500 K erhitzt wird. Auch der unter dem Eruptivgestein liegende Bereich mit dem Gemenge aus $CaCO_3 + SiO_2$ wird auf diese Temperatur erhitzt. Bei höheren Temperaturen kommt es zu folgender Reaktion:

$$CaCO_3 + SiO_2 \rightleftharpoons CaSiO_3 + CO_2$$

Der dabei entstehende Druck an CO_2 kann so hoch werden, dass er den aufliegenden Druck des Eruptivgesteins übertrifft und es dadurch zu einem Vulkanausbruch kommt. Bis zu welcher Tiefe h des Eruptivgesteins geschieht das? Diese Grenze ist durch die Bedingung gegeben:

$$p_{CO_2} = \varrho_E \cdot g \cdot h$$

$\varrho_E = 2000$ kg $\cdot$ m^{-3} sei die Dichte des Eruptivgesteins.

Die Mindesttiefe h lässt sich ermitteln. Dazu berechnen wir zunächst die freie Reaktionsenthalpie $\Delta_R G$ bei 1500 K. Aus Tabelle A.3 in Anhang A entnehmen wir Standardgrößen und Molwärmen der Reaktionspartner (wir setzen $\overline{C}_{p,CaSiO_3} = \overline{C}_{p,CaO} + \overline{C}_{p,SiO_2}$). Daraus ergibt sich:

$$\Delta_R \overline{G}^0(298) = -1501,8 - 394,4 + 1127,75 + 802,91 = 34,46 \text{ kJ} \cdot \text{mol}^{-1}$$

$$\Delta_R \overline{H}^0(298) = -1579,0 - 393,52 + 1207,13 + 856,88 = 91,49 \text{ kJ} \cdot \text{mol}^{-1}$$

$$\Delta_R \overline{C}_p = 37,11 + 86,0 - 82,3 - 44,0 = -3,2 \text{ J} \cdot \text{mol}^{-1} \cdot \text{K}^{-1}$$

Diese Werte werden nun in Gl. (2.25) eingesetzt und man erhält:

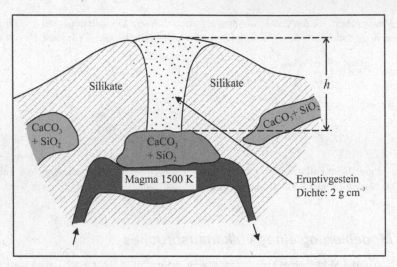

Abb. 2.26 Modell eines Vulkans.

$$\Delta_R \overline{G}(1500) = 91,49 + 1500 \cdot 3,2 \cdot 10^{-3} \cdot \ln \frac{1500}{298}$$

$$- 3,2 \cdot 10^{-3}(1500 - 298) - \frac{1500}{298}(91,49 - 34,46) = -191,66\,\text{kJ} \cdot \text{mol}^{-1}$$

Für den Druck von p_{CO_2} gilt dann bei $T = 1500$ K:

$$p_{CO_2} = \exp\left[-\frac{\Delta_R \overline{G}(1500)}{R \cdot 1500}\right] \cong 4,72 \cdot 10^6\,\text{Pa} = 47,2\,\text{bar}$$

Wenn die Tiefe des Eruptivgesteins geringer ist als

$$h = \frac{4,72 \cdot 10^6}{2000 \cdot 9,81} = 240\,\text{m},$$

kommt es zum Vulkanausbruch.

2.9.7 Vergleich experimenteller und vorausberechneter Konzentrationen des Moleküls COS in der Venusatmosphäre

Die Zusammensetzung der Venusatmosphäre wurde in Bodennähe durch die russischen Venera-Sonden mehrfach analysiert. Die Mittelwerte dieser Ergebnisse sind als Molenbrüche x in Tabelle 2.8 angegeben:

Es wurde auch das Molekül COS gefunden, allerdings mit sehr unterschiedlichen Konzentrationswerten zwischen 2 und 28 ppm. In Bodennähe herrschen 90 bar und 750 K.

Tab. 2.9 Standardgrößen der Reaktionspartner CO_2, CO, SO_2 und COS.

	CO_2	CO	SO_2	COS
$\Delta^f \overline{G}^0 (298)$	- 394,40	- 137,16	- 300,16	- 165,64
$\Delta^f \overline{H}^0 (298)$	- 393,52	- 110,53	- 296,84	- 138,43

Berechnen Sie den Molenbruch von COS unter der Annahme, dass COS an folgender Gleichgewichstreaktion beteiligt ist:

$$COS + 2CO_2 \rightleftharpoons 3CO + SO_2$$

und vergleichen Sie das Ergebnis mit den experimentellen Befunden. Nehmen Sie näherungsweise ideale Gasverhältnisse an.

Tab. 2.8 Zusammensetzung der Venusatmosphäre

	CO_2	N_2	SO_2	Ar	CO	H_2O	He
x	0,965	0,035	$150 \cdot 10^{-6}$	$70 \cdot 10^{-6}$	$30 \cdot 10^{-6}$	$20 \cdot 10^{-6}$	$11 \cdot 10^{-6}$

Lösung:

Wir benötigen zunächst die freien molaren Bildungsenthalpien $\Delta^f \overline{G}^0 (298)$ und die molaren Bildungsenthalpien $\Delta^f \overline{H}^0 (298)$ aus Tabelle A.3 in $kJ \cdot mol^{-1}$, die in Tabelle 2.9 zusammengestellt sind.

Damit lässt sich die freie Reaktionsenthalpie $\Delta_R \overline{G}^0$ und die Reaktionsenthalpie $\Delta_R \overline{H}^0$ im Standardzustand (1 bar und 298,15 K) berechnen:

$$\Delta_R \overline{G}^0 = -3 \cdot 137,16 - 300,16 + 2 \cdot 394,4 + 165,64 = 242,8 \, kJ \cdot mol^{-1}$$

$$\Delta_R \overline{H}^0 = -3 \cdot 110,53 - 296,84 + 2 \cdot 393,52 + 138,43 = 297,04 \, kJ \cdot mol^{-1}$$

Es ergibt sich für K_p bei 298 K:

$$K_p(298) = \exp\left[-\frac{\Delta_R \overline{G}^0}{R \cdot 298}\right] = 2,76 \cdot 10^{-43} \, bar$$

Integration von Gl. (2.20) ergibt mit $K_p(298) = 2,76 \cdot 10^{-43}$ bar:

$$K_p(750) = K_p(298) \cdot \exp\left[-\frac{\Delta_R \overline{H}^0}{R}\left(\frac{1}{750} - \frac{1}{298}\right)\right] = 6,59 \cdot 10^{-12} \, bar$$

Für K_p gilt:

$$K_p(750) = p \frac{x_{CO}^3 \cdot x_{SO_2}}{x_{COS} \cdot x_{CO_2}^2} = 90 \cdot \frac{(30 \cdot 10^{-6})^3 \cdot 150 \cdot 10^{-6}}{x_{COS} \cdot (0,965)^2} = 6,59 \cdot 10^{-12} \text{ bar}$$

Nach x_{COS} aufgelöst ergibt sich:

$$x_{COS} = 59 \cdot 10^{-6} = 59 \text{ ppm}$$

Dieser Wert liegt etwas höher als die streuenden experimentellen Befunde. Wenn man bedenkt, dass die Berechnung unter der Annahme der Gültigkeit des idealen Gasgesetzes und unter Vernachlässigung der Temperaturabhängigkeit von $\Delta_R \overline{H}^0$ durchgeführt wurde ($\Delta_R C_p \approx 0$), ist das Ergebnis durchaus befriedigend.

2.9.8 *Ist eine künstliche Biosphäre auf dem Mars möglich?*

Die Besiedelung des Planeten Mars ist ein hartnäckig gehegter Wunsch von Weltraumpionieren in der NASA, ESA und anderen Institutionen. Die biologische Aufzucht von Pflanzen auf dem Mars wäre ein erster Schritt in diese Richtung. Ihre Photosynthese könnte den notwendigen Sauerstoff liefern für eine Energieversorgung und eine mögliche spätere Besiedelung durch Menschen.

Voraussetzung für eine solche Entwicklung wäre in der ersten Phase zunächst die energetische Versorgung durch den Transport großer Mengen von Wasserstoff mit Raumfahrzeugen von der Erde aus (Nuklearenergie wollen wir ausschließen). Eine kürzlich in die Diskussion gebrachte Alternative sieht den Abbau von Eis auf Asteroiden vor, woraus H_2 und O_2 solartechnisch gewonnen werden könnten. Man würde den hohen Energieaufwand des Raketenstarts von der Erdoberfläche aus einsparen. Welche Reaktionen kämen in Frage, um den Aufbau einer Biosphäre auf der Marsoberfläche in abgegrenzten Bereichen zu realisieren? Die Marsatmosphäre enthält praktisch ausschließlich CO_2 mit einem Oberflächendruck von ca. $6 \cdot 10^{-3}$ bar = 600 Pa und einer mittleren Temperatur von 220 K.

Es gibt grundsätzlich 3 mögliche Reaktionen, wie H_2 und CO_2 miteinander reagieren könnten:

a) $CO_2 + 4H_2 \rightarrow CH_4 + 2H_2O$

b) $CO_2 + 2H_2 \rightarrow CH_4 + O_2$

c) $CO_2 + H_2 \rightarrow H_2O + CO$

Solche Reaktionen könnte man in einem „Treibhaus" bei ca. 298 K versuchen durchzuführen. Reaktion c) wäre allerdings problematisch wegen des giftigen Kohlenmonoxids und Reaktion b) birgt die Explosionsgefahr des $CH_4 + O_2$-Gemisches. Mit den $\Delta^f \overline{G}(298)$-Werten aus Tabelle A.3 erhält man für $\Delta_R \overline{G}^0(298)$:

a) $\Delta_R \overline{G}^0(298) = -50,81 - 2 \cdot 228,6 + 394,4 = -113,6 \text{ kJ} \cdot \text{mol}^{-1}$

b) $\Delta_R \overline{G}^0(298) = -50,81 + 394,4 = 343,6 \text{ kJ} \cdot \text{mol}^{-1}$

c) $\Delta_R \overline{G}^0(298) = -228,6 - 137,16 + 394,4 = 28,64 \text{ kJ} \cdot \text{mol}^{-1}$

Es wird bei Vorhandensein eines geeigneten Katalysators günstigerweise ausschließlich Reaktion a) ablaufen. Es entsteht H_2O, das mit dem im Überfluss vorhandenen CO_2 über Photosynthese geeignete Pflanzen zum Wachstum bringt, die als „Setzlinge" zunächst von der Erde aus eingeflogen werden müssten:

$$6\,CO_2 + 6\,H_2O \overset{h\nu}{\rightarrow} C_6H_{12}O_6 + 6\,O_2$$

Auf diese Weise kann O_2 produziert werden, mit dem sowohl CH_4 wie auch die Biomasse zur Energieerzeugung wieder verbrannt werden kann. Möglich erscheint auch eine Wassergewinnung vor Ort, denn Untersuchungen des Rovers „Discovery" haben gezeigt, dass der Marsboden über gewisse Mengen an Wasser in Form von Eis verfügt. Sind von Anfang an genug H_2-Reserven vorhanden (oder werden bei Bedarf nachgeliefert), lässt sich bei nachhaltiger Wirtschaftsweise eine Bioatmosphäre aufbauen, vorausgesetzt geeignete Mineralstoffe sind vorhanden bzw. werden von der Erde aus mitgeliefert.

Die gesamte Nettoreaktion lautet:

$$3\,CO_2 + 4\,H_2 \rightarrow \frac{1}{3}C_6H_{12}O_6 + 2\,O_2 + CH_4$$

Wenn einmal eine genügend große Menge an Methan und Wasser erzeugt und gespeichert ist, könnte auch in einem geschlossenen Kreislauf die Reaktion

$$CH_4 + CO_2 \rightleftharpoons 2\,H_2 + CO$$

zur solarthermischen Erzeugung von Energie genutzt werden, denn bei $T > 1000$ liegt das Gleichgewicht dieser Reaktion weitgehend auf der rechten Seite, bei tiefer Temperatur dagegen auf der linken Seite, wodurch Wärme zum Betrieb von verbrennungsfreien Kraftwerken, z. B. Wasserdampfkraftwerken, bereit stünde (s. Anwendungsbeispiel 2.9.10). Diese Art der Energiegewinnung benötigt keinen Sauerstoff, so dass dieser in einer künstlichen Atmosphäre durch das Pflanzenwachstum weiter angereichert werden könnte. Alle diese Prozesse wären natürlich auf gebäudeartige, also räumlich begrenzte und gegen die Marsatmosphäre isolierte Bereiche beschränkt.

2.9.9 Molwärme eines chemischen Systems im Reaktionsgleichgewicht

Wir betrachten der Einfachheit halber ein System

$$A \rightleftharpoons B$$

also z. B. ein Isomerisierungsgleichgewicht und nehmen an, dass es in der idealen Gasphase oder der idealen flüssigen Phase ($\gamma_A = \gamma_B = 1$) stattfindet. Dann gilt:

$$\frac{x_B}{x_A} = K = e^{-\Delta_R G^0/RT} \quad \text{(bei Gasen}: \ K = K_p = \frac{p_B}{p_A} = \frac{x_B}{x_A})$$

Also folgt:

$$x_B = \frac{K}{K+1} \quad \text{und} \quad x_A = \frac{1}{K+1}$$

Die molare Enthalpie $\overline{H}_M$ der idealen, reaktiven Mischung ist:

$$\overline{H}_M = x_A \cdot \overline{H}_A^0 + x_B \cdot \overline{H}_B^0$$

Daraus erhält man für die Molwärme $\overline{C}_{p,M}$ der reaktiven Mischung:

$$\left(\frac{\partial \overline{H}_M}{\partial T}\right)_p = \overline{C}_{p,M} = \left(\frac{\partial x_A}{\partial T}\right) \cdot \overline{H}_A^0 + x_A \cdot \overline{C}_{p,A} + \left(\frac{\partial x_B}{\partial T}\right) \overline{H}_B^0 + x_B \cdot \overline{C}_{p,B}$$

wobei $\overline{C}_{p,A}$ und $\overline{C}_{p,B}$ die Molwärmen von A bzw. B sind.

Wir berechnen:

$$\left(\frac{\partial x_B}{\partial T}\right) = -\left(\frac{\partial x_A}{\partial T}\right) = \frac{\partial}{\partial T}\left(\frac{K}{K+1}\right) = \frac{K'(K+1) - K' \cdot K}{(K+1)^2} = \frac{K'}{(K+1)^2}$$

mit

$$K' = \left(\frac{\partial K}{\partial T}\right)_p = K \cdot \frac{\left(\Delta_R \overline{H}^0\right)^2}{RT^2} \qquad \text{(van't Hoff'sche Gleichung)}$$

$\Delta_R \overline{H}^0 = \left(\overline{H}_B^0 - \overline{H}_A^0\right)$ ist die Standardreaktionsenthalpie.

Damit ergibt sich:

$$\overline{C}_{p,M} = x_A \overline{C}_{p,A} + x_B \overline{C}_{p,B} + K \frac{\left(\Delta_R \overline{H}^0\right)^2}{RT^2}\bigg/ (K+1)^2$$

bzw.:

$$\overline{C}_{p,M} = x_A \overline{C}_{p,A} + \overline{C}_{p,B} \cdot x_B + x_A \cdot x_B \frac{\left(\Delta_R \overline{H}^0\right)^2}{RT^2}$$

Also:

$$\boxed{\overline{C}_{p,M} = \frac{K}{K+1} \cdot \overline{C}_{p,B} + \frac{1}{K+1}\overline{C}_{p,A} + \frac{K}{(K+1)^2} \cdot \frac{(\Delta_R \overline{H}^0)^2}{RT^2}} \qquad (2.122)$$

Wir beachten nun, dass gilt:

$$K = \exp\left[-\Delta_R \overline{G}^0 / RT\right]$$

und dass sich nach Gl. (2.24) schreiben lässt mit $\Delta \overline{C}_p = \overline{C}_{p,A} - \overline{C}_{p,B}$:

$$\Delta_R \overline{G}^0 = \Delta_R \overline{H}^0(298) + \int_{298}^{T} \Delta \overline{C}_p \cdot dT - T \int_{298}^{T} \frac{\Delta \overline{C}_p}{T} dT - \frac{T}{298}\left[\Delta_R \overline{H}^0(298) - \Delta_R \overline{G}^0(298)\right]$$

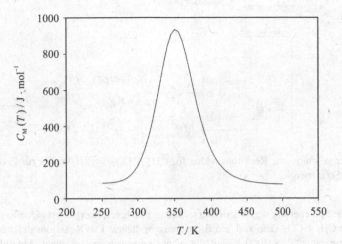

Abb. 2.27 Die Molwärme $\overline{C}_{p,M}$ einer reaktiven idealen Mischung A $\rightleftharpoons$ B als Funktion von T nach Gl. (2.122). (Verwendete Zahlenwerte: siehe Text)

Wenn $\Delta \overline{C}_p = $ const, folgt damit Gl. (2.25):

$$\Delta_R \overline{G}^0(T) = \Delta_R \overline{H}^0(298) + \Delta \overline{C}_p(T - 298) - T \cdot \Delta \overline{C}_p \cdot \ln\left(\frac{T}{298}\right) - \frac{T}{298}\left[\Delta_R \overline{H}^0(298) - \Delta_R \overline{G}^0(298)\right]$$

und ferner:

$$\Delta_R \overline{H}^0(T) = \Delta_R \overline{H}^0(298) + \Delta \overline{C}_p(T - 298)$$

Wir berechnen als Zahlenbeispiel $\overline{C}_{p,M}(T)$ mit folgenden Zahlenwerten:

$$\Delta_R \overline{G}^0(298) = 10 \, kJ \cdot mol^{-1}, \quad \Delta_R \overline{H}^0(298) = 60 \, kJ \cdot mol^{-1}$$
$$\overline{C}_{p,A} = 85 \, J \cdot mol^{-1} \cdot K^{-1}, \quad \overline{C}_{P,B} = 75 \, J \cdot mol^{-1} \cdot K^{-1}$$

Das Ergebnis zeigt Abb. 2.27. Die Molwärme $\overline{C}_{p,M}$ erreicht im Maximum den ca. 10fachen Wert der Molwärme der reinen Komponenten.

2.9.10 Energiespeicherung und Energienutzung durch chemische Gleichgewichtsprozesse. Das Beispiel CH$_4$ + CO$_2$ $\rightleftharpoons$ 2 H$_2$ + CO

Die Reaktion

$$CH_4 + CO_2 \rightleftharpoons 2H_2 + CO$$

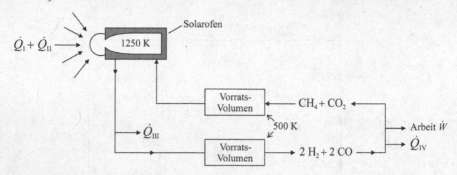

Abb. 2.28 Der geschlossene Reaktionszyklus für $CH_2 + CO_2 \rightleftharpoons 2H_2 + CO$ zur Erzeugung von Arbeit W aus Solarenergie.

ermöglicht die Speicherung und Wiederverwendung nutzbarer Energie. Als Quelle für das Ausgangsgemisch $CH_4 + CO_2$ kann z. B. ein Biogasreaktor dienen. Das Reaktionsgleichgewicht wird bei hoher Temperatur ($T > 1000$ K) auf die rechte Seite verschoben. Nach Abkühlung auf ca. 500 K läuft die Reaktion wieder weitgehend von rechts nach links zurück und kann durch ihre exotherme Reaktionsenthalpie die notwendige Wärme für eine Dampfturbine zur Erzeugung von elektrischer Energie liefern. Die Wärmequelle bei $T > 1000$ K kann durch Nuklearenergie oder besser durch Solarenergie bereitgestellt werden. Bei 500 K läuft die Rückreaktion nur mit Hilfe eines Katalysators ab, so dass man größere Mengen an $2H_2 + CO$ bei dieser Temperatur zunächst speichern und sie bei Bedarf zur Wärmeerzeugung nutzen kann. Schematisch ist die Funktionsweise eines solchen geschlossenen Systems in Abb. 2.28 dargestellt.

Wir wollen zunächst $\Delta_R \overline{G}^0(T)$ und $\Delta_R \overline{H}^0(T)$ für diese Reaktion aus thermodynamischen Standarddaten berechnen. Es gilt nach Gl. (2.24):

$$\Delta_R \overline{G}^0(T) = \Delta_R \overline{H}^0(T) - T \int\limits_{298}^{T} \frac{\Delta_R \overline{C}_p}{T} \, dT - \frac{T}{298} \left(\Delta_R \overline{H}(298) - \Delta_R \overline{G}(298) \right) \tag{2.123}$$

mit

$$\Delta_R \overline{H}^0(T) = \Delta_R \overline{H}^0(298) + \int\limits_{298}^{T} \Delta_R \overline{C}_p \, dT \tag{2.124}$$

Hier ist $\Delta_R \overline{C}_p$ die stöchiometrische Differenz der molaren Molwärmen und heißt (in Analogie zu $\Delta_R \overline{H}$ und $\Delta_R \overline{G}$) die Reaktionsmolwärme.

Daten für $\Delta_R \overline{H}(298)$ und $\Delta_R \overline{G}(298)$ lassen sich entsprechend ihrer Definition nach Gl. (2.23) aus den Bildungsenthalpien und freien Bildungsenthalpien berechnen, für die Daten in Tabelle A.3 im Anhang A angegeben sind. zur Berechnung von $\Delta_R \overline{C}_p$ als Funktion von T benötigt man $\overline{C}_{pi}$ für die einzelnen Reaktionsteilnehmer entsprechend der Gleichung

$$\overline{C}_{pi}(T) = a_i + b_i \cdot T + c_i \cdot T^2 + d_i \cdot T^3$$

Tab. 2.10 Standardreaktionsgrößen für $CH_4 + CO_2 \rightleftharpoons 2H_2 + CO$.

T/K	298	500	1250
$\Delta_R \overline{H}^0(T)/\mathrm{kJ \cdot mol^{-1}}$	247,3	254,4	262,2
$\Delta_R \overline{G}^0(T)/\mathrm{kJ \cdot mol^{-1}}$	170,9	117,3	- 95,9

Die Koeffizienten a_i, b_i, c_i und d_i sind für CH_4, CO_2, H_2 und CO in Tabelle A.2 in Anhang A angegeben.

Die Zahlenwerte für $\Delta^f \overline{G}^0(298), \Delta^f \overline{H}^0(298)$ sowie die Koeffizienten a_i, b_i, c_i und d_i sind in Tabelle 2.10 angegeben. Für die Reaktionsmolwärme $\Delta_R \overline{C}_p$ lässt sich somit schreiben:

$$\Delta_R \overline{C}_p = \Delta_R a + \Delta_R b \cdot T + \Delta_R c \cdot T^2 + \Delta_R d \cdot T^3$$

mit

$$\Delta_R a = 2(29,066 + 26,861) - 17,45 - 21,556 = 72,848 \; \mathrm{J \cdot mol^{-1} \cdot K^{-1}}$$
$$10^3 \Delta_R b = 2(6,966 - 0,837) - 69,459 - 63,697 = -111,898 \; \mathrm{J \cdot mol^{-1} \cdot K^{-2}}$$
$$10^6 \Delta_R c = 2(2,0120,820) - 1,117 + 40,505 = 41,772 \; \mathrm{J \cdot mol^{-1} \cdot K^{-3}}$$
$$10^9 \Delta_R d = 0 - (-7,205 + 9,678) = 2,473 \; \mathrm{J \cdot mol^{-1} \cdot K^{-4}}$$

Einsetzen von $\Delta_R \overline{C}_p$ in Gleichung 2.123 und 2.124 ergibt nach Ausführung der Integrationen:

$$\Delta_R \overline{G}^0(T) = \Delta_R \overline{H}^0(T) - T\left[\Delta_R a \cdot \ln \frac{T}{298} + \Delta_R b(T - 298) + \frac{\Delta_R c}{2}\left(T^2 - 298^2\right) + \frac{\Delta_R d}{3}\left(T^3 - 298^3\right)\right]$$
$$- \frac{T}{298}\left[\Delta_R \overline{H}^0(298) - \Delta_R \overline{G}^0(298)\right]$$

mit

$$\Delta_R \overline{H}^0(T) = \Delta_R \overline{H}^0(298) + \Delta_R a(T - 298) + \Delta_R b\left(T^2 - 298^2\right)$$
$$+ \frac{\Delta_R c}{3}\left(T^3 - 298^3\right) + \frac{\Delta_R d}{4}\left(T^4 - 298^4\right)$$

Die Ergebnisse zeigt Tabelle 2.10.

Die Energiebilanz des gesamten Prozesses besteht aus Beiträgen der Wärmemengen Q_i und der nutzbaren Arbeit W (s. Abb. 2.28). 4 Prozessstufen sind zu betrachten. Q_I ist die Wärmemenge, um 1 mol CO_2 und 1 mol CH_4 von 500 auf 1250 K zu erwärmen:

$$Q_I = \int\limits_{500}^{1250} \left(\overline{C}_{p,CH_4}(T) + \overline{C}_{p,CO_2}(T)\right)dT = 87,51 \; \mathrm{kJ \cdot mol^{-1}}$$

Der zweite Schritt ist die irreversible Reaktion von links nach rechts bei 1250 K:

$$Q_{II} = \Delta_R \overline{H}^0(1250) = 263,3 \text{ kJ} \cdot \text{mol}^{-1}$$

Der dritte Schritt ist der Kühlungsprozess der Mischung $2H_2 + 2CO$ von 1250 K auf 500 K:

$$Q_{III} = 2 \cdot \int_{1250}^{500} \left(\overline{C}_{p,H_2}(T) + \overline{C}_{p,CO}(T) \right) dT = -96,4 \text{ kJ} \cdot \text{mol}^{-1}$$

Der vierte und letzte Schritt, der den Kreislauf schließt, ist die reversible Reaktion von rechts nach links bei 500 K mit der reversiblen Wärmemenge:

$$Q_{IV} = 500 \cdot \Delta_R \overline{S}^0(500) = -\Delta_R \overline{H}^0(500) + \Delta_R \overline{G}^0(500)$$
$$= -254,41 + 117,30 = -137,1 \text{ kJ} \cdot \text{mol}^{-1}$$

und der reversiblen Arbeit:

$$W = -\Delta_R \overline{G}^0(500) = -117,3 \text{ kJ} \cdot \text{mol}^{-1}$$

Die gesamte Energiebilanz des Kreisprozesses ergibt

$$Q_I + Q_{II} + Q_{III} + Q_{IV} + W = 87,5 + 263,3 - 96,4 - 137,1 - 117,3 = 0$$

Die Bilanz ist also Null, wie es aus Konsistenzgründen auch sein muss.

Der thermodynamische Wirkungsgrad η des Kreisprozesses ist definiert als der Arbeitsbetrag $|W|$ dividiert durch die Summe der positiven Wärmeeinträge zum System:

$$\eta = \frac{|W|}{Q_I + Q_{II}} = \frac{117,3}{87,5 + 262,3} = 0,335$$

Das entspricht einer Carnot-Maschine, die mit Wasserdampf bei $T_{Kalt} = 373$ K arbeitet:

$$\eta = \eta_{Carnot} = 1 - \frac{373}{T_H} = 0,335$$

Die Temperatur T_H des heißen Wasserdampfes wäre bei dieser äquivalenten Carnot-Maschine $T_H = 561$ K.

2.9.11 *Ein einfaches Modell der Proteinumwandlung von der Helixform zur Knäulform*

Abb. 2.29 zeigt die Struktur einer sog. Helix, die aus Aminosäureeinheiten bestehen und über jeweils eine H-Brücke zwischen der i-ten und der $i + 4$ten Aminosäure zusammengehalten wird (s. Abb. 2.30). Es gibt zwei äquivalente Helices, die spiegelbildlich sind und nicht zur Deckung gebracht werden können. Man beachte in Abb. 2.30, dass an den Kettenenden 4 CO-Gruppen (links) und 4 -N-H-Gruppen (rechts) nicht an den H-Brückenbindungen beteiligt sind. Für die

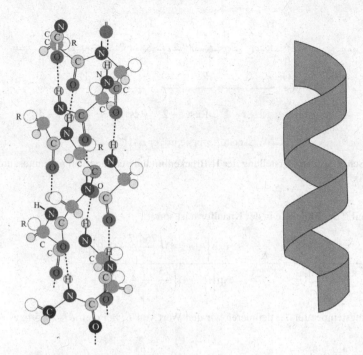

Abb. 2.29 Modellstruktur einer rechtsdrehenden Helix.

freie Enthalpieänderung $\Delta_U \overline{G}^0$ der Umwandlung der Helix zum statistischen, ungeordneten Knäul soll gelten:

$$\Delta_U \overline{G} = (n-4)\Delta_R \overline{G}^0 = (n-4)\Delta_R \overline{H}^0 - T(n-4)\Delta_R \overline{S}^0$$

wobei $\Delta_R \overline{G}^0$ die freie Reaktionsenthalpie pro Aminosäureeinheit für das Aufbrechen einer H-Brücke bedeutet. Entsprechendes gilt für $\Delta_R \overline{H}^0$ und $\Delta_R \overline{S}^0$. Realistische Werte für $\Delta_R \overline{H}^0$ und $\Delta_R \overline{S}^0$ sind

$$\Delta_R \overline{H}^0 = 6,275 \, \text{kJ} \cdot \text{mol}^{-1} \qquad \text{und} \qquad \Delta_R \overline{S}^0 = 16,7 \, \text{J} \cdot \text{mol}^{-1} \cdot \text{K}^{-1}$$

Für die Gleichgewichtskonstante K der Umwandlung von der Helix- in die Knäulform gilt dann:

$$K = \frac{C_{\text{Knäul}}}{C_{\text{Helix}}} = \exp\left[-\frac{\Delta_U \overline{G}^0}{RT}\right] = \exp\left[-(n-4)\frac{\Delta_R \overline{H}^0 - T \cdot \Delta_R \overline{S}}{RT}\right]$$
$$= \exp\left[-(n-4)\left(\frac{754,7}{T} - 2,0\right)\right]$$

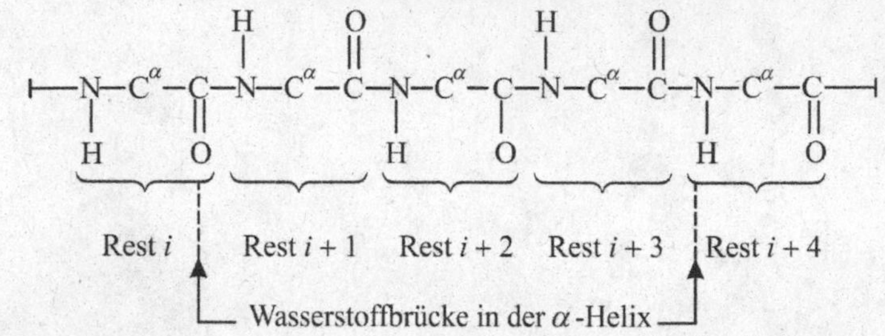

Abb. 2.30 Schematische Darstellung der H-Brückenbindung entlang von n Aminosäureeinheiten einer α-Helix.

Der Bruchteil ϑ der Moleküle in der Knäulform ist somit:

$$\vartheta = \frac{C_{\text{Knäul}}}{C_{\text{Knäul}} + C_{\text{Helix}}} = \frac{K}{K+1} = \frac{\exp\left[-(n-4)\left(\dfrac{754,7}{T} - 2,0\right)\right]}{\exp\left[(n-4)\left(\dfrac{754,7}{T} - 2,0\right)\right] + 1}$$

Als Übergangstemperatur T_{U} definieren wir den Wert von T, bei dem $\vartheta = 0,5$ bzw. $\Delta_{\text{U}}\overline{G}^0 = 0$ wird:

$$T_{\text{U}} = \frac{\Delta_{\text{R}}\overline{H}^0}{\Delta_{\text{R}}\overline{S}^0} = 377,4\ \text{K}$$

In Abb. 2.31 ist ϑ für verschiedene Werte der Kettenlänge n dargestellt. Alle Kurven schneiden sich bei $T_{\text{U}} = 375$ K und $\vartheta = 0,5$. Man sieht, dass für $n \to \infty$ die Umwandlung dem sprungartigen Phasenübergang eines Schmelzprozesses ähnelt.

Je kleiner n ist, desto weniger scharf ist der Übergang. Von Interesse ist die Molwärme $\overline{C}_p$ des Proteinmoleküls als Funktion der Temperatur, da $\overline{C}_p$ eine gut messbare Größe ist. Die Umwandlung von der Helix- in die Knäulform entspricht der im Anwendungsbeispiel 2.9.9. behandelten Isomerisierungsreaktion A $\rightleftharpoons$ B mit $(n-4)\Delta_{\text{R}}\overline{H}^0$ statt $\Delta_{\text{R}}\overline{H}^0$. Wir können also die dort abgeleitete Formel für $\overline{C}_p$ der reaktiven Mischung Helix + Knäul direkt übernehmen und erhalten:

$$\overline{C}_p = \frac{K}{K+1}\,\overline{C}_{p,\text{Helix}} + \frac{1}{K+1}\,\overline{C}_{p,\text{Knäul}} + \frac{K}{(K+1)^2}\,\frac{\left[(n-4)\cdot\Delta_{\text{R}}\overline{H}^0\right]^2}{RT^2} \tag{2.125}$$

Für Werte von $n = 10, n = 25$ ist der dritte Term von Gl. (2.125) in Abb. 2.32 als Funktion der Temperatur dargestellt. Wir bezeichnen ihn mit $\Delta\overline{C}_p$. Er stellt den Anteil der Molwärme dar, der ausschließlich vom Umwandlungsprozess herrührt.

Je größer n ist, desto steiler wird der $\Delta\overline{C}_p$-Peak und desto größer wird die Fläche unter dem Peak, da sie gleich $(n-4)\cdot\Delta_{\text{R}}\overline{H}^0$ sein muss. Im Extremfall wird $\Delta\overline{C}_p$ bei T_{U} zu einer δ-Funktion, so wie es auch beim Schmelzen eines Feststoffes beobachtet wird.

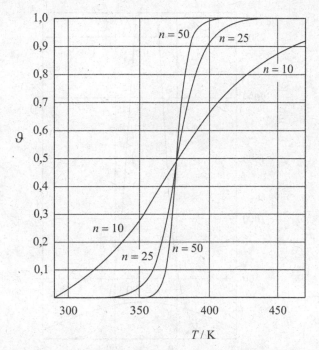

Abb. 2.31 Umwandlungsgrad ϑ (Helix → Knäul) als Funktion der Temperatur für verschiedene Werte der Kettenlänge n.

Diese hier dargestellte Theorie vernachlässigt, dass der Zustand einer Aminosäureinheit („Knäul" oder „Helix") nicht unabhängig ist von dem Zustand, in dem sich benachbarte Einheiten befinden. Man nennt so etwas „Kooperativität". Diese zu berücksichtigen, erfordert ein aufwendigeres Modell (s. z.B. D. Poland, H. A. Scheraga, „Theory of Helix-Coil Transitions in Biopolymers", Academic Press, 1970).

2.9.12 Peptid-Synthese bei höheren Temperaturen. Ein Beitrag zur Theorie der Entstehung des Lebens auf der Erde

Peptide werden bei der Reaktion von Aminosäuren miteinander unter Wasserabspaltung gebildet. Solche Reaktionen laufen in wässriger Lösung ab, wobei sich ein Gleichgewicht zwischen Aminosäuren und Peptiden einstellt. Wir wollen hier die Gleichgewichtskonstanten von Dipeptiden bei der Bildung aus Aminosäuren untersuchen. Als Beispiele wählen wir die in Abb. 2.33 gezeigten Aminosäuren.

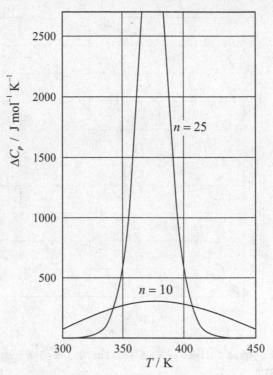

Abb. 2.32 (a) Der Anteil der Molwärme $\Delta \overline{C}_p = \overline{C}_p - \overline{C}_{p,\text{Helix}} \cdot x_{\text{Helix}} - \overline{C}_{p,\text{Knäul}}/(K+1)$ für die reaktive Gleichgewichtsmischung Helix $\rightleftharpoons$ Knäul als Funktion der Temperatur für $n = 10$ und $n = 25$ nach Gl. 2.123.

Wir betrachten folgende Bildungsreaktionen R1, R2 und R3 der Dipeptiden G_2, AB und LG:

$$
\begin{aligned}
2G &\rightleftharpoons G_2 + H_2O && \text{(R1)} \\
A + G &\rightleftharpoons AG + H_2O && \text{(R2)} \\
L + G &\rightleftharpoons LG + H_2O && \text{(R3)}
\end{aligned}
\tag{2.126}
$$

mit den Gleichgewichtskonstanten:

$$
K_{G_2} = \frac{C_{G_2} \cdot x_{H_2O}}{C_G^2}
$$

$$
K_{AB} = \frac{C_{AB} \cdot x_{H_2O}}{C_A \cdot C_B}
$$

$$
K_{LG} = \frac{C_{LG} \cdot x_{H_2O}}{C_L \cdot C_G}
\tag{2.127}
$$

wobei C_i die molare Konzentrationen sind. Für H_2O wird die Molenbruchskala als Konzentrati-

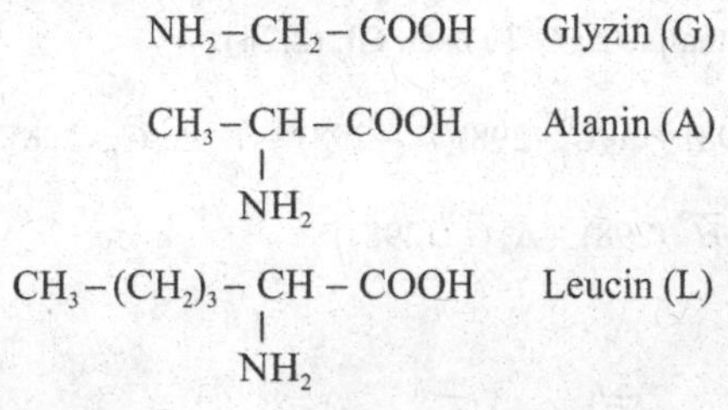

$$NH_2-CH_2-COOH \qquad \text{Glyzin (G)}$$

$$CH_3-\underset{\underset{NH_2}{|}}{CH}-COOH \qquad \text{Alanin (A)}$$

$$CH_3-(CH_2)_3-\underset{\underset{NH_2}{|}}{CH}-COOH \qquad \text{Leucin (L)}$$

Abb. 2.33 Beispiele für Aminosäuren.

Tab. 2.11 Standardbildungsgrößen von Aminösäuren in wässriger Lösung. $\Delta^f \overline{G}^\infty$ und $\Delta^f \overline{H}^\infty$ in kJ $\cdot$ mol^{-1}, $\overline{C}_p^\infty$ in J $\cdot$ mol^{-1}

	$\Delta^f \overline{G}^\infty$	$\Delta^f \overline{H}^\infty$	$\overline{C}_p^\infty$
Glyzin (aq)	- 370,778	- 513,988	39,3
Alanin (aq)	- 371,539	- 552,832	141,4
Leucin (aq)	- 343,088	- 632,077	397,9
Diglyzin (aq)	- 489,612	- 734,878	158,99
Alanylglyzin (aq)	- 488,398	- 778,684	252,30
Leucylglyzin (aq)	- 462,834	- 847,929	497,06

onseinheit gewählt. Nach Gl. (2.41) ergibt sich dann:

$$K = \frac{C_{\text{Dip}} \cdot x_{\text{H}_2\text{O}}}{C_{\text{A}_1} \cdot C_{\text{A}_2}} \approx \frac{C_{\text{Dip}}}{C_{\text{A}_1} \cdot C_{\text{A}_2}} = \exp\left[-\Delta_{\text{R}} G / RT\right] \cdot \overline{V}_{\text{H}_2\text{O}} \tag{2.128}$$

wobei hier die freie Standardreaktionsenthalpie folgendermaßen definiert ist:

$$\Delta_{\text{R}} \overline{G} = \Delta^f \overline{G}_{\text{Dip}}^\infty + \Delta^f \overline{G}_{\text{H}_2\text{O}}^0 - \Delta^f \overline{G}_{\text{A}_1}^\infty - \Delta^f \overline{G}_{\text{A}_2}^\infty \tag{2.129}$$

$\Delta^f \overline{G}_{\text{H}_2\text{O}}$ ist die Standardbildungsenthalpie von reinem Wasser, $\Delta^f \overline{G}_{\text{Dip}}^\infty$ die des Dipeptids, $\Delta^f \overline{G}_{\text{A}_1}^\infty$ und $\Delta^f \overline{G}_{\text{A}_2}^\infty$ die der Aminosäuren A_1 und A_2. Sie beziehen sich auf unendliche Verdünnung in Wasser. Das Molvolumen des Wassers $\overline{V}_{\text{H}_2\text{O}} = 18$ cm$^3 \cdot$ mol^{-1} erscheint hier als Faktor auf der rechten Seite entsprechend Gl. (2.40), das muss auch aus Gründen der physikalischen Einheit für K so sein. In der Tabelle 2.11 sind Standardbildungswerte für die Aminosäuren und Dipeptide angegeben, die wir zur Berechnung von K benötigen.

Die Standardwerte und Molwärme von reinem flüssigen Wasser entnehmen wir Tabelle A.3 im Anhang. Die Gleichgewichtskonstanten K werden für eine vorgegebene Temperatur folgendermaßen berechnet:

$$RT \cdot \ln K = -\Delta_{\text{R}} \overline{G}(T)$$

mit der freien Reaktionsenthalpie $\Delta_R \overline{G}(T)$ nach Gl. (2.24):

$$\Delta_R \overline{G}(T) = \Delta_R \overline{H}^{\infty}(298) + \Delta_R \overline{C}_p^{\infty}(298)(T - 298) - T \cdot \Delta_R \overline{C}_p^{\infty}(298) \cdot \ln \frac{T}{298}$$

$$- \frac{T}{298} \left(\Delta_R \overline{H}^{\infty}(298) - \Delta_R \overline{G}^{\infty}(298) \right) \qquad (2.130)$$

wobei gilt:

$$\Delta_R \overline{G}(298) = \Delta^f \overline{G}_{Dip}^{\infty} + \Delta^f \overline{G}_{H_2O}^{0} - \Delta^f \overline{G}_{A_1}^{\infty} - \Delta^f \overline{G}_{A_2}^{\infty}$$

$$\Delta_R \overline{H}(298) = \Delta^f \overline{H}_{Dip}^{\infty} + \Delta^f \overline{H}_{H_2O}^{0} - \Delta^f \overline{H}_{A_1}^{\infty} - \Delta^f \overline{H}_{A_2}^{\infty}$$

$$\Delta_R \overline{C}_p(298) = \overline{C}_{p,Dip} + \overline{C}_{p,H_2O} - \overline{C}_{p,A_1} - \overline{C}_{p,A_2}$$

Die Werte für $\Delta_R \overline{G}$ bei 298 K und 373 K lauten:

für R1:

$$\Delta_R \overline{G}_{R1}(298) = -489,612 - 237,19 + 2 \cdot 370,778 = 14,754 \text{ kJ} \cdot \text{mol}^{-1}$$

$$\Delta_R \overline{H}_{R1}(298) = -734,878 - 285,84 + 2 \cdot 513,988 = 7,258 \text{ kJ} \cdot \text{mol}^{-1}$$

$$\Delta_R \overline{C}_{p,R1}(298) = 158,99 + 75,3 - 2 \cdot 39,3 = 155,69 \text{ J} \cdot \text{mol}^{-1} \cdot \text{K}^{-1}$$

und mit Gl. 2.130

$$\Delta_R \overline{G}_{R1}(373) = 15,280 \text{ kJ} \cdot \text{mol}^{-1}$$

für R2:

$$\Delta_R \overline{G}(298) = 16,729 \text{ kJ} \cdot \text{mol}^{-1}, \ \Delta_R \overline{H}(298) = 2,346 \text{ kJ} \cdot \text{mol}^{-1},$$

$$\Delta_R \overline{C}_p(298) = 146,9 \text{ J} \cdot \text{mol}^{-1} \cdot \text{K}^{-1}$$

und mit Gl. 2.130

$$\Delta_R \overline{G}_{R2}(373) = 19,066 \text{ kJ} \cdot \text{mol}^{-1}$$

für R3:

$$\Delta_R \overline{G}(298) = 13,842 \text{ kJ} \cdot \text{mol}^{-1}, \ \Delta_R \overline{H}(298) = 12,296 \text{ kJ} \cdot \text{mol}^{-1},$$

$$\Delta_R \overline{C}_p(298) = 135,16 \text{ J} \cdot \text{mol}^{-1} \cdot \text{K}^{-1}$$

und mit Gl. 2.130

$$\Delta_R \overline{G}(373) = 12,99 \text{ kJ} \cdot \text{mol}^{-1}$$

Für die Gleichgewichtskonstanten $K_{R1}(298)$, $K_{R2}(298)$ und $K_{R3}(298)$ gilt:

$$K_{Ri} = 18 \cdot \exp\left[-\Delta_R \overline{G}_{Ri}/R \cdot 298\right] \quad \text{in} \quad \text{cm}^3 \cdot \text{mol}^{-1}$$

Die Ergebnisse lauten:

T/K	$K_{R1}/\text{cm}^3 \cdot \text{mol}^{-1}$	$K_{R2}/\text{cm}^3 \cdot \text{mol}^{-1}$	$K_{R3}/\text{cm}^3 \cdot \text{mol}^{-1}$
298	0,04662	0,02104	0,06746
373	0,1305	0,03849	0,2723

Es zeigt sich, dass die Dipeptidbildung bei höheren Temperaturen (100 °C) deutlich bevorzugt ist gegenüber niedrigeren Temperaturen (25 °C). Das ist von Bedeutung für die Bildung von Peptiden und letztlich Proteinen in der Entstehungsgeschichte des Lebens auf der Erde vor ca. $3,8 \cdot 10^9$ Jahren, als die Temperaturen der gerade entstandenen Gewässer auf der Erde bedeutend höher waren als heute. Die Stabilität der Dipeptide gerade bei hohen Temperaturen erklärt, warum Peptide und Proteine als wichtige Bausteine der Entwicklung des Lebens bei Temperaturen um 100 °C entstehen konnten, nachdem Aminosäuren bereits vorlagen.

2.9.13 *Metallurgische Prozesse – Metallverhüttung*

Viele Metalle werden aus ihren natürlich vorkommenden Oxiden oder Sulfiden (sog. Metallerze) durch Reduktion mit Kohlenstoff bzw. Kohlenmonoxid gewonnen. Die Bruttoreaktion lautet:

$$Me_xO_2 + C \rightarrow Me_x + CO_2$$

Diese Reaktion setzt sich aus der Summe der zwei Teilreaktionen

$$Me_xO_2 + C \rightarrow Me_x + CO$$
$$Me_xO_2 + CO \rightarrow Me_x + CO_2$$

zusammen. Ob ein solcher Herstellungsprozess (Metallverhüttung) möglich ist, hängt vom Vorzeichen der freien Reaktionsenthalpie $\Delta_R \overline{G}^0$ bei der vorgegebenen Prozesstemperatur T ab. Drei typische Beispiel sollen hier untersucht werden:

1. $2\,CuO + C \rightarrow 2\,Cu + CO_2$
2. $\frac{2}{3}\,Fe_2O_3 + C \rightarrow \frac{4}{3}\,Fe + CO_2$
3. $\frac{2}{3}\,Al_2O_3 + C \rightarrow \frac{4}{3}\,Al + CO_2$

Ist $\Delta_R \overline{G}$ negativ, ist die Herstellung möglich, ist jedoch $\Delta_R \overline{G}$ positiv, ist eine Metallverhüttung nicht möglich. Bei 298 K gilt mit den Daten aus Tabelle A.3 in Anhang A:

$$\Delta_R \overline{G}^0_{Cu} = -394,4 + 2 \cdot 128,12 = -138,16\,kJ \cdot mol^{-1}$$

$$\Delta_R \overline{G}^0_{Fe} = -394,4 + \frac{2}{3} \cdot 743,58 = 101,32\,kJ \cdot mol^{-1}$$

$$\Delta_R \overline{G}^0_{Al} = -394,4 + \frac{2}{3} \cdot 1581,88 = 660,2\,kJ \cdot mol^{-1}$$

Kupfer wäre also bei 298 K leicht herstellbar. In Wirklichkeit benötigt man höhere Temperaturen, damit die Reaktion kinetisch in Gang kommt. Eisen wäre grundsätzlich schon nicht mehr bei 298 K herstellbar, und Aluminium kann durch Verhüttung auf keinen Fall gewonnen werden. Hier muss ein elektrochemisches Verfahren angewandt werden (s. Kapitel 4, 4.3.7). Bei Eisen muss man bei höheren Temperaturen arbeiten, damit $\Delta_R \overline{G}$ negativ wird (Hochofenprozess!). Die Änderung von $\Delta_R \overline{G}^0$ mit der Temperatur lässt sich nach Gl. (2.24) berechnen, wenn $\Delta_R \overline{H}^0 (298)$ und $\Delta_R \overline{C}_p^0$ bekannt sind. Wir wollen als Beispiel die Temperatur T berechnen, bei der für die Reduktion von

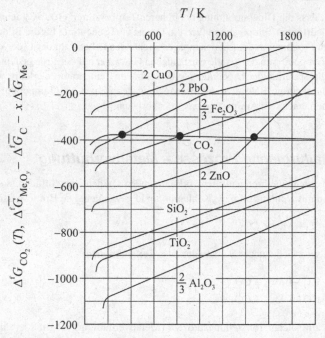

Abb. 2.34 Freie Bildungsenthalpien $\Delta^f \overline{G}(T)$ für Metalloxide und CO_2. • Schnittpunkte mit der CO_2-Kurve (s. Text).

Fe_2O_3 mit Kohlenstoff zu Fe und CO_2 $\Delta_R\overline{G}^0$ ihr Vorzeichen wechselt, also wo $\Delta_R\overline{G} = 0$ gilt. Nach Gl. (2.24) gilt dort, wenn näherungsweise $\Delta_R\overline{C}_p^0$ als temperaturunabhängig angenommen wird:

$$\Delta_R\overline{H}(298) + \Delta_R\overline{C}_p^0(T - 298) - T \cdot \Delta_R\overline{C}_p^0 \cdot \ln \frac{T}{298} - \frac{T}{298}\left(\Delta_R\overline{H}^0(298) - \Delta_R\overline{G}^0(298)\right) = 0$$

Einsetzen der Werte für Fe_2O_3, Graphit, Fe und CO_2 aus Tabelle A.3 mit $\Delta_R\overline{H}^0 = (-393, 5) + \frac{2}{3} \cdot 825, 5 = 117, 6\,kJ\cdot mol^{-1}$, $\Delta_R\overline{G}^0 = 101, 3\,kJ\cdot mol^{-1}$ und $\Delta_R\overline{C}_p^0 = \frac{4}{3}\cdot 25, 1 + 37, 1 - 8, 5 - \frac{2}{3}\cdot 103, 9 = -7, 27\,J \cdot mol^{-1}\cdot K^{-1}$ ergibt für T:

$$T = 794\,K$$

Oberhalb dieser Temperatur kann also eine Eisenverhüttung durchgeführt werden. In einem Hochofen zur Herstellung von Eisen herrschen im unteren, heißen Teil des Hochofens Temperaturen zwischen 1200 K und 1800 K. Diese Temperaturen können nur durch die Verbrennung von zusätzlicher Kohle bei Zufuhr von Sauerstoff erreicht werden. Der Kohlenstoff dient also sowohl zur Reduzierung von Eisenoxid wie auch zur Erzeugung von ausreichender Hitze.

Abb. 2.34 zeigt die Verhältnisse für verschiedene Metalloxide in grafischer Form. Es sind die

Werte $\Delta_R \overline{G}_{O_2}^0(T)$ für die Reaktionen

$$Me_xO_2 \rightleftharpoons Me_x + O_2 \ (x = 2, 1, 4/3) \qquad CO_2 \rightleftharpoons C + O_2$$

aufgetragen. An den Schnittpunkten der Me_xO_2- mit der CO_2-Kurve wechselt $\Delta_R \overline{G} = x \cdot \Delta^f \overline{G}_{Me} + \Delta^f \overline{G}_{CO_2} - \Delta^f \overline{G}_{Me_xO_2} - \Delta^f \overline{G}_C$ für $Me_xO_2 + C \rightleftharpoons Me_x + CO_2$ sein Vorzeichen. Oberhalb der Temperatur des Schnittpunktes ist eine Metallverhüttung möglich. Das gilt bei den in Abb. 2.34 gezeigten Fällen nur für CuO, Fe_2O_3 und PbO. Der Knick in den Kurvenverläufen von PbO und ZnO rührt her von Phasenumwandlungen im festen Zustand. Der Knick in der PbO-Kurve bei 1800 K kennzeichnet den Schmelzpunkt von PbO.

2.9.14 *Solarthermische Wasserspaltung mit Hilfe von reaktiven Metalloxiden*

Die weltweiten fossilen Energiereserven gehen zur Neige und erfordern alternative und nachhaltige neue Energiequellen. Neben der Windenergie, der Wasserenergie, der geothermischen Energie und der elektrischen Energie aus Solarzellen werden in Zukunft Solarkraftwerke eine Rolle spielen, die durch Solarstrahlung erhitzten Wasserdampf oder andere Gase über Turbinen in elektrische Energie umwandeln. Es gibt noch eine interessante weitere Variante, bei der Solarenergie in chemische Energie umgewandelt werden kann: die thermische Wasserspaltung, die allerdings sehr hohe Temperaturen erfordert (s. Abschnitt 2.3 und Abb. 2.3). Daher führt man die Wasserspaltung in einer zweistufigen Reaktion durch, in der bestimmte Metalloxide formal wie ein Katalysator wirken und dabei ihren Oxidationszustand ändern. Ein Beispiel ist:

$$Fe_3O_4 \rightarrow 3FeO + \frac{1}{2} O_2 \tag{2.131}$$

$$3FeO + H_2O \rightarrow Fe_3O_4 + H_2 \tag{2.132}$$

Die Summe der beiden Gleichungen ergibt die Wasserspaltung $1/2 O_2 + H_2 \rightarrow H_2O$, jedoch laufen die beiden Stufen bei deutlich niedrigeren Temperaturen ab, als die direkte Wasserspaltung. Wir wollen diesen Prozess der Wasserspaltung am Beispiel der Eisenoxide thermodynamisch genauer analysieren. Die Tabelle 2.12 enthält für Gl. (2.131) sowie Gl. (2.132) jeweils die Werte der Reaktionsgrößen $\Delta_R \overline{G}(298)$, $\Delta_R \overline{H}(298)$ und $\Delta_R \overline{C}_p(298)$ aus den Daten in Tabelle A.3 in Anhang A. Die Temperaturabhängigkeit von $\Delta_R \overline{G}$, $\Delta_R \overline{H}$ und $\Delta_R \overline{C}_p$ wurde nach Gl. (2.24) berechnet. $\Delta_R \overline{G}(T)$ für Gl. (2.131) wird bei ca. 1900 K negativ, d. h., Gl. (2.131) läuft bei $T > 1900$ K von links nach rechts ab. $\Delta_R \overline{G}(T)$ für Gl. (2.132) ist bis ca. 650 K negativ und läuft unterhalb dieser Temperatur in den positiven Bereich. Man wird also, um H_2O zu spalten, bei ca. 2000 K O_2 aus Fe_3O_4 gewinnen und dann das entstandene FeO bei ca. 500 K mit H_2O behandeln, wobei dann H_2 und wiederum Fe_3O_4 entsteht, das nach Erwärmung auf 1900 K wieder den Kreislauf von vorne beginnen kann.

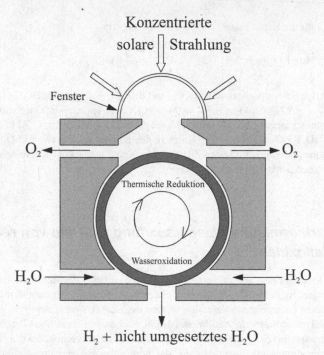

Konzentrierte
solare Strahlung

Fenster

O_2 O_2

Thermische Reduktion

Wasseroxidation

H_2O H_2O

H_2 + nicht umgesetztes H_2O

Abb. 2.35 Schematische Darstellung des Reaktors zur H_2O-Spaltung (CRRR). (nach A. Heintz, J. of. Chem. Thermodyn. *46*, 99-108(2012))

Tab. 2.12 Standardreaktionsgrößen von Gl. (2.131) und (2.132).

	$\Delta_R \overline{G}^0 (298)/kJ \cdot mol^{-1}$	$\Delta_R \overline{H}^0 (298)/kJ \cdot mol^{-1}$	$\Delta_R C_p (298)/J \cdot mol^{-1}$
Gl. (2.131)	263,16	304,78	21,7
Gl. (2.132)	- 34,55	- 62,95	- 11,76

In halbtechnischen Verfahren führt man solche Wasserspaltungsreaktionen in einem sog. „Counter Rotating Ring Reactor " (CRRR) durch, dessen Funktionsweise in Abb. 2.35 dargestellt ist. Er kann für jede Art von Metalloxiden in verschiedenen Oxidationsstufen durchgeführt werden. Auf der Oberfläche eines langsam rotierenden Zylinders befindet sich das Metalloxid. Es wird in seiner reduzierten Form (FeO) bei niedriger Temperatur (in unserem Beispiel ca. 800 K) zur Produktion von Wasserstoff aus H_2O-Dampf eingesetzt, wobei es sich in die reduzierte Form umsetzt (Fe_3O_4). Das reduzierte Metalloxid gelangt dann durch die Rotation des Zylinders in den heißen Teil des Reaktors, der durch Lichtkonzentration eines Solarlichtkollektors auf hoher Temperatur gehalten wird (in unserem Beispiel 2000 K). Dabei wird O_2 abgespalten.

Durch weitere Rotation in die kalte Zone wird der Kreislauf geschlossen. Der Vorteil dieses

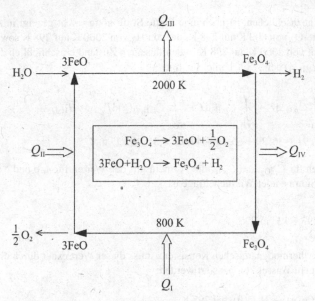

Abb. 2.36 Wärmeflussdiagramm für den Zyklus der Wasserspaltung mit dem FeO/Fe₃O₄-System.

Verfahrens ist vor allem, dass H_2 und O_2 gleich in Form der getrennten Gase erhalten werden. Wir betrachten jetzt den Reaktionszyklus als thermodynamischen Kreisprozess (s. Abb. 2.36). Der Zyklus lässt sich in 5 Stufen einteilen. In der ersten Stufe wird die Wärme Q_I absorbiert, um die Enthalpie für den Umsatz von Gl. (2.131) zu liefern:

$$Q_I = \Delta_R \overline{H} = 316,2 \text{ kJ} \cdot \text{mol}^{-1} \text{ bei } T = 800 \text{ K}$$

Die zweite Stufe ist die Wärme Q_{II}, die zur Erwärmung von 3FeO von 800 auf 2000 K benötigt wird sowie zur Erwärmung von flüssigem Wasser bei 298 K bis zum Wasserdampf bei 2000 K einschließlich der Verdampfungsenthalpie $\Delta_V \overline{H} = 44,01 \text{ kJ} \cdot \text{mol}^{-1}$ bei 298 K:

$$Q_{II} = 3 \cdot C_{p,\text{FeO}} \cdot (2000 - 800) + \Delta \overline{H}_{V,\text{H}_2\text{O}}(298) + \int_{298}^{2000} \overline{C}_{p,\text{H}_2\text{O}}(\text{g}) \text{d}T$$

$$= 274,3 \text{ kJ} \cdot \text{mol}^{-1}$$

Das Integral wurde mit den Koeffizienten a, b und c für $H_2O(g)$ nach Tabelle A.2 in Anhang A berechnet.

Die dritte Stufe ist die Wärme, die bei der exothermen Reaktion von Gl. (2.132) bei 2000 K an die Umgebung abgegeben wird:

$$Q_{III} = \Delta_R \overline{H} = -97,7 \text{ kJ} \cdot \text{mol}^{-1} \text{ bei 2000 K}$$

Die vierte Stufe besteht in der Wärmeabgabe bei der Kühlung von Fe₃O₄ von 2000 K auf 800 K:

$$Q_{IV} = \overline{C}_{p,\text{Fe}_3\text{O}_4} \cdot (800 - 2000) = -172,08 \text{ kJ} \cdot \text{mol}^{-1}$$

Um den Zyklus abzuschließen, ist noch eine fünfte Stufe nötig (nicht gezeigt in Abb. 2.35), die die Kühlung von $\frac{1}{2}O_2$ von 800 K auf 298 K, die von H_2 von 2000 K auf 298 K sowie die Kühlung von Wasserdampf von 2000 K auf 298 K in den flüssigen Zustand einschließlich der Kondensationswärme $(-\Delta \overline{H}_{V,H_2O})$ bei 298 K berücksichtigt:

$$Q_V = \frac{1}{2}\int\limits_{800}^{298} \overline{C}_{p,O_2} dT + \int\limits_{2000}^{298} \overline{C}_{p,H_2} dT - \int\limits_{2000}^{298} \overline{C}_{p,H_2O}(g) dT - \Delta_V \overline{H}_{H_2O}$$

$$= -17,91 - 36,29 + 66,81 - 44,01 = 31,40 \text{ kJ} \cdot \text{mol}^{-1}$$

Auch hier wurden für $\overline{C}_{p,O_2}$ und $\overline{C}_{p,H_2}$ die Formeln mit den Werten für a, b und c in Anhang A.2 verwendet. Die Summe aller Wärmebeiträge ist:

$$\sum_{i=I}^{\overline{V}} Q_i = 293,3 \text{ kJ} \cdot \text{mol}^{-1}$$

Aus Gründen der thermodynamischen Konsistenz muss dieser Wert exakt durch die Bildungsenthalpie von flüssigem Wasser kompensiert werden:

$$H_2(g) + \frac{1}{2}O_2(g) \rightarrow H_2O(fl) \text{ bei 298 K}$$

mit

$$\Delta_R\overline{H} = -\Delta^f\overline{H}_{H_2O}(298) = -285,9 \text{ kJ} \cdot \text{mol}^{-1}$$

nach Tabelle A.3 in Anhang A. Die Differenz

$$\sum Q_i + \Delta_R\overline{H} = 3,4 \text{ kJ} \cdot \text{mol}^{-1}$$

ergibt keine vollständige Konsistenz, was wahrscheinlich an den nicht allzu genauen Daten von $\overline{C}_p$ für die Feststoffe FeO und Fe_3O_4 liegt.

Die thermodynamische Effizienz η lässt sich nun definieren als die reversible Arbeit W, die man in einer H_2-Brennstoffzelle als elektrische Energie gewinnen kann. Der Wert für W ist gegeben durch:

$$W = \Delta^f\overline{G}_{H_2O}(298) - \Delta^f\overline{G}_{H_2}(298) - \frac{1}{2}\Delta^f\overline{G}_{O_2}(298) = -237,9 \text{ kJ} \cdot \text{mol}^{-1}$$

mit $\Delta^f\overline{G}_{H_2}(298) = \Delta^f\overline{G}_{O_2}(298) = 0$ (s. Tabelle A.3 in Anhang A). Damit erhält man:

$$\eta = \frac{|W|}{Q_I + Q_{II}} = \frac{237,9}{316,2 + 274,3} = 0,403$$

Im Nenner dürfen nur die positiven Q-Werte berücksichtigt werden, also diejenigen, die dem System zugeführt werden. Setzt man η dem entsprechenden Carnot-Faktor η_C gleich, kann man die äquivalente Temperatur T_H des heißen Bades einer Carnot-Maschine berechnen:

$$\eta = \eta_C = 0,403 = 1 - \frac{373}{T_H}$$

wenn man die kalte Badtemperatur gleich 373 K setzt. Es ergibt sich dann:

$$T_H = 625 \text{ K}$$

Das entspricht einer Dampfturbine, die mit 625 K heißem Wasserdampf arbeitet. Die realen Werte des Verfahrens liegen um ca. 20 % niedriger.

2.9.15 Thermodynamik der Produktion wichtiger Werkstoffe: Silizium und Titan

Aus Abb. 2.34 ist ersichtlich, dass Si und Ti aus ihren Oxiden SiO_2 bzw. TiO_2 nicht durch Reduktion mit C bei normalen, erreichbaren Temperaturen hergestellt werden können, hier müssen andere Verfahren zum Einsatz kommen, um diese wichtigen Elemente in reiner Form zu gewinnen.

Tab. 2.13 Benötigte thermodynamische Standarddaten zur Berechnung der Titan- und Silizium-Produktion

	$\Delta^f \overline{H}^0(298)/\text{kJ} \cdot \text{mol}^{-1}$	$\Delta^f \overline{G}^0(298)/\text{kJ} \cdot \text{mol}^{-1}$
O_2	0	0
$FeTiO_3$	- 1207,08	- 1125,80
TiO_2	- 944,75	- 899,49
Fe_2O_3	- 825,50	- 743,58
C	0	0
CO_2	- 393,52	- 394,40

- *Herstellung von Titan*

  Ausgangsverbindung ist meistens das Mineral $FeTiO_3$, aus dem zunächst TiO_2 gewonnen wird:

  $$2 \text{ FeTiO}_3 + \frac{1}{2}O_2 \rightleftharpoons \text{Fe}_2\text{O}_3 + 2\text{TiO}_2$$

  Wir berechnen die Standardreaktionsgrößen:

  $$\Delta_R\overline{G}^0(298) = \Delta^f\overline{G}^0_{Fe_2O_3}(298) + 2\Delta^f\overline{G}^0_{TiO_2}(298) - 2\Delta^f\overline{G}^0_{FeTiO_3}(298)$$

  $$\Delta_R\overline{H}^0(298) = \Delta^f\overline{H}^0_{Fe_2O_3}(298) + 2\Delta^f\overline{H}^0_{TiO_2}(298) - 2\Delta^f\overline{H}^0_{FeTiO_3}(298)$$

  Die notwendigen Daten aus Anhang A.3 sind in Tabelle 2.13 zusammengefasst.

  Wir setzen $\Delta_R\overline{C}_p \approx 0$ (diese Näherung ändert nichts Wesentliches am Ergebnis) und erhalten:

  $$\Delta_R\overline{G}^0(298) = -743,58 - 2 \cdot 899,49 + 2 \cdot 1125,08 = -292,4 \text{ kJ} \cdot \text{mol}^{-1}$$

  $$\Delta_R\overline{H}^0(298) = -825,50 - 2 \cdot 944,75 + 2 \cdot 1207,08 = -300,84 \text{ kJ} \cdot \text{mol}^{-1}$$

Tab. 2.14 $\Delta^f \overline{G}^0$ (298)-Werte von Mg, Ti und ihren Chloriden

	Mg	Ti	$TiCl_4$	$MgCl_2$
$\Delta^f\overline{G}^0(298)/kJ \cdot mol^{-1}$	0	0	- 737,33	- 641,62

Die Reaktion ist also grundsätzlich geeignet zur TiO_2-Gewinnung. Jedoch geht man in der Praxis von einem Gemisch aus $FeTiO_3$ und Kohlenstoff aus, wobei Eisen gleichzeitig zu metallischem Eisen reduziert wird:

$$FeTiO_3 + C + \frac{1}{2} O_2 \rightleftharpoons Fe + TiO_2 + CO_2$$

Hier gilt:

$$\Delta_R\overline{G}^0(298) = -899,49 - 394,40 + 1125,08 = -168,81 \text{ kJ} \cdot mol^{-1}$$

Der nächste Schritt zur Titanherstellung erfordert ein alternatives Verfahren, da eine Reduktion von TiO_2 mit Kohlenstoff erst bei $T > 4000$ K ablaufen würde (s. Abb. 2.34). Man geht in zwei Teilschritten vor:

$$
\begin{aligned}
TiO_2 + C + Cl_2 &\rightleftharpoons TiCl_4 + CO_2 \quad &\text{(I)} \\
TiCl_4 + 2Mg &\rightleftharpoons Ti + 2MgCl_2 \quad &\text{(II)}
\end{aligned}
$$

Mit den Daten aus Tabelle 2.14 ergibt sich für die Teilreaktionen (I) und (II):

$$\text{(I)} : \Delta_R\overline{G}^0(298) = -737,33 - 394,4 + 899,49 = -232,24 \text{ kJ} \cdot mol^{-1}$$

$$\text{(II)} : \Delta_R\overline{G}^0(298) = -2 \cdot 641,62 + 737,33 = -545,91 \text{ kJ} \cdot mol^{-1}$$

Beide Teilreaktionen laufen also ohne Probleme bei mäßigen Temperaturen vollständig ab, und damit auch die Bruttoreaktion:

$$TiO_2 + 2Mg + C + Cl_2 \rightarrow Ti + CO_2 + MgCl_2$$

$$\Delta_R\overline{G}^0(298) = -778,15 \text{ kJ} \cdot mol^{-1}$$

Aus $MgCl_2$ kann durch Schmelzflusselektrolyse wieder Mg und Cl_2 hergestellt werden.

- *Herstellung von Silizium*

Silizium ist in hochreiner Form heute von größter Bedeutung in der Halbleiterindustrie z. B. zum Bau von Photovoltaik-Anlagen. Es gibt zwei Verfahren, um Silizium aus SiO_2 zunächst als sog. metallurgisches Silizium herzustellen:

$$SiO_2 + 2Mg \rightarrow Si + 2MgO$$

Es gilt $\Delta^f\overline{G}^0(298) = -568,96$ kJ $\cdot mol^{-1}$ für MgO und $\Delta^f\overline{G}^0(298) = -856,88$ kJ $\cdot mol^{-1}$ für SiO_2 und somit für $\Delta_R\overline{G}^0(298) = -2 \cdot 568,96 + 856,88 = -281,04$ kJ $\cdot mol^{-1}$.

Die Reaktion läuft also spontan und vollständig bei mäßigen Temperaturen ab. Ähnliches gilt für Al statt Mg als Reduktionsmittel.

Die alternative, großtechnisch genutzte Herstellungsmethode ist die Reaktion eines Gemisches von SiO_2 und C in der Schmelze bei ca. 2100 K:

$$SiO_2 + 2C \rightleftharpoons 2CO + Si$$

Wir berechnen $\Delta_R \overline{G}^0$:

$$\Delta_R \overline{G}^0(2100) \cong \Delta_R \overline{H}^0(298) - \frac{T}{298}\left(\Delta_R \overline{H}^0(298) - \Delta_R \overline{G}^0(298)\right)$$

Mit

$$\Delta_R \overline{G}^0(298) = -2 \cdot 137,16 + 802,91 = 528,59 \text{ kJ} \cdot \text{mol}^{-1}$$

$$\Delta_R \overline{H}^0(298) = -2 \cdot 110,53 + 856,88 = 635,82 \text{ kJ} \cdot \text{mol}^{-1}$$

ergibt sich bei $T = 2100$ K mit $\Delta_R \overline{C}_p \approx 0$:

$$\Delta_R \overline{G}^0(2100) \cong 635,82 - \frac{2100}{298}(635,82 - 528,59) = -119,82 \text{ kJ} \cdot \text{mol}^{-1}$$

Die Reaktion läuft also bei 2100 K spontan ab.

Die hohe Temperatur wird in einer Hochtemperaturzelle erreicht durch die Ohm'sche Wärme des elektrischen Stromflusses über eine Kathode und Anode aus Graphit. Um jetzt hochreines Silizium aus metallurgischem Silizium zu gewinnen, wird $SiHCl_3$ aus $Si + Cl_2 + H_2$ hergestellt und mit H_2 über 1600 K heißes Silizium geleitet, das durch die Ohm'sche Wärme des elektrischen Stromflusses durch das Silizium erzeugt wird (s. Abb. 2.37).

Dabei finden folgende Teilreaktionen statt:

$$4\,SiHCl_3 + 2\,H_2 \rightleftharpoons 3\,Si + SiCl_4 + 8\,HCl$$
$$5\,SiCl_4 + 6\,H_2 \rightleftharpoons Si + 4\,SiHCl_3 + 8\,HCl$$

Das Silizium wird auf dem stromdurchflossenen Si-Stab abgeschieden.

Die Bruttoreaktion lautet:

$$SiCl_4 + 2\,H_2 \rightleftharpoons Si + 4\,HCl$$

Diese Reaktion muss bei ca. 1600 K eine negative freie Reaktionsenthalpie besitzen, wenn Si abgeschieden werden soll. Das wollen wir überprüfen. Dazu verwenden wir die Tab. A.3, Anhang A entnommenen Daten aus Tabelle 2.15.

Die Temperatur, bei der $\Delta_R \overline{G}^0(T) = 0$ gilt, ergibt sich aus

$$\Delta_R \overline{G}^0(T) = 0 \cong \Delta_R \overline{H}^0(298) - \frac{T}{298}\left(\Delta_R \overline{H}^0(298) - \Delta_R \overline{G}^0(298)\right)$$

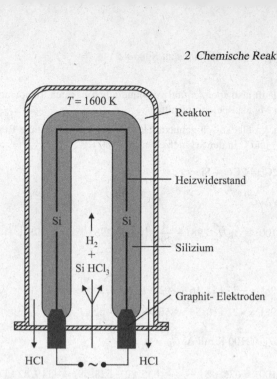

Abb. 2.37 Hochtemperaturzelle zur Abscheidung von Silizium aus einem $SiHCl_3 + H_2$-Gemisch.

Tab. 2.15 Standardbildungsgrößen für $SiCl_4$ und HCl

	$\Delta^f \overline{G}^0 (298)/kJ \cdot mol^{-1}$	$\Delta^f \overline{H}^0 (298)/kJ \cdot mol^{-1}$
$SiCl_4(g)$	- 617,38	- 657,31
HCl(g)	- 95,3	- 92,31

mit

$$\Delta_R \overline{H}^0 (298) = -4 \cdot 92,31 + 657,31 = 288,07 \, kJ \cdot mol^{-1}$$
$$\Delta_R \overline{G}^0 (298) = -4 \cdot 95,30 + 617,38 = 236,18 \, kJ \cdot mol^{-1}$$

Daraus folgt:

$$T = \frac{288,07 \cdot 298}{288,07 - 236,18} = 1654 \, K$$

Diese Temperatur liegt etwas höher als die Temperatur des Siliziumstabes (1600 K), damit das in der Gasreaktion aus $SiHCl_3$ und H_2 entstehende Si auch auf dem Stab abgeschieden wird. Durch unsere thermodynamischen Berechnungen wird also verständlich, warum die Temperatur auf ca. 1600 K gehalten werden muss. Wichtig ist, dass die Prozesstemperatur noch unterhalb der Schmelztemperatur von Silizium liegt (1688 K).

2.9.16 *Herstellung von hochreinem ZnO für grüne Leuchtdioden*

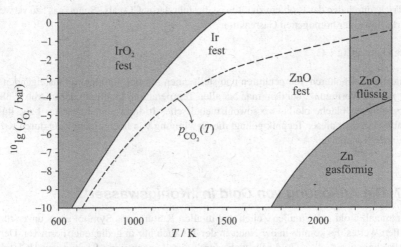

Abb. 2.38 Zerfallsdiagramme für IrO_2 und ZnO: $^{10}\lg(p_{O_2}/\text{bar})$ als Funktion von T. Die Schmelztemperatur von ZnO beträgt 1975 K. (nach: D. Klimm, D. Schulz, S. Ganschow, Spektrum der Wiss., 16 - 20 (2010))

Leuchtdioden als Lichtquellen stellen die Grundlage einer sehr effizienten Methode der modernen Beleuchtungstechnik dar, die nur 10 - 20 % der elektrischen Energie konventioneller Glühlampen verbraucht. Natürliches weißes Licht, das als angenehm empfunden wird, muss allerdings aus den Spektralfarben verschiedenen Leuchtdioden in geeigneter Mischung zusammengesetzt werden. Probleme bereiten vor allem Leuchtdioden mit grünem Licht, die einen wichtigen Bestandteil der spektralen Mischung darstellen, da das dafür bisher verfügbare Halbleitermaterial, z. B. Galliumnitrid, thermisch nicht stabil ist. Ein ideales Material ist Zinkoxid, das allerdings in hochreiner Form als Kristall zur Verfügung stehen muss. Hochreine Kristalle lassen sich durch langsames Abkühlen aus der Schmelze erzeugen. Dazu sind beim ZnO Temperaturen über 2000 K notwendig. Der Kristallisationsprozess muss in einem Tiegel stattfinden, der aus einem geeigneten festen Material besteht. Das Metall Iridium ist prinzipiell dazu geeignet. Es hat einen Schmelzpunkt von 2450 K, während z. B. Platin bei diesen Temperaturen bereits flüssig ist. Andere Stoffe, wie Graphit oder Wolfram, würden verbrennen, da bei Temperaturen $T > 2000$, wo ZnO flüssig ist, der O_2-Partialdruck zu hoch ist. Keramische Materialien scheiden ebenfalls aus, da sie sich mit ZnO zu Mischkristallen verbinden würden. In Abb. 2.38 sind die Zerfallsdiagramme

$$2ZnO \rightleftharpoons 2Zn + O_2 \qquad \text{bzw.} \qquad IrO_2 \rightleftharpoons Ir + O_2$$

dargestellt.

Man sieht, dass Ir bei niedrigeren Temperaturen, d. h. $T < 400$ K bei keinem erreichbaren O_2-Partialdruck stabil ist, d. h., bei Erhitzen eines Ir-Tiegels, der ZnO enthält, würde Ir verbrennen, längst, bevor ZnO überhaupt flüssig wird. Senkt man den O_2-Druck auf $p_{O_2} < 10^{-5}$ bar ab - das wäre bei hochreinem Ar als Schutzgas der Fall - erhält man bei $T > 500$ K zwar stabiles Iridium, aber bei hohen Temperaturen zersetzt sich ZnO, bevor es schmilzt.

Der Trick, durch den das Problem zu lösen ist, besteht darin, CO_2 als „Schutzgas" zu verwenden. CO_2 zerfällt in einer homogenen Gasreaktion

$$2CO_2 \rightleftharpoons 2CO + O_2$$

kontinuierlich bei höheren Temperaturen und stellt einen mit der Temperatur ansteigenden Partialdruck p_{O_2} zur Verfügung, bei dem man bei allen Temperaturen innerhalb der in Abb. 2.38 weiß gekennzeichneten Fläche bleibt, wo sowohl metallisches Iridium als auch festes bzw. flüssiges ZnO stabil sind. Mit dieser Technik gelingt die Gewinnung von hochreinem ZnO durch Kristallisation aus der Schmelze.

2.9.17 *Die Auflösung von Gold in „Königswasser"*

Das Edelmetall Gold galt zu allen Zeiten und in allen Kulturen als Symbol eines unzerstörbaren materiellen Wertes. Es kommt in der Natur in der Tat auch nur in gediegener Form vor. Der Chemiker allerdings weiß, dass Gold sehr wohl durch eine konzentrierte Lösung von HCl + HNO₃ im Verhältnis von ca. 4 : 1 aufgelöst werden kann, dem sog. „Königswasser". Warum das so ist, kann thermodynamisch begründet werden und beruht im Wesentlichen auf der Bildung eines stabilen $AuCl_4^-$-Komplexes in wässriger Lösung. Wir stellen die Stöchiometrie der „Königswasser"-Reaktion auf, ermitteln die freie Standardreaktionsenthalpie und wollen dann berechnen, wie viel Gold man in einer Lösung, die 4-molal an HCl und 1-molal an HNO₃ ist und 2 Liter Wasser enthält, auflösen kann, vorausgesetzt, das entstandene NO₂ hat denselben Partialdruck wie der Luftsauerstoff (0,2 bar). Es gilt:

$$Au(s) + NO_3^-(aq) + 4H^+(aq) + 4Cl^-(aq) \rightarrow AuCl_4^-(aq) + 2H_2O(fl) + NO(g)$$

$$NO(g) + \frac{1}{2}O_2(g) \rightarrow NO_2(g)$$

Die Bilanz lautet:

$$Au(s) + \frac{1}{2}O_2(g) + NO_3^-(aq) + 4H^+(aq) + 4Cl^-(aq) \rightarrow AuCl_4^-(aq) + 2H_2O(fl) + NO_2(g)$$

Die freien Bildungsenthalpien der Reaktionspartner im Standardzustand bei 298 K und 1 bar entnimmt man Tabelle A.3 in Anhang A. Daraus ergibt sich für die freie Reaktionsenthalpie im Standardzustand:

$$\Delta_R \overline{G}^0(298)/\text{kJ} \cdot \text{mol}^{-1} = -2 \cdot 237,19 - 235,1 + 51,24 - (-110,5 - 4 \cdot 137,17) = 0,94$$

und es gilt somit:

$$K = e^{-\Delta_R \overline{G}^0/R \cdot 298} \cong \frac{\widetilde{m}_{AuCl_4^-} \cdot p_{NO_2}}{\widetilde{m}_{NO_3^-} \cdot \widetilde{m}_{H^+}^4 \cdot \widetilde{m}_{Cl^-}^4 \cdot p_{O_2}^{1/2}} = 0,684 \, [\text{mol}^8 \cdot \text{kg}^{-8} \cdot \text{bar}^{-1/2}]$$

Die Aktivitäten von Au und von H_2O wurden gleich 1 gesetzt, Aktivitätskoeffizienten der gelösten Stoffe wurden in 1. Näherung gleich 1 gesetzt. Wir setzen ferner $4\widetilde{m}_{NO_3^-} = \widetilde{m}_{H^+} = \widetilde{m}_{Cl^-} = 1$ mol · kg^{-1} und $p_{O_2} = 0,2$ bar, sowie $p_{NO_2} = 0,2$ bar laut Aufgabenstellung. Dann erhält man:

$$\widetilde{m}_{AuCl_4^-} = 0,684 \cdot \frac{(0,2)^{1/2}}{4 \cdot 0,2} = 0,382 \text{ mol} \cdot \text{kg}^{-1}$$

In einer Königswasserlösung, die ca. 1 Liter (≈ 1 kg) Wasser enthält, können unter diesen Bedingungen ($M_{Au} = 196,97$ g · mol^{-1})

$$2 \cdot \widetilde{m}_{AuCl_4^-} = 0,382 \text{ mol Gold} = 0,382 \cdot 196,97 = 75 \text{ g Gold}$$

aufgelöst werden. Das ist allerdings nur ein geschätzter Wert, da die Aktivitätskoeffizienten der konzentrierten Lösung nicht berücksichtigt wurden.

2.9.18 *Adsorptionsisothermen und Adsorptionsenthalpien reiner Gase und Gasmischungen*

Die Adsorption von Gasen, Dämpfen oder gelösten Stoffen an festen Oberflächen spielt in der Natur und Technik eine bedeutende Rolle. Als Beispiele seien die aquatische Chemie genannt (Adsorption oder Ionentausch natürlicher Stoffe bzw. von Umweltchemikalien an Sedimenten), die Atmosphärenchemie (Aerosole, Rußbildung und Rußfilter), Gastrennverfahren (verschieden starke Adsorption von Gasmischungen an SiO_2, Zeolithen, modifiziertem Graphitpulver) und katalytische Prozesse, wo eine selektive Adsorption die erste Stufe eines chemischen Umsatzes an einer festen Oberfläche darstellt (heterogene Katalyse).

Als Adsorptionsisotherme bezeichnet man den Oberflächenbruchteil des Festkörpers ϑ, der mit adsorbierten Gasmolekülen besetzt ist, als Funktion des äußeren Gasdruckes bei gegebener Temperatur T.

Das Adsorptionsgleichgewicht lässt sich folgendermaßen ableiten. Wir betrachten die Oberfläche als 2-dimensionale Mischung zwischen adsorbierten Molekülen und leeren Plätzen. Das ist formal durchaus vernünftig, denn ein leerer Platz wird durch „Reaktion" mit einem Molekül in einen besetzten Platz umgewandelt. Wir bezeichnen mit μ_{i,ϑ_i} das chemische Potential eines adsorbierten Gasteilchens, mit $\mu_{i,1-\vartheta_1}$ das chemische Potential eines leeren Platzes auf der Oberfläche und mit μ_{i0} das chemische Potential des idealen Gases i. Dann gilt im Gleichgewicht:

$$\mu_{i,1-\vartheta_i} + \mu_{i,G} = \mu_{i,\vartheta_i}$$

oder:

$$\mu_{i,\vartheta_i=0}^0 + RT \ \ln \frac{c_{Si} - c_i}{c_{Si}} + \mu_{i,G}^0 + RT \ \ln \ p_i = \mu_{i,\vartheta_i=1}^0 + RT \ \ln \frac{c}{c_S}$$

wobei c_i die Oberflächenkonzentration und c_{Si} die entsprechende Sättigungskonzentration bedeuten. $c_{Si} - c_i$ ist also die Konzentration der leeren Plätze auf der Oberfläche. Dann folgt mit $c_i/c_{Si} = \vartheta_i$

$$\frac{\mu_{i,\vartheta=1}^0 - \mu_{i,G}^0 - \mu_{i,\vartheta=0}^0}{RT} = \ln \ K_{ad,i} = \ln p_i + \ln(1 - \vartheta_i) - \ln \vartheta_i$$

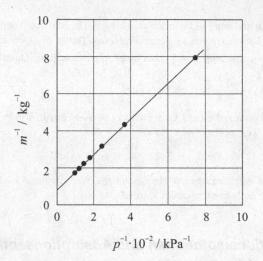

Abb. 2.39 Plot der Messdaten 1/m gegen 1/p für CO an Aktivkohle bei $T = 273$ K.

$\left(\mu_{i,\vartheta=0}^{0} - \mu_{i,\vartheta=1}^{0}\right)$ kann mit $\mu_{i,\text{ad}}^{\infty}$ identifiziert werden. Es ergibt sich also durch Auflösen nach ϑ_i:

$$\vartheta_i = \frac{K_{\text{ad},i} \cdot p_i}{K_{\text{ad},i} \cdot p_i + 1} \tag{2.133}$$

Gl. (2.133) ist die Langmuir-Gleichung, wenn wir in Gl. (2.77) die Konzentrationen durch Partialdrücke ersetzen. Das darf uns nicht wundern, denn die Zahl der Liganden taucht in Gl. (2.77) ja gar nicht auf und man kann sich das Makromolekül zu einer makroskopischen Oberfläche vergrößert vorstellen, auf der durch Adsorption gebundene Moleküle sitzen, die den Bruchteil ϑ der Oberfläche besetzen.

Es gibt Gleichungen für $\vartheta(p)$, die experimentelle Daten häufig noch besser beschreiben können (BET-Isotherme, Freundlich-Isotherme, Frumkin-Isotherme). Wir verzichten hier auf eine Darstellung, da das Grundsätzliche durch Gl. (2.133) gut beschrieben wird, solange der Druck p_i deutlich kleiner als der Sättigungsdampfdruck p_i^{sat} ist. Die Oberfläche eines Adsorbens (adsorbierender Festkörper) kann sehr groß sein, wenn die Festkörperteilchen genügend klein sind.

Nehmen wir beispielsweise an, dass die Festkörperteilchen einen Durchmesser d von 20 μm besitzen, die Dichte ϱ_{Ad} des Adsorbens 2000 kg $\cdot$ m^{-3} beträgt und die Teilchen ungefähr kugelförmig sind, ergibt sich für die Oberfläche A eines Materials von 100 g:

$$A = \frac{0,10 \cdot 6}{\varrho_{\text{Ad}} \cdot \pi \cdot d^3} \cdot \pi\, d^2 = 15\,\text{m}^2 \quad \text{pro 100 g Material}$$

Adsorptionsisothermen bestimmt man durch die Gewichtszunahme m eines Festkörperpulvers als Funktion des Gasdruckes, z. B. mit Hilfe einer Sorptionsfederwaage. Man erhält bei 273 K im Fall von CO an Aktivkohle folgende Messwerte:

p/kPa	13,3	26,7	40,0	53,3	66,7	80,0	93,3
m/kg	0,1258	0,2294	0,3145	0,3886	0,4550	0,5132	0,5687

Die maximale Masse, die das Adsorbens aufnehmen kann, bezeichnen wir mit m_{max}. Dann lässt sich schreiben:

$$\vartheta_i = \frac{m}{m_{max}}$$

und eingesetzt in Gl. (2.133) erhält man:

$$\frac{1}{m} = \frac{1}{m_{max}} + \frac{1}{K_{ad,i} \cdot m_{max}} \cdot \frac{1}{p_i}$$

Das ist eine Gerade für m^{-1} gegen p^{-1}. Man erhält aus dem Achsenabschnitt m_{max} und aus der Steigung den Wert von $K_{ad,i}$. Abb. 2.39 zeigt das Ergebnis. Der Plot ist linear, Gl. (2.133) ist also gültig. Es ergibt sich in SI-Einheiten: $m_{max} = 131,5$ kg und $K_{ad} = 7,3 \cdot 10^{-3}$ kPa^{-1}.

Die molare Adsorptionsenthalpie $\Delta \overline{H}_{ad,i} = \overline{H}_{ad,i} - \overline{H}_{Gas,i}$ lässt sich folgendermaßen ableiten. Wir gehen aus von Gl. (2.133), die umgeschrieben lautet:

$$K_{ad,i} \cdot p_i = \frac{\vartheta_i}{1 - \vartheta_i}$$

Logarithmieren und Differenzieren bei $\vartheta_i =$ const ergibt

$$\left(\frac{\partial \ln K_{ad,i}}{\partial T} \right)_{\vartheta_i = const} = - \left(\frac{\partial \ln p_i}{\partial T} \right)_{\vartheta_i = const}$$

Mit $\Delta \overline{G}_{ad,i} = \mu_{i,\vartheta=0}^0 + \mu_{i,G}^0 - \mu_{i,\vartheta=1}^0$ folgt:

$$\left(\frac{\partial \ln K_{ad,i}}{\partial T} \right)_{\vartheta} = \frac{\Delta \overline{G}_{ad,i}}{RT^2} - \frac{1}{RT} \left(\frac{\partial \Delta \overline{G}_{ad,i}}{\partial T} \right)_{\vartheta} = \frac{\Delta \overline{G}_{ad,i} + T \Delta \overline{S}_{ad,i}}{RT^2} = \frac{\Delta \overline{H}_{ad,i}}{RT^2}$$

$\Delta \overline{H}_{ad,i}$ heißt isostere ($\vartheta_i =$ const) Adsorptionsenthalpie.

Folgende Daten wurden bei $\vartheta = 0,091 =$ const von CO an Aktivkohle erhalten:

T/K	200	210	220	230	240	250
p/kPa	4,01	4,95	6,03	7,20	8,47	9,85

Unter der Annahme, dass in diesem Temperaturbereich $\Delta \overline{H}_{ad,i} =$ const ist, erhält man:

$$\frac{\partial \ln p}{\partial \left(\frac{1}{T} \right)} = + \frac{\Delta \overline{H}_{ad,i}}{R}$$

Auftragen von $\ln p$ gegen $1/T$ ergibt eine Gerade, aus deren Steigung sich für $\Delta \overline{H}_{ad,i}$ ergibt:

$$\Delta \overline{H}_{ad,i} = -7,52 \text{ kJ} \cdot \text{mol}^{-1}$$

Der Adsorptionsprozess ist also mit einer exothermen Enthalpieänderung verbunden, es wird Wärme frei. Für die molare Adsorptionsentropie $\Delta \overline{S}_{ad}$ erhält man

$$\Delta \overline{S}_{ad,i} = \frac{\Delta \overline{H}_{ad,i} - \Delta \overline{G}_{ad,i}}{T} = \frac{\Delta \overline{H}_{ad,i}}{T} + R \cdot \ln K_{ad,i} = \frac{\Delta \overline{H}_{ad,i}}{T} + R \cdot \ln \left[\frac{\vartheta_i}{1 - \vartheta_i} \cdot \frac{1}{p_i} \right]$$

Für $\vartheta = 0,091$ ergibt sich für alle Drücke $p(T)$ (in Pa) bei allen Temperaturen T (200 K - 250 K):

$$\Delta \overline{S}_{\text{ad},i} = -125,65 \text{ J} \cdot \text{mol}^{-1} \cdot \text{K}^{-1}$$

Auch $\Delta \overline{S}_{\text{ad},i}$ ist also negativ. Das deutet an, dass der adsorbierte Zustand eine höhere molekulare Ordnung hat als der gasförmige.

Wir wollen noch die Adsorptionsisotherme nach Langmuir für Gasmischungen mit k Komponenten ableiten ($i = 1, \ldots, k$). Wir bezeichnen den Bruchteil der Oberfläche, die *nicht* von Molekülen besetzt ist mit ϑ_0. Er ist proportional zur Zahl der freien Oberflächenplätze c_O pro Flächeneinheit. Für jede Komponente i gilt nun die Gleichgewichtsreaktion:

freier Oberflächenplatz + Gasmolekül $\rightleftharpoons$ besetzter Oberflächenplatz

Das Gleichgewicht lässt sich also mit der charakteristischen Gleichgewichtskonstante K_i für jede Komponente i formulieren:

$$K_i = \frac{c_i}{c_O \cdot p_i} = \frac{\vartheta_i}{\vartheta_O \cdot p_i}$$

Da $\vartheta_O = 1 - \sum_{i=1}^{k} \vartheta_i$ ist, folgt:

$$K_i \cdot p_i = \frac{\vartheta_i}{\left(1 - \sum_{i=1}^{k} \vartheta_i\right)}$$

Summation über $i = 1$ bis k ergibt:

$$\sum_{i=1}^{k} K_i \cdot p_i \left(1 - \sum_{i=1}^{k} \vartheta_i\right) = \sum_{i=1}^{k} \vartheta_i \quad \text{bzw.} \quad \sum_{i=1}^{k} K_i \cdot p_i = \sum_{i=1}^{k} \vartheta_i \left(1 + \sum_{i=1}^{k} K_i p_i\right)$$

Also gilt:

$$K_i \cdot p_i = \vartheta_i \left(1 + \sum_{i=1}^{k} K_i p_i\right)$$

Damit haben wir die Langmuir-Isotherme für die Komponente i in einer Gasmischung mit k Komponenten gefunden:

$$\vartheta_i = \frac{K_i p_i}{1 + \sum_{i=1}^{k} K_i p_i}$$

Wir wollen ein Beispiel betrachten. Eine ternäre Gasmischung mit dem Gesamtdruck 3 bar hat die Molenbrüche $y_1 = 0,4$, $y_2 = 0,5$, $y_3 = 0,1$. Die Werte für K_i mögen sein: $K_1 = 0,5$, $K_2 =$

1, $K_3 = 4$. Welche Werte haben ϑ_0, ϑ_1, ϑ_2 und ϑ_3? Man erhält:

$$\vartheta_1 = \frac{0,5 \cdot (0,4 \cdot 3)}{1 + 0,5 \cdot (0,4 \cdot 3) + 1 \cdot (0,5 \cdot 3) + 4 \cdot (0,1 \cdot 3)} = \frac{0,6}{4,3} = 0,1395,$$

$$\vartheta_2 = \frac{0,5 \cdot 3}{4,3} = 0,3488, \quad \vartheta_3 = \frac{4 \cdot 0,1 \cdot 3}{4,3} = 0,2791,$$

$$\vartheta_0 = 1 - \sum_{i=1}^{3} \vartheta_i = 1 - 0,7674 = \frac{1}{4,3} = 0,2326$$

77 % der Oberfläche sind besetzt, Komponente 3 ist im Vergleich zur Gasphase angereichert, die Komponenten 1 und 2 sind dagegen abgereichert.

2.9.19 *Vergiftung durch Kohlenmonoxid*

Der im Blut gelöste Sauerstoff ist weitgehend an Hämoglobin gebunden und wird in dieser Form durch den Blutkreislauf zu den Zellen transportiert, wo er umgesetzt wird und dadurch die lebenswichtigen Funktionen der Zellen aufrecht erhält. Ist zu wenig O_2 im Blut gelöst, bedingt durch eine zu niedrige O_2-Konzentration in der Atemluft, kann das rasch zur Bewusstlosigkeit und zum Erstickungstod führen. Eine Kohlenmonoxid-Vergiftung beruht darauf, dass eingeatmetes CO ebenfalls an Hämoglobin gebunden wird. Dadurch werden auch schon bei niedrigerer CO-Konzentration der Atemluft die O_2-Moleküle am Hämoglobin weitgehend verdrängt, da CO besser als O_2 an Hämoglobin bindet. Da die Zellen dadurch kaum noch mit O_2 versorgt werden, kommt es zu denselben Symptomen wie bei extremem Sauerstoffmangel in der Atemluft.

Wir wollen vereinfachend annehmen, dass die Bindung von O_2 bzw. CO an Hämoglobin der Langmuir-Gleichung (Gl. (2.77)) für Gasgemische gehorcht (s. Beispiel 2.9.18).

Wir nehmen an, dass man das Henry'sche Gesetz anwenden kann:

$$p_i = K_{H,i} \cdot x_i \approx K_{H,i} \cdot [L_i] \cdot \overline{V}_W \quad \text{mit} \quad [L_i] \cdot K_i = p_i \cdot K_i$$

mit dem Molvolumen $\overline{V}_W$ von Wasser. Damit ergeben sich die Endformeln:

$$\vartheta_{O_2} = \frac{(K_{O_2}/K_{H,O_2}) \cdot p_{O_2}}{(K_{O_2}/K_{H,O_2}) \cdot p_{O_2} + (K_{CO}/K_{H,CO}) \cdot p_{CO} + 1}$$

$$\vartheta_{CO} = \frac{(K_{CO}/K_{H,CO}) \cdot p_{CO}}{(K_{O_2}/K_{H,O_2}) \cdot p_{O_2} + (K_{CO}/K_{H,CO}) \cdot p_{CO} + 1}$$

Nehmen wir als Rechenbeispiel an, dass $K_{H,CO} \approx K_{H,O_2}$ ist und $K_{CO} = 10\,K_{O_2}$. Der Partialdruck von O_2 sei 0,2 bar, der von CO sei 0,01 bar. Wie viel der insgesamt am Hämoglobin besetzten Bindungsstellen sind von CO-Molekülen besetzt? Es gilt:

$$\frac{\vartheta_{O_2}}{\vartheta_{CO}} = \frac{0,2}{10 \cdot 0,01} = 0,2 \quad \text{bzw.} \quad \frac{\vartheta_{CO} \cdot 100}{\vartheta_{CO} + 0,2 \cdot \vartheta_{CO}} = 83,3 \,\%$$

Der prozentuale Anteil von gebundenem CO beträgt also über 80 % trotz des Partialdruckverhältnisses $p_{CO}/p_{O_2} = 0,05$. Das Rechenbeispiel demonstriert eindringlich die Gefahr, die auch von geringen Mengen CO in der Luft ausgeht: O_2 wird durch CO verdrängt, das kann zur Erstickung führen.

2.9.20 *Die Wasserstoffexplosion im Kernreaktor von Fukushima*

In Abb. 2.40 ist schematisch das Funktionsprinzip eines Siedewasserreaktors gezeigt, nach dem auch die Unglücksreaktoren in Fukushima in Japan arbeiteten. Im Speisewasserkreislauf wird kontinuierlich das Wasser im Reaktorkessel durch die Kernbrennstäbe erhitzt und verdampft. Die Energieabgabe der Brennstäbe kann durch die Moderatorstäbe gesteuert werden und damit auch die Leistung des Reaktors. Der heiße Dampf gelangt zur Turbine, die einen Stromgenerator antreibt. Der abgekühlte Dampf wird als flüssiges Wasser vom Kondensator über die Speisewasserpumpe in den Reaktorbehälter zurückgeführt und erneut erhitzt. Die Kühlung im Kondensator wird durch den Kühlwasserkreislauf aufrechterhalten, der nur thermisch, aber nicht materiell in Kontakt mit dem Speisewasserkreislauf steht, so dass keinerlei radioaktive Belastung des Kühlwassers bzw. des Flusswassers möglich ist - vorausgesetzt, alles funktioniert wie vorgesehen. Der Störfall in Fukushima, der sich zu einer Katastrophe ausweitete, wurde durch die 13 - 15 m hohen Tsunamiwellen des Seebebens am 11. März 2011 verursacht. Dabei kam es zum Ausfall der elektrischen Stromversorgung der Pumpen für den Speisewasser- und Kühlwasserkreislauf mit der Folge einer erheblichen Überhitzung des Wassers im Reaktorkessel.

Die Kernbrennstäbe besitzen eine Ummantelung, die aus dem Metall Zirkonium besteht (s. Abb. 2.40. Durch die Temperaturerhöhung kam es zu einer Reduktion von H_2O zu H_2-Gas gemäß der Reaktion:

$$Zr + 2H_2O \rightleftharpoons ZrO_2 + 2H_2$$

Oberhalb von ca. 1250 K werden merkliche Mengen an H_2 durch die Gleichgewichtseinstellung dieser Reaktion produziert. Da gleichzeitig der Druck im Reaktorkessel mit der Temperatur erheblich ansteigt, öffnete sich das Sicherheitsventil des Reaktionskessels und entließ den mit H_2 angereicherten H_2O-Dampf in den äußeren Reaktorbehälter (nicht gezeigt in Abb. 2.40), der Luft und somit auch O_2 enthält. Durch weiter steigende Temperaturen (bis 1800 K) wurde ständig mehr Dampf mit noch größeren Anteilen von H_2-Gas in den äußeren Behälter gedrückt. Dadurch entstand dort ein $H_2 + O_2$-Gemisch, das letztlich zur Explosion führte:

$$2H_2 + O_2 \rightarrow 2H_2O$$

Die Folge dieser Knallgasexplosion in den Reaktorblöcken in Fukushima war die spektakuläre Aufsprengung der äußeren Reaktorbehälter und die damit verbundene Kontaminierung der Umgebung mit hoch radioaktiv verseuchtem Wasser. Der entscheidende chemische Prozess war also die Bildung von H_2 aus H_2O und Zirkonium im überhitzten Reaktorkessel. Wir wollen hier quantitativ berechnen, welche Anteile von H_2O-Dampf als Funktion der Temperatur in H_2-Gas umgewandelt werden. Für die freie Reaktionsenthalpie $\Delta_R\overline{G}(T)$ der Reaktion $Zr + 2H_2O \rightleftharpoons ZrO_2 + 2H_2$ gilt nach Gl. (2.25):

$$\Delta_R\overline{G}(T) = \Delta_R\overline{H}(298) + \Delta_R C_p (T - 298) - T\Delta_R\overline{C}_p \cdot \ln(T/298)$$
$$- \frac{T}{298}\left(\Delta_R\overline{H}(298) - \Delta_R\overline{G}(298)\right)$$

Diese Gleichung ist (näherungsweise) gültig unter der Annahme, dass die Reaktionsmolwärme

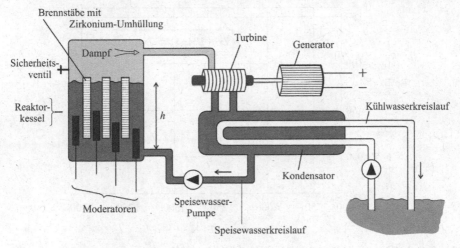

Abb. 2.40 Funktionsschema eines Siedewasserreaktors.

Tab. 2.16 Thermodynamische Daten für die ZrO_2-Bildung

	$\Delta^f \overline{G}(298)/\text{kJ} \cdot \text{mol}^{-1}$	$\Delta^f \overline{H}(298)/\text{kJ} \cdot \text{mol}^{-1}$	$\overline{C}_p(298)/\text{J} \cdot \text{mol}^{-1} \cdot \text{K}^{-1}$
Zr	0	0	3 R
ZrO_2	- 295,73	- 302,8	62
$H_2O(g)$	- 228,60	- 241,83	33,6
H_2	0	0	28,9

$\Delta_R \overline{C}_p$ temperaturunabhängig ist. Nun gilt ja (in $\text{kJ} \cdot \text{mol}^{-1}$):

$$\Delta_R \overline{G}(298) = \Delta^f \overline{G}_{ZrO_2}(298) + 2\Delta^f \overline{G}_{H_2}(298) - \Delta^f \overline{G}_{Zr}(298) - 2\Delta^f \overline{G}_{H_2O}(298) = 161,47$$

$$\Delta_R \overline{H}(298) = \Delta^f \overline{H}_{ZrO_2}(298) + 2\Delta^f \overline{H}_{H_2}(298) - \Delta^f \overline{H}_{Zr}(298) - 2\Delta^f \overline{H}_{H_2O}(298) = 180,86$$

$$\Delta_R \overline{C}_p(298) = \overline{C}_{p,ZrO_2} + 2\overline{C}_{p,H_2} - \overline{C}_{p,Zr} - 2\overline{C}_{p,H_2O} = 27,6 \, \text{J} \cdot \text{mol}^{-1}$$

Die Molwärmen und Standardbildungsgrößen der Reaktanden sind in Tabelle 2.16 zusammengefasst.

Für $\Delta_R \overline{G}(T)$ gilt damit nach Gl. (2.25) (in $\text{kJ} \cdot \text{mol}^{-1}$):

$$\Delta_R \overline{G}(T) = 180,86 + 27,6 \cdot 10^{-3}\,(T - 298) - T \cdot 27,6 \cdot 10^{-3} \cdot \ln \frac{T}{298} - \frac{T}{298} \cdot 19,39$$

Diese Funktion ist in Abb. 2.41 dargestellt. $\Delta_R \overline{G}(T)$ ist bei 298 K positiv und wechselt erst bei 1920 K das Vorzeichen.

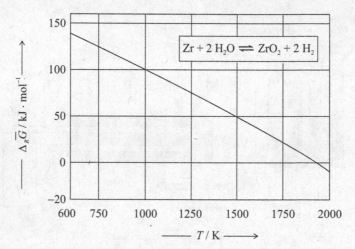

Abb. 2.41 $\Delta_R\overline{G}(T)$ für die Reaktion $Zr + 2H_2O \rightleftharpoons ZrO_2 + 2H_2$.

Die Gleichgewichtskonstante $K(T)$ dieser heterogenen Reaktion ist gegeben durch:

$$K(T) = \exp[-\Delta_R\overline{G}(T)/RT] = \frac{a_{ZrO_2}}{a_{Zr}} \cdot \left(\frac{y_{H_2}}{y_{H_2O}}\right)^2$$

Es gilt für die Aktivitäten $a_{ZrO_2} = a_{Zr} = 1$ bei allen Temperaturen. Also erhält man mit $y_{H_2O} = 1 - y_{H_2}$:

$$y_{H_2} = \frac{\exp[-\Delta_R\overline{G}(T)/2RT]}{1 + \exp[-\Delta_R\overline{G}(T)/2RT]}$$

mit folgenden Ergebnissen:

$100 \cdot y_{H_2}/\%$	0,23	2,5	12,7	27,6	50,0
T/K	1000	1250	1500	1700	1920

Man sieht, dass oberhalb von 1000 K geringe, bei 1500 K bereits merkliche Anteile des aus dem Reaktorkessel entweichenden Gases aus H_2 bestehen. Nimmt man an, dass die Reaktortemperatur auf 1700 K angestiegen sein könnte, dann besteht das Gas zu fast 30 % aus H_2 und seine Durchmischung mit der Luft muss zu einem explosiven Gemisch mit hoher Sprengkraft führen.

2.9.21 *Zwei Beispiele für kooperative und antikooperative molekulare Kettenassoziation*

In Abschnitt 2.7.3 hatten wir das lineare Assoziationsmodell

$$M_i + M_1 \underset{\rightleftharpoons}{\overset{K_{i+1}}{}} M_{i+1}$$

mit $K_i = K$ für alle Werte von $i = 1$ bis ∞ diskutiert. Dieser Fall ist jedoch selten realistisch. Wir wollen daher zwei erweiterte Modelle behandeln, die ein *kooperatives* Verhalten ($K_{i+1} > K_i$ für alle i) und ein *antikooperatives* ($K_{i+1} < K_i$ für alle i) zeigen.

Für das kooperative Modell soll gelten:

$$\frac{c_i}{c_1 \cdot c_{i-1}} = K_i = 2K \frac{i-1}{i} \quad (i \geq 2)$$

Man sieht, dass $K_2 = K$ ist, während $\lim_{i \to \infty} K_i = 2K$ ist. Um einen Zusammenhang zwischen der Gesamtkonzentration der assoziierenden Moleküle c_M und der Konzentration der in monomerer Form vorliegenden Moleküle c_1 zu finden, muss die Summe

$$c_M = \sum_{i=1}^{\infty} i \cdot c_i$$

berechnet werden. Man erhält durch sukzessives Einsetzen:

$$c_M = c_1 \left[1 + 2 \frac{(2K \cdot c_1)}{2} + \cdots i \frac{(2Kc_1)^{i-1}}{i} \cdots \right]$$
$$= c_1 \sum_{i=1}^{\infty} (2Kc_1)^{i-1} = c_1 \sum_{i=0}^{\infty} (2Kc_1)^i = \frac{c_1}{1 - (2Kc_1)}$$

Also gilt:

$$\frac{c_1}{c_M} = 1 - (2Kc_1) \quad \text{bzw.} \quad \frac{c_1}{c_M} = \frac{1}{1 + 2Kc_M} = \frac{1}{1 + 2z}$$

mit $z = c_M \cdot K$. Für die mittlere Kettenlänge $\langle i \rangle$ gilt:

$$\langle i \rangle = \frac{\sum_{i=1}^{\infty} i \cdot c_i}{\sum_{i=1}^{\infty} c_i} = \frac{c_M}{\sum_{i=1}^{\infty} c_i}$$

Wir berechnen:

$$\sum_{i=1}^{\infty} c_i = c_1 \sum_{i=1}^{\infty} \frac{(2Kc_1)^{i-1}}{i} = \frac{1}{2K} \sum_{i=1}^{\infty} \frac{(2Kc_1)^i}{i}$$

Das ist gerade die Reihenentwicklung von $\ln[1/(1 - 2Kc_1)]$. Also erhält man:

$$\sum_{i=1}^{\infty} c_i = \frac{1}{2K} \ln \frac{1}{1 - 2Kc_1} \quad (2Kc_1 < 1)$$

und somit

$$\langle i \rangle = c_M \cdot 2K / \ln [1/(1 - 2Kc_1)]$$
$$= 2 \cdot z / \ln[1 + 2z]$$

Für das antikooperative Modell soll gelten:

$$\frac{c_i}{c_1 \cdot c_{i-1}} K_i = 2K \cdot \frac{1}{i} \quad (i \geq 2)$$

Wir haben wieder zu berechnen:

$$\sum_{i=1}^{\infty} c_i = c_1 \left[1 + (2K) \cdot \frac{1}{2} c_1 + (2K) \frac{1}{2}(2K) \cdot \frac{1}{3} c_1^2 \cdots + (2K)^i \frac{c_1^i}{(i+1)!} \cdots \right] = c_1 \sum_{i=1}^{\infty} \frac{(2Kc_1)^{i-1}}{i!}$$

$$= \frac{1}{2K} \sum_{i=1}^{\infty} \frac{(2Kc_1)^i}{i!} = \frac{1}{2K} \left(e^{2Kc_1} - 1 \right)$$

denn die Summe ist gerade die Reihenentwicklung von $e^{2Kc_1} - 1$.

Ferner benötigen wir noch:

$$c_M = \sum_{i=1}^{\infty} i \cdot c_i = \sum_{i=1}^{\infty} i \cdot \frac{(2Kc_1)^{i-1}}{i!} = c_1 \sum_{i=1}^{\infty} \frac{(2Kc_1)^{i-1}}{(i-1)!} = c_1 \sum_{i=0}^{\infty} \frac{(2Kc_1)^i}{i!} = c_1 \cdot e^{2Kc_1}$$

Daraus folgt:

$$\left(\frac{c_1}{c_M} \right) = e^{-2Kc_1}$$

Aus dieser Gleichung muss (c_1/c_M) numerisch ermittelt werden. Wir erhalten für $\langle i \rangle$:

$$\langle i \rangle = \frac{\sum\limits_{i=1}^{\infty} i c_i}{\sum\limits_{i=1}^{\infty} c_i} = \frac{c_M \cdot 2K}{e^{2Kc_1} - 1}$$

Wir fassen diese Ergebnisse zusammen:

Kooperatives Modell $(K_i = 2K \cdot (i-1)/i)$

$$\boxed{\left(\frac{c_1}{c_M} \right) = \frac{1}{1+2z} \quad \text{und} \quad \langle i \rangle = \frac{2z}{\ln(1+2z)}} \quad (z = c_M \cdot K)$$

Antikooperatives Modell $(K_i = 2K/i)$

$$\boxed{\left(\frac{c_1}{c_M} \right) = \exp\left[-2z \left(\frac{c_1}{c_M} \right) \right] \quad \text{und} \quad \langle i \rangle = \frac{2z}{\exp\left[2z \left(\frac{c_1}{c_M} \right) \right] - 1}} \quad (z = c_M \cdot K)$$

In Abb. 2.42 sind die Ergebnisse für (c_1/c_M) bzw. $\langle i \rangle$ als Funktion von z aufgetragen. Auch der einfache Fall nach Gl. (2.86) bzw. (2.88) ist zum Vergleich nochmals gezeigt. Man sieht deutlich, dass c_1/c_M im kooperativen Fall rascher und im antikooperativen Fall langsamer als im einfachen Fall $(K_i = K)$ als Funktion von $z = c_M K$ abfällt. Die mittlere Kettenlänge $\langle i \rangle$ nimmt im kooperativen Fall rascher und im antikooperativen Fall langsamer als im einfachen Fall zu.

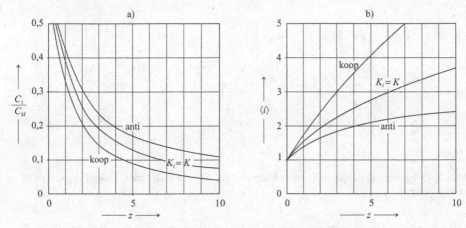

Abb. 2.42 a) (c_1/c_M) und b) die mittlere Kettenlänge $\langle i \rangle$ jeweils als Funktion von $z = c_M \cdot K$ mit $\langle i \rangle K_i = K$ (einfaches Modell), $K_i = 2K(i-1)/i$ (kooperatives Modell), $K_i = 2K/i$ (antikooperatives Modell).

2.9.22 Isomeriegleichgewichte in verschiedenen Lösemitteln

Für die in Abb. 2.43 dargestellten Isomeriegleichgewichte wurden in verschiedenen Lösemitteln in hoher Verdünnung die Gleichgewichtswerte des Konzentrationsverhältnisses $\widetilde{m}_A/\widetilde{m}_B$ gemessen. Die Ergebnisse sind in Tabelle 2.17 wiedergegeben.

Tab. 2.17 Gemessene Gleichgewichtskonstanten $K_c^\infty = \widetilde{m}_B/\widetilde{m}_A$ der Isomerisierung in verschiedenen Lösemitteln (21 °C) (nach: K. Dimroth, Annalen d. Chemie 373, 127 (1910))

Lösemittel	Methylester $K_c^\infty = \widetilde{m}_B/\widetilde{m}_A$	Ethylester $K_c^\infty = \widetilde{m}_B/\widetilde{m}_A$
$(C_2H_5)_2O$ (Dimethylether)	21,7	20,7
C_2H_5OH (Ethanol)	2,3	4,56
$C_6H_5CH_3$ (Toluol)	1,8	1,53
$C_6H_5NO_2$ (Nitrobenzol)	0,8	0,85
$CHCl_3$ (Chloroform)	0,32	0,36

Offensichtlich hängt die Gleichgewichtskonstante K_c^∞ ganz erheblich vom Lösemittel ab, d. h., die freien Standardreaktionsenthalpien $\Delta_R\overline{G}^\infty = \mu_B^\infty - \mu_A^\infty$ unterscheiden sich deutlich voneinander. Das lässt sich das mit den unterschiedlichen Löslichkeiten der Isomeren im jeweiligen

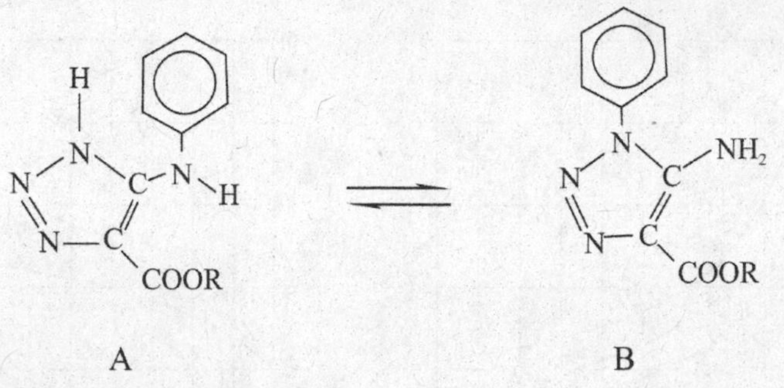

A   B

Abb. 2.43 Isomeriegleichgewicht eines Methylesters ($R = -CH_3$) bzw. eines Ethylesters ($R = -CH_2 - CH_3$).

Lösemittel erklären. Für die Sättigungskonzentrationen der beiden Isomere $\widetilde{m}_B^{sat}$ und $\widetilde{m}_A^{sat}$ gilt:

$$\mu_A^0 = \mu_A^\infty + RT \ln \widetilde{m}_A^{sat} \cdot \widetilde{\gamma}_A^{sat}$$
$$\mu_B^0 = \mu_B^\infty + RT \ln \widetilde{m}_B^{sat} \cdot \widetilde{\gamma}_B^{sat}$$

wobei μ_A^0 bzw. μ_B^0 jeweils die chemischen Potentiale im reinen festen Zustand bedeuten. Für das Isomeriegleichgewicht gilt:

$$\mu_A^\infty = RT \ln \widetilde{m}_A \cdot \widetilde{\gamma}_A = \mu_B^\infty + RT \ln \widetilde{m}_B \cdot \widetilde{\gamma}_B$$

Eliminierung von μ_A^∞ und μ_B^∞ mit Hilfe der beiden vorherigen Gleichungen ergibt:

$$\mu_A^0 + RT \cdot \ln \left(\widetilde{m}_A^{sat} \cdot \widetilde{\gamma}_A^{sat}/\widetilde{m}_A \cdot \widetilde{\gamma}_A \right) = \mu_B^0 + RT \cdot \ln \left(\widetilde{m}_B^{sat} \cdot \widetilde{\gamma}_B^{sat}/\widetilde{m}_B \cdot \widetilde{\gamma}_B \right)$$

Da die Löslichkeiten gering sind, kann $\widetilde{\gamma}_i \approx \widetilde{\gamma}_i^{sat}$ gesetzt werden, und man erhält:

$$-\frac{\mu_B^0 - \mu_A^0}{RT} = \ln \left[\frac{\widetilde{m}_B}{\widetilde{m}_B^{sat}} \cdot \frac{\widetilde{m}_A^{sat}}{\widetilde{m}_A} \right]$$

Da μ_B^0 und μ_A^0 bei gegebener Temperatur und Druck konstant sind, bedeutet das, dass die Größe

$$\frac{\widetilde{m}_B}{\widetilde{m}_A} \cdot \frac{\widetilde{m}_A^{sat}}{\widetilde{m}_B^{sat}} = K_c^\infty \cdot \frac{\widetilde{m}_A^{sat}}{\widetilde{m}_B^{sat}}$$

unabhängig vom Lösemittel für jeden der beiden Ester eine Konstante sein sollte. Es wurden unabhängig Werte von $\widetilde{m}_B^{sat}$ und $\widetilde{m}_A^{sat}$ gemessen. In Tabelle 2.18 sind diese Werte als $\widetilde{m}_B^{sat}/\widetilde{m}_A^{sat}$ angegeben.

Die Ergebnisse zeigen, dass tatsächlich die Werte $K_c^\infty \cdot \widetilde{m}_B^{sat}/\widetilde{m}_A^{sat}$ für jeden der beiden Ester in allen Lösemitteln ungefähr denselben Wert hat, für den Methylester im Mittel 0,35 und für den Ethylester 2,25.

Tab. 2.18 Löslichkeitsverhältnisse $\overline{m}_B^{sat}/\overline{m}_A^{sat}$ und die erhaltenen Werte für K_c^∞ aus Tabelle 2.17

Lösemittel	Methylester		Ethylester	
	$\overline{m}_B^{sat}/\overline{m}_A^{sat}$	$K_c^\infty \cdot \overline{m}_B^{sat}/\overline{m}_A^{sat}$	$\overline{m}_B^{sat}/\overline{m}_A^{sat}$	$K_c^\infty \cdot \overline{m}_B^{sat}/\overline{m}_A^{sat}$
$(C_2H_5)_2O$ (Dimethylether)	53,0	0,4	8,4	2,4
C_2H_5OH (Ethanol)	7,0	0,33	2,1	2,3
$C_6H_5CH_3$ (Toluol)	4,3	0,33	0,74	2,1
$C_6H_5NO_2$ (Nitrobenzol)	2,2	0,36	0,33	2,6
$CHCl_3$ (Chloroform)	1,1	0,32	0,19	1,9

2.9.23 Chemische Verschiebung des ^{1}H-NMR-Signals von OH-Protonen in Alkoholen. Das Alkohol-Thermometer in der NMR-Spektroskopie

Unter einem NMR-Alkohol-Thermometer (meist wird Methanol verwendet) versteht man eine mit Alkohol gefüllte und verschlossene Küvette, in der die Verschiebung des δ-Wertes der ^{1}H-Resonanz für die OH-Gruppe des Alkohols in Abhängigkeit der Temperatur gemessen wird. Nach geeigneter Kalibrierung steht somit ein Thermometer zur Verfügung, das ohne irgendwelche Eingriffe von außen die Temperatur in der NMR-Messzelle anzeigt. Die Grundlage dieser Temperaturmessung ist der Unterschied des δ-Signals eines Protons, das nicht an einer H-Brücke beteiligt ist zu dem Signal der Protonen von OH-Gruppen, die in H-Brücken der Alkohol-Assoziate eingebunden sind.

Da der Austausch von Protonen in freien OH-Gruppen zu gebundenen OH-Gruppen sehr schnell erfolgt und zwar i. d. R. mit einer Frequenz, die um ein Vielfaches höher ist als die Frequenz des NMR-Signals selbst, beobachtet man keine zwei getrennten Signale, sondern ein Signal als arithmetischen Mittelwert zwischen dem Protonensignal δ_F der freien OH-Gruppe und dem Signal δ_B der gebundenen OH-Gruppe (OH $\cdots$ O). Das gemessene Signal δ_0 (die sog. chemische Verschiebung) ist also im reinen Alkohol (Index 0):

$$\delta_A^0 = \overline{y}_F^0 \cdot \delta_F + \overline{y}_B^0 \cdot \delta_B$$

wobei $\overline{y}_F^0$ der Bruchteil der Protonen in den freien (Index F) bzw. $\overline{y}_B^0 = 1 - \overline{y}_F^0$ der in den gebundenen OH-Gruppen (Index B) bedeutet.

Mit Hilfe der in Abschnitt 2.7.3 dargestellten Methode zur Berechnung der Gleichgewichte der Kettenassoziationen von Alkohol-Molekülen lässt sich die Temperaturabhängigkeit von δ_A^0 berechnen. Dazu müssen allerdings neben der Assoziationskonstanten K die Werte von δ_F und δ_B bekannt sein. δ_B ist experimentell nicht zu bestimmen, man misst daher δ_0, also das Signal im reinen Alkohol, und löst zur Bestimmung von δ_B auf:

$$\delta_B = \frac{\delta_A^0 - \delta_F \overline{y}_F^0}{1 - \overline{y}_F^0} \tag{2.134}$$

Um δ_F zu ermitteln, betrachten wir eine Mischung des Alkohols mit einer unpolaren Flüssigkeit, wie z. B. Hexan, die nicht assoziiert. Dann gilt in dieser Mischung nach Gl. (2.134):

$$\delta_A = \widetilde{y}_F \cdot \delta_F + \widetilde{y}_B \cdot \delta_B \tag{2.135}$$

Hier ist δ_A jetzt die messbare chemische Verschiebung in der Mischung. $\widetilde{y}_F$ und $\widetilde{y}_B$ sind die entsprechenden Bruchteile. Misst man δ_A als Funktion der Alkoholkonzentration c_A, erhält man durch Extrapolation:

$$\lim_{c_A \to 0} \delta_M = \delta_F$$

da bei $c_A = 0$ $\widetilde{y}_B = 0$ und $\widetilde{y}_F = 1$ sein müssen. Mit der in Abschnitt 2.7.3 dargestellten Theorie der Kettenassoziation von Alkoholen kann $\widetilde{y}_F = 1 - \widetilde{y}_B$ nach Gl. (2.85) und Gl. (2.87) berechnet werden:

$$\widetilde{y}_F = \frac{\sum\limits_{i=1}^{\infty} c_i}{\sum\limits_{i=1}^{\infty} i \cdot c_i} = \frac{\sum\limits_{i=1}^{\infty} c_i}{c_A} = \frac{\dfrac{c_1}{1 - K \cdot c_1}}{\dfrac{c_1}{(1 - K \cdot c_1)^2}} = (1 - Kc_1) \tag{2.136}$$

Die Summen in Zähler und Nenner lassen sich leicht verstehen. Jedes Assoziat der Konzentration c_i enthält genau *eine* freie OH-Gruppe. Die Gesamtzahl aller OH-Gruppen ist identisch mit c_A, der Konzentration des Alkohols in der Mischung. Das Verhältnis von Zähler zu Nenner in Gl. (2.136) ist also gerade der Bruchteil $\widetilde{y}_F$ der freien OH-Gruppen in der Mischung. Im reinen Alkohol wird $\widetilde{y}_F = \widetilde{y}_F^0$, $c_1 = c_1^0$ und $c_A = c_A^0$. Mit diesen Bezeichnungen erhält man nun durch Einsetzen von δ_B aus Gl. (2.134) in Gl. (2.135) mit $\widetilde{y}_F$ bzw. $\widetilde{y}_F^0$ aus Gl. (2.136):

$$\delta_A = \delta_0 \frac{c_1}{c_1^0} + \delta_F \left(1 - \frac{c_1}{c_1^0}\right) \tag{2.137}$$

Nach Gl. (2.86) gilt für c_1:

$$c_1 = \frac{2Kc_A + 1 - \sqrt{4K \cdot c_A + 1}}{2K^2 \cdot c_A} \tag{2.138}$$

Entsprechendes gilt für c_1^0, wenn in Gl. (2.138) mit c_A^0 statt c_A (Konzentration des reinen Alkohols) gerechnet wird.

Wir führen den Volumenbruch Φ_A mit den Molvolumina $\overline{V}_A$ für den Alkohol und $\overline{V}_B$ für die inerte Komponente B ein:

$$\Phi_A = \frac{c_A}{c_A^0} = \frac{x_A \cdot \overline{V}_A}{x_A \cdot \overline{V}_A + (1 - x_A) \cdot \overline{V}_B} \quad \text{bzw.} \quad x_A = \frac{\Phi_A \cdot \left(\overline{V}_B/\overline{V}_A\right)}{\Phi_A \cdot \left(\overline{V}_B/\overline{V}_A\right) + (1 - \Phi_A)}$$

Nun lässt sich δ_A als Funktion von Φ_A bzw. x_A für $\delta_A = \widetilde{y}_F \cdot \delta_F + (1 - \widetilde{y}_F) \cdot \delta_B$ berechnen, wenn man Gl. (2.134) für δ_B einsetzt:

$$\delta_A = \widetilde{y}_F \cdot \delta_F + \frac{(1 - \widetilde{y}_F) \cdot \left(\delta_A^0 - \delta_F \cdot \widetilde{y}_F^0\right)}{1 - \widetilde{y}_F^0} \tag{2.139}$$

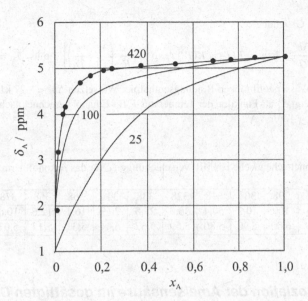

Abb. 2.44 ^{1}H-Protonensignalverschiebung δ_M als Funktion des Molenbruches x_A für verschiedene Werte von $(K \cdot c_A^0)$ und den Werten $\delta_F = 1$ ppm und $\delta_0 = 5,25$ ppm. Beispiel: Ethanol + Cyclohexan bei 298 K. Die durchgezogenen Kurven wurden mit den angegebenen werten für $(K - c_A^0)$ nach Gl. (2.137) mit c_{A1}/c_{A1}^0 nach Gl. (2.139) berechnet. Die Experimente ($\bullet$) werden mit $(K \cdot c_A^0) = 420$ optimal beschrieben.

Gl. (2.136) entnimmt man $\widetilde{y}_F = 1 - K \cdot c_1$ bzw. $\widetilde{y}_F^0 = 1 - K \cdot c_1^0$. Mit Hilfe von Gl. (2.138) erhält man die in Gl. (2.139) einzusetzenden Werte für $\widetilde{y}_F$ bzw. $\widetilde{y}_F^0$:

$$\widetilde{y}_F = \frac{\sqrt{4\left(K_A \cdot c_A^0\right) \cdot \Phi_A + 1} - 1}{2\left(K_A \cdot c_A^0\right) \cdot \Phi_A} \quad \text{bzw.} \quad \widetilde{y}_F^0 = \frac{\sqrt{4\left(K_A \cdot c_A^0\right) + 1} - 1}{2\left(K_A \cdot c_A^0\right)} \tag{2.140}$$

Aus den experimentellen Daten (s. Abb. 2.44) erhält man für Ethanol als Beispiel $\delta_A(x_A = 0) = \delta_F = 1,01$ und $\delta_A(x_A = 1) = \delta_A^0 = 5,25$. Gl. (2.139) lässt sich an die Experimente $\delta_A(x_A)$ durch geeignete Wahl der Parameter $(K_A \cdot c_A^0)$ anpassen. Der optimale Wert ist $(K_A \cdot c_A^0) = 420$. In Abb. 2.44 sind zum Vergleich auch andere Kurven mit $(K_A \cdot c_A^0) = 100$ und $(K_A \cdot c_A^0) = 25$ gezeigt, die alle deutlich flacher verlaufen.

Jetzt kommen wir zum Alkohol-NMR-Thermometer. Hier gilt im reinen Alkohol, wenn wir bedenken, dass δ_B temperaturunabhängig ist und wir für Gl. (2.134) $T = 298$ K wählen:

$$\delta_A^0(T) = \delta_F \cdot \widetilde{y}_F^0(T) + \frac{\left(1 - \widetilde{y}_F^0(T)\right) \cdot \left(\delta_A^0(298) - \delta_F \cdot \widetilde{y}_F^0(298)\right)}{1 - \widetilde{y}_F^0(298)} \tag{2.141}$$

In Gl. (2.141) hängt $\widetilde{y}_F^0(T)$ über K von der Temperatur ab gemäß Gl. (2.140). Die Temperaturabhängigkeit von $c_A^0 = V_A^{0-1} = \varrho_A^0/M_A$ ist aus experimentellen Daten $\varrho_A^0(T)$ bekannt. Es gilt nach der van't Hoff'schen Gleichung:

$$\frac{d \ln K}{dT} = \frac{\Delta h^*}{RT^2} \quad \text{bzw.} \quad K(T) = K(T_0) \cdot \exp\left[-\frac{\Delta h^*}{R}\left(\frac{1}{T} - \frac{1}{T_0}\right)\right] \quad \text{mit} \quad T_0 = 298\,K$$

Hier ist Δh^* die Wasserstoffbrücken-Bindungsenthalpie. Wir setzen $\Delta h^* = -27\,kJ \cdot mol^{-1}$.

Tabelle 2.19 zeigt δ_A^0 als Funktion der Temperatur T für Ethanol berechnet nach Gl. (2.141) mit $K(T_0) = K(298) = 420/c : A^0$.

Tab. 2.19 Berechnete chemische HNMR-Verschiebungen δ für das Alkoholthermometer.

T	288	298	308	318	328	338	348	358	368	378	388
K	146	100	70,2	50,4	36,9	27,5	20,9	16,1	12,6	10,0	8,0
δ_0	6,09	6,00	5,90	5,80	5,69	5,57	5,44	5,31	5,17	5,03	4,89

2.9.24 *Dissoziation der Ameisensäure im gesättigten Dampf*

Die Dampfdruckkurve der Ameisensäure wird wesentlich durch das temperaturabhängige Dissoziationsgleichgewicht

$$(HCOOH)_2 \rightleftharpoons 2\,HCOOH$$

bestimmt. Das gilt für die flüssige wie die dampfförmige Phase. Wir wollen hier den Dissoziationsgrad der Ameisensäure in der Dampfphase als Funktion der Temperatur bzw. des Sättigungsdampfdruckes berechnen.

Die experimentellen Daten der Dampfdruckkurve lassen sich im Bereich von - 5 °C bis 110 °C sehr gut durch folgende Gleichung beschreiben (D. Ambrose and N. B. Ghiassee, J. Chem. Thermodyn. *19*, 500 - 519 (1987)):

$$\ln(p_{sat}/kPa) = A + B/(T + C) \tag{2.142}$$

mit $A = 15,4056$, $B = -3894,764$, $C = -13,0/K$. Für die Gasphase entnimmt man Anhang A, Tabelle A.4 die thermodynamischen Standardbildungsgrößen für die monomere (Index m) bzw. dimere (Index d) Ameisensäure in der Gasphase:

$$\Delta^f \overline{H}_m^0(298) = -362,63\,kJ \cdot mol^{-1}, \quad \Delta^f \overline{G}_m^0(298) = -335,72\,kJ \cdot mol^{-1}$$

$$\Delta^f \overline{H}_d^0(298) = -785,34\,kJ \cdot mol^{-1}, \quad \Delta^f \overline{G}_d^0(298) = -685,34\,kJ \cdot mol^{-1}$$

Damit lässt sich die Dissoziationskonstante K_p berechnen (x_m ist der Molenbruch des Monomeren in der Dampfphase):

$$K_p = \frac{p_m^2}{p_d} = p_{sat} \cdot \frac{x_m^2}{1 - x_m} = \exp\left[-\frac{\Delta_R \overline{G}}{RT}\right] = \exp\left[-\frac{2\Delta^f \overline{G}_m^0(T) - \Delta^f \overline{G}_d^0(T)}{RT} \cdot 10^3\right] \tag{2.143}$$

Tab. 2.20 Experimentelle Dampfdrücke p_{sat} von Ameisensäure und ihre dissoziativen Eigenschaften (s. Text)

T/K	273	298	313	333	353	373	383
p_{sat}/bar	0,0153	0,0570	0,113	0,254	0,520	0,982	1.315
$K_p(T) \cdot 10^3$	0,399	3,675	11,75	47,00	160,7	481,6	798,6
x_m	$4,17 \cdot 10^{-3}$	0,0364	0,0682	0,143	0,275	0,490	0,640
α_{Diss}	$2,09 \cdot 10^{-3}$	0,0185	0,0353	0,0770	0,159	0,325	0,470

p_{sat} ist dabei in bar einzusetzen.

Mit $\Delta^f \overline{G}_i^0(T) \cong \Delta^f \overline{H}^0(298) - T \cdot \left(\Delta^f \overline{H}^0(298) - \Delta^f \overline{G}^0(298) \right)$ erhält man mit den angegebenen Daten:

$$\Delta^f \overline{G}_m^0(T) = -362,63 - T(-362,63 + 335,72)/298 = -362,63 + T \cdot 0,090302 \text{ kJ} \cdot \text{mol}^{-1}$$

$$\Delta^f \overline{G}_d^0(T) = -785,34 - T(-785,34 + 685,34)/298 = -785,34 + T \cdot 0,33557 \text{ kJ} \cdot \text{mol}^{-1}$$

und somit für K_p:

$$K_p = \exp\left[-\frac{60,08 - 0,1550 \cdot T}{RT} \cdot 10^3 \right] = \exp\left[-\frac{7226}{T} + 18,642 \right]$$

Aus der quadratischen Gleichung nach Gl. (2.143)

$$x_m^2 + x_m \cdot \frac{K_p(T)}{p_{sat}(T)} - \frac{K_p(T)}{p_{sat}(T)} = 0$$

ergibt sich die Lösung für $x_m(T)$:

$$x_m(T) = -\frac{K_p(T)}{2 p_{sat}(T)} + \sqrt{\left(\frac{K_p(T)}{2 p_{sat}(T)} \right)^2 + \frac{K_p(T)}{p_{sat}(T)}}$$

$p_{sat}(T)$ wird nach Gl. (2.142) in bar berechnet. Damit erhalten wir die Ergebnisse in Tabelle 2.20, wo noch zusätzlich der Dissoziationsgrad $\alpha_{Diss} = p_m/(p_m + 2p_d) = x_m/(2 - x_m)$ angegeben ist.

Man sieht, dass bei 273 K im Dampf ca. 0,2 % der Ameisensäure in dissoziierter Form, also monomerer, vorliegen, während es bei 383 K schon 47 % sind.

Abb. 2.45 zeigt die Dampfdruckkurve der Ameisensäure $p_{sat}(T)$ sowie die Partialdrücke p_m und $p_d = p_{sat} - p_m$. Bis ca. 373 K ist $p_d > p_m$, ab 373 K ist $p_m > p_d$. p_d durchläuft bei ca. 376 K ein Maximum.

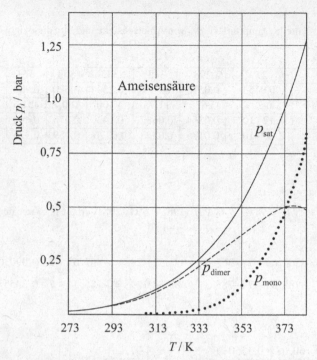

Abb. 2.45 Dampfdruck der Ameisensäure p_{sat} und die Partialdrücke der monomeren Säure $p_{monomer} = p_{sat} \cdot x_m$ und der dimeren Form $p_{dimer} = p_{sat}(1 - x_m)$.

2.10 Übungsaufgaben zu Kapitel 2

2.10.1 Die Reaktion SF$_6$ + 3 H$_2$O ⇌ SO$_3$ + 6 HF

Die Hydrolyse von SF_6 zu SO_3 und HF ist noch nie beobachtet worden. Die Mischung SF_6 + H_2O-Dampf ist chemisch völlig stabil. Zeigen Sie, dass dies lediglich an der starken kinetischen Hemmung der Reaktion liegt, da thermodynamisch gesehen die Reaktion vollständig zu SO_3+6HF ablaufen müsste.

Lösung:

Wir haben die freie Reaktionsenthalpie $\Delta_R \overline{G}(298)$ der Reaktion aus den freien Standardbildungsenthalpien $\Delta^f \overline{G}(298)$ zu berechnen. Ist $\Delta^f \overline{G}(298)$ deutlich negativ, läuft die Reaktion thermodynamisch betrachtet vollständig nach rechts ab. Die Werte von $\Delta^f \overline{G}(298)$ entnehmen wir Tabelle A.3 in Anhang A.3.

$$\Delta_R \overline{G}(298) = \Delta^f \overline{G}_{SO_3}(298) + 6\Delta^f \overline{G}_{HF}(298) - \Delta^f \overline{G}_{SF_6}(298) - 3\Delta^f \overline{G}_{H_2O}(298)$$

$$= -371,07 - 6 \cdot 274,64 + 1116,99 + 3 \cdot 228,6 = -216,12 \text{ kJ} \cdot \text{mol}^{-1}$$

Wenn wir H_2O als flüssiges Wasser (bei 1 bar) behandeln mit $\Delta^f\overline{G}_{H_2O}(298) = -237,19 \text{ kJ} \cdot \text{mol}^{-1}$, ergibt sich für $\Delta_R\overline{G}(298) = -216,12 + 25,77 = -190,35 \text{ kJ} \cdot \text{mol}^{-1}$.

$\Delta_R\overline{G}(298)$ ist also in jedem Fall stark negativ, das Reaktionsgleichgewicht liegt praktisch vollständig auf der Seite von $SO_3 + 6HF$.

2.10.2 Bestimmung von K_p und $\Delta_R\overline{G}^0$ für $H_2 + I_2 \rightleftharpoons 2\,HI$ aus Messdaten

Benutzen Sie die in Tabelle 2.21 angegebenen Partialdruckdaten zweiter Messreihen bei 731 K, um die Gleichgewichtskonstante K_p und die molare freie Reaktionsenthalpie $\Delta_R\overline{G}^0$ bei dieser Temperatur für die Gasreaktion

$$H_2 + I_2 \rightleftharpoons 2\,HI$$

zu berechnen.

Tab. 2.21 Messdaten zur HI-Bildungsreaktion

	$p(H_2)/\text{bar}$	$p(I_2)/\text{bar}$	$p(HI)/\text{bar}$
Reihe 1	0,27618	0,06438	0,9387
Reihe 2	0,10027	0,10306	0,7176

Rechnen Sie mit dem sich aus beiden Versuchsreihen ergebenden Mittelwert von K_p.
Lösung:
Mit $K_p = p_{HI}^2 / (p_{H_2} \cdot p_{I_2})$ ergibt

Reihe 1 für $K_p = 49,56$ und Reihe 2 für $K_p = 49,83$.

Also ist $\overline{K}_p = 49,7$ und $\Delta_R\overline{G}^0 = -R \cdot 731 \cdot \ln 49,7 = -23,74 \text{ kJ} \cdot \text{mol}^{-1}$.

2.10.3 Reaktive Mischungszusammensetzung bei der Ethanol-Synthese aus Ethylen und Wasser

Ethanol kann man mit einem geeigneten heterogenen Katalysator aus Ethen und H_2O herstellen. Es stellt sich ein Gleichgewicht ein:

$$C_2H_4 + H_2O \rightleftharpoons C_2H_5OH$$

Die Reaktion läuft in der Gasphase ab.
  Berechnen Sie unter der Annahme, dass man vor Einstellung des Gleichgewichtes von einer äquimolaren Mischung aus C_2H_4 und H_2O ausgeht, bei 298 K die Molenbrüche $x_{C_2H_4}$, x_{H_2O} und x_{EtOH} im Gleichgewicht bei

a) 1 bar   b) 2,5 bar.

Nehmen Sie an, dass das ideale Gasgesetz gültig ist.

Lösung:

Wir berechnen $\Delta_R \overline{G}(298)$ mit den Werten für $\Delta^f \overline{G}^0(298)$ aus Anhang A.3:

$$\Delta_R \overline{G}^0(298) = -168,62 + 228,6 - 68,12 = -8,14 \, \text{kJ} \cdot \text{mol}^{-1}$$

Das ergibt mit $T = 298 \, \text{K}$:

$$K_p = e^{-\Delta_R G^0 / RT} = 26,716 \, \text{bar}^{-1}$$

$$K_p = \frac{1 - 2y}{y^2} \cdot \frac{1}{p}; \quad y = \text{Molenbruch Ethylen oder } H_2O$$

$$(K \cdot p) \cdot y^2 + 2y - 1 = 0$$

$$y = -\frac{1}{K_p \cdot p} + \sqrt{\left(\frac{1}{K_p \cdot p}\right)^2 + \frac{1}{K_p \cdot p}}$$

a) $p = 1 \, \text{bar}$:

$$y_{H_2O} = y_{C_2H_4} = 0,1596, \quad y_{EtOH} = 0,6808$$

b) $p = 2,5 \, \text{bar}$:

$$y_{H_2O} = y_{C_2H_4} = 0,108, \quad y_{EtOH} = 0,784$$

Die Druckerhöhung verbessert die Ausbeute an Ethanol.

2.10.4 *Synthesegleichgewicht von HCN aus N_2 und C_2H_2 unter idealen und realen Bedingungen*

Wir wollen wissen, ob sich Blausäuregas aus Stickstoff und Azetylen bei höheren Temperaturen herstellen lässt entsprechend der Gleichung

$$N_2 + C_2H_2 \rightleftharpoons 2HCN$$

vorausgesetzt, ein geeigneter Katalysator ist vorhanden.

a) Berechnen Sie die freie Standardreaktionsenthalpien $\Delta_R \overline{G}^0$ bei 1000 K und 400 bar nach Gl. (2.24) unter Nutzung der Tabellenwerte in Anhang A.2 und A.3. Welchen Wert hat K_p^{id} bei 1000 K?

b) Berechnen Sie ausgehend von $n^0_{HCN} = 0$, $n^0_{N_2} = 1$ für N_2 und $n^0_{C_2H_2} = 1$ für C_2H_2 die Molenbrüche y_{N_2}, $y_{C_2H_2}$ und y_{HCN} bei 1000 K im chemischen Gleichgewicht für den Fall, dass das ideale Gasgesetz gültig ist.

c) Berechnen Sie auch y_{N_2}, $y_{C_2H_4}$ und y_{HCN} im chemischen Gleichgewicht bei 1000 K und $p = 400\,\text{bar}$ mit den Ausgangswerten $n^0_{N_2} = n^0_{C_2H_2} = 1$, $n^0_{HCN} = 0$ unter Berücksichtigung von Fugazitäten. Verwenden Sie Fugazitäten aus der Zustandsgleichung für reale Gase bis zum 2. Virialkoeffizienten nach der v. d. Waals-Gleichung. Beachten Sie dabei das Resultat der Aufgabe 1.20.7 und die Mischungsregel für a_M mit $a_{ij} = \sqrt{a_{ii} \cdot a_{jj}}$. Die v. d. Waals-Parameter b_i und a_i sind nach der v. d. Waals-Theorie aus kritischen Größen zu berechnen mit Hilfe der Daten in Anhang A.1.

Lösung:

a)

$$\Delta_R \overline{G}^0(298) = 2\Delta^f \overline{G}^0_{HCN}(298) - \Delta^f \overline{G}^0_{N_2}(298) - \Delta^f \overline{G}^0_{C_2H_2}(298)$$
$$= 2 \cdot 124,71 - 0 - 209,2 = 40,22\,\text{kJ} \cdot \text{mol}^{-1}$$
$$\Delta_R \overline{H}^0(298) = 2\Delta^f \overline{H}^0_{HCN}(298) - \Delta^f \overline{H}^0_{N_2}(298) - \Delta^f \overline{H}^0_{C_2H_2}(298)$$
$$= 2 \cdot 135,14 - 0 - 226,73 = 43,55\,\text{kJ} \cdot \text{mol}^{-1}$$

$$\Delta_R \overline{G}^0(1000) = 43,55 \cdot 10^3 + \int\limits_{298}^{1000} \left(2\overline{C}^0_{p,HCN} - \overline{C}^0_{p,N_2} - \overline{C}^0_{p,C_2H_2}\right) dT$$

$$- 1000 \int\limits_{298}^{1000} \frac{2\overline{C}^0_{p,HCN} - \overline{C}^0_{p,N_2} - \overline{C}^0_{p,C_2H_2}}{T} dT$$

$$- \frac{1000}{298} (43,55 - 40,22) \cdot 10^3$$

Es gilt:

$$\overline{C}_{p0,HCN}(T) = 24,995 + 42,710 \cdot 10^{-3} \cdot T - 18,062 \cdot 10^{-6} \cdot T^2\,\text{J} \cdot \text{mol}^{-1} \cdot \text{K}^{-1}$$
$$\overline{C}_{p0,N_2}(T) = 27,296 + 7,230 \cdot 10^{-3} \cdot T - 0,004 \cdot 10^{-6} \cdot T^2\,\text{J} \cdot \text{mol}^{-1} \cdot \text{K}^{-1}$$
$$\overline{C}_{p0,C_2H_2}(T) = 34,643 + 43,936 \cdot 10^{-3} \cdot T - 11,062 \cdot 10^{-6} \cdot T^2\,(\text{J} \cdot \text{mol}^{-1} \cdot \text{K}^{-1})$$

Einsetzen der Molwärmen und Integration ergibt:

$$\Delta_R \overline{G}^0(1000) = 26960\,\text{J} \cdot \text{mol}^{-1}, \quad K^{id}_p(1000) = \exp\left[-\Delta_R \overline{G}^0 / R \cdot 1000\right] = 0,03906$$

b) Es gilt $K^{id}_p(1000\text{K}) = \exp[-\Delta_R \overline{G}^0 / RT] = 0,03906$. Wir wenden die Methode der Reaktionslaufzahl an ($\nu_{N_2} = -1$, $\nu_{C_2H_2} = -1$, $\nu_{HCN} = 2$):

$$n_{N_2} = 1 - \xi, \quad n_{C_2H_2} = 1 - \xi, \quad n_{HCN} = 2\xi$$

Damit ergibt sich für die Molenbrüche:

$$y_{C_2H_2} = y_{N_2} = \frac{1 - \xi_e}{2\xi_e + 2(1 - \xi_e)} = \frac{1}{2}(1 - \xi_e)$$
$$y_{HCN} = \frac{2\xi_e}{2\xi_e + 2(1 - \xi_e)} = \xi_e$$

Für K_p^{id} gilt:

$$K_p^{\text{id}} = \frac{y_{\text{HCN}}^2}{y_{\text{N}_2} \cdot y_{\text{C}_2\text{H}_2}} = \frac{4\xi_e^2}{(1 - \xi_e)^2}$$

Aufgelöst nach ξ_e:

$$\xi_e = \frac{\sqrt{K_p^{\text{id}}/4}}{2 + \sqrt{K_p^{\text{id}}/4}} = 0,04708$$

Damit ergibt sich für die Molenbrüche im Gleichgewicht:

$$y_{\text{N}_2} = y_{\text{C}_2\text{H}_2} = 0,47645, \ y_{\text{HCN}} = 0,0471$$

Die Ausbeute an HCN ist also bescheiden. Die Zusammensetzung ist unabhängig vom Druck p.

c) Mit Hilfe der Lösung von Aufgabe 1.20.7 erhält man mit $a_{ij} = \sqrt{a_i \cdot a_j}$:

$$RT \ \ln \varphi_i = p \left[b_i - \frac{2}{RT} \ \sqrt{a_i} \sum_{j=1}^{k=3} x_j \sqrt{a_j} + \frac{1}{RT} \left(\sum_{j=1}^{k=3} x_j \sqrt{a_j} \right)^2 \right]$$

wobei j = N$_2$, C$_2$H$_2$, HCN gilt.

Für b_i und a_i ergibt sich (s. Tabelle A.1 und Abschnitt 1.6):

	T_c/K	p_c/bar	$b/\text{m}^3 \cdot \text{mol}^{-1}$	$a/\text{J} \cdot \text{m}^3 \cdot \text{mol}^{-2}$
N$_2$	126,2	33,90	$3,87 \cdot 10^{-5}$	0,1370
C$_2$H$_2$	308,6	62,15	$5,16 \cdot 10^{-5}$	0,4469
HCN	456,8	53,90	$8,81 \cdot 10^{-5}$	1,1291

Berechnet man $RT \ln \varphi_i$ nach der Formel für die angegebenen Parameter a und b, ergibt sich:

$$RT \ln \varphi_i = p \left[B \cdot 10^{-5} - \frac{A}{T} \left(x_{\text{N}_2} \cdot 0,370 + x_{\text{C}_2\text{H}_2} \cdot 0,670 + x_{\text{HCN}} \cdot 1,063 \right) \right.$$
$$\left. + \frac{0,12027}{T} \left(x_{\text{N}_2} \cdot 0,370 + x_{\text{C}_2\text{H}_2} \cdot 0,670 + x_{\text{HCN}} \cdot 1,063 \right)^2 \right]$$

Mit den Größen A und B:

	$A/\text{m}^3 \cdot \text{K} \cdot \text{mol}^{-1}$	$B/\text{m}^3 \cdot \text{K} \cdot \text{mol}^{-1}$
N$_2$	0,089	$3,87 \cdot 10^{-5}$
C$_2$H$_2$	0,1608	$5,16 \cdot 10^{-5}$
HCN	0,2556	$8,81 \cdot 10^{-5}$

Hier ist die Zusammensetzung nicht mehr unabhängig vom Druck. Um das Problem zu lösen, wenden wir ein iteratives Verfahren an.

Mit $p = 400 \cdot 10^5$ Pa und $T = 1000$ K berechnet man (s. Gl. 2.30):

$$0,03906 \cdot \frac{\varphi_{N_2} \cdot \varphi_{C_2H_2}}{\varphi_{HCN}^2} = K_p^{id} \cdot K_\varphi = K_p^{real}$$

und darum einen neuen Wert für ξ_e:

$$\xi_e = \frac{\sqrt{(K_p^{id} \cdot K_\varphi)/4}}{2 + \sqrt{(K_p^{id} \cdot K_\varphi)/4}}$$

und neue Molenbrüche $y_{N_2}, y_{C_2H_2}$ und y_{HCN}.

Mit den neuen Molenbrüchen berechnet man in zweiter Näherung $\varphi_{N_2}, \varphi_{C_2H_2}$ und φ_{HCN} und erneut ξ_e. Diese iterative Prozedur wird solange wiederholt, bis $K_p^{id} \cdot K_\varphi$ und damit alle y_i und alle φ_i konstant bleiben (3 Iterationsschritte genügen in diesem Fall). Das Resultat ist:

$$K_p^{id} \cdot K_\varphi = 0,03906 \cdot \frac{1,133 \cdot 0,998}{(0,9270)^2} = 0,0514$$

Daraus ergibt sich (Werte für ideale Gasmischung in Klammern):

$$\xi_e = 0,0541 \ (0,04708), \quad y_{N_2} = y_{C_2H_2} = 0,4713 \ (0,47645), \quad y_{HCN} = 0,0541 \ (0,0479)$$

Die Ausbeute an HCN bei 1000 K und 400 bar erhöht sich bei Berücksichtigung der Realität der Gasmischung nur geringfügig von $y_{HCN} = 0,0471$ nach 0,0541.

2.10.5 *Chemischer Zerfall von Ameisensäure*

Flüssige oder gelöste Ameisensäure HCOOH kann auf zwei Arten zerfallen:

$$HCOOH \rightleftharpoons CO + H_2O \qquad \text{(Reaktion I)}$$
$$HCOOH \rightleftharpoons CO_2 + H_2 \qquad \text{(Reaktion II)}$$

Es handelt sich also um zwei konkurrierende Gleichgewichtsreaktionen, die bei Anwesenheit geeigneter Katalysatoren zu einer gasförmigen Gleichgewichtsmischung von HCOOH, CO, H_2O, CO_2 und H_2 führen. Das System gilt als mögliche Quelle der H_2-Gewinnung aus nicht-fossilen, pflanzlichen Stoffen.

a) Berechnen Sie bei 1 bar und 298 K die Zusammensetzung der gasförmigen Mischung ausgehend von reiner Ameisensäure.

b) Überprüfen Sie, ob reine flüssige Ameisensäure in diesem Gleichgewicht vorliegen kann. *Angabe:* der Dampfdruck von HCOOH beträgt bei 298 K 0,057 bar. *Hinweis:* Gehen Sie aus von der Annahme, dass die Ameisensäure in der Gasmischung als monomere Spezies vorliegt und machen Sie von den Daten in Anhang A.3 Gebrauch. Bemerkung: Die Tatsache, dass auch dimere Ameisensäure in der Gasphase vorliegt, macht für die Berechnungen keinen Unterschied aus. Warum?

Lösung:

a) Wir berechnen aus den Daten der nachfolgenden Tabellenwerte für $\Delta^f \overline{G}^0(298)$ aus Anhang A.3 die freien Reaktionsenthalpien $\Delta_R \overline{G}$ (I) und $\Delta_R \overline{G}$ (II).

$\Delta^f \overline{G}(298)/kJ \cdot mol^{-1}$	- 335,72	- 137,16	- 228,6	- 394,4	0
Moleküle	HCOOH	CO	H_2O	CO_2	H_2

$$\Delta_R \overline{G}_I = \Delta^f \overline{G}_{CO}(298) + \Delta^f \overline{G}_{H_2O}(298) - \Delta^f \overline{G}_{HCOOH}(298) = -30,04 \text{ kJ} \cdot mol^{-1}$$

$$\Delta_R \overline{G}_{II} = \Delta^f \overline{G}_{CO_2}(298) + \Delta^f \overline{G}_{H_2}(298) - \Delta^f \overline{G}_{HCOOH}(298) = -58,68 \text{ kJ} \cdot mol^{-1}$$

Daraus folgt für die Gleichgewichtskonstanten mit dem Druck p in bar:

$$K_I = e^{-\Delta_R \overline{G}_I / R \cdot 298} = 1,842 \cdot 10^5 \text{ bar} = \frac{x_{CO} \cdot x_{H_2O}}{x_{HCOOH}} \cdot p$$

$$K_{II} = e^{-\Delta_R \overline{G}_{II} / R \cdot 298} = 1,929 \cdot 10^{10} \text{ bar} = \frac{x_{CO_2} \cdot x_{H_2}}{x_{HCOOH}} \cdot p$$

Die Zusammensetzung der gasförmigen Mischung berechnet sich folgendermaßen. Es gelten zunächst folgende Beziehungen für die Molenbrüche:

$$x_{CO} = x_{H_2O} \quad \text{und} \quad x_{CO_2} = x_{H_2}$$

Aus den Gleichungen für K_I und K_{II} folgt:

$$\frac{x_{CO} \cdot x_{H_2O}}{x_{CO_2} \cdot x_{H_2}} = \frac{K_I}{K_{II}} \quad \text{und somit} \quad \frac{x_{CO}}{x_{CO_2}} = \frac{x_{H_2O}}{x_{H_2}} = \sqrt{\frac{K_I}{K_{II}}} = k = 3,09 \cdot 10^{-3}$$

Mit der Bilanz:

$$x_{CO} + x_{CO_2} + x_{H_2O} + x_{H_2} + x_{HCOOH} = 1$$

ergibt sich nach Einsetzen in die obige Beziehung bei 1 bar:

$$2x_{H_2}(1 + k) = 1 - x_{HCOOH} = 1 - x_{H_2}^2 / K_{II} \approx 1,$$

da $x_{H_2}^2 / K_{II} < 10^{-10}$. Somit erhält man:

$$x_{H_2} \cong x_{CO_2} = \frac{1}{2} \frac{1}{1+k} = 0,498 \quad \text{und} \quad x_{CO} \cong x_{H_2O} = \frac{1}{2} \frac{1}{1+k} = 0,002$$

Es wird also im Gleichgewicht bevorzugt H_2 gebildet und fast kein CO. Das macht das System interessant für H_2-Produktion, wenn es gelingt, HCOOH aus biogenem Material zu gewinnen. Kürzlich wurde ein Katalysator gefunden (ein Eisenkomplex in Propylencarbonat bzw. THF als Lösemittel), der die erhaltenen Ergebnisse bestätigt (s. A. Boddien et al., Science 333, 1733 (2011)). Der Katalysator bewirkt eine fast reine Entstehung von H_2, der Anteil von CO beträgt 0,09 %. Wir schätzen noch den Wert von x_{HCOOH} ab:

$$x_{HCOOH} \approx x_{H_2}^2 / K_{II} = (0,498)^2 \cdot 10^{-10} / 1,929 = 1,28 \cdot 10^{-11}$$

Das ist völlig vernachlässigbar. Die Zerfallsreaktion der Ameisensäure liegt völlig auf der Produktseite der Reaktionen I und II.

b) Der Dampfdruck von Ameisensäure beträgt bei 298 K 0,057 bar, das sind 9 Größenordnungen mehr als $1,28 \cdot 10^{-11}$ bar. Flüssige Ameisensäure oder auch Ameisensäure in einem Lösemittel kann unter Gleichgewichtsbedingungen bei 298 K und 1 bar Gesamtdruck nicht vorliegen. Ob Ameisensäure als Dampf monomer oder dimer ist, spielt keine Rolle, da in K_I/K_{II} der Wert von $\Delta^f \overline{G}$ für Ameisensäure gar nicht mehr auftaucht.

2.10.6 Druckabhängigkeit und Reaktionsvolumen des Assoziationsgleichgewichtes von Dinitrophenol und Triethylamin in Chlorbenzol als Lösemittel

Im Abschnitt 2.5 wurde bei 298,15 K das Gleichgewicht DNP + TEA $\rightleftharpoons$ [DNP · TEA] in Lösung von Chlorbenzol untersucht. Messungen von $K_c(298\text{ K})$ bei verschiedenen Drücken ergeben folgende Werte (extrapoliert auf unendliche Verdünnung):

$K_c(298)/\text{cm}^3 \cdot \text{mol}^{-1}$	$1,445 \cdot 10^7$	$1,545 \cdot 10^7$	$1,77 \cdot 10^7$	$2,14 \cdot 10^7$
p/bar	1	200	600	1200

Ferner wurden bei 1 bar die molaren Exzessvolumina $\overline{V}^E$ von DNP + Chlorbenzol und TEA + Chlorbenzol gemessen:

$$\overline{V}^E = a \cdot x_{Chl}(1 - x_{Chl})$$

mit $a = 2,19\text{ cm}^3 \cdot \text{mol}^{-1}$ für DNP + Chlorbenzol und $a = 3,67\text{ cm}^3 \cdot \text{mol}^{-1}$ für TEA + Chlorbenzol. Weitere Angaben: die Kompressibilität von Chlorbenzol beträgt $\kappa_T = 7,12 \cdot 10^{-10}\text{ Pa}^{-1}$. Die Dichte von DNP ist $1,69\text{ g} \cdot \text{cm}^{-3}$, die von TEA ist $0,728\text{ g} \cdot \text{cm}^{-3}$.

Berechnen Sie das partielle molare Volumen $\overline{V}^\infty_{[DNP \cdot TEA]}$ des Komplexes [DNP · TEA].

Lösung:

Berechnung von $\overline{V}^\infty_i$ von DNP und TEA:

$$\overline{V}_i = \overline{V}^E - \left(\frac{\partial \overline{V}^E}{\partial x_{Chl}}\right) \cdot x_{Chl} + \overline{V}^0_i = a x^2_{Chl} + \overline{V}^0_i \quad \text{bzw.} \quad \overline{V}^\infty_i = \overline{V}^0_{i.} + a$$

Damit ergibt sich:

$$\overline{V}^\infty_{DNP} = a_{DNP} + \frac{M_{DNP}}{\varrho_{DNP}} = 139,23\text{ cm}^3 \cdot \text{mol}^{-1} = 1,392 \cdot 10^{-4}\text{ m}^3 \cdot \text{mol}^{-1}$$

$$\overline{V}^\infty_{TEA} = a_{TEA} + \frac{M_{TEA}}{\varrho_{DNP}} = 141,10\text{ cm}^3 \cdot \text{mol}^{-1} = 1,411 \cdot 10^{-4}\text{ m}^3 \cdot \text{mol}^{-1}$$

Aus den Daten der Tabelle ergibt sich als Mittelwert:

$$\left(\frac{\partial \ln K_c}{\partial p}\right)_T = 3,32 \cdot 10^{-9}\text{ Pa}^{-1}$$

und damit für das Reaktionsvolumen:

$$\Delta_R \overline{V}^\infty = RT \cdot \kappa_{T,a-\text{Benzol}} - RT \cdot \left(\frac{\partial \ln K_c}{\partial p}\right)_{298,x_{\text{Chl}}=1} = -6,46 \cdot 10^{-6} \, \text{m}^3 \cdot \text{mol}^{-1}$$

Damit ergibt sich:

$$\overline{V}_{\text{DNP·TEA}}^\infty = \Delta_R \overline{V}^\infty + \overline{V}_{\text{DNP}}^\infty + \overline{V}_{\text{TEA}}^\infty = (-6,46 + 139,23 + 141,1) \cdot 10^{-6} = 2,738 \cdot 10^{-4} \, \text{m}^3 \cdot \text{mol}^{-1}$$

$\overline{V}_{\text{DNP·TEA}}^\infty$ ist geringfügig kleiner als die Summe von $\overline{V}_{\text{DNP}}^\infty + \overline{V}_{\text{TEA}}^\infty$.

2.10.7 *Chemische Gleichgewichtszusammensetzung der 4 Isomere von* C_8H_{10} *in der Dampfphase*

Berechnen Sie die chemische Gleichgewichtszusammensetzung der 4 Isomere Ethylbenzol, o-Xylol, m-Xylol und p-Xylol in der Dampfphase über der flüssigen Gleichgewichtsmischung bei 298,15 K. Geben Sie den Gesamtdruck p an. Gehen Sie von den in Abschnitt 2.7.1, Tabelle 2.3 erhaltenen Ergebnissen aus und nehmen Sie ideale Verhältnisse für die Dampfphase an.

Lösung:

Es gilt für die Dampfphase:

$$p = p_{\text{EB}}^{\text{sat}} \cdot x_{\text{EB}} + p_{\text{o-X}}^{\text{sat}} \cdot x_{\text{o-X}} + p_{\text{m-X}}^{\text{sat}} \cdot x_{\text{m-X}} + p_{\text{p-X}}^{\text{sat}} \cdot x_{\text{p-X}}$$

Ferner gilt für die Molenbrüche y_i in der Dampfphase:

$$y_i = x_i \cdot p_i^{\text{sat}}/p$$

Die Molenbrüche x_i sind bekannt, aber die Sättigungsdampfdrücke müssen noch berechnet werden. Dazu benötigen wir die freien Standardbildungsenthalpien aller 4 Isomere bei 298 K im flüssigen und im gasförmigen Zustand. Der Sättigungsdampfdruck ergibt sich aus der Gleichheit der freien Enthalpien, wenn Sättigungsgleichgewicht herrschen soll:

$$\Delta^f \overline{G}^0(298, 1 \, \text{bar})(\text{flüssig}) = \Delta^f \overline{G}^0(298, 1 \, \text{bar})(\text{gas}) + RT \ln p^{\text{sat}}$$

Die entsprechenden Daten entnimmt man der Tabelle A.4 im Anhang A (alle Zahlen in kJ·mol^{-1}). Sie sind zusammen mit den daraus berechneten Dampfdrücken p_{sat} sowie den Gleichgewichtsmolenbrüchen x_i der flüssigen Phase aus Tabelle 2.3 in der folgenden Tabelle angegeben.

$\Delta^f \overline{G}^0$(298)(Flüssig)/kJ·mol^{-1}	119,70	110,33	107,65	110,08
$\Delta^f \overline{G}^0$(298)(Gas)/kJ·mol^{-1}	130,58	122,09	118,67	121,13
p_{sat}/bar	0,01241	0,00870	0,01173	0,01159
Molenbruch x_i (Tab. 2.3)	$4,49 \cdot 10^{-3}$	0,19691	0,58079	0,21781
Substanz	Ethylbenzol	o-Xylol	m-Xylol	p-Xylol

Die Ergebnisse für den Dampfdruck p der Mischung folgen dann aus obiger Gleichung und der Gesamtdruck p ergibt sich zu

$$p = 0,01241 \cdot 4,49 \cdot 10^{-3} + 0,00870 \cdot 0,19691$$
$$+ 0,01173 \cdot 0,58079 + 0,01159 \cdot 0,21781 = 0,011106 \text{ bar}$$

Für die Molenbrüche y_i der Dampfphase erhält man damit:

$$y_{EB} = 5,02 \cdot 10^{-3}, \quad y_{o-X} = 0,1542, \quad y_{m-X} = 0,6134 \quad \text{und} \quad y_{p-X} = 0,2273$$

Die Molenbrüche y_i sind nicht wesentlich verschieden von denen in der flüssigen Phase.

2.10.8 *Mittlere Kettenlänge von Benzylalkohol in Nitrobenzol aus Messungen der Gefrierpunktserniedrigung*

Es wurden folgende Daten der Gefrierpunktserniedrigung ΔT_{S2} von Benzylalkohol (1) in Nitrobenzol (2) gemessen.

$g/100g$ Nitrobenzol	1,577	2,694	4,120	5,762	7,396
$\Delta T_{S2}/K$	0,46	0,75	1,08	1,40	1,68

Berechnen Sie daraus die mittlere Kettenlänge $\langle i \rangle$ von Benzylalkohol und die Kettenassoziationskonstante K_c.

Angaben: Schmelztemperatur von Nitrolbenzol $T_{S2} = 278,85$ K. Molare Schmelzenthalpie $\Delta \overline{H}_{S2} = 11,572$ kJ $\cdot$ mol^{-1}, Molmasse: $123,11$ g $\cdot$ mol^{-1}.

Lösung:

Nach Gl. (1.136) gilt:

$$M_1 = \frac{m_1}{m_2} \cdot M_2 \cdot \frac{RT_{S2}^2}{\Delta \overline{H}_{S2}} \cdot \frac{1}{\Delta T_{S2}}$$

Einsetzen der Tabellenwerte ergibt mit $m_2 = 100$ g und $M_{\text{Benzylalkohol}} = 108$ g $\cdot$ mol^{-1}:

M_1	235	247	262	283	303
ΔT_{S2}	0,46	0,75	1,08	1,40	1,68
$M_1/108 = \langle i \rangle$	2,16	2,27	2,43	2,62	2,80

Die mittlere Kettenlänge $\langle i \rangle$ steigt mit der Konzentration an (s. Abb. 2.14).

2.10.9 *Verteilungsgleichgewicht eines assoziierenden Stoffes zwischen 2 flüssigen Phasen*

Eine schwache organische Säure A verteilt sich zwischen einer organischen Phase und Wasser. Beide Flüssigkeiten sind nicht mischbar. Die Säure assoziiert in der organischen Phase entsprechend

$$2A \rightleftharpoons A_2$$

$c_{TA}/\text{mol} \cdot \text{L}^{-1}$	0,1	0,075	0,05	0,025	0,01	0,0075	0,005
$10^3 \cdot c'_A/\text{mol} \cdot \text{L}^{-1}$	2,604	2,174	1,667	1,030	0,5102	0,4028	0,2847

$c_{TA}/\text{mol} \cdot \text{L}^{-1}$	0,0025	0,001
$10^3 \cdot c'_A/\text{mol} \cdot \text{L}^{-1}$	0,1527	0,0642

In der wässrigen Phase findet keine Assoziation und nur vernachlässigbare Dissoziation statt. Durch spektroskopische Messungen von A in der organischen Phase konnte die Assoziationskonstante

$$K_c = \frac{c_A}{c_{A_2}^2} = 5 \cdot 10^{-2}\, \text{L} \cdot \text{mol}^{-1}$$

ermittelt werden. Bestimmen Sie den Nernst'schen Verteilungskoeffizienten der Säure

$$K_N = \frac{c_A}{c'_A}$$

mit der molaren Konzentration c_A in der organischen Phase und c'_A in der wässrigen Phase für die monomeren Säuremoleküle aus folgenden Messergebnissen der totalen Konzentration c_{TA} von A in der organischen Phase und c'_A in der wässrigen Phasen.

Lösung:
  Es gilt in der organischen Phase die Bilanz:

$$c_{TA} = c_A + 2 \cdot c_{A_2}$$

Daraus folgt mit $c_A = K_c \cdot c_{A_2}^2$ die quadratische Gleichung:

$$c_A^2 + \frac{K_c}{2}c_A - \frac{K_c}{2} \cdot c_{TA} = 0$$

mit der Lösung:

$$c_A = \frac{K_c}{4}\left(\sqrt{1 + \frac{8c_{TA}}{K_c}} - 1 \right) \tag{2.144}$$

Der scheinbare, d. h. messbare Verteilungskoeffizient D ist folgendermaßen definiert:

$$D = \frac{c_{TA}}{c'_A} = \frac{c_A + 2 \cdot c_A^2/K_c}{c'_A}$$

D ist also verknüpft mit dem gesuchten, wahren Verteilungskoeffizienten K_N:

$$D = K_N + 2\frac{K_N}{K_c}c_A$$

Daraus folgt:

$$K_N = \frac{D}{1 + 2c_A/K_c}$$

Für $K_c \to \infty$ wird $D = K_N$, dann sind in beiden Phasen nur monomere Säuremoleküle vorhanden. Wir berechnen nun D aus den Werten der Messtabelle und c_A aus Gl. (2.144). Daraus ergeben sich Werte für K_N bei verschiedener Konzentration c_{TA} mit $K_c = 5 \cdot 10^{-2}$ L $\cdot$ mol^{-1} (c_{TA} und c_A in mol $\cdot$ L^{-1}).

c_{TA}	0,1	0,075	0,05	0,025	0,01	0,0075
D	38,4	34,5	30,0	24,27	19,60	18,62
c_A	0,0390	0,0326	0,025	0,0155	0,00766	0,00604
K_N	15,00	14,97	15,00	14,98	15,00	15,00

c_{TA}	0,005	0,0025	0,001
D	17,56	16,37	15,58
c_A	0,00427	0,00229	0,000963
K_N	15,00	15,00	15,00

Es ergibt sich für den wahren Verteilungskoeffizienten

$$K_N = \frac{c_A}{c'_A} = 15,$$

also ein Wert, der unabhängig vom messbaren Konzentrationsverhältnis D ist, wie es auch zu erwarten ist. Für $c_{TA} \to 0$ bzw. $c_A \to 0$ wird D gleich K_N.

2.10.10 Heterogenes chemisches Gleichgewicht mit Interhalogenverbindungen

150 g festes Jod (J_2) befinden sich in einem Glaskolben von 15 Liter Inhalt. In dem Kolben wird gasförmiges Cl_2 gegeben, bis der Druck 1 bar beträgt. Die Temperatur ist 298 K. Abb. 2.46 illustriert diesen Prozess.

a) Welche Zusammensetzung hat das Gasgemisch, wenn man das Gasgleichgewicht $J_2+Cl_2 \rightleftharpoons 2JCl$ berücksichtigt?

b) Wie groß ist der Gewichtsverlust von festem J_2 nach Zugabe von Cl_2?

Hinweis: Machen Sie Gebrauch von den Daten der Standardgrößen in Anhang A.3.

Lösung:

Die Standardgrößen $\Delta^f \overline{G}^0 (298)$ lauten:

	J_2(fest)	J_2(g)	Cl_2(g)	JCl(g)
$\Delta^f \overline{G}(298)/kJ \cdot mol^{-1}$	0	19,38	0	- 5,72

Wir berechnen zunächst K_p bei 298 K für die Reaktion:

$$J_2(g) + Cl_2(g) \rightleftharpoons 2JCl(g)$$

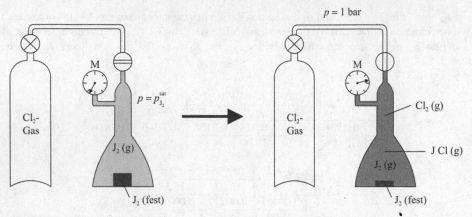

Abb. 2.46 Experimentelle Versuchsanordnung zu Aufgabe 2.10.10.

Man erhält:

$$R \cdot 298 \cdot \ln K_p = -\Delta_R \overline{G}^0 = -(-2 \cdot 5,72 - 19,38 - 0) = 30,82 \text{ kJ} \cdot \text{mol}$$

und somit:

$$K_p = 2,524 \cdot 10^5$$

Wir berechnen den Dampfdruck von J_2 bei 298 K:

$$p_{J_2}^{\text{sat}} = \exp\left[-\frac{\Delta^f \overline{G}_{J_2}^0(g) - \Delta^f \overline{G}_{J_2}^0(\text{fest})}{R \cdot 298}\right] = 4 \cdot 10^{-4} \text{ bar}$$

Es gilt die Bilanz:

$$p = p_{Cl_2} + p_{J_2}^{\text{sat}} + p_{JCl} = 1 \text{ bar}$$

Dann ergibt sich:

$$K_p = \frac{p_{JCl}^2}{p_{Cl_2} \cdot p_{J_2}^{\text{sat}}} = \frac{p_{JCl}^2}{\left(1 - p_{J_2}^{\text{sat}} - p_{JCl}\right) \cdot p_{J_2}^{\text{sat}}}$$

bzw:

$$p_{JCl}^2 + \left(K_p \cdot p_{J_2}^{\text{sat}}\right) \cdot p_{JCl} - K_p \left(1 - p_{J_2}^{\text{sat}}\right) \cdot p_{J_2}^{\text{sat}} = 0$$
$$p_{JCl}^2 + 100,96 \cdot p_{JCl} - 100,96 = 0$$

$$p_{JCl} = -\frac{100,96}{2} + \sqrt{\left(\frac{100,96}{2}\right)^2 + 100,96} = 0,990 \text{ bar}$$

a) Zusammensetzung der Gasmischung (Molenbrüche):

$$y_{JCl} = 0,990, \quad y_{Cl_2} = 9,3 \cdot 10^{-3}, \quad y_{J_2} = 4 \cdot 10^{-4}$$

b) Für den Verlust an festem J_2 gilt dann nach dem idealen Gasgesetz (p_{JCl} in Pa):

$$n_{J_2} = \frac{0,990 \cdot 10^5 \cdot 15 \cdot 10^{-3} \, m^3}{R \cdot 298 \, K} \cdot \frac{1}{2} = 0,2997 \, mol$$

$$= 2 \cdot 126,9 \cdot 0,2997 = 76 \, g \, J_2 \, \text{Gewichtsverlust}$$

Das sind ca. 50 % des ursprünglich vorhandenen festen Jods.

2.10.11 *Gekoppeltes Gleichgewicht: Dehydrierungsreaktionen in Alkangemischen*

Die stufenweise Abspaltung von Wasserstoff aus gesättigten Alkanen bei höheren Temperaturen gehört zu den wichtigen Prozessen der chemischen Verfahrenstechnik. Als Beispiel soll die gekoppelte Folgereaktion

$$C_2H_6 \; \overset{K_{p,1}}{\rightleftharpoons} \; C_2H_4 + H_2$$

$$C_2H_4 \; \overset{K_{p,2}}{\rightleftharpoons} \; C_2H_2 + H_2$$

untersucht werden. Es soll sich näherungsweise um ideale Gasgemische handeln. Berechnen Sie die reaktive Mischungszusammensetzung im Gleichgewicht als Funktion von T bei $p = 1$ bar. Verwenden Sie die in Anhang A.3 angegebenen Standardgrößen der Reaktanden. Gehen Sie aus von reinem Ethan (Molzahl $n^0_{C_2H_6}$) vor Beginn der Reaktion. Verwenden Sie die Methode der atomaren Bilanzen.
Lösung:
Nach dem MWG gilt zunächst:

$$\frac{K_1}{p} = \frac{y_{C_2H_4} \cdot y_{H_2}}{y_{C_2H_6}} \quad \text{und} \quad \frac{K_2}{p} = \frac{y_{C_2H_2} \cdot y_{H_2}}{y_{C_2H_4}}$$

Für die atomaren Bilanzen von C bzw. H gilt:

$$2n^0_{C_2H_6} = 2n_{C_2H_4} + 2n_{C_2H_2} + 2n_{C_2H_6} \qquad \text{(Kohlenstoffbilanz)}$$

$$6n^0_{C_2H_6} = 4n_{C_2H_4} + 2n_{C_2H_2} + 6n_{C_2H_6} + 2n_{H_2} \quad \text{(Wasserstoffbilanz)}$$

Die Kombination dieser beiden Gleichungen ergibt (Eliminierung von $n^0_{C_2H_6}$):

$$n_{H_2} = n_{C_2H_4} + 2n_{C_2H_2} \quad \text{bzw.} \quad y_{H_2} = y_{C_2H_4} + 2y_{C_2H_2} \qquad \text{(Atombilanz)}$$

Dazu kommt die Molenbruchbilanz:

$$y_{H_2} + y_{C_2H_2} + y_{C_2H_4} + y_{C_2H_6} = 1 \qquad \text{(Molenbruchbilanz)}$$

Tab. 2.22 Standardbildungsgrößen $\Delta^f\overline{G}^0$ und $\Delta^f\overline{H}^0$ in $kJ \cdot mol^{-1}$ und $\overline{C}_p$ in $kJ \cdot mol^{-1}$

	$\Delta^f\overline{G}^0$(298)	$\Delta^f\overline{H}^0$(298)	$\overline{C}_p^0$(298)
H_2	0	0	28,824
C_2H_6	- 32,89	- 84,68	52,63
C_2H_4	68,12	52,30	45,56
C_2H_2	209,20	226,73	43,90

In die Molenbruchbilanz setzen wir $y_{C_2H_2}$ aus der Atombilanz und $y_{C_2H_6}$ aus dem MWG mit K_1 ein ($p = 1$ bar):

$$y_{H_2} + y_{C_2H_4} + \frac{y_{H_2} - y_{C_2H_4}}{2} + \frac{y_{H_2}^2 \cdot y_{C_2H_4}}{K_1} = 1 \quad \text{oder} : \quad y_{C_2H_4} = \frac{2 - 3y_{H_2}}{1 + 2y_{H_2}/K_1} \tag{2.145}$$

Wir bilden den Kehrwert und multiplizieren mit y_{H_2}:

$$\frac{y_{H_2}}{y_{C_2H_4}} = \frac{y_{H_2}(1 + 2y_{H_2}/K_1)}{2 - 3y_{H_2}}$$

Das setzen wir in das MWG mit K_2 ein:

$$K_2 = y_{C_2H_2} \cdot \frac{y_{H_2}(1 + y_{H_2}/K_1)}{2 - 3y_{H_2}} \quad \text{oder} : \quad y_{C_2H_2} = K_2 \cdot \frac{2 - 3y_{H_2}}{y_{H_2}(1 + y_{H_2}/K_1)} \tag{2.146}$$

Wir setzen Gl. (2.145) und Gl. (2.146) gleich und erhalten eine kubische Gleichung zur Bestimmung von y_{H_2} ($p = 1$ bar):

$$\boxed{\; y_{H_2}^3 + 2K_1 \cdot y_{H_2}^2 + \frac{K_1}{2}(6K_2 - 2) \cdot y_{H_2} - 2K_1 \cdot K_2 = 0 \;} \tag{2.147}$$

Mit der Lösung von Gl. (2.147) für y_{H_2} lassen sich sofort die Molenbrüche der anderen Komponenten bei $p = 1$ bar angeben:

$$y_{C_2H_4} = \frac{2 - 3y_{H_2}}{1 + 2y_{H_2}/K_1} \qquad y_{C_2H_2} = \frac{y_{H_2} - y_{C_2H_4}}{2} \qquad y_{C_2H_6} = \frac{y_{H_2} \cdot y_{C_2H_4}}{K_1}$$

Zur Berechnung von K_1 und K_2 benötigen wir die Standardbildungswerte der Reaktionsteilnehmer (s. Anhang A.3), die in Tabelle 2.22 angegeben sind.

Daraus ergibt sich $K_1(T)$ und $K_2(T)$ bei $p = 1$ bar:

$$K_1(T) = \exp\left[-\left(\Delta^f\overline{G}_{C_2H_4}^0(T) + \Delta^f\overline{G}_{H_2}^0(T) - \Delta^f\overline{G}_{C_2H_6}^0(T)\right)/RT\right] = \exp\left[-\frac{\Delta_R\overline{G}_1(T)}{RT}\right]$$

sowie

$$K_2(T) = \exp\left[-\left(\Delta^f\overline{G}_{C_2H_2}^0(T) + \Delta^f\overline{G}_{H_2}^0(T) - \Delta^f\overline{G}_{C_2H_4}^0(T)\right)/RT\right] = \exp\left[-\frac{\Delta_R\overline{G}_2(T)}{RT}\right]$$

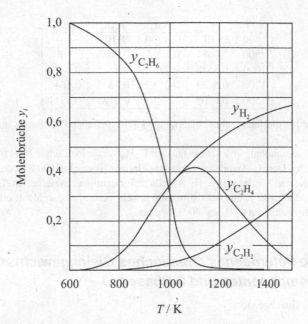

Abb. 2.47 Molenbrüche $y_i(i = C_2H_6, C_2H_4, C_2H_2, H_2)$ der Gleichgewichtszusammensetzung für die gekoppelten Reaktionen $C_2H_6 \rightleftharpoons C_2H_4 + H_2$ und $C_2H_4 \rightleftharpoons C_2H_2 + H_2$ als Funktion der Temperatur bei $p = 1$ bar. Für $T \to \infty$ wird (hypothetisch) $y_{H_2} = 2/3$ und $y_{C_2H_2} = 1/3$.

wobei $\Delta^f \overline{G}_i^0(T)$ nach Gl. (2.25) mit den Daten aus Tabelle 2.22 berechnet wurde:

$$\Delta_f \overline{G}_i^0(T) = \Delta_f \overline{H}^0(298) + \overline{C}_{p_i}(T - 298) - T \cdot \overline{C}_{p_i}(298)\ln(T/298)$$
$$- \frac{T}{298}\left(\Delta_f \overline{H}_i^0(298) - \Delta_f \overline{G}_i^0(298)\right)$$

Man erhält die folgenden Resultate für $\Delta_f \overline{G}^0(T)$ in kJ $\cdot$ mol^{-1}, K_1 und K_2 in bar^{-1}.

T/K	$\Delta^f \overline{G}_{C_2H_4}^0$	$\Delta^f \overline{G}_{H_2}^0$	$\Delta^f \overline{G}_{C_2H_6}^0$	$\Delta^f \overline{G}_{C_2H_2}^0$	K_1	K_2
600	79,01	- 3,40	13,61	186,26	$4,00 \cdot 10^{-6}$	$9,10 \cdot 10^{-10}$
800	82,22	- 8,31	39,20	167,03	$5,42 \cdot 10^{-3}$	$1,01 \cdot 10^{-5}$
1000	83,23	- 14,66	62,34	145,57	0,472	$3,23 \cdot 10^{-3}$
1200	82,48	- 22,18	83,37	122,35	10,10	0,170
1500	78,71	- 35,23	111,68	83,64	237,07	11,34

Mit den abgeleiteten Bestimmungsgleichungen (eingerahmte Gleichungen) für $y_{H_2}, y_{C_2H_6}, y_{C_2H_4}, y_{C_2H_2}$ erhält man die folgenden Resultate.

T	y_{H_2}	$y_{C_2H_6}$	$y_{C_2H_4}$	$y_{C_2H_2}$
600	$2 \cdot 10^{-3}$	0,9960	$2 \cdot 10^{-3}$	~ 0
800	0,0684	0,8632	0,0684	~ 0
1000	0,3638	0,2752	0,3571	0,0039
1200	0,5433	0,0179	0,3342	0,1046
1500	0,6605	~ 0	0,0184	0,3211

Die Ergebnisse für die temperaturabhängigen Molenbrüche sind nochmals in Abb. 2.47 graphisch dargestellt.

Bei Temperaturen unterhalb 700 K liegt fast nur C_2H_6 vor, jedoch schon bei 1100 K ist der Anteil von C_2H_6 gering. Der H_2-Anteil steigt von sehr kleinen Werten bei 600 K kontinuierlich an auf ca. 2/3 bei 1500 K, der Anstieg des C_2H_2-Anteils steigt deutlich langsamer an. Der Molenbruch von C_2H_4 ist unterhalb 800 K und oberhalb 1500 K sehr gering, er durchläuft ein Maximum bei etwa 1100, wo der Anteil von C_2H_4 ca. 40 % beträgt.

2.10.12 *Eine heterogenes chemisches Gleichgewichtssystem mit 4 Komponenten und 3 Phasen*

Geben Sie für das Gleichgewicht:

$$\frac{1}{2} Fe_2O_3(f) + SO_2(g) + \frac{1}{4} O_2(g) \rightleftharpoons FeSO_4(f)$$

die Zahl der Freiheitsgrade f an und berechnen sie die freie Reaktionsenthalpie $\Delta_R \overline{G}^0$ bei 298 K. Auf welcher Seite liegt das Gleichgewicht?
Lösung:

$$f = k - s + 2 - r = 4 - 3 + 2 - 1 = 2$$

Die beiden Freiheitsgrade sind: einer der beiden Molenbrüche y_{SO_2} oder y_{O_2} sowie T oder p. Es gilt bei $T = 298$ K:

$$\Delta_R \overline{G}^0 = \Delta^f \overline{G}^0_{FeSO_4} - \Delta^f \overline{G}^0_{SO_2} - \frac{1}{2}\Delta^f \overline{G}^0_{Fe_2O_3} - \frac{1}{4}\Delta^f \overline{G}^0_{O_2}$$

$$= -820,8 + 300,16 + \frac{743,58}{2} = 148,85 \, kJ \cdot mol^{-1}.$$

das Gleichgewicht liegt ganz auf der linken Seite.

2.10.13 *Dampfdruckkurve und Dissoziation von Ammoniumchlorid und Ammoniumjodid*

In der folgenden Tabelle sind experimentelle Dampfdruckdaten von festem Ammoniumchlorid im Bereich von 523 - 623 K angegeben (S. J. E. Callanou and N. D. Smith, J. Chem. Thermodyn., *3*, 531 (1971)).

Tab. 2.23 Dampfdruckdaten von NH_4Cl (fest)

T/K	523,5	560,0	573,4	593,5	608,6	623,7
p_{sat}/bar	0,06515	0,19118	0,3538	0,6330	0,9486	1,4172

Folgende Gleichgewichte liegen vor:

$$NH_4Cl(\text{fest}) \rightleftharpoons NH_4Cl \text{ (gas)} \rightleftharpoons NH_3 \text{ (gas)} + HCl \text{ (gas)}$$

Berechnen Sie den Partialdampfdruck von p_{NH_4Cl} in der Dampfphase und den Dissoziationsgrad α_{NH_4Cl} als Funktion der Temperatur. Es gilt:

$$\alpha_{NH_4Cl} = \frac{p_{NH_3} + p_{HCl}}{2p_{NH_4Cl} + p_{NH_3} + p_{HCl}} \tag{2.148}$$

α_{NH_4Cl} ist also der Bruchteil der NH_4Cl-Moleküle, die in Form von $NH_3 + HCl$ vorliegen. Für die Berechnungen werden folgende, Tabelle A.3 im Anhang entnommene thermodynamische Standardgrößen benötigt:

Tab. 2.24 Standardbildungsgrößen des NH_4Cl-Systems

Standardgröße	NH_4Cl	NH_3 (gas)	HCl (gas)
$\Delta^f \overline{G}^0$ (298)/kJ $\cdot$ mol^{-1}	- 203,89	16,38	- 95,30
$\Delta^f \overline{H}^0$ (298)/kJ $\cdot$ mol^{-1}	- 315,39	- 45,90	- 92,31
$\overline{C}_p$ (298)/J $\cdot$ mol^{-1} $\cdot$ K^{-1}	84	35	29

Lösung:
Das System hat 3 Komponenten, 2 Phasen und eine chemische Gleichgewichtsbedingung. Nach dem Phasengesetz Gl. (1.42) gilt für die Zahl f der Freiheitsgrade:

$$f = k + 2 - s - r = 3 + 2 - 2 - 1 = 2$$

Die Freiheitsgrade sind die Temperatur und einer der Partialdrücke p_{NH_3} oder p_{HCl}. Beim Dampfdruck von reinem NH_4Cl muss $p_{NH_3} = p_{HCl}$ sein, die Zahl der effektiven Komponenten ist daher nur 2 und die Zahl der Freiheitsgrade ist $f = 1$, das ist die Temperatur. Die thermodynamischen Gleichgewichtsbedingungen lauten:

$$\mu^0_{NH_4Cl, \text{ fest}} = \mu^0_{NH_4Cl, \text{ gas}} + RT \ln p_{NH_4Cl} = \mu^0_{NH_3, \text{ gas}} + \mu^0_{HCl, \text{ gas}} + RT \ln (p_{NH_3} \cdot p_{HCl})$$

Daraus lässt sich sofort der Partialdampfdruck $p_{NH_3} = p_{HCl}$ ableiten:

$$p_{NH_3} = p_{HCl} = \exp\left[-\frac{\mu^0_{HCl} + \mu^0_{NH_3} - \mu^0_{NH_4Cl, \text{ fest}}}{2 \cdot RT}\right] = \exp\left[-\frac{\Delta\mu^0}{2 \cdot RT}\right] \tag{2.149}$$

Es gilt die Identität:

$$\Delta\mu^0(T) = \mu^0_{HCl} + \mu^0_{NH_3} - \mu^0_{NH_4Cl, \, fest} = \Delta^f\overline{G}_{HCl}(T) + \Delta^f\overline{G}_{NH_3}(T) - \Delta^f\overline{G}_{NH_4Cl, \, fest} = \Delta_R\overline{G}(T)$$

sodass nach Gl. (2.25) gilt:

$$\Delta_R\overline{G}(T) = \Delta_R\overline{H}(298) + \Delta_R C_p(T - 298) - T\left[\frac{\Delta_R\overline{H}(298) - \Delta_R\overline{G}(298)}{298} + \Delta C_p \ln \frac{T}{298}\right]$$

wobei sich mit Hilfe der Standardbildungsgrößen aus Tabelle 2.24 ergibt:

$$\Delta_R\overline{G}(298) = 16,38 - 95,30 + 203,89 = 124,97 \, kJ \cdot mol^{-1}$$

$$\Delta_R\overline{H}(298) = -45,91 - 92,31 + 315,39 = 177,17 \, kJ \cdot mol^{-1}$$

$$\Delta_R C_p = 35 + 29 - 84 = -20 \, J \cdot mol^{-1} \cdot K^{-1}$$

Somit lautet die Endformel für $\Delta\mu^0(T) = \Delta_R\overline{G}(T)$:

$$\Delta_R\overline{G}(T) = 177,17 \cdot 10^3 - 20(T - 298) - T \cdot 10^3 \cdot \left[0,17517 - 20 \cdot 10^{-3} \cdot \ln \frac{T}{298}\right] \, in \, J \cdot mol^{-1}$$

Berechnete Ergebnisse zeigt Tabelle 2.25. $p_{NH_3} = p_{HCl}$ werden aus Gl. (2.149) erhalten mit $\Delta\mu^0(T) = \Delta_R\overline{G}(T)$ aus Tab. 2.25. Für p_{NH_4Cl} gilt: $p_{NH_4Cl} = p_{sat} - p_{NH_3} - p_{HCl} \cdot \alpha_{NH_4Cl}$ wurde mit Gl. (2.148) berechnet.

Tab. 2.25 Reaktionsgrößen in der NH_4Cl-Dampfphase

$\Delta_R\overline{G}(T)/J \cdot mol^{-1}$	$86,86 \cdot 10^3$	$80,90 \cdot 10^3$	$78,72 \cdot 10^3$	$75,47 \cdot 10^3$
$p_{NH_3} = p_{HCl}$/bar	$4,64 \cdot 10^{-5}$	$1,68 \cdot 10^{-4}$	$2,60 \cdot 10^{-4}$	$4,78 \cdot 10^{-4}$
p_{NH_4Cl}/bar	0,06505	0,1908	0,3533	0,6320
$100 \cdot \alpha_{NH_4Cl}$/%	0,071	0,088	0,074	0,076
T/K	523,5	560,0	573,4	593,5

$\Delta_R\overline{G}(T)/J \cdot mol^{-1}$	$73,04 \cdot 10^3$	$70,61 \cdot 10^3$
$p_{NH_3} = p_{HCl}$/bar	$7,34 \cdot 10^{-4}$	$1,10 \cdot 10^{-3}$
p_{NH_4Cl}/bar	0,9471	1,415
$100 \cdot \alpha_{NH_4Cl}$/%	0,077	0,078
T/K	608,6	623,7

Man sieht, dass im gesamten Temperaturbereich nur 0,07 bis 0,08 % der gasförmigen NH_4Cl-Moleküle im dissoziierten Zustand als $NH_4 + HCl$ vorliegen. Das bedeutet, dass die mittlere Molmasse M des Dampfes praktisch identisch sein müsste mit $M_{NH_4Cl} = 0,0536 \, kg \cdot mol^{-1}$. Aus der Literatur (H. Wagner, K. Z. Neumann, Z. Phys. Chem. *28*, 51 (1961) sind Dampfdichtemessungen bekannt. Demnach ist die Dichte ϱ des gesättigten Dampfes von NH_4Cl bei einem Druck von

0,227 bar gleich $0,0138$ kg $\cdot$ m^{-3}. Bei diesem Druck beträgt die aus den Dampfdruckdaten unserer Tabelle interpolierte Temperatur 566 K. Daraus lässt sich die (mittlere) Molmasse des Dampfes berechnen:

$$M = \frac{p^{\text{sat}} \cdot \varrho}{RT} = \frac{0,227 \cdot 10^5 \cdot 0,0138}{R \cdot 566} = 0,0665 \text{ kg} \cdot \text{mol}^{-1}$$

Dieser Wert ist sogar größer als $M_{\text{NH}_4\text{Cl}}$. Wenn wir die Unsicherheit solcher Messungen auf 10 - 20 % abschätzen, entspricht das der Molmasse von NH_4Cl und deutet darauf hin, dass NH_4Cl in der Tat praktisch undissoziiert im Dampf zwischen 523 und 623 K vorliegt. Würde der Dampf ausschließlich aus $\text{NH}_3 + \text{HCl}$ bestehen, müsste die mittlere Molmasse $0,0535/2 = 0,02675$ kg $\cdot$ mol^{-1} betragen.

Ganz analog wie bei NH_4Cl behandeln wir NH_4I. Dampfdruckdaten von NH_4I enthält Tabelle 2.26.

Tab. 2.26 Dampfdruckdaten von NH_4I

T/K	591	619	633	646	657	667	675	682
p/bar	0,0853	0,2066	0,3173	0,4474	0,6038	0,7686	0,9360	1,107

Mit Hilfe der Standardgrößen in Tabelle 2.27 erhält man für das NH_4I-System:

Tab. 2.27 Standardbildungsgrößen des NH_4I-Systems

molare Standardgröße	NH_4I (fest)	NH_3 (g)	HI (g)
$\Delta^{\text{f}}\overline{G}^{0}$(298)/kJ $\cdot$ mol^{-1}	- 112,5	16,38	1,57
$\Delta^{\text{f}}\overline{H}^{0}$(298)/kJ $\cdot$ mol^{-1}	- 201,4	- 45,9	26,36
$\overline{C}_p$/J $\cdot$ mol^{-1} $\cdot$ K^{-1}	84*)	35	29

*) geschätzter Wert

$$\Delta_{\text{R}}\overline{G}(T) = \Delta\dot{\mu}^0(T) = 181,35 \cdot 10^3 - 20(T - 298) - T \cdot 10^3 \left[0,1724 - 20 \cdot 10^{-3} \cdot \ln \frac{T}{298} \right] \text{ in J} \cdot \text{mol}^{-1}$$

Tabelle 2.28 zeigt die Ergebnisse für NH_4I. Sie wurden in analoger Weise wie beim NH_4Cl-System erhalten.

Tab. 2.28 Reaktionsgrößen in der NH_4I-Dampfphase

$\Delta\mu^0/J \cdot mol^{-1}$	$81,83 \cdot 10^3$	$75,01 \cdot 10^3$	$71,20 \cdot 10^3$	$68,42 \cdot 10^3$	$67,29 \cdot 10^3$
p_{NH_3}/bar	$2,46 \cdot 10^{-4}$	$8,01 \cdot 10^{-4}$	$1,48 \cdot 10^{-3}$	$2,26 \cdot 10^{-3}$	$2,65 \cdot 10^{-3}$
p_{NH_4I}/bar	0,0848	0,3157	0,6008	0,9315	1,1017
$100 \cdot \alpha/\%$	0,289	0,252	0,246	0,242	0,240
T/K	591	633	657	675	682

Der Dissoziationsgrad α ist 3 - 4 mal größer als im Fall von NH_4Cl, aber immer noch sehr niedrig. $\overline{C}_p$ von NH_4I ist nicht bekannt. Wenn man $\overline{C}_{p_{NH_4I,fest}} = 94 \, J \cdot mol^{-1} \cdot K^{-1}$ (also $\Delta\overline{C}_p = -30 \, J \cdot mol^{-1} \cdot K^{-1}$) oder $\overline{C}_{p_{NH_4I}} = 64 \, J \cdot mol^{-1} \cdot K^{-1}$ (also $\Delta\overline{C}_p = 0$) setzt, ändert sich nichts Wesentliches. Man erhält dann für den temperaturgemittelten Wert von α_{NH_4I} 0,21 % bzw. 0,37 %. Der Einfluss einer ungenauen Kenntnis von $\Delta\overline{C}_p$ ist also nicht allzu groß. Auf jeden Fall liegt auch NH_4I im Dampf fast ausschließlich in undissoziierter Form vor.

Es fällt auf, dass α sowohl für NH_4Cl wie auch für NH_4I über den gesamten Temperaturbereich praktisch unverändert bleibt. Das lässt sich anschaulich erklären: zwar steigt der Dissoziationsgrad mit der Temperatur bei konstantem Druck, da aber der Druck ebenfalls ansteigt, wird die Dissoziation dadurch wieder zurückgedrängt. Die beiden Effekte kompensieren sich gerade so, dass α ungefähr konstant bleibt.

2.10.14 *Bestimmung von* $\Delta_R\overline{G}$ *und* $\Delta_R\overline{H}$ *der Gasreaktion* $Br_2 + 2$ $NO \rightleftharpoons 2$ *NOBr aus Druckmessungen*

Die folgende Versuchsanordnung beschreibt ein Experiment, das es erlaubt, allein durch Messung des Gesamtdruckes des reaktiven Gasgemisches $Br_2 + 2NO \rightleftharpoons 2NOBr$ vor dem Zusammenmischen der Ausgangskomponenten Br_2 und NO und nach Vermischen und Einstellung des Gleichgewichtes die freie Reaktionsenthalpie $\Delta_R\overline{G}$ bei 298 K zu bestimmen. Durch Wiederholung derselben Prozedur bei 320 K lässt sich auch die Reaktionsenthalpie $\Delta_R\overline{H}$ bestimmen. Die Versuchsanordnung ist in Abb. 2.48 gezeigt.

Wir schildern einen Messvorgang: Zunächst werden bei 298 K die beiden Gase NO und Br_2 getrennt in die beiden gleichgroßen Kolben eingefüllt und die beiden Gasdrücke gemessen (M_1 bzw. M_2) mit den Resultaten $p_{Br_2}^{rechts} = 0,038736$ bar und $p_{NO}^{links} = 0,077472$ bar, also $p_{NO}^{links} = 2p_{NO}^{rechts}$. Das erlaubt uns, die virtuellen Partialdrücke der beiden Gase anzugeben, wie sie *nach* dem Durchmischen wären, wenn keine Reaktion einsetzt: $p_{Br_2}^0 = 0,038736/2 = 0,019368$ bar und $p_M^0 = 0,077472/2 = 0,038736$ bar. Der virtuelle Gesamtdruck $p = p_{Br_2} + p_{NO}$ ist also 0,0581 bar. Öffnet man das Ventil der getrennten Gase nun wirklich, kommt es zur Durchmischung, und es stellt sich gleichzeitig das chemische Gleichgewicht ein (Abb. 2.48, rechts). Der Druck im Gleichgewicht beträgt durch Messung mit M_1 und/oder M_2 $p_M = 0,04842$ bar, das ist weniger als 0,0581 bar und zeigt, dass die Reaktion teilweise nach rechts abgelaufen sein muss und bei 0,04842 bar den Gleichgewichtsdruck erreicht hat. Wiederholt man genau dieselbe Prozedur bei 320 K, erhält man

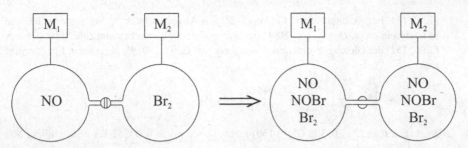

Abb. 2.48 Versuchsanordnung (schematisch) zur Messung von Reaktionsstandardgrößen der Gasreaktion $Br_2 + 2NO \rightleftharpoons 2NOBr$. Links: vor dem Mischen, rechts: nach dem Mischen; M_1, M_2: digitale Manometer.

folgende Messergebnisse:

$$p_{Br_2}^{rechts}(320) = p_{Br_2}^{rechts}(298) \cdot \frac{320}{298} = 0,04159 \text{ bar}$$

$$p_{NO}^{links}(320) = p_{NO}^{links}(298) \cdot \frac{320}{298} = 0,08319 \text{ bar}$$

Der Gesamtdruck nach Durchmischen, aber ohne Reaktion (virtueller Druck), beträgt dann:

$$p_M^0(320) = p_{Br_2}^0(320) + p_{NO}^0(320) = \frac{0,04159}{2} + \frac{0,08319}{2} = 0,0624 \text{ bar}$$

Die Druckmessung der gemischten Gase im chemischen Gleichgewicht beträgt nach Messung $p_M = 0,05518$ bar. Dieser Druck ist wiederum kleiner als $p_M^0(320) = 0,0624$ bar, was auch hier anzeigt, dass die Reaktion nach rechts bis ins Gleichgewicht unter Bildung von NOBr abgelaufen sein muss. Damit lassen sich folgende Fragen beantworten: a) wie groß ist $\Delta_R \overline{G}$ bzw. K_p bei 298 K? b) Wie groß ist $\Delta_R \overline{H}$ unter der Annahme, dass $\Delta_R \overline{H}$ im Bereich zwischen 298 K und 320 K konstant, also temperaturunabhängig ist? Man benötigt dazu keine Angaben von Standardbildungsgrößen $\Delta^f \overline{G}$ und $\Delta^f \overline{H}$ der Reaktionspartner.

Lösung:

a) Wir wenden Gl. (2.12) auf die Reaktion

$$Br_2 + 2NO \rightleftharpoons 2NOBr$$

an, setzen $n_{NO}^0 = 1 \text{ mol} = 2n_{Br_2}^0, n_{NOBr}^0 = 0$ und erhalten mit Gl. (2.12):

$$p_M \cdot K_p(298) = \frac{2\xi_e^2(3 - \xi_e)}{(1 - \xi_e)^2} \tag{2.150}$$

wobei ξ_e die Reaktionslaufzahl der Reaktion im chemischen Gleichgewicht bedeutet und p_M der Druck im Gleichgewicht. Wir benötigen noch eine weitere Beziehung zwischen dem virtuellen Gesamtdruck p_M^0 und dem tatsächlichen Druck p_M:

$$p_M = p_M^0 \left(1 - \frac{1}{3}\xi_e\right) \tag{2.151}$$

Gl. (2.151) besagt, dass bei $\xi = 1$ nur noch 2/3 aus Ausgangsdruck p_M^0 vorhanden wäre, wie es auch sein muss. Da $p_M^0 = 0,04842$ bar und $p_M = 0,0581$ bar bekannt sind, lässt sich aus Gl. (2.151) der Gleichgewichtswert ξ_e und dann aus Gl. (2.150) K_p berechnen. Für ξ_e ergibt sich:

$$\xi_e = 3\left(1 - \frac{p_M}{p_M^0}\right) = 3\left(1 - \frac{0,04842}{0,0581}\right) = 0,50$$

Jetzt setzt man $\xi_e = 0,5$ in Gl. (2.150) rechts sowie $p_M = 0,04842$ bar links ein und löst nach $K_p(298)$ auf:

$$K_p = \frac{1}{0,04842} \cdot \frac{2 \cdot 0,5^2(3 - 0,5)}{(1 - 0,5)^2} = 103,26 \text{ bar}^{-1}$$

Daraus lässt sich sofort $\Delta_R \overline{G}(298)$ berechnen:

$$\Delta_R \overline{G}(298) = -R \cdot 298 \cdot \ln K_p(298) = -11490 \text{ J} \cdot \text{mol}^{-1} = -11,49 \text{ kJ} \cdot \text{mol}^{-1}$$

Wir überprüfen dieses Ergebnis, indem wir ganz unabhängig $\Delta_R \overline{G}$ aus den Standardgrößen $\Delta^f \overline{G}^0$ der Reaktanden mit den in Anhang A.3 angegebenen Werten berechnen:

$$\Delta_R \overline{G} = 2\Delta^f \overline{G}_{NOBr}^0 - 2\Delta^f \overline{G}_{NO}^0 - \Delta^f \overline{G}_{Br_2}^0$$
$$= 2 \cdot 82,42 - 2 \cdot 86,6 - 3,13 = -11,49 \text{ kJ} \cdot \text{mol}^{-1}$$

Das ist eine perfekte Übereinstimmung mit den experimentellen Ergebnissen.

b) Wir berechnen in derselben Weise wie in a) den Wert von $K_p(320)$. Hier ergibt sich aus Gl. (2.151) mit $p_M^0(320) = 0,0624$ bar und $p_M = 0,05518$ bar:

$$\xi_e = 3\left(1 - \frac{0,05518}{0,0624}\right) = 0,347$$

Einsetzen in Gl. (2.150) ergibt:

$$K_p(320) = \frac{1}{0,05518} \frac{2 \cdot (0,347)^2(3 - 0,347)}{(1 - 0,347)^2} = 27,15 \text{ bar}^{-1}$$

Damit lässt sich die Standardreaktionsenthalpie $\Delta_R \overline{H}$ durch Integration von Gl. (2.20) zwischen 298 K und 320 K berechnen:

$$\ln \frac{K_p(320)}{K_P(298)} = -\frac{\Delta_R \overline{H}}{R}\left(\frac{1}{320} - \frac{1}{298}\right)$$

Mit $K_p(320) = 27,15$ und $K_p(298) = 103,26$ folgt für den Wert von $\Delta_R \overline{H}$:

$$-R\ln\left(\frac{27,15}{103,26}\right) \cdot \left(\frac{1}{320} - \frac{1}{298}\right)^{-1} = \Delta_R \overline{H} = -48144 \text{ J} \cdot \text{mol} = -48,14 \text{ kJ} \cdot \text{mol}^{-1}$$

Auch hier überprüfen wir das Ergebnis durch die Berechnung von $\Delta_R \overline{H}$ aus den Standardgrößen $\Delta^f \overline{H}^0$ der Reaktanden. Mit den Daten aus Anhang A.3 erhält man:

$$\Delta_R \overline{H} = 2 \cdot 82,13 - 2 \cdot 90,29 - 30,91 = -47,23 \text{ kJ} \cdot \text{mol}^{-1}$$

Die Übereinstimmung ist nicht perfekt, aber gut. Die Abweichung beträgt $0,91$ kJ $\cdot$ mol $\cong$ $1,9$ %.

2.10.15 Thermodynamik der katalytischen Reinigung von Fahrzeugabgasen

Das Abgas, das den Motor eines Fahrzeuges verlässt, enthält bekanntlich gewisse Mengen an Schadstoffen, wie z. B. CO, die vor dem Austritt in die Luft katalytisch beseitigt, z. B. verbrannt werden. Ein Katalysator kann dafür sorgen, dass sich das chemische Reaktionsgleichgewicht der Schadstoffverbrennung einstellt, mit einem Katalysator ist aber grundsätzlich keine völlige Entfernung eines Schadstoffes möglich. Ein Abgas enthält z. B. bei 1200 K und 1 bar 0,3 % CO, 18 % CO_2 und 2 % O_2, der Rest ist N_2 und gasförmiges Wasser. Folgende wichtige Frage kann die Thermodynamik beantworten: wie viel CO enthält das Abgas nach der Behandlung durch den Katalysator, der im Abgas die chemische Reaktion

$$2CO + O_2 \rightleftharpoons 2CO_2$$

ins Gleichgewicht bringt?

Lösung:

Es muss zunächst die Gleichgewichtskonstante K_p

$$K_p = p^{-1} \cdot \frac{y_{CO_2}^2}{y_{O_2} \cdot y_{CO}^2} = \exp\left[-\Delta_R \overline{G}(1200)/R \cdot 1200\right]$$

berechnet werden. Mit den Standardbildungsgrößen $\Delta^f \overline{G}^0$ und $\Delta^f \overline{H}^0$ von CO, O_2 und CO_2 aus Tabelle A.3 im Anhang ergibt sich bei 298 K:

$$\Delta_R \overline{G}(298) = -2 \cdot 394,40 + 2 \cdot 137,16 - 0 = -514,48 \text{ kJ} \cdot \text{mol}^{-1}$$

$$\Delta_R \overline{H}(298) = -2 \cdot 393,53 + 2 \cdot 110,53 + 0 = -566,0 \text{ kJ} \cdot \text{mol}^{-1}$$

$$K_p(298) = p^{-1} \cdot \exp[-514480/R \cdot 298] = p^{-1} \cdot 1,506 \cdot 10^{90} \text{ bar}^{-1}$$

Wegen der hohen Temperaturdifferenz $(1200 - 298 \text{ K})$ müssen bei der Berechnung von $\Delta_R \overline{G}(1200)$ nach Gl. (2.24) die temperaturabhängigen Molwärmen $\overline{C}_p$ der Reaktionspartner berücksichtigt werden mit Hilfe der Daten in Tabelle A.2. Für die Reaktionsmolwärme $\Delta_R \overline{C}_p(T)$ gilt danach:

$$\Delta_R \overline{C}_p = \Delta a_R + \Delta b_R \cdot T + \Delta c_R \cdot T^2 + \Delta d_R \cdot T^3$$

wobei

$$\Delta a_R = 2a_{CO_2} - a_{CO} - a_{O_2}$$

bedeutet und Entsprechendes für Δb_R, Δc_R und Δd_R gilt. Setzen wir diese Zahlenwerte ein und führen wir die Integrationen in Gl. (2.24) durch, erhält man:

$$-\Delta_R \overline{G}(T) = 565{,}98 + 36{,}23 \cdot 10^{-3}(T - 298) - \frac{1}{2}\, 100{,}98 \cdot 10^{-6}(T^2 - 298^2)$$

$$+ \frac{1}{3} \cdot 75{,}45 \cdot 10^{-9}(T^3 - 298^3) - \frac{1}{4}\, 19{,}356 \cdot 10^{-12}(T^4 - 298^4)$$

$$- T\left[36{,}23 \ln \frac{T}{298} - 100{,}98 \cdot 10^{-3}(T - 298) + \frac{1}{2}\, 75{,}45 \cdot 10^{-6}\right.$$

$$\left. \cdot (T^2 - 298^2) - \frac{1}{3}\, 19{,}356 \cdot 10^{-9}(T^3 - 298^3)\right] \cdot 10^{-3}$$

$$- \frac{T}{298}(565{,}98 - 514{,}48) \text{ kJ} \cdot \text{mol}^{-1}$$

Einsetzen von $T = 1200$ K ergibt:

$$\Delta_R \overline{G}(1200) = -364{,}5 \text{ kJ} \cdot \text{mol}^{-1}$$

und bei $p = 1$ bar

$$K_p = \exp\left[364{,}5 \cdot 10^3 / R \cdot 1200\right] = 7{,}35 \cdot 10^{15} \text{ bar}^{-1}$$

Damit ergibt sich für den Molenbruch y'_{CO} im gereinigten Abgas:

$$y'_{CO} = K_p^{-1/2} \cdot \frac{(y_{CO_2} + \Delta y_{CO})}{\sqrt{y_{O_2} - \frac{\Delta y_{CO}}{2}}}$$

wobei Δy_{CO} die Molenbruchdifferenz $y_{CO} - y'_{CO}$ von CO nach Reinigung durch den Katalysator bedeutet mit den Molenbrüchen y_{CO_2} und y_{O_2} vor dem katalytischen Umsatz. Wir lösen die Gleichung iterativ startend mit $\Delta y_{CO} = 0$. Mit $y_{CO_2} = 0{,}18$, $y_{O_2} = 0{,}02$ ergibt sich bereits nach einem Iterationsschritt mit ausreichender Genauigkeit:

$$y'_{CO} = 1{,}17 \cdot 10^{-8} = 1{,}17 \cdot 10^{-6}\%$$

Das bedeutet eine praktisch vollständige Entfernung von CO im Abgas.

2.10.16 *Biothermodynamik anaerober bakterieller Prozesse*

In der Natur laufen viele biochemische Prozesse unter Sauerstoffausschluss ab, durch die Mikroorganismen wie Bakterien freie Enthalpie speichern und zum Aufbau wie auch zur Vermehrung ihrer Spezies einsetzten. Es handelt sich dabei im thermodynamischen Sinn um gekoppelte biochemische Reaktionen, bei denen der freie „Enthalpiespeicher" ATP eine Schlüsselrolle spielt (s. Abschnitt 2.6). Die Reaktionswege werden stets durch eine spezifische enzymatische Katalyse gesteuert. Wir wollen nur drei Beispiele näher behandeln.

1. Die alkoholische Gärung:

   Hier wird Glucose ($H_{12}C_6O_6$) zu Ethanol und CO_2 umgesetzt:

   $$H_{12}C_6O_6 \rightarrow 2CH_3CH_2OH + 2CO_2$$

   Der Gewinn an freier Enthalpie ($\Delta_R\overline{G}$) wird zu 28 % zum „Laden" des Energiespeichers ATP verwendet. Es gilt:

   $$ADP + P_i \rightarrow ATP + H_2O \qquad \Delta_R\overline{G} = 30,6 \text{ kJ} \cdot \text{mol}^{-1}$$

2. Die biogene Produktion von Methan (Essigsäure-Methan-Gärung) wird heute zur Erzeugung von „Biogas" genutzt:

   $$H_{12}C_6O_6 \rightarrow 3CH_3COOH \rightarrow 3CH_4 + 3CO_2$$

   Als Zwischenstufe tritt hier Essigsäure auf, die Endprodukte sind Methan und Kohlendioxid. Auch hier dient ein Teil des Gewinns der freien Energie zum Aufbau von ATP (ca. 43 %).

3. Eine Reaktion, die nicht von Kohlenhydraten bzw. von Glucose ausgeht, sondern von CH_4 und Sulfat, lautet:

   $$CH_4 + HSO_4^- \rightarrow CO_2 + HS^- + 2H_2O$$

   Sie läuft ab in Bakterien, die im Meer mit sulfathaltigem Wasser in unmittelbarer Nähe von sog. „Methan-Gashydraten" leben. Nach einer Zwischenspeicherung von ca. 50 % der gewonnenen freien Enthalpie in Form von ATP läuft dann folgende Reaktion zur Bildung von Glucose, allgemein zum Aufbau der Bakterienmasse in Form von Kohlenhydraten, ab:

   $$2CO_2 + HS^- + 2H_2O \rightarrow \frac{1}{3}H_{12}C_6O_6 + HSO_4^-$$

   Diese Reaktion ist nur möglich, wenn sie an den Umsatz von ATP zu ADP gekoppelt ist. ATP stellt 60 % seiner freien Enthalpie dafür zur Verfügung.

Berechnen Sie für die Beispiele 1 bis 3, wie viel freie Enthalpie pro 1 mol Umsatz von Glucose (bzw. CH_4), welche Menge an Glucose (in g) pro mol CH_4 in Form von Massenzunahme der Bakterien erzeugt wird.
Angaben: $\Delta^f\overline{G}(298)$ für Glucose: $-910,1 \text{ kJ} \cdot \text{mol}^{-1}$. Alle weiteren notwendigen Daten entnehmen Sie Tabelle A.3 bzw. A.4.
Lösung:

1. Wir berechnen zunächst $\Delta_R\overline{G}(298)$ für die alkoholische Gärung

   $$\Delta_R\overline{G} = -2 \cdot 392,46 - 2 \cdot 394,4 + 910,1 = -663,62 \text{ kJ} \cdot \text{mol}^{-1}$$

   Davon nutzt die Bakterienzelle nur ca. 28 % zum Aufbau von ATP aus ADP, also

   $$663,62 \cdot 0,28 = 185,8 \text{ kJ} \cdot \text{mol}^{-1}$$

Das reicht zum Aufbau von 6 mol ATP, denn $\Delta_R G$ für ADP + P$_i$ → ATP + H$_2$O beträgt 30, 6 kJ $\cdot$ mol^{-1}.

Hinweis: die alkoholische Gärung ist auf eine Ausbeute von ca. 18 Vol % Ethanol beschränkt. Das reicht für die Produktion von Bier und Wein. Bei höheren Anteilen von Ethanol werden die Bakterienzellen zerstört. Alkoholische Getränke mit höheren Prozentzahlen müssen durch Destillation gewonnen werden.

2. $\Delta_R \overline{G}$ bis zur Stufe von Essigsäure beträgt:

$$\Delta_R \overline{G}_1 = -3 \cdot 392, 46 + 910, 1 = -267, 28 \text{ kJ} \cdot \text{mol}^{-1}$$

Für den Umsatz von Essigsäure zu CH$_4$ + CO$_2$ ergibt sich:

$$\Delta_R G_2 = -3 \cdot 394, 4 - 3 \cdot 50, 81 + 3 \cdot 392, 46 = -158, 25 \text{ kJmol}^{-1}$$

43 % von 276, 28 + 158, 25, also 0, 43 $\cdot$ 434, 53 = 186, 8 kJ $\cdot$ mol^{-1} werden zum Aufbau von ATP eingesetzt, das sind 6 mol ATP, also 6 $\cdot$ 30, 6 = 183, 6 kJ $\cdot$ mol^{-1}.

3. $\Delta_R \overline{G}$ für den Umsatz von Methan beträgt:

$$\Delta_R \overline{G} = -394, 4 + 12, 59 - 2 \cdot 228, 6 + 50, 81 + 752, 87$$
$$= -35, 33 \text{ kJ} \cdot \text{mol}^{-1}$$

43 % von diesem Betrag werden zum Aufbau von ATP genutzt, das sind gerade 0,5 mol.

Für die Aufbaureaktion an Glucose gilt:

$$\Delta_R \overline{G} = -\frac{1}{3} \cdot 910, 1 - 752, 87 + 2 \cdot 228, 6 - 12, 59 + 2 \cdot 394, 4 = 177, 2 \text{ kJ} \cdot \text{mol}^{-1}$$

Dafür werden mindestens 6 mol ATP benötigt. In Wirklichkeit sind es 10 mol. Da aber pro mol CH$_4$ nur 1/2 ATP gebildet wird, benötigt die Zelle für die Produktion von 1/3 mol Glucose 10 $\cdot$ 2 = 20 molCH$_4$ + 20 molHSO$_4^-$. Es werden also pro mol CH$_4$ bzw. HSO$_4^-$ 1/60 mol Glucose ca. 180/60 = 3 g für die Massenzunahme der Bakterien produziert.

2.10.17 *Aktiver Stofftransport von Glucose in der Niere durch chemische ATP-Spaltung*

Die Niere dient der Blutreinigung des Körpers. Sie stellt ein Filtrationssystem dar, das zunächst eine wässrige Lösung mit niedermolekularen Stoffen aus dem Blutplasma entfernt, um im weiteren Durchlaufprozess aus diesem Filtrat wieder Wasser, NaCl und eine Reihe anderer niedermolekularer Stoffe zu resorbieren, d. h. in den Blutkreislauf zurückzuführen. Ausgeschieden, d. h. nicht wieder resorbiert, wird vor allem Harnstoff, das Endprodukt des Abbaus stickstoffhaltiger Stoffe im Körper. Zu den wieder resorbierten Stoffen gehört auch die D-Glucose. Der Resoprtionsprozess ist ein aktiver Stofftransportprozess gegen das Konzentrationsgefälle von Glucose (s. Abb. 2.49).

Für diesen Prozess muss Arbeit aufgewendet werden, der durch die freie Reaktionsenthalpie $\Delta_R \overline{G}$ von ATP zu ADP erbracht wird. Auf Einzelheiten des Mechanismus gehen wir hier nicht

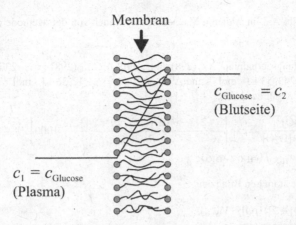

Abb. 2.49 Konzentrationsverlauf von D-Glucose von der Filtration zur Blutseite über eine biologische Lipidmembran (stark vereinfacht).

ein. Berechnen Sie den Arbeitsaufwand, um aus einem Liter des Filtrats mit der Konzentration $c_1 = 10^{-5}$ mol $\cdot$ L^{-1} Glucose durch die Lipidmembran auf das konstante Konzentrationsniveau $c_2 = 10^{-3}$ mol $\cdot$ L^{-1} in der Blutseite zu pumpen. Berechnen Sie auch die Mindestmolzahl von ATP, die dazu benötigt wird. Es gilt:

$$ATP + H_2O \rightarrow ADP + P \qquad \Delta_R\overline{G} = -30,6 \text{ kJ} \cdot \text{mol}$$

Lösung:

Wir können die aufzuwendende reversible Arbeit W als osmotische Arbeit auffassen, die zu leisten ist, um mit einer semipermeablen, nur für Wasser durchlässigen Modell-Membran, $n = 10^{-3}$ m$^3 \cdot 10^{-2}$ mol $\cdot$ m$^{-3} = 10^{-5}$ mol vom Volumen $V_1 = n/c_1$ auf das Volumen n/c_2 zu komprimieren ($\pi = nRT/V$ ist nach Gl. (1.142) der osmotische Druck):

$$W = -\int_{V_1}^{V_2} \pi dV = -n \cdot RT \int_{V_1}^{V_2} dV = -n \cdot RT \ln \frac{V_2}{V_1} = n \cdot RT \ln \frac{c_2}{c_1}$$

$$= R \cdot 298 \cdot 1 \cdot 10^{-5} \ln 10^2 = 0,114 \text{ J}$$

Der Mindestwert an freier Enthalpie, der aus der Umwandlung von ATP zu ADP bereitgestellt werden muss, beträgt also $0,114$ J. Das entspricht $0,114$ J$/\Delta_R G$ mol ATP mit $\Delta_R G = 30,6 \cdot 10^3$ J, also $3,49 \cdot 10^{-3}$ mol ATP.

2.10.18 *Deuterium-Verteilung im Gleichgewicht einer Mischung von H_2O + HDO + D_2O*

Wir nehmen an, dass in einer künstlich hergestellten Wasserprobe 1/6 der Wasserstoffatome des flüssigen Wassers aus Deuterium besteht. Wie lautet die Gleichgewichtszusammensetzung in Molenbrüchen x_{H_2O}, x_{HDO}, x_{D_2O}? Nehmen Sie an, die Mischung ist ideal. Alle notwendigen Daten finden Sie in Tabelle A.3 im Anhang. Machen Sie Gebrauch von der Methode der atomaren Bilanzen.

Lösung:

Die freien Bildungsenthalpien $\Delta^f\overline{G}(298)$ betragen: $\Delta^f\overline{G}_{H_2O}(298) = -237,19$ kJ · mol^{-1}, $\Delta^f\overline{G}_{D_2O}(298) = -243,53$ kJ · mol^{-1} und $\Delta^f\overline{G}_{HDO}(298) = -242,36$ kJ · mol^{-1}. Für die Gleichgewichtskonstante K gilt demnach:

$$K = \frac{[HDO]^2}{[H_2O]\cdot[D_2O]} = \exp\left[-\frac{-242,36\cdot 2 + 237,19 + 243,53}{R\cdot 298}1000\right]$$

$$= 5,02 = x_{HDO}^2/(x_{H_2O}\cdot x_{D_2O})$$

Es gelten ferner die atomaren Bilanzen:

$$n_H = ([HDO] + 2[H_2O])\cdot V_{Wasser}$$
$$n_D = ([HDO] + 2[D_2O])\cdot V_{Wasser}$$

Ferner gilt laut Vorgabe mit $n_D/(n_D + n_H) = 1/6$:

$$n_D/n_H = 0,2 \quad \text{sowie} \quad x_{H_2O} + x_{HDO} + x_{D_2O} = 1$$

Damit folgt zunächst:

$$\frac{x_{HDO} + 2x_{D_2O}}{x_{HDO} + 2x_{H_2O}} = 0,2 \quad \text{bzw.} \quad 2x_{HDO} + 5x_{D_2O} = x_{H_2O}$$

Einsetzen von $x_{HDO} = 1 - x_{D_2O} - x_{H_2O}$ ergibt dann:

$$2 + 3x_{D_2O} = 3x_{H_2O}$$

und somit:

$$K = 5,02 = \frac{(1 - x_{H_2O} - x_{D_2O})^2}{x_{H_2O}\cdot\left(x_{H_2O} - \frac{2}{3}\right)} = \frac{\left(\frac{5}{3} - 2x_{H_2O}\right)^2}{x_{H_2O}\left(x_{H_2O} - \frac{2}{3}\right)}$$

Die Lösung dieser quadratischen Gleichung lautet:

$$x_{H_2O} = -\frac{3,2549}{2} + \sqrt{\left(\frac{3,2549}{2}\right)^2 + 2,723} = 0,6903$$

Daraus folgt:

$$x_{D_2O} = x_{H_2O} - \frac{2}{3} = 0,02363 \quad \text{sowie} \quad x_{HDO} = 1 - 0,6903 - 0,02363 = 0,28607$$

wir überprüfen das Ergebnis: Bruchteil der D-Atome $= x_{HDO} + 2x_{D_2O}/(2x_{H_2O} + 2x_{D_2O} + 2x_{HDO}) = 0,1666\cdots = 1/6$.

2.10.19 *Exzessenthalpie der Mischung einer kettenassoziierenden mit einer nicht assoziierenden Flüssigkeit*

Berechnen Sie die molare Exzessenthalpie der beiden Flüssigkeiten A und B:

$$\overline{H}^E = \overline{H}_M - x_A \, \overline{H}_A^0 - (1 - x_A) \, \overline{H}_B^0$$

A sei die assoziierende Flüssigkeit mit $K_i = K$ (s. Abschnitt 2.7.3). Die molare Reaktionsenthalpie für einen Assoziationsschritt (z. B. Wasserstoffbrückenbindung)

$$A_i + A_1 \rightleftharpoons A_{i+1}$$

wird mit Δh^* bezeichnet. Ermitteln Sie $\overline{H}_M$, $\overline{H}_A^0$ und $\overline{H}^E$ aus der jeweiligen Zahl der Wasserstoffbrücken multipliziert mit Δh^*. Da B nicht assoziiert, gilt $\overline{H}_B^0 = 0$.

Lösung:

Man berechnet zunächst den Enthalpieinhalt $(n_A + n_B)\overline{H}_M$ der Mischung mit den Molzahlen n_A und n_B. Er muss gleich der Zahl der Wasserstoffbrücken multipliziert mit Δh^* sein. Mit n_i bezeichnen wir die Molzahl des Assoziates A_i. Jedes Assoziat der Kettenlänge i in der Mischung enthält $(i - 1)$ H-Brücken. Es gilt also:

$$(n_A + n_B)\overline{H}_M = \Delta h^* \cdot \sum_{i=1}^{\infty} (i - 1) \cdot n_i$$

Es gilt ja:

$$n_A = \sum i \cdot n_i$$

Ferner sind die Ableitungen Gl. (2.84) bzw. Gl. (2.85) zu beachten:

$$\overline{H}_M = \frac{\displaystyle\sum_{i=1}^{\infty} i \cdot n_i - \sum_{i=1}^{\infty} n_i}{\displaystyle\sum_{i=1}^{\infty} i \cdot n_i + n_B} \cdot \Delta h^*$$

$$= \Delta h^* \frac{\sum i \cdot n_i}{\sum i \cdot n_i + n_B} \left(1 - \frac{\sum n_i}{\sum i \cdot n_i} \right) = \Delta h^* \cdot x_A \left(-\frac{\displaystyle\sum_{i=1}^{\infty} c_i}{\displaystyle\sum_{i=1}^{\infty} i \cdot c_i} \right)$$

$$= \Delta h^* \cdot x_A \cdot \left(1 - \frac{(1 - K \cdot x_1)^{-1}}{(1 - K \cdot c_1)^{-2}} \right) = \Delta h^* \cdot x_A \cdot K \cdot c_1$$

x_A ist der Molenbruch der assoziierenden Komponente. Für reine assoziierende Flüssigkeit A erhält man daraus $(x_A = 1)$:

$$\overline{H}_A^0 = \Delta h^* \cdot K \cdot c_1^0$$

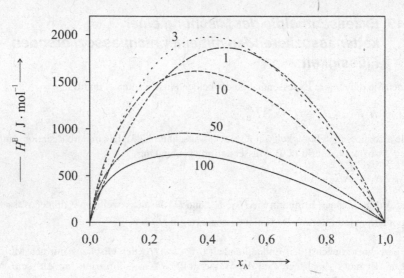

Abb. 2.50 $\overline{H}^E$ einer Alkohol + Alkan-Mischung nach Gl. (2.153) als Funktion von x_A mit $\overline{V}_A = 58,25\ cm^3 \cdot mol^{-1}$, $\overline{V}_B = 107,2\ cm^3 \cdot mol^{-1}$ und $\Delta h^* = -25,1\ kJ \cdot mol^{-1}$, Zahlenwerte=$K$, $a = 0$.

Damit ergibt sich unter Beachtung von $\overline{H}_B^0 = 0$:

$$\overline{H}^E = x_A \Delta h^* \cdot K \left(c_1 - c_1^0\right) = x_A \cdot \Delta h^* \cdot \left(\frac{K}{\overline{V}_A}\right)\left(c_1 \overline{V}_A - c_1^0 \cdot \overline{V}_A\right)$$

Um c_1 und c_1^0 als Funktion des Molenbruches x_A auszudrücken, schreiben wir Gl. (2.86) um, wobei wir berücksichtigen, dass $c_M/c_M^0 = \Phi_A = x_A \overline{V}_A / \left(x_A \overline{V}_A + (1 - x_A) \cdot \overline{V}_B\right)$ gilt. Φ_A ist der Volumenbruch des Alkohols, $\overline{V}_A \doteq 1/c_M^0$ ist sein Molvolumen und $\overline{V}_B$ das von B. Man erhält also:

$$c_1 \cdot \overline{V}_A = \frac{2 \cdot \left(K/\overline{V}_A\right) \cdot \Phi_A - \sqrt{4\left(K/\overline{V}_A\right) \cdot \Phi_A + 1}}{2\left(K/\overline{V}_A\right)^2 \cdot \Phi_A} \tag{2.152}$$

Entsprechendes gilt für $c_1^0 \cdot \overline{V}_A$, hier ist $\Phi_A = 1$.

$\overline{H}^E$ ist positiv (endotherm), da gilt: $\Delta h^* < 0$ und $c_1^0 > c_1$. Beim Mischprozess werden H-Brücken aufgebrochen, daher muss Energie zugeführt werden. Bemerkenswert ist, dass $\overline{H}^E$ mit abnehmenden Werten von K bzw. $K/\overline{V}_A$ zunächst zunimmt, aber unterhalb von Werten $K/\overline{V}_A \approx 3$ wieder abnimmt. Ein Rechenbeispiel zeigt Abb. 2.50. Die Temperaturabhängigkeit von $\overline{H}^E$ durchläuft also nach der Assoziationstheorie ein Maximum, das ist typisch für Alkohol + Alkan-Mischungen und wird bei diesen Mischungen auch häufig beobachtet. Es sei noch angemerkt, dass zu dem durch Assoziation bedingten Ausdruck für $\overline{H}^E$ in der Regel noch ein weiterer Term $\overline{H}_{vdW}^E$ hinzu zu addieren ist, der die unspezifischen v. d. Waals-Kräfte berücksichtigt, so dass zur Beschreibung von $\overline{H}^{\mathrm{E}}$ folgende Form gut geeignet ist:

$$\overline{H}^{\mathrm{E}} = x_{\mathrm{A}}\Delta h^* \cdot K\left(c_1 - c_1^0\right) + a\Phi_{\mathrm{A}}\left(1 - \Phi_{\mathrm{A}}\right) \tag{2.153}$$

mit $c_1 \cdot \overline{V}_{\mathrm{A}}$ bzw. $c_1^0 \cdot \overline{V}_{\mathrm{A}}$ nach Gl. (2.152) und dem Volumenbruch $\Phi = x_{\mathrm{A}} \cdot \overline{V}_{\mathrm{A}}/(x_{\mathrm{A}} \cdot \overline{V}_{\mathrm{A}} + (1 - x_{\mathrm{B}})\overline{V}_{\mathrm{B}})$. a ist ein für die Wechselwirkungen der v. d. Waals-Kräfte chrakteristischer Parameter, der spezifisch für die jeweilige Mischung ist.

2.10.20 *Darstellung chemischer Gleichgewichte im Gibbs'schen Dreieck*

Wir betrachten als Beispiel das chemische Assoziationsgleichgewicht:

$$2\mathrm{A} \rightleftharpoons \mathrm{A}_2$$

in einem Lösemittel L. Alle Gleichgewichtszusammensetzungen lassen sich als Kurve in einem Gibbs'schen Dreieck darstellen. Es gelten die Gleichungen:

$$K = \frac{x_{\mathrm{A}_2}}{x_{\mathrm{A}}^2} \quad \text{und} \quad x_{\mathrm{A}} + x_{\mathrm{A}_2} + x_{\mathrm{L}} = 1$$

Wir eliminieren x_{A_2} aus diesen beiden Gleichungen und erhalten folgende quadratische Gleichung zur Lösung von x_{A} als Funktion von x_{L}:

$$x_{\mathrm{A}}^2 + \frac{1}{K} \cdot x_{\mathrm{A}} - (1 - x_{\mathrm{L}})/K = 0$$

bzw.

$$x_{\mathrm{A}} = -\frac{1}{2K} + \sqrt{\left(\frac{1}{2K}\right)^2 + \frac{1 - x_{\mathrm{L}}}{K}}$$

Als Beispiel wählen wir $K = 0,2$ sowie $K = 1$ und $K = 5$ unter der vereinfachenden Annahme, dass K unabhängig von der Zusammensetzung des ternären Gemisches $\mathrm{A} + \mathrm{A}_2 + \mathrm{L}$ ist. Die berechneten Kurvenverläufe der Gleichgewichtszusammensetzungen sind in Abb. 2.51 dargestellt.

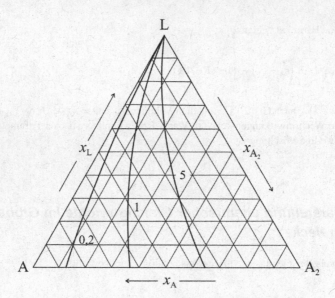

Abb. 2.51 Kurven der Gleichgewichtszusammensetzung für die Reaktion $2A \rightleftharpoons A_2$ in einem Lösemittel L mit den angegebenen Zahlenwerten für die Gleichgewichtskonstante K.

3 Thermodynamik der Elektrolytlösungen

3.1 *Bezugszustand des chemischen Potentials in der Molalitätsskala*

In flüssigen Mischungen, die Stoffe enthalten, welche im reinen Zustand bei vorgegebenen Werten von Druck und Temperatur fest oder gasförmig sind, wählt man in der Regel als Konzentrationsmaß die Molarität oder die Molalität. Das gilt insbesondere bei Salzen oder salzartigen Verbindungen, die beim Mischprozess mit einer Flüssigkeit teilweise oder vollständig in Ionen dissoziieren. Hier wird fast ausschließlich die Molalität als Konzentrationsmaß benutzt. Dabei heißt der flüssige Mischungspartner das *Lösemittel* (LM) und *der gelöste Stoff heißt der Elektrolyt* (EL). Wir gehen zunächst davon aus, dass es nur eine flüssige Mischphase gibt.

Wir formulieren zunächst das chemische Potential des Elektrolyten EL in der Molalitätsskala, indem wir von der bekannten Formulierung des chemischen Potentials in der Molenbruchskala ausgehen:

$$\mu_{EL} = \mu_{EL}^0 + RT \ln(x_{EL} \cdot \gamma_{EL}) \tag{3.1}$$

Die Molalität $\widetilde{m}_{EL}$ ist folgendermaßen definiert:

$$\widetilde{m}_{EL} = \frac{n_{EL}}{M_{LM} \cdot n_{LM}} = \frac{x_{EL}}{M_{LM} \cdot x_{LM}} \tag{3.2}$$

wobei M_{LM} und n_{LM} die Molmasse und die Molzahl des Lösemittels bedeuten.
Damit folgt für Gl. (3.1):

$$\mu_{EL} = \mu_{EL}^0 + RT \ln[\widetilde{m}_{EL} \cdot M_{LM} \cdot x_{LM} \cdot \gamma_{EL}]$$

Das lässt sich folgendermaßen umschreiben:

$$\mu_{EL} = \mu_{EL}^0 + RT \ln(M_{LM} \cdot \widetilde{m}_0 \cdot \gamma_{EL}^\infty) + RT \ln(\widetilde{m}_{EL} \cdot \widetilde{m}_0^{-1} \cdot x_{LM} \cdot \gamma_{EL}/\gamma_{EL}^\infty)$$

Hierbei ist $\widetilde{m}_0$ die Einheit der Molalität, also $1 \text{ mol} \cdot \text{kg}^{-1}$, die hier benötigt wird, damit die Ausdrücke unter den Logarithmen dimensionslos werden. γ_{EL}^∞ ist der Aktivitätskoeffizient in unendlicher Verdünnung in der Molenbruchskala.

Damit lässt sich das chemische Potential des Elektrolyten in der Molalitätsskala formulieren:

$$\boxed{\mu_{EL} = \widetilde{\mu}_{EL}^0 + RT \ln\left(\frac{\widetilde{m}_{EL}}{\widetilde{m}_0} \cdot \widetilde{\gamma}_{EL}\right)} \quad \text{mit } \widetilde{\mu}^0 = \mu_{EL}^0 + RT \cdot \ln(M_{LM} \cdot \widetilde{m}_0 \cdot \gamma^\infty) \tag{3.3}$$

wobei gilt:

$$\widetilde{\gamma}_{EL} = (\gamma_{EL}/\gamma_{EL}^\infty) \cdot x_{LM} \tag{3.4}$$

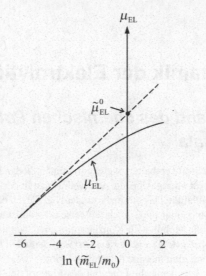

$\widetilde{\mu}_{EL,0}$ ist also der neue, konzentrationsunabhängige Bezugszustand des chemischen Potentials in der Molalitätsskala und $\widetilde{\gamma}_{EL}$ *in Gl. (3.3) ist der entsprechende Aktivitätskoeffizient des Gesamtelektrolyten.* Im Folgenden setzen wir stets $\widetilde{m}_0 = 1 \text{ mol} \cdot \text{kg}^{-1}$.

Man entnimmt den Gl. (3.3) und (3.4), dass gilt $\mu_{EL} = \widetilde{\mu}_{EL}^0$, wenn $x_{LM} = 1$ und somit $\gamma_{EL} = \gamma_{EL}^\infty$ wird. Ferner muss gelten $\widetilde{m}_{EL} = \widetilde{m}_0$.

Dies ist ein hypothetischer, nicht realisierbarer Bezugszustand, denn wenn $x_{LM} = 1$, kann eigentlich $\widetilde{m}_{EL}$ nicht $1 \text{ mol} \cdot \text{kg}^{-1}$ sein, sondern müsste gleich Null werden.

Abb. 3.1 zeigt formal den Verlauf von μ_{EL} als Funktion von $\widetilde{m}_{EL}$. Man sieht, dass $\widetilde{\mu}_{EL,0}$ nicht auf dieser Kurve liegt, sondern den Abschnitt der Tangente auf der $\widetilde{\mu}_{EL}$-Achse darstellt, deren Steigung identisch ist mit der $\widetilde{\mu}_{EL}$-Kurve in unendlicher Verdünnung, also bei $\widetilde{m}_{EL} \to 0$. Für den Ausdruck des chemischen Potentials des Lösemittels LM behält man vereinbarungsgemäß die Formulierung in der Molenbruchskala bei, also:

$$\mu_{LM} = \mu_{LM}^0 + RT \ln(x_{LM} \cdot \gamma_{LM}) \tag{3.5}$$

μ_{LM}^0 ist also der Wert von μ_{LM} für das reine Lösemittel, dort sind ja x_{LM} und γ_{LM} gleich 1.

3.2 Das elektrochemische Potential von Einzelionen

Es wurde bereits gesagt, dass Elektrolyte teilweise oder vollständig in einem Lösemittel - in den meisten Fällen handelt es sich dabei um Wasser - in Ionen dissoziiert sind. Es gilt z. B.:

$$NaCl \rightleftharpoons Na^+ + Cl^-$$

Wenn dieses Gleichgewicht ganz auf die rechte Seite verschoben ist, wie es bei NaCl der Fall ist, spricht man von *starken Elektrolyten* oder vollständig dissoziierten Elektrolyten. Wenn das Gleichgewicht weitgehend auf der linken Seite liegt, spricht man von *schwachen Elektrolyten* oder allgemein von *teilweise dissoziierten Elektrolyten.*

In jedem Fall existieren in der Lösung also freie Ionen, z. B. Na^+ oder Cl^-, und es erhebt sich die Frage, wie das chemische Potential solcher freien Einzelionen zu formulieren ist.

Bei Ionen handelt es sich um elektrisch geladene Teilchen, die sich in einem elektrischen Potentialfeld φ befinden. Der Wert von φ ist zwar i. a. unbekannt, aber es kann zumindest gesagt werden, dass in einer *homogenen Phase*, in der sich elektrisch leitfähige Teilchen mit konstanter, d. h. ortsunabhängiger Konzentration befinden, das elektrische *Potential φ im thermodynamischen Gleichgewicht überall denselben Wert haben muss.* Wäre das nicht der Fall, würden also innerhalb der homogenen Phase örtlich unterschiedliche Potentiale $\varphi(\vec{r})$ herrschen, dann würde auch ein elektrisches Feld $\vec{E} = -(\partial\varphi/\partial\vec{r}) = -\text{grad } \varphi$ existieren und es käme zum Transport von Ionen, verursacht durch das elektrische Feld. Das ist kein thermodynamischer Gleichgewichtszustand und daher muss im thermodynamischen Gleichgewicht in einem elektrischen Leiter, wie einer homogenen Elektrolytlösung, überall das elektrische Feld $\vec{E} = 0$ bzw. $\varphi = \text{const}$ sein.

Wendet man nun die Gibbs'sche Fundamentalgleichung auf Elektrolytlösungen der Ionensorten $1, 2, \ldots, i, \ldots, k$ im Lösemittel LM an, so muss neben dem Arbeitsterm $-pdV$ noch ein weiterer reversibler Arbeitsterm hinzutreten. Das ist die differentielle Arbeit, um die die innere Energie U verändert wird, wenn dem homogenen System bei gegebenem elektrischen Potentialniveau φ die differentielle elektrische Ladung dq zugeführt wird, also $\varphi \cdot dq$ mit $dq = \sum_{i=1}^{k} dq_i$. Die Ionen sind die Träger der elektrischen Ladung, und es gilt daher für jede Ionensorte i:

$$\varphi \cdot dq_i = \varphi \cdot F \cdot z_i \cdot dn_i \tag{3.6}$$

Hierbei ist z_i die Ladungszahl des Ions (ein ganzzahliger positiver oder negativer Wert), F ist die Faraday-Konstante ($96485 \text{ Coulomb} \cdot \text{mol}^{-1}$) und n_i ist die Molzahl der Ionensorte i.

Ionen mit $z_i > 0$ heißen *Kationen*, Ionen mit $z_i < 0$ heißen *Anionen*. Die Faraday-Konstante hängt mit der elektrischen Elementarladung e_0 zusammen

$$e_0 = F/N_L = 1,6022 \cdot 10^{-19} \text{ C}$$

Die Einheit C bedeutet 1 Coulomb.

Die Gibbs'sche Fundamentalgleichung für eine Lösung von verschiedenen Ionen in einem Lösemittel LM lautet also:

$$dU = T \cdot dS - pdV + \sum_i \mu_i \cdot dn_i + \sum_i \varphi \cdot F \cdot z_i \cdot dn_i + \mu_{LM} \, dn_{LM}$$

oder

$$dU = T \cdot dS - pdV + \sum_i \eta_i \cdot dn_i + \mu_{LM} \, dn_{LM}$$

mit

$$\boxed{\eta_i = \mu_i + \varphi \cdot F \cdot z_i} \tag{3.7}$$

η_i *heißt das elektrochemische Potential.* Es ersetzt bei geladenen Teilchen das chemische Potential in der Gibbs'schen Fundamentalgleichung. Statt $\mu_i' = \mu_i''$ muss also bei Phasengleichgewichten, an denen Elektrolyte beteiligt sind, für die Einzelionen i geschrieben werden:

$$\eta_i' = \eta_i'' \tag{3.8}$$

wenn wieder „Strich" und „Doppelstrich" zwei Phasen im Gleichgewicht bezeichnen.
   Das heißt, es gilt:

$$\mu_i' + \varphi' \cdot F \cdot z_i = \mu_i'' + \varphi'' \cdot F \cdot z_i \tag{3.9}$$

wobei in *verschiedenen* Phasen $\varphi_i' \neq \varphi_i''$, wenn $\mu_i' \neq \mu_i''$.
   Gl. (3.9) gilt für jedes der vorliegenden Einzelionen i.

3.3 Ionenladungsverteilung und elektrochemisches Potential von Einzelionen

Wir stellen nun die Frage: Wenn φ als ortsabhängig vorgegeben ist, wie verändert sich dann die Konzentrationsverteilung der Ionen, damit wieder thermodynamisches Gleichgewicht herrscht?

   Wir unterteilen gedanklich die Lösung in Phasen ein und betrachten beliebig viele Phasen 1 bis n als übereinandergeschichtete Volumenbereiche, in denen jeweils homogene Konzentrationen der Komponenten an Elektrolyt und Lösemittel herrschen und in denen jeweils das elektrische Potential φ konstant ist, also $\varphi = \varphi_1$, $\varphi = \varphi_2$ mit $\varphi_1 \neq \varphi_2$ usw. Das ist in Abb. 3.2 dargestellt, die Phasengrenzen sind Flächen im Raum.

   Jetzt lassen wir gedanklich die Abstände der Phasengrenzen $\vec{r}_{l+1} - \vec{r}_l = \Delta\vec{r}$ auf die differentielle Größe $d\vec{r} = \vec{i}dx + \vec{j}dy + \vec{k}dz$ zusammenschrumpfen, $d\vec{r}$ ist ein differentieller Ortsvektor mit den Komponenten dx, dy und dz, der senkrecht auf den Schichtflächen der Phasengrenzen steht, $\vec{i}, \vec{j}$ und $\vec{k}$ sind die Einheitsvektoren des kartesischen Koordinatensystems. Zwischen zwei differentiell dicht benachbarten Phasengrenzen ist das elektrische Potential φ konstant (Äquipotentialfläche). Der sog. Gradient des Potentials

$$\frac{\partial\varphi}{\partial\vec{r}} = \text{grad } \varphi = \vec{i}\left(\frac{\partial\varphi}{\partial x}\right) + \vec{j}\left(\frac{\partial\varphi}{\partial y}\right) + \vec{k}\left(\frac{\partial\varphi}{\partial z}\right)$$

steht immer senkrecht auf den Äquipotentialflächen und hat daher dieselbe Richtung wie $d\vec{r}$. Zwischen zwei benachbarten differentiellen Volumenbereichen, die durch eine Phasengrenze getrennt sind, muss die Phasengleichgewichtsbedingung nach Gl. (3.9) gültig sein, die hier für eine Ionensorte i folgendermaßen zu formulieren ist:

$$\mu_i(\vec{r}) + \varphi(\vec{r}) \cdot F \cdot z_i = \mu_i(\vec{r} + d\vec{r}) + \left(\varphi(\vec{r}) + \left(\frac{\partial\varphi}{\partial\vec{r}}\right)d\vec{r}\right) \cdot F \cdot z_i$$

oder mit $\mu_i(\vec{r} + d\vec{r}) - \mu_i(\vec{r}) = d\mu_i$:

$$d\mu_i + F \cdot z_i \cdot \text{grad } \varphi \cdot d\vec{r} = 0 \tag{3.10}$$

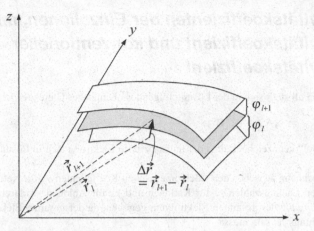

Abb. 3.2 Zur Ortsabhängigkeit des elektrischen Potentials φ und des chemischen Potentials μ_i in inhomogenen Elektrolytlösungen (s. Text).

Das Skalarprodukt grad $\varphi \cdot d\vec{r}$ ergibt:

$$\left(\frac{\partial\varphi}{\partial x}\right) \cdot dx + \left(\frac{\partial\varphi}{\partial y}\right) \cdot dy + \left(\frac{\partial\varphi}{\partial z}\right) \cdot dz = d\varphi$$

und ist identisch mit dem totalen Differential $d\varphi$.

Damit ergibt die Integration von Gl. (3.10):

$$\boxed{\mu_i(\vec{r}) + F \cdot z_i \cdot \varphi(\vec{r}) = \text{const} = \eta_i} \qquad \text{(Gleichgewichtsbedingung)} \qquad (3.11)$$

Gl. (3.11) besagt, dass im thermodynamischen Gleichgewicht ein *ortsabhängiges elektrisches Potential* $\varphi(\vec{r})$ immer mit einem *ortsabhängigen Wert von* $\mu_i = \mu_i(\vec{r})$ verbunden sein muss, d. h., die Konzentration der Ionensorte i ist ebenfalls ortsabhängig, also inhomogen.

Die Integrationskonstante „const" ist das elektrochemische Potential η_i der Ionensorte i. Es muss lediglich an irgendeinem bestimmten Ort $\vec{r}_0$ bekannt sein, dann lässt sich für eine vorgegebene Funktion $\varphi(\vec{r})$ der Wert von $\mu_i(\vec{r})$ bzw. bei Kenntnis, wie $\mu_i(\vec{r})$ von $\overline{m}_i$ abhängt, auch $\overline{m}_i(\vec{r})$ festlegen. Das Umgekehrte gilt ebenso: ist $\mu_i(\vec{r})$ vorgegeben, liegt $\varphi(\vec{r})$ fest. Dagegen ist das elektrochemische Potential η_i im thermodynamischen Gleichgewicht überall im Raum konstant.

Gl. (3.11) gilt für alle Ionensorten i im Elektrolyten. Sie spielt bei der Behandlung von Phasengrenzflächen und der phänomenologischen Herleitung der Debye-Hückel-Theorie (s. Anhang G und H) eine Rolle.

3.4 Aktivitätskoeffizienten der Einzelionen, mittlerer Aktivitätskoeffizient und konventioneller Aktivitätskoeffizient

Im allgemeinen Fall stellt sich in der Lösung folgendes chemisches Gleichgewicht ein:

$$(A_{\nu_+} B_{\nu_-})_{Sol} \rightleftharpoons \nu_+ A^{z_+} + \nu_- \cdot B^{z_-}$$

Der Index „Sol" kennzeichnet, dass der undissoziierte Elektrolyt sich in Lösung (engl. „solution") befindet.

Der Zusammenhang zwischen den stöchiometrischen Koeffizienten ν_+ für Kationen und ν_- für Anionen mit den Ladungszahlen z_+ für Kationen und z_- für Anionen ist durch die *elektrische Neutralitätsbedingung* des gesamten Elektrolyten gegeben, da der gesamte Elektrolyt elektrisch neutral, also ladungsfrei sein muss:

$$\boxed{\nu_+ \cdot z_+ + \nu_- \cdot z_- = 0} \qquad \text{(Neutralitätsbedingung)} \tag{3.12}$$

Beispiele sind:

$$HCl \rightleftharpoons H^+ + Cl^- \qquad (\nu_+ = 1, \nu_- = 1, z_+ = 1, z_- = -1)$$
$$Na_2SO_4 \rightleftharpoons 2Na^+ + SO_4^{2-} \qquad (\nu_+ = 2, \nu_- = 1, z_+ = 1, z_- = -2)$$
$$CH_3COOH \rightleftharpoons CH_3COO^- + H^+ \qquad (\nu_+ = 1, \nu_- = 1, z_+ = 1, z_- = -1)$$

Für das elektrochemische Potential der Kationen η_+ bzw. der Anionen η_- gilt nach Gl. (3.7) und Gl. (3.3), wobei wir im folgenden die Einheit $m_0 = 1\,\text{mol/kg}$ nicht mehr explizit ausschreiben:

$$\eta_+ = \widetilde{\mu}_+^0 + RT \ln(\widetilde{m}_+ \cdot \widetilde{\gamma}_+) + z_+ \cdot F \cdot \varphi$$
$$\eta_- = \widetilde{\mu}_-^0 + RT \ln(\widetilde{m}_- \cdot \widetilde{\gamma}_-) + z_- \cdot F \cdot \varphi$$

Bei konstanten Werten von p und T gilt für die freie Enthalpie G der gesamten Lösung im thermodynamischen Gleichgewicht:

$$dG = \mu_{LM} \cdot dn_{LM} + \mu_{Sol} dn_{Sol} + \eta_+ dn_+ + \eta_- dn_- = 0$$

Da im geschlossenen System $dn_{LM} = 0$ sowie $dn_+ = -\nu_+ dn_{Sol}$ und $dn_- = -\nu_- dn_{Sol}$, ergibt sich:

$$\mu_{Sol} = \nu_+ \cdot \eta_+ + \nu_- \cdot \eta_-$$

Einsetzen von η_+ und η_- aus den obigen Gleichungen ergibt:

$$\mu_{Sol} = \nu_+ \widetilde{\mu}_+^0 + \nu_- \cdot \widetilde{\mu}_-^0 + RT \ln(\widetilde{m}_+ \widetilde{\gamma}_+)^{\nu_+} + RT \ln(\widetilde{m}_- \widetilde{\gamma}_-)^{\nu_-} + F \cdot \varphi(\nu_+ z_+ + \nu_- \cdot z_-) \tag{3.13}$$

Der letzte Term dieser Gleichung ist aber wegen der elektrischen Neutralitätsbedingung nach Gl. (3.12) gleich Null, so dass übrig bleibt:

$$\boxed{\mu_{Sol} = \nu_+ \mu_+ + \nu_- \mu_- = \nu_+ \widetilde{\mu}_+^0 + \nu_- \widetilde{\mu}_-^0 + RT \ln \left[(\widetilde{m}_+ \widetilde{\gamma}_+)^{\nu_+} \cdot (\widetilde{m}_- \widetilde{\gamma}_-)^{\nu_-} \right]} \tag{3.14}$$

Das elektrische Potential φ taucht also in Gl. (3.14) gar nicht auf, d. h., das Dissoziationsgleichgewicht ist von φ unabhängig. Gl. (3.14) stellt also die übliche chemische Gleichgewichtsbedingung dar, wie wir sie von chemischen Gleichgewichten mit nicht-ionischen Molekülen her kennen. Gl. (3.14) gilt unabhängig vom Dissoziationsgrad für jeden Elektrolyten.

Da die Einzelionen-Aktivitätskoeffizienten $\widetilde{\gamma}_+$ und $\widetilde{\gamma}_-$ nicht messbar sind, schreibt man:

$$\mu_{Sol} = \nu_+ \widetilde{\mu}_+^0 + \nu_- \widetilde{\mu}_-^0 + \nu\, RT \ln \widetilde{m}_\pm + \nu\, RT \ln \widetilde{\gamma}_\pm \tag{3.15}$$

und definiert damit die mittlere Aktivität des Elektrolyten $a_\pm$ in der Lösung:

$$a_\pm = \widetilde{m}_\pm \cdot \widetilde{\gamma}_\pm$$

Vergleicht man Gl. (3.15) mit (3.14), findet man folgende Zusammenhänge:

$$\begin{aligned} \nu &= \nu_+ + \nu_- \\ \widetilde{m}_\pm &= \sqrt[\nu]{\widetilde{m}_+^{\nu_+} \cdot \widetilde{m}_-^{\nu_-}} \\ \widetilde{\gamma}_\pm &= \sqrt[\nu]{\widetilde{\gamma}_+^{\nu_+} \cdot \widetilde{\gamma}_-^{\nu_-}} \end{aligned} \tag{3.16}$$

$\widetilde{m}_\pm$ *heißt die mittlere Molalität* und $\widetilde{\gamma}_\pm$ *der mittlere Aktivitätskoeffizient.*
Es gelten nun folgende Bilanzen:

$$\widetilde{m}_+ = \nu_+ \, (\widetilde{m}_{EL} - \widetilde{m}_{Sol})$$
$$\widetilde{m}_- = \nu_- \, (\widetilde{m}_{EL} - \widetilde{m}_{Sol})$$

wobei $(\widetilde{m}_{EL} - \widetilde{m}_{Sol})$ die Molalität des dissoziierten Anteils des Elektrolyten ist. Damit ergibt sich aus Gl. (3.16):

$$\widetilde{m}_\pm = (\widetilde{m}_{EL} - \widetilde{m}_{Sol}) \sqrt[\nu]{\nu_+^{\nu_+} \nu_-^{\nu_-}} \tag{3.17}$$

Es lässt sich nun zeigen, dass stets gilt (s. Anhang E):

$$\mu_{EL} = \mu_{Sol} \tag{3.18}$$

Damit ergibt sich aus Gl. (3.15) mit $\widetilde{\mu}_{EL}^0 = \nu_+ \widetilde{\mu}_+^0 + \nu_- \widetilde{\mu}_-^0$:

$$\mu_{EL} = \widetilde{\mu}_{EL}^0 + \nu\, RT\, \ln \left[\sqrt[\nu]{\nu_+^{\nu_+} \cdot \nu_-^{\nu_-}}\; \widetilde{m}_{EL}\, \alpha \cdot \widetilde{\gamma}_\pm \right] \quad (\alpha \le 1) \tag{3.19}$$

mit

$$\alpha = \frac{\widetilde{m}_{EL} - \widetilde{m}_{Sol}}{\widetilde{m}_{EL}}$$

dem *Dissoziationsgrad* des Elektrolyten $(0 \le \alpha \le 1)$. Wir bezeichnen die messbare Größe $(\alpha \cdot \widetilde{\gamma}_\pm)$ als *konventionellen Aktivitätskoeffizienten.* $\widetilde{\gamma}_\pm$ in Gl. (3.19) ist der mittlere Aktivitätskoeffizient nach Gl. (3.16), der einer Elektrolytkonzentration von $\alpha \cdot \tilde{m}_{EL}$ entspricht mit $\tilde{m}_+ = \nu_+\alpha \cdot \tilde{m}_{EL}$ und $\tilde{m}_- = \nu_-\alpha \cdot \tilde{m}_{EL}$. Bei einem vollständig dissoziierten Elektrolyten ist α in Gl. (3.19) gleich 1 bzw. $\tilde{m}_{Sol} = 0$.

Als Beispiel geben wir den Fall von vollständig dissoziiertem $CaCl_2 = Ca^{2+} + 2Cl^-$ an:

$$\mu_{CaCl_2} = \tilde{\mu}^0_{CaCl_2} + 4RT \ln \left[\sqrt[3]{4} \cdot \tilde{m}_{CaCl_2} \cdot \tilde{\gamma}_\pm \right]$$

Hier wäre der konventionelle Aktivitätskoeffizient identisch mit $\tilde{\gamma}_\pm$, dem mittleren Aktivitätskoeffizienten.

3.5 Aktivitätskoeffizienten in Elektrolytlösungen aus Dampfdruckmessungen

Da die meisten Elektrolyte im reinen Zustand Salze oder andere äußerst schwerflüchtige Substanzen wie H_2SO_4, H_3PO_4 sind, enthält der Dampf über einer Elektrolytlösung in diesen Fällen lediglich die Moleküle des Lösemittels, z. B. H_2O, d. h., der Dampfdruck des Elektrolyten ist identisch mit dem Partialdampfdruck des Lösemittels p_{LM}. Man erhält also den Aktivitätskoeffizienten des Lösemittels γ_{LM} in der Molenbruchskala unmittelbar aus

$$\gamma_{LM} = \frac{p_{LM}}{x_{LM}} \cdot \frac{1}{p^0_{LM}} \left(\frac{\varphi_{LM}}{\varphi^0_{LM}} \right)_{Dampf} = \frac{p_{LM}}{x_{LM}} \cdot \frac{1}{p^0_{LM}} \cdot \exp\left[-\frac{B_{LM}}{RT} (p^0_{LM} - p_{LM}) \right] \tag{3.20}$$

wobei p^0_{LM} der Dampfdruck des reinen Lösemittels ist und p_{LM} sein Dampfdruck über der Elektrolytlösung mit dem Molenbruch $x_S = 1 - x_{LM}$ (s. Gl. (1.83)). Das Fugazitätsverhältnis $\varphi_{LM}/\varphi^0_{LM}$ für die Dampfphase liegt gewöhnlich dicht beim Wert 1 und kann bei Kenntnis des 2. Virialkoeffizienten des Lösemitteldampfes B_{LM} mit genügender Genauigkeit berechnet werden (s. Gl. (1.55)).

Nach der Gibbs-Duhem-Gleichung gilt für den Zusammenhang der Aktivitätskoeffizienten in der Molenbruchskala:

$$x_{LM} \cdot d\ln\gamma_{LM} + (1 - x_{LM}) \cdot d\ln\gamma_{EL} = 0$$

Mit Gl. (3.4) ergibt sich unter Beachtung, dass γ^∞_{EL} konstant ist:

$$d\ln\tilde{\gamma}_{EL} = -\frac{x_{LM}}{1 - x_{LM}} \, d\ln\gamma_{LM} + d\ln x_{LM}$$

Integration über den Molenbruch $x_{LM} = 1$ bis x_{LM} ergibt dann:

$$\ln\tilde{\gamma}_{EL} = -\int_1^{x_{LM}} \frac{x_{LM}}{1 - x_{LM}} \left(\frac{d\ln\gamma_{LM}}{dx_{LM}} \right) \cdot dx_{LM} + \ln x_{LM} \tag{3.21}$$

Die Ableitung $(d\ln\gamma_{LM}/dx_{LM})$ in Gl. (3.21) muss aus Messdaten $\ln x_{LM}$ als Funktion von x_{LM} bekannt werden, um $\tilde{\gamma}_{EL}$ zu bestimmen. Der Vergleich von Gl. (3.3) und Gl. (3.19) erlaubt es, aus den ermittelten Daten von $\ln\tilde{\gamma}_{EL}$ den zugehörigen Wert von $\ln(\alpha \cdot \tilde{\gamma}_\pm)$ anzugeben:

$$\ln(\alpha \cdot \tilde{\gamma}_\pm) = \frac{1}{\nu} \ln(\tilde{\gamma}_{EL} \cdot \tilde{m}_{EL}) - \ln\left(\sqrt[\nu]{\nu_+^{\nu_+} \cdot \nu_-^{\nu_-}} \cdot \tilde{m}_{EL} \right) \tag{3.22}$$

Wenn also bei gegebener Molalität $\widetilde{m}_{EL}$ der Wert von $(\alpha \cdot \widetilde{\gamma}_\pm)$ bekannt ist, so ist auch $\widetilde{\gamma}_{EL}$ bekannt und umgekehrt.

Wenn $\ln \widetilde{\gamma}_{EL}$ bzw. $\ln \widetilde{\gamma}_\pm$ statt als Funktion von x_{LM} besser als Funktion von $\widetilde{m}_{EL}$ dargestellt werden soll, gilt die Umrechnung $\widetilde{m}_{EL} = (1 - x_{LM})/(x_{LM} \cdot M_{LM})$ (s. Gl. (3.2)).

Abb. 3.3 und 3.4 zeigen einige typische Ergebnisse für Elektrolyte, die in verdünnter Lösung vollständig dissoziieren.

Es fällt auf, dass (mit Ausnahme von Na_2SO_4) $(\alpha \cdot \widetilde{\gamma}_\pm)$ für alle Elektrolyte zunächst abnimmt mit der Konzentration $\widetilde{m}_{EL}$ bzw. x_{EL}, um dann bei höheren Konzentrationen wieder teilweise sehr stark anzusteigen. Das Auftreten eines Minimums im Kurvenverlauf von $(\alpha \cdot \widetilde{\gamma}_\pm)$ ist typisch für Elektrolyte und lässt sich im Rahmen der sog. erweiterten Debye-Hückel-Theorie (s. Abschnitt 3.7) teilweise erklären.

Wir stellen zusammenfassend fest, dass es 3 Definitionen von Aktivitätskoeffizienten eines Elektrolyten gibt:

- $\widetilde{\gamma}_{EL}$, der Aktivitätskoeffizient des Gesamtelektrolyten (Gl. (3.21))

- $\widetilde{\gamma}_\pm$, der mittlere Aktivitätskoeffizient (Gl. (3.16))

- $(\alpha \cdot \widetilde{\gamma}_\pm)$, der konventionelle Aktivitätskoeffizient (Gl. (3.19)), der identisch wird mit $\widetilde{\gamma}_\pm$, wenn $\alpha = 1$ ist.

Messbar ist jedoch nur $\widetilde{\gamma}_{EL}$, woraus $(\alpha \cdot \widetilde{\gamma}_\pm)$ nach Gl. (3.22) bestimmt werden kann, wenn α aus anderer Quelle bekannt ist.

3.6 Aktivitätskoeffizienten in Elektrolytlösungen aus osmotischen Druckmessungen – Der osmotische Koeffizient

Für das osmotische Gleichgewicht (s. Abschnitt 1.15) gilt im Falle einer Elektrolytlösung mit dem Lösemittel LM entsprechend Gl. (1.141) dasselbe wie bei Nichtelektrolytlösungen:

$$\pi_{os} \cdot \overline{V}_{LM} = -RT \ln(x_{LM} \cdot \gamma_{LM})$$

Wenn die Lösung hochverdünnt ist mit $x_{LM} \to 1$ und $\gamma_{LM} \cong 1$, lässt sich bekanntlich schreiben mit $x_{LM} = 1 - x_{EL}$:

$$\pi_{os,id} \cdot \overline{V}_{LM} = -RT \ln(1 - x_{EL}) \approx RT \cdot x_{EL}$$

Bei *vollständig dissoziierten Elektrolyten* gilt, wenn $\nu \cdot n_{EL}$ die Gesamtmolzahl der Ionen ist:

$$x_{EL} = \frac{\nu \cdot n_{EL}}{n_{EL} + n_{LM}} \approx \nu \cdot \frac{n_{EL}}{n_{LM}}$$

und damit:

$$\pi_{os,id} = RT \, \frac{\nu \cdot n_{EL}}{\overline{V}_{LM} \cdot n_{LM}} = RT \cdot \nu \cdot c_{EL}$$

Wenn man statt der molaren Konzentration c_{EL} des gesamten Elektrolyten die Molalität $\widetilde{m}_{EL} = c_{EL}/\varrho_{LM}$ (ϱ_{LM} = Massendichte des Lösemittels), einführt, erhält man:

$$\boxed{\pi_{os,id} = RT \cdot \nu \cdot \varrho_{LM} \cdot \widetilde{m}_{EL}} \qquad \text{(hochverdünnte Lösung)} \tag{3.23}$$

Gl. (3.23) stellt also den osmotischen Druck eines vollständig dissoziierten Elektrolyten im Grenzfall unendlicher Verdünnung dar und entspricht der van't Hoff'schen Gleichung für Nicht-elektrolyten (Gl. (1.142)).

Wir führen nun den osmotischen Koeffizienten ein.

Der osmotische Koeffizient Φ_{OS} ist definiert als Verhältnis des realen osmotischen Druckes π zum idealen Wert π_{id} bei derselben Molalität $\widetilde{m}_{EL}$:

$$\boxed{\Phi_{OS} = \frac{\pi_{OS}}{\pi_{OS,id}} = -\frac{\ln(x_{LM} \cdot \gamma_{LM})}{\nu \cdot M_{LM} \cdot \widetilde{m}_{EL}}} \tag{3.24}$$

wobei M_{LM} die Molmasse des Lösemittels bedeutet.

Die Größe Φ_{OS} lässt sich gut bestimmen, wenn der reale osmotische Druck einer Lösung der Molalität $\widetilde{m}_{EL}$ gut messbar ist. $\pi_{os,id}$ ist nach Gl. (3.23) bekannt. Φ_{OS} lässt sich häufig auch gut durch sog. isopiestische Messungen erhalten (s. Beispiel 3.16.4). Aus Messergebnissen von Φ_{OS} in Abhängigkeit von $\widetilde{m}_{EL}$ lässt sich der mittlere Aktivitätskoeffizient $\widetilde{\gamma}_{\pm}$ bzw. der konventionelle Aktivitätskoeffizient $(\alpha \cdot \widetilde{\gamma}_{\pm})$ folgendermaßen ermitteln.

Wir schreiben Gl. (3.24) in differentieller Form:

$$\nu \cdot M_{LM} \, d(\Phi_{OS} \cdot \widetilde{m}_{EL}) = -d \ln(x_{LM} \cdot \gamma_{LM}) \tag{3.25}$$

Nun gehen wir aus von der Gibbs-Duhem'schen Gleichung:

$$x_{LM} \, d\mu_{LM} + x_{EL} \, d\mu_{EL} = 0$$

Wir setzen unter Berücksichtigung von Gl. (3.18) μ_{EL} aus Gl. (3.19) ein und erhalten:

$$x_{LM} \, d\ln(x_{LM} \cdot \gamma_{LM}) + \nu \cdot x_{EL} \, d\ln \widetilde{m}_{EL} + \nu \cdot x_{EL} \, d\ln(\alpha \cdot \widetilde{\gamma}_{\pm}) = 0$$

Eliminieren von $d\ln(x_{LM} \cdot \gamma_{LM})$ aus Gl. (3.25) ergibt mit $x_{LM} = 1 - x_{EL}$:

$$(1 - x_{EL}) \cdot \nu \, M_{LM} \cdot d(\Phi_{OS} \cdot \widetilde{m}_{EL}) = \nu \cdot x_{EL} \, d\ln \widetilde{m}_{EL} + \nu \cdot x_{EL} \, d\ln(\alpha \cdot \widetilde{\gamma}_{\pm})$$

Division durch $\nu \cdot x_{EL}$ und Anwendung der Produktregel auf $d(\Phi \cdot \widetilde{m}_{EL})$ ergibt:

$$\frac{1 - x_{EL}}{x_{EL}} \cdot M_{LM}(\Phi_{OS} \, d \, \widetilde{m}_{EL} + \widetilde{m}_{EL} \cdot d \, \Phi_{OS}) = d \ln \widetilde{m}_{EL} + d \ln(\alpha \cdot \widetilde{\gamma}_{\pm})$$

Nach Gl. (3.2) gilt ja:

$$\frac{1 - x_{EL}}{x_{EL}} \cdot M_{LM} = \frac{1}{\widetilde{m}_{EL}}$$

Damit erhält man:

$$(\Phi_{OS} \, d \, \widetilde{m}_{EL} + \widetilde{m}_{EL} \, d \, \Phi_{OS})/\widetilde{m}_{EL} = d \ln \widetilde{m}_{EL} + d \ln(\alpha \cdot \widetilde{\gamma}_{\pm})$$

Auflösen nach $d\ln(\alpha \cdot \widetilde{\gamma}_{\pm})$ ergibt:

$$d\ln(\alpha \cdot \widetilde{\gamma}_{\pm}) = d\Phi_{OS} + (\Phi_{OS} - 1)d\ln \widetilde{m}_{EL}$$

und Integration von $\Phi_{OS} \neq 1$ bis $\Phi_{OS} = 1$, $\widetilde{m}_{EL} = 0$ bis $\widetilde{m}_{EL}$ und $\ln \widetilde{\gamma}_{\pm} \neq 0$ bis $\ln \widetilde{\gamma}_{\pm} = 0$ ergibt:

$$\ln(\alpha \cdot \widetilde{\gamma}_{\pm}) = \Phi_{OS}(\widetilde{m}_{EL}) - 1 + \int_{0}^{\widetilde{m}_{EL}} \frac{\Phi_{OS} - 1}{\widetilde{m}_{EL}} \, d\widetilde{m}_{EL} \tag{3.26}$$

Konventionelle Aktivitätskoeffizienten $(\alpha \cdot \widetilde{\gamma}_{\pm})$ können also aus Messungen von Φ_{OS} als Funktion von $\widetilde{m}_{EL}$ und Integration nach Gl. (3.26) ermittelt werden. Eine Methode zur Messung von Φ_{OS} wird in Aufgabe 3.16.4 diskutiert.

3.7 Das Modell für Aktivitätskoeffizienten in verdünnten Elektrolytlösungen nach Debye und Hückel (DH-Theorie)

P. Debye und E. Hückel entwickelten im Jahr 1923 eine Theorie der Aktivitätskoeffizienten von Einzelionen i in einem Lösemittel LM (DH-Theorie). Diese Theorie beschreibt die Abweichung vom idealen Fall $\widetilde{\gamma}_i = 1$ in erster Näherung, d. h., sie ist nur für sehr verdünnte Elektrolytlöschungen anwendbar. Der Gültigkeitsbereich ähnelt dem des 2. Virialkoeffizienten in realen Gasen bei niedrigen Gasdichten.

Bei der Ableitung der theoretischen Grundlagen spielt die sog. Poisson-Gleichung eine wichtige Rolle (s. Anhang F). Der von Debye und Hückel abgeleitete Ausdruck lautet (Ableitung s. Anhang G und H):

$$\ln \widetilde{\gamma}_i = -\frac{A \cdot I^{1/2} \cdot z_i^2}{1 + B \cdot r_i \cdot I^{1/2}} \tag{3.27}$$

mit

$$A = \sqrt{2\pi N_L \cdot \varrho_{LM}} \cdot \left(\frac{e_0^2 \cdot N_L}{4\pi \, \varepsilon_{LM} \cdot \varepsilon_0 \cdot RT} \right)^{3/2} \tag{3.28}$$

und

$$B = e_0 \cdot N_L \left(\frac{2\varrho_{LM}}{\varepsilon_{LM} \cdot \varepsilon_0 \cdot RT} \right)^{1/2} \tag{3.29}$$

r_i ist der Radius des Ions in Metern, ϱ_{LM} ist die Dichte des Lösemittels in $kg \cdot m^{-3}$, ε_{LM} seine Dielektrizitätszahl (dimensionslos), ε_0 die sog. elektrische Feldkonstante mit dem Wert $\varepsilon_0 =$

$8,854 \cdot 10^{-12} \, \mathrm{C}^2 \cdot \mathrm{J}^{-1} \cdot \mathrm{m}^{-1}$. $e_0 = 1,6022 \cdot 10^{-19}\mathrm{C}$ ist die Elementarladung, z_i die Ladungszahl des Ions und I heißt die *Ionenstärke der Lösung*, für die gilt:

$$I = \frac{1}{2} \sum_i \widetilde{m}_i \cdot z_i^2 \qquad (3.30)$$

Die Summe ist über *alle* in der Lösung vorhandenen Einzelionen zu erstrecken.

Gl. (3.27) besagt also, dass $\ln \widetilde{\gamma}_i$ immer negativ ist ($\gamma_i < 1$). Warum das so ist, wird in Anhang G erklärt.

Da die Aktivitätskoeffizienten $\widetilde{\gamma}_i$ von Einzelionen nicht messbar sind, müssen wir auf Gl. (3.16) zurückgreifen, um den messbaren mittleren Aktivitätskoeffizienten $\widetilde{\gamma}_\pm$ nach der DH-Theorie zu berechnen. Wir setzen dabei voraus, dass der Elektrolyt vollständig dissoziiert ist. Nach Gl. (3.16) gilt allgemein:

$$\ln \widetilde{\gamma}_\pm = \frac{\nu_+ \cdot \ln \widetilde{\gamma}_+ + \nu_- \cdot \ln \widetilde{\gamma}_-}{\nu_+ + \nu_-} \qquad (3.31)$$

Einsetzen von Gl. (3.27) in Gl. (3.31) ergibt mit $\nu = \nu_+ + \nu_-$:

$$\ln \widetilde{\gamma}_\pm = -\left(\frac{\nu_+ \cdot A \cdot I^{1/2} \cdot (z_+)^2}{\nu(1 + B \cdot r_+ \cdot I^{1/2})} + \frac{\nu_- \cdot A \cdot I^{1/2} \cdot (z_-)^2}{\nu(1 + B \cdot r_- \cdot I^{1/2})} \right) \qquad (3.32)$$

In der Regel ist $B \cdot r_i \cdot I^{1/2} \ll 1$, wenn die Elektrolytkonzentration genügend klein ist, und man schreibt unter Vernachlässigung des Terms $B \cdot r_i \cdot I^{1/2}$:

$$\ln \widetilde{\gamma}_\pm = -A \cdot I^{1/2} \cdot \frac{\nu_+(z_+)^2 + \nu_-(z_-)^2}{\nu}$$

Unter Berücksichtigung der Elektroneutralitätsbedingung Gl. (3.12) folgt daraus:

$$\ln \widetilde{\gamma}_\pm = -A \cdot I^{1/2} \cdot \frac{\nu_+ \cdot z_+ \left(-z_- \cdot \frac{\nu_-}{\nu_+}\right) + \nu_- \cdot z_- \cdot \left(-z_+ \frac{\nu_+}{\nu_-}\right)}{\nu} = -A \cdot I^{1/2} \cdot \frac{-\nu_- \cdot z_+ \cdot z_- - \nu_+ \cdot z_+ \cdot z_-}{\nu}$$

Wegen $\nu = \nu_+ + \nu_-$ lässt sich somit schreiben ($z_- < 0$):

$$\ln \widetilde{\gamma}_\pm = -A \cdot I^{1/2} \cdot |z_+ \cdot z_-| \qquad (3.33)$$

Gl. (3.32) lässt sich in einfacher, geschlossener Form anschreiben, wenn man $r_+ \approx r_-$ einem Mittelwert $\bar{r}$ gleichsetzt:

$$\ln \widetilde{\gamma}_\pm \cong -A \cdot |z_+ \cdot z_-| \cdot \frac{I^{1/2}}{1 + \bar{r} \cdot B \cdot I^{1/2}} \qquad (3.34)$$

Wir überprüfen Gl. (3.33) und Gl. (3.34) am Beispiel des Elektrolyten LiBr in wässriger Lösung.

LiBr ist ein sog. 1,1-Elektrolyt ($z_+ = 1, z_- = -1$), der bei nicht zu hohen Ionenstärken als vollständig dissoziiert gilt. Wir berechnen die Ionenstärken I für solche Lösungen bei $\widetilde{m}_{\mathrm{EL}}/m_0 = 0,001, 0,01, 0,1$ und $0,5 \,\mathrm{mol} \cdot \mathrm{kg}^{-1}$.

$$I = \frac{1}{2} \left[\widetilde{m}_+ \cdot (1)^2 + \widetilde{m}_- \cdot (-1)^2 \right] = \widetilde{m}_{\mathrm{EL}}$$

Jetzt benötigen wir die Werte von A und B für den Fall von Wasser als Lösemittel bei 298,15 K. Die Dielektrizitätskonstante von H_2O ε_{H_2O} hat bei 298,15 K den Wert 78,5, $\varrho_{H_2O} = 997$ kg · m^{-3}. Damit ergibt sich nach Gl. (3.28):

$$A = \sqrt{2\pi \cdot 6,022 \cdot 10^{23} \cdot 997} \cdot \left(\frac{(1,6022)^2 \cdot 10^{-38} \cdot 6,022 \cdot 10^{23}}{4\pi \cdot 78,5 \cdot 8,8542 \cdot 10^{-12} \cdot 8,3145 \cdot 298,15} \right)^{3/2}$$

$$= 1,1744 \, (\text{kg/mol})^{1/2} \tag{3.35}$$

und nach Gl. (3.29)

$$B = 1,6022 \cdot 10^{-19} \cdot 6,022 \cdot 10^{-23} \cdot \left(\frac{2 \cdot 997}{78,5 \cdot 8,8542 \cdot 10^{-12} \cdot 8,3145 \cdot 298,15} \right)^{1/2}$$

$$= 3,285 \cdot 10^{9} (\text{kg/mol})^{-1/2} \cdot \text{m}^{-1} \tag{3.36}$$

Tabelle 3.1 enthält nach Gl. (3.33) berechnete Werte mit $|z_+ \cdot z_-| = 1$.

Tab. 3.1 Mittlerer Aktivitätskoeffizient $\widetilde{\gamma}_{\pm}$ für einen 1,1-Elektrolyten nach der DH-Theorie (Gl.(3.33))

$\ln \widetilde{\gamma}_{\pm}$	- 0,0377	- 0,1176	- 0,3725	- 0,830
$\widetilde{\gamma}_{\pm(1,1)}$	0,963	0,889	0,689	0,436
$\widetilde{m}_{EL}/m_0$	0,001	0,01	0,1	0,5

In Abb. 3.3 sind für LiBr in wässriger Lösung Messergebnisse zusammen mit Gl. (3.33) sowie Gl. (3.34) dargestellt. In Gl. (3.34) wurde mit $r_{Li^+} \cong r_{Br^-} = 3 \cdot 10^{-10}$ m gerechnet.

Die Ergebnisse der DH-Theorie stehen für $\widetilde{\gamma}_{\pm}$ bei LiBr in guter Übereinstimmung mit dem Experiment bei $I^{1/2} < 0,22$. Gl. (3.34) folgt dem experimentellen Kurvenverlauf bei niedrigen Werten von I etwas besser bis ca. $I^{1/2} = 0,5$, jedoch versagen beide Gleichungen bei höheren Werten von $I^{1/2}$. Weder das Minimum noch der Nulldurchgang mit wachsend positiven Werten von $\ln \widetilde{\gamma}_{\pm}$ können beschrieben werden. Ähnlich ist die Situation bei anderen Elektrolyten. Das zeigt Abb. 3.4. Weder bei $CaCl_2$, $Mg(NO_3)_2$ oder Na_2SO_4 kann Gl. (3.34), außer bei sehr niedrigen Werten von I bzw. $I^{1/2}$, das experimentelle Ergebnis beschreiben. Entsprechend Gl. (3.30) wurde in Gl. (3.34) mit $I_{CaCl_2} = 3 \cdot \widetilde{m}_{CaCl_2}$, $I_{Mg(NO_3)_2} = 3 \cdot \widetilde{m}_{Mg(NO_3)_2}$, $I_{Na_2SO_4} = 3 \cdot \widetilde{m}_{Na_2SO_4}$ gerechnet.

Zum Abschluss dieses Abschnittes wollen wir noch angeben, wie der osmotische Koeffizient Φ_{OS} und der Aktivitätskoeffizient des Lösemittels γ_{LM} mit $\widetilde{\gamma}_{\pm}$ eines Elektrolyten nach der DH-Theorie zusammenhängen.

Wir gehen wieder aus von der Gibbs-Duhem-Gleichung:

$$x_{LM} \cdot d\mu_{LM} + x_{EL} \, d\mu_{EL} = 0$$

und setzen μ_{LM} aus Gl. (3.5) und μ_{EL} aus Gl. (3.19) unter Berücksichtigung vollständiger Dissoziation des Elektrolyten ($\alpha = 1$) ein:

$$x_{LM} \, d \ln(\gamma_{LM} \cdot x_{LM}) + \nu \cdot x_{EL} \, d \ln \widetilde{m}_{EL} + \nu \cdot x_{EL} \, d \ln \widetilde{\gamma}_{\pm} = 0$$

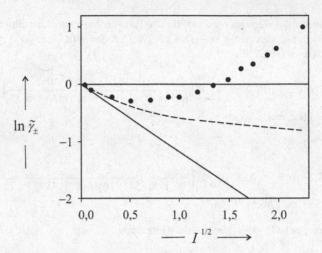

Abb. 3.3 Mittlere Aktivitätskoeffizienten $\ln(\widetilde{\gamma}_\pm)$ für LiBr in wässriger Lösung bei 298,15 K als Funktion von $I^{1/2}$.
• LiBr (Experimente), —— Gl. (3.33) mit $\alpha = 1$, - - - - - Gl. (3.34) mit $\alpha = 1$ und $\bar{r} = 3,3 \cdot 10^{-10}$ m.

Mit Hilfe von Gl. (3.2) ergibt sich daraus:

$$d \ln(\gamma_{\mathrm{LM}} \cdot x_{\mathrm{LM}}) = -\nu \cdot M_{\mathrm{LM}} \cdot \widetilde{m}_{\mathrm{EL}}\, d \ln \widetilde{m}_{\mathrm{EL}} - \nu \cdot M_{\mathrm{LM}} \cdot \widetilde{m}_{\mathrm{EL}}\, d \ln \widetilde{\gamma}_\pm$$

Integration von $\widetilde{m}_{\mathrm{EL}} = 0$ bis $\widetilde{m}_{\mathrm{EL}} > 0$ bzw. von $\gamma_{\mathrm{LM}} \cdot x_{\mathrm{LM}} = 1$ bis $\gamma_{\mathrm{LM}} \cdot x_{\mathrm{LM}} \neq 1$ ergibt:

$$\ln(\gamma_{\mathrm{LM}} \cdot x_{\mathrm{LM}}) = -\nu \cdot M_{\mathrm{LM}} \cdot \widetilde{m}_{\mathrm{EL}} - \nu \cdot M_{\mathrm{LM}} \int\limits_0^{\widetilde{m}_{\mathrm{EL}}} \widetilde{m}_{\mathrm{EL}} \left(\frac{d \ln \widetilde{\gamma}_\pm}{d \widetilde{m}_{\mathrm{EL}}} \right) \cdot d \widetilde{m}_{\mathrm{EL}} \qquad (3.37)$$

Der Zusammenhang zwischen $\widetilde{m}_{\mathrm{EL}}$ und der Ionenstärke I lautet wegen $\widetilde{m}_i = \nu_i \widetilde{m}_{\mathrm{EL}}$ (vollständige Dissoziation):

$$I = \frac{1}{2} \sum_i \widetilde{m}_i \cdot z_i^2 = \frac{1}{2} \widetilde{m}_{\mathrm{EL}} \cdot \sum_i \nu_i \cdot z_i^2$$

Daraus folgt:

$$\ln(\gamma_{\mathrm{LM}} \cdot x_{\mathrm{LM}}) = -\nu \cdot M_{\mathrm{LM}} \cdot \widetilde{m}_{\mathrm{EL}} - \nu \cdot M_{\mathrm{LM}} \frac{2}{\sum \nu_i z_i^2} \int\limits_0^I I \frac{d \ln \widetilde{\gamma}_\pm}{d I} \cdot d I \qquad (3.38)$$

Differentiation von Gl. (3.33) ergibt:

$$\frac{d \ln \widetilde{\gamma}_\pm}{d I} = -A \cdot \frac{1}{2} \cdot |z_+ \cdot z_-| \cdot I^{-1/2}$$

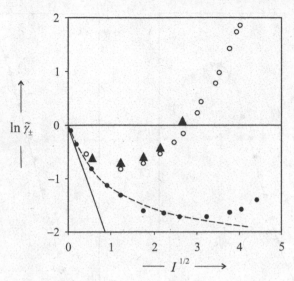

Abb. 3.4 Mittlere Aktivitätskoeffizienten $\ln(\widetilde{\gamma}_\pm)$ für $CaCl_2$ (•), $Mg(NO_3)_2$ (○) und Na_2SO_4 (▲) bei 298,15 K als Funktion von $I^{1/2}$.
—— nach Gl. (3.33) mit $\alpha = 1$, - - - - nach Gl. (3.34) mit $\alpha = 1$ und $\bar{r} = 3 \cdot 10^{10}$ m.

Einsetzen in Gl. (3.38) und Integration führt zu:

$$\ln(\gamma_{LM} \cdot x_{LM}) = -\nu \cdot M_{LM} \cdot \widetilde{m}_{EL} + \frac{\nu \cdot M_{LM}}{\sum_i \nu_i z_i^2} \cdot \frac{2}{3} \cdot I^{3/2} \cdot A \cdot \frac{1}{2} |z_+ \cdot z_-| \tag{3.39}$$

Damit ergibt sich für den osmotischen Koeffizienten der DH-Theorie mit der Definition nach Gl. (3.24):

$$\Phi_{OS} = -\frac{\ln(x_{LM} \cdot \gamma_{LM})}{M_{LM} \cdot \nu \cdot \widetilde{m}_{EL}} = 1 - \frac{1}{3} \cdot A \cdot |z_+ \cdot z_-| \cdot I^{1/2} \tag{3.40}$$

Es lässt sich leicht überprüfen, dass Einsetzen von Gl. (3.40) in Gl. (3.26) wieder zu Gl. (3.33) für $\ln \widetilde{\gamma}_\pm$ führt, womit die Konsistenz des ganzen Verfahrens bestätigt wird. Der Ausdruck für Φ_{OS} in 2. Näherung wird in Aufgabe 3.15.12 abgeleitet.

Schließlich lässt sich auch der Aktivitätskoeffizient des Lösemittels in der Molenbruchskala durch die DH-Theorie ausdrücken. Wir gehen dazu von Gl. (3.39) aus und schreiben mit $\widetilde{m}_{EL} = 2I/\sum_i \nu_i z_i^2$:

$$\ln \gamma_{LM} = -\ln x_{LM} - \frac{\nu \cdot M_{LM}}{\sum_i \nu_i z_i^2} \left(2I - \frac{1}{3} I^{3/2} \cdot A \cdot |z_+ \cdot z_-|\right)$$

Aus Gl. (3.2) folgt mit $x_{EL} = 1 - x_{LM}$:

$$x_{LM} = \frac{1}{M_{LM}\widetilde{m}_{EL} + 1} = \frac{1}{(M_{LM} \cdot 2I/\sum \nu_i z_i^2) + 1}$$

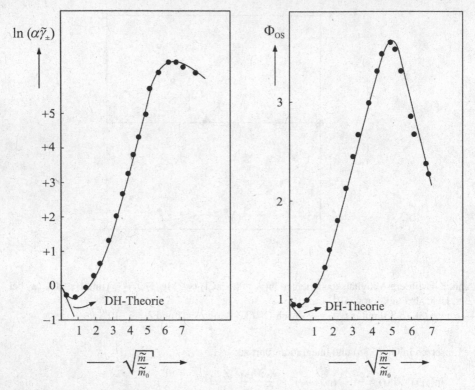

Abb. 3.5 $\ln(\alpha\widetilde{\gamma}_\pm)$ von HCl und osmotischer Koeffizient Φ_{OS} in wässriger Lösung bei 298,15 K. (nach: R. Haase, Thermodynamik, Dr. Dietrich Steinkopf-Verlag, Darmstadt)

und somit ergibt sich:

$$\ln\gamma_{LM} = \ln\left[M_{LM}\cdot\frac{2}{\sum_i \nu_i z_i^2}\cdot I + 1\right] - \frac{\nu\cdot M_{LM}}{\sum \nu_i z_i^2}\left(2I - \frac{1}{3}\cdot A\cdot|z_+\cdot z_-|\cdot I^{3/2}\right) \tag{3.41}$$

Die Ableitung des Ausdrucks für Φ_{OS} nach der erweiterten DH-Theorie mit $\widetilde{\gamma}_\pm$ nach Gl. (3.33) behandeln wir in der Übungsaufgabe 3.16.14.

Es sei nochmals betont, dass $\ln\gamma_{LM}$ hier in der Molenbruch-Skala angegeben ist, d. h., $\ln\gamma_{LM}$ wird 0 bzw. $\gamma_{LM} = 1$, wenn $x_{LM} = 1$ bzw. wenn $I = 0$. Gl. (3.41) hat nur ausreichende Gültigkeit bei Werten von x_{LM}, die nahe bei 1 liegen.

Gl. (3.40) gilt ebenso wie Gl. (3.33) und Gl. (3.34) nur für verdünnte Lösungen. Abb. 3.5 zeigt Messwerte von $\ln(\alpha\widetilde{\gamma}_\pm)$ und des osmotischen Koeffizienten Φ_{OS} für HCl in Wasser bis zu hohen Molalitäten von HCl. Es wird ein Minimum und bei hohen Werten von $\widetilde{m}_{HCl}^{1/2}$ wieder ein Maximum beobachtet. Die DH-Theorie beschreibt Φ_{OS} mit Gl. (3.34) nur im Anfangsverlauf bei sehr kleinen Werten von $\widetilde{m}_{HCl}$ korrekt.

Mittlere Aktivitätskoeffizienten $\widetilde{\gamma}_\pm$ und osmotische Koeffizienten Φ_{OS} nach der DH-Theorie für Lösungen mit mehreren Elektrolyten lassen sich leicht ableiten. Dazu verallgemeinern wird ausgehend von Gl. (3.15) und Gl. (3.16):

$$\ln \widetilde{\gamma}_\pm = \frac{1}{\nu} \sum \nu_i \ln \widetilde{\gamma}_i \tag{3.42}$$

Die Erweiterung für $\widetilde{\gamma}_\pm$ in gemischten Elektrolytlösungen lautet dann nach der DH-Theorie mit Gl. (3.27):

$$\boxed{\ln \widetilde{\gamma}_\pm = -\frac{1}{\nu} A \cdot I^{1/2} \sum_i \frac{\nu_i z_i^2}{1 + B \cdot r_i I^{1/2}}} \tag{3.43}$$

bzw. in der Näherung für geringe Ionenstärken:

$$\boxed{\ln \widetilde{\gamma}_\pm \approx -\frac{A}{\nu} \cdot I^{1/2} \sum z_i^2 \cdot \nu_i} \tag{3.44}$$

Für den Aktivitätskoeffizienten des Lösemittels γ_{LM} gilt dann in Erweiterung von Gl. (3.38):

$$\ln(\gamma_{LM} \cdot x_{LM}) = -\nu M_{LM} \left(\widetilde{m}_{EL} + \frac{2}{\sum \nu_i z_i^2} \int_0^I I \frac{d \ln \widetilde{\gamma}_\pm}{dI} \right)$$

$$= -\frac{2\nu M_{LM}}{\sum \nu_i z_i^2} \left(I + \int_0^I I \frac{d \ln \widetilde{\gamma}_\pm}{dT} dI \right)$$

Differenzieren von Gl. (3.44) und Einsetzen in das Integral ergibt für $\ln \gamma_{LM}$:

$$\boxed{\ln \widetilde{\gamma}_{LM} = -\ln x_{LM} - \frac{2\nu M_{LM}}{\sum \nu_i z_i^2} \left[I - \frac{A \cdot \sum \nu_i z_i^2}{\nu} \cdot \frac{2}{3} \cdot I^{3/2} \right]} \tag{3.45}$$

Für den osmotischen Koeffizienten Φ_{OS} ergibt sich dann gemäß Gl. (3.24):

$$\Phi_{OS} = -\frac{\ln(x_{LM} \cdot \gamma_{LM})}{M_{LM} \cdot \nu \cdot \widetilde{m}_{EL}} = -\frac{\ln(x_{LM} \cdot \gamma_{LM})}{M_{LM} \cdot \nu \cdot 2I} \cdot \sum \nu_i \cdot z_i^2$$

also:

$$\boxed{\Phi_{OS} = 1 - \frac{A \cdot \sum \nu_i z_i^2}{\nu} \cdot \frac{1}{3} \cdot I^{1/2}} \tag{3.46}$$

Für die Lösung eines einzelnen Elektrolyten stimmt Gl. (3.46) genau mit Gl. (3.40) überein wegen $\sum \nu_i z_i^2 / \nu = |z_+ \cdot z_-|$.

Natürlich hat es nicht an Versuchen gefehlt, die Debye-Hückel-Theorie zu verbessern bzw. zu erweitern, um die starken Abweichungen der Theorie von den Experimenten, wie sie beispielhaften in den Abb. (3.3) bis (3.5) gezeigt sind, zu beseitigen. Wir können auf diese teilweise recht erfolgreichen Bemühungen hier aus Platzgründen nicht näher eingehen und verweisen auf die Literatur (z. B.: K. S. Pitzer, Activity Coefficients in Electrolyte Solutions, RC Press, 2000). In Aufgabe 3.15.12 wird ein solcher einfacher Ansatz näher diskutiert. Weitere Aufgaben und Beispiele zur DH-Theorie: 3.15.2, 3.15.6 bis 3.15.8, 3.15.17, 3.16.4.

3.8 Thermodynamische Standardzustände in Elektrolytlösungen

Für Ionen in ideal verdünnten Lösungen definiert man gesonderte Standardzustände für die Enthalpie, Entropie und freie Enthalpie, die auf der Molalitäts-Skala für Elektrolytlösungen beruhen. Dazu ermitteln wir zunächst die freie Standardenthalpie des gelösten Gesamtelektrolyten im Sättigungsgleichgewicht mit dem festen, reinen Elektrolyten (Salz). Bei der Sättigungskonzentration $\widetilde{m}_{EL,sat}$ (s. auch Abschnitt 3.13) herrscht Phasengleichgewicht, d.h. das chemische Potential des Elektrolyten in der gesättigten Lösung ist gleich dem des reinen (festen) Elektrolyten. Es gilt dort also:

$$\mu_{EL,fest}^0 = \mu_{EL,sat} = \widetilde{\mu}_{EL}^0 + \nu RT \ln(\widetilde{m}_\pm \cdot \widetilde{\gamma}_\pm)_{sat} \tag{3.47}$$

Gl. (3.47) gilt für vollständige Dissoziation des Elektrolyten in Lösung, also gilt $\widetilde{m}_{El} = \widetilde{m}_\pm$ mit $\alpha = 1$.

Subtrahiert man nun auf beiden Seiten von Gleichung (3.47) die stöchiometrische Summe der freien Enthalpien der Elemente i, aus denen der feste Elektrolyt besteht, so erhält man für $T = 298{,}15$ K und 1 bar:

$$\mu_{EL,fest}^0 - \sum_i \nu_i' \overline{G}_i^0 = \Delta^f \overline{G}_{EL,fest}^0(298)$$

$$= \left(\widetilde{\mu}_{EL,0} - \sum_i \nu_i' \overline{G}_i^0 \right) + \nu \cdot R \cdot 298{,}15 \cdot \ln(\widetilde{m}_\pm \cdot \widetilde{\gamma}_\pm)_{sat} \tag{3.48}$$

Wir bezeichnen $\Delta^f \overline{G}_{EL,fest}^0(298)$ als freie Standardbildungsenthalpie des reinen festen Elektrolyten. ν_i' ist der stöchiometrische Faktor des Elementes i (nicht zu verwechseln mit ν_+, ν_- oder ν!). Der Term in Klammern auf der echten Seite von Gl. (3.48) ist die freie Bildungsenthalpie des gelösten Elektrolyten im Standardzustand:

$$\boxed{\Delta^f \overline{G}_{EL,Loes}^0(298) = \Delta^f \overline{G}_{EL,fest}^0(298) - \nu R \cdot 298{,}15 \ln(\widetilde{m}_\pm \cdot \widetilde{\gamma}_\pm)_{sat}} \tag{3.49}$$

$\Delta^f \overline{G}_{EL,Loes}^0(298)$ gilt für ein bestimmtes Lösemittel. Man muss daher das Lösemittel durch eine Bezeichnung mit angeben, z. B. (aq) für Wasser.

$\Delta^f \overline{G}_{EL,Loes}^0(298)$ ist eindeutig aus Gl. (3.49) bestimmbar, wenn die Sättigungskonzentration $\widetilde{m}_{\pm,sat}$ und der Aktivitätskoeffizient $\widetilde{\gamma}_{\pm,sat}$ der gesättigten Lösung bei 298,15 K durch entsprechende Messungen bekannt ist und ferner die Standardbildungsenthalpie $\Delta^f \overline{G}_{EL,fest}^0(298)$ für den reinen (festen) Elektrolyten.

Die Ermittlung der entsprechenden Standardbildungsenthalpie $\Delta^f \overline{H}_{EL,Loes}^0(298)$ ergibt sich nach der allgemeinen Beziehung:

$$\left(\frac{\partial(\Delta^f \overline{G}_{EL,Loes}^0/T)}{\partial T} \right)_p = -\frac{\Delta^f \overline{H}_{EL,Loes}^0(T)}{T^2} \quad \text{bzw.} \quad \left(\frac{\partial(\Delta^f \overline{G}_{EL,fest}^0(T)/T)}{\partial T} \right)_p = -\frac{\Delta^f \overline{H}_{EL,fest}^0(T)}{T^2}$$

folgendermaßen aus Gl. (3.49):

$$\Delta^f \overline{H}^0_{EL,Loes}(298) = \Delta^f \overline{H}^0_{EL,fest}(298) + \nu R(298, 15)^2 \left(\frac{\partial \ln(\overline{\gamma}_\pm)_{sat}}{\partial T} \right)_p$$

Damit lässt sich auch die entsprechende Standardentropie $\Delta^f \overline{S}^0_{EL,Loes}(298)$ berechnen:

$$\Delta^f \overline{S}^0_{EL,Loes}(298) = \frac{\Delta^f \overline{H}^0_{EL,Loes}(298) - \Delta^f \overline{G}^0_{EL,Loes}(298)}{298} = \overline{S}^0_{EL,Loes}(298)$$

Wir wollen noch die *Standardwerte für einzelne Ionen in Lösung* definieren. Es gilt ja:

$$\widetilde{\mu}^0_{Sol} = \widetilde{\mu}^0_{EL} = \nu_+ \widetilde{\mu}^0_+ + \nu_- \widetilde{\mu}^0_- \tag{3.50}$$

Damit lässt sich unmittelbar der Zusammenhang zwischen den thermodynamischen Standardgrößen des gesamten Elektrolyten und den Standardgrößen der Ionen des Elektrolyten in Lösung angeben. Entsprechend den üblichen thermodynamischen Beziehungen gilt ausgehend von Gl. (3.50):

$$\Delta^f \overline{G}^0_{EL,Loes}(298) = \nu_+ \Delta^f \overline{G}^0_{Kation,Loes}(298) + \nu_- \Delta^f \overline{G}^0_{Anion,Loes}(298)$$
$$\Delta^f \overline{H}^0_{EL,Loes}(298) = \nu_+ \Delta^f \overline{H}^0_{Kation,Loes}(298) + \nu_- \Delta^f \overline{H}^0_{Anion,Loes}(298)$$
$$\Delta^f \overline{S}^0_{EL,Loes}(298) = \nu_+ \overline{S}^0_{Kation,Loes}(298) + \nu_- \overline{S}^0_{Anion,Loes}(298)$$

Standardgrößen von Ionen sind also nicht absolut festzulegen, daher hat man vereinbart, dass für H^+-Ionen in wässriger Lösung gilt:

$$\Delta^f \overline{G}^0_{H^+,aq}(298) = 0$$
$$\Delta^f \overline{H}^0_{H^+,aq}(298) = 0$$
$$\overline{S}^0_{H^+,aq}(298) = 0$$

Da $\Delta^f \overline{G}^0_{EL,Loes}$, $\Delta^f \overline{H}^0_{EL,Loes}$ und $\Delta^f \overline{S}^0_{EL,Loes}$ experimentell bestimmbar sind, lassen sich durch entsprechende Kombination der Standardgrößen von Elektrolyten diejenigen der einzelnen Ionen in Lösung ermitteln. Werte für Standardgrößen $\Delta^f \overline{G}^0_{Ion,aq}(298)$, $\Delta^f \overline{H}^0_{Ion,aq}(298)$ und $\overline{S}^0_{Ion,aq}(298)$ sind für verschiedene Ionen in wässriger Lösung in Anhang A, Tabelle A.3, angegeben.

Als Beispiel wollen wir $\Delta^f \overline{G}^0_{Ag^+,aq}(298)$ berechnen aus folgenden Angaben, die wir Anhang A.3. entnehmen:

$$\Delta^f \overline{G}^0_{AgCl,fest}(298) = -109, 72 \text{ kJ} \cdot \text{mol}^{-1}$$
$$\Delta^f \overline{G}^0_{Cl^-,aq}(298) = -131, 17 \text{ kJ} \cdot \text{mol}^{-1}$$

Ferner benötigen wir die Sättigungskonzentration von AgCl in wässriger Lösung bei 298,15. Sie beträgt $\widetilde{m}_{AgCl}(aq, sat) = 1, 334 \cdot 10^{-5} \text{ mol} \cdot \text{kg}^{-1}$. Wir setzen diese Daten in Gl. (3.49) ein, wobei wir wegen der sehr niedrigen Konzentration $\overline{\gamma}_\pm \approx 1$ setzen können.

Da $\nu_+ = \nu_- = 1$ gilt, ist $\widetilde{m}_\pm = \widetilde{m}_{EL}$ und man erhält mit $\nu = \nu_+ + \nu_- = 2$:

$$\Delta^f \overline{G}^0_{AgCl,aq}(298) = -109,72 - 8,314 \cdot 298,15 \cdot 10^{-3} \cdot 2 \cdot \ln(1,334 \cdot 10^{-5})$$
$$= -109,72 + 55,652 = -54,07 \text{ kJ} \cdot \text{mol}^{-1}$$

Damit ergibt sich:

$$\Delta^f \overline{G}^0_{Ag^+,aq}(298) = \Delta^f \widetilde{G}^0_{AgCl,aq}(298) - \Delta^f \overline{G}^0_{Cl^-,aq}(298)$$
$$= -54,07 + 131,17 = 77,1 \text{ kJ} \cdot \text{mol}^{-1}$$

In der Tabelle von Anhang A.3 findet man für $\Delta^f \overline{G}^0_{Ag^+,aq}(298) = 77,11 \text{ kJ} \cdot \text{mol}^{-1}$ in bester Übereinstimmung mit dem berechneten Ergebnis.

3.9 Autoprotolyse des Wassers und Dissoziationsgleichgewichte einfacher Säuren und korrespondierender Basen

Viele Elektrolyte in Lösung sind nur teilweise dissoziiert, d. h., es stellt sich in Lösung ein chemisches Gleichgewicht ein:

$$(A_{\nu_+} B_{\nu_-})_{Sol} \rightleftharpoons \nu_+ \cdot A^{z+} + \nu_- \dot{B}^{z-} \tag{3.51}$$

Solche Gleichgewichte können sein:

- die Autoprotolyse eines Lösemittels, wie z. B.

$$2H_2O \rightleftharpoons H_3O^+ + OH^-$$
$$2NH_3 \rightleftharpoons NH_4^+ + NH_2^-$$

- die Dissoziation von schwachen und mittelstarken Säuren und Basen, z. B. in Wasser:

$$CH_3COOH + H_2O \rightleftharpoons H_3O^+ + CH_3COO^-$$
$$NH_3 + H_2O \rightleftharpoons NH_4^+ + OH^-$$

- die Dissoziation von Ionenkomplexgleichgewichten in Lösung, z. B.

$$Ag(CN)_2^- \rightleftharpoons Ag^+ + 2CN^-$$
$$FeCl_4^- \rightleftharpoons Fe^{3+} + 4Cl^-$$

- die Dissoziation von solvatisierten Ionen durch das Lösemittel, z. B.

$$Li(H_2O)_6^+ \rightleftharpoons Li^+ + 6H_2O$$

Im Fall des Dissoziationsgleichgewichtes (3.51) lautet die Bedingung für das chemische Reaktionsgleichgewicht entsprechend Gl. (2.4):

$$\mu_{Sol} = \nu_+ \mu_+ + \nu_- \mu_-$$

Mit der Molalität als Konzentrationsmaß gilt ja:

$$\mu_+ = \widetilde{\mu}_+^0 + RT \ \ln \widetilde{m}_+ \cdot \widetilde{\gamma}_+$$

$$\mu_- = \widetilde{\mu}_-^0 + RT \ \ln \widetilde{m}_- \cdot \widetilde{\gamma}_-$$

$$\mu_{Sol} = \widetilde{\mu}_{Sol}^0 + RT \ \ln \widetilde{m}_{Sol} \cdot \widetilde{\gamma}_{Sol}$$

und es folgt sofort das Massenwirkungsgesetz für das Dissoziationsgleichgewicht für Gl. (3.51):

$$K = e^{-(\nu_+ \widetilde{\mu}_+^0 + \nu_- \widetilde{\mu}_-^0 - \widetilde{\mu}_{Sol}^0)/RT} = \frac{a_+^{\gamma_+} \cdot a_-^{\gamma_-}}{a_{Sol}} = \frac{(\widetilde{m}_+ \cdot \widetilde{\gamma}_+)^{\nu_+} \cdot (\widetilde{m}_- \cdot \widetilde{\gamma}_-)^{\nu_-}}{\widetilde{m}_{Sol} \cdot \widetilde{\gamma}_{Sol}} \tag{3.52}$$

Gl. (3.52) lässt sich nun in eine für praktische Zwecke geeignete Form umwandeln. Mit

$$\widetilde{m}_+ = \nu_+ \cdot \alpha \cdot \widetilde{m}_{EL} \quad \text{und} \quad \widetilde{m}_- = \nu_- \cdot \alpha \cdot \widetilde{m}_{EL}$$

sowie

$$\widetilde{m}_{Sol} = (1 - \alpha) \cdot \widetilde{m}_{EL}$$

erhält man Gl. (3.52) in der Form:

$$K = \frac{(\nu_+^{\gamma_+} \cdot \nu_-^{\gamma_-}) \cdot (\alpha \widetilde{\gamma}_\pm)^\nu}{(1 - \alpha) \cdot \widetilde{\gamma}_{Sol}} \cdot (\widetilde{m}_{EL})^{-1+\nu} \tag{3.53}$$

wobei wir noch $\widetilde{\gamma}_\pm^\nu = \widetilde{\gamma}_+^{\nu_+} \cdot \widetilde{\gamma}_-^{\nu_-}$ (Gl. (3.16) und $\nu = \nu_+ + \nu_-$ berücksichtigt haben.

Wir hätten übrigens Gl. (3.53) auch direkt aus Gl. (3.18) und (3.19) ableiten können unter Berücksichtigung von $\mu_{Sol} = \widetilde{\mu}_{Sol}^0 + RT \ \ln \widetilde{m}_{Sol} \cdot \widetilde{\gamma}_{Sol}$. Man überprüfe das!

Eine der wichtigsten chemischen Elektrolytgleichgewichte ist die *Autoprotolyse des Wassers*, die Dissoziation von Wasser in H_3O^+-Ionen und OH^--Ionen:

$$2H_2O \rightleftharpoons H_3O^+ + OH^-$$

Formulieren wir dieses Gleichgewicht nach Gl. (3.52), erhält man:

$$K_W' = \frac{\widetilde{m}_{H_3O^+} \cdot \widetilde{m}_{OH^-} \cdot \widetilde{\gamma}_{H_3O^+} \cdot \widetilde{\gamma}_{OH^-}}{\widetilde{m}_{H_2O}^2 \cdot \widetilde{\gamma}_{H_2O}^2}$$

Da bei Normalbedingungen von T und p in Wasser die Autoprotolyse sehr gering ist und folglich K_W' einen sehr kleinen Wert hat, ist $\widetilde{m}_{H_2O} \cdot \widetilde{\gamma}_{H_2O}$ praktisch eine Konstante und man schreibt:

$$K_W' \cdot \widetilde{m}_{H_2O}^2 \cdot \widetilde{\gamma}_{H_2O}^2 = K_W = a_{H_3O^+} \cdot a_{OH^-} \tag{3.54}$$

wobei K_W nur von Druck und Temperatur abhängt.

Man bezeichnet den dekadischen Logarithmus der Aktivität $a_{H_3O^+}$ als pH-Wert:

$$\boxed{pH = -^{10}\lg\ a_{H_3O^+}} \tag{3.55}$$

Der Wert von K_W beträgt 10^{-14} bei 25°C und 1 bar, so dass mit der analogen Definition $-^{10}\lg a_{OH^-} =$ pOH gilt:

$$pH + pOH = 14$$

In reinem Wasser ist $a_{H_3O} = a_{OH^-}$ und es gilt dort bei 25°C und 1 bar:

$$pH = pOH = 7$$

Wir betrachten jetzt Dissoziationsgleichgewichte von Säuren und Basen in wässriger Lösung. Dabei handelt es sich im Sinne von Abschnitt 7.5 um gekoppelte chemische Reaktionsgleichgewichte, da neben der Autoprotolyse des Wassers auch die Dissoziationsgleichgewichte der Säure bzw. der Base vorliegen.

Für Säuren formulieren wir:

$$HA + H_2O \rightleftharpoons H_3O^+ + A^- \tag{3.56}$$

Also gilt:

$$K'_S = \frac{a_{H_3O^+} \cdot a_{A^-}}{a_{H_2O} \cdot a_{HA}} \tag{3.57}$$

oder in verdünnter Lösung:

$$K_S = K'_S \cdot \widetilde{m}_{H_2O} \cdot \widetilde{\gamma}_{H_2O} = \frac{\widetilde{m}_{H_3O^+} \cdot \widetilde{m}_{A^-} \cdot \widetilde{\gamma}_{H_3O^+} \cdot \widetilde{\gamma}_{A^-}}{\widetilde{m}_{HA} \cdot \widetilde{\gamma}_{HA}} = \frac{a_{H_3O^+} \cdot a_{A^-}}{a_{HA}} \tag{3.58}$$

Analog wie bei der Definition des pH-Wertes definiert man hier einen pK_S-Wert:

$$\boxed{pK_S = -^{10}\lg\ K_S} \tag{3.59}$$

Man spricht von schwachen Säuren, wenn $pK_S > 3$, von mittelstarken Säuren bei $-1 < pK_S < +3$ und von starken Säuren, wenn $pK_S < -1$.

Ganz entsprechend behandelt man die Dissoziation von Basen B:

$$B + H_2O \rightleftharpoons BH^+ + OH^- \tag{3.60}$$

mit dem entsprechenden Dissoziationsgleichgewicht:

$$K_B = \frac{a_{BH^+} \cdot a_{OH^-}}{a_{H_2O}} \tag{3.61}$$

und der Definition des entsprechenden pK_B-Wertes:

$$\boxed{pK_B = -^{10}\lg\ K_B} \tag{3.62}$$

Tab. 3.2 pK_S-Werte von einigen Säuren in H_2O bei 298,15 K

pK_S	- 9	- 8	- 6,5	- 1,8	- 0,505	2,859
Säure	$HClO_4$	HBr	HCl	HNO_3	Cl_3C_2OOH	ClH_2C_2OOH
pK_S	3,140	3,752	4,754	9,246	9,40	9,902
Säure	HF	HCOOH	CH_3COOH	NH_4^+	HCN	Phenol

Im Allgemeinen spricht man von Säuren als Protonendonatoren und von Basen als Protonenakzeptoren. Zu jeder Säure gibt es also auch eine korrespondierende Base. So ist HA eine Säure, A^- kann man als Base auffassen, da die Reaktion Gl. (3.56) von rechts nach links gelesen die Reaktion eines Protonenakzeptors, also einer Base ist. Natürlich können Basen auch neutrale Moleküle sein, wie z. B. NH_3:

$$NH_3 + H_3O \rightleftharpoons NH_4^+ + H_2O$$

Hier ist NH_3 die Base und die korrespondieren Säure ist NH_4^+.

Generell formuliert man für die korrespondierende Base:

$$A^- + H_2O \rightleftharpoons HA + OH^-$$

mit

$$K_B = \frac{a_{HA} \cdot a_{OH^-}}{a_{A^-}} \tag{3.63}$$

sodass für für ein korrespondierendes Säure-Basen-Paar mit Gl. (3.58) und (3.63) gilt:

$$\boxed{K_S \cdot K_B = a_{H_2O^+} \cdot a_{OH^-} = K_W} \tag{3.64}$$

Es genügt also K_S zu kennen. Damit ist auch K_B festgelegt.

Tabelle 3.2 enthält pK_S-Werte für eine kleine Auswahl von Säuren in wässriger Lösung.

Wir kommen jetzt zu der Frage, wie man K_S-Werte bzw. pK_S-Werte bestimmen kann. Dazu geht man am besten von Gl. (3.53) aus. Sie lautet im Fall einer einfachen Säure nach Gl. (3.56):

$$K_S = \frac{(\alpha \cdot \widetilde{\gamma}_\pm)^2}{(1 - \alpha) \cdot \widetilde{\gamma}_{HA}} \cdot \widetilde{m}_{EL} \tag{3.65}$$

wobei $\widetilde{m}_{EL}$ die Gesamtkonzentration der Säure bedeutet, von der wir voraussetzen können, dass sie durch Einwaage bekannt ist. Der Dissoziationsgrad α ist in diesem Fall das Konzentrationsverhältnis $\widetilde{m}_{A^-}/\widetilde{m}_{EL}$, das durch elektrische Leitfähigkeitsmessungen oder in manchen Fällen auch durch photometrische Messungen bestimmt werden kann. Der konventionelle Aktivitätskoeffizient $(\alpha \cdot \widetilde{\gamma}_\pm)$ kann meistens durch elektrochemische Messungen ermittelt werden (s. Kapitel 4), manchmal auch durch Messungen des osmotischen Koeffizienten (s. Gl. (3.26)). Bei genügend verdünnter Lösung kann dabei der Aktivitätskoeffizient der undissoziierten Säure $\widetilde{\gamma}_{HA}$ gleich 1 gesetzt werden.

Man gewinnt dann den Wert von K_S durch Extrapolation:

$$K_S = \lim_{\widetilde{m}_{EL} \to 0} \left[\frac{(\alpha \cdot \widetilde{\gamma}_{\pm})^2}{(1 - \alpha)} \, \widetilde{m}_{EL} \right]$$

Wir wollen 2 Rechenbeispiele geben.

1. Welchen pH-Wert hat eine Lösung von Essigsäure (HAz) mit der Molalität $\widetilde{m}_{EL} = 0,001$ mol $\cdot$ kg^{-1}?

Wir gehen aus von Gl. (3.58) und schreiben mit $\widetilde{m}_{EL} = \widetilde{m}_{HAz} + \widetilde{m}_{Az^-}$:

$$K_{HAz} \cdot \frac{\widetilde{\gamma}_{HAz}}{\widetilde{\gamma}_{H_3O^+} \cdot \widetilde{\gamma}_{Az^-}} = \frac{\widetilde{m}_{H_3O^+} \cdot \widetilde{m}_{Az^-}}{0,001 - \widetilde{m}_{Az^-}} \tag{3.66}$$

Ferner gilt nach Gl. (3.54):

$$\frac{K_W}{\widetilde{\gamma}_{H_3O^+} \cdot \widetilde{\gamma}_{OH^-}} = \widetilde{m}_{H_3O^+} \cdot \widetilde{m}_{OH^-}$$

und es ist die elektrische Neutralitätsbilanz zu berücksichtigen:

$$\widetilde{m}_{H_3O^+} = \widetilde{m}_{OH^-} + \widetilde{m}_{Az^-}$$

In erster Näherung setzen wir alle $\widetilde{\gamma}_i \cong 1$ und eliminieren zunächst $\widetilde{m}_{OH^-}$ aus den letzten beiden Gleichungen:

$$\widetilde{m}_{Az^-} \cong \widetilde{m}_{H_3O^+} - \frac{K_W}{\widetilde{m}_{H_3O}} \tag{3.67}$$

Damit ergibt sich mit Hilfe von Tabelle 3.2 und Gl. (3.66):

$$K_{HAz} = 1,762 \cdot 10^{-5} \approx \frac{\widetilde{m}_{H_3O^+}^2 - K_W}{0,001 - \widetilde{m}_{H_3O^+} + \frac{K_W}{\widetilde{m}_{H_3O^+}}} \tag{3.68}$$

Aus dieser Gleichung ist $\widetilde{m}_{H_3O^+}$ zu bestimmen. Wegen $K_W = 10^{-14}$ vernachlässigen wir die Terme mit K_W im Zähler und Nenner von Gl. (3.68) und erhalten eine quadratische Gleichung mit der Lösung:

$$\widetilde{m}_{H_3O^+} \cong -\frac{K_{HAz}}{2} + \sqrt{\frac{K_{HAz}^2}{4} + 0,001 \cdot K_{HAz}} = 1,24 \cdot 10^{-4} \text{ mol} \cdot \text{kg}^{-1}$$

und mit Gl. (3.67) unter Vernachlässigung des zweiten Terms unter der Wurzel:

$$\widetilde{m}_{Az^-} \cong \widetilde{m}_{H_3O^+} = 1,24 \cdot 10^{-4} \text{ mol} \cdot \text{kg}^{-1}$$

Man sieht, dass die Vernachlässigung von $K_W = 10^{-14}$ gegen $\widetilde{m}_{H_3O^+}^2$ bzw. von $K_W/\widetilde{m}_{H_3O^+}$ gegen $\widetilde{m}_{H_3O^+}$ gerechtfertigt war. Damit erhält man für den pH-Wert:

$$\text{pH} \approx 3,91 \qquad \text{bzw.} \qquad \text{pOH} = 14 - 3,91 = 10,09 \tag{3.69}$$

Eine genauere Rechnung, die Gl. (3.67) und Gl. (3.68) exakt berücksichtigt und die auch die Aktivitätskoeffzienten $\widetilde{\gamma}_i$ z. B. nach der Debye-Hückel-Theorie (s. Gl. (3.27)) miteinbezieht, müsste iterativ durchgeführt werden ausgehend von der hier berechneten Näherung für $\widetilde{m}_{H_3O^+}$ und ändert nur geringfügig das Ergebnis.

Führt man jedoch dieselbe Rechnung z. B. für eine deutlich stärkere Säure als Essigsäure durch, wie z. B. Trichloressigsäure, ist eine bessere Näherung erforderlich.

2. Welchen pH-Wert hat eine Na-Azetat-Lösung der Molalität $\widetilde{m}_0 = 0,001 \text{ mol} \cdot \text{kg}^{-1}$?

Zunächst stellen wir die Massenbilanzen auf:

$$\widetilde{m}_0 = \widetilde{m}_{Na^+} = \widetilde{m}_{Az^-} + \widetilde{m}_{HAz} \tag{3.70}$$

und dann die elektrische Ladungsbilanz:

$$\widetilde{m}_{Az^-} + \widetilde{m}_{OH^-} = \widetilde{m}_{Na^+} + \widetilde{m}_{H_3O^+} \tag{3.71}$$

Schließlich gelten die chemischen Gleichgewichtsbedingungen:

$$K_{HAz} \cong \frac{\widetilde{m}_{H_3O^+} \cdot \widetilde{m}_{Az^-}}{\widetilde{m}_{HAz}} \quad \text{und} \quad K_W \cong \widetilde{m}_{H_3O^+} \cdot \widetilde{m}_{OH^-} \tag{3.72}$$

Wir vernachlässigen also wieder in erster Näherung die Auswirkung der Aktivitätskoeffizienten. Alle $\widetilde{\gamma}_i$ sollen ungefähr gleich 1 sein. Die Gleichungen (3.70) bis (3.72) ergeben 5 unabhängige Beziehungen zur Bestimmung der 5 Unbekannten $\widetilde{m}_{Na^+}, \widetilde{m}_{H^+}, \widetilde{m}_{OH^-}, \widetilde{m}_{HAz}$ und $\widetilde{m}_{Az^-}$.

Wir erhalten zunächst:

$$K_{HAz} = \frac{\widetilde{m}_{H_3O} \cdot \widetilde{m}_{Az^-}}{\widetilde{m}_0 - \widetilde{m}_{Az^-}} \tag{3.73}$$

und ferner:

$$\widetilde{m}_{Az^-} + \frac{K_W}{\widetilde{m}_{H_3O^+}} = \widetilde{m}_0 + \widetilde{m}_{H_3O^+} \tag{3.74}$$

Löst man Gl. (3.73) nach $\widetilde{m}_{Az^-}$ auf und setzt in Gl. (3.74) ein, so ergibt sich:

$$\frac{K_{HAz} \cdot \widetilde{m}_0}{\widetilde{m}_{H_3O^+} + K_{HAz}} + \frac{K_W}{\widetilde{m}_{H_3O^+}} = \widetilde{m}_0 + \widetilde{m}_{H_3O^+} \tag{3.75}$$

Der pH-Wert einer Na-Azetat-Lösung wird mit Sicherheit größer als 7 sein, also ist $\widetilde{m}_{H_3O^+} < 10^{-7} \text{ mol} \cdot \text{kg}^{-1}$. Da $K_{HAz} = 10^{-4,754}$, ist $\widetilde{m}_{H_3O^+} \ll K_{HAz}$ und man kann für den ersten Term auf der linken Seite von Gl. (3.75) schreiben wegen $(1+x)^{-1} \approx 1-x$ für $x = \widetilde{m}_{H_3O^+}/K_{HAz} \ll 1$:

$$\frac{K_{HAz} \cdot \widetilde{m}_0}{\widetilde{m}_{H_3O^+} + K_{HAz}} \approx \widetilde{m}_0 \left(1 - \frac{\widetilde{m}_{H_3O^+}}{K_{HAz}}\right)$$

Tab. 3.3 Standardreaktionsdaten schwacher Säuren in wässriger Lösung bei 298,15 K

	$\dfrac{\Delta_R \widetilde{G}_S^0}{kJ \cdot mol^{-1}}$	$\dfrac{\Delta_R \widetilde{H}_S^0}{kJ \cdot mol^{-1}}$	$\dfrac{\Delta_R \widetilde{S}_S^0}{J \cdot mol^{-1} \cdot K^{-1}}$
CH_3COOH (Essigsäure)	27,137	−0, 181	−91, 7
$ClCH_2COOH$ (Monochloressigsäure)	16,322	−4, 845	−71, 1
NH_4^+	52,777	52,216	−1, 7
$CH_3NH_3^+$	60,601	54,760	−19, 7
$(CH_3)_3NH^+$	55,890	36,882	−63, 6

Eingesetzt in Gl. (3.75) lässt sich dann leicht nach $\widetilde{m}_{H_3O^+}$ auflösen:

$$\widetilde{m}_{H_3O^+} \cong \left(\frac{K_W \cdot K_{HAz}}{1 + K_{HAz}} \right)^{1/2} = 4,1975 \cdot 10^{-10} \tag{3.76}$$

Also ist der pH-Wert der Na-Azetat-Lösung:

$$pH = 9,377$$

Aus Gl. (3.74) lässt sich dann sofort $\widetilde{m}_{Az^-} = 0,976 \cdot 10^{-3}$ mol $\cdot$ kg^{-1} berechnen und damit aus Gl. (3.71) $\widetilde{m}_{HAz} = 2,4 \cdot 10^{-5}$ mol $\cdot$ kg^{-1}. Aus Gl. (3.72) ergibt sich $\widetilde{m}_{OH^-} = 2,38 \cdot 10^{-5}$ mol $\cdot$ kg^{-1}. Es sei nochmals daran erinnert, dass Gl. (3.76) nur deshalb mit guter Näherung gilt, weil der pK$_S$-Wert der Essigsäure deutlich kleiner als 7 ist. Gl. (3.76) ist mit hoher Genauigkeit gültig für pK$_S$-Werte mit pK$_S$ < 5, insbesondere auch für negative pK$_S$-Werte. So ist z. B. für eine NaCl-Lösung $\widetilde{m}_{H_3O^+} \cong \sqrt{K_W} = 10^{-7}$ (also pH = 7), da $K_{HCl} = 10^{6,5}$ (s. Tabelle 3.3). Beim Salz einer noch schwächeren Säure (z. B. von HCN oder Phenol) muss $\widetilde{m}_{H_3O^+}$ aus Gl. (3.75) korrekt oder zumindest in besserer Näherung als nach Gl. (3.76) berechnet werden.

Die Dissoziationskonstanten K_S bzw. K_B sind abhängig von Temperatur und Druck. Ausgehend von Gl. (3.52) lassen sich Temperatur- und Druckabhängigkeiten mit Hilfe der bekannten thermodynamischen Zusammenhänge formulieren:

$$\left(\frac{\partial \ln K_S}{\partial T} \right)_p = \frac{\nu_+ \widetilde{H}_+^0 + \nu_- \widetilde{H}_-^0 - \widetilde{H}_{Sol}^0}{RT^2} = \frac{\Delta_R \widetilde{H}_S^0}{RT^2} \tag{3.77}$$

$\Delta_R \widetilde{H}_S^0$ heißt Dissoziationsenthalpie der Säure. Daten für einige Säuren sind in Tabelle 3.3 wiedergegeben ($-RT \ln K_S = \Delta_R \widetilde{G}_S = \Delta_R \widetilde{H}_S - T \cdot \Delta_R \widetilde{S}_S$). Ferner gilt:

$$\left(\frac{\partial \ln K_S}{\partial p} \right)_T = -\frac{\nu_+ \widetilde{V}_+^0 + \nu_- \widetilde{V}_-^0 - \widetilde{V}_{Sol}^0}{RT} = -\frac{\Delta_R \widetilde{V}_S^0}{RT} \tag{3.78}$$

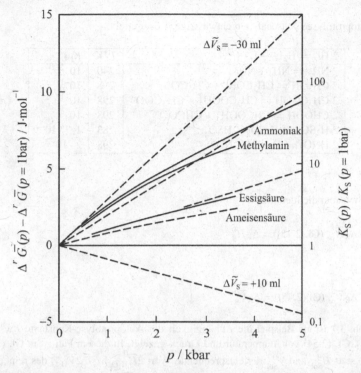

Abb. 3.6 Druckabhängigkeit von $\Delta_R \overline{G}$ und K_S verschiedener schwacher Säuren in wässriger Lösung bei 293 K. - - - - - mit $\Delta_R \overline{V}_S$ (von oben nach unten): - 30, - 20, -10, + 10 ml mol^{-1}.

$\Delta_R \widetilde{V}_S^0$ ist das Dissoziationsvolumen. Die Druckabhängigkeit von K_S bzw. $\Delta_R \overline{G}_S$ wurde für mehrere Säuren in wässriger Lösung gemessen. Abb. 3.6 zeigt einige Ergebnisse, aus denen sich $\Delta_R \widetilde{V}_S$ nach Gl. (3.78) abschätzen lässt.

Die Werte von $\widetilde{H}_i^0$ und $\widetilde{V}_i^0$ beziehen sich auf den Standardzustand, d. h., es handelt sich um partielle molare Enthalpien bzw. Volumina in unendlicher Verdünnung im Lösemittel. Die Einzelwerte sind experimentell nicht zugänglich, aber die Differenzen, $\Delta_R \widetilde{H}_S^0$ und $\Delta_R \widetilde{V}_S^0$. Es sei auf den Unterschied von Gl. (3.77) und (3.78) zu den Gl. (2.33) und (2.36) hingewiesen. Dort wurden als Konzentrationseinheit die molare Konzentration c_i in der Einheit mol $\cdot$ m^{-3} verwendet, in Gl. (3.77) und (3.78) ist die zu Grunde liegende Konzentrationseinheit die Molalität $\widetilde{m}_i$. Das ist auch der Grund, weshalb in Gl. (2.43) und (2.45) der thermische Ausdehnungskoeffizient $\alpha_{p,LM}$ bzw. die Kompressibilität $\kappa_{T,LM}$ des Lösemittels noch zusätzlich in Erscheinung treten, da das Volumen, auf das sich die Stoffmenge n_i bei der Definition von $c_i = n_i/V_{LM}$ bezieht temperatur- bzw. druckabhängig ist. Das ist bei der Definition der Molalität $\widetilde{m}_i = m_i/(\text{kg Lösemittel})$ nicht der Fall, da die Masse des Lösemittels weder temperatur- noch druckabhängig ist und somit auch keine additiven Terme in Gl. (3.77) und (3.78) auftreten, die $\alpha_{p,LM}$ bzw. $\kappa_{T,LM}$ enthalten.

Tab. 3.4 Autoprotolyseeigenschaften nichtwässriger Lösemittel

$2\,HL \rightleftharpoons H_2L^+ + L^-$	T/K	K_{HL}
$2\,NH_3 \rightleftharpoons NH_4 + NH_2^-$	240	10^{-22}
$2\,CH_3OH \rightleftharpoons CH_3COH_2^+ + CH_3CO^-$	298	10^{-17}
$2\,CH_3COOH \rightleftharpoons CH_3COOH_2^+ + CH_3COO^-$	298	10^{-13}
$2\,CHOOH \rightleftharpoons CHCOOH_2^+ + CHCOO^-$	298	10^{-6}
$2\,H_2SO_4 \rightleftharpoons H_3SO_4^+ + HSO_4^-$	283	$1,7 \cdot 10^{-4}$
$2\,HNO_3 \rightleftharpoons H_2NO_3^+ + NO_3^-$	298	$2 \cdot 10^{-2}$

Es gelten aber die Identitäten:

$$\Delta_R \overline{H}_\infty^{fl}\,(Gl.(2.43)) = \Delta_R \widetilde{H}_S^0 \tag{3.79}$$

und

$$\Delta_R \overline{V}_\infty^{fl}\,(Gl.(2.45)) = \Delta_R \widetilde{V}_S^0 \tag{3.80}$$

In Abb. 3.7 ist als Beispiel die Abhängigkeit der Autoprotolyse-Konstante K_W des Wassers (s. Gl. (3.54) von Temperatur und Druck gezeigt. In diesem Fall ist in Gl. (3.77) und (3.78) statt $\widetilde{H}_{Sol}^0$ und $\widetilde{V}_{Sol}^0$ der entsprechende Wert $2\overline{H}_{H_2O}^0$ bzw. $2\overline{V}_{H_2O}^0$ des reinen Wassers einzusetzen.

$\Delta\widetilde{H}_{KW}^0 = \widetilde{H}_{H_3O^+} + \widetilde{H}_{OH^-} - 2\overline{H}_{H_2O}^0$ ist positiv und beträgt bei 298,15 K und 1 bar 56,56 kJ·mol^{-1}, $\Delta\widetilde{V}_{KW}^0 = \widetilde{V}_{H_3O^+} + \widetilde{V}_{OH^-} - 2\overline{V}_{H_2O}^0$ dagegen ist negativ und beträgt ca. - 20 cm^3·mol^{-1}. Da bekanntlich $\overline{V}_{H_2O} \approx 18\,cm^3/mol$ ist, ergibt sich für den Mittelwert $(\widetilde{V}_{H_3O^+} + \widetilde{V}_{OH^-})/2$ ein durchschnittlicher Wert von ca. 8 cm^3 · mol^{-1} pro Ion, also fast die Hälfte des molaren Volumens von Wasser. Man kann aus Abb. 3.7 schließen, dass bei hohem Druck und hoher Temperatur reines Wasser erheblich stärker in H_3O^+ und OH^--Ionen dissoziiert vorliegt als unter Normalbedingungen. In der Tabelle 3.3 sind einige Werte für $\Delta\widetilde{H}_S^0, \Delta\widetilde{S}_S^0$ zusammen mit $\Delta_R\widetilde{G}_S^0 = -RT\ln K_S$ angegeben, wobei $\Delta_R\widetilde{S}_S^0 = \Delta\widetilde{H}^0/T + R \cdot \ln K_S$ gilt.

Wasser ist zwar das häufigste, aber nicht das einzige Lösemittel, das von Bedeutung ist für Elektrolytlösungen. Eine ganze Reihe von Flüssigkeiten eignen sich ebenfalls als Lösemittel für Elektrolyte. Dabei handelt es sich in der Regel um stark polare Flüssigkeiten, von denen einige eine Autoprotolyse zeigen, die stärker ist als die von Wasser. Tabelle 3.4 zeigt die wichtigsten nichtwässrigen Lösemittel, ihre Autoprotolysereaktion und die entsprechenden Autoprotolysekonstanten K_{HL} im Vergleich zum K_W-Wert von Wasser. Säuren, die in H_2O sehr starke Säuren sind, sind z. B. in Essigsäure („Eisessig") erheblich weniger dissoziiert. So betragen die pK$_S$-Werte für HClO$_4$, H$_2$SO$_4$ oder HCl in reiner Essigsäure jeweils 4,87, 7,24 und 8,55.

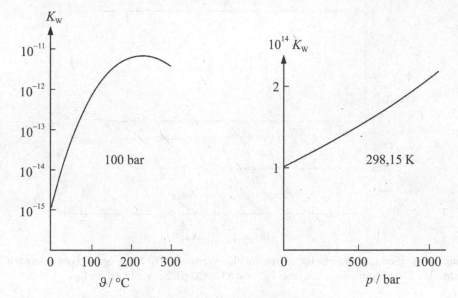

Abb. 3.7 Temperatur- und Druckabhängigkeit von K_W (Gl. (3.54)).

3.10 *Titrationskurven und Pufferkapazität*

Die Titration gehört zu den bekanntesten quantitativen Analysenverfahren der Chemie. Dazu zählt in erster Linie die Bestimmung von Säuregehalt bzw. Basengehalt einer wässrigen Lösung durch Titration mit einer starken Base bzw. einer starken Säure.

Wir wollen die Titration der Lösung einer einfachen Säure beliebiger Stärke durch eine starke Base wie NaOH behandeln. Wir machen dabei zwei einschränkende Annahmen, die jedoch das Ergebnis nur unwesentlich beeinflussen.

Erstens vernachlässigen wir den Einfluss von Aktivitätskoeffizienten der beteiligten Elektrolyte und zweitens nehmen wir an, dass bei Zugabe der vollständig dissoziierenden Base NaOH sich das Volumen der Lösung praktisch nicht ändert. Das ist in guter Näherung erfüllt, wenn man sich vorstellt, dass die zutitrierte Lösung von NaOH hochkonzentriert sein soll. Dann ändert sich das Volumen der Lösung beim Zutitrieren praktisch nicht. Das Maß für die Menge der zutitrierten Base NaOH ist die Molalität der Na^+-Ionen $\widetilde{m}_{Na^+}$ in der Lösung. Es herrschen folgende Gleichgewichtsbedingungen in der Lösung:

$$K_S \cong \frac{\widetilde{m}_{H_3O^+} \cdot \widetilde{m}_{A^-}}{\widetilde{m}_{HA}} \tag{3.81}$$

$$K_W \cong \widetilde{m}_{H_3O^+} \cdot \widetilde{m}_{OH^-} \tag{3.82}$$

Ferner gelten die folgenden Massen- bzw. Ladungsbilanzen, wobei $\widetilde{m}_T$ der Gesamtkonzentration

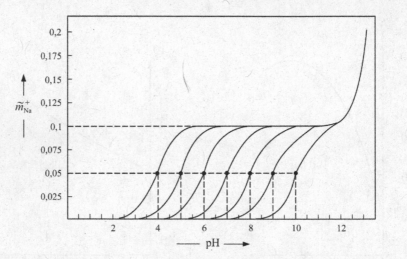

Abb. 3.8 Titrationskurven einfacher Säuren mit pK_S-Werten 4, 5, 6, 7, 8, 9 und 10 (von links nach rechts) bei 298,15 K mit $\widetilde{m}_T = 0,1 \; mol \cdot kg^{-1}$ nach Gl. (3.86). Bei ● gilt: $pH = pK_S$.

an Säure bedeutet:

$$\widetilde{m}_T = \widetilde{m}_{HA} + \widetilde{m}_{A^-} \tag{3.83}$$

$$\widetilde{m}_{Na^+} + \widetilde{m}_{H_3O^+} = \widetilde{m}_{OH^-} + \widetilde{m}_{A^-} \tag{3.84}$$

Mit Hilfe von Gl. (3.81) eliminieren wir $\widetilde{m}_{HA}$ in Gl. (3.83), lösen nach $\widetilde{m}_{A^-}$ auf und setzen das in Gl. (3.84) ein. Ferner wird $\widetilde{m}_{OH^-}$ in Gl. (3.84) mit Hilfe von Gl. (3.82) eliminiert. Man erhält dann:

$$\widetilde{m}_{Na^+} + \widetilde{m}_{H_3O^+} = \frac{\widetilde{m}_T \cdot K_S}{\widetilde{m}_{H_3O^+} + K_S} + \frac{K_W}{\widetilde{m}_{H_3O^+}} \tag{3.85}$$

Gl. (3.85) wird nach $\widetilde{m}_{Na^+}$ aufgelöst unter Beachtung von $\widetilde{m}_{H_3O^+} = 10^{-pH}$ und $K_S = 10^{-pK_S}$:

$$\boxed{\widetilde{m}_{Na^+} = \frac{\widetilde{m}_T \cdot 10^{-pK_S}}{10^{-pH} + 10^{-pK_S}} + K_W \cdot 10^{pH} - 10^{-pH}} \tag{3.86}$$

Gl. (3.86) stellt die gesuchte *Titrationskurve* dar, also $\widetilde{m}_{Na^+}$ als Funktion des pH-Wertes mit dem Parameter pK_S als Maß für die Stärke der titrierten Säure. Abb. (3.8) zeigt die mit Gl. (3.86) berechneten Titrationskurven für $\widetilde{m}_T = 0,1 \; [mol \cdot kg^{-1}]$ und verschiedenen Werten von pK_S.

Mit Abb. 3.8 lässt sich auch der Begriff der *Pufferkapazität* anschaulich erläutern. Die Pufferkapazität β ist definiert als die Steigung der Kurven in Abb. (3.8) im Bereich mäßiger pH-Werte von ca. 4 bis 10. Eine hohe Pufferkapazität bedeutet, dass eine Änderung der Konzentration von Na^+-Ionen, also der zugegebenen Base, nur eine geringe Änderung des pH-Wertes bewirkt, d. h., $d\widetilde{m}_{Na^+}/d(pH)$ sollte maximal sein, um die maximale Pufferkapazität zu erreichen. Das ist, wie

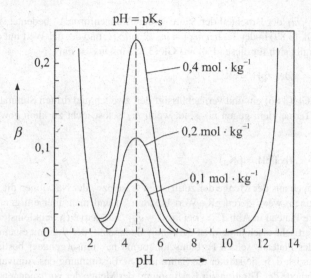

Abb. 3.9 Pufferkapazität β gegen pH-Wert für Essigsäure bei verschiedenen Gesamtsäure-Molalitäten $\widetilde{m}_T$.

man Abb. 3.8 entnimmt, offensichtlich bei Werten von $\widetilde{m}_{Na^+}$ der Fall, die ungefähr gleich $\widetilde{m}_T/2$ betragen. Das wollen wir jetzt ableiten. Es gilt also definitionsgemäß:

$$\beta = \frac{d\widetilde{m}_{Na^+}}{d(pH)} = -2{,}303 \cdot \widetilde{m}_{H_3O^+} \cdot \frac{d\widetilde{m}_{Na^+}}{d\widetilde{m}_{H_3O^+}} \tag{3.87}$$

Angewandt auf Gl. (3.85) ergibt sich:

$$\widetilde{m}_{H_3O^+} \cdot \frac{d\widetilde{m}_{Na^+}}{d\widetilde{m}_{H_3O^+}} = -\frac{\widetilde{m}_T \cdot K_S}{(\widetilde{m}_{H_3O^+} + K_S)^2} \cdot \widetilde{m}_{H_3O^+} - \frac{K_W}{\widetilde{m}_{H_3O^+}} - \widetilde{m}_{H_3O^+} \tag{3.88}$$

Einsetzen von Gl. (3.88) in Gl. (3.87) ergibt β. Ein Beispiel für diese Berechnung zeigt Abb. 3.9.

Im Bereich des Maximums von β spielen die beiden letzten Terme von Gl. (3.88) keine Rolle, nur bei sehr niedrigen oder sehr hohen Werten von $\widetilde{m}_{H_3O^+}$ fallen sie ins Gewicht, wir können sie also im Bereich des Maximums von β vernachlässigen. Nun beachten wir zunächst, dass gilt:

$$\widetilde{m}_{A^-} \cdot \widetilde{m}_{HA} = \widetilde{m}_{A^-} (\widetilde{m}_T - \widetilde{m}_{A^-}) = \frac{\widetilde{m}_T \cdot K_S}{\widetilde{m}_{H_3O^+} + K_S} \left(\widetilde{m}_T - \frac{\widetilde{m}_T \cdot K_S}{\widetilde{m}_{H_3O^+} + K_S} \right)$$

$$= \widetilde{m}_T^2 \cdot \frac{\widetilde{m}_{H_3O^+} \cdot K_S}{(\widetilde{m}_{H_3O^+} + K_S)^2}$$

Also lässt sich unter Beachtung von Gl. (3.87) und (3.88) für β schreiben:

$$\boxed{\beta \cong 2{,}303 \cdot \frac{\widetilde{m}_{A^-} (\widetilde{m}_T - \widetilde{m}_{A^-})}{\widetilde{m}_T} = 2{,}303 \cdot \widetilde{m}_T \cdot \alpha_{A^-} (1 - \alpha_{A^-})} \tag{3.89}$$

wobei $\alpha_{A^-} = \widetilde{m}_{A^-}/\widetilde{m}_T$ der Bruchteil der Säure in der Anionenform A^- bedeutet. Das Maximum von β liegt nach Gl. (3.89) in der Tat bei $\widetilde{m}_{A^-} = \widetilde{m}_T/2 = \widetilde{m}_{HA}$, und der pH-Wert mit der maximalen Pufferkapazität ergibt sich für diesen Fall aus Gl. (3.81) mit $\widetilde{m}_{A^-} = \widetilde{m}_{HA}$:

$$K_S = \widetilde{m}_{H_3O^+} \quad \text{oder} \quad \text{pH} = \text{p}K_S$$

Setzt man das in Gl. (3.86) ein und vernachlässigt den zweiten und dritten Summanden der Gleichung, da beide Terme klein gegen $\widetilde{m}_T$ sind, wenn $\widetilde{m}_T$ selbst nicht zu klein gewählt wurde, so gilt:

$$\widetilde{m}_{Na^+} = \frac{\widetilde{m}_T}{2} \quad \text{(bei pH = p}K_S\text{)}$$

Damit lässt sich auch aus der Menge der zutitrierten Base bzw. der Na^+-Ionen die Gesamtmenge der Säure bestimmen, wenn deren $\text{p}K_S$-Wert bekannt ist und man über ein genaues pH-Meter verfügt. Das breite Plateau in Abb. (3.8) bei $\widetilde{m}_{Na^+} \approx \widetilde{m}_T$, auf dem sich bei kleinsten Zugaben von NaOH der pH-Wert sehr rasch ändert, ist der Äquivalenzpunkt, der sich mit einem pH-Indikator, der im Bereich des Plateaus seinen Farbumschlagpunkt hat, umso genauer bestimmen lässt, je breiter das Plateau ist, d. h., je stärker die Säure ist. Die Bestimmung des Äquivalenzpunktes ist die klassische Methode der Titration zur Bestimmung der Menge der vorhandenen Säure.

Alles, was für die Titration von Säuren mit starken Basen gesagt wurde, gilt umgekehrt auch für die Titration von Basen durch sehr starke Säuren wie HBr oder $HClO_4$. Statt $\widetilde{m}_{Na^+}$ auf der linken Seite von Gl. (3.85) tritt auf die rechte Seite $\widetilde{m}_{Cl^-}$ oder $\widetilde{m}_{ClO_4^-}$ und statt K_S hat man es mit der Basendissoziationskonstanten K_B zu tun.

3.11 *Amphotere Elektrolyte*

Als amphotere Elektrolyte, auch Ampholyte genannt, bezeichnet man solche Moleküle, die sowohl als Säuren wie auch als Basen fungieren können. Bezeichnet man den Ampholyten mit AH, liegen folgende Elektrolytgleichgewichte vor:

$$AH + H_2O \rightleftharpoons A^- + H_3O^+ \tag{3.90}$$

$$AH + H_2O \rightleftharpoons AH_2^+ + OH^- \tag{3.91}$$

Zu den bekanntesten Ampholyten zählen die α-Aminosäuren. Hier gilt:

$$AH = H_3N^+ \, CRH \, COO^-$$
$$A^- = H_2N \, CRH \, COO^-$$
$$AH_2^+ = H_3N^+ \, CRH \, COOH$$

wobei R ein für die jeweilige Aminosäure charakteristischer organischer Rest bedeutet. Die neutrale Form der α-Aminosäure AH liegt als sogenanntes Zwitterion vor („inneres Salz"), d. h., das Gleichgewicht

$$H_3N^+ - CRH - COO^- \rightleftharpoons H_2N - CRH - COOH$$

liegt praktisch vollständig auf der linken Gleichungsseite. Der amphotere Charakter kommt durch die saure Funktion der COOH-Gruppe und die basische Funktion der NH_2-Gruppe zustande.

Ein anderes Beispiel für einen amphoteren Elektrolyten ist das Dihydrogenphosphation:

$$H_2PO_4^- + H_2O \rightleftharpoons HPO_4^{2-} + H_3O^+$$
$$H_2PO_4^- + H_2O \rightleftharpoons H_3PO_4 + OH^-$$

In analoger Weise lassen sich z. B. auch das Hydrogenphosphation HPO_4^{2-}, das Hydrogensulfation HSO_4^- oder das Hydrogencarbonation HCO_3^- als amphotere Molekülionen durch entsprechende Säure oder basische Reaktion mit H_2O formulieren.

Fasst man in Gl. (3.91) AH_2^+ als korrespondierende Säure zu A auf, so lässt sich auch formulieren:

$$AH_2^+ + H_2O \rightleftharpoons AH + H_3O^+ \tag{3.92}$$

Man kann also AH und AH_2^+ als zwei Säuren auffassen mit den Säuredissoziationskonstanten $K_{S,AH}$ und K_{S,AH_2^+} entsprechend Gl. (3.58), zu denen jeweils die korrespondierenden Basen A^- und AH gehören mit den Basendissoziationskonstanten K_{B,A^-} und $K_{B,AH}$ entsprechend Gl. (3.61). Für den Zusammenhang von Säure- und Basendissoziationskonstanten gilt nach Gl. (3.64):

$$K_{S,AH} \cdot K_{B,A^-} = K_W \quad \text{und} \quad K_{S,AH_2^+} \cdot K_{B,AH} = K_W$$

Die den Gl. (3.90), (3.91) und (3.92) entsprechenden Massenwirkungsgesetze lauten:

$$K_{S,AH} = K_S \,(\text{Gl.}(3.90)) = \frac{\widetilde{m}_{A^-} \cdot \widetilde{m}_{H_3O^+}}{\widetilde{m}_{AH}} \cdot \frac{\widetilde{\gamma}_{A^-} \cdot \widetilde{\gamma}_{H_3O^+}}{\widetilde{\gamma}_{AH}},$$

$$K_{B,A^-} = K_W/K_{S,AH} = \frac{\widetilde{m}_A \cdot \widetilde{m}_{OH^-}}{\widetilde{m}_{A^-}} \cdot \frac{\widetilde{\gamma}_{AH} \cdot \widetilde{\gamma}_{OH^-}}{\widetilde{\gamma}_{A^-}} \tag{3.93}$$

sowie

$$K_{S,AH_2^+} = K_S \,(\text{Gl.}(3.91)) = \frac{\widetilde{m}_{AH} \cdot \widetilde{m}_{H_3O^+}}{\widetilde{m}_{AH_2^+}} \cdot \frac{\widetilde{\gamma}_A \cdot \widetilde{\gamma}_{H_3O^+}}{\widetilde{\gamma}_{AH}^+},$$

$$K_{B,AH} = K_W/K_{S,AH_2^+} = \frac{\widetilde{m}_{AH_2^+} \cdot \widetilde{m}_{OH^-}}{\widetilde{m}_{AH}} \cdot \frac{\widetilde{\gamma}_{AH_2^+} \cdot \widetilde{\gamma}_{OH^-}}{\widetilde{\gamma}_{AH}} \tag{3.94}$$

In Tabelle 3.5 ist eine Auswahl von amphoteren Elektrolyten mit ihren entsprechenden pK_S- und pK_B-Werten angegeben.

Welchen pH-Wert hat die wässrige Lösung eines amphoteren Elektrolyten, also z. B. der Aminosäure Glyzin oder des Salzes $NaHCO_3$?

Dazu benötigen wir zunächst die Gleichgewichtsbeziehungen

$$K_{S,AH} \cong \frac{\widetilde{m}_{A^-} \cdot \widetilde{m}_{H_3O^+}}{\widetilde{m}_{AH}} \tag{3.95}$$

$$K_{S,AH_2^+} \cong \frac{\widetilde{m}_{AH} \cdot \widetilde{m}_{H_3O^+}}{\widetilde{m}_{AH_2^+}} \tag{3.96}$$

Tab. 3.5 pK_S- und pK_B-Werte von einigen amphoteren Elektrolyten bei 298,15 K in wässriger Lösung

pK_S	Säure	Base	pK_B
≈ −3	H_2SO_4	HSO_4^-	≈ 17
1,92	HSO_4^-	SO_4^{2-}	12,8
2,02	H_3PO_4	$H_2PO_4^-$	12,04
7,12	$H_2PO_4^-$	HPO_4^{2-}	6,88
12,32	HPO_4^{2-}	PO_4^{3-}	1,68
6,52	H_2CO_3	HCO_3^-	7,48
10,4	HCO_3^-	CO_3^-	3,6
6,75	H_2S	HS^-	7,25
12,9	HS^-	S^{2-}	1,1
2,83	$CH_2(COOH)_2$	$CH_2(COO)_2H^-$	11,17
5,70	$CH_2(COO)_2H^-$	$CH_2(COO_2)^{2-}$	8,30
2,35	$Glyzin^+$	Glyzin	11,65
9,70	Glyzin	$Glyzin^-$	4,3
2,34	$Alanin^+$	Alanin	11,66
9,76	Alanin	$Alanin^-$	4,24
2,32	$Valin^+$	Valin	11,68
9,75	Valin	$Valin^-$	4,25

wobei wir wieder den Einfluss der Aktivitätskoeffizienten in erster Näherung vernachlässigen.

Ferner benötigen wir die Mengenbilanz:

$$\widetilde{m}_{AH} + \widetilde{m}_{A^-} + \widetilde{m}_{AH_2^+} = \widetilde{m}_{A,total} \tag{3.97}$$

und die elektrische Ladungsbilanz:

$$\widetilde{m}_{AH_2^+} + \widetilde{m}_{H_3O^+} = \widetilde{m}_{A^-} + \widetilde{m}_{OH^-} \tag{3.98}$$

Dazu kommt noch Gl. (3.54). Wir haben also 5 Gleichungen zur Bestimmung der 5 Konzentrationen $\widetilde{m}_{AH}, \widetilde{m}_{A^-}, \widetilde{m}_{AH_2^+}, \widetilde{m}_{H_3O^+}$ und $\widetilde{m}_{OH^-}$. Eine exakte Lösung des Gleichungssystems ist nur numerisch möglich, aber man kann auch eine geschlossene Formel erhalten, wenn man annimmt, dass $\widetilde{m}_{A^-} + \widetilde{m}_{AH_2^+} \ll \widetilde{m}_{AH}$ und folglich nach Gl. (3.97) $\widetilde{m}_{AH} \cong \widetilde{m}_{A,total}$. Das ist in Tab. 13 z. B. mit Ausnahme von HSO_4^- bei allen Ampholyten ($H_2PO_4^-$, HPO_4^{2-}, HCO_3^-, HS^-, $(COO)_2H^-$, Glyzin, Alanin, Valin) der Fall, da die pK_S-Werte über 5 liegen, d. h. $K_S < 10^{-5}$, und da die pK_B-Werte sogar über 7 liegen, d. h. $K_B < 10^{-7}$. Daraus resultiert, dass die Eigendissoziation des Ampholyten sowohl in die Säureform wie in die Basenform nur äußerst gering ist und somit die Annahme $\widetilde{m}_{A^-} + \widetilde{m}_{AH_2^+} \ll \widetilde{m}_{AH}$ durchaus gerechtfertigt ist. Für diesen Fall gilt also:

$$\widetilde{m}_{AH} \cong \widetilde{m}_{A,total} \tag{3.99}$$

Ersetzt man nun in Gl. (3.98) $\widetilde{m}_{AH^+}$ aus Gl. (3.96) und $\widetilde{m}_{A^-}$ aus Gl. (3.95) mit $\widetilde{m}_{OH^-} = K_W/\widetilde{m}_{H_3O^+}$, so erhält man:

$$\frac{\widetilde{m}_{A,total} \cdot \widetilde{m}_{H_3O^+}}{K_{S,AH_2^+}} + \widetilde{m}_{H_3O^+} = K_{S,AH} \frac{\widetilde{m}_{AH}}{\widetilde{m}_{H_3O^+}} + \frac{K_W}{\widetilde{m}_{H_3O^+}}$$

Aufgelöst nach $\widetilde{m}_{H_3O^+}$ ergibt sich:

$$\widetilde{m}_{H_3O^+} = \sqrt{\frac{K_{S,AH} \cdot \widetilde{m}_{A,total} + K_W}{\widetilde{m}_{A,total}/K_{S,AH_2^+} + 1}} \tag{3.100}$$

Oder unter Beachtung von $K_{S,AH_2^+} = K_W/K_{B,AH}$:

$$\widetilde{m}_{H_3O^+} = \sqrt{K_W \cdot \frac{K_{S,AH} \cdot \widetilde{m}_{A,total} + K_W}{K_{B,AH} \cdot \widetilde{m}_{A,total} + K_W}} \tag{3.101}$$

Damit ergibt sich für den pH-Wert einer wässrigen Lösung von Glyzin mit $\widetilde{m}_{Glyzin,total} = 0,01$ [mol·kg^{-1}]:

$$pH(Glyzin) = -\frac{1}{2} {}^{10}lg\left(10^{-14} \cdot \frac{10^{-9,7} \cdot 0,01 + 10^{-14}}{10^{-11,65} \cdot 0,01 + 10^{-14}}\right) = 6,104$$

Entsprechend berechnet sich aus Gl. (3.101) der pH-Wert einer 0,01 molalen Lösung von NaHCO$_3$ mit Hilfe der Daten aus Tabelle 3.5:

$$pH \ (NaHCO_3) = 8,454$$

Sowohl aus Gl. (3.98) wie auch aus Gl. (3.101) ergibt sich für den Sonderfall $K_{S,AH} = K_{B,AH}$, dass

$$\widetilde{m}_{H_3O^+} = \widetilde{m}_{OH^-} = \sqrt{K_W} \quad bzw. \quad pH = 7.$$

In diesem Fall ist der pH-Wert neutral und unabhängig von der Gesamtkonzentration $\widetilde{m}_{A,total}$ des Ampholyten.

Eine besondere Bedeutung bei Ampholyten hat der sog. *isoelektrische Punkt*. Darunter versteht man denjenigen pH-Wert, bei dem $\widetilde{m}_{A^-}$ und $\widetilde{m}_{AH_2^+}$ denselben Wert haben. Mit $\widetilde{m}_{A^-} = \widetilde{m}_{AH_2^+}$ ergibt sich aus Gl. (3.95) und Gl. (3.96) für den pH-Wert am isoelektrischen Punkt (pI-Wert):

$$pH_{iso} = pI = \frac{1}{2} \ (pK_{S,1} + pK_{S,2}) \tag{3.102}$$

Im Fall der α-Aminosäuren existieren am isoelektrischen Punkt keine freien Ionen der Aminosäure, sondern nur noch das elektrisch neutrale Molekül der inneren Salzform $N^+H_3 - CR - COO^-$ bzw. (in geringem Ausmaß) die ebenfalls neutrale Form $NH_2 - CHR - COOH$. Das bedeutet, dass es in einem elektrischen Feld zu keiner Bewegung der Aminosäuren mehr kommt. Diese Tatsache wird zur *elektrophoretischen* Trennung von Aminosäuren genutzt. In einer Lösung mit einem pH-Gradienten sammeln sich verschiedene Aminosäuren unter dem Einfluss eines elektrischen Feldes in Richtung der pH-Gradienten jeweils an der Stelle in der Lösung, wo der pH-Wert ihrem jeweiligen isoelektrischen Punkt entspricht. Auf diese Weise können verschiedene Aminosäuren oder auch Proteine räumlich getrennt werden.

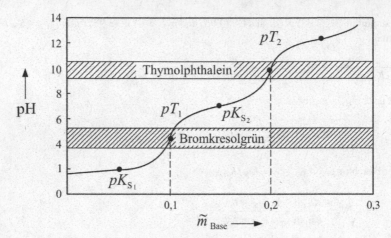

Abb. 3.10 pH-Wert gegen Molalität der zutitrierten Base NaOH im Fall von 0,1 molaler Phosphorsäure. pT_1, pT_2 = Äquivalenzpunkte mit Angabe des Umschlagbereichs geeigneter pH-Indikatoren.

Die Berechnung von Titrationskurven amphoterer Elektrolyte ist etwas komplizierter als bei einfachen Säuren bzw. Basen, die prinzipielle Vorgehensweise ist jedoch dieselbe. Abb. 3.10 zeigt die Titrationskurve der 3-stufigen Phosphorsäure mit den Ampholyten $H_2PO_4^-$ und HPO_4^{2-}.

Die Abbildung zeigt auch deutlich die Pufferwirkung von Ampholyten im Bereich von pH-Werten, die gleich den pK_S-Werten sind. Diese Pufferwirkung hat im Fall des HCO_3^--Ions eine erhebliche biologische Bedeutung bei der pH-Regulierung des Blutes.

3.12 `Ionenkomplexgleichgewichte`

Unter Ionenkomplexbildung versteht man die Reaktion von Metallionen Me^{n+} mit neutralen Liganden L oder anionischen Liganden L^{m-}, die zu einer chemischen Gleichgewichtseinstellung zwischen Komplex und freien Liganden führt. Es gibt eine große Zahl solcher Komplexgleichgewichte in wässrigen Lösungen.

Schon die Komplexbildung eines Metallions mit dem Lösemittel Wasser selbst zählt dazu

$$Me^{n+} + yH_2O \rightleftharpoons Me(H_2O)_y^{n+}$$

denn viele Metallionen liegen in wässriger Lösung nicht als „nackte" Ionen vor, sondern in Form solcher *Aquakomplexe*. Beispiele sind kleine Ionen wie Li^+ oder Mg^{2+}, aber auch höherwertige Metallionen wie $Al^{3+}, Fe^{2+}, Fe^{3+}, Ni^{2+}, Cu^{2+}$ oder Cr^{3+}. Sind nun in der Lösung noch weitere komplexbildende Liganden, wie z. B. das neutrale NH_3-Molekül oder das Anion CN^- vorhanden, so kommt es zu Austauschgleichgewichten z. B. folgender Art:

$$[Cr(H_2O)_6]^{3+} + NH_3 \quad \overset{K_1}{\underset{K_2}{\rightleftharpoons}} \quad [Cr(H_2O)_5NH_3]^{3+} \quad +H_2O$$

$$[Cr(H_2O)_5NH_3]^{3+} + NH_3 \quad \rightleftharpoons \quad [Cr(H_2O)_4(NH_3)_2]^{3+} \quad +H_2O$$

$$\vdots \qquad \vdots \qquad \vdots \qquad \vdots$$

$$[Cr(H_2O)(NH_3)_5]^{3+} + NH_3 \quad \overset{K_6}{\rightleftharpoons} \quad [Cr(NH_3)_6]^{3+} \quad +H_2O$$

In Abschnitt 2.7.2 hatten wir bereits die Mehrfachbindung von Liganden L an ein zentrales Molekül (Protein) behandelt unter der vereinfachenden Annahme, dass alle K_i-Werte identisch sind. Hier jedoch haben in der Regel die einzelnen Stufen sehr unterschiedliche Gleichgewichtskonstanten K_i und man kann nicht einfach die Langmuir-Gleichung anwenden. Da in verdünnten Lösungen die Konzentrationen bzw. Aktivitäten von H_2O praktisch unverändert bleiben, zieht man sie in ähnlicher Weise wie bei den Dissoziationsreaktionen von Säuren und Basen in die Gleichgewichtskonstante K_i mit hinein und schreibt im Falle des obigen Beispiels:

$$K_i = \frac{\widetilde{m}\left(Cr(NH_3)_i^{3+}\right)}{\widetilde{m}\left(Cr(NH_3)_{i-1}^{3+}\right) \cdot \widetilde{m}_{NH_3}} \cdot \frac{\widetilde{\gamma}(Cr(NH_3)_i^{3+})}{\widetilde{\gamma}(Cr(NH_3)_{i-1}^{3+} \cdot \widetilde{\gamma}_{NH_3})} \tag{3.103}$$

In vielen Fällen stehen auch noch die freien Liganden mit Wasser selbst in einem Säure- oder Basengleichgewicht, was zu relativ komplizierten Verhältnissen führen kann.

Beispiele sind:

$$[Fe(H_2O)_{6-i}(CN^-)_i]^{+(3-i)} + CN^- \overset{K_i}{\rightleftharpoons} [Fe(H_2O)_{6-i-1}(CN^-)_{i+1}]^{+(3-i-1)} + H_2O \quad (0 \leq i \leq 6)$$

$$H_3O^+ + CN^- \rightleftharpoons HCN + H_2O$$

oder:

$$[Cu(H_2O)_{4-i}(NH_3)_i]^{+2} + NH_3 \overset{K_i}{\rightleftharpoons} [Cu(H_2O)_{4-i-1}(NH_3)_{i+1}]^{+2} + H_2O \quad (0 \leq i \leq 4)$$

$$H_2O + NH_3 \rightleftharpoons NH_4^+ + OH^-$$

Wir wollen im Folgenden die stufenweise Komplexierung eines Metallions durch anionische oder neutrale Liganden quantitativ erfassen, wobei unabhängig von der Ladungszahl des Metallions und des Liganden diese mit M bzw. L bezeichnet werden.

Nach Gl. (3.103) lässt sich schreiben ($a_i = \widetilde{m}_i \widetilde{\gamma}_i$):

$$\frac{a_{ML}}{a_M \cdot a_L} = K_1 = k_1'$$

$$\frac{a_{ML_2}}{a_M \cdot a_L^2} = K_1 \cdot K_2 = k_2'$$

$$\frac{a_{ML_3}}{a_M \cdot a_L^3} = K_1 \cdot K_2 \cdot K_3 = k_3'$$

$$\vdots$$

$$\frac{a_{ML_n}}{a_M \cdot a_L^n} = \prod_{i=1}^{n} K_i = k_n'$$

Es gilt also für K_i:

$$K_i = \frac{a_{ML_i}}{a_L \cdot a_{ML_{i-1}}}$$

Wir beziehen jetzt die Aktivitätskoeffizienten $\tilde{\gamma}_i$ in die k_i'-Werte mit ein und erhalten:

$$\frac{\tilde{m}_{ML_i}}{\tilde{m}_M \cdot \tilde{m}_L^i} = \frac{\tilde{\gamma}_M \cdot \tilde{\gamma}_L^i}{\tilde{m}_{ML}} \cdot k_i' = k_i \tag{3.104}$$

Jetzt bilden wir die Mengenbilanzen für das Metallion M sowie den Liganden L, wobei $\tilde{m}_{M,total}$ und $\tilde{m}_{L,total}$ die Gesamtmolalität des Metalls bzw. des Liganden in der Lösung bedeuten:

$$\tilde{m}_{M,total} = \tilde{m}_M + \sum_{i=1}^{n} \tilde{m}_{ML_i} = \tilde{m}_M \left(1 + \sum_{i=1}^{n} k_i \, \tilde{m}_L^i\right) \tag{3.105}$$

$$\tilde{m}_{L,total} = \tilde{m}_L + \sum_{i=1}^{n} i \cdot \tilde{m}_{ML_i} = \tilde{m}_L + \tilde{m}_M \sum_{i=1}^{n} i \cdot k_i \cdot \tilde{m}_L^i \tag{3.106}$$

Aus diesen beiden Gleichungen lassen sich bei Kenntnis der k_i-Werte diejenigen von $\tilde{m}_L$ und $\tilde{m}_M$ berechnen. Dann erhält man für die mittlere Zahl von gebundenen Liganden pro Metallion $\bar{n}$:

$$\bar{n} = \left(\sum_{i=1}^{n} \cdot i \cdot \tilde{m}_{ML_i}\right)\Big/\tilde{m}_{M,total} = \left(\sum_{i=1}^{n} i \cdot k_i \, \tilde{m}_L^i\right)\Big/\left(1 + \sum_{i=1}^{n} k_i \, \tilde{m}_L^i\right) \tag{3.107}$$

Sind die k_i-Werte nicht bekannt, geht man zu ihrer Ermittlung folgendermaßen vor. Die Konzentration des freien Liganden $\tilde{m}_L$ lässt sich häufig durch irgendeine Methode recht gut experimentell bestimmen lässt, z. B. durch Dampfdruckmessungen des Liganden, Spektralphotometrie oder Messung des Elektrodenpotentials des Liganden, wenn dieser ein Anion ist (s. Kapitel 4). Dann kann man auch die durchschnittliche bzw. mittlere Zahl von gebundenen Liganden $\bar{n}$ pro Metallion experimentell ermitteln, die definitionsgemäß lautet:

$$\bar{n} = \frac{\tilde{m}_{L,total} - \tilde{m}_L}{\tilde{m}_{M,total}} \tag{3.108}$$

Bestimmt man nun nach Gl. (3.108) $\bar{n}$ für verschiedene Konzentrationen $\tilde{m}_{L,total}$ und misst jeweils die Konzentration der freien Liganden $\tilde{m}_L$ bei gegebener Konzentration $\tilde{m}_{M,total}$, so lassen sich aus Gl. (3.107) die Koeffizienten k_i durch ein Kurvenanpassverfahren ermitteln. Mit den so erhaltenen k_i-Werten können nach Gl. (3.104) alle Werte von $\tilde{m}_{ML_n}$ bestimmt werden und im Bedarfsfall nach einem geeigneten Modell auch die Werte von $\tilde{\gamma}_M, \tilde{\gamma}_L$ und $\tilde{\gamma}_{ML}$ berechnet werden, um k_i' und daraus wiederum die gesuchten Werte von $K_1, K_2, ... K_n$ zu erhalten.

Tabelle 3.6 zeigt als Beispiel Ergebnisse, deren Ermittlung auf den skizzierten Methoden beruhen, für Komplexe des Ni^{2+}-Ions mit dem Liganden NH_3 in wässriger Lösung bei 298,15 K.

Wir wollen zur Übung und Illustration der abgeleiteten Zusammenhänge folgende Frage beantworten. In einer wässrigen Lösung, die eine Gesamtkonzentration von Nickel-Ionen $\tilde{m}_{Ni^{2+},total} = 5 \cdot 10^{-4}$ mol $\cdot$ kg^{-1} enthält, wird durch eine genaue pH-Messung festgestellt, dass die Konzentration freier NH_3-Moleküle 10^{-2} mol $\cdot$ kg^{-1} beträgt. Wie groß ist die Gesamtkonzentration $\tilde{m}_{NH_3,total}$

Tab. 3.6 Werte von $^{10}\lg K_i$ für Nickel-NH_3-Komplexe (298,15 K)

Gleichgewichtsreaktion	$^{10}\lg K_i$
$Ni^{2+} + NH_3 \rightleftharpoons [Ni(NH_3)]^{2+}$	$^{10}\lg K_1 = 2,80$
$[Ni(NH_3)]^{2+} + NH_3 \rightleftharpoons [Ni(NH_3)_2]^{2+}$	$^{10}\lg K_2 = 2,24$
$[Ni(NH_3)_2]^{2+} + NH_3 \rightleftharpoons [Ni(NH_3)_3]^{2+}$	$^{10}\lg K_3 = 1,73$
$[Ni(NH_3)_3]^{2+} + NH_3 \rightleftharpoons [Ni(NH_3)_4]^{2+}$	$^{10}\lg K_4 = 1,19$
$[Ni(NH_3)_4]^{2+} + NH_3 \rightleftharpoons [Ni(NH_3)_5]^{2+}$	$^{10}\lg K_5 = 0,75$
$[Ni(NH_3)_5]^{2+} + NH_3 \rightleftharpoons [Ni(NH_3)_6]^{2+}$	$^{10}\lg K_6 = 0,04$
$Ni^{2+} + 6NH_3 \rightleftharpoons [Ni(NH_3)_6]^{2+}$	$\sum_{i=1}^{6} {}^{10}\lg K_i = {}^{10}\lg(k_6) = 8,75$

von NH_3 in der Lösung, wie groß ist der Prozentsatz der freien, d. h. unkoordinierten Ni^{2+}-Ionen und welchen Wert hat $\bar{n}$, die mittlere Zahl der koordinierten NH_3-Moleküle pro Nickel-Atom? Wir erhalten mit Hilfe der Daten in Tabelle 3.6 sowie $\widetilde{m}_L = \widetilde{m}_{NH_3} = 10^{-2}$ mol $\cdot$ kg^{-1} für Gl. (3.106) das Resultat:

$$\widetilde{m}_{Ni,total} = \widetilde{m}_{Ni^{2+}} + \widetilde{m}_{Ni^{2+}}\left(10^{0,8} + 10^{1,04} + 10^{0,77} + 10^{-0,04} + 10^{-1,29} + 10^{-3,25}\right)$$

Die Klammer mit der Summe der 10er-Potenzen hat den Wert 24,13.

Daraus lässt sich sofort $\widetilde{m}_{Ni^{2+}}$, die Molalität der freien Ni^{2+}-Ionen berechnen:

$$\widetilde{m}_{Ni^{2+}} = \frac{\widetilde{m}_{Ni,total}}{1 + 24,13} = \frac{5 \cdot 10^{-4}}{25,13} = 1,99 \cdot 10^{-5} \,[\text{mol} \cdot \text{kg}^{-1}]$$

Der Prozentsatz der freien Ni^{2+}-Ionen ist also

$$\frac{\widetilde{m}_{Ni^{2+}}}{\widetilde{m}_{Ni,total}} \cdot 100 = \frac{1,99 \cdot 10^{-5}}{5 \cdot 10^{-4}} \cdot 100 = 3,98 \,\%$$

Jetzt benutzen wir Gl. (3.106), um $\widetilde{m}_{NH_3,total}$ zu berechnen:

$$\widetilde{m}_{NH_3,total} = \widetilde{m}_{NH_3} + 1,99 \cdot 10^{-5} \cdot \left(10^{0,8} + 2 \cdot 10^{1,04} + 3 \cdot 10^{0,77} + 4 \cdot 10^{-0,04} + 5 \cdot 10^{-1,29}\right.$$
$$\left. + 6 \cdot 10^{-3,25}\right) = 0,01 + 1,99 \cdot 10^{-5} \cdot 49,81 = 1,099 \cdot 10^{-2} \text{ mol} \cdot \text{kg}^{-1}$$

Für $\bar{n}$, die mittlere Zahl der NH_3-Liganden pro Ni^{2+}-Ion ergibt sich mit Gl. (3.108):

$$\bar{n} = \frac{(1,099 - 1) \cdot 10^{-2}}{5 \cdot 10^{-4}} = 1,98$$

Es sind im Mittel 2 NH_3-Moleküle an ein Ni-Ion gebunden. Bisher hatten wir kleine Liganden wie NH_3 oder CN^- betrachtet, von denen teilweise bis zu 6 um das Zentralatom (Metallion) koordiniert sein können. Mehrere Koordinationsstellen des Zentralatoms können jedoch auch durch einen einzigen Liganden besetzt sein. Dazu muss der Ligand aber eine komplexere Struktur besitzen. So kann z. B. das Dianion der Oxalsäure, also $C_2O_4^{2-}$ gleichzeitig zwei Koordinationsstellen besetzen, d. h. 3 Oxalat-Dianionen können z. B. 6 Koordinationsstellen besetzen. Ähnliches

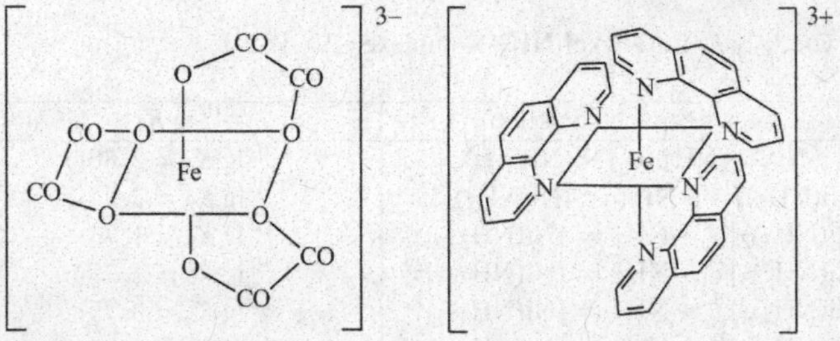

Abb. 3.11 Struktur des $[Fe(C_2O_4)_3]^{3-}$- und des $Fe(PHT)_3^{3+}$-Komplexes.

gilt für das 1,10-Phenantrenolin (PHT) als neutraler Ligand. Abb. (3.11) zeigt die Struktur des $[Fe(C_2O_4)_3]^{3-}$-Komplexes und die des $Fe(PHT)_3^{3+}$-Komplexes mit dem 3-wertigen Eisenatom als Beispiel. Man spricht in diesen Fällen von zweizähnigen Liganden. Es gibt auch 6-zähnige Liganden, wo ein einziger Ligand alle 6 möglichen Koordinationsstellen des zentralen Metallatoms besetzt. Ein Beispiel ist das 4-wertige Anion der Ethylendiamintetraessigsäure (EDTA). Hier besetzen die 4 Sauerstoffatome und die beiden Stickstoffatome die 6 Koordinationsstellen des zentralen Metallions (s. Abb. 3.12). Diese sog. „Chelatkomplexe" zeichnen sich durch eine besondere Stabilität aus mit besonders hohen Werten für die Komplexbildungskonstante K. für eine Reihe von zweiwertigen Metallionen. Abb. 3.13 zeigt die ^{10}lg K-Werte mit

$$K = \frac{a_{[Me(EDTA)]^{2-}}}{a_{Me^{2+}} \cdot a_{EDTA^{4-}}}$$

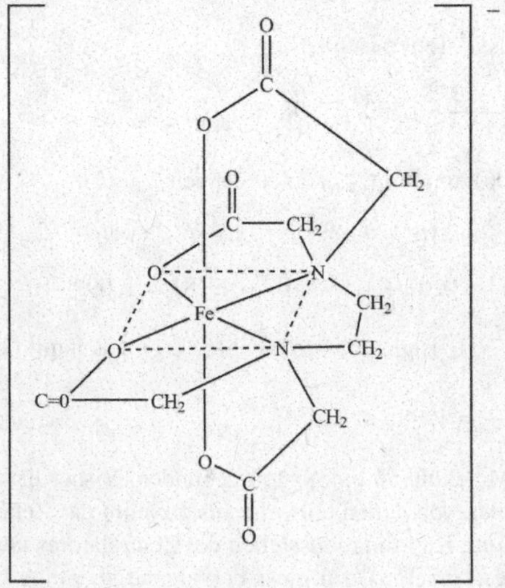

Abb. 3.12 Struktur des $[Fe(EDTA)]^-$-Komplexes.

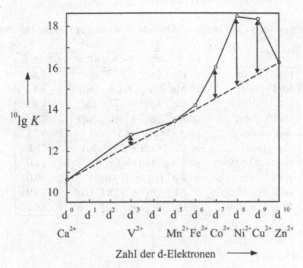

Abb. 3.13 $^{10} \lg K$ -Werte für die EDTA-Komplexbildung bei verschiedenen 2-wertigen Metallionen.

Es fällt auf, dass Metallionen mit vollständig kugelsymmetrischer Ladungsverteilung (d^0, d^5, d^{10}) nahezu auf einer Geraden liegen, während es für Metallionen mit unsymmetrischer Ladungsverteilung der Elektronen teilweise erhebliche positive Abweichungen von der linearen Beziehung gibt, das wird insbesondere bei Ni^{2+} und Cu^{2+} deutlich. Eine Erklärung für diesen „Chelateffekt" liefert die Theorie der chemischen Ligandenbindung von Übergangsmetallionen, auf die wir hier nicht näher eingehen, da sie nicht zum Themenbereich der Thermodynamik gehört.

3.13 Löslichkeit fester Elektrolyte – Das Löslichkeitsprodukt

Wenn die Konzentration eines gelösten Elektrolyten einen bestimmten Wert erreicht, kann es zur „Ausfällung" des festen Elektrolyten kommen, d. h., neben der flüssigen Lösungsphase existiert dann eine feste Phase. Phasengleichgewicht liegt vor, wenn die chemischen Potentiale μ_{EL} in der Lösung und $\mu_{EL,fest}$ im festen Zustand identisch sind.

Wir greifen auf Gl. (3.47) zurück und schreiben mit $\widetilde{\mu}_{EL}^0 = \nu_+ \, \widetilde{\mu}_+^0 + \nu_- \, \widetilde{\mu}_-^0$ (s. Gl. (3.50)):

$$\mu_{EL,fest}^0 = \nu_+ \, \widetilde{\mu}_+^0 + \nu_- \, \widetilde{\mu}_-^0 + \nu \cdot RT \ln{(\widetilde{m}_\pm \cdot \widetilde{\gamma}_\pm)_{sat}}$$

oder unter Berücksichtigung von Gl. (3.16):

$$\mu_{EL,fest}^0 = \nu_+ \, \widetilde{\mu}_+^0 + \nu_- \, \widetilde{\mu}_-^0 + RT \ln{[(\widetilde{m}_+ \cdot \widetilde{\gamma}_+)^{\nu_+} \cdot (\widetilde{m}_- \cdot \widetilde{\gamma}_-)^{\nu_-}]_{sat}}$$

wobei vorausgesetzt ist, dass der Elektrolyt in Lösung vollständig dissoziiert vorliegt.

Tab. 3.7 Löslichkeitsprodukt L für einige Elektrolyte in wässriger Lösung bei 298,15 K

	Löslichkeitsgleichgewicht	$^{10}\lg L$
$PbCl_2$ (fest)	$\rightleftharpoons Pb^{2+}$ (aq) $+ 2\,Cl^-$ (aq)	- 4,8
MgF_2 (fest)	$\rightleftharpoons Mg^{2+}$ (aq) $+ 2\,F^-$ (aq)	- 8,1
$CaCO_3$ (fest)	$\rightleftharpoons Ca^{2+}$ (aq) $+ CO_3^{2-}$ (aq)	- 8,42
$BaSO_4$ (fest)	$\rightleftharpoons Ba^{2+}$ (aq) $+ SO_4^{2-}$ (aq)	- 8,83
$AgCl$ (fest)	$\rightleftharpoons Ag^+$ (aq) $+ Cl^-$ (aq)	- 9,75
CaF_2 (fest)	$\rightleftharpoons Ca^{2+}$ (aq) $+ 2\,F^-$ (aq)	- 11,8
$Ag_2(CrO_4)$ (fest)	$\rightleftharpoons 2\,Ag^+$ (aq) $+ CrO_4^{2-}$ (aq)	- 12,0
$Ag\,I$ (fest)	$\rightleftharpoons Ag^+$ (aq) $+ I^-$ (aq)	- 16,0
$Al\,(OH)_3$ (fest)	$\rightleftharpoons Al^{3+}$ (aq) $+ 3\,OH^-$ (aq)	- 33,9
$Fe\,(OH)_3$ (fest)	$\rightleftharpoons Fe^{3+}$ (aq) $+ 3\,OH^-$ (aq)	- 38,7

Somit lässt sich schreiben:

$$(\widetilde{m}_+\widetilde{\gamma}_+)^{\nu_+}_{sat} \cdot (\widetilde{m}_-\widetilde{\gamma}_-)^{\nu_-}_{sat} = (\widetilde{m}_+^{\nu_+} \cdot \widetilde{m}_-^{\nu_-} \cdot \widetilde{\gamma}'_\pm)_{sat} = L = \exp\left[\frac{\mu^0_{EL,fest} - \nu_+\widetilde{\mu}^0_+ - \nu_- \cdot \widetilde{\mu}^0_-}{RT}\right] \qquad (3.109)$$

L ist also eine konzentrationsunabhängige Konstante, die nur von T und p abhängt. Das Auftreten einer festen Phase neben der Lösungsphase erniedrigt nach dem Phasengesetz die Zahl der freien Variablen um 1 auf insgesamt 2, so dass die Konzentration der Lösung keine freie Variable mehr ist und die Sättigungskonzentration nur noch durch Temperatur- und/oder Druckänderungen variiert werden kann. Die Größe L in Gl. (3.109) heißt das *Löslichkeitsprodukt* des Elektrolyten. Sein Wert kann sehr unterschiedlich sein. Tabelle 3.7 gibt Werte von L für einige Elektrolyte wieder.

Werte für L können aus Tabellenwerken für $\Delta^f\overline{G}^0$-Werte feste Elektrolyte und ihrer Ionen in wässriger Lösung (Index „aq") berechnet werden:

$$RT \ln L = \mu^0_{EL,fest} - \nu_+\widetilde{\mu}^0_+ - \nu_-\widetilde{\mu}^0_- = \Delta^f\overline{G}^0_{EL,fest} - \nu_+\Delta^f\overline{G}_{+,aq} - \nu_-\Delta^f\overline{G}_{-,aq}$$

Wir nutzen Tabelle A.3 im Anhang, um den in Tabelle 3.7 angegebenen Wert von $^{10}\lg L = -8,8$ für $BaSO_4$ zu überprüfen.

Aus Tabelle A.3 entnehmen wir:

$$\Delta^f\overline{G}^0_{BaSO_4} = -1353,7\ kJ \cdot mol^{-1}, \quad \Delta^f\overline{G}^0_{Ba^{2+}} = -561,28\ kJ \cdot mol^{-1},$$

$$\Delta^f\overline{G}^0_{SO_4^{2-}} = -741,99\ kJ \cdot mol^{-1}$$

Damit ergibt sich mit $\nu_+ = \nu_- = 1$

$$^{10}\lg L = \frac{1}{\ln 10} \cdot \frac{(-1353,7 + 561,28 + 741,99)}{8,3145 \cdot 298,15} \cdot 10^3 = -8,83$$

in Übereinstimmung mit Tabelle 3.7. Wenn man aus diesem Wert die Sättigungskonzentration $\widetilde{m}_{BaSO_4}$ in wässriger Lösung bei 298,15 K berechnen will, erhält man nach Gl. (3.109) mit $\nu_+ =$

$\nu_- = 1$ und $\widetilde{m}_{Ba^{2+}} = \widetilde{m}_{SO_4^{2-}} = \widetilde{m}_{BaSO_4}$:

$$\widetilde{m}_{BaSO_4} = L^{1/2}/(\widetilde{\gamma}_+ \cdot \widetilde{\gamma}_-) \approx 10^{-4,4} = 3,98 \cdot 10^{-5} \text{ mol} \cdot \text{kg}^{-1}$$

Dabei haben wir wegen des geringen Wertes von $\widetilde{m}_{BaSO_4}$ die Aktivitätskoeffizienten $\widetilde{\gamma}_+$ und $\widetilde{\gamma}_-$ gleich 1 gesetzt. Das ist jedoch nicht immer gerechtfertigt. Als Beispiel wollen wir die Konzentration von $\widetilde{m}_{BaSO_4}$ berechnen, wenn die Lösung 0,01 mol/k] NaCl enthält. Da $\widetilde{\gamma}_{Ba^{2+}}$ und $\widetilde{\gamma}_{SO_4^{2-}}$ von der Ionenstärke I abhängt, die nach Gl. (3.30) die Molalitäten aller in der Lösung vorkommenden Ionen enthält, erhält man nach der Debye-Hückel-Theorie mit Gl. (3.34) $(z_+ = |z_-| = 2)$:

$$\ln\left(\widetilde{\gamma}_{Ba^{2+}} \cdot \widetilde{\gamma}_{SO_4^{2-}}\right) = \ln\widetilde{\gamma}_\pm = -A \cdot 4 \; \frac{I^{1/2}}{1 + \overline{r} \cdot B \cdot I^{1/2}}$$

Mit $r \approx 3 \cdot 10^{-10}$m, $A = 1,1744$kg$^{1/2}$/mol$^{1/2}$, $B = 3,285 \cdot 10^9$(kg/mol)$^{1/2} \cdot$ m^{-1} und $I = 0,5 \cdot (2 \cdot 3,98 \cdot 10^{-5} + 2 \cdot 0,01) \cdot 4 \cong 0,04$ mol $\cdot$ kg^{-1} ergibt sich:

$$\ln\widetilde{\gamma}_\pm = -1,1744 \cdot 4 \cdot \frac{0,04}{1 + 0,0394} = -0,1807$$

und somit:

$$\widetilde{m}_{BaSO_4} = L^{1/2}/\widetilde{\gamma}_\pm = 10^{-4,4}/0,8347 = 4,77 \cdot 10^{-5} \text{ mol} \cdot \text{kg}^{-1}$$

Das ist eine um ca. 20 % erhöhte Löslichkeit von $BaSO_4$ in einer 0,01 molalen NaCl-Lösung gegenüber der Löslichkeit in reinem Wasser.

Gl. (3.109) besagt, dass das Produkt der Ionenaktivitäten konstant ist, d. h., erhöht man die Konzentration der einen Ionensorte durch Zugabe eines löslichen Salzes, das das entsprechende Ion dieser Sorte enthält, so erniedrigt sich die Konzentration der anderen Ionensorte. So beträgt z. B. die Konzentration von Ag^+ einer wässrigen Lösung mit festem AgCl als Bodenkörper ca. $1,3 \cdot 10^{-5}$mol $\cdot$ kg^{-1}, enthält die Lösung jedoch 10^{-3} mol $\cdot$ kg^{-1}·NaCl. So ergibt sich nach Gl. (3.109) unter Vernachlässigung der Aktivitätskoeffizienten für $\widetilde{m}_{Ag^+} = 10^{-9,75}/10^{-3} = 1,78 \cdot 10^{-7}$ mol $\cdot$ kg^{-1}, das ist eine Reduktion der Ag^+-Ionen-Molalität um 98,6 %.

Ferner können chemische Gleichgewichte in Lösung vorliegen, an denen die gelösten Ionen des schwerlöslichen, festen Elektrolyten beteiligt sind. Dadurch wird die Löslichkeit dieses Elektrolyten wesentlich beeinflusst. Diese Zusammenhänge spielen in der aquatischen Chemie und der Umweltchemie eine äußerst wichtige Rolle. Daher wollen wir ein typisches Beispiel aus diesem Bereich genauer betrachten.

Viele gelöste Metallionen stellen im natürlichen Gewässer eine gefährliche Belastung für das pflanzliche, tierische und letztlich auch menschliche Leben dar. Zu diesen Metallen gehört neben den Schwermetallen auch das Aluminium mit seinen verschiedenen ionalen Formen, in denen es in wässriger Lösung existieren kann. Stellvertretend wollen wir für das in fester Form gebundene Aluminium das Aluminiumhydroxid Al(OH)$_3$ wählen. Um die Rechnungen zu vereinfachen, ohne dabei einen größeren Fehler zu begehen, sollen die Aktivitätskoeffizienten alle gleich 1 gesetzt werden. Für das Löslichkeitsprodukt von Al(OH)$_3$ gilt dann nach Gl. (3.109) (s. Tabelle 3.7):

$$\widetilde{m}_{Al^{3+}} \cdot \widetilde{m}_{OH^-}^3 \cong 10^{-33,9} = L_{Al(OH)_3} \tag{3.110}$$

Außerdem existiert auch neutrales Al(OH)_3^0 in gelöster Form entsprechend dem Löslichkeitsgleichgewicht:

$$\text{Al(OH)}_3(\text{fest}) \rightleftharpoons \text{Al(OH)}_3^0(\text{Lösung}) \quad (\text{pK}_0 = -4,2)$$

Daneben ist nun zu berücksichtigen, dass in wässriger Lösung noch weitere Al-Spezies vorliegen, die formal als Säuren reagieren:

$$\text{Al}^{3+} + 2\text{H}_2\text{O} \rightleftharpoons \text{Al(OH)}^{2+} + \text{H}_3\text{O}^+ \quad (\text{pK}_{S1} = -4,98)$$
$$\text{Al(OH)}^{2+} + 2\text{H}_2\text{O} \rightleftharpoons \text{Al(OH)}_2^+ + \text{H}_3\text{O}^+ \quad (\text{pK}_{S2} = -10,13)$$
$$\text{Al(OH)}_2^+ + 4\text{H}_2\text{O} \rightleftharpoons \text{Al(OH)}_4^- + 2\text{H}_3\text{O}^+ \quad (\text{pK}_{S3} = -22,2)$$

Bei der Formulierung der Gleichgewichtsverhältnisse wird wieder in üblicher Weise die H_2O-Konzentration in die Konstante K_{Si} mit einbezogen, so dass gilt:

$$K_0 = \widetilde{m}_{\text{Al(OH)}_3^0} \tag{3.111}$$

$$K_{S1} \cong \frac{\widetilde{m}_{\text{Al(OH)}^{2+}} \cdot \widetilde{m}_{\text{H}_3\text{O}^+}}{\widetilde{m}_{\text{Al}^{3+}}} \tag{3.112}$$

$$K_{S2} \cong \frac{\widetilde{m}_{\text{Al(OH)}^{2+}} \cdot \widetilde{m}_{\text{H}_3\text{O}^+}}{\widetilde{m}_{\text{Al(OH)}_2^+}} \tag{3.113}$$

$$K_{S3} \cong \frac{\widetilde{m}_{\text{Al(OH)}_4^-} \cdot \widetilde{m}_{\text{H}_3\text{O}^+}^2}{\widetilde{m}_{\text{Al(OH)}_2^+}} \tag{3.114}$$

Die Gleichungen (3.110) bis (3.114) können nun leicht miteinander kombiniert werden, um die Gesamtkonzentration der Lösung an Aluminium $\widetilde{m}_{\text{Al,total}}$ in Abhängigkeit von $\widetilde{m}_{\text{H}_3\text{O}^+}$ berechnen zu können:

$$\widetilde{m}_{\text{Al,total}} = \widetilde{m}_{\text{Al(OH)}_3^0} + \widetilde{m}_{\text{Al}^{3+}} + \widetilde{m}_{\text{Al(OH)}^{2+}} + \widetilde{m}_{\text{Al(OH)}_2^+} + \widetilde{m}_{\text{Al(OH)}_4^-}$$
$$= K_0 + L_{\text{Al(OH)}_3} \cdot K_W^{-3} \cdot \widetilde{m}_{\text{H}_3\text{O}^+}^3 + L_{\text{Al(OH)}_3} \cdot K_W^{-3} \cdot K_{S1} \cdot \widetilde{m}_{\text{H}_3\text{O}^+}^2$$
$$+ L_{\text{Al(OH)}_3} \cdot K_W^{-3} \cdot (K_{S1} \cdot K_{S2}) \cdot \widetilde{m}_{\text{H}_3\text{O}^+} + L_{\text{Al(OH)}_3} \cdot K_W^{-3} (K_{S1} \cdot K_{S2} \cdot K_{S3}) \cdot \widetilde{m}_{\text{H}_3\text{O}^+}^{-1}$$

$$\tag{3.115}$$

Die Löslichkeitskurve $\widetilde{m}_{\text{Al,total}}$ ist in Abb. (3.14) als Funktion von pH-Wert dargestellt und grenzt die grau schraffierte Fläche nach unten ab. Oberhalb dieser Kurve, also im grau schraffierten Bereich, kommt es zur Ausfällung von Al(OH)_3 (fest), unterhalb der Kurve ist die Lösung ungesättigt. Man sieht, dass die Löslichkeit von Al bei niedrigen und bei hohen pH-Werten stark zunimmt (logarithmischer Maßstab für $\widetilde{m}_{\text{Al,total}}$!). Eine solche Situation kann in natürlichen Gewässern bzw. im Bodenwasser eintreten, wenn z. B. durch den Eintrag von saurem Regen der pH-Wert auf 5 bis 4 absinkt. Das Minimum der Gesamtlöslichkeit von Al erhält man aus $\text{d}\widetilde{m}_{\text{Al,total}}/\text{d}c_{\text{H}_3\text{O}^+} = 0$.

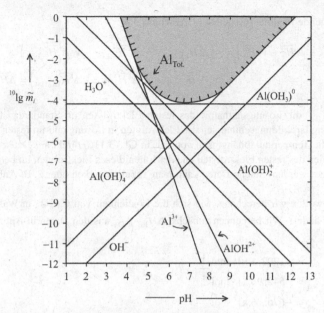

Abb. 3.14 Löslichkeitsdiagramm von Aluminium. $^{10}\lg\widetilde{m}_i$ als Funktion des pH-Wertes. $i = H_3O^+$, OH^-, $Al(OH)^{2+}$, $Al(OH)_2^+$, $Al(OH)_3^0$, $Al(OH)_4^-$ und Al_{total} $\left(^{10}\lg\widetilde{m}_{Al,total}\right)$ nach Gl. (3.115).

An diesem Punkt ist der pH-Wert 6,85 und $\widetilde{m}_{Al,total} = 6,6\cdot 10^{-5}$ mol·kg^{-1}. Auch die Konzentrationen der einzelnen Spezies von gelöstem Al sind in Abb. (3.14) eingezeichnet. Sie werden direkt aus Gl. (3.111) erhalten für $\widetilde{m}_{Al(OH)_3^0}$ durch Substitution von $\widetilde{m}_{Al^{3+}}$ aus Gl. (3.110) in Gl. (3.112), zur Berechnung von $\widetilde{m}_{Al(OH)^{2+}}$ durch Substitution von $\widetilde{m}_{Al(OH)^{2+}}$ in Gl. (3.113), zur Berechnung von $\widetilde{m}_{Al(OH)_2^+}$ und schließlich durch Substitution von $\widetilde{m}_{Al(OH)_2^+}$ in Gl. (3.114) zur Berechnung von $\widetilde{m}_{Al(OH)_4^-}$.

Ähnliche Diagramme wie in Abb. 3.14 erhält man auch für Löslichkeitskurven anderer Metalloxide bzw. Hydroxide wie z. B. $Fe(OH)_3$.

Die Löslichkeit von festen Elektrolyten ist ähnlich wie andere Phasengleichgewichte von Temperatur und Druck abhängig.

Um das Löslichkeitsprodukt bei anderen Temperaturen und Drücken bestimmen zu können, gehen wir von Gl. (3.109) aus und differenzieren zunächst nach T:

$$\left(\frac{\partial \ln L}{\partial T}\right)_p = \frac{1}{R}\frac{\partial}{\partial T}\left(\frac{\mu^0_{EL,fest} - \nu_+\overline{\mu}^0_+ - \nu_-\overline{\mu}^0_-}{T}\right)_p$$

$$= -\frac{\overline{H}^0_{EL,fest} - \nu_+\overline{H}^0_+ - \nu_-\overline{H}^0_-}{RT^2} = \frac{\Delta\overline{H}^0_{L,EL}}{RT^2} \tag{3.116}$$

Wir können folgende Identität feststellen (s. Abschnitt 3.8):

$$-\left(\overline{H}^0_{\text{EL,fest}} - \nu_+\widetilde{H}^0_+ - \nu_-\widetilde{H}^0_-\right) = -\left(\Delta^{\text{f}}\overline{H}^0_{\text{EL,fest}} - \nu_+\Delta^{\text{f}}\overline{H}^0_{+,\text{Lös.}} - \nu_-\Delta^{\text{f}}\overline{H}^0_{-,\text{Lös.}}\right)$$

$$= \left(\nu_+\Delta^{\text{f}}\overline{H}^0_{+,\text{Lös.}} + \nu_-\Delta^{\text{f}}\overline{H}^0_{-,\text{Lös.}} - \Delta^{\text{f}}\overline{H}^0_{\text{EL,fest}}\right) = \Delta\overline{H}^0_{\text{L,EL}} \quad (3.117)$$

Hierbei ist $\Delta\overline{H}^0_{\text{L,EL}}$ die Lösungsenthalpie des festen Elektrolyten im Standardzustand, also die Differenz der Standardbildungsenthalpien des Elektrolyten in Lösung und im festen Zustand.

Damit kann die Temperaturabhängigkeit von $\ln L$ in Gl. (3.116) direkt aus Daten für Standardbildungsenthalpien des festen Elektrolyten und der Ionen dieses Elektrolyten im betreffenden Lösemittel berechnet werden. Solche Daten kann man Tabellenwerken oder z. B. Anhang A.3 entnehmen.

Als Beispiel wollen wir berechnen, wie sich die Löslichkeit von $CaCO_3$ in Wasser zwischen 25°C und 15°C ändert. Wir berechnen zunächst $\Delta\overline{H}^0_{\text{L,CaCO}_3}$ aus den Daten in Anhang A.3. Dort entnimmt man:

$$\Delta^{\text{f}}\overline{H}_{\text{CaCO}_3,\text{fest}} = -1207, 1 \text{ kJ} \cdot \text{mol}^{-1}$$

$$\Delta^{\text{f}}\overline{H}_{\text{Ca}^{2+},\text{aq}} = -542, 96 \text{ kJ} \cdot \text{mol}^{-1}$$

$$\Delta^{\text{f}}\overline{H}_{\text{CO}_3^{2-},\text{aq}} = -676, 26 \text{ kJ} \cdot \text{mol}^{-1}$$

Damit ergibt sich für $\Delta\overline{H}^0_{\text{L,CaCO}_3}$ nach Gl. (3.117):

$$\Delta\overline{H}^0_{\text{L,CaCO}_3} = -542, 96 - 676, 26 - (-1207, 1) = -12, 12 \text{ kJ} \cdot \text{mol}^{-1}$$

Wir integrieren Gl. (3.116) und erhalten:

$$L(T) = L(T_0) \cdot \exp\left[-\frac{\Delta\widetilde{H}^0_{\text{EL,L}}}{R}\left(\frac{1}{T} - \frac{1}{T_0}\right)\right]$$

Bei 298,15 K ist $L_{\text{CaCO}_3} = 10^{-8,42} = 3,80 \cdot 10^{-9}$ [mol$^2 \cdot$ kg^{-2}] (s. Tabelle 3.7). Wenn wir Aktivitätskoeffizienten vernachlässigen, ergibt sich für die Löslichkeit von $CaCO_3$ bei 298,15 K:

$$\widetilde{m}_{\text{CaCO}_3} = \widetilde{m}_{\text{Ca}^{2+}} = \widetilde{m}_{\text{CO}_3^{2-}} = \sqrt{L(298)} = 6,166 \cdot 10^{-5} \text{ mol} \cdot \text{kg}^{-1}$$

Für das Löslichkeitsprodukt ergibt sich nun bei 15°C = 288,15 K:

$$L_{\text{CaCO}_3}(288) = 3,80 \cdot 10^{-9} \cdot \exp\left[-\frac{-12120}{8,3145}\left(\frac{1}{288,15} - \frac{1}{298,15}\right)\right]$$

$$= 3,80 \cdot 10^{-9} \cdot 1,1849 = 4,50 \cdot 10^{-9}$$

und damit für die Löslichkeit bei 288,15 K:

$$\widetilde{m}_{\text{CaCO}_3} = \sqrt{4,5 \cdot 10^{-9}} = 6,708 \cdot 10^{-5} \text{ mol} \cdot \text{kg}^{-1}$$

Die Löslichkeit ist also bei 15°C um ca. 9 % höher als bei 25°C. Das bedeutet, dass kaltes, mit $CaCO_3$ gesättigtes Wasser bei Erhitzen festes $CaCO_3$ ausscheidet („Kesselstein"), da die Sättigungskonzentration bei Temperaturerhöhung abnimmt.

Jetzt wollen wir die Druckabhängigkeit des Löslichkeitsproduktes betrachten. Es gilt:

$$\left(\frac{\partial \ln L}{\partial p}\right)_T = \frac{1}{R}\frac{\partial}{\partial p}\left(\frac{\mu^0_{EL,fest} - \nu_+\tilde{\mu}^0_+ - \nu_-\tilde{\mu}^0_-}{T}\right)_T$$

$$= \frac{1}{RT}\left(\overline{V}^0_{EL,fest} - \nu_+\overline{V}^0_+ - \nu_-\overline{V}^0_-\right) = -\frac{\Delta\overline{V}^0_{L,EL}}{RT} \qquad (3.118)$$

Hier ist $\Delta\overline{V}^0_{L,EL}$ die Differenz der partiellen Molvolumina der Ionen in Lösung im Standardzustand (unendliche Verdünnung) und dem Molvolumen des festen Elektrolyten. Wir wollen auch hier das Löslichkeitsprodukt von $CaCO_3$ als Beispiel heranziehen, um die Löslichkeit von $CaCO_3$ bei höheren äußeren Drücken zu berechnen.

$\Delta\overline{V}_{L,CaCO_3}$ beträgt bei 298,15 K $-58,3\cdot10^{-6}$ m$^3\cdot$mol^{-1}.

Mit der Annahme, dass $\Delta\overline{V}_{L,CaCO_3}$ nicht selbst vom Druck abhängt, ergibt die Integration von Gl. (3.118):

$$L_{CaCO_3}(p) = L_{CaCO_3}(p = 1 bar) \cdot \exp\left[-\Delta\overline{V}_{L,CaCO_3}(p-1)/RT\right]$$

$L_{CaCO_3}(p = 1$ bar$) = 3,8\cdot10^{-9}$ mol$^2\cdot$kg^{-2} (s. o.). Damit ergibt sich bei $p = 1000$ bar $= 10^8$ Pa und 298 K:

$$L_{CaCO_3}(1000\text{ bar}) = 3,8\cdot10^{-9}\cdot\exp[58,3\cdot10^{-6}\cdot999\cdot10^5/(8,3145\cdot298,15)]$$

$$= 3,8\cdot10^{-9}\cdot10,48 = 3,982\cdot10^{-8}\text{ mol}^2\cdot\text{kg}^{-2}$$

L_{CaCO_3} ist also bei 1000 bar ca. 10mal so groß wie bei Normaldruck und die Konzentration von gesättigter $CaCO_3$-Lösung in Wasser ist bei 1000 bar um den Faktor $\sqrt{10,48} = 3,24$ höher als bei 1 bar. Das gilt für reines Wasser. Im Meerwasser müssen zur Berechnung von L wegen des relativ hohen Salzgehaltes Aktivitätskoeffizienten und bei großen Meerestiefen ihre Druckabhängigkeit berücksichtigt werden. Ähnlich wie beim Beispiel von $BaSO_4$ (s. o.) erhöht sich die Löslichkeit von $CaCO_3$ im salzhaltigen Meerwasser. Das ist wichtig für den CO_2-Haushalt der Meere.

3.14 *Der Donnan-Effekt und der kolloidosmotische Druck*

Zur Erklärung des osmotischen Druckes in Abschnitt 1.15 spielte eine semipermeable Membran, die nur Wasser, aber keine darin gelösten Stoffe bzw. Elektrolyte hindurchlässt, eine entscheidende Rolle. Eine Erweiterung dieses Effektes tritt bei Membranen auf, die sowohl für Wasser wie auch für kleine Ionen, wie H^+, Na^+ oder Cl^- durchlässig ist, nicht aber für große elektrisch geladene Moleküle, wie Proteine oder Kolloide. Hier tritt ein zusätzliches Phänomen auf, das in Abb. 3.15 veranschaulicht ist. Die Membran trennt zwei Lösungen. Nur Lösung I enthält den Elektrolyten,

I   II

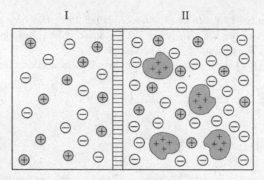

Abb. 3.15 Der Donnan-Effekt zwischen Elektrolytlösung und Elektrolyt- + Protein (Kolloid)-Lösung getrennt durch eine nur für kleine Ionen durchlässige Membran.

der aus den kleinen Ionen besteht, Lösung II enthält noch zusätzliche geladene Makromoleküle mit der Ladungszahl n, die positiv, negativ oder gleich Null sein kann. Thermodynamisches Gleichgewicht kann sich nur für die durchtrittsfähigen Moleküle einstellen, im Beispiel von Abb. 3.15 sind das z.B. Na^+, Cl^- und H_2O. Hier müssen die elektrochemischen Potentiale auf beiden Seiten identisch sein, d. h., es gilt:

$$\mu_i^0 + RT \ln a_i^I + p^I \overline{V}_i + z_i F \varphi^I = \mu_i^0 + RT \ln a_i^{II} + p^{II} \cdot \overline{V}_i + z_i \cdot F \cdot \varphi^{II} \tag{3.119}$$

mit $i = Na^+$; Cl^-, H_2O sowie $z_- = -z_- = 1$ und $z_{H_2O} = 0$. Eine mögliche Druckdifferenz wurde dabei durch die Druckabhängigkeit von μ_i mit $(\partial \mu_i / \partial V_i)_T = p$ berücksichtigt. $\overline{V}_i$ sind die partiellen molaren Volumina von Na^+, Cl^- und H_2O. Aus Gl. (3.119) erhält man folgende Beziehungen für Na^+:

$$\overline{V}_+ \cdot \left(p^I - p^{II} \right) + F \cdot \left(\varphi^I - \varphi^{II} \right) = RT \ln \left(\frac{a_+^{II}}{a_+^I} \right) \tag{3.120}$$

und Cl^-:

$$\overline{V}_- \cdot \left(p^I - p^{II} \right) - F \cdot \left(\varphi^I - \varphi^{II} \right) = RT \ln \left(\frac{a_-^{II}}{a_-^I} \right) \tag{3.121}$$

sowie

$$\overline{V}_{H_2O} \cdot \left(p^I - p^{II} \right) = RT \ln \left(\frac{a_{H_2O}^{II}}{a_{H_2O}^I} \right) \tag{3.122}$$

Addition von Gl. (3.120) und (3.121) ergibt:

$$\left(p^I - p^{II} \right) = \frac{RT}{\overline{V}_+ + \overline{V}_-} \cdot \ln \left(\frac{a_+^{II} \cdot a_-^{II}}{a_+^I \cdot a_-^I} \right) \tag{3.123}$$

Eliminiert man $(p^I - p^{II})$ aus Gl. (3.122) und Gl. (3.123), erhält man:

$$\frac{1}{\overline{V}_{H_2O}} \cdot \ln \left(\frac{a_{H_2O}^{II}}{a_{H_2O}^I} \right) = \frac{1}{\overline{V}_+ + \overline{V}_-} \cdot \ln \left(\frac{a_+^{II} \cdot a_-^{II}}{a_+^I \cdot a_-^I} \right) \tag{3.124}$$

Dafür kann man auch schreiben:

$$\frac{a_+^{II} \cdot a_-^{II}}{\left(a_{H_2O}^{II}\right)^Q} = \frac{a_+^I \cdot a_-^I}{\left(a_{H_2O}^I\right)^Q} \quad \text{mit} \quad Q = Q_+ + Q_- = \frac{\overline{V}_+}{\overline{V}_{H_2O}} + \frac{\overline{V}_-}{\overline{V}_{H_2O}} \tag{3.125}$$

Nun berücksichtigen wir die Elektroneutralitätsbedingung:

$$z_+\widetilde{m}_+^I + z_-\widetilde{m}_-^I = z_+\widetilde{m}_+^{II} + z_-\widetilde{m}_-^{II} + n\widetilde{m}_P^{II} = 0 \quad (\widetilde{m}_P = \text{Molalität des Proteins oder Kolloids})$$

n ist die Ladungszahl des Proteins bzw. Kolloids. Da bei 1,1 Elektrolyten gilt:

$$\widetilde{m}_-^I = \widetilde{m}_+^I = \widetilde{m}_{El}^I \tag{3.126}$$

erhält man wegen $z_+ = -z_- = 1$:

$$\widetilde{m}_+^{II} + n \cdot \widetilde{m}_P^{II} = \widetilde{m}_-^{II} \tag{3.127}$$

Als Näherung vernachlässigen wir jetzt Aktivitätskoeffizienten, d. h., $a_i \approx \widetilde{m}_i$. Da wir uns dadurch auf verdünnte Lösungen beschränken, kann auch

$$a_{H_2O}^I \approx a_{H_2O}^{II} \tag{3.128}$$

gesetzt werden. Damit folgt aus Gl. (3.125) und (3.126):

$$\widetilde{m}_+^{II} \cdot \widetilde{m}_-^{II} = \left(\widetilde{m}_{El}^I\right)^2 \tag{3.129}$$

Kombinieren wir Gl. (3.129) mit Gl. (3.127), erhält man:

$$\widetilde{m}_+^{II} \cdot \left(\widetilde{m}_+^{II} + n \cdot \widetilde{m}_P^{II}\right) = \left(\widetilde{m}_{El}^I\right)^2$$

Das ist eine quadratische Gleichung zur Bestimmung von $\widetilde{m}_+^{II}$, deren Lösung lautet:

$$\boxed{\widetilde{m}_+^{II} = -\frac{n \cdot \widetilde{m}_P^{II}}{2} + \sqrt{\left(\frac{n \cdot \widetilde{m}_P^{II}}{2}\right)^2 + \left(\widetilde{m}_{El}^I\right)^2}} \tag{3.130}$$

Um $(p^I - p^{II})$ zu berechnen, kann man Gl. (3.130) nicht verwenden, da beim Einsetzen in Gl. (3.123) $(p^I - p^{II}) = 0$ wird. Das liegt daran, dass wir $a_{H_2O}^I = a_{H_2O}^{II}$ gesetzt haben (Gl. (3.130)). Wir müssen vielmehr eine genaue Massenbilanz aufstellen. Die Konzentrationseinheit für H_2O als Lösemittel ist der Molenbruch x_{H_2O}. In Lösung II gilt die Bilanz unter Beachtung von Gl. (3.127):

$$a_{H_2O}^{II} \cong x_{H_2O}^{II} = 1 - x_-^{II} - x_+^{II} - x_P^{II} = 1 - 2x_+^{II} - (n + 1)x_P^{II}$$

und in Lösung I:

$$a_{H_2O}^I \cong x_{H_2O}^I = 1 - 2x_{El}^I$$

Damit ergibt sich für $(p^I - p^{II})$ für alle $x_i \ll 1$ aus Gl.(3.122):

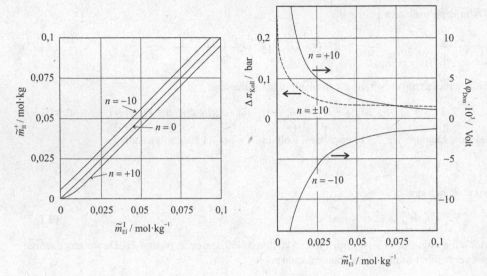

Abb. 3.16 links: $\widetilde{m}_+$ nach Gl. (3.130) als Funktion $\widetilde{m}_{\text{El}}^{\text{I}}$; rechts: $\Delta\Pi_{\text{Koll}}$ nach Gl. (3.131) und $\Delta\varphi_{\text{Don}}$ nach Gl. (3.132) als Funktion von $\widetilde{m}_{\text{El}}^{\text{II}}$ mit $\widetilde{m}_{\text{P}}^{\text{II}} = 0,001 \text{ mol} \cdot \text{kg}^{-1}$.

$$(p^{\text{I}} - p^{\text{II}}) = \frac{RT}{\overline{V}_{\text{H}_2\text{O}}} \ln \frac{1 - 2x_+^{\text{II}} - (n+1)x_{\text{P}}^{\text{II}}}{1 - x_{\text{El}}^{\text{I}}} \approx \frac{RT}{\overline{V}_{\text{H}_2\text{O}}} \left(2x_{\text{El}}^{\text{II}} - 2x_+^{\text{II}} - (n+1)x_{\text{P}}^{\text{II}} \right)$$

$$= -RT \left(2c_+^{\text{II}} + (n+1)c_{\text{P}}^{\text{II}} - 2c_{\text{El}}^{\text{I}} \right)$$

c_i sind die molaren Konzentrationen. $(p^{\text{II}} - p^{\text{I}})$ ist die osmotische Druckdifferenz von Lösung II und Lösung I nach dem van't Hoff'schen Gesetz. Damit lässt sich für den *kolloidosmotischen Druck* $\Delta\Pi_{\text{Koll}}$ schließlich schreiben:

$$(p^{\text{II}} - p^{\text{I}}) = \Delta\Pi_{\text{Koll}} = RT \cdot \varrho_{\text{H}_2\text{O}} \left(2\widetilde{m}_+^{\text{II}} - 2\widetilde{m}_+^{\text{II}} + (n+1) \cdot \widetilde{m}_{\text{P}}^{\text{II}} \right) \tag{3.131}$$

$\widetilde{m}_+^{\text{II}}$ muss aus Gl. (3.130) eingesetzt werden. $\varrho_{\text{H}_2\text{O}}$ ist die Massendichte von Wasser.

Jetzt subtrahieren wir Gl.(3.121) von Gl. (3.120) mit dem Ergebnis:

$$\left(\varphi^{\text{II}} - \varphi^{\text{I}} \right) = \Delta\varphi_{\text{Don}} = \frac{RT}{2F} \ln \left(\frac{\widetilde{m}_+^{\text{I}}}{\widetilde{m}_+^{\text{II}}} \cdot \frac{\widetilde{m}_-^{\text{II}}}{\widetilde{m}_-^{\text{I}}} \right) + \frac{\Delta\Pi_{\text{Koll}}}{2F} \left(\overline{V}_+ - \overline{V}_- \right)$$

Der zweite Term der rechten Seite liegt zwischen 10^{-6} und 10^{-7} Volt, er ist vernachlässigbar. Mit Gl. (3.126) und Gl. (3.127) erhält man:

$$\Delta\varphi_{\text{Don}} \cong \frac{RT}{2F} \cdot \ln \left[\frac{\widetilde{m}_+^{\text{II}} + n \cdot \widetilde{m}_{\text{P}}^{\text{II}}}{\widetilde{m}_+^{\text{II}}} \right] \tag{3.132}$$

$\Delta\varphi_{\text{Don}}$ heißt *Donnan-Potential*. Es stellt also die elektrische Potentialdifferenz zwischen Lösung I und II dar. $\widetilde{m}_+^{\text{II}}$ muss aus Gl. (3.130) eingesetzt werden. $\Delta\varphi_{\text{Don}}$ hängt also ebenso wie $\Delta\Pi_{\text{Koll}}$ nur von $\widetilde{m}_{El}^{I}$ und $n \cdot \widetilde{m}_{P}^{II}$ ab. Ist $n > 0$, wird $\Delta\varphi_{Don} > 0$, ist $n < 0$, wird $\Delta\varphi_{Don} < 0$, bei $n = 0$ verschwindet das Donnan-Potential.

Die Ladungszahl n hängt bei Proteinen vom pH-Wert ab, $n = 0$ ist der isoelektrische Punkt.
In Abb. (3.16) a) und b) sind Ergebnisse für $\widetilde{m}_{+}^{II}$, $\Delta\Pi_{Koll}$ und $\Delta\varphi_{Don}$ für $n = 10$, $n = 0$ und $n = -10$
als Funktion von $\widetilde{m}_{El}^{II}$ dargestellt mit $\widetilde{m}_{Koll}^{II} = 0,001$ mol $\cdot$ kg^{-1}

$\Delta\Pi_{Koll}$ bleibt dagegen stets positiv und ist unabhängig vom Vorzeichen von n. Bei $\widetilde{m}_{EL} \to \infty$
gilt $\Delta\Pi_{Koll} = RT \cdot \varrho_{H_2O} \cdot (n + 1) \cdot \widetilde{m}_{P}^{II}$, während $\Delta\varphi_{Don}$ gegen $\pm\infty$ geht. Das ist unrealistisch. Hier
versagt das Modell, es kann nicht berücksichtigen, dass bei $\widetilde{m}_{EL}^{I} = 0$ sich an den Grenzen von
Lösung I und Lösung II zur Membran sich entgegengesetzte Ladungsschichten aufbauen, sodass
$\Delta\varphi_{Don}$ endlich bleibt, trotz $\widetilde{m}_{EL}^{I} = 0$.

3.15 *Übungsaufgaben zu Kapitel 3*

3.15.1 *Der pH-Wert von Wasser bei 80° C*

Für die Eigendissoziation von Wasser hat die Standardreaktionsenthalpie $\Delta_R\overline{H}$ den Wert $55,84$ kJ $\cdot$
mol^{-1}. Der pH-Wert ist bei 298 K genau 7. Wie groß ist der pH-Wert bei 80° C? Vernachlässigen
Sie Aktivitätskoeffizienten.
Lösung:

Es gilt: pH $= -\dfrac{1}{2}$ lg^{10} K_W.

$$K_W(363) = K_W(298) \cdot \exp\left[-\frac{\Delta_R\overline{H}}{R}\left(\frac{1}{363} - \frac{1}{298}\right)\right] = 10^{-14} \cdot 33,49$$

Daraus folgt für den pH-Wert bei 80° C:

$$\text{pH} = 7 - 0,762 = 6,238$$

3.15.2 *Simultane Löslichkeit von CaF$_2$ und MgF$_2$*

CaF$_2$ und MgF$_2$ liegen bei 298 K nebeneinander als feste Bodenkörper in einer wässrigen Lösung
vor. Wie groß ist die Konzentration von Ca^{2+}, Mg^{2+} und F$^-$ in der Lösung? Vernachlässigen Sie
Aktivitätskoeffizienten. Benutzen Sie die Daten von Tabelle 3.7.
Lösung:

Es gilt $L_{MgF_2} = 10^{-8,1} = 7,943 \cdot 10^{-9}$ und $L_{CaF_2} = 10^{-11,8} = 1,585 \cdot 10^{-12}$.
Da $L_{MgF_2} = \widetilde{m}_{Mg^{2+}} \cdot \widetilde{m}_{F^-}^2$ und $L_{CaF_2} = \widetilde{m}_{Ca^{2+}} \cdot \widetilde{m}_{F^-}^2$, gilt ferner:

$$\frac{\widetilde{m}_{Mg^{2+}}}{\widetilde{m}_{Ca^{2+}}} = \frac{L_{MgF_2}}{L_{CaF_2}} = 5,011 \cdot 10^3$$

Die elektrische Neutralitätsbedingung verlangt:

$$\widetilde{m}_{Ca^{2+}} + \widetilde{m}_{Mg^{2+}} = 2 \cdot \widetilde{m}_{F^-}$$

Daraus ergibt sich mit $\widetilde{m}_{F^-} = \left(L_{CaF_2}/\widetilde{m}_{Ca^{2+}}\right)^{1/2}$:

$$\widetilde{m}_{Ca^{2+}}\left(1 + L_{MgF_2}/Ł_{CaF_2}\right) = 2\widetilde{m}_{F^-} = 2\left(L_{CaF_2}/\widetilde{m}_{Ca^{2+}}\right)^{1/2}$$

und damit:

$$\widetilde{m}_{Ca^{2+}} = \left[\frac{4 \cdot L_{CaF_2}}{\left(1 + L_{MgF_2}/L_{CaF_2}\right)^2}\right]^{1/3} = 6,32 \cdot 10^{-7} \text{ mol} \cdot \text{kg}^{-1}$$

und ganz analog:

$$\widetilde{m}_{Mg^{2+}} = \left[\frac{4 \cdot L_{MgF_2}}{\left(1 + L_{CaF_2}/L_{MgF_2}\right)^2}\right]^{1/3} = 3,167 \cdot 10^{-3} \text{ mol} \cdot \text{kg}^{-1}$$

Schließlich ergibt sich noch:

$$\widetilde{m}_{F^-} = \left(\widetilde{m}_{Ca^{2+}} + \widetilde{m}_{Mg^{2+}}\right)/2 = 1,584 \cdot 10^{-3} \text{ mol} \cdot \text{kg}^{-1}$$

Läge nur reines CaF_2 als Bodenkörper vor, ergäbe sich:

$$\widetilde{m}_{Ca^{2+}} = L_{CaF_2}/\widetilde{m}_{F^-}^2 = L_{CaF_2}/\left(\widetilde{m}_{Ca^{2+}}/2\right)^2$$

also:

$$\widetilde{m}_{Ca^{2+}} = (4L_{CaF_2})^{1/3} = 1,850 \cdot 10^{-4} \text{ mol} \cdot \text{kg}^{-1}$$

und

$$\widetilde{m}_{F^-} = (L_{CaF_2}/2)^{1/3} = 0,925 \cdot 10^{-4} \text{ mol} \cdot \text{kg}^{-1}$$

Läge dagegen reines MgF_2 als Bodenkörper vor, ergäbe sich:

$$\widetilde{m}_{Mg^{2+}} = \left(4L_{MgF_2}\right)^{1/3} = 3,167 \cdot 10^{-3} \text{ mol} \cdot \text{kg}^{-1}$$

$$\widetilde{m}_{F^-} = \left(L_{MgF_2}/2\right)^{1/3} = 1,584 \cdot 10^{-3} \text{ mol} \cdot \text{kg}^{-1}$$

Die Konzentrationen von Mg^{2+} bleiben also praktisch unverändert, während die Konzentration von Ca^{2+} durch die Gegenwart von MgF_2 stark zurückgedrängt wird.

3.15.3 *Das Wärmekissen – ein Beispiel für Salzlösungen als Wärmespeicher*

Wärmekissen, wie sie im Handel angeboten werden, sind nichts anderes als Wärmespeicher, die aus einer übersättigten Salzlösung bestehen, aus der - durch einen mechanischen Mechanismus ausgelöst (z. B. Entspannen einer gespannten Metallklammer) - festes Salz ausfällt und dabei die

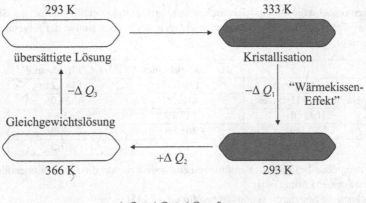

$$\Delta Q_1 + \Delta Q_2 + \Delta Q_3 = 0$$

Abb. 3.17 Funktionsweise eines Wärmekissens (Wärmespeichersystem). $-\Delta Q_1$ ist die Wärmeabgabe des Kissens.

freiwerdende Kristallisationswärme an die Lösung abgibt. Dabei steigt die Temperatur um 20 °C - bis 30 °C an und der dadurch gewonnene Wärmeinhalt kann dann langsam nach außen abgegeben werden. Ist der Wärmeinhalt verbraucht, d. h., hat das Kissen wieder Umgebungstemperatur erreicht, kann es erneut „aufgeladen" werden, indem es erhitzt wird (z. B. in heißem Wasser). Dabei löst sich das Salz wieder auf, fällt aber beim nachfolgenden Abkühlungsprozess nicht aus. Die übersättigte Lösung bleibt also in einem metastabilen Nichtgleichgewichtszustand wegen der hohen Keimbildungsbarriere für kleine Kristalle, ganz ähnlich wie bei übersättigten Dämpfen (s. Abschnitt 1.19.3). Der Prozess kann dann von vorne beginnen. Er ist in Abb. 3.17 schematisch dargestellt:

Es gibt eine Reihe von Salzen bzw. wässrigen Salzlösungen, die in der beschriebenen Weise als Wärmespeicher genutzt werden. Dazu gehören folgende Lösungsgleichgewichte:

$$CH_3COONa \cdot 3H_2O(f) + x \cdot H_2O(fl) \rightleftharpoons CH_3COO^-(aq) + Na^+(aq) + (3 + x)H_2O(fl)$$

$$Na_2SO_4 \cdot 10H_2O(f) + x \cdot H_2O(fl) \rightleftharpoons 2Na^+(aq) + SO_4^{2-}(aq) + (10 + x)H_2O(fl)$$

$$Mg(NO_3)_2 \cdot 6H_2O \cdot LiNO_3(f) + x \cdot H_2O(fl) \rightleftharpoons Mg^{2+}(aq) + Li^+(aq) + 3NO_3^-(aq)$$
$$+ (6 + x)H_2O(fl)$$

Wir wollen das System $Na_2SO_4 \cdot 10H_2O$ (Glauber-Salz) als Beispiel näher untersuchen. Folgende Prozessstufen sind dabei zu beachten:

$$Na_2SO_4 \cdot 10H_2O + x\,H_2O \rightleftharpoons Na_2SO_4 + (x + 10)\,H_2O \qquad \text{(Schmelzprozess)} \qquad (3.133)$$

$$Na_2SO_4 + (x + 10)\,H_2O \rightleftharpoons 2Na^+ + SO_4^{2-} + (x + 10)\,H_2O \qquad \text{(Lösungsprozess)} \qquad (3.134)$$

Die Summe der beiden Reaktionsschritte ergibt:

$$Na_2SO_4 \cdot 10\,H_2O + x\,H_2O \rightleftharpoons 2Na^+ + SO_4^- + (x + 10)\,H_2O \qquad (3.135)$$

Wir benötigen zunächst die thermodynamischen Standarddaten der beteiligten Spezies. Sie können in Tabellenwerken (s. auch Anhang A) nachgeschlagen werden und sind in der folgenden Tabelle zusammengefasst.

	$\Delta^f\overline{G}^0$(298)/kJ $\cdot$ mol^{-1}	$\Delta^f\overline{H}^0$(298)/kJ $\cdot$ mol^{-1}
Na$_2$SO$_4$ (fest)	- 1269,21	- 1387,21
Na$_2$SO$_4$ $\cdot$ 10 H$_2$O (fest)	- 3643,97	- 4324,08
H$_2$O (fl)	- 237,19	- 285,84
Na$^+$ (aq)	- 261,88	- 239,66
SO$_4^{2-}$ (aq)	- 741,99	- 907,5

Diese Standardgrößen beziehen sich auf die reinen Stoffe bzw. auf die Ionen in unendlicher Verdünnung in wässriger Lösung (aq).

Wir berechnen die Standardreaktionsgrößen für Gl. (3.135).

$$\Delta_R\overline{G}(\text{Gl.}(3.135)) = -2 \cdot 261,88 - 741,99 - 10 \cdot 237,19 - (-3643,97)$$
$$= 6,32 \text{ kJ} \cdot \text{mol}^{-1}$$
$$\Delta_R\overline{H}(\text{Gl.}(3.135)) = -2 \cdot 239,66 - 907,5 - 10 \cdot 285,84 - (-4324,08)$$
$$= 78,86 \text{ kJ} \cdot \text{mol}^{-1}$$

x muss groß sein, damit die Lösung genügend verdünnt ist, denn darauf beziehen sich die Standardwerte für die Ionen. Bei der Bilanzierung, bzw. Berechnung von $\Delta_R\overline{G}$ bzw. $\Delta_R\overline{H}$ hebt sich x allerdings heraus.

Bei Raumtemperatur ist Na$_2$SO$_4$ $\cdot$ 10 H$_2$O nur wenig löslich in Wasser ($L = \exp[-6,32 \cdot 10^3/R \cdot 298] = 7,8 \cdot 10^{-2}$). Wir berechnen zunächst die Temperatur, bei der die Löslichkeit einsetzt. Dort muss $\Delta_R G = 0$ gelten. Um diese Temperatur zu berechnen, schreiben wir zunächst (Gibbs-Helmholtz-Gleichung) bei $T = 298$ K:

$$\Delta_R G = \Delta_R H - 298 \cdot \Delta_R S$$

Es ergibt sich für $\Delta_R S$:

$$\Delta_R S = \frac{\Delta_R H - \Delta_R G}{298} = \frac{78,86 - 6,32}{298} 1000 = 243,4 \text{ J} \cdot \text{K}^{-1} \cdot \text{mol}^{-1}$$

Unter der vereinfachenden Annahme, dass $\Delta_R H$ und $\Delta_R S$ unabhängig von T sind, erhält man für die Temperatur T, bei der $\Delta_R G = 0$ ist:

$$T = \frac{\Delta_R H}{\Delta_R S} = \frac{78860}{243,4} = 324 \text{ K} = 50,8°\text{C}$$

Ist genügend Wasser vorhanden, z. B. 30 mol H$_2$O gegenüber 1 Mol Na$_2$SO$_4$ $\cdot$ 10 H$_2$O, löst sich oberhalb von 50,8 °C alles auf. Beim Abkühlen auf Raumtemperatur bleibt die Lösung im metastabilen, d. h. übersättigten Zustand bestehen, das Wärmekissen ist in diesem Zustand „aufgeladen". Wenn dann zum gewünschten Zeitpunkt durch das „Klicken" der Metallklammer der metastabile Zustand plötzlich überwunden wird, fällt das Glaubersalz wieder aus und setzt dabei folgende Wärmemenge Q frei:

$$Q = \Delta_R H = 78860 \text{ Joule}$$

Welche Temperaturerhöhung ist damit verbunden? Die Wärmekapazität der Lösung beträgt.

$$C_p = 40 \cdot \overline{C}_{p,\mathrm{H_2O}} + 2\overline{C}_{p,\mathrm{Na^+}} + 1\overline{C}_{p,\mathrm{SO_4^{2-}}}$$

Wir setzen näherungsweise:

$$2\overline{C}_{p,\mathrm{Na^+}} + \overline{C}_{p,\mathrm{SO_4^{2-}}} = \overline{C}_{p,\mathrm{NaSO_4}} = 128 \text{ Joule} \cdot \mathrm{K^{-1}} \cdot \mathrm{mol^{-1}}$$

Mit $\overline{C}_{p,\mathrm{H_2O}} = 75,3 \text{ J} \cdot \mathrm{K^{-1}} \cdot \mathrm{mol^{-1}}$ ergibt sich für die Temperaturerhöhung:

$$\Delta T = \frac{Q}{128 + 40 \cdot 75,3} = 25 \text{ K}$$

Das Wärmekissen wird also von 21°C auf 21 + 25 = 46 °C gebracht. Das ist noch unterhalb der „Schmelztemperatur" des Glaubersalzes von 51° C. Es kann also die berechnete Wärmemenge entwickeln und sie langsam an die Umgebung abgeben, bis das Wärmekissen entladen ist, d. h., seine Temperatur 21°C beträgt, dann kann der Ladevorgang wiederholt werden, um die Wärme bei Bedarf wieder freisetzen zu können.

3.15.4 *Bestimmung des pK$_S$-Wertes von 2,4-Dinitrophenol*

2,4-Dinitrophenol ist in wässriger Lösung eine schwache Säure. Ihr Dissoziationsgrad $\alpha = \widetilde{m}_{H^+}/\widetilde{m}_{EL}$ lässt sich UV-spektroskopisch bestimmen, da das Säure-Anion eine charakteristische Absorptionsbande im sichtbaren Spektralbereich aufweist, die proportional zur Konzentration ist. Folgende experimentellen Werte von α wurden bei 298 K als Funktion der Gesamtmolalität $\widetilde{m}_{EL}$ in $\mathrm{mol \cdot kg^{-1}}$ gemessen:

α	0,5709	0,4579	0,4439	0,3648	0,3110	0,2898
$\widetilde{m}_{EL} \cdot 10^{+4}$	1,1	2,15	2,35	4,0	6,0	7,1

Berechnen Sie die Dissoziationskonstante K_S bei den angegebenen Werten von $\widetilde{m}_{EL}$ zunächst ohne Berücksichtigung von Aktivitätskoeffizienten ($\widetilde{\gamma}_\pm = 1$) und dann unter ihrer Berücksichtigung nach der Debye-Hückel-Theorie. Berechnen Sie aus $K_S(\widetilde{\gamma}_\pm \neq 1)$ den pK$_S$-Wert.
Lösung:
Es gilt nach Gl. (3.65):

$$K_S = \widetilde{m}_{EL} \cdot \frac{\alpha^2}{1-\alpha} \cdot \frac{\widetilde{\gamma}_\pm^2}{\widetilde{\gamma}_{HA}} = \frac{\widetilde{m}_{\mathrm{H_3O^+}} \cdot \widetilde{m}_{A^-}}{\widetilde{m}_{HA}} \cdot \frac{\widetilde{\gamma}_\pm^2}{\widetilde{\gamma}_{HA}}$$

Hierbei wird $K_S(\widetilde{\gamma}_\pm \neq 1)$ berechnet nach:

$$K_S(\widetilde{\gamma}_\pm \neq 1) = K_S(\widetilde{\gamma}_\pm = 1) \cdot \widetilde{\gamma}_\pm^2$$

mit

$$\ln \widetilde{\gamma}_\pm = -A \cdot I^{1/2}|z_+ \cdot z_-| = -1,1744 \cdot \frac{1}{2} \, (2\widetilde{m}_{EL} \cdot \alpha)^{1/2}$$

$\widetilde{\gamma}_{HA}$ setzen wir gleich 1. Die Ergebnisse sind in der folgenden Tabelle angegeben:

$K_S(\overline{\gamma}_\pm = 1)$	8,28	8,315	8,33	8,38	8,40	8,425
$\overline{\gamma}_\pm^2$	0,986	0,982	0,981	0,980	0,978	0,976
$K_S(\overline{\gamma}_\pm \neq 1)$	8,164	8,165	8,172	8,212	8,198	8,222
$\dfrac{\widetilde{m}_{EL} \cdot 10^{-4}}{\text{mol} \cdot \text{kg}}$	1,1	2,15	2,35	4,0	6,0	7,1

$K_S(\overline{\gamma}_\pm \neq 1)$ sollte konstant, d. h., unabhängig von $\widetilde{m}_{EL}$ sein. Die Berücksichtigung des Aktivitätskoeffizienten nach der Debye-Hückel-Theorie verringert in der Tat die Konzentrationsabhängigkeit von K_S deutlich. Im Grenzfall unendlicher Verdünnung kann für $K_S = 8,16$ angenommen werden, also gilt:

$$\text{pK}_S = -^{10}\lg 8,16 = -0,9117$$

3.15.5 Modellierung des Dampfdruckdiagramms der flüssigen Mischung $H_2O + HNO_3$

In der Literatur (C. C. R. Metz, Outline and Problems of Physical Chemistry, McGraw-Hill (1989)) findet man folgende Dampfdruckdaten der binären flüssigen Mischung $H_2O + HNO_3$ als Funktion des Gewichtsbruches w_{HNO_3} bei 25 °C.

$w_{HNO_3} \cdot 100$	0	20	25	30	40	45	50
p_{HNO_3}/Pa				~ 3	16	31	52
p_{H_2O}/Pa	3167	2750	2560	2370	1950	1690	1430
p_{total}	3167	2750	2560	2373	1966	1721	1482

$w_{HNO_3} \cdot 100$	60	65	70	80	90	100
p_{HNO_3}/Pa	161	309	547	1400	3606	7600
p_{H_2O}/Pa	1030	880	730	430	130	0
p_{total}	1191	1189	1277	1830	3736	7600

Das System zeigt starke negative Abweichungen vom Raoult'schen Gesetz. Interpretieren Sie die Messdaten, indem Sie annehmen, dass folgendes Gleichgewicht vorliegt:

$$HNO_3 + H_2O \rightleftharpoons NO_3^- + H_3O^+$$

Behandeln Sie das System als ideale Mischung der Teilchen HNO_3, H_2O, NO_3^- und H_3O^+. Nehmen Sie an, dass es nur Partialdrücke von HNO_3 und H_2O gibt, aber keine von NO_3^- und H_3O^+. Unterscheiden Sie zwischen den stöchiometrischen Molenbrüchen $x_{NO_3} = 1 - x_{H_2O}$ und den sog. wahren Molenbrüchen $\widetilde{x}_{H_2O} + \widetilde{x}_{HNO_3} + \widetilde{x}_{H_3O^+} + \widetilde{x}_{NO_3^-} = 1$. Rechnen Sie die angegebenen Gewichtsbrüche in stöchiometrische Molenbrüche um und vergleichen Sie das theoretische Dampfdruckdiagramm

$$p_{\text{total}} = \widetilde{x}_{H_2O} \cdot p_{H_2O}^{\text{sat}} + \widetilde{x}_{HNO_3} \cdot p_{HNO_3}^{\text{sat}}$$

mit den experimentellen Dampfdruckdaten $p(x_{HNO_3})$. Verwenden Sie als Wert für die Gleichgewichtskonstante $K = 10$. Tragen Sie theoretische und experimentelle Daten für $p_{\text{total}}(x_{HNO_3})$ sowie von $p_{H_2O}(x_{HNO_3})$ und $p_{H_2O}(x_{HNO_3})$ in ein Diagramm ein.

Lösung:

Gewichtsbruch und Molenbruch hängen zusammen über

$$x_{HNO_3} = \frac{w_{HNO_3}}{\frac{M_{HNO_3}}{M_{H_2O}} + w_{HNO_3}\left(1 - \frac{M_{HNO_3}}{M_{H_2O}}\right)}$$

Mit den Molmassen $M_{HNO_3} = 0,063\,\text{kg}\cdot\text{mol}^{-1}$ und $M_{H_2O} = 0,018\,\text{kg}\cdot\text{mol}^{-1}$ ergibt sich folgende Tabelle:

$x_{HNO_3}\cdot 100$	6,7	8,7	10,9	16,0	18,9	22,2	30,0	34,7	40,0	53,3	72,0
$w_{HNO_3}\cdot 100$	20	25	30	40	45	50	60	65	70	80	90

Für ideale flüssige Mischungen gilt nach Gl. (3.34) ($a_i \approx \widetilde{x}_i$):

$$K \cong \prod \widetilde{x}_i^{\nu_i}$$

Dann gilt wegen $\widetilde{x}_{HNO_3} = x_{HNO_3} - \widetilde{x}_{NO_3^-}$ und $\widetilde{x}_{H_2O} = x_{H_2O} - \widetilde{x}_{H_3O^+}$ sowie $\widetilde{x}_{H_3O^+} = \widetilde{x}_{NO_3^-}$:

$$K \cong \frac{\widetilde{x}_{NO_3^-} \cdot \widetilde{x}_{H_3O^+}}{\widetilde{x}_{HNO_3} \cdot \widetilde{x}_{H_2O}} = \frac{\widetilde{x}_{H_3O^+}^2}{(x_{HNO_3} - \widetilde{x}_{H_3O^+})(x_{H_2O} - \widetilde{x}_{H_3O^+})}$$

Das führt zu einer quadratischen Gleichung für $\widetilde{x}_{H_3O^+}$:

$$\widetilde{x}_{H_3O^+}^2 - \frac{K}{K-1}\widetilde{x}_{H_3O^+} + \frac{K}{K-1}x_{HNO_3}\cdot(1 - x_{HNO_3}) = 0$$

mit der Lösung:

$$\widetilde{x}_{H_3O^+} = \frac{1}{2}\frac{K}{K-1} - \sqrt{\left(\frac{K}{K-1}\right)^2 \cdot \frac{1}{4} - \frac{K}{K-1}x_{HNO_3}(1 - x_{HNO_3})}$$

Für den Dampfdruck p_{total} gilt also:

$$\begin{aligned}
p_{total}(x_{HNO_3}) &= \widetilde{x}_{H_2O}\cdot p_{H_2O}^{sat} + \widetilde{x}_{HNO_3}\cdot p_{HNO_3}^{sat}\\
&= (1 - x_{HNO_3} - \widetilde{x}_{H_3O^+})\,p_{H_2O}^{sat} + (x_{HNO_3} - \widetilde{x}_{H_3O^+})\cdot p_{HNO_3}^{sat}
\end{aligned}$$

Der erste und der zweite Term auf der rechten Gleichungsseite sind jeweils p_{H_2O} und p_{HNO_3}. Die Funktion $p_{total}(x_{HNO_3})$ hängt noch vom Parameter K ab, der so gewählt wird, dass eine möglichst gute Übereinstimmung mit den experimentellen Dampfdruckdaten erreicht wird. Es stellt sich durch Ausprobieren heraus, dass $K = 10$ eine gute Wahl ist. Damit lautet die Lösung für $\widetilde{x}_{H_3O^+}$:

$$\widetilde{x}_{H_3O^+} = \frac{5}{9} - \sqrt{\frac{25}{81} - \frac{10}{9}x_{HNO_3}(1 - x_{HNO_3})}$$

Einsetzen dieser Gleichung in den Ausdruck für p_{total} ergibt p_{total} bzw. p_{H_2O} und p_{HNO_3} als Funktion von x_{HNO_3}.

Abb. 3.18 zeigt den Vergleich von Theorie und Experiment.

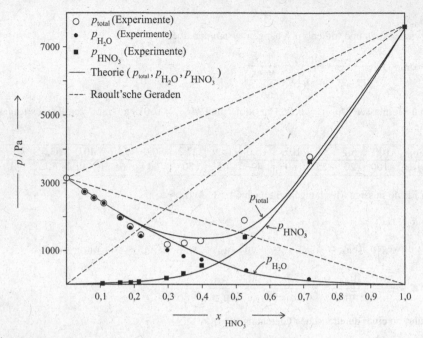

Abb. 3.18 Vergleich von Theorie und Experiment von p_{total}, $p_{H_2O}(x_{HNO_3})$ und $p_{HNO_3}(x_{HNO_3})$ für die Mischung $HNO_3 + H_2O$ bei 25° C.

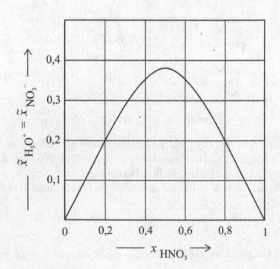

Abb. 3.19 $\widetilde{x}_{H_3O^+} = \widetilde{x}_{NO_3^-}$ als Funktion von x_{HNO_3}.

Die einfache Theorie beschreibt recht gut die starke negative Abweichung von der Raoult'schen Geraden. Abb. 3.19 zeigt noch die wahren Molenbrüche der Ionen, also $\tilde{x}_{H_3O^+} = \tilde{x}_{NO_3^-}$ als Funktion von x_{HNO_3}.

$\tilde{x}_{H_3O^+}$ läuft durch ein Maximum und ist jeweils gleich Null bei $x_{HNO_3} = 1$ und $x_{HNO_3} = 0$, da wir keine Eigendissoziation der reinen Flüssigkeiten H_2O und HNO_3 in das theoretische Modell miteinbezogen haben. Im Maximum bei $x_{HNO_3} = 0,5$ liegen $2 \cdot 0,38 \cdot 100 = 76$ % von HNO_3 bzw. H_2O in Form der Ionen NO_3^- bzw. H_3O^+ vor.

3.15.6 *Aktivitätskoeffizienten von Elektrolyten und pK$_S$-Werte in nichtwässrigen Lösemitteln*

Viele Elektrolyte lösen sich nicht nur in Wasser sondern auch in anderen polaren Lösemitteln, z. B. in Methanol, Ethanol, Azeton, Methylethylketon (MEK), Azetonitril u. v. a. Häufig ist die Löslichkeit geringer als in Wasser, aber sie kann dennoch erheblich sein. Ebenso ändern sich die Aktivitätskoeffizienten in solchen Lösemitteln gegenüber denen in Wasser. Verwendet man die Debye-Hückel-Theorie (Gl. (3.34)):

$$\ln \tilde{\gamma}_\pm = -A \cdot \frac{I^{1/2}}{1 + \bar{r} \cdot B \cdot I^{1/2}}$$

mit A nach Gl. (3.28)) und B (Gl. (3.29)), so kann man $\ln \tilde{\gamma}_\pm$ in einem Lösemittel LM berechnen:

$$\ln \tilde{\gamma}_{I,LM} = -A_{H_2O} \cdot \left(\frac{\varepsilon_{H_2O}^{3/2}}{\varrho_{rH_2O}^{1/2}} \cdot \frac{\varrho_{LM}^{1/2}}{\varepsilon_{LM}^{3/2}} \right) \cdot \frac{I^{1/2}}{1 + \bar{r} \cdot B_{H_2O} \cdot \left(\frac{\varepsilon_{H_2O}}{\varepsilon_{LM}} \cdot \frac{\varrho_{LM}}{\varepsilon_{H_2O}} \right)^{1/2}}$$

Es muss lediglich die Dielektrizitätszahl ε_{LM} und die Dichte ϱ_{LM} bekannt sein. Wir berechnen als Beispiel die Aktivitätskoeffizienten von NaCl in Wasser und in Methanol in der Näherung mit $B = 0$. Es gilt bei 25° C für Methanol $\varepsilon_{MeOH} = 31,6$ und $\varrho_{MeOH} = 786,1$ kg $\cdot$ m^{-3} sowie $\varepsilon_{H_2O} = 78,53, \varrho_{H_2O} = 997,1$. Wir wählen $I = 0,001, 0,005, 0,01$ und $0,05$. Man erhält dann mit $A_{H_2O} = 1,1744$ (kg $\cdot$ mol^{-1}):

$\ln \tilde{\gamma}_\pm$(MeOH)	- 0,127	- 0,288	- 0,407	- 0,913
$\ln \tilde{\gamma}_\pm$(H$_2$O)	- 0,037	- 0,083	- 0,117	- 0,262
I/kg $\cdot$ mol^{-1}	0,001	0,005	0,01	0,05

$\gamma_\pm$ ist also in Methanol deutlich kleiner als in Wasser. Auch für Mischungen lassen sich Werte für $\ln \tilde{\gamma}_\pm$ berechnen. Abb. 3.20 zeigt das Beispiel einer 20 %igen Lösung von Methylethylketon in Wasser. Werte von $\tilde{\gamma}_\pm$ sind offensichtlich in nichtwässrigen Lösemitteln niedriger als in Wasser, d. h. die Abweichung zur idealen Lösung ($\tilde{\gamma}_\pm = 1$) ist größer als in Wasser bei derselben Konzentration.

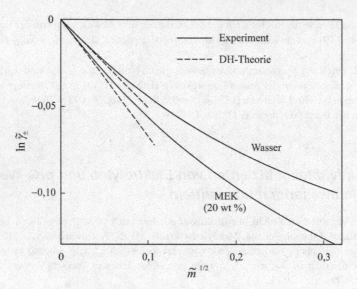

Abb. 3.20 $\ln \widetilde{\gamma}_{\pm}$ in einer Mischung von 20 % Methylethylketon und 80 % H_2O im Vergleich zu reinem Wasser.

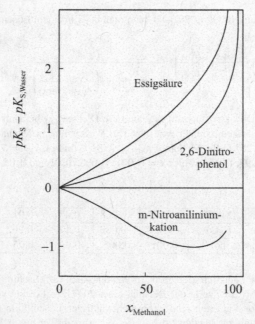

Abb. 3.21 pK_S-Werte schwacher Säuren in Methanol/Wasser-Mischungen.

Auch die Dissoziationskonstanten K_S von schwachen Säuren ändern teilweise ihre Werte erheblich in nichtwässrigen Lösemitteln. Abb. 3.21 zeigt 3 Beispiele für Methanol + H_2O-Mischungen, wo die pK_S-Werte als Funktion der Mischungszusammensetzung bezogen auf den pK_S-Wert in reinem Wasser gezeigt sind.

3.15.7 Aktivitätskoeffizienten und osmotische Koeffizienten in gemischten Elektrolytlösungen – Beispiel: Meerwasser

Das sog. Standard-Meerwasser besteht aus 7 Hauptkomponenten, deren Molalitäten in der Tabelle angegeben sind.

Ion	Na^+	K^+	Mg^{2+}	Ca^{2+}	Cl^-	SO_4^{2-}	HCO_3^-
$\widetilde{m}$/mol·kg^{-1}	0,4853	0,0102	0,0552	0,0106	0,5658	0,0293	0,0025

a) Überprüfen Sie die Elektroneutralitätsbedingung.

b) Verdünnen Sie Lösungen um den Faktor 10^{-2} und berechnen Sie die Ionenstärke und den mittleren Aktivitätskoeffizienten des verdünnten Meerwassers nach der DH-Theorie bei 25 °C.

c) Berechnen Sie den osmotischen Koeffizienten des Wassers im verdünnten Meerwasser nach der DH-Theorie bei 25 °C.

Lösung:

a) Molalität der positiven Ladungen:

$$0,4853 + 0,0102 + 2 \cdot 0,0552 + 2 \cdot 0,0106 = 0,6271 \text{ mol} \cdot \text{kg}^{-1}$$

Molalität der negativen Ladungen:

$$0,5658 + 2 \cdot 0,0293 + 0,0025 = 0,6269 \text{ mol} \cdot \text{kg}^{-1}$$

Die Neutralitätsbedingung ist praktisch erfüllt. Die sehr geringe Abweichung von $0,0002$ mol· kg^{-1} stammt von der Nichtberücksichtigung einiger Spurenionen wie F^-, Br^-, Sr^{2+} u. a.

b) Nach Gl. (3.30) gilt für die Ionenstärke:

$$I = \frac{1}{2} \sum_i \widetilde{m}_i \cdot z_i^2 = \frac{1}{2}(0,4853 + 0,0102 + 0,0552 \cdot 4 + 0,0106 \cdot 4 + 0,5658$$

$$+0,0293 \cdot 4 + 0,0025)\, 10^{-2} = 0,007221 \text{ mol} \cdot \text{kg}^{-1}$$

Der mittlere Aktivitätskoeffizient $\ln \widetilde{\gamma}_\pm$ beträgt nach Gl. (3.44) für das verdünnte Meerwasser ($\nu = 10$):

$$\ln \widetilde{\gamma}_\pm = -\frac{A}{10} \cdot (0,007221)^{1/2} \cdot (1 + 1 + 8 + 8 + 1 + 8 + 1) = -0,279$$

wobei wir den Wert von $A = 1,1744$ kg$^{1/2}$ · mol$^{1/2}$ Gl. (3.35) entnommen haben.

c) Der osmotische Koeffizient Φ des Lösemittels Wasser (LM = H_2O) ist nach der DH-Theorie für gemischte Elektrolyte (Gl. (3.46)):

$$\Phi = 1 - \frac{1}{3}A \frac{\sum \nu_i z_i^2}{\nu} \cdot I^{1/2} = 1 - \frac{1,1744}{3} \frac{28}{10} \left(\frac{0,7221}{100}\right)^{1/2} = 0,9068$$

3.15.8 Abhängigkeit der Löslichkeit von AgCl von der Fremdsalzkonzentration

Folgende Daten der Löslichkeit von AgCl in wässrigen Lösungen von KNO_3 bzw. $Ba(NO_3)_2$ finden sich in der Literatur (R. E. Mesmer, W. L. Marshall, D. A. Palmer, J. M. Simonson, and H. F. Holmes, J. Solution Chem. 17, 699 (1988)):

$\widetilde{m}_{KNO_3}/mol\ kg^{-1}$	$\widetilde{m}_{AgCl}/10^5\ mol\ kg^{-1}$	$\widetilde{m}_{Ba(NO_3)_2}/mol\ kg^{-1}$	$\widetilde{m}_{AgCl}/10^5\ mol\ kg^{-1}$
0,00001280	1,280	0,00000640	1,380
0,0002609	1,301	0,00003615	1,291
0,0005090	1,311	0,0001211	1,309
0,001005	1,325	0,0007064	1,339
0,004972	1,385	0,001499	1,372
0,009931	1,427	0,002192	1,394
		0,003083	1,421

Die Löslichkeit von AgCl nimmt offensichtlich mit der Konzentration von KNO_3 bzw. $Ba(NO_3)_2$ zu. Berechnen Sie das Löslichkeitsprodukt L_{AgCl} von AgCl unter Berücksichtigung der Debye-Hückel-Theorie und überprüfen Sie, ob L_{AgCl} unabhängig von der Fremdsalzkonzentration ist.
Lösung:
Es gilt nach Gl. (3.109) und (3.33):

$$\widetilde{m}_+^{\nu^+} \cdot \widetilde{m}_-^{\nu^-} \cdot \widetilde{\gamma}_\pm^\nu = L \qquad \text{mit} \qquad \ln \widetilde{\gamma}_\pm^\nu = -A \cdot I^{1/2}|z_+ \cdot z_-|$$

Im Fall von L_{AgCl} gilt also unter Beachtung von Gl. (3.34):

$$L = \widetilde{m}_{AgCl}^2 \cdot \exp\left[-A \cdot I^{1/2}\right]$$

mit $A = 1,1744\ k^{1/2}\ mol^{-\frac{1}{2}}$. Es gilt:

$$I_{KNO_3} = \frac{1}{2}\left[\widetilde{m}_{K^+} + \widetilde{m}_{NO_3^-} + \widetilde{m}_{Ag^+} + \widetilde{m}_{Cl^-}\right] \quad \text{und} \quad I_{Ba(NO_3)_2} = \frac{1}{2}\left[4\widetilde{m}_{Ba^{2+}} + \widetilde{m}_{NO_3^-} + \widetilde{m}_{Ag^+} + \widetilde{m}_{Cl^-}\right]$$

Also ergibt sich:

$$I_{KNO_3} = \left[\widetilde{m}_{KNO_3} + \widetilde{m}_{AgCl}\right] \quad \text{und} \quad I_{Ba(NO_3)_2} = \left[3\widetilde{m}_{BaNO_3} + \widetilde{m}_{AgCl}\right]$$

Wir berechnen L und vergleichen die Werte mit denen für $\widetilde{m}_{AgCl}^2$ für die beiden Fremdsalze:

KNO$_3$-Lösungen		Ba(NO$_3$)$_2$-Lösungen	
$\dfrac{\widetilde{m}^2_{AgCl}\cdot 10^{10}}{\text{mol}^2\cdot\text{kg}^{-2}}$	$\dfrac{L\cdot 10^{10}}{\text{mol}^2\cdot\text{kg}^{-2}}$	$\dfrac{\widetilde{m}^2_{AgCl}\cdot 10^{10}}{\text{mol}^2\cdot\text{kg}^{-2}}$	$\dfrac{L\cdot 10^{10}}{\text{mol}^2\cdot\text{kg}^{-2}}$
1,6834	1,673	1,6384	1,628
1,6926	1,661	1,6667	1,645
1,7187	1,674	1,7135	1,675
1,7556	1,691	1,7929	1,698
1,9182	1,765	1,8824	1,739
2,0363	1,810	1,9432	1,766
		2,0192	1,803

Man sieht, dass die Berücksichtigung der Aktivitätskoeffizienten nach der DH-Theorie keine wirkliche Konstanz des Löslichkeitsproduktes unabhängig von der Fremdionenkonzentration ergibt (2. und 4. Spalte). Gegenüber dem Wert $\widetilde{m}^2_{AgCl}$, der sich für L_{AgCl} ohne Berücksichtigung von Aktivitätskoeffizienten ergibt, zeigt sich aber eine Verbesserung in Richtung eines konstanten Wertes für L_{AgCl}.

3.15.9 Enzymatische Desaminierung der Asparaginsäure in einer pH-Pufferlösung

Die Asparaginsäure, eine der Aminosäuren, von der die Natur beim Aufbau von Proteinen Gebrauch macht, wird durch das Enzym Asparatase desaminiert. Dabei stellt sich folgendes Gleichgewicht ein:

$$HOOC - CH_2 - CH_2(NH_2) - COOH \rightleftharpoons HOOC = CHCOO^- + NH_4^+$$

Es entsteht also Bernsteinsäure bzw. Succinat und das Ammoniumion. Die Gleichgewichtskonstante K_c wurde in wässriger Lösung als Funktion der Temperatur gemessen und lässt sich beschreiben durch:

$$^{10}\lg K_c = 8,188 - \frac{2315,5}{T} - 0,01025 \cdot T$$

Das NH$_4^+$-Ion kann weiterreagieren:

$$NH_4^+ + H_2O \rightleftharpoons NH_3 + H_3O^+$$

a) Bestimmen Sie $\Delta_R\overline{G}$, $\Delta_R\overline{H}$ und $\Delta_R\overline{S}$ der Desaminierungsreaktion bei 298 K.

b) Wie viel % der Asparaginsäure A wird bei 25 °C in einer Pufferlösung mit pH = 7 zu Succinat B umgesetzt? Gehen Sie von einer Anfangskonzentration A_0 aus mit den Werten $A_0 = 0,01$, $0,002$, $0,0005$ und $0,0001$ mol·kg^{-1}. Beachten Sie dabei die Säuredissoziation von NH$_4^+$ (Daten: siehe Tabelle 3.2).

Lösung:

a)

$$\Delta_R \overline{G} = -RT \ln K_c \quad \text{mit} \quad K_c(25°C) = 2,3087 \cdot 10^{-3} \text{ mol} \cdot \text{kg}^{-1}$$

$$\Delta_R \overline{G} = 15042 \text{ J} \cdot \text{mol}^{-1}$$

$$\Delta_R \overline{H} = RT^2 \left(\frac{\partial \ln K_c}{\partial T} \right)_p = RT^2 \ln 10 \cdot \left[\frac{2315,5}{T^2} - 0,01025 \right]_p$$

$$\Delta_R \overline{H}(298) = 26903 \text{ J} \cdot \text{mol}^{-1}$$

$$\Delta_R \overline{S}(298) = \left(\Delta^r \overline{H}(298) - \Delta^r \overline{G}(298) \right) /298 = 38,8 \text{ J} \cdot \text{mol}^{-1} \cdot \text{K}^{-1}$$

b) Es gibt 4 Unbekannte: $\widetilde{m}_A$, $\widetilde{m}_B$, $\widetilde{m}_{NH_4^+}$ und $\widetilde{m}_{NH_3}$. Zu ihrer Bestimmung existieren 4 Gleichungen:

$$\frac{\widetilde{m}_B \cdot \widetilde{m}_{NH_4^+}}{\widetilde{m}_A} = K_c \qquad \text{(Massenwirkungsgesetz)}$$

$$\widetilde{m}_{A_0} - \widetilde{m}_A = \widetilde{m}_B \qquad \text{(Kohlenstoffbilanz)}$$

$$\widetilde{m}_{A_0} - \widetilde{m}_A = \widetilde{m}_{NH_4^+} + \widetilde{m}_{NH_3} \quad \text{(Stickstoffbilanz)}$$

$$\frac{\widetilde{m}_{NH_3} \cdot \widetilde{m}_{H^+}}{\widetilde{m}_{NH_4^+}} = K_S \qquad \text{(Säuredissoziationsgleichgewicht)}$$

Es gilt bei 298 K: $K_c = 2,3087 \cdot 10^{-3}$ mol·kg^{-1} und $K_S = 10^{-9,246} = 5,6754 \cdot 10^{-10}$ mol·kg^{-1}. Verknüpfen der ersten drei Gleichungen ergibt:

$$\frac{\left(\widetilde{m}_{NH_4^+} + \widetilde{m}_{NH_3} \right) \widetilde{m}_{NH_4^+}}{\widetilde{m}_{A_0} - \widetilde{m}_{NH_{4,}^+} - \widetilde{m}_{NH_3}} = K_c$$

Einsetzen von $\widetilde{m}_{NH_3}$ aus der vierten Gleichung ergibt:

$$\frac{\widetilde{m}_{NH_4}^2 \left(1 + K_S/\widetilde{m}_{H^+} \right)}{\widetilde{m}_{A_0} - \widetilde{m}_{NH_4^+} + \left(1 + K_S/\widetilde{m}_{H^+} \right)} = K_c$$

Die Lösung dieser quadratischen Gleichung lautet:

$$\widetilde{m}_{NH_4^+} = -\frac{K_c}{2} + \sqrt{\left(\frac{K_c}{2} \right)^2 + \frac{K_c \cdot \widetilde{m}_{A_0}}{1 + K_S/\widetilde{m}_{H^+}}}$$

Man erhält damit für den Prozentsatz von umgesetzter Asparaginsäure aus dem MWG, der Kohlenstoffbilanz und der Stickstoffbilanz:

$$\frac{\widetilde{m}_A}{\widetilde{m}_{A_0}} = \frac{\widetilde{m}_{NH_4^+}}{K_c + \widetilde{m}_{NH_4^+}}$$

Mit $\widetilde{m}_{H^+} = 10^{-7}$, dem jeweils vorgegebenen Wert von $\widetilde{m}_{A_0}$ und der Lösung für $\widetilde{m}_{NH_4^+}$ aus der quadratischen Gleichung erhält man jeweils $\widetilde{m}_A/\widetilde{m}_{A_0}$. Die folgende Tabelle zeigt die Ergebnisse:

$\widetilde{m}_{A_0}/\text{mol} \cdot \text{kg}^{-1}$	0,01	0,002	0,0005	0,0001
$\widetilde{m}_{NH_4^+}/\text{mol} \cdot \text{kg}^{-1}$	$3,774 \cdot 10^{-3}$	$1,279 \cdot 10^{-3}$	$0,421 \cdot 10^{-3}$	$9,55 \cdot 10^{-5}$
$\frac{m_A}{m_{A_0}} \cdot 100\%$	62,0 %	35,6 %	15,4 %	4,0 %

Mit sinkender Gesamtkonzentration $\widetilde{m}_{A_0}$ nimmt also der Umsatz von Asparaginsäure von 38 % auf 96 % zu.

3.15.10 *Metallkomplexgleichgewichte mit Kronenethern*

Sog. Kronenether sind makrozyklische Ringverbindungen mit Ethergruppen, die die Form einer Krone besitzen. Typische Vertreter sind in Abb. 3.22 dargestellt. Kronenether haben die Eigenschaft, ein- oder zweiwertige Metallkationen zu komplexieren. 3 Beispiele mit den Gleichgewichtskonstanten K in wässriger Lösung bei 298 K sind:

$$\begin{array}{llll}
K^+ & + \; 18C6 & \rightleftharpoons \; [\text{K}18C6]^+ & {}^{10}\lg K = 2,03 \\
Na^+ & + \; 18C6 & \rightleftharpoons \; [\text{Na}18C6]^+ & {}^{10}\lg K = 0,80 \\
Ba^{2+} & + \; 18C6 & \rightleftharpoons \; [\text{Ba}18C6]^{2+} & {}^{10}\lg K = 3,78
\end{array}$$

a) Wie groß ist der Prozentsatz freier Kalium-Ionen in einer wässrigen Lösung von $[\text{K}18C6]^+\text{Cl}^-$ mit der Molalität $0,08 \; \text{mol} \cdot \text{kg}^{-1}$? Vernachlässigen Sie Aktivitätskoeffizienten.

b) $BaSO_4$ hat ein Löslichkeitsprodukt $L = 10^{-8,84} = 1,445 \cdot 10^{-9}$ (s. Tabelle 3.7). Wie groß ist die Molalität der freien Ba^{2+}-Ionen und der Sulfationen in einer 0,05 molalen Lösung von 18C6 mit festem $BaSO_4$ als Bodenkörper?

c) Wie viel kg einer 0,05 molalen Lösung an 18C6 benötigt man, um 0,2 g $BaSO_4$ gerade vollständig aufzulösen?

Lösung:

a) $\widetilde{m}_K$ = Molalität von K^+, $\widetilde{m}_{KC}$ = Molalität von $(\text{K}18C6)^+$, $\widetilde{m}_C$ = Molalität von 18C6, $\widetilde{m}_T = \widetilde{m}_C + \widetilde{m}_{KC}$. Es gilt:

$$K = 10^{2,03} = \frac{\widetilde{m}_{KC}}{\widetilde{m}_K \cdot \widetilde{m}_C} = \frac{1}{\widetilde{m}_T} \cdot \frac{1-\alpha}{\alpha^2}$$

mit:

$$\alpha = \frac{\widetilde{m}_K}{\widetilde{m}_T} = \frac{\widetilde{m}_C}{\widetilde{m}_T}$$

Auflösung nach α ergibt (quadratische Gleichung) mit $K = \widetilde{m}_T = 107,15 \cdot 0,08 = 8,572$ ergibt:

$$\alpha = -\frac{1}{2K \cdot \widetilde{m}_T} + \frac{1}{2K \cdot \widetilde{m}_T} \cdot \sqrt{1 + 4K \cdot \widetilde{m}_T} = 0,288$$

28,8 % der vorhandenen K^+-Ionen liegen als freie, nichtkomplexierte Ionen vor.

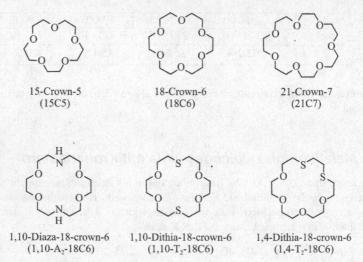

15-Crown-5   18-Crown-6   21-Crown-7
(15C5)   (18C6)   (21C7)

1,10-Diaza-18-crown-6   1,10-Dithia-18-crown-6   1,4-Dithia-18-crown-6
(1,10-A$_2$-18C6)   (1,10-T$_2$-18C6)   (1,4-T$_2$-18C6)

Abb. 3.22 Strukturformeln und Bezeichnungsweise von Kronenethern.

b) $\widetilde{m}_B$ = Molalität der Ba^{2+}-Ionen, $\widetilde{m}_{BC}$ = Molalität der (Ba18C6)$^{+}$-Ionen, $\widetilde{m}_S$ = Molalität der SO$_4^{2-}$-Ionen, $\widetilde{m}_C$ = Molalität von 18C6, $\widetilde{m}_T = \widetilde{m}_{BC} + \widetilde{m}_C$. Es gilt:

$$K = \frac{\widetilde{m}_{BC}}{\widetilde{m}_B \cdot \widetilde{m}_C} = \frac{\widetilde{m}_T - \widetilde{m}_C}{\widetilde{m}_B \cdot \widetilde{m}_C}$$

Es gilt ferner folgende Bilanz (Elektroneutralitätsbedingung):

$$\widetilde{m}_{BC} + \widetilde{m}_B = \widetilde{m}_S$$

Daraus folgt:

$$K \cdot \widetilde{m}_B = \frac{\widetilde{m}_T}{\widetilde{m}_C} - 1 = \frac{\widetilde{m}_T}{\widetilde{m}_T + \widetilde{m}_B - \widetilde{m}_S} - 1$$

und mit $\widetilde{m}_S = L/\widetilde{m}_B$:

$$(K \cdot \widetilde{m}_T + 1)\,\widetilde{m}_B^2 + K \cdot \widetilde{m}_B^3 - (K \cdot L) \cdot \widetilde{m}_B - L = 0$$

Diese Gleichung lässt sich mit den angegebenen Werten für K und L numerisch lösen mit dem Ergebnis

$$\widetilde{m}_B = 2,20 \cdot 10^{-6} \text{ mol} \cdot \text{kg}^{-1}$$

Damit ergibt sich für $\widetilde{m}_S$:

$$\widetilde{m}_S = L/\widetilde{m}_B = 6,57 \cdot 10^{-4} \text{ mol} \cdot \text{kg}^{-1}$$

Die Gesamtlöslichkeit von BaSO$_4$ wird also in Gegenwart der 0,05 molalen 18C6-Lösung um den Faktor $\widetilde{m}_S / \sqrt{L} = 17,3$ erhöht.

c) Wir greifen auf die Gleichung zur Lösung von $\widetilde{m}_B$ aus Aufgabenteil b) zurück, ersetzen $\widetilde{m}_B$ durch $L/\widetilde{m}_S$ und erhalten aufgelöst nach $\widetilde{m}_T$:

$$\widetilde{m}_T = \frac{\widetilde{m}_S^2}{K \cdot L} - \frac{L}{\widetilde{m}_S} + \widetilde{m}_S - \frac{1}{K}$$

Wir setzen

$$\widetilde{m}_S = \frac{m_{BaSO_4}}{M_{BaSO_4}} \cdot \frac{1}{m_{H_2O}} = \frac{0,2}{233,43} \cdot \frac{1}{m_{H_2O}} = \frac{8,5668 \cdot 10^{-4}}{m_{H_2O}} \text{ mol} \cdot \text{kg}^{-1}$$

wobei m_{H_2O} die Masse des Lösemittels H_2O in kg bedeutet.

Dann folgt:

$$0,05 = \frac{(8,5668)^2 \cdot 10^{-8}}{K \cdot L} \cdot \frac{1}{m_{H_2O}^2} - \frac{L}{8,5668 \cdot 10^{-4}} \cdot m_{H_2O} + 8,5668 \cdot 10^{-4} \cdot \frac{1}{m_{H_2O}} - \frac{1}{K}$$

Die Auflösung dieser Gleichung nach m_{H_2O} ergibt:

$$m_{H_2O} = 1,298 \text{ kg}$$

Diese Wassermenge einer 0,05 molalen Lösung des Kronenethers 18C6 genügt, um 0,2 g $BaSO_4$ vollständig aufzulösen.

3.15.11 Ableitung des osmotischen Koeffizienten nach der erweiterten Debye-Hückel-Theorie

Wir gehen aus von Gl. (3.37), nach der sich der osmotische Koeffizient Φ_{OS}^{DH} (Gl. (3.24)) schreiben lässt mit der Integrationsvariablen $\widetilde{m}_{EL}^{1/2}$:

$$\Phi_{OS}^{DH} = 1 + \frac{1}{\widetilde{m}_{EL}} \cdot \int_0^{\widetilde{m}_{EL}^{1/2}} \widetilde{m}_{EL} \cdot \frac{d \ln \widetilde{\gamma}_\pm}{d \widetilde{m}_{EL}^{1/2}} \cdot d\widetilde{m}_{EL}^{1/2}$$

Setzen Sie den Ausdruck für $\ln \widetilde{\gamma}_\pm$ nach Gl. (3.34) ein und berechnen Sie Φ_{OS}^{DH}.
Lösung:
Mit Gl. (3.34) für $\ln \widetilde{\gamma}_\pm$ erhalten wir mit $I = \widetilde{m}_{EL} \cdot \frac{1}{2} \sum \gamma_i z_i^2$:

$$\frac{d \ln \widetilde{\gamma}_\pm}{d \widetilde{m}_{EL}^{1/2}} = -\frac{A^*}{(1 + B^* \cdot \widetilde{m}_{EL}^{1/2})^2}$$

mit $A^* = A \cdot |z_+ \cdot z_-| \cdot (0,5 \cdot \sum \gamma_i z_i^2)^{1/2}$ und $B^* \cdot \widetilde{m}_{EL}^{1/2} = \bar{r} \cdot B \cdot I^{1/2}$ und $B^* = \bar{r} \cdot B \cdot \frac{1}{2} \sum \gamma_i z_i^2$. Dann lässt sich schreiben:

$$\Phi_{OS}^{DH} = 1 - \frac{A^*}{\widetilde{m}_{EL}} \int_0^{\widetilde{m}^{1/2}} \frac{(\widetilde{m}^{1/2})^2 \cdot d\widetilde{m}_{EL}^{1/2}}{(1 + B^* \cdot \widetilde{m}^{1/2})^2},$$

Wenn wir die Variable $B^* \cdot \widetilde{m}_{EL}^{1/2} = y$ einführen, besteht das Problem in der Berechnung des Integrals:

$$\int_0^y \frac{y^2 \cdot dy}{(1+y)^2} = (1+y) - \frac{1}{1+y} - 2\ln(1+y)$$

Das Resultat überprüft man durch Ableitung der rechten Gleichungsseite nach y. Also erhält man:

$$\Phi_{OS}^{DH} = 1 - \frac{A^*}{B^{*3}} \cdot \frac{1}{\widetilde{m}_{EL}} \left[\left(1 + B^*\widetilde{m}_{EL}^{1/2}\right) - \frac{1}{1 + B^*\widetilde{m}_{EL}^{1/2}} - 2\ln\left(1 + B^*\widetilde{m}^{1/2}\right) \right]$$

Den osmotischen Koeffizienten Φ_{OS}^{DH} mit $B = 0$, also mit $\ln\widetilde{\gamma}_\pm$ nach der einfach Debye-Hückel-Theorie, erhält man durch Reihenentwicklung von y bis zum kubischen Glied:

$$\frac{1}{1+y} = 1 - y + y^2 - y^3 + \cdots \quad \text{sowie} \quad \ln(1+y) = y - \frac{y^2}{2} + \frac{y^3}{3} - \cdots$$

Setzt man das in den oben abgeleiteten Ausdruck für Φ^{DH} ein, erhält man:

$$\Phi_{OS}^{DH} \approx 1 - \frac{A^*}{3}\widetilde{m}_{EL}^{1/2} = 1 - \frac{A^*}{3}|z_+ \cdot z_-| \cdot I^{1/2}$$

Das ist genau Gl. (3.40), also die Näherung für Φ_{OS}^{DH}, wenn $B^* \cdot \widetilde{m}_{EL}^{1/2}$ vernachlässigt werden kann wegen $B^* \cdot \widetilde{m}_{EL}^{1/2} \ll 1$.

3.15.12 Aktivitätskoeffizienten einer Elektrolytlösung aus Messungen von osmotischen Koeffizienten

Der osmotische Koeffizient Φ_{OS} einer bestimmten Elektrolytlösung lässt sich beschreiben durch

$$\Phi_{OS} - 1 = -0,0204 \cdot \widetilde{m}^{1/2} + 0,0526 \cdot \widetilde{m}^{3/2}$$

Die Gleichung gilt bis $\widetilde{m} = 4$ mol $\cdot$ kg^{-1}. Bestimmen Sie aus diesen Angaben $\ln\widetilde{\gamma}_\pm$ als Funktion von $\widetilde{m}$.

Lösung:

Wir gehen aus von Gl. (3.26):

$$\ln\left(\alpha\widetilde{\gamma}_\pm\right) = -0,0204\,\widetilde{m}^{1/2} + 0,0526 \cdot \widetilde{m}^{3/2} + \int_0^{\widetilde{m}} \frac{-0,0204\,\widetilde{m}^{1/2} + 0,0526\,\widetilde{m}^{3/2}}{\widetilde{m}} d\widetilde{m}$$

$$= -0,0204\,\widetilde{m}^{1/2} + 0,0526\,\widetilde{m}^{3/2} - 2 \cdot 0,0204\,\widetilde{m}^{1/2} + \frac{2}{3} \cdot 0,0526\,\widetilde{m}^{3/2}$$

$$= -0,0612\,\widetilde{m}^{1/2} + 0,0877\,\widetilde{m}^{3/2}$$

Die Ergebnisse sind in Abb. 3.23 dargestellt.

Mit diesen Formeln lassen sich Daten wie in Abb 3.3, 3.4 und 3.5 bis zu Werten von $\widetilde{m}^{1/2} \approx 2$ erheblich besser beschreiben als mit der DH-Theorie.

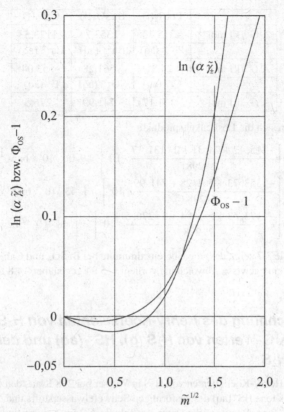

Abb. 3.23 $\ln(\alpha\widetilde{\gamma}_\pm)$ und $\Phi_{OS} - 1$ als Funktion von $\widetilde{m}^{1/2}$.

3.15.13 Berechnung von Löslichkeitsprodukten aus bekannten Standardgrößen

Benutzen Sie Gl. (3.109) und entsprechende Daten aus Tabelle A.3, um die Löslichkeitsprodukte L von $PbCl_2$, $BaSO_4$ und CaF_2 in wässriger Lösung bei $T = 29$ K und 1 bar zu berechnen. Vergleichen Sie die Ergebnisse mit den in Tabelle 3.7 angegebenen Werten von L bzw. $^{10}\lg L$.

Lösung:

Nach Gl. (3.109) gilt bei Standardbedingungen:

$$L = \exp\left[\frac{\Delta^f\overline{G}^0_{EL,fest} - \nu_+\,\Delta^f\overline{G}^0_+ - \nu_-\,\Delta^f\overline{G}^0_-}{R\cdot 298}\right]$$

Die benötigten Daten aus Tabelle A.3 lauten:

	PbCl$_2$(f)	BaSO$_4$(f)	CaF$_2$(f)
$\Delta^f \overline{G}^0$/kJ mol^{-1}	- 315,42	- 1353,73	- 1173,53
	Pb^{2+} (aq)	Ba^{2+} (aq)	Ca^{2+} (aq)
$\Delta^f \overline{G}^0$/kJ mol^{-1}	- 24,31	- 561,28	- 553,04
	Cl$^-$ (aq)	SO$_4^{2-}$ (aq)	F$^-$ (aq)
$\Delta^f \overline{G}^0$/kJ mol^{-1}	- 131,17	- 741,99	- 276,5

Daraus berechnen sich die Löslichkeitsprodukte

$$L_{\text{PbCl}_2} = \exp\left[\frac{-315,42 + 24,31 + 2 \cdot 131,17}{R \cdot 298} \cdot 10^3\right] = 9,06 \cdot 10^{-6} \text{ bzw. } ^{10}\lg L_{\text{PbCl}_2} = -5,04$$

$$L_{\text{BaSO}_4} = \exp\left[\frac{-1353,73 + 561,28 + 741,99}{R \cdot 298} \cdot 10^3\right] = 1,43 \cdot 10^{-9} \text{ bzw. } ^{10}\lg L_{\text{BaSO}_4} = -8,84$$

$$L_{\text{CaF}_2} = \exp\left[\frac{-1173,53 + 553,04 + 2 \cdot 276,5}{R \cdot 298} \cdot 10^3\right] = 1,48 \cdot 10^{-12} \text{ bzw. } ^{10}\lg L_{\text{CaF}_2} = -11,8$$

Vergleich mit Tabelle 3.7 zeigt, dass die Übereinstimmung bei BaSO$_4$ und CaF$_2$ ausgezeichnet ist, während bei PbCl$_2$ eine gewisse Abweichung vorliegt (- 5,04 gegenüber - 4,8 für $^{10}\lg_{\text{PbCl}_2}$).

3.15.14 Berechnung des Henry-Koeffizienten von H$_2$S in Wasser aus $\Delta^f \overline{G}$-Werten von H$_2$S (g), HS$^-$ (aq) und dem pK$_S$-Wert von H$_2$S

Berechnen Sie den Henry-Koeffizienten von H$_2$S in Wasser bei 298 K aus den freien Standardbildungsenthalpien des Ions HS$^-$(aq) des gasförmigen Schwefelwasserstoffs und dem pK$_S$-Wert von H$_2$S in wässriger Lösung. Benutzen Sie Daten aus Tabelle A.3 im Anhang und Tabelle 3.5.
Lösung:
Der Henry-Koeffizient von H$_2$S ist definiert durch (s. Gl. (1.92)):

$$K_{\text{H,H}_2\text{S}} = \frac{p_{\text{H}_2\text{S}}}{x_{\text{H}_2\text{S}}} = \exp\left[-\left(\Delta^f \overline{G}_{\text{H}_2\text{S}}(g) - \Delta^f \overline{G}^\infty_{\text{H}_2\text{S}}(aq)\right)/RT\right] \cdot (1 \text{ bar})$$

Nach Tabelle A.3 ist $\Delta^f \overline{G}_{\text{H}_2\text{S}}(g) = -33,28$ kJ $\cdot$ mol^{-1}. $\Delta^f \overline{G}^\infty_{\text{H}_2\text{S}}(aq)$ lässt sich aus dem pK$_S$-Wert für die Dissoziationsreaktion:

$$\text{H}_2\text{S} \rightleftharpoons \text{HS}^- + \text{H}^+$$

und dem Wert für $\Delta^f \overline{G}^\infty_{\text{HS}^-}(aq) = 12,59$ kJ $\cdot$ mol^{-1} (s. Tabelle A.3) berechnen. Es ergibt sich nach Tabelle 3.5 pK$_S$ = 6,75:

$$K_S = 10^{-6,75} = \exp\left[-\left(\Delta^f \overline{G}^\infty_{\text{HS}^-}(aq) - \Delta^f \overline{G}^\infty_{\text{H}_2\text{S}}(aq)\right)/R \cdot 298\right]$$

und damit für $\Delta^f \overline{G}^\infty_{\text{H}_2\text{S}}(aq)$:

$$\Delta^f \overline{G}^\infty_{\text{H}_2\text{S}}(aq) = R \cdot 298 \ln\left(10^{-6,75}\right) + 12,59 \cdot 10^3 = -25920 \text{ J} \cdot \text{mol}^{-1} = -25,92 \text{ kJ} \cdot \text{mol}^{-1}$$

$$K_{\mathrm{H,H_2S}} = \exp\left[\frac{-33,28 + 25,92}{R \cdot 298} \cdot 10^3\right] = 19,5 \text{ bar} = 0,0195 \text{ kbar}$$

Die Löslichkeit von H_2S ist also um mehr als 100 mal größer als die für unpolare Gase (s. Tabelle 1.1).

3.15.15 *Löslichkeit von Blei in salinen Gewässern*

Die Löslichkeit von Blei in Gewässern verschiedener Salinität, also Meerwasser oder Brackwasser, spielt in der Umweltchemie eine wichtige Rolle. Wir verwenden hier ein einfaches Modell, um das Problem zu illustrieren. Es soll die Gesamtlöslichkeit von Blei in Lösungen verschiedener NaCl-Konzentrationen berechnet werden unter der Annahme, dass $PbCl_2$ als fester Bodenkörper vorliegt, wobei in der Lösung noch das Gleichgewicht $Pb^{2+} + 3Cl^- \rightleftharpoons PbCl_3^-$ zu berücksichtigen ist.

Berechnen Sie die Gesamtlöslichkeit von Blei ($Pb^{2+} + PbCl_3^-$) als Funktion der Chloridionenkonzentration bei 298 K. Entnehmen Sie die Daten für $\Delta^f\overline{G}^0(298)$ der Tabelle A.3 in Anhang A. Der Wert für $\Delta^f\overline{G}^0(298)$ des $PbCl_3^-$-Anions beträgt $-428,08 \text{ kJ} \cdot \text{mol}^{-1}$. Vernachlässigen Sie Aktivitätskoeffizienten. Bei welcher Cl^--Konzentration hat die Löslichkeit von Blei ein Minimum?
Lösung:
Berechnung des Löslichkeitsproduktes L für $PbCl_2$:

$$L = \widetilde{m}_{\mathrm{Pb^{2+}}} \cdot \widetilde{m}_{\mathrm{Cl^-}}^2 = \exp\left[-\frac{-24,31 - 2 \cdot 131,17 + 315,42}{R \cdot 298}10^3\right] = 9,06 \cdot 10^{-6} \text{ mol}^3 \cdot \text{kg}^{-3}$$

Berechnung der Gleichgewichtskonstante K für die Reaktion $Pb^{2+} + 3Cl^- \rightleftharpoons PbCl_3^-$:

$$K = \frac{\widetilde{m}_{\mathrm{PbCl_3^-}}}{\widetilde{m}_{\mathrm{Pb^{2+}}} \cdot \widetilde{m}_{\mathrm{Cl^-}}^3} = \exp\left[-\frac{-428,08 + 24,31 + 3 \cdot 131,17}{R \cdot 298}10^3\right] = 62,86 \text{ kg}^3 \cdot \text{mol}^{-3}$$

Dafür lässt sich schreiben:

$$\widetilde{m}_{\mathrm{PbCl_3^-}} = K \cdot L \cdot \widetilde{m}_{\mathrm{Cl^-}}$$

Also ergibt sich für die Gesamtkonzentration an gelöstem Blei:

$$\widetilde{m}_{\mathrm{PbCl_3^-}} + \widetilde{m}_{\mathrm{Pb^{2+}}} = K \cdot L \cdot \widetilde{m}_{\mathrm{Cl^-}} + \frac{L}{\widetilde{m}_{\mathrm{Cl^-}}^2}$$

Mit $K \cdot L = 5,695 \cdot 10^{-4}$ und $L = 9,06 \cdot 10^{-6} \text{ mol}^3 \cdot \text{kg}^{-3}$ erhält man den in Abb. 3.24 gezeigten Kurvenverlauf.

Wir bestimmen noch das Minimum der Funktion:

$$K \cdot L - \frac{2L}{\widetilde{m}_{\mathrm{Cl^-}}^3} = 0 \quad \text{also} \quad \widetilde{m}_{\mathrm{Cl^-}} = \left(\frac{2}{K}\right)^{1/3} = 0,317 \text{ mol} \cdot \text{kg}^{-1}$$

Dort beträgt die Bleikonzentration:

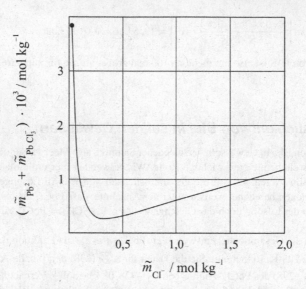

Abb. 3.24 Totalkonzentration von Pb in wässriger Lösung als Funktion der Chloridionenkonzentration bei 298 K. Die minimal mögliche Konzentration $\widetilde{m}^2_{Cl^-}$ bzw. die minimale Totalkonzentration von Pb ist durch den linken Endpunkt der Kurve festgelegt.

$$\left(\widetilde{m}_{PbCl_3^-} + \widetilde{m}_{Pb^{2+}}\right)_{Min} = K \cdot L \cdot 0,317 + \frac{L}{(0,317)^2} = 2,706 \cdot 10^{-4} \text{ mol} \cdot \text{kg}^{-1}$$

Bei einer Cl^--Konzentration von $0,317$ mol $\cdot$ kg^{-1} ist die Pb-Konzentration minimal. Die Konzentration $\widetilde{m}_{Cl^-}$ kann jedoch nicht null werden, da die Neutralisationsbedingung verlangt:

$$2\widetilde{m}_{Pb^{2+}} + \widetilde{m}_{Na^+} = \widetilde{m}_{Cl^-} + \widetilde{m}_{PbCl_3^-}$$

Solange $\widetilde{m}_{Na^+}$ groß ist, gilt $\widetilde{m}_{Cl^-} \approx \widetilde{m}_{Na^+}$. Wird jedoch $\widetilde{m}_{Na^+} = 0$, gilt

$$2\widetilde{m}_{Pb^{2+}} - \widetilde{m}_{Cl^-} + \widetilde{m}_{Pb^{2+}} = KL \cdot + \frac{L}{\widetilde{m}^2_{Cl^-}}$$

Mit $\widetilde{m}_{Pb^{2+}} = L/\widetilde{m}^2_{Cl^-}$ folgt:

$$\widetilde{m}_{Cl^-} = \left(\frac{2L}{K \cdot L + 1}\right)^{1/3} = 0,0262 \text{ mol} \cdot \text{kg}^{-1} \qquad \text{minimaler Wert}$$

Die Löslichkeit von Blei wird also durch steigende Konzentration an NaCl zunächst stark zurückgedrängt, um dann ab $\widetilde{m}_{NaCl} > 0,3$ mol $\cdot$ kg^{-1}. Das liegt nahe beim Löslichkeitsminimum von Blei.

3.15.16 Elektrolytaktivitäten in Nitrobenzol als Lösemittel

Salze mit großen Ionen wie das Tetrabutylammoniumtetraphenylborat $(C_4H_9)_4N^+ B(C_6H_5)_4^-$ lösen sich gut in Nitrobenzol. Es werden 10 g dieses Salzes in einem Liter Nitrobenzol gelöst. Berechnen Sie den Aktivitätskoeffizienten $\widetilde{\gamma}_\pm$ dieser Salzlösung bei 25° C. Verwenden Sie die DH-Theorie in 2. Näherung. Der mittlere Ionenradius $\bar{r}$ sei gleich $7 \cdot 10^{-10}$ m. Ferner gelten die Daten:

	ε_R	$\varrho/kg \cdot m^{-3}$
H_2O	78,53	997,1
Nitrobenzol	34,82	1198

Lösung:
Die Molmasse des Salzes beträgt $0,5608$ kg $\cdot$ mol^{-1}. Daraus folgt die Molalität der Lösung:

$$\widetilde{m} = 0,01488 \text{ mol} \cdot kg^{-1}$$

Berechnung von $\ln\widetilde{\gamma}_\pm$ nach Gl. (3.34) mit

$$A_{Nitro} = A_{H_2O} \cdot \left(\frac{\varrho_{Nitro}}{\varrho_{H_2O}}\right)^{1/2} \cdot \left(\frac{\varepsilon_{H_2O}}{\varepsilon_{Nitro}}\right)^{3/2} = 4,360 \text{ kg}^{1/2} \cdot mol^{-1/2}$$

$$B_{Nitro} = B_{H_2O} \cdot \left(\frac{\varepsilon_{H_2O} \cdot \varrho_{Nitro}}{\varepsilon_{Nitro} \cdot \varrho_{H_2O}}\right)^{1/2} = 5,4075 \cdot 10^9 \text{ kg}^{1/2} \cdot mol^{-1/2} \cdot m^{-1}$$

ergibt mit $I = \widetilde{m} = 0,01488$ mol $\cdot$ kg^{-1}:

$$\ln\widetilde{\gamma}_\pm = -4,360 \cdot \frac{(0,01488)^{1/2}}{1 + 7 \cdot 10^{-10} \cdot 5,4075 \cdot 10^9} = -0,111 \quad \text{bzw.} \quad \widetilde{\gamma}_\pm = 0,8948$$

3.15.17 Chemisches Gleichgewicht von Quecksilber und seinen Ionen in wässriger Lösung

Eine wässrige Lösung von Hg^{2+} und Hg_2^{2+} Ionen (Gegenionen: SO_4^{2-}) wird mit flüssigem Quecksilber geschüttelt. Unabhängig von der Anfangszusammensetzung von Hg^{2+} und Hg_2^{2+} stellt sich ein Konzentrationsverhältnis von $\widetilde{m}_{Hg^{2+}}/\widetilde{m}_{Hg_2^{2+}} = 88$ ein. Ein Einfluss der Ionenstärke wird nicht beobachtet. Erklären Sie diesen Befund. Es gilt: $\Delta^f\overline{G}_{Hg^{2+}} = 164,67$ kJ $\cdot$ mol^{-1}. Bestimmen Sie $\Delta^f\overline{G}_{Hg_2^{2+}}(298)$.

Lösung:.
Man geht aus von der Annahme der Einstellung des Gleichgewichts:

$$Hg_2^{2+} \text{ (aq)} \;\rightleftharpoons\; Hg \text{ (fl)} + Hg^{2+} \text{ (aq)}$$

Für die Gleichgewichtskonstante K_c gilt also:

$$K_c = \exp\left[-\left(\Delta^f\overline{G}_{Hg} + \Delta^f\overline{G}_{Hg^{2+}} - \Delta^f\overline{G}_{Hg_2^{2+}}\right)/RT\right]$$
$$= a_{Hg(fl)} \cdot \frac{\widetilde{m}_{Hg^{2+}}}{\widetilde{m}_{Hg_2^{2+}}} \cdot \frac{\widetilde{\gamma}_{Hg^{2+}}}{\widetilde{\gamma}_{Hg_2^{2+}}}$$

Mit $\Delta^f \overline{G}_{Hg} = 0$, $\Delta^f \overline{G}_{Hg^{2+}} = 164,67 \cdot kJ \cdot mol^{-1}$, $\widetilde{a}_{Hg} \cong 1$ sowie $\widetilde{\gamma}_{Hg^{2+}}/\widetilde{\gamma}_{Hg_2^{2+}} = 1$ folgt:

$$K_c = \frac{1}{88} = \exp\left[-\left(164,67 \cdot 10^3 - \Delta^f \overline{G}_{Hg_2^{2+}} \right) / R \cdot 298 \right]$$

und man erhält:

$$\Delta^f \overline{G}_{Hg_2^{2+}} = 164,67 \cdot 10^3 - R \cdot 298 \cdot \ln 88 = 153,576 \, kJ \cdot mol^{-1}$$

Bemerkung: $\widetilde{\gamma}_{Hg^{2+}}/\widetilde{\gamma}_{Hg_2^{2+}}$ wird nur dann gleich 1, wenn das einwertige Quecksilberion als Hg_2^{2+} und nicht als Hg^+ vorliegt! Nach der DH-Theorie ist daher in erster Näherung $\gamma_{Hg^{2+}}/\gamma_{Hg_2^{2+}} = 1$.

3.15.18 Dissoziationsgrad und pH-Wert einer Mischung von 2 mittelstarken Säuren

Wir betrachten die Mischung der beiden Säuren 1 = Chloressigsäure ($pK_S = 2,9431$) und 2 = Dichloressigsäure ($pK_S = 1,4789$) mit den Gesamtmolalitäten $\widetilde{m}_1^0 = 0,01$ und $\widetilde{m}_2^0 = 0,01$ mol $\cdot$ kg^{-1}.

a) Berechnen Sie die Dissoziationsgrade $\alpha_1 = \widetilde{m}_1^-/\widetilde{m}_1^0$ und $\alpha_2 = \widetilde{m}_2^-/\widetilde{m}_2^0$ ($\widetilde{m}_i^-$ = Anionenmolalitäten).

b) Berechnen Sie den pH-Wert der Mischung. Wie groß wäre jeweils der pH-Wert und der Wert von α der unabhängigen Lösungen mit jeweils $\widetilde{m}_1^0 = \widetilde{m}_2^0 = 0,02$ mol $\cdot$ kg^{-1}?

Hinweis: Vernachlässigen Sie die Eigendissoziation von Wasser.

Lösung:
  Es gilt für $i = 1, 2$:

$$K_i = \frac{\widetilde{m}_i^- \cdot \widetilde{m}_{H^+}}{\widetilde{m}_i}$$

Mit $\widetilde{m}_i^- = \widetilde{m}_i^0 - \widetilde{m}_i$ folgt $\widetilde{m}_i = \widetilde{m}_i^0 (1 - \alpha_i)$ und $\widetilde{m}_{H^+} = \widetilde{m}_1^0 \cdot \alpha_1 + \widetilde{m}_2^0 \cdot \alpha_2$. Also erhält man:

$$K_1 = \frac{\alpha_1 \left(\widetilde{m}_1^0 \cdot \alpha_1 + \widetilde{m}_2^0 \cdot \alpha_2 \right)}{1 - \alpha_1} \qquad \text{bzw.} \qquad K_2 = \frac{\alpha_2 \left(\widetilde{m}_1^0 \cdot \alpha_1 + \widetilde{m}_2^0 \cdot \alpha_2 \right)}{1 - \alpha_2}$$

Dann gilt zunächst:

$$\frac{K_1}{K_2} = \frac{\alpha_1 (1 - \alpha_2)}{(1 - \alpha_1) \cdot \alpha_2}$$

Wir berechnen α_2 aus K_1 und setzen das Ergebnis in K_1/K_2 ein. Dann erhält man die kubische Gleichung:

$$\alpha_1^3 \cdot \widetilde{m}_1^0 (K_2 - K_1) + \alpha_1^2 \left(\widetilde{m}_1^0 \cdot K_1 + \widetilde{m}_2^0 \cdot K_2 + (K_2 - K_1) \cdot K_1 \right) + \alpha_1 \cdot K_1 (2K_1 - K_2) - K_1^2 = 0$$

Mit der numerischen Lösung $\alpha_1 = 0,1329$ ergibt Einsetzen in K_1/K_2 den Wert $\alpha_2 = 0,7841$.
Für den pH-Wert erhält man:

$$\text{pH} = -{}^{10}\lg\left[\widetilde{m}_1^0 \cdot \alpha_1 + \widetilde{m}_2^0 \cdot \alpha_2\right] = 2,038$$

Bei den Lösungen der jeweils nur einen Säure gilt:

$$K_i = \frac{\alpha_i^2}{1-\alpha_i} \cdot \widetilde{m}_i^0 \qquad \text{bzw.} \qquad \alpha_i = -\frac{K_i}{2\widetilde{m}_i^0} + \sqrt{\left(\frac{K_i}{2\widetilde{m}_i^0}\right) + \frac{K_i}{\widetilde{m}_i^0}}$$

Das ergibt für Chloressigsäure mit $\widetilde{m}_1^0 = 0,02$ mol $\cdot$ kg^{-1}:

$$\alpha_1 = 0,212 \qquad \text{bzw.} \qquad \text{pH} = -{}^{10}\lg\left[\widetilde{m}_1^0 \cdot \alpha_1\right] = 2,373$$

und für Dichloressigsäure mit $\widetilde{m}_2^0 = 0,02$ mol $\cdot$ kg^{-1}:

$$\alpha_2 = 0,703 \qquad \text{bzw.} \qquad \text{pH} = -{}^{10}\lg\left[\widetilde{m}_2^0 \cdot \alpha_2\right] = 1,852$$

Die einzelnen pH-Werte liegen erwartungsgemäß unter bzw. über dem pH-Wert der Mischung mit der Gesamtmolalität $\widetilde{m}_1^0 + \widetilde{m}_2^0 = 0,01 + 0,01 = 0,02$ mol $\cdot$ kg^{-1}. Vereinigt man diese beiden Lösungen von jeweils derselben Menge, ist $\widetilde{m}_1^0 = \widetilde{m}_2^0 = 0,01$ mol $\cdot$ kg^{-1} und man erhält den zuvor berechneten pH-Wert von 2,038.

3.15.19 *Mikroben im Toten Meer – Lebenskünstler unter extremen Bedingungen*

Die Molalität $\widetilde{m}_S$ von Meerwasser (Standard-Meerwasser) beträgt ca. $0,566$ mol $\cdot$ kg^{-1}. Extreme Werte werden im Toten Meer gefunden, die jahreszeitlich bedingt zwischen 3,25 und 3,67 mol $\cdot$ kg^{-1} schwanken können. Unter solchen Bedingungen können nur spezielle Mikroben existieren, die den osmotischen Druck im Zellinneren dem des umgebenden Salzwassers stets anpassen können. Dies geschieht durch Produktion bzw. Abbau von Glyzerin in der Zelle. Das im Toten Meer gelöste Salz besteht zu 45 mol% aus NaCl und 55 mol% MgCl$_2$.

a) Berechnen Sie die Schwankung der Molalität von NaCl bzw. MgCl$_2$.

b) Berechnen Sie für $T = 293$ K die Schwankung der Glyzerinmolalität in der Zelle, die dafür sorgt, dass stets der osmotische Druck im Salzwasser und im Inneren der Mikrobenzellen gleich groß ist. Rechnen Sie der Einfachheit halber mit der Gültigkeit des van't Hoff'schen Gesetzes für den osmotischen Druck.

Lösung:

a) Die Molalitäten $\widetilde{m}_{\text{NaCl}}$ bzw. $\widetilde{m}_{\text{MgCl}_2}$ ergeben sich aus den Beziehungen

$$\widetilde{m}_{\text{NaCl}} = 0,45 \cdot 3,25 = 1,463 \text{ mol} \cdot \text{kg}^{-1} \quad \text{bzw.} \quad \widetilde{m}_{\text{NaCl}} = 1,652 \text{ mol} \cdot \text{kg}^{-1}$$

$$\widetilde{m}_{\text{MgCl}_2} = 0,55 \cdot 3,25 = 1,788 \text{ mol} \cdot \text{kg}^{-1} \quad \text{bzw.} \quad \widetilde{m}_{\text{MgCl}_2} = 2,019 \text{ mol} \cdot \text{kg}^{-1}$$

b) Der osmotische Druck π des Salzwassers beträgt (s. Gl. (3.23)):

$$\pi_{OS} = RT \left(2 \cdot \widetilde{m}_{NaCl} + 3 \cdot \widetilde{m}_{MgCl_2}\right) \varrho_{H_2O}$$

Das ergibt für $\widetilde{m}_{NaCl} + \widetilde{m}_{MgCl_2} = 3,25$ mol $\cdot$ kg^{-1} bei $T = 293$ K:

$$\pi_{OS,3,25} = R \cdot 293 \ (2 \cdot 1,463 + 3 \cdot 1,788) \cdot 1000 = 2,019 \cdot 10^7 \text{ Pa} = 201,9 \text{ bar}$$

und für $\widetilde{m}_{NaCl} + \widetilde{m}_{MgCl_2} = 3,67$ mol $\cdot$ kg^{-1}:

$$\pi_{OS,3,67} = R \cdot 293 \ (2 \cdot 1,652 + 3 \cdot 2,019) \cdot 1000 = 2,280 \cdot 10^7 \text{ Pa} = 228,0 \text{ bar}$$

Um die osmotische Druckdifferenz $\Delta\pi_{OS} = \pi_{OS,3,67} - \pi_{OS,3,25} = 2,61 \cdot 10^6$ Pa $= 26,1$ bar auszugleichen, muss die Zelle eine Differenz von Molalitäten an Glyzerin ($C_3O_3H_9$):

$$\Delta\widetilde{m}_{Glyzerin} = \frac{\Delta\pi_{OS}}{RT \cdot \varrho_{H_2O}} = 1,071 \text{ mol} \cdot \text{kg}^{-1}$$

aufbringen. Dieser Auf- und Abbau geschieht enzymkatalytisch aus dem Glucose-Reservoir der Mikroben.

3.16 Anwendungsbeispiele und Aufgaben zu Kapitel 3

3.16.1 pH-Abhängigkeit der Löslichkeit sauer oder basisch reagierender Gase

Die Löslichkeit von Gasen kann in manchen Fällen auch bei sehr geringen Konzentrationen deutliche Abweichungen vom Henry'schen Grenzgesetz (s. Gl. (1.51)) aufweisen. Bei Wasser als Lösemittel werden Abweichungen bei solchen Gasen beobachtet, die in wässriger Lösung als Säuren oder Basen reagieren können, z. B.

$$SO_2 + H_2O \rightleftharpoons HSO_3^- + H^+$$
$$R_3N + H_2O \rightleftharpoons R_3NH^+ + OH^-$$

In solchen Fällen hängt die Löslichkeit auch stark vom pH-Wert der wässrigen Lösung ab. Wir betrachten als Beispiel die Löslichkeit von SO_2 in reinem Wasser. Hier spielen folgende Gleichgewichtsprozesse eine Rolle:

$$SO_2(g) \rightleftharpoons SO_2(aq) \tag{3.136}$$

$$SO_2(aq) + H_2O \rightleftharpoons HSO_3^- + H^+ \tag{3.137}$$

Für Gl. 3.136 gilt das Henry'sche Gesetz, das hier eine andere Einheit als in Gl. (1.92) hat (Bezeichnung K_H' statt K_H):

$$p_{SO_2} = K_H' \cdot \widetilde{m}_{SO_2}$$

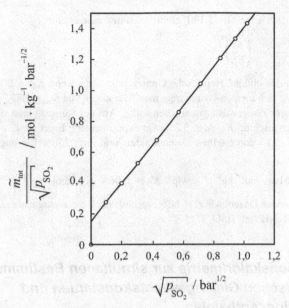

Abb. 3.25 Messdaten (○) $\widetilde{m}_{tot}/p_{SO_2}^{1/2}$ aufgetragen gegen $p_{SO_2}^{1/2}$. (nach: J. M. Prausnitz, R. N. Lichtenthaler, E. G. de Azevedo „Molecular Thermodynamics of Fluid Phase Equilibria", Prentice Hall Inc. (1986))

Für Gl. (3.137) gilt das chemische Gleichgewicht:

$$K_S = \frac{\widetilde{m}_{H^+} \cdot \widetilde{m}_{HSO_3^-}}{\widetilde{m}_{SO_2}} \cdot \frac{\widetilde{\gamma}_{H^+} \cdot \widetilde{\gamma}_{HSO_3^-}}{\widetilde{\gamma}_{SO_2}} \tag{3.138}$$

Dann lässt sich mit $\widetilde{m}_{tot} = \widetilde{m}_{SO_2} + \widetilde{m}_{HSO_3^-}$ schreiben:

$$p_{SO_2} = \widetilde{m}_{tot} \cdot K'_H (1 - \alpha) \tag{3.139}$$

wobei α der Dissoziationsgrad von H_2SO_3 bedeutet::

$$\alpha = \widetilde{m}_{HSO_3^-} / \left(\widetilde{m}_{SO_2} + \widetilde{m}_{HSO_3^-} \right)$$

Da in reinem Wasser als Lösemittel gilt:

$$\widetilde{m}_{H^+} = \widetilde{m}_{HSO_3^-}$$

lassen sich Gl. (3.138) und (3.139) unter Vernachlässigung der Aktivitätskoeffizienten $\widetilde{\gamma}_i$ zusammenfassen:

$$K_S = \frac{\alpha^2 \cdot \widetilde{m}_{tot}^2}{p_{SO_2}/K'_H} \quad \text{bzw.} \quad \alpha = \frac{\sqrt{p_{SO_2}}}{\widetilde{m}_{tot}} \left(\frac{K_S}{K'_H} \right)^{1/2} \tag{3.140}$$

In Gl. (3.139) lässt sich α aus Gl. (3.140) eliminieren und man erhält:

$$\frac{\widetilde{m}_{\text{tot}}}{\sqrt{p_{\text{SO}_2}}} = \frac{\sqrt{p_{\text{SO}_2}}}{K_{\text{H}}'} + \left(\frac{K_{\text{S}}}{K_{\text{H}}'}\right)^{1/2} \tag{3.141}$$

Gl. (3.141) geht in das übliche Henry'sche Grenzgesetz über, wenn $K_{\text{S}} = 0$ bzw. $\widetilde{m}_{\text{SO}_2} = \widetilde{m}_{\text{tot}}$ ist. Da $\widetilde{m}_{\text{tot}}$ und p_{SO_2} sich messen lassen, trägt man Messdaten von $\widetilde{m}_{\text{tot}}/\sqrt{p_{\text{SO}_2}}$ gegen $\sqrt{p_{\text{SO}_2}}$ auf, wobei sich ein linearer Zusammenhang ergeben sollte. Aus der Steigung lässt sich K_{H}' bestimmen und aus dem Achsenabschnitt K_{S}. Abb. 3.25 zeigt experimentelle Ergebnisse.

Mit den in Abb. 3.25 dargestellten Datenpunkten und ihrer Linearisierung ergibt sich nach Gl. (3.141):

$$K_{\text{H}}' = 0,7686\,\text{bar} \cdot \text{mol} \cdot \text{kg}^{-1} \quad \text{sowie} \quad K_{\text{S}} = 1,968 \cdot 10^{-2}\,\text{mol} \cdot \text{kg}^{-1}.$$

Bei basisch reagierenden Gasen, wie z. B. NR_3, verläuft die Berechnung ganz analog (K_{B} statt K_{S}, OH^- statt H^+ und R_3NH statt HSO_3^-).

3.16.2 Titrationskalorimetrie zur simultanen Bestimmung von chemischen Gleichgewichtskonstanten und Reaktionsenthalpien

Wir betrachten eine in Lösung ablaufende Gleichgewichtsreaktion folgender Art:

$$A + B \rightleftharpoons C \tag{3.142}$$

Die Komponente A mit der Molzahl n_A^0 liegt im Volumen V_0 gelöst vor, das ca. 1/3 des kalorimetrischen Reaktionsgefäßes R ausfüllt und sich in einem Wasserbad mit genau kontrollierter Temperatur befindet (s. Abb. 3.26).

Zu der vorgelegten Lösung wird nacheinander, im Abstand von 5 - 10 Minuten, ein Flüssigkeitsvolumen von 60 μl zutitriert, das die Komponente B mit der Konzentration c_B^0 enthält. Über dem Boden des Reaktionsgefäßes befindet sich, gut wärmeleitend mit dem Flüssigkeitsvolumen verbunden, ein Heizelement bzw. ein Kühlelement (Peltier-Element), das die bei jedem Titrationsschritt verbrauchte Wärme (endothermer Prozess) oder entstehende Wärme (exothermer Prozess) genauso kompensiert, dass die Temperatur quasi konstant gehalten wird. Die Leistung L des Heizelementes bzw. Kühlelementes wird als Funktion der Zeit bzw. des Titrationsschrittes i gemessen (s. Abb. 3.27). Die Fläche unter den einzelnen Peaks stellt die bei jedem Titrationsschritt freiwerdende bzw. verbrauchte Wärmemenge Q dar.

Für die Gleichgewichtskonstante K gilt bei Vernachlässigung von Aktivitätskoeffizienten:

$$K = \frac{c_C}{c_A \cdot c_B}$$

mit den Konzentrationen c_A, c_B und c_C in $\text{mol} \cdot \text{L}^{-1}$.

Entstehen bei einem Titrationsvorgang n_c Mole der Komponente C, so ist damit eine Wärmemenge

$$Q = n_C \cdot \Delta_R \overline{H}^{\infty} \tag{3.143}$$

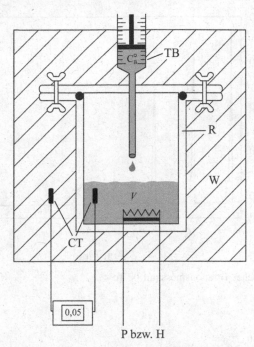

Abb. 3.26 Reaktionsgefäß R für die Titrationskalorimetrie. V = Lösungsvolumen, P bzw. H = Peltierkühler bzw. Heizelement, CT = Temperatur-Controller, TB = Titrationsbürette mit Titrant der Konzentration c_B^0, W = äußeres Wasserbad.

verbunden, wobei $\Delta_R \overline{H}^\infty$ die Reaktionsenthalpie im Standardzustand der ideal verdünnten Lösung bedeutet. Nun gelten folgende Bilanzen:

$$n_A + n_C = n_A^0 \tag{3.144}$$

$$n_B + n_C = i \cdot \Delta v \cdot c_B^0 \tag{3.145}$$

sowie

$$K \cdot n_A \cdot n_B = n_C \cdot V_i \tag{3.146}$$

mit dem Lösungsvolumen $V_i = V_0 + i \cdot \Delta v$. i ist die Zahl der Titrationsschritte.

n_A, n_B und n_C sind die Molzahlen der Komponenten in R und V^0 ist das Flüssigkeitsvolumen im Reaktionsgefäß vor Beginn der Titration. c_B^0 ist die Konzentration von B in der zutitrierten Lösung und Δv ist das Volumen der bei jedem Titrationsschritt zutitrierten Lösung. Einsetzen von n_A bzw. n_B aus Gl. (3.144) bzw. Gl. (3.145) in Gl. (3.146) ergibt:

$$n_C^2 - x n_C + y = 0$$

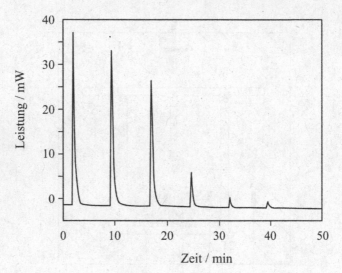

Abb. 3.27 Kalorimetrischer Titrationsmesslauf (s. Text).

mit:

$$x(i) = \left(\frac{V_0 + i \cdot \Delta v}{K} + n_A^0 + i \cdot \Delta v \cdot c_B^0 \right)$$

und

$$y(i) = n_A^0 \cdot i \cdot \Delta v \cdot c_B^0$$

Diese quadratische Gleichung hat die Lösung:

$$n_C(i) = \frac{x(i) - \sqrt{x^2(i) - 4y(i)}}{2} \qquad (3.147)$$

Jeder Titrationsschritt ist mit einer Wärmemenge Q_i verbunden, die in einem Messlauf der elektrischen Kompensationsleistung L gegen die Zeit t in Abb. 3.27 als ein Peak sichtbar wird, dessen Fläche gleich Q_i ist. Mit unserer Theorie lässt sich Q_i beschreiben:

$$Q_i = (n_C(i) - n_C(i-1)) \cdot \Delta_R \overline{H}^\infty \qquad (3.148)$$

mit $n_C(i)$ bzw. $n_C(i-1)$ aus Gl. (3.147), wobei $n_C(i = 0) = 0$ ist. Um K (bzw. $\Delta_R \overline{G}^\infty$) und $\Delta_R \overline{H}^\infty$ zu ermitteln, muss man Gl. (3.147), die als anpassbare Parameter K und $\Delta_R \overline{H}^0$ enthält, an gemessene Werte von Q_i für alle Werte von i simultan anpassen. Als Beispiel zeigt Abb. (3.28) die Ergebnisse für die in Aufgabe 3.15.10 diskutierte Gleichgewichtsreaktion der Komplexbildung mit dem Kronenether 18C6:

$$Ba^{2+} + 18C6 \rightleftharpoons [Ba \cdot 18C6]^{2+}$$

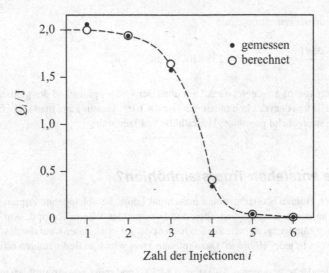

Abb. 3.28 • Wärmemenge pro Peak aus Abb. 3.27: $Q(1) = 2015 \; \mu J, Q_2 = 1973 \; \mu J, Q_3 = 1655 \; \mu J, Q_4 = 477 \; \mu J, Q_5 = 76 \; \mu J, Q_6 = 28 \; \mu J.$ — angepasste Kurve nach Gl. (3.148) mit $x(i)$ nach Gl. (3.149) und $y(i)$ nach Gl. (3.150). (Daten: L. Wadsö und Y. Li, J. Chem. Ed., 101–105 (2010))

Hier wird $BaCl_2$ zu einer vorgelegten Lösung wässriger 18C6-Lösung titriert. Der Titrationsprozess wird durchgeführt mit folgenden Daten:

$$
\begin{aligned}
V_0 &= 10 \; \text{ml} = 0,01 \; \text{L} \\
n_A^0 &= 2 \cdot 10^{-4} \; \text{mol} \\
c_B &= 1 \; \text{mol} \cdot \text{L}^{-1} \\
\Delta \upsilon &= 65 \; \mu l
\end{aligned}
$$

Es gilt also:

$$x(i) = \frac{0,01 + i \cdot 65 \cdot 10^{-6}}{K} + 2 \cdot 10^{-4} + i(65 \cdot 10^{-6} \cdot 1) \tag{3.149}$$

$$y(i) = (2 \cdot 10^{-4} \cdot 65 \cdot 10^{-6} \cdot 1) \cdot i \tag{3.150}$$

$K = 5900 \; \text{L} \cdot \text{mol}^{-1}$ und $\Delta_R \overline{H}^\infty = -31,4 \; \text{kJ} \cdot \text{mol}^{-1}$ ergeben eingesetzt in Gl. (3.147) die beste Anpassung von Gl. (3.148) die Messwerte (s. Abb. 3.22). $^{10}\lg K = ^{10}\lg 5900 = 3,77$ ist in guter Übereinstimmung mit dem in Aufgabe 3.15.10 angegebenen Wert von 3,78.

Die freie Reaktionsenthalpie $\Delta_R \overline{G}^\infty$ ergibt sich aus Gl. (2.41):

$$5900 = \exp[-\Delta_R \overline{G}^\infty / R \cdot 298] \cdot \overline{V}_{H_2O}$$

mit dem molaren Volumen des Lösemittels Wasser $\overline{V}_{H_2O} = 0,018 \; \text{L} \cdot \text{mol}^{-1}$. Man erhält:

$$\Delta_R \overline{G}^\infty = -298 \cdot R \; \ln(5900/0,018) = -31,47 \; \text{kJ} \cdot \text{mol}^{-1}$$

Für die Standardreaktionsentropie $\Delta_R \overline{S}^\infty$:

$$\Delta_R \overline{S}^\infty = \frac{\Delta_R \overline{H}^\infty - \Delta_R \overline{G}^\infty}{298} = 0,235 \cdot 10^{-4} \ \text{J} \cdot \text{mol}^{-1} \cdot \text{K}^{-1}$$

Der geringe Wert von $\Delta_R \overline{S}^\infty$ deutet darauf hin, dass der Ordnungszustand des gelösten Ba^{2+} kaum unterschiedlich ist von dem des komplexierten $[Ba18C6]^{2+}$. Daraus kann man schließen, dass Ba^{2+} im Wasser eine weitgehend geordnete Hydrathülle besitzen muss.

3.16.3 Wie entstehen Tropfsteinhöhlen?

In unterirdischen Höhlen beobachtet man manchmal lange, herabhängende Zapfen aus Kalkstein (Stalagmiten), an denen langsam von oben durchdringendes Wasser abtropft. Am Höhlenboden bauen sich häufig entgegengerichtete Zapfen nach oben auf (Stalaktiten), auf die das Wasser tropft. Das ist keineswegs in jeder Höhle so. Dazu müssen zwei wichtige Bedingungen erfüllt sein:

1. Die Höhlendecke besteht aus Kalkstein ($CaCO_3$) und muss wasserdurchlässig sein.

2. Der Boden über der Höhlendecke muss gut durchwurzelt sein und tierische Mikroorganismen enthalten.

Die Bodenluft wird in diesem Fall mit CO_2 angereichert durch den Atmungsprozess:

$$C_6H_{12}O_6 + 6O_2 \rightarrow 6CO_2 + 6H_2O$$

Entsprechend diesem Prozess ist der CO_2-Gehalt der Bodenluft erheblich höher als in der Atmosphäre und es kommt zur Auflösung von Kalk entsprechend der Gleichung:

$$CaCO_3(\text{fest}) + H_2O + CO_2 \rightleftharpoons Ca^{2+}_{aq} + 2HCO^-_{3,aq}$$

Die schematische Struktur einer solchen Tropfsteinhöhle ist in Abb. 3.29 dargestellt.

Wenn wir annehmen, dass die wässrigen Lösungen mit den Konzentrationen $c_{i,aq}$ verdünnt sind, hat die Aktivität von H_2O den Wert 1. Ebenso gilt $a_{CaCO_3(\text{fest})} = 1$. Dann erhält man unter Beachtung der Gültigkeit des Henry'schen Grenzgesetzes für CO_2:

$$p_{CO_2} = K_{H,CO_2} \cdot a_{CO_2,aq} = K_{H,CO_2} \cdot K_c^{-1} \, a_{Ca^{2+}} \cdot a^2_{HCO^-_3}$$

mit

$$K_C = \frac{a_{Ca^{2+},aq} \cdot a^2_{HCO^-_3,aq}}{a_{CO_2,aq}}$$

Aus Elektroneutralitätsgründen gilt ferner:

$$2c_{Ca^{2+},aq} = c_{HCO^-_3,aq}$$

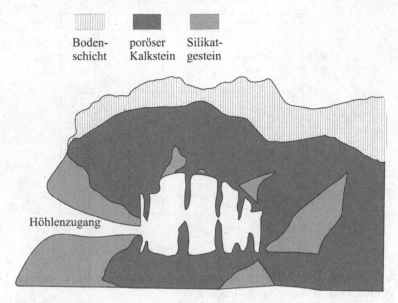

Abb. 3.29 Tropfsteinhöhle.

Also ergibt sich für den Zusammenhang zwischen dem Partialdruck p_{CO_2} und der Konzentration an HCO_3^-:

$$p_{CO_2} \cong \left(\frac{K_H}{2 \cdot K_c} \right) c_{Ca^{2+}}^3 \qquad \text{mit} \qquad a_{HCO_3^-} \approx c_{HCO_3^-} \qquad \text{und} \qquad a_{Ca^{2+}} \approx c_{Ca^{2+}}$$

Wir erwarten also einen Anstieg des Kalzium-Gehaltes im Sickerwasser über der Höhlendecke mit dem Partialdruck von CO_2, der mit der dritten Potenz von $c_{Ca^{2+}}$ verläuft. Das entspricht den Messergebnissen bei 20 °C, für die folgende Ausgleichskurve gilt:

$$p_{CO_2} = 2,634 \cdot 10^{-9} \cdot w_{CaCO_3,aq}^3$$

wobei w_{CaCO_3} die Menge von Ca^{2+} in $mg \cdot L^{-1}$ (gerechnet als $CaCO_3$) in der Lösung bedeutet. p_{CO_2} ist in bar anzugeben. Abb. 3.30 illustriert diesen Zusammenhang.

Berechnen Sie die Menge an Kalk, die in einer Tropfsteinhöhle pro m² in 1000 Jahren abgeschieden wird, wenn der Partialdruck der Bodenluft $p_{CO_2} = 0,015$ bar beträgt, während in der Höhle ein Partialdruck $p_{CO_2} = 0,0005$ bar herrscht. Der Wasserdurchsatz sei $150 \, ml \cdot m^{-2} \cdot h^{-1}$.
Lösung:
Die Menge an gelöstem Kalk bei $p_{CO_2} = 0,015$ bar beträgt:

$$w_{CaCO_3,aq} = \left(\frac{0,015}{2,634} \right)^{1/3} \cdot 10^3 = 179 \, mg \cdot L^{-1}$$

und bei $p_{CO_2} = 5 \cdot 10^{-4}$ bar:

$$w_{CaCO_3,aq} = \left(\frac{5 \cdot 10^{-4}}{2,634} \right)^{1/3} \cdot 10^3 = 57 \, mg \cdot L^{-1}$$

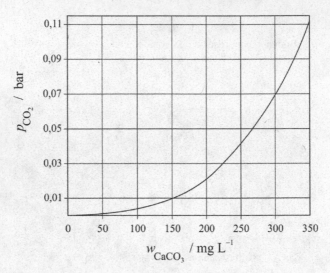

Abb. 3.30 Löslichkeit von Kalk ($CaCO_3$) als Funktion des CO_2-Partialdrucks in wässriger Lösung bei $T = 293$ K. (Ausgleichskurve durch Messpunkte)

Bei einem Durchsatz von 150 ml $\cdot$ m^{-2} $\cdot$ h^{-1} an Wasser werden also

$$150 \cdot 10^{-3}(179 - 57) = 18,3 \text{ mg} \cdot \text{m}^{-2} \cdot h^{-1}$$

abgeschieden. In 1000 Jahren sind das

$$18,3 \cdot 24 \cdot 365 \cdot 1000 = 16,03 \cdot 10^7 \text{ mg} = 160,3 \text{ kg}$$

Die Dichte von $CaCO_3$ ist ca. 2000 kg $\cdot$ m^{-3}. Das ergibt eine durchschnittliche Schichthöhe h an abgeschiedenem $CaCO_3$ von

$$h = \frac{160,3}{2000} = 0,08 \text{ m} = 8 \text{ cm pro m}^2 \text{ in 1000 Jahren}$$

Konzentriert sich die abgeschiedene Wassermenge pro m^2 auf 100 cm^2, beträgt die Höhe h' (Stalaktit + Stalagmit):

$$h' = 8 \cdot \frac{10^4}{10^2} = 800 \text{ cm} = 0,8 \text{ m}$$

Wenn es sich dabei jeweils um einen Kegel mit der Grundfläche von 100 cm^2 handelt, ist die Länge l des Kegels eines Stalaktiten bzw. Stalagmiten ca. 3 m, d. h., wenn die Höhle 6 m hoch ist, berühren sich die beiden Kegelspitzen gerade. Das gibt einen Eindruck von dieser Höhle: auf jedem m^2 sitzt durchschnittlich ein solcher Doppelkegel, wenn die Höhle seit 1000 Jahren als Tropfsteinhöhle existiert. Vorausgesetzt ist dabei natürlich, dass in der Höhle während der 1000 Jahre im Boden und Kalkgestein oberhalb der Höhlendecke immer dieselbe Atmungsaktivität der Mikroorganismen herrschte und der Wasserfluss über diesen Zeitraum im Mittel den angenommen Wert hat.

3.16.4 Isopiestische Messmethode zur Bestimmung von Aktivitätskoeffizienten und osmotischen Koeffizienten in Elektrolytlösungen

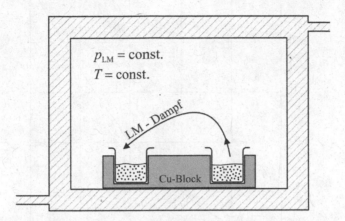

$p_{LM} = $ const.
$T = $ const.

LM - Dampf

Cu-Block

Abb. 3.31 Die isopiestische Methode zur Bestimmung osmotischer Koeffizienten.

Sog. isopiestische Messungen beruhen auf der Gleichgewichtseinstellung des chemischen Potentials des Lösemittels in zwei verschiedenen Elektrolytlösungen, wobei die Elektrolyte selbst sich nicht durchmischen können (s. Abb. 3.31).

Zwei Gefäße werden mit den beiden unterschiedlichen Elektrolytlösungen gefüllt, die in einem Kupferblock eingelassen sind. Es verdampft nun Wasser aus dem einen Gefäß und kondensiert in dem anderen Gefäß, bis die Dampfdrücke bzw. Fugazitäten des Wasserdampfes gleich sind und damit auch die Aktivitäten von Wasser in beiden Lösungen. Aus der Gewichtszunahme bzw. Gewichtsabnahme der Gefäße kann dann der Aktivitätskoeffizient bzw. der osmotische Koeffizient der einen Lösung bestimmt werden, wenn der der anderen Lösung bekannt ist. Der Kupferblock dient dem raschen Temperaturausgleich der Lösungen, denn beim Verdampfungsprozess bzw. Kondensationsprozess des Lösemittels LM wird ja zunächst dem einen System Energie entzogen und dem anderen zugeführt, so dass der Elektrolyt, in dem die Kondensation stattfindet, zunächst eine höhere Temperatur besitzt, während die Temperatur im anderen Elektrolyten sich zunächst erniedrigt.

Ziel der Methode ist es, osmotische Koeffizienten Φ_{OS} einer Elektrolytlösung zu bestimmen. Wenn man die Anfangsmolalitäten mit $\widetilde{m}_{EL_1}$ bzw. $\widetilde{m}_{EL_2}$ bezeichnet und die am Ende nach Gleichgewichtseinstellung mit $\widetilde{m}_{EL_1}^e$ bzw. $\widetilde{m}_{EL_2}^e$ (Index e: Gleichgewicht), gilt der Zusammenhang mit $\widetilde{m}_{EM}^e = \widetilde{m}_{EM} \pm \Delta m_{LM}$

$$\widetilde{m}_{EL_1}^e = \frac{m_{EL_1}}{m_{LM_1} \pm \Delta m_{LM}} \cdot \frac{1}{M_1} \quad \text{bzw.} \quad \widetilde{m}_{EL_2}^e = \frac{m_{EL_2}}{m_{LM_2} \mp \Delta m_{LM}} \cdot \frac{1}{M_2} \tag{3.151}$$

wobei m_{EL_2} und m_{LM} die Massen des Elektrolyten bzw. des Lösemittels am Anfang bedeuten und Δm_{LM} die Masse der über die Dampfphase überführten Masse des Lösemittels. Wird die

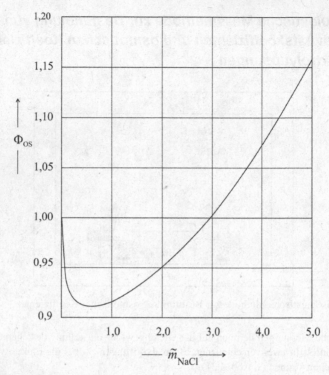

Abb. 3.32 Osmotische Koeffizienten Φ_{OS} als Funktion der Molalität $\tilde{m}_{NaCl}$ wässriger Lösungen von NaCl bei $T = 293$ K.

Bedingung Gl. (3.151) in Gl. (3.24) eingesetzt, erhält man mit $(x_{LM} \cdot \gamma_{LM})_1 = x_{LM} \cdot \gamma_{LM})_2$:

$$\Phi_{OS}\left(\tilde{m}^e_{EL_1}\right) \cdot \nu_1 \cdot \frac{m_{EL_1}}{m_{LM_1} \pm \Delta m_{LM}} = \Phi_{OS}\left(\tilde{m}^e_{EL_2}\right) \cdot \nu_2 \cdot \frac{m_{EL_2}}{m_{LM_2} \mp \Delta m_{LM}} \tag{3.152}$$

Das Vorzeichen hängt davon ab, in welche Richtung der Wassertransport über die Dampfphase erfolgt.

Man benötigt also die Kenntnis des funktionellen Zusammenhangs $\Phi_{OS}\left(\tilde{m}^e_{EL_1}\right)$ der Referenzelektrolytlösung 1, um $\Phi_{OS}\left(\tilde{m}^e_{EL_2}\right)$ zu bestimmen. Als Referenzlösung bei wässrigen Elektrolyten werden NaCl-Lösungen oder $CaCl_2$-Lösungen verwendet, für die sehr genaue Messwerte des osmotischen Koeffizienten Φ_{OS} als Funktion der Molalitäten $\tilde{m}_{NaCl}$ bzw. $\tilde{m}_{CaCl_2}$ in der Literatur vorliegen. Die Referenzkurve für NaCl ist in Abb. 3.32 für $T = 293$ K dargestellt (Es gibt solche Referenzkurven für verschiedene Temperaturen im Bereich von 273 bis 420 K.).

Wir wollen als Beispiel die Messung des osmotischen Koeffizienten einer wässrigen Schwefelsäurelösung mit Hilfe einer NaCl-Lösung als Referenzsystem berechnen. Zu Beginn des Messvorgangs wird in das rechte Gefäß eine NaCl-Lösung eingewogen, die 0,00174 kg NaCl und 0,025 kg Wasser enthält, also insgesamt 0,0267 kg. Die Molalität $\tilde{m}^e_i$ von NaCl ist also $1,2$ mol·kg^{-1}. In das linke Gefäß wird eine Lösung eingewogen, die 0,008786 kg H_2SO_4 und 0,045 kg Wasser enthält.

Die Molalität der H_2SO_4-Lösung beträgt damit $2,489 \text{ mol} \cdot \text{kg}^{-1}$. Nach Einstellung des Gleichgewichts hat das linke Gefäß mit der H_2SO_4-Lösung um $0,005$ kg an Gewicht zugenommen, das rechte Gefäß mit der NaCl-Lösung hat entsprechend $0,005$ kg verloren. Damit ergibt sich für die Molalitäten $\widetilde{m}_i^e$ im Gleichgewicht, wenn für die Molmasse von NaCl $0,058 \text{ kg} \cdot \text{mol}^{-1}$ und die von H_2SO_4 $0,098 \text{ kg} \cdot \text{mol}^{-1}$ eingesetzt wird:

$$\widetilde{m}_{\text{NaCl}}^e = 0,00174 \cdot \frac{1}{0,058} \cdot \frac{1}{0,025 - 0,005} = 1,501 \text{ mol} \cdot \text{kg}^{-1}$$

$$\widetilde{m}_{\text{H}_2\text{SO}_4}^e = 0,008786 \cdot \frac{1}{0,098} \cdot \frac{1}{0,045 + 0,005} = 1,793 \text{ mol} \cdot \text{kg}^{-1}$$

Die Molalität der NaCl-Lösung hat also zugenommen, die der H_2SO_4-Lösung hat abgenommen.

Die Schwefelsäure dissoziiert in $H^+ + HSO_4^-$, also ist $\nu_{\text{H}_2\text{SO}_4} = \nu_{\text{NaCl}} = 2$. Aus den Referenzdaten entnimmt man, dass in einer 1,5 molalen NaCl-Lösung bei 298 K der osmotische Koeffizient $\Phi_{\text{OS,NaCl}} = 0,929$ beträgt. Damit ergibt sich für $\Phi_{\text{OS,H}_2\text{SO}_4}$ bei $\widetilde{m}_{\text{H}_2\text{SO}_4} = 1,793 \text{ mol} \cdot \text{kg}^{-1}$ aus Gl. (3.152):

$$\Phi_{\text{OS,H}_2\text{SO}_4} = \frac{0,929 \cdot 1,5}{1,793} = 0,7772$$

3.16.5 *Warum enthält die Erdatmosphäre so wenig CO₂?*

Nur ca. 350 ppm der Erdatmosphäre besteht aus CO_2. Das entspricht einem Partialdruck von CO_2 am Erdboden von $3,5 \cdot 10^{-4}$ bar. Der CO_2-Gehalt in der Atmosphäre unseres Nachbarplaneten, der Venus, beträgt dagegen ca. 96 % mit einem Partialdruck von über 80 bar am Boden. Wie ist dieser enorme Unterschied zu erklären?

Die Krustengesteine von Erde und Venus enthalten erhebliche Mengen an $CaSiO_3$ ($CaO \cdot SiO_2$) oder $MgSiO_3$($MgO \cdot SiO_2$). Im Unterschied zur Venus existiert nach einer gewissen Abkühlungszeit seit Bildung der Erde flüssiges Wasser auf ihrer Oberfläche, d. h., es bilden sich Ozeane. Das ist auf der Venus nicht der Fall. Sie ist näher an der Sonne und das durch Meteoriteneinschläge und aus dem Planeteninneren entstandene Wasser der Atmosphäre verdampfte. Auf der Erde können dagegen folgende Reaktionen ablaufen:

$$CO_2(g) + H_2O(fl) \rightleftharpoons HCO_{3\text{aq}}^- + H_{\text{aq}}^+$$

$$H^+(aq) + HCO_3^-(aq) + (Ca, Mg)SiO_3(s) \rightleftharpoons (Ca, Mg)CO_3(s) + H_2O(fl) + SiO_2$$

In der Summe läuft also folgende Reaktion ab:

$$CO_2(g) + (Ca, Mg)SiO_3(fl) \rightarrow (Ca, Mg)CO_3(fl) + SiO_2(fl)$$

Diese Gleichung bestimmt das chemische Gleichgewicht.

Man kann sagen, dass flüssiges Wasser als Katalysator für diese heterogene Reaktion wirkt, bei der CO_2 als Kalkstein bzw. Dolomit gebunden wird. Der Absorptionsprozess von CO_2 ist in Abb. 3.33 schematisch erläutert. Dieses Gleichgewicht lässt sich berechnen. Es gilt:

$$\Delta_R \overline{G} = \Delta^f \overline{G}_{\text{CaCO}_3} + \Delta^f \overline{G}_{\text{SiO}_2} - \Delta^f \overline{G}_{\text{CO}_2} - \Delta^f \overline{G}_{\text{CaSiO}_3}$$

$$= -1128,8 - 856,4 + 394,4 + 1495,4 = -95,4 \text{ kJ} \cdot \text{mol}^{-1}$$

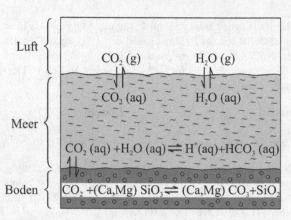

Abb. 3.33 Schematische Darstellung des CO_2-Absorptionsgleichgewichts im Meerwasser und im Krustengestein. (Biologische, anthropogene und vulkanische Prozesse der CO_2-Bildung sind nicht dargestellt.)

wobei wir die Daten von $\Delta^f \overline{G}_i$ Tabelle A.3 entnommen haben. Damit ergibt sich bei 298,15 K:

$$K = e^{-\Delta_R \overline{G}/RT} = \frac{a_{CaCO_3} \cdot a_{SiO_2}}{p_{CO_2} \cdot a_{CaSiO_3}} = \frac{1}{p_{CO_2}} = 5,27 \cdot 10^{16} \, \text{bar}^{-1}$$

Die Aktivitäten a_i sind alle gleich 1, so dass der Partialdruck von CO_2 in der Atmosphäre

$$p_{CO_2} = 1,898 \cdot 10^{-17} \, \text{bar}$$

beträgt. Das ist ein vernachlässigbar geringer Wert gegenüber dem tatsächlichen CO_2-Gehalt von 350 ppm. Der Grund für die Abweichung ist

1. unvollständige Gleichgewichtseinstellung der Reaktion.

2. Durch den Zyklus von Wachstum (Photosynthese) und Abbau von lebendem Material (Verrottung, Verbrennung) wird eine gewisse Menge an CO_2 in der Atmosphäre ständig aufrecht gehalten. Der Ozean ist außerdem bei 350 ppm CO_2 in der Atmosphäre nicht mit CO_2 gesättigt.

3. Zusätzliche Mengen an CO_2 gelangen durch Vulkanausbrüche in die Erdatmosphäre.

Auf jeden Fall erklärt die Berechnung, warum sich ganz erheblich weniger CO_2 in der Erdatmosphäre befindet als in der Venusatmosphäre, wo nie flüssiges Wasser existierte, das dort die Reaktion der CO_2-Bindung als Kalkstein bzw. Dolomit hätte ermöglichen können. Wäre die Menge an CO_2, die auf der Erde in Kalkstein bzw. Dolomit gebunden ist, als freies CO_2 in der Erdatmosphäre, würde der CO_2-Druck am Erdboden ca. 40 bar betragen, ähnlich, wie es auf der Venus der Fall ist (Aufgabe 1.14.20).

3.16.6 Temperaturmaximum der Protolyse von Essigsäure in Wasser

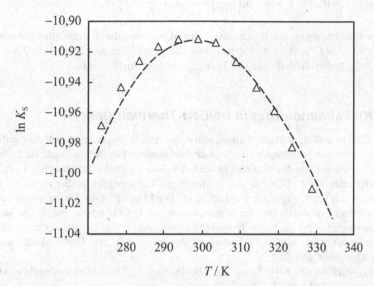

Abb. 3.34 ln K_S für Essigsäure als Funktion von T. $\triangle$ Messpunkte (nach: M. Rosenberg und I. M. Klotz, J. Chem. Educ. *76*, 1448 (1999)), - - - - Theorie mit $\Delta_R\overline{C}_p = -148\ \mathrm{J \cdot mol^{-1} \cdot K^{-1}}$ (s. Text).

Die Dissoziationskonstante K_S von Essigsäure in wässriger Lösung durchläuft als Funktion der Temperatur ein Maximum. Abb. 3.34 zeigt Messdaten von ln K_S als Funktion von T. Erklären Sie diesen Befund quantitativ, indem Sie von der van't Hoff'schen Gleichung

$$\frac{d \ln K_S}{dT} = \frac{\Delta_R\overline{H}(T)}{RT^2}$$

ausgehen. Überlegen Sie, welchen Wert $\Delta_R\overline{H}$ im Kurvenmaximum hat. Nehmen Sie für die Reaktionsmolwärme $\Delta_R\overline{C}_p$ einen konstanten, d. h. temperaturunabhängigen Wert an, und bestimmen Sie diesen Wert in geeigneter Weise.

Lösung:

Die Berücksichtigung von $\Delta_R\overline{C}_p \neq 0$ führt zur Temperaturabhängigkeit von $\Delta_R\overline{H}$:

$$\Delta_R\overline{H}(T) = \Delta_R\overline{H}(T_0) + \Delta_R\overline{C}_p\,(T - T_0)$$

Integration der van't Hoff'schen Gleichung ergibt damit:

$$\ln \frac{K_S(T)}{K_S(T_0)} = -\frac{\Delta_R\overline{H}(T_0)}{R}\left(\frac{1}{T} - \frac{1}{T_0}\right) + \frac{\Delta_R\overline{C}_p}{R}\ln\frac{T}{T_0} + \frac{\Delta_R\overline{C}_p}{R}\left(\frac{T_0}{T} - 1\right)$$

Die Messpunkte von ln K_S durchlaufen bei $T \cong 298\,\mathrm{K}$ ein Maximum. Dort muss also nach der van't Hoff'schen Gleichung $\Delta_R\overline{H}(298) \cong 0$ gelten. Wir wählen $T_0 = 298\,\mathrm{K}$, dort ist $pK_{S,298} =$

4,754, also $\ln K_{S,298} = -10,946$ (s. Tab. 3.2) und man erhält:

$$\ln K_S(T) = -10,946 + \frac{\Delta_R \overline{C}_p}{R} \ln\left(\frac{T}{298}\right) + \frac{\Delta_R \overline{C}_p}{R}\left(\frac{298}{T} - 1\right)$$

Der einzige freie Parameter zur Beschreibung der Messpunkte durch diese Gleichung ist $\Delta_R \overline{C}_p$. Mit $\Delta_R \overline{C}_p = -148\,\mathrm{J} \cdot \mathrm{mol}^{-1} \cdot \mathrm{K}^{-1}$ erhält man die gestrichelte Kurve in Abb. 3.34. $\Delta_R \overline{H} = -148(T - 298)$ ist also oberhalb von 298 K negativ und unterhalb positiv.

3.16.7 Kalkabscheidung in heißen Thermalquellen

Wenn mit $CaCO_3$ gesättigte heiße Wasserquellen aus dem Boden hervortreten und abfließen (s. Abb. 3.35), beobachtet man häufig eine Kalksteinablagerung. Ein Beispiel sind die heißen Thermalquellen im Yellowstone-Nationalpark in den USA. Nun wissen wir (s. Abschnitt 3.13), dass das Löslichkeitsprodukt von $CaCO_3$, L_{CaCO_3} bei niedrigen Temperaturen größer ist als bei höheren. Wie kommt es also zur Ablagerung von Kalkstein? Die Ursache ist die Verdampfung eines Teils des heißen Wassers, wodurch sich die Konzentration von $CaCO_3$ erhöht und so die Sättigungskonzentration auch bei der niedrigen Temperatur überschreitet. Wie viel Wasser muss mindestens verdampfen (in %), wenn mit $CaCO_3$ gesättigtes Wasser bei 60° C als Thermalquelle austritt und sich auf 28°C = 301 K abkühlt?

Angaben: $L_{CaCO_3}(298) = 3,8 \cdot 10^{-9}\,\mathrm{mol}^2 \cdot \mathrm{kg}^{-2}$ (s. Tabelle 3.7), Löslichkeitsenthalpie von $CaCO_3$: $\Delta \overline{H}_{L,CaCO_3} = -12,12\,\mathrm{kJ} \cdot \mathrm{mol}^{-1}$.

Lösung:

Wir berechnen zunächst L_{CaCO_3} bei 60°C = 333 K mit den angegebenen Daten:

$$L_{CaCO_3}(333) = 3,80 \cdot 10^{-9} \cdot \exp\left[-\frac{\Delta \overline{H}_{L,CaCO_3}}{R}\left(\frac{1}{333} - \frac{1}{298}\right)\right] = 2,27 \cdot 10^{-9}\,\mathrm{mol}^2 \cdot \mathrm{kg}^{-2}$$

und entsprechend bei 28 °C = 301 K:

$$L_{CaCO_3}(301) = 3,80 \cdot 10^{-9} \cdot 0,952 = 3,62 \cdot 10^{-9}$$

Die Sättigungskonzentrationen $\widetilde{m}_{CaCO_3}$ betragen dann bei 333 K bzw. 301 K:

$$\widetilde{m}_{CaCO_3}(333) = L_{CaCO_3}^{1/2}(333) = 4,764 \cdot 10^{-5}\,\mathrm{mol} \cdot \mathrm{kg}^{-1}$$

$$\widetilde{m}_{CaCO_3}(301) = L_{CaCO_3}^{1/2}(301) = 6,017 \cdot 10^{-5}\,\mathrm{mol} \cdot \mathrm{kg}^{-1}$$

Die Löslichkeit von $CaCO_3$ nimmt also mit sinkender Temperatur zu.

Wenn Δn_{H_2O} die verdampfte Wassermenge ist bei einer ursprünglichen Wassermenge von n_{H_2O}, gilt:

$$\frac{\widetilde{m}(301)}{\widetilde{m}(333)} = \frac{n_{H_2O} - \Delta n_{H_2O}}{n_{H_2O}} = 1 - \frac{\Delta n_{H_2O}}{n_{H_2O}} = \frac{6,017}{4,764} = 1,263$$

Daraus folgt:

$$\frac{|\Delta n_{H_2O}|}{n_{H_2O}} 100\,\% = 0,263 \cdot 100 = 26,3\,\%$$

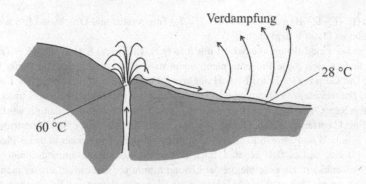

Abb. 3.35 Wasseraustritt einer heißen Thermalquelle.

Es müssen also 26,3 % des Wassers verdampfen, um die Sättigungskonzentration bei 301 K zu erreichen.

3.16.8 *Eine Methode zur Lithium-Gewinnung aus natürlichen Salzseen*

Lithium spielt in der modernen Batterietechnik eine bedeutende Rolle (s. Abschnitt 4.3.4.). Der wachsenden Nachfrage stehen jedoch abnehmende Ressourcen in der Natur gegenüber.

Als neue Quelle zur Gewinnung des Metalls könnten sich hochkonzentrierte Salzseen bzw. Salzwüsten in Südamerika, vor allem in Chile und Bolivien, erweisen. Das dortige Salz (NaCl) enthält einen relativ hohen Anteil an LiCl, der durch Auskristallisation konzentrierter Salzlösungen erheblich erhöht werden kann. Die thermodynamischen Grundlagen des Verfahrens lassen sich anhand des ternären Zustandsdiagramms Salz B + Salz C + Wasser in Abb. 3.36 verstehen. Eine flüssige Lösungsphase der 3 Komponenten liegt im Bereich A - D - F - E - A vor. Liegt jedoch die Zusammensetzung in einem der Bereiche B - D - F - B oder C - F - E - C, kommt es zur Abscheidung des festen Salzes B (z. B. LiCl) bzw. C (z. B. NaCl). Die Verbindungslinien in den 2-Phasenbereichen (Konoden) zeigen, welche gesättigte ternäre Lösung mit welchem der beiden festen Salze im Phasengleichgewicht steht. Auf der Kurve E - F ist es Salz C, auf der Kurve D - F ist es Salz B. Im Bereich B - C - F - B gibt es nur die Lösung mit der Zusammensetzung F, die mit beiden festen Phasen, Salz B *und* Salz C, im Gleichgewicht steht. Ein Punkt auf den Konoden im Bereich E - F - C gibt über das Hebelgesetz an, welche Mengen Lösung mit welcher Menge Salz C im Gleichgewicht vorliegen. Entsprechendes gilt auf den Konoden im Bereich B - D - F - B. Einem Punkt im Bereich B - F - C - B sind die reinen Salze B und C und die Lösung F in bestimmten Mengen zugeordnet, die sich aus dem entsprechenden Hebelgesetz für ternäre Mischungen berechnen lassen. Nach dem Phasengesetz (Gl. (1.42)) gibt es folgende Zahlen an frei wählbaren Parametern f:

Im Bereich (A - D - F - E): $f = 3 + 2 - 1 = 4$ (Temperatur, Druck und 2 Konzentrationen).

Im Bereich (B - D - F - B) und (C - F - D - C): $f = 3 + 2 - 2 = 3$ (Temperatur, Druck und eine Konzentration auf der Linie D - F bzw. F - E).

Im Bereich (B - F - C - B) gilt: $f = 3 + 2 - 3 = 2$ (Temperatur und Druck sind frei wählbar, die Konzentration an Punkt F liegt dann fest).

Betrachten wir eine Lösung, die Salz B mit 5 % (z.B. LiCl) und Salz C mit 95 % (z.B. NaCl) enthält, so ändern sich diese Prozente nicht, wenn man z. B. ausgehend von Punkt G Wasser verdampft. Die Gerade G - H trifft bei H auf die 2-Phasenlinie, dort beginnt das feste Salz C auszufallen. Bei weiterem Verdampfen wandert die Zusammensetzung der Lösung unter weiterem Ausfallen von Salz C auf der Linie H - F bis zum Punkt F. Bevor weiter verdampft wird, muss das reine feste Salz C entfernt werden. Die Lösung am Punkt F enthält jetzt eine konzentrierte Lösung von ca. 65 % Salz B und 35 % Salz C. Verdampft man weiter, dringt man in das 3-Phasengebiet B - F - C - B ein, und es fällt neben C auch B aus; die Lösungszusammensetzung (Punkt F) bleibt dabei unverändert, aber die Menge der Lösung nimmt ab, und es fällt immer mehr B und C nebeneinander aus im Molverhältnis 65/35, bis alles Wasser verdampft ist. Es ist also nur sinnvoll, bis zum Punkt F zu verdampfen und die konzentrierte, an B stark angereicherte Lösung einem anderen Trennverfahren zu unterziehen, z. B. einem selektiven Ionenaustauschverfahren mit sog. Kationentauschern (s. Abschnitt 4.4.4) oder durch Ausfällen von Li_2CO_3.

Zu diesem Zweck fügt man einen Überschuss an gesättigter Na_2CO_3-Lösung hinzu. Dabei stellen sich folgende Löslichkeitsgleichgewichte ein:

$$Li_2CO_3(\text{fest}) \rightleftharpoons 2Li^+ + CO_3^{2-} \qquad\qquad Na_2CO_3(\text{fest}) \rightleftharpoons 2Na^+ + CO_3^{2-}$$

Um die Löslichkeitsprodukte für Li_2CO_3 und Na_2CO_3 zu berechnen, benötigen wir die Standardbildungsgrößen $\Delta^f \overline{G}^0 (298)$ der beteiligten Reaktionspartner. Die dem Anhang A.3 entnommenen Daten lauten:

$\Delta^f \overline{G}^0 (298)/\text{kJ} \cdot \text{mol}^{-1}$	-293,76	-261,88	-528,10	-1132,36	-1048,08
Spezies	Li^+ (aq)	Na^+ (aq)	CO_3^{2-} (aq)	Li_2CO_3(fest)	Na_2CO_3(fest)

Daraus ergibt sich:

$$\Delta_R \overline{G}^0 (Li_2CO_3) = 2\Delta^f \overline{G}^0_{Li^+} + \Delta^f \overline{G}^0_{CO_3^{2-}} - \Delta^f \overline{G}^0_{LiCO_3} = +16,74 \text{ kJ} \cdot \text{mol}^{-1}$$

$$\Delta_R \overline{G}^0 (Na_2CO_3) = 2\Delta^f \overline{G}^0_{Na^+} + \Delta^f \overline{G}^0_{CO_3^{2-}} - \Delta^f \overline{G}^0_{NaCO_3} = +3,78 \text{ kJ} \cdot \text{mol}^{-1}$$

Für die Löslichkeitsprodukte folgt daraus:

$$L_{Li_2CO_3} = \exp\left[-\frac{16,74}{R \cdot 298} \cdot 10^3\right] = 1,164 \cdot 10^{-2} \text{ mol}^3 \cdot \text{kg}^{-2}$$

$$L_{Na_2CO_3} = \exp\left[+\frac{3,78}{R \cdot 298} \cdot 10^3\right] = 4,598 \cdot 10^{-2} \text{ mol}^3 \cdot \text{kg}^{-2}$$

Wir nehmen nun an, dass die Konzentration $\widetilde{m}_{CO_3^{2-}}$ gerade so groß ist, dass noch kein Na_2CO_3 ausfällt. Dann gilt:

$$\frac{\widetilde{m}_{Li^+}}{\widetilde{m}_{Na^+}} = \sqrt{\frac{L_{Li_2CO_3}}{L_{Na_2CO_3}}} = 0,0159$$

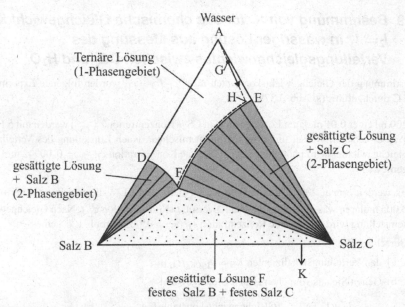

Abb. 3.36 Ternäres Phasendiagramm einer Mischung aus Salz A + Salz C + Wasser (A). K = Anfangszusammensetzung der gesättigten Lösung von LiCl + NaCl.

Wenn $\widetilde{m}^0_{Li^+}$ die ursprüngliche Molalität von Li$^+$ in der Ausgangslösung ist, erhält man für den als Li$_2$CO$_3$ ausgefällten Bruchteil x von $\widetilde{m}^0_{Li^+}$:

$$x = 1 - 0,0159 \cdot \frac{\widetilde{m}_{Na^+}}{\widetilde{m}^0_{Li^+}}$$

Gehen wir von einer angereicherten Lösung mit 65 % Li$^+$ und 35 % Na$^+$ aus, erhält man:

$$x = -0,0159 \, \frac{35}{65} = 0,991$$

Das bedeutet eine fast 100% Gewinnung von Lithium aus der ursprünglichen Lösung von LiCl. Aus dem erhaltenen Li$_2$CO$_3$ wird dann durch Schmelzflusselektrolyse metallisches Lithium gewonnen. Das ganze Verfahren ist hier etwas idealisiert dargestellt, vor allem weil im Salz vorhandene Mg^{2+}-Ionen wegen des niedrigen Löslichkeitsproduktes von MgCO$_3$ die Ausbeute verschlechtern und/ oder das Li$_2$CO$_3$ durch MgCO$_3$ verunreinigt ist. Zur Lösung des Problems könnte man vor der Ausfällung von Li$_2$CO$_3$ Mg^{2+} mit NaF ausfällen (MgF$_2$ hat ein kleineres Löslichkeitsprodukt: s. Tab. 3.7), ohne dass Li$^+$ mit ausfällt, denn LiF ist gut löslich.

3.16.9 Bestimmung von K_c für das chemische Gleichgewicht I^- + $I_2 \rightleftharpoons I_3^-$ in wässriger Lösung aus Messung des Verteilungsgleichgewichtes zwischen CS_2 und H_2O

Zur Bestimmung der Gleichgewichtskonstanten $K_c = c_{I_3^-}/c_{I^-} \cdot c_{I_2}$ wurden folgende Experimente bei 25° C durchgeführt (s. Abb. 3.37).

- 200 ml einer 0,01 molaren Lösung von I_2 in CS_2 (Konzentration c_{I_2,CS_2}^0) werden mit 5 Litern Wasser versetzt. Wasser und CS_2 sind nicht mischbar. Nach Einstellung des Verteilungsgleichgewichtes wird photometrisch in CS_2 eine Konzentration $c_{I_2,CS_2} = 0,00942 \; \text{mol} \cdot L^{-1}$ gemessen.

- Es werden erneut 200 ml CS_2 mit $c_{I_2,CS_2}^0 = 0,01 \; \text{mol} \cdot L^{-1}$ diesmal mit 5 Litern einer 0,005 molaren wässrigen Lösung von KI versetzt (Konzentration $c_{I^-}^0$). Nach Gleichgewichtseinstellung wird in CS_2 eine Konzentration $c_{I_2,CS_2} = 0,00530 \; \text{mol} \cdot L^{-1}$ gemessen.

Berechnen Sie:

   a) den Verteilungskoeffizienten $K_N = c_{I_2,CS_2}/c_{I_2,H_2O}$.

   b) Gehen Sie aus vom chemischen Gleichgewicht

   $$I_2 + I^- \rightleftharpoons I_3^- \quad \text{(Gleichgewichtskonstante} K_c)$$

   in der wässrigen Phase und bestimmen Sie K_c. Machen Sie Gebrauch von der „Methode der atomaren Bilanzen" für Jod und beachten Sie die elektrischen Ladungsbilanzen.

   c) Berechnen Sie $\Delta^f G(298)$ von I_2(aq) mit Hilfe des Resultates für K_c und Daten aus Tabelle A.3.

Lösung:

   a) Es gilt für die Bilanz von I_2:

   $$c_{I_2,CS_2} = c_{I_2,CS_2}^0 - \frac{V_{H_2O}}{V_{CS_2}} \cdot c_{I_2,H_2O} = c_{I_2,CS_2}^0 - \frac{V_{H_2O}}{V_{CS_2}} \cdot \frac{c_{I_2,CS_2}}{K_N}$$

   Mit $V_{CS_2} = 200$ ml, $V_{H_2O} = 5000$ ml und $c_{I_2,CS_2} = 0,00942$ ergibt sich:

   $$K_N = \frac{c_{I_2,CS_2} \cdot V_{H_2O}/V_{CS_2}}{c_{I_2,CS_2}^0 - c_{I_2,CS_2}} = 406,0$$

   b) Man bildet die atomare Bilanz der I-Atome: Linke Gleichungsseite: vor der Gleichgewichtseinstellung, rechte Gleichungsseite danach:

   $$2V_{CS_2} \cdot c_{I_2,CS_2}^0 + V_{H_2O} \cdot c_{I^-}^0 = 2V_{CS_2} \cdot c_{I_2,CS_2} + V_{H_2O} \cdot c_{I^-} + 3 \cdot V_{H_2O} \cdot c_{I_3^-}$$

   Ferner lautet die elektrische Ladungsbilanz in der wässrigen Phase:

   $$c_{I_3^-} + c_{I^-} = c_{I^-}^0$$

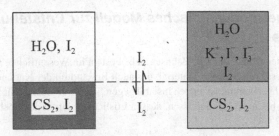

Abb. 3.37 Konzentrationen (Grautönung) von I_2 in wässriger Phase und in der CS_2-Phase im Gleichgewicht ohne und mit KI.

Setzen wir $c_{I^-} = c_{I^-}^0 - c_{I_3^-}$ in die atomare Bilanz-Gleichung der I-Atome ein, ergibt sich für $c_{I_3^-}$:

$$c_{I_3^-} = \frac{V_{CS_2}}{V_{H_2O}} \cdot \left(c_{I_2,CS_2}^0 - c_{I_2,CS_2} \right)$$

Für das chemische Gleichgewicht gilt:

$$K_c = \frac{c_{I_3^-}}{c_{I_2,H_2O} \cdot c_{I^-}} = \frac{c_{I_3^-} \cdot K_N}{c_{I_2,CS_2} \left(c_{I^-}^0 - c_{I_3^-} \right)}$$

Bekannt bzw. gemessen sind: $V_{CS_2} = 200$ ml, $V_{H_2O} = 5000$ ml, $c_{I_2,CS_2}^0 = 0,01$ mol $\cdot$ L^{-1}, $c_{I_2,CS_2} = 0,00530$ mol $\cdot L^{-1}$, $c_{I^-}^0 = 0,005$ mol $\cdot L^{-1}$ und $K_N = 406,0$. Das ergibt für $c_{I_3^-}$:

$$c_{I_3^-} = \frac{200}{5000}(0,01 - 0,0053) = 1,88 \cdot 10^{-4} \text{ mol} \cdot l^{-1}$$

Damit erhält man das gewünschte Ergebnis für K_c:

$$K_c = \frac{1,88 \cdot 10^{-4} \cdot 406,0}{0,0053(0,005 - 1,88 \cdot 10^{-4})} = 2,993 \cdot 10^3 \text{ L} \cdot \text{mol}^{-1}$$

Der Vollständigkeit halber berechnen wir noch:

$$c_{I_2,H_2O} = c_{I_2,CS_2}/K_N = 0,0053/406,0 = 1,305 \cdot 10^{-5} \text{ mol} \cdot L^{-1}$$
$$c_{I^-} = c_{I^-}^0 - c_{I_3^-} = 0,005 - 1,88 \cdot 10^{-4} = 4,8 \cdot 10^{-3} \text{ mol} \cdot L^{-1}$$

Das Verhältnis $c_{I^-}/c_{I_3^-}$ beträgt $4,8 \cdot 10^{-3}/1,88 \cdot 10^{-4} = 25,5$.

c) K_c ist hier in SI-Einheiten, also mit $2,993 \text{ m}^3 \cdot \text{mol}^{-1}$, einzusetzen:

$$RT \cdot \ln K_c = -\Delta^f \overline{G}\left(I_3^-\right) + \Delta^f \overline{G}\left(I^-\right) + \Delta^f \overline{G}\left(I_2\right) \text{(aq)}$$
$$\Delta^f \overline{G}(I_2(\text{aq})) = R \cdot 298 \ln(2,993 \cdot 10^3) - (-51,67 + 51,51) \cdot 10^3 = 19992 \text{ J} \cdot \text{mol}^{-1}$$

3.16.10 Ein thermodynamisches Modell zur Entstehung von Karies

Die äußere Schicht der Zähne, der sog. Zahnschmelz, besteht im Wesentlichen aus Hydroxylapatit $(Ca_5OH(PO_4)_3)$. Dieses relativ harte Material, das auch Bestandteil der Knochen ist, aber auch in der Natur als Mineral vorkommt, ist jedoch instabil gegen Säuren. Das ist leicht zu verstehen, wenn wir Hydroxylapatit als $Ca_3(PO_4)_2$ auffassen, dessen Löslichkeit durch das Löslichkeitsprodukt (s. Abschnitt 3.13) bei 25 °C

$$\left[Ca^{2+}\right]^3 \cdot \left[PO_4^{3-}\right]^2 = L = 10^{-26}\ mol^5 \cdot kg^{-5} \tag{3.153}$$

gegeben ist. (Wir schreiben [...] statt $\widetilde{m}$ und vernachlässigen Aktivitätskoeffizienten.)

Die Hauptursache für das Entstehen von Karies lässt sich durch den mikrobakteriellen Abbau von Zucker im Speichel zu niedermolekularen Produkten erklären, zu denen vor allem die Zitronensäure in Form von Natriumcitrat gehört. Das 3-fach negativ geladene Citratanion (Cit^{3-}) bildet einen stabilen Komplex mit Ca^{2+}-Ionen:

$$Cit^{3-} + Ca^{2+} \rightleftharpoons CaCit^-$$

mit einer hohen Stabilitätskonstante K:

$$\frac{[CaCit^-]}{[Ca^{2+}] \cdot [Cit^{3-}]} = K = 10^{10}\ mol^{-1} \cdot kg \tag{3.154}$$

Die Konzentration der Ca^{2+}-Ionen wird durch die Komplexbildung erheblich erniedrigt, was entsprechend dem Löslichkeitsprodukt von $Ca_3(PO_4)_2$ zu einer deutlichen Erhöhung des Phosphatgehaltes in der Lösung und damit zu einer Erhöhung der Löslichkeit von $Ca_3(PO_4)_2$ führt. Ständig neu erzeugter Speichel mit erhöhtem Zuckergehalt führt also zum Abbau von Hydroxylapatit bzw. Zahnschmelz und damit zur Ausbildung von Karies.

Wir wollen nun ein Modell entwickeln, das diese Erhöhung der Löslichkeit quantitativ demonstriert. Neben dem Löslichkeitsprodukt nach Gl. (3.153) und der Komplexierung nach Gl. (3.154) sind noch drei Bilanzen zu berücksichtigen. Die Gesamtcitratkonzentration [C] hat einen bestimmten, konstanten Wert:

$$[C] = [Cit^{3-}] + [CaCit^-] \tag{3.155}$$

Zunächst liegt Citrat als Na_3Cit vor mit $[Cit^{3-}] = [C]$. Also gilt:

$$[Na^+] \cong 3 \cdot [C] \tag{3.156}$$

$[Na^+]$ bleibt also ebenso wie [C] stets konstant. Ferner muss aus Elektroneutralitätsgründen gelten:

$$[Na^+] + 2[Ca^{2+}] = 3[PO_4^{3-}] + 3[Cit^{3-}] + [CaCit^-] \tag{3.157}$$

Gl. (3.156) und (3.155) eingesetzt in Gl. (3.157) ergibt:

$$2[CaCit^-] + 2[Ca^{2+}] = 3[PO_4^{3-}] \tag{3.158}$$

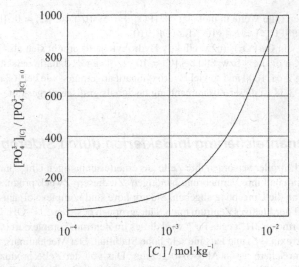

Abb. 3.38 Löslichkeit von $Ca_3(PO_4)_2$, dargestellt als Verhältnis von $[PO_4^{3-}]$ bei $[C] > 0$ zu $[PO_4^{3-}]$ bei $[C] = 0$ in Abhängigkeit von $[C]$ = Gesamtcitratkonzentration.

Nun gilt nach Gl. (3.154) mit Gl. (3.155):

$$[CaCit^-] = K \cdot [Ca^{2+}] \cdot [Cit^{3-}] = K \cdot [Ca^{2+}] \cdot \left([C] - [CaCit^{-1}]\right)$$

also:

$$[CaCit^-] = [C] \frac{K \cdot [Ca^{2+}]}{1 + K[Ca^{2+}]} \qquad (3.159)$$

Substituieren wir jetzt Gl. (3.159) für $[CaCit^-]$ und Gl. (3.153) für $[PO_4^{3-1}]$ in Gl. (3.158), erhält man als Bestimmungsgleichung für $[Ca^{2+}]$:

$$2 [C] \frac{K \cdot [Ca^{2+}]}{1 + K [Ca^{2+}]} + 2 [Ca^{2+}] = (3L^{-1/2}) \cdot [Ca^{2+}]^{-3/2}$$

bzw.

$$2[C] \cdot [Ca^{2+}]^{5/2} \cdot \frac{K}{1 + K[Ca^{2+}]} = 3 \cdot L^{-1/2} \qquad (3.160)$$

Wir geben nun Werte für $[C]$ vor und berechnen dann numerisch die Lösung von Gl. (3.160) für $[Ca^{2+}]$. Für $[C] = 0$ erhält man: $[Ca^{2+}] = 7,42 \cdot 10^{-6} \ mol \cdot kg^{-1}$. Für $[C] = 10^{-3}$ erhält man: $[Ca^{2+}] = 4,46 \cdot 10^{-7} \ mol \cdot kg^{-1}$. Für $[C] = 10^{-2}$ erhält man: $[Ca^{2+}] = 9,85 \cdot 10^{-8} \ mol \cdot kg^{-1}$ bzw. für $[PO_4^{3-}]$ nach Gl. (3.153):

$$[PO_4^{3-}] = L^{1/2} \cdot [Ca^{2+}]^{-3/2}$$

mit den Ergebnissen (alle Werte in mol $\cdot$ kg^{-1}): $[PO_4^{3-}] = 5 \cdot 10^{-6}$ für [C] = 0, $[PO_4^{3-}] = 6 \cdot 10^{-4}$
für [C] = 10^{-3}, und $[PO_4^{-3}] = 4,4 \cdot 10^{-3}$ für [C] = 10^{-2}.

Die Löslichkeit von $Ca(PO_4)_2$ (bzw. effektiv Hydroxylapatit) erhöht sich also um einen Faktor
120 bei [C] = 10^{-3} mol $\cdot$ kg^{-1} bzw. 880 bei [C] = 10^{-2}mol $\cdot$ kg^{-1}, d. h., in derselben Zeit wird bei
[C] = 10^{-2} mol$\cdot$kg^{-1} ca. 1000 mal so viel Hydroxylapatit abgetragen wie bei [C] = 0 (zuckerfreier
Speichel). In Abb. 3.38 ist dieser Zusammenhang nochmals grafisch dargestellt.

3.16.11 *Eisenanreicherung in Bakterien durch Siderophore*

Einige bakterielle Einzeller versorgen ihre Zelle aus einer eisenhaltigen Umgebung mit Eisen, das
sie für ihr Wachstum und ihre Vermehrung benötigen. Zu diesem Zweck produzieren sie sog. Siderophore, die sie an die Umgebung abgeben. Siderophore sind komplexe organische Substanzen,
die im Inneren ein koordinatives Zentrum mit 3 Säuregruppen besitzen ...N$-$OH. Durch Austausch
der H-Atome in Form von 3H$^+$ gegen Fe^{3+} wird dieses im Zentrum komplexiert (s. Abb. 3.39). Der
Komplex heißt Ferroxin (FS) und hat eine sehr hohe Stabilität. Der Mechanimus, nach dem solche
Bakterien Eisen anreichern, ist in Abb. 3.40 gezeigt. Das von der Zelle produzierte Siderophor
wird in der Säureform (SH$_3$) durch die Zellmembran in den außerzellulären Bereich abgegeben,
wo es 3H$^+$ gegen das dort vorhandene Eisenion Fe^{3+} austauscht und wieder durch die Zellmembran als Ferroxin in die Zelle zurückgelangt. Dort wird es durch den Elektronentransfer aus einem
Reduktionsmittel (es handelt sich um Ferrodoxin (FD)) zu einem Fe^{2+}-Komplex reduziert. Dieser
ist erheblich weniger stabil als der Fe^{3+}-Komplex und gibt einen großen Teil des Eisens als Fe^{2+}
in der Zelle ab unter Aufnahme von 3H$^+$. Er wandert dann als SH$_3$ wieder durch die Zellmembran
nach außen, um wieder Fe^{3+} aufnehmen zu können. In einem geschlossenen System Zelle und
Umgebung läuft der Mechanismus auch in Gegenrichtung, also gegen die Pfeilrichtungen, bis sich
ein thermodynamisches Gleichgewicht einstellt.

Es liegen dann folgende Gleichgewichte vor:

- Im Zellinneren:

$$FE + e^- \rightleftharpoons Fe^- \tag{3.161}$$

$$FD \rightleftharpoons FD + e^- \tag{3.162}$$

$$FS^- + 3H^+ \rightleftharpoons SH_3 + Fe^{2+} \tag{3.163}$$

- Außerhalb der Zelle:

$$SH_3 + Fe^{3+} \rightleftharpoons FS + 3H^+ \tag{3.164}$$

Entscheidend ist nun, dass keine Ionen, sondern nur die neutralen Spezies H$_3$S und FS die lipophile
Zellmembran in beide Richtungen durchdringen können. Also gilt im Gleichgewicht:

$$[H_3S]_{aussen} = [H_3S]_{innen} \tag{3.165}$$

$$[FS]_{aussen} = [FS]_{innen} \tag{3.166}$$

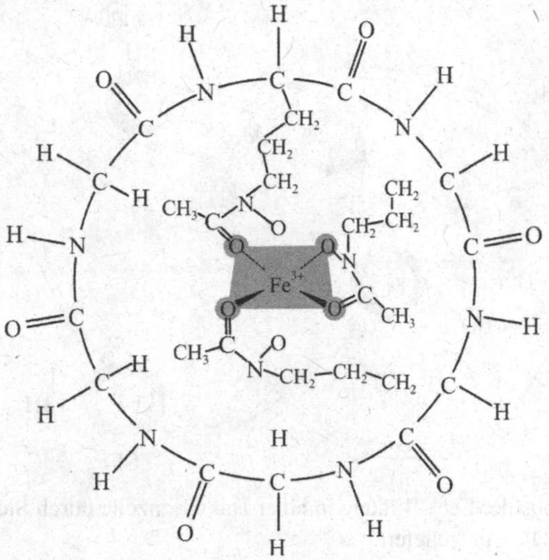

Abb. 3.39 Formel für das Ferroxin FS.

Ferner gehen wir davon aus, dass der pH-Wert innen und außen derselbe ist:

$$[H^+]_{aussen} = [H^+]_{innen} \tag{3.167}$$

Die Summe der Reaktionen von Gl. (3.161) bis (3.164) ergibt:

$$FD + Fe^{3+} \rightleftharpoons FD^+ + Fe^{2+} \tag{3.168}$$

Übrig bleibt das folgende Gleichgewichtsverhältnis:

$$\frac{[Fe^{2+}]_{innen} \cdot [FD^+]}{[Fe^{3+}]_{aussen} \cdot [FD]} = K \tag{3.169}$$

In der Literatur findet man folgende Standardwerte für $\Delta^f \overline{G}_0(298)$:

$\Delta^f \overline{G}_0(298)/kJ \cdot mol^{-1}$	- 84,93	- 10,54	0	38,07
Substanz	$Fe^{2+}(aq)$	$Fe^{3+}(aq)$	FD^+	FD

Damit erhält man für die Gleichgewichtskonstante K in Gl. (3.169):

$$K = \exp\left[-(-10,54 + 38,07 + 84,93 - 0) \cdot 1000/R \cdot 298\right] = 1,15 \cdot 10^{10}$$

Das Verhältnis von $[Fe^{2+}]/[Fe^{3+}]$ hängt also von dem von $[FD^+]/[FD]$ ab. Ist $[FD^+]/[FD] = 1$, gilt $[Fe^{2+}]/[Fe^{3+}] = 1,15 \cdot 10^{10}$, ist $[FD^+]/[FD] = 10^{-4}$, gilt $[Fe^{2+}]/[Fe^{3+}] = 1,15 \cdot 10^6$. Selbst, wenn $pH_{innen} \neq pH_{aussen}$ sein sollte, wird dieser Einfluss nicht sehr groß sein. Dieser Wert erscheint hoch zu sein. Nehmen wir jedoch an, das Volumen der Bakterienzelle sei $1\mu m^3$, das der Außenlösung $10^6 (\mu m^3) = 10^{-12} m^3 = 10^{-6}$ ml, so wäre die Konzentration 10^9 Bakterienzellen pro Liter. Das

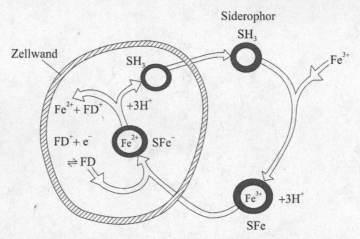

Abb. 3.40 Mechanismus der Fe^{2+}-Bildung in einer Bakterienzelle durch Siderophor. e^- wird aus der Reaktion $FD \rightleftharpoons FD^+ + e^-$ geliefert.

Verhältnis der Menge an $Fe^{2+}(n_{Fe^{2+}})$ in den Zellen zu dem an Fe^{3+} außerhalb der Zellen ($n_{Fe^{3+}}$) wäre dann mit $[Fe^{2+}]/[Fe^{3+}] = 10^6$

$$\frac{n_{Fe^{2+}}}{n_{Fe^{3+}}} = \frac{V_i}{V_a} \frac{[Fe^{2+}]}{[Fe^{3+}]} = 10^{-6} \cdot 10^6 = 1$$

Die Gesamtmenge an Eisenionen wäre also in diesem Fall auf die Zellen und die Außenlösung so verteilt, dass sich genauso viel Eisen in den Bakterienzellen befindet wie insgesamt außerhalb.

4 Grundlagen der Elektrochemie im thermodynamischen und stationären Gleichgewicht

In diesem Kapitel werden Grundlagen und beispielhafte Anwendungen der Gleichgewichtsthermodynamik und des stationären Zustandes in der Elektrochemie dargestellt. Elektrodenkinetische Phänomene werden nicht behandelt bzw. nur am Rande berührt.

4.1 *Elektrochemische Thermodynamik*

4.1.1 *Phasengrenzflächen elektrisch leitender Systeme und Galvanispannungen*

Elektrisch leitende, feste oder flüssige Phasen, die im Phasengleichgewicht miteinander stehen (Phase ' und Phase ") zeigen stets einen Unterschied im elektrischen Potential ($\varphi'' - \varphi' \neq 0$), vorausgesetzt, ein oder mehrere elektrische Ladungsträger (Ionen, Elektronen) der beiden Phasen können die Phasengrenze in beide Richtungen passieren. Dies ist ein Sonderfall der ganz allgemeinen Tatsache, dass in Bereichen sich ändernder Ladungsträgerkonzentration nur dann Gleichgewicht herrschen kann, wenn die *elektrochemischen Potentiale* η_i der geladenen Komponenten i überall gleich groß sind (s. Gl. (3.11)). In einem 2-Phasensystem, bei dem in jeder der beiden Phasen eine homogene Durchmischung herrscht, kann sich die Konzentration nur in dem sehr schmalen Bereich der Phasengrenzfläche verändern, und dort tritt auch die praktisch sprungartige Änderung des Potentials $\Delta\varphi = \varphi'' - \varphi'$ auf. Mit φ'' bzw. φ' sind die elektrischen Potentiale im Inneren der Phase ' bzw. " gemeint (Details zum wirklichen Potentialverlauf diskutieren wir am Ende dieses Abschnitts.). Man bezeichnet $\Delta\varphi$ als *Galvanispannung*. Die Phasengleichgewichtsbedingung lautet also für jeden durch die Phasengrenze *durchtrittsfähigen* Ladungsträger:

$$\eta_i' = \eta_i'' \quad \text{bzw.} \quad \mu_i^{0'} + RT \ln a_i' + z_i \cdot F\varphi' = \mu_i^{0''} + RT \ln a_i'' + z_i F\varphi'' \tag{4.1}$$

wobei z_i die Ladungszahl des Ladungsträgers bedeutet. a_i' bzw. a_i'' sind die Aktivitäten von i in den beiden Phasen. Die Standardwerte der chemischen Potentiale $\mu_i^{0'}$ und $\mu_i^{0''}$ sind i. d. R. unterschiedlich, da sie sich bei der Wahl von $\overline{m}_i$ oder c_i als Konzentrationseinheit auf die unendliche Verdünnung in der jeweiligen Phase beziehen. Nur in der Molenbruchskala (Bezugszustand: der reine Stoff) ist $\mu^{0'} = \mu^{0''}$.

Galvanispannungen können an den Phasengrenzen fest/flüssig, fest/fest und auch flüssig/flüssig auftreten. Bevor wir Beispiele für verschiedene Fälle zeigen, wollen wir uns noch eine Vorstellung von der Zahl der Ladungsträger in der Grenzschicht im Vergleich zu der entsprechenden Zahl innerhalb der beiden Phasen machen. Dazu betrachten wir als Grenzschicht die Oberfläche einer

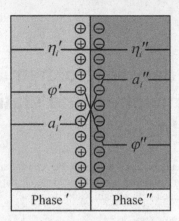

Abb. 4.1 Verlauf von a_i, φ und η_i im Bereich einer Phasengrenze.

Kugel mit dem Radius r, die mit der elektrischen Ladungsmenge q belegt ist. Dann gilt für das elektrische Potential φ (im Vakuum) auf der Oberfläche, wenn φ in unendlicher Entfernung vom Kugelzentrum gleich Null ist:

$$\varphi = \frac{q}{4\pi\varepsilon_0 \cdot r} \tag{4.2}$$

r soll ca. 5 cm = 0,05 m sein. Innerhalb einer solchen Kugel befinden sich Moleküle bzw. Ladungsträger (und ihre Gegenladungen) in der Größenordnung von 1 mol. Elektrische Spannungen in der Elektrochemie bewegen sich im Bereich von 10 bis 100 Volt. Nun setzen wir $q = n \cdot F$, wobei F die Faraday-Kontante bedeutet (96485 Coulomb $\cdot$ mol^{-1}) und erhalten dann für die Molzahl n auf der Oberfläche (ε_0 = elektrische Feldkonstante = $8,854 \cdot 10^{-12}$ J^{-1} $c^2 \cdot$ m^{-1}):

$$n = \varphi \cdot \varepsilon_0 \cdot 4\pi r / F \approx 6 \cdot 10^{-15} \text{ bis } 6 \cdot 10^{-16} \text{ mol}$$

Man stellt also fest: Die Molzahl der Teilchen, die sich als geladene Teilchen in der Grenzfläche einer Phase befinden, ist vernachlässigbar gegenüber der Molzahl innerhalb der Kugel.

Für reaktive Gleichgewichte zwischen Phase' und Phase" gilt in Analogie zu Gl. (2.5):

$$\sum_i \nu_i \eta_i = \sum_j \nu'_j \eta'_j + \sum_k \nu''_k \eta''_k = 0 \tag{4.3}$$

Für Grenzflächen mit Galvanispannungen führen wir folgende Beispiele an:

1. Ein Eisenstab taucht in eine wässrige Lösung von FeSO$_4$ ein. An der Grenzfläche findet der Prozess:

$$Fe^{2+}_{(aq)} + 2e^- \text{ (fest)} \rightleftharpoons Fe \text{ (fest)}$$

statt. Die Phase ' ist die feste Phase, die Phase " die wässrige. Der durchtrittsfähige Ladungsträger ist das Elektron. Es gilt daher:

$$\mu^0_{Fe} + 2F\varphi' \rightleftharpoons \mu^0_{Fe^{2+}}(aq) + RT \ln a_{Fe^{2+}} + 2\mu^0_{e^-,Fe} + 2F\varphi''$$

bzw.:

$$\varphi'' - \varphi' = \Delta\varphi = \Delta\varphi^0 - \frac{RT}{2F} \ln a_{Fe^{2+}}$$

mit

$$\Delta\varphi^0 = \left[\mu_{Fe}^0 - \mu_{Fe^{2+},aq}^0 - 2\mu_{e^-,Fe}^0 \right]/2F$$

2. Zwei Metalle berühren sich, z. B. Cu und Ag. Hier sind die austauschfähigen beweglichen Ladungsträger in den beiden Metallen die Elektronen:

$$e_{Cu}^-(fest) \rightleftharpoons e_{Ag}^-(fest)$$

Also gilt im Gleichgewicht:

$$\mu_{e^-,Cu}^0 - F\varphi' = \mu_{e^-,Ag}^0 - F\varphi''$$

oder:

$$(\varphi'' - \varphi') = \Delta\varphi = (\mu_{e^-,Ag}^0 - \mu_{e^-,Cu}^0)/F$$

mit den chemischen Potentialen der Elektronen im Cu bzw. im Silber, die sich unterscheiden. Daher gilt $\Delta\varphi \neq 0$.

3. Ein Pt-Draht taucht in eine Lösung von Fe^{2+}/Fe^{3+}-Sulfat ein:

$$Fe^{3+} (aq) + e^- (Pt) \rightleftharpoons Fe^{2+}(aq)$$

Also gilt im Gleichgewicht:

$$\mu_{Fe^{2+},aq}^0 + RT \ln a_{Fe^{2+},aq} + 2F\varphi'' = \mu_{Fe^{3+},aq}^0 + RT \ln a_{Fe^{3+},aq} + \mu_{e^-,Pt}^0 + 3F\varphi' - F\varphi'$$

bzw.

$$(\varphi'' - \varphi') = \Delta\varphi = \left(-\mu_{Fe^{2+},aq}^0 + \mu_{Fe^{3+},aq}^0 - \mu_{e^-,Pt}^0\right)\Big/2F + \frac{RT}{2F} \ln \frac{a_{Fe^{3+}}}{a_{Fe^{2+}}} = \Delta\varphi^0 + \frac{RT}{2F} \ln \frac{a_{Fe^{3+}}}{a_{Fe^{2+}}}$$

4. Festes AgCl steht in Kontakt mit Silbermetall sowie mit einer gesättigten Lösung von Ag^+ + Cl^-:

$$AgCl(fest) \rightleftharpoons Ag^+(aq) + Cl^-(aq)$$
$$Ag^+(aq) + e_{Ag}^-(fest) \rightleftharpoons Ag(fest)$$

In der Summe erhält man also:

$$AgCl(fest) + e_{Ag}^-(fest) \rightleftharpoons Ag(fest) + Cl^-(aq)$$

und somit

$$\mu_{AgCl}^0 + \mu_{e^-,Ag}^0 - F\varphi' = \mu_{Ag}^0 + \mu_{Cl^-}^0 + RT \ln a_{Cl^-} - F \cdot \varphi''$$

Also gilt:

$$(\varphi'' - \varphi') = \Delta\varphi = -\left(\mu_{AgCl}^0 + \mu_{e^-,Ag}^0 - \mu_{Ag}^0 - \mu_{Cl^-,aq}^0\right)\Big/F + \frac{RT}{F} \ln a_{Cl^-}$$

5. Ein etwas komplexeres Beispiel, bei dem das Lösemittel H_2O mitbeteiligt ist, lautet:

$$Cr_2O_7^{2-} \text{ (aq)} + 14H^+\text{(aq)} + 6e_{Pt}^- \text{ (fest)} \rightleftharpoons 2Cr^{3+} + 7H_2O$$

Das Gleichgewicht stellt sich an einen Pt-Draht ein, der in die wässrige Lösung eintaucht. Die Phase " ist die Lösung, die Phase ' das feste Platin. Die Gleichgewichtsbedingung lautet nach Gl. (4.3):

$$\eta_{Cr_2O_7^{2-}} + 14\eta_{H^+} + 6\eta_{e^-} = 2\eta_{Cr^{3+}} + 7\eta_{H_2O}$$

mit

$$\eta_{Cr_2O_7^{2-}} = \mu_{Cr_2O_7^2}^0 + RT \ln a_{Cr_2O_7^{2-}} - 2F\varphi''$$
$$\eta_{H^+} = \mu_{H^+}^0 + RT \ln a_{H^+} + F \cdot \varphi''$$
$$\eta_{e^-} = \mu_{e^-}^0 - F \cdot \varphi'$$
$$\eta_{Cr^{3+}} = \mu_{0,Cr^{3+}}^0 + RT \ln a_{Cr^{3+}} + 3F \cdot \varphi''$$
$$\eta_{H_2O} = \mu_{H_2O}^0$$

Einsetzen in die Bilanzgleichung ergibt:

$$6F(\varphi'' - \varphi') + 2RT \ln a_{Cr^{3+}} - RT \ln a_{Cr_2O_7^{2-}} - 14 \cdot RT \ln a_{H^+}$$
$$= \mu_{0,C_2^rO_7^2}^0 + 14\mu_{H^+}^0 + 6\mu_{e^-}^0 - 2\mu_{Cr^{3+}}^0 - 7\mu_{H_2O}^0$$

wobei wir $\eta_{H_2O} = \mu_{H_2O} \approx \mu_{H_2O}^0$ gesetzt haben, da die Lösung verdünnt sein soll. Es folgt also:

$$\varphi'' - \varphi' = \Delta\varphi = \Delta\varphi_0 + \frac{RT}{6F} \cdot \ln \frac{a_{Cr^{3+}}^2}{a_{Cr_2O_7^{2-}} \cdot a_{H^+}^{14}}$$

mit

$$\Delta\varphi_0 = \left(\mu_{Cr_2O_7^{2-}}^0 + 14\mu_{H^+}^0 + 6\mu_{e^-}^0 - 2\mu_{Cr^{3+}}^0 - 7\mu_{H_2O}^0\right)\big/6F$$

6. Wir betrachten als letztes Beispiel ein Flüssig-Flüssig-Phasengleichgewicht, bei dem 2 Lösungen von Imidazoliumsalzen (IA) unterschiedlicher Konzentration in einem Lösemittel im Phasengleichgewicht miteinander stehen (I^+ = Imidazoliumkation, A^- = Anion):

$$I^{+'} + A^{-'} \rightleftharpoons I^{+''} + A^{-''}$$

Hier gibt es 2 Ladungsträger, I^+ und A^-. Also gilt:

$$\mu_{I^+}^0 + RT \ln a'_{I^+} + F \cdot \varphi' = \mu_{I_0}^0 + RT \ln a''_{I^+} + F \cdot \varphi''$$
$$\mu_{A^-}^0 + RT \ln a'_{A^-} - F \cdot \varphi' = \mu_{A^-}^0 + RT \ln a''_{A^-} - F \cdot \varphi''$$

Subtrahiert man beide Gleichungen voneinander, erhält man:

$$RT \ln \left(\frac{a'_{I^+}}{a'_{A^-}}\right) + 2F\varphi' = RT \ln \left(\frac{a''_{I^+}}{a''_{A^-}}\right) + 2F\varphi''$$

bzw.

$$(\varphi'' - \varphi') = \Delta\varphi = \frac{1}{2}\frac{RT}{F} \cdot \ln \left(\frac{a'_{I^+}}{a''_{I^+}} \cdot \frac{a''_{A^-}}{a'_{A^-}}\right)$$

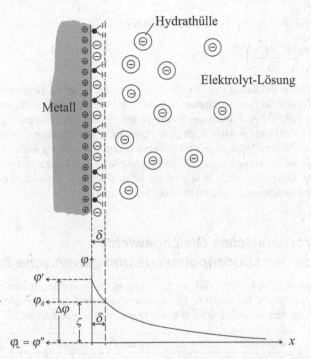

Abb. 4.2 Struktur einer elektrischen Doppelschicht an der Phasengrenze Metall/Elektrolytlösung mit der Galvanispannung $\Delta\varphi = \varphi'' - \varphi'$.

Wir wollen noch einige Details zur elektrischen Doppelschicht hinzufügen, die ja die Ursache für die Galvanispannungen ist. Abb. 4.2 zeigt schematisch die Struktur einer solchen elektrischen Doppelschicht am Beispiel einer Phasengrenze Metall/Elektrolytlösung

Wir nehmen an, die Grenzschicht auf der Metallseite ist positiv geladen (Defizit an Elektronen). Dann muss in der Lösung diese positive Ladung durch einen Überschuss an Anionen gegenüber den Kationen kompensiert werden (nur dieser negative Überschuss ist gezeigt).

Die negativ geladene Grenzschicht auf der Lösungsseite besteht mindestens aus zwei unterscheidbaren Anteilen: in der sog. *Stern-Helmholtz-Schicht* sind Anionen ohne Hydrathülle an der Metalloberfläche adsorbiert ebenso wie Wassermoleküle, die mit dem partiell negativen O-Atom zur Metalloberfläche hin orientiert sind. Nichtorientierte Wassermoleküle in der Lösung sind nicht gezeigt.

Ferner gibt es die sog. *diffuse Grenzschicht*, in der negative Anionen mit Hydrathülle im elektrischen Potentialfeld im thermischen Gleichgewicht verteilt sind mit einem mittleren Abstand von der effektiven positiv geladenen Grenzfläche (positive Ladungsdichte im Metall minus negative Ladungsdichte in der Stern-Helmholz-Schicht). Die diffuse Grenzschicht heißt auch Gouy-Chapman-Schicht nach dem Namen der Autoren, die zum ersten mal die Gleichgewichtsverteilung in dieser Schicht theoretisch berechnet haben. Die mittlere Entfernung der Ladungsträger dieser Schicht (in Abb. 4.2 sind es die solvatisierten Anionen) von $x = \delta$ aus wird - ähnlich wie bei der

Debye-Hückel-Theorie - mit $1/\kappa$ bezeichnet und lautet:

$$\kappa^{-1} = \left(\frac{\varepsilon_0 \cdot \varepsilon \cdot RT}{2\varrho_{H_2O} \cdot \widetilde{m}_{EL} F^2} \right)^{1/2} \tag{4.4}$$

Man sieht, je größer die Molalität $\widetilde{m}_{EL}$ des Elektrolyten und je tiefer die Temperatur ist, desto kleiner ist κ^{-1}. Die Theorie der Gouy-Chapman-Schicht ist in Anhang I dargestellt, wo Gl. (4.4) hergeleitet wird. $\Delta\varphi$ in Abb. 4.2 ist das Galvani-Potential und die Potentialdifferenz $\Delta\varphi_{Zeta} = (\varphi_\delta - \varphi'')$ im diffusen Bereich der Grenzschicht heißt *Zeta-Potential*. Natürlich hängt es von dem jeweiligen 2-Phasensystem ab, welche Vorzeichen die Ladungen in der Grenzschicht auf beiden Seiten haben. In Abb. 4.2 wurde eine positive Ladung für die Metallseite und eine negative für die Lösungsseite nur als mögliches Beispiel gewählt. Wie groß $\Delta\varphi$ ist und welches Vorzeichen es besitzt, ist von keiner praktischen Bedeutung, da $\Delta\varphi$ nicht direkt messbar ist.

4.1.2 *Elektrochemisches Gleichgewicht, Standardelektrodenpotentiale und galvanische Zellen*

Die Beispiele in Abschnitt 4.1.1 für Galvani-Spannungen an Grenzflächen zweier verschiedener, elektrisch leitender Phasen, bei denen n_e Elektronen übertragen wurden, bezeichnen wir als Redoxreaktionen. Eine Redoxreaktion lässt sich in allgemeiner Form schreiben:

$$\alpha_1(ox_1)^{Z_{ox,1}} + \alpha_2(ox_2)^{Z_{ox,2}} + \ldots + n_e e^- \rightleftharpoons \beta_1(red_1)^{Z_{red_1}} + \beta_2(red_2)^{Z_{red,2}} + \ldots \tag{4.5}$$

wobei α_i die stöchiometrischen Koeffizienten der Edukte (ox_i) und β_i die der Produkte (red_i) bedeuten. $Z_{ox,i}$ bzw. $Z_{red,i}$ sind die elektrischen Ladungen von (ox_i) bzw. (red_i). Dabei muss aus Elektroneutralitätsgründen die folgende Bilanz gelten:

$$\sum_i Z_{ox,i} \cdot \alpha_i - \sum_j Z_{red,j} \cdot \beta_j = n_e \qquad \text{(Elektroneutralität)} \tag{4.6}$$

Wir überprüfen das am Beispiel 5 in Abschnitt 4.1.1:

$$\alpha_1 = 1, \ \alpha_2 = 14, Z_{ox,1} = -2, \ Z_{ox,2} = +1 \qquad \beta_1 = 2, \ \beta_2 = 7, \ Z_{red,1} = +3, \ Z_{red,2} = 0$$

Daraus folgt:

$$n_e = (-2 \cdot 1 + 14 \cdot 1) - 2 \cdot 3 = 6$$

Der Ort, wo die linke bzw. rechte Seite von Gl. (4.5) abläuft, heißt *Einzelelektrode*. Die Elektrode, zu der die Elektronen (bzw. Anionen) sich hin bewegen, heißt *Anode*, die Gegenelektrode, die Elektronen abgibt (bzw. Kationen empfängt), heißt *Kathode*. Wir hatten bereits erwähnt, dass Galvanispannungen $\Delta\varphi$ nicht direkt messbar sind. Schaltet man jedoch zwei Einzelelektroden (man nennt sie auch Halbzellen) gegeneinander zu einem geschlossenen Stromkreis, so lässt sich die Spannung ΔE

$$\Delta E = \Delta\varphi_{links} - \Delta\varphi_{rechts} \tag{4.7}$$

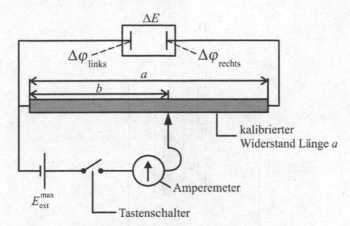

Abb. 4.3 Einfache Kompensationsschaltung nach Poggendorf zur Messung der Zellspannung $\Delta E = \varphi_{\text{links}} - \Delta\varphi_{\text{rechts}}$ im elektrochemischen Gleichgewicht. $E_{\text{ext}} = E_{\text{ext}}^{\text{max}} \cdot b/a$.

messen, indem man zwischen den Elektroden eine äußere (Abkürzung „ext") Gegenspannung E_{ext} anlegt, so dass $E_{\text{ext}} + \Delta E = 0$ gilt, also ein stromloser Zustand entsteht. Dann herrscht *elektrochemisches Gleichgewicht*. Zur Messung der Zellspannung ΔE verwendet man häufig eine Kompensationsschaltung, wie sie in Abb. 4.3 schematisch dargestellt ist mit $E_{\text{ext}} = E_{\text{ext}}^{\text{max}} \cdot (b/a)$.

Die Kombination zweier Halbzellen nach Gl. (4.7) nennt man eine *galvanische Zelle*. Die Zellspannung $\Delta E = -E_{\text{ext}}$ wird auch EMK („elektromotorische Kraft"") genannt. Fasst man Gl. (4.3), (4.5) und (4.7) zusammen, erhält man für ΔE:

$$\Delta E = \Delta\varphi_{\text{links}} - \Delta\varphi_{\text{rechts}} = -\left(\Delta\mu_{\text{links}}^0 - \Delta\mu_{\text{rechts}}^0\right)/n_e F \tag{4.8}$$

$$+ \frac{RT}{n_e F} \ln\left\{\frac{\left[\text{red}_1^{Z_{\text{red},1}}\right]^{\beta_1} \cdot \left[\text{red}_2^{Z_{\text{red},2}}\right]^{\beta_2} \cdots}{[(\text{Ox}_1)^{Z_{\text{Ox},1}}]^{\alpha_1} \cdot [(\text{Ox}_2)^{Z_{\text{Ox},2}}]^{\alpha_2} [e]^{n_e}}\right\}_{\text{links}}$$

$$- \frac{RT}{n_e F} \ln\left\{\frac{\left[\text{red}_1^{Z_{\text{red},1}}\right]^{\beta_1} \cdot \left[\text{red}_2^{Z_{\text{red},2}}\right]^{\beta_2} \cdots}{[(\text{Ox}_1)^{Z_{\text{Ox},1}}]^{\alpha_1} \cdot [(\text{Ox}_2)^{Z_{\text{Ox},2}}]^{\alpha_2} [e]^{n_e}}\right\}_{\text{rechts}}$$

Eine wichtige Elektrode ist die sog. *Wasserstoffelektrode*. Diese Elektrode gehört zu den sog. „Gaselektroden" und funktioniert auf die in Abb. (4.4) schematisch dargestellte Weise. Eine inerte Pt-Elektrode taucht in eine wässrige Lösung von HCl ein. Sie ist von einem Glasrohr G umgeben, durch das von unten gasförmiger Wasserstoff H_2 aus einem Vorratsgefäß langsam bei einem Druck p_{H_2} hindurchperlt. Die Oberfläche der Pt-Elektrode besteht aus hochporösem Pt, so dass sich an der Elektrode rasch und vollständig folgendes Gleichgewicht einstellen kann:

$$2H^+ \text{ (aq)} + 2e_{\text{Pt}}^- \rightleftharpoons H_2 \text{ (gas)}$$

Auch hier handelt es sich um eine Redoxelektrode (H^+ ist die „oxidierte" und H_2 die „reduzierte"

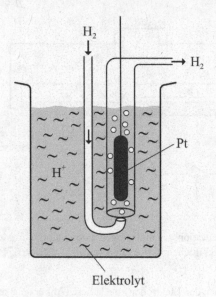

$$H_2$$

$$H_2$$

Pt

$$H^+$$

Elektrolyt

Abb. 4.4 Die Wasserstoff-Elektrode als Halbzelle.

Form des Wasserstoffs). Es ergibt sich also folgende Galvanispannung ($\Delta\varphi_{H_2}^0 = \Delta\mu_{H_2}^0/2F$) :

$$\Delta\varphi_{H_2/H^+} = \Delta\varphi_{H_2/H^+}^0 - \frac{RT}{2F} \ln \frac{p_{H_2}}{a_{H^+}^2 \cdot a_{e^-}^2} = \Delta\varphi_{H_2/H^+}^0 - \frac{RT}{F} \ln \frac{\sqrt{p_{H_2}}}{a_{H^+} \cdot a_{e^-}} \tag{4.9}$$

$\Delta\varphi_{H_2/H^+}$ ist, wie bei allen Einzelelektroden, nicht messbar. Um jedoch Werte für Einzelelektrodenreaktionen angeben zu können, hat man dieser Elektrode willkürlich das Galvanipotential $\Delta\varphi_{H_2} = 0$ zugeordnet, wenn $a_{H^+} = 1$ und $p_{H_2} = 1$ bar ist. Also gilt *definitionsgemäß* für eine solche *Normalwasserstoffelektrode* (abgekürzt: NHE):

$$\Delta\varphi_{NHE} = \Delta\varphi_{H_2/H^+}^0 + \frac{RT}{F} \ln a_{e^-} = 0 \text{ Volt} \tag{4.10}$$

a_e ist die unbekannte Aktivität der Elektronen im Pt-Metall. Diese Definition gilt bei allen Temperaturen. Schaltet man nun eine NHE mit einer anderen Elektrode gegeneinander, erhält man eine sog. *galvanische Zelle*, deren Elektrodenpotentialdifferenz $\Delta\varphi - \Delta\varphi_{NHE} = \Delta E_H$ eine prinzipiell messbar Größe ist (Abb. 4.3). Der Index H deutet an, dass es sich dabei um eine Zellspannung einer Redoxelektrode handelt mit der NHE als Gegenelektrode. Als Beispiel für eine solche auf die NHE bezogene Elektrode betrachten wir die sog. Ag/AgCl/Cl$^-$-Elektrode (s. Abb. 4.5), deren Elektrodenreaktion lautet:

$$AgCl + e^- \rightleftharpoons Ag + Cl^-$$

also:

$$\Delta\varphi_{Ag/AgCl} = \Delta\varphi_{Ag/AgCl}^0 - \frac{RT}{F} \ln\left(\frac{a_{Ag} \cdot a_{Cl^-}}{a_{AgCl} \cdot a_{e^-}}\right) = \Delta\varphi_{Ag/AgCl}^0 - \frac{RT}{F} \ln\left(\frac{a_{Cl^-}}{a_{e^-}}\right) \tag{4.11}$$

Tab. 4.1 Eine Auswahl von Standardelektrodenpotentialen ΔE_H^0 bei 298 K (bezogen auf die Normalwasserstoff-Elektrode) für Metalle/Metallionen (Elektrodematerial = Metall)

Elektrodenreaktion $Me^{Z^+} + Ze^- \rightleftharpoons Me$	ΔE_H^0/Volt
$Li^+ + e^- \rightleftharpoons Li$	- 3,045
$Na^+ + e^- \rightleftharpoons Na$	- 2,711
$K^+ + e^- \rightleftharpoons K$	- 2,924
$Ca^{2+} + 2e^- \rightleftharpoons Ca$	- 2,860
$Mg^{2+} + 2e^- \rightleftharpoons Mg$	- 2,365
$Mn^{2+} + 2e^- \rightleftharpoons Mn$	- 1,145
$Al^{3+} + 3e^- \rightleftharpoons Al$	- 1,664
$Zn^{2+} + 2e^- \rightleftharpoons Zn$	- 0,763
$Fe^{2+} + 2e^- \rightleftharpoons Fe$	- 0,439
$Ni^{2+} + 2e^- \rightleftharpoons Ni$	- 0,239
$Sn^{2+} + 2e^- \rightleftharpoons Sn$	- 0,1406
$Pb^{2+} + 2e^- \rightleftharpoons Pb$	- 0,126
$Cu^{2+} + 2e^- \rightleftharpoons Cu$	0,3402
$Hg_2^{2+} + 2e^- \rightleftharpoons 2Hg$	0,796
$Ag^+ + e^- \rightleftharpoons Ag$	0,800
$Au^{3+} + 3e^- \rightleftharpoons Au$	1,420

da $a_{Ag} = a_{AgCl} = 1$. Damit erhält man durch Kombination von Gl. (4.11) und (4.10):

$$\Delta E_{H,Ag/AgCl} = \Delta\varphi_{Ag/AgCl}^0 - \Delta\varphi_{NHE} - \frac{RT}{F}\ln a_{Cl^-} = \Delta E_{H,Ag/AgCl}^0 - \frac{RT}{F}\ln a_{Cl^-}$$

Bei 298 K gilt: $\Delta E_{H,Ag/AgCl}^0 = 0,2224$ Volt. Jede Redoxreaktion an einer Elektrode kann also als galvanische Zelle in Bezug auf die NHE aufgefasst werden mit der messbaren Spannung ΔE_H^0. Die Werte ΔE_H^0 *werden als Standardelektrodenpotentiale* bezeichnet. Die Aktivitäten der Elektronen tauchen in Gl. (4.11) explizit nicht mehr auf. Es wird $\Delta E_H = \Delta E_H^0$, wenn alle Aktivitäten gleich 1 sind. Tabelle 4.1 enthält einige Beispiele von ΔE_H^0-Werten für *Metall-/Metallionen-Elektroden* (sog. Spannungsreihe der Metalle).

Die Daten in Tabelle 4.1 beziehen sich auf wässrige Lösungen der Ionen. Natürlich werden hier nicht Metalle wie Li, Na oder K direkt mit der wässrigen Lösung in Kontakt gebracht; die Messwerte sind in solchen Fällen durch eine indirekte Methode ermittelt worden. Man sieht, dass ΔE_H^0 bei unedlen Metallen gegenüber der NHE negativ ist (Li bis Pb). Bei den sog. „edlen" Metallen, wie Cu, Hg, Ag und Au, ist dagegen ΔE^0 positiv. Je negativer ΔE_H^0 ist, desto „unedler" ist das Metall, je positiver ΔE_H^0 ist, desto „edler" ist es.

Eine weitere Klasse von Elektrodenreaktionen sind solche, die als Elektrodenmaterial ein edles Metall, meist Platin (Pt) benötigen, und wo beide Reaktionspartner sich in Lösung befinden oder als Gas vorliegen. Sie werden *Redoxelektroden* genannt, obwohl eigentlich alle Elektrodenreaktionen Redoxreaktionen sind. Tabelle 4.2 zeigt einige Beispiele. Je positiver ΔE^0 ist, desto stärker ist die Oxidationsfähigkeit. In diesem Sinne ist F_2 das stärkste Oxidationsmittel, gefolgt von Ce^{4+},

Tab. 4.2 Eine Auswahl von Standardelektrodenpotentialen ΔE_H^0 bei 298 K (bezogen auf die Normalwasserstoff-Elektrode) für Metalle/Metallionen (Elektrodematerial = Platin)

Redoxelektrodenreaktion	ΔE_H^0/Volt
$F_2 + 2e^- \rightleftharpoons 2F^-$	2,85
$Ce^{4+} + e^- \rightleftharpoons Ce^{3+}$	1,713
$Pb^{4+} + 2e^- \rightleftharpoons Pb^{2+}$	1,69
$MnO_4^- + 8H^+ + 5e^- \rightleftharpoons Mn^{2+} + 4H_2O$	1,55
$1/2\ Cl_2 + e^- \rightleftharpoons Cl^-$	1,37
$Cr_2O_7^{2-} + 14H^+ + 6e^- \rightleftharpoons 2Cr^{3+} + 7H_2O$	1,36
$1/2\ O_2 + 2H^+ + 2e^- \rightleftharpoons H_2O$	1,23
$Fe^{3+} + e^- \rightleftharpoons Fe^{2+}$	0,771
$Fe(CN)_6^{3-} + e^- \rightleftharpoons Fe(CN)_6^{4-}$	0,356
$Cr^{3+} + e^- \rightleftharpoons Cr^{2+}$	- 0,41

Pb^{4+} und MnO_4^- usw.

Eine dritte Klasse von Elektrodenreaktionen heißt *Elektroden zweiter Art*. Hierbei handelt es sich i. d. R. um Metallelektroden, die zusammen mit einem schwerlöslichen Salz des Metallions eine Elektrodeneinheit bilden. Als Beispiel für eine solche Elektrode zeigt Abb. 4.5 den Aufbau der sog. Ag/AgCl-Elektrode (s. auch Gl. (4.11)). Ein Silberdraht, der am Ende mit einer porösen Schicht aus AgCl überzogen ist, taucht in eine wässrige Elektrolytlösung ein.

Tabelle 4.3 gibt einige Beispiele für Elektroden zweiter Art wieder, die häufig benutzt werden. Die Trennstrich bei den Bezeichnungen der Elektroden in Tab. 4.3 kennzeichnen die Phasengrenzen der an der Elektrode beteiligten Phasen, also z. B. Ag (fest)/AgCl (fest)/Ag$^+$ (Lösung). Bei der Silberchloridelektrode und der Kalomelelektrode sind neben den eigentlichen Standardpotentialen (a_{Cl^-} = 1) auch Elektrodenpotentiale angegeben, die nicht Standardbedingungen entsprechen (gesättigte KCl-Lösung, 0,1 m und 1 m KCl-Lösungen). Diese Elektrodenpotentiale unterscheiden sich voneinander, da hier $a_{Cl^-} \neq 1$ gilt. Sie werden meistens in der Praxis wegen ihrer einfacheren Herstellung und Handhabung statt der NHE als Bezugselektroden eingesetzt.

Wir betrachten jetzt eine beliebige galvanische Zelle, deren Zellspannung sich aus denen der Einzelelektroden zusammensetzt, so wie es in Gl. (4.8) formuliert ist. Gl. (4.8) lässt sich nun folgendermaßen schreiben:

$$\Delta E = \Delta E_{H,links} - \Delta E_{H,rechts} = \left(\Delta E_{H,links}^0 - \Delta E_{H,rechts}^0\right)$$

$$+ \frac{RT}{n_e \cdot F}\left[\ln \frac{\left[(red_1)^{Z_{red,1}}\right]^{\beta_1} \cdot \left[(red_2)^{Z_{red,2}}\right]^{\beta_2} \cdots}{\left[(Ox_1)^{Z_{Ox,1}}\right]^{\alpha_1} \cdot \left[(Ox_2)^{Z_{Ox,2}}\right]^{\alpha_2} \cdots}\right]_{links}$$

$$- \frac{RT}{n_e \cdot F}\left[\ln \frac{\left[(red_1)^{Z_{red,1}}\right]^{\beta_1} \cdot \left[(red_2)^{Z_{red,2}}\right]^{\beta_2} \cdots}{\left[(Ox_2)^{Z_{Ox,1}}\right]^{\alpha_1} \cdot \left[(Ox_2)^{Z_{Ox,2}}\right]^{\alpha_2} \cdots}\right]_{rechts} \tag{4.12}$$

Diese Gleichung ist die sog. *Nernst'sche Gleichung* in verallgemeinerter Form. Gl. (4.12) sagt aus: kennt man die Konzentrationen (bzw. Aktivitäten) aller Reaktionsteilnehmer sowie die Standard-

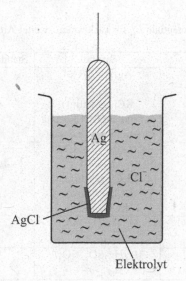

Abb. 4.5 Die Ag/AgCl-Elektrode.

potentiale $\Delta E_{\mathrm{H,links}}$ und $\Delta E_{\mathrm{H,rechts}}$, so lässt sich die Zellspannung einer beliebigen Zellreaktion angeben. Für die Standardspannung ΔE^0 der Zelle gilt dann:

$$\Delta E^0 = \Delta E^0_{\mathrm{H,links}} - \Delta E^0_{\mathrm{H,rechts}} \qquad (4.13)$$

Der Index H fällt hier fort, da keine der Elektroden eine NHE ist. Wir wollen 2 Beispiele für die Anwendung von Gl. (4.12) betrachten.

- Die Reaktion $\mathrm{Zn^{2+}}$ (aq) $+ 2\mathrm{Cl^-}$ (aq) $\rightleftharpoons \mathrm{Zn}$ (fest) $+ \mathrm{Cl_2}$ (g), die sich aus den beiden Elektrodenreaktionen

$$\mathrm{Zn^{2+}} + 2\mathrm{e^-} \rightleftharpoons \mathrm{Zn} \quad \text{(Kathode : links)}$$
$$2\mathrm{Cl^-} \rightleftharpoons \mathrm{Cl_2} + 2\mathrm{e^-} \quad \text{(Anode : rechts)}$$

zusammensetzt, ist schematisch in Abb. (4.6) dargestellt. Die Kathode besteht aus einem Zn-Stab, die Anode ist eine Gaselektrode, die aus Platin besteht und von $\mathrm{Cl_2}$-Gas umspült wird. Der gemeinsame Elektrolyt für beide Elektroden ist eine wässrige $\mathrm{ZnCl_2}$-Lösung. Im elektrochemischen Gleichgewicht (also im stromlosen Zustand) findet eine Kompensation der Zellspannung durch eine äußere Spannungsquelle E_{ext} statt (s. Abb. 4.3) und es gilt nach Gl. (4.12):

$$-E_{\mathrm{ext}} = \Delta E = \Delta E^0 + \frac{RT}{2F} \cdot \ln \frac{a_{\mathrm{Zn^{2+}}} \cdot a^2_{\mathrm{Cl^-}}}{p_{\mathrm{Cl_2}}}$$

mit

$$\Delta E_0 = \Delta\varphi^0_{\mathrm{Zn/Zn^{2+}}} - \Delta\varphi^0_{\mathrm{2Cl^-/Cl_2}} = \Delta E^0_{\mathrm{H,Zn/Zn^{2+}}} - \Delta E^0_{\mathrm{H,2Cl^-/Cl_2}} = -0,7630 - 1,370 = -2,133\,\mathrm{V}$$

Tab. 4.3 Standardelektrodenpotentiale E_H^0 für Elektroden zweiter Art bei 298 K

Elektrodenreaktion	Symbol	Standardpotential ΔE_H^0/Volt
$AgCl + e^- \rightleftharpoons Ag + Cl^-$	$Ag/AgCl/Cl^-$	
	$a_{Cl^-} = 1$	0,2224
	KCl (gesättigt)	0,1976
	0,1 molare KCl Lösung	0,2894
	1 molare KCl Lösung	0,2368
$Hg_2Cl_2(Kalomel) + 2e^-$	$Hg/Hg_2Cl_2/Cl^-$	
$\rightleftharpoons 2Hg + 2Cl^-$	$a_{Cl^-} = 1$	0,2682
	KCl, gesättigt	0,2415
	KCl, 0,1 molar	0,3337
	KCl, 1 molar	0,2807
$PbSO_4 + 2e^- \rightleftharpoons Pb + SO_4^{2-}$	$Pb/PbSO_4/SO_4^{2-}$	- 0,2760
	$a_{SO_4^{2-}} = 1$	
$Hg_2SO_4 + 2e^-$	$Hg/Hg_2SO_4/SO_4^{2-}$	0,6158
$\rightleftharpoons Hg + SO_4^{2-}$	$a_{SO_4^{2-}} = 1$	

wobei wir die Werte aus Tabelle 4.1 und 4.2 eingesetzt haben. Unter dem Logarithmus stehen die Aktivitäten a_i in $mol \cdot kg^{-1}$ und für den Druck p_{Cl_2} ist der Wert in *bar* einzusetzen. So erhält man z. B. im Fall einer 0,05 molalen $ZnCl_2$-Lösung und für $p_{Cl_2} = 0,5$ bar bei 298 K:

$$\Delta E = -2,133 + \frac{R \cdot 298}{2 \cdot F} \cdot \ln \frac{(0,05)^3}{0,5} = -2,239 \text{ Volt}$$

wobei wir vereinfachend das Produkt der Aktivitätskoeffizienten $\widetilde{\gamma}_{Zn^{2+}} \cdot \widetilde{\gamma}_{Cl^-}^2 \approx 1$ gesetzt haben.

- Das zweite Beispiel ist die Zellreaktion

$$Cu^{2+} + Zn \rightleftharpoons Cu + Zn^{2+}$$

mit den Elektrodenreaktionen

$$Cu^{2+} + 2e^- \rightleftharpoons Cu \quad \text{(Kathode)}$$
$$Zn \rightleftharpoons Zn^{2+} + 2e^- \quad \text{(Anode)}$$

Diese galvanische Zelle heißt „Daniell-Element". Ihr schematischer Aufbau ist in Abb. 4.7 dargestellt. Das System enthält 5 Phasen (I bis V) und 4 Phasengrenzen. Die vierte Phasengrenze ist die zwischen der Zink-Elektrode (Phase IV) und der Cu-Drahtableitung (Phase V). Nach der Nerst'schen Gleichung ergibt sich für die Zellspannung:

$$\Delta E = \Delta E_0 + \frac{RT}{2F} \ln \frac{a_{Cu^{2+}}}{a_{Zn^{2+}}}$$

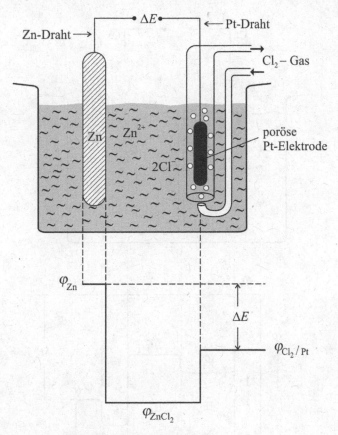

Abb. 4.6 Die galvanische Zelle Zn/ZnCl$_2$ (aq)/Cl$_2$(Pt).

Die Aktivitäten $a_{Zn} = a_{Cu}$ sind gleich 1. Für ΔE^0 gilt nach Tab. 4.1:

$$\Delta E^0 = \Delta E^0_{H,Cu} - \Delta E^0_{H,Zn} = 0,3402 + 0,763 = 1,1032 \text{ Volt}$$

Wenn beispielsweise die Aktivitäten $\widetilde{m}_i \widetilde{\gamma}_i$ für Cu^{2+} gleich 0,2 und für Zn^{2+} gleich 0,1 sind, ergibt sich für die Zellspannung bei $T = 298$ K:

$$\Delta E = 1,1032 + \frac{R \cdot 298}{F} \cdot \ln \frac{0,2}{0,1} = 1,121 \text{ Volt}$$

Die Spannung ΔE muss wieder durch eine externe Spannung ΔE_{ext} kompensiert werden ($\Delta E + E_{ext} = 0$), damit elektrochemisches Gleichgewicht, also ein stromloser Zustand herrscht. Ist das nicht der Fall ($E_{ext} = 0$), stellt sich das Gleichgewicht ein, wenn $\Delta E = 0$ wird. Dann gilt:

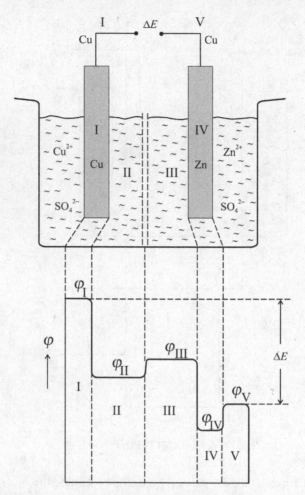

Abb. 4.7 Das Daniell-Element als Beispiel für eine galvanische Zelle.

$$\frac{a_{Cu^{2+}}}{a_{Zn^{2+}}} = \exp\left[-\frac{2F \cdot \Delta E_0}{R \cdot 298}\right] = 4,8 \cdot 10^{-38}\,(!)$$

Dieser Wert bedeutet, dass $a_{Cu^{2+}} = 0$ wird, d. h., Zink wird solange aufgelöst, bis alle Cu^{2+}-Ionen als Cu an der Cu-Elektrode abgeschieden sind und die Lösung stattdessen nur noch Zn^{2+}-Ionen enthält. Kupfer ist „edler" als Zink (s. Tabelle 4.1).

Abb. 4.7 offenbart noch ein Problem, das wir bisher nicht beachtet haben, das aber in den meisten galvanischen Zellen auftritt. Die Lösungen II ($CuSO_4$) und III ($ZnSO_4$) sind voneinander getrennt, damit sich Cu^{2+}-Ionen und Zn^{2+}-Ionen nicht vermischen, denn nur dann kann ein elektrischer Strom über die Zuleitungen zu den Elektroden fließen. Die eingezeichnete Trennschicht muss also aus einem Material bestehen, das keine Cu^{2+}- und Zn^{2}-Ionen, sondern nur SO_4^{2-}-Ionen hindurchlässt, wenn Cu^{2+} als Cu an der Cu-Elektrode abgeschieden werden soll und Zn^{2+} an der Zn-Elektrode in Lösung geht. Nur dann ist der Stromkreis geschlossen. Diese Trennschicht nennt man „Separator", im vorliegenden Fall wäre es eine sog. Anionentauschermembran, die durchlässig ist für die SO_4^{2-}-Ionen. Wäre der Separator nicht da, würden Cu^{2+} sich am Zn-Stab abscheiden und dort gleichzeitig Zn^{2+}-Ionen in Lösung gehen. Das wäre ein „elektrochemischer Kurzschluss", bei dem die Reaktion direkt abläuft, ohne dass elektrischer Strom durch die Zelle fließt. Der Separator ist also notwendig, aber wegen der unterschiedlichen Konzentrationen von $CuSO_4$ und $ZnSO_4$ in II und III entsteht am Separator eine zusätzliche elektrische Potentialdifferenz $\varphi^{II} - \varphi^{III}$, die wir noch nicht berücksichtigt haben. Das Auftreten einer solchen Potentialdifferenz ist verständlich, denn durch den Separator wird eine Grenzfläche von zwei flüssigen Phasen II und III aufrechterhalten, die Ionen als bewegliche Ladungsträger enthalten. Nach den in Abschnitt 4.1.1 geschilderten Zusammenhängen ist das stets mit einem Sprung des elektrischen Potentials φ verbunden. Solche Potentialdifferenzen im Elektrolytsystem einer galvanischen Zelle nennt man „Diffusionspotential", wenn der Separator eine poröse Schicht ist, die für alle Ionen durchlässig ist, oder „Membranpotential", wenn nur bestimmte Ionen durchtrittsfähig sind (s. Abschnitte 4.4.2 bis 4.4.5).

4.1.3 *Temperatur und Druckabhängigkeit elektrochemischer Zellspannungen*

Wir gehen nochmals aus vom elektrochemischen Gleichgewicht einer galvanischen Zelle. Dort gilt für die Zellreaktion (Index R) nach Gl. (4.8) mit $\mu_{links} - \mu_{rechts} = \Delta\mu_R$:

$$\Delta_R\mu + n_e \cdot F \cdot \Delta E = 0$$

Sind alle Aktivitäten gleich 1, befindet sich das System im Standardzustand und es gilt:

$$\Delta_R\mu^0 + n_e \cdot F \cdot \Delta E^0 = 0$$

$\Delta_R\mu^0$ ist gleich der molaren freien Reaktionsenthalpie $\Delta_R\overline{G}^0$ der Redoxreaktion im Standardzustand

$$\boxed{\Delta_R\overline{G}^0 = -n_e F \cdot \Delta E^0} \qquad (4.14)$$

Mit der Gibbs-Helmholtz-Gleichung (s. Gl. (1.18)) erhält man:

$$\Delta_R\overline{H}^0 = \Delta_R\overline{G}^0 - T \left(\frac{\partial \Delta_R G^0}{\partial T}\right)_p$$

Damit lässt sich für die Temperaturabhängigkeit von ΔE^0 schreiben:

$$\boxed{\Delta_R\overline{H} = -n_e \cdot F \cdot \Delta E_0 + n_e \cdot F \cdot T \left(\frac{\partial \Delta E^0}{\partial T}\right)_p} \qquad (4.15)$$

und wegen

$$\left(\frac{\partial \Delta_R \overline{G}^0}{\partial T}\right)_p = -\Delta_R \overline{S}^0$$

gilt ferner:

$$\boxed{n_e \cdot F \cdot \left(\frac{\partial(\Delta E^0)}{\partial T}\right)_p = \Delta_R \overline{S}^0}$$ (4.16)

Aus der Temperaturabhängigkeit des Standardelektrodenpotentials ΔE^0 lassen sich also die entsprechende *molare Standardreaktionsenthalpie* $\Delta_R \overline{H}^0$ und die *molare Standardreaktionsentropie* $\Delta_R \overline{S}^0$ der Zellreaktion gewinnen.

Wir betrachten im Folgenden Zellreaktionen, mit der NHE als Gegenelektrode. Wir wählen zunächst die Kalomel-Elektrode, deren Redoxreaktion lautet:

$$Hg_2Cl_2 + 2e^- \rightleftharpoons 2Hg + 2Cl^-$$

Die bei 293 K und 303 K gegen die NHE gemessenen Standardelektrodenpotentiale betragen:

$$\Delta E^0_{H,Kalomel}(293) = 0,2699 \text{ Volt}$$

$$\Delta E^0_{H,Kalomel}(303) = 0,2669 \text{ Volt}$$

Daraus folgt für 298 K (als Mittelwert von 293 K und 303 K):

$$\Delta_R \overline{G}^0_{H,Kalomel} \cong -2 \cdot 96485 \cdot \frac{0,2699 + 0,2669}{2} = -51793 \text{ J} \cdot \text{mol}^{-1}$$

$$\Delta_R \overline{S}^0_{H,Kalomel} \cong -\left(\frac{\partial \Delta_R \overline{G}^0_{H,Kalomel}}{\partial T}\right)_p = 2 \cdot 96485 \cdot \frac{0,2669 - 0,2699}{303 - 293} = -57,89 \text{ J} \cdot \text{mol}^{-1} \cdot \text{K}^{-1}$$

$$\Delta_R \overline{H}^0_{H,Kalomel} \cong \Delta_R \overline{G}^0_{H,Kalomel} + 298 \Delta_R \overline{S}^0_{H,Kalomel} = -69044 \text{ J} \cdot \text{mol}^{-1}$$

Als zweites Beispiel betrachten wir die Redoxreaktion

$$Fe^{2+}(aq) + e^- \rightleftharpoons Fe^{3+}(aq)$$

Das Standardpotential dieser Redoxreaktion gegen eine NHE wurde bei 303 K und 293 K bestimmt:

$$\Delta E^0_{H,Fe^{2+}/Fe^{3+}} = 0,7801 \text{ Volt} \quad \text{bei 303 K}$$

$$\Delta E^0_{H,Fe^{2+}/Fe^{3+}} = 0,7615 \text{ Volt} \quad \text{bei 293 K}$$

Daraus ergibt sich für 298 K als Mittelwert:

$$\Delta E^0_{H,Fe^{2+}/Fe^{3+}} = 0,7708 \text{ Volt} \quad \text{bei 298 K}$$

bzw.

$$\Delta \overline{G}^0_{H,Fe^{2+}/Fe^{3+}} = -F \cdot \Delta E^0_{H,Fe^{2+}/Fe^{3+}} = -74371 \text{ J} \cdot \text{mol}^{-1} = -74,371 \text{ kJ} \cdot \text{mol}^{-1}$$

Dann ergibt sich für $\Delta \overline{S}^0_{H,Fe^{2+}/Fe^{3+}}$ und $\Delta \overline{H}^0_{H,Fe^{2+}/Fe^{3+}}$:

$$\Delta_R \overline{S}^0_{H,Fe^{2+}/Fe^{3+}} = 96485 \cdot \frac{0,7801 - 0,7615}{303 - 293} = 179,46 \text{ J} \cdot \text{mol} \cdot \text{K}^{-1}$$

$$\Delta_R \overline{H}^0_{H,Fe^{2+}/Fe^{3+}} = -74371 + 298 \cdot 179,46 = -20891 \text{ J} \cdot \text{mol}^{-1} = -20,891 \text{ kJ} \cdot \text{mol}^{-1}$$

In der Regel laufen Prozesse bzw. Messungen an galvanischen Zellen bei einem Druck von $p = 1 \text{ bar} = 10^5 \text{ Pa}$ ab. Wie hängt $\Delta E_{H,redox}$ von p ab? Es gilt:

$$-n_e F \cdot \left(\frac{\partial \Delta E_{H,redox}}{\partial p} \right)_T = \left(\frac{\partial \Delta \overline{G}_{H,redox}}{\partial p} \right)_p = \Delta_R \overline{V}_{H,redox} \tag{4.17}$$

mit

$$\Delta_R \overline{V}_{H,redox} = \sum_i \beta_i \overline{V}_{red,i} - \sum_j \alpha_j \overline{V}_{ox,i}$$

$\overline{V}_{red,i}$ bzw. $\overline{V}_{ox,i}$ sind die partiellen molaren Volumina in Lösung bzw. die molaren Volumina bei reinen, festen Stoffen. Liegen alle Redoxpartner in gelöster oder fester Form vor, so ist $\Delta \overline{V}_{H,redox}$ klein, da alle $\overline{V}_i$ klein sind und man kann schreiben:

$$\left(\frac{\partial \Delta E_{H,redox}}{\partial p} \right)_T \approx 0$$

Anders ist die Situation, wenn einer der Redoxpartner i als *Gas* vorliegt. Dann gilt:

$$\overline{V}_i \cong \frac{RT}{p_i}$$

mit dem Partialdruck p_i des Gases. Hier ist $\overline{V}_i$ erheblich größer als in kondensierter Form der Lösung oder des festen Zustandes. Wir betrachten das Beispiel der Redoxgleichung an einer Pt/Cl$_2$-Elektrode:

$$\Delta_R \overline{V}_{H,2Cl^-/Cl_2} = 2\overline{V}_{Cl^-}(aq) - \frac{RT}{p} \approx -\frac{RT}{p_i} \tag{4.18}$$

Bei $p_i = 10^5 \text{ Pa}$ ist $\overline{V}_{Cl_2} = RT/p = 2,477 \cdot 10^{-2} \text{ m}^3 \cdot \text{mol}^{-1}$, während $\overline{V}_{Cl^-}$ in der Größenordnung von $10^{-5} \text{ m}^3 \cdot \text{mol}$ liegt. Wir wollen berechnen, wie sich $\Delta E_{H,2Cl^-/Cl_2}$ verändert, wenn wir den Druck des Cl$_2$-Gases an der Elektrode von p_0 auf p verändern. Einsetzen von Gl. (4.18) in Gl. (4.17) und Integration ergibt:

$$\Delta E_{H,2Cl_2/Cl^-}(p) - \Delta E_{H,2Cl_2/Cl^-}(p_0) = \frac{RT}{F} \ln \frac{p}{p_0}$$

Bei $p_0 = 10^5 \text{ Pa}$ und $a_{Cl^-} = 1$ erhalten wir mit dem Wert von $\Delta E^0_{H,Cl_2/Cl^-}$ aus Tabelle 4.2 bei $T = 298 \text{ K}$:

$$\Delta E_{H,Cl_2/Cl^-}(p, 298 \text{ K}) = 1,37 + 0,02568 \cdot \ln(p/bar)$$

Bei $p = 5 \text{ bar}$ ist $\Delta E^0_{H,Cl_2/Cl^-} = 1,4113$ Volt, bei $p = 0,2 \text{ bar}$ ist $\Delta E^0_{H,Cl_2/Cl^-} = 1,3287$ Volt. Die Zellspannungen hängen also recht empfindlich vom Gasdruck an der Gaselektrode ab.

4.1.4 Thermodynamische Standardgrößen von Ionen und Ionenreaktionen in wässriger Lösung

In Anhang A.3 sind neben den Standardbildungsgrößen für Stoffe, die aus neutralen Molekülen bestehen, auch solche für geladene Teilchen, also Kationen und Anionen in wässriger Lösung angegeben (Index: aq). Woher kennt man diese Daten und wie werden sie ermittelt? Die Werte für $\Delta^f \overline{G}^0(298)$, $\Delta^f \overline{H}^0(298)$ und $\Delta^f \overline{S}^0(298)$ beziehen sich bei Ionen auf den Standard der idealen Lösung mit $\widetilde{m}_+ = \widetilde{m}_- = 1 \, \mathrm{mol} \cdot \mathrm{kg}^{-1}$ und $\widetilde{\gamma}_+ = \widetilde{\gamma}_- = 1$, ein hypothetischer Standardzustand (s. Kapitel 3, Abschnitt 3.1 mit Abb. 3.1). Wenn man nun für ein bestimmtest „Referenzion" den drei Standardgrößen jeweils den Wert Null zuordnet, lassen sich durch die Messung elektrochemischer Daten für ΔE_H^0 nach Gl. (4.14) bis (4.16) $\Delta^f \overline{G}^0(298)$, $\Delta^f \overline{H}^0(298)$ und $\Delta^f \overline{S}^0(298)$ bestimmen.

Wir schreiben hier absichtlich $\Delta^f \overline{S}^0(298)$ statt $\overline{S}^0(298)$, wie die Bezeichnung für alle Stoffe in Tabelle A.3 lautet. $\overline{S}^0(298)$ ist aber eigentlich nur dann die korrekte Schreibweise, wenn es sich um absolute Entropiewerte handelt, die sich auf $\overline{S}(0 \, \mathrm{K}) = 0$ beziehen. Das ist aber in Tabelle A.3 nur für neutrale Stoffe der Fall. Im Fall von Ionen beziehen sich alle Standardgrößen auch die Entropie auf das *Referenzion* $H^+(aq)$, für das definitionsgemäß $\Delta^f \overline{G}_{H^+}^0(298) = 0$, $\Delta^f \overline{H}_{H^+}^0(298) = 0$ und $\Delta^f \overline{S}_{H^+}^0(298) = \overline{S}_{H^+}^0(298) = 0$ gilt.

Im Gegensatz zu den meisten Kationen lassen sich Standardbildungsgrößen von Anionen in wässriger Lösung nur in Ausnahmefällen direkt aus Zellspannungsmessungen ermitteln. Als Beispiel sei die Pt/Cl_2-Gaselektrode genannt. Ihr Standardpotential gegenüber der NHE beträgt nach Tabelle 4.2 + 1,370 Volt. Daraus ergibt sich mit $n_e = 2$:

$$2\Delta^f \overline{G}_{Cl^-}^0(298) = -2F \cdot 1,370$$

also:

$$\Delta^f \overline{G}_{Cl^-}^0(298) = -132,18 \, \mathrm{kJ} \cdot \mathrm{mol}^{-1}$$

in akzeptabler Übereinstimmung mit $-131,17 \, \mathrm{kJ} \cdot \mathrm{mol}^{-1}$ in Tabelle A.3 im Anhang.

Für Anionen, die nicht direkt an Gaselektroden beteiligt sind, muss man ein anderes Verfahren wählen, um $\Delta^f \overline{G}_{Anion}^0(298)$ zu ermitteln. Wir wählen als Beispiel das Anion MnO_4^- und gehen von der Elektrodenreaktion

$$MnO_4^- + 8H^+ + 5e^- \rightleftharpoons Mn^{2+} + 4H_2O$$

aus, für die in Tabelle 4.2 der Wert $\Delta E_H^0 = 1,54$ Volt angegeben ist. Völlig äquivalent zu dieser Formulierung der Reaktion ist auch die folgende:

$$MnO_4^- + \frac{5}{2} H_2 + 3H^+ \rightleftharpoons Mn^{2+} + 4H_2O$$

da ja für die NHE gilt:

$$\frac{5}{2} H_2 \rightleftharpoons 5e^- + 5H^+$$

mit $\Delta E_H^0 = 0$ nach Definition. Wir schreiben unter Beachtung von Gl. (4.14):

$$\Delta_R \overline{G}^0 = \Delta^f \overline{G}_{Mn^{2+}}^0 + 4 \cdot \Delta^f \overline{G}_{H_2O,fl}^0 - \Delta^f \overline{G}_{MnO_4^-}^0 - \frac{5}{2}\Delta^f \overline{G}_{H_2}^0 - 3\Delta^f \overline{G}_{H^+,aq}^0 (298)$$

Unter Beachtung, dass $\Delta^f \overline{G}_{H_2}^0 (298) = 0$ sowie $\Delta^f \overline{G}_{H^+,aq}^0 (298) = 0$, folgt für $\Delta^f \overline{G}_{MnO_4^-}^0 (298)$ mit dem Wert aus Tabelle 4.1 für Mn^{2+} bzw. Tabelle A.3 im Anhang für H_2O, sowie $\Delta_R \overline{G}^0 = -5 \cdot \Delta E_H^0 \cdot F$ mit $\Delta E_H^0 = 1,55$ Volt aus Tabelle 4.2:

$$\Delta^f \overline{G}_{MnO_4^-}^0 (298) = \Delta^f \overline{G}_{Mn^{2+}}^0 (298) + 4 \cdot \Delta^f \overline{G}_{H_2O,fl}^0 - \Delta^f \overline{G}^0 (298)$$

$$= -223400 - 4 \cdot 237190 + 5 \cdot F \cdot 1,55 = -424,4 \text{ kJ} \cdot \text{mol}^{-1}$$

In Tabelle A.3 im Anhang wird $\Delta^f \overline{G}_{MnO_4^-}^0 (298) = -425,1 \text{ kJ} \cdot \text{mol}^{-1}$ angegeben. Das ist eine akzeptable Übereinstimmung.

4.2 Anwendungen galvanischer Zellen im stromlosen Zustand

4.2.1 *Gassensoren am Beispiel der Lambda-Sonde*

Sauerstoffsensoren sind Vertreter galvanischer Zellen mit einem Festkörperelektrolyten. Dieser besteht aus einem festen Mischoxid wie $Zr_{1-x} \cdot Ca_x O_{2-x}$ oder $Zr_{1-y} \cdot Y_y \cdot O_{2-y/z}$ ($0 \le x, y \le 1$).

In dem Oxid sind die Zr^{4+}-Ionen im Gitter in geringem Ausmaß ($x, y \approx 0,01$ bis 0,05) durch Calciumionen Ca^{2+} bzw. Ytterbiumionen Y^{3+} ersetzt. Das hat zur Folge, dass aus Elektroneutralitätsgründen einige Gitterplätze der O^{2-}-Ionen unbesetzt bleiben müssen (s. Abb. 4.8). Auf diese Weise entstehen Lücken auf den Sauerstoffplätzen, in die benachbarte O^{2-}-Ionen hineinspringen können. So kommt eine Beweglichkeit der O^{2-}-Ionen zustande, die im elektrischen Feld wandern können und die elektrische Leitfähigkeit des Festkörpers ermöglichen. Es handelt sich also um einen reinen O^{2-}-Ionenleiter. Diffusionspotentiale treten hier nicht auf, da es keine Phasengrenzen gibt. Abb. 4.9 (links) zeigt die prinzipielle Funktion eines Sauerstoffsensors.

In dem Rohr aus inertem Material sitzt das Mischoxid, links und rechts davon ein Gas mit unterschiedlichen Partialdrücken von O_2 ($p_{O_2} \neq p'_{O_2}$). Die Elektrodenreaktionen finden an den platinierten Oberflächen statt:

$$O_2 + 4e^- \rightleftharpoons 2O^{2-}$$

Für die messbare Potentialdifferenz zwischen den beiden Elektroden gilt dann:

$$\Delta E = \frac{RT}{4F} \cdot \ln\left(p_{O_2}/p'_{O_2}\right)$$

Die Standardpotentialdifferenz entfällt hier, da beide Elektroden Pt/O_2-Elektroden sind. Die praktische Version eines solchen O_2-Sensors zeigt Abb. 4.9 (rechts). Der innere Gefäßmantel besteht aus dem dotierten ZrO_2, der Partialdruck von O_2 in der Luft dient als Referenzelektrode

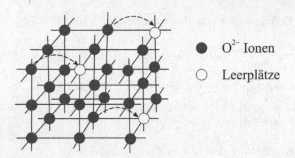

Abb. 4.8 Ausschnitt aus dem Kristallgitter von ZrO_2. Gezeigt sind nur die O^{2-}-Plätze bzw. ihre Leerstellen. In der Mitte der Würfel (nicht gezeigt) sitzen die Zr^{4+}-Ionen, die teilweise durch Ca^{2+}- bzw. Y^{3+}-Ionen ersetzt sind.

($p'_{O_2} \approx 0,2$ bar). Wird z. B. bei 298 K eine Spannung ΔE von - 40 Millivolt gemessen, beträgt der Partialdruck p_{O_2} in dem untersuchten Messgas

$$p_{O_2} = \exp\left[\frac{-4 \cdot 0,04 \cdot F}{R \cdot 298}\right] \cdot 0,2 = 3,9 \cdot 10^{-4} \text{ bar} = 0,39 \text{ mbar}$$

Der beschriebene Sauerstoffsensor wird heute eingesetzt zur Kontrolle und Steuerung des O_2-Gehaltes im Abgas von Kraftfahrzeugmotoren, bevor dieses in den sog. 3-Wege-Katalysator eintritt. Dabei wird die sog. Luftzahl als Lambda (λ)-Wert bezeichnet. Er ist definiert als

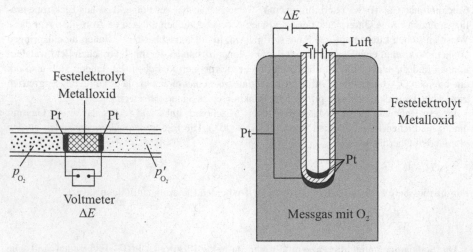

Abb. 4.9 Funktion eines O_2-Sensors mit einem Metalloxid als Elektrolyten und 2 Pt-Elektroden (links). Praktische Ausführung (rechts).

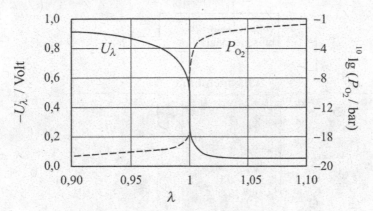

Abb. 4.10 Spannung U_λ der λ-Sonde und Partialdruck p_{O_2} im Abgas als Funktion des λ-Wertes.

$$\lambda = \frac{(\text{Menge O}_2/\text{Menge Kraftstoff})_{\text{Abgas}}}{(\text{Menge O}_2/\text{Menge Kraftstoff})_{\text{stöch.}}}$$

wobei im Zähler das aktuelle Verhältnis von O_2 zu Kraftstoff und im Nenner das entsprechende Verhältnis bei stöchiometrischem Umsatz von O_2 und Kraftstoff steht. Im Idealfall ist $\lambda = 1$. Ist $\lambda > 1$, ist zuviel O_2 im Abgas, so dass Stickoxide aus $N_2 + O_2$ entstehen können; ist $\lambda < 1$, ist die Verbrennung unvollständig und das Abgas enthält zu viel CO. Bei $\lambda = 1$ besteht das Abgas im Wesentlichen aus CO_2 und H_2O. Abb. 4.10 zeigt das Diagramm von p_{O_2} bzw. der elektrischen Spannung U_λ der Sonde als Funktion vom λ-Wert.

4.2.2 Die pH-Glaselektrode als Beispiel für eine ionenselektive Elektrode

Die pH-Glaselektrode gehört zu den wichtigsten selektiven Elektroden und soll hier stellvertretend für diese Art von Elektroden behandelt werden. Abb. 4.11 zeigt das Prinzip. Eine dünne Schicht aus Glas (erstarrte $Na_2O - CaO - SiO_2$-Schmelze) tauscht in einem schmalen Bereich ihrer Grenzfläche zum Wasser Na^+-Ionen oder Ca^{2+}-Ionen (symbolisiert durch $\oplus$ gegen H^+-Ionen aus. Dabei liegen die H^+-Ionen bevorzugt als H_3O^+- oder $H_5O_2^+$-Ionen vor, die mehr Platz beanspruchen als die ausgetauschten, im Wasser gelösten Metallionen. Daher quillt die Randschicht etwas auf.

Im thermodynamischen Gleichgewicht muss das elektrochemische Potential der H^+-Ionen in der Grenzschicht (GS) und in der wässrigen Lösung (aq) gleich sein:

$$\eta_{H^+,GS} = \eta_{H^+,aq}$$

Also gilt:

$$\Delta\varphi = \varphi_{aq} - \varphi_{GS} = \frac{RT}{F} \cdot \ln \frac{a_{H^+,GS}}{a_{H^+,aq}} \qquad (4.19)$$

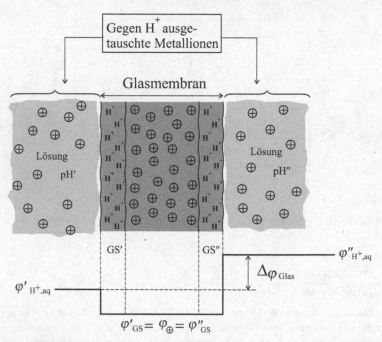

Abb. 4.11 Austauschprozess von Metallionen gegen H^+-Ionen in einer Randschicht (GS', GS'') von Glas. Potentialverlauf durch die Glasmembran. Die negativen Gegenionen sind nicht gezeigt. In Lösung und Grenzschicht sind nur die ausgetauschten positiven Ionen gezeigt.

$a_{H^+,GS}$ und $a_{H^+,aq}$ sind die Aktivitäten ($a_i = \gamma_i \tilde{m}_i$) der H^+-Ionen in der Grenzschicht bzw. in der Lösung. Wenn auf der anderen Seite der Glasschicht in Kontakt mit einer anderen wässrigen Lösung (Phase ('')) sich ein entsprechendes Gleichgewicht einstellt, ergibt sich das in Abb. 4.11 dargestellte Bild. Im Bereich der gesamten Glasschicht ist das elektrische Potential konstant ($\varphi'_{GS} = \varphi''_{GS}$), da die gesamte Glasschicht als ein elektrischer Kationenleiter betrachtet werden kann. Der in Abb. 4.11 eingezeichnete Potentialverlauf lässt erkennen, dass für die Differenz der elektrischen Potentiale der beiden wässrigen Lösungen rechts und links von der Glasschicht gilt:

$$\varphi'_{H^+,aq} - \varphi''_{H^+,aq} = \frac{RT}{F}\left[\ln\frac{a'_{H^+,GS}}{a'_{H^+,aq}} - \ln\frac{a''_{H^+,GS}}{a''_{H^+,GS}}\right]$$

Mit $pH' = -^{10}\lg a'_{H^+,aq}$ bzw. $pH'' = -^{10}\lg a''_{H^+,aq}$ erhält man für die Glaselektrode die Potentialdifferenz:

$$\Delta\varphi_{Glas} = \varphi'_{H^+,aq} - \varphi''_{H^+,aq} = \frac{RT}{F}\cdot\ln\frac{a'_{H^+,GS}}{a''_{H^+,GS}} + 2,3026\,(pH' - pH'') \tag{4.20}$$

Der logarithmische Term verschwindet nur, wenn $a'_{H^+,GS} = a''_{H^+,GS}$, was nicht unbedingt der Fall sein muss. $\Delta\varphi_{Glas}$ ist nicht direkt messbar.

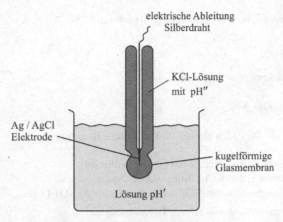

Abb. 4.12 Form einer Glaselektrode (schematisch).

Schaltet man jedoch die Glaselektrode als Halbzelle z. B. gegen eine Ag/AgCl-Elektrode, erhält man eine messbare galvanische Spannung ΔE, die proportional zu $pH' - pH''$ ist. Ist pH'' bekannt, dann kann die Glaselektrode als empfindliches pH-Meter für die Lösungsphase verwendet werden. Die Glaselektrode taucht dabei als dünnwandige Glaskugel in die zu untersuchende Lösung ein (Abb. 4.12).

Es gibt auch andere ionenselektive Elektroden für Anionen, wie F^-, Cl^- oder OH^-, die nach einem ähnlichen Prinzip arbeiten. Ein Beispiel für halogenidionensensitive Elektroden ist die Kalomelelektrode (s. Tabelle 4.3). Auf Details können wir hier nicht näher eingehen (s. z. B.: G. Henze und R. Neeb, Elektrochemische Analytik, Springer (1986)).

4.2.3 Potentiometrische Titration

Bei einer Titration kommt es bekanntlich darauf an, den Äquivalenzpunkt des zutitrierten gelösten Stoffes A und des vorgelegten zu bestimmenden Stoffes B möglichst genau zu erfassen. Bei der Säure/Base-Titration und der komplexometrischen Titration geschieht das meistens durch die Beobachtung des Farbumschlages eines Indikators oder bei der Fällungstitration durch Beobachtung des ersten Niederschlages eines schwerlöslichen Salzes, z. B. kann man so den Chlorid-Gehalt einer Lösung durch Zutitrieren einer Lösung von $AgNO_3$ bekannter Konzentration bestimmen.

Eine andere, meist genauere Methode, ist die Verfolgung der Konzentration des zu bestimmenden Stoffes (i. d. R. Ionen) durch Verfolgung des Spannungsverlaufes einer ionenselektiven Elektrode. Wir wollen das am Beispiel der Bestimmung der Chloridionen-Konzentration durch schrittweise Zugabe von $AgNO_3$-Lösung näher untersuchen. Es soll die Konzentration einer KCl-Lösung bestimmt werden, in die eine Ag/AgCl-Elektrode eintaucht, für deren Spannungsänderung ΔE gegenüber einer Ag/AgCl-Standardelektrode gilt (s. Gl. (4.11)):

$$\Delta E = E_{H,Ag/AgCl} - E^0_{H,Ag/AgCl} = -\frac{RT}{F} \ln \overline{m}_{Cl^-} \tag{4.21}$$

Es gilt für das Löslichkeitsprodukt von AgCl (s. Abschnitt 3.13):

$$L = \widetilde{m}_{Ag^+} \cdot \widetilde{m}_{Cl^-} \tag{4.22}$$

Ferner besteht die Elektroneutralitätsbilanz:

$$\widetilde{m}_{NO_3^-} + \widetilde{m}_{Cl^-} = \widetilde{m}_{K^+} + \widetilde{m}_{Ag^+} \tag{4.23}$$

Wir benötigen noch die folgenden Größen für die weitere Berechnung:

v = zutitrierte Volumeneinheit (Tropfenvolumen),
V_0 = Volumen der KCl-Lösung vor Titrationsbeginn,
$\widetilde{m}^0_{NO_3^-}$ = Konzentration von NO_3^- in der zutitrierten $AgNO_3$-Lösung,
$\widetilde{m}^0_{K^+}$ = Konzentration von K^+ vor Titrationsbeginn.

Wenn wir die zutitrierte Tropfenzahl mit n bezeichnen, gilt für die Bilanz von Gl. (4.23):

$$\widetilde{m}^0_{NO_3^-} \cdot \frac{n \cdot v}{V_0 + nv} + \frac{L}{\widetilde{m}^+_{Ag}} = \widetilde{m}_{Ag^+} + \widetilde{m}^0_{K^+} \cdot \frac{V_0}{V_0 + n \cdot v}$$

Das ist eine quadratische Gleichung zur Bestimmung von $\widetilde{m}_{Ag^+}$. Ihre Lösung lautet:

$$\widetilde{m}_{Ag^+} = \frac{\widetilde{m}^0_{NO_3^-} \cdot n \cdot v - \widetilde{m}^0_{K^+} \cdot V_0}{2(n \cdot v + V_0)} + \sqrt{\left[\frac{\widetilde{m}^0_{NO_3^-} \cdot n \cdot v - \widetilde{m}^0_{K^+} \cdot V_0}{2(n \cdot v + V_0)} \right]^2 + L} \tag{4.24}$$

Für die messbare Größe ΔE erhält man dann bei $T = 298$ K:

$$\Delta E = -0,02568 \cdot \ln \widetilde{m}_{Cl^-} = -0,02568 \cdot \ln \left(\frac{L}{\widetilde{m}_{Ag^+}} \right) \tag{4.25}$$

In Gl. (4.24) ist die Variable die Tropfenzahl n. Die gesuchte Größe $\widetilde{m}^0_{K^+} \approx \widetilde{m}^0_{Cl^-}$ erhält man durch Anpassung an die experimentelle Kurve $\Delta E(n)$.

Wir wollen ein Zahlenbeispiel für $\Delta E(n)$ durchrechnen. Wir wählen:

V_0 = 500 ml = Volumen der KCl – Ausgangslsung
L_{AgCl} = 10^{-10} mol^2 · kg^{-2} ≈ 10^{-10} mol^2.
$\widetilde{m}^0_{NO_3^-}$ = 0, 01 mol · kg^{-1} ≈ 0, 01 mol · Liter^{-1}.

Um etwas berechnen zu können, setzen wir voraus, dass die Konzentration der KCl-Lösung 0, 01 mol· L^{-1} beträgt. Eingesetzt in Gl. (4.25) ergibt sich die in Abb. (4.13) dargestellte Kurve $\Delta E(n)$ bzw. $(d\Delta E/dn \cdot v)$ gegen $n \cdot v$.

Der Äquivalenzpunkt liegt bei $n = 500$, also $\widetilde{m}^0_{Cl^-} = \widetilde{m}^0_{K^+} = 0, 01$ mol · kg^{-1}. Dort hat die Steigung ein Maximum, wie die dargestellte Kurve $d\Delta E/dnv$ zeigt.

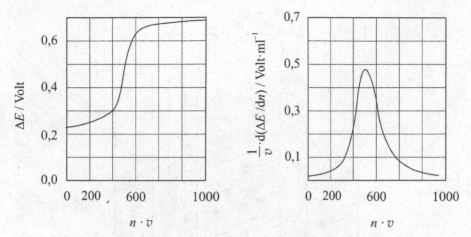

Abb. 4.13 Zellspannung ΔE (links) bzw. $(d\Delta E/dn\nu)$ (rechts) einer Ag/AgCl-Elektrode als Funktion der zutitrierten Menge in ml einer 0,01 molaren AgNO$_3$-Lösung zu 500 ml einer 0,01 molaren KCl-Lösung.

4.2.4 Elektrochemische Messungen von Aktivitätskoeffizienten

In Abschnitt 3.5 und 3.6 haben wir die Dampfdruckmessung und osmotische Druckmessungen als Methoden zur Bestimmung von Aktivitätskoeffizienten in Elektrolytlösungen kennengelernt. Auch EMK-Messungen können zu diesem Zweck genutzt werden, womit wir uns hier anhand von 2 Fällen beschäftigen wollen.

• *Wässrige Lösungen:*
Der Aktivitätskoeffizient $\widetilde{\gamma}_\pm$ einer verdünnten Elektrolytlösung kann z. B. im Fall von HCl (aq) mit Hilfe der galvanischen Zelle Ag/AgCl/HCl/H$_2$/H$^+$(Pt) bestimmt werden. In Abb. 4.14 ist das Prinzip einer solchen Zelle dargestellt. Eine H$_2$/H$^+$-Elektrode und eine AgCl/Ag-Elektrode tauchen in die gemeinsame Lösung einer verdünnten HCl-Lösung ein. Die H$_2$/H$^+$-Elektrode ist hier keine NHE, da $\widetilde{m}_{H^+}\widetilde{\gamma}_H \neq 1$ ist und von der HCl-Konzentration abhängt. Für die Zellspannung ΔE gilt:

$$\Delta E = -\frac{\Delta_R \overline{G}}{n_e \cdot F}$$

$\Delta_R \overline{G}$ ist die freie Reaktionsenthalpie für die Summe der beiden Elektrodenreaktionen

$$\begin{aligned} AgCl + e &\rightleftharpoons Ag + Cl^- \\ \tfrac{1}{2}H_2 &\rightleftharpoons H^+ + e \end{aligned}$$

also

$$AgCl + \frac{1}{2}H_2 \rightleftharpoons Ag + H^+ + Cl^-$$

mit

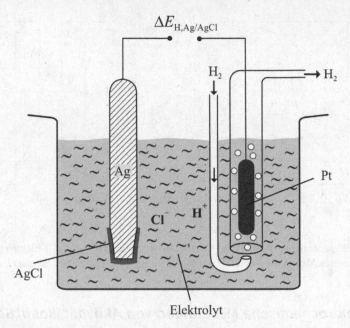

Abb. 4.14 Galvanische Zelle zur Messung von Aktivitätskoeffizienten von HCl in wässriger Lösung.

$$\Delta_R \overline{G} = \Delta_R \overline{G}^0 + RT \cdot \ln \frac{a_{Ag} \cdot a_{H^+} \cdot a_{Cl^-}}{a_{AgCl} \cdot \sqrt{p_{H_2}}} = \Delta_R \overline{G}^0 + RT \ln \frac{\widetilde{m}_{HCl} \cdot \widetilde{\gamma}_{\pm,HCl}}{\sqrt{p_{H_2}}}$$

mit $a_{H^+} \cdot a_{Cl^-} = \widetilde{m}_{HCl} \cdot \widetilde{\gamma}_{\pm,HCl}$ und

$$\Delta_R \overline{G}^0 = \Delta^f \overline{G}_{Ag}^0 + \Delta^f \overline{G}_{Cl^-}^0 - \Delta^f \overline{G}_{AgCl}^0 - \frac{1}{2} \Delta^f \overline{G}_{H_2}^0$$

$$= \Delta^f \overline{G}_{Cl^-}^0 - \Delta^f \overline{G}_{AgCl}^0 = -131,17 + 109,72 = -21,45 \text{ kJ} \cdot \text{mol}^{-1}$$

entsprechend den in Tabelle A.3 angegebenen Daten. Mit $n_e = 1$ ergibt sich dann für $T = 298$ K mit $p_{H_2} = 1$ bar:

$$\Delta E = -\frac{\Delta_R \overline{G}^0}{F} - \frac{R \cdot 298}{F} \ln \widetilde{m}_{HCl} \cdot \widetilde{\gamma}_{\pm,HCl} = +0,2223 - \frac{R \cdot 298}{F} \ln \widetilde{m}_{HCl} \cdot \widetilde{\gamma}_{\pm,HCl}$$

Die Zellspannung ΔE wird nun als Funktion von $\widetilde{m}_{HCl}$ gemessen und für jeden Messpunkt $\widetilde{\gamma}_{\pm,HCl}$ aus

$$\ln \widetilde{\gamma}_{\pm,HCl} = F \cdot \frac{\Delta E - 0,2223}{2 \cdot R \cdot 298} - \ln \widetilde{m}_{HCl}$$

bestimmt. In Abb. 4.15 sind die experimentellen Ergebnisse als $^{10}\lg \widetilde{\gamma}_{\pm,HCl}$ in Abhängigkeit von

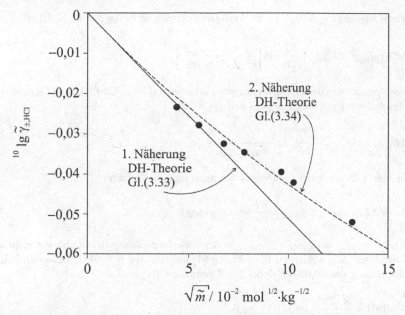

Abb. 4.15 Aktivitätskoeffizienten von HCl. Messdaten: •. Kurven: Debye-Huckel-Theorie.

$\widetilde{m}_{HCl}^{1/2}$ aufgetragen, die sich bei niedrigen Werten von $\widetilde{m}_{HCl}^{1/2}$ der Voraussage der Debye-Huckel-Theorie nach Gl. (3.32) annähern. Die positiven Abweichungen vom linearen Verhalten ab ca. $\widetilde{m}_{HCl}^{1/2} = 0,06$ mol werden im Rahmen der Messfehler gut durch die erweiterte DH-Theorie nach Gl. (3.33) in Form von

$$^{10}\lg \widetilde{\gamma}_{\pm,HCl} = -\frac{A}{2,3026} \cdot \frac{\sqrt{I^{1/2}}}{1 + \overline{r}B \cdot I^{1/2}} = 0,51003 \cdot \frac{\sqrt{\widetilde{m}_{HCl}}}{1 + \overline{r} \cdot 3,285 \cdot 10^9}$$

mit dem angepassten Wert $\overline{r} = 0,609 \cdot 10^{-9}$ m erhalten. Das ist ein durchaus sinnvoller Wert für den mittleren Ionenradius $\overline{r}$ von H^+ und Cl^-.

• *Flüssige Metallmischungen:*
Es lassen sich auch Aktivitätskoeffizienten z. B. in flüssigen Amalgamen, also Mischungen von Hg mit einem anderen Metall, wie z. B. Cd oder Tl, elektrochemisch bestimmen. Dazu wird das Amalgam als Elektrode in einer galvanischen Zelle verwendet. Im Fall von Cd-Amalgam ist eine solche Zelle in Abb. 4.16 gezeigt. Es handelt sich um eine Cd/CdSO$_4$/Cd-Amalgam-Elektrode mit dem Molenbruch x_{Cd} im Amalgam.

Elektrolyt ist eine wässrige CdSO$_4$-Lösung. Der Aktivitätskoeffizient γ_{Cd} in einer flüssigen Cd + Hg-Mischung mit dem bekannten Molenbruch x_{Cd} lässt sich wie folgt bestimmen. Für die

Gleichgewichtsspannung $\Delta E_{H,Cd/Hg}$ der Amalgamelektrode (in Bezug auf die NHE) gilt:

$$\Delta E_{H,Cd/Hg} = \Delta E^0_{H,Cd} - \frac{RT}{2F} \cdot \ln\left[\frac{x_{Cd} \cdot \gamma_{Cd}}{\widetilde{m}_{CdSO_4} \cdot \widetilde{\gamma}_{CdSO_4}}\right]$$

Für die entsprechende Gleichgewichtsspannung der reinen (festen) Cd-Elektrode $E_{H,Cd}$ in derselben Elektrolytlösung gilt wegen $x_{Cd} = 1$ und $\gamma_{Cd} = 1$:

$$\Delta E_{H,Cd} = \Delta E^0_{H,Cd} - \frac{RT}{2F} \cdot \ln\left[\frac{1}{\widetilde{m}_{SO_4} \cdot \widetilde{\gamma}_{CdSO_4}}\right]$$

In der in Abb. 4.16 gezeigten Zellkonstruktion misst man die Differenz:

$$\Delta E = \Delta E_{H,Cd/Hg} - \Delta E_{H,Cd} = \frac{RT}{2F} \cdot \ln(x_{Cd} \cdot \gamma_{Cd})$$

Die Aktivität $a_{CdSO_4} = \widetilde{m}_{CdSO_4} \cdot \widetilde{\gamma}_{\pm,CdSO_4}$ in der wässrigen Lösung taucht also gar nicht auf in diesem Ausdruck. Wir wählen als Beispiel den Molenbruch $x_{Cd} = 0,0151$. In diesem Fall wird eine Zellspannung von - 0,0501 Volt bei 298 K gemessen. Es gilt also

$$-0,0501 = \frac{R \cdot 298}{2F} \cdot \ln(0,0151 \cdot \gamma_{Cd})$$

Daraus erhält man das Resultat

$$\gamma_{Cd} = 1,338$$

als eine positive Abweichung gegenüber einer idealen flüssigen Mischung von Cd + Hg ($\gamma = 1$). Für eine ideale Mischung hätte man eine Spannung von - 0,05384 Volt erwartet.

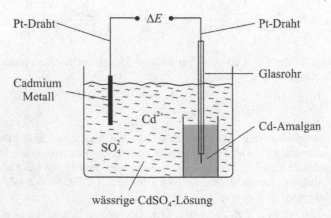

Abb. 4.16 Cd/CdSO$_4$/Cd-Amalgam-Elektrode.

4.2.5 *Elektrokapillarität*

Wenn 2 flüssige Phasen aneinandergrenzen, die bewegliche geladene Teilchen enthalten, wie Elektrolytlösungen, ionische Flüssigkeiten oder das flüssige Metall Hg, so bildet sich an der Phasengrenze eine elektrische Doppelschicht aus (s. Abb. 4.1) mit einem Potentialsprung $\Delta\varphi$ über die Phasengrenze. Wir wollen nun zeigen, dass die Grenzflächenspannung σ der beiden Phasen abhängig ist von $\Delta\varphi$. Dazu erweitern wir Gl. (1.26), indem wir statt der chemischen Potentiale μ_i die elektrochemischen Potentiale $\eta_i = \mu_i + Fz_i\varphi_i$ verwenden. Dann erhalten wir für die Grenzschicht:

$$U^A = T^A \cdot S^A + \sigma \cdot A + \sum_i \eta_i^A \cdot n_i^A$$

Mit den Gleichgewichtsbedingungen $T_A = T' = T'' = T$ und $\eta_i^A = \eta_i' = \eta_i'' = \eta_i$ ergibt sich dann wegen der extensiven Größen U^A, S^A, A, n_i^A:

$$dU^A = TdS^A + \sigma \cdot dA + \sum_i \eta_i dn_i^A$$

Da nun auch gilt (totales Differential):

$$dU^A = TdS^A + S^A \cdot dT + \sigma \cdot dA + A \cdot d\sigma + \sum_i \eta_i dn_i^A + \sum_i n_i^A \cdot d\eta_i$$

erhält man eine gegenüber Gl. (1.21) erweiterte Gibbs-Duhem-Gleichung (dp = 0):

$$S^A dT = \sigma \cdot dA + \sum_i n_i^A d\eta_i$$

Wir dividieren durch A, bezeichnen $n_i^A/A = \Gamma_i$ als Grenzflächenkonzentration von i und erhalten bei T = const, d. h., dT = 0:

$$d\sigma = -\sum_i \Gamma_i d\eta_i$$

Die Werte von Γ_i sind jedoch bei einer elektrischen Doppelschicht auf der Seite der Phase (') verschieden von denen auf der Seite der Phase ("). Wir erhalten, wenn wir wieder $\eta_i = \mu_i + F \cdot z_i\varphi$ schreiben:

$$d\sigma = -\sum_i \Gamma_i' d\mu_i' - \sum_i \Gamma_i' \cdot F \cdot z_i d\varphi' - \sum_i \Gamma_i'' \cdot d\mu_i'' - \sum_i F\Gamma_i'' z_i \cdot d\varphi''$$

Aus Elektroneutralitätsgründen muss gelten:

$$F \sum_i \Gamma_i' \cdot z_i + F \cdot \sum_i \Gamma_i'' \cdot z_i = 0$$

Wir bezeichnen Γ_{el} als Grenzschichtladung und erhalten dann für die Flächenladungsdichte:

$$q_{el}/A = \Gamma_{el} = F \sum_i \Gamma_i' z_i = -F \sum_i \Gamma_i'' z_i$$

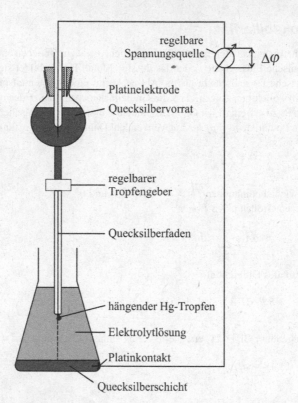

regelbare
Spannungsquelle — $\Delta\varphi$

Platinelektrode

Quecksilbervorrat

regelbarer
Tropfengeber

Quecksilberfaden

hängender Hg-Tropfen

Elektrolytlösung

Platinkontakt

Quecksilberschicht

Abb. 4.17 Messanordnung zur Bestimmung der sog. Elektrokapillarkurve $\sigma(\Delta\varphi)$.

Damit lässt sich schreiben:

$$d\sigma = -\Gamma_{el} \cdot d\Delta\varphi$$

mit $\Delta\varphi = \varphi' - \varphi''$. Diese Gleichung heißt *Lippmann-Gleichung*. Sie sagt aus, dass mit einer Änderung von $\Delta\varphi$ eine Änderung der Grenzflächenspannung σ verbunden ist. Die Abhängigkeit von $\sigma(\Delta\varphi)$ lässt sich mit einer in Abb. 4.17 schematisch dargestellten Methode messen. Gezeigt ist der Fall einer Grenzschicht zwischen einer Elektrolytlösung und Quecksilber. Mit dem Quecksilbervorratsgefäß wird mittels eines Tropfenreglers am Ende des Quecksilberfadens ein hängender Tropfen erzeugt, dessen Größe und Form mit einer CCD-Kamera (nicht gezeigt) aufgenommen wird, woraus man die Grenzflächenspannung σ zwischen dem Hg-Tropfen und der Elektrolytlösung ermitteln kann, in die der Tropfen eintaucht. Am Boden des Gefäßes befindet sich eine Hg-Schicht in Kontakt mit einem Pt-Draht, ebenso wie im Hg-Vorratsgefäß. Die Spannungsdifferenz $\Delta\varphi$ zwischen dem Hg im Vorratsgefäß oben (bzw. dem Hg-Tropfen) und der Hg-Schicht am unteren Gefäßboden wird durch eine regelbare Spannungsquelle eingestellt.

Ergebnisse solcher Messungen zeigt Abb. 4.18 für molale wässrige Lösungen von NaCl und NaBr. Es ergeben sich ungefähr parabelförmige Kurvenverläufe. Dieses Aussehen lässt sich fol-

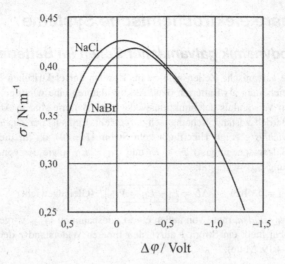

Abb. 4.18 Messergebnisse $\sigma(\Delta\varphi)$ für 1-molale wässrige NaCl- und NaBr-Lösungen bei 18° C (nach M. Kahlweit, Grenzflächenerscheinungen, Steinkopff (1981)).

gendermaßen erklären. Wir machen die plausible Annahme, dass die Grenzflächenladungsdichte Γ_{el} proportional zu $\Delta\varphi$ ist, also soll gelten:

$$\frac{d\Gamma_{el}}{d\Delta\varphi} = C$$

C heißt *differentielle Kapazität*. Wir nehmen an, dass C eine Konstante ist. Dann lässt sich mit $d\sigma = -\Gamma_{el} \cdot d\Delta\varphi$ schreiben:

$$\frac{d^2\sigma}{d\Delta\varphi^2} = -C$$

Integration mit C = const ergibt:

$$\sigma = -\frac{C}{2}\Delta\varphi^2 + \sigma_0$$

Das entspricht ungefähr den Kurvenverläufen in Abb. 4.18, wobei σ_0 der Maximalwert von σ bei $\Delta\varphi = 0$ ist. In Wirklichkeit sind in Abb. 4.18 jedoch Abweichungen zu erkennen. σ im Maximum liegt nicht genau bei $\Delta\varphi = 0$ und die Kurven sind etwas asymmetrisch. Das bedeutet, dass C keine Konstante ist, sondern mehr oder weniger von $\Delta\varphi$ abhängt.

4.3 Stationäre elektrochemische Systeme

4.3.1 Thermodynamik galvanischer Zellen im Batteriebetrieb

Stromdurchflossene galvanische Zellen spielen im Bereich der elektrischen Energieversorgung und der Energiespeicherung als Batterien bzw. Akkumulatoren eine wichtige Rolle in allen Lebensbereichen. Zum Verständnis der Funktionsweise einer Batterie sind in Abb. (4.19) die 3 zu unterscheidenden Betriebszustände schematisch dargestellt. Links ist der Zustand des *elektrochemischen Gleichgewichtes* gezeigt. Hier fließt kein Strom ($I = 0$), da für die Bilanz der Elektrodenpotentiale (Galvanispannungen) $\varphi_I = E_I$ und $\varphi_{II} = E_{II}$ sowie der von außen angelegten elektrischen Spannung $E_{ext} = V_{Gl}$ gilt:

$$E_I - E_{II} - V_{Gl} = 0 \quad \text{bzw.} \quad \boxed{\Delta E = E_I - E_{II} = V_{Gl}} \quad \text{(Gleichgewicht)} \tag{4.26}$$

Wird die Batterie *aufgeladen*, muss von außen eine Ladespannung V_{Lade} vorgegeben werden mit $|V_{Lade}| > |V_{Gl}|$. Dabei fließt ein Strom I durch den inneren Widerstand r der Batterie, und die Bilanz lautet (Abb. 4.19, Mitte):

$$(E_I - E_{II}) + I \cdot r - V_{Lade} = 0 \quad \text{bzw.} \quad \boxed{\Delta E = V_{Lade} - I \cdot r} \quad \text{(Laden)} \tag{4.27}$$

Mit $I = V_{Lade}/R_{Lade}$ folgt daraus:

$$\boxed{V_{Lade} = \Delta E \, \frac{R_{Lade}}{R_{Lade} - r}} \quad \text{(Laden)} \tag{4.28}$$

wobei R_{Lade} der elektrische Widerstand des Ladegerätes bedeutet. Beim *Entladen* (Abb. 4.19, rechts) liefert die Batterie einen elektrischen Strom I, der durch das System eines Verbrauchers fließt (elektrische Beleuchtung, elektronisches Gerät, mechanische Maschine etc.). Jeder Verbraucher hat einen Lastwiderstand R_{Last}, an der eine Spannung V_{Last} abfällt. Beim Entladen muss sich das Vorzeichen vor I umdrehen, da der Strom hier in die entgegengesetzte Richtung fließt. Statt eine von außen angelegte Spannung V_{Lade} wird von der Batterie eine Spannung mit umgekehrtem Vorzeichen, die Entladespannung V_{Last} erzeugt bei vorgegebenem äußeren Lastwiderstand R. Es gilt beim Entladen also die Bilanz:

$$(E_I - E_{II}) - V_{Last} - I \cdot r = 0 \quad \text{bzw.} \quad \boxed{\Delta E = I(R + r)} \quad \text{(Entladen)} \tag{4.29}$$

Die Batterie liefert für einen Verbraucher mit dem äußeren Widerstand R einen Strom I bei einer Lastspannung V_{Last}, für die sich nach Einsetzen von $I = V_{Last}/R$ in Gl. (4.29) schreiben lässt:

$$\boxed{V_{Last} = \frac{R}{R + r} \cdot \Delta E} \quad \text{(Entladen)} \tag{4.30}$$

Die Gleichgewichtsspannung ΔE hängt von der Konzentration aller Redoxpartner der elektrochemischen Reaktion ab, also vom Ladezustand (bzw. Entladezustand der Batterie). Ist die Batterie z. B. vollständig entladen, so gilt $\Delta E = 0$ und es herrscht chemisches Gleichgewicht.

   Abb. 4.20 zeigt zusammenfassend den schematischen Aufbau einer Batterie mit ihren spezifischen Parametern.

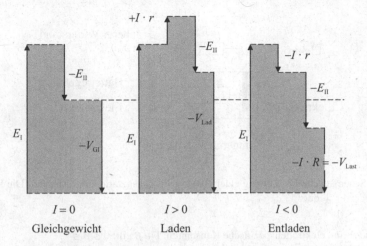

Abb. 4.19 Bilanz der elektrischen Spannungen E_I und E_{II} haben in allen drei Fällen dieselben Werte beim Laden und Entladen einer Batterie.

Wir wollen noch etwas zur Leistung L sagen, die eine Batterie beim Entladen nach außen abgibt. Es gilt nach Gl. (4.29) und Gl. (4.30):

$$L = I \cdot V_{Last} = R \cdot \left(\frac{\Delta E}{R + r} \right)^2 \tag{4.31}$$

Wir fragen: bei welchem äußeren Lastwiderstand gibt die Batterie eine maximale Leistung ab? Dort muss gelten:

$$\frac{dL}{dR} = 0 = (\Delta E)^2 \left(\frac{1}{(R + r)^2} - \frac{2}{(r + R)^3} \right) = 0$$

Das ergibt $R = r$ und man erhält:

$$L_{max} = \frac{(\Delta E)^2}{4r} \tag{4.32}$$

Der innere Widerstand r ist keine Konstante. Er hängt von der Stromstärke ab und auch vom Ladezustand der Batterie. r besteht im Wesentlichen aus 3 Anteilen:

1. Der *Ohm'sche Widerstand* des Elektrolyten r_Ω. Hier gilt:

$$U_\Omega = I \cdot r_\Omega \quad \text{bei} \quad r_\Omega = \text{const} \tag{4.33}$$

U_Ω ist hier der Spannungsabfall innerhalb des Elektrolyten der Batterie zwischen den beiden Elektroden.

2. Der *Elektrodenreaktionswiderstand* r_{OV}. Er hängt mit der *Überspannung* an den Elektroden U_{OV} (OV = „overpotential") zusammen. Für U_{OV} gilt im einfachsten Fall die sog. *Butler-Volmer-Gleichung* (s. Lehrbücher der elektrochemischen Kinetik):

$$I = I_0 \cdot \left(\exp \left[(1 - \beta) \frac{F}{RT} \cdot U_{OV} \right] - \left[\exp \left[-\beta \cdot \frac{F}{RT} \cdot U_{OV} \right] \right] \right) \tag{4.34}$$

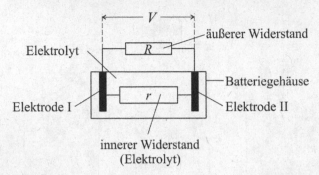

innerer Widerstand
(Elektrolyt)

Abb. 4.20 Schematische Darstellung einer Batterie im quasi-stationaren Zustand. Die Spannung V ist entweder V_{Lade} oder V_{Last}.

I_0 und β sind elektrodenspezifische Konstanten. Für β gilt: $0 \leq \beta \leq 1$.

Um $r_{\text{OV}} = U_{\text{OV}}/I$ zu berechnen, muss Gl. (4.34) nach $U_{\text{OV}}(I)$ aufgelöst werden, was nur in den Sonderfällen $\beta = 0,5$, $\beta = 0$ und $\beta = 1$ möglich ist. Wir wollen das für den realistischsten Fall mit $\beta = 0,5$ zeigen. Wir bezeichnen $0,5 \cdot U_{\text{OV}} \cdot RT/F$ mit x und I/I_0 mit $\widetilde{I}$:

$$\widetilde{I} = \exp[x] - \exp[-x]$$

Wir setzen $\exp[x] = y$. Dann lässt sich schreiben:

$$y^2 - \widetilde{I} \cdot y - 1 = 0$$

Die Lösung dieser quadratischen Gleichung lautet:

$$y = \frac{\widetilde{I}}{2} + \sqrt{\left(\frac{\widetilde{I}}{2}\right)^2 + 1}$$

Aufgelöst nach U_{OV} erhält man:

$$U_{\text{OV}} = \frac{2RT}{F} \cdot \ln\left[\frac{\widetilde{I}}{2} + \sqrt{\left(\frac{\widetilde{I}}{2}\right)^2 + 1}\right] \tag{4.35}$$

3. Ein dritter Anteil von r ist der sog. Diffusionswiderstand r_{D}, der in der laminaren flüssigen Grenzschicht vor den Elektroden bei hohen Stromdichten eine Rolle spielt. Es gilt (s. Lehrbücher der elektrochemischen Kinetik) für den Spannungsabfall U_{D} in dieser Grenzschicht:

$$U_{\text{D}} = \frac{RT}{F} \ln\left(\frac{I_{\text{L}}}{I_{\text{L}} - I}\right) \tag{4.36}$$

I_{L} heißt Grenzstromstärke; sie kann nicht überschritten werden, denn bei $I = I_{\text{L}}$ wird U_{D} unendlich groß.

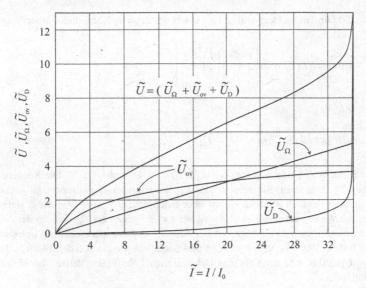

Abb. 4.21 Strom-Spannungskurve $\widetilde{U}(\widetilde{I})$ einer Batterie und ihre Spannungsanteile $\widetilde{U}_\Omega$, $\widetilde{U}_{OV}$ und $\widetilde{U}_D$ in reduzierten Einheiten für einen Ladeprozess (s. Text). Bei $\widetilde{U} = 0$ herrscht elektrochemisches Gleichgewicht.

Nun lässt sich für den gesamten Innenwiderstand r schreiben:

$$r = r_\Omega + r_{OV} + r_D = l \cdot \varrho_{el,\Omega}/A_{Lsg} + \varrho_{el,OV}/A_E + \varrho_{el,D}/A_E = \frac{U_\Omega + U_{OV} + U_D}{I} \tag{4.37}$$

mit U_{OV} nach Gl. (4.35) und U_D nach Gl. (4.36). $\varrho_{el,\Omega}, \varrho_{el,OV}$ und $\varrho_{el,D}$ sind spezifische Widerstände (Einheit: $\Omega \cdot m^2$). A_E und A_{Lsg} sind die effektive Fläche der Elektrode bzw. die Querschnittsfläche des Elektrolyten. Günstig für einen möglichst geringen Wert von r sind also ein großer Wert für A_{el} (poröse Elektrode!) ebenso wie für A_{Lsg} und ein geringer Elektrodenabstand l. Wir können jetzt Gl. (4.28) und (4.30) mit Hilfe von Gl. (4.37) zusammenfassen ($V = V_{Last}$ beim Pluszeichen im Nenner, $V = V_{Lade}$ beim Minuszeichen im Nenner):

$$\boxed{V = \frac{R \cdot \Delta E}{R \pm (U_\Omega + U_{OV} + U_D)/I}} \tag{4.38}$$

Nun lässt sich wegen $V = IR$ auch schreiben:

$$\boxed{V_{Last} - \Delta E = (U_\Omega + U_{OV} + U_D)} \quad \text{bzw.} \quad \boxed{V_{Lade} - \Delta E = -(U_\Omega + U_{OV} + U_D)} \tag{4.39}$$

Gl. (4.39) heißt *Strom-Spannungskurve*. Wir formulieren sie in dimensionslosen, reduzierten Einheiten, also $(\widetilde{U}_\Omega + \widetilde{U}_{OV} + \widetilde{U}_D)$ als Funktion von $\widetilde{I}$:

$$\widetilde{U}_\Omega = \widetilde{I} \cdot \widetilde{r}_\Omega \quad \text{mit} \quad \widetilde{r}_\Omega = r_\Omega/r_\Omega^*$$

r_Ω^* hat wie r_Ω die Dimension Ohm und ist eine systemspezifische Konstante. Ferner definieren wir:

$$\widetilde{U}_{OV} = U_{OV}/(2RT/F) = \ln\left[\frac{\widetilde{I}}{2} + \sqrt{\left(\frac{\widetilde{I}}{2}\right)^2 + 1}\right]$$

sowie mit $\widetilde{I}_L = I_L/I$:

$$\widetilde{U}_D = U_D/(2RT/F) = \frac{1}{2}\ln\left(\widetilde{I}_L/\left(\widetilde{I}_L - \widetilde{I}\right)\right)$$

Um konkret rechnen zu können, setzen wir z. B. $\widetilde{r}_\Omega = 0,15$ und $\widetilde{I}_L = 35$. Die Rechenergebnisse sind in Abb. 4.21 dargestellt. Sie zeigen, dass $\widetilde{U}_\Omega$ linear ansteigt, während $\widetilde{U}_{OV}$ anfangs steiler ansteigt, dann aber deutlich abflacht. $\widetilde{U}_D$ ist über einen weiten Bereich $\widetilde{I}$ niedrig, steigt aber bei Annäherung von $\widetilde{I}$ an $\widetilde{I}_L$ sehr steil an und geht bei $\widetilde{I} = 35$ gegen ∞. Typisch für den Verlauf von $\widetilde{U} = \widetilde{U}_\Omega + \widetilde{U}_{OV} + \widetilde{U}_D$ ist also ein kurzer steiler Anstieg, gefolgt von einem fast linearen Bereich, der dann bei hohem Wert von $\widetilde{I}$ steil ansteigt und unendlich wird durch den Einfluss der Diffusionsspannung $\widetilde{U}_D$. Abb. 4.33 zeigt als praktisches Beispiel für diesen Verlauf das Verhalten einer H_2-Brennstoffzelle.

4.3.2 Entropieproduktion beim Lade- und Entladeprozess von Batterien

Der 2. Hauptsatz der Thermodynamik lautet bekanntlich:

$$TdS \geq \delta Q$$

Das Gleichheitszeichen gilt bei reversiblen Prozessen, das Ungleichzeichen bei irreversiblen Prozessen. Man kann auch schreiben:

$$TdS = \delta Q + T\delta_i S$$

$\delta_i S$ ist stets positiv und kennzeichnet den Zuwachs an Entropie im Inneren des Systems (Index i) aufgrund des irreversiblen Prozesses, der stets in endlicher Zeit abläuft. Daher definiert man diese sog. *Dissipationsfunktion* Φ, auch dissipierte Leistung genannt:

$$\Phi = \dot{W}_{diss} = T \cdot \frac{\delta_i S}{dt} = \dot{W} - \dot{W}_{rev} > 0$$

$\delta_i S/dt$ heißt *Entropieproduktion*. $\dot{W}$ ist die tatsächlich vom oder am System erbrachte Leistung, $\dot{W}_{rev}$ ist die Leistung im reversiblen Fall. Es gilt $(\delta_i S/dt) = 0$, wenn $\dot{W} = \dot{W}_{rev}$. Die Gültigkeit dieser Beziehung lässt sich folgendermaßen beweisen. Geht man von einem Zustand A des Systems zu einem anderen Zustand B über, beträgt der Unterschied der inneren Energie:

$$\delta_A^B dU = U_B - U_A$$

Das gilt im *reversiblen* wie auch im *irreversiblen* Fall, denn U ist eine Zustandsgröße, die nur vom Zustand A bzw. B abhängt und nicht davon, wie man von A nach B gelangt. Daher gilt im reversiblen Fall:

$$dU = T dS + \delta W_{rev}$$

ebenso wie im irreversiblen Fall:

$$dU = \delta Q + \delta W$$

wobei δW die tatsächlich am oder vom System geleistete differentielle Arbeit bedeutet. Daraus folgt:

$$T dS - \delta Q = T \cdot \delta_i S = \delta W - \delta W_{rev}$$

Also gilt:

$$\boxed{\Phi = T \cdot \frac{\delta_i S}{dt} = \dot{W} - \dot{W}_{rev} > 0}$$

Damit ist der Beweis erbracht. Für $\dot{W} = 0$ ist der Prozess vollständig irreversibel, bei $\dot{W} \neq \dot{W}_{rev}$ partiell irreversibel und im Fall $\dot{W} = \dot{W}_{rev}$ läuft der Prozess reversibel ab. Im Fall einer Batterie muss also diese Gleichung für den Ladeprozess ebenso wie für den Entladeprozess gelten, denn alle zeitabhängigen Prozesse sind (partiell) irreversibel.

Wir betrachten zunächst den *Ladeprozess*. Die tatsächlich ins System (Batterie) eingebrachte Leistung ist positiv und lautet nach Gl. (4.27):

$$\dot{W} = V_{Lade} \cdot I = \Delta E \cdot I + I^2 \cdot r \qquad \text{(Laden)}$$

Die denkbare reversible Leistung ist:

$$\dot{W}_{rev} = \Delta E \cdot I$$

Damit erhält man:

$$\boxed{\dot{W}_{diss} = \Phi = \dot{W} - \dot{W}_{rev} = I^2 \cdot r > 0} \qquad \text{(Laden)}$$

Es gilt also $\Phi > 0$ unabhängig vom Vorzeichen von I.

Beim *Entladeprozess* wird die Leistung vom System „Batterie" abgegeben, sie ist also negativ zu rechnen:

$$\dot{W} = -I^2 \cdot R \qquad \text{(Entladen)}$$

Man beachte dabei, dass $\dot{W}$ die tatsächliche, maximal mögliche Leistung der Batterie ist und nicht etwa die „Ohmsche Wärme", die in der Umgebung der Batterie erzeugt wird. Natürlich wird $\dot{W}$ in der Umgebung letzten Endes in dissipierte Arbeit umgewandelt, wenn z. B. die Taschenlampe erlischt oder die Maschine wieder stillsteht, die mit der Batterie betrieben wurden. Dann gilt letzten Endes:

$$\int_0^t \dot{W} \cdot dt = 0, \qquad \text{also auch } \dot{Q} = 0$$

Das ist allerdings nicht der Fall, wenn z. B. mit Hilfe der Batterie ein Gewicht der Masse m um die Höhe angehoben wird, denn dann würde gelten:

$$\int_0^t \dot{W}dt = m \cdot g \cdot h$$

es sei denn, das Gewicht fällt wieder herunter. Die ideale reversible Leistung der Batterie beim Entladeprozess ist:

$$\dot{W}_{rev} = -\Delta E \cdot I$$

Damit ergibt sich beim Entladen bei tatsächlicher Arbeitsleistung $\dot{W} < 0$ nach Gl. (4.29):

$$\dot{W} - \dot{W}_{rev} = -I^2 R + \Delta E \cdot I = -I^2 R + I^2 (r + R) = I^2 \cdot r > 0$$

also

$$\boxed{\dot{W}_{diss} = \Phi = \dot{W} - \dot{W}_{rev} = T \cdot \frac{\delta_i S}{dt} = I^2 \cdot r > 0} \qquad \text{(Entladen)}$$

Es gilt also auch beim Entladen unter tatsächlicher, maximal möglicher Arbeitsleistung $\Phi > 0$, wenn $r > 0$ ist, was notwendigerweise immer der Fall ist.

Wird allerdings von der Batterie gar keine Arbeit geleistet und unmittelbar „Ohm'sche Wärme" erzeugt, ist $\dot{W} = 0$, und es gilt in diesem Fall wegen $\dot{W}_{rev} = -\Delta E \cdot I = -I^2(R + r)$:

$$\Phi = \dot{W}_{diss} = -\dot{W}_{rev} = +I^2(R + r)$$

Wir stellen also fest, dass stets gilt: $\Phi > 0$ so wie es der zweite Hauptsatz fordert.

4.3.3 *Der Bleiakkumulator*

Der Bleiakkumulator gehört zu den wichtigsten Batteriesystemen. Er wird nach wie vor als Stromquelle zur elektrischen Stromversorgung sowie zum Starten des Motors in fast allen Kraftfahrzeugen eingesetzt. Er ist wieder aufladbar und hat eine lange Lebensdauer. Abb. 4.22 zeigt das Prinzip der Batterie. Die Anode ($Pb/PbSO_4$) besteht aus einer mit festem $PbSO_4$ überzogenen Blei-Elektrode, die Kathode besteht aus elektrisch leitenden PbO_2 und ist ebenfalls mit $PbSO_4$ überzogen. Der Elektrolyt ist für beide Halbzellen derselbe und besteht aus einer Schwefelsäure-Lösung mit den Ladungsträgern $H^+(aq)$ und $HSO_4^-(aq)$. Der Kathodenprozess lautet:

$$PbO_2 + HSO_4^- + 3H^+ + 2e^- \rightarrow PbSO_4 + 2H_2O$$

und der Anodenprozess:

$$Pb + HSO_4^- \rightarrow PbSO_4 + H^+ + 2e^-$$

Also lautet die Gesamtreaktion:

$$Pb + PbO_2 + 2HSO_4^- + 2H^+ \rightleftharpoons 2PbSO_4 + 2H_2O \tag{4.40}$$

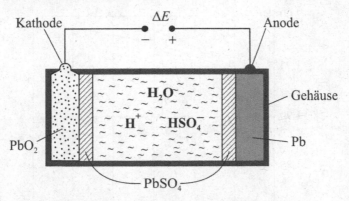

Abb. 4.22 Schematische Darstellung der Pb-Batterie. Der Elektrodenabstand ist in Wirklichkeit viel geringer und die Elektrodenmaterials bilden ein dichtes Gemenge von $PbO_2 + HSO_4^-$ bzw. $Pb + HSO_4^-$.

Im stromfreien geladenen Zustand der Batterie liegt das Gleichgewicht in Gl. (4.40) auf der linken Seite, im ungeladenen auf der rechten, d. h., die Reaktion läuft spontan von links nach rechts ab, die freie Reaktionsenthalpie $\Delta_R \overline{G}^0$ ist negativ. Das wollen wir überprüfen. Für Pb, PbO_2, HSO_4^-, H^+, $PbSO_4$ und H_2O entnehmen wir die $\Delta^f\overline{G}^0(298)$-Werte aus Tabelle A.3 und erhalten:

$$\Delta_R\overline{G}^0 = (-2 \cdot 237,19 - 2 \cdot 811,24 - 0 + 212,42 + 2 \cdot 752,87) = -378,7 \text{ kJ} \cdot \text{mol}^{-1}$$

Daraus berechnet sich das Standardpotential ΔE^0 bei 298 K:

$$\Delta E^0 = -\frac{\Delta_R\overline{G}^0}{2F} = +1,925 \text{ Volt}$$

Es gilt also für die Batteriespannung ΔE:

$$\Delta E = 1,925 - \frac{RT}{2F} \ln\left(\frac{a_{H_2O}^2}{a_{HSO_4^-} \cdot a_{H^+}}\right) = 1,925 - \frac{RT}{F} \ln\left(\frac{a_{H_2O}}{a_{H_2SO_4}}\right) \tag{4.41}$$

wobei vollständige Dissoziation von H_2SO_4 vorausgesetzt wird mit $a_{HSO_4^-} = a_{H^+} = a_{H_2SO_4}$. Ferner gilt: $a_{Pb} = a_{PbO_2} = a_{PbSO_4} = 1$. Wir haben noch zu beachten, dass $a_{H_2O} = \gamma_{H_2O} \cdot x_{H_2O}$ ist und $a_{H_2SO_4} = \widetilde{m}_{H_2SO_4} \cdot \widetilde{\gamma}_\pm$. Der Referenzzustand für Wasser ist der der reinen Flüssigkeit, während für die gelöste Schwefelsäure die hypothetische ideal verdünnte Lösung den Referenzzustand darstellt ($\widetilde{m}_{H_2SO_4} = 1$, $\widetilde{\gamma}_\pm = 1$) entsprechend den Bezugsgrößen der freien molaren Bildungsenthalpien $\Delta^f\overline{G}^0(298)$ der Reaktanden in Tabelle A.3.

Wir wollen nun vereinfachend annehmen, dass alle Aktivitätskoeffizienten gleich 1 sind, bzw. sich gegenseitig in Zähler und Nenner kompensieren. Dann lässt sich die Batteriespannung ΔE im elektrochemischen Gleichgewicht ($\Delta E + V_{gl} = 0$) als Funktion von $\widetilde{m}_{H_2SO_4}$ wenigstens näherungsweise berechnen. Der Molenbruch x_{H_2O} hängt mit $\widetilde{m}_{H_2SO_4}$ zusammen:

$$x_{H_2O} = \frac{55,56}{55,56 + \widetilde{m}_{H_2SO_4}}$$

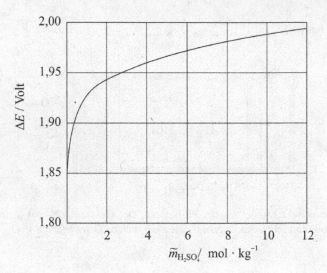

Abb. 4.23 $\Delta E(\widetilde{m}_{H_2SO_4})$ für die Bleibatterie bei T = 298 K.

wobei $55,56 \; \mathrm{mol \cdot kg^{-1}}$ der Wert für $\widetilde{m}_{H_2O}$ im reinen flüssigen Zustand ist. Es gilt dann:

$$\frac{x_{H_2O}}{\widetilde{m}_{H_2SO_4}} = \frac{55,56}{55,56 \cdot \widetilde{m}_{H_2SO_4} + \widetilde{m}_{H_2SO_4}^2}$$

Damit folgt für $\Delta E(\widetilde{m}_{H_2SO_4})$ bei $T = 298$ K aus Gl. (4.41):

$$\Delta E = 1,925 - 0,02568 \cdot \ln \left[\frac{55,56}{55,56 \cdot \widetilde{m}_{H_2SO_4} + \widetilde{m}_{H_2SO_4}^2} \right] \tag{4.42}$$

In Abb. 4.23 ist $\Delta E(\widetilde{m}_{H_2SO_4})$ grafisch dargestellt. Man sieht, dass sich oberhalb von $\widetilde{m}_{H_2SO_4} \approx 3 \; \mathrm{mol \cdot kg^{-1}} \; \Delta E$ in einem relativ schmalen Bereich von 1,95 bis 2,0 Volt ändert. In diesem Bereich arbeitet die Batterie. Unterhalb von $\widetilde{m}_{H_2SO_4} = 1$ fällt die Spannung sehr steil ab. Im geladenen Zustand der Batterie ist also $\widetilde{m}_{H_2SO_4}$ groß, im entladenen Zustand deutlich geringer. Man kann den Ladezustand durch Bestimmung der H_2SO_4-Konzentration bzw. der Dichte der Lösung feststellen. Die nutzbare Leistung der Batterie hängt neben dem Wert für ΔE vom Innenwiderstand r und vom Lastwiderstand R ab (s. Gl. 4.31). r ist bei verdünnten Lösungen größer als bei konzentrierteren wegen der geringeren Leitfähigkeit des Elektrolyten in verdünnten Lösungen. Im geladenen Zustand ist also sowohl die Gleichgewichtsspannung wie auch die nutzbare Leistung am größten und nimmt mit dem Entladegrad ab. Bei hohen Konzentrationen $\widetilde{m}_{H_2SO_4}$ verringert sich allerdings wieder die elektrische Leitfähigkeit wegen der steigenden Viskosität des Elektrolyten. Man überschreitet daher in der Praxis nicht den Wert von $\widetilde{m}_{H_2SO_4} \approx 6 \; \mathrm{mol \cdot kg^{-1}}$ und es werden mehrere Einzelzellen hintereinander geschaltet. Wir wollen zum Abschluss der Diskussion die Stromstärke I und die Leistung L der Batterie als Funktion der Molalität der Schwefelsäure $\widetilde{m}_{H_2SO_4}$ berechnen.

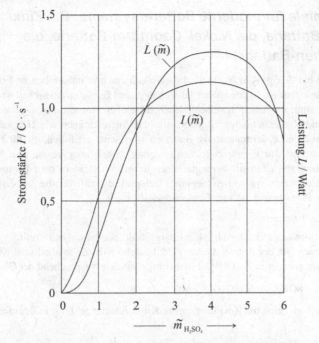

Abb. 4.24 Leistung L und Stromstärke I einer Pb-Batterie als Funktion von $\widetilde{m}_{H_2SO_4}$.

Dazu gehen wir aus von Gl. (4.29), die sich für unsere Zwecke schreiben lässt:

$$I = \frac{1}{R}\,\frac{\Delta E(\widetilde{m})}{1 + r(\widetilde{m})/R} \tag{4.43}$$

wobei für $\Delta E(\widetilde{m})$ Gl. (4.42) einzusetzen ist. Für die Leistung L gilt:

$$L = I^2 \cdot R = \frac{1}{R}\cdot\left(\frac{\Delta E(\widetilde{m})}{1 + r(\widetilde{m})/R}\right)^2 \tag{4.44}$$

Für R setzen wir als Rechenbeispiel $1\,\Omega$ ein und für $r(\widetilde{m})$ machen wir folgenden empirischen Ansatz, der berücksichtigt, dass $r(\widetilde{m})$ bei $\widetilde{m} \approx 4\ \text{mol}\cdot\text{kg}^{-1}$ ein Minimum durchläuft:

$$\frac{r(\widetilde{m})}{R} = \frac{\exp[0,5\cdot\widetilde{m}]}{0,65\cdot\widetilde{m}^2}$$

Eingesetzt in Gl. (4.43) und (4.44) ergibt sich der in Abb. 4.24 gezeigte Verlauf für L und den Entladestrom I als Funktion von $\widetilde{m}$. Beide Funktionen durchlaufen ein Maximum. Dort arbeitet die Batterie am effektivsten. Die Berechnungen gelten für 298 K. Bei tieferen Temperaturen, z. B. 268 K (-5 °C), nimmt die Viskosität des Elektrolyten deutlich zu und als Folge davon auch der innere Widerstand $r(\widetilde{m})$. Das Standardpotential ΔE^0 ändert sich dagegen nur geringfügig von 1,926 auf 1,953 Volt (s. Aufgabe 4.5.10). Ein Auto bei Temperaturen unter 0 °C anzulassen kann daher zum Problem werden, vor allem wenn die Batterie nicht voll aufgeladen ist.

4.3.4 Beispiele für moderne Batteriesysteme: Die Zink/ Luft-Batterie, die Nickel/ Cadmium-Batterie, die Li-Ionen-Batterie

Die Bleibatterie hat den großen Nachteil, dass sie schwer und unhandlich und daher für viele Zwecke nicht einsetzbar ist. In den letzten Jahrzehnten sind Batterien entwickelt worden, die kleiner und leichter sind. Sie haben in verschiedenen Bereichen Anwendungen gefunden, wie z. B. in Computern und Kameras bis hin zu medizinischen Anwendungen wie Hörgeräte oder Herzschrittmacher. Auch neue, leistungsstarke Batterien sind heute erhältlich, die für elektrische Geräte wie Autobatterien, für E-Fahrzeuge, Gartengeräte, Notstromaggregate u. a., aber auch zur Energiespeicherung von alternativ erzeugter Energie aus Windrädern oder Photovoltaikanlagen eingesetzt werden können. Wir wollen hier nur 3 Beispiele diskutieren: die *Zink/Luft-Batterie*, die *Nickel/Cadmium-Batterie* und die sog. *Lithiumionen-Batterie*.

- *Die Zink/Luft-Batterie:*

  Ihre Funktionsweise ist in Abb. (4.25) dargestellt. Sie beruht auf den folgenden Elektrodenreaktionen. An der Anode, die aus Zink besteht, wird Zn in alkalische KOH-Lösung in Zn^{2+}-Ionen, genauer in $Zn(OH)_4^{2-}$-Ionen, umgewandelt entsprechend der Gleichung

  $$2Zn + 8OH^- \rightarrow 2Zn(OH)_4^{2-} + 4e^-$$

  An der Kathode, eine mit ZnO überzogene Kupferelektrode, läuft in 2 Stufen die Reaktion ab:

  $$2Zn(OH)_4^{2-} \rightarrow 2ZnO + 2H_2O + 4OH^-$$
  $$O_2 + 2H_2O + 4e^- \rightarrow 4OH^-$$

  Die Summe der Teilreaktionen an Anode und Kathode lautet:

  $$2Zn + O_2 \rightleftharpoons 2ZnO$$

  Der große Vorteil ist hier, dass O_2 aus der Luft in unbegrenzten Mengen zur Verfügung steht. O_2 gelangt von außen durch eine Diffusionsschicht zur ZnO/Cu-Elektrode. Die elektrische Leitfähigkeit an der Anode beruht auf der Ionenleitung des festen ZnO. Die Elektroden sind durch eine Anionentauschermembran getrennt, die nur OH^--Ionen und $Zn(OH)_4^{2-}$-Ionen hindurchlässt. Sie verhindert, dass O_2 zur Cu/ZnO-Elektrode gelangen kann.

  Zink/Luft-Batterien sind klein und wegen der Allgegenwart von Luftsauerstoff sehr mobil im Einsatz, d. h. ortsunabhängig. Sie werden daher vor allem zur Energieversorgung in Hörgeräten eingesetzt.

  Wir berechnen die Batteriespannung ΔE:

  $$\Delta E = \Delta E_0 - \frac{RT}{n_e F} \cdot \ln(1/p_{O_2}) = \Delta E_0 + \frac{RT}{n_e F} \ln p_{O_2}$$

  Die Aktivitäten von Zn und ZnO tauchen hier nicht auf, da sie gleich 1 sind. Für ΔE_0 gilt mit (s. Tab. A.3):

  $$\Delta_R \overline{G}^0 = 2 \cdot \Delta^f \overline{G}^0_{ZnO} - 2\Delta^f \overline{G}_{Zn} - 2\Delta^f \overline{G}_{O_2} = -2 \cdot 318,3 - 0 - 0 = -636,6 \text{ kJ} \cdot \text{mol}^{-1}$$

  $$\Delta E_0 = -\Delta_R \overline{G}^0 / n_e F = 6,366 \cdot 10^5 / 4 \cdot F = 1,649 \text{ Volt}$$

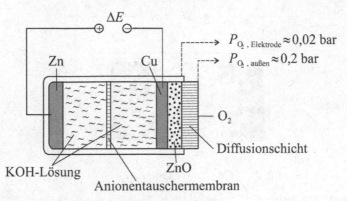

Abb. 4.25 Funktion der Zink/Luft-Batterie.

wobei $n_e = 4$ ist. Damit erhält man mit $p_{O_2} = 0,2$ bar:

$$\Delta E = +1,649 + \frac{R \cdot 298}{4F} \ln 0,2 = 1,649 - 0,01 = 1,607 \text{ Volt}$$

Da O_2 an der ZnO/Cu-Elektrode ständig verbraucht wird, ist es wahrscheinlich, dass in der Diffusionsschicht ein Partialdruckgefälle ($p_{O_2,\text{aussen}} - p_{O_2,\text{Elektrode}}$) entsprechend dem Diffusionsgesetz vorliegt:

$$J_{O_2} = +D \cdot (p_{O_2,\text{aussen}} - p_{O_2,\text{Elektrode}}) \quad \text{oder} \quad p_{O_2,\text{Elektrode}} = p_{O_2,\text{aussen}} - \frac{J_{O_2}}{D}$$

J_{O_2} ist die Verbrauchsrate an der Zn-Elektrode. Ist D klein und J_{O_2} groß genug, kann $p_{O_2,\text{Elektrode}}$ klein werden. Setzt man z. B. $p_{O_2,\text{Elektrode}} = 0,02$ bar, ergibt sich:

$$\Delta E = 1,649 - 0,0251 = 1,624 \text{ Volt}$$

In der Literatur wird für ΔE der Wert 1,60 Volt angegeben. Zn/Luft-Batterien sind nicht wiederaufladbar. Da Hörgeräte keine hohe Energieleistung benötigen, haben sie eine recht hohe Lebensdauer und ihre Betriebsspannung liegt nahe an der Gleichgewichtsspannung.

- *Die Nickel/Cadmium-Batterie:*

Das Prinzip dieser Batterie ist schon seit über 100 Jahren bekannt. Zu ausgereifter und einsatzfähiger Form wurde sie aber erst vor 30 bis 40 Jahren entwickelt. Die Batterie ist wieder aufladbar. Sie beruht auf den folgenden Elektrodenreaktionen:

$$2NiOOH + 2H_2O + 2e^- \; \rightleftharpoons \; 2Ni(OH)_2 + 2OH^- \quad \text{(Kathode)}$$
$$Cd + 2OH^- \; \rightleftharpoons \; Cd(OH)_2 + 2e^- \quad \text{(Anode)}$$

Die Reaktionsbilanz lautet demnach:

$$2NiOOH + Cd + 2H_2O \rightleftharpoons 2Ni(OH)_2 + Cd(OH)_2 \tag{4.45}$$

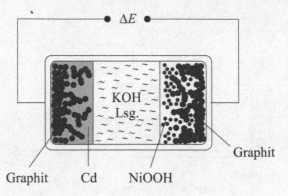

Abb. 4.26 Die Ni/Cd-Batterie.

Es handelt sich um eine typische Redoxreaktion, bei der Ni^{3+} zu Ni^{2+} reduziert und Cd zu Cd^{2+} oxidiert wird. Abb. 4.26 zeigt schematisch den Batterieaufbau. Die Kathode besteht aus einem inerten Polymermaterial mit hoher Porösität, in das Graphit und NiOOH eingearbeitet sind. Die Anode besteht aus Cd, das in fein verteilter Form in Graphit eingebettet ist. Im Reaktionsablauf beim Entladen scheidet sich hier $Cd(OH)_2$ ab, an der Kathode wird NiOOH in $Ni(OH)_2$ umgewandelt. Der Elektrolyt zwischen den beiden Elektroden ist eine konzentrierte wässrige KOH-Lösung. Ein Separator trennt die beiden Elektrodenräume, er lässt aber Wasser, OH^-- und K^+-Ionen passieren. Wegen der porösen und damit großen Elektrodenflächen und dem geringen Abstand der Elektroden voneinander ist der innere Widerstand r niedrig (s. Gl. 4.26). Die Batterie zeichnet sich daher durch eine hohe Leistung, aber relative kurze Entladedauer aus. Für die Gleichgewichtsspannung ΔE gilt nach Gl. (4.45):

$$\Delta E = \Delta E_0 + \frac{RT}{2F} \cdot \ln a_{H_2O} \quad \text{mit} \quad \Delta E_0 = \frac{\Delta^f \overline{G}^0_{H_2O}}{2F} = 1,23 \text{ Volt}$$

Die Aktivitäten aller anderen Reaktanden sind gleich 1, da sie im reinen festen Zustand vorliegen. ΔE hängt geringfügig vom Ladezustand ab, da im geladenen Zustand die KOH-Lösung verdünnter ist als im entladenen Zustand. Das hat Einfluss auf den Wert von a_{H_2O}. Rechnet man, z. B., mit $a_{H_2O} = 0,1$, erhält man $\Delta E = 1,20$ Volt, mit $a_{H_2O} = 0,6$ ist $\Delta E = 2,23$ Volt.

Beim Entladen fällt die Spannung auf 1,20 (V_{Last}) ab. Wir wollen nun den inneren Widerstand r für ein hypothetisches Beispiel berechnen. Wir nehmen an, dass eine Lampe eine Leistung von 50 Watt hat. Wird diese Lampe bei ca. 200 Volt mit Gleichstrom versorgt, dann ergibt sich für die Stromstärke wegen $L = U \cdot I$ der Wert $I = 50/200 = 0,25$ Ampere. Mit $L = I^2 \cdot R$ ergibt sich für den Widerstand der Lampe:

$$R = L/I^2 = 50/(0,25)^2 = 800 \ \Omega$$

Um die Leistung von 50 Watt zu erbringen, muss die Batterie m-mal hintereinandergeschaltet werden:

$$L = (m \cdot V_{Last}) \cdot I$$

Bei einer angenommenen Betriebsspannung $V_{Last} = 1,20$ Volt pro Einzelzelle ergibt sich also:

$$m = \frac{50}{1,20 \cdot 0,25} = 167 = \text{Zahl der Einzelzellen}$$

Jetzt benutzen wir Gl. (4.30) mit $R = 800\ \Omega$, um r zu berechnen. Der äußere Widerstand pro Zelle ist R/m. Gl. (4.30) aufgelöst nach r ergibt dann:

$$r = \frac{R}{m}\left(\frac{\Delta E}{V_{Last}} - 1\right) = 0,120\ \Omega$$

Der gesamte innere Widerstand von 230 Zellen beträgt also $0,120 \cdot 167 = 20,04\ \Omega$. Wir wollen noch die maximal mögliche Entladezeit der Batterie berechnen. Wir gehen davon aus, dass die Masse an NiOOH + Cd in einer Zelle 15 g beträgt. Die Molmasse von NiOOH beträgt 92,68 g, die von Cd 112,4 g. Also ist die Molzahl n:

$$n = \frac{15}{112,4 + 92,68} = 0,0731\ \text{mol}$$

Im vollständig aufgeladenen Zustand steht dann die elektrische Ladungsmenge q zur Verfügung:

$$q = 2 \cdot n \cdot F = 14106\ \text{Coulomb}$$

Da die Stromstärke I in jeder Zelle 0,25 Ampere beträgt, ergibt sich für die maximale Entladezeit t_{max} zum Betrieb einer 50-Watt-Lampe:

$$t_{max} = q/I = 14106/0,25 = 56424\ \text{s} = 15,7\ \text{h}$$

Um Tiefentladung zu vermeiden, muss die Batterie mit ihren 167 Zellen ca. alle 10-12 Stunden wieder aufgeladen werden.

Wegen der hohen Toxizität des Schwermetalls Cadmium ist heute der Einsatz von Ni/Cd per EU-Bestimmung verboten. Ausnahme ist der Betrieb von Notbeleuchtungen bei Stromausfall des Netzes. Dazu ist die Batterie auch gut geeignet, wie wir an obigem Beispiel gesehen haben.

- *Die Lithiumionen-Batterie:*

Diese Batterie hat sich in jüngster Zeit in den meisten Bereichen als die am besten geeignete Stromquelle durchgesetzt. Das hat mehrere Gründe. Die Batterie ist leicht (i. G. z. B. zur Bleibatterie) und benötigt wenig Platz. Sie enthält keine gefährlichen Schwermetalle wie die Ni/Cd-Batterie und hat eine hohe Gleichgewichtsspannung von ca. 3,7 Volt, die sich beim Entladen kaum ändert, denn ihr Innenwiderstand ist gering. Sie ist langzeitstabil, und kann daher nicht nur für kleinere elektronische Geräte wie Digitalkameras, Notebooks, Handys, Smartphones u. ä. eingesetzt werden, sie ist auch in Form von vielen hintereinandergeschalteten Einzelzellen als Energiequelle für Werkzeuge (Akku-Schraubenzieher, Gartengeräte, kleine Maschinen) aber auch für intensiveren Energieverbrauch, wie z.B. bei E-Autos oder Pedelecs, hervorragend geeignet. In neuester Zeit wird die Batterie auch als stationärer Hochleistungsspeicher für elektrische Energie eingesetzt, die aus alternativen Energiequellen, wie Photovoltaik und Windenergie, stammt. Da diese Energiequellen naturgemäß Leistungsschwankungen unterliegen, dient die Batterie hier als Energiepuffer-System, um eine stabile Netzspannung in der öffentlichen Stromversorgung zu gewährleisten. In den USA und in China gibt es Energiespeicher mit 32 bzw. 36 MWh, die auf der Li-Ionen-Batterie beruhen. In Deutschland wurde 2014 ein Speicher mit 50 MWh in Schwerin in Betrieb genommen, der 25.000 Einzelzellen besteht (s. Abb. 4.27 b)).

Abb. 4.27 a) zeigt die Funktionsweise einer Li-Ionen-Batteriezelle. Die Kathode (links) besteht aus $LiCoO_2$, $Li(MnO_2)_2$ oder ähnlichen Materialien, wie z. B. $LiFePO_4$, in denen die $Co^{2+}-$ oder Fe^{2+}-Ionen und die O^--Ionen bzw. PO_4^{3-}-Ionen auf festen Gitterplätzen sitzen, während die Li^+-Ionen im Gitter beweglich sind. Die Anode dagegen besteht aus Graphitschichten, zwischen den die Li-Atome eingebettet sind (sog. Interkalationsverbindung). Der Elektrodenprozess an der Kathode lautet:

$$Li_{1-x}(MnO_2)_2 + xLi^+ + xe^- \rightarrow Li(MnO_2)_2$$

Es wird also der Bruchteil x von 1 Mol Li^+-Ionen vom Gitter aufgenommen, während x mol-Elektronen aus der stromführenden Aluminiumschicht in das Gitter eintreten und formal die Li^+-Ionen neutralisieren. Genau genommen bleiben die Li^+-Ionen als Ionen im Gitter geladen und ein dort vorhandener Bruchteil von x O^--Ionen wird durch die x Mol Elektronen zu O^{2-} reduziert.

An der Anode läuft folgender Prozess ab:

$$Li_x \cdot C_6 \rightarrow C_6 + xLi^+ + x \cdot e^-$$

Die Li-Atome verlassen als Li^+-Ionen das Graphitgitter in Richtung Kathode, während aus dem delokalisierten π-Elektronensystem x e^--Elektronen an die stromführende Cu-Schicht abgegeben werden. Die Gesamtreaktion lautet demnach:

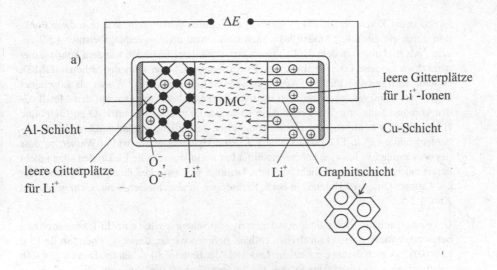

Abb. 4.27 a) Die Lithium-Ionen-Batteriezelle im Entladezustand (schematisch). Die Metallatome Mn bzw. Co in der linken Elektrode (Kathode) sind nicht gezeigt.
b) Energiespeicher bestehend aus 25.000 Li-Ionenbatterie-Einheiten der Firma WEMAG (Standort: Schwerin) mit einer Leistung von 5 Megawatt (Bildquelle: Bunsenmagazin, Heft 4, 2016).

$$Li_{1-x}(MnO_2)_2 + Li_xC_6 \rightleftharpoons Li(MnO_2)_2 + C_6$$

Als Bilanz werden also x Li$^+$-Ionen aus dem Graphitgitter in das MnO$_2$-Gitter überführt. Die Li$^+$-Ionen haben im elektrochemischen Gleichgewicht in beiden Elektroden dasselbe elektrochemische Potential η_{Li^+}, aber verschiedene chemische Potentiale μ_{Li^+}, womit ein elektrischer Potentialunterschied ΔE zwischen den beiden Elektroden verbunden ist:

$$\Delta E = x \cdot \left(\mu_{Li^+/MnO_2} - \mu_{Li^+/Graphit}\right) / x \cdot F = \Delta\mu_{Li^+}/F = 3,7 \text{ Volt} \tag{4.46}$$

In Gl. (4.46) ist $\Delta\mu_{Li^+}$ die Differenz der partiellen molaren freien Enthalpien, also der chemischen Potentiale der Li-Ionen im MnO$_2$-Gitter und im Graphitgitter. $\Delta\mu_{Li}^+$ ist also eine

Funktion der Konzentration der Li-Ionen in den beiden Wirtsgittern. Wie man diese Funktion durch ein einfaches Modell berechnen kann, wird im Anwendungsbeispiel 4.5.7 gezeigt. Als Elektrolyt, in dem die Li^+-Ionen zwischen den Elektroden wandern können, dienen schwach polare Lösemittel wie Ethylencarbonat (EC) oder Dimethylcarbonat (DMC); es wird auch das Polymer PVF (Polyvinylidenfluorid) verwendet. Wasser als Lösemittel kommt nicht infrage, da es sonst zu unerwünschten Nebenreaktionen mit den Metalloxiden kommen kann, vor allem kann dann Li in der Graphitmatrix mit H_2O zu LiOH und H_2 reagieren, was die Batterie zerstört und zu den gefährlichen Bränden führen kann. Außerdem bildet Li^+ in EC, DMC oder PVF keine Hydrathülle aus wie in Wasser, so dass das wandernde Li^+-Ion eine höhere Mobilität hat als in Wasser. Die Elektroden sitzen dicht aufeinander. Damit sie sich nicht berühren, befindet sich zwischen ihnen ein Separator, der als Kationentauscher Li^+-Ionen in beide Richtungen hindurchlassen kann (nicht gezeigt in Abb. 4.27).

Um eine quantitative Vorstellung von der Energiespeicherkapazität einer Li-Ionenbatterie zu bekommen, die $2,5 \cdot 10^4$ Einzelzellen enthält, nehmen wir an, dass eine Energiezelle 15 g Li = 0,015 kg enthält und der nutzbare Ladegrad der Batterie 80 % beträgt. Dann ergibt sich für die gesamte speicherfähige Energie (Molmasse $M_{Li} = 0,0694 \, \text{kg} \cdot \text{mol}^{-1}$):

$$2,5 \cdot 10^4 \cdot \Delta E \cdot F \cdot 0,8 \cdot 0,015/M_{Li} = 2,5 \cdot 10^4 \cdot 3,7 \cdot 96485 \cdot 0,8 \cdot 0,015/0,00694$$
$$= 15,4 \cdot 10^9 \, \text{J} = 43 \text{MWh}$$

Die weltweit in Li-Ionenbatterien verfügbare Energie betrug 2015 bereits einige GWh.

4.3.5 *Redox-Flow-Batterien*

Redox-Flow-Batterien galten eine Zeit lang als aussichtsreiche Kandidaten für Energiepuffer-Systeme zur Netzstabilisierung und als Speichersysteme für photovoltaisch erzeugte Energie. Sie haben sich jedoch bis heute noch nicht nachhaltig durchgesetzt, vor allem wegen ihrer niedrigen Speicherkapazität (gespeicherte Energie pro Masse bzw. Volumen) und hohen Investitionskosten. Dennoch sind sie vom elektroschemischen und thermodynamischen Standpunkt aus gesehen sehr interessante Systeme, die es lohnen, näher betrachtet zu werden. Als Beispiel wollen wir uns mit der sog. *All-Vanadium-Batterie* beschäftigen. Man nutzt hier die Tatsache, dass Vanadium in saurer wässriger Lösung in vier Oxidationsstufen existieren kann, und zwar als V^{2+}, V^{3+}, VO^{2+} und VO_2^+. Die Funktionsweise dieser Redox-Flow-Batterie ist in Abb. 4.28 dargestellt.

Die Elektrodenreaktionen lauten:

$$V^{3+} + e^- \rightleftharpoons V^{2+} \quad \text{(Kathode)} \tag{4.47}$$

$$VO^{2+} + H_2O \rightleftharpoons VO_2^+ + 2H^+ + e \quad \text{(Anode)} \tag{4.48}$$

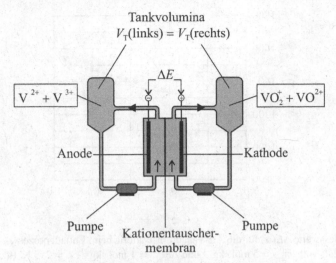

Abb. 4.28 Prinzip der All-Vanadium-Batterie als Beispiel für Redox-Flow-Systeme. Der Abstand der Elektroden ist viel geringer als hier dargestellt (s. A. Heintz und Chr. Illenberg, Ber. Bunsenges. Phys. Chem., *102*, 1401 (1998)

An der Kathode wird beim Aufladen V^{3+} zu V^{2+} reduziert, an der Anode VO^{2+} zu VO_2^+ oxidiert. Man geht vor dem Ladeprozess der Batterie von einer V^{3+}-Lösung in der linken Halbzelle und in der rechten von einer VO^{2+}-Lösung gleicher Molalität aus. Die Lösungen werden ständig umgepumpt. Der Vorteil dieser Systems liegt darin, dass keine festen sondern nur flüssige Phasen vorliegen. Die Elektroden bestehen aus Graphit-Filz-Material, das eine große innere Oberfläche A_E besitzt und daher einen geringen Oberflächenwiderstand $\varrho_{ev,OV}/A_E$ hat (s. Gl. 4.37). Je größer die Tankvolumina V_T sind, desto größer ist die gespeicherte Energie. Die beiden Elektrodenräume und die Tankvolumina sind durch eine Kationentauschermembran voneinander getrennt, die beim Laden H^+-Ionen von links nach rechts und beim Entladen in umgekehrte Richtung passieren lässt. Die Summe der Teilreaktionen (Gl. (4.47) und Gl. (4.48)) lautet:

$$V^{3+} + VO^{2+} + H_2O \rightleftharpoons V^{2+} + VO_2^+ + 2H^+$$

Gegenionen in beiden Volumina sind SO_4^{-2} bzw. HSO_4^--Ionen, deren Konzentration stets konstant bleibt. Das Lösemittel ist eine Schwefelsäurelösung. Damit lässt sich für die elektrische Potentialdifferenz ΔE beim *Entladeprozess* (Gl. (4.47) + (4.48) von rechts nach links) durch eine Kompensationsschaltung ein stromloser Zustand, also elektrochemisches Gleichgewicht erreichen (s. Abb. 4.3, $E_{ex} + \Delta E = 0$):

$$\Delta E = \Delta E_0 + \frac{RT}{F} \ln \left[\frac{\widetilde{m}_{VO^{2+}}}{\widetilde{m}_{VO_2^+} \cdot \widetilde{m}_{H^+}^2} \cdot \frac{\widetilde{m}_{V^{3+}}}{\widetilde{m}_{V^{2+}}} \right] \qquad (4.49)$$

wobei wir alle Aktivitätskoeffizienten $\widetilde{\gamma}_i$ gleich 1 gesetzt haben, was dadurch gerechtfertigt erscheint, da sich die $\widetilde{\gamma}_i$-Werte in Zähler und Nenner von Gl. (4.49) weitgehend kompensieren. Außerdem wurde die Aktivität von H_2O als ungefähr konstant angenommen und formal in den

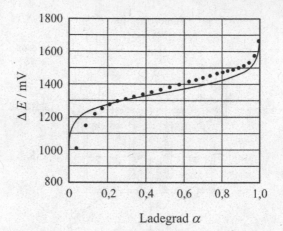

Abb. 4.29 • Messwerte $\Delta E(\alpha)$ für die All-Vanadium-Batterie beim Entladeprozess, —— Gl. (4.52) mit $\Delta E_0 = 1,260$ Volt, $\widetilde{m}_{H^+}^0 = 5\ \text{mol} \cdot \text{kg}^{-1}$ und $\Delta \widetilde{m}_{H^+}^0 = 1\ \text{mol} \cdot \text{kg}^{-1}$. $T = 293$ K. (nach A. Heintz und Ch. Illenberger, Ber. Bunsenges. Phys. Chem. 102, 1401–1409 (1998))

Wert für ΔE_0 miteinbezogen. Die geringe Potentialdifferenz an der Membran selbst (s. Abschnitt 4.4.3) haben wir hier vernachlässigt. Wir definieren den Ladegrad α der Batterie:

$$\alpha = \frac{\widetilde{m}_{V^{2+}}}{\widetilde{m}_{V^{2+}} + \widetilde{m}_{V^{3+}}} = \frac{\widetilde{m}_{VO_2^+}}{\widetilde{m}_{VO^{2+}} + \widetilde{m}_{VO_2^+}} \tag{4.50}$$

Das zweite Gleichheitszeichen ist korrekt, da die Volumina konstant sind und die Gesamtvanadiumkonzentration in den beiden Halbzellen während eines Lade- oder Entladevorgangs ebenfalls stets konstant bleibt. Ferner beachten wir, dass auch gelten muss:

$$\Delta \widetilde{m}_{H^+} = \widetilde{m}_{H^+} - \widetilde{m}_{H^+}^0 = \alpha \cdot \Delta \widetilde{m}_{H^+}^0 \tag{4.51}$$

wobei $\widetilde{m}_{H^+}^0$ die Molalität der H^+-Ionen im entladenen Zustand, also bei $\alpha = 0$ bedeutet und $\Delta \widetilde{m}_{H^+}^0$ die Differenz von $\widetilde{m}_{H^+}$ im vollständig geladenen minus dem im ungeladenen Zustand. Mit Gl. (4.50) und Gl. (4.51) erhält man unter Beachtung, dass $\widetilde{m}_{V^{2+}} = \widetilde{m}_{VO_2^+}$ bzw. $\widetilde{m}_{V^{3+}} = \widetilde{m}_{VO^{+2}}$ (Gl. (4.47) bzw. (4.48)) unabhängig von α immer gilt für Gl. (4.49):

$$\Delta E = \Delta E_0 + \frac{2RT}{F} \ln \left[\frac{\alpha}{1 - \alpha} \cdot \widetilde{m}_{H^+}^0 \left(1 + \alpha \frac{\Delta m_{H^+}^0}{\widetilde{m}_{H^+}^0} \right) \right] \tag{4.52}$$

ΔE ist in dieser Formulierung nur noch von α abhängig bei vorgegebenen Werten für $\widetilde{m}_{H^+}^0$ und $\Delta \widetilde{m}_{H^+}^0$. Der Ladegrad α lässt sich spektroskopisch mit einer Durchflussküvette im Kreislauf der $V^{2+} + V^{3+}$-Ionen gut messen, da die Ionen bei unterschiedlichen Wellenlängen Licht absorbieren. Experimentelle Ergebnisse für die Gleichgewichtsspannung ΔE als Funktion von α sind in Abb. 4.29 wiedergegeben. Die Messwerte von ΔE wurden stufenweise beim Entladen im stromlosen Zustand gemessen. Gl. (4.52) wurde durch die Wahl von $\Delta E_0 = 1,26$ Volt so angepasst, dass sich

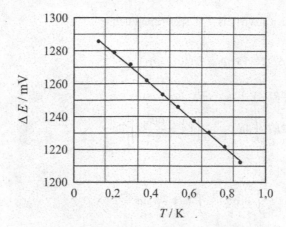

Abb. 4.30 • ΔE als Funktion der Temperatur bei $\alpha = 0, 2$, —— linearer Fit. (nach A. Heintz und Ch. Illenberger, Ber. Bunsenges. Phys. Chem. 102, 1401–1409 (1998))

die geringste Abweichung von den Messwerten ergab.

Abb. 4.30 zeigt die Werte von ΔE bei $\alpha = 0, 2$ im Temperaturbereich von 273 bis 323 K. Der Wert $\alpha = 0, 2$ wurde gewählt, da $\Delta E(\alpha = 0, 2)$ gerade dem Mittelwert $\langle \Delta E \rangle$ über alle α-Werte zwischen 0,1 und 0,9 entspricht (s. weiter unten). Die nahezu lineare Beziehung hat eine Steigung von $-1, 6 \cdot 10^{-3}$ Volt$\cdot$K^{-1}. Daraus lässt sich Reaktionsenthalpie der All-Vanadium-Reaktion bestimmen. Es gilt nach Gl. (4.15) ganz allgemein:

$$\Delta_R \overline{H} = n_e F \left(T \, \frac{\partial \Delta E}{\partial T} - \Delta E \right)$$

Mit $\Delta E = \Delta E(\alpha = 0, 2) = \langle \Delta E \rangle = 1, 28$ Volt ergibt sich bei T = 293 K:

$$\langle \Delta_R \overline{H} \rangle = F(-293 \cdot 1, 62 \cdot 10^{-3} - 1, 28) = -1, 693 \cdot 10^5 \text{ Joule} \cdot \text{mol}^{-1} = -169, 3 \text{ kJ} \cdot \text{mol}^{-1}$$

Das gilt für die Reaktion Gl. (4.47) bzw. (4.48) von rechts nach links (Entladeprozess).

Wir wollen nun die in der Batterie gespeicherte Energie berechnen, wenn sie vom Ladegrad $\alpha_1 = 0, 1$ bis $\alpha_2 = 0, 9$ aufgeladen wird. Die umgesetzte Ladungsmenge beträgt:

$$\int_{\alpha_1}^{\alpha_2} \mathrm{d}q \quad \text{mit} \quad \mathrm{d}q = F \cdot V_T \cdot \varrho_{\text{Lsg}} \cdot \widetilde{m}_V^0 \cdot \mathrm{d}\alpha$$

wobei V_T das Volumen einer der beiden gleichgroßen Lösungstanks bedeutet, ϱ_{Lsg} die Dichte der Lösungen und $\widetilde{m}_V^0$ die Molalität des gesamten Vanadiums. Setzen wir hier Gl. (4.52) ein, erhalten wir für die beim Laden von α_1 bis α_2 gespeicherte Energie:

$$\int\limits_{\alpha_1}^{\alpha_2} \Delta E \cdot \mathrm{d}q = \Delta E_0 F \cdot V_T \cdot \varrho_{\text{Lsg}} \cdot \widetilde{m}_V^0 (\alpha_2 - \alpha_1)$$

$$+ 2RT \cdot V_T \cdot \varrho_{\text{Lsg}} \cdot \widetilde{m}_V^0 \cdot \ln \widetilde{m}_{H^+}^0 \cdot (\alpha_2 - \alpha_1)$$

$$+ 2RT \int\limits_{\alpha_1}^{\alpha_2} \ln\left[\frac{\alpha}{1-\alpha}\left(1 + \alpha \frac{\Delta\widetilde{m}_{H^+}^0}{\widetilde{m}_{H^+}^0}\right)\right] \mathrm{d}\alpha$$

Nun gilt:

$$\int \ln\frac{\alpha}{1-\alpha}\mathrm{d}\alpha = \int \ln\alpha\,\mathrm{d}\alpha - \int \ln(1-\alpha)\mathrm{d}\alpha = 0$$

so dass noch durch partielle Integration zu lösen ist mit ($b = \Delta\widetilde{m}_{H^+}^0 / \widetilde{m}_{H^+}^0$):

$$\int \ln(1 + \alpha b)\mathrm{d}\alpha = \alpha \cdot \ln(1 + b\alpha) - b\int \frac{\alpha}{1 + b\alpha}\mathrm{d}\alpha$$

$$= \alpha \ln(1 + b\alpha) - \alpha + \frac{1}{b}\ln(1 + b\alpha) + \text{const}$$

Fassen wir alles zusammen und setzen die Integrationsgrenzen α_1 und α_2 ein, erhält man:

$$\int\limits_{\alpha_1}^{\alpha_2} \Delta E(\alpha)\mathrm{d}q = \varrho_{\text{Lsg}} \cdot V_T \cdot \widetilde{m}_V^0 \left[F \cdot \Delta E_0 + 2RT \cdot \ln\widetilde{m}_{H^+}^0\right](\alpha_2 - \alpha_1)$$

$$+ 2RT\varrho_{\text{Lsg}} \cdot V_T \cdot \widetilde{m}_V^0 \left[\alpha_2 \ln(1 + b\alpha_2)\right.$$

$$\left. -\alpha_1 \ln(1 + b\alpha_1) - \left(\alpha_2 - \frac{1}{b}\ln(\alpha_2 \cdot b + 1) - \alpha_1 + \frac{1}{b}\ln(\alpha_1 b + 1)\right)\right]$$

Wählen wir nun: $b = \frac{\Delta\widetilde{m}_{H^+}^0}{\widetilde{m}_{H^+}^0} = \frac{2}{5}$, $\widetilde{m}_V^0 = 1 \text{ mol} \cdot \text{kg}^{-1}$, $V_T = 1 \text{ m}^3$, $\Delta E_0 = 1,26$ Volt, $\widetilde{m}_H^0 = 5 \text{ mol} \cdot \text{kg}^{-1}$, $\varrho_{\text{Lsg}} = 1200 \text{ kg} \cdot \text{m}^{-3}$ sowie $\alpha_2 = 0,9$ und $\alpha_1 = 0,1$. Damit erhält man für die gespeicherte Energie:

$$\int\limits_{\alpha_1}^{\alpha_2} \Delta E(\alpha)\mathrm{d}q = 1,409 \cdot 10^8 \text{ Joule} = 39 \text{ kWh}$$

Das entspricht dem Energieverbrauch einer 100 Watt-Lampe in ca. 16 Tagen. Davon kann allerdings nach Gl. (4.30) nur der Bruchteil $R/(R+r)$ als maximale Arbeit W_{max} nach außen abgegeben werden. Durch Hintereinanderschalten von vielen Einzelzellen und zwei großen Tankvolumina lässt sich die gespeicherte Energiemenge erheblich erhöhen. Der innere Widerstand r kann durch möglichst kleinen Elektrodenabstand und großflächige poröse Elektroden minimiert werden. Ein zusätzlicher Energieverlust entsteht durch den Betrieb der Umwälzpumpen.

4.3.6 *Brennstoffzellen und Wasserhydrolyse*

Eine Brennstoffzelle ist ein elektrochemisches Batteriesystem, bei dem die Verbrennung von H_2, CH_4, Methanol oder Formiat mit O_2 elektrochemisch an zwei getrennten Elektroden stattfindet. Brennstoffzellen haben vor allem für den Fahrzeugantrieb ein erhebliches Zukunftspotential. ihr Einsatz ist als CO_2-freie Energiequelle von großer Bedeutung, wenn der Wasserstoff photovoltaisch aus dem Umkehrprozess der Brennstoffzelle, der Wasserelektrolyse, erzeugt wird. Voraussetzung ist allerdings der Aufbau eines flächendeckenden Versorgungsnetzes („Wasserstofftankstellen"). Wir wollen uns hier mit den thermodynamischen Grundlagen einer H_2/O_2-Brennstoffzelle näher beschäftigen. Der Elektrolyt ist entweder Kalilauge oder eine H_2SO_4- bzw. H_3PO_4-Lösung. Im *alkalischen Prozess* mit KOH-Lösung als Elektrolyt lauten die Elektrodenprozesse:

$$H_2 + 2OH^- \rightleftharpoons 2H_2O + 2e^- \quad \text{(Anode)}$$

$$\frac{1}{2}O_2 + H_2O + 2e^- \rightleftharpoons 2OH^- \quad \text{(Kathode)}$$

im *sauren Prozess* mit H_2SO_4- bzw. H_3PO_4-Lösung dagegen:

$$H_2 \rightarrow +2H^+2e^- \quad \text{(Anode)}$$

$$\frac{1}{2}O_2 + H^+ + 2e^- \rightarrow H_2O \quad \text{(Kathode)}$$

In beiden Fällen ist die Summe der Teilreaktionen:

$$H_2 + \frac{1}{2}O_2 \rightarrow H_2O$$

Abb. 4.31 links zeigt die Funktionsweise einer H_2/O_2-Brennstoffzelle im stromliefernden Betrieb. Als Elektrolyt wird kontinuierlich eine KOH-Lösung oder H_2SO_4- bzw. H_3PO_4-Lösung zugeführt. Die beiden Elektroden bestehen aus porösem Nickel, um eine möglichst große innere Oberfläche zu erhalten mit einem möglichst niedrigen elektrischen Innenwiderstand r. An der Gegenseite jeder der beiden Ni-Elektroden wird der entsprechende Gasstrom vorbeigeführt, an der Anode H_2 und an der Kathode O_2. Die eigentlichen Elektrodenprozesse laufen dort ab, wo die Gasphase, die Elektrolytphase und die feste Nickelphase sich berühren (Abb. 4.31 rechts). Daher ist die Porosität des Elektrodenmaterials wichtig, um möglichst viele dieser Dreiphasen-Berührungsstellen zu schaffen. Im elektrochemischen Gleichgewicht, also im stromlosen Zustand, sind Eingangs- und Ausgangsdruck der Gase identisch. Auch die Elektrolytbildung bleibt beim Durchströmen in ihrer Konzentration unverändert. In diesem Zustand misst man die Spannung ΔE:

$$\Delta E = \Delta E_0 - \frac{RT}{n_e F} \cdot \ln\left(\frac{a_{H_2O}}{p_{H_2} \cdot p_{O_2}}\right)$$

Es gilt:

$$\Delta E_0 = -\frac{\Delta_R \overline{G}^0}{n_e F} = -\left(\Delta^f \overline{G}_{H_2O}^0 - \Delta^f \overline{G}_{H_2}^0 - \frac{1}{2}\Delta^f \overline{G}_{O_2}^0\right)/n_e \cdot F$$

Da $\Delta^f \overline{G}_{H_2}^0(298) = \Delta^f \overline{G}_{O_2}^0(298) = 0$ ist und $\Delta^f \overline{G}_{H_2O}^0(298) = -237,19 \text{ kJ} \cdot \text{mol}^{-1}$, erhält man bei 298 K mit $n_e = 2$:

$$\Delta E_0 = +\frac{237,19}{2 \cdot F} \cdot 10^3 = 1,23 \text{ Volt}$$

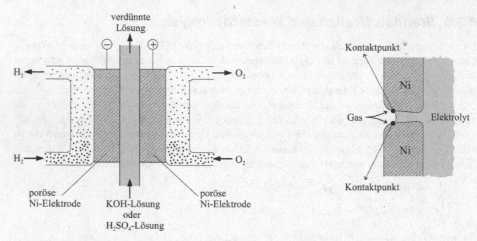

Abb. 4.31 Links: Funktionsweise der H_2/O_2-Brennstoffzelle im stromliefernden Betrieb; rechts: Detail des Elektrodenprozesses.

Wenn $p_{H_2} = p_{O_2} = 1$ bar und näherungsweise $a_{H_2O} \approx 1$ gesetzt wird, gilt $\Delta E \cong \Delta E_0$. Will man mit der H_2/O_2-Brennstoffzelle z. B. eine Glühlampe mit 60 Watt betreiben, die diese Leistung bei $V_{Lampe} = 200$ Volt angelegter Spannung erbringt, reicht dazu eine Zelle nicht aus. Die Zahl der hintereinandergeschalteten Zellen, die notwendig ist, berechnen wir ganz ähnlich wie in 4.3.4 bei der Ni/Cd-Batterie. Zunächst bestimmen wir den Lastwiderstand R der Lampe. Mit $L = I^2 \cdot R$ und $I = L/V_{Lampe}$ erhält man:

$$R = \frac{V_{Lampe}^2}{L} = \frac{(200)^2}{60} = 666,7 \, \Omega$$

Eine Brennstoffzelle im Betrieb entspricht dem Entladeprozess einer Batterie. Es gilt nach Gl. (4.30) für n Zellen (Spannungen und Widerstände der Zellen addieren sich, I bleibt überall konstant):

$$V_{Lampe} = \frac{R}{R + n \cdot r} \cdot n \cdot \Delta E \quad \text{bzw.} \quad n = \frac{V_{Lampe}}{\Delta E - V_{Lampe} \cdot r/R} \tag{4.53}$$

Im Idealfall wäre der Innenwiderstand einer Zelle r gleich 0. Dann gilt:

$$n = \frac{200}{1,23} \cong 163 \text{ Zellen}$$

Andererseits darf r nicht größer als $4,1 \, \Omega$ sein, denn dann wird nach Gl. (4.53) $n = \infty$. Trägt man Gl. (4.53, rechts) grafisch auf, erhält man den in Abb. 4.32 dargestellten Zusammenhang. Die Zahl der benötigten Zellen steigt mit zunehmendem Innenwiderstand r einer Zelle steil an. Wir fragen nun nach dem Bruchteil der Verlustleistung der Brennstoffzelle. Die Verlustleistung $L_{Diss} = I^2 \cdot n \cdot r$ ist die dissipierte Arbeit pro Zeit im Zellinneren, die letzten Endes als „Ohm'sche Wärme" in die

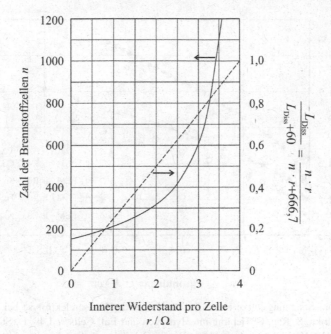

Innerer Widerstand pro Zelle
r / Ω

Abb. 4.32 Linke Skala: Zahl der H_2/O_2-Einzelzellen n als Funktion von Innenwiderstand r einer Zelle für eine Leistung von 60 Watt und einem Lastwiderstand von $R = 667\ \Omega$ nach Gl. (4.53); rechte Skala: Bruchteil der Verlustleistung von der Gesamtleistung.

Umgebung abgegeben wird. Es gilt für den Bruchteil der Gesamtleistung ($I^2 \cdot n \cdot r + I^2 \cdot R$), der in Wärme umgewandelt wird (Nutzleistung $I^2 \cdot R = 60$ Watt):

$$\frac{L_{Diss}}{L_{Diss} + 60} = \frac{n \cdot r}{n \cdot r + R} = \frac{n \cdot r}{n \cdot r + 667}$$

In Abb. 4.32 ist dieser Bruchteil als Funktion von r mitaufgetragen. Er verläuft fast linear von 0 bei $r = 0$ bis 1 bei $r = 4{,}105\ \Omega$, wo die gesamte Batterieleistung in Wärme umgewandelt wird und formal unendlich groß wird. Die Gesamtleistung $L = 60 + L_{Diss}$ aber steigt steil von 60 Watt bei $r = 0$ bis ∞ bei $r = 4{,}105\ \Omega$ an. Wäre z. B. $r = 0{,}5\ \Omega$ ist nach Gl. (4.53) $n = 185$ und $L_{Diss}/(L_{Diss} + 60) = 1{,}1218 = 12{,}18\ \%$.

Wir wollen noch die Menge an H_2 bzw. O_2 berechnen, die man benötigt, um die Glühlampe 1 Stunde mit 60 Watt zu betreiben. Die elektrische Ladung Q, die in einer Stunde = 3600 s transportiert wird, ist $I \cdot 3600 = (L/V_{Lampe}) \cdot 3600 = (60/200) \cdot 3600 = 1080$ Coulomb. Das entspricht einer Molzahl n_{H_2} an H_2:

$$n_{H_2} = 2 \cdot 1080/F = 0{,}022387\ \text{mol}$$

Diese Molzahl fließt durch jede einzelne Zelle. Also ist die Gesamtmolzahl an H_2 Verbrauch pro Stunde:

$$n \cdot n_{H_2} = 200 \cdot n_{H_2} = 4{,}477\ \text{mol}\ H_2$$

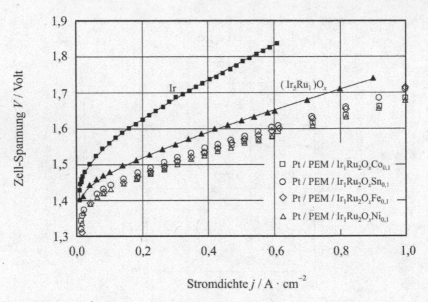

Abb. 4.33 Strom-Spannungskurve einer Einzelzelle bei der Wasserelektrolyse bei T = 353 K. (Nach T. Smolinka, S. Rau, C. Hebling in „Hydrogen and Full Cells" ed. by D. Stolten, Wiley-VCH (2011).) Die H_2-Elektrode besteht aus Pt, die O_2-Elektrode aus den verschiedenen für die einzelnen Kurven angegebenen Metall-Legierungen. Die Abkürzung PEM bedeutet *Polyelektrolytmembran.*

Bei 1 bar und 293 K entspricht das einem Gasvolumen V_{H_2} = $4,477 \frac{R \cdot 293}{10^5}$ = $0,1091$ m^3 = 109, 1 Liter. Für O_2 benötigt man das halbe Volumen, also V_{O_2} = 54, 55 Liter. Versorgt man das Brennstoffzellpaket mit einer 10-Liter-Flasche (10 Liter = 0,01 m^3), die H_2 bei 200 bar enthält (bzw. einer 5-Liter-Flasche O_2), so stehen nach dem idealen Gasgesetz (p in Pascal):

$$\frac{10^5 \cdot 200 \cdot 0,01}{R \cdot 293} = 82, 1 \text{ mol } H_2 \quad \text{bzw.} \quad 41, 05 \text{ mol } O_2$$

zur Verfügung. Wenn in einer Stunde 4,477 mol verbraucht werden, reicht der Flaschenvorrat für 18, 3 Stunden Betriebszeit aus.

Bei der *Wasserelektrolyse* läuft der Prozess in umgekehrter Richtung ab:

$$H_2O \rightarrow H_2 + \frac{1}{2}O_2$$

Das entspricht dem Ladeprozess einer Batterie. Es gilt Gl. (4.28) bzw. Gl. (4.38) mit dem Minuszeichen. An der H_2-Elektrode wird meist Pt als katalytisch wirksames Metall eingesetzt, an der O_2-Elektrode sind es meist Legierungen von Edelmetallen, vor allem Iridium und Ruthenium. H_2O wird als flüssiges Wasser oder Dampf der Zellmitte (s. Abb. 4.31) zugeführt, als leitfähiger Elektrolyt dienen Perfluoro-Polysulfonate, z. B. Nafion. Bei flüssigem Wasser wird in saurer Lösung gearbeitet, d. h., H_2SO_4-saure wässrige Lösung wird zugeführt und eine H_2O-arme Lösung, also eine stärker saure Lösung, tritt aus der Zelle aus, während an den Elektroden entsprechende Mengen an H_2 bzw. O_2 entstehen.

Als Strom-Spannungskurve einer solchen Elektrolysezelle bezeichnet man die Abhängigkeit der angelegten Spannung V von der Stromstärke bzw. der elektrischen Stromdichte j im Betrieb. Eine Elektrolysezelle hat eine j, V-Kurve, die der einer Batterie im Ladezustand entspricht, d. h., V ist größer als die Gleichgewichtsspannung ΔE im stromlosen Zustand. Gemessene j, V-Kurven für die Wasserelektrolyse sind in Abb. 4.33 gezeigt. Ihr Verlauf ähnelt dem in Abb. 4.21 gezeigten. Der Bereich der Diffusionsüberspannung wird dabei allerdings nicht erreicht. Es gilt stets $V > \Delta E$ für $j > 0$ bzw. $V = \Delta E = 1,23$ Volt bei $j = 0$. Alternative Brennstoffzellen sind die Methanol- und die Formiat-Zelle. Sie werden als zusätzliche Beispiele in 4.5.9 diskutiert.

4.3.7 Elektrochemische Aluminiumsynthese

Aluminium gehört zu den wichtigsten und am häufigsten verwendeten Metallen. Typische Einsatzbereiche sind Bauindustrie, Fahrzeug- und Flugzeugbau, Energieversorgung (Stromleitung) und Lebensmittelindustrie (Folien, Verpackungen). Jährlich werden fast 40 Millionen Tonnen Aluminium weltweit hergestellt. Im Gegensatz zu anderen Metallen wie Cu oder Fe lässt sich Al nicht aus seinem Oxid Al_2O_3 durch Metallverhüttung, also durch Reduktion mit Kohlenstoff, gewinnen, da die freie Reaktionsenthalpie $\Delta_R \overline{G}^0$ positiv ist (s. Beispiel 2.9.13). Jedoch kann der Reaktionsablauf durch Elektrolyse, d. h., elektrochemisch durch Anlegen einer äußeren elektrischen Spannung an eine galvanische Zelle erzwungen werden. Formal entspricht das dem Ladeprozess einer Batterie. Bei der Aluminiumsynthese geschieht das durch Schmelzflusselektrolyse. Dazu muss das in der Natur vorkommende Al_2O_3 (Bauxit) zunächst gut gereinigt werden, bevor es in Na_3AlF_3 (Kryolith) bei ca. 1000 K in einer geschmolzenen Salzlösung elektrochemisch mit Kohlenstoff zu reinem Aluminium umgesetzt werden kann. Al_2O_3 hat einen Schmelzpunkt von 2050 K, der durch Zugabe einer 7- bis 10-fachen molaren Menge von Na_3AlF_6 auf ca. 950 K erniedrigt wird. Unter diesen Bedingungen kann die Synthese durchgeführt werden. Das Prinzip zeigt Abb. 4.34.

In einer Wanne aus Eisen befindet sich die Elektrolytschmelze, die aus ca. 10 Mol % Al_2O_3 und 90 Mol % Na_3AlF_6 besteht. In diese Schmelze ragt eine Graphitelektrode als Anode, an der die Reaktion:

$$3O^{2-} + \frac{3}{2}C \rightarrow \frac{3}{2}CO_2 + 6e^- \tag{4.54}$$

abläuft. Als Nebenprodukt entsteht auch etwas CO, was wir aber hier außer Acht lassen wollen. Es wird also Graphit zu CO_2 verbrannt, d. h., die Elektrode muss ständig von oben her nachgeschoben werden und CO_2 entweicht. Am Boden des Gefäßes sammelt sich das spezifisch schwerere Aluminium, in das ebenfalls eine Graphitelektrode zur Stromableitung hineinragt. Die eigentliche Elektrode (Kathode) ist das Aluminium selbst, an dessen Grenzfläche zur Schmelze die Reaktion

$$2AlF_6^{3-} + 6e^- \rightarrow 2Al + 12F^-$$
$$12F^- + Al_2O_3 \rightarrow 2AlF_6^{3-} + 3O^{2-} \tag{4.55}$$

abläuft. Dabei wird Aluminium abgeschieden und läuft am Boden aus. Wenn die Elektrolyse stattfinden soll, muss die an die Zelle angelegte Spannung V die im stromlosen Zustand herrschende

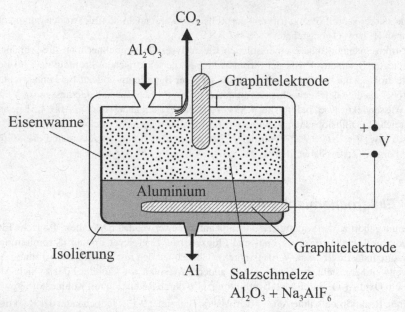

Abb. 4.34 Schmelzflusselektrolyse zur Herstellung von Aluminium.

Gleichgewichtsspannung ΔE überkompensieren. ($V > \Delta E$, s. Gl. (4.27)) Für die Mindestspannung $V = \Delta E$ der Gesamtreaktion (Summe von Gl. (4.54) und (4.55))

$$Al_2O_3 + \frac{3}{2}C \to 2Al + \frac{3}{2}CO_2 \tag{4.56}$$

gilt ($a_{Al} = 1$):

$$\Delta E = \Delta E_0 + \frac{RT}{6F} \cdot \ln\left(a_{Al_2O_3}/p_{O_2}^{3/2}\right)$$

Nun müssen wir die freie Reaktionsenthalpie $\Delta_R \overline{G}^0$ bei 1000 K nach Gl. (2.24) ermitteln:

$$\Delta_R \overline{G}^0(1000) = \Delta_R \overline{H}^0(298) + \int_{298}^{1000} \Delta_R \overline{C}_p dT - T \int_{298}^{1000} \frac{\Delta_R \overline{C}_p}{T} dT \tag{4.57}$$

$$- \frac{1000}{298}\left(\Delta_R \overline{H}^0(298) - \Delta \overline{G}_R^0(298)\right) \tag{4.58}$$

Für die Standardwerte $\Delta_R \overline{H}^0(298)$ und $\Delta_R \overline{G}^0(298)$ ergibt sich aus den stöchiometrischen Differenzen der Standardbildungsgrößen $\Delta^f \overline{H}^0(298)$ bzw. $\Delta^f \overline{G}^0(298)$ der Reaktanden in Gl. (4.56) nach

Tab. A.3:

$$\Delta_R \overline{H}^0(298) = \left(\frac{3}{2}(-393,52) - (-1675,27)\right) = 1085,0 \ \text{kJ} \cdot \text{mol}^{-1}$$

$$\Delta_R \overline{G}^0(298) = \left(\frac{3}{2}(-394,4) - (-1581,88)\right) = 990,28 \ \text{kJ} \cdot \text{mol}^{-1}$$

Für die Reaktionsmolwärme gilt:

$$\Delta_R C_P(T) = 2\overline{C}_{p,Al}(T) + \frac{3}{2}\overline{C}_{p,CO_2}(T) - \overline{C}_{p,Al_2O_3}(T) - \frac{3}{2}\overline{C}_{p,Graphit}(T)$$

Wir wählen für Al bzw. Al_2O_3 die temperaturunabhängigen Werte 25 J $\cdot$ mol^{-1}K^{-1} bzw. 79 J $\cdot$ mol^{-1}K^{-1}. $\overline{C}_{p,CO_2}(T)$ berechen wir als Funktion von T mit dem in Tabelle A.2 angegebenen Koeffizienten. Im Fall von Graphit verwenden wir die bekannte Einstein'sche Formel

$$\overline{C}_{p,Graphit}(T) = 3R \cdot \left(\frac{\Theta_E}{T}\right)^2 \cdot \exp\left[\Theta_E/T\right] / \left(\exp\left(\Theta_E/T\right) - 1\right)^2$$

mit der Einsteintemperatur $\Theta_E = 800$ K für Graphit. Das Ergebnis der Berechnungen nach Gl. (4.57) ergibt:

$$\Delta_R \overline{G}^0(1000) = 644,72 \ \text{kJ} \cdot \text{mol}^{-1}$$

Dieser Wert ist deutlich niedriger als $\Delta_R \overline{G}(298) = 990,28$ kJ $\cdot$ mol^{-1}. Damit erhalten wir für die Standardpotentiale:

$$\Delta E_0(298) = -\frac{990,28}{6 \cdot F} \cdot 10^3 = -1,56 \ \text{Volt} \quad \text{und} \quad \Delta E_0(1000) = -\frac{644,72}{6 \cdot F} \cdot 10^3 = -1,01 \ \text{Volt}$$

Dabei haben wir die Kontaktspannung Al/Graphit vernachlässigt, die Kontaktspannungen Graphit/Ableitung heben sich gegenseitig auf. Wenn wir nun annehmen, dass der Molenbruch $x_{Al_2O_3}$ in der Kryolith-Schmelze 0,1 beträgt, die Mischung näherungsweise ideal sein soll, ergibt sich für die Gleichgewichtsspannung:

$$\Delta E(1000 \ \text{K}) = \Delta E_0(1000 \ \text{K}) = -1,01 + \frac{R \cdot 1000}{6 \cdot T} \cdot \ln x_{Al_2O_3} = -1,043 \ \text{Volt}$$

Damit Elektrolyse stattfindet, muss also gelten:

$$|V| > +1,043 \ \text{Volt}$$

In der Praxis beträgt $|V|$ ca. 4,5 Volt, da eine relativ hohe Stromdichte benötigt wird, damit die dabei entstehende Wärme die Temperatur in der Salzschmelze auf 1000 K hält. Wir wollen noch berechnen, welche Energie man benötigt, um 1000 kg (=1 Tonne) Aluminium herzustellen. Für ein Mol Al benötigt man $3 \cdot F = 289450$ Coulomb. 1000 kg Al entsprechen $1000/0,027 = 37037$ mol Al. Also ist die Energie $= V \cdot 37037 \cdot 289450$ Joule, d. h., mit $V = 4,5$ Volt sind das $4,824 \cdot 10^{10}$ Joule. Da 1 J $= 2,778 \cdot 10^{-7}$ kWh ist, beträgt die benötigte Energie $4,824 \cdot 10^{10} \cdot$

$2,778 \cdot 10^{-7} = 13,4$ MWh für die Produktion von einer Tonne Aluminium. 77 % dieser Energiemenge werden allein zur Aufrechterhaltung der Temperatur von 1000 K benötigt. Ließe sich dieser Anteil durch Verbesserung der thermischen Isolation auf 50 % absenken, könnte man mit einer Zellspannung von ca. 3 Volt arbeiten. Die benötigte Energiemenge für die Herstellung von 1 Tonne Aluminium würde dann nur noch ca. 9 kWh betragen. Die Aluminium-Synthese ist jedenfalls ein sehr energieintensives Verfahren, das zudem auch Umweltprobleme erzeugt wegen Freisetzung gewisser Mengen Fluor und CO. Auch trägt es wegen der CO_2-Bildung (allerdings in untergeordnetem Ausmaß) zur Treibhausgaserhöhung in der Atmosphäre bei. Die jährliche Produktion von $40 \cdot 10^6$ Tonnen Aluminium bedeuten eine Emission von $40 \cdot 3,7 \cdot 10^{10} \cdot \frac{3}{2} = 2,22 \cdot 10^{12}$ mol CO_2, das sind $0,044 \cdot 2,2 \cdot 10^{12} = 9,68 \cdot 10^{10}$ kg, also ca. 0,1 Milliarden Tonnen CO_2 pro Jahr, und somit knapp 0,3 % der weltweiten anthropogenen CO_2-Emission von 35 Milliarden Tonnen.

4.3.8 Die Chlor-Alkali-Elektrolyse

• *Membranverfahren*

Diese Elektrolyse dient zur Herstellung von konzentrierter NaOH-Lösung aus NaCl-Lösung. Dabei entstehen als weitere Produkte die Gase Cl_2 und H_2. Die Reaktion läuft bei Anlegen einer äußeren Spannung als elektrochemischer Prozess an 2 Elektroden ab:

$$2Cl^- \rightarrow Cl_2 + 2e^- \qquad \text{(Anode)}$$
$$2H_2O + 2e^- \rightarrow H_2 + 2OH^- \qquad \text{(Kathode)}$$

Also lautet die Bilanz:

$$2H_2O + 2Cl^- \rightarrow H_2 + Cl_2 + 2OH^- \tag{4.59}$$

Die Chloralkali-Elektrolyse entspricht wie die Wasserelektrolyse formal dem Ladeprozess einer Batterie. Der Prozess wird heute überwiegend nach dem sog. *Membranverfahren* durchgeführt, das in Abb. 4.35 dargestellt ist. Die beiden Elektroden bestehen aus Eisenstahl. Der einen Elektrode (Kathode) wird eine ca. 4-molale NaOH-Lösung zugeführt, der anderen (Anode) eine ca. 9-molale NaCl-Lösung. An der Kathode verlässt eine ca. 20-molale NaOH-Lösung den Kathodenraum und es entsteht die entsprechende Menge an H_2. Eine verdünnte NaCl-Lösung verlässt den Anodenraum, wo die entsprechende Menge an Cl_2-Gas entsteht. Die beiden Elektrodenräume sind durch eine Kationentauschermembran (Nafion) getrennt, die nur Na^+-Ionen, aber (fast) keine Cl^-- und OH-Ionen hindurchlässt, so dass eine Vermischung der beiden Lösungen verhindert wird. Wir wollen die Mindestspannung V berechnen, die für die Elektrolyse benötigt wird. Dazu berechnen wir zunächst das Standardpotential ΔE_0 für Gl. (4.59):

$$\Delta E_0 = -\frac{\Delta_R \overline{G}^0}{n_e \cdot F}$$

$\Delta_R \overline{G}^0$ ergibt sich bei 298 K aus der stöchiometrischen Differenz der freien Bildungsenthalpien $\Delta^f \overline{G}_i^0$ der Reaktionspartner in Gl. (4.59). Mit den Werten für $\Delta^f \overline{G}_i^0$ aus Tabelle A.3 erhält man:

$$\Delta_R \overline{G}^0 = 0 + 0 - 2 \cdot 157,32 - (-2 \cdot 237,19 - 2 \cdot 131,17) = 422,08 \text{ kJ} \cdot \text{mol}^{-1}$$

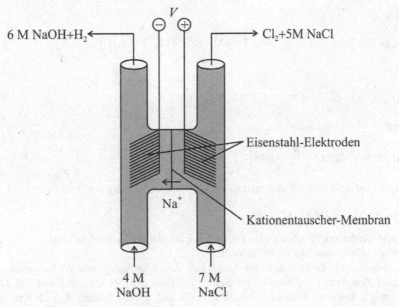

Abb. 4.35 Schematische Darstellung der Chlor-Alkali-Elektrolyte nach dem Membranverfahren bei einem Formelumsatz nach Gl. (4.59).

bzw.

$$\Delta E^0(298) = -\frac{422,08 \cdot 10^3}{2 \cdot F} = -2,19 \text{ Volt}$$

Für die Gleichgewichtsspannung ΔE gilt dann:

$$\Delta E(298) = -2,19 - \frac{R \cdot 298}{2 \cdot F} \cdot \ln \frac{p_{\text{H}_2} \cdot p_{\text{Cl}_2} \cdot a_{\text{OH}^-}^2}{a_{\text{H}_2\text{O}}^2 \cdot a_{\text{Cl}^-}^2}$$

Wir setzen in einfachster Näherung $a_{\text{H}_2\text{O}} \approx 1$, $a_{\text{OH}^-} = 4 \text{ mol} \cdot \text{kg}^{-1}$, $a_{\text{Cl}^-} = 9 \text{ mol} \cdot \text{kg}^-$ bei $p_{\text{H}_2} = p_{\text{Cl}_2} = 1$ bar und erhalten:

$$\Delta E(298) \cong -2,19 + 0,0208 = -2,169 \text{ Volt}$$

Die Elektrolyse wird in der Praxis bei ca. 80 °C durchgeführt, daher müssen wir ΔE noch bei 353 K berechnen. Es gilt in der Näherung $\Delta_\text{R}\overline{C}_p \approx 0$ nach Gl. (2.24):

$$\Delta_\text{R}\overline{G}(353) = \Delta_\text{R}\overline{H}(298) - \frac{353}{298}\left(\Delta_\text{R}\overline{H}(298) - \Delta_\text{R}\overline{G}(298)\right)$$

Mit den Werten aus Tabelle A.3 erhält man für $\Delta_\text{R}\overline{H}(298)$:

$$\Delta_\text{R}\overline{H} = 2 \cdot 229,95 - (-2 \cdot 285,84 - 2 \cdot 167,46) = 446,7 \text{ kJ} \cdot \text{mol}^{-1}$$

und damit:

$$\Delta_R \overline{G}^0(353) = 446,7 - \frac{353}{298}(446,7 - 422,08) = 417,5 \text{ kJ} \cdot \text{mol}^{-1}$$

bzw.

$$\Delta E_0(353) = -\frac{417,5}{2 \cdot F} 10^3 = -2,163 \text{ Volt}$$

und damit

$$\Delta E(353) = -2,163 - \frac{R \cdot 353}{2 \cdot F} \ln\left(\frac{4}{9}\right)^2 = -2,138$$

Es muss also bei der Chlor-Alkali-Elektrolyse eine Mindestspannung von

$$V_{Gl} = -\Delta E(353) = +2,138 \text{ Volt}$$

aufgebracht werden (elektrochemisches Gleichgewicht). Bei der Elektrolyse muss $V > V_{gl}$ gelten. In der Praxis arbeitet man bei 4,5 bis 5,0 Volt.

Wir gehen für eine Beispielrechnung davon aus, dass eine Analge von 65 hintereinandergeschalteten Zellen 10 m³Cl₂ (bzw. H₂) pro Stunde bei 1 bar und 293 K produzieren soll. Die pro Zelle angelegte Spannung betrage 5 Volt. Wir fragen nach der Stromstärke I, nach dem inneren Widerstand pro Zelle r und nach der dissipierten Arbeitsleistung L, die als Wärmeleistung an die Umgebung abgegeben wird bei konstanter Temperatur der Elektrolysezellen von ca. 80 °C. Für die Produktionsrate in mol pro Sekunde gilt pro Zelle:

$$\frac{dn_{Cl_2}}{dt} = \frac{dn_{H_2}}{dt} = \frac{2}{F} \cdot I \cdot 65$$

10 m³Cl₂ bzw. H₂ entsprechen nach dem idealen Gasgesetz bei $T = 293$ K und 1 bar einer Molzahl $n = p \cdot V/RT = 10^5 \cdot 10/(293 \cdot R) = 410,5$ mol und damit einer geforderten Produktionsrate von $410,5/3600 = 0,114$ mol $\cdot$ s^{-1}. Die erforderliche Stromstärke I, die durch jede Zelle fließt, beträgt demnach $0,114 \cdot F/(2 \cdot 65) = 84,61$ Ampere. Nach Gl. (4.27) ergibt das für den inneren Widerstand r pro Zelle:

$$r = \frac{|5,0 - 2,138|}{84,64} = 0,0338 \ \Omega$$

bzw. für die Gesamtanlage $65 \cdot 0,0338 = 2,197 \ \Omega$. Die gesamte Wärmeleistung der Anlage entspricht der dissipierten Leistung beim Ladeprozess (s. Abschnitt 4.3.2). Sie beträgt:

$$L_{diss} = I^2 \cdot (r \cdot 65) = (84,64)^2 \cdot 2,158 = 15728 \text{ Watt}$$

Als tatsächlich geleistete Arbeit können wir den Unterschied der freien Enthalpie der Produkte minus der der Edukte bezeichnen, also $\Delta_R \overline{G} = +417,5$kJ $\cdot$ mol^{-1}, bzw. als Arbeitsleistung wären das $L = \Delta_R \overline{G} \cdot 2 \cdot I \cdot 65/F = 417,5 \cdot 10^3 \cdot 2 \cdot 84,61 \cdot 65/F = 47612$ Watt. Der Anteil der Verlustleistung bei der Chloralkali-Elektrolyse wäre somit im Idealfall:

$$\frac{L_{diss}}{L_{diss} + L} = \frac{15728}{15728 + 47612} = 0,248 = 24,8\%$$

• *Amalgam-Verfahren*

Eine alternative Methode zur Durchführung der Chlor-Alkali-Elektrolyse ist das sog. *Amalgam-Verfahren,* das in Abb. 4.36 schematisch dargestellt ist. Mit Ruthenium dotiertes Titan dient als Anode und flüssiges Quecksilber als Kathode. Die Elektrodenprozesse lauten hier:

$$2Cl^- \rightarrow Cl_2 + 2e^- \quad \text{(Titan – Anode)}$$

$$2Na^+ + yHg + 2e^- \rightarrow Na_2Hg_y \quad \text{(Hg – Kathode)}$$

wobei $y \approx 50$ ist. Somit ergibt die Bilanz:

$$2NaCl + yHg \rightarrow Na_2Hg_y + Cl_2 \tag{4.60}$$

Das flüssige Amalgam Na_2Hg_y läuft auf einer schrägen Unterlage in einen Reaktor ein, dem flüssiges Wasser zugeführt wird. Dabei entsteht eine NaOH-Lösung, H_2 entweicht und Hg wird wieder (mithilfe einer Pumpe) der Hg-Kathode zugeführt. Die Reaktion lautet also:

$$2H_2O + Na_2Hg_y \rightarrow 2NaOH + H_2 + yHg \tag{4.61}$$

Die Summe von Gl. (4.60) und Gl. (4.61) ergibt die Reaktion der Chloralkali-Elektrolyse wie beim Membranverfahren, also Gl. (4.59). Dieses Verfahren hat den Vorteil, dass die Teilreaktionen vollständig voneinander getrennt ablaufen und man sehr reine NaOH-Lösung erhält; die Nachteile liegen in der Umweltproblematik wegen des Quecksilbers und in dem höheren Energieaufwand und damit auch den höheren Kosten im Vergleich zum Membranverfahren. Dazu wollen wir die Mindestspannung $V = V_{Gl}$ berechnen, mit der das Amalgamverfahren betrieben werden muss. Es gilt für Gl. (4.60):

$$-V_{Gl} = \Delta E = -\frac{\Delta_R \overline{G}}{n_e \cdot F}$$

mit

$$\Delta_R \overline{G} = \Delta^f \overline{G}^0_{Cl_2} + 2\Delta^f \overline{G}^0_{Na} + y\Delta^f \overline{G}^0_{Hg} + R \cdot T \ln\left(x_{Na} \cdot \gamma_{Na} \cdot x_{Hg} \cdot \gamma_{Hg} \cdot p_{Cl_2}\right)$$
$$- y\Delta^f \overline{G}^0_{Hg} - 2\Delta^f \overline{G}^0_{Cl^-} - 2\Delta^f \overline{G}^0_{Na^+} - R \cdot T \ln \widetilde{m}^2_{NaCl} \cdot \widetilde{\gamma}^2_{NaCl}$$

wobei $x_{Na} = 1 - x_{Hg}$ der Molenbruch von Natrium im Amalgam bedeutet, γ_{Na}, γ_{Hg} sind die Aktivitätskoeffizienten in der flüssigen Na/Hg-Mischung, $\widetilde{\gamma}_{NaCl} = (\widetilde{\gamma}_{Na^+} \cdot \widetilde{\gamma}_{Cl^-})^{1/2}$ ist der Aktivitätskoeffizient von NaCl in der Molalitätsskala. Mit den Werten $\Delta^f \overline{G}^0_i (298)$ aus Tabelle A.3 erhält man:

$$\Delta_R \overline{G} = \Delta_R \overline{G}^0 + RT \cdot \ln\left[\frac{a_{Na} \cdot a_{Hg}}{a^2_{NaCl}} \cdot p_{Cl_2}\right]$$

wegen $\Delta^f \overline{G}^0_{Cl_2} = 0$, $\Delta^f \overline{G}^0_{Na} = 0$ und $\Delta^f \overline{G}^0_{Hg} = 0$ gilt:

$$\Delta_R \overline{G}^0 = -[-2 \cdot 131,17 - 2 \cdot 261,88] = 786,1 \text{ kJ} \cdot \text{mol}^{-1}$$

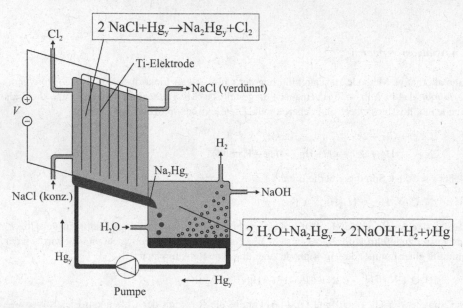

Abb. 4.36 Funktionsweise des Amalgamverfahrens.

Nun lässt sich ΔE bzw. ΔE_0 näherungsweise mit $a_{Na} \approx x_{Na}$ und $a_{Hg} \approx x_{Hg}$ sowie $\widetilde{\gamma}_{NaCl} \approx 1$ berechnen:

$$-V_{Gl} = \Delta E = \Delta E_0 - \frac{RT}{2F} \ln \left[\frac{x_{Na} \cdot x_{Hg}}{\widetilde{m}_{NaCl}^2} p_{Cl_2} \right]$$

Mit

$$\Delta E_0 = -\frac{\Delta_R \overline{G}^0}{2F} = -4,07 \text{ Volt}$$

Wenn gilt: $x_{Na} = 2/(50 + 2) = 0,0385$ bzw. $x_{Hg} = 1 - x_{Na} = 0,9615$ und wir $\widetilde{m}_{NaCl} = 7 \text{ mol} \cdot \text{kg}^{-1}$ setzen, erhält man mit $p_{Cl_2} = 1$ bar und $T = 298$ K:

$$-V_{Gl} = \Delta E = -4,07 - \frac{R \cdot 298}{2F} \cdot \ln \frac{0,0385 \cdot 0,9615}{7^2} \cong -4,07 + 0,09 = -3,98 \text{ Volt}$$

Die Mindestspannung V_{Gl} ist also fast doppelt so hoch wie beim Membranverfahren ($V_{Gl} = 2,14$ Volt). Das liegt daran, dass nur die erste Teilreaktion Gl. (4.60) elektrochemisch durchgeführt wird, für die zweite Teilreaktion Gl. (4.61) ist $\Delta_R \overline{G}$ negativ, aber Gl. (4.61) läuft irreversibel ab, und kann nicht zur Arbeitsleistung genutzt werden. Man könnte jedoch den zweiten Teilschritt ganz weglassen und erhielte dann Na_2Hg_y, woraus sich leicht metallisches Natrium als Produkt gewinnen ließe.

Die Chlor-Alkali-Elektrolyse gehört zu den wichtigsten elektrochemischen Synthesen. Weltweit werden 55 Millionen Tonnen Chlor und 1,55 Millionen Tonnen H_2 pro Jahr auf diese Weise produziert. Dabei stammen ca. 67 % aus dem Membranverfahren und ca. 25 % aus dem Amalgamverfahren. Der Rest wird nach dem sog. Diaphragma-Verfahren hergestellt, einer veralteten Methode, die eine Vorgängerversion des Membranverfahrens ist.

4.4 Ionentransport in elektrochemischen Zellen

4.4.1 Stefan-Maxwell-Beziehungen – Stationäre Diffusion und elektrische Leitfähigkeit

Bei stationären elektrochemischen Prozessen haben wie es immer wieder mit sog. Transportphänomenen wie Diffusion und elektrische Leitfähigkeit zu tun. Wir wollen daher in diesem Abschnitt zeigen, wie man solche Transportgrößen in die Thermodynamik mit einbauen kann. Wir gehen aus von der Gibbs-Duhem-Gleichung (Gl. (1.21)), die wir um die Summe neuer Arbeitsterme $l_{ij} \cdot d\lambda_{ij}$ erweitern mit der Arbeitskoordinate l_{ij} (extensive Größe (und den Arbeitskoeffizienten λ_{ij} (intensive Größe). Index i kennzeichnet die Komponente, j berücksichtigt, dass zu jeder Komponente i verschiedene Arbeitsterme der Art j existieren können:

$$S\,dT - V dp + \sum_i n_i d\mu_i + \sum_i \sum_j l_{ij} \cdot d\lambda_{ij} = 0$$

Schreiben wir für $S = \sum \overline{S}_i n_i$ und $V = \sum \overline{V}_i n_i$ sowie $l_{ij} = n_i \overline{l}_{ij}$, wobei $\overline{S}_i, \overline{V}_i$ und $\overline{l}_{ij}$ die entsprechenden partiellen molaren Größen sind, gilt:

$$\left(\sum_i \overline{S}_i \cdot n_i\right) dT - \left(\sum_i \overline{V}_i \cdot n_i\right) dp + \sum_i n_i d\mu_i + \sum_i \sum_j \left(n_i \overline{l}_{ij}\right) d\lambda_{ij} = 0$$

Da die Molzahlen n_i unabhängig wählbar sind, wenn es sich um ein *offenes* System handelt, muss für jede Komponente i gelten:

$$\overline{S}_i dT - \overline{V}_i dp + d\mu_i + \sum_j \overline{l}_{ij} d\lambda_{ij} = 0 \tag{4.62}$$

Das ist die Erweiterung von Gl. (1.23).

- *Thermodynamisches Gleichgewicht*
  Gl. (4.62) enthält nur intensive Größen, die ortsabhängig sein können. Beschränken wir uns auf die x-Koordinate, gilt dann:

$$\overline{S}_i \frac{dT}{dx} - \overline{V}_i \frac{dp}{dx} + \frac{d\mu_i}{dx} + \sum_j \overline{l}_{ij} \frac{d\lambda_{ij}}{dx} = 0 \tag{4.63}$$

Alle Terme haben die Dimension einer Kraft pro Mol ($1N \cdot \text{mol}^{-1} = \text{J} \cdot \text{m}^{-1} \cdot \text{mol}^{-1} = \text{kg} \cdot \text{m} \cdot \text{s}^{-2} \cdot \text{mol}^{-1}$). Wir können also Gl. (4.63) so interpretieren, dass sich an jedem Ort im thermodynamischen Gleichgewicht die dort wirkenden Kräfte kompensieren. λ_{ij} hat die

Bedeutung eines Potentials, z. B. das elektrische Potential φ_{el} oder das Gravitationspotential φ_{grav}. In diesen Fällen gilt:

$$\bar{l}_{i,el} \cdot \varphi_{el} = z_i \cdot \varphi_{el} \quad \text{bzw.} \quad \bar{l}_{i,grav} \cdot \varphi_{grav} = M_i \varphi_{grav}$$

wobei M_i die Molmasse von i bedeutet bzw. z_i die elektrische Ladungszahl des Ions i. Wir wollen zwei Beispiele geben. Es gelte $dT = 0$, $dp = 0$, $d\lambda_{i1} = d\varphi_{el}$ bzw. $d\lambda_{i2} = d\varphi_{grav} = 0$ und $d\mu_i \neq 0$. Dann erhält man $d\mu_i + z_i F \cdot d\varphi_{el} = d\eta$ oder integriert $\eta_i = $ const. Das ist Gl. (3.9) mit dem elektrochemischen Potential η_i. Es gilt also mit dem chemischen Standardpotential μ_{i0} und der Aktivität a_i an zwei verschiedenen Orten $\vec{r}_1$ und $\vec{r}_2$:

$$\eta_i(\vec{r}_1) = \eta_i(\vec{r}_2) = \mu_{i0} + RT \ln a_i(\vec{r}_1) + z_i F \varphi_{el}(\vec{r}_1) = \mu_{i0} + RT \ln a_i(\vec{r}_2) + z_i F \varphi_{el}(\vec{r}_2)$$

oder:

$$\ln \frac{a_i(\vec{r}_1)}{a_i(\vec{r}_2)} = -\frac{z_i F \cdot (\varphi_{el}(\vec{r}_2) - \varphi_{el}(\vec{r}_1))}{RT} \tag{4.64}$$

In einer Elektrolytlösung gilt Gl. (4.64) auch für das Gegenion unter Beachtung der elektrischen Neutralitätsbedingung.

Wählen wir nun für $d\varphi_{el} = 0$ (bzw. $z_i = 0$) und $d\varphi_{grav} \neq 0$, mit φ_{grav} als das Gravitationspotential in der Atmosphäre eines Planeten, so gilt $\varphi_{grav} = g \cdot h$ mit der Fallbeschleunigung g und der Höhe h über dem Boden. Dann erhält man mit $\bar{l}_{i2} = M_i$ (Molmasse von i):

$$\ln \frac{a_{i,h}}{a_{i,0}} = -M_i \cdot g \cdot h/RT$$

Bei idealen Gasen ist $a_{i,h}/a_{i,0} = p_i(h)/p_i(h = 0)$. Man erhält die sog. barometrische Höhenformel:

$$p_i(h) = p_i(0) \cdot \exp\left[-M_i \cdot g \cdot h/RT\right] \tag{4.65}$$

p_i ist der Partialdruck der Komponente i.

- *Stationäres Nichtgleichgewicht*
  Wir wenden uns jetzt dem *thermodynamischen Nichtgleichgewicht* zu und zwar im *stationären Zustand*. Das bedeutet, das alle möglichen Zustände nicht von der Zeit abhängen. Wir wollen uns beschränken auf Mischungen, bei denen sich die Komponenten in so hoher Verdünnung in einem Lösemittel befinden, dass ihr Verhalten voneinander unabhängig ist und nur durch die Wechselwirkungen mit dem Lösemittel bestimmt wird. Selbst wenn die Konzentrationen etwas höher sein sollten, wollen wir diese Vereinfachung als eine ausreichende Näherung beibehalten.Solche stationären Zustände kommen nur dann zustande, wenn zusätzliche Kräfte auf die Komponenten der Lösung wirken, die, im Gegensatz zu denen in Gl. (4.63), zu Transportflüssen der Komponenten führen. Diese Kräfte sind also Ursache der Transportflüsse.

  Diese Kräfte müssen wir so einführen, dass wieder die Summe aller wirkenden Kräfte verschwindet, nur dann ist das System im stationären Zustand. Um welche Kräfte handelt es sich nun? Wenn etwas transportiert werden soll, muss es sich bewegen und zwar im stationären Fall mit konstanter Geschwindigkeit v_i für jede Komponente i. Dabei kommt es zwangsläufig zur „Reibung" der sich bewegenden Komponenten mit dem Lösemittel, das wir uns als ruhend vorstellen können. Diese Reibungskraft wird in guter Näherung proportional zu v_i sein:

$$\text{Reibungskraft } K_i = f_i \cdot v_i \tag{4.66}$$

K_i hat die Einheit Kraft pro mol, also Joule $\cdot \text{m}^{-1} \cdot \text{mol}^{-1}$. f_i bezeichnen wir als Reibungskoeffizienten. Addieren wir Gl. (4.66) zu Gl. (4.63) und setzen $dT = 0$ und $dp = 0$, dann gilt:

$$\left(\frac{\partial \mu_i}{\partial x}\right)_{T,p} + \sum \bar{l}_{ij} \cdot \left(\frac{\partial \lambda_{ij}}{\partial x}\right)_{T,p} + f_i \cdot v_{i,x} = 0 \tag{4.67}$$

Die Summe der Kräfte im stationären System muss gleich Null sein. Wir multiplizieren diese Gleichung mit $c_i v_i$, wobei c_i die Konzentration der Komponente i in mol·m^{-3} bedeutet. $c_i v_i = J_i$ ist ihr Fluss in mol $\cdot \text{m}^{-2} \cdot \text{s}^{-1}$. Man kann also schreiben:

$$\boxed{\vec{J}_i \cdot \left[\left(\frac{\partial \mu_i}{\partial x}\right)_{T,p} + \sum_j \bar{l}_{ij} \cdot \left(\frac{\partial \lambda_{ij}}{\partial x}\right)_{T,p}\right] + K_i \cdot J_i = 0} \tag{4.68}$$

oder allgemeiner für beliebige Richtungen $\vec{r} = (x, y, z)$:

$$\vec{J}_i \cdot \left[\left(\vec{\nabla}\mu_i\right)_{T,p} + \sum_j \bar{l}_{ij} \cdot \left(\vec{\nabla}\lambda_{ij}\right)_{T,p}\right] + |\vec{K}_i| \cdot |\vec{J}_i| = 0 \tag{4.69}$$

Das Symbol $\vec{\nabla} = \frac{\partial}{\partial x}\vec{i} + \frac{\partial}{\partial y}\vec{j} + \frac{\partial}{\partial z}\vec{k}$ heißt *Gradient*. $\vec{i}, \vec{j}$ und $\vec{k}$ sind die Einheitsvektoren in die 3 Paumrichtungen x, y und z. Gl. (4.68) bzw. (4.69) gelten für jede Komponente i ($i = 1, 2, ..., k$). Die k Gleichungen heißen *ungekoppelte Stefan-Maxwell-Gleichungen*. Der Term $K_i \cdot J_i = c_i \cdot v_i^2 \cdot f_i$ in Gl. (4.68) hat eine besondere Bedeutung. Er ist stets positiv, da alle Faktoren (c_i, v_i^2, f_i) positiv sind. $K_i \cdot J_i$ hat die Dimension einer erzeugten Energie pro Zeit in einem Volumen von 1 m³. Da es sich bei K_i um eine Reibungskraft handelt, kann es sich bei dieser Energie nur um die dissipierte Arbeit W_{diss} handeln. Wir können also schreiben:

$$\boxed{K_i \cdot J_i = \frac{\dot{W}_{\text{diss}}}{V} = T \cdot \left(\frac{\delta(S_i/V)}{dt}\right)_i > 0} \tag{4.70}$$

$\frac{\delta(S_i/V)}{dt}$ ist die innere (Index i) *Entropieproduktion* pro Volumen. Gl. (4.70) gilt für jede der Komponenten $i = 1, 2, ...k$. Ein stationärer Nichtgleichgewichtszustand ist also mit einer konstanten, d. h. zeitunabhängigen Entropieproduktion verbunden. Nun sind wir in der Lage, Gl. (4.68) zur Ableitung einiger wichtiger Gleichungen zu verwenden.

- *Stationäre Diffusion und Diffusionskoeffizient*
  Wir setzen alle $\bar{l}_{ij} = 0$ und erhalten aus Gl. (4.68) mit $dT = 0$ und $\mu_i = \mu_{i0} + RT \ln c_i$:

$$c_i \left(\frac{\partial \mu_i}{\partial x}\right)_{T,p} = RT \frac{dc_i}{dx} = -f_i c_i v_i = -f_i \cdot J_i$$

Daraus erhalten wir das Diffusionsgestz für den stationären Zustand (J_i = const):

$$J_i = -\left(\frac{RT}{f_i}\right) \cdot \frac{dc_i}{dx} = -D_i \frac{dc_i}{dx} \tag{4.71}$$

$D_i = RT/f_i$ bezeichnet man als Diffusionskoeffizienten der Komponente i in dem vorgegebenen Lösemittel. Wenn wir die gelösten Teilchen (in unserem Fall sind es meist Ionen) wie kleine Kugeln mit dem Radius r_i betrachten, die sich im Lösemittel der Viskosität η bewegen, können wir das Stok'sche Gesetz verwenden:

$$f_i = 6\pi\eta \cdot r_i \cdot N_L$$

Daraus folgt für den Diffusionskoeffizienten:

$$D_i = \frac{k_B \cdot T}{6\pi\eta r_i} \tag{4.72}$$

- *Die elektrische Leitfähigkeit von Elektrolytlösungen*
  Hier stellen wir uns vor, dass eine Elektrolytlösung einer äußeren elektrischen Spannung ausgesetzt ist. Als Folge davon wird ein elektrischer Strom fließen. Die Lösung sei dabei so gut durchmischt, dass keine Konzentrationsgradienten auftreten ($dc_i/dx = 0$). Dann ergibt sich aus Gl. (4.68) mit $l_{i,\text{el}} = z_i F$ und $\lambda_{i,\text{el}} = \varphi_{\text{el}}$:

$$(v_i \cdot c_i) \cdot z_i \cdot F \cdot \frac{d\varphi_{\text{el}}}{dx} = -f_i v_i \cdot J_i$$

Wenn wir die elektrische Stromstärke der Ionensorte i, $I_i = z_i F \cdot A \cdot J_i$, einführen ($A =$ Querschnittsfläche der Lösung) und die elektrische Feldstärke $\vec{E} = -d\varphi_{\text{el}}/dz$, erhält man:

$$\left(\frac{c_i F^2}{f_i} \cdot z_i^2\right) \cdot \vec{E} \cdot A = I_i \quad \text{(in Ampere)} = C \cdot s^{-1})$$

Wir definieren:

$$\kappa_i = \frac{c_i F^2}{f_i} \cdot z_i^2$$

als *elektrische Leitfähigkeit* der ionischen Komponente i. Nun gilt:

$$\vec{E} = -\frac{d\varphi_{\text{el}}}{dx} = \frac{\varphi_1 - \varphi_2}{x_2 - x_1} = \frac{\Delta\varphi_{\text{el}}}{L}$$

wobei $x_2 - x_1 = L$ der Abstand zwischen den Elektroden bedeutet, zwischen denen die Spannung $\varphi_{\text{el}} = \varphi_1 - \varphi_2$ herrscht. Wir erhalten also:

$$I_i = \kappa_i \cdot \frac{A}{L} \cdot \Delta\varphi_{\text{el}}$$

Der elektrische Gesamtstrom I setzt sich aus den Teilströmen der Ionen I_+ und I_- zusammen. Also erhält man für die Stromdichte i:

$$I/A = i = i_+ + i_- = z_+ \cdot F \cdot v_+ \cdot \nu_+ \cdot c_+ + z_- \cdot F \cdot v_- \cdot \nu_- \cdot c_-$$

Tab. 4.4 Einheiten von Transportgrößen

Größe	κ_{El}	D_i	u_i
Einheit	$\Omega \cdot m^{-1}$	$m^2 \cdot s^{-1}$	$m^2 \cdot Volt^{-1} \cdot s^{-1}$
Berechnung	elektrische Leitfähigkeit	Diffusionskoeffizient	Ionenbeweglichkeit

Tab. 4.5 Ionenbeweglichkeiten in H_2O bei 298 K

$10^9 \cdot u_i/m^2 \cdot Volt^{-1} \cdot s^{-1}$	360	40,2	51,9	74,7	110,0	79,1	81,0	74,0
Ion	H^+	Li^+	Na^+	K^+	Mg^{2+}	Cl^-	Br^-	NO_3^-

und für die elektrische Leitfähigkeit der Elektrolytlösung:

$$\kappa_{el} = \kappa_+ + \kappa_- = F^2 \left(\frac{z_+^2 \cdot \nu_+ \cdot c_+}{f_+} + \frac{|z|^2 \cdot \nu_- \cdot c_-}{f_-} \right) \tag{4.73}$$

Nun führen wir die sog. *Ionenbeweglichkeiten* u_+ und u_- ein:

$$u_+ = \frac{|z_+| \cdot D_+}{RT} \cdot F = \frac{|z_+| \cdot F}{N_L 6\pi\eta r_+} \quad \text{bzw.} \quad u_- = \frac{|z_-| \cdot D_-}{RT} \cdot F = \frac{|z_-| \cdot F}{N_L 6\pi\eta r_-} \tag{4.74}$$

wobei wir von Gl. (4.72) Gebrauch gemacht haben. Also lässt sich auch schreiben mit $c_+ = \nu_+ \cdot c_{El}$ und $c_- = \nu_- \cdot c_{El}$:

$$\boxed{\kappa_{El} = c_{El} \cdot F \cdot (u_+ |z_+| + u_- |z_-|)} \tag{4.75}$$

Für den Widerstand R einer Elektrolytlösung erhält man:

$$\boxed{R = \frac{\Delta\varphi_{el}}{I} = \frac{L}{A} \cdot \frac{1}{\kappa_{El}}} \tag{4.76}$$

Wir erinnern daran, dass die Gl. (4.73) bis (4.76) streng genommen nur bei hoch verdünnten Konzentrationen des Elektrolyten gültig sind. In Tabelle 4.4 sind die SI-Einheiten der Größen D_i, κ_{el} und u_i angegeben ($1\Omega = 1 \, kg \cdot m^2 \cdot s^{-1} \cdot c^{-2}$).

Tabelle 4.5 enthält einige Werte für Beweglichkeiten von Ionen in wässriger Lösung bei 293 K. Daraus lassen sich für alle Kombinationen von Kationen mit Anionen elektrische Leitfähigkeiten nach Gl. (4.75) berechnen. Als Beispiele berechnen wir κ_{el} für KCl und $Mg(NO_3)_2$:

$$\kappa_{KCl} = c_{KCl} \cdot F \cdot (74,7 + 79,1) \cdot 10^{-9} = c_{KCl} \cdot 0,0148 \, \Omega \cdot m^{-1}$$

$$\kappa_{Mg(NO_3)_2} = c_{Mg(NO_3)_2} \cdot F \cdot (2 \cdot 110,0 + 79,1) \cdot 10^{-9} = c_{Mg(NO_3)_2} \cdot 0,0288 \, \Omega \cdot m^{-1}$$

4.4.2 *Die Nernst-Planck'sche Transportgleichung*

Wir gehen von Gl. (4.68) aus und berücksichtigen nun aber sowohl den Gradienten des chemischen Potentials als auch den elektrischen Potentialgradienten:

$$\frac{d\mu_i}{dx} + z_i \cdot F \frac{d\varphi_{el}}{dx} = -f_i v_i = -\frac{RT}{D_i} v_i \quad \text{(für } i = x, -)$$

Mit $J_i = c_i v_i$ und $\mu_i = \mu_{i0} + RT \ln c_i$ folgt daraus:

$$J_i = -D_i \left(\frac{dc_i}{dx} \right) - z_i c_i F \cdot \frac{D_i}{RT} \cdot \left(\frac{d\varphi_{el}}{dx} \right) \tag{4.77}$$

Das ist die *Nernst-Planck'sche Transportgleichung* in die Raumrichtung x. Ihre Anwendung kann z. B. die Frage beantworten, wie sich der Diffusionskoeffizient D_{el} eines gelösten Elektrolyten, der vollständig dissoziiert ist, aus dem des Kations und des Anions zusammensetzt. Bei reiner Diffusion fließt kein elektrischer Strom, da keine äußere elektrische Spannung existiert. Es gilt also:

$$0 = I_+ + I_- = z_+ \cdot F \cdot J_+ + z_- \cdot F \cdot J_- = z_+ \cdot J_+ + z_- \cdot J_- \tag{4.78}$$

Wenn wir vollständige Dissoziation des Elektrolyten annehmen, das folgende Gleichgewicht also ganz auf der rechten Seite liegt,

$$A_{\nu_+} \cdot B_{\nu_-} \rightleftharpoons \nu_+ \cdot A^{z+} + \nu_- \cdot B^{z-} \tag{4.79}$$

gilt für den Zusammenhang des Gesamtelektrolytflusses $J_{A_{\nu_+} \cdot B_{\nu_-}} = J_{El}$ mit den Ionenflüssen J_+ und J_- wegen der Teilchenbilanz:

$$2J_{El} = \frac{J_+}{\nu_+} + \frac{J_-}{\nu_-} \tag{4.80}$$

Setzt man J_+ und J_- aus Gl. (4.77) in Gl. (4.78) ein, erhält man:

$$\frac{F}{RT} \cdot \frac{d\varphi_{el}}{dx} = \frac{1}{c_{El}} \cdot \frac{dc_{El}}{dx} \cdot \frac{D_+ z_+ \nu_+ + D_- z_- \nu_-}{z_+^2 \cdot D_+/\nu_+ + z_-^2 \cdot D_-/\nu_-} \tag{4.81}$$

wobei c_{El} die Gesamtkonzentration von $A_{\nu_+} \cdot B_{\nu_-}$ bedeutet. Gl. (4.81) besagt also, dass der Konzentrationsgradient eines gelösten Elektrolyten stets mit einem elektrischen Potentialgradienten verbunden ist. Dieser Potentialgradient verschwindet nur dann, wenn $D_+ = D_-$, $\nu_+ = \nu_-$ und $z_+ = -z_i$ sein sollte. Der Gradient (dc_{el}/dx) verschwindet dann natürlich nicht, er ist ja vorgegeben. Setzt man nun J_+ und J_- aus Gl. (4.77) in Gl. (4.80) ein, erhält man:

$$J_{El} = \frac{1}{2} \left(\frac{J_+}{\nu_+} + \frac{J_-}{\nu_-} \right) = -\frac{D_+ + D_-}{2} \frac{dc_{El}}{dx} + \left(\frac{z_+}{\nu_+^2} D_+ + \frac{z_-}{\nu_-^2} D_- \right) \cdot \frac{1}{2} \cdot \frac{F}{RT} \cdot \frac{d\varphi_{el}}{dx} \tag{4.82}$$

Setzt man Gl. (4.81) in die rechte Seite von Gl. (4.82) ein, erhält man für den Gesamtelektrolytfluss J_{El}:

$$J_{El} = -\left[\frac{D_+ + D_-}{2} - \frac{1}{2} \left(\frac{z_+}{\nu_+^2} D_+ + \frac{z_-}{\nu_-^2} D_- \right) \cdot \frac{D_+ \cdot z_+ \cdot \nu_+ + D_- \cdot z_- \cdot \nu_-}{z_+^2 \cdot D_+/\nu_+ + z_-^2 \cdot D_-/\nu_-} \right] \frac{dc_{El}}{dx} \tag{4.83}$$

Die eckige Klammer in Gl. (4.84) hat also die Bedeutung eines Diffusionskoeffizienten D_{El} des Gesamtelektrolyten; er hängt von den ionischen Diffusionskoeffizienten D_+ und D_-, den Stöchiometriezahlen ν_+ und ν_- sowie den Ladungszahlen z_+ und z_- ab. Gl. (4.83) vereinfacht sich für den Fall eines 1,1-Elektrolyten wie z. B. NaCl mit $\nu_+ = \nu_- = 1$ und $z_+ = -z_- = 1$:

$$D_{El,(1,1)} = \frac{2D_+ \cdot D_-}{D_+ + D_-} \tag{4.84}$$

Wir wollen als Beispiel J_{El}, D_{El} und $(d\varphi_{el}/dx)$ für eine NaCl-Lösung berechnen, deren Konzentrationsgefälle $0,4 - 0,5 = -0,1 \, mol \cdot m^{-3}$ pro 1 cm beträgt. Es gilt also $\nu_{Na^+} = 1 = \nu_{Cl^-}$, $z_{Na^+} = 1$, $z_{Cl^-} = -1$. Die Werte für D_+ und D_- erhält man aus den Daten für Beweglichkeiten in Tabelle 4.5 entsprechend Gl. (4.73):

$$D_+ = \frac{RT}{|z_+| \cdot F} \cdot u_+ \quad bzw. \quad D_- = \frac{RT}{|z_-| \cdot F} \cdot u_-$$

Wir integrieren zunächst Gl. (4.81) unter der Voraussetzung, dass D_+ und D_- nicht von c_{El} abhängen, mit dem Ergebnis:

$$\frac{F}{RT}\Delta\varphi_{el} = \frac{D_+ z_+ \nu_+ + D_- z_- \nu_-}{z_+^2 D_+/\nu_+ + z_-^2 \cdot D_-/\nu_-} \cdot \ln\left(\frac{c_{El,x=0}}{c_{El,x=l}}\right) \tag{4.85}$$

$\Delta\varphi_{el}$ ist also für einen Elektrolyten nach Gl. (4.79) der elektrische Potentialunterschied, der mit einer Konzentrationsdifferenz $(c_{El,x=0} - c_{El,x=l})$ (Diffusionsschicht zwischen $x = 0$ und $x = l$) verbunden ist. Im Fall eines 1,1-Elektrolyten gilt:

$$\frac{F}{RT}\Delta\varphi_{el} = \frac{D_+ - D_-}{D_+ + D_-} \cdot \ln\left(\frac{c_{El,x=0}}{c_{El,x=l}}\right) \quad \text{(1,1-Elektrolyt)} \tag{4.86}$$

Wir erhalten mit $D_{Na^+} = 1,333 \cdot 10^{-9} \, m \cdot s^{-1}$ und $D_{Cl^-} = 2,031 \cdot 10^{-9} \, m^2 \cdot s^{-1}$ für D_{NaCl} nach Gl. (4.84):

$$D_{NaCl} = \frac{2D_{Na^+}\dot{D}_{Cl^-}}{D_{Na^+} + D_{Cl^-}} = 1,6096 \cdot 10^{-9} \, m^2 \cdot s^{-1}$$

Für den Fluss J_{NaCl} ergibt sich mit $c_{El,x=l} - c_{El,x=0} = \Delta c = 0,4 - 0,5 = -0,1 \, mol/m^3$ und $\Delta l = 1 \, cm = 10^{-2} \, m$:

$$J_{NaCl} = -D_{NaCl} \cdot \frac{\Delta c}{l} = -1,6096 \cdot 10^{-9}(-0,1/0,01) = 1,6096 \cdot 10^{-8} mol \cdot m^{-2} \cdot s^{-1}$$

und für $\Delta\varphi_{NaCl}$ nach Gl. (4.86):

$$\Delta\varphi_{NaCl} = \frac{R \cdot 298}{F} \cdot \frac{1,333 - 2,031}{1,333 + 2,031} \cdot \ln\left(\frac{0,5}{0,4}\right) = -1,189 \cdot 10^{-3} \, \text{Volt}$$

Als weiteres Beispiel wollen wir noch eine $MgCl_2$-Lösung mit denselben Daten für $c_{El,x=0}$, $c_{El,x=\Delta x}$ und $T = 298 \, K$ betrachten. Zur Berechnung von D_{MgCl_2} müssen wir jetzt Gl. (4.83) verwenden mit $\nu_+ = 1$, $z_+ = 2$, $\nu_2 = 2$ und $z_- = -1$. $D_{Mg^{2+}}$ und D_{Cl^-} berechnen wir wieder aus den Daten in

Tabelle 4.5 über die Beziehung $D_i \doteq u_i \cdot RT/|z_+| \cdot F$. Man erhält $D_{Mg^{2+}} = 1,412 \cdot 10^{-9} \text{ m}^2 \cdot \text{s}^{-1}$ und $D_{Cl^-} = 2,031 \cdot 10^{-9} \text{ m}^2 \cdot \text{s}^{-1}$ und somit:

$$D_{MgCl_2} = \frac{D_{Mg^{2+}} + D_{Cl^-}}{2} - \frac{1}{2}\left(2D_{Mg^{2+}} - \frac{1}{4}D_{Cl^-}\right) \cdot \frac{2D_{Mg^{2+}} - 2D_{Cl^-}}{4D_{Mg^{2+}} + D_{Cl^-}/2} = 1,506 \cdot 10^{-9} \text{ m}^2 \cdot \text{s}^{-1}$$

$$J_{MgCl_2} = -1,506 \cdot 10^{-9} \cdot (-0,1/0,01) = 1,506 \cdot 10^{-8} \text{ mol} \cdot \text{m}^{-2} \cdot \text{s}^{-1}$$

Ferner erhält man mit Gl. (4.85):

$$\Delta\varphi_{MgCl_2} = \frac{R \cdot 298}{F} \cdot \frac{1,412 - 2,031}{4 \cdot 1,412 + 2,031/2} \ln\frac{5}{4} = -0,635 \cdot 10^{-3} \text{ Volt}$$

Die Flüsse J_{El} sind immer positiv, das Vorzeichen von $\Delta\varphi_{El}$ hängt dagegen vom Vorzeichen des Zählers in Gl. (4.85) bzw. Gl. (4.86) ab.

4.4.3 Diffusionspotentiale in Elektrolytlösungen galvanischer Zellen mit Diaphragma-Separatoren

Es wurde bereits mehrfach darauf hingewiesen, dass in galvanischen Zellen häufig die beiden Elektrodenbereiche voneinander getrennt werden müssen, um einen „chemischen Kurzschluss" in der Zelle zu vermeiden. Das kann durch mikroporöse Membranen (Diaphragma) oder durch eine Ionentauschermembran geschehen, die dabei als Separator dient. In solchen Fällen tritt jedoch über die Schichtdicke der Membran eine zusätzliche elektrische Spannung auf, die zur eigentlichen Elektrodenspannung ΔE der Zelle hinzuaddiert werden muss. Um das zu verstehen, betrachten wir poröse Membranen, in deren Poren sich eine ruhende Lösungsschicht befindet. Die Situation in Abb. 4.37 illustriert das Beispiel einer Konzentrationszelle, bei der zwei identische Elektroden in Lösungen verschiedener Konzentrationen desselben Elektrolyten eintauchen.

Gl. (4.85) bzw. (4.86) beschreiben genau diesen zusätzlichen Potentialsprung $\Delta\varphi_{el} = \Delta\varphi_{diff}$, der Diffusionspotential heißt. Solche Zellen heißen galvanische Zellen mit Überführung. Meistens sind jedoch die Potentialsprünge gering gegenüber der eigentlichen Zellspannung, da sich die Beweglichkeiten i. d. R. nicht sehr voneinander unterscheiden. Sind jedoch $H^+_{(aq)}$-Ionen beteiligt, können Diffusionspotentiale beachtliche Werte erreichen.

Wir betrachten eine HCl-Lösung. In diesem Fall wählen wir $c(0) = 4 \text{ mol} \cdot \text{m}^{-3}$, $c(l) = 5 \text{ mol} \cdot \text{m}^{-2}$ also $\Delta c = -1 \text{ mol} \cdot \text{m}^{-3}$ sowie $l = 1 \text{ cm} = 10^{-2} \text{ m}$. Das ergibt nach Gl. (4.86):

$$\Delta\varphi_{diff,HCl} = \frac{RT}{F} \frac{D_{H^+} - D_{Cl^-}}{D_{H^+} + D_{Cl^-}} \ln\left(\frac{c(l)}{c(0)}\right) = \frac{R \cdot 298}{F}(2t_+ - 1) \cdot \ln\left(\frac{5}{4}\right) = 3,59 \cdot 10^{-3} \text{ Volt}$$

wobei man $t_+ = 1 - t_-$ die sog. Überführungszahlen des Elektrolyten nennt:

$$t_+ = \frac{u_+}{u_+ + u_-} = D_+/(D_+ + D_-) \quad \text{bzw.} \quad t_- = \frac{u_-}{u_+ + u_-} = D_-/(D_+ + D_-) \tag{4.87}$$

Betrachtet man das System von 2 Halbzellen mit z. B. jeweils einer Kalomel-Elektrode, so erhält man für die Potentialdifferenz für einen 1,1-Elektrolyten ohne Diffusionspotential:

$$\Delta E'_{HCl} = \frac{R \cdot 298}{F} \ln\frac{5}{4} = 5,73 \cdot 10^{-3} \text{ Volt}$$

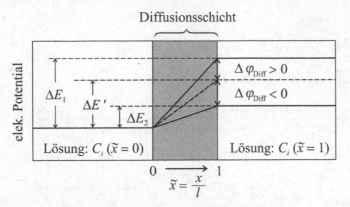

Abb. 4.37 Diffusionsgrenzschicht im stromlosen Zustand zwischen 2 Lösungen verschiedener Ionenkonzentrationen getrennt durch eine mikroporöse Membran der Schichtdicke l. $\Delta E' =$ Potential bei $\Delta\varphi_{diff} = 0$, ΔE_1 bei $\Delta\varphi_{diff} > 0$, ΔE_2 bei $\Delta\varphi_{diff} < 0$.

Mit dem Diffusionspotential erhält man mit $t_{H^+} = 0,82$:

$$\Delta E_{HCl} = \Delta E'_{HCl} + \Delta\varphi_{Diff,HCl} = \frac{R \cdot 298}{F} 2 \cdot t^+ \cdot \ln \frac{5}{4} = 9,397 \cdot 10^{-3} \text{ Volt}$$

$\Delta\varphi_{HCl}$ sind 38 % von ΔE_{HCl}. Führen wir dieselbe Rechnung mit KCl statt HCl durch, ergibt sich mit u_{KCl} und u_{Cl^-} nach Tab. 4.5 $\Delta\varphi_{diff,KCl} = -1,83 \cdot 10^{-4}$ Volt. Das sind nur ca. 3 % von $\Delta E_{KCl} = 5,547$ Volt, also ein (fast) vernachlässigbarer Betrag.

Beim Einsatz von galvanischen Zellen, sei es als Sensoren oder als Batterien, haben wir es jedoch meistens mit Mischungen von Elektrolyten zu tun, die auf der einen Seite des Separators eine ganz andere Zusammensetzung haben als auf der Gegenseite. Um in solchen Fällen Diffusionspotentiale berechnen zu können, müssen wir statt Gl. (4.81) eine verallgemeinerte Form finden, die für mehr als nur einen gelösten Elektrolyten gilt. Dazu gehen wir wieder aus von der Nernst-Planck'schen Transportgleichung (Gl. (4.77)), für die mit einer beliebigen Zahl von Ionen i im stromlosen Zusatnd gilt:

$$\sum_i z_i J_i = - \sum_i \left(D_i c_i \frac{d \ln c_i}{dx} z_i \right) - \frac{F}{RT} \left(\frac{d\varphi_{el}}{dx} \right) \sum_i \left(c_i D_i z_i^2 \right) = 0 \tag{4.88}$$

Diese Gleichung kann nicht so einfach wie im Fall eines einzigen gelösten Elektrolyten integriert werden. Als Näherungsannahme muss z. B. eine Aussage über die Ortsabhängigkeit jeder Ionenkonzentration c_i gemacht werden. Wir wählen nach Henderson einen linearen Verlauf:

$$c_i(\widetilde{x}) = c_i(\widetilde{x} = 0) + [c_i(\widetilde{x} = 1) - c_i(\widetilde{x} = 0)] \cdot \widetilde{x} \tag{4.89}$$

mit $\widetilde{x} = x/l$ (l = Membrandicke).

Einsetzen von Gl. (4.89) in Gl. (4.88) ergibt mit $[c_i(\widetilde{x} = 1) - c_i(\widetilde{x} = 0)] = \Delta c_i$:

$$\frac{F}{RT}\Delta\varphi_{diff} = - \sum_i \frac{1}{z_i} \int_{\widetilde{x}=0}^{\widetilde{x}=1} \frac{D_i z_i^2 (c_i(0) + \Delta c_i \cdot \widetilde{x})}{\sum_i D_i z_i^2 (c_i(0) + \Delta c_i \widetilde{x})} d\ln(c_i(0) + \Delta x_i \widetilde{x})$$

Wir führen die Variable

$$w = \sum_i D_i z_i^2 (c_i(0) + \Delta c_i \widetilde{x}) \quad \text{bzw.} \quad dw = \left(\sum_i D_i z_i^2 \Delta c_i \right) d\widetilde{x} \tag{4.90}$$

ein und erhalten mit $d\ln(c_i(0) + \Delta c_i x) = \Delta c_i d\widetilde{x}/(c_i(0) + \Delta c_i \widetilde{x})$

$$\frac{F}{RT} \Delta\varphi_{\text{Diff}} = -\sum_i \frac{1}{z_i} \int\limits_{\widetilde{x}=0}^{1} \frac{D_i z_i^2 \cdot \Delta c_i d\widetilde{x}}{\sum_i D_i z_i^2 (c_i(0) + \Delta c_i \widetilde{x})} = -\frac{\sum_i \frac{D_i z_i^2 \cdot \Delta c_i}{z_i}}{\sum_i D_i z_i^2 \Delta c_i} \int\limits_{w(\widetilde{x}=0)}^{w(\widetilde{x}=1)} \frac{dw}{w}$$

Wir resubstituieren Gl. (4.90) und erhalten mit $u_i = F \cdot |z_i| \cdot D_i/RT$ (s. Gl. (4.74)):

$$\boxed{\Delta\varphi_{\text{diff}} = -\frac{RT}{F} \frac{\sum_i u_i |z_i| \Delta c_i/z_i}{\sum_i u_i |z_i| \Delta c_i} \cdot \ln \frac{\sum_i u_i c_i(1)}{\sum_i u_i c_i(0)}} \qquad \text{(Henderson-Gleichung)} \tag{4.91}$$

Gl. (4.91) heißt *Henderson-Gleichung*. sie geht für einen 1,1-Elektrolyten auf beiden Seiten in Gl. (4.86) über. Gl. (4.91) stellt wegen der ad hoc-Annahme in Gl. (4.89) eine Näherung dar. Wir wollen deren Qualität überprüfen, indem wir experimentelle Ergebnisse für $\Delta\varphi_{\text{Diff}}$ mit denen aus Gl. (4.91) berechneten vergleichen. In Tabelle 4.6 sind Lösungspaare unterschiedlicher Elektrolyte mit ihrer jeweiligen Molalität angegeben, die das Anion Cl^- gemeinsam haben. Die Beweglichkeiten u_i für die Ionen H^+, Li^+, Na^+, K^+ und Cl^- wurden Tabelle 4.5 entnommen. Nach Gl. (4.91) gilt für diese Systeme:

$$\Delta\varphi_{\text{Diff}} = -\frac{RT}{F} \cdot \frac{u_+ \cdot \Delta c_+ + u'_+ \cdot \Delta c'_+ - u_{Cl^-} \cdot \Delta c_{Cl^-}}{u_+ \cdot \Delta c_+ + u'_+ \cdot \Delta c'_+ + u_{Cl^-} \cdot \Delta c_{Cl^-}} \cdot \ln \frac{(u_+ c_+ + u'_+ c'_+ + u_{Cl^-} \cdot c_{Cl^-})(\widetilde{x} = 1)}{(u_+ c_+ + u'_+ c'_+ + u_{Cl^-} \cdot c_{Cl^-})(\widetilde{x} = 0)} \tag{4.92}$$

Tab. 4.6 Diffusionspotentiale von verschiedenen 1,1-Elektrolytlösungen

Lösung 1	Lösung 2	$\Delta\varphi_{\text{diff}}$/Volt	$\Delta\varphi_{\text{diff}}$/Volt
$\widetilde{m}$ in mol $\cdot$ kg^{-1} in Klammern	$\widetilde{m}$ in mol $\cdot$ kg^{-1} in Klammern	Experiment	nach Gl. (4.92)
HCl (0,1)	KCl (0,1)	0,028	0,0266
HCl (0,1)	KCl (0,05)	0,053	0,0568
HCl (0,01)	KCl (0,1)	0,010	0,0090
NaCl (0,1)	KCl (0,1)	- 0,005	- 0,0045
HCl (0,1)	LiCl (0,1)	0,035	0,0335
HCl (0,1)	LiCl (0,01)	0,091	0,0926

(Daten aus: C. H. Hamann, W. Vielstich, Elektrochemie, VCH (1985))

Tab. 4.6 zeigt: die Übereinstimmung zwischen Theorie und Experiment ist gut trotz der gemachten Annahmen linearer Konzentrationsprofile in der Diffusionsschicht und der Vernachlässigung von Aktivitätskoeffizienten.

4.4.4 Ionentauschermaterial und das Donnanpotential bei Ionentauschermembranen

Wir haben bereits gesehen, dass der selektive Stofftransport von Ionen durch geeignete Membranen von technischer Bedeutung ist beim Betrieb von Batterien, bei Elektrosynthesen, bei Brennstoffzellen, der Elektrodialyse zur Wasserentsalzung und der Abwasserbehandlung. Das erfordert ein besonderes Membranmaterial. Es besteht aus vernetzten Polymerketten, die mit fixierten Ionen besetzt ist, deren Gegenionen dagegen beweglich sind und sich zwischen den Polymerketten frei bewegen können. Man spricht von *vernetzten Polyelektrolyten*. Die beweglichen Ionen können durch andere gleichgeladene Ionen ausgetauscht werden, daher heißen diese Membranen, *Ionentauschermembranen*. Es gibt Kationen- und Anionentauschermembranen. Ein Beispiel für ein Anionentauscher-Material zeigt Abb. 4.38.

Die auf den Polymerketten fixierten positiven Ladungen bestehen hier i. d. R. aus quaternären Ammoniumgruppen ($-NR_3^+$), die beweglichen Anionen können $Cl^-, Br^-, NO_3^-, HSO_4^-, OH^-$ u. a. sein. Bei einem *Kationentauscher-Material* sind dagegen die Anionen auf den Polymerketten fixiert ($-COO^-, -SO_2^-$ u. a.) und die Kationen sind frei beweglich ($H^+, Li^+, Na^+, K^+, Ca^{2+}, Mg^{2+}$ u. ä.). Tritt solches Ionentauschermaterial in Kontakt mit wässrigen Elektrolytlösungen, kommt es zu einem (partiellen) Austausch der beweglichen Ionen im Polymermaterial mit den gleichsinnig geladenen Ionen des wässrigen Elektrolyten, aber das Polymermaterial quillt auch mit Wasser auf und zusätzlicher Elektrolyt (Anionen und Kationen) löst sich mit dem Wasser zusätzlich im Ionentauschermaterial.

Ionentauschermaterial wird z. B. zur Entkalkung von Leitungswasser verwendet. Dabei wird das Wasser durch eine mit kleinen Kügelchen aus Kationentauschermaterial (KM) gefüllten Kolonne geleitet, das bewegliche H^+-Ionen enthält. Dabei wird Ca^{2+} gegen H^+ ausgetauscht:

$$Ca^{2+}(aq) + 2H^+(KM) \rightarrow Ca^{2+}(KM) + 2H^+(aq)$$

Die Lösung enthält nach dem Austausch $H_2CO_3 = H_2O + CO_2$. Das CO_2 kann leicht ausgetrieben werden. Die Lösung ist danach kalkfrei. Eine andere Anwendung ist die Entfernung von Schwermetallsalzen aus wässrigen Lösungen. Dabei muss nach dem Kationentausch noch ein Anionentausch in einer weiteren Kolonne stattfinden, so dass z. B. durch 2-fachen Austauschprozess

$$2NO_3^-(aq) + Pb^{2+}(aq) + 2H^+(KM) \quad \rightarrow \quad 2H^+(aq) + Pb^{2+}(KM) + 2NO_3^-(aq) \text{ (Kationenaustausch)}$$
$$NO_3^-(aq) + OH^-(AM) + H^+(aq) \quad \rightarrow \quad H_2O + NO_3^-(AM) \quad \text{(Anionenaustausch)}$$

das Wasser schwermetallfrei ist.

Im thermodynamischen Gleichgewicht müssen für alle austauschbaren Teilchen die elektrochemischen Potentiale in der wässrigen Elektrolytphase (links) und der Ionentauscherphase (rechts) gleich sein.

$$\mu_+^0 + RT \ln a_+ + p \cdot \overline{V}_+ + z_+ \cdot F\varphi = \mu_+^{0'} + RT \ln a_+' + p'\overline{V}_+' + z_+ F\varphi' \tag{4.93}$$

$$\mu_-^0 + RT \ln a_- + p \cdot \overline{V}_- + z_- \cdot F\varphi = \mu_-^{0'} + RT \ln a_-' + p'\overline{V}_-' + z_- F\varphi' \tag{4.94}$$

$$\mu_{H_2O}^0 + RT \ln a_{H_2O} + p \cdot \overline{V}_{H_2O} = \mu_{H_2O}^{0'} + RT \ln a_{H_2O}' + p'\overline{V}_{H_2O}' \tag{4.95}$$

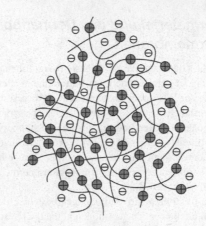

Abb. 4.38 Ausschnitt aus einem polymeren Anionentauscher-Materia mit fixierten Kationen und mobilen Anionen.

$(p' - p) = \Delta p_Q$ heißt der Quellungsdruck und entspricht der osmotischen Druckdifferenz, wie sie zwischen zwei wässrigen Lösungen auftritt (s. Abschnitt 3.14). Im Gegensatz zum Gleichgewicht zwischen wässrigen Lösungen handelt es sich bei den Gleichgewichten zwischen Elektrolytlösung und Ionentauschermaterial um *2 Phasen im Gleichgewicht* mit verschiedenen Bezugszuständen, d. h., es gilt i. A. $\mu_{i0} \neq \mu'_{i0}$ für $i = +, -, H_2O$.

Wir betrachten der Einfachheit halber den Fall $z_+ = 1$ und $z_- = -1$, das wäre z. B. eine NaCl-Lösung. Addition von Gl. (4.93) und Gl. (4.94) ergibt dann nach Umordnen und Entlogarithmieren:

$$\frac{a'_+ \cdot a'_-}{a_+ \cdot a_-} = \exp\left[\frac{\left(\mu_+^0 - \mu_-^0\right) + \left(\mu_+^{0'} - \mu_-^{0'}\right) + p\left(\overline{V}_+ + \overline{V}_-\right) - p'\left(\overline{V}'_+ + \overline{V}'_-\right)}{RT}\right] = K$$

K hat also die Bedeutung einer Gleichgewichtskonstanten. Setzen wir alle a_i bzw. $a'_i \cong \widetilde{m}_i$ bzw. $\widetilde{m}'_i$ und bedenken, dass $\widetilde{m}_+ \cdot \widetilde{m}_- = \widetilde{m}_{El}$, so erhält man:

$$\frac{\widetilde{m}'_+ \cdot \widetilde{m}'_-}{\widetilde{m}_{El}^2} \cong K \tag{4.96}$$

$\widetilde{m}_{El}$ ist die Molalität des 1,1-Elektrolyten in der Lösung. Wir wollen die Molalitäten der beweglichen Ionen in dem Ionentauschermaterial berechnen. Das tun wir zunächst für den Fall eines Kationentauschers. Hier gilt für die Gesamtbilanz aller Ionen im Polymermaterial:

$$\widetilde{m}'_{Fix,An} + \widetilde{m}'_- = \widetilde{m}'_+ \tag{4.97}$$

wobei $\widetilde{m}'_{Fix,An}$ die Molalität der *fixierten* Anionen im Kationentauscherpolymeren bedeutet. Das ist eine feste Größe, die nur vom Polymermaterial abhängt. Einsetzen von Gl. (4.97) in Gl. (4.96) ergibt für $\widetilde{m}'_+$ in einen Kationentauscher:

$$\left(\widetilde{m}'_+\right)^2 - \widetilde{m}'_+ \cdot \widetilde{m}'_{Fix,An} = K \cdot \widetilde{m}_{El}^2$$

bzw. für $\widetilde{m}'_-$:

$$(\widetilde{m}'_-)^2 + \widetilde{m}'_- \cdot \widetilde{m}'_{\text{Fix,An}} = K \cdot \widetilde{m}^2_{\text{El}}$$

Auflösen der beiden quadratischen Gleichungen ergibt für das *Kationentauschermaterial:*

$$\widetilde{m}'_+ = \frac{\widetilde{m}'_{\text{Fix,An}}}{2} + \sqrt{\left(\frac{\widetilde{m}'_{\text{Fix,An}}}{2}\right)^2 + K \cdot (\widetilde{m}_{\text{El}})^2} \tag{4.98}$$

$$\widetilde{m}'_- = -\frac{\widetilde{m}'_{\text{Fix,An}}}{2} + \sqrt{\left(\frac{\widetilde{m}'_{\text{Fix,An}}}{2}\right)^2 + K \cdot (\widetilde{m}_{\text{El}})^2} = \widetilde{m}'_+ - \widetilde{m}'_{\text{Fix,An}} \tag{4.99}$$

Jetzt betrachten wir ein Anionentauschermaterial. Es gilt wieder Gl. (4.96), aber jetzt statt Gl. (4.97):

$$\widetilde{m}_{\text{Fix,Kat}} + \widetilde{m}_+ = \widetilde{m}_- \tag{4.100}$$

$\widetilde{m}_{\text{Fix,Kat}}$ ist die Molalität der fixierten Kationen im Anionentauscher. Daraus folgt dann für das *Anionentauschermaterial:*

$$\widetilde{m}'_- = \frac{\widetilde{m}'_{\text{Fix,Kat}}}{2} + \sqrt{\left(\frac{\widetilde{m}'_{\text{Fix,Kat}}}{2}\right)^2 + K \cdot (\widetilde{m}_{\text{El}})^2} \tag{4.101}$$

$$\widetilde{m}'_+ = -\frac{\widetilde{m}'_{\text{Fix,Kat}}}{2} + \sqrt{\left(\frac{\widetilde{m}'_{\text{Fix,Kat}}}{2}\right)^2 + K \cdot (\widetilde{m}_{\text{El}})^2} = \widetilde{m}'_- - \widetilde{m}'_{\text{Fix,Kat}} \tag{4.102}$$

Statt der Molalitäten $\widetilde{m}_i$ können in Gl. (4.98) bis Gl. (4.102) auch in guter Näherung molare Konzentrationen c_i in $\text{mol} \cdot \text{m}^{-3}$ verwendet werden. Es gilt: $c_i \cong 10^3 \cdot \widetilde{m}_i$.

Abb. 4.39 zeigt die relativen Konzentrationen der Gegenionen ($\widetilde{m}'_+/\widetilde{m}_{\text{El}}$ im Kationen-, $\widetilde{m}'_-/\widetilde{m}_{\text{El}}$ im Anionentauschermaterial) sowie der entsprechenden Co-Ionenkonzentrationen $\widetilde{m}'_-/\widetilde{m}_{\text{El}}$ im Kationentauscher bzw. $\widetilde{m}'_+/\widetilde{m}_{\text{El}}$ im Anionentauscher aufgetragen gegen $\widetilde{m}_{\text{El}}/\widetilde{m}'_{\text{Fix,Kat}}$ bzw. $\widetilde{m}_{\text{El}}/\widetilde{m}_{\text{Fix,An}}$ für $K = 1$ und $K = 5$.

Die Gegenionenkonzentrationen (Kurven ———) sind bei $\widetilde{m}_{\text{El}} = 0$ noch gleich denen der Fixionenkonzentration und steigen dann aber mit $\widetilde{m}_{\text{El}}$ an. Die Co-Ionenkonzentration (Kurven - - - - - -) sind Null bei $\widetilde{m}_{\text{El}} = 0$ und steigen an mit $\widetilde{m}_{\text{El}}$ parallel zur Gegenionenkonzentration an. Das bedeutet: Es dringt zusätzlich Elektrolytlösung mit wachsender äußerer Elektrolytkonzentration in das Ionentauschermaterial ein. Die Ergebnisse sind ganz analog zu sehen wie der in Abschnitt 3.14 beschriebene Donnan-Effekt bei Poylelektrolytlösungen. Die Rolle der Proteinmoleküle bzw. Kolloide übernimmt hier die geladene Polymermatrix.

Ähnlich wie in Abschnitt 3.14 bei Elektrolyt/Protein-Lösungen bewirkt der Donnan-Effekt eine elektrische Potentialdifferenz $\varphi' - \varphi$ an der Phasengrenze Elektrolytlösung/Iontauschermaterial, die sich aus der Subtraktion der Gl. (4.94) von Gl. (4.93) unter Berücksichtigung von $\widetilde{m}_+ = \widetilde{m}_- = \widetilde{m}_{\text{El}}$ ergibt:

$$\frac{\left(\mu^0_+ - \mu^{0'}_+\right) - \left(\mu^0_- - \mu^{0'}_-\right)}{2F} + \frac{RT}{2F} \cdot \ln\left(\frac{\widetilde{m}'_-}{\widetilde{m}'_+}\right) \cong \varphi' - \varphi \tag{4.103}$$

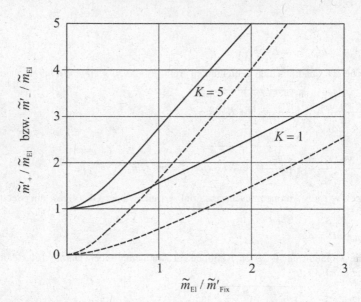

Abb. 4.39 Relative Gegenionenkonzentration $\widetilde{m}_i'/\widetilde{m}_{\mathrm{El}}$ (——— Gl. (4.98) bzw. (4.101)) bzw. relative Co-Ionenkonzentration (- - - - Gl. (4.99) bzw. (4.102)) aufgetragen gegen die relative Konzentration des 1,1-Elektrolyten für $K = 5$ und $K = 1$.

wobei in allen Fällen $a_i \approx \widetilde{m}_i$ bzw. $a_i' = \widetilde{m}_i'$ gesetzt wurde. $(\varphi' - \varphi)$ bezeichnen wir als Donnan-Potential an der Phasengrenze Lösung/Ionentauschermembran.

Gl. (4.103) gilt sowohl für Kationen- wie Anionentauschermaterial. Die $p\overline{V}$-Terme haben wir dabei vernachlässigt. Bei einer Ionentauschermembran gibt es zwei verschiedene Elektrolytlösungen mit denen das Ionentauschermaterial auf der linken bzw. rechten Membranseite in Kontakt ist.

Der Potentialverlauf über eine Ionentauschermembran ist in Abb. 4.40 dargestellt. Er zeigt die beiden Donnan-Potentiale $\varphi'(0) - \varphi(0)$ und $\varphi''(l) - \varphi(l)$ an den Phasengrenzen $x = 0$ und $x = l$. Zusätzlich existiert noch *innerhalb* der Membran eine Potentialdifferenz, die $\Delta\varphi_{\mathrm{M}} = \varphi''(l) - \varphi'(0)$ bezeichnen. Messbar ist aber nur die Differenz $[\varphi(l) - \varphi(0)] = \Delta\varphi_{\mathrm{M}}$, die Potentialdifferenz zwischen den durch die Membran getrennten Lösungen, für die sich schreiben lässt:

$$\Delta\varphi_{\mathrm{M}}' = [(\varphi(l) - \varphi'(l)) - (\varphi(0) - \varphi'(0))] + [\varphi'(l) - \varphi'(0)]$$

Die erste eckige Klammer auf der rechten Seite lässt sich durch Gl. (4.103) ausdrücken, die zweite Klammer ist gleich $\Delta\varphi_{\mathrm{M}}'$, sodass man erhält:

$$\Delta\varphi_{\mathrm{M}} = \frac{RT}{2F} \cdot \ln\left[\frac{\widetilde{m}_-'(0)}{\widetilde{m}_+'(0)} \cdot \frac{\widetilde{m}_+'(l)}{\widetilde{m}_-'(l)}\right] + \Delta\varphi_{\mathrm{M}}' \tag{4.104}$$

$\widetilde{m}_-'(0)$, $\widetilde{m}_+'(0)$, $\widetilde{m}_-'(l)$ und $\widetilde{m}_+'(l)$ lassen sich mithilfe von Gl. (4.98) bis (4.102) berechnen. Dazu muss $\widetilde{m}_{\mathrm{El}}(0)$, $\widetilde{m}_{\mathrm{El}}(l)$, $\widetilde{m}_{\mathrm{Fix}}'$ sowie K bekannt sein. Mit der Herleitung des Ausdrucks für $\Delta\varphi_{\mathrm{M,Diff}}$

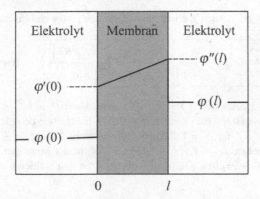

Abb. 4.40 Elektrischer Potentialverlauf φ durch eine Ionentauschermembran (s. Text).

werden wir uns im nächsten Abschnitt 4.4.5 befassen.

4.4.5 Inneres Membranpotential – Selektivität von Ionentauschermembranen bei elektrischem Stromfluss

Wir interessieren uns jetzt für den Fall, dass aufgrund einer äußeren Spannung ein elektrischer Strom durch eine Ionentauschermembran fließt. Wir gehen wieder von der Nernst-Planck'schen Transportgleichung aus und schreiben für die elektrische Stromdichte j'_i eines Ions i innerhalb der Membran (Bezeichnung '):

$$j'_i = z_i F \cdot J'_i = -F \cdot D'_i z_i \frac{dc'_i}{dx} - \frac{F^2}{RT} \cdot z_i^2 D'_i c_i \frac{d\varphi'_M}{dx} \tag{4.105}$$

Im Gegensatz zu homogenen Elektrolytlösungen (s. Abschnitt 4.4.1), wo bei intensiver Durchmischung der Lösung $(dc_i/dx) = 0$ gesetzt wird, ist das innerhalb einer Membran nicht möglich. Das erschwert die Integration von Gl. (4.105). Wir machen daher die plausible Annahme, dass $d\varphi_M/dl = \text{const} = \Delta\varphi_M/l$ ist. Die dadurch einfach gewordene Integration lautet:

$$\int_0^l dl = l = - \int_{c'(x=0)}^{c'(x=l)} \frac{F D'_i z_i \cdot dc'_i}{j'_i + F^2 \cdot z_i^2 \cdot D'_i \cdot c'_i \Delta\varphi'_M/l \cdot RT}$$

l ist die Membrandicke. Da im stationären Zustand j_i überall konstant ist, erhält man:

$$z_i \frac{F \cdot \Delta\varphi'_M}{RT} = \ln\left[\frac{j'_i + F^2 z_i D'_i \cdot \left(\Delta\varphi'_M/l \cdot RT\right) \cdot c'_i(x=0)}{j'_i + F^2 z_i D'_i \cdot \left(\Delta\varphi'_M/l \cdot RT\right) \cdot c'_i(x=l)}\right] \tag{4.106}$$

$\Delta\varphi'_M$ ist die elektrische Potentialdifferenz *innerhalb* der Membran, also $\varphi''(l) - \varphi'(0)$ in Abb. 4.40. $c'_i(x=0)$ und $c'_i(x=l)$ sind die Konzentrationen *innerhalb* der Membran an den Grenzen zu den

Elektrolytlösungen. Aufgelöst nach j_i' erhält man für die stationäre elektrische Stromdichte:

$$j_i' = \left(\frac{F^2 \cdot z_i^2 \cdot D_i'}{RT \cdot l}\right)\Delta\varphi_M' \frac{\left(c_i'(0) - c_i'(l) \cdot \exp\left[F \cdot z_i \cdot \Delta\varphi_M'/RT\right]\right)}{\exp\left[F \cdot z_i \cdot \Delta\varphi_M'/RT\right] - 1} \qquad \text{(Goldman)} \qquad (4.107)$$

c_i' ist hier in $\mathrm{mol} \cdot \mathrm{m}^{-3}$ einzusetzen ($c_i' = \tilde{m}_i' \cdot 10^3$), l in m und D_i in $\mathrm{m}^2 \cdot \mathrm{s}^{-1}$. Gl. (4.107) heißt *Goldman-Gleichung*. Mit Gl. (4.107) können wir für 1,1-Elektrolyte den elektrischen Kationenstrom durch die Membran j_+' mit $z_+ = 1$ und den Anionenstrom j_- mit $z_- = -1$ berechnen, ebenso wie die Überführungszahlen $t_+' = j_+'/(j_+' + j_-') = 1 - t_-'$ in der Membran. Bei Ionentauschermembranen ist nach Gl. (4.98) bzw. Gl. (4.102) einzusetzen (wir wählen hier wegen Gl. (4.107) $c_i' = 10^3 \cdot \tilde{m}_i'$):

$$\mathrm{K - Membran}: c_+' = \frac{c_{\mathrm{Fix}}'}{2} + \sqrt{c_{\mathrm{Fix}}'^2/4 + K_{\mathrm{Kat}} \cdot c_{\mathrm{El}}^2} = c_{\mathrm{Fix}}' + c_-', \qquad c_-' = c_+' - c_{\mathrm{Fix}}' \qquad (4.108)$$

mit $c_+' = c_+'(x = 0)$ bzw. $c_+'(x = l)$ und $c_-' = c_-'(x = 0)$ bzw. $c_-'(x = l)$.

$$\mathrm{A - Membran}: c_-' = \frac{c_{\mathrm{Fix}}'}{2} + \sqrt{c_{\mathrm{Fix}}'^2/4 + K_{\mathrm{An}} \cdot c_{\mathrm{El}}^2} = c_{\mathrm{Fix}}' + c_+', \qquad c_+' = c_-' - c_{\mathrm{Fix}}' \qquad (4.109)$$

mit $c_-' = c_-'(x = 0)$ bzw. $c_-'(x = l)$ und $c_+' = c_+'(x = 0)$ bzw. $c_+'(x = l)$.

Für die elektrische Stromdichte j durch eine A- oder K-Ionentauschermembran ergibt sich dann nach Gl. (4.107) für einen 1,1-Elektrolyten:

$$j = j_+' + j_-' = \frac{RT}{l}\left[u_+' \cdot \frac{c_+'(0) - c_+'(l) \cdot e^x}{e^x - 1} + u_-' \cdot \frac{c_-'(0) - c_-'(l) \cdot e^{-x}}{e^{-x} - 1}\right] \cdot x \qquad \text{(1,1 EL)} \quad (4.110)$$

mit $x = \Delta\varphi_M \cdot F/RT$ und den Beweglichkeiten in der Membran $u_+' = |z_+| \cdot D_+' \cdot F/RT$ und $u_-' = |z_-| \cdot D_-' \cdot F/RT$ entsprechend Gl. (4.74). Man beachte: $j = j_+' + j_-' = j_+ + j_-$ hat in der Membran *und* außerhalb in den Elektrolytlösungen denselben Wert, während $j_+ \neq j_+'$ und $j_- \neq j_-'$ gilt!

Für $c_+'(0)$, $c_+'(l)$, $c_-'(0)$ und $c_-'(l)$ sind Gl. (4.108) bzw. Gl. (4.109) einzusetzen mit dem entsprechenden Wert für $c_{\mathrm{El}}(0)$ oder $c_{\mathrm{El}}(l)$, also den Elektrolytkonzentrationen links und rechts von der Membran. Man sieht, dass sich Gl. (4.110) vereinfacht, wenn die Elktrolytkonzentration auf beiden Seiten der Membran gleich sind, also $c_{\mathrm{El}}(0) = c_{\mathrm{El}}(l)$ gilt. Dann wird aus Gl. (4.110):

$$j = j' = -\frac{RT}{l}\left[u_+' \cdot c_+' + u_-' \cdot c_-'\right] \cdot x \qquad (c_{\mathrm{El}} = c_{\mathrm{El}}(0) = c_{\mathrm{El}}(l)) \qquad (4.111)$$

In diesem Fall gilt innerhalb der Membran das Ohm'sche Gesetz mit einer konstanten, stromunabhängigen elektrischen Leitfähigkeit repräsentiert durch die eckige Klammer.

In Abb. 4.41 ist die Beispielberechnung für eine Kationentauschermembran nach Gl. (4.110) dargestellt. Als Parameter wurden gewählt: $c_{\mathrm{El}}(0) = 10^3 \cdot \tilde{m}_{\mathrm{El}} = 1\,\mathrm{mol} \cdot \mathrm{m}^{-3}$, $c_{\mathrm{El}}(l) = 10^3 \cdot \tilde{m}_{\mathrm{El}}(l) = 3\,\mathrm{mol} \cdot \mathrm{m}^{-3}$, $c_{\mathrm{Fix}} = 10\,\mathrm{mol} \cdot \mathrm{m}^{-3}$, $K = 1$, $l = 10^{-4}\,\mathrm{m}$ und $T = 298\,\mathrm{K}$. Für u_+' wurde der Wert für Na^+ und für u_-' der von Cl^- in wässrigen Lösungen aus Tabelle 4.5 eingesetzt.

Die Kurve für $j = j' = j_+' + j_-'$ zeigt einen nahezu linearen Verlauf. Sie schneidet die x-Achse bei $x = 0,039$ j_-' zeigt über den dargestellten Bereich kleine, überall positive Werte. Im Fall

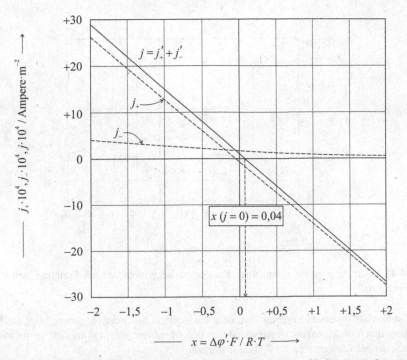

Abb. 4.41 Stromdichte j und Partialstromdichten j'_+ und j'_- durch eine Kationentauschermembran als Funktion von $x = \Delta\varphi'_M \cdot F/RT$. Bei $j = 0$ beträgt $x = 0,039$, also $\Delta\varphi'_M = R \cdot 298 \cdot 0,039/F = 1$ Millivolt.

$c'_{EI}(0) = c_{EI}(l)$ würden sowohl j_+ als auch j_- bei $x = 0$ beide gleich Null werden und j_- hätte ebenso wie j_+ für $x > 0$ negative Werte.

Die gesamte Potentaildifferenz $\Delta\varphi_M$ über eine stromdurchflossene Membran ist durch Gl. (4.104) gegeben mit $\Delta\varphi'_M = x \cdot F/RT$ aus Gl. (4.110):

$$\Delta\varphi_M(j) = \frac{RT}{2F} \ln\left[\frac{c'_-(0)}{c'_+(0)} \cdot \frac{c'_+(l)}{c'_-(l)}\right] + \frac{RT}{F} \cdot x(j) \tag{4.112}$$

x als Funktion von j muss nummerisch aus Gl. (4.110) bestimmt werden. Wir wollen nun noch $\Delta\varphi_M$ im stromlosen Zustand, also $\Delta\varphi_M(j = 0)$ berechnen. Setzen wir dazu in Gl. (4.110) $j = 0$ und lösen nach x auf, ergibt sich nach Einsetzen von $x(j = 0)$ in Gl. (4.112):

$$\Delta\varphi_M(j) = \frac{RT}{2F} \cdot \ln\left[\frac{c'_-(0) \cdot c'_+(l)}{c'_+(0) \cdot c'_-(l)}\right] + \frac{RT}{F} \ln\left[\frac{u'_+ \cdot c'_+(0) + u'_- \cdot c'_-(l)}{u'_+ \cdot c'_+(l) + u'_- \cdot c'_-(0)}\right] \tag{4.113}$$

Wir berechnen $\Delta\varphi_M(j)$ bei $T = 298$ K mit den Parametern $c_{Fix} = 10$ mol $\cdot$ m^{-3}, $k = 1$, $c_{EL}(0) = 4$ mol $\cdot$ m^{-3} und $c_{EL}(l) = 2$ mol $\cdot$ m^{-3}, sowie $u'_+ = u_{Na^+}$ und $u'_- = u_{Cl^-}$ aus Tabelle 4.5. Das Ergebnis lautet:

$$\Delta\varphi_M(j) = 0,0154 - 0,0023 = 0,0131 \text{ Volt}$$

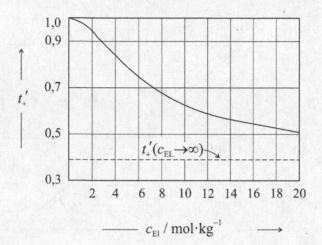

Abb. 4.42 Überführungszahl t'_+ in einer Kationentauschermembran als Funktion von c_{EL} = $c_{EL}(0) = c_{EL}(l)$.

Wir stellen als typisches Ergebnis fest, dass die gesamte Spannungsänderung über die Membran $\Delta\varphi_M$ durch die Spannungsunterschiede an den Membranrändern dominiert wird, während innerhalb der Membran nur ca. 15 % dazu beitragen.

Der Anteil des Diffusionspotentials der Membran $\Delta\varphi_{M,Diff}$ am Gesamtpotential $\Delta\varphi_M$ beträgt also in unserem Beispiel nur 4 %.

Wir können nun auch die sog. Überführungszahlen t'_+ und t'_-, also die Stromanteile von Kationen und Anionen in einer Ionentauscher-Membran, berechnen. Es gilt:

$$t'_+ = 1 - t'_- = \frac{j'_+}{j'_+ + j'_-} = \frac{1}{1 + j'_- / j'_+} \tag{4.114}$$

Wir berechnen j_-/j_+ mit Hilfe von Gl. (4.107):

$$\frac{j'_-}{j'_+} = \frac{u'_-}{u'_+} \cdot \frac{[c'_-(0) - c'_-(l) \cdot e^{-x}]\,(e^x - 1)}{[c'_+(0) - c'_+(l) \cdot e^x]\,(e^{-x} - 1)} \tag{4.115}$$

mit $x = \Delta\varphi \cdot F/RT$ und $u'_-/u'_+ = D_-/D_+$. Für $c'_-(0)$, $c'_-(l)$, $c'_+(0)$ und $c'_+(l)$ sind jeweils Gl. (4.98) und (4.101) bzw. Gl. (4.99) und (4.102) einzusetzen mit den jeweiligen Elektrolytkonzentrationen in den durch die Membran getrennten Lösungen $c_{El}(0)$ und $c_{El}(l)$. Im Sonderfall $c_{El}(0) = c_{El}(l)$, also bei identischen Elektrolytkonzentrationen in beiden Lösungen, wird $c_-(0) = c_-(l) = c_-$ und $c_+(0) = c_+(l) = c_+$. Dann vereinfacht sich Gl. (4.115) zu

$$\frac{j_-}{j_+} = \frac{u'_-}{u'_+} \cdot \frac{c'_-}{c'_+} \qquad (c_{El}(0) = c_{El}(l) = c_{El}) \tag{4.116}$$

j_-/j_+ und somit auch t' hängen in diesem Sonderfall nicht von x bzw. $\Delta\varphi_M$ ab, sondern nur von c_{El}. Gl. (4.114) mit j_-/j_+ nach Gl. (4.116) ist in Abb. 4.42 für eine Kationentauschermembran (also mit c'_+ nach Gl. (4.98) und c'_- nach Gl. (4.99)) gegen c_{EI} aufgetragen. Es wurden die Daten $c'_{Fix} = 0,01$ mol $\cdot$ kg und $K = 1$ eingesetzt sowie $u'_-/u'_+ = u'_{Cl^-}/u'_{Na^+} = 79,1/51,9 = 1,5241$ nach Tabelle 4.5.

Der Kurvenverlauf in Abb. 4.42 zeigt, dass t'_+ mit wachsenden Außenkonzentrationen c_{EI} abnimmt und sich in unserem Beispiel einem Grenzwert $t^+(c_{EI} \to \infty) = 0,398$ annähert. Dort wird $c'_- = c'_+$ und $j_{Cl^-}/j_{Na^+} = u'_{Cl^-}/u'_{Na^+} = 1,5241$.

Die Selektivität der Membran verschlechtert sich also mit zunehmender Konzentration $\widetilde{m}_{EI}$, d.h., es nehmen immer mehr Anionen am elektrischen Stromtransport teil, je größer c_{EI} ist. Das Entsprechende gilt natürlich für Anionenmembranen.

4.4.6 Biologische Membranen – Die Na/K-Pumpe

Biologische Membranen, die eine lebende Zelle gegen ihre Umgebung, das Cytoplasma, abgrenzen, sind von zentraler Bedeutung für das Leben aller Organismen. Biologische Membranen bestehen aus einer Doppellipidschicht (Dicke: 5 - 6 nm), die mit verschiedenen Proteinen durchsetzt ist. Die Struktur einer solchen Membran ist in Abb. 4.43 und Abb. 4.44 schematisch dargestellt. Die Doppelschicht besteht aus langkettigen Lipidmolekülen. Diese enthalten als hydrophiles Zentrum Cholinphosphat, das mit einer alkoholischen Gruppe verestert ist und als Zwitterion vorliegt (s. Abb. 4.45). Das Zwitterion ragt in die wässrige Lösung hinein. Die beiden Reste R_1 und R_2 bestehen jeweils aus cs. 14 Kohlenstoffatomen. Sie ragen in die Membran hinein und werden durch unpolare Wechselwirkungen in senkrechter Richtung zur Schicht orientiert und zusammengehalten. So bilden sie die eine Hälfte der Doppellipidschicht, die andere Hälfte besteht aus der zweiten Lipidschicht mit umgekehrter Orientierung. Es besteht eine hohe Beweglichkeit der Lipidmoleküle in lateraler Richtung (mittlere Verweilzeit: ca. 10^{-7} s).

Der Austausch zweier Lipidmoleküle in verschiedenen Schichten ist dagegen sehr langsam und erfordert Zeiträume von mehreren Stunden. Die durch die Doppelschicht in beide Richtungen herausragenden Proteine (s. Abb. 4.43) enthalten hydrophile Kanäle unterschiedlicher Durchmesser, die den Transport von kleinen Ionen wie Na^+, K^+, Ca^{2+} oder Cl^- durch die Doppelschicht ermöglichen.

Eine der lebenswichtigen Eigenschaften solcher Membranen ist ihre Fähigkeit, ganz unterschiedliche Konzentrationen bestimmter Ionen im Inneren der Zelle gegenüber denen im extrazellulären Cytoplasma aufrechtzuerhalten. Tabelle 4.7 gibt als Beispiel Konzentrationen für das sog. Tintenfischaxon (eine Nervenzelle des Tintenfischs) und für menschliche Erythrozyten.

Tab. 4.7 Konzentrationen c_i in mmol/Liter

	Tintenfischaxon			Erythrozyten		
	c_{Na^+}	c_{K^+}	c_{Cl^-}	c_{Na^+}	c_{K^+}	c_{Cl^-}
Zellinneres	50	400	70	19	136	
Plasma (extrazellulär)	460	10	540	120	5	

Man sieht, dass in beiden Zellsystemen K^+ im Zellinneren stark angereichert ist gegenüber dem extrazellulären Plasma. Beim Na^+- und Cl^--Ion ist es genau umgekehrt.

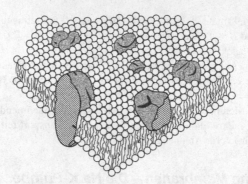

Abb. 4.43 Struktur einer biologischen Zellmembran. Die Doppellipidschicht ist durchsetzt mit globulären Proteinen.

Wir wollen nun die thermodynamischen Ursachen für dieses Phänomen genauer untersuchen. Es handelt sich offensichtlich um einen stationären Zustand, bei dem ein ständiger Austausch von Na^+-, K^+- und Cl^--Ionen in beide Richtungen mithilfe der erwähnten Ionenkanäle durch die Membran aufrechterhalten wird.

Für den Ionentransport durch eine Membran, bei dem Konzentrationsgradienten auftreten, gibt es notwendigerweise auch einen elektrischen Potentialgradienten, wie die in Abschnitt 4.4.5 (Gl. 4.107) abgeleitete Goldman-Gleichung zeigt. Dabei handelt es sich hier aber keineswegs um eine Iontauschermembran. Im Fall einer biologischen Zellmembran lautet die Goldman-Gleichung für die 3 relevanten Ionen Na^+, $K+$ und Cl^- mit $z_{Na^+} = +1$, $z_{K^+} = +1$ und $z_{Cl^-} = -1$:

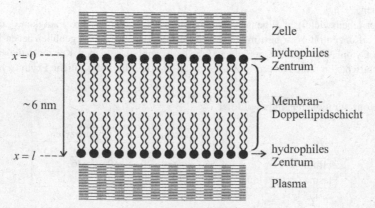

Abb. 4.44 Details der Membran-Doppelschicht (s. Text) (nach G. Adam, P. Läuger, G. Stark, Physikalische Chemie, Springer, 1988)

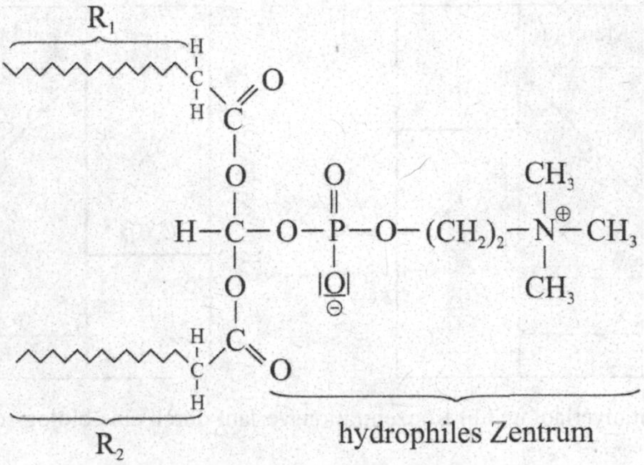

Abb. 4.45 Chemische Struktur eines Cholinphosphatlipid-Moleküls

$$j_{\text{Na}^+} = \left(\frac{F^2 \cdot D_{\text{Na}^+}}{RT \cdot l}\right) \cdot \Delta\varphi'_M \cdot \frac{c'_{\text{Na}^+}(0) - c'_{\text{Na}^+}(l) \cdot \exp\left[z_{\text{Na}^+} \cdot \Delta\varphi'_M/RT\right]}{\exp\left[F \cdot z_{\text{Na}^+} \cdot \Delta\varphi'_M/RT\right] - 1} \tag{4.117}$$

$$j_{\text{K}^+} = \left(\frac{F^2 \cdot D_{\text{K}^+}}{RT \cdot l}\right) \cdot \Delta\varphi'_M \cdot \frac{c'_{\text{K}^+}(0) + c'_{\text{K}^+}(l) \cdot \exp\left[\Delta\varphi'_M \cdot F/RT\right]}{\exp\left[F \cdot \Delta\varphi'_M/RT\right] - 1} \tag{4.118}$$

$$j_{\text{Cl}^-} = \left(\frac{F^2 \cdot D_{\text{Cl}^-}}{RT \cdot l}\right) \cdot \Delta\varphi'_M \cdot \frac{c'_{\text{Cl}^-}(0) + c'_{\text{Cl}^-}(l) \cdot \exp\left[-F \cdot \Delta\varphi'_M/RT\right]}{\exp\left[-F \cdot \Delta\varphi'_M/RT\right] - 1} \tag{4.119}$$

$\Delta\varphi_M$ ist die Potentialdifferenz innerhalb der Membran (s. Abb. 4.46). j_i sind die elektrischen Stromdichten für $i = \text{Na}^+, \text{K}^+, \text{Cl}^-$ und $c'_i(0)$ bzw. $c'_i(l)$ sind die Konzentrationen *innerhalb* der Membran an den Stellen $x = 0$ bzw. $x = l$ (s. Abb. 4.44). $c'_i(0)$ und $c'_i(l)$ sind jedoch nicht direkt messbar. Wir suchen vielmehr einen Zusammenhang zwischen $c'_i(0)$ und $c'_i(l)$ und den entsprechenden Konzentrationen in den angrenzenden Lösungen ($c_i(0)$ im Zellmedium bzw. $c_i(l)$ im extrazellulären Plasma). Diese Werte sind messbar (s. Tabelle 4.7). Die Gleichgewichtsbedingung für ein Phasengleichgewicht an einer Phasengrenzfläche lautet (s. Gl. (4.1)):

$$\eta_i = \eta'_i \quad \text{also} \quad \mu_{i0} + RT \ln a_i + z_i \cdot F \cdot \Psi_i = \mu'_{i0} + RT \ln a'_i + z_i \cdot F \cdot \Psi_i$$

oder mit $a_i \approx c_i$ und $a'_i \approx c'_i$:

$$c'_i(0) = c_i(0) \cdot K_{N_i} \cdot \exp\left[z_i F \cdot \Delta\Psi_0/RT\right] \quad \text{bzw.} \quad c'_i(l) = c_i(l) \cdot K_{N_i} \cdot \exp\left[-z_i F \cdot \Delta\Psi_l/RT\right] \tag{4.120}$$

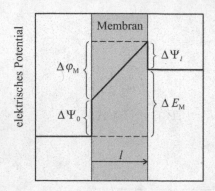 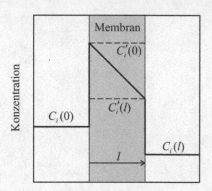

Abb. 4.46 a) Potentialverlauf und b) Konzentrationsverlauf durch eine biologische Membran

mit dem Nernst'schen Verteilungskoeffizienten $K_{N_i} = c'_i/c_i = \exp\left[(\mu'_{i0} - \mu_{i0})/RT\right]$ und der Galvanispannung $\Delta\Psi = \Psi' - \Psi$ an den Grenzflächen (s. Abb. 4.46). Setzen wir Gl. (4.120) in Gl. (4.117) bis (4.119) ein, erhält man ($i = Na^+_+, K^+_+, Cl^-$):

$$j_i = \frac{F^2}{RT} \cdot \Delta\varphi'_M \cdot \widetilde{P}_i \cdot \frac{c_i(0)\exp[z_iF \cdot \Delta\Psi(0)/RT] - c_i(l) \cdot \exp\left[z_iF(\Delta\varphi'_M - \Delta\Psi(l))/RT\right]}{\exp\left[z_iF \cdot \Delta\varphi'_M/RT\right] - 1}$$

(4.121)

$\widetilde{P}_i$ heißt *Permeabilität* des Ions i:

$$\widetilde{P}_i = \frac{D_i \cdot K_{N_i}}{l}$$

(4.122)

Nun setzen wir voraus, dass die Stromdichten $j_i (i = Na^+, K^+, Cl^-)$ voneinander unabhängig sind. Ferner muss die gesamte Stromdichte j verschwinden, da kein äußeres elektrisches Feld existiert:

$$j = j_{Na^+} + j_{K^+} + j_{Cl^-} = 0$$

(4.123)

Setzen wir nun Gl. (4.121) für $i = Na^+, K^+, Cl^-$ in Gl. (4.123) ein, lässt sich diese umschreiben und man erhält mit $z_{Na^+} = z_{K^+} = 1$ sowie $z_{Cl^-} = -1$ für $\Delta E_M = \Delta\varphi'_M + \Delta\Psi(l) + \Delta\Psi(0)$:

$$\Delta E_M = \frac{RT}{F} \ln \frac{\widetilde{p}_{K^+} \cdot c_{K^+}(0) + \widetilde{P}_{Na^+} \cdot c_{Na^+}(0) + \widetilde{P}_{Cl^-} \cdot c_{Cl^-}(0) \cdot \exp\left[F\dfrac{(\Delta\Psi(0) - \Delta\Psi(l))}{RT}\right]}{\widetilde{P}_{K^+} \cdot c_{K^+}(l) + \widetilde{P}_{Na^+} \cdot c_{Na^+}(l) + \widetilde{P}_{Cl^-} \cdot c_{Cl^-}(l) \cdot \exp\left[F\dfrac{(\Delta\Psi(0) - \Delta\Psi(l))}{RT}\right]}$$

(4.124)

ΔE_M ist die Potentialdifferenz zwishen Zellinnerem und extrazellulärem Plasma. In Abb. 4.46 sind der Konzentrationsverlauf eines Ions i sowie der Verlauf des elektrischen Potentials durch die Membran nochmals zusammenfassend dargestellt.

Zur gesamten Potentialdifferenz ΔE_M zwischen Zelllösung und Lösung im Plasma tragen also die Galvanispannungen $\Delta\Psi(0)$ und $\Delta\Psi(l)$ mit bei. Ferner weiß man, dass $\widetilde{P}_{Cl^-} \ll \widetilde{P}_{K^+}$ und $\widetilde{P}_{Cl^-} \ll \widetilde{P}_{Na^+}$ gilt, so dass man den dritten Term in Gl. (4.124) sowohl im Zähler wie im Nenner in guter Näherung weglassen kann. Daher kann man schreiben:

$$\Delta E_M \cong \frac{RT}{F} \ln \left[\frac{\left(\widetilde{P}_{Na^+}/\widetilde{P}_{K^+}\right) \cdot c_{Na^+}(l) + c_{K^+}(l)}{\left(\widetilde{P}_{Na^+}/\widetilde{P}_{K^+}\right) \cdot c_{Na^+}(0) + c_{K^+}(0)} \right] \tag{4.125}$$

ΔE_M lässt sich durch eine Mikroelektrodentechnik messen. Man findet $\Delta E_M = -0,060$ Volt bei 308 K = 37 °C. Mit den Daten der Konzentrationen in Tabelle 4.7 erhält man daraus $\widetilde{P}_{Na^+}/\widetilde{P}_{K^+} = 0,0667$. Die Absolutwerte $\widetilde{P}_{Na^+}$ und $\widetilde{P}_{K^+}$ bleiben jedoch unbekannt. Sie sind durch andere Messmethoden bestimmbar, auf die wir hier nicht näher eingehen. Gl. (4.125) beschreibt zwar den Prozess richtig, stellt aber dennoch *keine stationäre*, d. h., *zeitunabhängige* Lösung dar, sondern nur eine für einen gegebenen Zeitpunkt gültige. Das sieht man leicht ein. Da $\widetilde{P}_{Cl^-}$ vernachlässigbar gering ist, gilt auch $j_{Cl^-} \approx 0$. Damit folgt aus Gl. (4.123):

$$j_{Na^+} = -j_{K^+} \tag{4.126}$$

Das bedeutet, es strömen ständig genauso viele Na^+-Ionen vom Plasma in das Zellinnere hinein wie K^+-Ionen aus dem Zellinneren ins Plasma. Daher müsste die Na^+-Konzentration in der Zelle ständig anwachsen und die der K^+-Ionen ständig abnehmen, bis $c_{Na^+}(0) = c_{Na^+}(l)$ und $c_{K^+}(0) = c_{K^+}(l)$ geworden ist. Plasma und Zelle enthielten dann dieselben Konzentrationen und $\Delta\varphi'_M$ würde gleich Null. Das wird aber nicht beobachtet, sonst würde ja auch die biologische Funktion der Zelle zusammenbrechen und der Organismus absterben. Es muss also noch einen weiteren Prozess geben, der dafür sorgt, dass die Konzentrationen, wie sie in Tabelle 4.7 angegeben sind, ständig aufrechterhalten werden.

Gl. (4.126) beschreibt daher nur den sog. *passiven Transport,* der spontan abläuft, d. h., Na^+- und K^+-Ionen diffundieren in Richtung ihrer Konzentrationsgradienten. Um einen stationären Zustand zu erreichen, muss noch ein sog. *aktiver Prozess* hinzukommen, der die Ionen in Gegenrichtung zum passiven Transport „bergauf" transportiert und somit den passiven Transport genau kompensiert. Erst dadurch kommt ein zeitunabhängier, also stationärer Gesamtprozess zustande. Die Gesamtbilanz lautet daher:

$$j_{Na^+}^P + j_{K^+}^P + j_{Na^+}^A + j_{K^+}^A = 0 \quad \text{bzw.} \quad j_{Na^+}^P + j_{K^+}^P = -\left[j_{Na^+}^A + j_{K^+}^A\right] = j_{el} \tag{4.127}$$

Der Index P bedeutet „passiv", der Index A „aktiv". j_{el} nennen wir die Kompensations-Stromdichte. Es gilt $j_{el} \neq 0$ i. G. zu Gl. (4.126). Setzen wir nun Gl. (4.127) in Gl. (4.121) mit $i = Na^+$ bzw. K^+ ein, erhält man:

$$\Delta E_M = \frac{RT}{F} \ln \left[\frac{\left(\widetilde{P}_{Na^+}/\widetilde{P}_{K^+}\right) \cdot c_{Na^+}(l) + c_{K^+}(l) - j_{el} \cdot RT/\left(\widetilde{P}_{K^+} \cdot F^2 \cdot \Delta E_M\right)}{\left(\widetilde{P}_{Na^+}/\widetilde{P}_{K^+}\right) \cdot c_{Na^+}(0) + c_{K^+}(0) - j_{el} \cdot RT/\left(\widetilde{P}_{K^+} \cdot F^2 \cdot \Delta E_M\right)} \right] \tag{4.128}$$

Da $j_{el} \cdot RT/(\widetilde{P}_{K^+} \cdot F^2 \cdot \Delta E_M)$ jedoch klein ist gegen die anderen Terme in Zähler und Nenner, kann Gl. (4.126) in guter Näherung statt Gl. (4.128) verwendet werden. Der aktive Prozess erfordert eine Energiequelle. Diese wird durch die Reaktion:

$$ATP \rightarrow ADP + P \quad \text{mit} \quad \Delta_R \overline{G} = -60 \text{ kJ} \cdot \text{mol}^{-1}$$

zur Verfügung gestellt. Wir wollen hier nicht näher auf den zugrunde liegenden Mechanismus eingehen, jedenfalls wird durch die Bereitstellung der freien Reaktionsenthalpie $\Delta_R \overline{G}_{ATP} = -60$ kJ $\cdot$ mol^{-1} der folgende aktive Transport bewirkt:

$$3Na^+(0) + 2K^+(l) \rightarrow 3Na^+(l) + 2K^+(0)$$

Diesen Prozess bezeichnet man als *Na/K-Pumpe*. Es werden also 3 mol Na$^+$ aus der Zelle in das extrazelluläre Plasma transportiert, während gleichzeitig 2 mol K$^+$ aus dem extrazellulären Plasma in die Zelle gelangen. Beide Teilprozesse laufen gegen die Konzentrationsgradienten in der Membran ab und erfordern folgende freie Enthalpiedifferenz:

$$\Delta \overline{G}_{aktiv} = 3RT \cdot \eta_{Na^+}(l) + 2RT \cdot \eta_{K^+}(0) - (3RT \cdot \eta_{Na^+}(0) + 2RT \cdot \eta_{K^+}(l))$$

Also ergibt sich:

$$\Delta \overline{G}_{aktiv} = 3RT \cdot \ln \frac{c_{Na^+}(l)}{c_{Na^+}(0)} - 3F \cdot \Delta E_M + 2RT \cdot \ln \frac{c_{K^+}(0)}{c_{K^+}(l)} - 2F \cdot \Delta E_M$$

Mit $\Delta E_M = -0,060$ Volt und den Konzentrationswerten in Tabelle 4.7 ergibt sich bei T = 308 K:

$$\Delta \overline{G}_{aktiv} = R \cdot 308 \left[3 \ln(460/50) + 2 \ln(400/10)\right] + F \cdot 0,060 = 41731 \text{ J} \cdot \text{mol}^{-1} = 41,73 \text{ kJ} \cdot \text{mol}^{-1}$$

Dieser Wert gilt für das Tintenfischaxon. Im Fall der menschlichen Erythrozyten erhält man durch die analoge Rechnung mit den Daten aus Tabelle 4.6 $\Delta \overline{G}_{aktiv} = -42,20$ kJ $\cdot$ mol^{-1}, also fast denselben Wert. Es handelt sich bei der Na/K-Pumpe um einen partiell irreversiblen Prozess, da kein chemisches Gleichgewicht, sondern nur ein stationärer Zustand vorliegt, der durch die Koppelung einer chemischen Reaktion (ATP $\rightarrow$ ADP + P) mit einem aktiven Transport ($j_{Na^+}^A + j_{K^+}^A = -j_{el}$) zustande kommt.

Nach den Ausführungen in Abschnitt 4.3.2 ist dieser Prozess mit einer Entropieproduktion verbunden. Im Fall eines molaren Umsatzes ATP $\rightarrow$ ADP + P ergibt sich für die Entropieproduktion $\Delta_i S$:

$$\Delta_i S = \frac{W - W_{rev}}{T} = \frac{\Delta \overline{G}_{aktiv} - \Delta \overline{G}_{ATP}}{T} = \frac{-41,7 + 60,0}{308} \cdot 10^3 = 59,4 \text{ J} \cdot \text{mol}^{-1} \cdot \text{K}^{-1}$$

Die Reaktion ATP $\rightarrow$ ADP + P wirkt wie eine elektrochemische Batterie, die bei einer Spannung $\Delta E_M = -0,06$ Volt die elektrische Stromdichte j_{el} liefert.

4.4.7 Elektrodialyse

Die Elektrodialyse ist ein wichtiges Verfahren zur Entsalzung von Wasser. Abb. 4.47 zeigt das Prinzip. In abwechselnder Reihenfolge sind Kationenaustauscher- und Anionenaustauscher-Membranen hintereinandergeschaltet, wobei der Abstand zwischen den Membranschichten durch sog. „Spacer" (nicht gezeigt in Abb. 4.47) möglichst klein gehalten wird. An das ganze Paket dieser „Sandwich"-Anordnung von n Membranen (nur 4 sind in Abb. 4.47 gezeigt) ist zwischen einer Kathode und einer Anode eine Spannung V angelegt. In die Zwischenräume (Kanäle) der Membranen tritt nun von unten die zu behandelnde Salzlösung ein mit der Konzentration $c_{El,in}$ und der

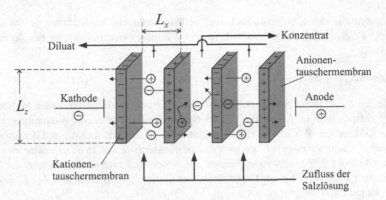

Abb. 4.47 Prinzip der Elektrodialyse zur Entsalzung von wässrigen Elektrolytlösungen.

Volumengeschwindigkeit $\dot{V} = dV/dt$. Der Trenneffekt wird dadurch erreicht, dass in den Kanälen, bei denen die Kationenaustauscher-Membran auf der Seite zur negativen Kathode hin bzw. die Anionenaustauscher-Membran auf der Seite zur positiven Anode hin liegt, Ionen des Salzes aus dem Zufluss die Membranen nach links (Kationen) bzw. nach rechts (Anionen) durchdringen können, so dass in diesen Kanälen die oben austretende Salzlösung verdünnt ist (Diluat). In den benachbarten Kanälen (in Abb. 4.47 der mittlere) wird dagegen die Menge der Ionen erhöht durch die seitlich eindringenden Ionen, wobei die Ionen in ihrer Bewegungsrichtung die gegenüberliegenden Membranen nicht durchdringen können; sie werden im Wesentlichen abgestoßen, da für Kationen eine A-Membran weitgehend undurchdringlich ist bzw. für Anionen eine K-Membran. Dadurch kommt es in den entsprechenden Kanälen zur Anreicherung des Salzes und es tritt oben eine aufkonzentrierte Salzlösung aus (Konzentrat). Es wird also nach Durchströmen der Salzlösung durch den Elektrodialysator diese aufgespalten in eine verdünnte und eine aufkonzentrierte Lösung unter Erhaltung der Gesamtmenge an Salz. Anode und Kathode sind über die Spannungsquelle (nicht gezeigt in Abb. 4.47) in einem elektrischen Stromkreis miteinander verbunden, daher muss es an den Elektroden zu folgenden ladungsübertragenden Reaktionen kommen:

$$2e^- + 2H_2O \rightarrow H_2 + 2OH^- \quad \text{(Kathode)}$$

$$2OH^- \rightarrow \frac{1}{2}O_2 + H_2O + 2e^-$$

Also in der Summe zur Wasserelektrolyse:

$$H_2O \rightarrow H_2 + \frac{1}{2}O_2$$

Die Membranen sowie die Kanäle mit Diluat und Konzentrat spielen also im Gesamtsystem die Rolle eines inneren elektrischen Widerstandes r.

Wir wollen jetzt den Prozess der Elektrodialyse quantitativ behandeln, wobei wir von einem 1,1-Elektrolyten, z.B. einer NaCl-Lösung ausgehen. Der elektrische Strom mit der Stärke I ($C \cdot s^{-1}$) fließt in x-Richtung von der Kathode zur Anode durch die Membranen (alternierend K- und A-Membran) und durch die Kanäle, die das Diluat bzw. das Konzentrat enthalten. Die Fließrichtung des Elektrolyten in den Kanälen (z-Richtung) verläuft senkrecht zur Richtung des elektrischen Stromes. Der elektrische Spannungsabfall $\Delta\varphi$ über 2 Kanäle einschließlich der beteiligten Membranen beträgt

$$\Delta\varphi = \Delta\varphi_{El}^{Konz} + \Delta\varphi_{El}^{Dil} + \Delta\varphi_{M}^{A} + \Delta\varphi_{M}^{K} \tag{4.129}$$

Hier bedeuten $\Delta\varphi_{El}^{Konz}$ der Spannungsabfall zwischen 2 benachbarten Membranen im Konzentrat und $\Delta\varphi_{El}^{Dil}$ entsprechend im Diluat. $\Delta\varphi_{M}^{A}$ ist der Spannungsabfall über eine A-Membran und $\Delta\varphi_{M}^{K}$ über eine K-Membran. Wir suchen nach dem Zusammenhang zwischen $\Delta\varphi$ und der Stromstärke I, also nach der sog. Stromspannungskurve. Da die Konzentrationen in den Kanälen sich mit der z-Richtung ändern (c_{El}^{Konz} nimmt zu, c_{El}^{Dil} nimmt ab), ändert sich auch die Stromdichte $j = (dI/dA)$ senkrecht zur z-Richtung, also zur Fließrichtung des Elektrolyten (Fläche $A = L_y \cdot L_z$ bzw. $dA = L_y \cdot dL_z$). Es gilt die Bilanz:

$$j = \frac{dQ}{dA \cdot dt} = -L_x \cdot \frac{dc_{El}^{Dil}}{dt} \cdot F = L_x \cdot \frac{dc_{El}^{Konz}}{dt} \cdot F \tag{4.130}$$

A ist die Oberfläche einer Membranseite. Wegen $(c_{El}^{Konz} + c_{El}^{Dil})/2 = c_{El}^{in}$ gilt $-dc_{El}^{Dil} = +dc_{El}^{Konz}$. Gl. (4.130) setzt voraus, dass alle Kanäle dieselbe Geometrie mit dem Volumen $L_x \cdot L_y \cdot L_z$ haben.

Jetzt führen wir noch die Volumengeschwindigkeit $\dot{v}_{El}$ ein, die in beiden Kanälen gleich ist, und erhalten:

$$dt = L_x \cdot L_y \cdot \frac{dl_z}{\dot{v}_{El}} \tag{4.131}$$

mit $0 \leq l_z \leq L_z$. Kombination von Gl. (4.130) mit Gl. (4.131) ergibt

$$j = F\frac{dc_{EL}^{Konz}}{dl_z} \cdot \frac{\dot{v}}{L_y} \quad \text{bzw.} \quad j = -F\frac{dc_{EL}^{Konz}}{dl_z} \cdot \frac{\dot{v}}{L_y} \tag{4.132}$$

bzw. bei Addition der beiden Ausdrücke:

$$j = L_x \cdot F \cdot \frac{1}{2}\frac{d\left(c_{EL}^{Konz} - c_{EL}^{Dil}\right)}{dl_z} \cdot \left(\frac{dl_z}{dt}\right) \tag{4.133}$$

mit $0 < l_z < L_z$. Jetzt setzen wir (dl_z/dt) aus Gl. (4.131) in Gl. (4.133) ein. Da überall gilt, dass $j = $const, ergibt die Integration von $l_z = 0$ bis $l_z = L_z$:

$$j = \frac{1}{2}\frac{F}{A} \cdot \Delta c_{EL} \cdot \dot{v} \tag{4.134}$$

mit $\Delta c_{EL} = (c_{EL}^{Konz} - c_{El}^{Dil})_{l_z=L_z}$ und $A = L_y \cdot L_z$ (Membranfläche). Wie groß sind die elektrischen Spannungen im Konzentrationskanal $\Delta\varphi_{M}^{Konz}$ und im Verdünnungskanal $\Delta\varphi_{M}^{Dil}$ an der Stelle l_z? Dazu gehen wir aus von Gl. (4.76) mit $\kappa^{Konz} = c_{EL}^{Konz} \cdot F \cdot (u_+ + u_-)$ bzw. $\kappa^{Dil} = c_{EL}^{Dil} \cdot F \cdot (u_+ + u_-)$ und erhalten bei Betrachtung von Gl. (4.132):

$$\Delta\varphi_{EL}^{Konz} = j\frac{L_x}{c_{EL}^{Konz} \cdot F \cdot (u_+ + u_-)} = \frac{L_x}{L_y} \cdot \frac{\dot{v}}{(u_+ + u_-)} \cdot \frac{1}{c_{EL}^{Konz}} \cdot \frac{dc_{EL}^{Konz}}{dl_z} \tag{4.135}$$

bzw.

$$\Delta\varphi_{EL}^{Dil} = j\,\frac{L_x}{c_{EL}^{Dil} \cdot F \cdot (u_+ + u_-)} = \frac{L_x}{L_y} \cdot \frac{\dot{v}}{(u_+ + u_-)} \cdot \frac{1}{c_{EL}^{Dil}} \cdot \frac{dc_{EL}^{Dil}}{dl_z} \tag{4.136}$$

Addition von Gl. (4.135) und Gl. (4.136) ergibt:

$$(\Delta\varphi_{EL}^{Konz} + \Delta\varphi_{EL}^{Dil})dl_z = \frac{L_x}{L_y} \cdot \frac{\dot{v}}{(u_+ + u_-)} \cdot \left(\frac{dc_{EL}^{Konz}}{c_{EL}^{Konz}} - \frac{dc_{EL}^{Dil}}{c_{EL}^{Dil}} \right) \tag{4.137}$$

Integration von Gl. (4.137) von $l_z = 0$ bis $l_z = L_z$ ergibt:

$$\Delta\varphi_{EL}^{Konz} + \Delta\varphi_{EL}^{Dil} = \frac{L_x}{L_y \cdot L_z} \cdot \frac{\dot{v}}{(u_+ + u_-)} \cdot \ln\frac{c_{EL}^{Dil}(l_z = L_z)}{c_{EL}^{Konz}(l_z = L_z)} \tag{4.138}$$

wobei beachtet wurde, dass $c_{EL}^{Konz}(l_z = 0) = c_{EL}^{Dil}(l_z = 0) = c_{EL}^{Ein}$ die Eingangskonzentration der Elektrolytlösung bedeutet. Gl. (4.138) lässt sich schreiben:

$$\Delta\varphi_{EL}^{Konz} + \Delta\varphi_{EL}^{Dil} = \frac{L_x}{A} \cdot \frac{\dot{v}}{(u_+ + u_-)} \cdot \ln\left[\frac{1 + \dfrac{\Delta c_{EL}(L_z)}{c_{EL}^{Ein}}}{1 - \dfrac{\Delta c_{EL}(L_z)}{c_{EL}^{Ein}}} \right] \tag{4.139}$$

Da bei der Integration, die zu Gl. (4.139) führt, eine Abhängigkeit von $\Delta\varphi_{EL}^{Konz}$ und $\Delta\varphi_{EL}^{Dil}$ nicht berücksichtigt wurde, ist $\Delta\varphi_{EL}^{Konz} + \Delta\varphi_{EL}^{Dil}$ als Mittelwert anzusehen. Zur Berechnung der Gesamtspannung $\Delta\varphi$ in Gl. (4.129) fehlt noch $\Delta\varphi_M^A + \Delta\varphi_M^K$. Wir gehen von Gl. (4.110) aus, beschränken uns auf kleine Werte von $x = \Delta\varphi_M' \cdot F/RT$ und erhalten mit $e^x \approx 1 + x$ bzw. $e^{-x} = 1 - x$:

$$j = j_+' + j_-' = \frac{RT}{l_M} \left[u_+' \, (c_+'(r) - c_+'(l)) - u_-' \, (c_-'(r) - c_-'(l)) - x \left[u_+' \cdot c_+'(l) + u_-' \cdot c_-'(l) \right] \right]$$

Die Indeces r und l kennzeichnen den rechten bzw. linken Membranrand. Um die weiteren Berechnungen zu vereinfachen ohne die prinzipielle Aussage zu verfälschen, nehmen wir für die Beweglichkeiten der Ionen in der Membran an, dass $u_+' = u_-' = u_\pm'$ gilt und erhalten:

$$j = \frac{RT}{l_M} u_\pm' \left[c_+'(r) - c_+'(l) - c_-'(r) + c_-'(l) - x \left(c_+(l) + c_-'(l) \right) \right] \tag{4.140}$$

Gl. (4.140) gilt für eine K- wie für eine A-Membran. Wir greifen zur Berechnung der Konzentration in Gl. (4.140) auf Gl. (4.98) bis Gl. (4.102) zurück:

$$c_\pm'(r) = \pm\frac{c_{Fix}'}{2} + \sqrt{\left(\frac{c_{Fix}'}{2}\right)^2 + K \cdot c_{El}^2(r)} \tag{4.141}$$

$$c_\pm'(l) = \pm\frac{c_{Fix}'}{2} + \sqrt{\left(\frac{c_{Fix}'}{2}\right)^2 + K \cdot c_{El}^2(l)} \tag{4.142}$$

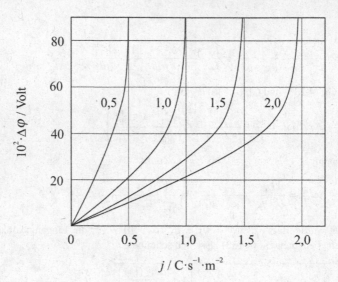

Abb. 4.48 Strom-Spannungskurve für die Einheit eines Elektrodialysators (2 Kanäle, 2 Membranen) für verschiedene Eingangskonzentrationen c_{El}^{Ein} (Zahlenwerte 0,5 bis 2 mol · m^{-3}) nach Gl.(4.144).

Gl. (4.141) und (4.142) gelten für die K-Membran, wie für die A-Membran, wenn wir den vereinfachten Fall betrachten, dass K und c_{Fix} für beide Membranen dieselben Werte haben. Einsetzen von Gl. (4.141) und Gl. (4.142) in Gl. (4.140) ergibt dann:

$$j = \frac{RT}{l_M} \cdot 2u'_\pm \cdot \sqrt{\left(\frac{c_{Fix}}{2}\right)^2 + K \cdot c_{El}^2(l)} \cdot x$$

und damit:

$$\Delta\varphi_M^K = \Delta\varphi_M^A = \frac{l_M}{u'_\pm} \cdot \frac{j}{F} \cdot \left[2 \cdot \sqrt{\left(\frac{c_{Fix}}{2}\right)^2 + K \cdot c_{El}^2(l)}\right]^{-1} \tag{4.143}$$

Im Fall der einen Membran (z.B. K-Membran) ist $c_{El}(l_z) = c_{El}^{Dil}$ im Fall der anderen Membran (A-Membran) ist $c_{El}(l_z) = c_{El}^{Konz}$. Da $c_{El}^{Konz} + c_{El}^{Dil}$ überall gleich c_{El}^{Ein} ist, setzen wir näherungsweise $c_{El}^2(l_z) \cong c_{El}^{in}$ sowohl für die K- wie die A-Membran.

Dann gilt Gl. (4.143) für beide Membranen als Mittelwert. Setzen wir nun Gl. (4.139) und Gl. (4.143) mit $\Delta\varphi_M = \Delta\varphi_M^K + \Delta\varphi_M^A$ in Gl. (4.129) ein, erhält man für die Strom-Spannungskurve von 2 Kanälen mit 2 Membranen:

$$\Delta\varphi = \frac{L_x}{A} \cdot \frac{\dot{v}}{(u'_+ + u'_-)} \cdot \ln\left[\frac{1 + \Delta c_{EL}(L_z)/c_{EL}^{Ein}}{1 - \Delta c_{EL}(L_z)/c_{EL}^{Ein}}\right] + \frac{l_M}{u'_\pm} \cdot \frac{j}{F} \cdot \left[\sqrt{\left(\frac{c_{Fix}}{2}\right)^2 + K \cdot c_{El}^{Ein2}}\right]^{-1}$$

$$\tag{4.144}$$

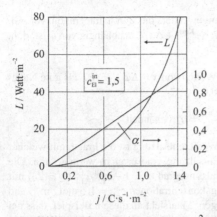
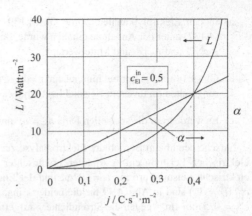

Abb. 4.49 Elektrische Leistung L pro m^2 und Entsalzungsgrad α als Funktion der Stromdichte j für $c_{El}^{in} = 1,5\,\text{mol} \cdot \text{m}^{-3}$ (links) und $c_{El}^{in} = 0,5\,\text{mol} \cdot \text{m}^{-3}$ (rechts).

wobei in Gl. (4.144) $\Delta c_{EL}(L_z)$ aus Gl. (4.134) einzusetzen ist:

$$\frac{\Delta c_{EL}(L_z)}{c_{EL}^{Ein}} = j \cdot \frac{2A}{F \cdot \dot{v}} \frac{1}{c_{EL}^{Ein}}$$

Damit ist Gl. (4.144) die gesuchte Strom-Spannungskurve $\Delta\varphi(j)$ für die Zelleinheit einer Elektrolyseanlage.

Gl. (4.144) gilt nur im Fall der gemachten vereinfachenden Annahmen. Um den Verlauf $\Delta\varphi(j)$ diskutieren zu können, setzen wir für ein Rechenbeispiel folgende Parameter in Gl. (4.144) ein: $L_x = 0,01\,\text{m}$, $A = 1\,\text{m}^2$, $\dot{v} = 10^{-5}\,\text{m}^3 \cdot \text{s}^{-1}$, $l_M = 10^{-5}\,\text{m}$, $c_{Fix} = 2\,\text{mol} \cdot \text{m}^{-3}$, $K = 5$ und $u_{\pm} = 10^{-7}$ sowie $u'_{\pm} = 10^{-9}\,\text{m}^2 \cdot \text{Volt}^{-1} \cdot \text{s}^{-1}$. Mit diesen Zahlenwerten berechnen wir Gl. (4.144) bei 4 verschiedenen Eingangskonzentrationen c_{El}^{Ein} des Elektrodialysators. Abb. 4.48 zeigt die Ergebnisse. Die Kurven $\Delta\varphi(j)$ steigen erst linear, dann mit größer werdender Steigung an, die gegen ∞ geht.

Dort wird eine Gesamtstromstärke erreicht, die bei Anlegen einer noch so hohen Spannung $\Delta\varphi$ nicht weiter erhöht werden kann.

Die Gesamtstromdichte ist umso höher, je höher die Konzentration c_{El}^{in} ist. die Ursache dafür ist, dass im Diluatkanal am oberen Ende c_{El}^{Dil} so klein wird, dass der Elektrolytwiderstand im Diluatkanal sehr hohe, im Extremfall unendlich hohe Werte erreicht. Die Grenzstromdichte wird erreicht, wenn $\Delta c_{EL} = c_{EL}^{Ein}$ gilt, also $j_{Grenz} = F \cdot \dot{v} c_{EL}^{Ein} / 2A$ ist. Wenn der Elektrodialysator insgesamt aus n Kanälen besteht, erhöhen sich die Spannungswerte $\Delta\varphi$ in Gl. (4.144) um den Faktor $n/2$, die Stromdichte j dagegen bleibt unverändert.

Es sei noch erwähnt, dass es ähnlich wie in stromdurchflossenen galvanischen Zellen (Batterien, etc.) eine zusätzliche Spannung auftreten kann, die ganz analog wie in Abschnitt 4.3.1 Anlass zu einer Diffusionsüberspannung gibt, verursacht durch sog. Konzentrationspolarisation in einer kleinen Schicht im Elektrolyten direkt an den Membranrändern, wo nur noch laminare Strömungsverhältnisse herrschen. Diese zusätzliche Spannung zeigt ebenfalls einen maximalen Grenzstrom, der aber häufig erst bei höheren Werten von j eine Rolle spielt. Wir fassen nochmals zusammen: unsere Modellrechnungen beruhen auf folgenden vereinfachenden Annahmen:

a) In den Elektrolytkanälen wurde Gl. (4.139) angewendet, die durch Integration von Gl. (4.137) unter der Annahme erhalten wurde, dass $\Delta\varphi_{EL}^{Konz} + \Delta\varphi_{EL}^{Dil}$ unabhängig von l_z ist, d. h. $\Delta\varphi_{EL}^{Konz}$ und $\Delta\varphi_{EL}^{Dil}$ sind Mittelwerte.

b) Gl. (4.140) kann nur bei hinreichend niedrigen Werten von $x = \Delta\varphi_M \cdot F/RT$ als gute Näherung gelten. In unserem Beispiel liegt x bei ca. 0,05.

c) Es werden nur die speziellen Fälle $u_+ = u_-$ und $u'_+ = u'_-$ behandelt.

Entscheidend beim Betrieb der Elektrodialyse zur Wasserentsalzung ist die Frage, mit welcher elektrischen Leistung ein bestimmter, erwünschter Entsalzungsgrad erreicht werden kann. Die elektrische Leistung pro m² $L = j \cdot \Delta\varphi$ und der Entsalzungsgrad $\alpha = 1 - c_{EL}^{Dil}/c_{EL}^{Ein}(l_z = L_z)$ mit $c_{EL}^{Dil}(l_z = L_z)$ sind in Abb. 4.49 für die beiden Eingangskonzentrationen $c_{EL}^{in} = 1,5\,\text{mol} \cdot \text{m}^{-3}$ und $c_{EL}^{in} = 0,5\,\text{mol} \cdot \text{m}^{-3}$ gegen die Stromdichte j aufgetragen. Man sieht an diesem Beispiel, dass bei niedrigen Werten von c_{EL}^{in} eine deutlich niedrigere elektrische Flächenleistung L erforderlich ist, um denselben Entsalzungsgrad α zu erreichen wie bei höheren Werten von c_{EL}^{in}. So beträgt z.B. für $\alpha = 0.9$ bei $c_{EL}^{in} = 0,5\,\text{mol}\cdot\text{m}^{-3}$ die Leistung $L = 22,5$ Watt$\cdot m^{-2}$ während es bei $c_{EL}^{in} = 1,5\,\text{mol}\cdot\text{m}^{-3}$ bereits 45 Watt sind. Dieses Verhalten ist typisch für die Elektrodialyse. Sie ist daher besonders zur Entsalzung von wässrigen Lösungen mit niedrigem Salzgehalt geeignet, z.B. von Brackwasser oder versalztem Grundwasser. Man sieht ferner in Abb. 4.49, dass $\alpha = 1$ nur bei $L \to \infty$ erreichbar wäre, also bei $\Delta\varphi \to \infty$, da j endlich bleibt.

4.5 Anwendungsbeispiele und Aufgaben zu Kapitel 4

4.5.1 Bestimmung des Löslichkeitsproduktes von AgCl aus EMK-Messungen

EMK-Messungen können zur Bestimmung von Löslichkeitsprodukten schwerlöslicher Salze genutzt werden. Zeigen Sie am Beispiel von AgCl, dass sich L_{AgCl} aus dem Standardpotential der Ag/AgCl-Elektrode (mit $a_{AgCl^-} = 1$) und dem der Ag$^+$/Ag-Elektrode bestimmen lässt. Die Daten dazu finden Sie in Tab. 4.3 und Tab. 4.1. Vergleichen Sie das Resultat mit dem Wert von [10] lg L_{AgCl} aus Tab. 3.7.
Lösung:
Nach den Angaben in Tab. 4.3 und 4.1 gilt:

$$\Delta E_H = +0,2224 + \frac{RT}{F} \cdot \ln \frac{a_{Ag} \cdot a_{Cl^-}}{a_{AgCl}}$$

$$\Delta E'_H = +0,8000 + \frac{RT}{F} \cdot \ln \frac{a_{Ag}}{a_{Ag^+}}$$

Also:

$$\Delta E_H - \Delta E'_H = 0,2224 - 0,8000 = -0,5776 = \frac{RT}{F} \cdot \ln\left(a_{Ag^+} \cdot a_{Cl^-}\right)$$

Bei $T = 298$ K erhält man:

$$^{10}\lg L_{AgCl} = {}^{10}\lg\left(a_{Ag^+} \cdot a_{Cl^-}\right) = -9,768$$

In Tabelle 3.7 wird ein Wert für $^{10}\ln L_{AgCl}$ von - 9,750 angegeben. Die Werte weichen nur um 0,2 % voneinander ab.

4.5.2 Thermospannung und Thermoelemente

Bringt man zwei Drähte, die aus verschiedenen Metallen A und B bestehen, jeweils an ihren Enden in Kontakt miteinander und hält die beiden Kontaktstellen jeweils auf der Temperatur T bzw. T_0, so lässt sich eine elektrische Spannung zwischen den Kontaktstellen messen, die sog. Thermospannung (s. Abb. 4.50).

Das lässt sich folgendermaßen verstehen. An den beiden Kontaktstellen treten Elektronen als mobile Ladungsträger durch die Grenzfläche hindurch, bis sich elektrochemisches Gleichgewicht einstellt (s. auch Beispiel 2 in Abschnitt 4.1.1.):

$$\eta_A^e = \eta_B^e \quad \text{bzw.} \quad \mu_A^e - F \cdot \varphi_A = \mu_B^e - F \cdot \varphi_B$$

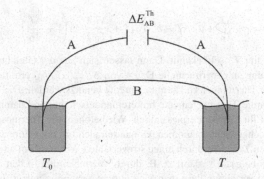

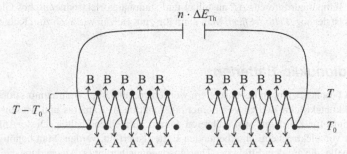

Abb. 4.50 Zur Erzeugung der Thermospannung E_{AB}^{Th} (oben) und Addition von n Einzelelementen mit Thermospannung $n \cdot \Delta E_{AB}^{Th}$.

Die Galvanispannung $\Delta\varphi = \varphi_A - \varphi_B = \left(\mu_A^e - \mu_B^e\right)/F$ an einer Kontaktstelle ist nicht direkt messbar. Messbar ist aber die Differenz der beiden Galvanispannungen bei T und T_0, wenn $T \neq T_0$. Es gilt mit $\Delta\mu_{AB}^e = \mu_A^e - \mu_B^e$:

$$\Delta E_{AB}^{Th} = \Delta\varphi(T) - \Delta\varphi(T_0) = \left[\Delta\mu_{AB}^e(T) - \Delta\mu_{AB}^e(T_0)\right]/F$$

Wir schreiben mit $\Delta\mu^e = \Delta h^e - T\Delta S^e$:

$$\begin{aligned}
\Delta\mu^e(T) - \Delta\mu^e(T_0) &= \Delta h^e(T) - \Delta h^e(T_0) - T\Delta S^e(T) + T_0 \cdot \Delta S^e(T_0) \\
&= \Delta c_p^e \cdot (T - T_0) - T\left[\Delta S^e(T_0) + \Delta c_p^e \cdot \ln(T/T_0)\right] + T_0 \cdot \Delta S^e(T_0) \\
&= \Delta c_p^e(T - T_0) - T\Delta c_p^e \ln(T/T_0) - T\Delta S^e(T_0)\left(1 - \frac{T_0}{T}\right)
\end{aligned}$$

wobei angenommen wurde, dass Δc_p^e temperaturunabhängig ist. Also erhält man:

$$\begin{aligned}
F \cdot \Delta E_{AB}^{Th}(T, T_0) &= \Delta\mu^e(T) - \Delta\mu^e(T_0) \\
&= \left[\Delta h^e(T_0) - \Delta\mu^e(T_0)\right]\left[\frac{T}{T_0} - 1\right] + \Delta c_p^e(T - T_0) - T\Delta c_p^e \cdot \ln(T/T_0)
\end{aligned}$$

Formal ergibt das mit $\Delta T = T - T_0$:

$$\Delta E_{AB}^{Th}(\Delta T, T_0) = a \cdot \frac{\Delta T}{T_0} + b \cdot \Delta T - b \cdot T_0\left(1 + \frac{\Delta T}{T_0}\right) \cdot \ln\left(1 + \frac{\Delta T}{T_0}\right)$$

Die Referenztemperatur T_0 sei bekannt. Dann lassen sich aus der Gleichung die 2 Parameter a und b durch Anpassung an experimentelle Daten von $\Delta E_{AB}^{Th}(\Delta T, T_0)$ ermitteln. Die Thermospannung ΔE_{AB}^{Th} kann als Thermometer (Thermoelement) benutzt werden. Die Spannungen addieren sich, wenn man mehrere Thermoelemente hintereinanderschaltet und damit erhöht sich auch die Messempfindlichkeit für Temperaturmessungen. Wir betonen: die Thermospannung ist kein thermodynamisches Gleichgewichtsphänomen, es handelt sich um ein stationäres Gleichgewicht, da sich die Temperaturen T und T_0 durch einen irreversiblen Wärmestrom angleichen werden, auch wenn dieser Prozess langsam verläuft, z. B. durch Wärmeleitung in den beiden Metalldrähten. Es lässt sich auch so verfahren, dass man eine äußere Spannung anlegt. Dann fließt ein Strom, bis sich eine Temperaturdifferenz ΔT ausbildet und stationäres elektrochemisches Gleichgewicht herrscht. Das ist der sog. *Peltier-Effekt*. Man kann ihn zum Heizen wie auch zum Kühlen benutzen.

4.5.3 *Radionuklid-Batterien*

Batterien mit besonders langen Lebensdauern werden vor allem bei Weltraummissionen benötigt, um den Funkkontakt, den Betrieb von Steuerungsfunktionen, Kameras und wissenschaftlichem Instrumentarium für Zeiträume von mehreren Jahren aufrechtzuerhalten. Diese Anforderungen können nicht von elektrochemisch arbeitenden Batterien erfüllt werden. Man benötigt dazu eine Spannungsquelle, die auf dem Effekt der Thermospannung beruht (s. Anwendungsbeispiel 4.5.2). Als Wärmequelle zur Aufrechterhaltung einer hohen Temperatur T wird im Inneren der Batterie (s. Abb. 4.51) ein Pellet aus PuO_2 eingesetzt. Das Plutonium liegt dabei als ^{238}Pu vor, ein radio-

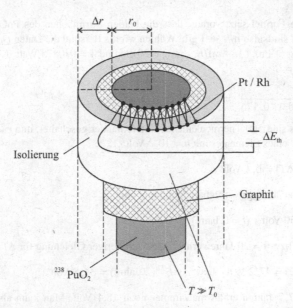

Abb. 4.51 Schematische Darstellung einer Radionuklid-Batterie (Querschnitt) mit Thermospannung ΔE_{Th} Thermoelement: Pt/Rh.

aktiver α-Strahler mit einer spezifischen Wärmeerzeugungsrate für frisch „erbrütetes" ^{238}Pu von $\dot{Q}_0/m_{Pu} = 450\ \text{Watt} \cdot \text{kg}^{-1}$, vorausgesetzt, alle α-Teilchen werden im umgebenden Material absorbiert und ihre Energie in Wärme umgewandelt. Die Halbwertszeit τ von ^{238}Pt beträgt 87,7 Jahre, d. h., der Wärmefluss $\dot{Q}$ durch den Mantel der Batterie nach außen beträgt:

$$\dot{Q} = \dot{Q}_0 \cdot \exp\left[-\frac{t}{\tau}\right]$$

Der Wärmefluss $\dot{Q}$ (in Watt) hängt mit der Wärmeleitfähigkeit λ der zylinderrohrförmigen Materialhülle des PnO$_2$-Pellets folgendermaßen zusammen (s. Abb. 4.51):

$$\dot{Q} = -\lambda \cdot \frac{dT}{dr} \cdot 2\pi r \cdot l$$

Im quasi-stationären Zustand ist $\dot{Q}$ konstant und man erhält nach Integration:

$$-\frac{Q}{\lambda \cdot 2\pi l} \ln \frac{r_0 + \Delta r}{r_0} = \Delta T$$

wobei Δr der Abstand von r_0, dem Zylinderradius des Pellets, und l die Länge der Pellets bedeuten. Also gilt:

$$\dot{Q}_0 \cdot e^{-t/\tau} \cdot \frac{1}{2\pi \cdot l \cdot \lambda} \ln \frac{r_0 + \Delta r}{r_0} = |\Delta T|$$

Diese vereinfachte Formel setzt voraus, dass die beiden Stirnflächen des PnO_2-Zylinders $2\pi r_0^2$ klein gegen $2\pi r_0 \cdot l$ sind, also $r_0/l \ll 1$ gilt. Wählen wir als Beispiel die Daten $\dot{Q}_0 = 100$ Watt (das entspricht ca. 220 g ^{238}Pn), $(\Delta r + r_0)/r_0 = 3$, $l = 20$ cm und $\lambda = 0,0875$ Watt $\cdot$ K$^{-1} \cdot$ m^{-1}, so erhält man für $|\Delta T|$ bei $t = 0$

$$|\Delta T| = \frac{1}{2\pi \cdot 0,1 \cdot 0,175} \cdot \ln 3 = 1000 \text{ K}$$

Nehmen wir an, es sind 500 Thermoelemente hintereinander geschaltet, und es gilt für die Thermospannung ΔE^{Th} eines Elementes mit $a = 10^{-4}$ Volt $\cdot$ K^{-1}:

$$\Delta E^{Th} \cong a \cdot |\Delta T| = 0,1 \text{ Volt}$$

dann ergibt sich eine anfangs verfügbare Spannung von

$$n \cdot \Delta E^{Th} = 50 \text{ Volt} \quad (t = 0 \text{ Jahre})$$

Nach $t = 5$ Jahren bzw. $t = 20$ Jahren erhält man nach obriger Gleichung für ΔT:

$$\Delta E^{Th}(5\text{Jahre}) = 47,2 \text{ Volt} \quad \text{bzw.} \quad \Delta E^{Th}(20\text{Jahre}) = 39,8 \text{ Volt}$$

Nach $t = \tau = 87,7$ Jahren erhält man immer noch 18,4 Volt. Man kann also für Jahrzehnte eine Raumkapsel mit elektrischem Strom versorgen. Im Betrieb bei Stromverbrauch sind die tatsächlichen Spannungswerte allerdings etwas geringer. Das ist bei allen Batterietypen der Fall (s. Abschnitt 4.3.1). Die berechneten Werte für ΔE^{Th} gelten nur, wenn der Batterie keine Leistung entnommen wird. Es ist auch zu bedenken, dass die Funksignalstärke für den Informationsaustausch zwischen Kapsel und Erdstation umso geringer wird, je weiter sich die Raumkapsel von der Erde entfernt hat. Als alternative Stromquellen wären auch Photozellen denkbar, wenn die Entfernung zur Sonne nicht so groß ist, bei Missionen zum Pluto und darüber hinaus sind jedoch Radionuklid-Batterien unverzichtbar.

4.5.4 *Das Weston-Element als Standardspannungsquelle*

Das sog. Weston-Element ist eine galvanische Zelle, die sich im stromlosen Gleichgewichtszustand befindet und bei 20 °C eine langzeitstabile elektrische Spannung von 1,01865 Volt liefert, die als Spannungsstandard Verwendung findet. Das Weston-Element ist in Abb. 4.52 dargestellt.
  Es besteht aus den beiden Elektroden zweiter Art:

links : $Hg_2SO_4(f) + 2e^- \;\rightleftharpoons\; 2Hg(fl) + SO_4^{2-}(aq)$

rechts : $\frac{3}{8}H_2O(fl) + Cd(\text{Amalgam}) + SO_4^{2-}(aq) \;\rightleftharpoons\; CdSO_4 \cdot \frac{3}{8}H_2O(f) + 2e^-$

Der gemeinsame Elektrolyt ist eine gesättigte $CdSO_4$-Lösung. Die Gesamtreaktion lautet also:

$$Hg_2SO_4(f) + \frac{3}{8}H_2O(fl) + Cd(\text{Amalgam}) \rightleftharpoons CdSO_4 \cdot \frac{3}{8}H_2O(f) + 2Hg(fl)$$

Da Hg_2SO_4, Hg und $CdSO_4 \cdot \frac{3}{8}H_2O$ im reinen Zustand vorliegen, ist deren Aktivität gleich 1. Die

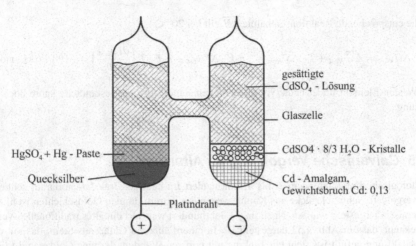

Abb. 4.52 Das Weston-Element.

Aktivität von H_2O ist konstant ebenso wie die von Cd im Amalgam, da die wässrige Lösung an $CdSO_4(aq)$ gesättigt ist. Nach der Phasenregel gilt für die Freiheitsgrade f eines Systems mit k Komponenten und σ Phasen (Gl. (1.42)):

$$f = k + 2 - s$$

Beim Weston-Element gibt es 5 Komponenten und 5 Phasen, also ist $f = 2$. Diese freien Variablen sind Temperatur und Druck. Bei 20 ° C und 1 bar ist das Gleichgewicht daher festgelegt und damit auch die Zellspannung ΔE, ein Stromfluss findet daher nicht statt. Es gilt:

$$\Delta E_{\text{West}} = \Delta E^0 - \frac{RT}{2F} \ln \left(a_{H_2O}^{3/8} \cdot a_{\text{Cd(Amalgam)}} \right) = \text{const}$$

Die Temperaturabhängigkeit des Weston-Elementes ist gegeben durch die empirische Beziehung:

$$\Delta E_{\text{West}} = 1,01865 - 4,06 \cdot 10^{-5} \, K^{-1}(\vartheta - 20) - 9,5 \cdot 10^{-7} K^{-2}(\vartheta - 20)^2 + 10^{-7} K^{-3}(\vartheta - 20)^3$$

mit ϑ in ° C ($\vartheta = T - 273,15$). Damit ergibt sich für die Temperaturabhängigkeit von ΔE:

$$\left(\frac{\partial \Delta E_{\text{West}}}{\partial T} \right)_{1 \text{ bar}} = -4,06 \cdot 10^{-5} - 19 \cdot 10^{-7}(\vartheta - 20) + 3 \cdot 10^{-7}(\vartheta - 20)^2$$

Bei $\vartheta = 20°C$ beträgt $(\partial \Delta E_{\text{Weston}}/\partial T)_{1 \text{ bar}}$, also $-4,06 \cdot 10^{-5}$ Volt $\cdot K^{-1}$. Es lassen sich auch die thermodynamischen Eigenschaften des Weston-Elementes berechnen (s. Abschnitt 4.13). Es gilt für $\Delta \overline{S}_{\text{Weston}}$ bei 20 ° C nach Gl. (4.16) mit $n_e = 2$ und $T = 20 + 273 = 293$ K:

$$\Delta \overline{S}_{\text{West}} = -n_e \cdot F \cdot 4,06 \cdot 10^{-5} = -7,834 \, \text{J} \cdot \text{mol}^{-1} \cdot K^{-1}$$

Für die entsprechende Reaktionsenthalpie $\Delta\overline{H}$ gilt bei 20 °C:

$$\Delta\overline{H}_{\text{West}} = \Delta\overline{G}_{\text{West}} + T \cdot \Delta\overline{S}_{\text{West}} = -n_e F \cdot \Delta E_{\text{West}} + n_e F \cdot T \left(\frac{\partial E_{\text{West}}}{\partial T}\right) = -198{,}86 \, \text{kJ} \cdot \text{mol}^{-1}$$

Das Weston-Element findet heute vor allem wegen seiner giftigen Bestandteile kaum noch Verwendung.

4.5.5 *Galvanische Vergoldung im Altertum*

Archäologische Funde aus dem 2. bis 4. Jahrhundert im heutigen Irak lassen darauf schließen, dass vergoldete Schmuckstücke aus Kupfer wegen der extrem dünnen Goldschichten wohl elektrochemisch hergestellt wurden. Noch im 19. Jahrhundert war dort ein altes traditionelles Verfahren bekannt, dass in Abb. 4.53 dargestellt ist. In einem äußeren Gefäß aus Stein, das mit einer Kochsalzlösung gefüllt ist, steht ein Tonkrug mit porösen Wänden, der eine Goldzyanid-Lösung $NaAu(CN)_2$ enthält. Gold liegt dabei als $Au(CN)_2^-$-Komplex vor. In dieser Lösung hängt an einem Kupferdraht das zu vergoldende Schmuckstück aus Kupfer. Der Cu-Draht ist mit einem Stück aus metallischem Zink verbunden, das in die äußere Kochsalzlösung eintaucht. Die elektrochemischen Prozesse, die an den Elektroden ablaufen, lauten:

$$\begin{aligned} 2Au(CN)_2^- + 2e^- &\rightleftharpoons 2Au + 4CN^- \quad \text{(Cu – Elektrode)} \\ Zn &\rightleftharpoons Zn^{2+} + 2e^- \quad \text{(Zn – Elektrode)} \end{aligned}$$

In der Summe ergibt das:

$$Zn + 2Au(CN)_2^- \rightleftharpoons 2Au + Zn^{2+} + 4CN^-$$

Mit den Daten aus Tabelle A.3 erhält man für die freie Standardreaktionsenthalpie dieser Redoxreaktion:

$$\Delta\overline{G}^0_{\text{redox}} = 0 - 147{,}28 + 4 \cdot 165{,}7 - 0 - 2 \cdot 275{,}5 = -35{,}48 \, \text{kJ} \cdot \text{mol}^{-1}$$

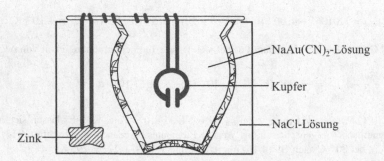

Abb. 4.53 Galvanische Vergoldung eines Schmuckstückes aus Kupfer.

Die Reaktion läuft also praktisch vollständig von links nach rechts ab. Für die Standardpotentialdifferenz dieser galvanischen Zelle erhält man nach Gl. (4.11) mit $n_e = 2$:

$$\Delta E_{\mathrm{H}}^0 = -\frac{\Delta \overline{G}_{\mathrm{redox}}^0}{n_{\mathrm{e}} \cdot F} = \frac{35,48 \cdot 10^3}{2 \cdot 96485} = 0,184 \text{ Volt}$$

Den Ladungstransport bei diesem elektrochemischen Vergoldungsprozess übernehmen die CN^--Ionen, die durch die Wand des Tongefäßes von innen nach außen wandern. Der Wert von 0,184 Volt wird noch geringfügig erniedrigt durch das Diffusionspotential innerhalb der Tonwand sowie das Kontaktpotential zwischen Kupferdraht und Zink.

Wenn eine solche Vergoldungstechnik im Altertum bekannt gewesen sein sollte, kann sie nur auf rein empirischer Grundlage entstanden sein, da die notwendigen naturwissenschaftlichen Kenntnisse damals noch nicht existierten. Eine wichtige Voraussetzung ist die Fähigkeit, aus vorhandenem Gold eine Goldzyanid-Lösung herstellen zu können. Das könnte jedoch mit einfachen, damals schon vorhandenen Mitteln geschehen sein. Zunächst lässt sich NaCN bzw. KCN gewinnen durch Erhitzen eines Gemenges von Pottasche (K_2CO_3), Holzkohle und Eisen in der Luft:

$$K_2CO_3 + 2C + 2Fe + N_2 + O_2 \rightarrow 2KCN + Fe_2O_3 + CO_2$$

Alle Komponenten außer N_2, O_2 und CO_2 sind fest. Für die freie Standardreaktionsenthalpie $\Delta \overline{G}_{\mathrm{R}}^0$ ergibt sich mit den Werten für $\Delta^f \overline{G}^0$ aus Tabelle A.3 ein Wert von $-358,9 \text{ kJ} \cdot \text{mol}^{-1}$. Die Reaktion läuft also ganz nach rechts ab. Damit lässt sich eine wässrige Lösung aus KCN herstellen, die mit gediegenem Gold unter Sauerstoffzufuhr folgendermaßen reagieren kann:

$$4Au + 4CN^- + 2H_2O + O_2 \rightarrow 4Au(CN)_2^- + 4OH^-$$

Für die freie Reaktionsenthalpie $\Delta_R \overline{G}^0$ im Standardzustand ergibt sich hier mit den Daten für $\Delta^f \overline{G}^0$ der einzelnen Reaktanden (s. Tab. A.3) der Wert $\Delta_R \overline{G}^0 = -378,14 \text{ kJ} \cdot \text{mol}^{-1}$. Die Reaktion läuft also auch hier vollständig nach rechts ab. Damit sind die Voraussetzungen für den elektrochemischen Vergoldungsprozess gegeben.

4.5.6 Elektrochemische Oberflächenreinigung von Silber

Silberne Gegenstände, wie z. B. silberne bzw. versilberte Schmuckstücke und Besteck, überziehen sich über längere Zeiträume hinweg an der Luft mit einer schwärzlichen Schicht. Diese entsteht durch winzige Konzentrationen von H_2S in der Luft nach der Gleichung

$$2Ag + H_2S + \frac{1}{2}O_2 \rightarrow Ag_2S + H_2O$$

Es entsteht also kein Ag_2O trotz der viel höheren O_2-Konzentration, da Ag_2S ein sehr kleines Löslichkeitsprodukt hat (feuchte Luft!). Um Silberbesteck von der Ag_2S-Schicht zu befreien, gibt es eine einfache Methode, die man in jeder Küche selbst nachvollziehen kann (s. Abb. 4.54). Man füllt einen Topf aus Aluminium mit einer NaCl-Lösung, erwärmt die Lösung und gibt den verunreinigten Silbergegenstand hinzu, so dass er am Boden mit Aluminium in Kontakt kommt. Die

Abb. 4.54 Elektrochemische Reinigung eines Silberlöffels

Ag_2S-Schicht verschwindet langsam. Man kann auch einen Edelstahltopf nehmen, in dem der Silbergegenstand und Alu-Folie im Kontakt sind. Es handelt sich dabei um einen elektrochemischen Prozess. Silber wirkt als Kathode, an der folgende Elektrodenreaktion abläuft:

$$Ag_2S + H_2O + 2e^- \rightarrow 2Ag + HS^- + OH^-$$

Das Aluminium dagegen fungiert als Anode:

$$\frac{2}{3}Al \rightarrow \frac{2}{3}Al^{3+} + 2e^-$$

Der Prozess stellt eine elektrochemische galvanische Zelle dar, bei der der Kontakt der beiden Elektroden Ag und Al geschlossen ist, so dass es zum elektrischen Stromfluss unter Auflösung der Ag_2S-Schicht kommt. Die NaCl-Lösung bewirkt die notwendige gute elektrische Leitfähigkeit des Elektrolyten. Die Summe der beiden Elektrodenreaktionen lautet:

$$\frac{2}{3}Al + H_2O + Ag_2S \rightleftharpoons 2Ag + \frac{2}{3}Al^{3+} + HS^- + OH^- \tag{4.145}$$

Der Reinigungsprozess läuft in der geschilderten Weise spontan ab, da die freie Standardreaktionsenthalpie $\Delta_R\overline{G}^0$ von Gl. (4.145) negativ und die entsprechende Spannung ΔE^0 positiv ist. Davon wollen wir uns überzeugen. Die folgende Tabelle gibt die freien molaren Bildungsenthalpien (s. Tabelle A.3) der betreffenden Reaktanden in $kJ \cdot mol^{-1}$ wieder.

$\Delta^f\overline{G}^0$ (298)	0	0	- 40,25	- 481,2	- 237,2	- 157,3	+ 12,6
Reaktand	Al	Ag	$\alpha - Ag_2S$	Al^{3+}	H_2O	OH^-	HS^-

Damit ergibt sich für $\Delta_R\overline{G}^0$ (298) nach Gl. (4.145)

$$\Delta_R\overline{G}^0(298) = \left[2 \cdot 0 - \frac{2}{3}481,2 + 12,6 - 157,3 - (0 - 237,2 - 40,25)\right] = -188,05 \; kJmol^{-1}$$

und für ΔE_0 mit $n_e = z$:

$$\Delta E_0 = -\frac{\Delta_R\overline{G}^0(298)}{2F} = +0,9745 \; Volt$$

4.5.7 Wie hängt die Gleichgewichtsspannung vom Ladezustand einer Li-Ionen-Batterie ab?

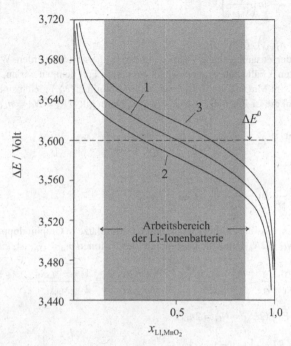

Abb. 4.55 Gleichgewichtsspannung ΔE die Li-Ionen Batterie als Funktion des Molenbruchs x_{Li}, MnO_2 für die 3 Fälle 1, 2 und 3 (s. Text)

Ausgehend von Abb. 4.27 bezeichnen wir mit $x_{Li,M}$ (Index M = Metalloxidgitter) den Bruchteil der maximal besetzbaren Gitterplätze für Li im MnO_2- bzw. CoO_2-Wirtsgitter. Entsprechend ist $x_{Li,G}$ der Bruchteil der besetzbaren Gitterplätze im Graphit. Das chemische Potential von Lithium in den jeweils mit Li voll besetzten Gittern bezeichnen wir mit $\mu^0_{Li,M}$ bzw. $\mu^0_{Li,G}$. Nun stellen wir uns die beiden nur teilweise mit Li-Ionen besetzten Wirtsgitter als eine fluide Mischung von „Löchern" unbesetzter Gitterplätze und besetzten Plätzen vor, die von den beweglichen Li^+-Ionen eingenommen werden. Wenn wir uns im Sinn von Abschnitt 1.3 (s. Gl. (1.52) und (1.53)) eine fluide Mischung aus „Löchern" und Li-Atomen näherungsweise als ideale Mischung vorstellen ($\gamma_{Li} = 1$), erhält man für die chemischen Potentiale von Li in den beiden Wirtsgittern:

$$\mu_{Li,M} = \mu^0_{Li,M} + RT \ln x_{Li,M} \quad \text{bzw.} \quad \mu_{Li,G} = \mu^0_{Li,G} + RT \ln x_{Li,G}$$

$x_{Li,M}$ bzw. $x_{Li,G}$ sind also die jeweiligen Molenbrüche von Li. Im elektrochemischen Gleichgewicht müssen die elektrochemischen Potentiale von Li^+ im M-Gitter bzw. G-Gitter gleich sein:

$$\eta_{Li,M} = \eta_{Li,G} = \mu^0_{Li,M} + RT \ln x_{Li,M} + \varphi_M \cdot F = \mu^0_{Li,G} + RT \ln x_{Li,G} + \varphi_G \cdot F$$

Der Potentialunterschied $\varphi_M - \varphi_G$ ist ΔE, also erhält man:

$$\Delta E = \Delta E^0 + \frac{RT}{F} \ln\left(\frac{x_{Li,G}}{x_{Li,M}}\right)$$

mit $\Delta E^0 = \left(\mu_{Li,G}^0 - \mu_{Li,M}^0\right)/F$.

Nun muss noch der Zusammenhang von $x_{Li,G}$ und $x_{Li,M}$ hergestellt werden. Wir wollen von den vielen Möglichkeiten 3 Fälle näher untersuchen. Im ersten Fall nehmen wir an, dass die Zahl der Gitterplätze für Li^+ im MnO_2-Gitter (N_M) und im Graphitgitter (N_G) gleich sind ($N_M = N_G$) und dass die Gesamtzahl die Li-Ionen $n_{Li} = N_M = N_G$ ist. Dann gilt ($N_M = N_G = n_{Li}$)

$$x_{Li,G} = 1 - x_{Li,M}$$

und man erhält:

$$\Delta E = \Delta E_0 + \frac{RT}{F} \ln \frac{1 - x_{Li,M}}{x_{Li,M}} \quad (N_M = N_G)$$

Wenn wir annehmen, dass die Zahl der verfügbaren Gitterplätze in Graphit doppelt so groß ist wie im MnO_2-Gitter ($N_G = 2N_M$), und die Gesamtzahl der Li-Ionen $n_{Li} = N_M$ ist, gilt:

$$\frac{x_{Li,G}}{x_{Li,M}} = \frac{n_{Li,G}}{n_{Li,M}} \frac{N_M}{N_G} = \frac{n_{Li} - n_{Li,M}}{n_{Li,M}} \cdot \frac{1}{2} = \frac{N_M - n_{Li,M}}{n_{Li,M}} = \frac{1}{2} \frac{1 - x_{Li,M}}{x_{Li,M}}$$

also gilt in diesem Fall ($2N_M = N_G = 2n_{Li}$):

$$\Delta E = \Delta E_0 + \frac{RT}{F} \ln\left[\frac{1}{2} \frac{1 - x_{Li,M}}{x_{Li,M}}\right] \quad (2N_M = N_G)$$

Im dritten Fall soll gelten: $2N_G = N_M = 2n_{Li}$. Das ergibt:

$$\Delta E = \Delta E_0 + \frac{RT}{F} \ln\left[2 \frac{1 - x_{Li,M}}{x_{Li,M}}\right] \quad (\text{Fall C}: \ N_M = 2N_G)$$

Die Abhängigkeit $\Delta E(x_{Li,M})$ ist bei $T = 293$ K in Abb. 4.55 für die 3 Fälle grafisch wiedergegeben. Für ΔE^0 wurde 3,6 Volt gesetzt. Fall 2 und 3 ist um ca. 0,018 Volt gegenüber Fall 1 nach unten bzw. nach oben parallelverschoben. Der Arbeitsbereich der Li-Ionenbatterie liegt ungefähr zwischen 3,64 Volt (Ladezustand: 85 %) und 3,54 Volt (Ladezustand: 15 %). Das sind nur 2,8 % der Gleichgewichtsspannung. Wenn die Batterie völlig entladen ist, wird $\Delta E = 0$ und man erhält z. B. in Fall A:

$$x_{Li,M}(\Delta E = 0) = \frac{1}{1 + \exp[-\Delta E_0 \cdot F/RT]} \cong 1$$

Die Li-Ionen sind dann praktisch alle im Graphitgitter eingebaut.

4.5.8 Thermodynamischer Konsistenztest an einer Vanadium-Redox-Flow-Batterie

Aus den in Abb. 4.30 dargestellten Daten wurde in Abschnitt 4.3.5 die mittlere Reaktionsenthalpie $\langle \Delta_R \overline{H}_{AlVad} \rangle$ der sog. All-Vanadium-Batterie für die Reaktion

$$V^{2+} + VO_2^+ + 2H^+ \rightarrow V^{3+} + VO^{2+} + H_2O \quad \text{(Reaktion I)}$$

ermittelt. Es ergab sich $\langle \Delta_R \overline{H}_{AlVad} \rangle = -169,3$ kJ $\cdot$ mol^{-1}. Diesen Enthalpiewert muss man auch erhalten, wenn man in einem Mischungs- bzw. Titrationskalorimeter (s. Beispiel 3.16.2) 1 Mol einer V^{2+}-Lösung und 1 Mol einer VO_2^+-Lösung miteinander mischt, denn Reaktion I läuft spontan und vollständig nach rechts ab. Wir wählen hier einen anderen Weg, um das zu überprüfen. Mischt man 1 mol einer V^{2+}-Lösung mit 2 mol einer VO_2^+-Lösung, läuft folgende Reaktion ab:

$$V^{2+} + 2VO_2^+ + 2H^+ \rightarrow 3VO^{2+} + H_2O \quad \text{(Reaktion II)}$$

Mischt man 2 mol einer V^{2+}-Lösung mit 1 mol einer VO_2^+-Lösung, läuft die Reaktion:

$$2V^{2+} + VO_2^+ + 4H^+ \rightarrow 3V^{3+} + 2H_2O \quad \text{(Reaktion III)}$$

ab.

Ferner lässt sich kalorimetrisch durch Mischen gleicher Molzahlen einer VO^{2+}-Lösung und einer V^{2+}-Lösung auch die Reaktion

$$VO^{2+} + V^{2+} + 2H^+ \rightarrow 2V^{3+} + H_2O \quad \text{(Reaktion IV)}$$

durchführen und in derselben Weise durch Mischen gleicher Molzahlen einer V^{3+}-Lösung und einer VO_2^+-Lösung die Reaktion

$$V^{3+} + VO_2^+ \rightarrow 2VO^{2+} \quad \text{(Reaktion V)}$$

Alle Reaktionen (I) bis (V) laufen in 5molaler H_2SO_4-Lösung ab. Nun ist leicht zu erkennen, dass folgende stöchiometrische Bilanzen zwischen den Reaktionen (I) bis (V) bestehen:

- Reaktion V + Reaktion IV ergibt Reaktion I

- Reaktion III - Reaktion IV ergibt Reaktion I

- Reaktion II + Reaktion IV ergibt 2mal Reaktion I

- Reaktion I - Reaktion V ergibt Reaktion I

Damit ergibt sich für die Bilanz der molalen Reaktionsenthalpien:

$$
\begin{aligned}
\Delta_R \overline{H}(V) + \Delta_R \overline{H}(IV) &= \Delta_R \overline{H}(I) \\
\Delta_R \overline{H}(III) - \Delta_R \overline{H}(IV) &= \Delta_R \overline{H}(I) \\
\tfrac{1}{2}(\Delta_R \overline{H}(II) + \Delta_R \overline{H}(IV)) &= \Delta_R \overline{H}(I) \\
\Delta_R \overline{H}(II) - \Delta_R \overline{H}(V) &= \Delta_R \overline{H}(I)
\end{aligned}
$$

Die experimentellen kalorimetrischen Ergebnisse bei $T = 293$ K (A. Heintz und Ch. Illenberger, Ber. Bunsenges. Phys. Chem. 102, 1401–1409 (1998)) sind in der Tabelle[1] angegeben (alle Werte in kJ $\cdot$ mol^{-1}).

$\Delta_R \overline{H}(\text{II})$	$\Delta_R \overline{H}(\text{III})$	$\Delta_R \overline{H}(\text{IV})$	$\Delta_R \overline{H}(\text{V})$
- 226,0	- 287,8	- 116,5	- 54,0

Wir überprüfen nun die Bilanzen:

$$\Delta_R \overline{H}(\text{V}) + \Delta_R \overline{H}(\text{IV}) = -54,0 - 116,5 = -170,5 \text{ kJ} \cdot \text{mol}^{-1}$$

$$\Delta_R \overline{H}(\text{III}) - \Delta_R \overline{H}(\text{IV}) = -287,8 - 116,5 = -171,3 \text{ kJ} \cdot \text{mol}^{-1}$$

$$0,5(\Delta_R \overline{H}(\text{II}) + \Delta_R \overline{H}(\text{IV})) = 0,5(-226,0 - 116,5) = -171,2 \text{ kJ} \cdot \text{mol}^{-1}$$

$$\Delta_R \overline{H}(\text{II}) - \Delta_R \overline{H}(\text{V}) = -226,0 + 54,0 = -172,0 \text{ kJ} \cdot \text{mol}^{-1}$$

Alle Werte für $\Delta_R \overline{H}(\text{I})$ aus den Bilanzen liegen dicht beieinander. Der Mittelwert ist $-171,3 \text{ kJmol}^{-1}$ in akzeptabler Übereinstimmung mit dem indirekt auf elektrochemischem Weg bestimmten Wert $\langle \Delta_R \overline{H}_{\text{AlVad}} \rangle = -169,3 \text{ kJ} \cdot \text{mol}^{-1}$. Dieses Ergebnis ist ein schönes Beispiel für thermodynamische Konsistenz, in diesem Fall vor allem für die überzeugende Gültigkeit des sog. Hess'schen Satzes (Wegunabhängigkeit einer Enthalpiedifferenz zwischen zwei Zuständen), entsprechend dem 1. Hauptsatz (Beispiel 4.6.4).

4.5.9 *Alternative Brennstoffzellen*

Neben der H_2/O_2-Brennstoffzelle existieren noch andere einsatzfähige Brennstoffzellen. zu den bekanntesten gehören die *Methanol-Brennstoffzelle* und die *Formiat-Brennstoffzelle*.

• *Methanol-Brennstoffzelle*

Sie beruht auf den beiden Elektrodenreaktionen:

$$CH_3OH + H_2O \rightarrow CO_2 + 6H^+ + 6e^-$$

$$\frac{3}{2}O_2 + 6H^+ + 6e^- \rightarrow 3H_2O$$

In der Bilanz ergibt das die Nettoreaktion:

$$CH_3OH + \frac{3}{2}O_2 \rightarrow CO_2 + 2H_2O$$

Die Zelle arbeitet ähnlich wie die H_2/O_2-Zelle (s. Abschnitt 4.3.5). Zwischen 2 porösen Ni-Elektroden strömt die wässrige Methanol-Lösung in die Zelle, an der Gegenseite der einen Elektrode dringt der Sauerstoffstrom in die Elektrode, es bildet sich H_2O. An der Gegenseite der anderen Elektrode wird CH_3OH zu CO_2 oxidiert und CO_2 verlässt als Gas den Elektrodenbereich. Oben strömt eine verdünnte Methanol-Lösung aus der Zelle heraus. Man arbeitet mit einer 1 molalen Methanollösung und Luft, d. h., bei einem Partialdruck p_{O_2} von 0,2 bar. Im elektrischen stromlosen Zustand lässt sich die Gleichgewichtsspannung ΔE_{gl} der Zelle berechnen. In diesem stationären Zustand ist p_{O_2} überall konstant ebenso wie p_{CO_2} und die Konzentration der einströmenden Methanol-Lösung ist gleich der der ausströmenden. Es wird also nichts umgesetzt. Wir berechnen ΔE bei 298 K:

$$\Delta E = -\frac{\Delta_R \overline{G}}{n_e \cdot F}$$

Mit $\Delta \overline{G}$:

$$\Delta_R \overline{G} = \Delta^f \overline{G}^0_{CO_2} + \Delta^f \overline{G}^0_{H_2O} - \frac{3}{2}\Delta^f \overline{G}^0_{O_2} - \Delta^f \overline{G}^0_{MeOH} + RT \ln p_{CO_2} - \frac{3}{2}RT \ln p_{O_2} - RT \ln x_{MeOH}$$

Als Konzentratinseinheit für Methanol wird der Molenbruch verwendet, da es sich um eine flüssige Mischung handelt. Die $\Delta^f \overline{G}^0$-Werte für H_2O und CH_3OH beziehen sich auf den reinen flüssigen Zustand.

Wir entnehmen der Tabelle A im Anhang folgende Werte:

$$\Delta^f \overline{G}^0_{CO_2} = -394,4 \text{ kJ} \cdot \text{mol}^{-1}, \ \Delta^f \overline{G}^0_{CH_3OH} = -166,23 \text{ kJ} \cdot \text{mol}^{-1},$$
$$\Delta^f \overline{G}^0_{O_2} = 0, \ \Delta^f \overline{G}^0_{H_2O} = -237,19 \text{ kJ} \cdot \text{mol}^{-1},$$

Eingesetzt in die Gleichung für $\Delta_R \overline{G}$ ergibt sich in $\text{kJ} \cdot \text{mol}^{-1}$ bei T = 298 K:

$$\Delta_R \overline{G} = -702,55 + R \cdot 298 \cdot 10^{-3} \cdot \ln \left[\frac{p_{CO_2}}{p_{O_2}^{3/2} \cdot x_{CH_3OH}} \right]$$

Eine 1-molale Methanol-Lösung entspricht einem Molenbruch $x_{CH_3OH} = 1/55,6 = 0,018$. Aktivitätskoeffizienten vernachlässigen wir. Für p_{O_2} setzen wir den Partialdruck der Luft, also 0,2 bar, ein, für $p_{CO_2} = 1$ bar. Damit erhält man:

$$\Delta_R \overline{G}(298) = -702,55 + 15,94 = -686,61 \text{ kJ} \cdot \text{mol}^{-1}$$

Für $\Delta E(298)$ ergibt das:

$$\Delta E = +\frac{686,61}{6 \cdot F} \cdot 10^3 = 1,186 \text{ Volt}$$

Wählt man z. B. reinen Sauerstoff ($p_{O_2} = 1$ bar), ergibt sich:

$$\Delta E = +\frac{692,6}{6 \cdot F} \cdot 10^3 = 1,196 \text{ Volt}$$

Die Spannung ist also nur geringfügig höher. Es lohnt sich also nicht, reinen Sauerstoff statt Luft zu verwenden.

● *Formiat-Brennstoffzelle*

Hier arbeitet man statt mit der Methanol-Lösung mit einer alkalischen Na-Formiat-Lösung. Die Teilreaktionen an den Elektroden lauten:

$$HCOO^- + 2OH^- \rightarrow HCO_3^- + H_2O + 2e^-$$
$$\frac{1}{2}O_2 + H_2O + 2e^- \rightarrow 2OH^-$$

Das ergibt die Nettoreaktion:

$$HCOO^- + \frac{1}{2}O_2 \rightarrow HCO_3^-$$

Wir berechnen $\Delta_R\overline{G}$ in $kJ \cdot mol^{-1}$ bei $T = 298\,K$:

$$\Delta_R\overline{G} = \Delta^f\overline{G}^0_{HCO_3^-} - \frac{1}{2}\Delta^f\overline{G}^0_{O_2} - \Delta^f\overline{G}^0_{HCOO^-} + R \cdot 298 \cdot 10^{-3}\ln\left(\frac{\widetilde{m}_{CO_3^-}}{\widetilde{m}_{HCOO^-} \cdot p^{1/2}_{O_2}}\right)$$

Nach Tabelle A im Anhang gilt: $\Delta^f\overline{G}_{HCO_3^-} = -587,06\,kJ \cdot mol^{-1}$, $\Delta^f\overline{G}^0_{HCOO^-} = -351,54\,kJ \cdot mol^{-1}$, $\Delta^f\overline{G}^0_{O_2} = 0\,kJ \cdot mol^{-1}$. Setzt man für Untersuchungen im stromlosen Zustand $\widetilde{m}_{HCO_3^-} \approx \widetilde{m}_{HCOO^-}$ und $p_{O_2} = 0,2\,bar$, ergibt sich:

$$\Delta_R\overline{G} = -235,52 + 2,00 = -233,52\,kJ \cdot mol^{-1}$$

und

$$\Delta E = -\frac{\Delta_R\overline{G}}{2 \cdot F} = \frac{233,52 \cdot 10^3}{2F} = 1,210\,\text{Volt}$$

Die Gleichgewichtsspannung ist ähnlich wie die der Methanol-Zelle. Die Formiat-Zelle ist allerdings recht störanfällig im Betrieb.

4.5.10 *Temperaturabhängigkeit der Zellspannung des Bleiakkumulators*

In Abschnitt 4.3.3 haben wir den Bleiakkumulator behandelt und als Größe für die Zellspannung ΔE^0 im Standardzustand den Wert 1,926 Volt bei 298 K erhalten. Welchen Wert hat ΔE^0 bei 268 K (- 5° C)?

Es gilt:

$$\Delta E^0(268) = -\frac{\Delta_R\overline{G}(268)}{2F}$$

Der Zusammenhang von $\Delta_R\overline{G}(268)$ mit $\Delta_R\overline{G}(298)$ lautet nach Gl. (2.24) bei der vereinfachenden Annahme, dass $\Delta_R\overline{C}_p \approx 0$:

$$\Delta_R\overline{G}(268) = \Delta_R\overline{H}(298) - \frac{268}{298}\left(\Delta_R\overline{H}(298) - \Delta_R\overline{G}(298)\right)$$

Für $\Delta_R\overline{G}(298)$ wurde in Abschnitt 4.3.3 der Wert -378,7 $kJ \cdot mol^{-1}$ erhalten. Wir berechnen zunächst mit Hilfe der Daten für $\Delta^f\overline{H}(298)$ in Tabelle A.3:

$$\Delta_R\overline{H}(298) = 2 \cdot \Delta^f\overline{H}^0_{PbSO_4}(298) + 2 \cdot \Delta^r f\overline{H}^0_{HO_2}(298)$$
$$- \Delta^f\overline{H}^0_{Pb}(298) - \Delta^f\overline{H}^0_{Pb_2}(298) - 2 \cdot \Delta^f\overline{H}^0_{HSO_4^-}(298)$$

Da $\Delta^f \overline{H}^0_{Pb}(298) = 0$, folgt:

$$\Delta^f \overline{H}(298) = (-2 \cdot 918,39 - 2 \cdot 285,84 + 270,06 + 2 \cdot 885,75) = -366,9 \text{ kJ} \cdot \text{mol}^{-1}$$

Damit erhält man für $\Delta_R \overline{G}(268)$:

$$\Delta_R \overline{G}(268) = -366,9 - \frac{268}{298}(-366,9 + 378,3) = -377,5 \text{ kJ} \cdot \text{mol}^{-1}$$

und somit für $\Delta E^0(268)$:

$$\Delta E^0(268) = *\frac{377,5 \cdot 10^3}{2F} = 1,953 \text{ Volt}$$

ΔE^0 erhöht sich also nur sehr geringfügig um 0,027 Volt (1,4%) bei Änderung von 298 K zu 268 K. Die geringe Leistung der Bleibatterie bei 268 K ist also ausschließlich auf die höhere Viskosität des Elektrolyten zurückzuführen, was eine deutliche Erhöhung des inneren Widerstandes r zur Folge hat.

4.5.11 *Korrosion und Korrosionsschutz*

Wir beschränken uns hier auf die oxidative Korrosion von Metallen am Beispiel von Eisen. Eisen, Stahl bzw. Stahlbleche gehören zu den am häufigsten verwendeten Metallen, und sie sind dabei oft Wind und Wetter ausgesetzt (Stahlbeton, Rohre, Brückenfeiler, Schiffe, Eisenzäune).

Ohne wirksamen Schutz korrodiert dieses Material leicht und Rostbildung sowie Lochfraß führen zu langsamer aber sicherer Zerstörung. Der wirtschaftliche Verlust durch Korrosion ist erheblich. In den hochentwickelten Ländern, wie z. B. den USA, müssen ca. 20 % der jährlichen Eisen- und Stahlproduktion allein zum Ersatz von korrodierten Materialien aufgewendet werden. Die Korrosion ist ein elektrochemischer Prozess, der im Grunde wie eine galvanische Zelle funktioniert, die über ihren äußeren Stromkreis kurzgeschlossen ist. Dabei laufen an den Elektroden folgende Reaktionen ab:

$$\text{Kathode}: \quad O_2 + 4H^+(aq) + 4e^- \quad \rightarrow \quad 2H_2O(fl) \quad \text{(Reaktion I)}$$
$$\text{Anode}: \quad\quad\quad\quad\quad 2Fe \quad \rightarrow \quad 2Fe^{2+} + 4e^- \quad \text{(Reaktion II)}$$

Der Korrosionsprozess von Eisen erfordert also die Gegenwart von Luftsauerstoff *und* eine wässrige Lösungsphase, die mit dem Eisen in Kontakt ist. Formal sieht eine elektrochemisch „Korrosionszelle" aus wie in Abb. 4.56 rechts dargestellt. An der Anode wird Fe aufgelöst und geht als Fe^{2+} in Lösung. Die Kathode besteht ebenfalls aus Fe. Dort werden H^+-Ionen durch O_2 zu H_2O oxidiert. Der Stromkreis ist geschlossen, indem man sich die beiden Elektroden durch einen Eisendraht kurzgeschlossen vorstellt. Der Sauerstoff befindet sich dabei *nur mit der Kathode* in Kontakt. Diese Zellkonstruktion entspricht nun der Realität, wie sie in Abb. 4.56 (links) dargestellt ist. Eine wässrige Schicht bedeckt die ganze Eisenoberfläche, die noch teilweise durch eine luftundurchlässige Schutzschicht (Lack, Kunststoffschicht) abgedeckt ist, unter die aber bereits eine Wasserschicht (Feuchte) eingedrungen ist. Dort, wo die Schutzschicht fehlt, also defekt ist, kann in der wässrigen Schicht gelöstes O_2 mit dem Eisen in Kontakt treten. Das ist der elektrochemische Bereich, in dem der Kathodenprozess abläuft wie er in Abb. 4.56 rechts gezeigt wird.

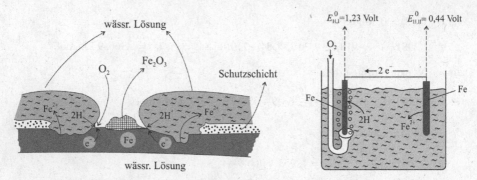

Abb. 4.56 Rechts: Konstruktion eines künstlichen Korrosioanssprozess in einer „Korrosionszelle",
links: Realisierung in der Umwelt.

Unter der Schutzschicht spielt das Eisen die Rolle der Anode, wie in Abb. 4.56 rechts. Es geht
Eisen als Fe^{2+} in Lösung. Die Kurzschlussverbindung der beiden Elektroden ist das Eisen selbst.

Woher kommen die H^+-Ionen, die an der Kathode zu H_2O verbraucht werden? Sie stammen
unter atmosphärischen Bedingungen zu einem geringen Anteil aus der Lösung von CO_2 in Wasser:

$$CO_2(g) + H_2O(fl) \rightleftharpoons H^+ + HCO_3^-$$

Der wesentliche Anteil der H^+-Ionen stammt jedoch aus einem Prozess, bei dem die in Lösung
gegangenen Fe^{2+}-Ionen, zur Kathode wandern, wo sie mit dem dort vorhandenen Sauerstoff reagieren:

$$2Fe^{2+}(aq) + \frac{1}{2}O_2(g) + 2H_2O(fl) \rightarrow Fe_2O_3(f) + 4H^+(aq)$$

und so die H^+-Ionen in die Lösung freisetzen. Fe_2O_3 ist der Rost, der vor allem am Rand der
Schadstellen, wo kein Kunststoff- oder Lackbelag mehr existiert, sichtbar wird. Der Gesamtprozess der Korrosion setzt sich also aus der Summe zweier Teilreaktionen zusammen.

$$O_2 + 4H^+ + 2Fe \quad \rightarrow \quad 2Fe^{2+} + 2H_2O \quad \text{(elektrochemischer Prozess)}$$
$$2Fe^{2+} + \tfrac{1}{2}O_2 + 2H_2O \quad \rightarrow \quad Fe_2O_3 + 4H^+ \quad \text{(Rostbildung)}$$

Die zweite Reaktion (Rostbildung) ist dabei der geschwindigkeitsbestimmende Schritt. Er wird
durch die Diffusionsgeschwindigkeit der Fe^{2+}-Ionen zum gelösten Sauerstoff kontrolliert. Die
Summe der beiden Reaktionen ist also die Oxidation von Eisen zu seinem 3-wertigen Oxid:

$$\frac{3}{2}O_2 + 2Fe \rightarrow Fe_2O_3$$

Die direkte Oxidation von Fe zu Fe_2O_3 an trockener Luft ist eine sehr langsame Reaktion, die nur
allmählich zu einer dünnen Oxidschicht führt. Zur quantitativen Analyse des Korrosionsprozesses
berechnen wir zunächst die Elektrodenspannung der Reaktion I und II. Es gilt (s. auch Tabelle 4.1

und 4.2):

$$E_{H,I}^0 = -\frac{\Delta_R \overline{G}_I}{4 \cdot F} = -\frac{2 \cdot \Delta^f \overline{G}_{H_2O}}{4 \cdot F} = -2 \cdot \frac{-237,19}{4 \cdot F} \cdot 10^3 = 1,23 \text{ Volt}$$

$$E_{H,II}^0 = -\frac{\Delta_R \overline{G}_{II}}{4 \cdot F} = -\frac{2 \cdot \Delta^f \overline{G}_{Fe^{2+}}}{4 \cdot F} = -2 \cdot \frac{-84,94}{4 \cdot F} \cdot 10^3 = 0,440 \text{ Volt}$$

Diese Werte sind die in Abb. 4.56 (rechts) angegebenen Elektrodenspannungen. Die „Korrosionsspannung" ΔE_{Korr}^0 ist also:

$$\Delta E_{Korr}^0 = E_{H,I} + E_{H,II} = +1,67 \text{ Volt}$$

Die elektrochemische „Zellreaktion" $O_2 + 4H^+ + 2Fe \rightarrow 2Fe^{2+} + 2H_2O$ läuft somit spontan ab ($\Delta_R \overline{G} = -1,67 + 4 \cdot F = -644,5 \text{ J·mol}^{-1}$) und erzeugt einen elektrischen Strom, der durch das Eisen fließt (negative Richtung) und in Gegenrichtung (positive Richtung) durch die Elektrolytlösung zu Schadstelle. Die Stromstärke, also die Reaktionsgeschwindigkeit, ist umso größer, je höher in der Lösung die Zahl der Kationen ist, die aus H^+- und Fe^{2+}-Ionen besteht. Enthält die Lösung noch weitere Ionen, wie z. B. Na^+, das von im Wasser gelösten Salz stammt, läuft der Korrosionsprozess noch schneller ab, da dadurch die elektrische Leitfähigkeit der Lösung noch weiter erhöht wird. Das ist auch der Grund, warum NaCl-haltiges Wasser, das z. B. im Winter als Streusalz gelöst ist, die Korrosion beschleunigt. Auch die zweite Teilreaktion, die Rostbildung $2Fe^{2+} + 1/2O_2 + 2H_2O \rightarrow Fe_2O_3$ ist ein Prozess mit negativem $\Delta_R \overline{G}$-Wert (Daten: s. Anhang A.3):

$$\Delta_R \overline{G} = \Delta^f \overline{G}_{Fe_2O_3}^0 - 2\Delta^f \overline{G}_{Fe^{2+}}^0 - 2\Delta^f \overline{G}_{H_2O}^0 = -743,5 + 2 \cdot 84,94 + 2 \cdot 237,19 = -99,24 \text{ kJ·mol}^{-1}$$

Die gesamte Bruttoreaktion der Rostbildung $3/2O_2 + 2Fe \rightarrow Fe_2O_3$ beim beschriebenen Korrosionsprozess ist also mit dem $\Delta_R \overline{G}^0$-Wert

$$\Delta_R \overline{G}_{Rost}^0 = -\Delta^f \overline{G}_{Fe_2O_3}^0 = -743,58 \text{ kJ·mol}^{-1}$$

verbunden.

Welche Maßnahmen kann man ergreifen, um Korrosion zu verhindern? Das Ziel muss sein, die positive „Korrosionsspannung" $(E_{H,I} + E_{H,II}) = \Delta E_{Korr}^0 = 1,67$ Volt durch eine negative Spannung $\Delta E'$ zu kompensieren, denn dadurch würde $\Delta E_{Korr}^0 + \Delta E' = 0$, und der Korrosionsprozess wird gestoppt. Das kann erreicht werden, indem man das Eisen an eine äußere Spannungsquelle umschließt, die dem Eisen ein negatives Potential $\Delta E'$ von mindestens - 1,67 Volt aufprägt, so dass die Spannungsdifferenz der beiden Eisenelektroden gleich Null wird. Es fließt kein Korrosionsstrom mehr und die Rostbildung ist gestoppt, d. h., es geht kein Fe^{2+} mehr in Lösung. Diese Methode wird häufig zum Korrosionsschutz von Schiffskörpern eingesetzt, die dem Meerwasser ausgesetzt sind.

Eine andere Methode besteht darin, die Eisenelektrode durch einen isolierten, leitenden Draht mit einer Zn- oder Mg-Elektrode zu verbinden und somit eine weitere Elektrode in Serie zu schalten. An der Zn- bzw. Mg-Elektrode entstehen so folgende Standardspannungen (Daten: s. Anhang A.3):

$$Zn \rightarrow Zn^{2+} + 2e^- \quad \text{mit} \quad E_{H,Zn^{2+}} = -\frac{\Delta^f \overline{G}_{Zn^{2+}}^0}{2F} = -\frac{-147,28}{2F} \cdot 10^3 = +0,763 \text{ Volt}$$

bzw.

$$Mg \rightarrow Mg^{2+} + 2e^- \quad \text{mit} \quad E_{H,Mg^{2+}} = -\frac{\Delta^f \overline{G}^0_{Mg^{2+}}}{2F} = -\frac{-455,97}{2F} \cdot 10^3 = +2,362 \text{ Volt}$$

Die Elektrodenprozesse lauten dann (s. Tabelle 4.1 und 4.2):

$$O_2 + 4H^+ + 4e^- \rightarrow 2H_2O \quad \Delta E^0_H = 1,23 \text{ Volt}$$
$$2Fe \rightarrow 2Fe^{2+} + 4e^- \quad \Delta E^0_H = 0,44 \text{ Volt}$$
$$2Fe^{2+} + 4e^- \rightarrow 2Fe \quad \Delta E^0_H = -0,44 \text{ Volt}$$
$$2Mg \rightarrow 2Mg^{2+} + 4e^- \quad \Delta E^0_H = 2,362 \text{ Volt}$$

bzw.

$$2Zn \rightarrow 2Zn^{2+} + 4e^- \quad \Delta E^0_H = 0,763 \text{ Volt}$$
$$O_2 + 4H^+ + 2Mg \rightarrow 2H_2O + 2Mg^{2+} \quad \Delta E^0_H = 3,59 \text{ Volt}$$

bzw.

$$O_2 + 4H^+ + 2Zn \rightarrow 2H_2O + 2Zn^{2+} \quad \Delta E^0_H = 1,993 \text{ Volt}$$

Da beide Spannungswerte größer sind als im Fall Fe statt Mg bzw. Zn ($\Delta E^0_H = 1,67$ Volt), werden statt der Fe^{2+}-Ionen Mg^{2+}- bzw. Zn^{2+}-Ionen gebildet und gehen in Lösung. Der Korrosionsprozess am Eisen wird dadurch verhindert. Der Elektrolyt, der die äußere Fe-Elektrode und die Zn- bzw. Mg-Elektrode miteinander verbindet, ist in der Realität das feuchte Erdreich. Die Zn- bzw. Mg-Elektrode muss im Erdboden mit einer ionendurchlässigen Schicht umgeben sein, die einen direkten Kontakt mit dem Sauerstoff in den Poren des Erdreiches verhindert, damit es nicht zur Bildung von ZnO bzw. MgO kommt. Diese Methode wird häufig verwendet, um beschichtete Stahlrohre in der Erde vor Korrosion zu schützen (s. Abb. 4.57).

Bei allen Zahlenergebnissen wurde mit Standardpotentialwerten gerechnet. Das ist nicht ganz korrekt, da die tatsächlichen Potentialwerte E_H natürlich noch von den Ionenaktivitäten a_+ in den Elektrolytlösungen abhängen, die nicht genau bekannt sind:

$$E_H = E^0_H + RT \ln a_+$$

Der Einfluss ist aber nicht wesentlich und stellt nur eine quantitative Korrektur dar. Wenn z. B. $E^0_H = 1$ Volt beträgt und $a_{2+} \approx \widetilde{m}_+ \approx c_{2+} = 10^{-4}$ mol/m^3, erhält man bei T = 293 K:

$$E_H = 1 + \frac{RT}{2F} \ln 10^{-4} = 1 - 0,116 = +0,884 \text{ Volt}$$

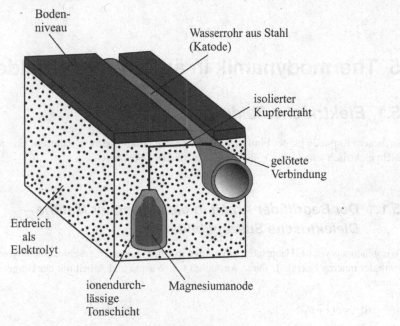

Abb. 4.57 Beispiel für den Korrosionsschutz eines Stahlrohres.

5 Thermodynamik in äußeren Kraftfeldern

5.1 *Elektrische Felder*

In diesem Kapitel wird der Einfluss elektrischer Felder auf thermodynamische Eigenschaften von nicht elektrisch leitender, sog. dielektrischer Materie behandelt.

5.1.1 *Der Begriff der Arbeit in dielektrischer Materie – Dielektrische Suszeptibilität*

Wir gehen aus vom 1. Hauptsatz, demzufolge in einem materiell geschlossenen System die Änderung der inneren Energie U durch Austausch von Wärme und Arbeit mit der Umgebung zustande kommt:

$$\mathrm{d}U = \delta Q + \delta W$$

Im reversiblen Fall haben wir bisher als Arbeitsform bei elektrisch neutralen Teilchen nur die Volumenarbeit kennengelernt, die nun um den differentiellen Arbeitsterm δW_{el} zu erweitern ist, wenn elektrische Felder auf nichtelektrisch leitende, sog. dielektrische Materie einwirken:

$$\mathrm{d}U = T\mathrm{d}S - p\mathrm{d}V + \delta W_{\mathrm{el}}$$

Wir wollen uns zunächst das Zustandekommen von elektrischer Arbeit W_{el} in einem dielektrischen Medium klar machen. Dazu betrachten wir das statische elektrische Feld $\vec{E}$, das durch das Aufladen zweier elektrisch leitender planparalleler Platten eines Kondensators erzeugt wird (s. Abb. 6.1). Die zwischen diesen Platten herrschende elektrische Potentialdifferenz $\Delta\varphi = \varphi_1 - \varphi_2$ ergibt, wenn die Platten genügend groß sind, im Raum zwischen den Platten (abgesehen von den Plattenrändern) eine homogene elektrische Feldstärke

$$\vec{E} = \Delta\varphi/h \tag{5.1}$$

Für die Bilanz der Ladungsbeträge an jeder der beiden Grenzflächen gilt:

$$|Q_{\mathrm{D}}| - |Q_{\mathrm{P}}| = |Q_{\mathrm{E}}|$$

wobei $|Q_{\mathrm{D}}|$ der Ladungsbetrag auf jeder der beiden Kondensatorplatten bedeutet und $|Q_{\mathrm{P}}|$ der durch die Polarisation des Dielektrikums erzeugte Betrag der Gegenladung ist, so dass $|Q_{\mathrm{E}}|$ der effektive Ladungsbetrag auf jeder der beiden Grenzflächen ist. Die Flächenladungsdichte $|Q_{\mathrm{D}}|/A$ ist definiert als

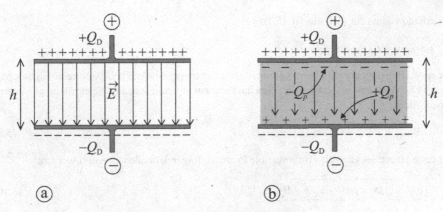

Abb. 5.1 Geladener Plattenkondensator a) im Vakuum, b) gefüllt mit dielektrischer Materie

$$\vec{D} = |Q_D|/A \tag{5.2}$$

$\vec{D}$ ist ein Vektor, der senkrecht auf der Fläche A steht, also in Normalrichtung der Fläche, er heißt auch „dielektrische Verschiebung".

Wir wollen jetzt die Arbeit bestimmen, die benötigt wird, um den Kondensator plus Dielektrikum aufzuladen. Das Differential dieser Arbeit lautet demnach:

$$\delta W_{el} = \Delta\varphi \cdot d|Q_D| = \Delta\varphi \cdot A \cdot d\vec{D} = V \cdot \vec{E} \cdot d\vec{D} \tag{5.3}$$

wobei $V = A \cdot h$ das Volumen zwischen den Kondensatorplatten bedeutet. Wir definieren jetzt die Flächenladungsdichte Q_P/A, die nur vom Dielektrikum herrührt, durch

$$\vec{P} = \frac{|Q_P|}{A} \tag{5.4}$$

Der Vektor $\vec{P}$ heißt auch Polarisation des Dielektrikums. Man kann sich $\vec{P}$ als „Dipolmomentdichte" des Dielektrikums vorstellen, wenn man schreibt:

$$\vec{P} = \frac{|Q_P| \cdot h}{V} \tag{5.5}$$

wobei $|Q_P| \cdot h$ formal das induzierte makroskopische Dipolmoment des Dielektrikums bedeutet.

Die elektrische Feldstärke $\vec{E}$ muss proportional zu der effektiven Ladungsdichte $|Q_E|/A$ sein. Es gilt:

$$\frac{|Q_E|}{A} = \varepsilon_0 \cdot \vec{E} \tag{5.6}$$

Der Proportionalitätsfaktor $\varepsilon_0 = 8,854 \cdot 10^{-12}\ C^2 \cdot J^{-1} \cdot m^{-1}$ ist eine systemunabhängige Konstante, die als elektrische Feldkonstante des Vakuums bezeichnet wird (s. auch Kapitel 3, Abschnitt 3.7). Damit können wir für die Ladungsbilanz auch schreiben:

$$\frac{|Q_D|}{A} = \frac{|Q_E|}{A} + \frac{|Q_P|}{A} = \vec{D} = \varepsilon_0 \vec{E} + \vec{P} \tag{5.7}$$

Wir erhalten damit für δW_{el} aus Gl. (5.3):

$$\delta W_{el} = V\vec{E} \cdot \varepsilon_0 \cdot d\vec{E} + V \cdot \vec{E} \cdot d\vec{P} \tag{5.8}$$

Der erste Term trägt nur zur Energieerzeugung des elektrischen Feldes bei. Da er keine Eigenschaften des Dielektrikums enthält, rechnet man ihn nicht zur eigentlichen, am Dielektrikum geleisteten Arbeit, für die gilt:

$$\delta W_{Diel} = \delta W_{el} - V\vec{E} \cdot \varepsilon_0 \cdot d\vec{E} = V \cdot \vec{E} \cdot d\vec{P} \tag{5.9}$$

Der erste Hauptsatz kann also für reversible Prozesse folgendermaßen erweitert werden:

$$\boxed{dU = TdS - pdV + V \cdot \vec{E} \cdot d\vec{P}} \tag{5.10}$$

Eine häufig benutzte Systemgröße von dielektrischen Materialien ist die dimensionslose Dielektrizitätszahl ε_R. Man kann sie direkt mit dem anschaulichen Begriff der Polarisation $\vec{P}$ in Zusammenhang bringen. Es gilt per definitionem:

$$\varepsilon_0 \vec{E} + \vec{P} = \varepsilon_R \cdot \varepsilon_0 \cdot \vec{E}$$

Daraus folgt, dass $\varepsilon_R = 1$ ist, wenn $\vec{P} = 0$ ist bei $\vec{E} \neq 0$, sonst gilt immer $\varepsilon_R > 1$, wenn $\vec{P} > 0$ ist. Aufgelöst nach ε_R erhält man:

$$\boxed{\varepsilon_R = 1 + \frac{\vec{P}}{\varepsilon_0 \vec{E}}} \tag{5.11}$$

ε_R und $\vec{P}$ hängen i. a. von T und der Dichte bzw. dem Druck p ab. $\varepsilon_R - 1$ ist ein Maß für die Polarisierbarkeit des Systems. Man bezeichnet die Größe χ_e

$$\boxed{\chi_e = \varepsilon_R - 1 = \frac{\vec{P}}{\varepsilon_0 \vec{E}}} \tag{5.12}$$

als *dielektrische Suszeptibilität*. ε_R und χ_e sind dimensionslos.

5.1.2 Thermodynamische Zustandsgrößen dielektrischer Materie im homogenen elektrischen Feld

Eine Größe $\overline{X}$, z. B. $\overline{F}, \overline{S}, \overline{U}, \overline{C}_V$, ist durch den Querstrich als molare Größe gekennzeichnet. Gl. (5.10) ergibt in integrierter Form die molare innere Energie $\overline{U}$ als Funktion von $\overline{S}, \overline{V}$ und $\overline{V}\vec{P}$. Das Resultat dieser Integration kann sofort angegeben werden, denn die Variablen, von denen $\overline{U}$ abhängt, sind alle *extensive* Größen, während T, p und $\vec{E}$ intensive Größen sind (s. Abschnitt 1.1). Es gilt die Euler'sche Gleichung und das Integrationsergebnis von Gl. (5.10) lautet daher:

$$\overline{U}(S, V, \vec{P}) = T\overline{S} - PV + \vec{E} \cdot (\overline{V}\vec{P}) \tag{5.13}$$

$\overline{U}$ ist ein thermodynamisches Potential (s. auch Abschnitt 1.1 in diesem Buch) und stellt eine Erweiterung der Gibbs'schen Fundamentalgleichung dar. Die Wahl der Variablen $\overline{S}, \overline{V}$ und $\vec{P}$ ist ungünstig. Wir suchen ein thermodynamisches Potential, das die Variablen $T, \overline{V}$ und $\vec{E}$ enthält. Dazu führen wir eine Legendre-Transformation von $\overline{U}$ durch und bezeichnen die transformierte Größe mit $\overline{F}'$:

$$\overline{F}' = \overline{U} - T\overline{S} - \vec{E} \cdot (\overline{V}\vec{P}) \tag{5.14}$$

Wir erhalten für das totale Differential $d\overline{F}'$:

$$d\overline{F}' = d\overline{U} - Td\overline{S} - \overline{S}dT - \vec{E}d(\overline{V}\vec{P}) - (\overline{V}\vec{P}) \cdot d\vec{E} \tag{5.15}$$

Einsetzen von Gl. (5.10) in Gl. (5.15) ergibt:

$$d\overline{F}' = -\overline{S}dT - pd\overline{V} - (\overline{V}\vec{P}) \cdot d\vec{E} \tag{5.16}$$

$\overline{F}'$ hat die Bedeutung einer freien Energie, deren totales Differential um den differentiellen Arbeitsterm $-(\overline{V}\vec{P})d\vec{E}$ erweitert ist. $\overline{F}'$ ist die gewünschte Funktion von $T, \overline{V}$ und $\vec{E}$. Sie ist übrigens auch die Form der erweiterten freien Energie, wie sie in der statistischen Thermodynamik geschlossener Systeme (sog. kanonisches Ensemble) benötigt wird.

Es ist ebenfalls möglich, die Legendre-Transformation so zu wählen, dass sich die gewohnte Definition der molaren freien Energie F ergibt:

$$\overline{F} = \overline{U} - T \cdot \overline{S} \tag{5.17}$$

Bildung des totalen Differentials

$$d\overline{F} = d\overline{U} - \overline{S}dT - Td\overline{S} \tag{5.18}$$

und Einsetzen von $d\overline{U}$ aus Gl. (5.10) in Gl. (5.18) ergibt dann:

$$d\overline{F} = -\overline{S}dT - pd\overline{V} + \vec{E}d(\overline{V}\vec{P}) \tag{5.19}$$

Hier ist $\overline{F}$ eine Funktion von $T, \overline{V}$ und der Polarisation $|\vec{P}|$. Gl. (5.19) ist ebenfalls nützlich für unsere Zwecke.

In der Regel handelt es sich bei dielektrischen Systemen um Festkörper oder Flüssigkeiten. In diesen Fällen kann häufig $d\overline{V} \approx 0$ gesetzt werden und man erhält aus Gl. (5.16):

$$\boxed{d\overline{F}'_V = -\overline{S}dT - \overline{V}\vec{P} \cdot d\vec{E}} \quad \overline{V} = \text{const} \tag{5.20}$$

und aus Gl. (5.19):

$$\boxed{d\overline{F}_V = -\overline{S}dT + \vec{E} \cdot \overline{V} \cdot d\vec{P}} \quad \overline{V} = \text{const} \tag{5.21}$$

Gl. (5.20) und (5.21) sind die Ausgangsbasis für die Berechnung sog. dielektrischer Zustandsfunktionen $\vec{E}(T, \vec{P}, \overline{V})$ bzw. $\vec{P}(\vec{E}, T, \overline{V})$, der Entropie $\overline{S}(T, \vec{E})$ bzw. $\overline{S}(T, \vec{P})$, der inneren Energie $\overline{U}(T, \vec{E})$ bzw. $\overline{U}(T, \vec{P})$ sowie der Molwärmen $\overline{C}_{V,\vec{E}} = (\partial \overline{U}/\partial T)_{\vec{E}}$.

Nun wollen wir $\overline{F}', \overline{S}$ und $\overline{U}$ berechnen. Wir integrieren Gl. (5.20):

$$\overline{F}'_V(T, \vec{E}) = \overline{F}'(T, \vec{E} = 0) - \int (\overline{V}\vec{P}) \cdot \mathrm{d}\vec{E}$$

Einsetzen von Gl. (5.12) unter Annahme, dass χ_e nur von T abhängt, ergibt:

$$\overline{F}'_V(T, \vec{E}) = \overline{F}'_V(T, \vec{E} = 0) - \chi_e \cdot \varepsilon_0 \overline{V} \int \vec{E}\mathrm{d}\vec{E} = \overline{F}'(T, \vec{E} = 0) - \frac{1}{2}\chi_e \varepsilon_0 \overline{V} \cdot \vec{E}^2 \qquad (5.22)$$

Daraus ergibt sich sofort wegen $-\overline{S} = (\partial F'/\partial T)_{\vec{E}}$:

$$\overline{S}(T, \vec{E}) = \overline{S}(T, \vec{E} = 0) + \frac{1}{2}\left(\frac{\mathrm{d}\chi_e}{\mathrm{d}T}\right)\varepsilon_0 V \cdot \vec{E}^2 \qquad (5.23)$$

Für die innere Energie $\overline{U}$ folgt nach Gl. (5.22) und (5.23) mit $\overline{U} = \overline{F}^* + T \cdot \overline{S}$:

$$\overline{U} = \overline{U}^*(T, \vec{E} = 0) + \frac{1}{2}\varepsilon_0 \overline{V}\left(T\frac{\mathrm{d}\chi_e}{\mathrm{d}T} - \chi_e\right) \cdot \vec{E}^2 \qquad (5.24)$$

und es folgt für die Molwärme $\overline{C}_{V,\vec{E}} = (\partial\overline{U}/\partial T)_{V,\vec{E}}$:

$$\overline{C}_{V,\vec{E}} = \overline{C}_{V,\vec{E}=0} + \frac{1}{2}\varepsilon_0 \overline{V} \cdot T\left(\frac{\mathrm{d}^2\chi_e}{\mathrm{d}T^2}\right)\vec{E}^2 \qquad (5.25)$$

Die Gleichungen (5.22) bis (5.25) sind nur gültig, wenn χ_e in Gl. (5.12) *nicht* von $\vec{E}$ bzw. $\vec{P}$ abhängig ist, sondern nur von T und/oder p.

Wir wollen drei Anwendungsbeispiele betrachten:

- *1. Beispiel:* polare ideale Gase. Hier gilt für den Zusammenhang von ε_R, V und T:

$$\frac{\varepsilon_R - 1}{\varepsilon_R + 2}\overline{V} = \frac{\chi_e}{\chi_e + 3}\overline{V} = \frac{N_L}{3 \cdot \varepsilon_0}\left(\alpha + \frac{\vec{\mu}^2}{3k_B T}\right) \qquad (5.26)$$

Man kann Gl. (5.26) als dielektrische Zustandsgleichung $\varepsilon_R(\overline{V}, T)$ bzw. $\chi_e(\overline{V}, T)$ für ideale Gase bezeichnen. Auf ihre Ableitung verzichten wir hier. α ist die elektronische Polarisierbarkeit und $\vec{\mu}$ das Dipolmoment des Moleküls. $\overline{V}$ ist das molare Volumen. Bei niedrigen Dichten ist $\varepsilon_R \approx 1$ also $\chi_e \ll 1$ und es gilt:

$$\overline{V} \cdot (\varepsilon_R - 1) \cong \overline{V}\chi_e \cong \frac{N_L}{\varepsilon_0}\left(\alpha + \frac{\vec{\mu}^2}{3k_B T}\right)$$

Man erhält dann aus Gl. (5.22):

$$\overline{F}'(\vec{E}, T) = \overline{F}^*(T, \vec{E} = 0) - \frac{N_L}{2}\left(\alpha + \frac{\vec{\mu}^2}{3k_B T}\right)\vec{E}^2 \qquad (5.27)$$

und aus Gl. (5.23):

$$\overline{S}(T, \vec{E}) = -\left(\frac{\partial \overline{F}'}{\partial T}\right)_{V,\vec{E}} = S(T, \vec{E} = 0) - \frac{1}{2} N_{\mathrm{L}} \left(\frac{\vec{\mu}^2}{3 k_{\mathrm{B}} T^2}\right) \cdot |\vec{E}|^2 \tag{5.28}$$

Die Entropie nimmt also bei Anlegen eines elektrischen Feldes ab, wenn das Molekül ein Dipolmoment besitzt. Bei Molekülen ohne Dipolmoment ändert sich $\overline{S}$ dagegen nicht. Für die molare innere Energie $\overline{U}$ erhält man:

$$\overline{U} = \overline{F}' + \overline{S} \cdot T = \overline{U}(T, \vec{E} = 0) - N_{\mathrm{L}} \left(\alpha + \frac{\vec{\mu}^2}{3 k_{\mathrm{B}} T}\right) |\vec{E}|^2 \tag{5.29}$$

Ferner gilt für die molare Wärmekapazität:

$$\overline{C}_{V,\vec{E}} = \overline{C}_{\vec{E}=0} + N_{\mathrm{L}} \frac{|\vec{\mu}|^2}{3 k_{\mathrm{B}} T^2} |\vec{E}|^2 \tag{5.30}$$

Ist $\vec{\mu} = 0$, hängt $\overline{C}_V$ nicht von $\vec{E}$ ab. Gl. (5.26) bis (5.29) gelten nur bei nicht zu tiefen Temperaturen und für niedrige Feldstärken, wo χ_{e} unabhängig von $\vec{E}$ ist.

Wir berechnen für den konkreten Fall von HCl-Gas bei $T = 298$ K mit $\vec{\mu}_{\mathrm{HCl}} = 3,44 \cdot 10^{-30}$ C·m und einer Feldstärke $\vec{E} = 2 \cdot 10^5$ V·m^{-1}:

$$\overline{C}_{V,\vec{E}} - \overline{C}_{V,\vec{E}=0} = 6,022 \cdot 10^{23} \frac{(3,44 \cdot 10^{-30})^2 \cdot (2 \cdot 10^5)^2}{3 \cdot 1,3807 \cdot 10^{-23} \cdot (298)^2} = 7,75 \cdot 10^{-8} \text{ J} \cdot \text{mol}^{-1} \cdot \text{K}^{-1}$$

Die Differenz ist sehr klein und gegenüber $\overline{C}_{V,\vec{E}0} \approx \frac{5}{2} R$ vernachlässigbar.

- 2. *Beispiel:* unpolare, dichte Flüssigkeiten.

Hier gilt als dielektrische Zustandsgleichung (es darf ε_{R} im Nenner von Gl. (5.26) nicht gleich Null gesetzt werden):

$$\overline{V} \cdot \frac{\varepsilon_{\mathrm{R}} - 1}{\varepsilon_{\mathrm{R}} + 2} = \overline{V} \cdot \frac{\chi_{\mathrm{e}}}{\chi_{\mathrm{e}} + 3} = \frac{N_{\mathrm{L}} \cdot \alpha}{3 \varepsilon_0} \tag{5.31}$$

Auflösen nach χ_{e} und Einsetzen in Gl. (5.22) ergibt:

$$\overline{F}'_V = \overline{F}'_V(T, \vec{E} = 0) - \frac{1}{2} \cdot \frac{N_{\mathrm{L}} \cdot \alpha \cdot \vec{E}^2}{1 - N_{\mathrm{L}} \cdot \alpha / 3 \varepsilon_0 \overline{V}} \tag{5.32}$$

Wenn wir $\overline{V} \approx$ const setzen, gilt für $\overline{S}$:

$$\overline{S} = -\left(\frac{\partial \overline{F}}{\partial T}\right)_{\vec{E},\overline{V}} \cong S(T, \vec{E} = 0) \tag{5.33}$$

$\overline{S}$ hängt also nicht von $\vec{E}$ ab.
Für $\overline{U}$ gilt:

$$\overline{U} = \overline{F}' + T \cdot \overline{S} = \overline{U}(T, \vec{E} = 0) - \frac{1}{2} \cdot \frac{N_{\mathrm{L}} \cdot \alpha \cdot \vec{E}^2}{1 - N_{\mathrm{L}} \cdot \alpha / 3 \varepsilon_0 \overline{V}} \tag{5.34}$$

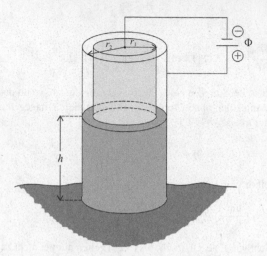

Abb. 5.2 Steighöhe h einer dielektrischen Flüssigkeit im Zylinderkondensator mit der angelegten Spannung Φ. Innerer Zylinder mit Radius r_1, äußerer Zylinder mit Radius r_2.

Ferner gilt $\overline{C}_{V,\vec{E}} = \overline{C}_{V,\vec{E}=0}$. $\overline{C}_V$ hängt also auch nicht von $\vec{E}$ ab. Eine geeignete dielektrische Zustandsgleichung für *polare* Flüssigkeiten wie z. B. H_2O oder Alkohole ist ziemlich kompliziert und wir verzichten auf eine Darstellung.

● *3. Beispiel:* Anstieg einer dielektrischen Flüssigkeit im Zylinderkondensator (s. Abb. 5.2).

Wir betrachten einen Zylinderkondensator, der in eine dielektrische Flüssigkeit mit der Dielektrizitätszahl ε_R eintaucht. Zwischen innerem und äußerem Zylinder herrscht die Spannung Φ.
   Wir berechnen zunächst die Feldstärke $\vec{E}$ im Vakuum zwischen den konzentrischen Zylindern. $\vec{E}$ ist proportional zur Gesamtladung Q dividiert durch die Fläche, also gilt:

$$\vec{E} = \text{const} \cdot \frac{Q}{2\pi r \cdot l}$$

wobei l die Höhe der Zylinder bedeutet.
   Für die Spannung Φ gilt:

$$\Phi = \int\limits_{r_1}^{r_2} \vec{E} \cdot d\vec{r} = \frac{\text{const}}{2\pi l} \cdot Q \int\limits_{r_1}^{r_2} \frac{dr}{r} = \frac{\text{const}}{2\pi l} \cdot Q \cdot \ln\left(\frac{r_2}{r_1}\right)$$

Also kann man für $\vec{E}$ schreiben:

$$\vec{E} = \frac{\Phi}{r} \cdot \left[\ln\left(\frac{r_2}{r_1}\right)\right]^{-1} \qquad (r_1 < r < r_2) \tag{5.35}$$

Jetzt berechnen wir die Arbeit, die an dem flüssigen System geleistet wird, wenn der Flüssigkeitsspiegel um dl steigt. Dazu gehen wir von Gl. (5.9) und (5.12), also $d\vec{P} = \chi_e \cdot \varepsilon_0 \cdot d\vec{E}$, aus und erhalten nach Einsetzen von Gl. (5.35):

$$\delta W_{\text{Diel}} = \chi_e \cdot \varepsilon_0 \cdot dl \int_0^{\vec{E}} \int_{r_1}^{r_2} \vec{E} d\vec{E} \cdot 2\pi r dr = \chi_e \cdot \varepsilon_0 \cdot dl \int_{r_1}^{r_2} \frac{\vec{E}^2}{2} 2\pi r dr$$

$$= \chi_e \cdot \varepsilon_0 \Phi^2 \cdot \left[\ln\left(\frac{r_2}{r_1}\right)\right]^{-2} \cdot \pi \cdot dl \int_{r_1}^{r_2} \frac{dr}{r} = \chi_e \cdot \varepsilon_0 \cdot \pi \cdot \Phi^2 \cdot \left[\ln\frac{r_2}{r_1}\right]^{-1} dl$$

Die Flüssigkeit leistet ihrerseits Arbeit, um den Flüssigkeitsspiegel um die Höhe dl anzuheben:

$$dW_l = -g \cdot l \cdot dm = \varrho_{\text{Fl}} \cdot g \cdot \left(r_2^2 - r_1^2\right) \cdot \pi \cdot l \, dl$$

Im Kräftegleichgewicht muss gelten:

$$\delta W_{\text{Diel}} + \delta W_l = 0 = \chi_e \varepsilon_0 \cdot \Phi^2 \cdot \left[\ln\left(\frac{r_2}{r_1}\right)\right]^{-1} \cdot dl - \varrho_{\text{Fl}} \cdot g\left(r_2^2 - r_1^2\right)\pi l \cdot dl \tag{5.36}$$

Daraus lässt sich $l = h$ berechnen:

$$h = \chi_e \varepsilon_0 \cdot \Phi^2 \Big/ \left(\ln\left(\frac{r_2}{r_1}\right) \cdot \varrho_{\text{Fl}} \cdot g \cdot \pi \left(r_2^2 - r_1^2\right)\right) \tag{5.37}$$

Man darf nicht den Fehler begehen und die integrierten Gleichungen (5.36) gleichsetzen, denn das wäre ein reversibler Prozess, bei dem die *am* System und *vom* System geleisteten Arbeiten gleich wären. Das ist jedoch nicht das Fall, der Prozess läuft partiell irreversibel, also bei Nichtgleichgewicht der Kräfte solange ab, bis Kräftegleichgewicht herrscht! Als Beispielrechnung wollen wir Nitrobenzol nehmen. Folgende Daten sollen gelten: $\Phi = 2000$ Volt, $r_2 = 1,1$ cm, $r_1 = 1,0$ cm. Die Dichte von Nitrobenzol beträgt $1,198$ g $\cdot$ cm$^{-3} = 1198$ kg $\cdot$ m^{-3}, $\varepsilon_R = 34,89$. Dann erhält man für h nach Gl. (5.37):

$$h = 0,0162\,\text{m}$$

Wir vernachlässigen dabei den Einfluss der Grenzflächenspannung zwischen Nitrobenzol und dem Zylindermaterial. Man kann ihn aber leicht berücksichtigen, wenn man die Steighöhe bei $\Phi = 0$ ermittelt (s. Abschnitt 1.19.2).

5.1.3 Elektrostriktion

Unter Elektrostriktion versteht man die Volumenänderung bzw. Dichteänderung eines dielektrischen Materials unter dem Einfluss eines elektrischen Feldes. Um diesen, in der Regel geringen Effekt, quantitativ zu beschreiben, definieren wir:

$$J = -pV = U - TS - \vec{E} \cdot (\vec{P} \cdot V) - \mu \cdot n \tag{5.38}$$

J ist ein thermodynamisches Potential (Anhang K), es heißt das große Potential (grand potential). Wir bilden das totale Differential von J,

$$dJ = dU - T dS - S dT - \vec{E} \cdot V \cdot d\vec{P} - \vec{P} V \cdot d\vec{E} - \mu dn - n d\mu$$

setzen dU nach Gl. (5.10) ein, und erhalten:

$$dJ = -S dT - \vec{P} V \cdot d\vec{E} - n d\mu - p dV \tag{5.39}$$

Wir wenden jetzt die Maxwell-Relation $\partial^2 J/(\partial \mu \cdot \partial \vec{E}) = \partial^2 J/(\partial \vec{E} \cdot \partial \mu)$ an. Das ergibt folgende Beziehung:

$$\boxed{\left(\frac{\partial (\vec{P} V)}{\partial \mu} \right)_{T,V,\vec{E}} = + \left(\frac{\partial n}{\partial \vec{E}} \right)_{T,V,\mu}} \quad \text{bzw.} \quad \boxed{\left(\frac{\partial (\vec{P} V)}{\partial n} \right)_{T,V,\vec{E}} = + \left(\frac{\partial \mu}{\partial \vec{E}} \right)_{T,V}} \tag{5.40}$$

Wir wollen zwei Anwendungsbeispiele diskutieren.

• *Elektrostriktion polarer Gase im Plattenkondensator*

Mit Gl. (5.12) und Gl. (5.26) gilt dann für verdünnte polare Gase:

$$\varepsilon_0 \left(\alpha + \frac{|\vec{\mu}|^2}{3 k_B T} \right) \cdot N_L \cdot \vec{E} \cdot \left(\frac{\partial n}{\partial \mu} \right)_{T,V,\vec{E}} = + \left(\frac{\partial n}{\partial \vec{E}} \right)_{T,V,\mu}$$

bzw. umgeschrieben:

$$\varepsilon_0 \cdot \left(\alpha + \frac{|\vec{\mu}|^2}{3 k_B T} \right) \cdot N_L \cdot \vec{E} \cdot d\vec{E} = d\mu$$

Für ideale Gase gilt:

$$\mu = \mu_0(T) + RT \ln(p/p^*) \qquad (p^* = \text{Standarddruck})$$

Somit ergibt sich:

$$\int_0^{|\vec{E}|} \varepsilon_0 \cdot \left(\alpha + \frac{|\vec{\mu}|^2}{3 k_B T} \right) \cdot N_L \, \vec{E} d\vec{E} = RT \int_{p_0/p^*}^{p/p^*} d \ln(p/p^*) \tag{5.41}$$

Das Resultat lautet also:

$$\boxed{\exp\left[\frac{1}{2} \left(\alpha + \frac{|\vec{\mu}|^2}{3 k_B T} \right) \frac{\varepsilon_0 \cdot \vec{E}^2}{RT} N_L \right] = \frac{p(\vec{E})}{p(\vec{E} = 0)}} \tag{5.42}$$

Gl. (5.42) besagt, dass ein ideales Gas als offenes System bei $V = $ const und $T = $ const im Bereich, wo $\vec{E} > 0$ gilt, also innerhalb eines Kondensatorvolumens V_K einen höheren Druck bzw. eine höhere Gasdichte besitzt, als im Volumenbereich V_B außerhalb, wo $\vec{E} = 0$ gilt. Abb. 5.3 illustriert den Vorgang nochmals, der Effekt ist allerdings i. a. sehr gering.

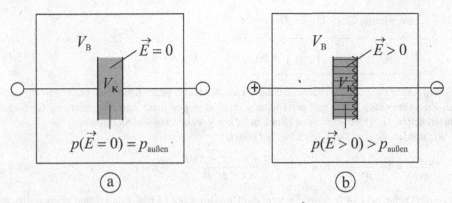

Abb. 5.3 Elektrostriktion von Gasen. Ein Plattenkondensator (Volumen V_K) eingebettet im großen Volumen $V_B \gg V_K$. Links: vor dem Aufladen des Kondensators, rechts: nach dem Aufladen des Kondensators. Der Gasdruck im ungeladenen Kondensator ist $p(\vec{E} = 0) = p_{\text{außen}}$, im geladenen Kondensator ist nach Gl. (5.42) $p(\vec{E} > 0) > p_{\text{außen}}$.

● *Elektrostriktion von Flüssigkeiten im $\vec{E}$-Feld einer geladenen Kugel*

Wir betrachten eine geladene Kugel vom Radius r_K. Das elektrische Feld für $r \geq r_K$ ist gegeben durch das Coulomb'sche Gesetz. Es lautet in SI-Einheiten (Volt $\cdot$ m^{-1}).

$$\vec{E} = \frac{|Q|}{4\pi\varepsilon_0 r^2} \tag{5.43}$$

wobei $|Q|$ der elektrische Ladungsbetrag der Kugel ist. Die Kugel sei eingebettet in eine Flüssigkeit der Dielektrizitätszahl $\varepsilon_R = \chi_e + 1$ mit praktisch unendlichem Volumen. Wenn die Kugel nicht aufgeladen ist ($\vec{E} = 0$), hat die Dichte der Flüssigkeit überall den Wert ϱ_0. Wird die Kugel aufgeladen, werden die Flüssigkeitsmoleküle in der Nähe der Kugel von dieser angezogen und es kommt zu einer Kompression, die um so größer ist, je näher ein Flüssigkeitsvolumenelement sich bei der Kugel befindet, d.h., die lokale Dichte erhöht sich.

Wir suchen wie im vorherigen Beispiel zunächst den Zusammenhang zwischen der Feldstärke $\vec{E}$ und dem chemischen Potential, um letztlich Druck und Dichte im Abstand r vom Kugelzentrum berechnen zu können. Gl. (5.12) gibt den allgemeinen Zusammenhang zwischen $\vec{E}$ und $\vec{P}$ an:

$$\vec{P} \cdot V = \varepsilon_0 \cdot (\varepsilon_R - 1) \cdot n\overline{V} \cdot \vec{E} \tag{5.44}$$

wobei n die im Volumen V enthaltene Mohlzahl bedeutet. Wir erhalten also mit Gl. (5.40):

$$\left(\frac{\partial \vec{P}V}{\partial n}\right)_{T,V,\vec{E}} = \varepsilon_0 \cdot (\varepsilon_R - 1) \cdot \overline{V} \cdot \vec{E} = \left(\frac{\partial \mu}{\partial \vec{E}}\right)_{T,v} = \left(\frac{\partial \mu}{\partial p}\right)_{T,V} \cdot \left(\frac{\partial p}{\partial \vec{E}}\right)_{T,V}$$

Wir setzen jetzt $(\partial\mu/\partial p)_T = \overline{V}$ ein und erhalten nach Integration für den Druck p:

$$P(\vec{E}) = \varepsilon_0(\varepsilon_R - 1) \cdot \frac{1}{2} \cdot \vec{E}^2 + p(\vec{E} = 0) \tag{5.45}$$

Für $\vec{E}$ setzen wir nun Gl. (5.43) ein. Das ergibt:

$$p(r) = (\varepsilon_R - 1) \cdot \frac{1}{2\varepsilon_0} \cdot \left(\frac{Q}{4\pi r^2}\right)^2 + p(r = \infty) \qquad (r_K \le r \le \infty) \qquad (5.46)$$

$Q/4\pi r_K^2$ können wir als Oberflächenladungsdichte der Kugel bezeichnen. Nun benötigen wir noch den Zusammenhang von p mit der Dichte ϱ, also eine geeignete Zustandsgleichung für dichte Flüssigkeiten. Gl. (5.46) ergibt den Druck in Pa bei Verwendung von SI-Einheiten.

Wir wählen die sog. Tait-Gleichung. Sie lautet:

$$\frac{\varrho_0}{\varrho(p)} = 1 - \frac{A p'}{B + p'} \quad \text{bzw.} \quad \frac{\varrho}{\varrho_0} = \frac{1 + p' \cdot (1 - A)/B}{1 + p'/B} \qquad \text{mit } p' = p - 1 \qquad (5.47)$$

ϱ_0 ist die Dichte bei $r \to \infty$, also $\vec{E} = 0$, p' der Überdruck über 1 bar. A und B sind stoffspezifische Parameter. Damit erhält man nach Einsetzen von Gl. (5.46) in Gl. (5.47):

$$\varrho(r) = \varrho(r = \infty) \cdot \frac{1 + (\varepsilon_R - 1) \cdot \left(\frac{Q}{4\pi r^2}\right)^2 \cdot (1 - A) \cdot (2\varepsilon_0 \cdot B)^{-1}}{1 + (\varepsilon_R - 1) \cdot \left(\frac{Q}{4\pi r^2}\right)^2 \cdot (2\varepsilon_o \cdot B)^{-1}} \qquad (r \ge r_K) \qquad (5.48)$$

Für Wasser gelten die Parameter $A = 0,230$, $B = 4167,8$ bar und $\varepsilon_R = 80$. Eingesetzt in Gl. (5.46) erhält man:

$$p(r) - 1 = 4,461 \cdot 10^7 \cdot \left(\frac{Q}{4\pi r^2}\right)^2 \quad \text{(in bar)} \qquad (5.49)$$

und für ϱ mit p aus Gl. (5.49) eingesetzt in Gl. (5.48):

$$\frac{\varrho(r)}{\varrho(r = \infty)} = \frac{1 + 8,240 \cdot 10^8 \cdot \left(\frac{Q}{4\pi r^2}\right)^2}{1 + 1,070 \cdot 10^9 \cdot \left(\frac{Q}{4\pi r^2}\right)^2} \qquad (5.50)$$

Abb. 5.4 zeigt den Verlauf von p und ϱ als Funktion von r für den Fall einer Kugel mit dem Radius $r_K = 10^{-4}$ m $= 100\,\mu$m und einer elektrischen Ladung von $Q = 10^{-9}$ C.

Es könnte sich z.B. um ein aufgeladenes Nanoteilchen handeln. Man sieht, dass der Überdruck $p' = p - 1$ mit zunehmendem Wert von r sehr steil abfällt, an der Kugeloberfläche beträgt er $2,8 \cdot 10^3$ bar, in 5-facher Entfernung davon (bei $r = 5 \cdot 10^{-4}$ m) nur noch 113 bar. Die relative Dichteänderung zeigt einen ähnlichen Verlauf. Die Elektrostriktion spielt z. B. in der Atmosphärenchemie bei der Wasserkondensation an geladenen Staubteilchen eine Rolle (s. Aufgabe 5.6.3). Solche Rechnungen können auch auf Ionen in wässriger Lösung angewandt werden, z.B. ergibt sich bei einwertigen Ionen mit $r_K = 10^{-9}$ m und $Q = e_0 = 1,602 \cdot 10^{-19}$ C für $p(r_K) = 7,25 \cdot 10^3$ bar und für $(\varrho(r)/\varrho(r = \infty)) - 1 = 0,175$. In unmittelbarer Nähe eines einfach geladenen Ions treten also vergleichbare Drücke und Dichten auf. Doch solche Ergebnisse geben nur die Größenordnung wieder, die molekulare Struktur des Wassers in der Nähe des Ions wird durch unsere Berechnung nicht ausreichend erfasst (Komplexierung des Ions, $\vec{E}$-Abhängigkeit von ε_R).

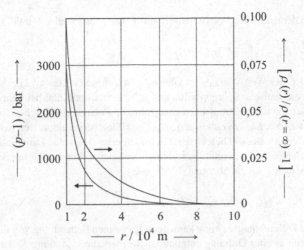

Abb. 5.4 Elektrostriktion von Flüssigkeiten. $\varrho(r)/\varrho(\infty) - 1$ mit $\varrho(r)$ nach Gl. (5.48) und Druck $p(r) - 1$ nach Gl. (5.49) als Funktion vom Abstand r des Kugelzentrums ($r \geq r_K$) mit den Parametern $r_K = 10^{-4}$ m und der elektrischen Kugelladung $Q = 10^{-9}$ C.

5.1.4 Dielektrische Polarisation fluider Materie in elektrischen Wechselfeldern

Bisher wurden nur Gleichgewichtszustände in dielektrischer fluider Materie behandelt. Dabei wurde die Polarisation $\vec{P}$ durch ein konstantes, äußeres elektrisches Feld $\vec{E}$ verursacht. Wir fragen uns jetzt, was geschieht, wenn das Feld $\vec{E}$ schlagartig abgeschaltet wird ($\vec{E} = 0$). Die polarisierte Materie wird nun nicht ebenfalls in derselben schlagartigen Weise ihre Polarisation $\vec{P}$ verlieren, vielmehr wird $\vec{P}$ in einem sog. Relaxationsprozess innerhalb einer gewissen Zeit in den neuen Gleichgewichtswert $\vec{P} = 0$ übergehen, der dem Wert des äußeren Feldes $\vec{E} = 0$ entspricht. Dieser Relaxationsprozess wird sich im einfachsten Fall nach einer Zerfallskinetik 1. Ordnung vollziehen. Dabei wollen wir zunächst nur die Orientierungspolarisation $\vec{P}_{Or}$ behandeln, die von den permanenten Dipolen herrührt, und elektronische und atomare Polarisierbarkeiten beiseite lassen. Der Grund ist, dass die Relaxation der permanenten Dipole um Größenordnungen langsamer ist als die Relaxation der elektronischen und atomaren Polarisation, die schon längst zeitlich abgeschlossen ist, wenn die Relaxation der Dipole in die neue Gleichgewichtslage mit $\vec{E} = 0$ gerade erst begonnen hat. Wir schreiben daher:

$$\frac{d\vec{P}_{Or}}{dt} = -\frac{1}{\tau}\vec{P}_{Or} \qquad (5.51)$$

Hierbei ist τ die dipolare Relaxationszeit, sie stellt die mittlere Lebensdauer eines Dipols im Relaxationsprozess 1. Ordnung dar.

Falls nun das elektrische Feld $\vec{E}$ nicht sprungartig gleich 0 wird, sondern irgendeinen anderen Wert $\vec{E}(t)$ annimmt, gilt zum Zeitpunkt t, dass die Änderungsgeschwindigkeit von $\vec{P}_{Or}$ proportional sein wird der Differenz des momentanen Wertes von $\vec{P}_{(t)Or}$ zu dem Wert von $\vec{P}_{Or}$, der sich einstellen würde, wenn $\vec{E}(t)$ der neue Gleichgewichtswert von $\vec{E}$ wäre. Es gilt also mit Gl. (5.51):

$$\frac{d\vec{P}_{Or}}{dt} = -\frac{1}{\tau}\left(\vec{P}_{Or} - (\chi_e^s - \chi_e^\infty)\varepsilon_0 \cdot \vec{E}(t)\right) \tag{5.52}$$

wobei $(\chi_e^s - \chi_e^\infty) \cdot \vec{E}$ der Wert von $\vec{P}_{Or}$ im Gleichgewicht wäre (s. Gl. (5.12)), der dem Feld $\vec{E}(t)$ entspräche. χ_e^s ist die statische Suszeptibilität und χ_e^∞ die Suszeptibilität bei hoher Frequenz eines Lichtfeldes, die nur von der elektronischen und atomaren Polarisierbarkeit herrührt.

Wenn man jetzt $\vec{E}(t) = \vec{E}_0 \cdot \cos\omega t$ als periodisch oszillierendes Feld an den Kondensatorplatten anlegt, zwischen denen sich das Dielektrikum befindet, erhält man eine Differentialgleichung, die sich am besten behandeln lässt, wenn man für $\vec{E}(t)$ von der reellen zur komplexen Schreibweise mit $\exp(i\omega t) = \cos\omega t + i \cdot \sin\omega t$ übergeht:

$$\tau \cdot \frac{d\vec{P}_{Or}}{dt} + \vec{P}_{Or} = (\chi_e^s - \chi_e^\infty) \cdot \vec{E}_0 \cdot e^{i\omega t} \cdot \varepsilon_0 \tag{5.53}$$

Die Lösung dieser Differentialgleichung kann der allgemeinen Behandlung von inhomogenen Differentialgleichungen zweiter Ordnung entnommen werden, die in *Anhang K* dargestellt ist. Dort geht man von Gl. (K4) und (K5) aus, setzt formal $m = 0, \beta = \tau, k = 1$ und $F_0 = \varepsilon_0(\chi_e^s - \chi_e^\infty) \cdot \vec{E}_0$ und erhält als Lösung für $x = \vec{P}_{Or}$:

$$\vec{P}_{Or} = \frac{(\chi_e^s - \chi_e^\infty)E_0 \cdot e^{i\omega t}}{1 + i\tau \cdot \omega}\varepsilon_0 \tag{5.54}$$

Aufspaltung in Real- und Imaginärteil ergibt:

$$\vec{P}_{Or} = \left[\frac{\chi_e^s - \chi_e^\infty}{1 + \tau^2\omega^2} - i\frac{\omega \cdot \tau}{1 + \omega^2 \cdot \tau^2}(\chi_e^s - \chi_e^\infty)\right]\vec{E}_0 \cdot e^{i\omega t} \cdot \varepsilon_0 \tag{5.55}$$

Formal wird die Suszeptibilität der Orientierungspolarisation zu einer komplexen Größe $\widetilde{\chi}_{Or}$:

$$\widetilde{\chi}_{Or} = \chi' - i \cdot \chi'' = \frac{\chi_e^s - \chi_e^\infty}{1 + i\omega \cdot \tau} \tag{5.56}$$

mit

$$\chi' = \frac{\chi_e^s - \chi_e^\infty}{1 + \omega^2 \cdot \tau^2} \tag{5.57}$$

und

$$\chi'' = \frac{\chi_e^s - \chi_e^\infty}{1 + \omega^2 \cdot \tau^2} \cdot \omega \cdot \tau \tag{5.58}$$

Die komplexe Gesamtsuszeptibilität $\widetilde{\chi}$ ist ($\vec{P}_{ges} = \widetilde{\chi} \cdot \vec{E}$):

$$\widetilde{\chi} = \chi_e^\infty + \widetilde{\chi}_{Or} = \chi_e^\infty + \frac{\chi_e^s - \chi_e^\infty}{1 + i\omega \cdot \tau} \tag{5.59}$$

Um den Phasenwinkel ψ zwischen $\vec{P}_{Or}$ und $\vec{E}$ einzuführen, bedient man sich der Schreibweise nach Gl. (K.10) im Anhang K:

$$\vec{P}_{Or} = \frac{(\chi_e^s - \chi_e^\infty)}{\sqrt{1 + \omega^2 \cdot \tau^2}} \cdot \vec{E}_0 \cdot \exp[i(\omega t - \psi)] \cdot \varepsilon_0 \tag{5.60}$$

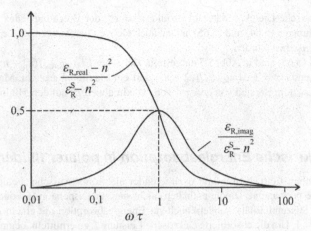

Abb. 5.5 Darstellung von Gl. (5.64) und (5.65) in logarithmischer Skalierung. $\varepsilon_{R,real}$ ist die Dielektrizitätszahl als Funktion von ω, $\varepsilon_{R,imag}$ hat die Bedeutung einer spezifischen Energieabsorption (Abschnitt 5.1.5).

wobei der Phasenwinkel durch

$$\tan \psi = \frac{\chi''}{\chi'} = \omega \cdot \tau \tag{5.61}$$

gegeben ist. Man sieht, dass ψ zwischen dem Wert 0 ($\omega = 0$) und $\psi = 90°$($\omega \to \infty$) in Abhängigkeit von ω variieren kann. Bei niedrigen Frequenzen können also die mittleren Dipole dem angelegten Wechselfeld folgen ($\psi = 0$), bei hohen Frequenzen gibt es keine Korrelation mehr zwischen den mittleren Dipolen und dem $\vec{E}$-Feld ($\psi = 90°$).

Der Realteil der elektrischen Suszeptibilität lautet also nach Gl. (5.57):

$$\chi_{real} = \chi_e^\infty + \chi' = \chi_e^\infty + \frac{\chi_e^s - \chi_e^\infty}{1 + \omega^2 \cdot \tau^2} \tag{5.62}$$

χ_{real} zeigt also eine *Dispersion,* d. h., eine Frequenzabhängigkeit. Der imaginäre Anteil der komplexen Suszebtibilität

$$\chi_{imag} = \frac{\chi_e^s - \chi_e^\infty}{1 + \omega^2 \cdot \tau^2} \cdot \omega \cdot \tau \tag{5.63}$$

hat ebenfalls eine physikalische Bedeutung, die sich als proportional zur *Energieabsorption* der elektrischen Feldenergie durch das dielektrische Medium erweisen wird (s. u.). Gl. (5.62) und (5.63) können auch durch die Dielektrizitätskonstante $\varepsilon_R = 1$ dargestellt werden

$$\varepsilon_{R,real} = n^2 + \frac{\varepsilon_R^S - n^2}{1 + \omega^2 \cdot \tau^2} \tag{5.64}$$

$$\varepsilon_{R,imag} = \frac{\varepsilon_R^S - n^2}{1 + \omega^2 \cdot \tau^2} \cdot \omega \cdot \tau \tag{5.65}$$

wobei ε_R^s die statische Dielektrizitätszahl ist und $n^2 = \varepsilon_R^\infty$ der Brechungsindex von sichtbarem Licht. Die Gleichungen (5.64) und (5.65) heißen auch Debye-Gleichungen, da sie zum ersten Mal von P. Debye angegeben wurden.

Gl. (5.64) und (5.65) sind in Abb. 5.5 dargestellt. Bei $\omega\tau = 1$ ist $\varepsilon_{R,\text{real}}/(\varepsilon_R^S - n^2)$ auf die Hälfte abgefallen, während $\omega\tau = 1$ ist $\varepsilon_{R,\text{imag}}/(\varepsilon_R^S - n^2)$ dort ein Maximum erreicht. Man entnimmt der Abbildung, dass $\varepsilon_{\text{real}}$ im Bereich von $\omega = \tau^{-1}$ vom Maximalwert ε_R^S auf den Minimalwert $\varepsilon_R^\infty = n^2$ abfällt.

5.1.5 *Dielektrische Energieabsorption in polarer fluider Materie*

Wie bereits erwähnt, führt der Einfluss oszillierender elektromagnetischer Felder auf dielektrische Medien, die permanente Dipole enthalten, nicht nur zur Dispersion (Frequenzabhängigkeit der elektrischen Suszeptibilität), sondern auch zur Energieabsorption mit einem Absorptionsmaximum bei $\omega \cdot \tau = 1$. Um die absorbierte elektrische Leistung L zu ermitteln, beginnen wir mit den thermodynamischen Fundamentalgleichungen in differentieller Form für die freie Energie F und die freie Enthalpie G. Sie enthalten neben dem Term der Volumenarbeit $p \cdot V$ jetzt auch den Term $(V \cdot \vec{P}) \cdot \vec{E}$, der der dielektrischen Arbeit entspricht (V = Volumen) (s. Gl. 5.19):

$$dF = -S\,dT - p\,dV + \vec{E}\,d\,(V\vec{P}) \tag{5.66}$$

bzw.

$$dG = -S\,dT + V\,dp - (V\vec{P}) \cdot d\vec{E} \tag{5.67}$$

Nun handelt es sich aber bei der Energieabsorption um einen vollständig irreversiblen Prozess, bei dem die differentielle elektrische Leistung dL am System des Dielektrikums gleich der dissipierten Arbeit $\delta W_{\text{diss}} = dF$ bzw. $\delta W_{\text{diss}} = dG$ ist:

$$\frac{dW_{\text{diss}}}{dt} = L = V \cdot \vec{E} \cdot \frac{d\vec{P}_{\text{Or}}}{dt} \qquad (T, V = \text{const}) \tag{5.68}$$

oder

$$\frac{dW_{\text{diss}}}{dt} = L = -V \cdot \vec{P}_{\text{Or}} \cdot \frac{d\vec{E}}{dt} \qquad (T, p = \text{const}) \tag{5.69}$$

Für $\vec{P}$ wurde der relevante Anteil, also $\vec{P}_{\text{Or}}$ eingesetzt. Wir berechnen zunächst Gl. (5.68). Zunächst geben wir die mittlere Leistung $\langle L \rangle$ an, die sich durch Mittelwertbildung über die Dauer einer Schwingungsperiode des elektrischen Feldes E ergibt:

$$\langle L \rangle = V \int_0^{2\pi/\omega} \vec{E}\,\frac{d\vec{P}_{\text{Or}}}{dt}\,dt \Big/ \left(\frac{2\pi}{\omega}\right) \tag{5.70}$$

Es ist jetzt wichtig, dass für $\vec{E}$ und $\vec{P}_{\text{Or}}$ nur die Realteile in Gl. (5.70) eingesetzt werden. Von den Gleichungen

$$\vec{E} = \vec{E}_0 \cdot \cos \omega t + i\vec{E}_0 \sin \omega t \tag{5.71}$$

bzw. nach Gl. (5.55):

$$\vec{P}_{Or} = (\chi' - i\chi'')\vec{E}_0 \,(\cos \omega t + i \,\sin \omega t) \cdot \varepsilon_0$$

sind das

$$\vec{E} = \vec{E}_{real} = \vec{E}_0 \cdot \cos \omega t$$

bzw.:

$$\vec{P}_{Or} = \vec{P}_{Or,real} = \varepsilon_0 \vec{E}_0 \cdot \chi' \cdot \cos \omega t + \varepsilon_0 \vec{E}_0 \chi'' \,\sin \omega t$$

und somit

$$\frac{d\vec{P}_{Or}}{dt} = -\vec{E}_0 \cdot \varepsilon_0 \cdot \omega\chi' \sin \omega t + \varepsilon_0 \cdot \omega\vec{E}_0 \cdot \chi'' \cdot \cos \omega t$$

Einsetzen in Gl. (5.70) ergibt:

$$\langle L \rangle = V \cdot \varepsilon_0 \cdot \omega \frac{|\vec{E}_0|^2}{2} \cdot \int_0^{2\pi} (\chi'' \cos^2 \omega t - \chi' \sin \omega t \cdot \cos \omega t) \,d(\omega t) \tag{5.72}$$

Da der zweite Term unter dem Integral beim Integrieren Null ergibt, der erste 1/2, folgt mit Gl. (5.57):

$$\langle L \rangle = V\varepsilon_0 \cdot \omega \cdot \frac{|\vec{E}_0|^2}{2} \cdot \chi''$$

Es folgt mit χ'' nach Gl. (5.58):

$$\boxed{\langle L \rangle = V \cdot \varepsilon_0 \cdot \frac{|\vec{E}_0|^2}{2} \cdot \frac{\omega\tau}{1 + \omega^2\tau^2} \cdot (\chi_e^s - \chi_e^\infty)} \tag{5.73}$$

Man sieht, dass Gl. (5.73) bis auf den Faktor $V \cdot E_0^2/4\pi$ identisch ist mit Gl. (5.58). ε_{imag} hat also die Bedeutung einer absorbierten Energieleistung pro Volumeneinheit bezogen auf die Feldstärke im Quadrat $|\vec{E}_0|^2 = 1\,\text{Volt}^2 \cdot \text{m}^{-2}$.

Gl. (5.73) gilt unter den Bedingungen $T = \text{const}$ und Volumen $V = \text{const}$. Sie entspricht genaue der Frequenzabhängigkeit von χ'' in Abb. 6.5.

Die alternative Möglichkeit, $\langle L \rangle$ abzuleiten, basiert auf Gl. (5.67) für dG bei $T = \text{const}$ und $p = \text{const}$.

Es gilt also:

$$\langle L \rangle = -V \int_0^{\frac{2\pi}{\omega}} \vec{P}_{Or} \cdot \frac{d\vec{E}}{dt} \cdot dt \bigg/ \left(\frac{2\pi}{\omega}\right) \tag{5.74}$$

Für $\vec{P}_{Or}$ in Gl. (5.74) kann geschrieben werden (s. Gl. (5.60)):

$$\vec{P}_{Or} = \frac{\chi_e^s - \chi_e^\infty}{\sqrt{1 + \tau^2\omega^2}}\varepsilon_0 \cdot E_0 \cdot [\cos(\omega t - \psi) + i\sin(\omega t - \psi)]$$

$$= \frac{\chi_e^s - \chi_e^\infty}{\sqrt{1 + \tau^2\omega^2}} \cdot E_0\varepsilon_0 \cdot [\cos\omega t \cdot \cos\psi + \sin\omega t \cdot \sin\psi] \qquad (5.75)$$

Es sei angemerkt: statt Gl. (5.60) hätte man auch Gl. (5.55) verwenden können.

Ferner gilt:

$$\frac{d\vec{E}}{dt} = -E_0 \cdot \omega \cdot \sin\omega t + iE_0 \cdot \omega \cdot \cos\omega t \qquad (5.76)$$

Bedenkt man wieder, dass nur die Realanteile in Gl. (5.75) und (5.76) einzusetzen sind, ergibt sich:

$$\langle L \rangle = +V\frac{\chi_e^s - \chi_e^\infty}{\sqrt{1 + \omega^2 \cdot \tau^2}} \cdot \varepsilon_0 \cdot \omega \cdot \vec{E}_0^2 \int\limits_0^{\frac{2\pi}{\omega}} (\cos\omega t \cdot \cos\psi + \sin\omega t \cdot \sin\psi) \cdot \sin\omega t \cdot dt \qquad (5.77)$$

Der erste Term im Integral ergibt beim Integrieren Null, der zweite wieder $\frac{1}{2}$, und es folgt:

$$\langle L \rangle = +V \cdot \varepsilon_0 \cdot \omega \frac{|\vec{E}_0|^2}{2} \frac{\sin\psi}{\sqrt{1 + \omega^2 \cdot \tau^2}}\varepsilon_0 \cdot \omega \cdot E_0^2 \qquad (5.78)$$

Für $\sin\psi$ gilt aber (s. Anhang K):

$$\sin\psi = \frac{\omega \cdot \tau}{\sqrt{1 + \omega^2 \cdot \tau^2}} \qquad (5.79)$$

und somit ergibt sich schließlich:

$$\boxed{\langle L \rangle = V \cdot \varepsilon_0 \cdot \omega \frac{|\vec{E}_0|^2}{2} \cdot \frac{\omega\tau}{1 + \omega^2\tau^2} \cdot (\chi_e^s - \chi_e^\infty)} \qquad (5.80)$$

Diese Gleichung gilt für T = const und Druck p = const und ist identisch mit Gl. (5.73), wo allerdings T = const und V = const gilt.

Gl. (5.80) bzw. (5.73) stellen die Grundlagen der sog. dielektrischen Spektroskopie dar, denn in einem realen Fluid sind häufig mehrere Absorptionspeaks zu beobachten, die teilweise auch überlagert sein können. Ein Beispiel zur Energieabsorption durch Mikrowellen ist Aufgabe 5.6.4.

5.2 Magnetische Felder

5.2.1 Thermodynamische Zustandsgrößen in Magnetfeldern – Magnetische Suszeptibilität

Ganz ähnlich wie statische elektrische Felder lassen sich auch statische magnetische Felder in den Formalismus der Thermodynamik einbauen. Abb. 5.6 zeigt, wie das Magnetfeld der Stärke $\vec{H}$

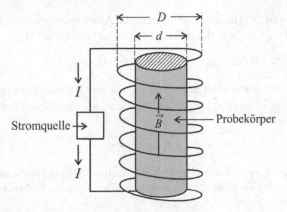

Abb. 5.6 Ein Probekörper (grauer Zylinder) im magnetischen Feld der Feldstärke $\vec{H}$ (vertikal) wird erzeugt durch den elektrischen Strom I in Ampere $= C \cdot s^{-1}$ der Stärke I einer Spule.

durch den elektrischen Strom $I(C \cdot s^{-1})$ in Pfeilrichtung erzeugt wird, der in Windungen um den eigentlichen (hier zylindrischen) Probekörper fließt. Die dadurch erzeugte magnetische Feldstärke $\vec{H}$ innerhalb der Spule und parallel zur Zylinderachse (zunächst ohne Probekörper) beträgt (s. moderne(!) Lehrbücher der Physik) in SI-Einheiten:

$$\vec{H} = \mu_0 \cdot N \cdot I/L \tag{5.81}$$

wobei μ_0 die magnetische Feldkonstante (Anhang A), N die Zahl der Windungen der Spule und L ihre Länge in Meter bedeuten. Mit dem Probekörper hat die Feldstärke nur zwischen dem Durchmesser D der Windungen und dem des Probekörpers d den Wert $\vec{H}$. Im Inneren des Probekörpers ergibt sich nun eine „effektive" Feldstärke $\vec{B}$. Es gilt:

$$\vec{B} = \vec{H} + \mu_0 \cdot \vec{M} \tag{5.82}$$

$\vec{B}$ heißt die magnetische Induktion. $\vec{B}, \vec{H}$ und $\mu_0 \cdot \vec{M}$ haben die Einheit Tesla (1 Tesla $= kg \cdot s^{-1} \cdot C^{-1}$.

$\vec{M}$ heißt die Magnetisierung der Probe. Sie hat die Bedeutung eines magnetischen Dipols. Die SI-Einheit von $\vec{M}$ ist $C \cdot s^{-1} m^{-1}$. $\vec{M}$ kann in Richtung des Feldes $\vec{H}$ zeigen (Paramagnetismus) oder entgegen dem Feld $\vec{H}$ orientiert sein (Diamagnetismus). $\vec{M}$ kann man sich als die Summe kleiner atomarer Magnete (magnetische Dipole) vorstellen, die im Volumen V durch das äußere Feld $\vec{H}$ erzeugt werden. Es besteht also eine gewisse Analogie von $\vec{H}$ zum elektrischen Feld $\vec{E}$, wo $\vec{P}$ die Rolle von $\vec{M}$ und $\vec{D}$ die von $\vec{B}$ (s. Gl. (5.7)) einnimmt. Die SI-Einheit und der Zahlenwert für die magnetische Feldkonstante μ_0 (nicht zu verwechseln mit dem chemischen Standardpotential μ_{0i}!) ergibt sich aus folgendem Zusammenhang (s. Lehrbücher der Physik):

$$\varepsilon_0 \cdot \mu_0 = c_L^{-2} = 1,11265 \cdot 10^{-17} \, s^2 \cdot m^{-2}$$

wobei c_L hier die Lichtgeschwindigkeit im Vakuum bedeutet. Mit dem Wert der elektrischen Feldkonstante ε_0 (s. Gl. (5.6)) erhält man:

$$\mu_0 = 1,11265 \cdot 10^{-17}/8,8540 \cdot 10^{-12} = 1,25672 \cdot 10^{-6} \, J \cdot s^2 \cdot C^{-2} \cdot m^{-1} \tag{5.83}$$

Ganz in Analogie zu Gl.(5.3) lässt sich die differentielle Arbeit im magnetischen Feld formulieren: statt $\vec{E}$ steht jetzt $\vec{H} \cdot \mu_0^{-1}$ und statt $d\vec{D}$ steht jetzt $d\vec{B}$. Man erhält somit:

$$dW'_{mag} = \mu_0^{-1} \cdot V \cdot \vec{H} \cdot d\vec{B} = \mu_0^{-1} \cdot V \cdot \vec{H} \cdot d\vec{H} + \vec{H}d(\vec{M} \cdot V) \tag{5.84}$$

Da $\mu_0^{-1} \cdot \vec{H} \cdot d\vec{H}$ die differentielle Arbeit darstellt, die nur zum Aufbau des magnetischen Feldes $\vec{H}$ im Volumen V *ohne* den Probekörper dient ($\vec{M} = 0$), ist die am eigentlichen Probekörper geleistete (oder abgegebene) Arbeit:

$$dW_{mag} = dW'_{mag} - \mu_0^{-1} \cdot V \cdot \vec{H} \cdot d\vec{B} = \vec{H} \cdot d(\vec{M} \cdot V) \tag{5.85}$$

Sie wird zur Erzeugung des differentiellen Dipolmomentes $d(\vec{M}V)$ der Probe aufgewendet. Damit ergibt sich für reversible Prozesse am thermodynamischen System „Probekörper" für das totale Differential der inneren Energie U

$$\boxed{dU = TdS - pdV + \vec{H} \cdot d(\vec{M} \cdot V)} \tag{5.86}$$

Das entspricht Gl. (5.10) für elektrische Felder. Für die magnetische Suszeptibilität definieren wir (ähnlich wie in Gl. (5.12) die dielektrische Suszeptibilität χ_e hier die magnetische Suszeptibilität:

$$\boxed{\chi_{mag} = \mu_0 \frac{|\vec{M}|}{|\vec{H}|} \overline{V} \quad (\text{Einheit}: \ m^3 \cdot mol^{-1})} \tag{5.87}$$

χ_{mag} wird auch magnetische Volumensuszeptibilität genannt mit dem molaren Volumen $\overline{V}$ der Substanz. Magnetische Suszeptibilitäten lassen sich z.B. mit der sog. "Gouy-Waage'" messen (s. Anwendungsbeispiel 5.6.6). In Gl. (5.86) sind wieder T, p und $\vec{H}$ intensive und S, V und $(\vec{M} \cdot V)$ extensive Größen, sodass die Euler'sche Gleichung gilt (s. A. Heintz: Gleichgewichtsthermodynamik. Grundlagen und einfache Anwendungen, Springer, 2011):

$$U = T \cdot S - p \cdot V + \vec{H} \cdot (\vec{M} \cdot V) \tag{5.88}$$

In dieser Formulierung ist die innere Energie U ein sog. thermodynamisches Potential.

Wir definieren nun die freie Energie F durch Legendre-Transformation von U in üblicher Weise:

$$F = U - T \cdot S \quad \text{bzw.} \quad dF = dU - TdS - SdT$$

und setzen dU aus Gl. (5.86) ein. Dann ergibt sich:

$$\boxed{dF = -pdV - SdT + \vec{H} \cdot d(\vec{M} \cdot V)} \tag{5.89}$$

Das entspricht Gl. (5.21) bei dielektrischen Systemen. Definieren wir dagegen als freie Energie die Legendre-Transformation

$$F' = U - TS - \vec{H} \cdot (\vec{M} \cdot V)$$

so erhält man für das totale Differential dF' nach Einsetzen von dU aus Gl. (5.86):

$$\boxed{dF' = -pdV - SdT - \vec{M} \cdot V \cdot d\vec{H})} \tag{5.90}$$

Im Fall von Gl. (5.89) ist $F = F(V, T, \vec{M} \cdot V)$ im Fall von Gl. (5.90) ist $F' = F'(V, T, \vec{H})$. Beide Formen sind in Gebrauch. Wir werden im Folgenden immer Gl. (5.90) anwenden. Zur Ableitung molarer thermodynamischer Zustandsgrößen (Querstrich über dem Symbol) von Materie in Magnetfeldern integriert man Gl. (5.90) bei $T = \text{const}$ und $\overline{V} = \text{const}$:

$$\overline{F}'\left(\overline{V}, T, \vec{H}\right) - \overline{F}'\left(\overline{V}, T, \vec{H} = 0\right) = -\overline{V} \int_0^{\vec{H}} \vec{M} \cdot d\vec{H} = -\frac{1}{\mu_0} \cdot \int_0^{\vec{H}} \chi_{\text{mag}}\, \vec{H} \cdot d\vec{H} \qquad (5.91)$$

Wenn χ_{mag} unabhängig von $\vec{H}$ ist, erhält man:

$$\overline{F}'\left(\overline{V}, T, \vec{H}\right) = -\frac{1}{2\mu_0}|\vec{H}|^2 \cdot \chi_{\text{mag}} + \overline{F}'\left(\overline{V}, T, \vec{H} = 0\right) \qquad (5.92)$$

Für die molare Entropie $\overline{S}$ folgt:

$$\overline{S} = -\left(\frac{\partial \overline{F}'}{\partial T}\right)_{\overline{V}, \vec{H}} = \frac{1}{2\mu_0}\left(\frac{\partial \chi_{\text{mag}}}{\partial T}\right)_{\overline{V}, \vec{H}} \cdot |\vec{H}|^2 + \overline{S}\left(\vec{H} = 0\right) \qquad (5.93)$$

und für die molare innere Energie $\overline{U}$:

$$\overline{U} = \overline{F}' + \overline{S} \cdot T = -\frac{|\vec{H}|^2}{2\mu_0}\left[\chi_{\text{mag}} - T\left(\frac{\partial \chi_{\text{mag}}}{\partial T}\right)\right] + \overline{U}\left(\vec{H} = 0\right) \qquad (5.94)$$

Für die Molwärme $\overline{C}_{V,\vec{H}}$ gilt dann:

$$\overline{C}_{V,(\vec{H})} = \left(\frac{\partial \overline{U}}{\partial T}\right)_{\overline{V}, \vec{H}} = \frac{|\vec{H}|^2}{2\mu_0} \cdot T \cdot \left(\frac{\partial^2 \chi_{\text{mag}}}{\partial T^2}\right)_{V,H} + \overline{C}_V\left(\vec{H} = 0\right) \qquad (5.95)$$

Gl. (5.92) bis (5.94) sind nur dann gültig, wenn χ_{mag} *nicht* von $\vec{H}$, sondern nur von T abhängt. Ebenso wie es eine *Elektrostriktion* gibt (s. Abschnitt 5.1.3), gibt es auch eine *Magnetostriktion*. Ein Beispiel dazu ist Aufgabe 5.6.7.

5.2.2 Paramagnetische, ferromagnetische und antiferromagnetische Materialien

Von Paramagnetismus spricht man, wenn vorhandene atomare (oder molekulare) magnetische Dipole (Einheit: $C \cdot s^{-1} \cdot m^2$) des betrachteten Materials voneinander unabhängig sind, d. h., praktisch nicht miteinander wechselwirken. Zentren magnetischer Dipole können Ionen von Übergangsmetallen sein in Salzen, wie z. B. $KCr(SO_4)_2 \cdot 12H_2O$, wo die H_2O-Moleküle die paramagnetischen Cr^{3+}-Ionen auf Distanz halten. Auch Gase wie O_2 oder NO sind paramagnetisch. In all diesen Fällen sind die Elektronenspins die Träger magnetischer Dipolmomente. Die Messgröße für die Stärke des Paramagnetismus ist die paramagnetische Suszeptibilität χ_{mag} nach Gl. (5.87). χ_{mag}

lässt sich z. B. mit einer sog. Gouy-Waage bestimmen (s. Beispiel 5.6.8). Die Gleichung für χ_{mag} lautet im Fall paramagnetischer Systeme bei genügend hohen Temperaturen T:

$$\boxed{\chi_{mag} \cong \alpha' + \frac{c_M}{T}} \quad \text{(Curie'sches Gesetz)} \tag{5.96}$$

C_M heißt die Curie-Konstante, sie hat die Einheit $K \cdot m^{-3}$. Die Größe α' ist negativ, sie beschreibt den diamagnetischen Anteil von χ_{mag}. Ihr Betrag ist meistens sehr klein und kann i. d. R. gegenüber c_M/T vernachlässigt werden. Damit lässt sich mit Gl. (5.87) schreiben:

$$\mu_0 \vec{H} \cdot \vec{M} \cdot \overline{V} = \chi_{mag} \cdot |\vec{H}|^2 = \left(\alpha' + \frac{c_M}{T}\right) \cdot |\vec{H}|^2 \approx \frac{c_M}{T}|\vec{H}|^2 \tag{5.97}$$

bzw.

$$\vec{B} = \vec{H}\left(1 + \chi_{mag}\right) = \vec{H}\left(1 + \alpha' + \frac{c_M}{T}\right) \approx \vec{H}\left(1 + \frac{c_M}{T}\right) \tag{5.98}$$

Gl. (5.96) verliert allerdings bei niedrigen Temperaturen ihre Gültigkeit. Das zeigen Messungen von χ_{mag} an paramagnetischen Substanzen. Trägt man Messdaten von $\chi_{mag} \cdot |\vec{H}|$ gegen $\vec{H}/T$ auf, so erhält man bei vielen paramagnetischen Stoffen bei höheren Werten von $\vec{H}/T$ immer größere Abweichungen von der Linearität und $\vec{M}$ bzw. $\chi_{mag} \cdot |\vec{H}|$ erreicht einen Sättigungswert $\vec{M}_{max}$. Ein Beispiel zeigt Abb. 5.7 a).

Das Erreichen eines Sättigungswertes $\vec{M}/\vec{M}_{max} = 1$ ist physikalisch sinnvoll, denn Gl. (5.96) würde bei $T \to 0$ ja einen unendlich hohen Wert für χ_{mag} voraussagen. Das ist physikalisch nicht möglich. $\vec{M}$ muss für $T \to 0$ endlich bleiben und einen maximalen Wert $\vec{M}_{max}$, bei dem alle atomaren magnetischen Dipole genau in Feldrichtung orientiert sind. Die Anwendungen der korrekten Formel für $\vec{M}/\vec{M}_{max}$, die die Experimente in Abb. 5.7 a) richtig beschreibt, wird in Beispiel 5.68 diskutiert (Abb. 5.52), wo ebenfalls korrekte Ausdrücke für thermodynamische Größen wie $\overline{U}, \overline{S}$ und $\overleftarrow{C}_V$ paramagnetischer Systeme abgeleitet werden.

Kaliumchromalaun bleibt bis zu tiefsten Temperaturen paramagnetisch. Häufig tritt jedoch bei tieferen Temperaturen, bevor sich eine Abweichung vom Curie'schen Gesetz bemerkbar macht, ein anderes Phänomen ein. Man beobachtet eine Abweichung vom Curie'schen Gesetz, die durch eine nicht vernachlässigbare Wechselwirkung der magnetischen Dipole zustande kommt. Ist diese Wechselwirkung besonders stark, spricht man vom *Ferromagnetismus*. Die Elektronenspins, Träger der magnetischen Dipole in den Atomen bzw. Ionen, finden sich dabei zu einer *parallelen*, d. h. in dieselbe Richtung zeigenden Anordnung zusammen. Diese starke Koppelung hat jedoch nichts mit der Wechselwirkung von magnetischen Dipolen zu tun. Diese wäre viel zu schwach. Es handelt sich vielmehr um einen quantenmechanischen Effekt, der eine starke Wechselwirkung vermittelt. Es kann auch sein, dass die Elektronenspins der Atome bzw. Ionen sich *antiparallel* orientieren und sich somit in ihrer magnetischen Wirkung gegenseitig kompensieren. Dann spricht man von *Antiferromagnetismus*. Bei hohen Temperaturen brechen diese Koppelungen wieder auf und die Elektronenspins werden wieder weitgehend unabhängig voneinander, d. h., das System geht dann in den paramagnetischen Zustand über.

Wie das Curie'sche Gesetz für ferromagnetische bzw. antiferromagnetische Substanzen modifiziert werden muss, kann man näherungsweise durch folgende Überlegungen formulieren. Wenn sich die magnetischen Dipole, also die Elektronenspins durch die erwähnte Koppelung parallel

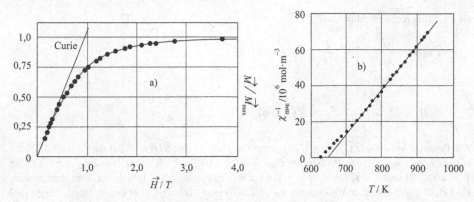

Abb. 5.7 a) Reduzierte Magnetisierung $|\vec{M}|/|\vec{M}_{\text{max}}|$ gegen $\vec{H}/T$ für das paramagnetische Salz KCr(SO$_4$)$_2 \cdot$ 12H$_2$O (Kaliumchromalaun): • Experimente, —— (linear): $\vec{M}/\vec{M}_{\text{max}} = C_{\text{M}}/(\mu_0 \cdot \overline{V} \cdot \vec{M}_{\text{max}}) \cdot \vec{H}/T$ nach Gl. (5.98).
b) χ_{mag}^{-1} als Funktion von T für Nickel. • Experimente, —— nach Gl. (5.99) mit $T'_{\text{c}} = 650$ K.

(Ferromagnetismus) oder antiparallel (Antiferromagnetismus) zueinander stellen, kann man das durch ein effektives Magnetfeld beschreiben:

$$\vec{H}_{\text{eff}} = \vec{H} + \omega_1 \vec{M} \quad \text{bzw.} \quad \vec{H}_{\text{eff}} = \vec{H} - \omega_2 \vec{M}$$

$\omega_1 \vec{M}$ bzw. $\omega_2 \vec{M}$ ist das durch die gekoppelten Spins zusätzlich erzeugte innere Feld. Das Pluszeichen gilt für den Ferromagnetismus (Feldverstärkung), das Minuszeichen für den Antiferromagnetismus (Feldschwächung). Setzt man $\vec{H}_{\text{eff}}$ statt $\vec{H}$ in Gl. (5.89) ein, ergibt sich

$$\chi_{\text{mag}} = \mu_0 \frac{\vec{M}}{\vec{H}} \overline{V} = \frac{C_{\text{M}}}{T - T'_{\text{C}}} + \alpha' \quad \text{(Ferromagnetismus)} \qquad (T \gg T_{\text{C}}) \qquad (5.99)$$

$$\chi_{\text{mag}} = \mu_0 \frac{\vec{M}}{\vec{H}} \overline{V} = \frac{V_{\text{A}}}{T + T'_{\text{N}}} + \alpha' \quad \text{(Antiferromagnetismus)} \qquad (T \gg T_{\text{N}}) \qquad (5.100)$$

mit $T'_{\text{C}} = C_{\text{M}} \cdot \omega_1$ und $T'_{\text{N}} = \omega_2 \cdot C_{\text{A}}$. T'_{C} heißt *Curie-Temperatur* und T'_{N} heißt *Néel-Temperatur*.

Als Beispiel für den Gültigkeitsbereich von Gl. (5.99) sind experimentelle Ergebnisse für χ_{mag}^{-1} von Nickel sowie ihre Beschreibung durch Gl. (5.99) in Abb. 5.7 b) dargestellt mit $C_{\text{M}} = 4,28 \cdot 10^{-6}$ m$^3 \cdot$ K $\cdot$ mol^{-1} und $T'_{\text{c}} = 650$ K. Abweichungen sind erst unterhalb von 700 K zu beobachten. χ_{mag}^{-1} wird erst bei 630 K gleich Null, wie die Experimente zeigen. Die Beschreibung der tatsächlichen Verhältnisse erfordert eine komplexere Behandlung, auf die wir hier verzichten müssen. Es stellt sich heraus, dass der Übergang vom Paramagnetismus zum Ferromagnetismus ein Phasenübergang 1. Ordnung ist, der bei einer kritischen Temperatur T_{c} stattfindet, wo $\chi_{\text{mag}}^{-1} = 0$ wird. Bei Nickel ist $T_{\text{c}} = 630$ K, es gilt allgemein, dass $T_{\text{c}} < T'_{\text{c}}$. Wir wollen noch die Molwärme $\overline{C}_{V,\vec{H}}$ nach Gl. (5.95) sowie die Entropie nach Gl. (5.93) mit Hilfe des erweiterten Curie'schen Gesetzes nach

Gl. (5.99) berechnen. Man erhält:

$$\overline{C}_V(\vec{H}) = \frac{|\vec{H}|^2}{2\mu_0} \cdot \frac{2C_M \cdot T}{(T - T'_c)^3} + \overline{C}_V\left(\vec{H} = 0\right)$$

und

$$\overline{S}(\vec{H}) = -\frac{|\vec{H}|^2}{2\mu_0} \cdot \frac{2C_M}{(T - T'_c)^2} + \overline{S}\left(\vec{H} = 0\right)$$

Als Beispiel wollen wir $\overline{C}_V(\vec{H}) - \overline{C}_V(0)$ nach Gl. (5.101) und $\overline{S}(\vec{H}) - \overline{S}(0)$ nach Gl. (5.102) für Nickel berechnen mit den Parametern $C_M = 4,28 \cdot 10^{-6}$ m$^3 \cdot$ K $\cdot$ mol^{-1} und $T_c = 650$ K bei $T = 800, 750$ und 700 K sowie $\vec{H} = 1$ Tesla. Die Ergebnisse zeigt Tabelle 5.1. Die Zahlenwerte sind klein gegenüber den Absolutwerten $\overline{C}_V(\vec{H} = 0)$ und $\overline{S}(\vec{H} = 0)$, aber ihre Beträge steigen steil an mit abnehmender Temperatur und Annäherung an $T'c$. Dort wird aber bereits der Gültigkeitsbereich von Gl. (5.99) und (5.100) überschritten.

Tab. 5.1 Molwärmeanteile und Entropieanteile von paramagnetischem Nickel bei $\vec{H} = 1$ Tesla.

T/K	800	750	700
$\overline{C}_V(\vec{H} = 1) - \overline{C}_V(\vec{H} = 0)/10^{-3}$ J $\cdot$ mol$^{-1} \cdot$ K^{-1}	0,807	2,55	19,0
$\overline{S}(\vec{H} = 1) - \overline{S}(\vec{H} = 0)/10^{-3}$ J $\cdot$ mol$^{-1} \cdot$ K^{-1}	-0,155	-0,3405	-1,36

5.2.3 *Adiabatische Entmagnetisierung zur Erzeugung tiefster Temperaturen*

Wir betrachten einen adiabatisch-reversiblen Prozess in einem magnetisierbaren System. Dann gilt zunächst ganz allgemein

$$\frac{\delta Q}{T} = \mathrm{d}S = 0$$

Wir bilden nun das totale Differential der Entropie $S(\vec{H}, T)$:

$$\mathrm{d}S = \left(\frac{\partial S}{\partial T}\right)_{\vec{H}} \mathrm{d}T + \left(\frac{\partial S}{\partial \vec{H}}\right)_T \mathrm{d}\vec{H}$$

Mit d$S = 0$ folgt daraus für die Temperaturänderung bei Änderung der Magnetfeldstärke unter adiabatisch-reversiblen, d. h. isentropen Bedingungen:

$$\left(\frac{\mathrm{d}T}{\mathrm{d}\vec{H}}\right)_S = -\left(\frac{\partial S}{\partial \vec{H}}\right)_T \bigg/ \left(\frac{\partial S}{\partial T}\right)_{\vec{H}}$$

$$\left(\frac{\mathrm{d}T}{\mathrm{d}\vec{H}}\right)_S = 2\frac{T - T_C}{\vec{H}} \quad \text{oder} \quad \frac{\mathrm{d}T}{T - T_C} = 2\frac{\mathrm{d}\vec{H}}{\vec{H}}$$

Integration und anschließenden Entlogarithmieren ergibt:

$$\boxed{\frac{T_f - T_C}{T_i - T_C} = \frac{\vec{H}_f}{\vec{H}_i}} \quad \text{oder} \quad \boxed{T_f = \frac{\vec{H}_f}{\vec{H}_i}(T_i - T_C) + T_C} \tag{5.101}$$

Was bedeutet diese Resultat? Die meisten paramagnetischen Feststoffe, wie z. B. Kaliumchromalaun (s. Abb. 5.7 a)), haben (wenn überhaupt) eine sehr niedrige Curie-Temperatur im Millikelvinbereich. Wenn in einem adiabatisch abgeschirmten Gefäß, wo sich ein solches Salz befindet, zu Anfang ein Magnetfeld der Stärke $\vec{H}_i$ herrscht, und dann diese Feldstärke auf $\vec{H}_f$ erniedrigt wird, erniedrigt sich auch die Temperatur auf den Wert $T_f < T_i$. Das ist das Prinzip des Kühlens durch sog. *adiabatische Entmagnetisierung*. Mit $\vec{H}_f = 0$ könnte theoretisch sogar $T_f = T_C$ erreicht werden. Man muss dann aber mit flüssigem Helium vorkühlen, da ja beim Abkühlen zwangsläufig auch andere Anteile wie Gefäßwände, Halterungen und das Salz selbst mit der Molwärme $\overline{C}_V$ mitgekühlt werden müssen. Mithilfe dieser Technik wurden in den 1920ger Jahren zum ersten Mal Temperaturen unter 10^{-3} K erreicht. Heute wird das Verfahren zur Entwicklung einer neuen Generation von Kühlgeräten für tiefgekühlte Nahrungsmittel genutzt. Es ist energiesparender als konventionelle Methoden.

5.2.4 Thermodynamik der elektrischen Supraleitung in Magnetfeldern und Beispiele für Phasenübergänge erster und zweiter Ordnung

Die elektrische Supraleitung ist ein schon seit 1911 (Kammerling-Onnes) bekanntes und seit ca. 1957 auch theoretisch verstandenes Phänomen (BCS-Theorie), das viele Metalle, Legierungen und metallartige feste Verbindungen zeigen. Misst man beim Abkühlen die elektrische Leitfähigkeit, so tritt unterhalb einer bestimmten, meist sehr tiefen Temperatur T_C plötzlich ein enormer Anstieg der elektrischen Leitfähigkeit auf, das Material verliert dabei praktisch vollständig seinen elektrischen Widerstand (s. Abb. 5.8). Supraleiter finden auf vielen Gebieten Anwendungen, vor allem zur Erzeugung starker und stabiler Magnetfelder. Beispiele sind: Kernfusionsexperimente, Kernspintomographie, Teilchenbeschleuniger (z. B. LHC im CERN), NMR-Spektroskopie, SQUID, Energiespeicher. Das thermodynamische Verhalten supraleitender Materialien in Gegenwart von Magnetfeldern soll hier behandelt werden. Das kann geschehen, ohne auf die eigentliche mikroskopische Theorie der Supraleitung eingehen zu müssen.

Der Einfluss von Magnetfeldern auf supraleitende Materialien lässt sich am einfachsten mit Hilfe von Abb. 5.9 darstellen. Die Spule erzeugt ein äußeres Magnetfeld nach Gl. (5.81). Der Probekörper soll nun das Material im supraleitenden Zustand sein.

Während der äußere Strom (Stromstärke I) die Spule umläuft, wird dadurch im supraleitenden Zustand an der inneren Probenoberfläche ein gleich großer Strom in Gegenrichtung induziert. Dadurch wird die durch die Spule erzeugte magnetische Induktion $\vec{B}$ im Inneren des Probekörpers genau kompensiert:

$$\boxed{\vec{B} = 0 = \vec{H} + \mu_0 \cdot \vec{M} \quad \text{bzw.} \quad \vec{H} = -\mu_0 \vec{M}} \tag{5.102}$$

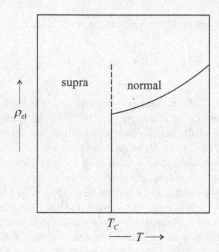

Abb. 5.8 Typischer Verlauf des spezifischen elektrischen Widerstandes ϱ_e (schematisch) eines Metalls in der Nähe der Temperatur T_C, wo die Umwandlung in den supraleitenden Zustand ($T <$ T_C) stattfindet.

Diese Gleichung ist eine Konsequenz der Tatsache, dass sich in einem Material ohne elektrischen Widerstand nach dem Ohm'schen Gesetz keine elektrische Spannung Φ erzeugen lässt, also stets $\Phi = 0$ gelten muss. Φ lässt sich ganz allgemein nach dem Faraday'schen Induktionsgesetz durch die zeitliche Änderung eines Magnetfeldes erzeugen:

$$\Phi = A \frac{d\left|\vec{B}\right|}{dt} \cdot \sin \vartheta$$

A ist hier die Querschnittsfläche des Probekörpers und ϑ der Winkel mit der Richtung von $\vec{B}$. Wenn aber bei Supraleitern zu jedem Zeitpunkt $\vec{B}$ gleich Null ist, gilt das auch für $d\vec{B}/dt$ und somit auch für $\Phi = 0$.

Gl. (5.102) hat weitreichende Konsequenzen für die Thermodynamik von Supraleitern in magnetischen Feldern.

Wir wollen zunächst die Thermodynamik des Übergangs vom normalleitenden zum supraleitenden Zustand betrachten, und zwar zunächst *ohne* Magnetfeld ($\vec{H} = 0$). Da es sich dabei um einen Phasenübergang handelt, muss gelten, dass die molare freie Energie im Normalzustand $\overline{F}_N$ ($T = T_C$) bei einer bestimmten Temperatur T_C, wo der Übergang stattfindet, gleich der freien Energie $\overline{F}_S(T = T_C)$ des supraleitenden Zustandes ist. Sowohl $\overline{F}_S$ als auch $\overline{F}_N$ lassen sich im Bereich von $T = 0$ bis $T = T_C$ durch Messung der temperaturabhängigen molaren Wärmekapazität $C_{i,V}$ ermitteln ($i = S$ oder N):

$$\overline{F}_i(T, \vec{H} = 0) = \overline{U}_i(T) - T \cdot \overline{S}_i(T) = \int\limits_0^T \overline{C}_{V,i} dT - T \int\limits_0^T \frac{\overline{C}_{V,i}}{T} dT \quad (i = N, S) \tag{5.103}$$

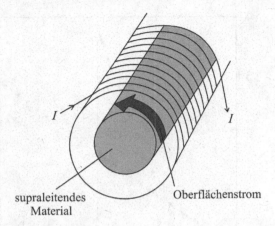

supraleitendes
Material

Oberflächenstrom

Abb. 5.9 Blick von unten auf Abb. 5.6 im Fall eines Suparleiters als Probekörper.

Tab. 5.2 Charakteristische Parameter einer Auswahl von supraleitfähigen Metallen

Metall	$T_C/$K	$\vec{H}_{max}(T = 0\ \text{K}) \cdot 10^4/$Tesla
Al	1,196	99
Cd	0,560	30
Ga	1,091	51
Hg (α-Form)	4,150	411
In	3,400	293
Nb	9,260	1980
Pb	7,190	803
Sn	3,720	305
Zn	0,875	53

Abb. 5.10 zeigt Messdaten von $\overline{C}_{V,N}$ und $\overline{C}_{V,S}$ für Aluminium.

Daraus ergeben sich die in Abb. 5.11 gezeigten Verläufe von $\overline{F}_{S,Al}(T, H = 0)$ und $\overline{F}_{N,Al}(T)$, wie sie mit Gl. (5.103) berechnet wurden.

Es ist bei $T = T_C$ nicht nur $\overline{F}_S = \overline{F}_N$, wie es bei einem Phasengleichgewicht sein muss, sondern es gilt ja auch entlang der Phasengleichgewichtskurve $d\overline{F}_N = d\overline{F}_S$. Daraus folgt bei $T = T_C$ und $\vec{H}_C = 0$ (weder $\overline{F}_N$ noch $\overline{F}_S$ hängen bei $\vec{H} = 0$ von $\vec{H}$ ab):

$$d\overline{F}_S = d\overline{F}_N = \left(\frac{\partial \overline{F}_S}{\partial T}\right)_{V, T=T_C} dT = \left(\frac{\partial \overline{F}_N}{\partial T}\right)_{V, T=T_C} dT \tag{5.104}$$

Gl. (5.104) bedeutet, dass die Entropiedifferenz $\overline{S}_S - \overline{S}_N = 0$ ist wegen $\overline{S} = -(\partial \overline{F}/\partial T)_V$. Es gibt also bei $T = T_C$ und $\vec{H} = 0$ keine Umwandlungsentropie und ebenfalls keine Umwandlungsenthalpie wegen $\overline{F}_S - \overline{F}_N = 0 = \overline{H}_S - \overline{H}_N - T_C(\overline{S}_S - \overline{S}_N) = \overline{H}_S - \overline{H}_N$. (Man beachte den Unterschied: $\vec{H}$ ist die magnetische Feldstärke, $\overline{H}$ eine molare Enthalpie!) Solche Umwandlungen werden als

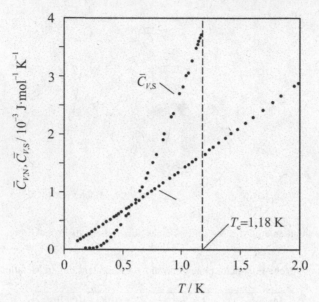

Abb. 5.10 Messdaten von $\overline{C}_{V,N}(T)$ und $\overline{C}_{V,S}(T)$ für Aluminium im Bereich von 0 bis 2 K (nach: N. W. Asheroft und N. D. Mermin, Solid State Physics, Harcourt College Publishers (1976)). $\overline{C}_{V,S}$ wurde direkt bei $\vec{H} = 0$ bis $T = T_c$ gemessen. Die Werte von $\overline{C}_{V,N}(T)$ mit $T < T_c$ wurden in Gegenwart eines starken Magnetfeldes gemessen, wo keine Supraleitung im Bereich $0 \le T \le T_c$ auftritt ($H_c/H_{c,max} > 1$, s.Abb. 5.12 a)).

Phasenumwandlungen 2. Ordnung bezeichnet, wenn Umwandlungsentropie und -enthalpie gleich Null sind. Es gibt allerdings einen Sprung in der Molwärme von $\overline{C}_{V,N}$ bei T_C. Damit beschäftigt sich Aufgabe 5.6.9.

Wir wollen nun untersuchen, was mit einem supraleitenden Material geschieht, wenn es sich in einem Magnetfeld befindet. Zunächst zeigen die experimentellen Befunde, dass T_C zu umso tieferen Temperaturen verschoben wird, je stärker das von außen angelegte Magnetfeld $\vec{H}$ ist. Bei einer bestimmten Feldstärke $\vec{H}_{max}$ verschwindet die Supraleitung, das geschieht bei $T = 0$. Ist $H > H_{max}$, verschwindet die Supraleitung bei allen Temperaturen. Dieses Verhalten ist typisch für metallische Supraleiter. Die erhaltenen Messkurven sind in Abb. 5.12 in reduzierter Form $\vec{H}_{max}/\vec{H}$ gegen T/T_C für verschiedene Metalle aufgetragen. Die Kurve trennt die beiden Phasenbereiche „supraleitend (S)" und „normalleitend (N)" von einander.

In Tabelle 5.2 sind für eine Reihe von Metallen die charakteristischen Größen $T_C(H = 0)$ und $\vec{H}_{max}(T = 0)$ für die Phasengrenzkurve angegeben. Die Werte von T_C liegen für reine Metalle im Bereich von 0,1 bis 10 K, $\vec{H}_{max}$ im Bereich von 0,005 und 0,2 Tesla.

Man kann nun durch eine relativ einfache Überlegung eine Näherungsformel für die in Abb. 5.12 gezeigte Kurve $\vec{H}(T)$ ableiten, die gemessene Daten in den meisten Fällen sehr gut beschreibt. Wir machen folgenden Ansatz:

$$\vec{H}_C(T) = a + b \cdot T + cT^2$$

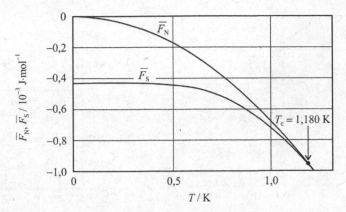

Abb. 5.11 $\overline{F}_S$ und $\overline{F}_N$ für Aluminium als Funktion von T. Die durchgezogenen Kurven wurden durch Anpassung von Gl. (5.103) an Messdaten erhalten (s. Abb. 5.10).

3 Bedingungen muss diese Gleichung erfüllen, durch die sich die 3 Parameter a, b und c festlegen lassen:

$$\text{1. } \vec{H}_C(T = T_C) = 0 \qquad \text{bzw.} \qquad a + bT_C + cT_C^2 = 0 \tag{5.105}$$

2. Die Steigung der Kurve lautet: $\frac{d\vec{H}_C}{dT} = b + 2 \cdot c \cdot T$ also: $\left(\frac{d\vec{H}_C}{dT}\right)_{T=0} = b$. Nun gilt im Phasengleichgewicht entlang der Phasengrenzkurve überall $dF_N = dF_S$, das bedeutet bei $T < T_C$ bzw. $\vec{H}_C > 0$:

$$-\overline{S}_N dT = -\overline{S}_S dT - \left(V \vec{M} d\vec{H}_C\right)$$

Im Fall von Supraleitern gilt aber wegen Gl. (5.102):

$$-\overline{S}_N dT = -\overline{S}_S dT + \overline{V} \cdot \vec{H}_C \cdot d\vec{H}_C$$

Bei $T = 0$ fordert der 3. Hauptsatz, dass gilt: $\overline{S}_S(T = 0) = \overline{S}_N(T = 0) = 0$. Somit folgt:

$$\overline{V}\vec{H}_C\left(\frac{d\vec{H}_C}{dT}\right)_{T=0} \cdot dT = 0 \tag{5.106}$$

Bei $T = 0$ und $\vec{H}_C = \vec{H}_{c,max}$ gilt also:

$$\left(\frac{d\vec{H}_C}{dT}\right)_{T=0} = 0 \quad \text{bzw.} \quad b = 0 \tag{5.107}$$

3. Es gilt ferner bei $T = 0$:

$$\vec{H}_C(T = 0) = \vec{H}_{C,max} = a \tag{5.108}$$

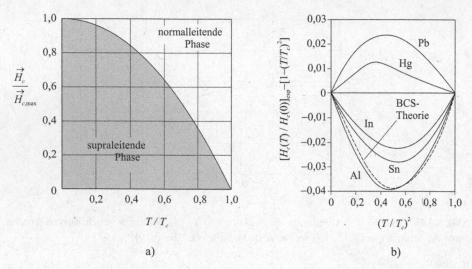

a)   b)

Abb. 5.12 a) Gl.(5.109) in reduzierter Form b) Abweichungen tatsächlicher Messdaten von Gl. (5.109) für verschiedene Metalle.

Damit lässt sich die Gleichgewichtskurve $\vec{H}_C(T)$ bestimmen, denn die Parameter a, b und c sind nun festgelegt. Man erhält somit:

$$\vec{H}_C = \vec{H}_{C,\max}\left[1 - \left(\frac{T}{T_C}\right)^2\right] \tag{5.109}$$

In Abb. 5.12a) ist in Gl. (5.109) in reduzierter Form ($\vec{H}_c(T)/\vec{H}_{c,\max}$) als Funktion von T/T_C dargestellt. Verwendet man die Daten für $\vec{H}_{\max}$ und $T_C(T)$ aus Tabelle 5.2 und stellt die tatsächlichen Messungen $\vec{H}_c(T)$ in reduzierter Form dar, lassen sich die Abweichungen der experimentellen Werte von Gl. (5.109) angeben. Sie sind in Abb. 5.12 b) dargestellt und zeigen im Maximum Abweichungen von 2 - 4 %. Die Abweichung der BCS-Theorie von Gl. (5.109) ist ebenfalls gezeigt.

Wir fassen an dieser Stelle zusammen: Gl. (5.109) wurde allein mit Hilfe von allgemein gültigen thermodynamischen Gesetzmäßigkeiten abgeleitet. Die einzige Voraussetzung war, dass $\vec{H}_C(T)$ ein Polynom 2. Grades in T sein soll.

Durch Gl. (5.109) ergibt sich nun die Möglichkeit, weitere thermodynamische Beziehungen abzuleiten und mit Experimenten zu vergleichen. Zunächst berechnen wir die molare freie Energie $\overline{F}_S(T,\vec{H})$ des Supraleiters als Funktion von T und dem äußeren Feld $\vec{H}$. Wir gehen von Gl. (5.90) aus, die wir bei T = const und $\overline{V}$ = const integrieren unter Beachtung von Gl. (5.106):

$$\int\limits_{\vec{H}=0}^{\vec{H}} \mathrm{d}\overline{F}_S = \overline{F}_S\left(T,\vec{H}\right) = \overline{F}_S(T,\vec{H}=0) + \mu_0^{-1}\cdot\overline{V}\int\limits_{\vec{H}=0}^{\vec{H}}\vec{H}\mathrm{d}\vec{H}$$

bzw.

$$\overline{F}_S(T, \vec{H}) = \overline{F}_S(T, \vec{H} = 0) + \overline{V} \cdot \frac{1}{2}\vec{H}^2 \cdot \mu_0^{-1} \tag{5.110}$$

Im nächsten Schritt müssen wir $\overline{F}_S(T = T(\vec{H}_C, \vec{H} = 0)$ bestimmen, also den Wert an der Phasengrenze. Dazu berechnen wir $\overline{F}_S(T, \vec{H}_C(T))$ im Phasengleichgewicht mit dem N-Zustand, also auf der Phasengrenzlinie (Abb. 5.12):

$$\overline{F}_N(T) = \overline{F}_S(T, \vec{H}_C(T)) \tag{5.111}$$

Dann gilt für $\overline{F}_S(T, \vec{H}_C(T))$:

$$\overline{F}_S(T, \vec{H}_C(T)) = \overline{F}_S(T, \vec{H} = 0) + \frac{\mu_0^{-1}}{2} \cdot \overline{V} \cdot \vec{H}_C^2 = \overline{F}_N(T) \tag{5.112}$$

mit $\vec{H}_C$ nach Gl. (5.109).

Wir lösen Gl. (5.112) nach $\overline{F}_S(T, \vec{H} = 0)$ auf, setzen in Gl. (5.111) ein und erhalten:

$$\overline{F}_S(T, \vec{H}) = \overline{F}_N(T) - \frac{\mu_0^{-1}}{2}\chi_{mag} \cdot \overline{V} \cdot \left[\left(\vec{H}_C(T)\right)^2 - \vec{H}^2\right] \quad 0 < T < T_C \tag{5.113}$$

mit $\vec{H}_C(T)$ wieder nach Gl. (5.109). Ist $\overline{F}_N(T)$ bekannt (man beachte, dass $\overline{F}_N$ nur von T, nicht von $\vec{H}$ abhängt!), so lässt sich nach Gl. (5.113) $\overline{F}_S$ im supraleitenden Phasenbereich als Funktion von T und $\vec{H}$ berechnen. Wir müssen nur für $\overline{F}_N(T)$ eine geeignete Gleichung finden. Hier geht man folgendermaßen vor. Die Molwärme $\overline{C}_{V,N}$ von Metallen im normalleitenden Zustand lässt sich durch folgenden Ausdruck sehr gut beschreiben und theoretisch begründen:

$$\overline{C}_{V,N} \cong \gamma \cdot T + A \cdot T^3 \tag{5.114}$$

Der erste Term ist der Beitrag der Elektronen zu $\overline{C}_{V,N}$, der zweite der Beitrag vom Atomgitter (Debye'sches T^3-Gesetz). A und γ sind also metallspezifische Parameter, die man durch einen Plot von gemessenen $\overline{C}_{V,N}/T$ gegen T^2 leicht ermitteln kann. Es ergibt sich eine Gerade, deren Achsenabschnitt γ und deren Steigung A ist (s. Abb. 5.13).

Mit Gl. (5.114) ergibt sich für die molare innere Energie $\overline{U}_N$:

$$\overline{U}_N(T) = \int\limits_0^T \overline{C}_{V,N} dT = \frac{1}{2}\gamma \cdot T^2 + \frac{A}{4}T^4 + \overline{U}_N(0)$$

und für die Entropie ($S(T = 0) = 0$):

$$\overline{S}_N(T) = \int\limits_0^T \frac{\overline{C}_{V,N}}{T} dT = \gamma \cdot T + \frac{A}{3} T^3$$

Nach dem 3. Hauptsatz ist hier $\overline{S}_N(0) = 0$.

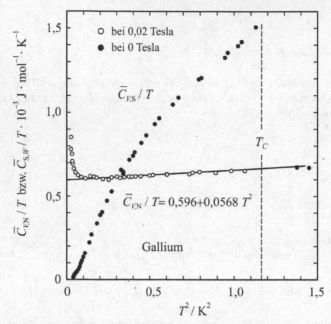

Abb. 5.13 Messdaten von $\overline{C}_{V,S}/T$ und $\overline{C}_{V,N}/T$ gegen T^2 für Gallium. ——: $\overline{C}_{V,N}/T$ nach Gl. (5.114) angepasst mit $\gamma = 0,596 \cdot 10^{-3}$ J · mol^{-1} · K^{-2} und $A = 0,0568 \cdot 10^{-3}$ J · mol^{-1} · K^{-4} (nach: Ch. Kittel und H. Krömer, Physik der Wärme, Oldenburg (1984)).

Dann folgt für $\overline{F}_N(T)$:

$$\boxed{\overline{F}_N = \overline{U}_N(T) - T\,\overline{S}_N(T) = -\frac{1}{2}\gamma \cdot T^2 - \frac{1}{12}A \cdot T^4 + \overline{U}_N(T=0)} \qquad (5.115)$$

Damit lässt sich für Gl. (5.112) schreiben:

$$\boxed{\overline{F}_S(T,\vec{H}) = -\frac{1}{2}\gamma T^2 - \frac{1}{12}A \cdot T^4 - \frac{\mu_0^{-1}}{2}\,\overline{V}\,|\vec{H}_{C,\max}|^2 \left[1 - \left(\frac{T}{T_C}\right)^2\right]^2 + \frac{\mu_0^{-1}}{2}\,\overline{V}|\vec{H}|^2} \qquad (5.116)$$

Um $\overline{F}_S(T,\vec{H})$ zu berechnen, benötigt man also die 4 Parameter γ, A, T_C und $\vec{H}_{C,\max}$.

Bei vorgegebener Temperatur T wächst $\overline{F}_S$ mit $|\vec{H}|^2$ an, bis der Wert bei $\vec{H}_C(T)$ erreicht wird. Dort gilt nach Gl. (5.115): $\overline{F}_S(T,\vec{H}_C) = -\frac{1}{2}\gamma T^2 - \frac{1}{12}A\,T^4 = \overline{F}_N(T)$, und es herrscht Phasengleichgewicht. Das ist für verschiedene Werte von T in Abb. 5.14 dargestellt.

Nun lassen sich die anderen Zustandsgrößen wie $\overline{S}, \overline{U}$ und $\overline{C}_V$ als Funktion von T im supraleitenden Phasenbereich aus Gl. (5.116) ableiten:

$$\overline{S}_S = -\left(\frac{\partial \overline{F}_S}{\partial T}\right)_{\vec{H}} = \gamma \cdot T + \frac{1}{3}A \cdot T^3 - 2\frac{\overline{V}}{\mu_0}|\vec{H}_{C,\max}|^2 \frac{T}{T_C^2}\left[1 - \left(\frac{T}{T_C}\right)^2\right] \qquad (5.117)$$

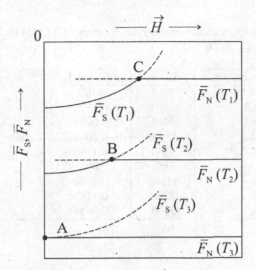

Abb. 5.14 Schematisch: $\overline{F}_S$ und $\overline{F}_N$ als Funktion von $\vec{H}$ bei gegebenen Werten von $T(T_3 > T_2 > T_1)$. Die Punkte A, B und C sind die Phasengleichgewichtswerte auf der Kurve $\vec{H}_C(T)$.

$$\overline{U}_S = \overline{F}_S + T\overline{S}_S = \frac{1}{2}\gamma T^2 + \frac{1}{4}A \cdot T^4 - \mu_0^{-1}\frac{\overline{V}}{2}|\vec{H}_{C,\text{max}}|^2 \left[1 - \left(\frac{T}{T_C}\right)^2\right]^2 - \frac{2\overline{V}}{\mu_0}|\vec{H}_{C,\text{max}}|^2\left(\frac{T}{T_C}\right)^2$$

$$\cdot \left[1 - \left(\frac{T}{T_C}\right)^2\right] + \mu_0^{-1} \cdot \frac{\overline{V}}{2} \cdot |\vec{H}|^2 \tag{5.118}$$

$$\overline{C}_{V,S} = T\left(\frac{\partial \overline{S}_S}{\partial T}\right)_{\vec{H}} = \left(\frac{\partial \overline{U}_S}{\partial T}\right)_{\vec{H}} = \gamma\, T + A \cdot T^3 + \frac{2\overline{V}|\vec{H}_{C,\text{max}}|^2}{T_C \cdot \mu_0}\left[3\left(\frac{T}{T_C}\right)^3 - \left(\frac{T}{T_C}\right)\right] \tag{5.119}$$

Der Term $A \cdot T^3$ ist bei den uns interessierenden tiefen Temperaturen klein gegen $\gamma \cdot T$ und wird daher im Folgenden vernachlässigt.

Gl. (5.119) weist eine Besonderheit auf. Der zweite Term kann im Bereich kleiner Werte von T/T_C negativ werden. Das Minimum dieses Terms ergibt sich durch die Bedingung, dass dort $d\overline{C}_{V,S}/d(T/T_C) = 0$ ist. Wir fordern also mit $x = T/T_C$ und $a = 2\frac{\overline{V}}{\mu_0}|H_{C,\text{max}}|^2/T_C$:

$$\frac{d}{dx}\left[\gamma \cdot T_C x + a\left[3x^3 - x\right]\right] = \gamma \cdot T_C + a\,(9x^2 - 1) = 0$$

Man erhält daraus:

$$x = T/T_C = \frac{1}{3}\left(1 - \frac{\gamma \cdot T_C}{a}\right)^{1/2}$$

$x = T/T_C$ eingesetzt in Gl. (5.119) mit der Bedingung $\overline{C}_V \geq 0$ ergibt nach einigen Umformungen

Tab. 5.3 Physikalische Eigenschaften und Ergebnisse nach Gl. (5.123) für supraleitende Metalle $(\overline{V} = M/\varrho), T_C$ und $\vec{H}_{C,max}$ in Tab. 5.2.

Metall	$\gamma/10^{-4} \text{J} \cdot \text{mol}^{-1} \cdot \text{K}^{-2}$	$\varrho/\text{kg} \cdot \text{m}^{-3}$	$M/\text{kg} \cdot \text{mol}^{-1}$	$T_C^2 \cdot \mu_0 \cdot \gamma/(2 \cdot \overline{V} \cdot |\vec{H}_{C,max}|^2)$
Al	12,5	2702	0,027	1,146
Cd	8,2	8650	0,1124	1,381
Ga	6,3	5904	0,0697	1,535
Hg*	24,1	13590	0,2006	1,045
In	18,0	7300	0,1150	0,970
Nb	83,7	8580	0,0931	1,06
Pb	31,4	11340	0,2070	0,861
Sn	18,4	7290	0,1187	1,05
Zn	5,9	7130	0,0654	1,10

*α-Form

ein einfaches Ergebnis:

$$\gamma \geq \frac{a}{T_C} = 2\overline{V} \cdot \mu_0^{-1} \left(\frac{\vec{H}_{C,max}}{T_C}\right)^2 \text{ J} \cdot \text{mol}^{-1} \cdot \text{K}^{-2} \tag{5.120}$$

Eingesetzt in Gl. (5.119) erhält man

$$\overline{C}_{V,S} = \gamma \cdot T_C \cdot 3\left(\frac{T}{T_C}\right)^3 + \left(\gamma - \frac{2\overline{V}}{\mu_0} \left|\frac{\vec{H}_{C,max}}{T_C}\right|^2\right) \cdot T \tag{5.121}$$

Auch in Gl. (5.117) muss gesichert sein, dass $\overline{S}_S > 0$ für alle Temperaturen gilt. Das erfordert ebenfalls Gl. (5.120). Setzt man Gl. (5.120) in Gl. (5.117) ein, erhält man:

$$\overline{S}_S = \gamma \cdot T_C \cdot \left(\frac{T}{T_C}\right)^3 + \left(\gamma - \frac{2\overline{V}}{\mu_0} \left|\frac{\vec{H}_{C,max}}{T_C}\right|^2\right) \cdot T \tag{5.122}$$

Dadurch ist garantiert, dass bei Werten für γ nach Gl. (5.120) bei allen Temperaturen sowohl $\overline{S}_S$ wie auch $\overline{C}_{V,S}$ größer als Null sind. Es besteht also eine physikalische Notwendigkeit, dass γ als charakterische Größe für den N-Zustand mit $(H_{C,max}/T_C)^2$, der charakteristischen Größe für den S-Zustand nach Gl. (5.120) zusammenhängt.

Wir überprüfen Gl. (5.118) für die in Tab. 5.2 aufgelisteten Metalle. Um Gl. (5.120) zu genügen, muss gelten:

$$\frac{T_C^2 \cdot \gamma \cdot \mu_0}{2\overline{V} \cdot |\vec{H}_{C,max}|^2} > 1 \tag{5.123}$$

In Tab. 5.3 sind die Daten angegeben, mit denen Gl. (5.123) berechnet wurde.

Die Ergebnisse der letzten Spalte von Tabelle 5.3 erfüllen Gl. (5.123) mit Ausnahme von In und Pb und liegen dicht zusammen bei Werten knapp über 1, trotz teilweise sehr unterschiedlicher

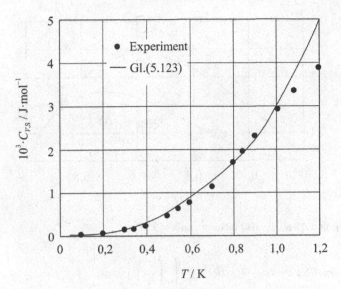

Abb. 5.15 $\overline{C}_{V,S}$ für Aluminium. Vergleich von Theorie und Experiment.

Werte für $T_C, \vec{H}_{C,max}, \gamma, \varrho$ und M_w. Als Beispiel wollen wir den von Gl. (5.121) vorhergesagten Kurvenverlauf $\overline{C}_{V,S}(T)$ für Aluminium mit direkten experimentellen Daten vergleichen. Nach Einsetzen der Werte aus Tab. 5.2 und 5.3 ergibt Gl. (5.119) für Aluminium:

$$10^3 \cdot \overline{C}_{V,S}(Al) = 2,62 \cdot T^3 + 0,374 \cdot T \tag{5.124}$$

Ein Vergleich mit experimentellen Daten zeigt Abb. 5.15. Die Übereinstimmung ist sehr gut bis auf die berechneten Werte in unmittelbarer Nähe von $T = T_C$, die zu hoch ausfallen.

Wir hatten festgestellt, dass bei $T = T_C$ und $\vec{H} = 0$ der Übergang vom S- in den N-Zustand ein Phasenübergang 2. Ordnung ist. Wie wir gleich sehen werden, ist das bei $\vec{H}_C > 0$ auf der Gleichgewichtskurve $H_C(T)$ $(T < T_C)$ anders. Hier ist der Phasenübergang 1. Ordnung. Dazu berechnen wir die molare Übergangsenthalpie $\Delta \overline{H}_{Tr}$ (Tr = transition). Es gilt im kondensierten Zustand, vor allem bei tiefen Temperaturen, $\Delta \overline{H}_{Tr} \cong \Delta \overline{U}_{Tr} = \overline{U}_N(T) - \overline{U}_S(T, \vec{H}_C(T))$. Setzen wir in $\Delta \overline{U}_{Tr}$ den abgeleiteten Ausdruck für $U_S(T, H_C(T))$ nach Gl. (5.118) ein und bedenken, dass $\overline{U}_N(T) = \frac{1}{2}\gamma \cdot T^2$ ist sowie $|\vec{H}|^2 = |\vec{H}_C|^2$, erhält man:

$$\Delta \overline{H}_{Tr} = 2\mu_0^{-1} \cdot \overline{V} \cdot |\vec{H}_{C,max}|^2 \cdot \left(\frac{T}{T_C}\right)^2 \left(1 - \left(\frac{T}{T_C}\right)^2\right) \tag{5.125}$$

In reduzierter Form ergibt sich mit $(T/T_C) = x$:

$$\frac{\Delta \overline{H}_{Tr}}{2\mu_0^{-1} \cdot |\vec{H}_{C,max}|^2 \cdot \overline{V}} = \Delta \widetilde{h}_{Tr} = x^2(1 - x^2) \tag{5.126}$$

und für die Umwandlungsentropie $\Delta \overline{S}_{Tr}$ gilt entsprechend mit $\overline{S}_N = \gamma T + \frac{1}{3} AT^3$ und Gl. (5.117):

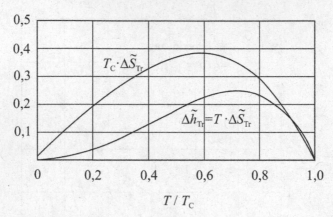

Abb. 5.16 $\Delta\tilde{h}_{Tr}$ und $\Delta\overline{S}_{Tr} \cdot T_C$ als Funktion von $x = T/T_C$.

$$\Delta\overline{S}_{Tr} = \overline{S}_N - \overline{S}_S = +2\mu_0^{-1} \cdot \overline{V} \cdot |\vec{H}_C|^2 \cdot \frac{T}{T_C^2}\left(-\left(\frac{T}{T_C}\right)^2\right) \tag{5.127}$$

Für die reduzierte Form schreiben wir mit $T/T_C = x$:

$$\frac{\Delta\overline{S}_{Tr} \cdot T_C}{2\mu_0^{-1} \cdot \overline{V} \cdot |\vec{H}_{C,max}|^2} = \Delta\widetilde{S}_{Tr} \cdot T_C = x(1 - x^2) \tag{5.128}$$

Es gilt also $\Delta\overline{H}_{Tr} = T\Delta\overline{S}_{Tr}$, wie es bei einem Phasengleichgewicht sein muss. Gl. (5.126) und (5.128) sind in Abb. 5.16 dargestellt.

Sowohl $\Delta\overline{H}_{Tr}$ wie $\Delta\overline{S}_{Tr}$ sind positiv. Sie verschwinden bei $T = 0$ K (3. Hauptsatz) und bei $T = T_C$, da hier der Phasenübergang nicht mehr 1. sondern 2. Ordnung ist. Ähnlich wie bei einem Übergang „Flüssig" zu „Dampf" muss beim Übertritt vom S-Zustand zum N-Zustand Energie aufgewendet werden. Der positive Wert für $\Delta\overline{S}_{Tr}$ zeigt, dass der S-Zustand geordneter ist als der N-Zustand. Es gilt nach Gl. (5.126) und Gl. (5.128):

$$\Delta\overline{H}_{Tr} = T \Delta\overline{S}_{Tr} \tag{5.129}$$

wie es im Phasengleichgewicht sein muss.

Analog zur Dampfdruckkurve einer Flüssigkeit steht hier statt $p = p_{sat}(T)$ Gl. (5.109) mit $\vec{H} = \vec{H}_C(T)$ bzw. in reduzierter Form mit $x = T/T_C$:

$$\frac{\vec{H}_C}{\vec{H}_{C,max}} = 1 - x^2 \tag{5.130}$$

Das Verhalten der Molwärme in diesem Bereich wird in Aufgabe 5.6.9 behandelt. Zum Abschluss berechnen wir noch die Suszeptibilität χ_{mag} nach Gl. (5.86) für Supraleiter:

$$\chi_{mag,S} = \mu_0 \frac{\vec{M}}{\vec{H}} \cdot \overline{V} = -\overline{V} \quad m^3 \cdot mol^{-1}$$

wegen $\vec{H} = -\mu_0 \cdot \vec{M}$ nach Gl. (5.102).

Man bezeichnet das supraleitende Material als ideal diamagnetisch ($\chi_{mag} < 0$), d. h., im Ideal-fall ist χ_{mag} gleich dem negativen Wert des molaren Volumens. Die Thermodynamik der Supra-leitung in Magnetfeldern ist ein sehr schönes Beispiel für eine erfolgreiche, rein phänomenologi-sche Behandlung. Aus wenigen experimentell gewonnenen Parametern wie T_C, $\overline{H}_{C,max}$ und γ lässt sich das ganze thermodynamische Verhalten wie Molwärmen, Phasengleichgewichtskurven oder Übergangsenthalpien und -entropien konsistent und in guter Übereinstimmung mit experimentel-len Daten beschreiben. Dies gelingt hier viel besser als mit einfachen Modellen bei Flüssigkeiten und dem Phasenübergang Flüssig/Dampf, wo auch nur 2 oder 3 Parameter aus experimentellen Daten bekannt sein müssen, die Ergebnisse aber nicht sehr befriedigend sind (s. z. B. modifizierte v. d. Waals-Gleichungen, Kapitel 5, Beispiel 5.15.11).

Die exakte mikroskopisch quantenmechanische Theorie der Supraleitung, die sog. BCS-Theorie, liefert fast dieselben Ergebnisse wie die phänomenologische Beschreibung (s. z. B.: C. P. Poole, H. A. Farach, R. J. Creswick „Superconductivity", Academic Press (1995)).

5.3 Planetare Gravitationsfelder

5.3.1 Das gravitationschemische Potential

Wir beginnen wieder mit der Gibbs'schen Fundamentalgleichung für die innere Energie U:

$$U = T \cdot S - pV + \varphi^{Gr} \cdot \sum_i m_i + \sum_i \mu_i \cdot n_i \tag{5.131}$$

Hier ist ein neuer Arbeitsterm eingeführt worden: $\varphi^{Gr} \cdot \sum_i m_i$ ist die potentielle Gravitationsenergie mit der Summe der Massen aller Komponenten i und dem Gravitationspotential φ^{Gr} im System. Da S, V, alle m_i und alle Molzahlen n_i extensive Größen sind, gilt die Eulersche Gleichung, d. h.,:

$$dU = TdS - pdV + \varphi^{Gr} \cdot \sum_i dm_i + \sum_i \mu_i dn_i \tag{5.132}$$

Wir bezeichnen nun als Molekulargewicht M_i:

$$\frac{dm_i}{dn_i} = \frac{m_i}{n_i} = M_i$$

so dass man schreiben kann:

$$dU = TdS - pdV + \sum_i (\varphi^{Gr} \cdot M_i + \mu_i) dn_i = TdS - pdV + \sum_i \mu_i^{Gr} dn_i \tag{5.133}$$

$\mu_i^{Gr} = \mu_i + \varphi^{Gr} \cdot M_i$ heißt das *gravitationschemische Potential* (ähnlich wie das *elektrochemische Potential*) der Komponente i und man erhält:

$$\mu_i^{Gr} = \mu_i + \varphi^{Gr} \cdot M_i = \mu_{i0}(T, p_0) + RT \ln a_i(T, p_0) + \int_{p_0}^{p} \overline{V}_i dp + \varphi^{Gr} \cdot M_i \tag{5.134}$$

Also gilt:

$$U = T \cdot S - pV + \sum_i \mu_i^{\mathrm{Gr}} n_i$$

Es gilt dann in Analogie zu Gl. (1.21) für die Gibbs-Duhem-Gleichung:

$$S \, \mathrm{d}T - V \mathrm{d}p + \sum_i n_i \mathrm{d}\mu_i^{\mathrm{Gr}} = 0 \tag{5.135}$$

Im Gegensatz zum elektrischen Potential hat $m_i \cdot \varphi_{\mathrm{Gr}}$ nur *ein* Vorzeichen, da m_i stets positiv ist. Im Übrigen gilt bei einer kontinuierlichen Massenverteilung im Raum, genau wie bei einer elektrischen Ladungsverteilung, die Poisson-Gleichung (s. Anhang F):

$$\frac{\partial^2 \varphi^{\mathrm{Gr}}}{\partial x^2} + \frac{\partial^2 \varphi^{\mathrm{Gr}}}{\partial y^2} + \frac{\partial^2 \varphi^{\mathrm{Gr}}}{\partial z^2} = -4\pi \, G \cdot \varrho(x, y, z) \tag{5.136}$$

wobei $\varrho(x, y, z)$ hier die Massendichte am Ort x, y, z bedeutet. G ist die Gravitationskonstante. Bei kugelsymmetrischen Massenverteilungen lautet die Poisson-Gleichung für das Gravitationspotential φ^{Gr}:

$$\frac{1}{r^2} \frac{\partial}{\partial r} \left(r^2 \frac{\partial \varphi^{\mathrm{Gr}}(r)}{\partial r} \right) = -4\pi \, G \cdot \varrho(r) \tag{5.137}$$

Nach dem Gravitationsgesetz übt eine kugelsymmetrische Massenverteilung mit der Gesamtmasse $m(r)$ auf eine kleine Probemasse wie die Molmasse M_i im Abstand r vom Massenzentrum die Kraft $f(r)$ aus:

$$f(r) = -G \frac{M_i \cdot m(r)}{r^2} = M_i \cdot \left(\frac{\partial \varphi^{\mathrm{Gr}}}{\partial r} \right)$$

Also gilt für das Gravitationspotential $\varphi^{\mathrm{Gr}}(r)$:

$$\varphi^{\mathrm{Gr}}(r) = -G \cdot \int_0^r \frac{m(r')}{r'^2} \mathrm{d}r' = -G \int_0^r \frac{\mathrm{d}r'}{r'^2} \cdot \int_{y=0}^{r'} 4\pi y^2 \varrho(y) \mathrm{d}y \tag{5.138}$$

und somit gilt nach Gl. (5.138) für radialsymmetrische Gravitationsfelder:

$$\mu_i^{\mathrm{Gr}} = \mu_{i0}(T, p_0) + RT \ln a_i + \int_{p_0}^{p} \overline{V} \mathrm{d}p - M_i G \cdot 4\pi \int_{r'=0}^{r} \frac{\mathrm{d}r'}{r'^2} \int_{y=0}^{r'} y^2 \varrho(y) \mathrm{d}y \tag{5.139}$$

Für die Gravitationsbeschleunigung $g(r)$ gilt:

$$g(r) = -\left(\frac{\partial \varphi^{\mathrm{Gr}}}{\partial r} \right) = G \cdot \frac{m(r)}{r^2} = \frac{G}{r^2} \int_0^r 4\pi \varrho(r') \cdot r'^2 \mathrm{d}r' \tag{5.140}$$

Tab. 5.4 Parameter einer Auswahl von Himmelskörpern

	Erde	Mond	Jupiter	Sonne	weißer Zwerg	Neutronenstern
$m(R_p)/10^{24}$ kg	5,974	0,07348	1898,5	$1,989 \cdot 10^6$	$1,5 \cdot 10^6$	$5 \cdot 10^6$
R_p/km	6371	1738	71405	$6,96 \cdot 10^5$	70000	7
$g(R_p)/\text{m} \cdot \text{s}^{-2}$	9,81	1,62	24,8	137,7	2042	$1,04 \cdot 10^6$
$\varrho(R_p)/\text{kg} \cdot \text{m}^{-3}$	5515	3341	1245	708	$1,044 \cdot 10^9$	$1,044 \cdot 10^{12}$

Setzt man Gl. (5.140) in Gl. (5.137) ein, wird die Poissongleichung erfüllt:

$$\frac{1}{r^2}\frac{\partial}{\partial r}\left(r^2\frac{\partial\varphi^{\text{Gr}}(r)}{\partial r}\right) = \frac{G}{r^2}\left[-\frac{2r}{r^2}\cdot m(r) + r^2\left(+\frac{2}{r^3}m(r) - \frac{1}{r^2}\frac{\mathrm{d}m(r)}{\mathrm{d}r}\right)\right] = \frac{G}{r^2}\frac{\mathrm{d}m(r)}{\mathrm{d}r} = -4\pi\cdot G\cdot\varrho(r)$$

Wir definieren als mittlere Dichte $\langle\varrho(r)\rangle$ eines sphärischen Himmelskörpers bis zum Abstand r vom Zentrum:

$$\langle\varrho(r)\rangle = \frac{m(r)}{\left(\frac{4}{3}\pi r^3\right)} \tag{5.141}$$

Damit lässt sich für Gl. (5.140) schreiben:

$$\boxed{g(r) = +G\cdot\frac{4}{3}\pi\cdot r\cdot\langle\varrho(r)\rangle} \tag{5.142}$$

Ist r gleich dem Radius R_p des Himmelskörpers, ist $g(R_p)$ die sog. Oberflächenbeschleunigung. In Tabelle 5.4 sind die Parameter einiger Himmelskörper angegeben. Bei den Extremwerten von weißen Zwergen und Neutronensternen stellen diese Parameter typische repräsentative Werte dar.

Wir wollen nun noch die sog. hydrostatische Gleichgewichtsbedingung ableiten, die sich aus der allgemeinen Bedingung für das thermodynamische Gleichgewicht ergibt. Es gilt für jede Komponente i im Gleichgewicht:

$$\mathrm{d}\mu_i^{\text{Gr}} = \mathrm{d}\mu_i + M_i\left(\frac{\mathrm{d}\varphi^{\text{Gr}}}{\mathrm{d}r}\right)\cdot\mathrm{d}r = 0$$

Wir nehmen an, dass im betrachteten räumlichen Bereich T und p eindeutige Funktionen von r sind. Eliminieren von r führt dann zur lokalen Zustandsgleichung $T = T(p)$. Somit gilt:

$$\mu_i = \mu_i(T, p) = \mu_i(T(p), p) = \mu_i(p)$$

Also kann man schreiben, da μ_i nur von einer Variablen (hier p) abhängt:

$$\frac{\mathrm{d}\mu_i^{\text{Gr}}}{\mathrm{d}r} = \left(\frac{\mathrm{d}\mu_i}{\mathrm{d}p}\right)\frac{\mathrm{d}p}{\mathrm{d}r} + M_i\frac{\mathrm{d}\varphi^{\text{Gr}}(r)}{\mathrm{d}r} = 0$$

Da $(\partial\mu_i/\partial p) = \overline{V}_i$, gilt mit Gl. (5.140):

$$\overline{V}_i\mathrm{d}p = -M_i g(r)\mathrm{d}r$$

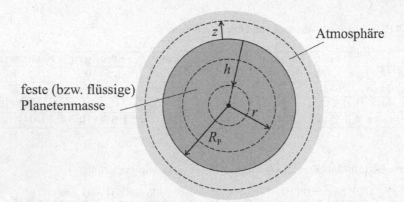

Abb. 5.17 Definitionen in einem Planeten (oder Mond): R_P = Radius des Planeten, r = Radiusvektor vom Planetenzentrum aus, h = Tiefe von der festen Oberflächeaus, z = Höhe über der festen Oberfläche.

bzw. nach Multiplikation mit dem Molenbruch x_i und Summation:

$$\mathrm{d}p \cdot \sum_i x_i \overline{V}_i = -g(r) \cdot \mathrm{d}r \cdot \left(\sum M_i x_i \right)$$

Wegen $(\sum M_i x_i) / \sum_i x_i \overline{V}_i = \varrho(r)$ erhält man

$$\boxed{\mathrm{d}p = -g(r) \cdot \varrho(r)\mathrm{d}r} \tag{5.143}$$

Das ist die hydrostatische Gleichgewichtsbedingung im Gravitationsfeld. Anschaulich interpretiert bedeutet Gl. (5.143) nichts anderes, als dass die Kräftebilanz von Schwerkraft und Druckkraft im Gleichgewicht gleich Null ist.

Nach Gl. (5.143) nimmt also der Druck vom Zentrum aus mit zunehmendem Wert von r ab. In den folgenden Abschnitten werden wir fast ausschließlich kugelsymmetrische Systeme behandeln wie Planeten, Monde und deren Atmosphären, sowie große stellare Systeme. Der Radiusvektor r bzw. die Tiefe h ist die Variable, von denen die thermodynamischen Eigenschaften solcher Systeme abhängen (s. Abb. 5.17).

5.3.2 Adiabatisches Verhalten dichter fluider Materie im Inneren von Planeten

Im Inneren der meisten Planeten und Monde unseres Sonnensystems existieren große Bereiche, in denen die Materie sich im flüssigen bzw. geschmolzenen Zustand befindet. Das führt unter dem Einfluss der Gravitationskraft zu einem adiabatischen Verhalten der Materie.

Damit ist eine langsame Konvektion, also ein Absinken kälterer (dichter) Materie und ein Aufsteigen wärmerer (weniger dichter) Materie verbunden, wobei die wärmere Materie sich abkühlt und die kältere sich erwärmt, sodass ein zeitlich konstantes Temperaturprofil entsteht.

Ähnliches gilt auch für die gasförmigen Atmosphären der Planeten mit fester Oberfläche. Dazu zählen die Erde, die Venus, der Mars und der Saturnmond Titan. Doch auch die Thermodynamik der äußeren Schichten der großen Gasplaneten Jupiter, Saturn, Uranus und Neptun, die keine feste Oberfläche besitzen, wird durch ein konvektives, adiabatisches Verhalten bestimmt.

Konvektion setzt die Existenz von Wärmequellen im Inneren eines fluiden Systems voraus. Bei Planeten ist es der radioaktive Zerfall gewisser Elemente im festen bzw. flüssigen Planetenmaterial. Bei gasförmigen Planetenatmosphären ist die Wärmequelle die auf der Planetenoberfläche absorbierte Energiestrahlung der Sonne und (in geringerem Ausmaß) der durch Radioaktivität bedingte Wärmefluss aus dem Planeteninneren.

Unter den Bedingungen eines lokalen thermodynamischen Gleichgewichtes bedeutet adiabatisches Verhalten, dass der Wärmeaustausch mit der Umgebung durch reine Wärmeleitung praktisch unterbunden ist, sodass die molare Entropie des betrachteten Systems überall konstant ist:

$$\overline{S} = \text{const, bzw. } d\overline{S} = 0$$

Das gilt allerdings nur näherungsweise, wenn die Konvektion genügend langsam ist. Formuliert man $\overline{S}$ als Funktion von T und p, gilt für das totale Differential:

$$d\overline{S} = \left(\frac{\partial \overline{S}}{\partial T}\right)_p dT + \left(\frac{\partial \overline{S}}{\partial p}\right)_T dp = \frac{\overline{C}_p}{T} dT - \left(\frac{\partial \overline{V}}{\partial T}\right)_p dp = 0$$

bzw.

$$\left(\frac{\partial T}{\partial p}\right)_S = \frac{\overline{V} \cdot \alpha_p \cdot T}{\overline{C}_p} \quad \text{mit} \quad \alpha_p = \frac{1}{\overline{V}}\left(\frac{\partial \overline{V}}{\partial T}\right)_p \tag{5.144}$$

α_p heißt thermischer Ausdehnungskoeffizient. Es gilt nach Gl. (5.143):

$$dp = \varrho(h) \cdot g(h)dh \quad \text{mit} \quad dr = -dh \tag{5.145}$$

wobei $h = R_p - r$ die Tiefe von der Oberfläche aus ins Innere des Planeten bedeutet (s. Abb. 5.17). Wo die Oberfläche des Planeten liegt ist Definitionssache. Bei fester Oberfläche des Planeten endet dort der Radiusvektor. Dort beginnt die gasförmige Atmosphäre mit dem Gasdruck p_0 am Boden. Bei Planeten ohne feste Oberfläche definiert man z.B. die Oberfläche in einem Abstand $|\vec{R}_{Pl}|$ vom Planetenzentrum, wo der Druck $p_0 = 1$ bar ist.

Die Kombination von Gl. (5.144) und Gl. (5.145) ergibt:

$$dT = \frac{\overline{V} \cdot \alpha_p \cdot T}{\overline{C}_p} \cdot \varrho \cdot g(h)dh = \alpha_p \cdot T \cdot \frac{M}{\overline{C}_p} \cdot g(h)dh \tag{5.146}$$

wobei M das (mittlere) Molekulargewicht der Materie bedeutet. Nach Gl. (5.142) gilt nun für die Gravitationsbeschleunigung:

$$g(h) = G \cdot \frac{4}{3}\pi \cdot \langle \varrho(h) \rangle \cdot \left(R_p - h \right) \tag{5.147}$$

Gl. (5.146) und Gl. (5.147) gelten ganz allgemein. $\langle \varrho(h) \rangle$ kann wie in Gl. (5.142) nur dann näherungsweise durch eine von h unabhängige mittlere Dichte $\langle \varrho \rangle$ ersetzt werden, wenn das Planetenmaterial eine geringe Kompressibilität besitzt und keine Schichtstrukturen aufweist. Das ist z.B. für den geschmolzenen und festen Anteil von Planeten und Monden der Fall. Für den Ausdehnungskoeffizienten α_p muss jedoch auf jeden Fall $\alpha_p > 0$ gelten, da sonst keine Konvektion stattfinden kann. Gl. (5.147) mit $\langle \varrho(h) \rangle = const$ gilt aber nicht für gasförmige Atmosphären und auch nicht für die oberen Schichten der großen Gasplaneten.

Nun lässt sich Gl. (5.146) integrieren von einer Referenztemperatur T_{ref} bis $T > T_{\mathrm{ref}}$.

$$\ln \frac{T}{T_{\mathrm{ref}}} = \frac{\alpha_p}{C_{\mathrm{sp}}} \cdot \frac{4}{3}\pi \cdot \langle \varrho \rangle \cdot G \cdot \left[R_{\mathrm{Pl}} \cdot h - \frac{1}{2}h^2 \right] = \frac{\alpha}{C_{\mathrm{sp}}} \cdot \frac{4}{3}\pi \cdot \langle \varrho \rangle \cdot G \cdot R_{\mathrm{Pl}}^2 \cdot \left[\widetilde{h} - \frac{1}{2}\widetilde{h}^2 \right]$$

mit $\widetilde{h} = h/R_P$ und T_{ref} der Temperatur bei $\widetilde{h} = 0$. C_{sp} ist hier die spezifische Wärmekapazität in $\mathrm{J \cdot kg^{-1} \cdot K^{-1}}$. Man erhält also:

$$\boxed{T = T_{\mathrm{ref}} \cdot \exp\left[a\left(\widetilde{h} - \frac{1}{2}\widetilde{h}^2 \right) \right]} \quad \text{mit} \quad a = \frac{\alpha_p}{C_{\mathrm{sp}}} \cdot \frac{4}{3}\pi \cdot \langle \varrho \rangle \cdot G \cdot R_{\mathrm{Pl}}^2 \tag{5.148}$$

Setzen wir a in Gl. (5.148) ein, so erhalten wir z.B. mit $a = 1$ den Verlauf von $T/T_{\mathrm{ref}} = \widetilde{T}(\widetilde{h})$, wie er in Abb. 5.18 a) dargestellt ist. Bei größeren Werten von a ist der Verlauf steiler.

Man sieht, dass $\widetilde{T}$ zunächst fast linear mit $\widetilde{h}$ ansteigt, um dann bei $\widetilde{h} = 1$, also im Planetenzentrum, in eine Steigung $d\widetilde{T}/d\widetilde{h} = 0$ überzugehen, falls bei $\widetilde{h} = 1$ das Planetenmaterial noch flüssig ist. Zur allgemeinen Berechnung des Druckverlaufes $p(h)$ bzw. $p(\widetilde{h})$ $(\widetilde{h} = h/R_{\mathrm{Pl}})$ gehen wir aus von Gl. (5.143), in die wir Gl. (5.147) einsetzen und zwischen $\widetilde{h}_1$ und $\widetilde{h}_2$ integrieren bei $\langle \varrho(h) \rangle \cong \langle \varrho \rangle = const$:

$$p(\widetilde{h}_1) - p(\widetilde{h}_2) = \frac{4}{3}\pi \cdot G \langle \varrho \rangle^2 \cdot R_{\mathrm{Pl}}^2 \cdot \left[\left(\widetilde{h}_1 - \widetilde{h}_2 \right) - \frac{1}{2}\left(\widetilde{h}_1^2 - \widetilde{h}_2^2 \right) \right] \tag{5.149}$$

Zur Illustration setzen wir $\widetilde{h}_2 = 0$ und den Vorfaktor der eckigen Klammern gleich 1. Den Verlauf $p(\widetilde{h})$ zeigt Abb. 5.18 a). Auch hier gilt, dass $dp/d\widetilde{h}$ bei $\widetilde{h} = 1$.

a)

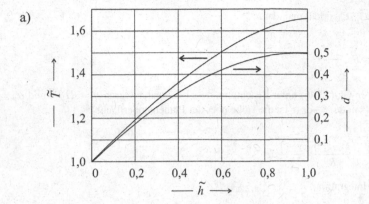

b)

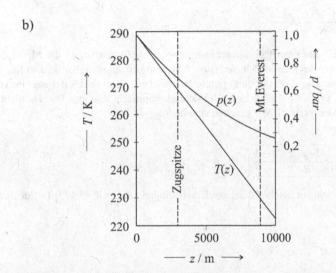

Abb. 5.18 a) Verlauf der reduzierten Temperatur $\widetilde{T}$ als Funktion der reduzierten Tiefe $\widetilde{h}$ im adiabatischen Fall inkompressibler Flüssigkeiten nach Gl. (5.148) mit $a = 1$.
b) T und p als Funktion von z in einer adiabaten bzw. polytropen Atmosphäre am Beispiel der Erde.

5.3.3 Adiabatisches bzw. polytropes Verhalten idealer Gasatmosphären

Wir betrachten jetzt den Fall, bei dem es sich nicht um eine dichte flüssige Phase mit niedriger Kompressibilität handelt, sondern um eine ideale gasförmige Phase, wie sie näherungsweise in Atmosphären von Planeten mit fester Oberfläche vorkommt.

Bei idealen Gasen gilt bekanntlich $\overline{C}_p - \overline{C}_V = R$. Mit der Definition des sog. Adiabatenkoeffizienten $\gamma = \overline{C}_p / \overline{C}_V$ erhält man dann:

$$\overline{C}_p = R \cdot \frac{\gamma}{\gamma - 1}$$

Eingesetzt in Gl. (5.146) unter Beachtung, dass bei idealen Gasen $p = RT/\overline{V}$ und $\alpha_p = 1/T$ gilt, erhält man mit $dh = -dz$ (z ist die Höhe über der Planetenoberfläche):

$$dT = -\frac{M \cdot g(z)}{R} \cdot \frac{\gamma - 1}{\gamma} dz$$

bzw. nach Integration:

$$T = T_0 - \frac{M \cdot g \cdot z}{R} \cdot \frac{\gamma - 1}{\gamma}$$

Hier wurde g gleich der Oberflächenbeschleunigung $g(z = 0)$ gesetzt, da die Masse der Atmosphäre gegenüber der des ganzen Planeten (bzw. Mondes) vernachlässigbar ist. Der lineare Abfall von T mit der Höhe z wird oft nur dann richtig beschrieben, wenn statt γ der sog. Polytropenkoeffizient $\varepsilon(\varepsilon \le \gamma)$ verwendet wird. Er berücksichtigt empirisch, dass der Prozess nicht wirklich adiabatisch-reversibel verläuft. Wir erhalten allgemein:

$$\boxed{T(z) = T_0 - \frac{M \cdot g \cdot z}{R} \cdot \frac{\varepsilon - 1}{\varepsilon}} \quad 1 \le \varepsilon \le \gamma \quad . \tag{5.150}$$

Setzt man nun die hydrostatische Gleichgewichtsbedingung nach Gl. (5.143) für ideale Gase ein, ergibt sich:

$$dp = -\frac{p}{RT} \cdot M \cdot g \cdot dz \tag{5.151}$$

bzw. mit T aus Gl. (5.150):

$$\frac{dp}{p} = -\frac{M \cdot g \cdot dz}{RT_0 \left(1 - \dfrac{M \cdot g \cdot z}{RT_0} \cdot \dfrac{\varepsilon - 1}{\varepsilon} \right)}$$

Integration von $z_0 = 0$ bis z ergibt:

$$\ln \frac{p}{p_0} = \frac{\varepsilon}{\varepsilon - 1} \ln \left(1 - \frac{M \cdot g}{RT_0} \cdot \frac{\varepsilon - 1}{\varepsilon} \cdot z \right)$$

bzw.:

$$\boxed{p(z) = p_0 \cdot \left(1 - \frac{M \cdot g}{RT_0} \cdot \frac{\varepsilon - 1}{\varepsilon} \cdot z\right)^{\varepsilon/(\varepsilon-1)}} \qquad 1 \leq \varepsilon \leq \gamma \tag{5.152}$$

Gl. (5.152) beschreibt das adiabatische bzw. polytrope Verhalten des Druckes einer idealen gasförmigen Atmosphäre. Im Fall einer Gasmischung hängt ε von der Zusammensetzung (Molenbrüche x_i) ab. Abb. 5.18 b) zeigt den Verlauf von $T(z)$ nach Gl. (5.150) und $p(z)$ nach Gl. (5.152) mit $T_0 = 288$ K, $p_0 = 1$ bar, $\varepsilon = 1,24$ und $M = M_{\text{Luft}} = 0,029$ kg $\cdot$ mol^{-1} für das Beispiel der Erdatmosphäre. Die Gleichungen sind gültig bis zu ca. $z = 18000$ m $= 18$ km (s. Abb. 5.58). Für $\varepsilon \to 1$ geht Gl. (5.152) in die bekannte isotherme barometrische Höhenformel über (s. Aufgabe 6.6.10):

$$p(z) = p_0 \exp\left(-\frac{M \cdot g \cdot z}{R \cdot T}\right) \tag{5.153}$$

mit $T = T_0$. Die barometrische Höhenformel lässt sich auch direkt aus dem gravitationschemischen Potentials nach Gl. (5.134) ableiten. Es gilt im Fall einer idealen isothermen Gasmischung für jede Komponente i mit $T = T_0$, $\overline{V}_i = RT/p$ und $a_i = x_i$:

$$\mu_i^{\text{Gr}}(z) = \mu_0 + RT \ln p_i(z) + g \cdot M_i \cdot z$$

woraus wegen $d\mu_i^{\text{Gr}}(z) = 0$ und $dT = 0$ nach Integration über z bzw. p_i Gl. (5.153) folgt. $p_i = p \cdot x_i$ ist der Partialdruck von i für den Fall der Erdatmosphäre. T nimmt mit der Höhe z linear ab, während p abnehmender negativer Steigung kleiner wird mit zunehmender Höhe z.

Wir wollen noch zeigen, unter welchen Bedingungen $g(z) \approx g(z = 0)$ eine akzeptable Näherung ist. Die Dichte der gasförmigen Atmosphäre ist sehr klein gegenüber der des festen Planeten bzw. des Mondes. Also gilt nach Gl.(5.147) mit $r = R_P + z$:

$$g(R_p + z) = +G\frac{m(R_P)}{(R + z)^2} = G\frac{m(R_P)}{R_P^2\left(1 + \frac{z}{R_P}\right)^2} \tag{5.154}$$

$m(R_P)$ ist die Gesamtmasse des Planeten.

Als Beispiel setzen wir $z = 100$ km, $R_P = R_{\text{Erde}} = 6371$ km und $m(R_{\text{Erde}}) = 5,974 \cdot 10^{24}$ kg.

$$g(100 \text{ km}) = g(z = 0) \cdot \frac{1}{(1 + 100/6371)^2} = 9,81 \cdot 0,9693 = 9,509 \text{ m s}^{-2}$$

Die Erdbeschleunigung ist also in 100 km Höhe um ca. 3 % niedriger als am Erdboden ($g(z = 0) = 9,81$ m $\cdot$ s^{-1}).

5.3.4 *Die Atmosphäre der Venus*

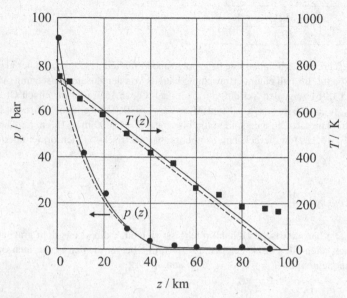

Abb. 5.19 Druck und Temperaturverlauf in der Venusatmosphäre.——Theorie für CO_2 mit $\varepsilon = \gamma = 1,2$ nach Gl. (5.150) und (5.152). Die eingezeichneten Symbole sind experimentelle Werte für $T(z)$ bzw. $p(z)$ (nach J.S. Lewis, Physical Chemistry of the Solar System, Academic Press, 1997).

Die Atmosphäre der Venus besteht praktisch ausschließlich aus CO_2. Der Druck am Boden beträgt ca. 91 bar. und die Temperatur 749 K. Trotz des hohen Druckes kann wegen der hohen Temperaturen die Atmosphäre in ausreichender Näherung noch als ideales Gas betrachtet werden.

Es gelten folgende Daten: $g = 8,87 \, \mathrm{m\,s^{-2}}$, $p_0 = 91$ bar, $T_0 = 749$ K, $\varepsilon \cong \gamma = 1,2$, $M_{CO_2} = 0,044 \, \mathrm{kg\,mol^{-1}}$, $\overline{C}_p \cong 50 \, \mathrm{J\,mol^{-1}}$. Wir berechnen $p(z)$ und $T(z)$ mit den angegebenen Daten sowie ($\gamma/(\gamma - 1) = \overline{C}_p/R = 6,01$, nach Gl. (5.150) bzw. Gl. (5.152):

$$p(z) = 91 \cdot \left(1 - 1,0444 \cdot 10^{-5} \cdot z\right)^{6,0}$$

$$T(z) = 749\left(1 - z \cdot \frac{0,044 \cdot 8,87}{749 \cdot 6R}\right) = 749\left(1 - 1,044 \cdot 10^{-5} \cdot z\right)$$

Abb. 5.19 zeigt eine gute Übereinstimmung mit experimentellen Daten. Allerdings liegen diese für $T(z)$ ab ca. 70 km Höhe deutlich über der theoretischen Kurve von $T(z)$. Ursache ist die Erwärmung der oberen Venusatmosphäre durch absorbiertes Sonnenlicht. Ähnliches wird auch bei Erde und Mars beobachtet (s. auch Beispiel 5.6.15).

Das kondensierbare und wolkenbildende Gas in der Venusatmosphäre besteht im Wesentlichen aus H_2SO_4-Tropfen, ähnlich wie H_2O in der Erdatmosphäre. H_2SO_4-Nebel bildet eine geschlossene Wolkendecke, die einen freien Blick auf den Boden von außen verhindert. Allerdings gibt es auf der Venusoberfläche keine flüssige Phase aus H_2SO_4 oder $SO_3 + H_2O$. Eine Diskussion der

Bildung flüssiger Ozeane auf Planetenoberflächen findet sich in Beispiel 5.6.11.

5.3.5 Mögliche chemische Reaktionsgleichgewichte in Planetenatmosphären

Für chemische Reaktionsgleichgewichte in planetaren Atmosphären gilt:

$$\sum \mu_i^{\text{grav}} \cdot \nu_i = \sum \mu_i \nu_i + \sum \nu_i m_i \cdot \varphi_{\text{grav}} = \sum \mu_i \nu_i - G \cdot \int_0^r \frac{m(r)}{r^2} dr \cdot \sum \nu_i m_i = 0$$

ν_i sind die stöchiometrischen Koeffizienten der Produkte ($\nu_i > 0$) bzw. Edukte ($\nu_i < 0$) (siehe Abschnitt 2.1). Nun gilt aber wegen der Massenerhaltung beim Reaktionsumsatz:

$$\sum \nu_i m_i = 0 \tag{5.155}$$

und damit:

$$\boxed{\sum \mu^{\text{grav}} \nu_i = \sum \nu_i \mu_i} \tag{5.156}$$

Das Reaktionsgleichgewicht ist also unabhängig vom Gravitationspotential und damit von der Höhe z. Im Fall idealer Gasgleichgewichte gilt:

$$\sum \nu_i \mu_{i0} + RT \sum \nu_i \ln p_i = 0$$

und somit:

$$K_p = \exp \left[- \sum \nu_i \mu_i^0 / RT \right] = \Pi \, p_i^{\nu_i} = \text{const}$$

Wir betrachten den Spezialfall:

$$2A \rightleftharpoons A_2$$

mit:

$$\ln K_p = - \left(\mu_{A_2}^0 - 2\mu_A^0 \right) / RT = \ln \left(p_{A_2} / p_A^2 \right) \qquad \text{bzw.} \qquad K_p = \frac{p - p_A}{p_A^2}$$

Daraus folgt als Auflösung nach p_A:

$$p_A = \sqrt{\frac{1}{4K^2} + \frac{p}{K}} - \frac{1}{2K}$$

Nun verlangen die Gleichgewichtsbedingungen:

$$d\mu_A^{\text{Gr}} = 0 = RT d \ln p_A + g \cdot M_A \cdot dz$$

$$d\mu_{A_2}^{\text{Gr}} = 0 = RT d \ln p_{A_2} + g \cdot 2M_A \cdot dz$$

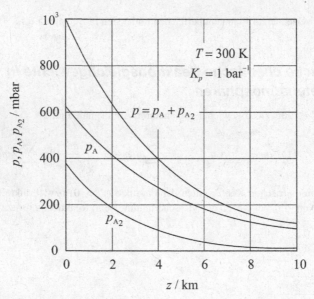

Abb. 5.20 Partialdrücke p_A und p_{A_2} und Gesamtdruck $p = p_A + p_{A_2}$ in einer Planetenatmosphäre mit Dissoziationsgleichgewicht $A_2 \rightleftharpoons 2A$ bei $T = 300$ K und $K_p = (x_{A_2}/x_A^2)/p = 1 \text{ bar}^{-1}$.

Daraus folgt:

$$p_A = p_A^0 \cdot \exp\left[-\frac{M_A \cdot g}{RT} \cdot z\right]$$

$$p_{A_2} = p_{A_2}^0 \cdot \exp\left[-\frac{2M_A \cdot g}{RT} \cdot z\right]$$

$p_A^0 = p_A(z = 0)$ berechnen wir nach Gl. (5.157) mit $p = p_0$, dem Gesamtdruck am Boden ($z = 0$). Dann gilt $p_{A_2}^0 = p_0 - p_A^0$. Als Rechenbeispiel wählen wir $K = 1 \text{ bar}^{-1}$, $p_0 = 1$ bar, $M_A = 0{,}046 \text{ kg} \cdot \text{mol}^{-1}$ und $T = 300$ K. Für g setzen wir die Erdbeschleunigung $g = 9{,}81 \text{ m} \cdot \text{s}^{-2}$ ein. Die Resultate sind in Abb. 5.20 dargestellt. Wir überzeugen uns noch davon, dass nach Gl. (5.156) K unabhängig von z ist. Es gilt:

$$K = \frac{p_{A_2}}{(p_{A_2}^0)^2} \cdot \frac{\exp\left[-2M_A \cdot g \cdot z/RT\right]}{\exp\left[-2M_A \cdot g \cdot z/RT\right]} = \frac{p_{A_2}}{(p_{A_2}^0)^2} = 1$$

Ganz wirklichkeitsfremd ist dieses Rechenbeispiel nicht. Es könnte z.B. einen Exoplaneten (Planet in einem anderen Sonnensystem) geben, dessen Atmosphäre aus CO_2 bei hohen Temperaturen besteht mit dem Gleichgewicht $CO_2 \rightleftharpoons CO + 1/2 \ O_2$. Voraussetzung wäre, dass der Planet eine feste Oberfläche und eine große Masse (etwa in der Größenordnung des Jupiters) besitzt, sodass die Schwerkraft groß genug ist, um die Gase bei den notwendigen hohen Temperaturen in der Atmosphäre auch festhalten zu können. Schwere heiße Exoplaneten wurden bereits mehrfach entdeckt, in deren Atmosphären Reaktionen wie $N_2 + 3 H_2 \rightleftharpoons 2NH_3$ und $CO + 3H_2 \rightleftharpoons CH_4 + H_2O$

nachgewiesen wurden (s. S. Seager, Exoplanets Atmospheres, Princton, 2010).

5.3.6 Dichte- und Druckverlauf im Inneren der Erde

Planeten, die aus festem oder teilweise auch flüssigem Material bestehen, wie z. B. Merkur, Venus, Erde oder Mars, haben im Vergleich zu Planetenatmosphären oder dem Inneren der großen Gasplaneten Jupiter, Saturn, Uranus und Neptun, eine relativ geringe Kompressibilität. Zur Berechnung von Druck und Dichte als Funktion von r im Planeteninneren setzen wir Gl. (5.140) in Gl. (5.143) ein und erhalten:

$$\frac{\mathrm{d}p}{\mathrm{d}r} = -\varrho(r) \cdot \frac{G}{r^2} \int\limits_0^r \varrho(r') \cdot 4\pi \cdot r'^2 \mathrm{d}r' \qquad (5.157)$$

Besteht der Planet aus massendifferenziertem Material, gibt es Schichten mit verschiedener Dichte und Dichtesprünge an den Schichtgrenzen. Im Einzelnen sind die Daten für die Erde in Tabelle 5.5 zusammengefasst. Je kleiner r ist, desto größer ist die Dichte in der entsprechenden Schicht.

Im äußeren und inneren Mantel sowie im äußeren Kern ist das Material flüssig bzw. zähflüssig. Kruste und innerer Kern sind fest. Um den Druckverlauf im Erdinneren zu berechnen, muss man Gl. (5.157) abschnittsweise integrieren. Man erhält mit $\varrho_i = \langle \overline{\varrho}_{ab} \rangle = \mathrm{const}$:

$$p_a - p_b = \int\limits_{r_b}^{r_a} \mathrm{d}p = -\overline{\varrho}_{ab}(r) \cdot G \int\limits_{r_b}^{r_a} \frac{4}{3}\pi r'^2 \cdot \varrho_{ab}(r') \frac{1}{r'^2} \mathrm{d}r' \cong -\overline{\varrho}_{ab}^2 \cdot G \cdot \frac{2}{3}\left(r_a^2 - r_b^2\right) \cdot \pi$$

Tab. 5.5 Physikalische Daten der Erde. Erdmasse $m_E = 5,98 \cdot 10^{24}$ kg, Erdradius $R_E = 6374$ km.

Schicht	Schichtmaterial	mittl. Dichte $\overline{\varrho}$ / kg m^{-3}	Schichtende r_i/ km
Kruste	fest: SiO$_2$-haltiges, magnetisches Gestein (Granit)	$\overline{\varrho}_{54} = 3,10 \cdot 10^3$	$r_5 = R_E = 6371$
oberer Mantel	fest: SiO$_2$-armes basisches Gestein	$\overline{\varrho}_{43} = 4,1 \cdot 10^3$	$r_4 = 6325$
unterer Mantel	zähflüssig: Hochdruckmodifikationen basaltischer Gesteine	$\overline{\varrho}_{32} = 5,2 \cdot 10^3$	$r_3 = 5210$
äußerer Kern	zähflüssig: Fe, FeS, FeO	$\overline{\varrho}_{21} = 11,8 \cdot 10^3$	$r_2 = 3310$
innerer Kern	fest: Fe, Ni	$\overline{\varrho}_{10} = 12,3 \cdot 10^3$	$r_1 = 1251$

Mit den Daten aus Tabelle 5.5 ergibt sich für die verschiedenen Dichtebereiche:

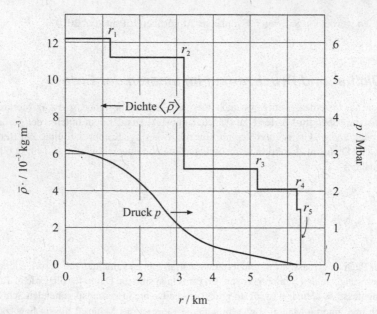

Abb. 5.21 Dichte- und Druckverlauf in der Erde als Funktion vom Abstand r vom Erdmittelpunkt nach der im Text beschriebenen Modellrechnung.

$$p(r_0) - p(r_1) = \overline{\varrho}_{10}^2 \cdot \frac{2}{3}\pi G r_1^2 \qquad\quad = 0,331 \cdot 10^{11}\,\text{Pa}$$

$$p(r_1) - p(r_2) = \overline{\varrho}_{21}^2 \cdot \frac{2}{3}\pi G \left(r_2^2 - r_1^2\right) = 1,827 \cdot 10^{11}\,\text{Pa}$$

$$p(r_2) - p(r_3) = \overline{\varrho}_{32}^2 \cdot \frac{2}{3}\pi G \left(r_3^2 - r_2^2\right) = 0,612 \cdot 10^{11}\,\text{Pa}$$

$$p(r_3) - p(r_4) = \overline{\varrho}_{43}^2 \cdot \frac{2}{3}\pi G \left(r_4^2 - r_3^2\right) = 0,302 \cdot 10^{11}\,\text{Pa}$$

$$p(r_4) - p(r_5) = \overline{\varrho}_{54}^2 \cdot \frac{2}{3}\pi G \left(r_5^2 - r_4^2\right) = 0,078 \cdot 10^{11}\,\text{Pa} \qquad (\text{mit } p(r_5) = 0)$$

Für den zentralen Druck $p(0)$ erhält man:

$$p(0) = \sum_{j=0}^{4} \left[p(r_j) - p(r_{j+1})\right] = 3,15 \cdot 10^{11}\,\text{Pa}$$

Man würde übrigens bei der Berechnung des zentralen Druckes $p(r = 0)$ einen erheblichen Fehler machen, wenn man einfach die mittlere Dichte der Erde $\overline{\varrho}_E = 5515\,\text{kg} \cdot \text{m}^{-3}$ (s. Tabelle 5.4) einsetzt:

$$p(0) = \frac{2}{3}\pi G \cdot (\overline{\varrho}_E \cdot R_E)^2 = 1,73 \cdot 10^{11}\,\text{Pa} = 1,73\,\text{Mbar}$$

Das sind nur ca. 60 % des tatsächlichen Wertes. Der Dichteverlauf innerhalb der verschiedenen Schichten muss also möglichst genau berücksichtigt werden. Wir haben ihn hier innerhalb einer Schicht als konstanten Mittelwert angenommen. Modelle, die Änderungen der Dichte innerhalb einer Schicht auf Grund der Kompressibilität des Materials mit berücksichtigen, liefern einen Zentraldruck von 3,4 bis 3,6 Mbar. Dichte- und Druckverlauf sind in Abbildung 5.21 wiedergegeben.

Zur Kontrolle überprüfen wir, ob die Masse der Erde auch richtig wiedergegeben wird:

$$m_E = \frac{4}{3}\pi \left[\overline{\varrho}_{10} \cdot r_1^3 + \overline{\varrho}_{21} \cdot \left(r_2^3 - r_1^3 \right) + \overline{\varrho}_{32} \cdot \left(r_3^3 - r_2^3 \right) + \overline{\varrho}_{43} \cdot \left(r_4^3 - r_3^3 \right) + \overline{\varrho}_{54} \cdot \left(r_5^3 - r_4^3 \right) \right]$$
$$= \frac{4}{3}\pi \left[0,24 + 3,95 + 5,46 + 4,58 + 0,17 \right] \cdot 10^{23}\,\text{kg} = 6,03 \cdot 10^{24}\,\text{kg}$$

Die berechnete Masse stimmt recht gut mit dem bekannten Wert von $5,98 \cdot 10^{24}$ kg überein. Es fällt in Tabelle 5.5 auf, dass der innere Kern der Erde fest ist. Das lässt sich erklären (s. Aufgabe 5.6.19).

Die Temperatur im Erdinneren ist nicht so einfach zu berechnen wie der Druckverlauf, weil dazu eine detaillierte Bilanz der Wärmeflüsse und Wärmequellen benötigt wird. Man weiß jedoch, dass die Temperatur der Erde nach innen kontinuierlich ansteigt und im Zentrum ca. 4500 K erreicht. Bei den anderen Planeten und Monden, die aus kompaktem Material bestehen, sind die Verhältnisse ähnlich.

5.3.7 Fluide Mischungen im isothermen Gravitationsfeld

Für die gravitationschemischen Potentiale μ_i^{Gr} der Komponente i einer fluiden Mischung gilt nach Gl. (5.134):

$$\mu_i^{\text{Gr}}(z) = \mu_{i0} + RT \ln x_i\gamma_i + M_i g^{\text{Gr}}(z) + \int\limits_{p(z=0)}^{p(z)} \overline{V}_i \cdot \text{d}p \tag{5.158}$$

Bei $z = 0$ gilt mit $g^{\text{Gr}} = +g \cdot z$:

$$\mu_i^{\text{Gr}}(z = 0) = \mu_{i0} + RT \ln \left[x_i(z = 0) \cdot \gamma_i(z = 0) \right] + M_i \cdot g(z) \cdot z$$

Man erhält also aus den beiden Gleichungen mit den Gleichgewichtsbedingungen $\mu_i^{\text{Gr}}(z) = \mu_i^{\text{Gr}}(z = 0)$ im Fall des Gravitationsfeldes mit der (konstanten) Schwerebeschleunigung g:

$$RT \ln \left(\frac{x_i\gamma_i}{x_{i0}\gamma_{i0}} \right) = -M_i \cdot g \cdot z - \overline{V}_i(p(z) - p(z = 0))$$

wobei wir $\overline{V}_i$ als druckunabhängig angenommen haben, d.h. wir betrachten eine inkompressible flüssige Mischung. Setzen wir $\gamma_i = \gamma_{i0} = 1$ (ideale Mischungen), entlogarithmieren und summieren, erhält man:

$$\sum x_i = 1 = \sum x_{i0} \cdot \exp\left(-\frac{M_i \cdot g \cdot z}{RT} - \overline{V}_i \frac{p - p_0}{RT}\right) \tag{5.159}$$

Für x_i gilt dann:

$$x_i = x_{i0} \cdot \frac{\exp\left(-\dfrac{M_i \cdot g \cdot z}{RT} - \overline{V}_i(p - p_0)\right)}{\sum\limits_i x_i \cdot \exp\left(-\dfrac{M_i \cdot g \cdot z}{RT} - \overline{V}_i(p - p_0)\right)} \tag{5.160}$$

Da bei idealen flüssigen Mischungen alle $\overline{V}_i$ denselben Wert haben, ergibt sich:

$$\boxed{x_i = x_{i0} \frac{\exp\left(-\dfrac{M_i \cdot g \cdot z}{RT}\right)}{\sum\limits_i x_{i0} \cdot \exp\left(-\dfrac{M_i \cdot g \cdot z}{RT}\right)}} \quad \text{(ideale flüssige Mischungen)} \tag{5.161}$$

Für den Druckverlauf $p(z)$ erhält man aus Gl. (5.159) (alle $\overline{V}_i = \overline{V}$) für inkompressible, ideale flüssige Mischungen:

$$\boxed{p - p_0 = \frac{RT}{\overline{V}} \cdot \ln\left[\sum_i x_{i0} \cdot \exp\left(-\frac{M_i \cdot g \cdot z}{RT}\right)\right]} \quad \text{(ideale flüssige Mischungen)} \tag{5.162}$$

Gl. (5.159) gilt auch für ideale Gasmischungen. Für jede Komponente i gilt:

$$\int\limits_{p_0}^{p} \overline{V}_i \mathrm{d}p = RT \int\limits_{p_0}^{p} \frac{\mathrm{d}p}{p} = RT \ln \frac{p}{p_0}$$

Da bei idealen Gasen $x_i = p_i/p$ bzw. $x_{i0} = p_{i0}/p_0$ gilt, erhält man:

$$\frac{p_i}{p} = \frac{p_{i0} \cdot \exp[-M_i \cdot g \cdot z/RT]}{\sum\limits_i p_{i0} \cdot \exp[-M_i \cdot g \cdot z/RT]}$$

Daraus ergibt sich für den Druckverlauf idealer Gasmischungen:

$$\boxed{p_i = p_{i0} \cdot \exp\left(-\frac{M_i \cdot g \cdot z}{RT}\right) \quad \text{bzw.} \quad p = \sum_i p_{i0} \cdot \exp\left(-\frac{M_i \cdot g \cdot z}{RT}\right)} \tag{5.163}$$

Das ist die sogenannte *barometrische Höhenformel* für die Partialdrücke $p_i(z)$ bzw. den Gesamtdruck $p(z)$. Alle Gleichungen von Gl. (5.158) bis (5.162) gelten nur bei *isothermen* Bedingungen. Bei adiabatischem Verhalten liegt das gleiche System der Mischungen mit einheitlicher Zusammensetzung bei allen Werten von z vor.

Wir untersuchen als Beispiel eine ideale binäre flüssige Mischung A + B im Gravitationsfeld $g^{Gr} = -g \cdot h$ (die Tiefe h ist als negativer Wert einzusetzen, s. Abb. 5.17). Die Summe läuft in Gl. (5.160) und (5.161) also nur über 2-Komponenten. Wir wählen die Werte $M_A = 0,06\,kg \cdot mol^{-1}$ und $M_B = 0,150\,kg \cdot mol^{-1}$. Das entspräche einer Mischung $A = C(CH_3)_4$ und $B = CCl_4$. Das ist nur näherungsweise eine ideale Mischung, d.h. $\overline{V}_A \approx \overline{V}_B$ sowie $\gamma_A \approx \gamma_B \approx 1$. Ferner soll gelten: $x_{A0} = x_{B0} = 0,5$ bei $h = 0$ und $T = 300\,K$.

Wie sieht die Zusammensetzung innerhalb eines vertikal in die Erde eingelassen, gefüllten Rohres von 1000 m Länge im Schwerefeld der Erde ($g = 9,81\,m \cdot s^{-2}$) aus? Das zeigt Abb. 5.22. Am unteren Rohrende gilt $x_{A0} = 0,412$, am oberen Ende ist $x_A = x_B = 0,5$. Die schwerere Komponente wird also unten angereichert. Der Druck beträgt oben 1 bar und unten 107 bar. $x_A(z)$ verläuft fast linear, $(p - p_0)$ zeigt sichtbare Abweichungen von der Linearität (gestrichelte Kurve).

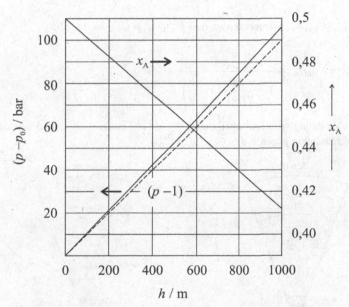

Abb. 5.22 Abhängigkeit des Molenbruchs x_A nach Gl. (5.161) und des Drucks $p - p_0$ nach Gl. (5.162) von der Tiefe h im Erdboden für eine binäre ideale flüssige Mischung im Schwerefeld der Erde (s. Text).

5.3.8 Thermodynamik in den äußeren Schichten der großen Gasplaneten am Beispiel des Jupiter

Die großen Gasplaneten unseres Sonnensystems sind Jupiter, Saturn, Uranus und Neptun. Sie bestehen zu über 80 Molprozent aus Wasserstoff. Es gibt auf diesen Planeten keine feste Oberfläche. Druck und Temperatur steigen kontinuierlich vom Atmosphärenrand nach innen an. Erst im tiefen Inneren findet ein Übergang zu fluidem metallischem Wasserstoff statt (wahrscheinlich nur bei Jupiter und Saturn) und der innerste Kern besteht vermutlich aus Gestein (s. Abb. 5.23).

Für den oberen Teil der Atmosphären müssen wir, wie bei allen Planetenatmosphären, adiabatische bzw. polytrope Verhältnisse annehmen. Da der Verlauf von p und T dabei jedoch weite Bereiche überschreitet, ist es ratsam, hier reale Gaseigenschaften zu berücksichtigen, die den hochkomprimierten Bereich flüssigkeitsähnlicher Dichten besser erfassen. Als Beispiel für solche Berechnungen wollen wir der Einfachheit halber die van der Waals-Gleichung verwenden, die den realfluiden Charakter solch dichter Atmosphären zumindest prinzipiell erfassen sollte.

Wir beginnen mit der Adiabaten-Gleichung für ein van der Waals-Fluid. Nach Abschnitt 5.16.28 in A. Heintz: Gleichgewichtsthermodynamik. Grundlagen und einfache Anwendungen lautet sie:

$$\left(p + \frac{a}{\overline{V}^2}\right)\left(\overline{V} - b\right)^\gamma = \text{const} = \left(p_0 + \frac{a}{\overline{V}_0^2}\right)\left(\overline{V}_0 - b\right)^\gamma \tag{5.164}$$

mit $\gamma = \overline{C}_{p,\text{id.Gas}}/\overline{C}_{V,\text{id.Gas}}$. Wir merken an, dass $\overline{C}_{p,\text{v.d.W.}} \neq \overline{C}_{p,\text{id}}$ ist. Es gilt:

$$\overline{C}_{p,\text{v.d.W.}} = \overline{C}_{V,\text{id.Gas}} + \frac{R}{1 - \frac{2a}{RT \cdot \overline{V}}\left(1 - \frac{b}{\overline{V}}\right)^2}$$

Solange wir weit genug vom kritischen Punkt $(T_c, p_c, \overline{V}_c)$ entfernt sind, ist der zweite Term im Nenner vernachlässigbar gegen 1, d.h. $\overline{C}_{p,\text{v.d.W.}} \approx \overline{C}_{p,\text{id}}$.

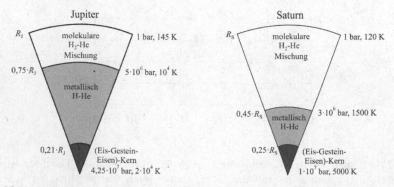

Abb. 5.23 Innere Struktur der großen Gasplaneten am Beispiel von Jupiter und Saturn. R_J = Radius des Jupiter, R_S = Radius des Saturn.

Für das Verhalten in einer Atmosphäre unter dem Einfluss einer zentralen Gravitationskraft gilt die Bedingung des hydrostatischen Gleichgewichts (s. Gl. (5.143)) im Abstand r vom Zentrum:

$$dp = -\varrho \cdot g \cdot dr = -\frac{M}{\overline{V}} \cdot g \cdot dr = -\frac{M}{\overline{V}} \cdot g \cdot d(R_p - h) = +\frac{M}{\overline{V}} \cdot g \cdot dh \qquad (5.165)$$

h ist die Tiefe vom Atmosphärenrand aus gesehen. Wir differenzieren Gl. (5.164) nach $\overline{V}$ und erhalten:

$$\frac{dp}{d\overline{V}} = -\left(p_0 + \frac{a}{V_0^2}\right) \frac{\left(\overline{V}_0 - b\right)^\gamma}{\left(\overline{V} - b\right)^{\gamma+1}} \cdot \gamma + \frac{2a}{\overline{V}^3} \qquad (5.166)$$

Kombination von Gl. (5.165) mit (5.166) und Integration ergibt:

$$-\left(p_0 + \frac{a}{V_0^2}\right) \cdot \gamma \cdot \left(\overline{V}_0 - b\right)^\gamma \cdot \int\limits_{\overline{V}_0}^{\overline{V}} \frac{\overline{V} d\overline{V}}{\left(\overline{V} - b\right)^{\gamma+1}} + 2a \int\limits_{\overline{V}_0}^{\overline{V}} \frac{1}{\overline{V}^2} d\overline{V} = M \cdot g \cdot h \qquad (5.167)$$

Für $(p_0 + a/\overline{V}_0^2)$ lässt sich nach der van der Waals-Gleichung $RT_0/(\overline{V}_0 - b)$ schreiben. Das erste Integral lösen wir durch Substitution $y = \overline{V} - b$ bzw. $dy = d\overline{V}$ und erhalten aus Gl. (5.167) als Endergebnis für die Tiefe h als Funktion von $\overline{V}$:

$$\boxed{M \cdot g \cdot h = RT_0 \left(\overline{V}_0 - b\right)^{\gamma-1} \left[b\left(\overline{V}^{-\gamma} - \overline{V}_0^{-\gamma}\right) - \frac{\gamma}{1-\gamma}\left(\overline{V}^{1-\gamma} - \overline{V}_0^{1-\gamma}\right)\right] - 2a\left(\frac{1}{\overline{V}} - \frac{1}{\overline{V}_0}\right)}$$

$$(5.168)$$

Für $a = 0$ und $b = 0$ geht Gl. (5.168) in Gl. (5.150) bzw. (5.152) für ideale Gase über.

Wir wenden Gl. (5.168) auf die Jupiter-Atmosphäre an, die zu 85 Molprozent aus H_2 und 15 Molprozent aus He besteht. Für T_0 wählen wir die Temperatur am Atmosphärenrand, wo $p_0 = 1\,\text{bar} = 10^5\,\text{Pa}$ ist. Dort ist T_0 ca. 140 K. Das Molvolumen $\overline{V}$ der H_2 + He-Mischung bei $T_0 = 140\,\text{K}$ und $p_0 = 10^5\,\text{Pa}$ lässt sich mit ausreichender Genauigkeit nach der idealen Gasgleichung berechnen:

$$\overline{V}_0 = \frac{RT_0}{p_0} = 0,01164\,\text{m}^3 \cdot \text{mol}^{-1}$$

Die Oberflächebeschleunigung von Jupiter ist $g = 24,8\,\text{m} \cdot \text{s}^{-2}$ (s. Tabelle 5.4). Wir rechnen mit folgenden Daten der van der Waals-Parameter a und b für H_2 und He, die man aus den kritischen Daten erhält. Es gelten die Werte:

$$a_{H_2} = 0,0247\,\text{J} \cdot \text{m}^3 \cdot \text{mol}^{-2} \qquad b_{H_2} = 2,65 \cdot 10^{-5}\,\text{m}^3 \cdot \text{mol}^{-1}$$

$$a_{He} = 0,0208\,\text{J} \cdot \text{m}^3 \cdot \text{mol}^{-2} \qquad b_{He} = 1,67 \cdot 10^{-5}\,\text{m}^3 \cdot \text{mol}^{-1}$$

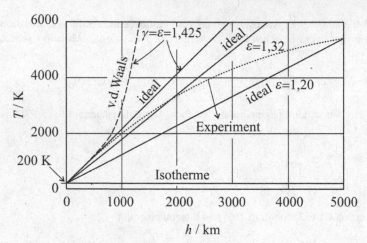

$$h \,/\, \text{km}$$

Abb. 5.24 $T(h)$ für die Jupiter-Atmosphäre. $\cdots\cdots$ Experimente. (nach J.S. Lewis „Physics and Chemistry of the Solar Systems", Academic Press, 1997)
——— Adiabatenmodelle nach Gl. (5.150) für ideales Gasverhalten $\gamma = \varepsilon = 1,425$, $\varepsilon = 1,315$, $\varepsilon = 1,20$ und $\varepsilon = 1$ (isothermes Verhalten).
- - - - - v.d. Waals-Adiabate mit $\gamma = 1,425$ (s. Text).

Für γ setzen wir als Wert der Mischung H_2 + He ein:

$$\gamma = \frac{x_{H_2} \cdot \overline{C}_{p,H_2} + (1 - x_{H_2})\overline{C}_{p,He}}{x_{H_2} \cdot \overline{C}_{\overline{V},H_2} + (1 - x_{H_2})\overline{C}_{\overline{V},He}} = 1,425$$

mit $x_{H_2} = 0,85$, $\overline{C}_{\overline{V},H_2} = 5/2R$, $\overline{C}_{\overline{V},He} = 3/2R$ bzw. $\overline{C}_{p,H_2} = \overline{C}_{\overline{V},H_2} + R$, $\overline{C}_{p,He} = \overline{C}_{\overline{V},He} + R$. Ferner ist $\langle \overline{M} \rangle = x_{H_2}M_{H_2} + (1 - x_{H_2})M_{He} = 0,0023$.

Unter adiabatischen Bedingungen findet eine Konvektion in der Atmosphäre statt, bei der die Gaszusammensetzung überall dieselbe ist ($x_{H_2} = 0,85$, $x_{He} = 0,15$). Damit lassen sich die van der Waals-Parameter der Mischung nach den bekannten Mischungsregeln berechnen:

$$b = x_{H_2} \cdot b_{H_2} + (1 - x_{H_2})b_{He} = 2,5 \cdot 10^{-5}\,\text{m}^3 \cdot \text{mol}^{-1}$$
$$a = x_{H_2}^2 \cdot a_{H_2} + x_{H_2}(1 - x_{H_2}) \cdot \sqrt{a_{H_2} \cdot a_{He}} + (1 - x_{H_2})^2 \cdot a_{He} = 0,0231\,\text{J} \cdot \text{m}^3 \cdot \text{mol}^{-2}$$

Aus Gl. (5.168) lassen sich die Tiefen h als Funktion von $\overline{V}$ berechnen mit $\overline{V}_0 = 0,01164\,\text{m}^3 \cdot$ mol^{-1}. Die zu jedem Wert von $\overline{V}$ gehörige Temperatur ergibt sich aus:

$$T(h) = T_0 \left(\frac{\overline{V}_0 - b}{\overline{V}(h) - b} \right)^{\gamma - 1} \tag{5.169}$$

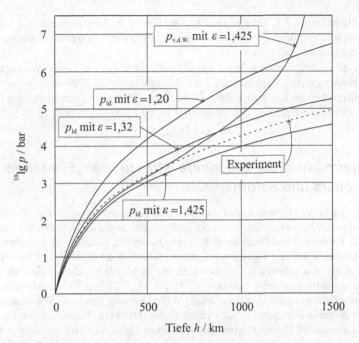

Abb. 5.25 $p(h)$ für die Jupiteratmosphäre in logarithmischer Darstellung.

Das folgt aus Gl. (5.164), wenn man dort rechts und links $(\overline{V}-b)$ bzw. $(\overline{V}_0-b)$ durch $RT/\left(p + a/\overline{V}^2\right)$ bzw. $RT_0/\left(p_0 + a/\overline{V}_0^2\right)$ ersetzt. Der dazugehörige Druck folgt direkt aus der van der Waals-Gleichung mit $\overline{V} = \overline{V}(h)$ und $T = T(h)$:

$$p(h) = \frac{R \cdot T(h)}{\overline{V}(h) - b} - \frac{a}{\overline{V}^2(h)} \tag{5.170}$$

Abb. 5.24 gibt die Rechenergebnisse wieder. Dort sind auch die Ergebnisse für Gl. (5.150) und (5.152) gezeigt, sowohl mit $\gamma = 1,425$ als auch den Polytropenkoeffizienten $\varepsilon < \gamma$ mit $\varepsilon = 1,315$, $\varepsilon = 1,20$ und $\varepsilon = 1$ (isothermes Verhalten).

Abb. 5.24 zeigt, dass $T(h)$ nach den experimentellen Beobachtungen anfangs entsprechend einem idealen Polytropenmodell mit $\varepsilon \approx 1,38$ ansteigt, dann aber im Anstieg deutlich abflacht, so dass $T(h)$ bei 2000 km einen scheinbaren Wert von $\varepsilon = 1,315$ und bei 5000 km einem Wert von $\varepsilon = 1,2$ entspricht. Das v.d. Waals-Modell mit $\gamma = 1,425$ ergibt nach Gl. (5.168) mit $\overline{V}(h)$ aus Gl. (5.169) ab $h > 500$ km immer größer werdende positive Abweichungen für $T(h)$.
Bei ca. $h = 1400$ km wird T unendlich hoch. Das liegt am $(\overline{V} - b)$-Term der v.d. Waals-Gleichung, der bei kleinen Werten von $\overline{V}$ unrealistisch wird (s. A. Heintz: Gleichgewichtsthermodynamik. Grundlagen und einfache Anwendungen, Springer, 2011). Unterhalb 400 km zeigt jedoch das

v.d. Waals-Modell mit $\gamma = 1,425$ eine bessere Annäherung an die experimentellen Daten als das entsprechende ideale Gasmodell. Ursache dafür ist der Parameter a, der die attraktiven Wechselwirkungen der Gasmoleküle berücksichtigt.

Behält man diesen bei, verwendet aber statt $(\overline{V} - b)$ einen realistischeren Ausdruck, wird die Übereinstimmung mit den Experimenten auch bei größeren Tiefen deutlich besser. Abb. 5.25 zeigt die entsprechenden Ergebnisse für $p(h)$ als $^{10}\lg p$-Diagramme berechnet nach Gl. (5.175) bis $h = 1500$ km. Sie entsprechen den Aussagen über die Kurvenverläufe $T(h)$.

5.3.9 Thermodynamik und innere Struktur der „Eismonde" des Jupiters und Saturns

Die sog. Eismonde der Planeten Jupiter und Saturn haben gemeinsam, dass sie zu einem erheblichen Anteil aus Wasser bestehen, das in der äußeren Kruste als Eis vorliegt. Mit zunehmender Tiefe steigen Temperatur und Druck an. Falls das Eis schmilzt, befindet sich zwischen Eisschicht und Gesteinskern ein flüssiger Wassermantel, der der Konvektion unterliegt, sich also thermodynamisch adiabatisch bzw. polytrop verhält. Der Kern dieser Monde besteht aus Gesteinsmaterial, in dem als Wärmequelle radioaktive Isotope wie ^{238}U, ^{235}U, ^{232}Th und ^{40}K das Material aufheizen. Im stationären Zustand ist die im Kern erzeugte Wärmeleistung gleich der Wärmestrahlungsleistung, die der Mond in den interplanetaren Raum abgibt. Das Modell eines solchen Eismondes ist in Abb. 5.26 dargestellt. Die wichtigsten physikalischen Daten der Eismonde sind in Tabelle 5.6 aufgelistet.

Tab. 5.6 Physikalische Eigenschaften von Eismonden

Jupitermonde	r_M / km	m / 10^{21} kg	$\langle \varrho_M \rangle$ / kg · m^{-3}	r_{rock}/r_M	Vol.-% H_2O
Ganymed	2635	148,0	1930	0,803	48,3
Callisto	2420	108,2	1823	0,770	54,3
Saturnmonde					
Titan	2575	134,6	1882	0,788	51,0
Rhea	764	2,5	1338	0,573	81,2
Iapetus	720	1,88	1202	0,483	88,7
Dione	560	1,05	1427	0,619	76,3
Tethys	529	0,76	1230	0,507	87,0
Enceladus	252	0,108	1610	0,697	66,2

Es lassen sich die Volumenanteile an Wasser (Eis + flüssigess Wasser) und an Gestein berechnen nach der Formel:

$$\Phi_{H_2O} \cdot \varrho_{H_2O} + \Phi_{rock} \cdot \varrho_{rock} = \langle \varrho_M \rangle$$

mit den Volumenbrüchen:

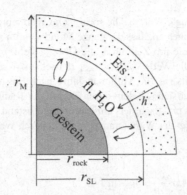

Abb. 5.26 Innere Struktur (schematisch) eines Eismondes mit Konvektion in der flüssigen Wasserschicht.

$$\Phi_{H_2O} = 1 - \Phi_{rock} = \frac{V_{H_2O}}{V_{H_2O} + V_{rock}} = \frac{\langle \varrho_M \rangle - \varrho_{rock}}{\varrho_{H_2O} - \varrho_{rock}}$$

Einsetzen der geschätzten Werte $\varrho_{H_2O} \approx 1000\,kg \cdot m^{-3}$ und $\varrho_{rock} = 2800\,kg \cdot m^{-3}$ ergibt die in Tabelle 5.6 angegebenen Volumenprozentanteile $\Phi_{H_2O} \cdot 100$ von flüssigem Wasser plus Wassereis. r_M ist der Radius des Mondes.

Wir berechnen ferner r_{rock}, also den Radius des Gesteinkerns, aus

$$\frac{4}{3}\pi\Phi_{rock} \cdot r_M^3 = \frac{4}{3}\pi r_{rock}^3 \,, \quad \text{bzw.} \quad \frac{r_{rock}}{r_M} = (\Phi_{rock})^{1/3}$$

Auch diese Ergebnisse sind in Tabelle 5.6 mit angegeben.

Zur Berechnung der strukturellen Eigenschaften eines Eismondes machen wir folgende, vereinfachende Annahmen:

1. Es gibt nur zwei Schichten unterschiedlicher Dichte: Wasser (fest oder flüssig) und Gestein.

2. Eis, flüssiges Wasser und Gestein sollen inkompressibel sein, es werden konstante Mittelwerte der Dichten eingesetzt.

3. Der thermische Ausdehnungskoeffizient α_p des flüssigen Wassers soll überall in der Wasserschicht konstant sein ebenso wie die spezifische Wärmekapazität c_s.

4. Andere Wärmequellen als der Zerfall von Radioisotopen im Gesteinskern sollen keine Rolle spielen.

Diese Einschränkungen vereinfachen die Rechnungen erheblich, ohne dass die Ergebnisse wesentlich von korrekten Berechnungen abweichen.

Wir bezeichnen im Folgenden den Radius vom Zentrum bis zum Rand der Eisschicht mit r_{SL} (Index SL: *solid-liquid*), den vom Zentrum bis zum Rand des Gesteins mit r_{rock}. Wir berechnen jetzt die im Gesteinskern erzeugte Wärme. Die spezifische Wärmeproduktion bezeichnen wir mit L_{sp} (in $J \cdot s^{-1} \cdot kg^{-1}$). Wir nehmen an, dass der ganze Mond sich im stationären Zustand befindet, d.h., dass die Wärmemenge, die pro Zeit durch die Oberfläche $4\pi r^2$ innerhalb des Mondes von innen nach außen fließt, für alle Werte von $r > r_{rock}$ denselben Wert hat und zeitunabhängig ist. Das war wahrscheinlich bereits ca. 100 Millionen Jahre nach Entstehung des Mondes der Fall. Die Wärmeproduktionsrate hat sich seit dem durch Zerfall der Radioisotope abgeschwächt. Das geschah aber so langsam, dass praktisch stets ein stationärer Zustand erhalten blieb.

In der festen Eisschicht findet der Wärmetransport allein durch Wärmeleitung statt. Daher können wir schreiben:

$$\text{Wärmefluss} = J(r) = -4\pi r^2 \frac{dT}{dr} \cdot \lambda_{Eis} \ (\text{in } J \cdot s^{-1}) \tag{5.171}$$

J ist dem Gradienten dT/dr entgegengesetzt gerichtet, daher ist auf der rechten Seite das Vorzeichen negativ. λ_{Eis} ist die Wärmeleitfähigkeit von Wassereis (Einheit: $J \cdot s^{-1} \cdot m^{-1} \cdot K^{-1}$) und im stationären Zustand gilt für den Wärmefluss aus dem Gesteinskern in die flüssige Wasserschicht:

$$J(r_{rock}) = L_{sp} \cdot \varrho_{rock} \cdot \frac{4}{3} \pi r_{rock}^3 \tag{5.172}$$

Da $J(r) = J(r_{rock})$ für alle $r > r_{rock}$ gilt, können wir Gl. (5.171) und (5.172) gleichsetzen und erhalten so mit $r = r_{rock}$ (s. Abb. 5.26):

$$\frac{dT}{dr} = -\frac{dT}{dh} = -\frac{L_{sp} \cdot \varrho_{rock}}{3\lambda_{Eis}} \cdot \frac{r_{rock}^3}{r^2} \tag{5.173}$$

Integration von Gl. (5.173) ergibt:

$$\boxed{T = T_0 + \left(\frac{L_{sp} \cdot \varrho_{rock}}{3\lambda_{Eis}}\right) \frac{r_{rock}^3}{r_M} \left(\frac{\widetilde{h}}{1 - \widetilde{h}}\right)} \qquad 0 \leq \widetilde{h} \leq \widetilde{h}_{SL} \tag{5.174}$$

$\widetilde{h} = |r_M - r| / r_M$ ist die auf den Radius r_M bezogene Tiefe h. T_0 ist die Oberflächentemperatur, $\widetilde{h}_{SL}$ die reduzierte Tiefe, bei der das Eis schmilzt.

Die Schmelztemperatur T_m von Wassereis (Index m: melting) nimmt bekanntlich mit dem Druck p ab (negative Steigung der Schmelzdruckkurve). Es gilt mit p in Pascal:

$$\boxed{T_m = T_{Tr} - \frac{p - p_{Tr}}{138,8 \cdot 10^5} \approx T_{Tr} - \frac{p}{138,8 \cdot 10^5}} \tag{5.175}$$

T_{Tr} ist die Tripelpunkttemperatur von Wasser (273,16 K) und p_{Tr} der Wasserdampfdruck am Tripelpunkt. Bei höheren Drücken kann p_{Tr} gegen p vernachlässigt werden.

Zur Berechnung des Druckverlaufs $p(h)$ gehen wir von Gl. (5.149) aus, für die im Bereich der Eisschicht und des flüssigen Wassermantels mit einer konstanten (mittleren) Wasserdichte ϱ_{H_2O} zwischen $\widetilde{h} = 0$ und $\widetilde{h}_{rock}$ gilt (s. Gl. (5.149)):

$$p(\widetilde{h}) = \frac{4}{3}\pi G \varrho_{H_2O}^2 \cdot r_M^2 \cdot \left(\widetilde{h} - \frac{1}{2}\widetilde{h}^2\right) = 2,795 \cdot 10^{-4} \cdot r_M^2 \cdot \left(\widetilde{h} - \frac{1}{2}\widetilde{h}^2\right) \qquad 0 \le \widetilde{h} \le \widetilde{h}_{rock}$$

(5.176)

Dabei wurde $\varrho_{H_2O} = 1000 \text{ kg} \cdot \text{m}^{-3}$ gesetzt. Dementsprechend lautet die Gleichung für den Druckverlauf im Bereich $h_{rock} \le h \le |r_M|$ bzw. $\widetilde{h}_{rock} \le \widetilde{h} \le 1$:

$$p(\widetilde{h}) = \frac{4}{3}\pi G \cdot r_M^2 \left[\left(\varrho_{H_2O}^2 - \varrho_{rock}^2\right)\left(\widetilde{h}_{rock} - \frac{1}{2}\widetilde{h}_{rock}^2\right) + \varrho_{rock}^2\left(\widetilde{h} - \frac{1}{2}\widetilde{h}^2\right)\right]$$

(5.177)

Wir setzen nun Gl. (5.176) in Gl. (5.175) ein mit $\widetilde{h} = \widetilde{h}_{SL}$ und $T_m = T_{SL}$ und erhalten:

$$T_{SL} = T_{Tr} - 2,0137 \cdot 10^{-11} \cdot r_M^2 \left(\widetilde{h}_{SL} - \frac{1}{2}\widetilde{h}_{SL}^2\right)$$

(5.178)

Gl. (5.178) legt für $\widetilde{h}_{SL} = \widetilde{h}$ den Wert für $T = T_{SL}$ fest. Das gilt auch für Gl. (5.174), wenn wir dort $\widetilde{h} = \widetilde{h}_{SL}$ einsetzen, sodass man durch Gleichsetzen von Gl. (5.178) und Gl. (5.174) eine Bestimmungsgleichung für $\widetilde{h}_{SL}$ erhält:

$$T_0 + \left(\frac{L_{sp} \cdot \varrho_{rock}}{3\lambda_{Eis}}\right)\frac{r_{rock}^3}{r_M} \cdot \frac{\widetilde{h}_{SL}}{1 - \widetilde{h}_{SL}} = 273,16 - 2,0137 \cdot 10^{-11} \cdot r_M^2 \left(\widetilde{h}_{SL} - \frac{1}{2}\widetilde{h}_{SL}^2\right)$$

(5.179)

Die Werte für L_{sp} und λ_{Eis} betragen für alle Eismonde:

$$L_{sp} \cong 1,7 \cdot 10^{-12} \text{ J} \cdot \text{kg}^{-1} \cdot \text{s}^{-1}$$

$$\lambda_{Eis} \cong 4 \text{ J} \cdot \text{m}^{-1} \cdot \text{K}^{-1} \cdot \text{s}^{-1} \quad \text{(Mittelwert für 100 - 273 K)}$$

Gl. (5.179) muss numerisch nach $\widetilde{h}_{SL}$ aufgelöst werden, wobei für T_0, r_M und r_{rock} die für jeden Eismond spezifischen Zahlenwerte einzusetzen sind. Mit der Lösung für $\widetilde{h}_{SL}$ lässt sich der Temperaturverlauf $T(\widetilde{h})$ zwischen $\widetilde{h} = 0$ und $\widetilde{h} = \widetilde{h}_{SL}$ nach Gl. (5.174) berechnen. Der sich anschließende Temperaturverlauf im adiabatisch kontrollierten Bereich zwischen $\widetilde{h}_{SL}$ und $\widetilde{h}_{rock}$ kann dann mit Hilfe von Gl. (5.148) berechnet werden. Dazu eliminieren wir T_{ref}:

$$T_{ref} = T_{SL} \cdot \exp\left[-a \cdot \left(\widetilde{h}_{SL} - \frac{1}{2}\widetilde{h}_{SL}^2\right)\right]$$

(5.180)

Man erhält mit $\alpha_{p,H_2O} = 4 \cdot 10^{-4} \text{ K}^{-1}$, $c_{sp} = 4190 \text{ J} \cdot \text{kg}^{-1} \cdot \text{K}^{-1}$ und $\varrho_{H_2O} = 1000 \text{ kg} \cdot \text{m}^{-3}$ für a:

$$a = \frac{\alpha_p}{c_{sp}} \cdot \frac{4}{3}\pi\varrho_{H_2O} \cdot G \cdot r_M^2 = 2,668 \cdot 10^{-14} \cdot r_M^2$$

und somit im Bereich $\tilde{h}_{SL} \le \tilde{h} \le \tilde{h}_{rock}$ für T:

$$T = T_{SL} \cdot \exp\left[2,688 \cdot 10^{-14} \cdot r_M^2 \left(\tilde{h} - \frac{1}{2}\tilde{h}^2 - \tilde{h}_{SL} + \frac{1}{2}\tilde{h}_{SL}^2\right)\right] \tag{5.181}$$

Der Verlauf von T im festen Kern ist bestimmt von der Wärmeleitfähigkeit λ_{rock} und der spezifischen radioaktiven Wärmeproduktion L_{sp}. Zur Berechnung müssen wir ausgehen von der Differentialgleichung des Wärmetransportes in einem kugelförmigen Körper mit dem Radius r_{rock}, in dem überall die konstante spezifische Wärmeproduktion L_{sp} ($J \cdot kg^{-1} \cdot s^{-1}$) vorliegt. Die Ableitung dieser Gleichung findet sich in Anhang M und das Resultat für den stationären Zustand lautet mit $L_{sp} = \dot{q}/\varrho_{rock}$ nach Gl. (M.7) in Anhang M:

$$-L_{sp} = \varrho_{rock}^{-1} \cdot \lambda_{rock} \cdot \frac{1}{r^2}\frac{\partial}{\partial r}\left(r^2 \cdot \frac{dT}{dr}\right) \tag{5.182}$$

Wir integrieren diese Gleichung zwischen $r = 0$ und r:

$$-\varrho_{rock} \cdot L_{sp} \cdot \frac{1}{3} \cdot r^3 = \lambda_{rock} \cdot r^2 \frac{dT}{dr}$$

Nochmalige Integration zwischen $r = 0$ und r ergibt:

$$-\varrho_{rock} \cdot L \cdot \frac{1}{6} r^2 = \lambda_{rock} \cdot (T - T_c) \quad \text{mit } r_{rock} \le r \le 0 \tag{5.183}$$

wobei T_c die zentrale Temperatur des Mondes im Ursprung $r = 0$ bedeutet. Führen wir wieder die Größe $\tilde{h} = 1 - r/r_M$ ($h = |r_M - r|$) ein, erhält man mit $T_c = T_{rock} + \varrho_{rock} \cdot L_{sp} \cdot r_{rock}^2/6 \cdot \lambda_{rock}$:

$$T = \frac{L_{sp} \cdot \varrho_{rock}}{\lambda_{rock}} \cdot \frac{1}{6}\left[r_{rock}^2 - r_M^2\left(1 - \tilde{h}\right)^2\right] + T_{rock} \tag{5.184}$$

für $T_{rock} \le T \le T_c$ und $\tilde{h} \le \tilde{h} \le 1$.

Als Beispiel wollen wir die T- und p-Profile im Inneren des Saturnmondes Titan berechnen mit den Daten aus Tab. 5.6 und der Oberflächentemperatur $T_0 = 90$ K. Wir setzen $\varrho_{rock} = 2800$ kg·m^{-3}, $L_{sp} = 1,7 \cdot 10^{-12}$ Jkg^{-1}·s^{-1} und lösen numerisch $\tilde{h}_{SL}$ aus Gl. (5.179). Das Resultat ist $\tilde{h}_{SL} = 0,1152$. Wir berechnen T_{SL} aus Gl. (5.174):

$$T_{SL} = 91 + \left(\frac{1,7 \cdot 10^{-12}}{3 \cdot 4}\right) \cdot (0,788)^3 \cdot \left(2,575 \cdot 10^6\right)^2 \cdot \frac{0,1152}{1 - 0,1152} = 258,6\,\text{K} \tag{5.185}$$

Aus Gl. (5.172) ergibt sich mit $\tilde{h} = \tilde{h}_{SL} = 0,1152$:

$$p_{SL} = 2,012 \cdot 10^8\,\text{Pa} = 2012\,\text{bar} \tag{5.186}$$

und aus Gl. (5.177) erhält man mit $\widetilde{h}_{rock} = 1 - 0,788 = 0,212$ und $\widetilde{h} = 1$ den zentralen Druck p_c:

$$\boxed{p_c = 4,8626 \cdot 10^9 \, \text{Pa} = 48,626 \, \text{kbar}} \tag{5.187}$$

Zur Überprüfung der Konsistenz setzen wir $p_{SL} = 2,012 \cdot 10^8$ Pa in Gl. (5.175) ein und erhalten $T_{SL} = 258,6$ K in völliger Übereinstimmung mit Gl. (5.185).

Jetzt sind wir in der Lage, das gesamte Temperatur- und Druckprofil im Inneren von Titan zu berechnen.

- Temperaturprofil $T(h)$ $(0 \le h \le |r_M|)$
  1. Für den Bereich $0 \le \widetilde{h} \le \widetilde{h}_{SL} = 0,1152$ gilt Gl. (5.174)
  2. Für den Bereich $\widetilde{h}_{SL} = 0,1152 \le \widetilde{h} \le \widetilde{h}_{rock} = 0,212$ gilt Gl. (5.181)
  3. Für den Bereich $\widetilde{h}_{rock} = 0,212 \le \widetilde{h} \le 1$ (Gesteinskern) gilt Gl. (5.184). λ_{rock} wurde gleich λ_{Eis} (4 J $\cdot$ m^{-1} $\cdot$ K^{-1} $\cdot$ s^{-1}) gesetzt (mangels besserer Kenntnis)

- Druckprofil $p(h)$ $(0 \le h \le |r_M|)$
  1. Für den Bereich $0 \le \widetilde{h} \le \widetilde{h}_{rock} = 0,788$ gilt Gl. (5.176)
  2. Für den Bereich $\widetilde{h}_{rock} \le \widetilde{h} \le 1$ gilt Gl. (5.177)

Die Diagramme von $p(\widetilde{h})$ und $T(\widetilde{h})$ sind in Abb. 5.27 gezeigt.

In Abb. 5.27 ist erkennbar, dass der Temperaturanstieg in der festen Eisschicht erheblich steiler verläuft als in der nachfolgenden, konvektiv-adiabatisch kontrollierten flüssigen Wasserschicht, in der die Temperatur nur um ca. 4 K ansteigt, während in der Eisschicht der Anstieg $265,5 - 90 = 168,5$ K beträgt.

Der größte Temperaturanstieg findet jedoch in der Gesteinsschicht zwischen $\widetilde{h}_{rock}$ und $\widetilde{h} = 1$ statt (265 K bis 1040 K), wo die Quellen des Wärmeflusses (radioaktiver Zerfall) gleichmäßig verteilt sind, und der Wärmefluss, ähnlich wie in der Eisschicht, allein durch die Wärmeleitfähigkeit zustande kommt. Natürlich sind diese Ergebnisse mit Unsicherheiten behaftet, da ϱ_{rock}, λ_{rock} und L_{sp} nicht sehr genau bekannt sind.

Auch unser Modell selbst ist vereinfacht, weder die Temperaturabhängigkeiten von λ_{Eis} und λ_{rock} wurden berücksichtigt, noch ist gesichert, ob die Trennung der Wasser- und Gesteinsphase so sprungartig verläuft wie angenommen. Gravitationseinflüsse auf L_{sp}, verursacht durch den Mutterplaneten, wurden ebenfalls vernachlässigt.

Der Druckverlauf hat einen weniger dramatischen Verlauf. $p(r)$ steigt bis zum Rand der Gesteinsschicht wegen der geringen Massendichte deutlich flacher an als in der Gesteinsschicht, wo die Dichte ca. 2,8 mal höher ist. In der Nähe von $\widetilde{h} = 1$ (bzw. $r = 0$) flacht $p(r)$ ebenso wie $T(r)$ stark ab, da im Zentrum $(\mathrm{d}p/\mathrm{d}r)_{r=0}$ ebenso wie $(\mathrm{d}T/\mathrm{d}r)_{r=0}$ gleich null sein müssen.

Ferner können in Wasser gelöste Stoffe wie NH_3 oder lösliche Salze die Schmelztemperatur von Eis erniedrigen, was natürlich einen Einfluss auf die Dicke von Eis- und Wasserschicht hat (s. Aufgabe 5.6.18). Die Wasserschicht wird dann auf Kosten der Eisschicht größer sein. In früheren Zeiten war die radioaktive Zerfallsrate und damit die spezifische Wärmeproduktion L_{sp} höher als heute. Vor 3 Milliarden Jahren sah daher auch das T-Profil sicher anders aus, vor allem war $T(\widetilde{h} = 1)$ sicher größer als heute. Bei allen Ergebnissen, die wir durch unsere Berechnungen erhalten haben, kommt es jedoch weniger auf die Details an, als auf die prinzipiellen Aussagen.

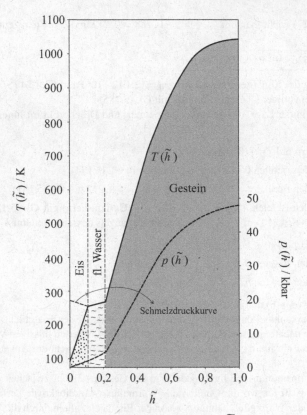

Abb. 5.27 Berechnete Schichtstruktur und Verlauf von Druck $p(\tilde{h})$ und Temperatur $T(\tilde{h})$ im Inneren des Saturnmondes Titan ($\tilde{h}$ = normierte Tiefe h/r_M).

5.4 Bildung und Thermodynamik stabiler Sterne

Die wohl wichtigste Anwendung der Thermodynamik auf große Systeme, die der Gravitation unterliegen, sind Sterne, von denen wir nachts unzählige unserer Galaxie am Himmel funkeln sehen. Diesem Thema ist daher ein etwas längeres Kapitel gewidmet, in dem die Grundlagen dazu entwickelt werden. Nicht alle Schritte der Sternentwicklung können dabei berücksichtigt werden. Im Wesentlichen konzentrieren wir uns auf die stationäre, pränukleare Phase und das Einsetzen des nuklearen Wasserstoffbrennens.

5.4.1 Das Jeans-Kriterium

Wir stellen uns zunächst die Frage, wie Sterne eigentlich entstehen können. Wie ist es möglich, dass eine Gaswolke aus Wasserstoff zu einer dichten Gaskugel kontrahiert? In Bereichen des

Weltalls, wo Sterne entstehen, befinden sich stets dichtere und weniger dichte Gaswolken (im Wesentlichen H_2-Wolken). Ist die Menge an H_2 und ihre lokale Dichte groß genug und die Temperatur niedrig genug, kommt es zur Kontraktion der Gaswolke und damit zur Sternentstehung. Wie man das verstehen kann, sagt das sog. Jeans-Kriterium (S. H. Jeans, englischer Astrophysiker, 1877 - 1946).

Wir geben eine etwas vereinfachte Ableitung für das Jeans-Kriterium. Es gilt nach Gl. (5.31) in A. Heintz: Gleichgewichtsthermodynamik. Grundlagen und einfache Anwendungen für die Gesamtenergie E eines Systems, in unserem Fall die Gaswolke (Index W = Wolke):

$$dE = dE_{pot} + dU_W = dE_{pot} + T dS_W - p dV_W$$

Da die Gaswolke nach außen energetisch isoliert ist ($dE = 0$), gilt unter Gleichgewichtsbedingungen noch zusätzlich $dS = 0$ und damit für das Kräftegleichgewicht:

$$\frac{dE_{pot}}{dr_W} = +\frac{p dV_W}{dr_W} \qquad \text{(Kräftegleichgewicht)} \qquad (5.188)$$

Die Variable, die sich ändert, ist der Radius r_W der als kugelförmig angenommenen Gaswolke. Ist diese *nicht* im Gleichgewicht, führt eine kleine Änderung von r_W um $\pm dr_W$ bzw. $\pm dV_W$ zu ihrer Kontraktion oder zur Expansion, bis das Gleichgewicht erreicht ist. Das ist ein irreversibler Prozess, bei dem *kein* Kräftegleichgewicht herrscht. Dabei ist $dS = \delta_i S > 0$. Also gilt:

$$\frac{dE_{pot}}{dr_W} \geq +\frac{p dV_W}{dr_W} - T dS_{in} \qquad (5.189)$$

Bei Kontraktion ist dr_W und dV_W negativ, also $dE_{pot} < 0$, bei Expansion ist $dE_{pot} > 0$. Wir interessieren uns hier für die Kontraktion.
Wir berechnen zunächst $E_{pot}(r_W)$ (s. auch Gl. (N.1) in Anhang N):

$$E_{pot} = \int_0^{r_W} dE_{pot} = -\int_0^{r_W} \frac{G \cdot m(r)}{r} dm(r) = -\int_0^{r_W} G \frac{m(r) \varrho_W}{r} 4\pi r^2 \, dr$$

ϱ_W ist die Massendichte. Unter der Annahme, dass ϱ_W innerhalb der Gaswolke ungefähr konstant ist (und damit näherungsweise auch der Druck p), erhält man:

$$E_{pot}(r_W) = -\varrho_W^2 \cdot G \, \frac{(4\pi)^2}{3} \int_0^{r_W} r^4 dr = -\varrho_W^2 \frac{(4\pi)^2}{15} r_W^5 = -G \frac{m_W^2}{r_W} \cdot \frac{3}{5}$$

Aus Gl. (5.189) ergibt sich dann mit $r = r_W$ und $V_W = 4\pi r_W^3/3$:

$$\frac{dE_{pot}(r_W)}{dr_W} = +G \, \frac{m_W^2}{r_W^2} \cdot \frac{3}{5} \geq p \, \frac{dV_W}{dr_W} = p \cdot 4\pi r_W^2$$

Man sieht, dass gilt:

$$-E_{\text{pot}} \geq 3 \cdot pV_W \tag{5.190}$$

Gl. (5.190) ist ein Spezialfall von Gl. (N.3) in Anhang N, somit erhält man bei Anwendung des idealen Gasgesetzes:

$$\frac{1}{5} G \frac{m_W^2}{r_W} \geq p \cdot V_W = \frac{m_W}{M} \cdot RT_W$$

M ist die molare Masse des Gases. Wir ersetzen r_W durch ϱ_W:

$$r_W^3 = \frac{m}{\varrho_W} \frac{3}{4\pi}$$

und erhalten das sogenannte *Jeans-Kriterium*:

$$\boxed{\varrho_W \geq \varrho_{\text{Jeans}} = (5)^3 \cdot \frac{3}{4\pi} \cdot \frac{T^3}{m_W^2} \cdot \frac{1}{G^3} \left(\frac{R}{M}\right)^3 = 5,7725 \cdot \frac{T^3}{M^3} \cdot \frac{10^{34}}{m_W^2}} \tag{5.191}$$

Das ist die Bedingung für die Kontraktion: die Dichte der Gaswolke muss größer als ϱ_{Jeans} sein. Wir wählen die Gaswolke, aus der die Sonne entstanden ist, als Beispiel mit $m_W = m_\odot = 2 \cdot 10^{30}$ kg, $M \cong M_{H_2} = 0,002 \text{ kg} \cdot \text{mol}^{-1}$ und nehmen na, dass $T = 20$ K ist. Das ergibt::

$$\varrho_{\text{Jeans}} = 1,443 \cdot 10^{-14} \text{ kg}^{-3} \cdot \text{m}^{-3}$$

Der Druck beträgt dann:

$$p = \varrho_{\text{Jeans}} \cdot RT/M_{H_2} = 1,20 \cdot 10^{-9} \text{ Pa}$$

Das wäre im Labor ein nicht erreichbarer Hochvakuumdruck! Ferner gilt für das Volumen V der Gaswolke:

$$V \leq \frac{m_\odot}{\varrho_{\text{Jeans}}} = 1,386 \cdot 10^{44} \text{ m}^3$$

Das entspricht einem Radius $r_W = 3,21 \cdot 10^{14}$ m. Die größte Entfernung des Planeten Pluto von der Sonne beträgt $5,96 \cdot 10^{12}$ m. Der maximal mögliche Radius der Wolke r_W wäre also ca. 54-mal größer. Er kann auch kleiner, aber nicht größer sein. Wenn die Gaswolke rotiert, muss r_W allerdings geringer sein als hier berechnet. Darauf gehen wir jedoch nicht weiter ein, auch wenn das wesentlich ist für die Entstehung unseres Planetensystems. Außerdem muss die Anfangstemperatur nicht unbedingt 20 K betragen haben.

5.4.2 Stationäre Struktur nicht brennender Sterne – Die Lane-Emden-Gleichung

Ist das Jeans-Kriteriums (Gl. (5.191)) für die Kontraktion einer Gaswolke erfüllt, lautet nun die Frage: welche Gleichgewichtsstruktur der kontrahierenden Gaswolke wird erreicht, damit daraus ein stabiler Stern wird? Bereits bei der Beschreibung der äußeren Schichten von Jupiter oder Saturn konnten wir mit der Annahme des adiabatischen bzw. polytropen Verhaltens der molekularen Materie (H_2, He) vernünftige Resultate erhalten (s. Abschnitt 5.3.8).

Bei der Kontraktion sehr großer Gaswolken aus H_2 + He entstehen stabile „Gaskugeln", deren Temperatur und Druck im Inneren so hohe Werte erreichen, dass die Moleküle praktisch vollständig in ionisierter Form vorliegen, d.h. als H^+-Ionen, He^+-Ionen, He^{2+}-Ionen und Elektronen. Diese „Gaskugeln"können wir als Prototyp von Sternen betrachten, wobei wir allerdings zunächst eine innere Energieproduktion durch Kernfusion ausschließen wollen. Um Temperatur-, Druck- und Dichteverlauf im Inneren solcher Sterne unter den Bedingungen des *lokalen thermodynamischen Gleichgewichts* berechnen zu können, gehen wir von Gl. (5.143) mit g nach Gl. (5.140) aus. Danach gilt für das hydrostatische Gleichgewicht bei kugelsymmetrischer Massenverteilung für $m(r)$:

$$\frac{dp}{dr} = -\varrho(r)\frac{m(r)}{r^2} \cdot G = -\varrho^2(r) \cdot \frac{4}{3}\pi \cdot r \cdot G \tag{5.192}$$

mit:

$$m(r) = \int_0^r \varrho(r) \cdot 4\pi r^2 dr \tag{5.193}$$

Diese beiden Gleichungen lassen sich durch Einsetzen von Gl. (5.193) in Gl. (5.190) und Differenzieren nach r zusammenfassen:

$$\boxed{\frac{1}{r^2} \cdot \frac{d}{dr}\left(\frac{r^2}{\varrho(r)} \cdot \frac{dp}{dr}\right) = -4\pi\varrho(r) \cdot G} \tag{5.194}$$

Um Gl. (5.194) lösen zu können, benötigen wir eine geeignete Zustandsgleichung $p(\varrho, T)$ für die Materie im Sterninneren. Wenn wir adiabatische bzw. polytrope Bedingungen und die Gültigkeit des idealen Gasgesetzes für das Ionenplasma (H^+, He^{2+}, e^-) annehmen, gehen von Gl. (5.144) aus und setzen für $\overline{V} = RT/p$ sowie für $\alpha_p = \overline{V}^{-1} \cdot (\partial\overline{V}/\partial T)_p = 1/T$ ein, so erhalten wir:

$$\left(\frac{\partial T}{\partial p}\right)_S = \frac{RT}{p} \cdot \frac{1}{\overline{C}_p} \quad \text{bzw.} \quad \frac{dT}{T} = \frac{dp}{p} \cdot \frac{R}{\overline{C}_p}$$

Integration unter Beachtung des idealen Gasgesetzes ergibt:

$$\frac{T}{T_c} = \left(\frac{p}{p_c}\right) \cdot \left(\frac{\varrho}{\varrho_c}\right)^{-1} = \left(\frac{p}{p_c}\right)^{R/\overline{C}_p} \quad \text{mit der Massendichte: } \varrho = \frac{\langle M \rangle}{\overline{V}}$$

$\langle M \rangle$ ist die mittlere Molmasse von H^+, He^{2+} und e^- im Sterninneren. T_c, p_c und ϱ_c sind Integrationskonstanten, die miteinander verknüpft sind durch $\langle M \rangle \cdot p_c = \varrho_c \cdot RT_c$. Wir wählen sie als Werte von p, ϱ und T, die im Sternzentrum bei $r = 0$ herrschen (Index c = central). Man schreibt also:

$$\boxed{p = k \cdot \varrho^{\gamma}} \quad \text{mit} \quad k = p_c \cdot \varrho_c^{\gamma} \tag{5.195}$$

$\gamma = \overline{C}_p / \overline{C}_V$ ist der Adiabatenkoeffizient mit $\overline{C}_p - \overline{C}_V = R$ für ideale Gase (s. Abschnitt 5.3.3). Wir definieren den Adiabatenindex n:

$$\boxed{n = (\gamma - 1)^{-1}}$$

Gl. (5.195) eingesetzt in $p/p_c = (T/T_c) \cdot (\varrho/\varrho_c)$ (ideales Gasgesetz) ergibt:

$$\boxed{\varrho = \varrho_c \cdot \theta^n} \quad \text{mit} \quad \theta = T/T_c \quad \text{und} \quad \varrho_c = \left(\frac{p_c}{k}\right)^{1/\gamma} = \left(\frac{p_c}{k}\right)^{n/(n+1)} \tag{5.196}$$

Für den Druck p erhält man somit:

$$\boxed{p = \left(\frac{T}{T_c}\right)\left(\frac{\varrho}{\varrho_c}\right) \cdot p_c = p_c \cdot \theta^{n+1}} \tag{5.197}$$

Setzt man Gl. (5.196) und Gl. (5.197) in Gl. (5.194) ein, erhält man:

$$\boxed{\frac{1}{\xi^2} \cdot \frac{d}{d\xi}\left(\xi^2 \frac{d\theta}{d\xi}\right) = \frac{d^2\theta}{d\xi^2} + \frac{2}{\xi} \cdot \frac{d\theta}{d\xi} = -\theta^n} \quad \text{(Lane-Emden-Gleichung)} \tag{5.198}$$

wobei $\xi = r/r^*$ ein reduzierter, dimensionsloser Radius ist. Für den Reduktionsradius r^* gilt:

$$r^* = \left(\frac{n+1}{4\pi G} \cdot \frac{p_c}{\varrho_c^2}\right)^{1/2} = \left(\frac{n+1}{4\pi G} \cdot k \cdot \varrho_c^{1/n-1}\right)^{1/2} \tag{5.199}$$

Die Differentialgleichung (5.198) heißt *Lane-Emden-Gleichung*. Ihre Lösung $\theta(\xi)$ liefert die Funktionen $T(r)$, $p(r)$ und $\varrho(r)$ im Inneren eines Sterns. Die Randbedingung für die Lösung lautet $(d\theta/d\xi) = 0$ bei $r = 0$. Für $n = 0$, 1 und 5 existieren analytische Lösungen (s. Beispiel 5.6.20). Für andere Werte von n muss Gl. (5.198) nummerisch gelöst werden. Abb. 5.28 zeigt $\theta(\xi)$ für verschiedene Werte von n.

Man sieht, dass die Temperatur $T = T_c \cdot \theta(\xi)$ erst flach und dann steiler mit dem Abstand vom Zentrum abfällt, um dann wieder abzuflachen. Der Schnittpunkt von $\theta(\xi)$ mit der ξ-Achse legt den Radius $r = r^* \cdot \xi_s (\theta = 0)$ des Sterns fest. Mit wachsenden Werten von n wird die Steigung $(d\theta/d\xi)_{\xi_s}$ kleiner. Es gilt: $(d\theta/d\xi)_{\xi=\xi_s} = \theta'_s < 0$. Damit können auch der Druck $p(\xi)$ und die Dichte $\varrho(\xi)$ berechnet werden, indem $\theta(\xi)$ in Gl. (5.196) und Gl. ((5.197)) eingesetzt werden.

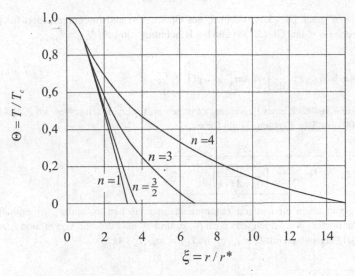

Abb. 5.28 Lösungen der LM-Gleichung (5.198) $\theta(\xi)$ für verschiedene Werte von n.

Tab. 5.7 Kenngrößen der gelösten Lane-Emden-Gleichung (s. Text)

n	0	1	3/2	2	3	4	5
$\xi(\theta = 0) = \xi_s$	2,4494	$\pi = 3,1416$	3,6538	4,3529	6,8969	14,9716	∞
$-\left(\dfrac{d\theta}{d\xi}\right)_{\xi=\xi_s} =$ $-\theta'_s$	0,8165	0,31831	0,20330	0,12725	0,04243	$8,02 \cdot 10^{-3}$	0
$-\xi_s^2 \cdot \theta'_s$	4,8988	$\pi = 3,1416$	2,7141	2,4111	2,0182	1,7972	1,732

Man kann an dieser Stelle die Frage stellen, warum wir adiabatisches und nicht isothermes Verhalten voraussetzen. Nach Gl. (5.195) bedeutet isothermes Verhalten $\gamma = 1$ bzw. $n = \infty$. Ein solcher Stern ist instabil, seine gesamte Masse würde ins Unendliche expandieren. Man muss zwei physikalische Eigenschaften eines Sterns aus Beobachtungen kennen, und zwar den Radius r_s (bzw. das Volumen $(4/3)\pi r_s^3$ und die Masse $m(r_s) = m_s$, um mit der Lösung $\theta(\xi)$ ϱ nach Gl. (5.196), p nach Gl. (5.197) und r^* nach Gl. (5.199) berechnen zu können. Dazu benötigen wir die Werte von p_c, ϱ_c und T_c.

Wie diese Werte berechnet werden, wird jetzt gezeigt. Nach Gl. (5.193) gilt ($r \le r_s, \xi \le \xi_s$):

$$m(r) = 4\pi r^{*3} \varrho_c \int_0^\xi \xi^2 \left(\frac{\varrho}{\varrho_c}\right) d\xi = 4\pi r^{*3} \varrho_c \int_0^\xi \xi^2 \cdot \theta^n d\xi \qquad (5.200)$$

wegen $\varrho/\varrho_c = \theta^n$ nach Gl. (5.196). Mit θ^n aus Gl. (5.198) und Integration folgt für Gl. (5.200) nach Einsetzen von r^* aus Gl. (5.198) und bei Beachtung von $(d\theta/d\xi)_s = \theta'_s$:

$$m_s = 4\pi r^{*3} \cdot \varrho_c \cdot \xi_s^2 \left(\frac{d\theta}{d\xi}\right)_s = 4\pi r_s^3 \cdot \varrho_c \cdot |\theta'_s| \cdot \xi_s^{-1} \tag{5.201}$$

Wir suchen zunächst nach einer Beziehung zwischen m_s und r_s. Dazu setzen wir ϱ_c aus Gl. (5.199) und Gl. (5.200) ein. Das Ergebnis lautet für m_s:

$$m_s = 4\pi r_s^{2(n+1)} \cdot \xi_s^{1-4n} \cdot \left(\frac{4\pi G}{(n+1) \cdot k}\right)^{(n+1)} \cdot |\theta'_s| \tag{5.202}$$

Gl. (5.202) ergibt einen eindeutigen Zusammenhang zwischen m_s und r_s, sie enthält nur n als wählbaren Parameter. Wir wollen jetzt noch ϱ_c, p_c und T_c als Funktion von m_s und r_s ausdrücken. Aus Gl. (5.201) ergibt sich mit $\xi_s = r_s^3/r^{*3}$ und $\varrho_c = m_s/(r_s^3 \cdot 4\pi/3)$:

$$\varrho_c = \frac{m_s}{r_s^3} \cdot \left(\frac{\xi_s}{4\pi |\theta'_s|}\right) \qquad \text{(zentrale Dichte)} \tag{5.203}$$

p_c erhält man durch Auflösen von Gl. (5.195) nach p_c und Einsetzen von Gl. (5.203) für ϱ_c. Das Resultat ist:

$$p_c = \left(\frac{m_s}{r_s^2}\right)^2 \cdot \frac{G}{4\pi(n+1) \cdot |\theta'_s|^2} \qquad \text{(zentraler Druck)} \tag{5.204}$$

Nun lässt sich auch $T_c = \langle M \rangle \cdot p_c/(R \cdot \varrho_c)$ angeben:

$$T_c = \frac{m_s}{r_s} \cdot \frac{\langle M \rangle}{R} \cdot \frac{G}{(n+1) |\theta'_s| \cdot \xi_s} \qquad \text{(zentrale Temperatur)} \tag{5.205}$$

$\langle M \rangle$ ist die mittlere Molmasse. Für die Sonne gilt:

$$\langle M \rangle_\odot = x_{H^+} \cdot M_{H^+} + x_{He^{2+}} \cdot M_{He^{2+}} + x_{e^-} \cdot M_{e^-}$$

Mit $x_{H^+}/x_{He^{2+}} = 9$, $x_{e^-} = x_{H^+} + 2x_{He^{2+}}$ und der Bilanz $x_{H^+} + x_{He^{2+}} + x_{e^-} = 1$ erhält man $x_{H^+} = 0,4286$, $x_{He^{2+}} = 0,0476$ und $x_{e^-} = 0,5238$. Wir setzen $M_{H^+} = 0,001$ kg $\cdot$ mol^{-1}, $M_{He^{2+}} = 0,004$ kg $\cdot$ mol^{-1} und $M_{e^-} \cong 0$. Dann ergibt sich:

$$\langle M \rangle_\odot = 6,19 \cdot 10^{-4} \text{ kg} \cdot \text{mol}^{-1}$$

Die Tabellen 5.7 und 5.8 enthalten alle Zahlenwerte für die in Gl. (5.203) bis Gl. (5.205) benötigten Kenngrößen.

Tab. 5.8 Charakteristische Kenngrößen der LM-Gleichung am Sternenrand ($r = r_s$ bzw. $\xi = \xi_s$) für verschiedene Werte von n

n	0	1	3/2	2	3	4	5
$\left[4\pi \cdot \left|\theta'_s\right| \cdot \xi_s^{-1}\right]^{-1}$	0,2387	0,7854	1,4302	2,7223	12,935	148,55	∞
$\dfrac{G \cdot 10^{12}}{4\pi(n+1)\left|\theta'_s\right|^2}$	7,9652	26,205	51,392	109,30	737,40	1651,2	∞
$\dfrac{G \cdot 10^{12}}{(n+1) \cdot \left|\theta'_s\right| \cdot \xi_s}$	33,366	33,366	35,933	40,158	57,01	111,17	∞

Ein realistischer Wert für n in diesem Adiabatenmodell ist $n = 3/2$ bzw. $\gamma = 5/3$, das entspricht dem Wert eines einatomigen idealen Gases, mit dem wir das Verhalten von H^+, He^{2+} und Elektronen bei hohen Temperaturen zutreffend beschreiben können. Bei Berechnungen sind alle Größen in SI-Einheiten (m, kg, s, Pa, etc.) einzusetzen.

Wir berechnen als Beispiel ϱ_c, p_c und T_c für die Daten der Sonne. Hier gilt $m_s^{\odot} = 1,99 \cdot 10^{30}$ kg, $r_s^{\odot} = 6,96 \cdot 10^8$ m. Wir setzen diese Werte in Gl. (5.203) und Gl. (5.205) ein und verwenden die entsprechenden Parameter in Tabelle 5.8 für $n = 3/2$ Die erhaltenen Ergebnisse sind in Tabelle 5.9 zusammen mit Werten aus einem komplexeren Modell angegeben, das auch Strahlung und die Energieerzeugung durch Kernfusion mit berücksichtigt und als realistisch zu betrachten ist.

Tab. 5.9 Ergebnisse für zentrale Werte von Dichte, Druck und Temperatur der Sonne

$n = 3/2$	$\varrho_c / \mathrm{kg \cdot m^{-3}}$	p_c / Pa	T_c / K
Lane-Emden-Gl.	$8,4 \cdot 10^3$	$8,65 \cdot 10^{14}$	$7,43 \cdot 10^6$
komplexes Modell	$9 \cdot 10^4$	$1,8 \cdot 10^{16}$	$15 \cdot 10^6$

Die Ergebnisse zeigen, dass unsere Berechnungen mit der Lane-Emden-Gleichung die tatsächlichen Werte erheblich unterschätzen. Diese unbefriedigende Übereinstimmung liegt im Wesentlichen daran, dass wir einen Wärmestrom im Sterninneren in Richtung Oberfläche unberücksichtigt gelassen haben. Das wird durch adiabatische Zustandsgleichungen alleine nicht berücksichtigt. Ebenso bleibt die Kernfusion als Energiequelle unberücksichtigt. Welcher Natur ist dieser Wärmestrom? Reine Wärmeleitung ist viel zu langsam. Es kommt also nur Energietransport im Sterninneren durch *Photonen* oder durch *Konvektion* in Frage. Im nächsten Abschnitt betrachten wir den Fall, dass nur Strahlungsenergietransport durch Photonen stattfindet.

5.4.3 Sterne mit Strahlungsenergietransport – Das Standardmodell von Eddington

Alle leuchtenden Sterne, ob mit oder ohne innere Energiequelle durch Kernfusion, strahlen Licht bzw. Photonen ab. Die Zustandsgleichung des Sternenmaterials muss also die Lichtenergie, d.h.

den Energieinhalt der Photonen im Sterninneren mit enthalten. Wir behandeln daher die Ionen und Elektronen nach wie vor als ideales Gas mit einem Druck p_g (Index g: Gas), zu dem jetzt noch Druck der Photonen p_{Ph} (Index Ph: Photon) hinzukommt. Wir setzen aber keine adiabatischen Verhältnisse voraus. Es gilt also für den Gesamtdruck p:

$$p = p_{Ph} + p_g \tag{5.206}$$

bzw.

$$\frac{dp}{dr} = \frac{d(p_{Ph} + p_g)}{dr} = -\varrho \cdot \frac{m}{r^2} \cdot G \tag{5.207}$$

Aus der Thermodynamik der Wärmestrahlung ist bekannt, dass für den Photonendruck p_{Ph} im thermodynamischen Gleichgewicht gilt:

$$p_{Ph} = \frac{1}{3} \cdot u_{Ph} = \frac{a}{3} \cdot T^4 \tag{5.208}$$

u_{Ph} ist die Energiedichte der Strahlung, die dieselbe Einheit wie der Druck p_{Ph} hat $(J \cdot m^{-3} = 1\,Pa)$. a ist eine bekannte Konstante. Ihr Wert ist $7,56 \cdot 10^{-16}\,J \cdot m^{-3} \cdot K^{-4}$. Mit dem idealen Gasgesetz $p_g = \langle M \rangle^{-1} \cdot \varrho \cdot RT$ schreiben wir also für Gl. (5.207):

$$\frac{dp}{dr} = \frac{d}{dr}\left(\frac{RT}{\langle M \rangle} \cdot \varrho + \frac{a}{3} \cdot T^4\right) = -\varrho \frac{m(r)}{r^2} \cdot G \tag{5.209}$$

Wir bezeichnen nun mit β den Bruchteil des Druckes p, der vom Ionenplasma herrührt, und mit $(1 - \beta)$ den des Strahlungsdruckes:

$$\beta \cdot p = \frac{RT}{\langle M \rangle} \cdot \varrho \quad \text{und} \quad (1 - \beta)p = \frac{a}{3}T^4 \tag{5.210}$$

Wir eliminieren daraus p und lösen nach T auf:

$$T = \left(\frac{R}{\langle M \rangle} \cdot \frac{3}{a} \cdot \frac{1 - \beta}{\beta}\right)^{1/3} \cdot \varrho^{1/3} \tag{5.211}$$

Einsetzen von Gl. (5.211) in die linke Formel von Gl. (5.210) ergibt als Zustandsgleichung:

$$\boxed{p = \left[\left(\frac{R}{\langle M \rangle}\right)^4 \cdot \frac{3}{a} \cdot \frac{1 - \beta}{\beta^4}\right]^{1/3} \cdot \varrho^{4/3}} \tag{5.212}$$

Man beachte, dass $p = 0$, wenn $\beta = 1$, wenn also keine Strahlung bzw. kein Strahlungsdruck existiert. Vergleichen wir Gl. (5.212) mit Gl. (5.195), so stellen wir fest, dass Gl. (5.212) *formal* wie eine Adiabatengleichung mit $\gamma = 4/3$ aussieht:

$$p = k' \cdot \varrho^{4/3} \quad \text{mit} \quad k' = \left[\left(\frac{R}{\langle M \rangle} \right)^4 \cdot \frac{3}{a} \frac{1-\beta}{\beta^4} \right]^{1/3} \tag{5.213}$$

Es handelt sich um ein „pseudoadiabatisches "Gesetz. Adiabatisches Verhalten wurde bei der Ableitung von Gl. (5.212) *nicht* vorausgesetzt. Sie wurde durch Berücksichtigung der Photonen als zusätzliche „Teilchen"erhalten.

Wegen $\gamma = 4/3$ ist $n = 3$. Einsetzen von $n = 3$ in Gl. (5.201) mit $k' = k$ ergibt:

$$m_s = 4\pi \cdot (\pi G)^{-3/2} \cdot \left[\left(\frac{R}{\langle M \rangle} \right)^4 \cdot \frac{3}{a} \cdot \frac{1-\beta}{\beta^4} \right]^{1/2} \cdot \xi_s^2 \cdot |\theta_s'|$$

Da m_s, ξ_s^2 und θ_s' konstante Werte sind, muss auch β überall innerhalb des Sterns konstant sein. Setzt man den Wert für $\xi_s^2 \cdot |\theta_s'|$ für $n = 3$ aus Tabelle 5.7 ein, erhält man in kg:

$$\boxed{m_s = 5,2633 \cdot \left(\frac{R}{\langle M \rangle} \right)^2 \cdot 10^{23} \cdot \frac{(1-\beta)^{1/2}}{\beta^2}} \tag{5.214}$$

$\langle M \rangle$ ist die mittlere Molmasse. Als Beispiel berechnen wir aus Gl. (5.214) β für die Sonne mit $m_\odot = 1,99 \cdot 10^{30}$ kg und $\langle M \rangle_\odot = 0,000619 \, \text{kg} \cdot \text{mol}^{-1}$. Es ergibt sich $\beta = \beta_\odot = 0,9985$. Der Anteil des Strahlungsdrucks beträgt also nur 0,05 %. Bei $m_s = 40 \cdot m_\odot$ ist $\beta = 0,755$, hier bestehen bereits 25 % des Drucks aus Strahlungsdruck. β nimmt also als Funktion von m_s ab.

Wir folgern: Die Gleichungen (5.203) bis (5.205) bleiben für das „pseudoadiabatische"Modell mit $n = 3$ gültig. Allerdings müssen ϱ_c, p_c und T_c nach Gl. (5.214) der Beziehung

$$p_c \left(\frac{\langle M \rangle \cdot \beta}{R} \right) \cdot \frac{1}{\varrho_c} = T_c$$

gehorchen, also einer um den Faktor β korrigierten idealen Gasgleichung. Damit ergeben sich folgende Formeln für ϱ_c, p_c und T_c im Sternenzentrum:

$$\boxed{\varrho_c = \frac{m_s}{r_s^3} \cdot \frac{\xi_{s,n=3}}{4\pi |\theta_s'|_{n=3}} = 12,94 \cdot \frac{m_s}{r_s^3}} \tag{5.215}$$

$$\boxed{p_c = \frac{m_s^2}{r_s^4} \cdot \frac{G}{16\pi \cdot |\theta_s'|_{n=3}^2} = 73,74 \cdot 10^{-11} \cdot \frac{m_s^2}{r_s^4}} \tag{5.216}$$

$$\boxed{T_c = \frac{m_s}{r_s} \cdot \frac{\langle M \rangle \cdot \beta}{R} \cdot \frac{G}{4 \cdot |\theta_s'| \cdot \xi_{s,n=3}} = \frac{\langle M \rangle \cdot \beta}{R} \cdot 5,701 \cdot 10^{-11} \cdot \frac{m_s}{r_s}} \tag{5.217}$$

Für $\langle M \rangle = \langle M \rangle_\odot$ setzen wir wie zuvor $6, 19 \cdot 10^{-4}$ kg·mol^{-1} ein. Aus Gl. (5.214) erhält man damit $\beta = 0,9985$. Der Strahlungsdruck ist also im Fall der Sonne vernachlässigbar gering gegenüber dem Gasdruck, aber für den Energietransport sind hier einzig und allein die Photonen verantwortlich und sind daher fundamental wichtig. Die Ergebnisse sind in Tabelle **??** für die Sonne angegeben ($m_s = 1,99 \cdot 10^{30}$ kg, $r_s = 6,96 \cdot 10^8$ m). Sie liegen recht nahe an den Daten eines modernen, komplexen Modells und stellen eine erhebliche Verbesserung gegenüber den Ergebnissen mit $n = 3/2$ bzw. $\gamma = 5/3$ dar, obwohl auch hier die Kernfusion von Wasserstoff zu Helium nicht berücksichtigt wurde.

Dieses „pseudoadiabatische" Modell wurde von Eddington um 1920 entwickelt (Sir Arthur Eddington, englischer Astrophysiker, 1882 - 1944). In dieser Zeit war die nukleare Kernfusion von Wasserstoff zu Helium als Energiequelle noch unbekannt. Eddingtons Modell wird als „*Standardmodell*" bezeichnet und diente als Ausgangspunkt für spätere Modelle, in denen die Kernfusion und auch die Abhängigkeit der H$^+$ und He$^+$ bzw. He^{2+}-Konzentrationen vom Abstand r des Zentrums berücksichtigt wird und ferner der Tatsache Rechnung getragen wird, dass bei der Sonne oberhalb von ca. $0,75 \cdot r_s$ der Wärmetransport nicht mehr durch Photonen zustande kommt, sondern durch ein echtes adiabatisches, d.h. konvektives Verhalten. Darauf kommen wir in Abschnitt 5.4.6 nochmals zurück.

Die Einführung des Strahlungsdruckes p_{Ph} im Standardmodell führt uns zu einem wichtigen Punkt. An der Oberfläche des Sterns können die Photonen den Stern verlassen. Das führt zu einem ständigen Energiestrahlungsverlust, den man als *Leuchtkraft* L_s des Sterns bezeichnet. Es gilt:

$$L_s = 4\pi r^2 \cdot F(r_s) \tag{5.218}$$

wobei $F(r)$ den Energiefluss pro Fläche (Watt·m^{-2}) in radialer Richtung bedeutet. Im Fall eines leuchtenden Sterns ohne innere Energieproduktion und ohne Konvektion gilt im stationären Zustand Gl. (5.218) bei allen Radien r im Sterninneren ($r_s \geq r \geq 0$), wobei L_s überall konstant sein muss. Für $r = r_s$ gilt das *Stefan-Boltzmann'sche Strahlungsgesetz* :

$$F(r_s) = \frac{a \cdot c_L}{4} \cdot T_s^4 = \sigma_{SB} \cdot T_s^4 \qquad \text{bzw.} \qquad L_s = 4\pi r^2 \cdot \sigma_{SB} \cdot T_s^4 \tag{5.219}$$

mit der Lichtgeschwindigkeit $c_L = 2,9979 \cdot 10^8$ m·s^{-1} und der Konstanten $a = 7,566 \cdot 10^{-16}$ J· m^{-3}·K^{-4}. $\sigma_{SB} = 5,6705 \cdot 10^{-8}$ Watt·m^{-2}·K^{-4} heißt Stefan-Boltzmann-Konstante. T_s ist die effektive Oberflächentemperatur ($r = r_s$), die eine messbare Größe darstellt. Sie ist aus der spektralen Verteilung des abgestrahlten Lichtes bestimmbar. Für ($r = r_s$) kann Gl. (5.218) zur Bestimmung des Sternradius herangezogen werden, wenn T_s und L_s aus astronomischen Messungen bekannt sind.

Eine wichtige Frage betrifft den Zusammenhang von L_s mit dem Energietransportmechanismus im Sterninneren, der im Standardmodell allein durch Transport von Strahlungsenergie zustande kommt. Zur Beantwortung dieser Frage gehen wir von Gl. (5.219) aus. $F(r)$ ist der Nettostrom der Lichtenergie, die in Richtung und im Abstand r vom Zentrum pro Sekunde durch die Fläche von 1 m^2 auf der Kugeloberfläche $4\pi r^2$ fließt. Diesen Fluss können wir auch als Photonenstrom, also Teilchenstrom auffassen, von denen jedes Photon eine bestimmte Energie $h\nu$ mit sich führt. Der Prozess ähnelt also formal der Diffusion von Photonen in Richtung ihres Konzentrationsgradienten. Da sich Photonen wie unabhängige Teilchen verhalten, können wir die Diffusionsformel aus der kinetischen Gastheorie übernehmen (s. Grundlagenbücher der physikalischen Chemie). Es gilt für den Teilchenstrom (dn/dt) das Diffusionsgesetz (s. auch Gl. (4.71):

$$\frac{1}{A}\left(\frac{dn}{dt}\right) = -D \cdot \left(\frac{d[n]}{dr}\right) \tag{5.220}$$

$[n]$ ist hier die Teilchenzahlkonzentration, A der Fläche und D der Diffusionskoeffizient. Die kinetische Gastheorie liefert in ihrer einfachsten Form:

$$D = \frac{1}{3} \cdot \langle v \rangle \cdot \langle l \rangle$$

wobei $\langle v \rangle$ die mittlere Geschwindigkeit und $\langle l \rangle$ die sog. mittlere Weglänge der Teilchen bedeutet. Multiplizieren wir die Photonenkonzentration mit dem mittleren Energiewert $\langle hv \rangle$, den die Photonen transportieren, und setzen wir statt v die Lichtgeschwindigkeit c_L ein, erhalten wir aus Gl. (5.220):

$$\frac{1}{A}\frac{dn_{Ph}\langle hv \rangle}{dt} = -\frac{1}{3} \cdot c_L \cdot \langle l_{Ph} \rangle \cdot \frac{d\langle hv \rangle \cdot [n_{Ph}]}{dr} \tag{5.221}$$

Nun steht auf der linken Seite der Lichtenergiestrom pro Fläche $F(r)$ und auf der rechten die mittlere Energiedichte $d([n_{Ph}]\langle hv \rangle)/dV$ des Lichts. Wegen $\langle hv \rangle \cdot d[n_{Ph}]/dr = du_{Ph}/dr = (du_{Ph}/dT)(dT/dr)$ können wir schreiben:

$$L = -\frac{16\pi}{3}c_L \cdot r^2 \cdot \langle l_{Ph} \rangle \cdot aT^3 \cdot \frac{dT}{dr} \tag{5.222}$$

Die freie Weglänge eines Photons ist die Strecke, die ein gerade emittiertes bzw. gestreutes Photon frei fliegen kann, bis es von einem anderen Teilchen oder Elektron wieder absorbiert bzw. gestreut wird. Die Zahl der Photonen, die innerhalb der differentiellen Strecke dr absorbiert werden, ist proportional zu $-d[n_{Ph}]/dr$. Dieser Verlust ist negativ zu rechnen und wird proportional der Wahrscheinlichkeit sein, dass ein Photon und ein Elektron bzw. Ion innerhalb der Flugstrecke des Photons zusammentreffen. Diese Wahrscheinlichkeit ist dem Produkt $[n_{Ph}] \cdot \varrho$ proportional, denn die Wahrscheinlichkeit für das gleichzeitige Auftreten zweier unabhängiger Ereignisse, in unserem Fall die gleichzeitige Anwesenheit eines Photons und eines Teilchens an dem Ort des Zusammentreffens (Streuprozess) ist gleich dem Produkt der Einzelwahrscheinlichkeiten dafür, dass überhaupt ein Teilchen bzw. ein Photon dort ist. Diese Einzelwahrscheinlichkeiten sind proportional zur Konzentration der Teilchen bzw. Photonen. Wir können also schreiben:

$$\frac{d[n_{Ph}]}{dr} = -\kappa \cdot [n_{Ph}] \cdot \varrho \tag{5.223}$$

wobei κ ein Proportionalitätsfaktor ist, der Absorptionskoeffizient für Photonen. Wir integrieren Gl. (5.223) von r_0 bis r und erhalten:

$$[n_{Ph}]_r = [n_{Ph}]_{r_0} \cdot \exp\left[-\kappa \cdot \varrho \cdot (r - r_0)\right]$$

Um die mittlere freie Weglänge $\langle l_{Ph} \rangle = \langle (r - r_0) \rangle$ zu erhalten, bilden wir den Mittelwert:

$$\langle l_{Ph} \rangle = \frac{\displaystyle\int_0^\infty l \cdot \exp\left(-\kappa \cdot \varrho \cdot l\right) dl}{\displaystyle\int_0^\infty \exp\left(-\kappa \cdot \varrho \cdot l\right) dl} = \frac{1}{\kappa \cdot \varrho} \tag{5.224}$$

Einsetzen von Gl. (5.224) in Gl. (5.222) ergibt den gesuchten Ausdruck für die Leuchtkraft L:

$$\boxed{L = -\frac{16\pi \cdot c_L}{3 \cdot \kappa \cdot \varrho} \cdot r^2 \cdot a \cdot T^3 \cdot \frac{dT}{dr}} \qquad \text{(reiner Strahlungstransport)} \tag{5.225}$$

Damit können wir die Wärmeleitfähigkeit der Photonen λ_{Ph}^{th} angeben. Sie ist definiert durch

$$F = -\lambda_{Ph}^{th} \cdot \frac{dT}{dr}$$

Mit F nach Gl. ((5.219)) gilt für die Wärmeleitfähigkeit der Photonen:

$$\lambda_{Ph}^{th} = \frac{4}{3} \cdot \frac{c_L \cdot a}{\kappa \cdot \varrho} \cdot T^3 \tag{5.226}$$

Für den gemittelten Absorptionskoeffizienten κ gilt nach der Theorie von Kramer:

$$\kappa \cong \kappa_0 \cdot \varrho \cdot T^{-3,5} \qquad \text{mit} \qquad \kappa_0 \approx 4,34 \cdot 10^{19} \ \text{m}^2 \cdot \text{kg}^{-1} \tag{5.227}$$

wenn ϱ in $\text{kg} \cdot \text{m}^{-3}$ angegeben wird. Die Formel ist nur für vollionisierten Wasserstoff anwendbar ($T > 10^4$ K).

Wir wollen jetzt eine Beziehung zwischen L, r_s und m_s ableiten. Wir schreiben für Gl. (5.225) unter Beachtung von $p_{Ph} = 1/3 \cdot a \cdot T^4(r)$:

$$L = -\frac{4\pi c_L}{\kappa \cdot \varrho} \cdot r^2 \cdot \frac{dp_{Ph}}{dr} \tag{5.228}$$

Nun kombinieren wir Gl. (5.228) und Gl. (5.207) und erhalten:

$$\frac{dp_{Ph}}{dp} = \frac{L \cdot \kappa}{4\pi c_L \cdot G \cdot m(r)} \tag{5.229}$$

$(\mathrm{d}p_{\mathrm{Ph}}/\mathrm{d}p)$ ist aber wegen $\beta = \mathrm{const}$ ebenfalls eine Konstante, sodass gilt:

$$\frac{\mathrm{d}p_{\mathrm{Ph}}}{\mathrm{d}p} = \frac{p_{\mathrm{Ph}}}{p} = (1 - \beta),$$

Gl. (5.229) lautet dann:

$$\frac{L \cdot \kappa}{4\pi c_{\mathrm{L}} \cdot G \cdot m(r)} = (1 - \beta) \tag{5.230}$$

Löst man Gl. (5.211) nach ϱ auf und setzt das in Gl. (5.227) ein, erhält man:

$$\kappa = \kappa_0 \cdot \frac{a}{3} \cdot \frac{\langle M \rangle}{R} \cdot \frac{\beta}{1 - \beta} \cdot T^{-1/2} \tag{5.231}$$

Einsetzen von Gl. (5.231) in Gl. (5.230) ergibt für L:

$$L(r) = \frac{4\pi c_{\mathrm{L}} \cdot G \cdot m(r)}{\kappa_0} \cdot \frac{3}{a} \cdot \left(\frac{\langle M \rangle}{R}\right)^{-1} \cdot (1 - \beta)^2 \cdot \frac{T_c^{1/2} \cdot \theta^{1/2}(\xi)}{\beta}$$

Nun können wir noch $(1 - \beta)^2$ aus Gl. (5.214) isolieren und einsetzen. Das Ergebnis lautet für $r = r_{\mathrm{s}}$:

$$\begin{aligned}
L_{\mathrm{s}} = L(r_{\mathrm{s}}) = L(\xi_{\mathrm{eff}}) &= \frac{\theta^{1/2}(\xi_{\mathrm{eff}})}{\kappa_0} \cdot T_c^{1/2} \cdot \left(\frac{\langle M \rangle \beta}{R}\right)^7 \cdot m_{\mathrm{s}}^5 \cdot 1{,}300826 \cdot 10^{-88} \\
&= \frac{\theta^{1/2}(\xi_{\mathrm{eff}})}{\kappa_0} \left(\frac{\langle M \rangle \beta}{R}\right)^{7,5} \cdot m_{\mathrm{s}}^{5,5} \cdot r_{\mathrm{s}}^{-1/2} \cdot 9{,}821119 \cdot 10^{-94}
\end{aligned} \tag{5.232}$$

wobei wir noch $T_c^{1/2}$ aus Gl. (5.217) eingesetzt haben. In $\theta(\xi_{\mathrm{eff}})$ bedeutet ξ_{eff} den Wert von ξ, von wo im Mittel das sichtbare, abgestrahlte Licht aus der Oberflächenschicht kommt. $(\xi < \xi_{\mathrm{eff}})$. Der Faktor κ_0 ist nicht genau bekannt, aber er ist derselbe für alle Sterne. Wenn wir das für $\theta(\xi_{\mathrm{eff}})$ auch annehmen, dann kann eine Leuchtkraft-Formel bezogen auf die Leuchtkraft der Sonne angegeben werden, die für alle Sterne (Index s) gilt:

$$\boxed{\frac{L_{\mathrm{s}}}{L_\odot} = \left(\frac{\beta_{\mathrm{s}} \langle M \rangle_{\mathrm{s}}}{\beta_\odot \langle M \rangle_\odot}\right)^{7,5} \cdot \left(\frac{r_\odot}{r_{\mathrm{s}}}\right)^{1/2} \cdot \left(\frac{m_{\mathrm{s}}}{m_\odot}\right)^{5,5}} \qquad \text{(reiner Strahlungstransport)} \tag{5.233}$$

Gl. (5.233) gilt ebenso wie Gl. (5.218) nicht nur bei r_{s} sondern bei jedem Wert von r ($r_{\mathrm{s}} \geq r \geq 0$) bzw. m ($m_{\mathrm{s}} \geq m \geq 0$)), wenn Strahlungsenergietransport stattfindet. Gl. (5.233) ermöglicht es, L_{s} in Abhängigkeit von r im Inneren des Sterns zu berechnen.

5.4.4 Allgemeine zeitliche Entwicklung nicht brennender Sternen in der pränuklearen Kontraktionsphase

Sterne verlieren durch ihre Leuchtkraft ständig Energie in Form von Wärmestrahlung. Sind keine anderen Energieerzeugungsprozesse vorhanden, muss die Quelle für diesen Energieverlust aus der Abnahme der (negativen) potentiellen Gravitationsenergie E_{pot} durch Kontraktion stammen. Eine riesige Gaswolke aus H_2 und etwas He (der sog. *Protostern*) kontrahiert zunächst in einem raschen, kollabierenden Prozess, gefolgt von einer stationären, langsameren Kontraktionsphase. Während dieser Entwicklungsschritte steigt die Temperatur erheblich an, bis am Ende der stationären Kontraktion die Kernfusion von H zu ^{4}He einsetzt. Ab diesem Zeitpunkt wird der Wärmestrahlungsverlust durch die Energieerzeugung der Kernfusion kompensiert, sodass der Stern nun *langfristig* einen Zustand erreicht, in dem er seinen Radius r_s und seine thermodynamischen Eigenschaften, wie Temperatur, Dichte und Druck im Inneren nicht wesentlich verändert. Das ist die Phase des Wasserstoffbrennens, die wir in Abschnitt 5.4.6 behandeln werden.

Hier beschäftigen wir uns zunächst mit der *Kontraktionsphase ohne Kernfusion*. Voraussetzung dafür ist zunächst die Erfüllung des Jeans-Kriteriums für die Gaswolke (s. Gl. (5.191)), gefolgt von ihrem Kollaps, bei dem sich ihr Durchmesser um einen Faktor 10^{-3} bis 10^{-4} verringert. Dabei erhitzt sich die Wolke und es entwickelt sich langsam ein stationärer Zustand, in dem ein *lokales thermodynamisches Gleichgewicht unter adiabatischen Bedingungen* herrscht. Dieser Zustand beginnt, wenn der Radius $r_{s,0}$ des entstehenden Sterns etwa das 20 bis 50-fache seines endgültigen Radius r_s erreicht hat, bei dem dann die Kernfusion beginnt. Dieser Zeitraum zwischen $r_{s,0}$ und r_s ist die eigentliche Kontraktionsphase.

Da der werdende Stern, der in die Kontraktionsphase eintritt, bereits aus H^+ und e^- besteht und dem idealen Gasgesetz folgt, ist seine gesamte innere Energie U nur eine Funktion der Temperatur T. Die innere Energiedichte hängt stark von r im Sterninneren ab ($r < r_s$). Wir wollen zunächst die mittlere Temperatur $\langle T \rangle$ des Sterns bestimmen. Es muss gelten:

$$\langle T \rangle = \frac{\int_0^{r_s} T(r) \mathrm{d}m(r)}{m_s} = \frac{\langle M \rangle}{R \cdot m_s} \int_0^{r_s} \frac{p}{\varrho} \mathrm{d}m = \frac{\langle M \rangle}{R \cdot m_s} \int_0^{r_s} p \, \mathrm{d}V = -\frac{\langle M \rangle}{R \cdot m_s} \cdot \frac{1}{3} E_{pot}$$

wobei wir von Gl. (N.3) in Anhang N Gebrauch gemacht haben. Mit Gl. (N.8) folgt dann:

$$\boxed{\langle T \rangle - \langle T_0 \rangle = \frac{\langle M \rangle}{3R} \cdot \frac{m_s}{5-n} \cdot G \left(\frac{1}{r_s} - \frac{1}{r_{s,0}} \right)} \qquad (5.234)$$

$\langle T_0 \rangle$ bzw. $r_{s,0}$ sind mittlere Temperatur bzw. Protosternradius zum Zeitpunkt $t = t_0$. Gl. (5.234) besagt, dass die mittlere Temperatur $\langle T \rangle$ des Sterns mit kleiner werden dem Radius r_s ansteigt. Für die Gesamtenergie E des Systems gilt:

$$E = U + E_{pot}$$

und für die translatorische kinetische Energie E_{kin}:

$$E_{kin} = n_s \cdot \frac{3}{2} RT \qquad (n_s = \text{Molzahl des Systems „Stern ``})$$

Wegen $U = \overline{C}_V T \cdot n_s$ ergibt das wegen $R = \overline{C}_p - \overline{C}_V = \overline{C}_V(\gamma - 1)$:

$$E_{kin} = \frac{3}{2} U(\gamma - 1)$$

Jetzt wenden wir den *Virialsatz* (s. Anhang L) an. Demnach gilt:

$$E_{kin} = -\frac{E_{pot}}{2} = \frac{3}{2} U(\gamma - 1)$$

Nun setzen wir $U = E - E_{pot}$ ein und lösen nach E auf:

$$\boxed{E = \frac{3\gamma - 4}{3\gamma - 3} \cdot E_{pot}} \qquad (5.235)$$

Die Änderung der Gesamtenergie E des Systems hängt direkt mit der abgestrahlten Energie zusammen. Es gilt für die Leuchtkraft (Energieverlust des Sterns):

$$L_s = -\frac{dE}{dt} = -\frac{dE}{dr_s} \cdot \left(\frac{dr_s}{dt} \right) = -\frac{3\gamma - 4}{3\gamma - 3} \frac{dE_{pot}}{dr_s} \cdot \left(\frac{dr_s}{dt} \right)$$

Differenzieren von Gl. (N.8) in Anhang N ergibt:

$$\frac{dE_{pot}}{dr_s} = \frac{3}{5 - n} \cdot G \left(\frac{m_s}{r_s} \right)^2$$

Mit $\gamma = (1 + n)/n$, lautet dann der Ausdruck für L_s:

$$\boxed{L_s = \frac{n - 3}{5 - n} \cdot G \left(\frac{m_s}{r_s} \right)^2 \frac{dr_s}{dt}} \qquad (5.236)$$

Man sieht, dass nach dieser Formel die Leuchtkraft L_s verschwindet, wenn $n = 3$ ist. Ein adiabatisches Modell mit $n = 3$ ist also keine Option. Für einatomige Gase (H^+, He, He^+, e^-) ist jedoch $n = 3/2$. Wir integrieren Gl. (5.236) und erhalten:

$$\int_{t_0}^{t} L_s dt = \frac{3}{7} \cdot m_s^2 \cdot G \left(\frac{1}{r_s} - \frac{1}{r_{s,0}} \right)$$

Wir definieren die mittlere Leuchtkraft $\langle L \rangle$:

$$\langle L_s \rangle = \int_{t_0}^{t} L_s \mathrm{d}t \, / \, (t - t_0)$$

und bezeichnen $(t - t_0)$ als Kontraktionszeit:

$$\boxed{(t - t_0) = \frac{3}{7} \cdot m_s^2 \cdot \frac{G}{\langle L_s \rangle} \left(\frac{1}{r_s} - \frac{1}{r_{s,0}} \right)} \qquad (n = 3/2) \qquad (5.237)$$

Diese Gleichung heißt *Helmholtz-Kelvin-Gleichung*. Wie die Namen dieser Autoren verraten, ist die Gleichung schon seit dem Ende des 19. Jahrhunderts bekannt. Sie erlaubt in einfacher Weise die Lebenszeit, die der kontrahierende Stern bereits hinter sich hat, abzuschätzen. Da $\langle L_s \rangle$ nicht genau bekannt ist, setzen wir den heutigen Wert für die Sonne als Beispiel ein ($L_\odot = 3,847 \cdot 10^{26}$ Watt), für r_s den heutigen Radius der Sonne ($r_\odot = 6,96 \cdot 10^8$ m) und vernachlässigen den Term $1/r_{s,0}$ wegen $1/r_{s,0} \ll 1/r_s$.
Man erhält dann mit $m_s = m_\odot = 1,99 \cdot 10^{30}$ kg:

$$(t - t_0)_\odot = 4,26 \cdot 10^{14} \text{ s} = 13,3 \cdot 10^6 \text{ Jahre}$$

Selbst wenn man für $\langle L \rangle$ ein Drittel oder ein Viertel von $L_\odot$ einsetzt, liegt der Wert von $(t - t_0)$ um $50 \cdot 10^6$ Jahre. Das kann nicht die Lebenszeit der Sonne sein, denn schon zu Beginn des 20. Jahrhunderts wusste man aus geologischen und paläontologischen Befunden, dass allein die Erde ein viel höheres Lebensalter hat. Man schätzt das Alter der Erde heute auf $4,4 \cdot 10^9$ Jahre. Solange muss mindestens auch die Sonne bereits existieren, da alle Planeten praktisch gleichzeitig mit ihr oder kurz danach entstanden sind. Heute wissen wir natürlich, dass der Sonne - und das gilt auch für die meisten anderen Sterne - durch die Kernfusion von Wasserstoff zu Helium eine langfristige Energiequelle zur Verfügung steht, die eine Lebenszeit von bis zu 10 Milliarden Jahren ermöglicht. Unsere Berechnungen sind also nur auf die Kontraktionsphase eines Sterns anwendbar bis zum Eintritt der Kernfusion.
Die Unsicherheit der Berechnung der pränuklearen Kontraktionszeit nach Gl. (5.237) liegt in der Unkenntnis des genauen Wertes von $\langle L_s \rangle$. Zur Berechnung von $L_s(t)$ gehen wir aus vom Standardmodell nach Eddington, nach dem ja der Energietransport ausschließlich durch Photonen zustande kommt. Wir greifen dazu zurück auf Gl. (5.233), wo L_s explizit als Funktion von r_s abgeleitet wurde. Um die Abhängigkeit $r_s(t)$ während der Kontraktionszeit zu berechnen, setzen wir zunächst voraus, dass $\langle M \rangle$, m_s und β unverändert bleiben. Dann erhält man durch Einsetzen von L_s aus Gl. (5.233) in Gl. (5.237) mit $n = 3/2$:

$$\left(\frac{m_s}{m_\odot} \right)^{11/2} \cdot L_\odot \cdot r_\odot^{1/2} \cdot r_s^{-1/2} = -\frac{3}{7} \, m_s^2 \cdot G \cdot \frac{1}{r_s^2} \frac{\mathrm{d}r_s}{\mathrm{d}t} \qquad (5.238)$$

Integration ergibt:

$$(t - t_0) = -\frac{3}{7} \cdot \left(\frac{m_\odot}{m_s}\right)^{11/2} \cdot \frac{m_s^2 \cdot G}{L_\odot r_\odot^{1/2}} \cdot \int_{r_{s,0}}^{r_s} \frac{dr_s}{r_s^{3/2}} = +\frac{6}{7} \frac{m_\odot^{5,5} \cdot G}{L_\odot r_\odot^{1/2}} \left(\frac{1}{r_s^{1/2}} - \frac{1}{r_{s,0}^{1/2}}\right) \cdot m_s^{-3,5} \qquad (5.239)$$

Nehmen wir an, dass $r_{s,0} \gg r$ und wählen wir als Rechenbeispiel wieder die Sonne ($m_s = m_\odot = 1,99 \cdot 10^{30}$ kg, $r_s = r_\odot = 6,96 \cdot 10^8$ m, $L_\odot = 3,847 \cdot 10^{26}$ J $\cdot$ s^{-1}) erhält man:

$$(t_\odot - t_0) = 8,40 \cdot 10^{14} \text{ s} = 26,6 \cdot 10^6 \text{ Jahre}$$

Dieses Ergebnis ist genau der doppelte Wert von dem mit Gl. (5.237) erhaltenen. Danach ist $\langle L_s \rangle = L_s/2$, wobei L_s die Leuchtkraft am Ende der Kontraktionsphase bedeutet. Nun lassen sich allgemeine Zusammenhänge der Sterngrößen r_s, L_s und der Oberflächentemperatur T_s mit der Kontraktionszeit t herstellen, wenn ein reines Strahlungsmodell vorliegt. Aus Gl. (5.239) ersieht man, dass r_s proportional zu t^{-2} ist, wenn man $t_0 = 0$ setzt. Also sollte für einen Stern in der Kontraktionsphase gelten:

$$\frac{r_s}{r_{s,E}} = \left(\frac{t_{s,E}}{t_s}\right)^2$$

wobei t_E die Kontraktionszeit des Sterns bis zum Eintritt der Kernfusion bedeutet. Ferner ergibt sich aus Gl. (5.236) die Proportionalität $L_s\triangle - r_s^{-2} \cdot (dr_s/dt)$. Da dr_s/dt proportional zu $-2 \cdot t^{-3}$ ist, folgt:

$$\frac{L_s}{L_{s,E}} = \frac{t}{t_E}$$

Jetzt betrachten wir die Oberflächentemperatur T_s. Nach Gl. (5.220) ist T_s proportional zu $L_s^{1/4} \cdot r_s^{-1/2}$ also sollte gelten:

$$\frac{T_s}{T_{s,E}} = \left(\frac{t_s}{t_{s,E}}\right)^{5/4}$$

$r_s/r_{s,E}$, $L_s/L_{s,E}$ und $T_s/T_{s,E}$ sind in Abb. 5.29 als Funktion von $t_s/t_{s,E}$ aufgetragen. Leuchtkraft und Oberflächentemperatur steigen also während der Kontraktionsphase an, während der Sternradius $r_s/r_{s,E}$ steil mit $t_s/t_{s,E}$ abfällt.

Energie kann in einem kontrahierenden Stern nicht nur durch Strahlung sondern auch durch *Konvektion* transportiert werden. Für diesen Fall gehen wir wieder von Gl. (5.237) aus mit $n = 3/2$. Wir machen jetzt aber die plausible Annahme, dass T_s zeitunabhängig ist. Dann ergibt die Integration von Gl. (5.237) mit L_s aus Gl. (5.219) und $n = 3/2$:

$$\frac{7}{3} \frac{a \cdot c_L \cdot \pi T_s^4}{G \cdot m_s^2} (t_s - t_0) = -\int_{r_{s,0}}^{r_s} \frac{dr_s}{r_s^4} = \frac{1}{3}\left(\frac{1}{r_s^3} - \frac{1}{r_{s,0}^3}\right)$$

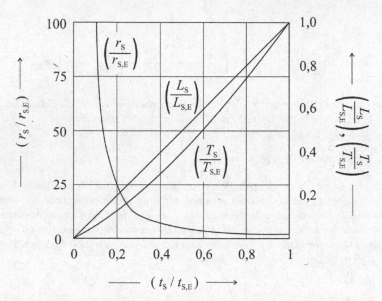

Abb. 5.29 Radius $r_S/r_{s,E}$, Leuchtkraft $L_s/L_{s,E}$ und Oberflächentesperatur $T_s/T_{s,E}$ als Funktion von $t_s/t_{s,E}$ nach dem Strahlungstransportmodell. Der Index E bedeutet: am Ende der Kontraktion.

Wir setzen wieder $1/r_{s,0} \cong 0$ und erhalten:

$$(t_s - t_0) = \frac{m_s^2}{r_s^3} \cdot \frac{G}{7a \cdot c_L \cdot \pi\, T_s^4} \qquad\qquad (5.240)$$

Für $L_s(t)$ ergibt sich dann mit L_s nach Gl. (5.219):

$$L_s = \left(a \cdot c_L \cdot \pi\, T_s^4\right)^{1/3} \left(\frac{G \cdot m_s^2}{7(t - t_0)}\right)^{2/3} \qquad \text{(Konvektion)} \qquad (5.241)$$

Definiert man, ähnlich wie in Abb. 5.30 für den Strahlungstransport, auch für den Energietransport durch Konvektion die Abhängigkeit der reduzierten Größen $(r_s/r_{s,E})$ und $(L_s/L_{s,E})$ als Funktion von t_s, erhält man nach Gl. (5.245) und (5.246):

$$\left(\frac{r_s}{r_{s,E}}\right) = \left(\frac{t_{s,E}}{t_s}\right) \qquad \text{und} \qquad \left(\frac{L_s}{L_{s,E}}\right) = \left(\frac{t_{s,E}}{t_s}\right)^{2/3}$$

Die Ergebnisse zeigt Abb. 5.30. r_s nimmt mit t ab (Kontraktion), aber viel langsamer als beim Strahlungsenergietransport. L_s nimmt ebenfalls ab, ganz i. G. zum Fall bei Strahlungsenergietransport. Das liegt natürlich an der Annahme, dass die Oberflächentemperatur T_s konstant ist und die Oberfläche sich bei der Kontraktion ständig verkleinert.

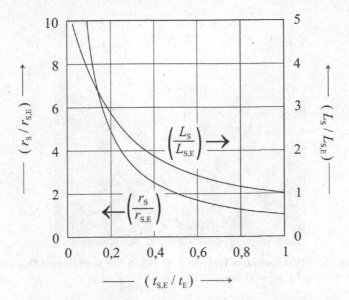

Abb. 5.30 Radius $r_s/r_{s,E}$ und Leuchtkraft $L_s/L_{s,E}$ als Funktion von $t_s/t_{s,E}$ bei konvektiver Kontraktion (T_s = const). Der Index bedeutet: am Ende der Kontraktion.

5.4.5 Stabilitätskriterium für den konvektiven Energietransport

Den Energietransport durch Strahlung und den durch Konvektion haben wir im vorherigen Abschnitt als zwei voneinander unabhängige Mechanismen betrachtet und es stellt sich die Frage, welcher von beiden nun tatsächlich im Sterninneren auftritt. Darüber entscheidet ein sog. *Stabilitätskriterium*, das wir nun ableiten wollen.

Wir betrachten dazu in einem Abstand r vom Sternzentrum die Änderung des Druckes Δp, der Dichte $\Delta \varrho$ und der Temperatur ΔT innerhalb eines kleines Intervalls Δr:

$$\frac{\Delta p}{\Delta r} = \left(\frac{\partial p}{\partial \varrho}\right)_T \cdot \frac{\Delta \varrho}{\Delta r} + \left(\frac{\partial p}{\partial T}\right)_\varrho \cdot \frac{\Delta T}{\Delta r}$$

Wenn das ideale Gasgesetz $p = \varrho \cdot R \cdot T / \langle M \rangle$ gilt, folgt daraus:

$$\Delta p = \frac{p}{\varrho}\Delta \varrho + \frac{p}{T}\Delta T \tag{5.242}$$

Wir stellen uns jetzt ein kleines, virtuelles Testvolumen (Test) vor, in dem Gleichgewicht mit seiner Umgebung herrscht. Es gilt dabei $p = p_{\text{Test}}$, $\varrho = \varrho_{\text{Test}}$ und $T = T_{\text{Test}}$ (s. Abb 5.31).
Führen wir nun gedanklich eine Verschiebung des Testvolumens V_{Test} um Δr nach oben unter adiabatischen Bedingungen, d.h., ohne Wärmeaustausch mit der Umgebung durch, dehnt sich V_{Test}

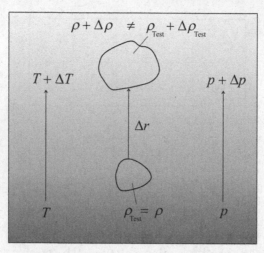

Abb. 5.31 Zum Stabilitätskriterium (s. Text) der Konvektion. Ein Testvolumen V_{Test} dehnt sich bei Verschiebung um Δr auf $V_{\text{Test}} + \Delta V$ aus.

um ΔV aus. Dabei herrscht dabei aber stets Druckgleichheit zwischen dem Testvolumen und seiner Umgebung:

$$\Delta p = \Delta p_{\text{Test}}$$

Für $\Delta\varrho_{\text{Test}}$ ergibt sich jedoch eine Änderung $\Delta\varrho_{\text{Test}} \neq \Delta\varrho$ entsprechend der adiabatischen Zustandsgleichung:

$$p = \text{const.} \cdot \varrho^{\gamma}$$

Differenzieren nach ϱ ergibt mit $\Delta p_{\text{Test}} = \Delta p$:

$$\frac{\mathrm{d}p}{\mathrm{d}\varrho} \approx \frac{\Delta p}{\Delta\varrho_{\text{Test}}} = \text{const.} \cdot \gamma \cdot \varrho^{\gamma-1} = \gamma\frac{p}{\varrho}$$

Das Testvolumen kann nur aufsteigen, wenn gilt:

$$\Delta\varrho_{\text{Test}} < \Delta\varrho \qquad \text{(Auftriebsbedingung)}$$

Mit $\Delta\varrho$ aus Gl. (5.242) gilt also:

$$\Delta\varrho_{\text{Test}} = \frac{\varrho}{\gamma} \cdot \frac{\Delta p}{p} < \Delta\varrho = \varrho\left(\frac{\Delta p}{p} - \frac{\Delta T}{T}\right)$$

oder:

$$\boxed{\frac{\Delta T}{T} \le \frac{\gamma - 1}{\gamma} \cdot \frac{\Delta p}{p}}$$ (5.243)

wenn diese Ungleichung erfüllt ist, herrscht Konvektion.

Anderenfalls findet der Energietransport auf andere Weise statt. In heißen gasförmigen Systemen, wie das Innere von Sternen, ist es die Photonenstrahlung. In festen Körpern, wo weder Konvektion noch Strahlung möglich ist, ist es die normale Wärmeleitung, die den Energietransport besorgt (s. z.B. Abschnitt 5.3.9). Nun gilt allgemein nach Gl. (5.190) für den Druckgradienten:

$$-\frac{dp}{dr} = \frac{G \cdot m(r) \cdot \cdot \varrho(r)}{r^2}$$ (5.244)

Für den Temperaturgradienten bei Energietransport durch Photonen gilt (Gl. (5.225)):

$$\frac{dT}{dr} = -\frac{3\varrho(r) \cdot \kappa(\varrho, T)}{4ac_L \cdot T^3} \cdot \frac{L(r)}{4\pi r^2}$$ (5.245)

Kombination der Gleichungen (5.243), (5.244) und (5.245) ergibt:

$$\frac{3\varrho(r) \cdot \kappa(\varrho, T)}{4ac_L \cdot T^3} \cdot \frac{L(r)}{4\pi r^2} \le \frac{\gamma - 1}{\gamma} \cdot \frac{T}{p} \cdot \frac{G \cdot m(r) \cdot \varrho(r)}{r^2}$$

Für $\kappa(\varrho, T)$ setzen wir Gl. (5.227) ein und erhalten für die Konvektionsbedingung:

$$\frac{L(r)}{m(r)} \le \left[\frac{\gamma - 1}{\gamma} \cdot \frac{16\pi \, G \cdot c_L}{\kappa_0} \cdot \frac{a}{3} \right] \cdot \frac{T^{7,5}}{\varrho \cdot p}$$ (5.246)

Für κ_0 wird nach Gl. (5.227) der empirische Wert $4,34 \cdot 10^{19} \, m^2 \cdot kg^{-1}$, sowie $\gamma = 5/3$ eingesetzt. Damit erhält die eckige Klammer in Gl. (5.246) den Wert $2,337 \cdot 10^{-36}$. Für T, p und ϱ setzen wir Gl. (5.195) bis (5.197) ein. Das ergibt mit $\gamma = 5/3$ bzw. $n = 3/2$:

$$\boxed{\frac{L(r)}{m(r)} \le 2,337 \cdot 10^{-36} \cdot \frac{T_c^{7,5}}{p_c \cdot \varrho_c} \cdot \theta^{3,5}(r)}$$ (5.247)

Für die zentralen Größen T_c, p_c und ϱ_c setzt man Gl. (5.203) bis (5.205) ein mit den Parametern aus Tabelle 5.9 für $n = 3/2$. Bleibt die Ungleichung erfüllt, herrscht Konvektion vor, dreht sich das Ungleichzeichen um, herrscht Strahlungsenergietransport. Gilt das Gleichheitszeichen, bedeutet der dazugehörige Wert von r, dass an dieser Stelle der Übergang von Konvektion zu Strahlungstransport stattfindet. Als Beispiel betrachten wie die Situation am Sonnenrand. Dort gilt $m(r) = m_\odot = 1,99 \cdot 10^{30}$ kg und $r = r_\odot = 6,96 \cdot 10^8$ m und $L(r = r_\odot) = 3,8 \cdot 10^{26}$ Watt. Das ergibt für die linke Seite von Gl. (5.247) mit $m(r) = m_\odot$ einen Wert von $1,9 \cdot 10^{-4}$ Watt $\cdot$ kg^{-1}. Auf der rechten Gleichungsseite steht 0, da $\theta(r = r_\odot) \approx 0$ ist. Die Ungleichung nach Gl. (5.247) ist also nicht erfüllt uns es herrscht am äußeren Sonnenrand Energietransport durch Strahlung.

Dieses Ergebnis wurde allerdings für ein Modell ohne Kernfusion erhalten. Will man generell den Übergang von Konvektion zum Strahlungstransport im Sterninneren während der Kontraktionsphase bestimmen, muss man auf der linken Seite von Gl. (5.252) die Formel für die Strahlungsleistung bei Strahlungsenergietransport einsetzen, das ist Gl. (5.233). Diese Gleichung gilt nicht nur bei $r = r_s$, sondernauch überall für $0 \leq r \leq r_s$. In unserem Fall sei $\beta_s = \beta_\odot$ und $\langle M_s \rangle = \langle M_\odot \rangle$. Einsetzen von Gl. (5.233) in Gl. (5.247) ergibt:

$$\left(\frac{L_\odot}{m_s} \cdot r_\odot^{1/2} \cdot m_\odot^{-5,5} \right) \cdot m^{5,5}(r) \cdot r^{-1/2} \leq 2,337 \cdot 10^{-36} \frac{T_c^{7,5}}{p_c \cdot \varrho_c} \frac{m(r)}{m_s} \cdot \theta^{3,5} \tag{5.248}$$

Gilt in Gl. (5.248) das Gleichheitszeichen, erhalten wir eine Bestimmungsgleichung für r bzw. $\xi = r/r^*$, wo der Wechsel von einer Energietransportform zur anderen stattfindet. Bei Gültigkeit der Ungleichung herrscht Konvektion. Für $m(r)$ gilt nach Gl. (5.200):

$$m(r) = 4\pi r^{*3} \cdot \varrho_c \cdot \int_0^\xi \xi^2 \cdot \theta^{3/2} \mathrm{d}\xi \qquad \text{mit} \qquad 0 \leq \xi \leq \xi_s$$

Einsetzen von $r^* = r_s/\xi_s$ und ϱ_c aus Gl. (5.203) ergibt:

$$|\theta'_s| \cdot m(r) = \frac{m_s}{\xi_s^2} \cdot \int_0^{\xi(r)} \xi^2 \cdot \theta^{3/2} \mathrm{d}\xi$$

Nun müssen wir noch das Integral berechnen. In der Literatur findet man, dass sich solchen Integrale in guter Näherung durch analytische Ausdrücke beschreiben lassen (s. z. B. D. Clayton, „Principles of Star Evolution", McGraw-Hill (1968)). Umgeformt für unsere Zwecke gilt als Funktion der Variablen $\xi = r/r^*$:

$$\frac{m(\xi)}{m_s} = \left[6 - 3 \left([0,3235\xi]^4 + 2 \, [0,3235\xi]^2 + 2 \right) \cdot \exp\left(- [0,3235\xi]^2 \right) \right]^{1/2} \tag{5.249}$$

Auch für $\theta(\xi)$ benötigen wir einen geeigneten Ausdruck. Die nummerische Lösung für $\theta(\xi)$ aus der Lane-Emden-Gleichung (Gl. (5.198)) lässt sich mit ausreichender Genauigkeit für den Fall $n = 3/2$ darstellen durch:

$$\theta(\xi) = 1 - \frac{1}{6}\xi^2 + 0,0125 \, \xi^4 - 6,944 \cdot 10^{-4} \, \xi^6 + 2,044 \cdot 10^{-5} \, \xi^8 \tag{5.250}$$

Wir verwenden jetzt als Beispiel die Daten der Sonne und erhalten Gl. (5.248) in der Form:

$$\boxed{\left(\frac{m(\xi)}{m_\odot} \right)^{4,5} \leq 4,97 \cdot \theta^{3,5}} \qquad \text{(Konvektionsbedingung ohne Kernfusion)} \tag{5.251}$$

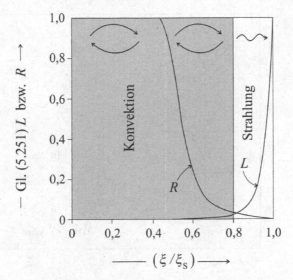

Abb. 5.32 Struktur eines Sterns in der Kontraktionsphase ohne Kernfusion. Darstellung der rechten Gleichungsseite von Gl. (5.251) $R(\xi/\xi_s)$ gegen die linke Seite $L(\xi/\xi_s)$. Am Schnittpunkt $(\xi_T/\xi_s) = 0,805$ findet der Übergang von konvektivem Transport zum Strahlungstransport statt. Für $(\xi/\xi_s) < 0,805$ ist R>L, für $\xi/\xi_s > 0$ ist R<L.

mit $(m(\xi)/m_r s)$ nach Gl. (5.249) und $\theta(\xi)$ nach Gl. (5.250). Es wurden die Daten $r_\odot = 6,96 \cdot 10^8$ m, $m_\odot = 1,99 \cdot 10^{30}$ kg, $L\odot = 3,8 \cdot 10^{26}$ Watt und nach Tabelle 5.9 für $T_c = 15 \cdot 10^6$ K, $\varrho c = 9 \cdot 10^4$ kg $\cdot$ m^{-3} und $p_c = 1,8 \cdot 10^{16}$ Pa in Gl. (5.248) eingesetzt und damit Gl. (5.251) erhalten.

Die linke Seite von Gl. (5.251) (Bezeichnung: L) und die rechte Seite (Bezeichnung: R) sind gegen $(\xi/\xi_\odot)$ in Abb. 5.32 aufgetragen.

Der Energietransport wird im wesentlichen durch Konvektion bewerkstelligt.Erst am Schnittpunkt der beiden Kurven bei $\xi_T/\xi_s = 0,805$ (Index T: transition) findet im Außenbereich des Sterns Strahlungstransport statt. Die Dominanz der Konvektion in kontrahierenden Sternen ohne Kernfusion ist offensichtlich und typisch für diese Sternentwicklungsphase.

Natürlich gilt dieses Ergebnis nicht für die tatsächliche Sonne, bei der ja Kernfusion zur Energieerzeugung stattfindet, sondern dient hier als Beispiel für einen Stern mit Masse, Radius und Leuchtkraft der jetzigen Sonne, die sich aber noch auf dem Weg in der Kontraktionsphase befindet. Wie sieht der Entwicklungsweg eines kontrahierenden Sterns aus, bevor Kernfusion einsetzt? Diesen Weg stellt man am besten in einem Diagramm dar, wo die Leuchtkraft L_s in Bezug auf unsere Sonne als Standard $(L_s/L_\odot)$ gegen die Oberflächentemperatur T_s aufgetragen wird. L_s und T_s sind i.A. gut beobachtbare Eigenschaften. Abb. 5.33 zeigt ein solches Diagramm in doppelt logarithmischer Darstellung. Die „Hauptreihe " ist die Linie, wo die Sterne liegen, die sich bereits im Zustand der Kernfusion von Wasserstoff befinden, die „Geburtslinie " ist der Zustand, wo die eigentliche stationäre Kontraktion der Sterne beginnt.

Der Weg von der „Geburtslinie " zur „Hauptreihen-Linie " ist für Sterne unterschiedlicher Masse m_s dargestellt mit $m_s/m_\odot$ zwischen 6,0 und 0,1. Die Kurven der Wege sind das Ergebnis eines

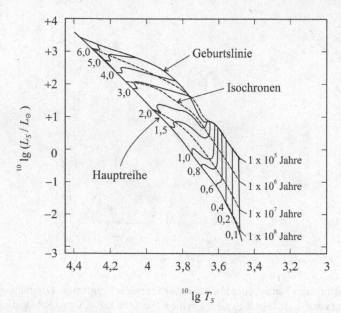

Abb. 5.33 Entwicklungsdiagramm von Sternen verschiedener relativer Masse $m_s/m_\odot$ (Zahlenwerte 6,0 bis 0,1) in doppelt-logarithmischer Darstellung von Leuchtkraft $L_s/L_\odot$ gegen die Oberflächentemperatur.
— Entwicklungswege, - - - Isochronen mit Angabe der Zeit seit der „Geburt" (Ende der Kollapsphase) des betreffenden Sterns.

sehr komplexen Entwicklungsmodells, in das auch Daten aus optischen Beobachtungen eingehen. Die gestrichelten Kurven der „Isochronen " schneiden die Wege der Sterne dort, wo sie sich gerade mit der angegebenen Lebenszeit auf ihrem Weg durch die Kontraktionsphase befinden. Man entnimmt Abb. 5.33 folgendes: je größer der Stern ist, desto geringer ist die Zeit, die er in der Kontraktionsphase verbringt. Das gilt für Sterne mit $m_s > m_\odot$ mit zunehmender Masse m_s. Für Sterne, die geringere Massen haben, sind die Kontraktionszeiten länger, aber weitgehend unabhängig von m_s. Dieses Phänomen lässt sich gut erklären, wenn wir davon ausgehen, dass schwerere Sterne im wesentlichen nach dem Strahlungstransportmodell ihre Energie abstrahlen. Dann gilt Gl. (5.239), die besagt, dass $(t-t_0)$ proportional zu $m_s^{-3,5}$ ist. Je größer also m_s, Gl. (5.239) spielt dabei eine untergeordnete Rolle. Bei Sternen mit kleiner Masse ($m_s < m_\odot$) ist $(t-t_0)$ deutlich größer und kaum noch von m_s abhängig. Der Energietransport wird durch die Konvektion dominiert und $(t-t_0)$ wird im wesentlichen durch Gl. (5.240) beschrieben, wo sich m_s und r_s in ihrer Wirkung weitgehend kompensieren (m_s^2/r_s^3).
Je größer r_s, desto kürzer ist $(t - t_0)$. Sterne mit großen Massen besitzen auch größere (zeitlich gemittelte) Werte für r_s, daher kontrahieren sie schneller als Sterne mit kleineren Massen.
Ferner fällt auf, dass bei Sternen mit kleiner Masse ($m_s/m_\odot \leq 0,6$) der Entwicklungsweg fast senkrecht zur $^{10}\lg(L_s/L_\odot)$−Achse verläuft. Hier findet fast ausschließlich Wärmetransport durch Konvektion statt, die Oberflächentemperatur bleibt daher nahezu konstant. Diese Tatsache recht-

fertigt unsere Ableitung von Gl. (5.241), bei der T_s = const. gesetzt wurde. Bei größeren Massen knickt der senkrechte Kurvenverlauf umso früher nach links oben ab, je schwerer der Stern ist. Hier wird der Strahlungsenergietransport immer frühzeitiger zum dominanten Mechanismus. Gl. (5.220) sagt bei reinem Strahlungstransport voraus, dass für die Steigung gelten sollte:

$$\frac{\Delta \lg(L_s/L_\odot)}{\Delta \lg(T_s)} = 4$$

da $L_s \triangleq T_s^4$. Dieser Zusammenhang wird für den ungefähr linearen Kurventeil des Sternentwicklungsweges in Abb. 5.34 im Mittel recht gut erfüllt.

5.4.6 Sterne im Stadium des nuklearen Wasserstoffbrennens

Mit dem Einsetzen der Kernreaktion von Wasserstoff zu Helium endet die Kontraktionsphase und der Stern befindet sich ab diesem Zeitpunkt auf der sog. „Hauptreihe ". Er verbleibt dort für eine lange Zeit, i.d.R. für mehrere Milliarden Jahre (bei der Sonne ca. $10 \cdot 10^9$ Jahre). Daher ist die Wahrscheinlichkeit groß fast ausschließlich Sterne auf der Hauptreihe zu beobachten und solche, die nach Ende des Wasserstoffbrennens in den Zustand des Heliumbrennens übergehen, dabei die Hauptreihe verlassen und über den Zustand der „roten Riesen " in den der „weißen Zwerge " gelangen. In diesem Endzustand verglühen die Sterne langsam und verlieren ihre Leuchtkraft. Bei Sternen mit $m_s \leq 0,1 \cdot m_\odot$ ist die durch die Kontraktion erreichbare Temperatur im Zentrum T_c nicht hoch genug, um die Kernreaktion zu zünden, sie ziehen sich weiter zusammen, kühlen dabei aus und werden zu sog. „braunen Zwergen" (brown dwarfs), sie strahlen kaum noch und sind daher schwer zu beobachten.

Die Auftragung von Orten tatsächlich beobachtbarer, brennender Sterne in einem $^{10}\lg(L_s/L_\odot) -$ $^{10}\lg(T_s)-$ Diagramm heißt *Herzsprung-Russel-Diagramm*. Es ist in Abb. 5.34 dargestellt und zeigt auch den künftigen Entwicklungsweg der Sonne (gestrichelte Linie).

Die notwendige Energiequelle für die Leuchtkraft kommt nun nicht mehr aus der durch Kontraktion freiwerdenden Gravitationsenergie, da in Gl. (5.237) jetzt $dr_s/dt \approx 0$ gilt, sondern aus der durch die Kernreaktion freiwerdenden Energie. Eine weitere Kontraktion findet praktisch nicht mehr statt, der Sternradius bleibt im Wesentlichen konstant, solange sich der Stern auf der Hauptreihe befindet. Die durch Kernfusion pro Zeit und Volumen erzeugte Energie bezeichnen wir mit ε. Die gesamte im Stern erzeugte Energie pro Zeit muss im stationären Zustand gleich der Leuchtkraft sein:

$$L_s = \int\limits_{r=0}^{r=r_s} 4\pi r^2 \cdot \varepsilon(r)dr \quad \text{bzw.} \quad \frac{dL}{dr} = 4\pi r^2 \cdot \varepsilon(r) \tag{5.252}$$

Das Stadium des Wasserstoffbrennens währt bei der Sonne schon 4,8 Milliarden Jahre. Weitere 5 Milliarden Jahre wird dieser Zustand noch fortbestehen, bis, wie bereits erwähnt, nach dieser Zeitspanne das sog. Helium-Brennen einsetzt und die Sonne beginnen wird, sich auszudehnen.

Die Nuklearreaktion des Wasserstoffbrennens läuft nach folgendem Hauptmechanismus ab (p =

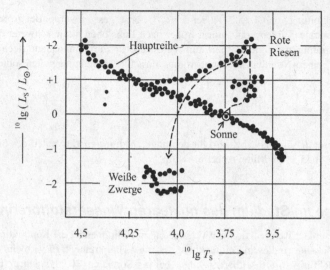

Abb. 5.34 Das Hertzsprung-Russel (HR)-Diagramm: die sog. Hauptreihe (Wasserstoffbrennen) in doppelt-logarithmischer Darstellung $L_s/L_\odot$ gegen T_s für tatsächlich beobachtbare Sterne. (nach: K.H. Spatschek, Astrophysik, Teubner (2003))
$- - \rightarrow$: der künftige Weg der Sonne nach Verlassen der Hauptreihe durch das Gebiet der roten Riesen bis zum Endzustand eines weißen Zwerges.

Proton, d = Deuterium, e^- = Elektron, e^+ = Positron, ν = Neutrino, $\gamma_{Ph}(\gamma'_{Ph})$ = Gammastrahlenquanten):

$$p + p \rightarrow d + e^+ + \nu$$
$$d + p \rightarrow \,^3He + \gamma_{Ph}$$
$$e^+ + e^- \rightarrow \gamma'_{Ph}$$
$$^3He + \,^3He \rightarrow \,^4He + 2p$$

Die nukleare Nettoreaktion ergibt sich durch Addition des jeweils Doppelten der ersten drei Reaktionen zur vierten Reaktion.

$$4p + 2e^- \rightarrow \,^4He + 2\nu + 2\gamma_{Ph} + 2\gamma'_{Ph} \tag{5.253}$$

Bei höheren Temperaturen spielt noch ein weiterer Mechanismus eine wachsende Rolle, der sog. Kohlenstoff-Zyklus (CNO-Zyklus), auf den wir aber nicht näher eingehen.

Neben Photonen ($\gamma_{Ph}, \gamma'_{Ph}$) werden Neutrinos erzeugt, die aber nicht zur inneren Energieproduktion beitragen, da sie weder mit Materie noch mit Photonen wechselwirken und daher den Stern als sog. „Sonnenneutrinos" ungehindert verlassen. Beim Wasserstoffbrennen gilt für die Energieerzeugungsrate $\varepsilon(r)$:

$$\varepsilon(r) \cong 4,5 \cdot 10^{-37} \cdot \varrho^2 \cdot T^4 \text{ Watt} \cdot \text{m}^{-3} \tag{5.254}$$

Um sich eine Vorstellung von der Größe der Energieerzeugung zu machen, berechnen wir als Beispiel $\varepsilon = \varepsilon_c$ im Zentrum der Sonne mit den Daten von ϱ_c und T_c aus Tabelle 5.9:

$$\varepsilon(r = 0) = \varepsilon_c = 4,5 \cdot 10^{-37} \cdot \varrho_c^2 \cdot T_c^4 = 4,5 \cdot 10^{-37} \cdot \left(9 \cdot 10^4\right)^2 \cdot \left(15 \cdot 10^6\right)^4 = 184,5 \text{ Watt} \cdot \text{m}^{-3}$$

Im Sonnenzentrum werden also in einem Kubikmeter ca. 185 Watt erzeugt. Das entspricht der Leistung von drei 60-Watt-Glühbirnen. Mit wachsendem Abstand r vom Zentrum nimmt ε rasch ab, da auch ϱ und T rasch abnehmen. Das Wasserstoffbrennen findet also im Wesentlichen in einem relativ kleinen Kernbereich um das Sternzentrum herum statt. Wir können sogar leicht abschätzen, wie groß dieser „brennende Kern" ungefähr sein wird. Dazu nehmen wir an, dass der zentrale Wert von $\varepsilon_c = 184,5 \text{ Watt} \cdot \text{m}^{-3}$ konstant bleibt bis zu einem Wert von $r = r_K$, wo ein Sprung von ε_c auf $\varepsilon = 0$ stattfinden soll. Für dieses vereinfachte „Stufenmodell" gilt dann die Bilanz:

$$L_s = \varepsilon_c \cdot \frac{4}{3} \pi r_K^3 \quad \text{bzw.} \quad r_K = \left(\frac{3 L_s}{4\pi \cdot \varepsilon_c}\right)^{1/3}$$

Es sei daran erinnert, dass die Leuchtkraft L_s sich ausschließlich aus der Energieerzeugungsrate ε speist, da beim Wasserstoffbrennen *keine* Kontraktion mehr stattfindet. Für die Sonne gilt $L_s \cong L_\odot = 3,847 \cdot 10^{26}$ Watt. Also erhält man für r_K mit $\varepsilon_c = 184,5 \text{ Watt} \cdot \text{m}^{-3}$:

$$r_K = 7,925 \cdot 10^7 \text{ m}$$

Das sind nur 11 % des Sonnenradius $r_\odot = 6,96 \cdot 10^8$ m bzw. 0,15 % des gesamten Sonnenvolumens. Beim Wasserstoffbrennen beträgt die Massendifferenz zwischen einem ^{4}He-Kern und 4 ^{1}H-Kernen $\Delta m = m_{He} - 4 m_p = 0,028 \cdot m_p$ also beträgt die pro Nukleon (p bzw. n) bei der Fusion freiwerdende Energie $0,007 \cdot m_p \cdot c_L^2 = 1,0523 \cdot 10^{-12}$ J. Die gesamte Masse an Nukleonen bzw. Protonen, die seit Beginn des Wasserstoffbrennens umgesetzt wurde, beträgt $m_\odot \cdot w_H \cdot f_H = 1,99 \cdot 10^{30} \cdot 0,7 \cdot 0,067 = 9,333 \cdot 10^{28}$ kg, wobei $w_H = 0,7$ derzeitige der Massenbruch von Wasserstoff in der Sonne bedeutet und $f_H = 0,067$ der Bruchteil davon, der bereits bis heute umgesetzt wurde. Nehmen wir an, dass die Leuchtkraft $L_\odot$ über den gesamten Zeitraum denselben Wert hatte (was nicht ganz stimmt), erhält man für die Dauer des Wasserstoffbrennens t_H mit $L_\odot = 3,847 \cdot 10^{26}$ J $\cdot$ s^{-1}:

$$t_H = \frac{m_\odot \cdot w_H \cdot f_H}{m_p \cdot L_\odot} \cdot 1,0523 \cdot 10^{-12} = 1,5263 \cdot 10^{17} \text{ s} = 4,84 \text{ Milliarden Jahre}.$$

Wenn die Sonne in ca. $5 \cdot 10^9$ Jahren in die Phase des Heliumbrennens übergeht und zum „roten Riesen" wird, mit erniedrigter Oberflächentemperatur T_s, aber erheblich vergrößerter Oberfläche und Strahlungsleistung, wird das Konsequenzen haben für die Oberflächentemperatur der Erde, die um $100 - 200$K ansteigen wird. Das irdische Leben ist dann längst erloschen.

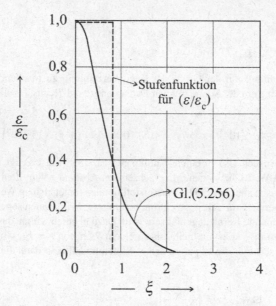

Abb. 5.35 —— $\varepsilon/\varepsilon_c$ als Funktion von ξ (Gl. (5.257)), - - - - - Stufenmodell.

Für die Phase des Wasserstoffbrennens lässt sich die Funktion $\varepsilon(r)$ genauer als im "Stufenmodell" beschreiben. Dazu setzen wir in Gl. (5.254) ϱ aus Gl. (5.196) ein mit $T = \theta \cdot T_c$ und erhalten ($\xi = r/r^*$, s. Gl. (5.204)):

$$\frac{\varepsilon(\xi)}{\varepsilon_c} = \theta^{2n+4} \quad \text{mit} \quad \varepsilon_c = 4,5 \cdot 10^{-37} \cdot \varrho_c^2 \cdot T_c^4 \text{ Watt} \cdot \text{m}^{-3} \tag{5.255}$$

Mit $n = 3/2$ gilt also:

$$\frac{\varepsilon(\xi)}{\varepsilon_c} = \theta^7 \tag{5.256}$$

Diese Funktion ist in Abb. 5.35 dargestellt im Vergleich zum Stufenmodell für $\varepsilon/\varepsilon_c$. Das Stufenmodell ist eine grobe Vereinfachung, aber das Integral von ε über $d\xi$ (bzw. dr) ist dasselbe wie das über Gl. (5.256), da entsprechend Gl. (5.254) L_s in beiden Fällen denselben Wert haben muss. Wir wollen nun auch für das Beispiel der Sonne die innere Struktur auf Grundlage des Stufenmodells ($\varepsilon_c = 184,5 \cdot \text{Watt} \cdot \text{m}^{-3}$ zwischen $r = 0$ und $r = r_K = 7,925 \cdot 10^7$ m($\xi/\xi_s = 0,11$))) berechnen, indem wir vom Stabilitätskriterium nach Gl. (5.247) Gebrauch machen. Für die Leistung $L(r)$ ist hier die Gesamtleistung der Kernfusion einzusetzen. Beim Stufenmodell gilt:

$$L = \varepsilon_c \cdot \frac{4}{3}\pi \cdot r_\odot^3 \left(\frac{\xi}{\xi_{s=\odot}}\right)^3 \quad \text{für} \quad \xi/\xi_\odot \leq 0,1095 \tag{5.257}$$

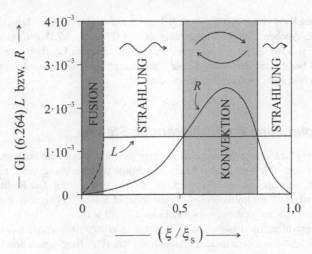

Abb. 5.36 Struktur eines Sterns mit H-Kernfusion nach dem Stufenmodell (s. Abb. 5.35) mit den Daten der Sonne. $R(\xi/\xi_s)$ = rechte Seite von Gl. (5.259), $L(\xi/\xi_s)$ = linke Seite von Gl. (5.259). Konvektion bei $R > L$, Strahlung bei $R < L$. Ende der Fusionszone: $\xi/\xi_s = 0,11$, Ende der ersten Strahlungszone: $\xi/\xi_s = 0,52$, Ende der Konvektionszone $\xi/\xi_s = 0,84$. L ist gleich der Strahlungsleistung. Sie steigt im Kernfusionsbereich an ($-$ $-$ $-$ $-$ $-$ $-$) und bleibt dann konstant.

bzw.

$$L = \varepsilon_c \cdot \frac{4}{3}\pi \cdot r_\odot^3 (0,1095)^3 \qquad \text{für} \qquad \xi/\xi_\odot \geq 0,1095 \tag{5.258}$$

Dieser Wert für L gilt für alle Werte für $\xi/\xi_\odot$, da keine Kontraktion mehr stattfindet und die Fusion im Bereich $\xi/\xi_\odot < 0,195$ die Energie liefert. Setzen wir das in Gl. (5.247) ein mit den Daten der Sonne: $m_\odot = 1,99 \cdot 10^{30}$ kg, $r_\odot = 6,96 \cdot 10^8$ m, $T_c = 15 \cdot 10^6$ K, $\varrho_c = 9 \cdot 10^4$ kg $\cdot$ m^{-3} und $p_c = 1,8 \cdot 10^{16}$ Pa, ergibt sich:

$$\boxed{\left(\frac{\xi}{\xi_s}\right)^3 \leq 0,0123 \cdot \frac{m(\xi)}{m_\odot} \cdot \theta^{3,5} \qquad \text{(Konvektionsbedingung mit Kernfusion)}} \tag{5.259}$$

wobei wir wieder $m(\xi)/m_\odot$ nach Gl. (5.249) und $\theta(\xi)$ nach Gl. (5.250) einzusetzen haben. Die Kurvenverläufe der rechten Seite (R) und der linken Seite (L) von Gl. (5.259) sind in Abb. 5.36 dargestellt. Es gibt eine Fusionszone (bis $\xi/\xi_s = 0,1095$), gefolgt von einer relativ breiten Strahlungszone ($0,1095 \leq (\xi/\xi_s) \leq 0,53$), wo $R < L$ gilt, dann einer Konvektionszone ($0,53 \leq (\xi/\xi_s) \leq 0,89$), wo $R > L$ gilt und letztlich wieder einer Strahlungszone ($0,89 \leq (\xi/\xi_s) \leq 1$) mit $R < L$.

Dieses Verhalten unterscheidet sich substanziell von dem ohne Kernfusion (Abb. 5.31). Es entsteht bei Kernfusion im Anschluss an die Fusionszone eine breite Strahlungszone, die die Konvektionszone - im Vergleich zum Fall ohne Fusion - verdrängt, nach vorne schiebt und dabei verkleinert. Dieses Verhalten wird durch das Durchlaufen eines Maximums der rechten Seite von Gl. (5.259) und den konstanten Wert von $(0,1095)^3 = 1,313 \cdot 10^{-3}$ auf der linken Gleichungsseite bestimmt. Genauere Modelle ergeben eine Strahlungszone bis fast $(\xi/\xi_s) = 0,725$ gefolgt von einer Konvektionszone, die sich bis $(\xi/\xi_s) \approx 1$ erstreckt. Das ähnelt unserem Ergebnis, das hier auf einem einfachen Modell beruht und den wesentlichen Unterschied zwischen kontrahierenden und brennenden Sternen schon recht gut zum Ausdruck bringt.

5.4.7 Entropiebilanz kontrahierender Sterne

Bei der bisherigen Diskussion sind wir ohne weitere Begründung davon ausgegangen, dass der entstehende Stern kontrahiert und dabei Energie in Form von Strahlung verliert. Warum dieser Prozess so abläuft, geht aber aus der Energiebilanz alleine nicht hervor. Die Richtung zeitabhängiger Prozesse wird durch die Entropiebilanz bestimmt. Nach dem 2. Hauptsatz muss die Entropie eines *abgeschlossenen Systems* dabei stets zunehmen $(\delta_i S / \mathrm{d}t > 0)$.

Wir wollen überprüfen, ob diese wichtige Bedingung erfüllt ist, wenn ein Stern kontrahiert. Da das System „Stern" aus einem idealen Gasgemisch von H^+, $^4He^{2+}$-Ionen und Elektronen (e^-) besteht, beginnen wir mit dem bekannten Ausdruck der molaren Entropie $\overline{S}$ für ideale, einatomige Gase (Sackur-Tetrode Gleichung, s. z.B. A. Heintz: Gleichgewichtsthermodynamik. Grundlagen und einfache Anwendungen, Springer, 2011):

$$\overline{S} = \frac{3}{2}R \cdot \ln T + R \ln \overline{V}$$

Vorteilhafter ist es, die spezifische Entropie $\mathrm{d}S/\mathrm{d}m$ $(\mathrm{J} \cdot \mathrm{kg}^{-1} \cdot \mathrm{K}^{-1})$ zu wählen:

$$\frac{\mathrm{d}S}{\mathrm{d}m} = \frac{1}{\langle M \rangle} \cdot \overline{S} = \frac{3}{2} \cdot \frac{R}{\langle M \rangle} \cdot \ln T + R \ln \frac{\langle M \rangle}{\varrho} \tag{5.260}$$

Die Mischungsentropie lassen wir in Gl. (5.260) weg, da sie unverändert bleibt. Jetzt bedenken wir, dass gilt: $T = \theta \cdot T_c$ und $\varrho = \varrho_c \cdot \theta^n$ (Gl. (5.196)) mit $\varrho_c = c_\varrho \cdot m_s / r_s^3$ sowie $T_c = c_T \cdot m_s / r_s$ (Gl. (5.203) bis (5.205)) mit den Abkürzungen

$$c_T = \frac{\langle M \rangle}{R} \cdot \frac{G}{(n+1) \cdot |\theta_s'| \cdot \xi_s} \quad \text{bzw.} \quad c_\varrho = \frac{\xi_s}{4\pi |\theta_s'|}$$

Damit wird aus Gl. (5.260):

$$\frac{\mathrm{d}S}{\mathrm{d}m} = \frac{R}{\langle M \rangle} \left(\frac{3}{2} \ln c_T + \ln \langle M \rangle - \ln c_\varrho \right) + \frac{3}{2} \frac{R}{\langle M \rangle} \ln \frac{m_s}{r_s} + \frac{3}{2} \frac{R}{\langle M \rangle} \ln \theta - \frac{R}{\langle M \rangle} \ln \frac{m_s}{r_s^3}$$
$$- \frac{R}{\langle M \rangle} \ln \theta^n \tag{5.261}$$

Wir integrieren Gl. (5.261) über die Masse des Sterns von $r = 0$ bis $r = r_s$ mit $\mathrm{d}m = \varrho \cdot 4\pi \cdot r^2 \mathrm{d}r = \varrho_c \cdot \theta^n \cdot r^{*^3} \cdot 4\pi \cdot \xi^2 \mathrm{d}\xi$:

$$S_s = \int S_{sp} \mathrm{d}m = m_s \frac{R}{\langle M \rangle} \left(\frac{3}{2} \ln c_T + \ln \langle M \rangle - \ln c_\varrho \right) + \frac{1}{2} \frac{R}{\langle M \rangle} \ln \left(m_s \cdot r_s^3 \right)$$

$$- \frac{R}{\langle M \rangle} \varrho_c \cdot r^{*3} \cdot 4\pi \int_0^{\xi_s} \theta^3 \ln \theta^{n-3/2} \cdot \xi^2 \mathrm{d}\xi \tag{5.262}$$

S_s ist die Entropie des Sterns. Man entnimmt Gl. (5.262) dass bei $n = 3/2$ der letzte Term wegfällt. Da m_s einen vorgegeben, festen Wert hat, c_T, c_ϱ und ξ_s nur von n abhängen, ferner das Produkt $\varrho_c \cdot r^{*3}$ nur von m_s und nicht von r_s abhängt, erhält man für die Entropieänderung mit dem Sternradius r_s und damit auch mit der Zeit:

$$\boxed{\frac{\mathrm{d}S_s}{\mathrm{d}r_s} = \frac{R}{\langle M \rangle} \cdot \frac{3}{2} \cdot \frac{1}{r_s}} \quad \text{bzw.} \quad \boxed{\frac{\mathrm{d}S_s}{\mathrm{d}t} = \frac{R}{\langle M \rangle} \cdot \frac{3}{2} \cdot \frac{\mathrm{d}r_s}{\mathrm{d}t}} \tag{5.263}$$

Da bei Kontraktion $\mathrm{d}r_s < 0$, ist $\mathrm{d}S_s \le 0$. Das scheint im Widerspruch zum 2. Hauptsatz zu stehen. Jedoch: $\delta_i S > 0$ gilt nur für ein *abgeschlossenes* System. Dazu gehört hier neben der Entropie des Sterns auch die Entropie der abgegebenen Strahlung S_{Ph}. Diese beträgt mit $T = T_s$ und dem „Strahlungsvolumen" V_{Ph}:

$$S_{Ph} = \frac{4}{3} \cdot a \cdot T_s^3 \cdot V_{Ph} \tag{5.264}$$

Mit $\mathrm{d}V_{Ph} = 4\pi \cdot r_s^2 \cdot c_L \cdot \mathrm{d}t$ erhält man:

$$\boxed{\frac{\mathrm{d}S_{Ph}}{\mathrm{d}t} = \frac{16}{3} \pi a \cdot c_L \cdot T_s^3 \cdot r_s^2} \tag{5.265}$$

Die Abhängigkeit T_s von t können wir vernachlässigen, da $c_L \gg (\mathrm{d}r_s/\mathrm{d}t)$. Die Änderung der Gesamtentropie „Stern + Strahlung" mit der Zeit lautet also:

$$\boxed{\frac{\mathrm{d}(S_s + S_{Ph})}{\mathrm{d}t} = \frac{R}{\langle M \rangle} \cdot \frac{3}{2} \cdot \frac{1}{r_s} \cdot \left(\frac{\mathrm{d}r_s}{\mathrm{d}t} \right) + \frac{16}{3} \pi \cdot a \cdot c_L \cdot T_s^3 \cdot r_s^2} \tag{5.266}$$

Da $(\mathrm{d}r_s/\mathrm{d}t) < 0$, ist der erste Term in Gl. (5.266) stets negativ, der zweite dagegen stets positiv. Damit Kontraktion stattfinden kann, muss der zweite Term den negativen ersten Term überkompensieren, sodass $\mathrm{d}(S_s + S_{Ph})/\mathrm{d}t > 0$. Wir berechnen Gl. (5.266) für den Fall des Energietransports durch Strahlung im Sterninneren. Auflösen von Gl. (5.238) nach $(\mathrm{d}r_s/\mathrm{d}t)$ ergibt:

$$\left(\frac{\mathrm{d}r_s}{\mathrm{d}t} \right)_{\text{Strahl}} = - \left(\frac{m_s}{m_\odot} \right)^{7/2} \cdot r_s^{3/2} \cdot \left[\frac{7}{3} \frac{L_\odot \cdot r_\odot^{1/2}}{m_\odot^2 \cdot G} \right] = -8,94 \cdot 10^{-20} \left(\frac{m_s}{m_\odot} \right)^{7/2} \cdot r_s^{3/2} \tag{5.267}$$

Aus Gl. (5.233) folgt mit Gl. (5.219) und der plausiblen Annahme, dass $(r_s/r_o dot) = (m_s/m_\odot)^{1/3}$ ist:

$$T_s(r_s) = T_\odot \left(\frac{r_\odot}{r_s}\right)^{5/8} \cdot \left(\frac{m_s}{m_\odot}\right)^{11/8} \cong T_\odot \left(\frac{m_s}{m_\odot}\right)^{7/6} \tag{5.268}$$

Einsetzen von Gl. (5.267) und (5.268) in Gl. (5.266) :

$$\frac{d(S_s + S_{Ph})}{dt} = -1,83 \cdot 10^{-15} \cdot \left(\frac{m_s}{m_\odot}\right)^{7/2} \cdot r_s^{1/2} + 7,22 \cdot 10^5 \cdot \left(\frac{m_s}{m_\odot}\right)^{7/2} \cdot r_s^2 \tag{5.269}$$

Um das Gewicht des ersten gegenüber dem zweiten Term zu bewerten, dividieren wir die Beträge der beiden Terme durcheinander. Man erhält:

$$\left|\frac{dS_s/dt}{dS_{Ph}/dt}\right| = \frac{1,83 \cdot 10^{-15}}{7,22 \cdot 10^5} \cdot r_s^{-3/2} = 2,53 \cdot 10^{-11} \cdot r_s^{-3/2} \tag{5.270}$$

Setzen wir $r_s = r_\odot$ ergibt Gl. (5.270) den Wert $1,38 \cdot 10^{-24}$, bei $r_s = 100 r_\odot$ den Wert $1,38 \cdot 10^{-27}$ bei $r_s = 0,01 r_\odot$ den Wert $1,38 \cdot 10^{-21}$. Selbst wenn die Dichten der Sterne nicht in allen Fällen dieselben sind und sich z.B. um einen Faktor 10 (im Extremfall) unterscheiden, ist klar, dass der erste Term in Gl. (5.266) gegen den zweiten stets vernachlässigbar ist, mit anderen Worten: die Entropieänderung ist stets *positiv* und allein durch die Strahlungsentropie bestimmt. Der zweite Hauptsatz ist erfüllt. Geht man von einem adiabatischen Verhalten aus mit $n = 3/2$ und berechnet (dr_s/dt) nach Gl. (5.238), erhält man ein ähnlich eindeutiges Ergebnis.

5.5 Zentrifugalfelder

Wir betrachten hier Zentrifugalkräfte, die nur vom Abstand r einer Drehachse abhängen. Dazu gehören Zentrifugen mit Zylindersymmetrie wie auch rotierende kugelförmige oder ellipsoide Körper, die um eine ihrer Hauptträgheitsachsen rotieren.

5.5.1 Thermodynamik fluider Mischungen in rotierenden Systemen

Wir stellen uns einen um seine vertikale Achse rotierenden, mit einer flüssigen Mischung gefüllten, Hohlzylinder vor (s. Abb 5.37).

Wir betrachten ein Massenelement $dm_i = \varrho_i \cdot \Delta z \cdot 2\pi r dr$ der Komponente i mit der Massendichte ϱ_i in der Mischung. Die Kräftebilanz, die auf dm_i im Abstand r wirkt, muss im Gleichgewicht verschwinden. Es gilt daher:

$$dm_i \cdot \frac{d\varphi^{rot}}{dr} + dm_i \cdot \left(\omega^2 \cdot r\right) = 0$$

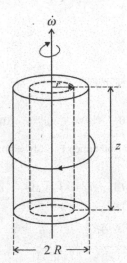

Abb. 5.37 Der rotierende, flüssigkeitsgefüllter Hohlzylinder.

$\dot{\omega}$ ist die Winkelgeschwindigkeit, $\dot{\omega}^2 \cdot r$ ist die Zentrifugalbeschleunigung, φ_{rot} ist das Rotationspotential, d.h., $dm_i \cdot (d\varphi^{\text{rot}}/dr)$ ist die zur Zentrifugalkraft entgegengesetzte Kraft. Wir gehen ganz analog wie bei der Gravitationskraft (Gl. (5.131)) vor und schreiben für die differentielle Gibbs'sche Fundamentalgleichung:

$$dU = T\,dS - p\,dV + \varphi^{\text{rot}} \cdot \sum_i M_i \cdot dn_i + \sum \mu_i dn_i$$

Mit

$$\varphi^{\text{rot}} = -\int\limits_0^r \dot{\omega}^2 \cdot r\,dr = -\frac{1}{2}\dot{\omega}^2 \cdot r^2$$

Das Potential ϕ_{rot} ist bei $r = 0$ gleich Null gesetzt und wird mit der Entfernung r von der Drehachse kleiner, also negativ. Eine Masse M_i gegen die Richtung von r zu bewegen erfordert also Energie von außen (positiver Betrag), die Bewegung von M_i in Richtung von r bedeutet einen potentiellen Energieverlust (negativer Betrag). Man erhält also für dU:

$$dU = T\,dS - p\,dV + \cdot \sum_i \left(\mu_i - \frac{M_i}{2}\dot{\omega}^2 \cdot r^2\right) dn_i$$

Wir definieren μ_i^{rot} als „rotationschemisches Potential" der Komponente i im Abstand r von der Drehachse:

$$\mu_i^{\text{rot}} = \mu_i - \frac{1}{2} \cdot \dot{\omega}^2 \cdot r^2 \cdot M_i$$

Es gilt im thermodynamischen Gleichgewicht:

$$d\mu_i^{\text{rot}} = d\mu_i - M_i \cdot \dot{\omega}^2 \cdot r \cdot dr = 0 \qquad \text{bzw.} \qquad \mu_i^{\text{rot}}(r = 0) = \mu_i^{\text{rot}}(r) \qquad (5.271)$$

und somit wegen $(\partial \mu_i / \partial p)_T = \overline{V}_i)$ im isothermen Fall $(dT = 0)$:

$$\mu_{i0} + RT \ln a_i(r = 0) = \mu_{i0} + RT \ln a_i(r) + \int\limits_{p=p_0}^{p} \overline{V}_i dp - \frac{1}{2}\dot{\omega}^2 \cdot r^2 \cdot M_i \qquad (5.272)$$

Daraus folgt mit der Aktivität $a_i = x_i \cdot \gamma_i$:

$$\boxed{x_i(r) = x_{i,0} \cdot \frac{\gamma_{i,0}}{\gamma_{i,r}} \cdot \exp\left(\frac{M_i \cdot \dot{\omega}^2 \cdot r^2}{2RT} - \int\limits_{p=p_0}^{p} \frac{\overline{V}_i dp}{RT} \right)} \qquad (5.273)$$

$x_{i,0}$ und $\gamma_{i,0}$ bedeuten Molenbruch bzw. Aktivitätskoeffizient bei $r = 0$.

Bei sog. *idealen flüssigen Mischungen*, auf die wir uns zunächst beschränken wollen, haben alle Komponenten dasselbe Molvolumen, also $\overline{V}_i = \overline{V}$, und es soll $\overline{V}$ näherungsweise druckunabhängig sein. Ferner gilt $\gamma_i = \gamma_{i,0} = 1$. Dann lässt sich $\overline{V}(p - p_0)/RT$ unter Beachtung von $\sum_i x_i = 1$ eliminieren und man erhält:

$$\boxed{x_i = x_{i,0} \cdot \frac{\exp\left(\dfrac{M_i \cdot \dot{\omega}^2 \cdot r^2}{2RT} \right)}{\sum\limits_i x_{i,0} \exp\left(\dfrac{M_i \cdot \dot{\omega}^2 \cdot r^2}{RT} \right)}} \qquad \text{(ideale flüssige Mischung)} \qquad (5.274)$$

Den Druck $(p - p_0)$ erhält man für *ideale* flüssige Mischungen durch Summation von Gl. (5.273) über alle i bei $\gamma_i = \gamma_{i0} = 1$ mit $\overline{V}_i = \overline{V} = const$ und Auflösen nach $p - p_0$:

$$\boxed{p - p_0 = \frac{RT}{\overline{V}} \ln\left[\sum\limits_i x_{i,0} \cdot \exp\left(\frac{M_i \cdot \dot{\omega}^2 \cdot r^2}{2RT} \right) \right]} \qquad \text{(ideale flüssige Mischungen)} \qquad (5.275)$$

Handelt es sich jedoch um ein ideales Gasgemisch, muss in Gl. (5.273)

$$\int\limits_{p_0}^{p} \overline{V}_i dp = RT \int\limits_{p_0}^{p} \frac{dp}{p} = RT \ln \frac{p}{p_0}$$

gesetzt werden, und man erhält mit $x_i = p_i/p$ und $\gamma_i = \gamma_{i0} = 1$:

$$\frac{p_i}{\cdot p} = x_i = \frac{x_{i,0} \cdot \exp\left(\dfrac{M_i \cdot \dot{\omega}^2 \cdot r^2}{2RT}\right)}{\sum\limits_i x_{i,0} \cdot \exp\left(\dfrac{M_i \cdot \dot{\omega}^2 \cdot r^2}{2RT}\right)} \qquad \text{(ideale Gasmischungen)} \qquad (5.276)$$

p_i ist der Partialdruck de Komponente i.

$$p = \sum_i p_{i,0} \cdot \exp\left(\frac{M_i \cdot \dot{\omega}^2 \cdot r^2}{2RT}\right) \qquad \text{(ideale Gasmischungen)} \qquad (5.277)$$

Man sieht, dass $x_i(r)$ für die Gasphase und die ideale flüssige Mischphase identisch ist, während für $p(r)$ unterschiedliche Formeln gelten. Gl. (5.276) ist die Grundlage für die Trennung von Isotopen im sog. Gaszentrifugenverfahren, z.B. für die Trennung von $^{235}UF_6$ und $^{238}UF_6$ zur Anreicherung von ^{235}U. Ein Beispiel zur Isotopenanreicherung wird in Aufgabe 5.6.22 gegeben.

Wir wollen als Beispiel für Gl. (5.274) und (5.275) eine binäre, flüssige ideale Mischung A + B untersuchen mit den Daten $M_A = 0,06 \, \text{kg} \cdot \text{mol}^{-1}$, $M_B = 0,15 \, \text{kg} \cdot \text{mol}^{-1}$, $\overline{V} = 10^{-4} \, \text{m}^3 \cdot \text{mol}^{-1}$ bei $T = 300 \, \text{K}$ und den Molenbrüchen $x_{A,0} = x_{B,0} = 0,5$ bei $r = 0$ in der Zylinderachse. Wir wählen $0 \leq r \leq 0,4 \, \text{m}$ und $\dot{\omega} = 5 \cdot 10^2$ und $10^3 \, \text{s}^{-1}$. (Die Zahl der Umdrehungen pro Sekunde ist $\dot{\omega}/(2\pi)$, also $80 \, \text{s}^{-1}$ bzw. $160 \, \text{s}^{-1}$) Zum Vergleich untersuchen wir dieselbe Mischung als ideales Gas für dieselben Werte und berechnen x_A und p nach Gl. (5.276) bzw. Gl. (5.277). Die Ergebnisse sind in Abb. 5.38 dargestellt.

Man sieht, dass bei der flüssigen wie bei der gasförmigen Mischung die leichtere Komponente A mit dem Abstand r vom Zentrum deutlich abgereichert wird, bei $r = 0,4 \, \text{m}$ von $x_A = 0,5$ auf $x_A = 0,05$. Dass die Änderungen von x_A mit r so groß sind, liegt am gewählten großen Molmassenunterschied. Die Drücke $p - p_0$ steigen mit r überproportional an. Bei der flüssigen Mischung wird bei $r = 0,4 \, \text{m}$ und $\dot{\omega} = 10^3 \, \text{s}^{-1}$ allerdings ein viel höherer Druck ($\sim 1050 \, \text{bar}$) erreicht, als bei der gasförmigen Mischung ($\sim 70 \, \text{bar}$).

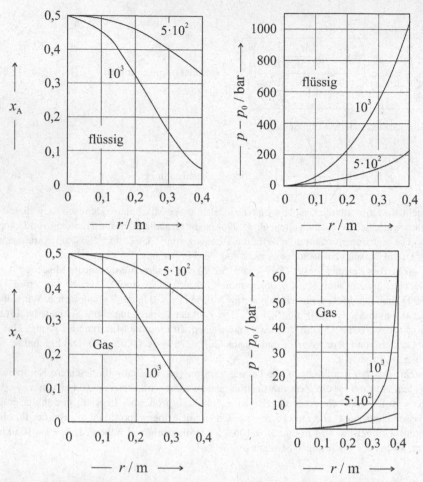

Abb. 5.38 Ideale fluide Mischungen in einer Zentrifuge. Zahlenwerte $\dot{\omega}$ in s^{-1}. Oben links: Molenbruch der Flüssigkeit x_A als Funktion von r. Oben rechts: Druck $p - p_0$ der Flüssigkeit als Funktion von r mit $p_0 = 1$ bar. Unten links: wie oben links, nur als gasförmige Mischung. Unten rechts: wie oben rechts, nur als gasförmige Mischung.

5.5.2 Phasentrennung realer flüssiger Mischungen in zylindrischen Zentrifugen

Beim Zentrifugieren realer homogener flüssiger Mischungen kann unter bestimmten Voraussetzungen eine Phasentrennung in zwei flüssige Mischungen unterschiedlicher Zusammensetzung auftreten. Um das zu demonstrieren, müssen wir von Gl. (5.273) ausgehen. Für den Aktivitätskoeffizienten γ_i wählen wir den einfachen Ansatz nach Gl. (1.87), der für binäre Mischungen A + B lautet:

$$RT \ln \gamma_A = a \cdot (1 - x_A)^2 \quad \text{bzw.} \quad RT \ln \gamma_B = a \cdot x^2$$

Eingesetzt in Gl. (5.273) für $i = A$ und $i = B$ ergibt sich nach Subtraktion der beiden logarithmierten Gleichungen unter der Annahme $\overline{V}_A = \overline{V}_B$:

$$RT \ln \frac{x_A}{1 - x_A} + RT \ln \frac{1 - x_{A,0}}{x_{A,0}} = 2a\,(x_A - x_{A,0}) + \frac{1}{2}\,(M_A - M_B) \cdot \omega^2 \cdot r^2 \tag{5.278}$$

x_A ist der Molenbruch bei r und $x_{A,0}$ der bei $r = 0$. Die Phasengleichgewichtskurve $T(x'_A)$ wird nach Gl. (1.107) beschrieben durch:

$$RT \ln \frac{x'_A}{1 - x'_A} = a(2x'_A - 1)$$

wobei x'_A der Molenbruch auf der Gleichgewichtskurve bedeutet. Setzt man statt x_A den Wert x'_A in Gl. (5.278) ein und gibt einen Wert für $x_{A,0}$ vor, lässt sich aus Gl. (5.278) bei vorgegebenen Werten für a, M_A und M_B berechnen, wie groß $\omega \cdot r$ sein muss, um $x_A = x'_A$ zu erreichen. Dabei muss für T gelten:

$$T < T_{UCST} = \frac{a}{2R}$$

Als Beispiel wählen wir $a = 5000\,\text{J} \cdot \text{mol}^{-1}$ (also $T_{UCST} = 300,6\,\text{K}$) und $T = 296,63\,\text{K}$, dann ergibt sich $x'_A = 0,6$ aus Gl. (5.278). Wir wählen wie in Abschnitt 5.5.1: $x_{A,0} = 0,25$, $M_A = 0,06\,\text{kg} \cdot \text{mol}^{-1}$ und $M_B = 0,15\,\text{kg} \cdot \text{mol}^{-1}$. Für den Zentrifugenradius wählen wir $r = 0,25\,\text{m}$, für $\omega = 450\,\text{s}^{-1}$. Setzt man diese Parameter in Gl. (5.284) ein, erhält man den Molenbruch x_A als Funktion des Abstandes r von der Drehachse. Die Ergebnisse zeigt Abb. 5.40 (links). x_A nimmt erwartungsgemäß mit r ab. Bei $r = 0,151$ findet der Phasenübergang von $x'_A = 0,6$ zu $x'_A = 0,4$ statt.

Schließlich lässt sich auch der Druckverlauf in der Zentrifuge berechnen. Allgemein gilt ausgehend von Gl. (5.274) mit druckunabhängigem $\overline{V}_i$:

$$\sum_i x_i = 1 = \sum_i x_{i,0} \left(\frac{\gamma_{i,0}}{\gamma_i} \right) \cdot \exp \left[\frac{M_i \cdot r^2 \cdot \omega^2}{2RT} - \frac{\overline{V}_i(p - p_0)}{RT} \right]$$

Im Fall einer binären Mischung A + B mit

$$RT \ln \gamma_A = a(1 - x_A)^2 \quad \text{bzw.} \quad RT \ln \gamma_B = a \cdot x_A^2$$

erhält man mit $\overline{V}_A = \overline{V}_B = \overline{V}$ aufgelöst nach $(p - p_0)$:

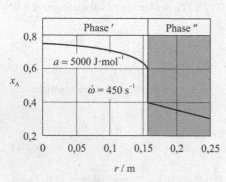
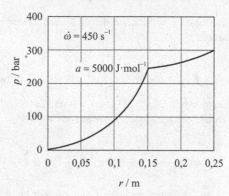

Abb. 5.39 Molenbruch x_A (links) nach Gl. (5.278) und Druck $(p - p_0)$ (rechts) nach Gl. (5.279) einer flüssigen Mischung A + B als Funktion von r in einer Zentrifuge mit Flüssig/Flüssig-Entmischung (s. Text).

$$p - p_0 = \frac{RT}{\overline{V}} \ln \left[x_{A,0} \cdot \exp \left[\frac{a}{RT} \left(x_{A,0}^2 - x_A^2 - 2(x_{A,0} - x_A) \right) + \frac{M_A \cdot \dot{\omega}^2 \cdot r^2}{2RT} \right] \right. \tag{5.279}$$

$$\left. + \; x_{B,0} \cdot \exp \left[\frac{a}{RT} \left(x_{B,0}^2 - x_B^2 - 2(x_{B,0} - x_B) \right) + \frac{M_B \cdot \dot{\omega}^2 \cdot r^2}{2RT} \right] \right]$$

Wir wählen $\overline{V} = 10^{-4}$ m$^3 \cdot$ mol und die anderen Parameter wie zuvor. Die Ergebnisse sind in Abb. 5.39 (rechts) dargestellt. Der Druck steigt bis $r = 0, 151$ m zunehmend an. Beim Phasenübergang gibt es keinen Sprung, die Kurve $(p - p_0)(r)$ macht einen Knick und verläuft für $r > 0, 151$ m deutlich flacher ansteigend.

5.5.3 *Polymerlösungen in der Ultrazentrifuge*

Besondere Bedeutung hat die Zentrifugalkraft bei der Untersuchung verdünnter Polymerlösungen in der sog. Ultrazentrifuge. Bezeichnen wir das Lösungsmittel mit dem Index L und das Polymer mit dem Index P, so gilt im thermodynamischen Gleichgewicht nach Gl. (5.271) bzw. (5.272):

$$\mathrm{d}\mu_L^{\text{rot}} = RT \mathrm{d} \ln a_L - M_L \cdot \dot{\omega}^2 r \mathrm{d}r - \overline{V}_L \cdot \mathrm{d}p = 0$$

$$\mathrm{d}\mu_P^{\text{rot}} = RT \mathrm{d} \ln a_P - M_P \cdot \dot{\omega}^2 r \mathrm{d}r - \overline{V}_P \cdot \mathrm{d}p = 0$$

Im Gegensatz zu den bisher gemachten Annahmen gilt hier $\overline{V}_P \gg \overline{V}_L$. Dividiert man die erste Gleichung durch $\overline{V}_L$, die zweite durch $\overline{V}_P$ und subtrahiert die erhaltenen Gleichungen voneinander, erhält man:

$$\frac{RT}{\overline{V}_L} \cdot \mathrm{d} \ln a_L - \frac{RT}{\overline{V}_P} \mathrm{d} \ln a_P - (\varrho_L - \varrho_P) \cdot \dot{\omega}^2 r \mathrm{d}r = 0$$

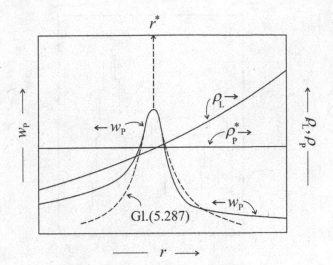

Abb. 5.40 Konzentrationsprofil $w_P(r)$ in einer Zentrifuge mit einem Dichtegradienten des Lösungsmittels $d\varrho_L/dr > 0$ (schematisch).

In verdünnten Lösungen ist $x_L \approx a_L \approx 1$ und es ergibt sich:

$$\frac{RT}{\overline{V}_P} \cdot d\ln a_P = (\varrho_P - \varrho_L) \cdot \dot{\omega}^2 r dr$$

bzw.:

$$d\ln a_P = M_P \cdot \frac{1 - \varrho_L/\varrho_P}{RT} \cdot (r \cdot \dot{\omega}) \, d(r \cdot \dot{\omega}) \tag{5.280}$$

Wir nehmen der Einfachheit halber an, dass $a_P \approx x_P$ und erhalten unter Beachtung, dass bei hoher Verdünnung des Polymeren für den Gewichtsbruch $w_P \cong x_P \cdot M_P/\overline{V}_L$ gilt, durch Integration:

$$\boxed{\ln \frac{x_P(r)}{x_P(r=0)} = \ln \frac{w_P(r)}{w_P(r=0)} = M_P \cdot \frac{1 - \varrho_L/\varrho_P}{2RT} \cdot \dot{\omega}^2 \cdot r^2} \tag{5.281}$$

Man sieht, dass der Gewichtsbruch w_P mit r zunimmt, wenn $\varrho_P > \varrho_L$. Das bedeutet eine Anreicherung des Polymers mit dem Abstand r von der Zentrifugenachse. Das Polymer ist spezifisch schwerer als das Lösungsmittel. Für $\varrho_L > \varrho_P$ ist es umgekehrt: die höchste Anreicherung des Polymeren wird für $r = 0$ beobachtet, das Polymer ist spezifisch leichter als das Lösungsmittel. Die Gewichtsbrüche $w_P(r)$ und $w_P(r = 0)$ lassen sich durch optische Methoden (z.B. Lichtabsorption) in der rotierenden Ultrazentrifuge bestimmen. Sind ϱ_L und ϱ_P bekannt, so lässt sich mit Hilfe von Gl. (5.278) die Molmasse M_P bestimmen bei vorgegebenen Werten von $\dot{\omega}$ und T. Eine interessante Variante der Ultrazentrifugentechnik ist die Trennung von Polymeren bzw. Biopolymeren in einem

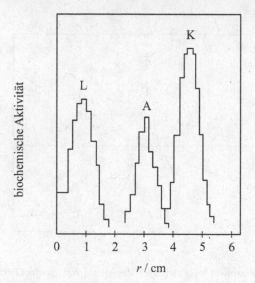

Abb. 5.41 Gleichgewichtsverteilung von 3 Enzymen in einer Ultrazentrifuge gefüllt mit einer Saccharose-Gradientenlösung. L = Lysozym, A= Alkoholdehydrogenase, K = Katalase. (nach: R. Steiner und L. Garone, The Physical Chemistry of Biopolymer Solutions, World of Scientific (1991))

Lösemittel mit einem Dichtegradienten dx_L/dr. Ein solcher Dichtegradient kann z.B. durch Zentrifugieren einer konzentrierten wässrigen CsCl-Lösung hergestellt werden. Wenn in dem Bereich niedriger Dichten des Lösungsmittels $\varrho_L(r)$, also bei kleinen Werten von r, $\varrho_P > \varrho_L$ gilt, kommt es dort zu einer Anreicherung des Polymeren in Richtung wachsender Werte von r, in dem Bereich von großen Abständen r jedoch gilt $\varrho_P < \varrho_L$ und das Polymer wird dort in Richtung kleinerer Werte von r aufkonzentriert (s. Abb. 5.40). Als Folge davon kommt es zu einer Konzentrierung des Polymeren mit einem Maximum von ω_P an einer bestimmten Stelle $r = r^*$, wo $\varrho_L(r^*) = \varrho_P$ gilt.

Das Konzentrationsprofil $\varrho_P(r)$ durchläuft dieses Maximum in erster Annäherung in Form einer Gauss'schen Glockenkurve. Das lässt sich folgendermaßen zeigen.

Wir gehen aus von Gl. (5.281) mit $r = r^*$, wo $\varrho_L = \varrho_P$ gilt und entwickeln dort $\varrho_L(r)$ in einer Taylor-Reihe nach $(r - r^*)$:

$$\varrho_L(r) = \varrho_L(r^*) + \left(\frac{d\varrho_L}{dr}\right)_{r=r^*} (r - r^*)$$

Einsetzen in Gl. (5.280) ergibt bei $r = r^*$ und wegen $\varrho_P(r^*) = \varrho_L(r^*)$ sowie $\dot\omega = \text{const}$:

$$da_P \cong d\ln w_P = \frac{\dot\omega^2 \cdot r^* \cdot M_P}{RT}\left[1 - \frac{1}{\varrho_P(r^*)}\left(\varrho_L(r^*) + (r - r^*)\left(\frac{d\varrho_L}{dr}\right)_{r=r^*}\right)\right]dr$$

$$= -\frac{\dot\omega^2 \cdot r^* \cdot M_P}{RT \cdot \varrho_P(r^*)} \cdot (r - r^*) \cdot \left(\frac{d\varrho_L}{dr}\right)_{r=r^*} \cdot dr$$

Da $(r - r^*)dr = d(r - r^*)^2/2$, erhält man nach Integration:

$$w_P(r) = w_P(r^*) \cdot \exp\left[-\frac{\dot\omega^2 \cdot r^* \cdot M_P}{2RT \cdot \varrho_P(r^*)} \cdot \left(\frac{d\varrho_L}{dr}\right)_{r=r^*}(r - r^*)^2\right] \qquad (5.282)$$

Gl. (5.282) hat die Form einer Gauss'schen Normalverteilung wie sie in Abb. 5.40 angedeutet ist. Abb. 5.41 zeigt Ergebnisse für die 3 Enzyme Lysozym, Alkoholdehydrogenase und Katalase in einer Saccharosegradientlösung. Die Konzentrationen entsprechen den Messwerten der biochemischen Aktivität der einzelnen Proben bei verschiedenen Werten von r.

Die abgestufte Form der Verteilungskurven kommt durch die stufenweise durchgeführte Probenentnahme zustande, sie deutet jedoch recht gut eine ungefähre Gauss'sche Verteilung nach Gl. (5.282) an. Die unterschiedlichen Positionen der Peakmaxima, d.h., die Werte für r^* auf der r-Skala kommen im Wesentlichen durch die Unterschiede der Dichten ϱ_P zustande, die Breite der Peaks wird vor allem durch die Molmasse M_P bestimmt. Man sieht, dass eine effektive Trennung der Enzyme erreicht wird.

5.5.4 *Zentrifugalchromatographie (centrifugal partition chromatography = CPC)*

Die Zentrifugalchromatographie ist eine spezielle Verteilungschromatographie, die mit einer flüssigen mobilen Phase ″ und einer flüssigen stationären Phase ′ arbeitet. Die CPC ist (im Gegensatz zur HPLC, GC (Abschnitt 1.17) oder GPC (s. Beispiel 1.21.4), eine echte multiplikative Verteilungschromatographie mit realen theoretischen Böden. Das Prinzip ist in Abb. 5.42 erläutert.

Zwei theoretische Böden sind in Abb. 5.42 (oben) gezeigt, auf die in Pfeilrichtung die Zentrifugalbeschleunigung $\dot\omega^2 \cdot \vec R_z$ wirkt.

$\vec R_z$ ist der Abstand vom Drehzentrum. Die mobile Phase durchläuft Kanäle der Länge l und tritt am Boden der Zelle in die stationäre Phase ein, die das Volumen V_{st} enthält. Die mobile Phase durchläuft die stationäre Phase in Form von Tropfen von unten nach oben, bevor sie dann von oben in den nächsten Kanal eintritt. Das setzt voraus, dass $\varrho_{mobil} = \varrho' < \varrho_{stat} = \varrho''$ gilt.

Je geringer die Geschwindigkeit der mobilen Phase ist und je größer die Tropfenzahl bzw. je kleiner der einzelne Tropfen ist, desto vollständiger ist die Einstellung des Verteilungsgleichgewichts des gelösten Stoffes. Im Folgenden gehen wir stets davon aus, dass thermodynamisches Gleichgewicht herrscht.

Die einzelnen Zellen sind zu hintereinander verbundenen Zellpaketen zusammengefasst und auf einem rotierenden Ring montiert (Abb. 5.42 unten). Eine CPC-Anlage enthält typischerweise 20 Zellpakete mit jeweils 60 Zellen, also 1200 theoretische Böden, die Drehzahl $\nu = \dot\omega_z/2\pi$ beträgt

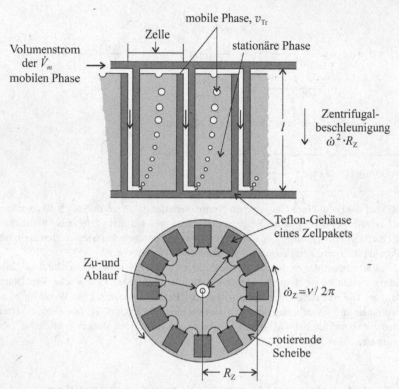

Abb. 5.42 Prinzip der CPC. Oben: Zwei Zelleinheiten (theoretische Böden) mit der *mobilen* Phase (Tropfen, Geschwindigkeit v_{Tr}) und der *stationären* Phase. unten: Zellpakete, die jeweils eine bestimmte Zahl von Zelleinheiten enthalten und hintereinander geschalten sind.

typischerweise 16 Umdrehungen pro Sekunde (also $\dot\omega \approx 100\,\mathrm{s}^{-1}$). Zufluss und Abfluss der mobilen Phase findet im Drehzentrum statt und wird durch spezielle Drehventile ermöglicht. Die mobile Phase wird nach Austritt mit einem Detektor (UV, Brechungsindex o.a.) in üblicher Weise in Form eines Chromatogramms analysiert. Die CPC wird sowohl zur Analyse und Auftrennung von in Wasser gelösten Schadstoffen wie auch biochemischen Stoffgemischen eingesetzt. Eine weitere interessante Anwendung ist die Trennung und Anreicherung von seltenen Erden.

Eine Besonderheit der CPC ist die Tropfenbildung der mobilen Phase beim Eintritt in die stationäre Phase. Wir betrachten dazu Abb. 5.43.

Der sich bildende Tropfen wird abgelöst, wenn ein Gleichgewicht der Kräfte erreicht ist, die den Tropfen aufgrund der Zentrifugalkraft nach oben ziehen ($\varrho' > \varrho''$) bzw. nach unten ($\varrho'' > \varrho'$) wegen der Gegenkraft, die durch eine Verringerung der Grenzfläche mit der Grenzflächenspannung σ bewirkt wird. Der Tropfenradius r_{Tr}, bei dem das geschieht, kann thermodynamisch durch die Bedingung $dF = 0$ (F = freie Energie) bestimmt werden. Also gilt bei $T = $ const:

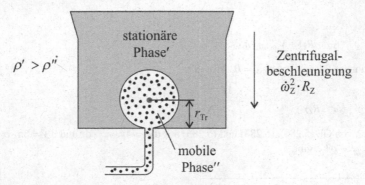

Abb. 5.43 Ein sich bildender Tropfen der mobilen Phase am Zellboden.

$$dF = -(p' - p'')dV + \sigma dA = 0 \tag{5.283}$$

Der Druck p'' in der mobilen Phase hat 2 Anteile:

1. Der durch das Zentrifugalfeld verursachte Druck:

$$\varrho'' \cdot \dot{\omega}^2 \cdot R_z^2$$

2. Der durch den viskosen Fluss in der Kapillare vor Eintritt in die Zelle aufgebaute Druck. Wäre dieser Druckanteil durch eine zylindrische Kapillare vom Radius R_K verursacht, würde für die Druckdifferenz zwischen dem Austritt der mobilen Phase aus der vorausgehenden Zelle und dem herrschenden Druck beim Eintritt in die betrachtete Zelle nach dem *Hagen-Poiseuille'schen Gesetz* gelten (s. Lehrbücher):

$$\Delta p_{visk} = \dot{V}_{mobil} \cdot \eta_{stat} \cdot \frac{8 \cdot l'}{\pi \cdot R_K^4}$$

wobei η_{mobil} die Viskosität der mobilen Phase und l' die Länge der Kapillare bedeutet. Δp_{visk} lässt sich in der Realität beschreiben durch

$$\Delta p_{visk} = \dot{V}_{mobil} \cdot \eta_{stat} \cdot \gamma_K$$

wobei γ_K ein geeigneter Geometriefaktor ist.

Man erhält also für p'':

$$p'' = \varrho'' \cdot (\dot{\omega}^2 \cdot R_z) + \dot{V}_{\text{mobil}} \cdot \eta_{\text{stat}} \cdot \gamma_K \tag{5.284}$$

Für p' (stationäre Phase) ist $\Delta p_{\text{visk}} = 0$. Also gilt:

$$p' = \varrho' \cdot (\dot{\omega}^2 \cdot R_z) \tag{5.285}$$

Kombination von Gl. (5.283), (5.284) und (5.285) mit $dV = 4\pi \cdot r_{\text{Tr}}^2 \cdot dr$ und $dA = 8\pi \cdot \sigma \cdot r_{\text{Tr}} \cdot dr_{\text{Tr}}$ sowie $\Delta\varrho = \varrho' - \varrho''$ ergibt:

$$r_{\text{Tr}} = \frac{2\sigma}{\Delta\varrho \cdot (\dot{\omega}^2 \cdot R_z) + \dot{V}_{\text{mobil}} \cdot \eta_{\text{stat}} \cdot \gamma_K} \tag{5.286}$$

Der Tropfenradius r_{Tr} ist also umso größer, je kleiner $\dot{\omega}$ und $\dot{V}_{\text{mobil}}$ sind (das sind die Größen, die man bei einem vorgegebenen System variieren kann). Vorausgesetzt ist, dass die mobile Phase mit der Volumengeschwindigkeit $\dot{V}_{\text{mobil}} = dV_{\text{mobil}}/dt$ als gesättigte Phase im Phasengleichgewicht mit Phase ′ (also der stationären Phase) durch die Zellen strömt.

Wir betrachten nun die Geschwindigkeit v_{Tr}, mit der sich ein abgelöster Tropfen der mobilen Phase durch die stationäre Phase aufgrund der Zentrifugalkraft bewegt. Nach dem sog. *Stokes'schen Gesetz* (s. Lehrbücher) gilt für eine Kugel (bzw. Tropfen) der Dichte ϱ'', die sich unter dem Einfluss der Kraft f in einem viskosen Medium der Dichte ϱ' mit der Viskosität η_{st} bewegt:

$$f = 6\pi \cdot \eta_{\text{stat}} \cdot r_{\text{Tr}} \cdot v_{\text{Tr}} \tag{5.287}$$

r_{Tr} und v_{Tr} sind jeweils Radius und Geschwindigkeit des Tropfens. f ist in unserem Fall die Zentrifugalkraft minus der Auftriebskraft:

$$f = \frac{2}{3}\pi \cdot r_{\text{Tr}}^3 \cdot (\varrho' - \varrho'') \cdot \dot{\omega}^2 \cdot R_z \tag{5.288}$$

Gleichsetzen von Gl. (5.287) und Gl. (5.288) und Einsetzen von r_{Tr} in Gl. (5.287) ergibt aufgelöst nach v_{Tr} mit $\Delta\varrho = \varrho' - \varrho''$:

$$v_{\text{Tr}} = \frac{8 \cdot \sigma^2 \cdot \Delta\varrho \cdot \dot{\omega}^2 \cdot R_z / \eta_{\text{stat}}}{9 \cdot (\Delta\varrho \cdot \dot{\omega}^2 \cdot R_z + \dot{V}_{\text{mobil}} \cdot \eta_{\text{stat}} \cdot \gamma_K)^2} \tag{5.289}$$

In unserem Fall ist $\Delta\varrho > 0$ und v_{Tr} hat die entgegengesetzte Richtung wie die Zentrifugalkraft. Die Tropfen bewegen sich in Abb. 5.42 bzw. Abb. 5.43 nach oben. v_{Tr} ist umso kleiner, je größer die Zentrifugalbeschleunigung $\dot{\omega}^2 \cdot R_z$ ist und je geringer die Dichtedifferenz und die Grenzflächenspannung σ sind. In einer Zelle gilt die Bilanz:

$$V_{\text{mobil,Zelle}} = V_{\text{Zelle}} - V_{\text{stat,Zelle}} \tag{5.290}$$

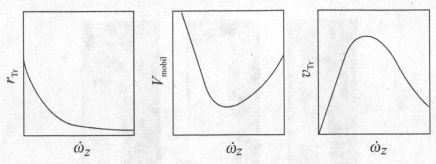

Abb. 5.44 Abhängigkeit von r_{Tr} (Gl. (5.286)), $V_{mobil,Zelle}$ (Gl. (5.291)) und v_{Tr} (Gl. (5.289)) von $\dot{\omega}_z$ (qualitativ).

wobei V_{Zelle} das gesamte Zellvolumen bedeutet. Es besteht nun ein Zusammenhang zwischen den Parametern der CPC, also $\dot{V}_{mobil}$ und v_{Tr} und dem Wert von $V_{mobil,Zelle}$, denn es gilt:

$$V_{mobil,Zelle} = \dot{V}_{mobil} \cdot \frac{l}{v_{Tr}}$$

Wir setzen v_{Tr} aus Gl. (5.289) ein und erhalten:

$$V_{mobil,Zelle} = \dot{V}_{mobil} \cdot l \cdot \frac{9}{8} \cdot \frac{\left(\Delta\varrho \cdot \dot{\omega}^2 \cdot R_z + \dot{V}_{mobil} \cdot \eta_{stat} \cdot \gamma_K\right)^2}{\sigma^2 \cdot \Delta\varrho \cdot \dot{\omega}^2 \cdot R_z} \cdot \eta_{stat} \tag{5.291}$$

Aus Gl. (5.285) und Gl. (5.290) geht hervor, dass bei einer vorgegebenen Volumengeschwindigkeit $\dot{V}_{mobil}$ folgende Abhängigkeit von r_{Tr} und $V_{mobil,Zelle}$ vorliegen sollte:

1. Die Tropfengröße nimmt mit $\dot{\omega}_z$ ab.

2. $V_{mobil,Zelle}$ durchläuft in Abhängigkeit von v ein Minimum, v_{Tr} dagegen an derselben Stelle ein Maximum.

Abb. 5.44 zeigt diese Zusammenhänge qualitativ. Bei niedrigen Werten von v ist sowohl r_{Tr} wie auch $V_{mobil,Zelle}$ relativ groß. Mit wachsendem v wird r_{Tr} deutlich kleiner und ebenso $V_{mobil,Zelle}$. Bei noch größeren Werten von $\dot{\omega}_z$ nimmt die Tropfengröße noch weiter ab, aber $V_{mobil,Zelle}$ steigt wieder an. Man kann diese Aussagen überprüfen durch stroboskopische Aufnahmen einer der rotierenden Einzelzellen im CPC-Betrieb. Abb. 5.45 zeigt solche Bilder einer Einzelzelle in Abhängigkeit von $\dot{\omega}^2 \cdot R_z$. Es ist deutlich zu sehen, dass zunächst große Tropfen zu beobachten sind, die ein relativ großes Volumen $V_{mobil,Zelle}$ bilden (a). Mit wachsendem $\dot{\omega}_z$ werden sowohl die Tropfengröße wie auch das Volumen $V_{mobil,Zelle}$ deutlich kleiner (b). Bei noch höherem $\dot{\omega}_z$ wird r_{Tr} noch kleiner, aber $V_{mobil,Zelle}$ wächst wieder deutlich an, was sich durch Bildung einer breiten Schicht der mobilen Phase an der Decke der Zelle bemerkbar macht.

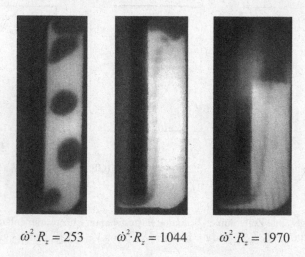

$$\dot{\omega}^2 \cdot R_z = 253 \qquad \dot{\omega}^2 \cdot R_z = 1044 \qquad \dot{\omega}^2 \cdot R_z = 1970$$

Abb. 5.45 Stroboskopische Aufnahmen einer Einzelzelle bei verschiedenen Werten der Beschleunigung $\dot{\omega}^2 \cdot R_z$. Das untersuchte System ist Hexan (mobile Phase) und Wasser (stationäre Phase). $\dot{V}_{mobil}$ beträgt $1,25 \cdot 10^{-7}\, \mathrm{m^3 \cdot s^{-1}}$. (nach M.J. van Buel, L.A.M. van der Wielen, K.Ch.A.M. Luyben, Chapter 3 of „Centrifugal Partition Chromatography" (edited by A.P. Foucault), Marcel Dekker (1995))

Die Beobachtungen bestätigen also qualitativ die theoretischen Voraussagen von Gl. (5.286) und Gl. (5.291).

5.5.5 Zentrifugalkraft und Grenzflächenspannung am Beispiel eines rotierenden Tropfens

Wir betrachten ein 2-Phasensystem mit einer Flüssig-Flüssig-Grenzfläche im thermodynamischen Gleichgewicht. Die eine Phase besteht aus einem Tropfen, der sich in der Mitte eines vertikal gelagerten Rohres befindet, das mit der zweiten flüssigen Phase gefüllt ist. Versetzt man das Rohr um seine Längsachse in Drehung, so rotiert auch die Flüssigkeit mit dem Tropfen in derselben Weise. Wenn die Dichte des Tropfens ϱ_T geringer ist als die der ihn umgebenden Flüssigkeit ϱ_L, wird der Tropfen in die Länge gezogen und nimmt ungefähr die Form eines gestreckten, zigarrenförmigen Ellipsoids an (s. Abb. 5.46). Den um seine Längsachse rotierenden Tropfen nennt man auch „spinning drop". An dem System „Tropfen" wirken zwei Kräfte: die Zentrifugalkraft, die gegen die y- bzw. z-Richtung nach innen gerichtet ist, und eine Gegenkraft, die von der Grenzflächenspannung herrührt und, die die Grenzfläche des Ellipsoids zu verringern versucht in Richtung der Kugelform mit der minimal möglichen Grenzfläche.

Dass die Tropfenform ein Ellipsoid ist, stellt eine gute Näherung dar, mit der wir uns begnügen wollen. Die Oberflächengleichung für ein Ellipsoid lautet:

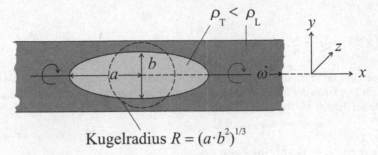

$$\rho_T < \rho_L$$

Kugelradius $R = (a \cdot b^2)^{1/3}$

Abb. 5.46 Rotierender Tropfen in einem mit Flüssigkeit gefüllten Rohr ($\varrho_T < \varrho_L$).

$$\frac{x^2}{a^2} + \frac{y^2}{b^2} + \frac{z^2}{c^2} = 1$$

Wegen $c = b$ gilt für Volumen V_T und Oberfläche A_T des Tropfens:

$$V_T = \frac{4}{3}\pi \cdot a \cdot b \cdot c = \frac{4}{3}\pi \cdot a \cdot b^2 \qquad A_T = 4\pi \cdot a \cdot b = 4\pi \cdot a \cdot c$$

Für eine Kugel mit dem Radius R und demselben Volumen wie dem des Ellipsoids gilt (gestrichelter Kreis in Abb. 5.46):

$$\frac{4}{3}\pi a \cdot b^2 = \frac{4}{3}\pi R^3 \quad \text{also}: \quad a = \frac{R^3}{b^2}$$

Damit ergibt sich:

$$A_T = 4\pi \cdot \frac{R^3}{b}$$

Für die Energie der Grenzfläche gilt bekanntlich (s. Abschnitt 1.2, Gl. (1.40)):

$$E_\sigma = A \cdot \sigma = \frac{4\pi \cdot R^3 \cdot \sigma}{b} = \frac{3 \cdot V_T \cdot \sigma}{b}$$

Jetzt berechnen wir die Rotationsenergie. Für das Trägheitsmoment des Ellipsoids um die x-Achse mit $b = c$ gilt (s. z.B. M.R.Spiegel „Theoretical Mechanics", McGraw Hill (1982)):

$$I_x = \frac{2}{5} \cdot m_T \cdot b^2 = \frac{2}{5} \cdot V_T \cdot \varrho_T \cdot b^2$$

und für die Rotationsenergie:

$$E_{\text{rot}} = \frac{1}{2} \cdot \dot{\omega}^2 \cdot I_x = \frac{1}{5} \cdot \dot{\omega}^2 \cdot V_{\text{T}} \cdot \varrho_{\text{T}} \cdot b^2 \tag{5.292}$$

Ähnlich wie ein Körper in einer Flüssigkeit einen Auftrieb im Gravitationsfeld erfährt, verhält es sich mit dem Tropfen in der ihn umgebenden Flüssigkeit im Zentrifugalfeld. Die freie Energie des Tropfens lautet daher:

$$F_{\text{T}} = \sigma \cdot A_{\text{T}} + \frac{1}{5} \cdot V_{\text{T}} \cdot b^2 \cdot (\varrho_{\text{T}} - \varrho_{\text{L}}) \cdot \dot{\omega}^2$$

Für das totale Differential ergibt sich dann mit $d(\dot{\omega}^2/2) = d\dot{\omega}$:

$$dF = \sigma \cdot dA_{\text{T}} + \left(\frac{\partial E_\sigma}{\partial(\dot{\omega}^2/2)}\right)_b d(\dot{\omega}^2/2) = \sigma\left(\frac{\partial A_{\text{T}}}{\partial b}\right)_{\dot{\omega}} db + \frac{2}{5} \cdot V_{\text{T}} \cdot b^2 \cdot (\varrho_{\text{T}} - \varrho_{\text{L}}) \cdot \dot{\omega} \cdot d\dot{\omega}$$

b und $\dot{\omega}^2/2$ sind die extensiven, zunächst voneinander unabhängigen Variablen. Im thermodynamischen Gleichgewicht gilt dann mit $(\partial A_{\text{T}}/\partial b)_v = -4\pi \cdot R^3/b^2 = -3 \cdot V_{\text{T}}/b^2$:

$$dF = 0 = -\sigma \cdot \frac{3 \cdot V_{\text{T}}}{b^2} db + \frac{2}{5} \cdot V_{\text{T}} \cdot b^2 \cdot (\varrho_{\text{T}} - \varrho_{\text{L}}) \cdot \dot{\omega} \cdot d\dot{\omega}$$

Daraus folgt durch Integration:

$$3 \cdot \sigma \int\limits_{b=R}^{b} \frac{db}{b^4} = \frac{2}{5} \cdot \int\limits_{0}^{\dot{\omega}} \dot{\omega} d\dot{\omega} = -\sigma\left(\frac{1}{b^3} - \frac{1}{R^3}\right) = \frac{1}{5} \cdot \dot{\omega}^2 \cdot (\varrho_{\text{T}} - \varrho_{\text{L}})$$

Die untere Integrationsgrenze ist $b = R$, da dort wegen $\dot{\omega} = 0$ das Ellipsoid eine Kugel mit dem Radius R ist. Auflösen nach $\dot{\omega}^2$ ergibt:

$$\dot{\omega}^2 = \frac{5 \cdot \sigma}{(\varrho_{\text{L}} - \varrho_{\text{T}}) \cdot b^3} \cdot \left(1 - \frac{b^3}{R^3}\right) \tag{5.293}$$

Wenn $\varrho_{\text{L}} > \varrho_{\text{T}}$ muss $b < R$ sein. Ist jedoch $\varrho_{\text{L}} < \varrho_{\text{T}}$, muss $b > R$ gelten und man erhält statt eines gestreckten Ellipsoids ein flaches Ellipsoid (Diskusform) mit $b = c > a$. Auflösung von Gl. (5.293) nach σ ergibt:

$$\sigma = \frac{\frac{1}{5} \cdot \dot{\omega}^2 \cdot (\varrho_{\text{L}} - \varrho_{\text{T}}) \cdot b^3}{1 - \frac{b^3}{R^3}} \tag{5.294}$$

Diese Gleichung ist die Grundlage zur Messung der Grenzflächenspannung σ nach der *Methode des „spinning drop"*. Statt des Tropfens kann man auch Gas- bzw. Dampfblasen untersuchen mit ϱ_B statt ϱ_T wobei $\varrho_B \approx 0$ gilt. In der Literatur findet man statt Gl. (5.295) die Formel:

$$\sigma = \frac{1}{4} \cdot \dot{\omega}^2 \cdot (\varrho_L - \varrho_T) \cdot r_z^3 \tag{5.295}$$

Diese Gleichung beruht auf der Annahme, dass der Tropfen ein gestreckter Zylinder mit der Länge l und dem Radius r_z ist. Sie kann aber nur für den Fall $r_z \ll R$ und für $\varrho_L > \varrho_T$) anwendbar sein, denn für $\dot{\omega} = 0$ wäre $\sigma = 0$ bzw. bei $\dot{\omega} > 0$ und $\varrho_T > \varrho_L$ wäre σ negativ. Das ist jedoch physikalisch sinnlos. Gl. (5.294) ist dagegen für beliebige Werte von $\dot{\omega}$ gültig. Setzt man $r_z \approx b \ll R$, geht Gl. (5.294) mit dem Faktor $1/5$ statt $1/4$ in Gl. (5.295) über.

5.5.6 *Die rotierende Flüssigkeit im Schwerfeld der Erde*

Wir wollen einen einfachen Fall untersuchen, wo sowohl Gravitationskräfte als auch Zentrifugalkräfte wirksam sind. Dazu stellen wir uns eine inkompressible Flüssigkeit mit der Dichte $\varrho = M/\overline{V}$ vor, die in einem offenen Zylinder um eine Zylinderachse rotiert, die senkrecht zur Erdoberfläche ausgerichtet ist (s. Abb. 5.47). Die Temperatur T soll konstant sein. Dann gilt für das thermodynamische Gleichgewicht überall in der Flüssigkeit (M=Molmasse):

$$d\mu^{rot} = -\overline{V} \cdot dp - M \cdot g \cdot dh + M \cdot r^2 \cdot \dot{\omega}^2 \cdot rdr = 0$$

oder:

$$dp = -\varrho \cdot g \cdot dh + \varrho \cdot \dot{\omega}^2 \cdot rdr$$

Integration von h_0 bis h bzw. von $r = 0$ bis r ergibt:

$$p - p_0 = -\varrho \cdot g \cdot (h - h_0) + \frac{\varrho}{2} \cdot \dot{\omega}^2 \cdot r^2$$

Der Druck p innerhalb der Flüssigkeit ist also eine Funktion von h und r. An der Flüssigkeitsoberfläche gilt überall $p = p_0$. Also erhält man für die Gestalt der Flüssigkeitsoberfläche:

$$\boxed{h = \frac{\dot{\omega}^2}{2g} \cdot r^2 + h_0} \tag{5.296}$$

Das ist die Gleichung einer Parabel bzw. eines Paraboloids.

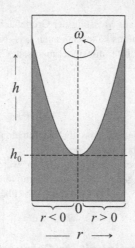

Abb. 5.47 Rotierende Flüssigkeit im Gravitationsfeld der Erde.

5.6 Anwendungsbeispiele und Aufgaben zu Kapitel 5

5.6.1 Konsistenztests thermodynamischer Größen im $\vec{E}$-Feld

Zeigen Sie, dass

a) $\overline{S}(T, \vec{E}) = \int\limits^{T} \frac{C_{V,\vec{E}}}{T} dT$

b) $\overline{U}(T, \vec{E}) = \overline{F}(T, \vec{E}) + T \cdot \overline{S}(T, \vec{E})$

Lösung:

a)

$$\overline{C}_{V,\vec{E}} = \overline{C}_{V,\vec{E}=0} + \frac{b}{T^2} \quad \text{mit} \quad b = N_L \frac{|\vec{\mu}|^2 \cdot |\vec{E}|^2}{3 k_B T}$$

$$\overline{S}(T, \vec{E}) - \overline{S}(T, \vec{E} = 0) = \int \frac{b}{T^3} dT = -\frac{1}{2} \frac{b}{T^2} = -\frac{N_L}{2} \frac{|\vec{\mu}|^2 \cdot |\vec{E}|^2}{3 k_B T^2}$$

Das ist Gl. (5.28).

b) Die Addition von Gl. (5.26) und $T \cdot \overline{S}(T, \vec{E})$ mit S aus Gl. (5.28) ergibt genau Gl. (5.29).

5.6.2 Relaxationszeit einer dipolaren Flüssigkeit

Das Maximum der Energieabsorption einer dipolaren Flüssigkeit liegt bei einer Wellenlänge von 10 μm. Welche Relaxationszeit τ hat die Flüssigkeit?
Lösung:

$$\omega = 2\pi \frac{c}{\lambda} = 2\pi \cdot \frac{2,998 \cdot 10^8}{10^{-5}} = 1,8837 \cdot 10^{14} \quad \tau = \frac{1}{\omega} = 5,31 \cdot 10^{-13} \text{ s}$$

5.6.3 *Kondensation von Wasserdampf an elektrisch geladenen atmosphärischen Staubteilchen*

Angenommen in der Atmosphäre befinden sich Staubteilchen mit dem Radius $r = 5 \cdot 10^{-5}$ m und einer Oberflächenladung $Q = 7,9^{-12}$ C. Die Temperatur beträgt 283 K. Der Sättigungsdampfdruck von Wasser ist 1193 Pa bei 283 K. Wieviel flüssiges Wasser ist auf einem Staubteilchen kondensiert? Wieviel Wasser befindet sich insgesamt (Dampf+Flüssigkeit) in der Atmosphäre, wenn es 10^6 Staubteilchen pro m^3 gibt?
Angaben: Die Dielektrizitätszahl ε_R von flüssigem Wasser beträgt 80, die Polarisierbarkeit eines H$_2$O-Moleküls beträgt $1,66 \cdot 10^{-40}$ C $\cdot$ m^2 $\cdot$ J^{-1}, sein Dipolmoment $|\vec{\mu}| = 6,14 \cdot 10^{-30}$ C $\cdot$ m.
Lösung:

Wir berechnen zunächst die auf einem Staubteilchen kondensierte Wassermenge (s.Abb. 5.48). Dazu gehen wir aus von Gl. (5.46) und berechnen die Dicke der Wasserschicht, indem wir dem Druckverlauf $p(r)$ für $r \geq 5 \cdot 10^{-5}$ m folgen bis $p = 1193$ Pa wird. Dort befinden sich H$_2$O-Dampf und Flüssigkeit im Phasengleichgewicht. Es gilt:

$$p(r) = (\varepsilon_R - 1)\frac{Q^2}{2\varepsilon_0} \cdot \frac{1}{r^4} = 1193 \text{ Pa}$$

Wir lösen diese Gleichung nach r auf:

$$r = \left[\frac{(\varepsilon_R - 1)Q^2}{2\varepsilon_0 \cdot 1193}\right]^{1/4}$$

Einsetzen der Zahlenwerte ergibt:

$$r = 6,97 \cdot 10^{-4} \text{ m}$$

Die Menge kondensierten Wasser auf einem Staubteilchen beträgt demnach ($\varrho_{H_2O} = 1000$ kg $\cdot$ m^{-3}):

$$m_{H_2O} = V_{H_2O} \cdot \varrho_{H_2O} = \frac{4}{3}\pi\left((6,97 \cdot 10^{-4})^3 - (5 \cdot 10^{-5})^3\right)1000 = 1,418 \cdot 10^{-9} \text{ kg} = 1,418 \, \mu\text{g}$$

Der Dampfdruck der Atmosphäre muss grundsätzlich kleiner als p_{sat} sein. Das Verhältnis von

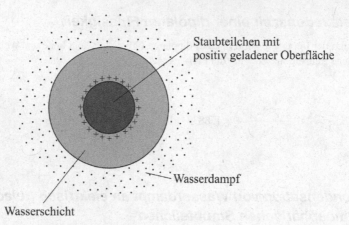

Abb. 5.48 Geladenes Staubteilchen mit Wasserschicht.

p_{Atm} zu p_{sat} ist durch Gl. (5.42) gegeben. Um p_{Atm} berechnen zu können, müssen wir die elektrische Feldstärke $\vec{E}$ an der Phasengrenze Flüssig-Dampf kennen. Die beträgt nach Gl. (5.43):

$$|\vec{E}| = \frac{|Q|}{4\pi\varepsilon_0 \cdot r^2 \cdot \varepsilon_{\text{R}}}$$

Mit $r = 6,97 \cdot 10^{-4}$ m und $\varepsilon_{\text{R}} = 80$ erhält man $\vec{E} = 1827$ Volt $\cdot$ m^{-1}. Der Dampfdruck des Wassers an der Wasserschicht muss $p_{\text{sat}} = 1193$ Pa betragen. Damit ergibt sich für den Wasserdampfdruck der Atmosphäre $p(\vec{E} = 0)$ nach Gl. (5.42):

$$p_{\text{Atm}} = 1193 \cdot \exp\left[-\frac{1}{2}\left(\alpha + \frac{\vec{\mu}^2}{3k_{\text{B}}T}\right) \cdot \frac{\varepsilon_0 \cdot |\vec{E}|^2}{k_{\text{B}}T}\right]$$

Einsetzen der angegebenen Werte für $\alpha, \vec{\mu}$ ergibt dann bei $T = 283$ K:

$$p_{\text{Atm}} = 1193 \cdot \exp\left[-\frac{1}{2}\left(1,66 \cdot 10^{-40} + 3,2 \cdot 10^{-39}\right)\frac{\varepsilon_0}{k_{\text{B}}} \cdot \frac{(1827)^2}{283}\right] \approx 1193$$

Es gilt also $p_{\text{Atm}} = p_{\text{sat}} = 1193$ Pa. Einfluss könnte noch der Krümmungsradius der Wasserschicht auf den Dampfdruck haben (Gl. (1.172)):

$$p = p_{\text{sat}} \exp[2\sigma\overline{V}/r_{\text{K}} \cdot RT]$$

Mit $\overline{V}_{\text{H}_2\text{O}} = 1,8 \cdot 10^{-5}$ m$^3 \cdot$ mol^{-1}, $r_{\text{K}} = 6,97 \cdot 10^{-4}$ m und $\sigma = 72,7$ N$\cdot$m^{-1} ergibt $p/p_{\text{sat}} = 1,0016$. Auch dieser Einfluss ist vernachlässigbar. Die Masse an kondensiertem Wasser pro m^3 ist somit:

$$\varrho_{\text{H}_2\text{O,kond}} = 10^6 \cdot 1,418 \cdot 10^{-9} = 1,418 \cdot 10^{-3} \text{ kg} \cdot \text{m}^{-3}$$

Die Masse an gasförmigem Wasser pro m^3 berechnet sich nach dem idealen Gasgesetz:

$$\varrho_{\text{H}_2\text{O,gas}} = p_{\text{sat}} \cdot \frac{M_{\text{H}_2\text{O}}}{R \cdot 283} = 1193 \cdot \frac{0,018}{R \cdot 283} = 9,12 \cdot 10^{-3} \text{ kg} \cdot \text{m}^{-3}$$

Insgesamt befinden sich in unserem Rechenbeispiel $10,53 \cdot 10^{-3}$ kg·m^{-3} Wasser in der Atmosphäre. Davon sind $(1,418/10,53) \cdot 100 = 13,5\%$ flüssiges Wasser, das an die Staubteilchen gebunden ist.

5.6.4 Aufheizung einer dipolaren Flüssigkeit im Mikrowellenofen

Die dielektrische Energieabsorption ist die Grundlage der Erhitzung von Nahrungsmitteln in einem Mikrowellenofen, da praktisch alle Nahrungsmittel Wasser als polares Medium enthalten aber auch andere polare Gruppen in großen Molekülen. Als Beispiel betrachten wir die Erhitzung von flüssigem Wasser. Wir stellen die Frage: wie lange braucht ein Mikrowellenofen, um 1 Liter H_2O von 20° C auf 80° C aufzuheizen, wenn wir uns den Liter als Würfel der Kantenlänge von 10 cm vorstellen, der sich in der Mitte zwischen 2 Kondensatorplatten einer Fläche von 100 cm^2 befindet? Der Plattenabstand beträgt 50 cm. Die Wechselspannung hat einen Maximalwert U_0 von 120 Volt. Die Frequenz ω ist genau τ^{-1}, der Kehrwert der Relaxationszeit des Wassers. Der Wert beträgt $\tau_{H_2O} = 8,3 \cdot 10^{-12}$ s. Weiterhin gilt: $\varepsilon_{R,H_2O} = 78,53$, $n^2_{H_2O} = 1,514$. Wir nehmen an, dass 35 % der Leistung vom Wasser absorbiert wird.

Lösung:

Wenn $\omega \cdot \tau = 1$, ergibt sich nach Gl. (5.80), mit dem Volumen V:

$$\langle L \rangle = V \varepsilon_0 \cdot \omega \cdot |\vec{E}_0|^2 \frac{1}{2} \left(\chi^S_{H_2O} - \chi^\infty_{H_2O} \right) = V \varepsilon_0 \cdot \omega \cdot \vec{E}_0^2 \frac{1}{2} \left(\varepsilon_{R_{H_2O}} - n^2_{H_2O} \right)$$

mit $V = 10^{-3}$ m^3. Es gilt ferner:

$$|\vec{E}_0| = U_0/l = 120/0,5 = 240 \text{ Volt} \cdot \text{m}^{-1}$$

und damit für $\langle L \rangle$ mit $\varepsilon_0 = 8,854 \cdot 10^{-12}$ C$^2 \cdot$ J$^{-1} \cdot$ m^{-1}:

$$\langle L \rangle = 10^{-3}(8,854/8,3)(240)^2 \cdot \frac{1}{2}(78,53 - 1,514) \cdot 0,35 = 828 \text{ Watt}$$

Um einen Liter $H_2O = 55,5$ mol von 20° auf 80° zu erwärmen, benötigt man die Zeit t, für die gilt mit $\overline{C}_{p,H_2O} = 75,1$ J·mol^{-1}·K^{-1}:

$$t = n_{H_2O} \cdot C_{p,H_2O}(80 - 20)/\langle L \rangle = 55,5 \cdot 75,1 \cdot 60/828 = 302 \text{ s} = 5 \text{ min}$$

5.6.5 Berechnung der magnetischen Volumensuszeptibilität

Eine elektrische Spule (s. Abb. 5.6) ist um ein festes Material gewickelt. Die Stromstärke beträgt 8,52 Ampere. Die Zahl der Windungen pro Meter N/L beträgt 200 und die Spulenlänge 50 cm. Der Strom wird durch eine feste Spannung Φ_0 erzeugt. Jetzt wird das Material aus der Spule herausgenommen. Dabei ändert sich die Stromstärke I und beträgt jetzt 8,43 A bei gleichbleibender Spannung Φ. Wie groß ist χ_{mag}? Das Molvolumen betrage 100 cm$^3 \cdot$ mol^{-1}.

Lösung:

Zunächst gilt *mit* dem Material in der Spule ($\mu_0 = 1,25672 \cdot 10^{-6}$ J $\cdot$ s^2 $\cdot$ C^{-2} $\cdot$ m^{-1}):

$$\overline{B} = \mu_0 N \cdot I/L = 1,2567 \cdot 10^{-6} \cdot 200 \cdot 8,52 \cdot 2 = 4,283 \cdot 10^{-3} \text{ Tesla}$$

Ohne Spule gilt:

$$\vec{H} = \frac{8,43}{8,52} \cdot \vec{B} = 4,238 \cdot 10^{-3} \text{ Tesla}$$

Damit ergibt sich für $\vec{M}$ nach Gl. (5.82):

$$\vec{M} = \frac{\vec{B} - \vec{H}}{\mu_0} = \frac{0,045}{\mu_0} 10^{-3} = 35,81 \; C \cdot \text{s}^{-1} \cdot \text{m}^{-1}$$

Damit folgt für χ_{mag} mit $\overline{V} = 10^{-4}$ m^3 $\cdot$ mol^{-1} nach Gl. (5.87):

$$\chi_{\text{mag}} = \mu_0 \cdot \frac{\vec{M}}{\vec{H}} \overline{V} = \mu_0 \cdot \frac{35,81}{4,238 \cdot 10^{-3}} \cdot 10^{-4} = 1,06 \cdot 10^{-6} \text{ m}^3 \cdot \text{mol}^{-1}$$

5.6.6 Die „Gouy-Waage" zur Messung magnetischer Suszeptibilitäten

In Abb. 5.49 ist eine magnetische Waage, die sog. „Gouy-Waage", dargestellt, die aus zwei starken magnetischen Polen P_1 und P_2 besteht sowie einem inneren, unten verschlossenen Probenrohr, in dem sich die paramagnetische Substanz (fest oder in Lösung) befindet, die von oben in das inhomogene, von den Magnetpolen erzeugte Magnetfeld $\vec{H}(x)$ hineinragt. Die Probe selbst hängt nochmals in einem geschlossenen, äußeren Glasrohr, das mit trockenem Stickstoff gefüllt ist, da der Luft-Sauerstoff, der selbst paramagnetisch ist, die Messung stören würde.

Die Messtheorie beruht auf der Inhomogenität des $\vec{H}$-Feldes in der vertikalen x-Richtung.

Für die Kraft f_x, mit der die paramagnetische Probe gegen die x-Richtung nach unten in das $\vec{H}$-Feld hineingezogen wird, gilt (s. Gl. (5.88) und Gl. (5.86)) ($dT = 0, dV = 0$):

$$\frac{dF'}{dx} = \frac{dW}{dx} = f_x = -n \cdot \left(\vec{M} \cdot \overline{V} \right) \left(\frac{d\vec{H}}{dx} \right)_T = -\mu_0^{-1} \cdot \chi_{\text{mag}} \cdot n \cdot A\vec{H} \frac{d\vec{H}}{dV}$$

dW ist die Arbeit, die am paramagnetischen System geleistet wird ($dW > 0$, da $d\vec{H}/dx < 0$), diese zieht das System also in Richtung des stärker werdenden Feldes zur Mitte zwischen den beiden Pole. A ist die Probenrohrquerschnittsfläche.

Integration über den eingeschobenen Probenvolumenanteil ΔV ergibt:

$$W = -\mu_0^{-1} \cdot A \cdot \chi_{\text{mag}} \int^{\Delta V} \vec{H} \frac{d\vec{H}}{dV} dV = -\mu_0^{-1} \cdot A \cdot \chi_{\text{mag}} \int_{\vec{H}_{\text{max}}}^{\vec{H}_a} \vec{H} \cdot d\vec{H}$$

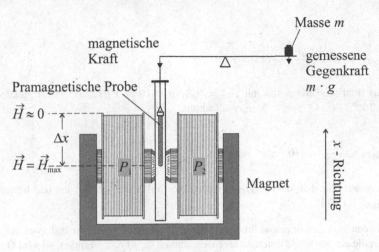

Abb. 5.49 Funktionsprinzip der Gouy-Waage (s. Text).

also:

$$f_x \cdot \Delta x = +\mu_0^{-1} \cdot A \cdot \chi_{mag} \cdot \frac{1}{2} \left(\vec{H}_{max}^2 - \vec{H}_a^2 \right)$$

Die Kraft f_{x_i}, mit der die Probe in Abb. 5.49 hineingezogen wird, kann durch das Gegengewicht $m \cdot g$ kompensiert werden. Es gilt also mit $\vec{H}_a \approx 0$:

$$m \cdot g = \mu_0^{-1} \cdot \frac{A}{\Delta x} \cdot \frac{1}{2} |\vec{H}_{max}|^2 \cdot \chi_{mag}$$

Der Proportionalitätsfaktor $\mu_0^{-1} \cdot A \cdot |\vec{H}_{max}|^2 / (2 \cdot \Delta x)$ muss durch Kalibrierungsmessungen bestimmt werden. Man benutzt z. B. eine paramagnetische, wässrige Lösung von $NiCl_2$, für die gilt:

$$\chi_{mag} = \left[M_{NiCl_2} \cdot \frac{1,2604 \cdot 10^5}{T} \cdot w - 9,048 \cdot (1 - w) \right] \cdot 10^{-9} \, m^3 \cdot mol^{-1}$$

Hier ist M_{NiCl_2} die Molmasse von Nickelchlorid und w der Gewichtsbruch in der wässrigen Lösung. Der zweite Term in der eckigen Klammer ist negativ und stellt die Korrektur für den diamagnetischen Anteil des Wassers dar.
Nach der Kalibrierungsmessung können nun Messungen von χ_{mag} von verschiedenen Proben durchgeführt werden.

5.6.7 Kondensation von gasförmigem Sauerstoff durch Magnetostriktion

Sauerstoff ist ein paramagnetisches Gas, in dem zwei Elektronen parallel orientiert sind(sog. Triplettzustand). Daher hat O_2 ein permanentes magnetisches Moment. Die magnetische Suszeptibilität von gasförmigem O_2 gehorcht dem Curie'schen Gesetz. Es gilt (s. z.B. A. Weiss/ H. Witte: Magnetochemie, Verlag Chemie, Weinheim (1973)):

$$\chi_{mag,O_2} \cong \mu_0 \frac{(N_L \cdot |\vec{\mu}_B|)^2}{3RT} \cdot (4S(S+1))$$

$|\mu_B|$ ist das Bohr'sche Magneton mit $|\vec{\mu}_B| = 9,27401 \cdot 10^{-24}$ J $\cdot$ Tesla^{-1}. S ist gleich 1, $\mu_0 = 1,25672 \cdot 10^{-6}$ J $\cdot$ s$^2 \cdot$ C$^{-2} \cdot$ m^{-1}. Man erhält somit:

$$\chi_{mag,O_2} = \frac{1,2574}{T} \cdot 10^{-5} \text{ m}^3 \cdot \text{mol}^{-1}$$

a) Überzeuge Sie sich, dass χ_{mag,O_2} wirklich die Einheit m$^3 \cdot$ mol^{-1} hat und berechnen Sie χ_{mag,O_2} bei 90 K.

b) Befinden sich nun in einem Probevolumen mit gasförmigem Sauerstoff zwei magnetische Pole, die ein starkes Magnetfeld erzeugen können (s. Abb. 5.50 links), so wird O$_2$ ins Magnetfeld zwischen den Polen hineingezogen, d.h der Druck von O$_2$ ist dort höher als im Bereich außerhalb (Magnetostriktion). Ist der O$_2$-Druck im Außenbereich gleich dem Sättigungsdampfdruck $p_{O_2}^{sat}$, wird O$_2$ zwischen den Magnetpolen auskondensieren (s. Abb. 5.50 rechts). Wir stellen die Frage: welche Magnetfeldstärke $\vec{H}$ muss zwischen den magnetischen Polen herrschen, damit es bei einem vorgegebenen Druck $p_{O_2} < p_{O_2}^{sat} = 1$ bar bei der Siedetemperatur $T = 90$ K gerade zur Kondensation zwischen den Polen kommt? Die Situation ist ganz analog zur Druckerhöhung eines polarisierbaren Gases im elektrischen Feld $\vec{E}$ zwischen zwei Kondensatorplatten (s. Abschnitt 5.1.3). Berechnen Sie für den Fall, dass überall im Versuchsvolumen in Abb. 5.50 die Siedetemperatur 90 K und ein Druck $p_{O_2} = 0,98$ bar herrscht, die Stärke des Magnetfeldes H, bei der O$_2$ zwischen den Polen gerade beginnt auszukondensieren. Leiten Sie zunächst die Formel für $p(\vec{H})/p(\vec{H} = 0)$ ab.

Lösung

a) Einheit von μ_0 : J $\cdot$ s$^2 \cdot$ C$^{-2} \cdot$ m^{-1} Einheit von $|\vec{\mu}_B|$: J $\cdot$ Tesla^{-1} mit 1 Telsa = 1 J $\cdot$ s $\cdot$ C$^{-1} \cdot$ m^{-2}, Einheit von N_L : mol^{-1} Einheit von RT : J $\cdot$ mol^{-1}. Einheit von χ_{mag} : (J $\cdot$ s$^2 \cdot$ C$^{-2} \cdot$ m^{-1}) $\cdot$ mol$^{-2} \cdot$ (J$^2 \cdot$ J$^{-2} \cdot$ s$^{-2} \cdot$ C$^2 \cdot$ m^4) $\cdot$ J$^{-1} \cdot$ mol = m$^3 \cdot$ mol^{-1} Bei 90 K erhalten wir für χ_{mag,O_2}:

$$\chi_{mag,O_2}(90 \text{ K}) = 1,397 \cdot 10^{-7} \text{ m}^3 \cdot \text{mol}^{-1}$$

b) Wir leiten den Ausdruck für $p(\vec{H})/p(\vec{H} = 0)$ ganz analog ab, wie im Fall des elektrischen Feldes. Wir haben lediglich in Gl. (5.40) die elektrischen Größen durch die entsprechenden magnetischen Größen zu ersetzen, also:

- $\vec{M} \cdot V$ statt $\vec{p} \cdot V$

- $\vec{H}$ statt $\vec{E}$

Das ergibt:

$$\frac{\partial \vec{M} \cdot V}{\partial \mu} = \frac{\partial n}{\partial \vec{H}} \quad \text{und} \quad \frac{\partial \vec{M} \cdot V}{\partial n} = \vec{M} \cdot \overline{V} = \frac{\partial \mu}{\partial \vec{H}}$$

Nach Gl- (5.87) gilt:

$$\chi_{mag} = \mu_0 \cdot \vec{M}\overline{V}/\vec{H}$$

Also erhält man:

$$d\mu = \frac{\chi_{mag}}{\mu_0} \cdot \vec{H} \cdot d\vec{H}$$

Für das chemische Potential setzen wir den Ausdruck für ideale Gase ein bei T = const:

$$d\mu = RT\, d\ln p = \frac{\chi_{mag}}{\mu_0} \cdot \vec{H} \cdot d\vec{H}$$

Integration ergibt:

$$\frac{p(\vec{H})}{p(\vec{H} = 0)} = \exp\left[\frac{\chi_{mag} \cdot \vec{H}^2}{2\mu_0 \cdot RT}\right]$$

Bei T = 90 K erhalten wir für χ_{mag,O_2}:

$$\chi_{mag,O_2}(90) = 1,397 \cdot 10^{-7} \ m^3 \cdot mol^{-1}$$

$p(\vec{H})$ soll der Sättigungsdampfdruck beim Siedepunkt von O_2 sein, also 90 K bei 1 bar. Auflösen nach $\vec{H}$ ergibt für $p_{O_2}(\vec{H} = 0) = 0,98$ bar:

$$\left(\frac{2\mu_0 \cdot R \cdot 90}{1,397 \cdot 10^{-7}} \ln \frac{1}{0,98}\right)^{1/2} = \vec{H} = 16,5 \text{ Tesla}$$

Wählen wir für $p_{O_2}(\vec{H} = 0) = 0,99$ bar, erhält man:

$$\vec{H} = 11,6 \text{ Tesla}$$

und für $p_{O_2}(\vec{H} = 0) = 0,999$ bar:

$$\vec{H} = 3,7 \text{ Tesla}$$

Sobald die Werte von $\vec{H}$ die hier berechneten überschreiten, kommt es zur Flüssigkeitsbildung zwischen den Polen.

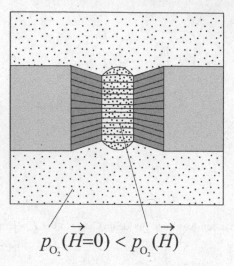 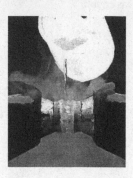

$$p_{O_2}(\vec{H}{=}0) < p_{O_2}(\vec{H})$$

Abb. 5.50 Sauerstoff im Magnetfeld. Rechts: Demonstration der Kondensation von O_2 zwischen 2 magnetischen Polen (Bildquelle: D. Halliday, R. Resnick, J. Walker, „Fundamental of Physics", John Wiley + Sons (2005)) Links: Anreicherung von gasförmigem O_2 im $\vec{H}$-Feld ($p(\vec{H}) > p(\vec{H} = 0)$).

5.6.8 Die korrekte Behandlung thermodynamischer Eigenschaften paramagnetischer Materie

Wir hatten am Ende von Abschnitt 5.2.2 festgestellt, dass bei Annahme der Gültigkeit des Curie'schen Gesetzes nach Gl. (5.96) für $T = 0$ (bzw. $T = T'_c$) sowohl die Molwärme $\overline{C}_V(\vec{H})$ wie auch die Entropie $\overline{S}(\vec{H})$ gegen ∞ gehen, was physikalisch sinnlos ist. Auch hatten wir in Abb. 5.7 gesehen, dass das Curiesche Gesetz nur im Bereich hoher Temperaturen bzw. sehr kleinen Feldstärken $\vec{H}$ gültig sein kann.

Die tatsächliche Abhängigkeit von χ_{mag} bzw. $\vec{M}$, die bei allen Werten von T und $\vec{H}$ gilt, kann nur mit Hilfe der statistischen Thermodynamik auf quantentheoretischer Grundlage abgeleitet werden. Es gilt (s. Lehrbücher der statistischen Thermodynamik):

$$\boxed{\overline{V}\left|\vec{M}\right| = N_L \cdot g_L \cdot \left|\vec{\mu}_B\right| \cdot J \cdot B_J(\eta) = \mu_0^{-1} \cdot \chi_{mag}\left|\vec{H}\right|} \tag{5.297}$$

$\overline{V}$ ist das molare Volumen und $\vec{M}$ die Magnetisierung (makroskopische Dichte magnetischer Dipolmomente). $\overline{V} \cdot \vec{M}$ ist das makroskopische Dipolmoment von 1 Mol Substanz. μ_B ist das sog. Bohr'sche Magneton (magnetischer Elementardipol), g_L der sog. Landé-Faktor und es gilt für die dimensionslose *Brillouin-Funktion* $B_J(\eta)$:

$$B_J(\eta) = \frac{1}{J}\left[\left(J+\frac{1}{2}\right)\cdot\coth\left[\left(J+\frac{1}{2}\right)\cdot\eta\right] - \frac{1}{2J}\cdot\coth\left(\frac{\eta}{2}\right)\right] \tag{5.298}$$

mit

$$\eta = \frac{g_L \cdot \vec{\mu}_B\, \vec{H}}{k_B T} \tag{5.299}$$

sowie:

$$\coth x = \frac{e^x + e^{-x}}{e^x - e^{-x}} \qquad \left(x = \left(J+\frac{1}{2}\right)\eta \quad \text{bzw.} \quad x = \frac{\eta}{2}\right)$$

J ist eine halbzahlige Größe (1/2, 3/2, 5/2, 7/2, ...). Ihr Wert hängt ebenso wie g_L vom betrachteten paramagnetischen Zentrum (Atom) ab. Gl. (5.299) macht deutlich, dass χ_{mag} in Gl. (5.298) nicht mehr unabhängig von $|\vec{H}|$ ist.

Für den Spezialfall $J = 1/2$ gilt für Gl. (5.299):

$$B_{1/2}(\eta) = 2\cdot\left[\coth(\eta) - \frac{1}{2}\coth\left(\frac{\eta}{2}\right)\right] = \tanh\left(\frac{\eta}{2}\right) = \frac{\exp(\eta/2) - \exp(-\eta/2)}{\exp(\eta/2) + \exp(-\eta/2)} \tag{5.300}$$

wie sich durch Einsetzen der Exponentialfunktionen und Umordnen leicht zeigen lässt.

Jetzt sind wir in der Lage, alle molaren thermodynamischen Zustandsgrößen wie $\overline{F}$, $\overline{S}$, $\overline{U}$ und $\overline{C}_V$ korrekt zu formulieren. Wir gehen aus von Gl. (5.91) mit $\overline{V}\cdot\vec{M}$ nach Gl. (5.297) und erhalten:

$$\overline{F}(\vec{H}) - \overline{F}(\vec{H}=0) = -N_L\cdot g\cdot|\vec{\mu}_B|\cdot J\cdot\int\limits_0^{\vec{H}} B_J(\eta)\mathrm{d}\vec{H}$$

oder mit $\mathrm{d}\vec{H} = \dfrac{k_B T}{|\vec{\mu}_B|}\mathrm{d}\eta$:

$$\overline{F}(\eta) - \overline{F}(\eta=0) = -N_L\cdot k_B\cdot T\cdot J\cdot\int\limits_0^{\eta} B_J(\eta)\mathrm{d}\eta \tag{5.301}$$

Ferner gilt:

$$\overline{S}(\eta) - \overline{S}(\eta=0) = -\left(\frac{\partial\left[\overline{F}(\eta) - \overline{F}(\eta=0)\right]}{\partial T}\right)_{\vec{H}}$$

$$= N_L\cdot k_B\cdot J\cdot\int\limits_0^{\eta} B_J(\eta)\mathrm{d}\eta + N_L\cdot k_B\cdot T\cdot J\cdot B_J(\eta)\cdot\frac{\mathrm{d}\eta}{\mathrm{d}T}$$

und somit:

$$\overline{S}(\eta) - \overline{S}(\eta = 0) = \Delta\overline{S} = N_\mathrm{L} \cdot k_\mathrm{B} \cdot J \left(\int_0^\eta B_\mathrm{J}(\eta)\mathrm{d}\eta - B_\mathrm{J} \cdot \eta \right) \tag{5.302}$$

Wegen $\overline{U}(\vec{H}) = T \cdot \overline{S} + \overline{F}$ gilt:

$$\overline{U}(\eta) - \overline{U}(\eta = 0) = \Delta\overline{U} = -\overline{V} \cdot \vec{M} \cdot \vec{H} = -N_\mathrm{L} \cdot k_\mathrm{B} \cdot T \cdot J \cdot B_\mathrm{J} \cdot \eta \tag{5.303}$$

Jetzt lässt sich auch die Molwärme $\overline{C}_V(\vec{H})$ berechnen:

$$\Delta\overline{C}_V = \overline{C}_V(\eta) - \overline{C}_V(\eta = 0) = \left(\frac{\partial\left[\overline{U}(\eta) - \overline{U}(\eta = 0)\right]}{\partial T} \right)_{\vec{H}} = -\vec{H} \cdot N_\mathrm{L} \cdot J \cdot g_\mathrm{L} \cdot |\vec{\mu}_\mathrm{B}| \cdot \left(\frac{\partial B_\mathrm{J}}{\partial T} \right)_{\vec{H}}$$

$$= |\vec{H}| \cdot N_\mathrm{L} \cdot J \cdot g_\mathrm{L} \cdot |\vec{\mu}_\mathrm{B}| \cdot \frac{\mathrm{d}B_\mathrm{J}}{\mathrm{d}\eta} \cdot \frac{\eta}{T}$$

Also erhält man mit η nach Gl. (5.305):

$$\overline{C}_V(\eta) - \overline{C}_V(\eta = 0) = \Delta\overline{C}_V = N_\mathrm{L} \cdot k_\mathrm{B} \cdot \eta^2 \cdot J \cdot \frac{\mathrm{d}B_\mathrm{J}}{\mathrm{d}\eta} \tag{5.304}$$

Dasselbe Ergebnis ergibt sich auch aus Gl. (5.302):

$$\overline{C}_V(\eta) - \overline{C}_V(\eta = 0) = \Delta\overline{C}_V = \left(\frac{\partial\left[S(\eta) - S(\eta = 0)\right]}{\partial T} \right)_{\vec{H}} \cdot T = -\left(\frac{\partial\left[S(\eta) - S(\eta = 0)\right]}{\partial \eta} \right)_{\vec{H}} \cdot \eta$$

$$= N_\mathrm{L} \cdot k_\mathrm{B} \cdot J \cdot \frac{\mathrm{d}B_\mathrm{J}}{\mathrm{d}\eta} \cdot \eta^2$$

Um die thermodynamischen Zustandsgrößen Gl. (5.301) bis Gl. (5.304) berechnen zu können, benötigen wir neben B_J noch die Ableitung nach η und das Integral über η. Auf deren Herleitung verzichten wir hier (s. Lehrbücher der statistischen Thermodynamik). Die Ergebnisse für Gl. (5.299), (5.302) bis (5.304) zeigen die Abbildungen 5.51 bis 5.54.

Die molare Magnetisierung $\overline{V} \cdot \vec{M}$ ist bei $\eta \to \infty$ maximal, alle Spins sind in ein und dieselbe Richtung orientiert. Es gilt $\overline{V} \cdot |\vec{M}|_\mathrm{max} = N_\mathrm{L} g_\mathrm{L} \cdot |\vec{\mu}_\mathrm{B}| \cdot J$, also $B_\mathrm{J} = 1$. Bei $\eta = 0$ dagegen sind die Richtungen statistisch verteilt, ihre magnetischen Wirkungen heben sich gegenseitig auf und $\overline{V} \cdot \vec{M} = 0$, d. h., dort ist $B = 0$. Allgemein gilt also $B_\mathrm{J} = |\vec{M}|/|\vec{M}|_\mathrm{max}$ (Gl. (5.299)). Mit $J = 3/2$ ist das genau die Kurve in Abb. 5.7a) durch die Messpunkte läuft. $\Delta\overline{U}$ ist nach Gl. (5.304) stets negativ mit dem niedrigsten Wert bei $\eta \to \infty$ ($T = 0$ und/ oder $\vec{H} = \infty$), dagegen wird $\Delta\overline{U} = 0$ bei $\eta = 0$ ($T \to \infty$ und/ oder $\vec{H} = 0$). $\Delta\overline{S} = 0$ gilt bei $\eta = 0$, die statistische Verteilung der Spins bedeutet maximale Unordnung, bei $\eta \to \infty$ herrscht maximale Ordnung, das System gewinnt also mit wachsendem η an Ordnung bzw. verliert Unordnung, daher ist ΔS negativ, und geht bei $\eta \to \infty$ gegen den Wert $-k_\mathrm{B} \cdot N_\mathrm{L} \cdot \ln 2$ ($T = 0$ und/ oder $\vec{H} = \infty$). $+k_\mathrm{B} \cdot N_\mathrm{L} \cdot \ln 2$ ist also der Wert von $\overline{S}$ bei maximaler Unordnung. Jeder Spin hat unabhängig von den anderen zwei gleich wahrscheinliche Orientierungen. $\Delta\overline{C}_V$ durchläuft einen maximalen Wert. Das ist zu erwarten, da $\Delta\overline{C}_V = 0$ bei $\eta = 0$ sein muss, denn dort ist $\Delta\overline{U}$ temperaturunabhängig. Bei $\eta \to \infty$ $(T = 0)$ verschwindet $\Delta\overline{C}_V$ ebenfalls, da auch hier $\Delta\overline{U}$ von T unabhängig wird.

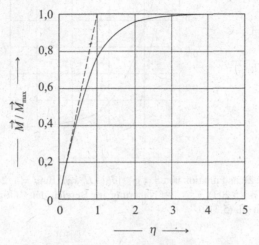

Abb. 5.51 $\vec{M}/\vec{M}_{\max} = B_J$ mit $\vec{M}_{\max} = N_L \cdot g_L \cdot |\vec{\mu}_B|$ als Funktion von $\eta = g_L \cdot |\mu_B| \cdot \vec{H}/k_B T$ für $J = 1/2$.
——— korrekt nach Gl. (2.298), - - - - - Näherung im Bereich der Gültigkeit des Curie'schen Gesetzes ($\eta \ll 1$) nach Gl. (5.299).

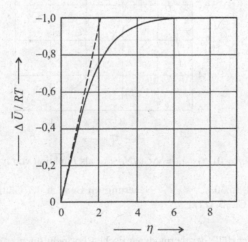

Abb. 5.52 $\Delta U/RT$ als Funktion von $\eta = g_L \cdot |\mu_B| \cdot \vec{H}/k_B T$ für $J = 1/2$.
——— korrekt, - - - - - Näherung im Bereich der Gültigkeit des Curie'schen Gesetzes ($\eta \ll 1$).

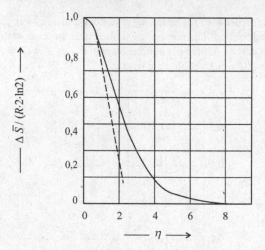

Abb. 5.53 $|\Delta \overline{S}|/(R \cdot \ln 2)$ als Funktion von $\eta = g_L \cdot |\vec{\mu}_B| \cdot \vec{H}/k_B T$ für $J = 1/2$.
—— korrekt nach Gl. (5.203), - - - - - Näherung im Bereich der Gültigkeit des Curie'schen Gesetzes ($\eta \ll 1$) nach Gl. (5.310).

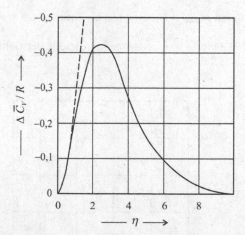

Abb. 5.54 $\overline{C}_V(\eta) - \overline{C}_V(\eta = 0)/N_L \cdot k_B = \Delta \overline{C}_V/N_L \cdot k_B$ als Funktion von $\eta = g_L \cdot \mu_B \cdot \vec{H}/k_B T$ für $J = 1/2$.
—— korrekt nach Gl. (5.303), - - - - - Näherung im Bereich der Gültigkeit des Curie'schen Gesetzes ($\eta \ll 1$) nach Gl. (5.312).

Wir wollen nun die Grenzfälle der thermodynamischen Formeln für $\eta \ll 1$ ableiten. Dazu müssen wir Gl. (5.297), (5.302), (5.303) und Gl. (5.304) in eine Taylorreihe bis zum linearen bzw. quadratischen Glied von η entwickeln. Das ergibt zunächst:

$$B_{\mathrm{J}}(\eta) = \cong B_{\mathrm{J}}(0) + \left(\frac{\mathrm{d}B_{\mathrm{J}}}{\mathrm{d}\eta}\right)_{\eta=0} \cdot \eta + \cdots = \frac{J+1}{3} \cdot \eta + \cdots \tag{5.305}$$

Daraus folgt für Gl. (5.297):

$$\boxed{\overline{V} \cdot \vec{M} \cong N_{\mathrm{L}} \cdot g_{\mathrm{L}} \cdot |\vec{\mu}_{\mathrm{B}}| \cdot J \cdot \frac{J+1}{3} \cdot \eta} \qquad (\eta \ll 1) \tag{5.306}$$

Damit erhalten wir das Curie'sche Gesetz:

$$\chi_{\mathrm{mag}} = \frac{\overline{V} \cdot \vec{M}}{\vec{H}} \mu_0 \cong \frac{C_{\mathrm{M}}}{T} \tag{5.307}$$

mit der Curie-Konstante C_{M} in $\mathrm{m}^3 \cdot \mathrm{K} \cdot \mathrm{mol}^{-1}$:

$$\boxed{C_{\mathrm{M}} = N_{\mathrm{L}} \cdot \mu_0 \cdot \frac{(g_{\mathrm{L}} \cdot |\vec{\mu}_{\mathrm{B}}|)^2}{3k_{\mathrm{B}}} \frac{J(J+1)}{} = 1,5717 \cdot 10^{-6} \cdot g_{\mathrm{L}} \cdot J(J+1)} \tag{5.308}$$

Das Curie'sche Gesetz ist also nur im Bereich $\eta \ll 1$ gültig. Zur Ableitung von Gl. (5.302) für $\eta \ll 1$ muss $\Delta \overline{S}$ bis zum quadratischen Glied entwickelt werden:

$$\begin{aligned}
\Delta \overline{S}(\eta) &\approx \left(\frac{\mathrm{d}\Delta S(\eta)}{\mathrm{d}\eta}\right)_{\eta=0} \mathrm{d}\eta + \frac{1}{2}\left(\frac{\mathrm{d}^2 \Delta S(\eta)}{\mathrm{d}\eta^2}\right)_{\eta=0} \mathrm{d}\eta^2 + \cdots \\
&= N_{\mathrm{L}} \cdot k_{\mathrm{B}} \cdot J \left[B_{\mathrm{J}} - B_{\mathrm{J}} - \frac{\mathrm{d}B_{\mathrm{J}}}{\mathrm{d}\eta} \cdot \eta \right]_{\eta=0} \eta \\
&\quad + N_{\mathrm{L}} \cdot k_{\mathrm{B}} \cdot J \left[-\frac{\mathrm{d}^2 B_{\mathrm{J}}}{\mathrm{d}\eta^2} \cdot \eta - \frac{\mathrm{d}B_{\mathrm{J}}}{\mathrm{d}\eta} \right]_{\eta=0} \eta^2 \cdot \frac{1}{2}
\end{aligned}$$

Also gilt, da der lineare Term verschwindet:

$$\boxed{\Delta \overline{S} \cong -N_{\mathrm{L}} \cdot k_{\mathrm{B}} \cdot \frac{J(J+1)}{6} \cdot \eta^2} \qquad (\eta \ll 1) \tag{5.309}$$

Ferner folgt aus Gl. (5.303):

$$\boxed{\Delta \overline{U} = -\overline{V} \cdot \vec{M} \cdot \vec{H} \cong -N_{\mathrm{L}} \cdot k_{\mathrm{B}} \cdot T \frac{J(J+1)}{3} \cdot \eta^2} \qquad (\eta \ll 1) \tag{5.310}$$

und schließlich für Gl. (5.304) mit $\eta \ll 1$:

$$\boxed{\Delta \overline{C}_V = \left(\frac{\partial \Delta \overline{U}}{\partial T}\right)_{\vec{H}} \cong -N_{\mathrm{L}} \cdot k_{\mathrm{B}} \frac{J(J+1)}{3}\left[\eta^2 - 2\eta^2\right] = N_{\mathrm{L}} \cdot k_{\mathrm{B}} \frac{J(J+1)}{3}\eta^2} \qquad (\eta \ll 1)$$

$$(5.311)$$

Dasselbe Ergebnis für $\overline{C}_V$ erhält man mit $\overline{C}_V = T \cdot (\partial \Delta S/\partial T)_{\vec{H}}$. Wir führen noch einen Konsistenztest für Gl. (5.309) durch mit ΔF nach Gl. (5.301):

$$\Delta \overline{F}/T = -N_{\mathrm{L}} \cdot k_{\mathrm{B}} \cdot J \int\limits_0^\eta B_{\mathrm{J}}(\eta)\mathrm{d}\eta \cong -N_{\mathrm{L}} \cdot k_{\mathrm{B}} \cdot J \cdot \frac{J+1}{3} \cdot \frac{1}{2}\eta^2$$

Das ergibt:

$$\Delta \overline{S} = \frac{\Delta \overline{U} - \Delta \overline{F}}{T} = -N_{\mathrm{L}} \cdot k_{\mathrm{B}} \cdot \frac{J(J+1)}{6}\eta^2$$

in Übereinstimmung mit Gl. (5.309). Der lineare Verlauf von $\overline{V} \cdot \vec{M}$ in der Näherung nach Gl. (5.306) ist in Abb 5.7 unter „Curie" eingezeichnet mit $\vec{M}_{\max}$ nach Gl. (5.297) mit $B_{\mathrm{J}}(\eta = 1) = 1$. Die Gl. (5.306), (5.309), (5.310) und (5.311) sind für $J = 1/2$ in den Abbildungen 5.51 bis 5.54 als gestrichelte Kurvenverläufe mit eingezeichnet. Es wird deutlich, dass diese Näherungsgleichungen nur im Bereich $\eta \ll 1$ mit den korrekten Kurvenverläufen übereinstimmen.

5.6.9 Koexistenzkurve und Sprung der Molwärme beim Phasenübergang in Supraleitern

a) Zeigen Sie, dass auf der Gleichgewichtskurve $\vec{H}_{\mathrm{c}}(T)$ für Supraleitung (S)/Normalleitung (N) ganz allgemein gilt:

$$\frac{\mathrm{d}\vec{H}_{\mathrm{c}}(T)}{\mathrm{d}T} = -\frac{\Delta \overline{H}_{\mathrm{tr}}}{T \cdot \vec{H}_{\mathrm{c}}}$$

und bestimmen Sie dann $\mathrm{d}\vec{H}_{\mathrm{c}}(T)/\mathrm{d}T$ für den Fall, dass Gl. (5.109) gilt. Was ergibt sich dann für $\Delta \overline{H}_{\mathrm{tr}}$? Gehen Sie bei der Lösung aus von der Gleichgewichtsbedingung $\mathrm{d}\overline{F}_{\mathrm{S}} = \mathrm{d}\overline{F}_{\mathrm{N}}$.

b) Leiten Sie einen allgemeinen Ausdruck zur Bestimmung der Sprunghöhe der Molwärmen $\overline{C}_{V,\mathrm{S}} - \overline{C}_{V,\mathrm{N}}(T = T_{\mathrm{c}}) = 0$ ab. Bestimmen Sie dann $\overline{C}_{V,\mathrm{S}} - \overline{C}_{V,\mathrm{N}}$ für den Fall, dass Gl. (5.109) gilt und berechnen Sie den Wert von $\overline{C}_{V,\mathrm{S}} - \overline{C}_{V,\mathrm{N}}$ für Aluminium. Der experimentelle, durch Kalorimetrie bestimmte Wert ist $2,34 \cdot 10^{-3}$ J $\cdot$ mol^{-1} $\cdot$ K^{-1}.

Lösung:

a) Mit $dF_S = dF_N$ erhält man nach Gl. (5.90) mit $dV = 0$:

$$-S_S dT - \left(\vec{M}_S \cdot V \right) d\vec{H}_c = -S_N dT - \left(\vec{M}_N \cdot V \right) d\vec{H}_c$$

für die Phasengrenzlinie. Bei Supraleitern gilt Gl. (5.102) (wir setzen $V = \overline{V}$, beziehen uns also auf ein Mol Substanz):

$$\vec{H} = -\mu_0 \cdot \vec{M}_S$$

Ferner gilt $\vec{M}_N \approx 0$. Damit erhält man auf der Gleichgewichtskurve:

$$\frac{d\vec{H}_c}{dT} = -\frac{\overline{S}_N - \overline{S}_S}{\vec{M}_N \overline{V} - M_S \overline{V}} \approx \frac{\overline{S}_N - \overline{S}_S}{\vec{M}_S \cdot \overline{V}} = -\frac{\overline{S}_N - \overline{S}_S}{\vec{H}_c \cdot \mu_0^{-1} \overline{V}} = -\frac{\Delta \overline{S}_{tr}}{\vec{H}_c \cdot \mu_0^{-1} \cdot \overline{V}}$$

und somit wegen $T \Delta \overline{S}_{tr} = \Delta \overline{H}_{tr}$ im Phasengleichgewicht:

$$\overline{V} \cdot \mu_0^{-1} \cdot \vec{H}_c \frac{d\vec{H}_c}{dT} = -\frac{\Delta \overline{H}_{tr}}{T} \quad (0 \leq T \leq T_c)$$

Eingesetzt in Gl. (5.109) ergibt sich:

$$\overline{V} \cdot \mu_0^{-1} \cdot \vec{H}_c \cdot \frac{d\vec{H}_c}{dT} = \vec{H}_{c,max} \left(1 - \left(\frac{T}{T_c} \right)^2 \right) \cdot \left(-\frac{2T}{T_c^2} \right) \cdot \vec{H}_{c,max} \cdot \mu_0^{-1}$$

also:

$$\Delta \overline{H}_{tr} = 2 \cdot \overline{V} \cdot \mu_0^{-1} |\vec{H}_{c,max}|^2 \left(1 - \left(\frac{T}{T_c} \right)^2 \right) \cdot \left(\frac{T}{T_c} \right)^2$$

Das ist genau Gl. (5.125).

b) Wir gehen aus von der in a) bewiesenen Gleichung und differenzieren sie nach T:

$$\overline{V} \mu_0^{-1} \cdot \frac{d}{dT} \left[T \cdot H_c \frac{d\vec{H}_c}{dT} \right] = -\frac{d\Delta \overline{H}_{tr}}{dT} = -\left(\overline{C}_{V,N} - \overline{C}_{V,S} \right) = \overline{C}_{V,S} - \overline{C}_{V,N}$$

$$= \left[T \cdot \vec{H}_c \left(\frac{d^2 \vec{H}_c}{dT^2} \right) + T \left(\frac{d\vec{H}_c}{dT} \right)^2 + \vec{H}_c \frac{d\vec{H}_c}{dT} \right] \cdot \overline{V} \cdot \mu_0^{-1}$$

Wir suchen $\overline{C}_{V,S} - \overline{C}_{V,N}$ bei $T = T_c$ bzw. $\vec{H}_c = 0$. Also gilt mit $\overline{V} = M/\varrho$ (M = Molmasse in $kg \cdot mol^{-1}$, ϱ = Massendichte in $kg \cdot m^{-3}$):

$$\frac{M_w}{\varrho} \mu_0^{-1} \left(\frac{d\vec{H}_c}{dT} \right)^2_{T=T_c} = \frac{\overline{C}_{V,S} - \overline{C}_{V,N}}{T_c}$$

Wir setzen wieder Gl. (5.109) ein und erhalten:

$$\overline{C}_{V,S} - \overline{C}_{V,N} = 4 \frac{M}{\varrho} \cdot \mu_0^{-1} \cdot |H_{c,max}|^2 / T_c$$

Wir berechnen den Wert für Aluminium mit den Daten aus Tab. 5.2 und 5.3.

$$\overline{C}_{V,S} - \overline{C}_{V,N} = 4 \cdot \frac{0,027}{2702} \frac{10^6}{1,25672} \left(99 \cdot 10^{-4}\right)^2 / 1,196$$

$$= 2,61 \cdot 10^{-3} \text{ J} \cdot \text{mol}^{-1} \cdot \text{K}^{-1}$$

Experimentell findet man durch kalorimetrische Messungen:

$$\overline{C}_{V,S}(\text{Al}) \text{ bei } T_C = 1,196 = 3,85 \cdot 10^{-3} \text{ J} \cdot \text{mol}^{-1} \cdot \text{K}^{-1}$$
$$\overline{C}_{V,N}(\text{Al}) \text{ bei } T_C = 1,196 = 1,48 \cdot 10^{-3} \text{ J} \cdot \text{mol}^{-1} \cdot \text{K}^{-1}$$

Also:

$$\left(\overline{C}_{V,S} - \overline{C}_{V,N}\right) = 2,37 \cdot 10^{-3} \text{ J} \cdot \text{mol}^{-1} \cdot \text{K}^{-1} \quad \text{für Aluminium}$$

Die Übereinstimmung ist befriedigend, die Abweichung der Theorie vom Experiment beträgt ca. 10 %.

5.6.10 *Der Übergang von der polytropen zur isothermen Atmosphäre eines idealen Gases als Grenzwertproblem*

Zeigen Sie, dass Gl. (5.152) für die Druckabhängigkeit einer polytropen Atmosphäre für $\varepsilon = 1$ in die isotherme Form, also die barometrische Höhenformel nach Gl. (5.153) übergeht. Dazu ist eine Grenzwertbetrachtung erforderlich.
Lösung:
Die Gleichung

$$p(z) = p_0 \left(1 - \frac{M \cdot g}{RT_0} \frac{\varepsilon - 1}{\varepsilon} \frac{h}{T_0}\right)^{\frac{\varepsilon}{\varepsilon-1}}$$

lässt sich formal schreiben

$$p(z) = \left(1 + \frac{a}{n}\right)^n$$

mit $a = -M \cdot g \cdot z/RT_0$ und $n = \varepsilon/(\varepsilon - 1)$.
Der Grenzwert für $\varepsilon \to 1$ bedeutet $n \to \infty$, also

$$\lim_{n \to \infty} \left(1 + \frac{a}{n}\right)^n = e^a = p = p_0 \exp[-M \cdot g \cdot z/RT_0]$$

Zum Beweis benutzen wir den binomischen Lehrsatz und schreiben in diesem Fall:

$$\left(1 + \frac{a}{n}\right)^n = \sum_{r=0}^{n} \frac{n!}{r!(n-r)!} \cdot 1^{n-r} \cdot \left(\frac{a}{n}\right)^r = \sum_{r=0}^{n} \frac{a^r}{r!} \frac{(n-1)(n-2)\cdots(n-r+1)}{n^{r-1}}$$

$$= \sum_{r=0}^{n} \frac{a^r}{r!} \left(1 - \frac{1}{n}\right)\left(1 - \frac{2}{n}\right)\cdots\left(1 - \frac{r-1}{n}\right)$$

Als Grenzwert für $n \to \infty$ ergibt sich somit:

$$\lim_{n \to \infty} \left(1 + \frac{a}{n}\right)^n = \sum_{r=0}^{\infty} \frac{a^r}{r!} = e^a$$

denn die Summe bis $n = \infty$ ist gerade die Taylorreihenentwicklung von e^a. Wir erhalten also die barometrische Höhenformel einer isothermen Atmosphäre für $\varepsilon = 1$.

Bei gasförmigen Mischungen ist diese Ableitung nicht möglich, da in der adiabatischen bzw. polytropen Atmosphäre wegen der Konvektionsbewegung überall eine Durchmischung vorausgesetzt wird. Eine adiabatische bzw. polytrope Atmosphäre befindet sich streng genommen nicht wirklich im thermodynamischen Gleichgewicht. Das wäre nur dann der Fall, wenn die Konvektionsbewegung unendlich langsam wäre. Je langsamer sie ist, desto dichter ist das System am thermodynamischen Gleichgewicht. Das gilt für reine Gase wie für Gasmischungen.

5.6.11 *Die isotherme v. d. Waals-Atmosphäre*

Leiten Sie für $\gamma = 1$ mit Hilfe von Gl. (5.167) $p(h)$ bzw. $p(z)$ als Funktion der Tiefe h (bzw. der Höhe z) für ein v.d. Waals-Gas im Schwerefeld eines Planeten ab. Der Grenzfall $\gamma = 1$ bedeutet formal, dass sich das System isotherm verhält, $T = T_0$ ist unabhängig von h.

Lösung:

Für den Fall $\gamma = 1$ ergibt die Berechnung des Integrals in Gl. (5.167) mit $y = \overline{V} - b$ als Variable:

$$\int_{\overline{V}_0}^{\overline{V}} \frac{\overline{V} \, d\overline{V}}{(\overline{V} - b)^2} = \int_{y_0}^{y} \frac{y + b}{y^2} dy = \ln \frac{y}{y_0} - b\left(\frac{1}{y} - \frac{1}{y_0}\right)$$

Das ergibt mit $(p_0 + a/\overline{V}_0^2) \cdot (\overline{V}_0 - b) = RT$ statt Gl. (5.168):

$$-M \cdot g \cdot z = RT \left[\ln\left(\frac{\overline{V} - b}{\overline{V}_0 - b}\right) - b\left(\frac{1}{\overline{V} - b} - \frac{1}{\overline{V}_0 - b}\right)\right] - 2a\left(\frac{1}{\overline{V}} - \frac{1}{\overline{V}_0}\right)$$

Das ist die Formel für die isotherme v.d. Waals-Atmosphäre. Um $p(h, T = \text{const})$ zu erhalten, muss $\overline{V}_0$ bzw. $\overline{V}(z)$ in die v.d. Waals-Zustandsgleichung eingesetzt werden. Bei $T < T_c$ (kritische Temperatur) kann es bei genügend hohen Drücken zur Phasentrennung Dampf-Flüssigkeit kommen. Die flüssige Phase bedeckt dann die Planetenoberfläche. Beispiele: H_2O in der Erdatmosphäre oder Methan in der Titanatmosphäre. Für $a = 0$ und $b = 0$ geht die Gleichung in die barometrische Höhenformel für ideale Gase über wegen $\overline{V}_0/\overline{V} = p/p_0$.

In Abb. 5.55 ist $p(z)$ für eine CO_2-Modellatmosphäre bei $T = 306$ K dargestellt. Die Ergebnisse für ideales Gasverhalten und reales Verhalten nach der v-d- Waals-Gleichung sind gezeigt. Bei $z = 0$ ist in beiden Fällen $p = 195$ bar. Folgende Daten wurden verwendet: $M_{CO_2} = 0,044$ kg $\cdot$ mol^{-1}, $g = 9,81$ m $\cdot$ s^{-2}, $T = 306$ K, $a_{CO_2} = 0,3661$ J $\cdot$ m^3 $\cdot$ mol^{-2} und $b_{CO_2} = 4,35 \cdot 10^{-5}$ m^3 $\cdot$ mol^{-1}.

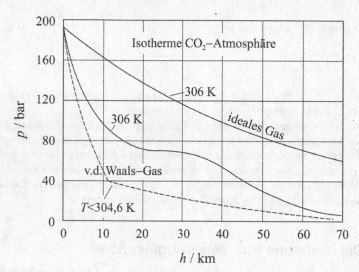

Abb. 5.55 Isothermer Druckverlauf einer Modellatmosphäre aus CO_2 für den Fall idealen und realen Verhaltens (s. Text).

Man sieht, dass der Druckverlauf des v.d. Waals-Gases erheblich niedriger ist als der des idealen Gases. Die Temperatur 306 K liegt nur wenig über der kritischen Temperatur $T_c = 304,6$ K für CO_2. Das Gas ist also noch überkritisch und überall homogen. Im Bereich des kritischen Druckes von 73,5 bar für CO_2 deutet der flache Verlauf bei 306 K die Nähe des kritischen Punktes an. Bei Temperaturen $T < T_c$ fällt $p(h)$ im Anfangsbereich bei niedrigen Höhen steil ab (CO_2-Ozean!) und macht bei einer bestimmten Stelle (40 bar, 12 km) einen Knick, um dann mit weiter wachsender Höhe erheblich flacher weiter zu verlaufen. An der Stelle des Knicks findet ein Phasenübergang von flüssig nach dampfförmig statt. Dort macht das molare Volumen einen Sprung von $\overline{V}_{\text{flüssig}}$ zu $\overline{V}_{\text{Dampf}}$ mit $\overline{V}_{\text{flüssig}} < \overline{V}_{\text{Dampf}}$. Die Höhe h beim Knick bezeichnet also die Dicke der flüssigen Schicht des CO_2-Ozeans.

5.6.12 *Eine stationäre Messstation in der Venusatmosphäre*

Die untere Atmosphäre und Oberfläche der Venus sind wegen der dichten flächendeckenden Wolkenbildung (Schwefelsäuretröpfchen) nur im Radiowellenbereich für optische Untersuchungen zugänglich. Raumsonden, die am Venusboden gelandet sind, hatten nur eine sehr begrenzte Lebensdauer wegen der dort herrschenden hohen Temperaturen. Die hohe Dichte der Venusatmosphäre würde es aber möglich machen, in einer bestimmten Höhe über dem Boden bei gemäßigten Temperaturen eine Raumstation „schwimmen" zu lassen. Welche Massendichte müsste eine solche Raumstation haben, um bei ca. 350 K in der Atmosphäre wie ein Ballon zu schweben und welchen Abstand z hätte sie zum Venusboden? Wie groß wäre das Volumen der Raumstation (kugelförmig), wenn die Wand eine Stärke von 1 cm hat und aus einem Material mit der Dichte $1000 \, \text{kg} \cdot \text{m}^{-3}$ besteht (Das kann kein Metall sein, sondern müsste ein Spezialwerkstoff sein)? Die

Nutzlast (Messgeräte, Atemluftversorgung, Innenausstattung, Kühlanlage) soll 500 kg betragen und die Atemluft bei 1 bar und 293 K aus 80 % He + 20 % O_2 bestehen (Molprozent). Machen Sie Gebrauch von den Ergebnissen aus Abschnitt 5.3.4., d. h. von der dort abgeleiteten Formel für $T(z)$ der Venusatmosphäre.

Lösung:

Wir setzen:

$$350 \text{ K} = 749(1 - 1,044 \cdot 10^{-5} \cdot z)$$

Das ergibt, für die Höhe z über dem Boden:

$$z = 51026 \text{ m} = 51,026 \text{ km}$$

Für den Druck bzw. die Massendichte der Atmosphäre erhalten wir mit $M_{Co_2} = 0,044 \text{ kg} \cdot \text{mol}^{-1}$, $p_0 = 91$ bar, $T_0 = 749$ K, $z = 51026$ m, $g = 8,87 \text{ m} \cdot \text{s}^{-2}$ und $\varepsilon = 1,2$ nach Gl. (5.152):

$$p(51,026 \text{ km}) = 91(1 - 1,044 \cdot 10^{-5} \cdot z^6) = 0,948 \text{ bar}$$

bzw.:

$$\varrho_{CO_2}(51,026 \text{ km}) = \frac{p \cdot M_{CO_2}}{R \cdot T} = \frac{0,948 \cdot 10^5 \cdot 0,044}{R \cdot 350} = 1,433 \text{ kg} \cdot \text{m}^{-3}$$

Die Dichte der Raumstation muss im Schwebezustand mit ϱ_{CO_2} identisch sein. Wir approximieren die Raumstation durch eine Kugel vom Radius r. Die Dichte der He/O_2-Mischung bei $T = 300$ K und $p = 1$ bar berechnen wir nach ($M_{He/O_2} = 0,8 \cdot 0,0044 + 0,2 \cdot 0,032 = 9,16 \cdot 10^{-3} \text{ kg} \cdot \text{mol}^{-1}$):

$$\varrho_{He/O_2} = \frac{p \cdot M_{He/O_2}}{R \cdot 293} \ (M_{He/O_2}) = 0,385 \text{ kg} \cdot \text{m}^{-3}$$

Mit $p = 10^5$ Pa ergibt sich für $\varrho_{He/O_2} = 0,385 \text{ kg} \cdot \text{m}^{-3}$. Für die Dichte ϱ_R der Raumstation gilt dann:

$$\varrho_R = \frac{4\pi r^2 \cdot \Delta r \cdot \varrho_{Material} + 500}{(4/3) \cdot \pi \cdot r^3} + 0,385 = \varrho_{CO_2} = 1,672 \text{ kg} \cdot \text{m}^{-3}$$

Mit $\varrho_{Material} = 1000 \text{ kg} \cdot \text{m}^{-3}$, $\Delta r = 0,01$ m und $\varrho_{He/O_2} = 0,385 \text{ kg} \cdot \text{m}^{-3}$ ergibt sich als Lösung für den Radius r der Raumstation aus dieser Gleichung:

$$r = 23 \text{ m}$$

Unter diesen Bedingungen könnten sich auch zeitweise Astronauten in der Station aufhalten, vorausgesetzt natürlich, dass eine Klimatisierung an Bord das Innere des Raumschiffs auf Zimmertemperatur hält und eine Kunstluftversorgung (O_2 + He) vorhanden ist. Die Energieversorgung an Bord müsste photovoltarisch durch das Sonnenlicht bereitgestellt werden.

5.6.13 Höhenkorrektur beim Ablesen eines Barometers

Ein Experimentator will den äußeren Luftdruck in seinem Labor mit einer Präzision von $\pm 0,5$ mbar ablesen. Das Manometer, das er benutzt, steht jedoch 4 Stockwerke höher (das sind 14 m). Er liest dort 0,9780 bar ab. Welche Korrektur muss er anbringen? Die Lufttemperatur beträgt genau 20 °C.

Lösung:

Für den Druckunterschied gilt nach der barometrischen Höhenformel:

$$p(14\,\text{m}) - p(0) = p_0 \left[\exp\left(-\frac{0,029\,\text{kg} \cdot 14\,\text{m}}{293,15 \cdot R} \right) - 1 \right] = -1,633 \cdot 10^{-3}\,\text{bar} = -1,633\,\text{mbar}$$

Das liegt außerhalb der Messfehlergrenze. Der Druck im Labor muss also um diesen Betrag korrigiert werden:

$$p_{\text{Labor}} = 0,9780 + 1,633 \cdot 10^{-3} = 0,9796\,\text{bar}$$

5.6.14 Wolkenbildung in der Jupiteratmosphäre

Die Oberfläche des Jupiter ist in dichte Wolken gehüllt, die ein reges dynamisches Verhalten zeigen. Ihre bänderartige Struktur ist teilweise bläulich und rötlich gefärbt. Die äußeren Gassschichten der Jupiteratmosphäre bestehen fast ausschließlich aus H_2 und He. Die Wolkenbildung rührt von den geringen Konzentrationen leicht kondensierbarer Moleküle her, vor allem H_2O, NH_3 und NH_4S-Kristallen. Die Molenbrüche von H_2O, NH_3 und Methan in der gut durchmischten Jupiteratmosphäre sind in Tab. 5.10 angegeben.

Tab. 5.10 Molenbrüche der wichtigsten Spurenstoffe in der Jupiteratmosphäre.

x	$2 \cdot 10^{-3}$	10^{-3}	10^{-4}
Stoff	CH_4	H_2O	NH_3

In welcher Tiefe h bilden sich H_2O- bzw. NH_3-Wolken, wenn der Atmosphärenrand ($h = 0$) definiert ist durch die Werte $p_0 = 1$ bar und $T_0 = 140$ K? Verwenden Sie die angegebenen Dampfdruckkurven für H_2O und NH_3 sowie die Ergebnisse der Berechnungen für den Verlauf von p und T als Funktion der Tiefe h in Abschnitt 5.3.3. Die Dampfdruckkurven für H_2O und NH_3 lauten:

$$H_2O: \quad p_{H_2O}^{\text{sat}}(T)/\text{Pa} = \exp\left[23,15 - \frac{3814}{T/\text{K} - 46,29} \right]$$

$$NH_3: \quad p_{NH_3}^{\text{sat}}(T)/\text{Pa} = \exp\left[21,841 - \frac{2132,5}{T/\text{K} - 32,98} \right]$$

Lösung:

Die Wolkenbildung erfolgt dort, wo der Druck der Adiabatengleichung für die Jupiteratmosphäre $p_{\text{ad}}(T)$ multipliziert mit dem Molenbruch von H_2O bzw. NH_3 gleich dem Sättigungsdampfdruck $p_{\text{sat}}(T)$ ist. $p_{\text{ad}}(T)$ ergibt sich im Bereich der Gültigkeit eines ungefähr idealen Gasverhaltens durch Eliminieren von h aus Gl. (5.150) und Gl. (5.152):

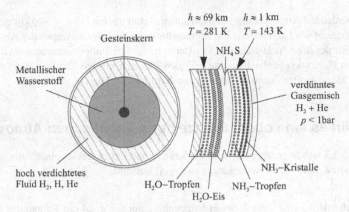

Abb. 5.56 Kondensation von H_2O und NH_3 in der äußersten Schicht der Jupiteratmosphäre (nicht maßstäblich).

$$\left(\frac{T}{T_0}\right)^{\gamma/(\gamma-1)} = p_{ad}(T)$$

Für das H_2/He-Gemisch der Jupiteratmosphäre gilt $\gamma = 1,425$ (s. Abschnitt 5.3.8). Damit lässt sich die Temperatur T_{kond}, bei der im Randbereich der Jupiteratmosphäre H_2O bzw. NH_3 auskondensiert und es zur Wolkenbildung kommt, berechnen. Für H_2O gilt:

$$x_{H_2O} \cdot \left(\frac{T_{kond,H_2O}}{140}\right)^{1,425/0,425} = \exp\left[23,195 - \frac{3814,0}{T_{kond,H_2O} - 46,29}\right]$$

und für NH_3

$$x_{NH_3} \cdot \left(\frac{T_{kond,NH_3}}{140}\right)^{1,425/0,425} = \exp\left[21,841 - \frac{2132,5}{T_{kond,NH_3} - 32,98}\right]$$

mit $x_{H_2O} = 10^{-3}$ und $x_{NH_3} = 10^{-4}$. Man erhält für T_{kond}:

$$T_{kond,H_2O} = 281 \text{ K} \qquad \text{und} \qquad T_{kond,NH_3} = 143 \text{ K}$$

Damit erhält man:

$$h_{kond,H_2O} = 68,9 \text{ km} \qquad \text{und} \qquad h_{kond,NH_3} = 1,1 \text{ km}$$

Kristalle aus NH_4S bilden sich im Bereich von $h = 20$ bis 40 km (s. Abb. 5.56). In ungefähr diesen Tiefen sitzen die aus Wassertropfen bzw. Ammoniaktropfen bestehenden Wolkenschichten. Sie liegen nur geringfügig unter dem durch $p_0 = 1$ bar und $T_0 = 140$ K definierten Wert von $h = 0$. Für CH_4 dagegen findet kein Kondensationsprozess statt, da die dazu notwendige tiefe Temperatur nirgendwo in der Jupiteratmosphäre erreicht wird. Die Temperatur in der nach außen immer verdünnter werdenden Atmosphäre sinkt nach außen weiter ab, bis bei $h \approx -10$ km ein Minimum von ~120 K erreicht wird, dann steigt die Temperatur jedoch wieder an wegen der Absorption des UV-Lichtanteils der Sonneneinstrahlung. Der Bereich bis zum Temperaturminimum heißt Troposphäre. Dieses Phänomen beobachtet man bei allen Planeten mit gasförmigen Atmosphären wie Venus, Erde, Mars, Jupiter, Saturn und auch beim Saturnmond Titan (s. Abb 5.57).

5.6.15 *Gibt es eine obere Grenze der adiabatischen Atmosphäre?*

In Abschnitt 5.3.3 wurde gezeigt, wie der Temperatur- und Druckverlauf einer Atmosphäre unter adiabatischen bzw. polytropen Bedingungen ($\varepsilon \leq \gamma_{ad}$) aussieht.

a) In welcher Höhe z_{max} wäre in der Erdatmosphäre mit $\varepsilon = 1,24$ die Temperatur $T = 0$ K erreicht? Das wäre die Grenze unserer Atmosphäre. Die Luft würde sogar schon vor Erreichen dieser Grenze auskondensieren. Noch am Ende des 19. Jahrhunderts hielt man so etwas für denkbar, da man damals noch sehr wenig über die oberen Schichten der Atmosphäre wusste.

b) Warum gibt es in Wirklichkeit keine Atmosphärengrenze? Geben Sie eine qualitative Erklärung.

Lösung:

a) $T = 0$ bedeutet nach Gl. (5.150):

$$T_0 = 288 \text{ K} = \frac{M \cdot g}{R} \cdot z_{max} \cdot \frac{\varepsilon - 1}{\varepsilon}$$

oder:

$$z_{max} = 288 \, \frac{\varepsilon}{\varepsilon - 1} \, \frac{R}{M \cdot g} = 288 \, \frac{1,24}{1,24 - 1} \, \frac{R}{0,029 \cdot 9,81} = 43488 \text{ m} = 43,5 \text{ km}$$

b) In Wirklichkeit verläuft die Temperatur quasi-adiabatisch nur bis zu einer Höhe von 15 - 20 km (Troposphäre, s. Abb. 5.57). Darüber steigt die Temperatur an wegen der UV-Lichtabsorption des Sonnenlichtes und der Bildung der Ozonschicht, danach sinkt die Temperatur wieder und erreicht ein Minimum bei $z = 85$ km. Die Schicht zwischen 15 und 85 km heißt Stratosphäre. Darüber steigt die Temperatur wieder steil an. In der sog. Thermosphäre beginnt ab ca. 90-100 km Höhe die Spaltung von O_2- und N_2-Molekülen durch die harte UV-Strahlung der Sonne, die die ständig fortschreitende Temperaturerhöhung verursacht. Es gibt daher keine definierbare Grenze der Atmosphäre.

Bereiche, in denen sich die Atmosphäre adiabatisch verhält und in denen die Temperatur absinkt mit wachsender Höhe sind auf die Troposphäre und die Mesosphäre beschränkt.

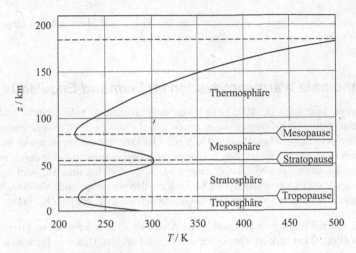

Abb. 5.57 Temperaturverlauf in der Erdatmosphäre.

5.6.16 *Die ideale adiabatische Planetenatmosphäre als Grenzfall der realen van der Waals-Atmosphäre*

In Abschnitt 5.3.8 wurde Gl. (5.168) abgeleitet für den adiabatischen Verlauf des Molvolumens $\overline{V}$ (bzw. der Dichte) eines realen van der Waals-Fluids als Funktion der Tiefe h vom äußeren Atmosphärenrand aus beschrieben. Zeigen Sie, dass für $b = 0$ und $a = 0$ Gl. (5.164) in Gl. (5.150) bzw. (5.152) übergeht.

Lösung:

Für den Fall $a = 0$ und $b = 0$ geht Gl. (5.168) über in:

$$ h = \frac{RT_0}{\langle M \rangle \cdot g} \cdot \frac{\gamma}{\gamma - 1} \cdot \left[\left(\frac{\overline{V}_0}{\overline{V}} \right)^{\gamma - 1} - 1 \right] $$

Die Adiabatengleichung für ein van der Waals-Fluid (Gl. (5.160)) geht für $a = 0$ und $b = 0$ über in den Fall eines idealen Gases:

$$ p \cdot \overline{V}^{\gamma} = p_0 \cdot \overline{V}_0^{\gamma} \qquad \text{bzw.} \qquad T \cdot \overline{V}^{\gamma - 1} = T_0 \cdot \overline{V}_0^{\gamma - 1} $$

wegen $p \cdot \overline{V} = RT$ bzw. $p_0 \cdot \overline{V}_0 = RT_0$.
Eingesetzt in den obigen Ausdruck für h ergibt sich:

$$ h = \frac{RT_0}{\langle M \rangle \cdot g} \left[\frac{\gamma}{\gamma - 1} \left(\frac{T}{T_0} - 1 \right) \right] \qquad \text{bzw.} \qquad T = T_0 + \frac{h \cdot \langle M \rangle \cdot g}{R} \cdot \frac{\gamma - 1}{\gamma} $$

Das ist genau Gl. (5.150) mit $\varepsilon = \gamma$. Wenn statt der Tiefe h die Höhe $z = -h$ eingesetzt wird, nimmt T mit z ab.

5.6.17 Anomale Wärmeproduktion im Eismond Enceladus

Der Saturnmond Enceladus (s. Abb. 5.58) besitzt eine erstaunlich hohe Oberflächentemperatur von durchschnittlich 120 K. Wegen seiner hohen Albedo von ca. 0.98 müsste eigentlich seine Oberflächentemperatur zwischen 40 und 50 K liegen. Das kann nur durch eine innere Wärmequelle erklärt werden., die erheblich über der Wärmeleistung liegen muss, die nur durch radioaktiven Zerfall im Gesteinsanteil des Mondes erzeugt wird. Außerdem hat man auf dem Enceladus in der Nähe seines Südpols Kryovulkanismus beobachtet, also wasserspeiende Vulkane. Man nimmt daher an, dass die feste Eisschicht des Mondes möglicherweise nur ein paar Kilometer dick ist.

a) Berechnen Sie die innere Wärmeleistung L von Enceladus wenn seine Eisschicht 1 km, 10 km oder 50 km dick ist. Gehen Sie von Gl. (5.179) aus. Daten zu Enceladus finden Sie in Tabelle 5.6.

b) Wie dick wäre die Eisschicht ohne die zusätzliche Wärmequelle, wenn also nur radioaktive Erwärmung im Gesteinskern des Mondes existieren würde?

Lösung:

a) Wir wenden Gl. (5.179) an mit $\widetilde{h} = h/r_M = 1/252,\ 10/252$ oder $50/252$. Auflösung nach L ergibt mit $T_0 = 120$ K:

$$L = \frac{273,16 - 120 - 2,0137 \cdot 10^{-11} \cdot \left(2,52 \cdot 10^5\right)^2 \cdot \left(\widetilde{h}_{SL} - \frac{1}{2}\widetilde{h}_{SL}^2\right)}{(2800/(3 \cdot 4)) \cdot (0,697)^3 \cdot (2,52 \cdot 10^5)^2 \cdot \left(\widetilde{h}_{SL}/(1 - \widetilde{h}_{SL})\right)}$$

Daraus folgt:

$$L = 7,65 \cdot 10^{-9}\ \text{Watt} \cdot \text{kg}^{-1}\ \text{bei}\ h = 1\ \text{km}$$
$$L = 1,71 \cdot 10^{-10}\ \text{Watt} \cdot \text{kg}^{-1}\ \text{bei}\ h = 10\ \text{km}$$
$$L = 2,64 \cdot 10^{-11}\ \text{Watt} \cdot \text{kg}^{-1}\ \text{bei}\ h = 50\ \text{km}$$

Das ist jeweils 4500, 100, 16 mal höher als die rein radioaktive Leistung von $1,7 \cdot 10^{-12}$ J $\cdot$ s$^{-1} \cdot$ kg^{-1}. Die Ursache dieser Wärmequelle ist noch nicht klar, sie könnte von der Gezeitenreibung durch die besondere Nähe zum Saturn stammen, und/oder von einer noch nicht abgeschlossenen Massendifferenzierung von Eis/Wasser und Gestein im Inneren des Mondes.

Abb. 5.58 Der Eismond Enceladus, aufgenommen während der Cassini-Mission, 2004 (Bildquelle: wikipedia).

b) Bei $L = 1,7 \cdot 10^{-12}$ J $\cdot$ s^{-1} $\cdot$ kg^{-1} gibt es nur Lösungen für $\tilde{h}_{SL} > \tilde{h}_{rock} = 1 - 0,697 = 0,303$, also $h > 76,4$ km. Das bedeutet, die gesamte Wasserschicht bestünde nur aus Eis. Wegen des beobachteten Kryovulkanismus kann dies aber nicht sein.

5.6.18 *Der Einfluss gelöster Stoffe auf die Dicke der Wasser- und Eisschicht am Beispiel des Saturnmondes Titan*

Es wird vermutet, dass bei den Eismonden, wie z.B. Titan, der flüssige Wassermantel unter der äußeren Wassereiskruste gelöste Stoffe enthält, wahrscheinlich NH_3 und/oder gelöste Salze. Diese bewirken eine Gefrierpunktserniedrigung der wässrigen Lösung, d.h. Wassereis friert erst bei Temperaturen unterhalb der Gerfrierpunktstemperatur von reinem Wasser aus.

Das lässt sich mit Hilfe von Gl. (1.90) und (1.91) berechnen. So folgt z.B. das Verhalten einer Lösung von NH_3 in Wasser (s. Abb. 1.3) bis zu einem Molenbruch $x_{NH_3} = 0,32$ ungefähr diesen Gleichungen. Bei $x_{NH_3} \approx 0,32$ findet man einen eutektischen Punkt bei $T = 182$ K, wo eine flüssige Phase dieser Zusammensetzung mit festem Wassereis und der festen Verbindung $NH_3 \cdot H_2O$ im Gleichgewicht steht.

Berechnen Sie die Dicke der Eisschicht und ihre Temperatur an der Phasengrenze zu einer wässrigen Lösung mit $x_{NH_3} = 0,20$ am Beispiel des Saturnmondes Titan und vergleichen Sie die Daten mit denen, die bei reinem flüssigen Wasser in Abschnitt 5.3.8 erhalten wurden.

Angaben: Die molare Schmelzenthalpie von Wasser beträgt 6 kJ $\cdot$ mol^{-1}, der Aktivitätskoeffizient von Wasser bei $x_{NH_3} = 0,20$ beträgt 0,938. Δc_p kann gleich null gesetzt werden.

Lösung:

Wir berechnen die Gefrierpunktstemperatur T bei 1 bar nach Gl. (1.90) bzw. (1.91) für eine NH_3-haltige wässrige Lösung mit $x_{NH_3} = 0,20$:

$$T = \left(\frac{1}{273} - \frac{R \cdot \ln(0,938 \cdot (1 - x_{NH_3}))}{6000} \right)^{-1} = 246,2 \, K$$

Das bedeutet eine Temperaturabsenkung von 273, 1 K – 246, 2 K = 26, 9 K. Aus Gl. (5.175) erhält man mit 246,2 K statt 273,1 K sowie denselben Parametern T_0 = 91 K, r_M = 2,575 · 10^6 m und (r_{rock}/r_M) = 0,788 die folgende Lösung für $\tilde{h}_{SL}$:

$$\tilde{h}_{SL} = 0,0997 \quad bzw. \quad h = 256,7 \, km$$

Ohne NH_3 in Lösung wurde nach Gl. (5.175) $\tilde{h}_{SL}$ = 0, 1152 bzw. h = 296, 6 km erhalten. Die Gefrierpunktserniedrigung führt also zu einer Verringerung der Eiskruste um 40 km. Dann ergibt sich aus Gl. (5.170) für T_{SL}, die Temperatur an der Grenze Eis/NH_3-Lösung:

$$T_{SL} = 91 + 1286,94 \cdot \frac{0,0997}{1 - 0,0997} = 233,5 \, K$$

Nach Gl. (5.181) beträgt T_{SL} im Fall von reinem Wasser 258,6 K. Damit ergibt sich für die Temperatur T_{rock} an der Grenze zur Gesteinsschicht nach Gl. (5.174) mit $\tilde{h} = \tilde{h}_{rock} = 1 - 0,788 = 0,212$ und $\tilde{h}_{SL} = 0,0997$:

$$T_{rock} = 237,5 \, K$$

Im Fall von reinem Wasser wird dagegen T_{rock} = 262 K erhalten (s. Abb. 5.27). Durch die dünnere Eiskruste von 256,7 km sinken die Temperaturen im Inneren des Titan, der Mond ist thermisch nicht mehr so gut abgeschirmt wie mit einer dickeren Eisschicht von 296,6 km.

5.6.19 *Warum hat die Erde einen festen inneren Kern?*

Im Abschnitt 5.3.6 (Tabelle 5.5) wurde gezeigt, dass das Erdinnere sich aus Kugelschalen verschiedener Dichten zusammensetzt. Von außen nach innen sind das: die Erdkruste, der äußere und der innere Mantel, sowie der äußere und innere Erdkern. Während Mantel und äußerer Kern sich im flüssigen Zustand befinden, ist der innere Kern fest. Der äußere Kern besteht im wesentlichen aus geschmolzenem Eisen sowie Nickel, FeO und FeS. Der Temperaturverlauf im Erdinneren ist nicht sehr genau bekannt, er kann aber innerhalb des Kerns einigermaßen zuverlässig durch folgende Gleichung in Abhängigkeit vom Druck p in Mbar wiedergegeben werden:

$$T_E(p) = 2135 + 690 \cdot p - 40 \cdot p^2 \tag{5.312}$$

Bis zur Grenze von äußeren zum inneren Kern liegt diese Temperatur T_E *oberhalb* der Schmelztemperatur T_{melt} des Gemisches Fe, Ni, FeO, FeS, ($T_E \geq T_{melt}$), im inneren Kern jedoch *unterhalb*

T_{melt} ($T_E \leq T_{\text{melt}}$). Daher ist der innere Kern fest, obwohl die Temperatur zum Erdzentrum hin ständig zunimmt. Das lässt sich thermodynamisch genauer erklären.

Die Abhängigkeit des Schmelzpunktes T_{melt} vom Druck p heißt Schmelzdruckkurve. Man leitet sie im einfachsten Fall folgendermaßen ab. Es gilt im Gleichgewicht:

$$d\mu_{\text{Fe}} = -T\overline{S}_{\text{Fe}} \cdot dT + \overline{V}_{\text{Fe}} \cdot dp = d\mu_{\text{fest}} = -T\overline{S}_{\text{fest}} \cdot dT + \overline{V}_{\text{fest}} \cdot dp$$

Daraus ergibt sich:

$$\frac{dp}{dT} = \frac{\Delta\overline{S}_{\text{melt}}}{T \cdot \Delta\overline{V}_{\text{melt}}}$$

mit $\Delta\overline{S}_{\text{melt}} = \overline{S}_{\text{Fe}} - \overline{S}_{\text{fest}}$ und $\Delta\overline{V}_{\text{melt}} = \overline{V}_{\text{Fe}} - \overline{V}_{\text{fest}}$. Integriert man diese Gleichung unter der Annahme, dass $\Delta\overline{S}_{\text{melt}}$ und $\Delta\overline{V}_{\text{melt}}$ unabhängig von T und p sind, erhält man:

$$T_{\text{melt}} = T_{\text{ref}} \cdot \exp\left[\frac{\Delta\overline{V}_{\text{melt}}}{\Delta\overline{S}_{\text{melt}}} (p - p_{\text{ref}})\right] \tag{5.313}$$

wobei T_{ref} und p_{ref} den Schmelzpunkt in einem Referenzzustand bedeuten. Es gilt $T \geq T_{\text{ref}}$ und $p \geq p_{\text{ref}}$. Wir wählen für Eisen den Referenzzustand $T_{\text{ref}} = 2578$, K bei $p_{\text{ref}} = 0,759$ Mbar. Dieses Wertepaar ist aus Experimenten genügend genau bekannt. Bei einem Gemisch aus ca. 80 % Eisen und 20 % Ni, FeO und FeS ist wegen der Schmelzpunkterniedrigung T_{ref} geringer als 2578 K. Als Schmelzdruckkurve für das bevorzugt Fe enthaltende Material des Erdkerns lässt sich schreiben:

$$T_{\text{melt}}(p) = 1722 \cdot \exp\left[0,372\,(p - 0,759)\right] \tag{5.314}$$

wobei p in Mbar einzusetzen ist. Für $\Delta\overline{V}_{\text{melt}}/\Delta\overline{S}_{\text{melt}}$ wurde als Mittelwert 0,372 m$^3 \cdot$ J$^{-1} \cdot$ K eingesetzt. Um den Druck zu ermitteln, bei dem das flüssige Gemisch erstarrt, muss man Gl. (5.312) und (5.314) gleichsetzen:

$$T_E(p) = T_s(p) = T_{\text{melt}}(p_{\text{melt}})$$

Als Lösung ergibt sich $p_{\text{melt}} = 2,88$ Mbar und $T_{\text{melt}} = 3790$ K. Um herauszufinden, bei welchem Abstand r vom Erdzentrum bzw. welcher Tiefe $h = R_p - r$ dieser Übergang von Flüssigkeit zum Festkörper stattfindet, muss man die Abhängigkeit $p(r)$ bzw. $p(h)$ kennen. Sie ist in Abb 5.59 dargestellt und lässt sich im Bereich des Kerns, also zwischen $r = 0$ und $r = r_2$ (Grenze vom Mantel zum Kern) berechnen. Da die Dichten ϱ_{21} und ϱ_{10} fast gleich sind, setzen wir einen Mittelwert von $\overline{\varrho} = 12 \cdot 10^3$ kg$\cdot$m^{-3} ein, der von $r = 0$ bis $r = r_2$ gilt. Wir erhalten für den Druckverlauf $p(r)$ bzw. $p(\overline{h})$ (s. Gl. (5.149)):

$$p\left(\overline{h}\right) = \frac{4}{3}\pi \cdot G \cdot R_E^2 \cdot \left[\left(1 - \overline{h}_2\right)^2 - \left(1 - \overline{h}\right)^2\right] + p\left(\overline{h}_2\right) \tag{5.315}$$

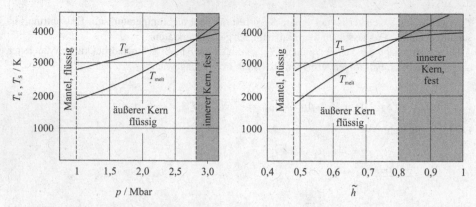

Abb. 5.59 Schmelzdruckkurve T_{melt} und Temperaturkurve der Erde T_{E} als Funktionen von p (links) und von $\widetilde{h}$ (rechts). Die Grenze vom äußeren zum inneren Kern liegt bei 3790 K und $r_1 = 1250\,\mathrm{km}$ ($\widetilde{h} = 0,803$).

bzw.

$$p\left(\widetilde{h}\right) = 8,169 \cdot \left[0,2704 - \left(1 - \widetilde{h}\right)^2\right] + 0,992 \tag{5.316}$$

mit $1 \ge \widetilde{h} \ge \widetilde{h}_2 = (R_E - r_2)/R_E = 0,48$ wegen $R_E = 6371 \cdot 10^3$ m und $r_2 = 3310 \cdot 10^3$ m (s. Tabelle 5.5). Setzt man nun Gl. (5.315) in Gl. (5.312) und Gl. (5.314) ein erhält man $T_{\mathrm{melt}}(\widetilde{h})$ und $T_{\mathrm{E}}(\widetilde{h})$. $T_{\mathrm{melt}}(p)$ und $T_{\mathrm{E}}(p)$ bzw. $T_{\mathrm{melt}}(\widetilde{h})$ und $T_{\mathrm{E}}(\widetilde{h})$ sind in Abb. 5.59 dargestellt.
Die Temperatur im Zentrum der Erde ($r = 0, \widetilde{h} = 1$) liegt nach unserem Modell bei knapp 4000 K.

5.6.20 *Analytische Lösungen der Lane-Emden-Gleichung*

Die Lane-Emden-Gleichung Gl. (5.194) ist die Grundlage für die Entwicklung von Sternenmodellen. Die verschiedenen Klassen dieser Gleichung unterscheiden sich durch den sog. Polytropenindex $n = (1 - \gamma)^{-1}$. Analytische Lösungen gibt es nur für $n = 0$, $n = 1$, und $n = 5$. Für den Fall $n = 0$ lautet Gl. (5.194):

$$\frac{1}{\xi^2}\frac{\mathrm{d}}{\mathrm{d}\xi}\left(\xi^2 \cdot \frac{\mathrm{d}\theta}{\mathrm{d}\xi}\right) = -1$$

Das lässt sich sofort integrieren und ergibt:

$$\xi^2 \cdot \frac{\mathrm{d}\theta}{\mathrm{d}\xi} = -\frac{1}{3} \cdot \xi^3 - C$$

Die nächste Integration liefert die Lösung:

$$\theta = D + \frac{C}{\xi} - \frac{1}{6} \cdot \xi^2$$

Die Integrationskonstanten C und D lassen sich durch die physikalischen Randbedingungen bestimmen. Bei $\xi = 0$ muss $\theta = 1$ sein, also muss $C = 0$ und $D = 1$ gelten und man erhält:

$$\boxed{\theta = 1 - \frac{1}{6} \cdot \xi^2} \quad (n = 0)$$

Wenn $\theta = 0$ ist, ist $\xi_S = \sqrt{6} = 2,44949$ (s. Tabelle 5.7).

Der zweite Fall mit $n = 1$ ist auch nicht schwierig zu behandeln. Wir beginnen mit der Variablentransformation

$$\theta = \chi / \xi$$

Eingesetzt in Gl. (5.194) ergibt das für $n = 1$:

$$\frac{\mathrm{d}^2\chi}{\mathrm{d}\xi^2} = -\chi$$

Eine allgemeine Lösung, die 2 Intergationskonstanten α und δ enthält, lautet:

$$\chi = \alpha \cdot \sin(\xi + \delta) \quad \text{bzw.} \quad \theta = \alpha \cdot \frac{\sin(\xi + \delta)}{\xi}$$

Es muss $\delta = 0$ gelten, da sonst bei $\xi = 0$ θ gegen ∞ geht. Da $\theta(\xi = 0) = 1$ gilt, muss $\alpha = 1$ sein, denn der Grenzwert $\sin \xi / \xi$ wird 1 für $\xi = 0$. Also lautet die Lösung:

$$\boxed{\theta = \frac{\sin \xi}{\xi}} \quad (n = 1)$$

Für $\xi = \xi_S = \pi$ wird $\theta = 0$ (s. Tabelle 5.7). Der Kurvenverlauf für $n = 1$ ist in Abb. **??** dargestellt. Auf die Lösung für $n = 5$ wollen wir verzichten, da sie keine weitere physikalische Bedeutung hat und der Lösungsweg etwas beschwerlicher ist (s. z.B. Chandrasekhar, Introduction to the Study of Stellar Structure, Dover (1967)).

5.6.21 Dichteverlauf einer binären flüssigen Mischung im Gravitationsfeld der Erde

Wir stellen uns vor, dass ein 1 km langes Rohr gefüllt mit einer binären flüssigen Mischung senkrecht in den Erdboden hineinragt. Benutzen Sie die Daten der binären Mischung A+B aus Abschnitt 5.3.9, leiten Sie die Gleichung für die Dichte $\varrho(h)$ ab und berechnen Sie ϱ bei Tiefe $h = 0$,

$h = 500\,\text{m}$ und $h = 1000\,\text{m}$.

Lösung:

Aus Gl. (5.143) folgt mit $\mathrm{d}h = -\mathrm{d}z$:

$$\varrho(z) = \frac{\mathrm{d}p}{\mathrm{d}h} \cdot \frac{1}{g}$$

Also erhält man aus Gl. (5.162) durch Differentiation:

$$\varrho(z) = \frac{1}{g} \cdot \frac{\mathrm{d}p}{\mathrm{d}z} = \frac{1}{\overline{V}} \cdot \frac{\sum_i x_{i,0} \cdot M_i \cdot \exp\left(\dfrac{M_i \cdot g \cdot h}{RT}\right)}{\sum_i x_{i,0} \cdot \exp\left(\dfrac{M_i \cdot g \cdot h}{RT}\right)}$$

Einsetzen für $i = $ A und B mit $M_A = 0,06\,\text{kg} \cdot \text{mol}^{-1}$, $M_B = 0,15\,\text{kg} \cdot \text{mol}^{-1}$, $T = 300\,\text{K}$, $x_{A,0} = x_{B,0} = 0,5$ und $\overline{V} = 10^{-4}\,\text{m}^3 \cdot \text{mol}^{-1}$ ergibt:

$$\varrho(h = 0) = 2100\,\text{kg} \cdot \text{m}^{-3}$$
$$\varrho(h = 500\,\text{m}) = 2179\,\text{kg} \cdot \text{m}^{-3}$$
$$\varrho(h = 1000\,\text{m}) = 2258\,\text{kg} \cdot \text{m}^{-3}$$

Der Dichteverlauf ist nahezu linear. In der Tiefe $h = 1000\,\text{m}$ nimmt die Dichte um $(2258 - 2100)/2100 \cdot 100 = 7,5\,\%$ zu, da die schweren Moleküle B dort angereichert werden. Der Einfluss der Kompressibilität wurde vernachlässigt, ebenso der Temperaturanstieg im Erdinneren.

5.6.22 *Isotopenmischung* $^{12}CH_4$ / $^{14}CH_4$ *in der Gaszentrifuge*

a) In der Natur kommt ^{14}C zu 1 %, ^{12}C zu 99 % vor. Eine natürliche Gasmischung von ^{12}CH$_4$ und ^{14}CH$_4$ wird in einer Gaszentrifuge mit $r = 0,4\,\text{m}$ und $\dot\omega = 1800\,\text{s}^{-1}$ behandelt. Bei $r = 0$ ist $x_{^{14}CH_4} = 0,01$ und $x_{^{12}CH_4} = 0,99$. Wie groß ist die Zusammensetzung beim Zentrifugenradius $r_z = 0,4$? Es gelte $T = 300\,\text{K}$.

b) Schaltet man n Zentrifugen so hintereinander, dass jeweils die Zusammensetzung der $(n-1)$ten Zentrifuge bei $r = r_z$ (Zentrifugenradius) die Zusammensetzung der n-ten Zentrifuge bei $R = 0$ ist, wie ist dann die Zusammensetzung bei $r = r_z$ in der n-ten Zentrifuge? Wie groß ist $^n x_{^{14}C}$ wenn $n = 0$, $n = 20$, $n = 50$ und $n = 100$ ist? Leiten Sie zunächst die allgemeine Formel für $^n x_{^{14}C}$ ab. Es soll gelten: $\dot\omega = 500\,\text{s}^{-1}$, $r_z = 0,4\,\text{m}$, $T = 300\,\text{K}$.

Lösung:

a)

$$x_{14CH_4} = \frac{0,01 \cdot e^{[0,018\cdot(0,4\cdot1800)^2/4988,7]}}{0,01 \cdot e^{[0,018\cdot(0,4\cdot1800)^2/4988,7]} + 0,99 \cdot e^{[0,016\cdot(0,4\cdot1800)^2/4988,7]}}$$

$$= 0,0123$$

Der Molenbruch erhöht sich von 0,010 auf 0,0123, also um den Faktor 1,23. Das schwere Gas $^{14}CH_4$ wird also angereichert. Auf solchen Methoden beruht heute die wichtigste Isotopentrennmethode. Uranisotopentrennung wird durch Zentrifugieren der Gasmischung $^{235}UF_6$ (Molenbruch 0,03) und $^{238}UF_6$ (Molenbruch 0,97) durchgeführt.

b) In der ersten Zentrifuge gilt ($x_A = x_{14C}, x_B = x_{12C}$):

$$^{(1)}x_A = \frac{^{0}x_A \cdot \exp[M_A \cdot (\omega r)^2/RT]}{^{(0)}x_A \cdot \exp[M_A \cdot (\omega r)^2/RT] + ^0 x_B \cdot \exp[M_B \cdot (\omega r)^2/RT]}$$

Setzt man $^{(1)}x_A$ statt $^{(0)}x_A$ ein, erhält man für $^{(2)}x_A$:

$$^{(2)}x_A = \frac{^{0}x_A \cdot [\exp[M_A \cdot (\omega r)^2/RT]]^2}{^{0}x_A \cdot [\exp[M_A \cdot (\omega r)^2/RT]]^2 + ^0 x_B \cdot [\exp[M_B \cdot (\omega r)^2/RT]]^n}$$

Daraus folgt allgemein für n Zentrifugen:

$$^{(n)}x_A = \frac{1}{1 + \frac{^0x_B}{^0x_A} \cdot [\exp[(M_B - M_A)(\omega r)^2/RT]]^n}$$

Mit den angegebenen Parametern ergibt das:

$$^{(n)}x_{14C} = \frac{1}{1 + 99 \cdot (0,9684)^n}$$

Damit erhalten wir die folgenden Ergebnisse:

$^{(n)}x$	0,0103	0,0137	0,0188	0,0479	0,2003
n	1	10	20	50	100

Bei Hintereinanderschaltung von 100 Zentrifugen wird also eine Anreicherung von $^1x_{14C} = 0,0103$ auf $^{(100)}x_{14C} = 0,2$ erreicht. Das ist allerdings ein idealisiertes Ergebnis, in einem realen Trennverfahren ist die Anreicherung geringer. Abb. 5.60 zeigt eine technische Gaszentrifugenanlage. Am Kopf jeder Einzelzentrifuge ist die Zu- und Ableitung des Gasgemisches zu erkennen.

Abb. 5.60 Gaszentrifugenanlage mit vielen hintereinandergeschalteten Einzelzentrifugen. (Bildquelle: wikipedia)

5.6.23 *Die Mischung Hexan + Squalan in der Ultrazentrifuge*

Die Moleküle Hexan (C_6H_{14}) und Squalan ($C_{30}H_{62}$) sind von sehr unterschiedlicher Größe. Es gilt bei Zimmertemperatur (293 K):

$$M_{\text{Hexan}} = 0,08617\,\text{kg} \cdot \text{mol}^{-1} \quad \text{und} \quad \overline{V}^{\circ}_{\text{Hexan}} = 1,305 \cdot 10^{-4}\,\text{m}^3 \cdot \text{mol}^{-1}$$

und

$$M_{\text{Squalan}} = 0,42283\,\text{kg} \cdot \text{mol}^{-1} \quad \text{und} \quad \overline{V}^{\circ}_{\text{Squalan}} = 5,214 \cdot 10^{-4}\,\text{m}^3 \cdot \text{mol}^{-1}$$

Hier kann die Zusammensetzung der Mischung nicht mehr mit der Annahme $\overline{V}_A \cong \overline{V}_B$ beschrieben werden, wie wir das bei der Ableitung von Gl. (5.274) und Gl. (5.275) getan haben. Gl. (5.274) bleibt dagegen nach wie vor gültig. Wir müssen also von einem Ausdruck für das chemische Potential von $\mu_{\text{Hexan}} = \mu_A$ und $\mu_{\text{Squalan}} = \mu_B$ ausgehen, das die unterschiedliche Molekülgröße berücksichtigt. Ausgangspunkt ist Gl. (5.177) für das chemische Potential μ_i einer multinären realen Mischung, die sich für eine binäre Mischung nach Aufgabe 1.20.32 reduziert auf:

$$\mu_A - \mu_{A,0} = RT \ln a_A = RT \ln \Phi_A + RT \cdot \left(1 - \frac{\overline{V}_A}{\overline{V}_B}\right)(1 - \Phi_A) + \chi(1 - \Phi_A)^2 \cdot \overline{V}_A$$

und

$$\mu_B - \mu_{B,0} = RT \ln a_B = RT \ln \Phi_B + RT \cdot \left(1 - \frac{\overline{V}_B}{\overline{V}_A}\right) \cdot \Phi_A + \chi \cdot \Phi_A^2 \cdot \overline{V}_B$$

mit $r = b_2/b_1 = \overline{V}_B/\overline{V}_A$ sowie dem Volumenbruch $\Phi_A = 1 - \Phi_B$:

$$\Phi_A = \frac{\overline{V}_A \cdot x_A}{\overline{V}_A \cdot x_A + \overline{V}_B \cdot x_B} \quad \text{mit} \quad \overline{V}_A \cong b_A \quad \text{und} \quad \overline{V}_B \cong b_B$$

χ ist der Wechselwirkungsparameter (Einheit: $J \cdot mol^{-1} \cdot m^{-3}$). Damit erhalten wir mit $\mu_A^{rot}(r = 0) = \mu_A^{rot}(r)$ bzw. $\mu_B^{rot}(r = 0) = \mu_B^{rot}(r)$ aus Gl. (5.278) bzw. (5.279):

$$
\begin{aligned}
RT \ln a_A =& RT \ln\left(\frac{\Phi_A}{\Phi_{A,0}}\right) + RT\left(1 - \frac{\overline{V}_A}{\overline{V}_B}\right)(\Phi_{A,0} - \Phi_A) + \chi \cdot \overline{V}_A \left[(1 - \Phi_A)^2 - (1 - \Phi_{A,0})^2\right] \\
& - \frac{M_A \cdot \dot{\omega}^2 \cdot r^2}{2} - \overline{V}_A(p - p_0) = 0
\end{aligned}
$$

bzw.

$$
\begin{aligned}
RT \ln a_B =& RT \ln\left(\frac{\Phi_B}{\Phi_{B,0}}\right) + RT\left(1 - \frac{\overline{V}_B}{\overline{V}_A}\right)(\Phi_{B,0} - \Phi_B) + \chi \cdot \overline{V}_B \left[(1 - \Phi_B)^2 - (1 - \Phi_{B,0})^2\right] \\
& - \frac{M_B \cdot \dot{\omega}^2 \cdot r^2}{2} - \overline{V}_B(p - p_0) = 0
\end{aligned}
$$

Wir eliminieren aus diesen Gleichungen $(p - p_0)$, indem wir die erste Gleichung durch $\overline{V}_A$ dividieren, die zweite durch $\overline{V}_B$ und dann diese Ausdrücke voneinander subtrahieren. Man erhält dann:

$$
\begin{aligned}
& \frac{1}{\overline{V}_A}RT \ln \frac{\Phi_A}{\Phi_{A,0}} + RT\left(\frac{1}{\overline{V}_A} - \frac{1}{\overline{V}_B}\right)(\Phi_{A,0} - \Phi_A) \\
& + \chi\left[(1 - \Phi_A)^2 - (1 - \Phi_{A,0})^2 - (1 - \Phi_B)^2 - (1 - \Phi_{B,0})^2\right] - RT\left(\frac{1}{\overline{V}_B} - \frac{1}{\overline{V}_A}\right)(\Phi_{B,0} - \Phi_B) \\
& + \frac{\dot{\omega}^2 \cdot r^2}{2}(\varrho_A - \varrho_B)
\end{aligned}
$$

mit den Massendichten $\varrho_A = M_A/\overline{V}_A$ und $\varrho_B = M_B/\overline{V}_B$. Wir setzen $\Phi_B = 1 - \Phi_A$ und $\Phi_{B,0} = 1 - \Phi_{A,0}$. Die Zusammenfassung der Terme ergibt:

$$\frac{\varrho_A}{M_A}RT \cdot \ln\left(\frac{\Phi_A}{\Phi_{A,0}}\right) - \frac{\varrho_B}{M_B}RT \cdot \ln\left(\frac{1 - \Phi_A}{1 - \Phi_{A,0}}\right) = 2\chi(\Phi_A - \Phi_{A,0}) + \frac{\dot{\omega}^2 \cdot r^2}{2}(\varrho_A - \varrho_B)$$

Man sieht, dass diese Gleichung in Gl. (5.278) übergeht für $\overline{V}_A = \overline{V}_B = \overline{V}$ mit $\chi = a \cdot \overline{V}^{-1}$. Als Rechenbeispiel setzen wir $\Phi_{Hex}^0 = \Phi_{Sqa}^0 = 0,5$ und $\dot{\omega} = 450 \, s^{-1}$. Alternativ wählen wir $\chi = 0$ Pa, $\chi = +1916$ Pa, $\chi = -1916$ Pa. Es werden drei Kurven für $\Phi_{Hex}(r)$ erhalten. Die Ergebnisse sind für $T = 293$ K in Abb 5.61 dargestellt.

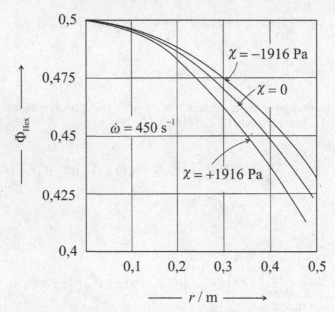

Abb. 5.61 Mischung Hexan/Squalan bei T = 293 K und $\dot{\omega}$ = 450 s^{-1}. Volumenbruch Φ_{Hex} gegen Zentrifugalradius r.

Die Komponente mit der höheren Dichte (Squalan) wird mit dem Zentrifugalabstand r angereichert. Der Einfluss von χ zeigt, dass im Vergleich zu $\chi = 0$ eine etwas geringere Anreicherung an Squalan beobachtet werden, wenn χ positiv ist. Die Anreicherung ist höher, wenn χ negativ ist.

A Tabellen: Thermodynamische Stoffdaten (Auswahl)[19]

A.1 Siedetemperaturen und kritische Daten

Tab. A.1 Siedetemperaturen, kritische Temperatur, kritischer Druck und kritisches Volumen reiner Stoffe

	T_B/K	T_c/K	p_c/bar	$V_c/cm^3 \cdot mol^{-1}$
H_2	20,4	33,2	13,0	65,0
D_2	23,7	38,4	16,6	60,3
N_2	77,4	126,2	33,9	89,5
O_2	90,2	154,6	50,4	73,4
NO	121,4	180,0	64,8	58,0
CO_2	194,7	304,2	73,5	94,0
CO	81,7	132,9	35,1	93,1
N_2O	184,7	309,6	72,4	97,4
HCl	188,1	324,6	85,1	81,0
NH_3	239,7	405,6	112,7	72,5
SO_2	263,0	430,8	78,8	122,0
SO_3	318,0	491,0	82,1	130,0
H_2O	373,2	647,3	220,5	56,0
He	27,0	44,4	27,6	41,7
Ar	87,3	150,8	48,4	74,9
Kr	119,8	209,4	55,0	91,2
Xe	165,0	289,7	58,4	118,0
Methan (CH_4)	111,7	190,6	46,0	99,0
Ethan (C_2H_6)	184,5	305,4	48,8	148,0
Ethylen (C_2H_4)	169,4	282,4	50,3	129,0
Azetylen (C_2H_2)	189,2	308,3	61,0	113,0
Cyclopropan (C_3H_6)	240,4	397,8	54,9	170,0
Propan (C_3H_8)	231,1	369,8	42,4	203,0
Propen (C_3H_6)	255,4	365,0	46,2	181,0
n-Butan (C_4H_{10})	272,7	425,2	38,0	255,0

[19]Daten entnommen aus: JANAF, Thermochemical Tables, 2nd Ed. (1971). TRC Thermodynamic Tables, Texas A & M University, College Station (1969) and (1976). R. C. Reid, J. M. Prausnitz, T. K. Sherwood: The Properties of Gases and Liquids, McGraw Hill, New York (1977).

Tab. A.1 Siedetemperaturen, kritische Temperatur, kritischer Druck und kritisches Volumen reiner Stoffe

	T_B/K	T_c/K	p_c/bar	$V_c/cm^3 \cdot mol^{-1}$
iso-Butan (C_4H_{10})	261,3	408,1	36,5	263,0
1-Buten (C_4H_8)	266,9	419,6	40,2	240,0
n-Pentan (C_5H_{12})	309,2	469,6	33,7	304,0
n-Hexan (C_6H_{14})	341,6	507,4	29,7	370,0
n-Oktan (C_8H_{18})	398,8	568,8	24,8	492,0
n-Decan ($C_{10}H_{22}$)	447,3	617,6	21,1	603,0
Methanol (CH_3OH)	337,8	512,6	80,9	118,0
Ethanol (C_2H_5OH)	351,5	516,2	63,8	167,0
Azeton (C_2H_6O)	329,4	508,1	47,0	209,0
Dimethylether (C_2H_6O)	250,2	400,0	53,7	178,0
Tetrahydrofuran (C_4H_8O)	339,1	540,2	51,8	224,0
Dioxan ($C_4H_8O_2$)	374,5	587,0	52,1	238,0
Azetonitril (CH_3CN)	354,8	548,0	48,3	173,0
HCN	298,9	456,8	53,9	139,0
H_2S	212,8	373,2	89,4	98,5
HBr	206,4	363,2	85,5	100,0
CF_4	145,2	227,6	37,4	140,0
$CHCl_3$	334,3	536,4	54,7	239,0
CH_3Cl	248,9	416,3	66,8	139,0
Benzol	353,3	562,1	48,9	259,0
Cyclohexan (C_6H_{12})	353,9	553,4	40,8	308,0
Toulol (C_7H_8)	383,8	591,7	41,2	316,0

A.2 Molwärmen

Tab. A.2 Empirische Molwärmen $\overline{C}_{p0}$ von Gasen (korrigiert auf den idealen Gaszustand) zwischen 300 und 1500 K in J $K^{-1}mol^{-1}$. Die Werte von $\overline{C}_{p0}$ bei 298,15 K sind gesondert angegeben. $\overline{C}_{p0} = a + bT + cT^2 + dT^3$

Gas	Formel	a	$b \cdot 10^3$	$c \cdot 10^6$	$d \cdot 10^9$	$\overline{C}_p^0(298)$
Wasserstoff	H_2	29,066	- 0,837	2,012		28,824
Deuterium	D_2	28,577	0,879	1,958		
Sauerstoff	O_2	25,723	12,979	- 3,862		29,355
Stickstoff	N_2	27,296	5,230	- 0,004		29,125
Chlor	Cl_2	31,698	10,142	- 4,038		33,907
Brom	Br_2	35,242	4,075	- 1,487		36,02
Chlorwasserstoff	HCl	28,167	1,810	1,547		29,12

Tab. A.2 Empirische Molwärmen $\overline{C}_{p0}$ von Gasen (korrigiert auf den idealen Gaszustand) zwischen 300 und 1500 K in J K^{-1}mol^{-1}. Die Werte von $\overline{C}_{p0}$ bei 298,15 K sind gesondert angegeben. $\overline{C}_{p0} = a + bT + cT^2 + dT^3$

Gas	Formel	a	$b \cdot 10^3$	$c \cdot 10^6$	$d \cdot 10^9$	$\overline{C}_p^0(298)$
Bromwasserstoff	HBr	27,522	3,996	0,662		29,142
Wasserdampf	H_2O	30,359	9,615	1,184		33,577
Kohlenstoffmonoxid	CO	26,861	6,966	- 0,820		29,166
Kohlendioxid	CO_2	21,556	63,697	- 40,505	9,678	37,11
Distickstoffmonoxid	N_2O	27,317	43,995	- 14,941		38,45
Schwefeldioxid	SO_2	25,719	57,923	- 38,087		39,87
Schwefeltrioxid	SO_3	15,075	151,921	-120,616	36,187	50,67
					(bis 1200 K)	
Schwefelwasserstoff	H_2S	28,719	16,117	3,284	- 2,653	34,23
Cyanwasserstoff	HCN	24,995	42,710	- 18,062		
Ammoniak	NH_3	25,895	32,581	- 3,046		35,06
Methan	CH_4	17,451	60,459	1,117	- 7,205	35,309
Ethan	C_2H_6	5,351	177,669	- 68,701	8,514	52,63
Propan	C_3H_8	- 5,058	308,503	- 161,779	33,309	73,51
n-Butan	C_4H_{10}	- 0,050	387,045	- 200,824	40,610	97,45
n-Pentan	C_5H_{12}	0,414	480,298	- 255,002	52,815	
n-Hexan	C_6H_{14}	1,790	570,497	- 306,009	63,994	143,09
n-Heptan	C_7H_{16}	3,125	661,013	- 357,435	75,324	
n-Octan	C_8H_{18}	4,452	751,492	- 408,768	86,605	188,87
Ethylen	C_2H_4	11,322	122,005	- 37,903		43,56
Benzol	C_6H_6	- 39,656	501,787	- 337,657	85,462	81,67
Toluol	C_7H_8	- 37,363	573,346	- 362,669	87,056	103,64
o-Xylol	C_8H_{10}	- 16,276	599,442	- 350,933	78,948	
m-Xylol	C_8H_{10}	- 31,941	639,943	- 386,321	89,144	
p-Xylol	C_8H_{10}	- 29,501	624,395	- 367,569	82,705	
Mesitylen	C_9H_{12}	- 25,154	692,084	- 390,451	84,157	
					(bis 1000 K)	
Pyridin	C_5H_5N	- 12,619	368,539	- 161,774		
Methanol	CH_3OH	18,401	101,562	- 28,681		43,89
Ethanol	C_2H_5OH	14,970	208,560	- 71,090		65,44
Azeton	$(CH_3)_2CO$	8,468	269,454	- 143,448	29,631	

A.3 Thermodynamische Standardbildungsgrößen

Bildungsenthalpien $\Delta^f \overline{H}^0(298)$ in kJ $\cdot$ mol^{-1} und Freie Bildungsenthalpien $\Delta^f \overline{G}^0(298)$ in kJ $\cdot$ mol^{-1} aus den Elementen unter Standardbedingungen $p = 1$ atm $= 1,01325$ bar) bei 298,15 K in kJ mol^{-1} sowie konventionelle molare Entropien $\overline{S}^0(298)$. Standardbedingungen $p = 1$ atm $= 1,01325$ bar) bei 298,15 K in J mol^{-1}K^{-1} (g = gasförmig; fl = flüssig; f = fest; aq = in idealisierter wässriger

Lösung; $\widetilde{m} = 1$ mol/1 kg Wasser)[1]). $\overline{C}_p^0(298)$ ist die Molwärme bei konstantem Druck von 1 atm = 1,01325 bar bei $T = 298,15$ in J $\cdot$mol^{-1} $\cdot$ K^{-1}.

Tab. A.3 Anorganische Stoffe

Stoff	Aggregatzustand	$\Delta^f\overline{H}^0$ (298)	$\overline{S}^0$ (298)	$\Delta^f\overline{G}^0$ (298)	$\overline{C}_p^0(298)$
Aluminium Al	f	0	28,32	0	24,4
Al^{+++}	aq	- 524,7	-313,4	- 481,2	
αAl$_2$O$_3$ (Korund)	f	- 1675,27	50,94	- 1581,88	79,0
AlCl$_3$	f	- 705,64	109,29	- 630,06	91,8
Argon Ar	g	0	154,72	0	20,8
Arsen As	f	0	35,2	0	24,6
As$_2$O$_5$	f	- 914,6	105,4	- 772,4	
AsCl$_3$	fl.	- 335,6	233,5	- 295,0	
AsCl$_3$	g	- 261,5	327,2	- 248,9	75,7
Barium Ba	f	0	64,9	0	28,1
Ba^{++}	aq	- 538,36	12,6	- 561,28	
BaSO$_4$	f	- 1465,2	132,2	- 1353,73	101,8
Bismut Bi	f	0	56,9	0	25,5
BiCl$_3$	f	- 379,11	189,5	- 318,95	105,0
BiCl$_3$	g	-270,70	356,9	- 260,2	
Blei Pb	f	0	64,79	0	26,4
Pb^{++}	aq	1,63	21,34	- 24,31	
PbO	f	- 219,27	65,24	- 188,84	
PbO$_2$	f	- 270,06	76,47	- 212,42	64,5
PbCl$_2$	f	- 360,66	135,98	- 315,42	
PbS	f	- 94,31	91,2	- 92,68	49,5
PbSO$_4$	f	- 918,39	147,3	- 811,24	
Bor B	f	0	5,87	0	
B$_2$H$_6$	g	41,00	233,09	91,80	
BF$_3$	g	- 1135,62	254,24	- 1119,30	
BF$_4^-$	aq	- 1527,2	167,4	- 1435,1	
BCl$_3$	g	- 402,96	290,07	- 387,98	
BCl$_3$	fl.	- 427,2	206,3	- 387,4	106,7
BN	f	- 250,91	14,79	- 225,03	19,7
Brom Br$_2$	fl	0	152,08	0	
Br$_2$	g	30,91	245,38	3,13	36,01
Br	g	111,88	174,91	82,42	20,8
Br$^-$	aq	- 120,92	80,71	- 102,93	
HBr	g	- 36,44	198,59	- 53,49	29,142
BrCl	g	- 14,64	239,90	- 0,95	
BrF	g	- 93,8	229,0	- 109,2	33,0
Cadmium Cd	f	0	51,76	0	26,0
Cd^{++}	aq	- 72,38	- 61,09	- 77,66	

Tab. A.3 Anorganische Stoffe

Stoff	Aggregatzustand	$\Delta^f \overline{H}^0$ (298)	$\overline{S}^0$ (298)	$\Delta^f \overline{G}^0$ (298)	$\overline{C}_p^0$ (298)
CdSO$_4$	f	- 926,17	137,2	- 819,94	99,6
CdSO$_4 \cdot$ H$_2$O	f	- 1231,64	172,0	- 1066,17	
Cäsium Cs	f	0	85,15	0	
Cs$^+$	aq	- 247,7	133,1	- 281,58	
CsH	g	121,3	214,43	- 102,1	
CsF	f	- 553,5	92,8	- 525,5	51,1
CsBr	f	- 394,6	121,3	- 382,8	
CsI	f	- 336,8	129,7	- 333,0	
Calcium Ca	f	0	41,56	0	25,9
Ca^{++}	aq	- 542,96	- 55,2	- 553,04	
Ca H$_2$	f	- 188,7	41,8	- 149,8	41,0
CaF$_2$	f	- 1225,91	68,57	- 1173,53	67,0
CaCl$_2$	f	- 795,4	108,4	- 748,8	72,9
CaSO$_4$, Anhydrid	f	- 1432,6	106,7	- 1320,5	99,7
CaSO$_4 \cdot$ H$_2$O	f	- 2021,3	193,97	- 1795,8	
CaC$_2$	f	- 62,8	70,3	- 67,8	62,7
CaCO$_3$, Calcit	f	- 1207,1	92,9	- 1128,8	83,5
CaCO$_3$, Aragonit	f	- 1207,13	88,7	- 1127,75	82,3
CaO	f	- 635,5	39,7	- 604,2	42,0
CaSiO$_3, \alpha$	f	- 1579,0	87,4	- 1495,4	
Chlor Cl$_2$	g	0	222,96	0	33,907
Cl	g	121,01	165,08	105,03	21,8
Cl$^-$	aq	- 167,46	55,10	- 131,17	
ClO$_4^-$	aq	- 131,42	182,0	- 10,75	
Cl$_2$O	g	87,86	267,86	105,04	
HCl	g	- 92,31	186,79	- 95,30	29,12
ClF	g	- 50,79	217,84	- 52,29	32,1
ClF$_3$	g	- 158,87	281,50	- 118,90	
Chrom Cr	f	0	23,85	0	23,4
Cr$_2$O$_3$	f	- 1128,4	81,17	- 1046,8	118,7
CrO$_4^{--}$	aq	- 863,2	38,5	- 706,3	
HCrO$_4^{--}$	aq	- 890,4	69,0	- 742,7	
Cr$_2$O$_7^{--}$	aq	- 1460,6	213,8	- 1257,3	
Cobalt Co	f	0	30,04	0	
Co^{2+}	aq	- 67,4	- 155,2	- 51,0	
CoO	f	- 239,3	43,9	- 213,0	
CoSO$_4$	f	- 868,2	113,4	- 761,5	
CoCl$_2$	f	- 325,5	106,3	- 282,0	
Eisen Fe	f	0	27,32	0	25,1
Fe^{++}	aq	- 87,9	- 113,4	- 84,94	

Tab. A.3 Anorganische Stoffe

Stoff	Aggregatzustand	$\Delta^f \overline{H}^0$ (298)	$\overline{S}^0$ (298)	$\Delta^f \overline{G}^0$ (298)	$\overline{C}_p^0$ (298)
Fe^{+++}	aq	- 47,7	- 293,3	- 10,54	
Fe_3C	f	25,1	104,6	20,1	105,9
FeO	f	- 272,04	60,75	- 251,45	
FeS	f	- 95,06	67,40	- 97,57	50,5
Fe_2O_3	f	- 825,5	87,40	- 743,58	103,9
Fe_3O_4	f	- 1120,9	145,3	- 1017,51	143,4
FeS_2, Pyrit	f	- 177,9	53,1	- 166,69	62,2
Fluor F_2	g	0	202,70	0	31,3
F	g	78,91	158,64	61,83	22,7
F^-	aq	- 329,11	- 9,6	- 276,5	
HF	g	- 272,55	173,67	- 274,64	
Gold Au	f	0	47,36	0	
Au Cl_4^-	aq	- 325,5	255,2	- 235,1	
Au $(CN)_2^-$	aq	244,3	414,2	275,5	
Helium He	g	0	126,05	0	20,8
Iod I_2	f	0	116,14	0	
I	g	106,85	180,68	70,29	20,8
I_2	g	62,44	260,58	19,38	
I^-	aq	- 55,94	109,37	- 51,67	
I_3^-	aq	- 51,9	173,6	- 51,51	
IO_3^-	aq	- 230,1	115,9	- 135,6	
HI	g	26,36	206,48	1,57	29,2
ICl	g	17,51	247,46	- 5,72	
IBr	g	40,88	258,84	- 22,43	
Kalium K	f	0	64,67	0	29,6
K	g	89,16	160,23	60,67	20,8
K^+	aq	- 251,21	102,5	- 282,04	
KH	g	125,5	197,9	105,23	
KHF_2	f	- 927,7	104,3	- 859,7	76,9
KF	f	- 562,58	66,57	- 532,87	49,0
KCl	f	- 436,68	82,55	- 408,78	51,3
KBr	f	- 393,80	95,94	- 380,43	52,3
KI	f	- 327,90	106,39	- 323,03	52,9
K_2CO_3	f	- 1151,0	155,5	- 1063,5	114,4
KCN	f	-113,0	128,5	-101,9	66,3
$KMnO_4$	f	- 813,4	171,71	- 713,58	117,6
KNO_3	f	- 492,71	132,93	- 392,88	
Kohlenstoff, Graphit	f	0	5,69	0	8,5
Kohlenstoff, Diamant	f	1,90	2,45	2,88	6,1
C	g	714,99	157,99	669,58	20,8

Tab. A.3 Anorganische Stoffe

Stoff	Aggregatzustand	$\Delta^f \overline{H}^0$ (298)	$\overline{S}^0$ (298)	$\Delta^f \overline{G}^0$ (298)	$\overline{C}_p^0$ (298)
C_2	g	831,9	199,4	775,9	43,2
CO	g	- 110,53	197,54	- 137,16	29,166
CO_2	g	- 393,52	213,69	- 394,40	37,11
CO_3^{--}	aq	- 676,26	- 53,1	- 528,10	
HCO_3^-	aq	- 691,11	95,0	- 587,06	
CF_4	g	- 933,20	261,31	- 888,54	
CCl_4	fl	- 139,3	214,43	- 68,6	
CCl_4	g	- 95,98	309,70	- 53,67	
CS_2	fl	87,9	151,04	63,6	76,4
CS_2	g	117,07	237,79	66,91	
COS	g	- 138,41	231,47	- 165,64	
CN^-	aq	151,0	118,0	165,7	
HCN	fl	105,44	112,84	121,34	
HCN	g	135,14	201,72	124,71	
C_2N_2 (Dicyan)	g	309,07	241,46	297,55	
Krypton Kr	g	0	163,97	0	20,8
Kupfer Cu	f	0	33,11	0	24,4
Cu^{++}	aq	64,39	- 98,7	64,98	
Cu^+	aq	51,9	- 26,4	50,2	
CuO	f	- 155,85	42,61	- 128,12	42,3
$CuCO_3$	f	- 595,0	87,9	- 518,0	
Cu_2S	f	- 79,5	120,9	- 86,2	76,3
$CuSO_4$	f	- 769,9	113,4	- 661,9	
$CuSO_4 \cdot 5H_2O$	f	- 2277,98	305,4	- 1879,9	
CuS	f	- 48,5	66,5	- 49,0	
$[Cu(NH_3)_4]^{++}$	aq	- 334,3	806,7	- 256,1	
Lithium Li	f	0	29,10	0	24,8
Li^+	aq	- 278,45	14,2	- 293,76	
LiH	f	- 90,63	20,04	- 68,46	27,9
LiF	f	- 616,93	35,66	- 588,67	
$LiCl \cdot H_2O$	f	- 712,58	103,8	- 632,6	
Li_2CO_3	f	- 1215,62	90,37	- 1132,36	
Magnesium Mg	f	0	32,69	0	24,9
Mg^{++}	aq	- 461,96	- 118,0	- 455,97	
MgO	f	- 601,24	26,94	- 568,96	37,2
$Mg(OH)_2$	f	- 924,66	63,14	- 833,7	
$MgCl_2$	f	- 641,62	89,63	- 592,12	
$MgCl_2 \cdot 6H_2O$	f	- 2499,61	366,1	- 2115,60	
$MgCO_3$	f	- 1112,9	65,7	- 1029,3	75,5
$MgSiO_3$	f	- 1548,92	67,77	- 1462,07	

Tab. A.3 Anorganische Stoffe

Stoff	Aggregatzustand	$\Delta^f \overline{H}^0$ (298)	$\overline{S}^0$ (298)	$\Delta^f \overline{G}^0$ (298)	$\overline{C}_p^0$ (298)
MgH_2	f	- 75,3	31,1	- 35,9	35,4
Mangan, α Mn	f	0	32,01	0	26,3
MnO	f	- 384,9	60ß,2	- 363,2	
Mn^{++}	aq	- 218,8	- 83,7	- 223,4	
MnO_4^-	aq	- 518,4	190,0	-425,1	
Natrium Na	f	0	51,47	0	28,2
Na	g	107,76	153,61	77,30	20,8
Na^+	aq	- 239,66	60,2	- 261,88	
NaH	g	125,02	187,99	103,68	
NaH	f	- 56,3	40,0	- 33,5	36,4
$NaOH \cdot H_2O$	f	- 732,91	84,5	- 623,42	
NaF	f	- 575,38	51,21	- 545,09	46,9
NaCl	f	- 411,12	72,12	- 384,04	50,5
NaBr	f	- 361,1	86,8	- 349,0	51,4
Na I	f	- 287,8	98,5	- 286,1	52,1
$NaHF_2$	f	- 920,3	90,9	- 852,2	75,0
Na_2CO_3	f	- 1130,77	138,80	- 1048,08	112,3
$NaHCO_3$	f	- 947,7	102,1	- 851,9	
$NaBH_4$	f	- 191,84	101,39	- 127,11	
Neon Ne	g	0	146,22	0	20,8
Nickel Ni	f	0	29,9	0	26,1
NiO	f	- 244,3	38,58	- 216,3	
Ni^{++}	aq	64,0	- 159,4	- 46,4	
$NiSO_4$	f	- 872,9	92,0	- 759,7	138,0
$NiSO_4 \cdot 6H_2O$, blau	f	- 2688,2	305,9	- 2221,7	
Palladium Pd	f	0	37,2	0	
Phosphor, rot P	f	0	22,80	0	21,2
P	g	333,86	163,09	292,03	
P_2	g	178,57	218,03	127,16	
P_4	g	128,75	279,88	72,50	
PH_3	g	22,89	210,20	25,41	37,1
PCl_3	g	- 271,12	311,57	- 257,50	
PCl_5	g	- 342,72	364,19	- 278,32	
$POCl_3$	g	- 542,38	325,35	- 502,31	
Platin Pt	f	0	41,8	0	
$PtCl_4^{--}$	aq	- 516,3	175,7	- 384,5	
$PtCl_6^{--}$	aq	- 700,4	220,1	- 515,1	
Quecksilber Hg	fl	0	76,03	0	26
Hg	g	61,30	174,87	31,84	20,8
HgO, rot	f	- 90,71	71,96	- 58,91	44,1

Tab. A.3 Anorganische Stoffe

Stoff	Aggregatzustand	$\Delta^f \overline{H}^0$ (298)	$\overline{S}^0$ (298)	$\Delta^f \overline{G}^0$ (298)	$\overline{C}_p^0$ (298)
Hg_2Cl_2	f	- 264,93	192,54	- 210,52	
Rubidium Rb	f	0	76,23	0	
Rb^+	aq	- 246,4	124,3	- 280,3	
RbBr	f	- 389,1	108,28	- 376,35	
RbI	f	- 328,4	118,03	- 323,4	
Sauerstoff O_2	g	0	205,03	0	29,355
O	g	249,19	160,95	231,77	21,9
O_3	g	142,67	238,82	163,16	39,2
OH	g	39,46	183,59	34,76	29,9
OH^-	aq	- 229,95	- 10,54	- 157,32	
H_2O	fl	- 285,84	69,94	- 237,19	75,3
H_2O	g	- 241,83	188,72	- 228,60	33,577
H_2O_2	fl	- 187,78	109,6	120,35	89,1
HO_2	g	10,5	229,0	22,6	34,9
Schwefel, rhomb. S	f	0	31,93	0	22,6
S, monoklin	f	0,30	32,55	0,10	
S	g	278,99	167,72	238,50	20,8
S_2	g	129,03	228,07	80,07	32,5
SO_2	g	- 296,84	248,10	- 300,16	39,87
SO_3	g	- 395,76	256,66	- 371,07	50,67
H_2SO_4	fl	- 814,0	156,9	- 690,0	138,9
SO_3^{--}	aq	- 624,3	43,5	- 497,1	
SO_4^{--}	aq	- 907,5	17,2	- 741,99	
$S_2O_3^{--}$	aq	- 644,3	121,3	- 532,2	
H_2S	g	- 2042	205,65	- 33,28	34,23
HS^-	aq	- 17,66	61,1	12,59	
HSO_3^-	aq	- 627,98	132,38	- 527,31	
HSO_4^-	aq	- 885,75	126,86	- 752,87	
SF_6	g	- 1220,85	291,68	- 1116,99	97,0
Silber Ag	f	0	42,70	0	25,4
Ag^+	aq	105,90	73,93	77,11	
Ag_2O	f	- 30,57	121,71	- 10,82	
AgF	f	202,9	83,7	- 184,9	
AgCl	f	- 127,04	96,11	- 109,72	50,8
AgBr	f	- 995,0	107,11	- 96,11	52,4
AgI	f	- 62,38	114,2	- 66,32	
$AgNO_3$	f	- 123,14	140,92	- 32,17	
AgCN	f	146,19	83,7	164,01	
$Ag(CN)_2^-$	aq	269,9	205,0	301,46	
Silicium Si	f	0	18,82	0	

Tab. A.3 Anorganische Stoffe

Stoff	Aggregatzustand	$\Delta^f \overline{H}^0$ (298)	$\overline{S}^0$ (298)	$\Delta^f \overline{G}^0$ (298)	$\overline{C}_p^0$ (298)
SiO_2, Quarz	f	- 910,86	44,59	- 856,48	44,4
SiO_2, Kristobalit, β	f	- 905,49	50,05	- 853,67	
SiO_2, Tridymit	f	- 856,88	43,35	- 802,91	
SiH_4	g	+ 32,64	204,13	+ 55,16	42,8
SiF_4	g	- 1614,94	282,14	- 1572,58	
$SiCl_4$	fl	- 687,0	239,32	- 619,8	145,3
$SiCl_4$	g	- 657,31	330,83	- 617,38	
$Si(CH_3)_4$	fl	- 264,0	277,3	- 100,1	
SiC (hexag.) α	f	- 71,55	16,48	- 69,15	26,9
Stickstoff N_2	g	0	191,50	0	29,125
N	g	472,65	153,19	455,51	20,8
N_2O	g	82,05	219,85	104,16	38,45
NO	g	90,29	210,65	86,60	29,84
NO_2	g	33,10	239,92	51,24	37,2
N_2O_4	g	9,08	304,28	97,72	77,28
NO_3^-	aq	- 206,56	146,4	- 110,50	
NH_3	g	- 45,90	192,60	16,38	35,06
NH_4^+	aq	- 132,8	112,84	- 79,50	
NH_4Cl	f	- 315,39	94,6	- 203,89	84,1
N_2H_4 (Hydrazin)	fl	50,6	121,2	149,3	98,9
NOCl	g	51,76	261,61	66,11	
NOBr	g	82,13	273,41	82,42	
HNO_3	fl	- 174,1	155,6	- 80,7	109,9
$(NH_4)_2SO_4$	f	- 1179,30	220,29	- 900,35	187,5
$(NH_4)NO_3$	f	- 365,6	151,1	-183,9	139,3
Titan, α Ti	f	0	30,65	0	
TiO_2, Rutil	f	- 944,75	50,34	- 889,49	
$TiCl_4$	fl	- 804,16	252,40	- 737,33	
$FeTiO_3$	f	- 1207,08	105,86	- 1125,08	
Uran U	f	0	50,33	0	
UO_2	f	- 1129,7	77,80	- 1075,3	63,6
UO_2^+	aq	- 1035,1	50,2	- 994,2	
UO_2^{++}	aq	- 1047,7	- 71,1	- 989,1	
UO_3	f	- 1263,6	98,62	- 1184,1	
UF_6	f	- 2163,1	227,82	- 2033,4	166,8
UF_6	g	- 2112,9	379,74	- 2029,2	
$UO_2(NO_3)_2$	f	- 1377,4	276,1	- 1142,7	
Wasserstoff H_2	g	0	130,57	0	28,824
H	g	217,99	114,61	203,28	20,8
H^+	aq	0	0	0	

Tab. A.3 Anorganische Stoffe

Stoff	Aggregatzustand	$\Delta^f \overline{H}^0$ (298)	$\overline{S}^0$ (298)	$\Delta^f \overline{G}^0$ (298)	$\overline{C}_p^0$ (298)
D_2	g	0	144,78	0	
D	g	221,68	123,24	206,51	20,8
HD	g	0,16	143,68	- 1,64	
OH	g	39,46	183,59	34,76	
OH^-	aq	- 229,95	- 10,54	- 157,32	
H_2O	fl	- 285,84	69,94	- 237,19	75,3
H_2O	g	- 241,83	188,72	- 228,60	33,577
D_2O	fl	- 294,61	75,99	- 243,53	
D_2O	g	- 249,21	198,23	- 234,58	
HDO	fl	- 290,34	79,29	- 242,36	
HDO	g	- 245,75	199,41	- 233,58	
Wolfram W	f	0	32,66	0	
Xenon Xe	g	0	169,58	0	20,8
Zink Zn	f	0	41,63	0	25,4
Zn	g	130,50	160,87	94,93	20,8
Zn^{++}	aq	- 152,42	- 106,48	- 147,28	
ZnO	f	- 348,28	43,64	- 318,30	
ZnS	f	- 202,9	57,7	- 198,3	
Zinn, weiß Sn	f	0	51,42	0	27,0
Sn, grau	f	2,5	44,8	4,6	25,8
SnO	f	- 286,2	56,5	- 257,3	
$SnCl_4$	fl	- 545,2	258,6	- 474,0	
SnO_2	f	- 580,7	52,3	- 519,7	

Tab. A.4 Organische Stoffe

Stoff	Aggregat-zustand	$\Delta^f \overline{H}^0$ (298)	$\overline{S}^0$ (298)	$\Delta^f \overline{G}^0$ (298)	$\overline{C}_p^0$ (298)
Methan CH_4	g	- 74,8	186,15	- 50,81	35,31
Methyl CH_3	g	145,7	194,2	147,9	38,8
Methylen CH_2	g	390,4	194,9	372,9	33,8
Ethan C_2H_6	g	- 84,68	229,49	- 32,89	52,63
Propan C_3H_8	g	- 103,85	269,91	- 23,47	73,51
n-Butan C_4H_{10}	g	- 124,73	310,03	- 15,69	97,45
2-Methylpropan C_4H_{10}	g	- 131,59	294,64	- 17,99	
n-Pentan C_5H_{12}	g	- 146,44	348,40	- 8,20	
n-Pentan C_5H_{12}	fl	- 173,05	262,71	- 9,25	
2-Methylbutan C_5H_{12}	g	- 154,47	343,00	- 14,64	
2-Methylbutan C_5H_{12}	fl	- 179,28	261,00	- 15,02	

Tab. A.4 Organische Stoffe

Stoff	Aggregat-zustand	$\Delta^f\overline{H}^0$ (298)	$\overline{S}^0$ (298)	$\Delta^f\overline{G}^0$ (298)	$\overline{C}_p^0$ (298)
n-Hexan C_6H_{14}	g	- 167,19	386,81	0,21	143,09
n-Hexan C_6H_{14}	fl	- 198,82	294,30	- 381	
n-Heptan C_7H_{16}	g	- 187,82	425,26	8,74	
n-Heptan C_7H_{16}	fl	- 224,39	326,02	1,76	
n-Octan C_8H_{18}	g	- 208,45	463,67	17,32	188,87
n-Octan C_8H_{18}	fl	- 249,95	357,73	7,41	254,6
2,2,3-Trimethylpentan C_8H_{18}	g	- 220,12	425,18	17,11	
n-Dekan $C_{10}H_{22}$	fl	- 249,66	540,53	34,43	
n-Eicosan $C_{20}H_{42}$	fl	- 455,76	924,75	120,12	
Cyclopentan C_5H_{10}	g	- 77,24	292,88	38,62	
Cyclohexan C_6H_{12}	g	- 123,14	298,24	31,76	
Ethylen C_2H_4	g	52,3	219,45	68,12	43,56
Propylen C_3H_6	g	20,42	266,94	62,72	
1-Buten C_4H_8	g	- 0,13	305,60	71,50	
cis 2-Buten C_4H_8	g	- 6,99	300,83	65,86	
trans-2-Buten C_4H_8	g	- 11,17	296,48	62,97	
2-Methyl-2-Propen C_4H_8 (Isobuten)	g	- 16,90	293,59	58,07	
1,3-Butadien C_4H_6	g	111,92	278,74	152,42	
Acetylen C_2H_2	g	226,73	200,83	209,20	43,9
Methylacetylen C_3H_4	g	185,43	248,11	193,76	
Dimethylacetylen C_4H_6	g	147,99	283,30	187,15	
Benzol C_6H_6	g	82,93	269,20	129,66	81,67
Benzol C_6H_6	fl	49,04	172,80	124,52	136,3
Toluol C_7H_8	g	50,00	319,74	122,30	103,64
Toluol C_7H_8	fl	12,01	219,58	114,14	157,3
Ethylbenzol C_8H_{10}	g	29,79	360,45	130,58	
Ethylbenzol C_8H_{10}	fl	- 12,47	255,18	119,70	
o-Xylol C_8H_{10}	g	19,00	372,75	122,09	
o-Xylol C_8H_{10}	fl	- 24,43	246,48	110,33	
m-Xylol C_8H_{10}	g	17,24	357,69	118,67	
m-Xylol C_8H_{10}	fl	- 25,44	252,17	107,65	
p-Xylol C_8H_{10}	g	17,95	352,42	121,13	
p-Xylol C_8H_{10}	fl	- 24,43	247,36	110,08	
Mesitylen C_9H_{12}	g	16,07	385,56	117,86	
Mesitylen C_9H_{12}	fl	- 63,51	273,42	103,89	
Styrol C_8H_8	g	147,78	345,10	213,80	
Naphtalin $C_{10}H_8$	f	77,9	167,4		165,7
Biphenyl $C_{12}H_{10}$	f	99,4	209,4		198,4
Methanol CH_3OH	g	- 201,17	237,65	- 161,88	43,89

Tab. A.4 Organische Stoffe

Stoff	Aggregat-zustand	$\Delta^f \overline{H}^0$ (298)	$\overline{S}^0$ (298)	$\Delta^f \overline{G}^0$ (298)	$\overline{C}_p^0$ (298)
Methanol CH_3OH	fl	- 238,57	126,78	- 166,23	81,1
Ethanol C_2H_5OH	g	- 235,31	282,00	- 168,62	65,44
Ethanol C_2H_5OH	fl	- 277,65	160,67	- 174,77	112,3
Glykol $(CH_2OH)_2$	fl	- 454,30	166,94	- 322,67	
Ethylenoxid C_2H_4O	g	- 51,00	243,09	- 11,67	
Formaldehyd CH_2O	g	- 115,90	218,66	- 110,04	
Acetaldehyd C_2H_4O	g	- 166,36	265,68	- 133,72	
Ameisensäure $HCOOH$	g	- 362,63	251,04	- 335,72	
Ameisensäure, dimer $(HCOOH)_2$	g	- 785,34	347,69	- 685,34	
Ameisensäure $HCOOH$	fl	- 409,20	128,95	- 346,02	
Formiat-Ion $HCOO^-$	aq	- 410,03	91,63	- 334,72	
Essigsäure CH_3COOH	fl	- 487,02	159,83	- 392,46	123,3
Essigsäure CH_3COOH	g	- 432,8	282,50	- 374,5	66,5
Oxalsäure $(COOH)_2$	fl	- 826,76	120,08	- 697,89	91,0
Oxalat-Ion $C_2O_4^{--}$	aq	- 824,25	51,04	- 674,88	
Hydrogenoxalat $HC_2O_4^-$	aq	- 817,97	153,55	- 699,15	
Hydrogenoxalat-Ion $HC_2O_4^-$	aq	- 817,97	153,55	- 699,15	
Dimethylether $(CH_2)_2O$	g	- 185,35	266,60	- 114,22	64,4
Aceton (C_3H_6O)	fl	- 248,1	200,4	- 155,4	124,7
Phenol C_6H_6O	f	- 165,1	144,0		127,4
Tetrafluormethan CF_4	g	- 933,20	261,31	- 888,54	
Chlormethan CH_3Cl	g	- 86,44	234,25	- 62,95	40,8
Trichlormethan $CHCl_3$	g	- 103,18	295,51	- 70,41	
Trichlormethan $CHCl_3$	fl	- 131,80	202,92	- 71,55	114,2
Tetrachlormethan CCl_4	g	- 95,98	309,70	53,67	
Tetrachlormethan CCl_4	fl	- 139,33	214,43	- 68,62	
Chlorethan C_2H_5Cl	g	- 105,02	275,73	- 53,14	
1,2-Dichlorethan $C_2H_4Cl_2$	fl	- 166,10	208,53	- 80,33	
Chlordifluormethan $CHClF_2$	g	- 482,6	280,9		
Tetrachlorethylen C_2Cl_4	fl	- 50,6	266,9	3,0	143,4
1,1,1,2-Tetrachloro-2,2-difluoromethan, $C_2Cl_4 F_2$	g	- 489,9	382,9	- 407,0	123,4
Cyanwasserstoff HCN	g	135,14	201,72	124,71	
Cyanwasserstoff HCN	fl	105,44	112,84	121,34	70,6
Cyanid-Ion CN^-	aq	151,04	117,99	165,69	
Methylamin CH_3NH_2	g	- 28,03	241,63	27,61	
Dimethylamin $HN(CH_3)_2$	g	- 18,5	273,17	68,5	70,7
Trimethylamin $N(CH_3)_3$	g	- 46,02	288,78	76,73	
Nitromethan CH_3NO_2	fl	- 89,04	171,96	9,46	
Harnstoff $CO(NH_2)_2$	f	- 333,17	104,60	- 197,15	

Tab. A.4 Organische Stoffe

Stoff	Aggregat-zustand	$\Delta^f \overline{H}^0$ (298)	$\overline{S}^0$ (298)	$\Delta^f \overline{G}^0$ (298)	$\overline{C}_p^0$ (298)
Azetonitril C_2H_3N	g	87,86	243,43	105,44	
Azetonitril C_2H_3N	fl	53,14	144,35	100,42	91,4

A.4 SI-Einheiten physikalischer Größen und Fundamentalkonstanten

SI-Einheiten für physikalische Größen und Fundamentalkonstanten sind nach internationaler Übereinkunft verbindlich für die wissenschaftliche Literatur und Lehrbücher. Dennoch finden sich, vor allem in der älteren Literatur, auch nicht mehr zulässige Einheiten. Neben den SI-Einheiten sind daher nachfolgend auch Umrechnungsfaktoren für nicht mehr gebräuchliche Einheiten angegeben.

Temperatureinheit
1 Kelvin (K), statt der Kelvin-Skala ist auch die Celsius-Skala zulässig: $\vartheta(K) = T(K) - 273,15$.

Zeiteinheit
Eine Sekunde (s), (es können auch Stunde, Tage oder Jahre angegeben werden: 1 h = 3600 s, 1 Tag (d) = $8,64 \cdot 10^4$ s, 1 Jahr (y) = $3,1536 \cdot 10^7$ s).

Längeneinheit
Ein Meter (m). Entsprechend sind Flächen in m^2 und Volumen in m^3 anzugeben.
Zulässig sind auch: Zentimeter (cm) = 10^{-2} m, 1 Millimeter (mm) = 10^{-3} m, 1 Mikrometer (μm) = 10^{-6} m, 1 Nanometer (nm) = 10^{-9} m, 1 Kilometer (km) = 10^3 m.

Masseeinheiten
Das Kilogramm (kg). Zulässig sind auch: 1 g = 10^{-3} kg, 1 mg = 10^{-6} kg, 1 μg = 10^{-9} kg, 1 ng = 10^{-12} kg, 1 Tonne = 10^3 kg.

Mengeneinheiten
Die Einheit ist das Mol (mol). 1 mol enthält N_L (Lohschmidt-Zahl, auch Avogadro-Zahl genannt) = $6,022 \cdot 10^{23}$ Teilchen (Atome, Moleküle, Ionen, Elektronen, Kernteilchen).

Elektrische und magnetische Einheiten

elektrische Ladung:	1 Coulomb (C)
elektrische Spannung:	1 Volt (V) = $J \cdot C^{-1}$ = $C^{-1} \cdot kg \cdot m^2 \cdot s^{-2}$
elektrische Feldstärke:	$1\, V \cdot m^{-1}$
elektrische Stromstärke:	1 Ampere (A) = $C \cdot s^{-1}$
elektrische Stromdichte:	$1\, C \cdot s^{-1} \cdot m^{-2}$ = $1\, A \cdot m^{-2}$
elektrischer Widerstand:	1 Ohm (Ω) = $1\, V \cdot s \cdot C^{-1}$
magnetische Feldstärke:	1 Tesla (T) = $1\, kg \cdot C^{-1} \cdot s^{-1}$ = $1\, J \cdot s \cdot C^{-1} \cdot m^{-2}$

Kraft und Druck

Krafteinheit	1 Newton (N)	=	$1\, kg \cdot m \cdot s^{-2}$
Druckeinheit	1 Pascal (Pa)	=	$1\, N \cdot m^{-2}$

Energie

1 Joule (J) = $1\, kg \cdot m^2 \cdot s^{-2}$ = $1\, Pa \cdot m^3$ = $1\, A \cdot V \cdot s$.

Gebräuchlich sind auch: 1 Kilojoule (kJ) = 10^3 J, 1 Mikrojoule (μJ) = 10^{-6} J.

Häufig wird auch die Einheit Kilowattstunde (keine SI-Einheit) benutzt. In der Kernphysik, der Hochenergiephysik und der Elementarteilchenphysik wird meist als Energieeinheit das Elektronenvolt eV benutzt. (s. Umrechnungstabelle).

Leistung

1 Watt = $1J \cdot s^{-1}$ = $1A \cdot V$. Gebräuchlich sind auch: 1 Kilowatt (kW) = 10^3 Watt, 1 Megawatt (MW) = 10^6 Watt, 1 Gigawatt = 10^9 Watt, 1 Terawatt = 10^{12} Watt bzw. 1 Milliwatt = 10^{-3} Watt, 1 Mikrowatt = 10^{-6} Watt.

Umrechnungsfaktoren

1 Å	1 atm	1 torr	1 cal
10^{-10} m	$1,01325 \cdot 10^5$ Pa	$133,32$ Pa	$4,184$ J

1 kWh	1 eV	1 Liter
$0,2778$ kJ	$1,60218 \cdot 10^{-19}$ J	10^{-3} m^3

Wichtige Fundamentalkonstanten

Größe	Symbol	Zahlenwert	Einheit
Lichtgeschwindigkeit	c_L	$2,99792 \cdot 10^8$	$m \cdot s^{-1}$
Elementarladung	e	$1,602176 \cdot 10^{-19}$	C
Faraday-Konstante	$F = N_L \cdot e$	96485	$C \cdot mol^{-1}$
Boltzmann-Konstante	k_B	$1,3807 \cdot 10^{-23}$	$J \cdot K^{-1}$
Gaskonstante	$R = N_L \cdot k_B$	$8,3145$	$J \cdot mol^{-1}K^{-1}$
Planck'sches Wirkungsquantum	h	$6,62608 \cdot 10^{-34}$	$J \cdot s$
Lohschmidt-Zahl	N_L	$6,02214 \cdot 10^{23}$	mol^{-1}
Stefan-Boltzmann-Konstante	σ_{SB}	$5,6705 \cdot 10^{-8}$	$W \cdot m^{-2} \cdot K^{-4}$
Gravitations-Konstante	G	$6,673 \cdot 10^{-11}$	$N \cdot m^2 \cdot kg^{-2}$
Elektrische Feldkonstante	ε_0	$8,8540 \cdot 10^{-12}$	$C^2 \cdot J^{-1} \cdot m^{-1}$
Magnetische Feldkonstante	μ_0	$1,25672 \cdot 10^{-6}$	$J \cdot s^2 \cdot C^{-2} \cdot m^{-1}$
Masse des Elektrons	m_e	$9,10938 \cdot 10^{-31}$	kg
Masse des Protons	m_p	$1,67262 \cdot 10^{-27}$	kg
Masse des Neutrons	m_N	$1,67493 \cdot 10^{-27}$	kg
Bohr'sches Magneton	μ_B	$9,2740 \cdot 10^{-24}$	$J \cdot Tesla^{-1}$

Anmerkung: $(\varepsilon_0 \cdot \mu_0)^{-1/2} = c_L$

B Thermodynamisches Verhalten am oberen und unteren kritischen Entmischungspunkt in flüssigen Mischungen

Die Bedingungen für die Grenze zwischen thermodynamischer Stabilität und Instabilität lauten (s. Abschnitt 1.10):

$$\left(\frac{\partial^2 \overline{G}}{\partial x^2}\right)_{T,p} = 0 \quad \text{und} \quad \left(\frac{\partial^3 \overline{G}}{\partial x^3}\right)_{\substack{T=T_c \\ p=p_c}} = 0 \tag{B.1}$$

Die linke Beziehung in Gl. (B.1) legt die gesamte Stabilitätskurve $T(x)$ (Spinodale) fest, die rechte legt das Maximum (oder Minimum) der Stabilitätskurve fest. Dort fallen die Wendepunkte der $\overline{G}(x)$ Kurve zusammen. Dieser Punkt im T, x-Diagramm heißt der kritische Punkt mit der kritischen Temperatur T_c und dem kritischen Molenbruch x_c.

Wir wollen die Stabilitätskurve in der Umgebung der kritischen Entmischungstemperatur T_c bei $p = $ const durch eine Taylorreihenentwicklung um T_c formulieren. Dazu schreiben wir:

$$\Delta T = T - T_c \quad \text{und} \quad \Delta x = x - x_c$$

Die Reihenentwicklung bis zum quadratischen Glied lautet dann unter Beachtung, dass $(\partial T/\partial x)_{p,\Delta x} = 0$, da die Stabilitätskurve ja bei T_c ein Maximum oder Minimum hat:

$$\Delta T = \frac{1}{2}\left(\frac{\partial^2 T}{\partial x^2}\right)_{p,\Delta x=0} \cdot \Delta x^2 + \cdots \tag{B.2}$$

Jetzt entwickeln wir $\left(\partial^2 \overline{G}/\partial x^2\right)$ ebenfalls in eine Taylor-Reihe nach den unabhängigen Variablen Δx und ΔT um den kritischen Punkt. Man beachte, dass $(\partial^2 \overline{G}/\partial x^2)$ eine Funktion von x und T bzw. Δx und ΔT ist, während die Stabilitätskurve $T(x)$ bzw. $\Delta T(x)$ nur eine Funktion von x ist. Es folgt also:

$$\left(\frac{\partial^2 \overline{G}}{\partial x^2}\right)_{T,p} - \left(\frac{\partial^2 \overline{G}}{\partial x^2}\right)_{T_c,x_c} = +\left(\frac{\partial^3 \overline{G}}{\partial x^3}\right)_{T_c} \Delta x + \left(\frac{\partial^3 \overline{G}}{\partial T \partial x^2}\right)_{T_c} \Delta T$$

$$+ \frac{1}{2}\left[\left(\frac{\partial^4 \overline{G}}{\partial x^4}\right)_{T_c} (\Delta x)^2 + 2\left(\frac{\partial^4 \overline{G}}{\partial T \partial x^3}\right)_{T_c} \Delta x \cdot \Delta T + \left(\frac{\partial^4 \overline{G}}{\partial T^2 \partial x^2}\right)_{T_c} (\Delta T)^2\right] + \cdots \tag{B.3}$$

Jetzt setzen wir ΔT aus Gl. (B.2) in Gl. (B.3) ein und lassen alle Glieder wegfallen, die höhere als quadratische Terme in Δx ergeben. Ferner wird Gl. (B.1) beachtet. Man erhält dann:

$$\left(\frac{\partial^2 \overline{G}}{\partial x^2}\right)_{T,p} - \left(\frac{\partial^2 \overline{G}}{\partial x^2}\right)_{T_c,x_c} = \frac{1}{2}\left[\left(\frac{\partial^3 \overline{G}}{\partial T \partial x^2}\right)_{T_c} \cdot \left(\frac{d^2 T}{d x^2}\right)_{T_c} + \left(\frac{\partial^4 G}{\partial x^4}\right)_{T_c}\right] \cdot (\Delta x)^2 \tag{B.4}$$

Die rechte Seite von Gl. (B.4) ist jetzt aber auch gleich Null, da die zweite Ableitung von $\overline{G}$ nach x auf der linken Seite von Gl. (B.4) jetzt den Wert auf der Stabilitätskurve darstellt und nach Gl. (B.1) dort überall verschwinden muss. Daraus folgt, dass die eckige Klammer in Gl. (B.4) gleich Null sein muss, da $(\Delta x)^2 \neq 0$ ist. Somit lässt sich schreiben.

$$\left(\frac{d^2 T}{d x^2}\right)_{T=T_c} = -\frac{\left(\frac{\partial^4 \overline{G}}{\partial x^4}\right)_{T=T_c}}{\left(\frac{\partial^3 \overline{G}}{\partial x^2 \partial T}\right)_{T=T_c}} \tag{B.5}$$

Den Nenner in Gl. (B.5) kann man wegen der Beziehung $\left(\partial \overline{G}/\partial T\right)_p = -\overline{S}$ (s. Gl. (1.16)) umschreiben und erhält:

$$\left(\frac{d^2 T}{d x^2}\right)_{T=T_c} = \frac{\left(\frac{\partial^4 \overline{G}}{\partial x^4}\right)_{T=T_c}}{\left(\frac{\partial^2 \overline{S}}{\partial x^2}\right)_{T=T_c}} \tag{B.6}$$

Nun gilt aber, wenn man die Gibbs-Helmholtz-Gleichung (s. Gl. (1.18)) zweimal nach x differenziert, ganz allgemein:

$$\left(\frac{\partial^2 \overline{G}}{\partial x^2}\right)_{T,p} = \left(\frac{\partial^2 \overline{H}}{\partial x^2}\right)_{T,p} - T\left(\frac{\partial^2 \overline{S}}{\partial x^2}\right)_{T,p} \tag{B.7}$$

Setzt man in Gl. (B.7) $T = T_c$, ist die linke Seite gleich Null und man kann für Gl. (B.6) schreiben:

$$\left(\frac{d^2 T}{d x^2}\right)_{T=T_c} = \frac{\left(\frac{\partial^4 \overline{G}}{\partial x^4}\right)_{T=T_c}}{\left(\frac{\partial^2 \overline{H}}{\partial x^2}\right)_{T=T_c}} \cdot T_c = \frac{\left(\frac{\partial^4 \Delta \overline{G}}{\partial x^4}\right)_{T=T_c}}{\left(\frac{\partial^2 \overline{H}^E}{\partial x^2}\right)_{T=T_c}} \cdot T_c \tag{B.8}$$

Ganz rechts in Gl. (B.8) wurde $\overline{G}$ und $\overline{H}$ durch die Mischungsgrößen $\Delta \overline{G}$ und $\Delta \overline{H} = \overline{H}^E$ ersetzt, was identische Ergebnisse bei zweiten oder höheren Ableitungen nach x liefert.

Bei $T = T_c$ gilt stets:

$$\left(\frac{\partial^4 \overline{G}}{\partial x^4}\right)_{T=T_{c,p}} > 0$$

Es folgt somit aus Gl. (B.8)

- für $\left(d^2 T/d x^2\right)_{T=T_c} < 0$ beobachtet man bekanntlich einen *oberen* kritischen Entmischungspunkt (UCST). Dort muss $\left(\partial^2 \overline{H}^E/\partial x^2\right) < 0$ sein, also hat dort $\overline{H}^E$ ein konkav nach unten gekrümmtes Aussehen.

- für $\left(d^2 T / dx^2\right)_{T=T_c} > 0$ beobachtet man einen *unteren* kritischen Entmischungspunkt (LCST). Dort muss $\left(\partial^2 \overline{H}^E / \partial x^2\right) > 0$ sein, also hat dort $\overline{H}^E$ ein konvex nach oben gekrümmtes Aussehen.

Das gilt für den gesamten Bereich $0 < x < 1$. Daraus lässt sich schließen, dass bei einem UCST $\overline{H}^E > 0$ gilt, bei einem LCST $\overline{H}^E < 0$.

Beispiel: geht man von einem symmetrischen (vereinfachten) Ansatz für $\overline{H}^E$ nach Gl. (1.123) aus, erhält man bei einem UCST:

$$\overline{H}^E = 2R \cdot T_{UCST} \cdot x(1 - x)$$

und damit:

$$\left(\frac{\partial^2 \overline{H}^E}{\partial x^2}\right)_T = -4R \cdot T_{UCST} \quad \text{bzw.} \quad \overline{H}^E > 0$$

Im Fall eines LCST nach Gl. (1.124) ergibt sich dagegen:

$$\left(\frac{\partial^2 \overline{H}^E}{\partial x^2}\right)_T = +4R \cdot T_{LCST} \quad \text{bzw.} \quad \overline{H}^E > 0$$

C Druckabhängigkeit des kritischen Punktes bei flüssigen Entmischungen

Entlang der Spinodalen (s. Abb. 1.17) einer binären flüssigen Mischung im Zweiphasengebiet gilt nach Gl. (1.103):

$$d\left(\frac{\partial^2 \overline{G}}{\partial x^2}\right)_{sp} = \left(\frac{\partial^3 \overline{G}}{\partial x^2 \partial T}\right)_{sp} dT_{sp} + \left(\frac{\partial^3 \overline{G}}{\partial x^2 \partial p}\right)_{sp} dp_{sp} + \left(\frac{\partial^3 \overline{G}}{\partial x^3}\right)_{sp} dx_{sp} = 0 \tag{C.1}$$

Der Index „sp" bedeutet also, dass T und p auf der Spinodalen liegen, die im T, p, x-Raum eine Fläche darstellt, wie das in Abb. C.1 schematisch dargestellt ist.

Es gilt nun:

$$\left(\frac{\partial^3 \overline{G}}{\partial x^2 \partial T}\right)_{sp} = \frac{\partial^2}{\partial x^2}\left[\left(\frac{\partial \overline{G}}{\partial T}\right)\right]_{sp} = -\left(\frac{\partial^2 \overline{S}}{\partial x^2}\right)_{sp} = -\left(\frac{\partial^2 \Delta \overline{S}}{\partial x^2}\right)_{sp} \tag{C.2}$$

und

$$\left(\frac{\partial^3 \overline{G}}{\partial x^2 \partial p}\right)_{sp} = \frac{\partial^2}{\partial x^2}\left[\left(\frac{\partial \overline{G}}{\partial p}\right)\right]_{sp} = +\left(\frac{\partial^2 \overline{V}}{\partial x^2}\right)_{sp} = \left(\frac{\partial^2 \overline{V}^{E}}{\partial x^2}\right)_{sp} \tag{C.3}$$

Ferner gilt wegen Gl. (5.137) sowie wegen der Gibbs-Helmholtz-Gleichung (Gl. (**??**)):

$$\left(\frac{\partial^2 \overline{H}^{E}}{\partial x^2}\right)_{sp} = T_{sp}\left(\frac{\partial^2 \Delta \overline{S}}{\partial x^2}\right)_{sp} \tag{C.4}$$

Erreicht die Spinodale (Fläche) den kritischen Punkt bzw. die kritische Kurve (s. Abb. C.1), so gilt dort zusätzlich:

$$\left(\frac{\partial^3 \overline{G}}{\partial x^3}\right)_{T,p} = 0 \qquad (T = T_c, p = p_c) \tag{C.5}$$

Setzt man Gl. (C.5) in Gl. (C.1) ein und ebenso die Gl. (C.2), (C.3) und (C.4), so erhält man für den kritischen Punkt (Index c):

$$\boxed{\left(\frac{dT}{dp}\right)_c = T_c \frac{\left(\frac{\partial^2 \overline{V}^{E}}{\partial x^2}\right)_{T_c}}{\left(\frac{\partial^2 \overline{H}^{E}}{\partial x^2}\right)_{T_c}}} \tag{C.6}$$

Handelt es sich um einen UCST, dann gilt dort nach den Ergebnissen in Anhang B:

$$\left(\frac{\partial^2 \overline{H}^{E}}{\partial x^2}\right)_{T_c} < 0$$

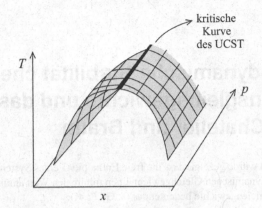

Abb. C.1 Spinodalenfläche im T, p, x-Raum. AC ist die kritische Kurve, also $T_c(x_c, p_c)$.

und es hängt vom Vorzeichen der zweiten Ableitung von $\overline{V}^E$ nach dem Molenbruch bei $= T_c$ ab, ob die kritische Temperatur T_c mit dem Druck zu- oder abnimmt.

Umgekehrt gilt an einem LCST:

$$\left(\frac{\partial^2 \overline{H}^E}{\partial x^2}\right)_{T_c} > 0$$

auch hier ist die Druckabhängigkeit von T_c allein vom Vorzeichen der zweiten Ableitung von $\overline{V}^E$ nach x abhängig.

Auch die Druckabhängigkeit der kritischen Zusammensetzung x_c lässt sich bestimmen. Es gilt ja am kritischen Punkt:

$$d\left(\frac{\partial^3 \overline{G}}{\partial x^3}\right)_{T_c} = 0 = \left(\frac{\partial^4 \overline{G}}{\partial x^3 \partial T}\right)_{T_c} dT_c + \left(\frac{\partial^4 \overline{G}}{\partial x^3 \partial p}\right)_{T_c} dp_c + \left(\frac{\partial^4 \overline{G}}{\partial x^4}\right)_{T_c} dx_c \qquad (C.7)$$

oder:

$$-\left(\frac{\partial^3 \overline{S}}{\partial x^3}\right)_{T_c} dT_c + \left(\frac{\partial^3 \overline{V}^E}{\partial x^3}\right)_{T_c} dp_c + \left(\frac{\partial^4 \overline{G}}{\partial x^4}\right)_{T_c} dx_c = 0$$

Also folgt, wenn man noch Gl. (C.6) berücksichtigt:

$$\left(\frac{dx}{dp}\right)_{T_c} = \frac{T_c \left(\frac{\partial^3 \overline{S}}{\partial x^3}\right)_{T_c} \cdot \left(\frac{\partial^2 \overline{V}^E}{\partial x^2}\right)_{T_c} - \left(\frac{\partial^2 \overline{H}^E}{\partial x^2}\right)_{T_c} \cdot \left(\frac{\partial^3 \overline{V}^E}{\partial x^3}\right)_{T_c}}{\left(\frac{\partial^2 \overline{H}^E}{\partial x^2}\right)_{T_c} \cdot \left(\frac{\partial^4 \overline{G}}{\partial x^4}\right)_{T_c}} \qquad (C.8)$$

Gl. (C.6) und (C.8) stellen 2 gekoppelte Differentialgleichungen dar, die die kritische Kurve im T, p, x-Raum von Abb. C.1 festlegen.

D Thermodynamische Stabilität chemischer Reaktionsgleichgewichte und das Prinzip von Le Chatelier und Braun

In Band I, (Gl. (5.46)) wurde gezeigt, dass die freie Enthalpie G eines Systems bei p = const und T = const im thermodynamischen Gleichgewicht einen minimalen Wert annimmt. Angewandt auf chemische Reaktionsgleichgewichte bedeutet das (s. Gl. (2.4)):

$$\left(\frac{\partial G}{\partial \xi}\right)_{T,p} = -A_r = \sum \nu_i \mu_i = 0 \quad \text{für} \quad \xi = \xi_e$$

ξ bedeutet die sog. Reaktionslaufzahl. Wir entwickeln G um den Wert von G im Minimum bzw. im Gleichgewicht (Index „e") in eine Taylor-Reihe:

$$G = G_e + \left(\frac{\partial G}{\partial \xi}\right)_{T,p,\xi_e} d\xi + \frac{1}{2}\left(\frac{\partial^2 G}{\partial \xi}\right)_{T,p,\xi_e} \cdot (d\xi)^2$$

Da $(\partial G/\partial \xi)_e = 0$, ist notwendigerweise damit verbunden, dass G bei kleinen Abweichungen aus der Minimumslage nur zunehmen, bzw. die Affinität A_r nur abnehmen kann. Also muss gelten:

$$\boxed{\left(\frac{\partial^2 G}{\partial \xi^2}\right)_{T,p,\xi=\xi_e} > 0 \quad \text{oder} \quad \left(\frac{\partial A_r}{\partial \xi}\right)_{T,p,\xi=\xi_e} > 0} \tag{D.1}$$

Das ist die thermodynamische Stabilitätsbedingung für das chemische Gleichgewicht.

Die Affinität A_r ist eine allgemeine Funktion von ξ, T und p mit der spezifischen Eigenschaft:

$$A_r(\xi = \xi_e, p, T) = 0 \quad \text{für alle } p \text{ und } T$$

Das totale Differential lautet dann für $\xi = \xi_e$:

$$dA_r(\xi_e, p, T) = \left(\frac{\partial A}{\partial \xi_e}\right)_{T,p} d\xi_e + \left(\frac{\partial A}{\partial T}\right)_{\xi_e,p} dT + \left(\frac{\partial A}{\partial p}\right)_{\xi_e,T} dp = 0 \tag{D.2}$$

wegen

$$\left(\frac{\partial A_r}{\partial T}\right)_{\xi,p} = \left[\frac{\partial}{\partial T}\left(\frac{\partial G}{\partial \xi}\right)_{T,p}\right]_{\xi,p} = \left[\frac{\partial}{\partial \xi}\left(\frac{\partial G}{\partial T}\right)_{\xi,p}\right]_{T,p} = \sum \nu_i \left(\frac{\partial \mu_i}{\partial T}\right)_{\xi,p}$$

$$= -\sum \nu_i \overline{S}_i = -\left(\frac{\partial S}{\partial \xi}\right)_{T,p}$$

und

$$\left(\frac{\partial A_r}{\partial p}\right)_{\xi,T} = \left[\frac{\partial}{\partial p}\left(\frac{\partial G}{\partial \xi}\right)_{T,p}\right]_{\xi,T} = \left[\frac{\partial}{\partial \xi}\left(\frac{\partial G}{\partial p}\right)_{\xi,T}\right]_{T,p} = \sum \nu_i \left(\frac{\partial \mu_i}{\partial p}\right)_{\xi,T}$$

$$= \sum \nu_i \overline{V}_i = \left(\frac{\partial V}{\partial \xi}\right)_{T,p}$$

folgt aus Gl. (D.2) mit $\xi = \xi_e$:

$$-\left(\frac{\partial^2 G}{\partial \xi_e^2}\right)_{T,p} + \left(\frac{\partial S}{\partial \xi_e}\right)_{T,p} \cdot \left(\frac{dT}{d\xi_e}\right) - \left(\frac{\partial V}{\partial \xi_e}\right)_{T,p} \cdot \left(\frac{dp}{d\xi_e}\right) = 0 \tag{D.3}$$

wobei $\overline{S}_i$ die partiellen molaren Entropien und $\overline{V}_i$ die partiellen molaren Volumina der Reaktions-teilnehmer in der reaktiven Mischung bedeuten. S und V sind Entropie und Volumen der reaktiven Mischung.

Wir setzen zunächst $dp = 0$ und erhalten aus Gl. (D.3):

$$\left(\frac{\partial \xi_e}{\partial T}\right)_p = \frac{\left(\frac{\partial S}{\partial \xi_e}\right)_{T,p}}{\left(\frac{\partial^2 G}{\partial \xi_e^2}\right)_{T,p}}$$

Nun gilt ja:

$$\left(\frac{\partial G}{\partial \xi_e}\right)_{T,p} = \left(\frac{\partial H}{\partial \xi_e}\right)_{T,p} - T\left(\frac{\partial S}{\partial \xi_e}\right)_{T,p} = 0$$

und damit folgt:

$$\boxed{\left(\frac{\partial \xi_e}{\partial T}\right)_p = \frac{\left(\frac{\partial H}{\partial \xi_e}\right)_{T,p}}{T \cdot \left(\frac{\partial^2 G}{\partial \xi_e^2}\right)_{T,p}}} \tag{D.4}$$

Da der Nenner in Gl. (D.4) nach Gl. (D.1) immer positiv ist, bedeutet das:

- Wenn $\left(\frac{\partial H}{\partial \xi_e}\right)_{T,p} > 0$, nimmt ξ_e mit T *zu.*

- Wenn $\left(\frac{\partial H}{\partial \xi_e}\right)_{T,p} < 0$, nimmt ξ_e mit T *ab.*

Wir setzen jetzt in Gl. (D.3) $dT = 0$ und $dp \neq 0$.

Dann erhält man:

$$\boxed{\left(\frac{\partial \xi_e}{\partial p}\right)_T = -\frac{\left(\frac{\partial V}{\partial \xi_e}\right)_{T,p}}{\left(\frac{\partial^2 G}{\partial \xi_e^2}\right)_{T,p}}} \tag{D.5}$$

Aus Gl. (D.5) folgern wir, da der Nenner immer positiv ist:

- Wenn $\left(\frac{\partial V}{\partial \xi_e}\right)_{T,p} > 0$, nimmt ξ_e mit p *ab*.

- Wenn $\left(\frac{\partial V}{\partial \xi_e}\right)_{T,p} < 0$, nimmt ξ_e mit p *zu*.

Gl. (D.4) und Gl. (D.5) enthalten folgende Aussagen des sog. Prinzips von Le Chatelier und Braun für chemische Reaktionen: das Gleichgewicht verschiebt sich bei Temperaturerhöhung in Richtung höherer Enthalpien und bei Temperaturerniedrigung in Richtung niedriger Enthalpien.

Der Einfluss des Druckes ist folgender. Das Gleichgewicht verschiebt sich bei Druckanstieg zu kleinerem Gesamtvolumen und umgekehrt bei Druckentlastung zu größerem Gesamtvolumen. Man kann sagen, dass das reaktive System dem Einfluss der intensiven Größen T und p durch Änderung der extensiven Größen H und V entgegenwirkt, d. h. ihre Wirkung zu dämpfen versucht.

Wir merken noch an, dass die Größen $(\partial H / \partial \xi_e)$ und $(\partial V / \partial \xi_e)$ auch als differentielle Reaktionsenthalpie $\Delta_R \overline{H}$ bzw. als differentielles Reaktionsvolumen $\Delta_R \overline{V}$ aufzufassen sind, die mit den Standardreaktionsgrößen $\Delta_R \overline{H}^0$ und $\Delta_R \overline{V}^0$ zusammenhängen:

$$
\begin{aligned}
\left(\frac{\partial H}{\partial \xi_e}\right)_{T,p} &= \sum \nu_i \left(\mu_i - T\left(\frac{\partial \mu_i}{\partial T}\right)\right)_p = \sum \nu_i \left(\mu_{i0} - T\left(\frac{\partial \mu_{i0}}{\partial T}\right)_p\right) \\
&\quad - \sum \nu_i RT^2 \left(\frac{\partial \ln \gamma_i}{\partial T}\right)_p = \sum \nu_i \overline{H}_i^0 - RT^2 \sum \left(\frac{\partial \ln \gamma_i}{\partial T}\right)_p \\
&= \Delta_R \overline{H}^0 - RT^2 \sum \left(\frac{\partial \ln \gamma_i}{\partial T}\right)_p = \Delta_R \overline{H}
\end{aligned}
$$

Entsprechend gilt:

$$
\begin{aligned}
\left(\frac{\partial V}{\partial \xi_e}\right)_{T,p} &= \sum \nu_i \left(\frac{\partial \mu_i}{\partial p}\right)_T = \sum \nu_i \left(\frac{\partial \mu_{i0}}{\partial p}\right)_T + RT \sum \left(\frac{\partial \ln \gamma_i}{\partial p}\right)_T \\
&= \sum \nu_i \overline{V}_i^0 + RT \sum \left(\frac{\partial \ln \gamma_i}{\partial p}\right)_T = \Delta_R \overline{V}^0 + RT \sum \left(\frac{\partial \ln \gamma_i}{\partial p}\right)_T = \Delta_R \overline{V}
\end{aligned}
$$

Hierbei wurde von $\mu_i = \mu_{i0} + RT \ln(x_i \gamma_i)$ ausgegangen. Der Bezugszustand für $\mu_{i0}, \overline{H}_i^0, \overline{V}_i^0$ ist der der reinen Stoffe. Die Beziehungen gelten auch bei Verwendung anderer Bezugszustände, z. B. den der unendlichen Verdünnung der Reaktion in einem Lösemittel. Dann sind $\overline{H}_i^0, \Delta_R \overline{H}^0, \overline{V}_i^0, \Delta_R \overline{V}_i^0$ durch $\overline{H}_i^\infty, \Delta_R \overline{H}^\infty, \overline{V}_i^\infty, \Delta_R \overline{V}_i^\infty$ zu ersetzen ebenso wie γ_i durch $\gamma_i^* = \gamma_i / \gamma_i^\infty$.

E Beweis der Gleichheit des chemischen Potentials von Gesamtelektrolyt und seinem undissoziierten Anteil

Für die freie Enthalpie G einer Elektrolytlösung EL + LM, die das Lösemittel „LM", den undissoziierten Anteil des Elektrolyten „Sol" und den dissoziierten Anteil in Form der Kationen und Anionen enthält, gilt:

$$G = n_{LM} \cdot \mu_{LM} + n_{Sol} \cdot \mu_{Sol} + n_+ \cdot \eta_+ + n_- \cdot \eta_- = n_{LM} \cdot \mu_{LM} + n_{EL} \cdot \mu_{EL} \qquad (E.1)$$

In Abschnitt 3.4. wurde gezeigt, dass gilt:

$$\mu_{Sol} = \nu_+ \eta_+ + \nu_- \eta_- = \nu_+ \mu_+ + \nu_- \mu_-$$

Ferner gelten nach Abschnitt 3.4. folgende Bilanzen:

$$\nu_+(n_{EL} - n_{Sol}) = n_+$$
$$\nu_-(n_{EL} - n_{Sol}) = n_-$$

Damit folgt aus Gl. (E.1):

$$n_{EL} \cdot \mu_{EL} = n_{Sol} \cdot \mu_{Sol} + \nu_+(n_{EL} - n_{Sol})\mu_+ + \nu_-(n_{EL} - n_{Sol})\mu_-$$
$$= n_{Sol} \cdot \mu_{Sol} - n_{Sol} \cdot \mu_{Sol} + n_{EL} \cdot \mu_{Sol}$$

Daraus folgt unmittelbar der Beweis von Gl. (3.18):

$$\boxed{\mu_{EL} = \mu_{Sol}} \qquad (E.2)$$

Das chemische Potential des Gesamtelektrolyten μ_{EL} ist also gleich dem chemischen Potential seines undissoziierten Anteils μ_{Sol}.

F Gauß'scher Satz und Poissongleichung

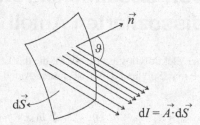

Abb. F.1 Differentieller Fluss $\mathrm{d}J$ durch ein Oberflächenelement $\mathrm{d}S$ einer geschlossenen Oberfläche S um das Volumen V.

Die Ableitung der Poissongleichung, die wir bei der Ladungsverteilung in elektrischen Feldern oder der Massenverteilung in Gravitationsfeldern benutzt haben, erfordert einige Grundlagen der Vektoralgebra, die wir zunächst herleiten wollen. Wir stellen uns einen Fluss (z.B.: Masse pro Zeit, elektrische Ladung pro Zeit, Wärme pro Zeit, Photonen pro Zeit (Licht), etc.) vor, den wir mit J bezeichnen und der durch die geschlossene Oberfläche eines irgendwie gestalteten Volumens strömt (Abb. F.1). Der differentielle Betrag des Flusses $\mathrm{d}J$ ist das Skalarprodukt der Flussstärke $\vec{A}$ (Vektor) und des Oberflächenelementes $\mathrm{d}\vec{S} = \vec{n} \cdot |\mathrm{d}S|$:

$$\mathrm{d}J = \vec{A} \cdot \mathrm{d}\vec{S} = |\vec{A}| \cdot \mathrm{d}|\vec{S}| \cdot \cos\vartheta$$

$\mathrm{d}\vec{S}$ ist ein differentieller Vektor, der senkrecht auf der Oberfläche steht, also Betrag und Richtung des Oberflächenelementes $\mathrm{d}|\vec{S}|$ irgendeinen Punkt auf der Oberfläche beschreibt. $\vec{n}$ ist ein Einheitsvektor für $\mathrm{d}S$. Er steht senkrecht auf der durch $\mathrm{d}\vec{S}$ definierten Fläche. ϑ ist der Winkel zwischen Flussstärke $\vec{A}$ (Intensität: transportierte Menge pro Zeit und Fläche = Pfeillänge) und $\mathrm{d}\vec{S}$. Wenn sich keine „Flussquellen" innerhalb des Volumens V befinden, muss die Menge des einströmenden und ausströmenden Flusses gleich sein, d.h. für das Integral über die ganze Oberfläche S muss gelten:

$$\int_S \mathrm{d}J = J = 0$$

Existieren jedoch Quellen oder Senken für den Fluss innerhalb des Volumens V, gilt:

$$J = \int_S \vec{A}\mathrm{d}\vec{S} = \int_V \varrho(\vec{r})\mathrm{d}V \tag{F.1}$$

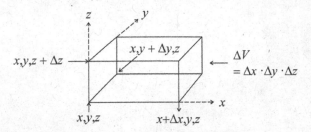

Abb. F.2 Volumenelement ΔV

$\varrho(r)$ bezeichnen wir ganz allgemein als ein Maß für die „Quellstärke" innerhalb des geschlossenen Volumens V. $\vec{r} = (x, y, z)$ ist der Ortsvektor im Raum.

Um $\varrho(r)$ genauer zu definieren, müssen wir jetzt die sog. Divergenz eines Vektors einführen. Dazu betrachten wir ein Volumenelement in Abb. F.2 mit den Kantenlängen Δx, Δy, Δz im Raumpunkt $\vec{r} = (x, y, z)$.

Für die Summe aller Flüsse durch die Oberfläche von ΔV erhält man nun:

$$\vec{A} \cdot \Delta \vec{S} = \left[A_x + \frac{\partial A_x}{\partial x} \Delta x - A_x \right] \Delta y \cdot \Delta z + \left[A_y + \frac{\partial A_y}{\partial y} \Delta y - A_y \right] \Delta x \cdot \Delta z$$

$$+ \left[A_z + \frac{\partial A_z}{\partial z} \Delta z - A_z \right] \Delta x \cdot \Delta y$$

$$= \left[\frac{\partial A_x}{\partial x} + \frac{\partial A_y}{\partial y} + \frac{\partial A_z}{\partial z} \right] \Delta x \cdot \Delta y \cdot \Delta z = \mathrm{div}\,\vec{A} \cdot \Delta x \cdot \Delta y \cdot \Delta z$$

div$\vec{A}$ heißt Divergenz des Vektors $\vec{A}$ und ist eine skalare Größe. Es muss also gelten, wenn man zu differentiellen Größen dx, dy, dz übergeht:

$$\boxed{\int_S \vec{A} \mathrm{d}\vec{S} = \int_V \mathrm{div}\,\vec{A} \cdot \mathrm{d}V} \tag{F.2}$$

Das ist der *Gauß'sche Satz*. Aus Gl. F.1 folgt somit:

$$\int_V \mathrm{div}\,\vec{A} \cdot \mathrm{d}V = \int_V \varrho(\vec{r}) \cdot \mathrm{d}V$$

oder:

$$\mathrm{div}\,\vec{A} = \varrho(\vec{r})$$

Wir betrachten jetzt einen Fluss $\vec{A}$, der sich durch den Gradienten eines Potentials φ darstellen lässt. Dabei ist $\varphi(\vec{r})$ eine skalare Größe, der an jedem Ort $\vec{r}$ im Raum ein Vektor grad φ zugeordnet ist.

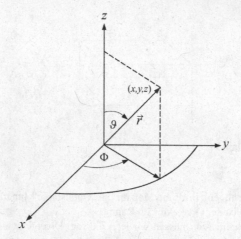

Abb. F.3 Sphärische Polarkoordinaten (Kugelkoordinaten)

$$-\left(\frac{\partial \varphi}{\partial x} \cdot \vec{i} + \frac{\partial \varphi}{\partial y} \cdot \vec{j} + \frac{\partial \varphi}{\partial z} \cdot \vec{k}\right) = -\text{grad}\, \varphi = -\nabla \varphi(\vec{r}) = \vec{A} \tag{F.3}$$

$\vec{i}, \vec{j}, \vec{k}$ sind die Einheitsvektoren in x-, y- und z-Richtung. Flussstärken $\vec{A}$, für die Gl. (F.3) gilt, heißen konservative Kraftfelder. Dazu gehören das elektrische Feld oder das Gravitationsfeld. Die dazugehörigen Potentiale heißen elektrisches Potential bzw. Gravitationspotential. Wir haben also:

$$\boxed{\text{div}\,(\text{grad}\,\varphi) = \frac{\partial^2 \varphi}{\partial x^2} + \frac{\partial^2 \varphi}{\partial y^2} + \frac{\partial^2 \varphi}{\partial z^2} = -\varrho(\vec{r})} \tag{F.4}$$

Das ist die *Poisson-Gleichung*. Sie ist eine partielle Differentialgleichung 2. Grades, die einen Zusammenhang zwischen $\varphi(\vec{r})$ und $\varrho(\vec{r})$ herstellt. Statt der kartesischen Koordinaten lassen sich auch andere Koordinaten einführen, z. B. Kugelkoordinaten.
Es gilt nach Abb. F.3:

$$x = r \cdot \sin \vartheta \cdot \cos \Phi$$
$$y = r \cdot \sin \vartheta \cdot \sin \Phi$$
$$z = r \cdot \cos \vartheta$$

r ist der Abstand des Punktes x, y, z vom Ursprung und ϑ und Φ sind die in Abb. F.3 eingezeichneten Winkel.

Die Poisson'sche Gleichung lässt sich durch Kugelkoordinaten r, ϑ und Φ statt x, y und z ausdrücken (Ableitung: s. allg. Lehrbücher der Mathematik):

$$\frac{1}{r^2}\left(\frac{\partial}{\partial r} r^2 \frac{\partial}{\partial r}\right)\varphi(r,\vartheta,\Phi) + \frac{1}{r^2}\frac{1}{\sin\vartheta}\frac{\partial}{\partial\vartheta}\left(\sin\vartheta\frac{\partial}{\partial\vartheta}\right)\varphi(r,\vartheta,\Phi) + \frac{1}{r^2}\frac{1}{\sin\vartheta}\frac{\partial^2}{\partial\varphi^2}\varphi(r,\vartheta,\Phi) = -\varrho(r) \tag{F.5}$$

Wenn φ kugelsymmetrisch ist, vereinfacht sich die Poisson'sche Gleichung (F.5), da in diesem Fall φ nur noch von r und nicht mehr von ϑ und Φ abhängt:

$$\frac{1}{r^2} \frac{\partial}{\partial r} \left(r^2 \frac{\partial \varphi(r)}{\partial r} \right) = -\varrho(r) \tag{F.6}$$

Aus Gründen der korrekten physikalischen Dimensionierung ist die rechte Seite von Gl. (F.6) noch mit einem dimensionsbehafteten Faktor zu versehen. Handelt es sich bei φ um das elektrische Potential, lautet die rechte Seite $-\psi(r)/(\varepsilon_0 \cdot \varepsilon)$, wobei $\Phi(r)$ elektrische Ladungsdichte bedeutet (s. Gl. (G.1)), ist φ das Gravitationspotential, lautet die rechte Seite $-4\pi G \cdot \varrho(r)$, wobei $\varrho(r)$ die Massendichte bedeutet (s. Gl. (5.139)).

G Eine phänomenlogische Ableitung der Debye-Hückel-Theorie für Elektrolyte

Die Theorie der Elektrostatik zeigt, dass im elektrostatischen Gleichgewicht die elektrische Ladungsverteilung im Raum, ausgedrückt durch die elektrische Ladungsdichte $\psi(x, y, z)$, mit dem an demselben Ort (x, y, z) herrschenden elektrischen Potential $\varphi(x, y, z)$ durch eine partielle Differentialgleichung, die sog. *Poisson-Gleichung,* verknüpft ist (Ableitung in Anhang F):

$$\left(\frac{\partial^2 \varphi}{\partial x^2}\right) + \left(\frac{\partial^2 \varphi}{\partial y^2}\right) + \left(\frac{\partial^2 \varphi}{\partial z^2}\right) = -\frac{\psi(x, y, z)}{\varepsilon_0 \cdot \varepsilon} \tag{G.1}$$

ϕ bedeutet das lokale elektrische Potential, und Φ ist hier die elektrische Ladungsdichte. Dabei hat φ die Einheit Volt = 1 Joule/C = $kg \cdot m^2 \cdot s^{-2} \cdot C^{-1}$, ψ die Einheit $C \cdot m^{-3}$. Ferner ist ε_0 die sog. elektrische Feldkonstante (= $8,8542 \cdot 10^{-12}$ $C^2 s^2 kg^{-1} m^{-3}$) und ε_R die relative Dielektrizitätszahl, die dimensionslos ist. Es gilt: $\varepsilon = 1$ im Vakuum, $\varepsilon > 1$ im materiellen Dielektrikum.

Wir betrachten jetzt die Umgebung einer elektrischen Punktladung im Ursprung. Außerhalb der Punktladung befinden sich im Raum keine weiteren Ladungen, dort ist also $\psi = 0$. In diesem Fall herrscht Kugelsymmetrie und es gilt nach Gl. (F.7):

$$\frac{1}{r^2} \frac{\partial}{\partial r} \left(r^2 \frac{\partial \varphi}{\partial r}\right) = 0 \quad \text{bzw.} \quad \frac{\partial}{\partial r} \left(r^2 \frac{\partial \varphi}{\partial r}\right) = 0 \quad \text{für} \quad r > 0$$

Integration dieser Gleichung ergibt:

$$r^2 \frac{\partial \varphi}{\partial r} = C \quad \text{bzw.} \quad \frac{\partial \varphi}{\partial r} = \frac{C}{r^2} \quad \text{für} \quad r > 0$$

Hierbei ist C zunächst eine willkürliche Konstante.

Nochmalige Integration ergibt:

$$\varphi(r) = -\frac{C}{r} + D$$

mit einer erneuten Konstanten D. Man definiert nun:

$$\lim_{r \to \infty} \varphi(r) = 0$$

Damit wird $D = 0$. C ist proportional zur Punktladung mit dem Wert q_1 (in Coulomb) und man schreibt:

$$\varphi(r) = +\frac{q_1}{4\pi\varepsilon \cdot \varepsilon_0} \cdot \frac{1}{r} \tag{G.2}$$

Bringt man in den Abstand r vom Ursprung eine zweite Punktladung q_2, so ergibt sich für die *potentielle Energie* $V(r)$

$$V(r) = q_2 \cdot \varphi(r) = \frac{q_1 \cdot q_2}{4\pi\varepsilon_0 \cdot \varepsilon} \cdot \frac{1}{r} \tag{G.3}$$

Das ist das Wechselwirkungsgesetz nach Coulomb für 2 Punktladungen im Abstand r, das auch für 2 Ionen im Abstand r in einem homogenen Lösemittel mit der Dielektrizitätskonstanten ε gilt. Wir betrachten jetzt in einer Elektrolytlösung eine geladene Kugel vom Radius r_0 und der Ladung q, die das Modell für ein Ion sein soll. Für jedes Ion der Sorte i der Lösung im Abstand r vom Zentrum dieser Kugel gilt für das elektrochemische Potential η_i (s. Abschnitt 3.3):

$$\eta_i = \widetilde{\mu}_i^0 + RT \ln(\widetilde{m}_i \cdot \widetilde{\gamma}_i) + F \cdot z_i \cdot \varphi(r)$$

wobei $\varphi(r)$ in diesem Fall das von der geladenen zentralen Kugel erzeugte kugelsymmetrische Potential ist. Da an jedem Ort gilt, dass η_i = const (s. Gl. (3.11)), folgt für das Verhältnis von $\widetilde{m}_i$ bzw. der Teilchenzahldichte N_i zu N_{i0} der Ionensorte i bei $\varphi(r)$ und $\varphi = 0$:

$$\frac{\widetilde{m}_i(\varphi(r))}{\widetilde{m}_i(\varphi = 0)} = \exp\left[-\frac{z_i F \cdot \varphi(r)}{RT}\right] \tag{G.4}$$

wobei $\widetilde{m}_i(\varphi = 0) = \widetilde{m}_{i0}$ die Molalität der Ionensorte i in unendlicher Entfernung von der zentralen Kugel bedeuten, wo $\varphi = 0$ ist. Das Verhältnis der Aktivitätskoeffizienten $\gamma_i(r)/\gamma_i(r \to \infty)$ setzen wir näherungsweise gleich 1, es taucht daher in Gl. (G.4) gar nicht auf. Der Raumbereich $r < \infty$ in den sich $\gamma(r)$ von $\gamma(r \to \infty)$ unterscheidet, ist äußerst gering und somit vernachlässigbar gegenüber dem gesamten Volumen, solange $\widetilde{m}_i$ nicht allzu groß ist.

Die Raumladungsdichte $\psi(r)$ um die zentrale Kugel ist also:

$$\psi(r) = \varrho_{LM} \sum_i F \cdot z_i \widetilde{m}_i = \varrho_{LM} \sum_i F \cdot z_i \widetilde{m}_i(\varphi = 0) \cdot \exp\left[-\frac{z_i F \cdot \varphi(r)}{RT}\right]$$

wobei e_0 die Elementarladung bedeutet, ϱ_{LM} ist die Dichte des Lösemittels in $kg \cdot m^{-3}$.

Einsetzen in die Poisson'sche Gleichung (F.6) ergibt:

$$\boxed{\frac{1}{r^2}\frac{\partial}{\partial r}\left(r^2\frac{\partial\varphi(r)}{\partial r}\right) = -\frac{\varrho_{LM}F}{\varepsilon_0 \cdot \varepsilon}\sum_i z_i\widetilde{m}_i(\varphi = 0) \cdot \exp\left[-\frac{z_i F \cdot \varphi(r)}{RT}\right]} \tag{G.5}$$

Diese Gleichung heißt *Poisson-Boltzmann-Gleichung*, sie muss für $\varphi(r)$ näherungsweise gelöst werden.

Dazu machen wir zunächst die Annahme, dass $RT \gg z_i F \cdot \varphi$. Diese Annahme bedeutet, dass φ klein ist und damit auch die Konzentration der Ionen bzw. des Elektrolyten, denn φ ist nur dann klein, wenn der (mittlere) Abstand der Ionen in der Lösung genügend groß ist. Wir entwickeln den Exponentialterm in Gl. (G.5) in eine Taylorreihe und brechen nach dem linearen Glied ab:

$$\exp\left[-\frac{F \cdot z_i\varphi(r)}{RT}\right] \approx 1 - \frac{z_i F\varphi(r)}{RT}$$

Dann wird aus der Poisson-Boltzmann-Gleichung (G.5):

$$\frac{1}{r^2}\frac{\partial}{\partial r}\left(r^2\frac{\partial\varphi(r)}{\partial r}\right) = \frac{\varrho_{LM}F^2}{\varepsilon_0\cdot\varepsilon}\left(\sum_i\frac{z_i^2\widetilde{m}_i(\varphi=0)\cdot\varphi(r)}{RT} - \sum_i z_i\widetilde{m}_i(\varphi=0)\right)$$

$$= \frac{\varrho_{LM}F^2}{\varepsilon_0\cdot\varepsilon}\left(\sum_i\frac{z_i^2\cdot\widetilde{m}_i(\varphi=0)}{RT}\right)\cdot\varphi(r) = \kappa^2\cdot\varphi(r) \qquad (G.6)$$

Der zweite Term in der runden Klammer fällt also weg, da $F\sum_i\widetilde{m}_i(\varphi=0)\cdot z_i = 0$ ist, denn für $\widetilde{m}_i = \widetilde{m}_i(\varphi=0)$ ist $\varphi(r) = 0$ und es gilt dort die Elektroneutralitätsbedingung.

Wir haben in Gl. (G.6) $\varrho_{LM}F^2\sum_i z_i^2\cdot\widetilde{m}_i(\varphi=0)/(\varepsilon\cdot\varepsilon_0\cdot RT)$ mit κ^2 abgekürzt und können diese Differentialgleichung nun lösen, indem wir den Substitutionsansatz $y = \varphi(r)\cdot r$ bzw. $\varphi(r) = y/r$ vornehmen. Es folgt dann:

$$\frac{1}{r^2}\frac{d}{dr}\left(r^2\frac{d\left(\frac{y}{r}\right)}{dr}\right) = \kappa^2\cdot\frac{y}{r}$$

Mit $y' = (dy/dr)$ folgt dann:

$$\frac{1}{r^2}\frac{d}{dr}\left[r^2\left(\frac{y'}{r}-\frac{y}{r^2}\right)\right] = \kappa^2\frac{y}{r}$$

bzw.

$$\frac{1}{r}\frac{d}{dr}(y'\cdot r - y) = \kappa^2\cdot y \qquad \text{oder} \qquad \frac{d^2y}{dr^2}+\frac{y'}{r}-\frac{y'}{r} = \kappa^2\cdot y$$

Also lautet die zu lösende Gleichung:

$$\boxed{\frac{d^2y}{dr^2} = \kappa^2\cdot y} \qquad (G.7)$$

Als Lösungsansatz wählen wir:

$$y = c_1\cdot\exp[\kappa\cdot r] + c_2\exp[-\kappa\cdot r]$$

Er erfüllt Gl. (G.7), wie man durch Einsetzen leicht nachweist. Die zunächst unbekannten Koeffizienten c_1 und c_2 werden folgendermaßen bestimmt. Es gilt ja:

$$\varphi(r) = c_1\frac{\exp[\kappa\cdot r]}{r} + c_2\frac{\exp[-\kappa\cdot r]}{r}$$

Da

$$\lim_{r\to\infty}\varphi(r) = 0 \qquad \text{und} \qquad \lim_{r\to\infty}\left(\frac{\exp[\kappa\cdot r]}{r}\right) = \infty$$

muss $c_1 = 0$ sein. Also folgt:

$$\varphi(r) = c_2\cdot\frac{\exp[-\kappa\cdot r]}{r}$$

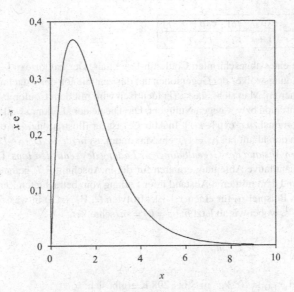

Abb. G.1 Die Funktion $x \cdot \exp[-x]$ ist proportional zur „Ladungswolkendichte" mit $x = \kappa \cdot r$.

c_2 bestimmt man in folgender Weise:

$$\psi(r) = \varrho_{LM}F \sum_i z_i \widetilde{m}_i = \varrho_{LM} \cdot F^2 \sum_i z_i \widetilde{m}_i(\varphi = 0)\exp\left[-\frac{z_i F \varphi(r)}{RT}\right]$$

$$\approx \varrho_{LM} \cdot F \sum_i z_i \widetilde{m}_i(\varphi = 0)\left(1 - \frac{z_i F \varphi(r)}{RT}\right) = -\frac{\varrho_{LM} F^2}{RT}\left(\sum_i z_i^2 \cdot \widetilde{m}_i(\varphi = 0)\right) \cdot \varphi(r)$$

Letzteres folgt wieder aus der Elektroneutralitätsbedingung, so dass sich schließlich schreiben lässt:

$$\psi(r) \cong -\varepsilon_0 \cdot \varepsilon \cdot \kappa^2 \cdot c_2 \frac{\exp[-\kappa \cdot r]}{r} \tag{G.8}$$

Die Elektroneutralitätsbedingung in der gesamten Elektrolytlösung *einschließlich der zentralen Kugel mit der Ladung q* erfordert:

$$4\pi \int_{r_0}^{\infty} \psi(r)r^2 dr = -4\pi\varepsilon_0 \cdot \varepsilon \cdot \kappa^2 \cdot c_2 \int_{r_0}^{\infty} r \exp[-\kappa \cdot r]\, dr = -q \tag{G.9}$$

Partielle Integration und Auflösen nach c_2 ergibt:

$$c_2 = \frac{q}{4\pi\varepsilon_0 \cdot \varepsilon} \frac{\exp[-\kappa \cdot r_0]}{1 + \kappa \cdot r_0}$$

Daraus folgt schließlich als Lösung für $\varphi(r)$:

$$\varphi(r) = \frac{q}{4\pi\varepsilon_0 \cdot \varepsilon} \frac{\exp[\kappa \cdot r_0]}{1 + \kappa \cdot r_0} \cdot \frac{\exp[-\kappa \cdot r]}{r} \qquad (G.10)$$

$\varphi(r)$ hat die Form eines abgeschirmten Coulomb-Potentials. Der Faktor $\exp[-\kappa \cdot r]$ beinhaltet den Einfluss der „Ladungswolke" der Gegenionen um das zentrale Ion der Kugel mit der Ladung q und dem Radius r_0 herum. Man sieht, dass $\varphi(r)$ identisch wird mit dem Coulomb-Potential, wenn die Elektrolytkonzentration bzw. κ gegen Null geht. Die Dichte der „Ladungswolke" $4\pi\psi(r) \cdot r^2$ ist nach Gl. (G.9) proportional zu $r \cdot \exp[-\kappa \cdot r]$. In Abb. G.1 ist zur Illustration $(\kappa \cdot r) \cdot \exp[-\kappa \cdot r]$ aufgetragen. Die Funktion durchläuft bei $r_D = 1/\kappa$ ein Maximum. r_D *heißt die Debye-Länge und ist ein Maß für den mittleren Abstand der Gegenladung zur Ladung des zentralen Ions.* Damit haben wir eine physikalisch-quantitative Ableitung erhalten für die in Abschnitt 3.7. gemachte Vorstellung der Ladungswolke und dem mittleren Abstand ihrer Ladung vom betrachteten Zentralion.

Wir berechnen als Beispiel r_D für einen 1,1-Elektrolyten (z. B. NaCl) in wässriger Lösung bei $\widetilde{m}_{EL} = 10^{-3} \text{mol} \cdot \text{kg}^{-1}$, wobei wir ab jetzt $\widetilde{m}_i(\varphi = 0) = \widetilde{m}_i$ schreiben:

$$\kappa^2 = \frac{F^2 \cdot \varrho_{H_2O}}{\varepsilon_{H_2O} \cdot \varepsilon_0 \cdot RT} \cdot \sum_i z_i^2 \cdot \widetilde{m}_i \qquad (G.11)$$

Mit $\varepsilon_{H_2O} = 78,5$ und $\varrho_{H_2O} \cong 10^3 \text{ kg} \cdot \text{m}^{-3}$ bei 298 K ergibt sich:

$$\kappa^2 = \frac{(96485)^2 10^3}{78,5 \cdot 8,854 \cdot 10^{-12}} \cdot \frac{10^{-3}}{8,3145 \cdot 298} (1 \cdot 1 + 1 \cdot 1) = 1,0815 \cdot 10^{16} \text{ m}^{-2}$$

Damit ergibt sich:

$$r_D = \frac{1}{\kappa} = 1,36 \cdot 10^{-8} \text{ m} = 13,6 \text{ nm}.$$

H Herleitung des Einzelionen-Aktivitätskoeffizienten $\widetilde{\gamma}_i$ nach der Debye-Hückel-Theorie

Das Potential $\varphi(r)$ nach Gl. (G.10) in Anhang G kann gedanklich zerlegt werden in einen Anteil, der von der Ladungswolke der Gegenionen herrührt, und einen Anteil, der von dem zentralen Ion mit dem Radius r_0 herrührt. Wir betrachten zunächst nur den Bereich $r \geq r_0$, dort ist der Potentialanteil des zentralen Ions:

$$\varphi_{\text{Ion}}(r) = \frac{q}{4\pi\varepsilon \cdot \varepsilon_0} \cdot \frac{1}{r} \quad (r \geq r_0)$$

und dementsprechend der Anteil der Gegenladungswolke:

$$\Delta\varphi(r) = \varphi(r) - \frac{q}{4\pi\varepsilon_0 \cdot \varepsilon} \frac{1}{r} = \frac{q}{4\pi\varepsilon_0 \cdot \varepsilon} \left[\frac{\exp[\kappa r_0]}{1 + \kappa \cdot r_0} \cdot \frac{\exp[-\kappa r]}{r} - \frac{1}{r} \right] \tag{H.1}$$

Im Grenzfall $r = r_0$ ergibt sich:

$$\lim_{r \to r_0} \Delta\varphi(r) = \Delta\varphi(r_0) = \frac{q}{4\pi\varepsilon \cdot \varepsilon_0} \left[\frac{1}{(1 + \kappa \cdot r_0)} \cdot \frac{1}{r_0} - \frac{1}{r_0} \right]$$

$$= -\frac{q}{4\pi\varepsilon \cdot \varepsilon_0} \frac{\kappa}{1 + \kappa \cdot r_0} \tag{H.2}$$

Den Verlauf von $\Delta\varphi(r)$ ist in Abb. H.1 in reduzierter Form dargestellt. Der Kurvenverlauf für $r > r_0$ entspricht Gl. (G.11). Für $r < r_0$ bleibt $\Delta\varphi(r)$ konstant $\Delta\varphi(r_0)$. Das wollen wir jetzt beweisen. Innerhalb der Kugel vom Radius r_0 ist die Gegenionenladungsdichte $\psi(r) = 0$ und es gilt dort nach der Poisson'schen Gleichung:

$$\frac{1}{r^2} \frac{\mathrm{d}}{\mathrm{d}r} \left(r^2 \frac{\mathrm{d}\varphi}{\mathrm{d}r} \right) = 0$$

Die Lösung von $\varphi(r)$ lautet (s. Anhang G):

$$\varphi(r) = -\frac{C}{r} + D \quad (r < r_0)$$

C und D lassen sich dadurch festlegen, dass nach Gl. G.10 bei $r = r_0$ gelten muss:

$$\varphi(r = r_0) = \frac{q}{4\pi\varepsilon \cdot \varepsilon_0} \cdot \frac{1}{r_0} \cdot \frac{1}{\kappa \cdot r_0 + 1}$$

und ferner für $r \to r_0$ von links ($r < r_0$):

$$\lim_{r \to r_0} \left(\frac{\mathrm{d}\varphi(r)}{\mathrm{d}r} \right) = \frac{C}{r_0^2}$$

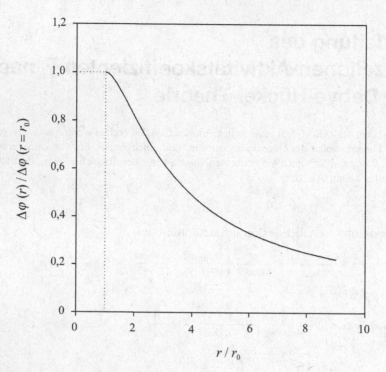

Abb. H.1 $\Delta\varphi(r)/\Delta\varphi(r = r_0)$ als Funktion von r/r_0 mit $\kappa = 1$. $\Delta\varphi(r)$ nach (Gl. G.11) ist der Anteil der Gegenionen am Gesamtpotential.

bzw. für $r \to r_0$ von rechts $(r > r_0)$:

$$\lim_{r \to r_0}\left(\frac{\mathrm{d}\varphi(r)}{\mathrm{d}r}\right) = \lim_{r \to r_0}\left[\frac{q}{4\pi\varepsilon\cdot\varepsilon_0}\cdot\frac{\exp[\kappa\cdot r_0]}{1+\kappa\cdot r_0}\cdot\frac{\mathrm{d}}{\mathrm{d}r}\left(\frac{\exp[-\kappa\cdot r]}{r}\right)\right]$$

$$= \frac{-q}{4\pi\varepsilon\cdot\varepsilon_0}\cdot\frac{1}{r_0^2}$$

Daraus folgt:

$$C = -\frac{q}{4\pi\varepsilon\cdot\varepsilon_0} \quad \text{und} \quad D = -\frac{q\cdot\kappa}{4\pi\varepsilon_r\cdot\varepsilon_0}\cdot\frac{1}{1+\kappa\cdot r_0}$$

Also gilt:

$$\varphi(r) = \frac{q}{4\pi\varepsilon\cdot\varepsilon_0}\left(\frac{1}{r} - \frac{\kappa}{1+\kappa\cdot r_0}\right) \quad (r < r_0)$$

Somit folgt schließlich für den Potentialanteil der Gegenionenladungsdichte:

$$\Delta\varphi(r) = -\frac{\kappa}{1 + \kappa \cdot r_0} \cdot \frac{q}{4\pi\varepsilon \cdot \varepsilon_0} \quad (r \le r_0)$$

Das ist identisch mit Gl. (H.2).

Wir wollen jetzt den Einzelionen-Aktivitätskoeffizienten $\widetilde{\gamma}_i$ berechnen. $\widetilde{\gamma}_i \ne 1$ ist allein auf die elektrostatische Wechselwirkung von den Zentralionen mit ihren Gegenionenladungswolken zurückzuführen. $\widetilde{\gamma}_i = 1$ bedeutet also, dass die elektrostatische Wechselwirkung „ausgeschaltet" ist. $\mu_i - \widetilde{\mu}_i^0 = RT \ln\widetilde{\gamma}_i$ ist nichts anderes als die elektrische Arbeit W_{el}, die am System zu leisten ist, um das zentrale Ion der Sorte i (auf ein Mol bezogen), also die Kugel vom Radius r_0, aufzuladen in Gegenwart des elektrischen Potentials $\Delta\varphi(r = r_0)$ der Gegenionenladungswolke.

Also gilt:

$$W_{el} = RT \ln\widetilde{\gamma}_i = N_L \int\limits_0^q \Delta\varphi(r = r_0) \cdot dq$$

mit $q = z_i \cdot e_0$ ($e_0 = F/N_L$). Daraus folgt mit Gl. (H.2):

$$RT \ln\widetilde{\gamma}_i = -N_L \int\limits_0^{z_i e_0} \frac{1}{4\pi\varepsilon \cdot \varepsilon_0} \cdot \frac{\kappa}{1 + \kappa \cdot r_0} \cdot q \cdot dq$$

Die Integration ergibt:

$$RT \ln\widetilde{\gamma}_i = -\frac{N_L}{8\pi\varepsilon \cdot \varepsilon_0} \cdot \frac{\kappa}{1 + \kappa \cdot r_0} (z_i e_0)^2 \tag{H.3}$$

Nach Gl. (G.11) gilt:

$$\kappa^2 = \frac{F^2 \cdot \varrho_{LM}}{\varepsilon_{LM} \cdot \varepsilon_0 RT} \cdot \sum_i z_i^2 \widetilde{m}_i \tag{H.4}$$

wobei der Index i alle Einzelionen und ihre Molalitäten $\widetilde{m}_i$ im Elektrolyten bezeichnet, der Index LM kennzeichnet das Lösemittel. Die Summe in Gl. (H.4) hängt direkt mit der sog. *Ionenstärke des Elektrolyten I* zusammen:

$$I = \frac{1}{2} \sum z_i^2 \cdot \widetilde{m}_i \tag{H.5}$$

Setzt man Gl. (H.5) in (H.4) ein und dann diese in Gl. (H.3) ein, erhält man folgenden Ausdruck für den Einzelionenaktivitätskoeffizienten $\widetilde{\gamma}_i$ nach der Debye-Hückel-Theorie:

$$\boxed{\ln\widetilde{\gamma}_i = -\frac{A \cdot I^{1/2} \cdot z_i^2}{1 + B \cdot r_{0,i} \cdot I^{1/2}}} \tag{H.6}$$

mit

$$A = \sqrt{2\pi N_L \cdot \varrho_{LM}} \left(\frac{e_0^2}{4\pi\varepsilon_{LM} \cdot \varepsilon_0 \cdot kT}\right)^{3/2}$$

und

$$B = e_0 \cdot \left(\frac{2N_{\mathrm{L}} \cdot \varrho_{\mathrm{LM}}}{\varepsilon_{\mathrm{LM}} \cdot \varepsilon_0 \cdot kT} \right)^{1/2}$$

k_{B} ist hier die Boltzmann-Konstante mit $k_B = R/N_{\mathrm{L}} = 1,3807 \cdot 10^{-23}$ J $\cdot$ K^{-1}.

Der Ionenradius $r_{0,i}$ des Ions i ist eine molekulare Größe, die man abschätzen kann oder aus Experimenten anpasst.

Gl. (H.6) hat nur Gültigkeit bei genügend geringen Elektrolytkonzentrationen, also bei kleinen Werten der Ionenstärke I, denn die gesamte Ableitung, die letztlich zu Gl. (H.6) führt, beruht auf der in Anhang G gemachten Näherungsannahme $RT \gg z_i F \cdot \varphi$, die zur Ausgangsgleichung (G.6) der Debye-Hückel Theorie führt.

I Konzentrationsverteilung von Elektrolyten in der diffusen Grenzschicht an der Phasengrenze Metall/Elektrolytlösung: Die Gouy-Chapman-Theorie

Zur Berechnung des elektrischen Potentials $\varphi(x)$ in der diffusen Grenzschicht einer Elektrolytlösung als Funktion vom Abstand x der Grenzfläche zwischen Metall und Lösung (s. Abb. 4.2) gehen wir aus von der Poisson'schen Gleichung (G.1), wobei hier nur die x-Abhängigkeit zu berücksichtigen ist:

$$\frac{\partial^2 \varphi}{\partial x^2} = -\frac{\psi(x)}{\varepsilon_0 \cdot \varepsilon} \tag{I.1}$$

Für die Ladungsdichte $\psi(x)$ gilt:

$$F \sum z_i c_i(x) = \psi(x) \tag{I.2}$$

c_i sind die molaren Konzentrationen aller in der Lösung befindlichen Ionen und z_i ihre Ladungszahl. Der Zusammenhang zwischen c_i und φ ergibt sich aus der Konstanz des elektrochemischen Potentials η_i für alle Abstände x von der Grenzfläche:

$$\eta_i = \mu_i^0 + RT \ln a_i(x) + z_i \dot{F} \cdot \varphi(x)$$

mit den Aktivitäten $a_i(x)$.

Für $x \to \infty$ wird $\varphi = \varphi_L = \varphi^0$ (s. Abb. 4.2) und man kann schreiben:

$$a_i(x) = a_i(x \to \infty) \cdot \exp\left[-\frac{z_i F \cdot (\varphi(x) - \varphi_L)}{RT}\right]$$

Eingesetzt in Gl. (I.2) ergibt das mit $\Delta\varphi(x) = \varphi(x) - \varphi_i$:

$$\psi(x) = F \cdot \sum z_i \left(\frac{a_i}{\gamma_i}\right)(x \to \infty) \cdot \exp\left[-\frac{z_i \cdot F \cdot \Delta\varphi(x)}{RT}\right] \tag{I.3}$$

Hier ist $a_i(x \to \infty)$ die Aktivität des Ions i im Inneren der Elektrolytphase. γ_i ist der Aktivitätskoeffizient. Näherungsweise setzen wir $\gamma_i \approx 1$ bzw. $a_i(x \to \infty) = c_i$. Einsetzen in Gl. (I.1) ergibt dann:

$$\frac{d^2 \varphi}{dx^2} = -\frac{F}{\varepsilon_0 \varepsilon_R} \cdot \sum z_i \cdot c_i \cdot \exp\left[-\frac{z_i \cdot F \cdot \Delta\varphi(x)}{RT}\right] \tag{I.4}$$

Wegen

$$\frac{d^2\varphi}{dx^2} = \frac{1}{2}\left(\frac{d\varphi}{dx}\right)^2$$

und der Randbedingung

$$\lim_{x\to\infty}\left(\frac{d\Delta\varphi(x)}{dx}\right) = 0$$

lässt sich Gl. (I.4) integrieren, und man erhält:

$$\left(\frac{d\varphi}{dx}\right)^2 = \frac{2RT}{\varepsilon_R \cdot \varepsilon_0} \cdot \sum_i c_i \left[\exp\left(-\frac{z_i \cdot F \cdot \Delta\varphi(x)}{RT}\right) - 1\right]$$

Im Fall eines 1,1-Elektrolyten gilt $z_+ = -z_- = 1$ sowie $c_+ = c_- = c$ und es ergibt sich unter Beachtung von $(e^x + e^{-x} - 2)^{1/2} = e^{1/2x} - e^{-1/2x}$:

$$\frac{d\varphi}{dx} = \left(\frac{2RT \cdot c}{\varepsilon_R \cdot \varepsilon_0}\right)^{1/2} \cdot \left[\exp\left(\frac{F \cdot \Delta\varphi(x)}{2RT}\right) - \exp\left(-\frac{F \cdot \Delta\varphi(x)}{2RT}\right)\right]$$

Wir führen jetzt die Variable $y = F \cdot \Delta\varphi/2RT$ ein, so dass wir mit

$$d\Delta\varphi = d\varphi = (2RT/F) \cdot dy$$

schreiben können:

$$\int_{\varphi=\delta}^{\varphi=x} \frac{dy}{e^y - e^{-y}} = \frac{1}{2}\left(\frac{2c \cdot F^2}{\varepsilon_0 \cdot \varepsilon_R RT}\right)^{1/2} (x - \delta) = \frac{1}{2}\left(\frac{2\rho_{H_2O} \cdot \widetilde{m}_{EL} \cdot F^2}{\varepsilon_0 \cdot \varepsilon_R \cdot RT}\right)^{1/2} \tag{I.5}$$

wobei $\varepsilon(\delta)$ das elektrische Potential am Beginn der diffusen Grenzschicht bedeutet (s. Abb. 4.2), wo $x = \delta$ gilt. Außerdem haben wir im letzten Ausdruck von Gl. (I.5) die molare Konzentration durch die Molalität $\widetilde{m}_{EL}$ des 1-1-Elektrolyten ersetzt. ρ_{H_2O} ist die Massendichte von Wasser.

Die Integration von Gl. (I.5) ergibt:

$$\ln\left[\frac{(e^y + 1)(e^{y\delta} - 1)}{(e^y - 1)(e^{y\delta} + 1)}\right] \tag{I.6}$$

mit

$$\kappa^2 = \left(2\rho_{H_2O} \cdot \widetilde{m}_{EL} \cdot F^2\right)/(\varepsilon_0 \cdot \varepsilon \cdot RT) \tag{I.7}$$

Reihenentwicklung von e^y bzw. $e^{y\delta}$ bis zum quadratischen Glied $\left(e^y \approx 1 + y + 1/2 \cdot y^2\right)$ ergibt als Näherung:

$$\ln\left(\frac{\Delta\varphi_\delta}{\Delta\varphi}\right) \approx \kappa(x - \delta) \quad \text{bzw.} \quad \Delta\varphi = \Delta\varphi_\delta \cdot \exp\left[-\kappa(x - \delta)\right] \tag{I.8}$$

κ^2 ist also identisch mit κ^2 in Gl. (G.11) nach der DH-Theorie und wir erhalten für $1/\kappa$:

$$\frac{1}{\kappa} = \left(\frac{\varepsilon_0 \cdot \varepsilon \cdot RT}{2\rho_{H_2O} \cdot \widetilde{m}_{EL} \cdot F^2} \right)^{1/2} \tag{I.9}$$

So wie in der DH-Theorie $1/\kappa$ die Bedeutung eines mittleren Abstandes der Gegenionen vom Zentralion hat, so hat $1/\kappa$ hier die Bedeutung des mittleren Abstandes der Überschussionen (der Anionen in Abb. 4.2) von der Grenzschicht, denn es gilt in der Näherung nach Gl. (I.8):

$$\int_\delta^\infty \left(\frac{\Delta\varphi(x)}{\Delta\varphi(x = \delta)} \right) \cdot x\,\mathrm{d}x = \frac{1}{\kappa} \int_{x=\delta}^\infty x \cdot e^{-(\kappa-\delta)}(x - \delta)\,\mathrm{d}x = \frac{1}{\kappa} \tag{I.10}$$

Abb. I.1 zeigt den Verlauf $\widetilde{y} = \Delta\varphi(x)/\Delta\varphi_\rho$ mit $x' = (x - \delta) \cdot \widetilde{m}^{1/2}\, 298/T$ und man sieht, dass die Unterschiede von Gl. (I.6) und (I.8) gering sind, solange κ klein ist, bzw. der mittlere Abstand der Ionen $1/\kappa$ groß ist, das ist bei genügend kleinen Konzentrationen $\widetilde{m}_{EL}$ und bei höheren Temperaturen der Fall.

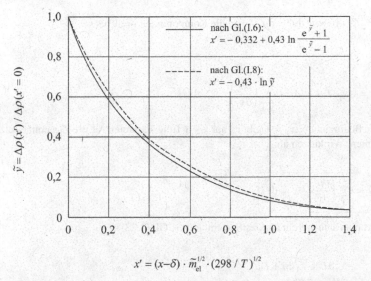

$$x' = (x-\delta) \cdot \widetilde{m}_{el}^{1/2} \cdot (298 / T)^{1/2}$$

Abb. I.1 $\widetilde{y} = \Delta\varphi(x)/\Delta\varphi_\rho$ als Funktion der reduzierten Einheit $(x - \delta) \cdot \widetilde{m}_{EL}^{1/2} \cdot (298/T)$ (siehe Text).

J Differentialgleichungen für koexistierende Phasen – Die Gibbs-Konovalov-Beziehungen

Aus den Gleichgewichtsbedingungen entlang der Phasengrenze eines zweiphasigen Systems im $p,T,\vec{x}$-Raum lassen sich mit Hilfe der Gibbs-Duhem-Gleichung Differentialgleichungen formulieren, die die Abhängigkeit des Phasengleichgewichtes von T, p und der Zusammensetzung der Molenbrüche (x_1', x_2', ..., x_k' und x_1'', x_2'', ..., x_k'') beschreiben. Diese Differentialgleichungen sind ganz allgemeiner Natur und können auf alle möglichen speziellen Phasengleichgewichte mit einer beliebigen Zahl k an Komponenten angewendet werden. Es gilt (s. Abschnitt 1.2):

$$\mu_i' = \mu_i'' \quad \text{bzw.} \quad \mathrm{d}\mu_i' = \mathrm{d}\mu_i'' \quad \text{für alle Komponenten } i = 1 \text{ bis } k$$

mit

$$\mathrm{d}\mu_i' = -S_i' \mathrm{d}T + V' \mathrm{d}p + \sum_{j=1}^{k-1} \left(\frac{\partial \mu_i}{\partial x_j} \right)_{T,p,x_{j\neq i}} \mathrm{d}x_j \tag{J.1}$$

Wegen der Bedingung $\sum x_j = 1$ gibt es nur $k-1$ freie Variablen für die Zusammensetzung bei k Komponenten. Wir kürzen ab:

$$\boxed{D\mu_i = \sum_{j}^{k-1} \left(\frac{\partial \mu_i}{\partial x_j} \right)_{T,p,x_{j\neq i}} \mathrm{d}x_j} \tag{J.2}$$

Beschränkt man sich auf ein *binäres* System, gilt (s. Gl. (1.23)):

$$\mathrm{d}\mu_1' = -\overline{S}_1' \mathrm{d}T + \overline{V}_1' \mathrm{d}p + D\mu_1' \tag{J.3}$$

$$\mathrm{d}\mu_1'' = -\overline{S}_1'' \mathrm{d}T + \overline{V}_1'' \mathrm{d}p + D\mu_1'' \tag{J.4}$$

$$\mathrm{d}\mu_2' = -\overline{S}_2' \mathrm{d}T + \overline{V}_2' \mathrm{d}p + D\mu_2' \tag{J.5}$$

$$\mathrm{d}\mu_2'' = -\overline{S}_2'' \mathrm{d}T + \overline{V}_2'' \mathrm{d}p + D\mu_2'' \tag{J.6}$$

Wir subtrahieren Gl. (J.4) von Gl. (J.3) bzw. Gl. (J.6) von Gl. (J.5) und erhalten:

$$\left(\overline{S}_1' - \overline{S}_1'' \right) \mathrm{d}T - \left(\overline{V}_1' - \overline{V}_1'' \right) \mathrm{d}p = D\mu_1' - D\mu_1'' \tag{J.7}$$

$$\left(\overline{S}_2' - \overline{S}_2'' \right) \mathrm{d}T - \left(\overline{V}_2' - \overline{V}_2'' \right) \mathrm{d}p = D\mu_2' - D\mu_2'' \tag{J.8}$$

Ferner folgt aus Gl. (1.21) mit $x_2' = (1 - x_1')$ bzw. $x_2'' = (1 - x_1'')$ und $k = 2$:

$$x_2' \cdot D\mu_2' + (1 - x_2')D\mu_1' = 0 \tag{J.9}$$
$$x_2'' \cdot D\mu_2'' + (1 - x_2'')D\mu_1'' = 0 \tag{J.10}$$

Multiplikation von Gl. (J.7) mit x_1'' und von Gl. (J.8) mit $(1 - x_1'')$ sowie Addition der so erhaltenen Gleichungen ergibt:

$$\left[x_1'' \cdot \left(\overline{S}_1' - \overline{S}_1'' \right) + \left(1 - x_1'' \right)\left(\overline{S}_2' - \overline{S}_2'' \right) \right] dT - \left[\left(\overline{V}_1' - \overline{V}_1'' \right) \cdot x_1'' + \left(1 - x_1'' \right)\left(\overline{V}_2' - \overline{V}_2'' \right) \right] dp$$
$$= \left(D\mu_1' - D\mu_1'' \right) x_1'' + \left(D\mu_2' - D\mu_2'' \right)\left(1 - x_1'' \right) \tag{J.11}$$

Aus Gl. (J.9) folgt:

$$-D\mu_2' = \frac{x_1'}{1 - x_1'} D\mu_1''$$

Einsetzen in Gl. (J.11) auf der rechten Seite ergibt:

$$\left[x_1'' \cdot \left(\overline{S}_1' - \overline{S}_1'' \right) + \left(1 - x_1'' \right)\left(\overline{S}_2' - \overline{S}_2'' \right) \right] dT - \left[\left(\overline{V}_1' - \overline{V}_1'' \right) \cdot x_1'' + \left(1 - x_1'' \right)\left(\overline{V}_2' - \overline{V}_2'' \right) \right] dp$$
$$= D\mu_1' \cdot \frac{x_1'' - x_1'}{1 - x_1'} \tag{J.12}$$

Eine zweite, zu Gl. (J.12) analoge Gleichung, ergibt sich, wenn man Gl. (J.7) mit x_1' und Gl. (J.8) mit $(1 - x_1')$ multipliziert und beide so erhaltenen Gleichungen addiert. Die sich daraus ergebende Gleichung sieht aus wie Gl. (J.11), nur ist jetzt x_1'' durch x_1' ersetzt. Setzt man nun $D\mu_2''$ aus Gl. (J.10) ein ergibt sich:

$$\left[x_1' \cdot \left(\overline{S}_1' - \overline{S}_1'' \right) + \left(1 - x_1' \right)\left(\overline{S}_2' - \overline{S}_2'' \right) \right] dT - \left[\left(\overline{V}_1' - \overline{V}_1'' \right) \cdot x_1' + \left(1 - x_1' \right)\left(\overline{V}_2' - \overline{V}_2'' \right) \right] dp$$
$$= D\mu_1'' \cdot \frac{x_1' - x_1''}{1 - x_1''} \tag{J.13}$$

mit $D\mu_1'' = (\partial\mu_1''/\partial x_1'') \cdot dx_1''$.

Gl. (J.12) und Gl. (J.13) sind die gesuchten Differentialgleichungen. Wir wollen vier Beispiele zur Anwendung von Gl. (J.12) und Gl. (J.13) untersuchen.

- **Das Dampf-Flüssigkeits (oder Fest)-Gleichgewicht**

  Hier ist $x_1' = x_{\text{Dampf}} = x_1'' = x_{\text{Fluessig}}$. Dann ergibt Gl. (J.12) oder Gl. (J.13):

  $$\left(\overline{S}_{\text{Dampf}} - \overline{S}_{\text{Fluessig}} \right) dT - \left(\overline{V}_{\text{Dampf}} - \overline{V}_{\text{Fluessig}} \right) dp = 0$$

  bzw.

$$\frac{dp}{dT} = \frac{\Delta\overline{S}}{\Delta\overline{V}}$$

$\Delta\overline{S} = \overline{S}_{\text{Dampf}} - \overline{S}_{\text{Fluessig}}$ ist die molare Verdampfungsentropie, $\Delta\overline{V} = \overline{V}_{\text{Dampf}} - \overline{V}_{\text{Fluessig}}$ das molare Verdampfungsvolumen. Da im Phasengleichgewicht $\mu_{\text{Dampf}} = \mu_{\text{Fluessig}}$ bzw. $\overline{G}_{\text{Dampf}} = \overline{G}_{\text{Fluessig}}$ gilt, erhält man mit $\Delta G = 0 = \Delta\overline{H} - T\Delta\overline{S}$ die *Clapeyron'sche Gleichung* (s. Band I, Gl. (5.24)):

$$\frac{dp}{dT} = \frac{\Delta\overline{H}}{T\Delta\overline{V}}$$

$\Delta\overline{H}$ ist die molare Verdampfungsenthalpie.

• **Phasengleichgewicht am azeotropen Punkt binärer Mischungen**
Azeotrope Punkte können bei Dampf-Flüssigkeits- oder Flüssig-Fest-Gleichgewichten auftreten (s. Abschnitt 1.9, Abb. 1.27 und 1.28). Dabei gilt $x_1'' = x_1'$. Der Phasenübergang erfolgt also ohne Änderung der Mischungszusammensetzung. Damit ergibt sich aus Gl. (J.12) oder Gl. (J.13):

$$\left(\frac{dp}{dT}\right)_{\text{az}} = \left(\frac{x_1'\left(\overline{S}_1' - \overline{S}_1''\right) + \left(1 - x_1'\right)\left(\overline{S}_2' - \overline{S}_2''\right)}{x_1'\left(\overline{V}_1' - \overline{V}_1''\right) + \left(1 - x_1'\right)\left(\overline{V}_2' - \overline{V}_2''\right)}\right)_{\text{az}} = \frac{\langle\Delta\overline{S}_u\rangle_{\text{az}}}{\langle\Delta\overline{V}_u\rangle_{\text{az}}} = \frac{1}{T} \cdot \frac{\langle\Delta\overline{H}_u\rangle_{\text{az}}}{\langle\Delta\overline{V}_u\rangle_{\text{az}}}$$

mit

$$\langle\overline{H}\rangle_u = x_1'\left(\overline{H}_1' - \overline{H}_1''\right) + \left(1 - x_1'\right)\left(\overline{H}_2' - \overline{H}_2''\right)$$

Statt x_1' kann auch x_1'' eingesetzt werden. Der Index u bezeichnet „Umwandlung". Unter $\langle\Delta\overline{S}_u\rangle$, $\langle\Delta\overline{V}_u\rangle$ und $\langle\Delta\overline{H}_u\rangle$ können wir molenbruchgemittelte molare Verdampfungs- oder Schmelzgrößen für Entropie, Volumen und Enthalpie verstehen, sodass der Ausdruck als Clapeyron'sche Gleichung für azeotrope Mischungen bezeichnet werden kann. Beim Phasenübergang am azeotropen Punkt bleibt die Mischungszusammensetzung unverändert. Wo der azeotrope Punkt liegt, welchen Wert also x_1' bzw. x_1'' hat, muss aus der Phasengleichgewichtsbedingung $\mu_1' = \mu_1''$ bzw. $\mu_2' = \mu_2''$ ermittelt werden.

Man kann auch mit Gl. (J.12) und Gl. (J.13) sofort bestätigen, dass bei azeotropen Mischungen $(dp/dx_1')_{\text{az}}$ und $(dT/dx_1')_{\text{az}}$ bzw. $(dp/dx_1'')_{\text{az}}$ und $(dT/dx_1'')_{\text{az}}$ gleich null sind. Dazu schreiben wir Gl. (J.12) mit $dT = 0$ (isothermes Phasendiagramm):

$$\left(\frac{dp}{dx_1'}\right)_T = -\left(\frac{d\mu_1'}{dx_1'}\right)_T \cdot \frac{x_1'' - x_1'}{1 - x_1'}\left[\left(\overline{V}_1' - \overline{V}_1''\right)x_1'' + \left(\overline{V}_2' - \overline{V}_2''\right)\left(1 - x_1''\right)\right]^{-1}$$

bzw. mit $dp = 0$ (isobares Phasendiagramm):

$$\left(\frac{dT}{dx_1'}\right)_p = -\left(\frac{d\mu_1'}{dx_1'}\right)_p \cdot \frac{x_1'' - x_1'}{1 - x_1'}\left[\left(\overline{S}_1' - \overline{S}_1''\right)x_1'' + \left(\overline{S}_2' - \overline{S}_2''\right)\left(1 - x_1''\right)\right]^{-1}$$

Am azeotropen Punkt gilt $x_1' = x_1''$. Daraus folgt:

$$\left(\frac{\mathrm{d}p}{\mathrm{d}x_1'}\right)_{\text{az}} = 0 \quad \text{sowie} \quad \left(\frac{\mathrm{d}T}{\mathrm{d}x_1'}\right)_{\text{az}} = 0$$

Benutzt man Gl. (J.13) statt Gl. (J.12) folgt ganz analog:

$$\left(\frac{\mathrm{d}p}{\mathrm{d}x_1''}\right)_{\text{az}} = 0 \quad \text{sowie} \quad \left(\frac{\mathrm{d}T}{\mathrm{d}x_1''}\right)_{\text{az}} = 0$$

- **Dampfdruckgleichgewicht *idealer* flüssiger Mischungen bei T = const**
In diesem Fall ist $\mathrm{d}T = 0$ und Gl. (J.12) bzw. Gl. (J.13) lauten:

$$\frac{\mathrm{d}p}{\mathrm{d}x_1'} = \frac{x_1'' - x_1'}{1 - x_1'} \cdot \frac{\left(\dfrac{\partial \mu_1}{\partial x_1'}\right)_T}{x_1''\left(v_1' - v_1''\right) + \left(1 - x_1''\right)\left(v_2' - v_2''\right)}$$

bzw.

$$\frac{\mathrm{d}p}{\mathrm{d}x_1''} = \frac{x_1'' - x_1'}{1 - x_1''} \cdot \frac{\left(\dfrac{\partial \mu_1}{\partial x_1''}\right)_T}{x_1'\left(v_1' - v_1''\right) + \left(1 - x_1'\right)\left(v_2' - v_2''\right)}$$

Jetzt bezeichnen wir die Zusammensetzung der Dampfphase mit $x_1'' = y_1$ und die der flüssigen Phase mit $x_1' = x_1$ (s. Abschnitt 1.7). Wir betrachten ideale Mischungen ($\gamma_1 = 1$) und erhalten mit $\mu_1 = \mu_{1,\text{fl}}^\circ + RT \ln x_1$ und $\overline{V}_{1,\text{fl}} \ll \overline{V}_{1,\text{Gas}} \cong RT/p$ sowie $\overline{V}_{2,\text{fl}} \ll \overline{V}_{2,\text{Gas}} \cong RT/p$:

$$\frac{\mathrm{d}p}{\mathrm{d}x_1} = \frac{y_1 - x_1}{(1 - x_1)} \cdot \frac{\dfrac{RT}{x_1}}{-\dfrac{RT}{p}(y_1 + y_2)} = -\frac{y_1 - x_1}{(1 - x_1)x_1} \cdot p \tag{J.14}$$

Jetzt müssen wir wissen, wie p von x_1 abhängt. Nach dem Raoult'schen Grenzgesetz gilt:

$$p = p_{10} \cdot x_1 + p_{20} \cdot (1 - x_1) \tag{J.15}$$

Also ist der Molenbruch im Dampf:

$$y_1 = \frac{p_{10} \cdot x_1}{p_{10} \cdot x_1 + p_{20} \cdot (1 - x_1)}$$

Setzt man p und y_1 in Gl. (J.14) ein, erhält man:

$$\frac{\mathrm{d}p}{\mathrm{d}x_1} = p_{10} - p_{20}$$

Dieses Resultat hätten wir einfacher direkt durch Differenzieren von Gl. (J.15) erhalten. Gl. (J.12) bzw. Gl. (J.13) liefern hier nichts Neues, sie bestätigen lediglich das richtige Resultat.

- **Eutektische Gemische**

  Das Phasengleichgewicht zwischen einer flüssigen Mischung und seinen festen, reinen Komponenten, also ohne Mischbarkeit im festen Bereich, wurde in Abschnitt 1.13 behandelt. Wenn wir $x_1' = x_1^{fl}$ setzen, dann gilt $x_1'' = x_1^{fest} = 1$. Eingesetzt in Gl. (J.12) erhält man:

$$\left(\overline{S}_1^{fl} - \overline{S}_1^{fest}\right) dT - \left(\overline{V}_1^{fl} - \overline{V}_1^{fest}\right) dp = \left(\frac{\partial \mu_1^{fl}}{\partial x_1^{fl}}\right)_{T,p} \cdot dx_1^{fl} \tag{J.16}$$

Wir setzen zunächst $dp = 0$. Ferner gilt im Phasengleichgewicht:

$$\left(\overline{S}_1^{fl} - \overline{S}_1^{fest}\right) = \frac{\overline{H}_1^{fl} - \overline{H}_1^{fest}}{T} = \frac{\Delta \overline{H}_{s,1}}{T}$$

$\Delta \overline{H}_{s,1}$ ist die molare Schmelzenthalpie von Komponente 1. Eingesetzt in Gl. (J.16) mit $dp = 0$ ergibt die Integration mit $\mu_1^{fl} = \mu_{10}^{fl} + RT \ln a_1^{fl}$:

$$\int_{T_{s,1}}^{T} \frac{\Delta \overline{H}_{s,1}}{T^2} dT = \int_{x_1^{fl}=1}^{x_1^{fl}} \left(\frac{\partial \mu_1^{fl}}{\partial x_1^{fl}}\right) dx_1^{fl} \cong \Delta \overline{H}_{s,1} \left(\frac{1}{T_{s,1}} - \frac{1}{T}\right) = R \cdot \ln\left(x_1^{fl} \cdot \gamma_1^{fl}\right) \tag{J.17}$$

$\Delta H_{s,1}$ ist eigentlich die „partielle molare Schmelzenthalpie", die u.a. von T und x_1^{fl} abhängt und näherungsweise gleich der Schmelzenthalpie der reinen Komponente 1 gesetzt wurde. Ganz analog erhalten wir, wenn wir x_1^{fl} jetzt x_2^{fl} gesetzt wird:

$$\Delta \overline{H}_{s,2} \left(\frac{1}{T_{s,2}} - \frac{1}{T}\right) = R \cdot \ln\left(x_2^{fl} \cdot \gamma_2^{fl}\right) \tag{J.18}$$

Setzt man in Gl. (J.17) und Gl. (J.18) $T = T_E$, ergibt sich

$$\frac{1}{T_{s,1}} - \frac{1}{T_{s,2}} = R \left[\frac{\ln\left[(1 - x_{1,E}) \cdot \gamma_{1,E}\right]}{\Delta \overline{H}_{s,1}} - \frac{\ln\left(x_{1,E}^{fl} \cdot \gamma_{1,E}\right)}{\Delta \overline{H}_{s,2}}\right]$$

Daraus lässt sich numerisch der Molenbruch des Eutektikums x_{1E}^{fl} berechnen und mit $x_{1,E}^{fl}$, eingesetzt in Gl. (J.17), die Temperatur T_E. Gl. (J.17) und (J.18) sind identisch mit Gl. (1.135) und (1.136), wenn man dort den Term mit $\Delta \overline{C}_{p,s1}$ bzw. $\Delta \overline{C}_{p,s2}$ weglässt.

Wir können nun Gl. (J.12) und (J.13) auch für den isothermen Fall, also $dT = 0$, anwenden, wieder mit $x_1'' = x_1^{fest} = 1$ und $x_1' = x_1^{fl}$:

$$-\left(\overline{V}_1^{fl} - \overline{V}_1^{fest}\right) \cdot dp = \left(\frac{\partial \mu_1^{fl}}{\partial x_1^{fl}}\right)_T \cdot dx_1^{fl} = R \ln\left(x_1^{fl} \cdot \gamma_1^{fl}\right) \cdot dx_1^{fl}$$

Jetzt integrieren wir bei konstanter Temperatur über den Druck von $p_0 - p$ und erhalten:

$$-\left(\overline{V}_1^{fl} \cdot \overline{V}_1^{fest}\right)(p - p_0) = RT \ln\left(x_1^{fl} \cdot \gamma_1^{fl}\right)_{p=p_0} - RT \ln\left(x_1^{fl} - \gamma_1^{fl}\right)_p$$

bzw.

$$\left(x_1^{fl} - \gamma_1^{fl}\right)_p = \left(x_1^{fl} \cdot \gamma_1^{fl}\right)_{p=p_0} = \exp\left[\frac{\left(\overline{V}_1^{fl} - \overline{V}_1^{fest}\right) \cdot (p - p_0)}{RT}\right] \tag{J.19}$$

In der Regel ist $\overline{V}_1^{fl} > \overline{V}_1^{fest}$, sodass $(x_1^{fl} \cdot \gamma_1^{fl})$ mit dem Druck abnimmt.

Schließlich lässt sich noch ermitteln, wie T sich bei $x_1^{fl} = $ const mit p ändert. Dann ergibt Gl. (J.12):

$$\left(\overline{S}_1^{fl} - \overline{S}_1^{fest}\right) \cdot dT - \left(\overline{V}_1^{fl} - \overline{V}_1^{fl}\right) \cdot dp = 0$$

Mit $(\overline{S}_1^{fl} - \overline{S}_1^{fest}) = \Delta s_{s1}$ und $(\overline{V}_1^{fl} - \overline{V}_1^{fest}) = \Delta \overline{V}_{s1}$ ergibt sich:

$$\left(\frac{\partial T}{\partial p}\right)_{x_1^{fl}} = \frac{\Delta V_{s1}}{\Delta S_{s1}} = \frac{\Delta V_{s1}}{\Delta \overline{H}_{s1}} \cdot T \quad \text{bzw.} \quad \frac{dT}{T} = \frac{\Delta V_{s1}}{\Delta \overline{H}_{s1}} \cdot dp$$

Integration ergibt:

$$T(p) = T(p = 1\,\text{bar}) \cdot \exp\left[\frac{\Delta \overline{V}_{s1}}{\Delta \overline{H}_{s1}} (p - p_0)\right] \quad \text{für } x_1^{fl} < x_{1,E}^{fl} \tag{J.20}$$

bzw. mit Gl. (J.13) berechnet ist das Resultat:

$$T(p) = T(p = 1\,\text{bar}) \cdot \exp\left[\frac{\Delta \overline{V}_{s2}}{\Delta \overline{H}_{s2}} (p - p_0)\right] \quad \text{für } x_1^{fl} < x_{1,E}^{fl} \tag{J.21}$$

Da immer $\Delta \overline{H}_s > 0$ gilt, hängt es vom Vorzeichen von $\Delta \overline{V}_{s1}$ bzw. $\Delta \overline{V}_{s2}$ ab, ob die Temperatur auf der Phasengleichgewichtskurve mit dem Druck p zunimmt oder abnimmt. ein interessantes Beispiel ist das System $H_2O(1) + NH_2OH \cdot HCl(2)$. $\Delta \overline{H}_{s1}$ und $\Delta \overline{H}_{s2}$ sind beide positiv, während bei Wasser $\Delta \overline{V}_{s1} = \Delta \overline{V}_{s,H_2O} < 0$ ist, ist dagegen $\Delta \overline{V}_{s2} > 0$. Das bedeutet: auf der Seite $x_2^{fl} < x_{2,E}^{fl}$ muss nach Gl. (J.20) T mit p *abnehmen*, während im Bereich $x_2^{fl} > x_{2,E}^{fl}$ Gl. (J.21) gilt. Dort muss T mit p *zunehmen*. Die in Abb. J.1 gezeigten Daten für $H_2O + NH_2OH \cdot HCl$ zeigen genau dieses Verhalten. Die Phasengleichgewichtskurven kreuzen sich.

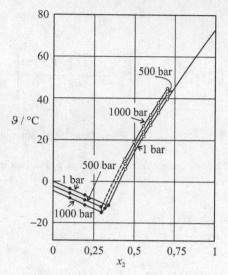

Abb. J.1 Fest-Flüssig-Phasengleichgewicht für $H_2O + NH_2OH \cdot HCl$ bei Drücken zwischen 1 und 1000 bar. (Daten:I. Prigogine, R. Defay, Chemical Thermodynamics, 1967). x_2 = Molenbruch von $NH_2OH \cdot HCl$.

K Allgemeines Lösungsverfahren für inhomogene Differentialgleichungen zweiter Ordnung mit periodischen äußeren Kraftfeldern

Diesen mathematischen Exkurs benötigen wir zum genauen Verständnis der Abschnitte 5.1.4 und 5.1.5.

Differentialgleichungen zweiter Ordnung mit zeitabhängigen äußeren Kraftfeldern kommen in vielen Bereichen der Physik vor. Um eine Modellvorstellung vor Augen zu haben, betrachten wir ein Teilchen der Masse m, auf das eine zeitabhängige äußere Kraft F wirkt, die gleich der Beschleunigungskraft $m \cdot \frac{d^2x}{dt^2}$ plus einer Reibungskraft $\beta \cdot \frac{dx}{dt}$ plus einer Hooke'schen Kraft $k \cdot x$ ist. x ist die Auslenkung aus der Ruhelage $x = 0$. Es gilt also:

$$m \cdot \frac{d^2x}{dt^2} + \beta \cdot \frac{dx}{dt} + k \cdot x = F(t)$$

β ist der sog. Reibungskoeffizient.

Wir interessieren uns hier für periodische äußere Kräfte der Art $F = F_0 \cdot \cos \omega t$, wobei $\omega = 2\pi\nu$ die Winkelfrequenz und die Frequenz in Hertz (sec^{-1}) bedeutet.

Es ist ratsam, zunächst die entsprechende homogene Gleichung zu lösen ($F = 0$):

$$m \cdot \frac{d^2x}{dt^2} + \beta \cdot \frac{dx}{dt} + k \cdot x = 0 \tag{K.1}$$

Die Lösung muss offensichtlich so beschaffen sein, dass ihre erste und zweite Ableitung mit der Lösungsfunktion selbst bis auf irgendwelche konstanten Faktoren übereinstimmt. Dazu eignet sich die Exponentialfunktion $x = A \cdot e^{\alpha \cdot t}$. Einsetzen in Gl. (K.1) ergibt:

$$m \cdot A\alpha^2 e^{\alpha t} + \beta \cdot A\alpha e^{\alpha t} + k \cdot A e^{\alpha t} = 0$$

Daraus ergibt sich für die Bestimmung von α:

$$\alpha = -\frac{\beta}{2m} \pm \sqrt{\frac{\beta^2}{4m^2} - \frac{k}{m}} \tag{K.2}$$

Die allgemeine Lösung lautet also:

$$x = A_1 \exp\left[\left(-\frac{\beta}{2m} + \sqrt{\frac{\beta^2}{4m^2} - \frac{k}{m}}\right)t\right] + A_2 \exp\left[\left(-\frac{\beta}{2m} - \sqrt{\frac{\beta^2}{4m^2} - \frac{k}{m}}\right)t\right]$$

da die allgemeine Lösung eine Linearkombination der beiden Lösungen für α_1 und α_2 mit zunächst freien Koeffizienten A_1 und A_2 ist. Wir bezeichnen jetzt die Wurzel mit ω_0 und erhalten

$$x = e^{-\frac{\beta}{2m}} \left(A_1 \cdot e^{\omega_0 t} + A_2 \cdot e^{-\omega_0 t}\right) \tag{K.3}$$

Es hängt vom Vorzeichen unter der Wurzel ab, ob ω_0 eine reelle oder eine imaginäre Zahl ($i \cdot \omega_0$) ist. Im ersten Fall erhält man exponentielle, sog. aperiodische Lösungen, im zweiten Fall offensichtlich eine gedämpfte Schwingung, da $e^{\pm i\omega_0 t} = \cos \omega_0 t \pm i \sin \omega_0 t$ ist. Wir behandeln jetzt die entsprechende inhomogene Differentialgleichung mit einer periodischen äußeren Kraft F, die in komplexer Schreibweise lautet:

$$m\frac{d^2 x}{dt^2} + \beta\frac{dx}{dt} + k \cdot x = F_0 \cdot e^{+i\omega t} \tag{K.4}$$

Als Lösungsansatz wählt man sinnvollerweise:

$$x = \alpha \cdot e^{+i\omega t}$$

woraus sich nach Einsetzen in Gl. (K.4) ergibt:

$$-m\alpha \cdot \omega^2 \cdot e^{-i\omega t} + \beta\alpha \cdot i \cdot \omega \cdot e^{+i\omega t} + k\alpha \cdot e^{+i\omega t} = F_0 \cdot e^{+i\omega t}$$

Daraus folgt für α:

$$\alpha = \frac{F_0}{k - m \cdot \omega^2 + i\beta\omega} = \frac{F_0}{x + iy} \tag{K.5}$$

Der Nenner im Ausdruck für α in Gl. (K.5) ist komplex, für jede komplexe Zahl r lässt sich schreiben (s. Abb. K.1):

$$x + iy = r \cdot e^{+i \cdot \omega \, \psi} \tag{K.6}$$

mit $r = \sqrt{x^2 + y^2}$, $\cos\psi = \frac{x}{r}$ bzw. $\sin\psi = +\frac{y}{r}$
    Also gilt:

$$r = \sqrt{(k - m\omega^2)^2 + \beta^2\omega^2}$$

$$\text{mit } x = k - m\omega^2 \text{ und } y = \beta \cdot \omega$$

$$\text{sowie}: \tan\psi = \frac{\beta \cdot \omega}{k - m\omega^2} = \frac{y}{x}$$

Damit ergibt sich für das partikuläre Integral von Gl. (K.6):

$$x = \frac{F_0}{\sqrt{(k - m\omega^2)^2 + \beta^2\omega^2}} \exp\left[i(\omega t - \psi)\right] \tag{K.7}$$

Der Realteil dieser Funktion ist das physikalische Ergebnis:

$$x = \frac{F_0}{\sqrt{(k - m\omega^2)^2 + \beta^2\omega^2}} \cdot \cos(\omega t - \psi) \tag{K.8}$$

Das vollständige Integral erhält man bekanntlich durch Hinzufügen des vollständigen Integrals der entsprechenden homogenen Differentialgleichung (Gl. (K.3)):

$$x = e^{-\frac{\beta}{2m}} + \left(A_1 e^{i\omega_0 t} + A_2 e^{-i\omega_0 t}\right) + \frac{F_0}{\sqrt{(k - m\omega^2)^2 + \beta^2\omega^2}} \cdot \cos(\omega t - \psi) \tag{K.9}$$

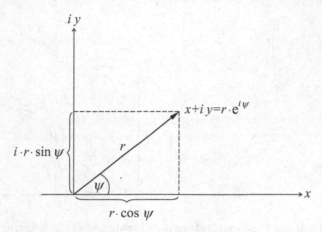

Abb. K.1 Darstellung komplexer Zahlen.

wobei für ω_0 gilt (s. Gl. (K.3)):

$$\omega_0 = \sqrt{\frac{\beta^2}{4m^2} - \frac{k}{m}}$$

Durch entsprechende Anfangsbedingungen ($x = x_0$ bei $t = 0$) erhält Gl. (K.9) eine eindeutige Lösung. A_1 und A_2 lassen sich dann bestimmen. Man sieht jedoch, dass der erste Term der Gl. (K.9) exponentiell mit der Zeit abnimmt und schließlich verschwindet, so dass nur noch der zweite Term mit dem periodischen Kosinus-Ausdruck übrig bleibt. Das heißt konkret: nach genügend langer Zeit gilt (reale Schreibweise):

$$x_{t\to\infty} = \frac{F_0}{\sqrt{m^2(\omega_0^2 - \omega^2)^2 + \beta^2\omega^2}} \cdot \cos(\omega t - \psi) \tag{K.10}$$

Mit

$$\tan\psi = \frac{y}{x} = \frac{\beta \cdot \omega}{m \cdot (\omega_0^2 - \omega^2)} \tag{K.11}$$

Die Lösung ist dann von den Anfangsbedingungen (A_1, A_2) unabhängig. Wir erhalten eine Lösung x, die mit derselben Frequenz ω schwingt wie die erregende Kraft F, sie ist allerdings um den Winkel ψ phasenverschoben. Ferner hängt ihre Amplitude x_0, also der Vorfaktor vor $\cos(\omega t - \psi)$, in charakteristischer Weise von ω ab. Das zeigt Abb. K.2.

Man sieht, dass es eine Resonanzstelle bei $\omega = \omega_0$ gibt, wo die Phasenverschiebung maximal, also $\pi/2$ ist. Kurve 1 ergibt sich bei kleiner Dämpfungskonstante β_1, Kurve 2 bei größerer Dämpfungskonstante β_2 ($\beta_1 < \beta_2$).

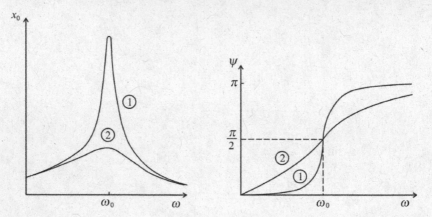

Abb. K.2 Amplitude und Phasenverschiebung ψ als Funktion von ω. 1: schwache Dämpfung, 2: starke Dämpfung

L Das Virial-Theorem

Das sog. Virial-Theorem beruht auf einem ganz allgemeingeltenden Verfahren, das statistisch gemittelte Werte für die potentielle Energie $\langle E_{pot} \rangle$ eines Systems mit solchen für die translatorische kinetische Energie $\langle E_{kin} \rangle$ in Zusammenhang bringt.

Wir gehen aus von einem molekularen Bild der Materie, die in unserem Falle aus N Partikeln besteht, die zu einem gegebenen Zeitpunkt $3N$ Ortskoordinaten $q_1, q_2 \ldots q_{3N}$ im Ortsraum besitzen und entsprechend $3N$ Impulskoordinaten $p_1, p_2, \ldots p_{3N}$ im Impulsraum. Damit ist das mechanische Verhalten vollständig beschrieben. Wir betrachten jetzt die Funktion

$$W = \sum_{i=1}^{3N} p_i q_i$$

deren zeitliche Ableitung lautet ($\dot{p}_i = dp_i/dt$, $\dot{q}_i = dq_i/dt$):

$$\frac{dW}{dt} = \sum_i \dot{p}_i \cdot q_i + \sum_i p_i \cdot \dot{q}_i$$

Für ein Zeitintervall τ erhalten wir einen zeitlichen Mittelwert von W:

$$\langle W \rangle = \frac{1}{\tau} \int_0^\tau \frac{dW}{dt} \cdot dt = \frac{d\langle W \rangle}{dt} = \left\langle \sum_i \dot{p}_i \cdot q_i \right\rangle + \left\langle \sum_i p_i \cdot \dot{q}_i \right\rangle \tag{L.1}$$

Nun kann man schreiben:

$$\frac{1}{\tau} \int_0^\tau \frac{dW}{dt} dt = \frac{1}{\tau} [W(\tau) - W(0)] \tag{L.2}$$

$W(\tau)$ bleibt auch für beliebig lange Zeiten τ, d. h. bei Erreichen des thermodynamischen Gleichgewichts, ein *endlicher* Wert, wenn alle Parameter q_i und p_i endlich bleiben. Das ist der Fall, wenn die Werte für q_i auf einen bestimmten Raum vom Volumen V beschränkt sind und die Summe aller p_i-Werte beschränkt bleibt (Impulserhaltung!) Das gilt dann konsequenterweise auch für die Ableitungen $\dot{p}_i$ und $\dot{q}_i$. Da $p_i = m_i \cdot \dot{q}_i$ folgt für die gesamte kinetische Energie der translatorischen Bewegung E_{kin}:

$$2E_{kin} = \sum_i p_i \dot{q}_i \quad \text{bzw.} \quad \langle E_{kin} \rangle = \frac{1}{2} \sum_i \langle p_i \dot{q} \rangle \tag{L.3}$$

Da nun $\langle W \rangle$ in Gl. (L.1) verschwindet, wenn $\tau \to \infty$ geht, gilt:

$$\sum_i \langle \dot{p}_i q_i \rangle = - \sum \langle p_i \dot{q}_i \rangle \quad \text{für} \quad \tau \to \infty \tag{L.4}$$

folgt daraus:

$$\langle E_{\text{kin}} \rangle = -\frac{1}{2} \sum_{i=1}^{3N} \langle \dot{p}_i \cdot q_i \rangle \qquad\qquad (\text{L.5})$$

Da $\dot{p}_i$ gleich der Kraftkomponente f_i ist, lässt sich auch schreiben:

$$\langle E_{\text{kin}} \rangle = -\frac{1}{2} \left\langle \sum_{i=1}^{3N} f_i \cdot \dot{q}_i \right\rangle \qquad\qquad (\text{L.6})$$

Die rechte Seite von Gl. (L.5) bzw. (L.6) ist nichts anderes als die Hälfte der potentiellen Energie $\langle E_{\text{pot}} \rangle$ des Systems. Damit folgt:

$$2\langle E_{\text{kin}} \rangle + \langle E_{\text{pot}} \rangle = 0 \qquad\qquad (\text{L.7})$$

Gl. (L.6) und (L.7) werden als das Virialtheorem bezeichnet. Es wurde zum ersten Mal von Rudolf Clausius (dem Entdecker der Entropie) im Jahr 1870 formuliert. Es gilt im Übrigen auch in der Quantenmechanik.

M Stationäre Wärmeleitung bei Anwesenheit interner Wärmequellen

Wir gehen aus von der Definition der Wärmeleitfähigkeit λ_{th}. Für einen Wärmetransport in x-Richtung gilt definitionsgemäß:

$$\dot{Q} = \frac{dQ}{dt} = -\lambda_{th}\left(\frac{dT}{dx}\right) \cdot A \tag{M.1}$$

Q ist die Wärme, $\dot{Q}$ der Wärmefluss in $J \cdot s^{-1}$, dT/dx ist der Temperaturgradient an der Stelle x und A ist die Fläche, durch die die Wärme in x-Richtung strömt. Die Wärmeleitfähigkeit λ_{th} hat also die Einheit $J \cdot s^{-1} \cdot K^{-1} \cdot m^{-1}$. Wir betrachten jetzt ein differentiell kleines Flächenstück $dA = dy \cdot dz$. Abb. M.1 zeigt, dass bei x der Wärmefluss $\dot{Q}_x$ in das differentielle Volumen $dx \cdot dy \cdot dz$ *hinein*strömt und der entsprechende Fluss $\dot{Q}_{x+dx}$ an der Stelle $x + dx$ aus dem Volumen *heraus*strömt. Man hat also:

$$\dot{Q}_x = -\lambda_{th} \cdot \left(\frac{\partial T}{\partial x}\right)_x \cdot dz \cdot dy$$

und

$$\dot{Q}_{x+dx} = -\lambda_{th} \cdot \left(\frac{\partial T}{\partial x}\right)_{x+dx} \cdot dz \cdot dy = -\lambda_{th}\left[\left(\frac{\partial T}{\partial x}\right)_x + \left(\frac{\partial^2 T}{\partial x^2}\right) \cdot dx\right] \cdot dy \cdot dz$$

Der Nettowärmestrom beträgt also:

$$\dot{Q}_x - \dot{Q}_{x+dx} = \lambda_{th} \cdot \left(\frac{\partial^2 T}{\partial x^2}\right) \cdot dx \cdot dy \cdot dz \tag{M.2}$$

Aus Bilanzgründen muss gelten mit der Dichte $\varrho = (dm/dV)$:

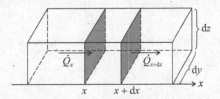

Abb. M.1 Zur Ableitung der Wärmefluss-Gleichung (s. Text).

$$\dot{Q}_x - \dot{Q}_{x+dx} = -d\dot{Q} = -d\left[\frac{dQ}{dT}\left(\frac{\partial T}{\partial t}\right)_x\right] = -\varrho \cdot \left(\frac{dQ}{dT \cdot dm}\right) \cdot \left(\frac{\partial T}{\partial t}\right)_x dV \tag{M.3}$$

Gleichsetzen von Gl. (M.2) und (M.3) ergibt wegen $dV = dx \cdot dy \cdot dz$:

$$\left(\frac{\partial T}{\partial t}\right)_x = \frac{\lambda_{th}}{c_s \cdot \varrho} \cdot \left(\frac{\partial^2 T}{\partial x^2}\right)_t \tag{M.4}$$

wobei c_s die spezifische Wärmekapazität in $J \cdot K^{-1} \cdot kg^{-1}$ bedeutet. Da die $x.y$ und z-Koordinaten unabhängig voneinander sind, gilt Gl. (M.4) in allen drei Raumrichtungen. Also gilt für den 3D-Raum:

$$\left(\frac{\partial T}{\partial t}\right)_{x,y,z} = \frac{\lambda_{th}}{c_s \cdot \varrho} \cdot \left[\left(\frac{\partial^2 T}{\partial x^2}\right)_{t,y,z} + \left(\frac{\partial^2 T}{\partial y^2}\right)_{t,x,z} + \left(\frac{\partial^2 T}{\partial z^2}\right)_{t,x,y}\right] \tag{M.5}$$

Wenn nun im wärmeleitenden Material noch zusätzliche Wärmequellen $\dot{q} \cdot dV = dQ'/(dt \cdot dV)$ vorliegen, muss auf der linken Seite von Gl. (M.3) dieser Term noch hinzukommen, sodass gilt:

$$\dot{q} \cdot dV + \dot{Q}_x - \dot{Q}_{x+dx} = -d\dot{Q} = -\varrho \cdot c_s \cdot \left(\frac{\partial T}{\partial t}\right)_x + \dot{q} \cdot dV$$

Also lautet die entsprechende Erweiterung von Gl. (M.5):

$$\left(\frac{\partial T}{\partial t}\right)_{x,y,z} - \frac{\dot{q}}{c_s \cdot \varrho} = \frac{\lambda_{th}}{c_s \cdot \varrho} \cdot \left[\left(\frac{\partial^2 T}{\partial x^2}\right)_{t,y,z} + \left(\frac{\partial^2 T}{\partial y^2}\right)_{t,x,z} + \left(\frac{\partial^2 T}{\partial z^2}\right)_{t,x,y}\right] \tag{M.6}$$

Die Formulierung von Gl. (M.5) und (M.6) setzt voraus, dass λ_{th} temperaturunabhängig ist, das soll für unsere Zwecke akzeptabel sein. Da wir nur an kugelsymmetrischen Systemen interessiert sind, schreiben wir Gl. (M.6) statt in kartesischen Koordinaten besser in Kugelkoordinaten r, ϑ, φ, wobei bei Kugelsymmetrie die Abhängigkeit von ϑ und φ wegfällt. Man erhält dann analog zum Übergang von Gl. (F.5) zu (F.6):

$$\boxed{\left(\frac{\partial T}{\partial t}\right)_{x,y,z} - \frac{\dot{q}}{c_s \cdot \varrho} = \left(\frac{\lambda_{th}}{c_s \cdot \varrho}\right) \cdot \frac{1}{r^2} \cdot \frac{\partial}{\partial r}\left(r^2 \cdot \left(\frac{\partial T}{\partial r}\right)\right)} \tag{M.7}$$

Im stationären Zustand gilt $(\partial T / \partial t) = 0$. In dieser Form benötigen wir Gl. (M.7) in Abschnitt 5.3.9.

N Potentielle Gravitationsenergie einer stellaren Gaskugel mit dem Adiabatenindex n

Wir wollen Gl. (6.238) ableiten. Das ist keineswegs eine triviale Angelegenheit. Der Nachweis erfolgt in vier Stufen.

1. **Ableitung eines allgemeinen Ausdrucks für die potentielle Energie der Gravitation E_{pot}**

   Die Änderung dE_{pot} bei Hinzufügen einer differentiellen Masse dm zu einer vorhandenen Masse $m(r)$ lautet:

   $$dE_{\text{pot}} = -G \cdot \frac{m(r)}{r} \cdot dm(r)$$

   Integration von $r = 0$ bis r_s (Radius der Gaskugel bzw. des Sterns) ergibt:

   $$E_{\text{pot}} = -G \int_0^{r_s} \frac{m(r)}{r} \cdot dm(r) \tag{N.1}$$

   Dafür lässt sich auch schreiben:

   $$-E_{\text{pot}} = \frac{1}{2} \cdot G \int_0^{r_s} \frac{dm^2(r)}{dm(r)} \cdot \frac{1}{r} \cdot dm(r)$$

   Partielle Integration ergibt:

   $$-E_{\text{pot}} = \frac{1}{2} \cdot G \cdot \frac{m^2(r_s)}{r_s} + \frac{1}{2} \cdot G \int_0^{r_s} \frac{m^2(r)}{r^2} dr$$

   Nun verwenden wir das durch Gl. (5.141) definierte Gravitationspotential $\varphi^{\text{gr}}(r)$:

   $$\varphi^{\text{gr}}(r) = -G \int_0^r \frac{m(r)}{r^2} dr \quad \text{bzw.} \quad \frac{d\varphi^{\text{gr}}(r)}{dr} = -G \cdot \frac{m(r)}{r^2}$$

   Damit lässt sich schreiben:

   $$-E_{\text{pot}} = \frac{1}{2} \cdot G \cdot \frac{m_s^2}{r_s} - \frac{1}{2} \int_0^{r_s} \left(\frac{d\varphi^{\text{gr}}(r)}{dr} \right) \cdot m(r) \cdot dr$$

   Erneute partielle Integration ergibt:

   $$E_{\text{pot}} = \frac{1}{2} \int_0^{r_s} \varphi^{\text{gr}}(r) \cdot dm(r) \tag{N.2}$$

2. **Zusammenhang von E_{pot} mit dem Druck p**

Für Gl. (N.1) lässt sich schreiben:

$$E_{\text{pot}} = G \int_0^{r_s} \frac{m(r)}{r} \cdot 4\pi r^2 \cdot \varrho(r) \cdot dr$$

Einsetzen von Gl. (5.196) und partielle Integration ergibt:

$$E_{\text{pot}} = \int_0^{r_s} r \cdot \left(\frac{dp}{dr}\right) \cdot 4\pi r^2 \cdot dr = p \cdot 4\pi r^3 \big|_0^{r_s} - 12\pi \int_0^{r_s} p \cdot r^2 \cdot dr$$

Der erste Term ist an den Grenzen $r = r_s$ und $r = 0$ gleich Null und man erhält mit $dV = 4\pi r^2 \cdot dr$:

$$\boxed{-E_{\text{pot}} = 3 \int p \cdot dV} \tag{N.3}$$

3. Die folgende Ableitung führt den Adiabatenindex n ein. Wir differenzieren Gl. (5.199) mit $\gamma = (n+1)/n$:

$$\frac{dp}{d\varrho} = \frac{n+1}{n} \cdot K \cdot \varrho^{1/n} \tag{N.4}$$

Jetzt differenzieren wir (p/ϱ) nach ϱ:

$$\frac{d}{d\varrho}\left(\frac{p}{\varrho}\right) = \frac{1}{\varrho} \cdot \frac{dp}{d\varrho} - \frac{p}{\varrho^2} = K \cdot \frac{1}{n} \cdot \frac{1}{\varrho} \cdot \varrho^{1/n} \tag{N.5}$$

Aus Kombination von Gl. (N.4) und Gl. (N.5) folgt:

$$\frac{1}{\varrho}\left(\frac{dp}{d\varrho}\right) = (n+1) \cdot \frac{d}{d\varrho}\left(\frac{p}{\varrho}\right)$$

Aus Gl. (5.196) folgt andererseits:

$$\frac{1}{\varrho} \cdot \frac{dp}{dr} = -G \cdot \frac{m(r)}{r^2} = \frac{d\varphi^{\text{gr}}(r)}{dr} \tag{N.6}$$

und nach Integration erhält man:

$$\boxed{(n+1) \cdot \frac{p}{\varrho} + \frac{G \cdot m(r_s)}{r_s} = \varphi^{\text{gr}}(r_s)} \tag{N.7}$$

4. Im letzten Schritt kombinieren wir die Ergebnisse von 1. bis 3.. Einsetzen von $\varphi^{\text{gr}}(r_s)$ aus Gl. (N.7) in Gl. (N.2) ergibt:

$$-E_{\text{pot}} = \frac{1}{2}(n+1) \int_0^{r_s} \frac{p}{\varrho} dm(r) + \frac{1}{2} \cdot \frac{G \cdot m_s}{r_s} \int_0^{r_s} dm(r)$$

oder mit Gl. (N.3):

$$-E_{\text{pot}} = \frac{1}{2}(n+1) \int\limits_0^{r_{\text{s}}} p \cdot dV(r) + \frac{1}{2} \cdot \frac{m_{\text{s}}^2}{r_{\text{s}}}$$

bzw.

$$-E_{\text{pot}} = -\frac{1}{6}(n+1) \cdot E_{\text{pot}} + \frac{1}{2} \cdot G \cdot \frac{m_{\text{s}}^2}{r_{\text{s}}}$$

Somit erhalten wir das Ergebnis:

$$\boxed{-E_{\text{pot}} = \frac{3}{5-n} \cdot G \cdot \frac{m_{\text{s}}^2}{r_{\text{s}}}}$$
(N.8)

O Ergänzende und weiterführende Literatur

Die folgende Liste enthält eine Auswahl von Büchern zur Ergänzung und Vertiefung, der in diesem Buch behandelten Themen, mit Betonung der phänomenologischen Grundlagen. Bücher, die ausschließlich oder ganz überwiegend statistische Thermodynamik oder irreversible Thermodynamik zum Inhalt haben, sind hier nicht aufgeführt.

Klassiker der chemischen und allgemeinen Thermodynamik

- I. Prigogine, R. Defay „Chemical Thermodynamics", Longmans (1967)
  Ein exzellent geschriebenes Standardwerk, das das Wissen seiner Zeit umfasst und den Begriff der Entropieproduktion mit einbezieht. Manche der „Topics" sind allerdings veraltet und nicht mehr aktuell.

- E. A. Guggenheim „Thermodynamics", North-Holland Publishing Company (1967)
  Sehr klare Diskussion der Grundlagen. Enthält auch gleichzeitig grundlegende Aspekte der statistischen Thermodynamik und knappe Kapitel über Wärmestrahlung und Thermodynamik in äußeren Feldern sowie eine kurze Einführung in die irreversible Thermodynamik

- H. B. Callen „Thermodynamics and Introduction to Thermostatics", John Wiley + Sons (1985)
  Umsichtige und kompetente Darlegung der Grundlagen mit Übungsaufgaben. Betont die Bedeutung der Gibbs'schen Fundamentalgleichung. Enthält auch Kapitel zur statistischen und irreversiblen Thermodynamik.

- A. Münster „Chemische Thermodynamik", Verlag Chemie (1968)
  Ein kurzgefasstes Lehrbuch, aber auf gehobenem Niveau. Enthält vor allem eine gründliche Entwicklung der phänomenologisch-theoretischen Grundlagen.

Grundlagen der Thermodynamik

- I. N. Levine „Physical Chemistry", 5th Edition, McGraw-Hill (2003)
  Allein die Hälfte des Buches ist der phänomenologischen Thermodynamik gewidmet. Die Darstellung ist klar, korrekt und gut verständlich, ergänzt durch viele nützliche Übungsaufgaben. Empfehlenswert für Anfänger.

- R. Haase, „Thermodynamik", Steinkopf (1972)
  Ein schmales Lehrbuch, das kenntnisreich in knapper und klarer Form die wesentlichen Grundlagen der phänomenologischen Thermodynamik behandelt.

- G. Kortüm, H. Lachmann „Einführung in die chemische Thermodynamik", Verlag Chemie (1981)
  Ein Lehrbuch mit Einführungscharakter, aber dennoch einer recht detaillierten Behandlung.

Gut zum ernsthaften Studium der phänomenologischen Grundlagen geeignet. Enthält auch einen kurzen, separaten Abschnitt über statistische Thermodynamik.

- D. Kondepudi, I. Prigogine „Modern Thermodynamics", John Wiley + Sons (1998)
  Ein didaktisch gut aufbereitetes Lehrbuch für Anfänger, das sich auf die wesentlichen Aspekte konzentriert und auch eine Einführung in die lineare irreversible Thermodynamik bietet sowie neuere Ergebnisse zu nichtlinearen Systemen vorstellt.

- H. Weingärtner, „Chemische Thermodynamik", Teubner (2003)
  Behandelt in klarer, aber recht knapper Form die Grundlagen der chemischen Thermodynamik. Gut geeignet als Begleiter für Vorlesungen. Kombiniert phänomenologische und molekularstatistische Grundlagen.

- G. Kluge, G. Neugebauer „Grundlagen der Thermodynamik", Spektrum-Verlag (1994)
  Gutes Lehrbuch in konzentrierter Darstellung, wendet sich bevorzugt an Physiker. Enthält auch ein relativ langes Kapitel zur irreversiblen Thermodynamik. Phänomenologische und statistische Thermodynamik wird teilweise simultan vermittelt. Enthält nützliche Übungsaufgaben.

- I. Müller „Grundzüge der Thermodynamik„, Springer-Verlag (1994)
  Eine sehr individuelle und originelle Behandlung des Themas mit interessanten Beispielen aus verschiedenen wissenschaftlichen Bereichen. Betont die physikalischen und verfahrenstechnischen Grundlagen. Enthält auch Kapitel zur statistischen Thermodynamik.

- A. Heintz „Gleichgewichtsthermodynamik - Grundlagen und einfache Anwendungen", Springer (2011)
  Dieses Buch ist der erste Band des Autors, auf den viele Hinweise im hier vorliegenden zweiten Band Bezug nehmen.

Schwerpunkt Thermodynamik der Mischphasen

- R. Haase „Thermodynamik der Mischphasen", Springer-Verlag (1956)
  Eine umfassende Darstellung der Mischphasenthermodynamik, die fast alles enthält, was Grundlegendes zu diesem Thema zu sagen ist. Auch heute noch eine wichtige Quelle der Information.

- J. M. Prausnitz, R. N. Lichtenthaler, E. G. de Azevedo „Molecular Thermodynamics of Fluid Phase Equilibria", Prentice Hall PTR (1998)
  Ein gut lesbares Buch. Konzentriert sich im Wesentlichen auf Phasengleichgewichte und deren Anwendung. Geschickte Kombination von phänomenologischer und molekularer Interpretation. Enthält gute Übungsaufgaben.

- S. M. Walas „Phase Equilibria in Chemical Engineering", Butterworth Publishers (1985)
  Ein umfassendes Werk zum Therma der Thermodynamik von Mischphasen und chemischen Reaktionsgleichgewichten mit bevorzugtem Blick auf die chemische Verfahrenstechnik. Enthält viele nützliche Beispiele und Übungsaufgaben.

- J. P. Novák, J. Matouš, J. Pick, „Liquid-Liquid Equilibria", Elsevier (1985)
  Eine sorgfältige und ausführliche Darstellung der Thermodynamik von Flüssig-Flüssig-Phasengleichgewichten auf der Grundlage von empirischen G^E-Modellen. Enthält auch Rechenbeispiele und Informationen zu experimentellen Methoden.

- K. S. Pitzer „Activity Coefficients in Eelektrolyte Solutions", CRC Press (1991)
  Das Buch enthält Kapitel verfasst von führenden Wissenschaftlern zu den Themen der Grundlagen von Elektrolytlösungen, experimentellen Methoden, aquatischen Elektrolytsystemen in natürlichen Gewässern, Löslichkeit von Mineralien in wässrigen Lösungen und zur Thermodynamik von Elektrolytlösungen bei hohen Temperaturen und Drücken. Ein ausführliches und breit angelegtes Standardwerk, das praktisch alle Informationen zum Thema enthält. Besonders nützlich sind die vielen Datentabellen und semiempirischen Korrelationsgleichungen.

- K. Stephan, F. Mayinger „Thermodynamik", Springer (1988), 2 Bände: I. Einstoffsysteme, II. Mehrstoffsysteme und chemische Reaktionen.
  Standardwerk der Thermodynamik für Verfahrensingenieure. Enthält zahlreiche Aufgaben mit Lösungen aus dem Bereich der Verfahrenstechnik.

- J. Gmehling, B. Kolbe „Thermodynamik", Verlag Chemie (1992)
  Klar strukturiertes Buch, das sich an der Berechnung von Phasengleichgewichten mit Gruppenbeitragsmodellen orientiert. Enthält auch Beispielrechnungen.

- A. Pfennig, „Thermodynamik der Gemische", Springer (2004)
  Ein informatives Buch mit Betonung auf thermischen Zustandsgleichungen und sog. G^E-Modellen, wie sie vor allem Chemieingenieure benötigen. Enthält Übungsaufgaben zum Thema und nützliche zusammenfassende Tabellen.

- R. Koningsveld, W. H. Stockmayer, E. Nies „Polymer Phase Diagrams", Oxford University Press (2001)
  Eine ausführliche und detaillierte Behandlung von fluiden Phasengleichgewichten auf phänomenologischer Grundlage. Der Schwerpunkt liegt auf Flüssig-Flüssig-Gleichgewichten von Polymersystemen.

- J. S. Rowlinson, F. L. Swinton „Liquids and Liquid Mixtures", Butterworths (1982)
  Hervorragende Behandlung der phänomenologischen Thermodynamik des flüssigen Zustands einschließlich einer recht ausführlichen Diskussion von Phasengleichgewichten in Mischungen. Enthält auch einen Abschnitt über Flüssigkeitsstruktur und statistische Mechanik des flüssigen Zustands, der allerdings etwas veraltet ist.

Schwerpunkt Grenzflächen

- H. D. Dörfler „Grenzflächen- und Kolloidchemie", VCH Weinheim (1994)
  Ein einführendes Lehrbuch, das weite Gebiete behandelt, die auch elektrisch geladene Grenzflächen, elektrokinetische Phänomene, Sedimentation in Zentrifugalfeldern und einiges über Membranen mit einschließt. Das Buch ist gut strukturiert und illustriert, die theoretischen Ansprüche sind nicht hoch. Ein nützliches und gut lesbares Buch für Einsteiger.

- M. Kahlweit „Grenzflächenerscheinungen", Steinkopff, Darmstadt (1981)
  Der schmale Band beschäftigt sich zwar im Wesentlichen mit der Kinetik der Phasenbildung und Keimbildung, enthält aber auch ein sorgfältig geschriebenes Kapitel zur allgemeinen Thermodynamik von Grenzflächen und elektrisch geladenen Grenzflächen. Die Lektüre setzt gewisse Vorkenntnisse der physikalischen Chemie voraus.

- D. K. Chattoraj, K.S. Birdi „Adsorption and the Gibbs Surface Excess", Plenum Press (1984)
  Das Buch bietet eine umfangreiche Behandlung der Dampf-Flüssig, Flüssig-Flüssig und Fest-Flüssig-Grenzflächenthermodynamik einschließlich fluider Mischungen und enthält viel Datenmaterial.

- J. S. Rowlinson, B. Widom „Molecular Theory of Capillarity", Clarendon Press, Oxford (1982)
  Dieses Buch zweier führender Fachleute ihres Gebiets ist vor allem theoretisch orientiert mit dem Ziel, anspruchsvolles Hintergrundwissen über Grenzflächen auf molekularstatistischer Basis zu vermitteln. Ein Standardwerk für theoretisch besonders interessierte Leser.

Schwerpunkt Elektrochemie

- G. Kortüm „Lehrbuch der Elektrochemie", Verlag Chemie (1972)
  Dieses in die Jahre gekommene Buch enthält zwar naturgemäß nicht die neueren Entwicklungen der Elektrochemie, ist aber nach wie vor eine ausgezeichnete Quelle der Grundlagen wegen der sorgfältigen und kenntnisreichen Darstellung des Stoffes.

- G. Ackermann, W. Jugelt, H.-H. Möbius, H. D. Suschke, G. Werner „Elektrolytgleichgewichte und Elektrochemie", Verlag Chemie (1974)
  Ein informatives und didaktisch gelungenes Grundlagenbuch mit vielen, vorwiegend an der Laborpraxis orientierten Beispielen und Aufgaben.

- R. Haase „Elektrochemie I: Thermodynamik elektrochemischer Systeme", Steinkopff (1972)
  Dieser schmale Band ist als Einführung in die grundlegenden Begriffe gedacht und stellt eine wertvolle Ergänzung zur Lehrbuchliteratur dar.

- C. H. Hamann, W. Vielstich „Elektrochemie", Wiley-VCH (2005)
  Ein deutschsprachiges Standardwerk mit Grundlagencharakter. Gut lesbar und nicht zu detailliert. Behandelt auch beispielhaft moderne Anwendungen und Entwicklungen. Der thermodynamische Teil ist verständlich und klar formuliert.

- J. S. Newman „Electrochemical Systems", Prentice Hall (1973)
  Ein Grundlagenbuch mit Betonung von Transportphänomenen in der Elektrochemie. Bietet aber auch eine lesenswerte Darstellung der thermodynamischen Grundlagen.

Schwerpunkt Biochemie und Biophysik

- I. M. Klotz, R. M. Rosenberg „Chemical Thermodynamics", Wiley + Sons (2000)
  Vermittelt recht ausführlich allgemeine Grundlagen mit Betonung auf wässrigen Lösungen und biochemischen Aspekten. Es wird bevorzugt von der Planck'schen Funktion Gebrauch gemacht. Enthält sorgfältig ausgewählte, teilweise sehr lehrreiche Übungsaufgaben.

- R. A. Alberty „Thermodynamics of Biochemical Reactions", Wiley (2003)
  Grundlagen in Kurzform werden vorangestellt. Der Inhalt konzentriert sich auf wässrige Systeme mit biochemischen Reaktionen, die teilweise sehr ausführlich behandelt werden. Enthält auch reichhaltiges Datenmaterial und Rechenprogramme zur biochemischen Thermodynamik.

- R. F. Steiner, L. Garone „The Physical Chemistry of Biopolymer Solutions" World Scientific (1991)
  Das Buch behandelt sowohl Spektroskopie und Lichtstreuung an Lösungen von Biopolymeren, enthält aber auch informative Abschnitte zur Thermodynamik solcher Systeme, insbesondere zum Verhalten in Zentrifugalfeldern (Ultrazentrifuge).

- D. T. Haynie „Biological Thermodynamics", Cambridge University Press (2008)
  Ein elementares Buch, das einen Überblick über biochemische Systeme gibt. Gut geeignet zur Einführung in das Thema und zum Nachschlagen, weniger zum quantitativen Verständnis der biochemischen Thermodynamik.

- N. Lakshminarayanaiah „Equations of Membrane Biophysics", Academic Press (1984)
  Eine ausführliche Darstellung der Elektrochemie und Transporteigenschaften in Elektrolytlösungen, ionischen Membranen und Biomembranen.

- G. Adam, P. Läuger, G. Stark „Physikalische Chemie und Biophysik", Springer (1984)
  Ein gut strukturiertes und didaktisch gelungenes Einführungsbuch in die folgenden Teilgebiete der physikalischen Chemie: Thermodynamik, Elektrochemie, Grenzflächen, Transportgrößen, biologische Membranen, chemische Kinetik und Strahlenbiophysik.

Schwerpunkt planetarische Physik und Astrophysik

- W. Kertz „Einführung in die Geophysik I+II", Hochschultaschenbücher-Verlag, Bibliographisches Institut, Mannheim (1971)
  Ein kompakt geschriebenes Lehrbuch, das physikalische und mathematische Kenntnisse voraussetzt. Insbesondere Band I ist eine nützliche Informationsquelle zur Struktur und Thermodynamik planetarer Systeme.

- J. S. Lewis „Physics and Chemistry of the Solar System", Academic Press (1997)
  Dieses Buch enthält eine breit angelegte und gut illustrierte Darstellung der Physik und Chemie unseres Planetensystems einschließlich aller anderen Himmelskörper und der Sonne. Der reichen Fülle an Material lassen sich vor allem viele thermodynamische Informationen zur Entstehung und Struktur von Planeten entnehmen.

- M. Harwit „Astrophysical Concepts", John Wiley + Sons (1973)
  Ein Buch, mit Einführungscharakter, das wesentliche Aspekte der Astrophysik behandelt. Gut lesbar, mit gelösten Übungsaufgaben. Die Ansprüche an den Leser sind moderat, setzen aber teilweise solide Kenntnisse der Mechanik, Thermodynamik und Spektroskopie voraus.

- K. H. Spatschek „Astrophysik. Eine Einführung in Theorie und Grundlagen", Teubner (2003)
  Das Buch behandelt praktisch alle Gebiete der Astrophysik in kompakter, recht anspruchsvoller Weise. Teilweise werden gute physikalische Kenntnisse vorausgesetzt. Die Abschnitte zur Thermodynamik der Sternentwicklung sind informativ und lesenswert.

- S. Chandrasekhar „Introduction to the Study of Stellar Structure", Dover Publ. Inc. (1967)
  Ein Klassiker der Astrophysik. Das Wort „Introduction" im Buchtitel ist etwas untertrieben. Das Buch enthält eine glänzend geschriebene, sehr detaillierte theoretische Behandlung gasförmiger stellarer Systeme und weißer Zwerge ohne Kernfusion. Die vorliegende Auflage repräsentiert umfassend den Stand des Wissens von 1938, der auch heute noch in weiten Teilen aktuell ist. Sehr empfehlenswert für Leser, die alles über dieses Gebiet wissen wollen.

- M. Schwarzschild „Structure and Evolution of the Stars", Dover (1958)
  Das Buch bietet eine Diskussion des Themas, die den Stand des Wissens von 1958 darstellt einschließlich der H-Kernfusion.

- W. Raith (Ed.), „Bergmann/Schäfer - Lehrbuch der Experimentalphysik. Band 7: Erde und Planeten", W. de Gruyter (2001)
  Kapitel 5 und 7 dieses Bandes enthalten Wissenswertes zur Planetologie und zu Planetenatmosphären.

- S. W. Stahler, F. Palla, „The Formation of Stars", Wiley-VCH (2004)
  Dieses umfangreiche Werk informiert ausführlich über den neusten Stand aller Aspekte, die für den Prozess der Sternentwicklung von Bedeutung sind. Der Text ist großteils didaktisch aufgebaut und gut nachvollziehbar. Eine wichtige Quelle für diejenigen, die nicht nur Fakten suchen, sondern auch nach Verständnis der astrophysikalischen Zusammenhänge.

- A. G. Burrows, G. Orton „Giant Planet Atmospheres" sowie C. Sotin, J. M. Jackson, S. Seager „Terrestial Planet Interiore". Zwei Kapitel aus dem Buch „Exoplanets" ed. by S. Seager, The University of Arizona Press (2010)
  Der Titel des Gesamtbandes „Exoplanets" ist bezüglich der beiden Kapitel etwas irreführend. Es werden dort vor allem allgemeine physikalische und thermodynamische Grundlagen zu planetaren Atmosphären und der inneren Struktur von festen Planeten vermittelt. Die Darstellungen sind kompakt und stellen den neuesten Stand der Forschung dar.

Schwerpunkt: fester Zustand

- S. Stolen, T. Grande „Chemical Thermodynamics of Materials", John Wiley + Sons (2003)
  Informatives, aber recht spezifisches Lehrbuch zur Thermodynamik von flüssigen und vor allem festen Systemen mit Hinblick auf die Materialwissenschaften. Enthält auch Diskussionen vom Standpunkt der Molekularstatistik aus. Auch Grenzflächenphänomene werden mitbehandelt.

- H. F. Franzen „Physical Chemistry of Solids", World Scientific (1994)
  Das Buch ist zwar überwiegend der Struktur von Festkörper gewidmet (Symmetrie von Kristallgittern, Röntgenstreuung an Kristallen), enthält aber auch sehr lesenswerte Abschnitte zur allgemeinen Thermodynamik von Festkörpern und zu Phasenumwandlungen in Festkörpern.

- C. Kittel „Einführung in die Festkörperphysik", Oldenbourg (1973)
  Ein didaktisch kluges und systematisch aufgebautes Buch, das auf maßvollem Niveau alle wichtigen Themen der Physik des festen Zustandes behandelt einschließlich der Thermodynamik magnetischer und elektrischer Eigenschaften.

- N. W. Ashcroft, N. D. Mermin „Solid State Physics", Harcourt College Publ. (1976)
  Eine auf quantenmechanischer Grundlage beruhende Darstellung aller wichtigen Themen
  der Festkörperphysik. Leser, die gute mathematisch-physikalische Vorkenntnisse besitzen,
  werden von der klaren und mit guten Übungsaufgaben versehenen Darstellung profitieren.
  Thermodynamische Aspekte stehen allerdings nicht im Vordergrund.

Schwerpunkt experimentelle Methoden in der Thermodynamik

- F. X. Eder „Arbeitsmethoden der Thermodynamik", 4 Bände, Springer (1983)
  Dieses umfangreiche Werk enthält, aufgeteilt in 4 Bände, ausführliche Beschreibungen thermodynamischer Messverfahren aus allen Teilgebieten. Auch geeignet als allgemeine Informationsquelle von thermodynamischen Grundlagen.

- IUPAC Physical Chemistry Division (verschiedene Herausgeber und Autoren), Experimen-
  tal Thermodynamic Series, Volume I to VII, Elsevier (2005), Blackwell Science Publ., Oxford (1994, 1991), Butterworths, London (1968, 1975)
  Diese Gemeinschaftsarbeit der „Commission of Thermodynamic of the International Union
  of Pure and Applied Chemistry" (IUPAC) enthält ausführliche Schilderungen experimenteller Techniken und Auswertungsverfahren. Es gibt erschöpfend Auskunft zu fast allen
  relevanten Gebieten der Thermodynamik.

Sachverzeichnis

Printed in the United States
By Bookmasters